CAMBRIDGE
1979年诺贝尔物理学奖获得者
STEVEN WEINBERG 著作选译
温伯格
THE QUANTUM THEORY OF FIELDS
VOLUME I: FOUNDATIONS
量子场论
（第一卷）基础
S. 温伯格 著 张驰 译 戴伯荣 校
高等教育出版社

1979年诺贝尔物理学奖获得者
STEVEN WEINBERG 著作选译
温伯格
THE QUANTUM THEORY OF FIELDS
VOLUME II: MODERN APPLICATIONS
量子场论
（第二卷）现代应用
S. 温伯格 著
高等教育出版社

1979年诺贝尔物理学奖获得者
STEVEN WEINBERG 著作选译
温伯格
THE QUANTUM THEORY OF FIELDS
VOLUME III: SUPERSYMMETRY
量子场论
（第三卷）超对称
S. 温伯格 著
高等教育出版社

U0185245

ISBN: 978-7-04-054601-9

WILEY
1979年诺贝尔物理学奖获得者
STEVEN WEINBERG 著作选译
温伯格
GRAVITATION AND COSMOLOGY
PRINCIPLES AND APPLICATIONS OF
THE GENERAL THEORY OF RELATIVITY
引力和宇宙学
广义相对论的原理和应用
S. 温伯格 著 邹振隆 张历宁 等译
高等教育出版社

1983年诺贝尔物理学奖获得者
S. CHANDRASEKHAR 著作选译
钱德拉塞卡
THE MATHEMATICAL THEORY
OF BLACK HOLES
黑洞的数学理论
S. 钱德拉塞卡 著 卢炎秋 译
高等教育出版社

1958年诺贝尔物理学奖获得者
И. Е. ТАММ 著作选译
塔姆
ОСНОВЫ ТЕОРИИ
ЭЛЕКТРИЧЕСТВА
电学原理（第十一版）
И. Е. 塔姆 著
高等教育出版社

ISBN: 978-7-04-048718-3

ISBN: 978-7-04-049097-8

1997年诺贝尔物理学奖获得者
C. COHEN-TANNOUDJI 著作选译 第一卷
科恩-塔努吉
MÉCANIQUE QUANTIQUE
TOME I
量子力学（第一卷）
C. Cohen-Tannoudji & B. Diu & F. Laloë 著 刘家谟 陈星奎 译
高等教育出版社

1997年诺贝尔物理学奖获得者
C. COHEN-TANNOUDJI 著作选译 第二卷
科恩-塔努吉
MÉCANIQUE QUANTIQUE
TOME II
量子力学（第二卷）
C. Cohen-Tannoudji & B. Diu & F. Laloë 著 陈星奎 刘家谟 译
高等教育出版社

1997年诺贝尔物理学奖获得者
C. COHEN-TANNOUDJI 著作选译 第三卷
科恩-塔努吉
MÉCANIQUE QUANTIQUE
TOME III FERMIONS, BOSONS,
PHOTONS, CORRÉLATIONS ET INTRICATION
量子力学（第三卷）
费米子、玻色子、光子、关联和纠缠
C. Cohen-Tannoudji & B. Diu & F. Laloë 著
高等教育出版社

ISBN: 978-7-04-039670-6

ISBN: 978-7-04-043991-5

1965年诺贝尔物理学奖获得者
RICHARD P. FEYNMAN 著作选译 第一辑
费曼
QUANTUM
ELECTRODYNAMICS
量子电动力学讲义
R.P. 费曼 著 张邦固 译 朱重远 校
高等教育出版社

1965年诺贝尔物理学奖获得者
RICHARD P. FEYNMAN 著作选译 第二辑
费曼
QUANTUM MECHANICS
AND PATH INTEGRALS
量子力学与路径积分
R.P. 费曼 A.R. 希布斯 著 张邦固 译
高等教育出版社

1965年诺贝尔物理学奖获得者
RICHARD P. FEYNMAN 著作选译 第三辑
费曼
STATISTICAL MECHANICS
A SET OF LECTURES
费曼统计力学讲义
R.P. 费曼 著
高等教育出版社

ISBN: 978-7-04-036960-1

ISBN: 978-7-04-042411-9

**维塔利·拉扎列维奇·金兹堡**（Vitaly Lazarevich Ginzburg，1916.10.04—2009.11.08），苏联和俄罗斯理论物理学家，1916 年 10 月 4 日出生于莫斯科的一个犹太知识分子家庭，父亲为净水工程师，母亲为医生。1938 年莫斯科大学物理系毕业，1940 年获副博士学位，1942 年获博士学位。1942 年起在苏联科学院列别杰夫物理研究所工作。金兹堡对理论物理学有许多重大贡献：1940 年他提出了切连科夫－瓦维洛夫效应的量子解释和晶体中的切连科夫辐射理论；1946 年他与 I. M. 弗朗克一起预言了渡越辐射；1958 年他与 L. P. 皮塔耶夫斯基和 A. A. 索比亚宁共同建立了超流的半唯象理论（金兹堡－皮塔耶夫斯基理论）；此外，他还提出了宇宙射电磁轫致辐射理论和宇宙线起源的射电辐射理论。

金兹堡最有名的工作是他与朗道 1950 年一起提出的超导的唯象理论——金兹堡－朗道理论，这个理论在朗道二级相变理论的基础上，取超导电子的波函数为序参量，得到金兹堡－朗道方程，明确地给出了超导膜的临界磁场，成功解释了一类超导体的许多特性。从而他因"对超流性和超导性的先驱性贡献"获得 2003 年诺贝尔物理学奖。

金兹堡不仅在理论物理学和理论天体物理学中有重大贡献，还对苏联的热核武器研究有特殊贡献，正是他提出热核装置采用氘化锂材料而不用重水，使得苏联 1953 年爆炸的第一个热核装置的重量减小到机载水平，从而此装置有可能作为氢弹。为此他于 1953 年获斯大林奖金。

金兹堡的研究范围很广，著有大量创造性论文和综述，有多种科学专著享誉学界，其中包括《宇宙线的起源》（1963，与西拉托夫斯基合著）；《电磁波在等离子体中的传播》（1964，1967）；《理论物理学与理论天体物理学》（1975，1981，1987）；《磁化等离子体中的波》（1975，与鲁哈泽合著）；《空间色散晶体光学与激子理论》（1965，1979，与阿伽尔莫维奇合著）；《渡越辐射及渡越散射》（1984，与齐托维奇合著）等。金兹堡积极从事科学普及工作，从 1946 年的《原子核与原子能》到 1990 年的《超导性》，他写了相当数量的科普作品宣传现代物理学成就，其中 1974 年出版的《论物理学和天体物理学》曾被译为多种语言在全世界传播。

金兹堡的成就得到科学界广泛承认，1955 年被选为苏联科学院通讯院士，1966 年被选为苏联科学院院士（1991 年转为俄罗斯科学院院士）。他还被包括美国国家科学院、英国皇家学会、丹麦科学院等的多个外国科学院选为外籍院士。除诺贝尔物理奖之外，他还被授予包括巴丁奖、沃尔夫奖的多个国际学术奖及罗蒙诺索夫大金质奖章、瓦维洛夫金质奖章等国内大奖，2006 年被授予俄罗斯"为祖国建立功勋"一等奖章。

金兹堡是不懈的科学斗士，早在二十世纪四五十年代斯大林时期，他就因坚持科学真理而与许多苏联著名物理学家一起被扣上"世界主义者""对西方屈膝"的帽子而受到公开批判，但他一直坚持斗争，无情地揭露反对现代物理学成就的教条主义者和伪科学传播者，直到生命的最后一刻。

金兹堡于 2009 年 11 月 8 日在莫斯科逝世，享年 93 岁，葬于莫斯科新圣女公墓。

# 2003年诺贝尔物理学奖获得者
## В. Л. ГИНЗБУРГ 著作选译

# ТЕОРЕТИЧЕСКАЯ ФИЗИКА
# И АСТРОФИЗИКА

LILUN WULIXUE HE LILUN TIANTI WULIXUE

# 理论物理学和
# 理论天体物理学（第三版）

В. Л. 金兹堡　著　刘寄星　秦克诚　译

本书对应原版为：

В. Л. Гинзбург. Теоретическая физика и астрофизика.

Москва: Наука, 1987

高等教育出版社·北京

图字：01-2011-6479号

Originally published in Russian under the title
Theoretical physics and astrophysics
by Vitaly Ginzburg (Moscow: Nauka,1987)
Copyright © Vitaly Ginzburg
All Rights Reserved

**图书在版编目（CIP）数据**

理论物理学和理论天体物理学 ： 第三版 /（俄罗斯）
金兹堡著 ； 刘寄星，秦克诚译 . -- 北京 ： 高等教育出
版社，2021.6
　　ISBN 978-7-04-055491-5

　　Ⅰ . ①理… 　Ⅱ . ①金… ②刘… ③秦… 　Ⅲ . ①理论物
理学-研究②理论天体物理学-研究 　Ⅳ . ① O41 ② P142
③ P142.9

　　中国版本图书馆 CIP 数据核字（2021）第 024564 号

| | | | | | | |
|---|---|---|---|---|---|---|
| 策划编辑 | 王　超 | 责任编辑 | 王　超 | 封面设计 | 王　洋 | 版式设计　杨　树 |
| 插图绘制 | 邓　超 | 责任校对 | 胡美萍 | 责任印制 | 韩　刚 | |

| | | | |
|---|---|---|---|
| 出版发行 | 高等教育出版社 | 咨询电话 | 400-810-0598 |
| 社　　址 | 北京市西城区德外大街4号 | 网　　址 | http://www.hep.edu.cn |
| 邮政编码 | 100120 | | http://www.hep.com.cn |
| 印　　刷 | 涿州市星河印刷有限公司 | 网上订购 | http://www.hepmall.com.cn |
| 开　　本 | 787mm×1092mm　1/16 | | http://www.hepmall.com |
| 印　　张 | 31 | | http://www.hepmall.cn |
| 字　　数 | 560 千字 | 版　　次 | 2021 年 6 月第 1 版 |
| 插　　页 | 1 | 印　　次 | 2021 年 6 月第 1 次印刷 |
| 购书热线 | 010-58581118 | 定　　价 | 149.00 元 |

本书如有缺页、倒页、脱页等质量问题，请到所购图书销售部门联系调换
版权所有　侵权必究
物 料 号　55491-00

# 目  录

第三版序言  · · · · · · · · · ·  i

第二版序言  · · · · · · · · · ·  iii

第一版序言  · · · · · · · · · ·  v

**第一章　电动力学中的哈密顿方法**  · · · · ·  **1**
　　真空内经典电动力学中的哈密顿方法. 量子化. 光子和虚光子. 匀
　　速运动的电子有辐射吗?  · · · ·  1

**第二章　辐射反作用**  · · · · · · ·  **25**
　　电荷平移运动时辐射的反作用. 磁矩的旋转 (斜磁转子).  ·  25

**第三章　匀加速电荷**  · · · · · · ·  **34**
　　电荷匀加速运动时的辐射和辐射力. 考虑辐射反作用时的相对论
　　性运动方程. 电荷和场的能量守恒定律.  · · ·  34

**第四章　电荷作非相对论运动和相对论运动时的辐射**  ·  **47**
　　粒子在真空中作非相对论运动和相对论运动时辐射的特征. 波荡
　　器中的运动和辐射. 磁场中的运动. 辐射反作用力和经典理论适
　　用的界限. 带电粒子在磁场中运动时的磁轫致辐射损失.  · ·  47

**第五章　同步辐射**  · · · · · · ·  **64**
　　同步辐射的特点. 同步辐射理论在天体物理学中的某些应用. 理
　　论适用的界限.  · · · ·  64

## 第六章　连续介质的电动力学 · · · · · · · · · · · 91

哈密顿方法. 介质中的光子. 各向同性和各向异性介质中振子的
辐射. 切连科夫辐射. 多普勒效应. 介质中的波荡器. 在介质中运
动的粒子的辐射特点. 等离子体内的同步辐射. 作为双折射介质
的强磁场中的真空. · · · · · · · · · · · · · · 91

## 第七章　瓦维洛夫–切连科夫效应和多普勒效应 · · · · 121

从量子观点看瓦维洛夫–切连科夫效应和多普勒效应. 介质中的
辐射反作用. 各向同性等离子体与磁化等离子体中的切连科夫辐
射与波吸收. 偶极子的切连科夫辐射. 磁单极子、"真正的"磁偶极
子和置换对偶性原理. 环形偶极子. 沟道和缝隙中的辐射. 互易性
定理的应用. · · · · · · · · · · · · · · · · · 121

## 第八章　渡越辐射和渡越散射 · · · · · · · · · · · 156

渡越辐射和渡越散射的实质. 两种介质分界面上的渡越辐射. 非
定常介质中的渡越辐射. 辐射生成区. 渡越辐射时的能量平衡. 渡
越散射. · · · · · · · · · · · · · · · · · · · · 156

## 第九章　论超光速辐射源 · · · · · · · · · · · · · 195

表观的和真实的超光速辐射源. 在辐射源以超真空光速运动情况
下的瓦维洛夫–切连科夫效应和多普勒效应. · · · · · · · · 195

## 第十章　再吸收与辐射转移 · · · · · · · · · · · · 212

再吸收与微波激射效应 (波放大). 辐射转移方程. 爱因斯坦系数方
法及其在偏振辐射中的应用. 再吸收和真空中及存在冷等离子体
时同步辐射的放大. · · · · · · · · · · · · · · · 212

## 第十一章　空间色散介质电动力学 · · · · · · · · · 232

空间色散. 各向异性介质中的正常波. 晶体光学中的若干空间色散
效应. 电磁耦子. · · · · · · · · · · · · · · · · 232

## 第十二章　等离子体中的介电常量与波在等离子体中的传播 · · · 259

等离子体的介电常量 (初等理论与动理学理论). 波在各向同性均
匀等离子体中的传播及在均匀磁化等离子体中的传播. · · · · · 259

**第十三章 宏观电动力学中的能量–动量张量及力. 色散吸收介质**
**中的能量和释放热** · · · · · · · · · · · · · · · · · · · · · · · · · · · · **289**
宏观电动力学中的能量–动量张量. 电磁波 (光子) 在介质中辐射
时能量和动量守恒定律的应用. 作用于介质的力. 色散吸收介质
中的能量密度和释放的热量. 反转介质. · · · · · · · · · · · · · · · · · 289

**第十四章 涨落与范德瓦耳斯力** · · · · · · · · · · · · · · · · · · · · · · · · · **314**
电学回路中的涨落. 介质中的热辐射. 宏观物体之间的分子力 (范
德瓦耳斯力). 电子与空腔共振器中场的相互作用. · · · · · · · · · · 314

**第十五章 波在介质中的散射** · · · · · · · · · · · · · · · · · · · · · · · · · · **334**
电磁波 (光) 在介质中的散射. 光的发射谱和散射谱中的谱线宽度.
形成电磁耦子 (真激子) 的光的组合散射. 自由电子引起的散射和
等离子体中的散射. 等离子体中的渡越散射. · · · · · · · · · · · · · · 334

**第十六章 宇宙线天体物理学** · · · · · · · · · · · · · · · · · · · · · · · · · · **360**
引言. 宇宙线起源的模型. 宇宙线问题的一般特征. 能量的电离损
失. 宇宙线中的束流不稳定性及等离子体效应. 扩散近似中的转移
方程. 质子–原子核分量和电子分量转移方程的简化. 若干估计. · · 360

**第十七章 X 射线天文学 (若干过程)** · · · · · · · · · · · · · · · · · · · · **399**
导致 X 射线和 γ 射线产生的过程. X 射线和 γ 射线天文学中使用
的一些量的定义. 非相对论电离气体 (等离子体) 的韧致 X 射线辐
射. 相对论性电子的韧致辐射和韧致 (辐射) 能量损失. 相对论性电
子被光子散射 (逆康普顿效应). 能量的康普顿损失. 同步 X 射线辐
射. 关于理论与观测间相互比较的若干说明. · · · · · · · · · · · · · · 399

**第十八章 γ 射线天文学 (若干过程)** · · · · · · · · · · · · · · · · · · · · **433**
宇宙线的质子–原子核分量产生的 γ 辐射. 麦哲伦云和星际介质
的例子. X 射线和 γ 射线的吸收. · · · · · · · · · · · · · · · · · · · · · 433

**参考文献** · · · · · · · · · · · · · · · · · · · · · · · · · · · · · · · · · · · · · · · · **447**

**主题索引** · · · · · · · · · · · · · · · · · · · · · · · · · · · · · · · · · · · · · · · · **468**

**译后记** · · · · · · · · · · · · · · · · · · · · · · · · · · · · · · · · · · · · · · · · · · **475**

# 第三版序言

促使我准备目前这一版 (第三版) 的原因与出版第二版的理由是一样的。最主要是想消除已发现的不准确之处 (当然包括印刷错误) 并增加一些新材料。我期望通过这样做至少可以反映或提及最近一段时间以来引起自己注意的某些物理学方面的新结果或评论。其中的一个例子是环形偶极矩问题，在我所知道的教程中没有一个提到过这个问题。当然，这一版对文献目录作了修改，主要是作了补充。这是一件相当繁重但又必须做的工作。不过总体而言，增加所占的比例不太大，全书不仅保持了原有的特点，也没有改变原来的结构 (例如，与前一版相比，全书的总章数和各章的标题都没有变化)。

准备新版时采纳了一些读者的意见，在此谨对他们表示衷心的感谢。

维塔利·拉扎列维奇·金兹堡
1986 年 1 月

# 第二版序言

之所以准备新版，有三个理由。

其一，本书尽管不是教科书，也没有正式被推荐为教学资料，但它的读者群是相当广的物理学家和天体物理学家群体，其中包括大学生。然而本书第一版的印数不大，至今已告售罄，读者难以购得。其二，作者已经知悉 (特别是在准备由 Pergamon 出版社 1979 年出版的英文版时) 书中存在许多较小的不够准确之处和印刷错误。作者当然渴望早日消除这些弊病，因为经验表明，显然的印刷错误也会极大地妨碍类似书籍的使用。其三，作者希望在不破坏原有讲述特征的条件下补充若干新的内容 (这涉及，例如，渡越辐射和渡越散射)。

准备新版时，自然对引用文献目录作了修改，特别是作了补充。作者的相当数量的论文出现在这个引用目录中，这并非出于某种自我炫耀，而是由在第一版序言中所列举过的事实造成的。遗憾的是，在那个序言中没有强调指出这个文献目录是辅助性的，且在很大程度上只起某种定位的作用。所以，有时引用的只是那些或多或少偶然进入作者视野的论文，却并没有引用许多首创性工作、重要的后续研究、综述乃至书籍。这样做的意图显然是为了使读者掌握起码的 (基础性的) 图书资料信息。采取其他的做法几乎不可能，因为书中讨论的范围广泛的问题所涉及的论文数量实在过于庞大。非常可惜，在当前这个时代，只有在论述足够狭窄的问题的综述文章或专著以及图书学或历史学性质的出版物中，才可能得以较为完整地列举原始文献。

还有一点需要说明，这本来在第一版的序言就应当指出。这就是本书讲述高能天体物理学的最后三章 (第 16、17 和 18 章) 以及第 5 章和第 10 章的部分内容与其余各章的风格有所差别。例如，在这些章节里没有给出在进行天体物理计算时用到的许多公式的推导，并且包含某些天文学资料等。不过这正好是理论物理学与如同理论天体物理学这样的尚未完全清晰界定的领域之间差别的反映。如果说对于教科书及系统的教程,这种不一致的确算是个问题的话,那么在我看来,对于"补充章节"类型的教程,各章的阐述内容的组织及与之相关的讲述方式是允许存在差别的。

最后,作者借此机会感谢那些对本书提出意见从而给予本人极大帮助的所有读者们。

维塔利·拉扎列维奇·金兹堡

1980 年 2 月

# 第一版序言

存在许多理论物理学教程，其中篇幅最大也最具盛名的当数朗道和栗弗席兹的多卷本教程。然而，无论在哪一部教程中也不可能讲述所有的问题。此外，即使是教程中讲述过的问题通常也不会从多方面阐述。况且由于个人能力、受教育的特性以及个人偏好的不同，不同人通常偏好于不同的处理方法、论证方式、事例和证明。

满足这些需求的唯一可能性显然是出版不同的教程，特别是那些致力于非系统地讲述某一专题或某一单独的问题、侧面和方法的具有补充性质的教程。这些补充教程与系统教程的原则性差别，在于其对讲述内容的选择在很大程度上不是预先确定的。在讲述的风格和特性上也同样，因为系统的教程应当在语言的简洁性、技术手段的完善程度和标记符号的一致性等方面显示出极为严格的刚性要求。本书是一本具有补充性质的教程，它致力于阐述理论物理学和理论天体物理学中的若干问题。这本书所要讨论的问题从书的目录中已可知晓，一般而言，其中所探讨的问题的范围或多或少都与电动力学有些关系。

为了不至于破坏这一尽管并非严格表述的倾向，广义相对论和统计物理学的一系列问题没有安排在本书之内，依照作者的看法，这些问题也应当单独地构成类似的补充教程的内容。

这本书的基本内容源自作者为莫斯科物理技术学院物理学和天体物理学专业的学生们所作的讲演。这些讲演没有替代任何系统教程的目的并正好带有补充章节的特性，但也考虑了该专业的趣味并在不小的程度上考虑了作者本人的兴趣和能力。当然，这里不是指作者曾经研究过的问题比许多其他问题更重要或更有趣。问题其实在于只有讲述"对自己胃口"和很熟悉的内容，作者才可能期望确实对现有的教程及专著做些补充，而不至于落到如果不是改写这些教程就是重复它们的地步。

涉及讲述的特征，则必须指出，我们所指的不是讲演记录稿的特征而是专门为准备讲演而写出的正式文本的特征,这个文本经常包括一些不太适于口头讲演及没有在口头讲演中使用的材料。在这方面本书按其风格接近专著或综述,这反映在书中存在大量的引用文献。由于其中有对作者本人论文的引用,这里要强调指出,和选择讲述内容一样,这样做与自我炫耀完全无关,而是由已指出过的本书"只涉及作者很熟悉的问题"所造成,因为在所引用的论文中作者曾详细地讨论过这些问题,此外,在正文中直接使用了一系列这样的论文。

最后我要指出,本书不是为那些常被等同于"纯"理论物理学家的人写的,他们在研究上通常具有数学趋向。数学在理论物理学中起特别大的作用是毫无疑问和很自然的,但在这里追求数学的普遍性和严格性的做法是否合理仍有待证实,为此需要付出代价。广为人知的事实是,大多数新的物理学结果都是通过简单方法获得的,而其"数学化"则只在后一阶段才实现。无论如何,理论物理学中主要的毕竟是物理,而不是数学。所以,以带有"普通物理学"倾向的方式叙述理论问题,如同当今日益盛行的追求数学完善一样,至少应当是允许的。

衷心希望这本书不仅对高年级本科生,也对研究生和科学工作者有所裨益。

最后我要借此机会感谢所有读过本书手稿或部分手稿并提出自己的意见使本书得以改善的同事们。

维塔利·拉扎列维奇·金兹堡
1974 年 7 月

# 第一章
# 电动力学中的哈密顿方法

真空内经典电动力学中的哈密顿方法. 量子化. 光子和虚光子. 匀速运动的电子有辐射吗?

[11]

我们下面将广泛采用所谓哈密顿方法来阐述一系列的电动力学问题. 使用这个方法, 电动力学将被表述成与力学特别相似的形式. 于是在哈密顿方法框架内, 从经典电动力学到量子电动力学的过渡, 就完全相似于从经典 (牛顿) 力学到非相对论量子力学的过渡. 今天, 在量子电动力学中 (一般地说在量子场论中) 占优势的是一些更精致的方法, 采用它们有重要的原因. 但是, 为了理解各种物理情况, 我们认为, 使用哈密顿方法仍然是完全正确的 (例如, 海特勒在他的书[1] 里就是这样做的). 下面, 我们基本上将哈密顿方法既用于真空中的也用于介质中的经典电动力学.

在转到讨论哈密顿方法之前, 我们先给出基本的方程式和关系式. 并且为了以后的方便, 这一步将做得很详细.

真空中的麦克斯韦方程的通常形式如下 (本书处处使用高斯单位制):

$$
\left.\begin{aligned}
\operatorname{rot} \boldsymbol{H} &= \frac{4\pi}{c}\rho\boldsymbol{v} + \frac{1}{c}\frac{\partial \boldsymbol{E}}{\partial t}, \\
\operatorname{div} \boldsymbol{E} &= 4\pi\rho, \\
\operatorname{rot} \boldsymbol{E} &= -\frac{1}{c}\frac{\partial \boldsymbol{H}}{\partial t}, \\
\operatorname{div} \boldsymbol{H} &= 0.
\end{aligned}\right\} \tag{1.1}
$$

其中 $\boldsymbol{H}$ 为磁场强度, $\boldsymbol{E}$ 为电场强度, $\rho$ 为电荷密度, $\boldsymbol{v}$ 为电荷的速度. 所有这些量一般都既与空间坐标 (径矢 $\boldsymbol{r}$) 有关, 也与时间 $t$ 有关. 为简单起见, 我们假设在电磁场中有一个点电荷 $e$, 其径矢为 $\boldsymbol{r}_i(t)$. 这时电荷密度由 $\delta$

函数给出:

$$\rho = e\delta(\boldsymbol{r} - \boldsymbol{r}_i(t)). \tag{1.2}$$

　　众所周知, 方程组 (1.1) 可以化为关于电磁势 $\boldsymbol{A}$ 和 $\varphi$ 的方程, 它们通过以下关系式与场强 $\boldsymbol{E}$ 和 $\boldsymbol{H}$ 相联系:

$$\boldsymbol{E} = -\frac{1}{c}\frac{\partial \boldsymbol{A}}{\partial t} - \operatorname{grad}\varphi, \quad \boldsymbol{H} = \operatorname{rot}\boldsymbol{A}. \tag{1.3}$$

由于 (1.3) 式, 方程组 (1.1) 中的第三个方程和第四个方程自动得到满足, 这容易通过直接代入加以验证.

　　借助 (1.3) 式和恒等式

$$\operatorname{rot}\operatorname{rot}A = -\Delta A + \operatorname{grad}\operatorname{div}A \tag{1.4}$$

从方程组 (1.1) 的第一和第二两个方程得到关于电磁势 $\boldsymbol{A}$ 和 $\varphi$ 的方程

$$\left.\begin{aligned} \Delta\boldsymbol{A} - \frac{1}{c^2}\frac{\partial^2\boldsymbol{A}}{\partial t^2} - \operatorname{grad}\left(\frac{1}{c}\frac{\partial\varphi}{\partial t} + \operatorname{div}\boldsymbol{A}\right) &= -\frac{4\pi}{c}\rho\boldsymbol{v}, \\ \Delta\varphi + \frac{1}{c}\frac{\partial}{\partial t}\operatorname{div}\boldsymbol{A} &= -4\pi\rho. \end{aligned}\right\} \tag{1.5}$$

方程组 (1.5) 决定电磁势 $\boldsymbol{A}$ 和 $\varphi$. 场强 $\boldsymbol{E}$ 和 $\boldsymbol{H}$ 可用 (1.3) 式求出.

　　大家知道, 矢量势 $\boldsymbol{A}$ 和标量势 $\varphi$ 不是单值确定的. 实际上, 我们可以变换到一组新的位势

$$\boldsymbol{A}' = \boldsymbol{A} + \operatorname{grad}\chi, \quad \varphi' = \varphi - \frac{1}{c}\frac{\partial\chi}{\partial t}, \tag{1.6}$$

其中 $\chi$ 是坐标和时间的某一任意函数. 这样的变换叫作梯度变换或规范变换. 不难看出, 电场 $\boldsymbol{E}$ 和磁场 $\boldsymbol{H}$ 在变换 (1.6) 下保持不变. 它们的采用 $\boldsymbol{A}'$ 和 $\varphi'$ 表示的式子与采用 $\boldsymbol{A}$ 和 $\varphi$ 表示的式子完全相同; 这只要将 (1.6) 式代入 (1.3) 式即可验证.

　　电磁势确定中的非单值性使我们有理由对 $\boldsymbol{A}$ 和 $\varphi$ 附加一个条件. 这个条件可以选得使方程组 (1.5) 具有更简单的形式.

　　例如, 附加这样一个补充条件:

$$\operatorname{div}\boldsymbol{A} + \frac{1}{c}\frac{\partial\varphi}{\partial t} = 0. \tag{1.7}$$

这是相对论不变性条件, 有时称为洛伦兹规范或洛伦兹条件. 它可以写成以下形式:

$$\frac{\partial A^i}{\partial x^i} = 0, \tag{1.7a}$$

此处和以下的各处一样, 都假定对两次遇到的指标求和.

我们指出, 在 (1.7a) 式中, 如同在以后的各处一样, 都使用这样的记号: 一个 4 维矢量 $A^i$ 具有逆变分量 $A^0$、$A^1$、$A^2$、$A^3$ 和协变分量 $A_0 = A^0$, $A_1 = -A^1$, $A_2 = -A^2$ 及 $A_3 = -A^3$. 这时有 $A^i A_i = A^0 A_0 + A^1 A_1 + A^2 A_2 + A^3 A_3 = (A^0)^2 - (A^1)^2 - (A^2)^2 - (A^3)^2$. 在 $A^i$ 是电磁势的情况下, $A^0$ 分量通常用 $\varphi$ 表示, 即 $A^i = \{\varphi, \boldsymbol{A}\}$. 此外, 4 维径矢为

$$x^0 = ct, \quad x^1 = x, \quad x^2 = y, \quad x^3 = z, \ \text{或} \ x^i = \{ct, \boldsymbol{r}\},$$
$$x_i = \{ct, -\boldsymbol{r}\}, \quad x^i x_i = c^2 t^2 - r^2.$$

我们看到, 现在最为流行和使用的正是这套记号, 特别是在我们将经常参考的朗道和栗弗席兹的场论教程[2] 中. 同时也要注意, 文献中也使用另一种与引入虚单位有关的记号 (例如, 见 [1, 3, 4a, 5]). 这时引进坐标 $x_1$, $x_2$, $x_3$, $x_4 = ict$ 或 $x_i = \{\boldsymbol{r}, ict\}$, 而矢量势 $A_i = \{\boldsymbol{A}, i\varphi\}$; 因此方程 (1.7a) 具有 $\partial A_i / \partial x_i = 0$ 的形式.

文献 [5] 中详细地比较了这两类记号. 在狭义相对论的框架里, 引进虚单位更方便些. 但是, 考虑到向广义相对论的过渡, 我们还是宁愿使用赝欧氏空间中的逆变和协变量[2, 4b].

容易看出, 满足条件 (1.7) 时, 麦克斯韦方程组取以下形式:

$$\left.\begin{array}{l} \square \boldsymbol{A} \equiv \left(\Delta - \dfrac{1}{c^2}\dfrac{\partial^2}{\partial t^2}\right)\boldsymbol{A} = -\dfrac{4\pi}{c}\rho\boldsymbol{v}, \\[4mm] \square \varphi \equiv \left(\Delta - \dfrac{1}{c^2}\dfrac{\partial^2}{\partial t^2}\right)\varphi = -4\pi\rho. \end{array}\right\} \tag{1.8}$$

不应当认为条件 (1.7) 和方程组 (1.8) 就完全决定了 $A$ 和 $\varphi$. 我们还可以再作一个 (1.6) 式形式的梯度变换, 此时必须令函数 $\chi$ 满足齐次方程 $\square \chi = 0$. 这样场 $\boldsymbol{E}$ 和 $\boldsymbol{H}$ 保持不变.

将场分解为纵向分量和横向分量有重要的意义, 特别是在哈密顿框架里. 我们把矢量 $\boldsymbol{E}$ 和 $\boldsymbol{H}$ 分解为分量

$$\boldsymbol{E} = \boldsymbol{E}_l + \boldsymbol{E}_{tr}, \quad \boldsymbol{H} = \boldsymbol{H}_{tr}, \tag{1.9}$$

(下标 $l$ 代表纵向, $tr$ 代表横向). 其中 $\operatorname{div}\boldsymbol{E}_{tr} = 0$, 而且由于 (1.1) 式, 有 $\operatorname{div}\boldsymbol{H}_{tr} = \operatorname{div}\boldsymbol{H} = 0$.

我们要求矢量势只描写横场, 为此, 代替补充条件 (1.7) 我们对它加一个条件

$$\operatorname{div}\boldsymbol{A} = 0 \tag{1.10}$$

满足条件 (1.10) 的势有时用 $\boldsymbol{A}_{tr}$ 表示.

[14]    满足条件 (1.10) 时, $\boldsymbol{A}$ 和 $\varphi$ 的方程 (1.5) 采取以下形式:

$$\Delta\varphi = -4\pi\rho, \tag{1.11}$$

$$\Delta\boldsymbol{A} - \frac{1}{c^2}\frac{\partial^2 \boldsymbol{A}}{\partial t^2} = -\frac{4\pi}{c}\rho\boldsymbol{v} + \frac{1}{c}\operatorname{grad}\frac{\partial\varphi}{\partial t}. \tag{1.12}$$

我们看到, 势 $\varphi$ 满足 "静态" 泊松方程. 若 $\rho$ 是点源的电荷密度 (1.2), 则这个方程的解是我们熟知的

$$\varphi(\boldsymbol{r}, t) = e/|\boldsymbol{r} - \boldsymbol{r}_i(t)| \tag{1.13}$$

其中 $\boldsymbol{r}_i(t)$ 是 $t$ 时刻电荷所在的点. 矢量势 $\boldsymbol{A}$ 现在只描述横场. 规范 (1.10) 叫做库仑规范①. 在这里势 $\boldsymbol{A}$ 和 $\varphi$ 已被确定到只差一个满足条件 $\Delta\chi = 0$ 的函数 $\chi(\boldsymbol{r}, t)$ 的精确度.

真空中电磁场以光速传播. 因此, 比方说, 若我们有两个初始时静止不动的电荷 $e_1$ 和 $e_2$, 那么电荷 $e_2$ 只有在过了一段时间 $t = r_{12}/c$ 之后, 才会 "感觉到" 电荷 $e_1$ 的移动, 这里 $r_{12} = |\boldsymbol{r}_2 - \boldsymbol{r}_1|$ 是两个电荷之间的距离. 可是按照 (1.13) 式, 势 $\varphi$ 是由电荷的瞬时位置决定的, 在电荷 $e_2$ 所处的地点, 它随电荷 $e_1$ 的移动同时改变 (注意: 按照 (1.13) 式, 势 $\varphi_1(\boldsymbol{r}_2, t) = e_1/|\boldsymbol{r}_2 - \boldsymbol{r}_1| = e_1/r_{12}(t)$). 但是, 这里并没有任何矛盾, 因为场 $\boldsymbol{E}$ 和 $\boldsymbol{H}$ 不只是依赖于 $\varphi$, 而且还依赖于 $\boldsymbol{A}$. 因此, 电磁扰动在规范 (1.10) 中当然也以光速传播, 所以不发生任何矛盾. 而且, 研究在电荷瞬时加速时电场 $\boldsymbol{E}$ 和磁场 $\boldsymbol{H}$ 如何在空间和时间中发生变化也是很有意义的 (见文献 [7]).

现在我们来计算电磁场的能量

$$\mathscr{H} = \int \frac{E^2 + H^2}{8\pi}\mathrm{d}V. \tag{1.14}$$

将这里的场 $\boldsymbol{E}$ 和 $\boldsymbol{H}$ 换成 (1.9) 式的形式, 在库仑规范 (1.10) 下显然有

$$\boldsymbol{E}_{tr} = -\frac{1}{c}\frac{\partial\boldsymbol{A}}{\partial t}, \quad \boldsymbol{E}_l = -\operatorname{grad}\varphi. \tag{1.15}$$

[15]    把 (1.9) 式和 (1.15) 式代入 (1.14) 式, 得

$$\mathscr{H} = \frac{1}{8\pi}\int (E_{tr}^2 + H^2)\mathrm{d}V + \frac{1}{8\pi}\int E_l^2\mathrm{d}V + \frac{1}{4\pi}\int \boldsymbol{E}_{tr}\cdot\boldsymbol{E}_l\mathrm{d}V.$$

---

① 引进库仑规范以及随之而来的使用 (1.11) 和 (1.12) 式的可能性是显然的. 因此让人感到奇怪的是, 在经典电动力学已经完全 "成熟了" 的 30 年前, 哈密顿方法通常还是在 (1.8) 式的基础上发展, 这带来过多的复杂性 (例如, 参见海特勒的书[1] 的第一版, 英文版出版于 1936 年, 俄文译本出版于 1940 年, 当时它是这方面最好的著作); 库仑规范在以往少为人知的另一个证据是, 讨论这个规范的文章[6] 迟至 1939 年才发表在 ЖЭТФ (实验物理学和理论物理学杂志) 上.

不难证明, 对于封闭系统, 当场在 "无穷远处" 消失时, 最后一个积分等于零. 这样一来, 电磁场的总能量就由横场的能量和纵场的能量相加而成.

如果场中有几个点电荷, 那么纵场的能量就是电荷之间的库仑相互作用能量之和, 即

$$\mathscr{H}_l = \frac{1}{8\pi} \int E_l^2 \mathrm{d}V = \frac{1}{2} \sum_{i,j} \frac{e_i e_j}{r_{ij}(t)}. \tag{1.16}$$

点电荷的自能是无穷大, 不言而喻上式中没有考虑这部分能量. 电磁场的纵向部分实质上是没有量子化的, 量子化的仅仅是场的横向部分 (见 [1] 及下面的讨论).

因为点电荷的场的能量是无穷大, 人们常常不得不 (至少在某个中间阶段) 假设, 电荷是 "弥散" 在一个半径为 $r_0$ 的区域之内的. 这时 $\mathscr{H}_l \approx e^2/r_0$. 电子的静电半径 (经典半径) 由关系式 $r_e = e^2/mc^2$ 确定, 其中 $e$ 和 $m$ 是所观察电子的电荷和质量; 其值为 $r_e = 2.8 \times 10^{-13}$ cm. 我们现在不去涉及与电子 (和别的粒子) 的电磁质量有关的问题以及电子是否是点电荷等问题 (若干讨论见第 2 章).

为了沿着通向电动力学的哈密顿形式的道路继续向前, 我们将横向电磁场的矢量势展开为傅里叶级数

$$\boldsymbol{A}(\boldsymbol{r}, t) = \sum_\lambda q_\lambda(t) \sqrt{4\pi} c \boldsymbol{e}_\lambda \exp(\mathrm{i}\boldsymbol{k}_\lambda \cdot \boldsymbol{r}). \tag{1.17}$$

数值系数 $\sqrt{4\pi}c$ 是规一化因子. 极化矢量 $\boldsymbol{e}_\lambda$ 是一个单位矢量, 即 $e_\lambda^2 = 1$ (为简单起见, 这里和下面一般都认为矢量 $\boldsymbol{e}_\lambda$ 是实矢量). 为了使用展开式 (1.17), 应当想象电磁场被封闭在一个大箱子里. 可以证明, 这个 "箱子" 的大小不会进入任何一个物理可观察量的表示式中. 因此下面处处都假设 "箱子" 的大小等于 1:

$$L = L^3 = 1.$$

矢量势 $\boldsymbol{A}$ 是实数量; 因此由展开式 (1.17) 得 $q_{-\lambda} = q_\lambda^*$. 因为场是横场, $\boldsymbol{e}_\lambda \cdot \boldsymbol{k}_\lambda = 0$, 即矢量势的编号为 $\lambda$ 的谐波的极化矢量垂直于这个谐波的波矢量 $\boldsymbol{k}_\lambda$. 每一个 $\boldsymbol{k}_\lambda$ 方向对应于两个 $\boldsymbol{e}_\lambda$ 矢量. 因此本应再多引入一个下标, 它有两个值, 或者换句话说, 它区分矢量 $\boldsymbol{e}_{\lambda 1}$ 和 $\boldsymbol{e}_{\lambda 2}$. 但是为了简化记号, 我们将不这么做, 不过在有必要时我们将在最终的表达式中对极化求和 (这时假定 $\boldsymbol{e}_{\lambda 1} \cdot \boldsymbol{e}_{\lambda 2} = \boldsymbol{0}$). [16]

我们还可以对矢量势作另一种分解, 即

$$\boldsymbol{A} = \sum_{\lambda, i} q_{\lambda i} \boldsymbol{A}_{\lambda i}, \tag{1.18}$$

其中下标 $i$ 只能取两个值 1 和 2,

$$\boldsymbol{A}_{\lambda 1} = \sqrt{8\pi}c\boldsymbol{e}_\lambda \cos(\boldsymbol{k}_\lambda \cdot \boldsymbol{r}), \quad \boldsymbol{A}_{\lambda 2} = \sqrt{8\pi}c\boldsymbol{e}_\lambda \sin(\boldsymbol{k}_\lambda \cdot \boldsymbol{r}). \tag{1.19}$$

容易看出,(1.18) 式中用来做展开的函数 $\boldsymbol{A}_{\lambda 1}$ 和 $\boldsymbol{A}_{\lambda 2}$ 是正交的, 即

$$\int \boldsymbol{A}_{\lambda i} \cdot \boldsymbol{A}_{\mu j} \mathrm{d}V = 4\pi c^2 \delta_{\lambda\mu}\delta_{ij} \tag{1.20}$$

(积分对 "箱子" 的体积进行).

假设场被封闭在具有镜反射壁的 "箱子" 里, 因此波矢量 $\boldsymbol{k}_\lambda$ 的各个分量的大小应当是 $2\pi/L$ 的整数倍, $L$ 是 "箱子" 的线度大小, 即

$$\boldsymbol{k}_\lambda = \{2\pi n_x/L, 2\pi n_y/L, 2\pi n_z/L\};$$

其中 $n_x, n_x, n_x$ 都是整数 (这时 (1.18) 式中的求和是在 $\boldsymbol{k}_\lambda$ 方向的半球面上进行). 上面所说的似乎与我们早先关于 "箱子" 的大小 $L$ 并不重要并令它等于 1 的断言矛盾. 但是不难看出, 这里并没有任何矛盾: 当 $L$ 足够大时这个量不出现在最后结果中.

从 (1.18) 式可清楚地看出, 横电磁场完全由给出的一组 $q_{\lambda i}(t)$ 确定. 量 $q_{\lambda i}(t)$ 构成一个可数的无穷集合. 这样一来, 场就通过 (1.18) 式表示为一个具有无穷个自由度的系统.

我们可以把 $q_{\lambda i}(t)$ 叫做电磁场的坐标. 下面我们看如何将电磁场的能量用 $q_{\lambda i}(t)$ 表示出来. 我们感兴趣的是横场的能量

$$\mathscr{H}_{tr} = \int \frac{E_{tr}^2 + H^2}{8\pi} \mathrm{d}V. \tag{1.21}$$

若 $\boldsymbol{A}$ 用 (1.18) 式的形式给出, 我们可以用 (1.3) 式和 (1.15) 式定出场 $\boldsymbol{E}_{tr}$ 和 $\boldsymbol{H}$. 将求得的 $\boldsymbol{E}_{tr}$ 和 $\boldsymbol{H}$ 平方并代入积分 (1.21), 就得到

$$\mathscr{H}_{tr} = \frac{1}{2}\sum_{\lambda,i}(p_{\lambda i}^2 + \omega_\lambda^2 q_{\lambda i}^2). \tag{1.22}$$

这里引入记号

$$p_{\lambda i} = \dot{q}_{\lambda i}, \quad \omega_\lambda^2 = c^2 k_\lambda^2; \tag{1.23}$$

[17] 其中 $q$ 上的黑点表示对时间微商. 在得出 (1.22) 式的过程中用了正交性条件 (1.20).

和式 (1.22) 中的每一项是频率为 $\omega_\lambda$ 的经典振子的能量. 于是, (1.22) 式便是各个振子的能量之和, 我们称这些振子为电磁场的振子.

如果知道 (1.18) 式中所有的 $q_{\lambda i}(t)$, 我们就能够定出电磁场的能量. 因此, 问题归结为确定 $q_{\lambda i}(t)$.

为了得出 $q_{\lambda i}(t)$ 满足的方程, 将展开式 (1.18) 代入 "横" 矢量势所满足的方程 (1.22). 将得到的等式两边乘以 $\boldsymbol{A}_{\lambda i}$, 并对 "箱子" 的体积积分, 就得到以下的关于 $q_{\lambda i}(t)$ 的方程:

$$\ddot{q}_{\lambda i} + \omega_\lambda^2 q_{\lambda i} = \frac{e}{c}\boldsymbol{v}\cdot\boldsymbol{A}_{\lambda i}(\boldsymbol{r}(t)) = e\sqrt{8\pi}(\boldsymbol{e}_\lambda\cdot\boldsymbol{v}(t))\begin{cases}\cos(\boldsymbol{k}_\lambda\cdot\boldsymbol{r}(t)),\\ \sin(\boldsymbol{k}_\lambda\cdot\boldsymbol{r}(t)).\end{cases} \tag{1.24}$$

这是存在激发力时的振子方程, 并且在 $i = 1$ 时取 $\cos(\boldsymbol{k}_\lambda\cdot\boldsymbol{r})$, $i = 2$ 时取 $\sin(\boldsymbol{k}_\lambda\cdot\boldsymbol{r})$.

方程 (1.24) 是在电场中只有一个以速度 $\boldsymbol{v}(t)$ 运动的点电荷 (电荷为 $e$ 的电子, 见 (1.2) 式) 的假设下推出的. 容易看出如何将它推广到多个电荷的情况.

上面研究过的所有关系式都可以重写为完全类似于经典力学的哈密顿方程

$$\dot{p} = -\frac{\partial\mathscr{H}(p,q)}{\partial q}, \quad \dot{q} = \frac{\partial\mathscr{H}(p,q)}{\partial p} \tag{1.25}$$

的形式, 其中 $\mathscr{H}(p,q)$ 是力学系统的哈密顿函数, $q$ 和 $p$ 分别是广义坐标和广义动量.

我们的任务是找出这个函数 $\mathscr{H}(p_{\lambda i}, q_{\lambda i})$, 以便从它得出 (1.25) 式类型的运动方程.

显然, 在自由场 (没有电荷) 情形下, 关于 $q_{\lambda i}$ 的方程 (1.24) 即方程

$$\ddot{q}_{\lambda i} + \omega_\lambda^2 q_{\lambda i} = 0, \tag{1.26}$$

可以表示为哈密顿形式, 如果取

$$\mathscr{H} = \mathscr{H}_{tr} = \frac{1}{2}\sum_{\lambda,i}(p_{\lambda i}^2 + \omega_\lambda^2 q_{\lambda i}^2), \tag{1.27}$$

其中 $\mathscr{H}_{tr}$ 是横电磁场的能量 (1.22).

实际上, 从 (1.25) 式和 (1.27) 式得到

$$\dot{p}_{\lambda i} = -\frac{\partial\mathscr{H}}{\partial q_{\lambda i}} = -\omega_\lambda^2 q_{\lambda i}, \quad \dot{q}_{\lambda i} = \frac{\partial\mathscr{H}}{\partial p_{\lambda i}} = p_{\lambda i}, \tag{1.28}$$

与方程 (1.26) 一致.

级数 (1.18) 中的 $q_{\lambda i}$ 由方程 (1.26) 确定, 这个级数是平面电磁波之和, 每一个都以光速传播. 实际上, 由 (1.26) 式得出 $q_{\lambda i} = C_1\cos\omega t + C_2\sin\omega t$, 其

中 $\omega = \omega_\lambda$. 而且 $\omega_\lambda^2 = c^2 k_\lambda^2$ (见 (1.23) 式), 因此场依照 $\cos[\omega_\lambda(t - \boldsymbol{s}_\lambda \cdot \boldsymbol{r}/c)]$ 或 $\sin[\omega_\lambda(t - \boldsymbol{s}_\lambda \cdot \boldsymbol{r}/c)]$ 的规律变化, 其中 $\boldsymbol{s}_\lambda = \boldsymbol{k}_\lambda/k_\lambda, s_\lambda^2 = 1$. 这样, 没有电荷时电磁场由以光速运动的电磁波构成; 当然, 这个结果由初始方程就已清楚了.

[18]　　　如果没有电荷时真空中的电磁场的经典哈密顿函数是电磁场的能量, 那么在有电荷存在时就还得考虑电荷和电磁场的相互作用能. 大家已经熟知, 而且下面还将进一步阐明, 在非相对论情况下电荷在电磁场中的能量取以下形式:

$$\mathscr{H}_e = \frac{1}{2m}\left(\boldsymbol{p} - \frac{e}{c}\boldsymbol{A}\right)^2 + e\varphi. \tag{1.29}$$

于是, 电磁场加带电粒子的总哈密顿量就等于 (1.27) 式和 (1.29) 式之和:

$$\mathscr{H} = \frac{1}{2m}(\boldsymbol{p} - \frac{e}{c}\boldsymbol{A}(\boldsymbol{r}_i))^2 + e\varphi(\boldsymbol{r}_i) + \mathscr{H}_{tr}, \tag{1.30}$$

其中 $\boldsymbol{r}_i$ 是带电粒子所在的点的坐标 (如果有多个粒子, 则是 (1.29) 式那样的表示式之和); 下面有时我们将略去 $\boldsymbol{r}_i$ 的下标 $i$.

由这个哈密顿量 (事实上我们迄今为止所说的哈密顿量都是经典的哈密顿量) 和 (1.25) 式得出下面的方程组:

$$\dot{p}_{\lambda i} = -\omega_\lambda^2 q_{\lambda i} + \frac{e}{mc}\left(\boldsymbol{p} - \frac{e}{c}\boldsymbol{A}\right) \cdot \boldsymbol{A}_{\lambda i}, \quad \dot{q}_{\lambda i} = p_{\lambda i}.$$

这个方程组可化为方程 (1.24). 实际上, 由于量 $\dot{\boldsymbol{r}} = \dfrac{\partial \mathscr{H}}{\partial \boldsymbol{p}} = \dfrac{1}{m}\left(\boldsymbol{p} - \dfrac{e}{c}\boldsymbol{A}\right)$ 就是粒子的速度 $\boldsymbol{v} \equiv \dot{\boldsymbol{r}}$, 我们得到早先已导出的方程. 由此清楚看出, 函数 (1.29) 实质上具有经典力学的通常形式 $\mathscr{H}_e = mv^2/2 + e\varphi$. 由此便可明白, 粒子的能量用 $\boldsymbol{p}$ 表示时为何必须正好写成 (1.29) 式的形式. 从哈密顿函数还能得出粒子在电磁场中的运动方程; 将 $\mathscr{H}$ 对 $\boldsymbol{r}$ 求微商, 得到

$$\dot{\boldsymbol{p}} = -\frac{\partial \mathscr{H}}{\partial \boldsymbol{r}} = e\left(\boldsymbol{E} + \frac{1}{c}\boldsymbol{v} \times \boldsymbol{H}\right) + \frac{e}{c}\dot{\boldsymbol{A}}, \tag{1.31a}$$

$$m\ddot{\boldsymbol{r}} = e\left(\boldsymbol{E} + \frac{1}{c}\boldsymbol{v} \times \boldsymbol{H}\right). \tag{1.31b}$$

上面引进的量 $\boldsymbol{p} = m\boldsymbol{v} + e\boldsymbol{A}/c$ 是处于 $\boldsymbol{r}$ 点的粒子的广义动量; 这时容易算出 (见文献 [8] 的第 628 页) $\dfrac{e}{c}\boldsymbol{A}(\boldsymbol{r}) = \dfrac{1}{4\pi c}\int \boldsymbol{E} \times \boldsymbol{H}\mathrm{d}V$ 是与电荷和外磁场的存在有关的电磁场的动量 (具体地说, $\boldsymbol{E} \times \boldsymbol{H}$ 是在库仑规范 (1.10) 下采用了 $\boldsymbol{H}$ 为外磁场而 $\boldsymbol{E}$ 是点电荷 $e$ 的库仑场的近似算出的; 对于我们考察的以非相对论速度 $v \ll c$ 在磁场中运动的电荷, 这是系统总电磁动量的一个很好的近似).

[19]

于是, 从哈密顿函数的表示式 (1.30) 我们既得出了场的振子的运动方程, 也得出了带电粒子的运动方程.

我们在这里研究的一切都是在非相对论近似下进行的①, 为的是利用非相对论经典力学与非相对论量子力学之间在形式上的极其相近. 在使用狄拉克方程的自旋 1/2 粒子的相对论量子理论中, 不再具有如此明显的经典类比, 这些相似之处在很大的程度上消失了.

从经典电动力学到量子电动力学的过渡, 其做法与从非相对论经典力学到量子力学的过渡完全相同. 即, 将动量为 $\boldsymbol{p}$、坐标为 $\boldsymbol{r}$ 的粒子的哈密顿函数

$$\mathscr{H} = \frac{p^2}{2m} + e\varphi(\boldsymbol{r}) \tag{1.32}$$

换成哈密顿算符

$$\widehat{\mathscr{H}} = \frac{\widehat{\boldsymbol{p}}^2}{2m} + e\varphi, \tag{1.33}$$

其中 $\widehat{\boldsymbol{p}}$ 为粒子的动量算符, 它满足对易关系 ($\boldsymbol{r} = \{x_j\}, j = 1, 2, 3$)

$$\widehat{p}_j x_j - x_j \widehat{p}_j = -\mathrm{i}\hbar \tag{1.34}$$

并等于

$$\widehat{\boldsymbol{p}} = -\mathrm{i}\hbar\nabla. \tag{1.35}$$

若粒子处于电磁场中, 则 (1.32) 式中的 $\boldsymbol{p}$ 换成 $\boldsymbol{p} - e\boldsymbol{A}/c$, (1.33) 式中的 $\widehat{\boldsymbol{p}}$ 相应地换为

$$\widehat{\boldsymbol{p}} - \frac{e}{c}\widehat{\boldsymbol{A}} = -\mathrm{i}\hbar\nabla - \frac{e}{c}\widehat{\boldsymbol{A}}.$$

系统的状态由波函数 $\varPsi(\boldsymbol{r}, t)$ 决定, 它随时间的变化由薛定谔方程描述:

$$\mathrm{i}\hbar\frac{\partial \varPsi}{\partial t} = \widehat{\mathscr{H}}\varPsi. \tag{1.36}$$

定态波函数的形式为

$$\varPsi_n(\boldsymbol{r}, t) = \exp(-\mathrm{i}E_n t/\hbar)\psi_n(\boldsymbol{r}), \tag{1.37}$$

其中 $\psi_n(\boldsymbol{r})$ 与 $t$ 无关 ($n$ 为定态的编号或量子数). 定态的 $\varPsi$ 函数的模平方 (即发现粒子处于给定点的概率) 与时间无关. 将 (1.37) 式代入 (1.36) 式并约去 $\exp(-\mathrm{i}E_n t/\hbar)$, 得

$$\widehat{\mathscr{H}}\psi_n(\boldsymbol{r}) = E_n\psi_n(\boldsymbol{r}). \tag{1.38}$$

[20]

下面我们来研究质量为单位质量的一维简谐振子. 众所周知, 这种振

---

① 当然, 这里我们指的是粒子, 因为真空中的电动力学 (或从量子理论的观点看, 自旋为 1、静止质量为零的粒子理论) 永远是相对论性理论.

子的哈密顿量算符为

$$\widehat{\mathscr{H}} = \frac{\widehat{p}^2}{2} + \frac{1}{2}\omega_0^2 q^2 \tag{1.39}$$

(这里 $q \equiv \widehat{q}$ 是坐标, $\omega_0$ 是振子的频率). 第 $n$ 个定态的能量等于

$$E_n = \hbar\omega_0\left(n + \frac{1}{2}\right); \quad n = 0, 1, 2, \cdots, \tag{1.39a}$$

其波函数的形式为

$$\psi_n(q) = C_n \exp(-q^2/2q_0^2)H_n(q/q_0), \tag{1.39b}$$

其中 $q_0 = \sqrt{\hbar/\omega_0}$, $H_n(x)$ 是厄米多项式, $C_n = \dfrac{1}{(\pi q_0^2)^{1/4}}\dfrac{1}{\sqrt{2^n n!}}$ 是归一化因子. 特别是

$$\psi_0(q) = \frac{1}{\sqrt{\pi^{1/2}q_0}}\exp(-q^2/2q_0^2). \tag{1.39c}$$

从量子数为 $n$ 的态跃迁到量子数为 $n'$ 的态的坐标矩阵元 $(q_{nn'})$ 和动量矩阵元 $(p_{nn'})$, 当 $n' \neq n \pm 1$ 时等于零, 而当 $n' = n \pm 1$ 时则等于

$$\left.\begin{aligned}
q_{n,n+1} &= \int \psi_n^* q \psi_{n+1}\mathrm{d}q = \sqrt{\frac{\hbar(n+1)}{2\omega_0}}, \\
q_{n,n-1} &= \sqrt{\frac{\hbar n}{2\omega_0}}, \\
p_{n,n+1} &= \int \psi_n^*\left(-\mathrm{i}\hbar\frac{\partial}{\partial q}\right)\psi_{n+1}\mathrm{d}q = \\
&= -\mathrm{i}\omega_0\sqrt{\frac{\hbar(n+1)}{2\omega_0}} = -\mathrm{i}\omega_0 q_{n,n+1}, \\
p_{n,n-1} &= \mathrm{i}\omega_0\sqrt{\frac{\hbar n}{2\omega_0}} = \mathrm{i}\omega_0 q_{n,n-1}.
\end{aligned}\right\} \tag{1.40}$$

前面已经提到, 从经典电动力学到量子电动力学的过渡, 其具体做法与力学中完全一样. 这时系统的哈密顿函数由场和粒子两部分组成:

$$\mathscr{H} = \mathscr{H}_e + \mathscr{H}_{tr} \tag{1.41}$$

($\mathscr{H}_e$ 是上面研究过的粒子在电磁场中的哈密顿函数, 见 (1.29) 式). 换到哈密顿算符

$$\widehat{\mathscr{H}} = \widehat{\mathscr{H}}_e + \widehat{\mathscr{H}}_{tr}, \tag{1.42}$$

其中

$$\widehat{\mathscr{H}}_{tr} = \frac{1}{2}\sum_{\lambda,i}(\widehat{p}_{\lambda i}^2 + \omega_\lambda^2 q_{\lambda i}^2). \tag{1.43}$$

这里的动量算符 $\widehat{p}_{\lambda i}$ 和力学中一样等于

$$\widehat{p}_{\lambda i} = -i\hbar \frac{\partial}{\partial q_{\lambda i}} \tag{1.44}$$

并满足对易关系

$$\widehat{p}_{\lambda i} q_{\mu j} - q_{\mu j} \widehat{p}_{\lambda i} = -i\hbar \delta_{\lambda \mu} \delta_{ij}. \tag{1.45}$$

若没有电荷或出现在 $\mathscr{H}_e$ 中的电荷与场的相互作用可以忽略, 则描述场的状态的波函数 $\Psi_n(q,t)$ ($q$ 代表场坐标 $q_{\lambda i}$ 的总集合) 满足方程

$$i\hbar \frac{\partial \Psi(q,t)}{\partial t} = \widehat{\mathscr{H}_{tr}} \Psi(q,t). \tag{1.46}$$

于是定态波函数 $\psi_n(q)$ 满足方程

$$\widehat{\mathscr{H}_{tr}} \psi_n(q) = E_n \psi_n(q). \tag{1.47}$$

容易验证, $E_n$ 有以下形式:

$$E_n = \sum_{\lambda,i} \hbar \omega_\lambda \left( n_{\lambda i} + \frac{1}{2} \right) = \sum_{\lambda,i} \hbar \omega_\lambda n_{\lambda i} + \frac{1}{2} \sum_{\lambda,i} \hbar \omega_\lambda. \tag{1.48}$$

后一项 $\frac{1}{2} \sum_{\lambda,i} \hbar \omega_\lambda$ 是无穷大. 不过这个无穷大在理论中并不导致实质性的困难, 原因如下: 首先, 在这个理论里, 物理可观察量并不是能量本身, 而是不同状态下能量的差值, 因此和式 $\frac{1}{2} \sum_{\lambda,i} \hbar \omega_\lambda$ 仍为一常数, 并不进入最后结果. 其次, 从经典方程到量子力学方程的过渡不是唯一的. 可以找到这样一种对场的方程进行量子化的方法, 使得附加项消失. 实际上, 这可以这样做到: 从单个振子的以下形式的经典哈密顿函数

$$\mathscr{H} = \frac{1}{2}(p^2 + \omega^2 q^2) = \frac{1}{2}(p + i\omega q)(p - i\omega q)$$

出发, 然后过渡到哈密顿算符, 即将 $p$ 换成 $\widehat{p} = -i\hbar \frac{\partial}{\partial q}$, 就得到

$$\widehat{\mathscr{H}} = \frac{1}{2}(\widehat{p}^2 + \omega^2 \widehat{q}^2) - \frac{1}{2}\hbar\omega$$

(得到这个结果是因为算符 $\widehat{p}$ 和 $\widehat{q} \equiv q$ 不对易).

这样, 将以上做法应用于哈密顿量为 (1.43) 式的横场, 便得到定态能量的表示式

$$E_n = \sum_{\lambda,i} \hbar \omega_\lambda n_{\lambda i}. \tag{1.49}$$

[22]

这种场的波函数的形式为单个振子的波函数的乘积, 即

$$\psi_n(q) = \prod_{\lambda,i} \psi_{n\lambda i}(q_{\lambda i}). \tag{1.50}$$

从 (1.49) 式可知, 电磁场的能量可以解释为能量为 $\hbar\omega_\lambda$ 的粒子的总体所携带的能量. 人们常断言说, 这立即导致了光子的概念, 而数 $n_{\lambda i}$ 便是给定类型光子的数目. 不过, 光子通常都只用来称呼辐射场 (无源场, 或自由场) 的量子 (这是非常合理的), 特别是光场的量子. 在许多情形下人们使用甚至更狭窄的定义, 定义光子为具有能量 $\hbar\omega$ 和动量 $\hbar k (k = \omega/c)$ 的电磁场的量子. 以下将称真空中辐射的任何量子为光子, 但这不改变这样一个事实: 上面得到的横电磁场的量子 (称为虚光子或赝光子), 一般地说不能归结为光子. 原因在于, 我们上面所研究的不是辐射场, 即自由电磁场 (齐次的场方程的解), 而是任意的电磁场 (非齐次的场方程——存在有电流和电荷时的场方程——的解). 这样的任意横电磁场不同于辐射场 (或用量子语言说, 光子的集合), 在空间以速度 $v < c$ 匀速运动的电荷的横场便是一个恰当的例子. 况且, 如果说横场本身的量子化 (1.45) 并未包含任何假设的话, 然而 (1.46)—(1.48) 式以及 (1.49) 式和 (1.50) 式却不是用前后一致的方式得到的, 为此我们忽略了电荷与场的相互作用. 如果把这个相互作用考虑进来, 很显然场的坐标 $q$ 将出现在 $\widehat{\mathscr{H}}_{tr}$ 和 $\widehat{\mathscr{H}}_e$ 中, 从而横场的能量就不能写成 (1.48) 和 (1.49) 式的形式. 不过引入虚光子毕竟还是有某种意义, 因为可以暂时假设 (1.49) 式中的频率 $\omega_\lambda$ 不通过关系式 $\omega_\lambda^2 = c^2 k_\lambda^2$ 与波矢量相联系. 这种虚光子 (赝光子) 出现在微扰论计算的中间态里 (见后). 换句话说, 虚光子的能量 $E_\lambda = \hbar\omega_\lambda$ 和它的动量 $\boldsymbol{p}_\lambda = \hbar\boldsymbol{k}_\lambda$ 并不通过关系式 $E_\lambda^2 = c^2 p_\lambda^2$ ($\omega_\lambda^2 = c^2 k_\lambda^2$) 相联系, 而对于有确定动量的光子这个关系式是成立的. 我们下面将会看到, 对于运动电荷所携带的横场, $\omega = \boldsymbol{k} \cdot \boldsymbol{v}$, 其中 $\boldsymbol{v}$ 是电荷的速度. 如果我们考虑能量为 $\hbar\omega$ 的相应的量子, 那么它们属于虚光子, 像人们有时说的, 它们构成运动电荷的 "外套".

[23]　　　　这里要强调指出的是, 我们决不是要坚持引进虚光子概念的合理性, 更不要说这个术语本身[①]. 我们认为重要的是要说清楚, 一般而言, 横电磁场并不是光子的集合. 关于这一点后面还将谈到. 出现在表达式 (1.49) 中的虚光子, 甚至对辐射场也不能归结为能量为 $\hbar\omega$ 和动量为 $(\hbar\omega/c)(\boldsymbol{k}/k)$ 的光子. 这种情况与上面我们用了对驻波的展开有关 (见 (1.18) 式和 (1.19)

---

① 赝光子或虚光子这个术语有时也在另一种与这里不同的意义上被使用. 基于将一个运动电荷所携带的电磁场的傅里叶分量近似地替换为相应的光子集合的方法, 就叫做赝光子方法 (例如, 见 [4, 9]).

式). 而驻波并不是动量算符的本征函数, 它们的量子化导至动量为零的光子 (我们这里所指的是纯粹的自由辐射场情况)[1].

为了得到 "通常的" 能量为 $\hbar\omega$ 和动量为 $(\hbar\omega/c)(\boldsymbol{k}/k)$ 的光子, 我们将矢量势表示为行波之和的形式:

$$\boldsymbol{A} = \sum_\lambda (q_\lambda \boldsymbol{A}_\lambda + q_\lambda^* \boldsymbol{A}_\lambda^*), \tag{1.52}$$

其中

$$\boldsymbol{A}_\lambda = \sqrt{4\pi}c\boldsymbol{e}_\lambda \exp(\mathrm{i}\boldsymbol{k}_\lambda \cdot \boldsymbol{r}) \tag{1.53}$$

并且与 (1.17) 式不同, 在 (1.52) 式中求和对半个球面进行, 即对全部 $\boldsymbol{k}_\lambda$ 方向的一半进行求和.

于是我们得到场的横向部分的哈密顿函数为

$$\mathscr{H}_{tr} = \sum_\lambda (p_\lambda p_\lambda^* + \omega_\lambda^2 q_\lambda q_\lambda^*). \tag{1.54}$$

我们只研究纯辐射场. 这时可以假设 $p_\lambda = \dot{q}_\lambda = -\mathrm{i}\omega_\lambda q_\lambda$ (又见 (1.26) 式和 (1.28) 式) 以及

$$\mathscr{H}_{tr} = 2\sum_\lambda \omega_\lambda^2 q_\lambda q_\lambda^*. \tag{1.55}$$

我们注意到, $q_\lambda$ 和 $q_\lambda^*$ 不是正则共轭变量, 因为通过这些变量写出的运动方程不具有以下形式 (又见 [1])

$$\dot{q}^* = -\frac{\partial \mathscr{H}}{\partial q}, \quad \dot{q} = \frac{\partial \mathscr{H}}{\partial q^*}. \tag{1.56}$$

因此我们引进新变量, 它们是正则变量:

$$Q_\lambda = q_\lambda + q_\lambda^*, \quad P_\lambda = -\mathrm{i}\omega_\lambda(q_\lambda - q_\lambda^*). \tag{1.57}$$

[24]

于是

$$\mathscr{H}_{tr} = \frac{1}{2}\sum_\lambda (P_\lambda^2 + \omega_\lambda^2 Q_\lambda^2). \tag{1.58}$$

进行量子化后, 我们显然得到能量的表示式 (1.49), 计算场的动量我们求得

$$\boldsymbol{G} = \sum_\lambda \frac{\hbar\omega_\lambda}{c} n_\lambda \frac{\boldsymbol{k}_\lambda}{k_\lambda}, \tag{1.59}$$

---

[1] 计算光子的动量, 可以使用电磁场动量的表示式

$$\boldsymbol{G} = \frac{1}{4\pi c}\int \boldsymbol{E} \times \boldsymbol{H}\mathrm{d}V \tag{1.51}$$

并将 $\boldsymbol{E}$ 和 $\boldsymbol{H}$ 通过 $\boldsymbol{A}$ 表示出来, 亦即通过量 $p_{\lambda i}$ 和 $q_{\lambda i}$ 表示出来.

亦即一个光子的动量确实等于

$$g_\lambda = \frac{\hbar\omega_\lambda}{c}\frac{\boldsymbol{k}_\lambda}{k_\lambda} \equiv \frac{\hbar\omega_\lambda}{c}\boldsymbol{s}_\lambda, \quad s_\lambda^2 = 1. \tag{1.60}$$

除了能量和动量之外, 表征场和场所对应的量子的还有角动量. 在经典物理学中, 电磁场的角动量由下式定义:

$$\boldsymbol{J}_{\mathrm{em}} = \frac{1}{4\pi c}\int \boldsymbol{r} \times (\boldsymbol{E} \times \boldsymbol{H})\mathrm{d}V. \tag{1.61}$$

一个无界平面波似乎应当没有沿着波矢量 $\boldsymbol{k}_\lambda$ 方向的异于零的角动量, 因为在这种波内, 坡印亭矢量 $\boldsymbol{S} = c\boldsymbol{E} \times \boldsymbol{H}/4\pi$ 是指向 $\boldsymbol{k}_\lambda$ 方向的. 但是这种断言[1] 并没有说服力, 因为对于 (1.61) 式中的无界波, 实质上是对无穷大体积作积分. 而问题的物理提法是假定所研究的波在空间有限. 此时可以给出完全确定的回答, 例如对于管壁为理想导电体的圆柱形波导管中的波, $J_{\mathrm{em},z} \equiv J_z$ ($z$ 是波导管的轴) 有可能不为零. 具体地说, 对于波导管中的单色圆偏振波有 (参看 [1] 和那里给出的文献)

$$J_z = \pm\mathscr{H}_{tr}/\omega_\lambda. \tag{1.62}$$

式中的正负号取决于波中场的旋转方向; $\mathscr{H}_{tr}$ 是横场的能量. 在量子化 (这里作量子化需要将场按波导管中的 "简正" 波展开) 的情况下 $\mathscr{H}_{tr} = \hbar\omega_\lambda n_\lambda$, 表达式 (1.62) 表明, 场的角动量由场量子的角动量相加而成, 并且每个量子的角动量等于 $\pm\hbar$. 按照上面采用的术语规定, 可以把这些量子叫做光子 (假设波导管中是真空, 管壁是理想导体. 有关波导管中及空腔中电磁场的量子化, 见本书第 98 页脚注中的说明). 当然, 重要的不是名称, 而是所出现的辐射角动量的量子化. 角动量 (更准确地说, 其投影) 等于 $\pm\hbar$, 即光子的自旋等于 1. 在将电磁场按球面波 (电多极子和磁多极子包括偶极子辐射的就是这种波) 展开时, 考虑一般的电磁场特别是辐射场的角动量问题是非常重要的. 对辐射场的角动量和光子的自旋的详尽讨论见 [1, 10].

[25]　　　谐振子的最小能量 (对应于 $n = 0$ 的状态) 等于 $\frac{1}{2}\hbar\omega_0$ (见 (1.39a)). 如果量子化是以从表达式 (1.48) 过渡到 (1.49) 式的方式来进行的, 可以干脆令这个所谓的零点能等于零. 但是, 就其实质而言, 这个办法并不比简单地改变能量标尺的计数起点好到哪里. 而且零点能的出现反映了量子理论与经典理论的深刻区别. 我们所指的是, 谐振子 (为了确定起见, 我们研究的正是这种系统) 在其基态也并不处于静止: 如果测量振子的坐标 $q$, 那么即使是在 $n = 0$ 状态 $q$ 的值一般也不等于零. 这种情景通常是这样描写的: 即使处于基态振子也作零点振动. 我们看到, 可以将这些零点振动的能量

设成零, 但振动本身决不因此而消失. 由此清楚看到, 能量为 (1.49) 式的电磁辐射场, 即使处于所有 $n_{\lambda i} = 0$ 的基态, 也不能认为场消失了——场在能量 $E_n = 0$ 的基态仍然作零点振动 (场 $E$ 和 $H$ 的零点涨落). 场的零点振动是完全真实的——例如, 在置于真空中的宏观物体的影响下零点振动的变化会导致这些物体之间的范德瓦耳斯相互作用 (见第 14 章). 量子场的零点振动当然不是电磁场独有的. 零点振动对任何场——声场、强子场、引力场——都存在, 并且给出真实的效应, 这些在现代物理学中得到越来越多的研究[326].

我们重新研究由场和电荷组成的完整系统. 在非相对论近似下, 系统的哈密顿量为

$$\widehat{\mathscr{H}} = \frac{1}{2m}\left(\widehat{p} - \frac{e}{c}\widehat{A}\right)^2 + e\varphi + \widehat{\mathscr{H}}_{tr}, \tag{1.63}$$

波函数 $\Psi(r, t, q)$ 满足的方程有通常的形式:

$$i\hbar\frac{\partial\Psi}{\partial t} = \widehat{\mathscr{H}}\Psi. \tag{1.64}$$

在用微扰论方法对问题求解时, 哈密顿量表示为以下形式:

$$\left.\begin{aligned}
\widehat{\mathscr{H}} &= \widehat{\mathscr{H}_0} + \widehat{\mathscr{H}'}, \\
\widehat{\mathscr{H}_0} &= \frac{\widehat{p}^2}{2m} + e\varphi + \widehat{\mathscr{H}}_{tr}, \\
\widehat{\mathscr{H}'} &= -\frac{e}{mc}\widehat{p}\cdot\widehat{A} + \frac{e^2}{2mc^2}\widehat{A}^2,
\end{aligned}\right\} \tag{1.65}$$

其中的 $\widehat{\mathscr{H}'}$ 看作扰动.

像上面那样将扰动 $\widehat{\mathscr{H}'}$ 从总哈密顿量中分离出来, 一般而言, 只适用于采取库仑规范 (1.10) 的情况. 这时可以将 $\varphi$ 理解为, 比方说, 原子核的库仑势. 在一般的规范中, 将 (1.63) 式中的 $e\varphi$ 换成 $V + e\varphi$ 更合适, 其中 $V$ 是某种势能 (例如电子与库仑力中心的相互作用能 $V = e\varphi_0 = e^2 Z/r$), 而 $e\varphi$ 是剩余的所有与标量势的相互作用能. 于是 $\widehat{\mathscr{H}_0} = p^2/2m + V$, 而 $e\varphi$ 项则并入 $\widehat{\mathscr{H}'}$ 中 (在库仑规范中这一项可以认为等于零, 因为全部静电相互作用都包括在 $V$ 内).

我们注意到, $\widehat{p}$ 一般和 $\widehat{A}$ 不对易, 因此在 $\widehat{\mathscr{H}'}$ 的表达式中的第一项不应写为 $\frac{e}{mc}\widehat{p}\cdot\widehat{A}$, 而应写成 $\frac{e}{2mc}(\widehat{p}\cdot\widehat{A} + \widehat{A}\cdot\widehat{p})$, 因为只有这样表达式才是厄米的. 但是在横场 ($\operatorname{div} A = 0$) 的情形下 $\widehat{p}\cdot\widehat{A}$ 项和 $\widehat{A}\cdot\widehat{p}$ 项二者相等.

物理结果当然不应取决于对势的规范的选择, 规范的不同选择可以对应于微扰 $\widehat{\mathscr{H}'}$ 的不同表达式. 但是在使用微扰论特别是非定常微扰论的情况下, 当作出各种近似以及使用不同的初始条件时, 却不能认为结果与规

[26]

范或 $\widehat{\mathscr{H}'}$ 的表达式的选择无关是得到自动保证的. 这类问题在文献中已有相当广泛的讨论 (见 [11, 12], 那里列出了一些更早的文献). 但是应当注意, 在解决具体问题时, 在绝大多数情形下微扰论的惯常应用, 如在文献 [1, 10] 中所作并将在下面简单叙述的那样, 并未导致任何误解.

和光与电子相互作用有关的效应与 "电磁相互作用常数" 成正比, 这个常数又叫做 "精细结构常数"

$$\alpha = \frac{e^2}{\hbar c} = \frac{1}{137.036}. \tag{1.66}$$

由于 $\alpha \ll 1$, 电子与电磁场的相互作用在一定意义下是弱相互作用[①]. 因此可以认为, 定态波函数应当与方程

$$\widehat{\mathscr{H}_0}\psi_{n0} = E_{n0}\psi_{n0} \tag{1.67}$$

的解差别不大, 至少在许多情形下这个方程的解可以求出. 特别是, 在不存在外电磁场时

$$\psi_{n0} = \exp\left(\frac{\mathrm{i}\boldsymbol{p}\cdot\boldsymbol{r}}{\hbar}\right) \prod_{\lambda,i} \psi_{n\lambda i}(q_{\lambda i}). \tag{1.68}$$

[27]　　　精确的波函数与方程 (1.67) 的解相差不大, 这可以从考虑氢原子中处于激发态能级上的电子看出. 电子在激发态能级上的寿命的量级为 $10^{-9}\mathrm{s}$, 而在 "轨道上转一圈的周期" 则是 $10^{-15}\mathrm{s}$. 由此, 利用关于能量的测不准关系

$$\Delta E \Delta t \sim \hbar, \tag{1.69}$$

就得到能级宽度为 $\Delta E \sim 10^{-6}\mathrm{eV}$, 而能级之间的间距为电子伏的量级. 这样, 电子在氢原子的激发态能级上的运动便是准稳恒的, 与电子不与辐射场相互作用时的运动相差不大. 其原因前面已说过, 在于电磁相互作用常数 $\alpha = e^2/(\hbar c)$ 比 1 小得多. 如果这种常数的数量级为 1(如核子与介子场相互作用的情形), 那么能级宽度便与能级之间的距离为同一数量级, 这时一般就根本不可能谈什么准稳恒运动了[②].

---

①　这种说法主要上指的是辐射效应, 它当然并不意味着永远可以把电磁相互作用看作微扰. 注意到下面这点已够: 电子和电荷为 $eZ$ 的原子核的静电相互作用由参量 $e^2 Z/(\hbar v)$ 描述, 其中 $v$ 是电子的速度. 对于基态的氢原子, 参量 $e^2/(\hbar v) \sim 1$.

②　在这方面量子理论与经典理论有重大的区别. 在经典理论中, 较强的扰动不会使运动的本性发生任何质的变化. 例如, 处于热平衡中的自由振子的性质与处于稠密气体中的振子 (气体与振子强烈地相互作用) 的性质彼此非常相近. 反之, 在量子理论中, 当扰动导致能级的宽度变得与能级间的距离同数量级时, 运动的属性会发生实质性的改变 (见第 14 章).

因为函数 $\psi_{n0}$ (见 (1.67) 式) 构成完备系, 可以将方程 (1.64) 的解 $\Psi$ 写成以下形式:

$$\Psi = \sum_m b_m(t)\psi_{m0}(\boldsymbol{r})\exp\left[-\frac{\mathrm{i}E_{m_0}t}{\hbar}\right]. \tag{1.70}$$

将 (1.70) 式代入方程 (1.64)(其哈密顿量为 (1.65) 式), 方程的两边乘以 $\psi_{n0}^*$, 对全空间积分, 并考虑到函数 $\psi_{n0}$ 的正交归一性, 我们得到

$$\left.\begin{aligned} \mathrm{i}\hbar\frac{\mathrm{d}b_n(t)}{\mathrm{d}t} &= \sum_m \mathscr{H}'_{nm}b_m(t)\exp\left[\frac{\mathrm{i}}{\hbar}(E_{n0}-E_{m0})t\right], \\ \mathscr{H}'_{nm} &= \int \psi_{n0}^*\widehat{\mathscr{H}'}\psi_{m0}\mathrm{d}V. \end{aligned}\right\} \tag{1.71}$$

设 $t=0$ 时我们有 $b_k = 1$ 及 $b_{n\neq k}=0$. 于是, 再假设在其余一切时刻 $n\neq k$ 的 $b_n$ 都很小并弃去高阶小量, 就得到

$$\mathrm{i}\hbar\frac{\mathrm{d}b_n(t)}{\mathrm{d}t} = \mathscr{H}'_{nk}\exp\left[\frac{\mathrm{i}}{\hbar}(E_{n0}-E_{k0})t\right], \tag{1.72}$$

由此容易求得

$$|b_n(t)|^2 = \frac{2|\mathscr{H}'_{nk}|^2}{(E_{k0}-E_{n0})^2}\left\{1-\cos\left[\frac{(E_{k0}-E_{n0})t}{\hbar}\right]\right\}. \tag{1.73}$$

若在微扰论的一级近似中 $|b_n(t)|^2 = 0$, 则通过相似的程序可以求出下一级 [28] 近似. 例如, 二级近似中的矩阵元的形式为

$$\mathscr{H}'^{(2)}_{nk} = \sum_{n'} \frac{\mathscr{H}'_{nn'}\mathscr{H}'_{n'k}}{E_{k0}-E_{n'0}}. \tag{1.74}$$

(1.73) 式只确定了到达单个末态 (其能量为 $E_{n0}$) 的跃迁概率. 而我们通常感兴趣的是到所有可能状态的跃迁, 即积分

$$\int |b_n(t)|^2\rho(E_{n0})\mathrm{d}E_{n0}. \tag{1.75}$$

式中 $\rho(E_{n0})\mathrm{d}E_{n0}$ 是处于能量区间 $[E_{n0}, E_{n0}+\mathrm{d}E_{n0}]$ 内末态的数目 (假设它们是 "稠密" 分布的). 当 $t$ 趋于无穷时, 积分 (1.75) 等于 (见下面的 (1.84) 式, 更详细可参看文献 [1])

$$\frac{2\pi}{\hbar}|\mathscr{H}'|^2_{E=E_{k0}}\rho(E_{k0})t \tag{1.76}$$

因而单位时间内的跃迁概率由下式给出:

$$W = \frac{1}{t}\int |b_n(t)|^2\rho(E_{n0})\mathrm{d}E_{n0} = \frac{2\pi}{\hbar}|\mathscr{H}'|^2\rho(E_{k0}). \tag{1.77}$$

仅当存在有任意接近 $E_{k0}$ 的 $E_{n0}$ 状态的情况下才发生跃迁, 这已反映在 (1.76) 式中. 从我们上面所说的很清楚, 在计算矩阵元 $\mathscr{H}'_{nn'}$ 时, 必须使用 (1.65) 式, 以及 (1.18) 式、(1.19) 式和 (1.40) 式, 并把 $q$ 理解为算符 $q_{\lambda i}$ (详见文献 [1]).

使用这种简单形式或更复杂一些的微扰论, 使得我们有可能给出辐射理论中各种问题的解答[1, 10]. 但是, 更广泛地应用微扰论却遇到了很大的困难, 这些困难形式上反映为发散 (无穷大) 表达式的出现. 发散 (无穷大) 表达式的产生与电子为点粒子的假设、场有无穷多个自由度等等有关. 这些困难中的某一些并不是由量子化引起的, 它们具有经典本性. 只要回想一下点电荷的静电能是无穷大这一点就够了. 在经典电动力学中我们就学会了如何避开这些困难. 特别是为此使用了质量 "重正化" 方法①. 在量子电动力学中也要对粒子的电荷进行重正化, 并且一般说来情况变得更复杂. 对有关问题在量子电动力学中应用的研究长期以来处于理论物理学关注的中心. 结果取得了很大的进展, 量子电动力学中的无穷大实际上已经被 "清除" 掉了. 发展了一套可以对付所产生的问题的工具, 特别是可以计算极其精细的辐射效应[1, 10].

[29]

本教程不涉及这一范围的任何问题, 但我们希望上面讲的一些内容可能对理解量子电动力学的物理基础有用. 在本书下面的阐述中, 重要的是表述经典电动力学中哈密顿方法和介绍量子电动力学的最基本的方面.

奇怪的是, 哈密顿方法在经典电动力学中过去几乎没有得到应用; 只是在过渡到量子电动力学后它才为众人所知. 但是, 像经常出现的那样, 事后的 "反馈" 开始发挥作用. 具体地说, 是弄清楚了哈密顿方法对于解决一些经典问题非常方便, 特别是在有介质存在时 (见后面第 6 章和第 7 章). 近年来, 随着许多问题看来已经得到解决, 产生了更复杂的新问题, 此外, 还发展了并开始广泛应用许多强有力的数学工具 (如图解技术、格林函数方法等), 哈密顿方法无论在辐射的量子理论还是经典理论中都已淡出人们的视野. 但是我们坚信, 哈密顿方法在直观性、简单性和足够大的普适性方面仍保持着优势, 至少就教学目的而言, 阐述并使用这一方法是完全适当的.

作为示范, 我们借助哈密顿表述来研究振子 (作简谐振动的电荷) 的辐射. 为了定出电磁场, 必须求出展开式 (1.18) 中的 $q_{\lambda i}$, 这些量的运动方程

---

① 就我们所知, "质量重正化" 这一术语本身只是在量子电动力学中作相应的运算时才出现. 这使得人们以为重正化方法是量子理论的产物, 但这个说法至少是不准确的 (见第 2 章).

有 (1.24) 式的形式

$$\ddot{q}_{\lambda i} + \omega_\lambda^2 q_{\lambda i} = e\sqrt{8\pi}(\boldsymbol{e}_\lambda \cdot \boldsymbol{v}(t)) \begin{cases} \cos(\boldsymbol{k}_\lambda \cdot \boldsymbol{r}), \\ \sin(\boldsymbol{k}_\lambda \cdot \boldsymbol{r}), \end{cases} \tag{1.24}$$

其中 $\boldsymbol{r} = \boldsymbol{r}(t)$ 是发出辐射的电荷 $e$ 的径矢; 在振子情况下

$$\boldsymbol{r}(t) = \boldsymbol{a}_0 \sin \omega_0 t, \quad \dot{\boldsymbol{r}}(t) \equiv \boldsymbol{v} = \boldsymbol{v}_0 \cos \omega_0 t = \boldsymbol{a}_0 \omega_0 \cos \omega_0 t. \tag{1.78}$$

(1.24) 式中的宗量 $\boldsymbol{k}_\lambda \cdot \boldsymbol{r}(t)$ 在下面的条件下很小, 这个条件是

$$a_0 \ll \frac{1}{k_0} = \frac{\lambda_0}{2\pi}, \tag{1.79}$$

其中 $\lambda_0$ 是辐射的波长. 使用条件 (1.79), 即假设振子振动的振幅比发射出的波的波长小得多 (对于非相对论振子这永远正确, 因为速度 $v_0 = \omega_0 a_0 \ll c$ 及 $\lambda_0 = 2\pi c/\omega_0$). 于是 (1.24) 式中的 $\boldsymbol{k}_\lambda \cdot \boldsymbol{r}$ 比 1 小得多, 我们有理由令 $\cos(\boldsymbol{k}_\lambda \cdot \boldsymbol{r}) = 1, \sin(\boldsymbol{k}_\lambda \cdot \boldsymbol{r}) = 0$. 因此 $q_{\lambda 2} = 0$, 而 $q_{\lambda 1}$ 则满足方程

$$\ddot{q}_{\lambda 1} + \omega_\lambda^2 q_{\lambda 1} = e(\boldsymbol{e}_\lambda \cdot \boldsymbol{v}_0)\sqrt{8\pi}\cos\omega_0 t. \tag{1.80}$$

[30]

这个方程的满足初条件 $t = 0$ 时 $q_{\lambda 1} = 0, \dot{q}_{\lambda 1} = 0$ 的解的形式为

$$q_{\lambda 1} = \frac{b_\lambda}{\omega_\lambda^2 - \omega_0^2}(\cos\omega_0 t - \cos\omega_\lambda t), \quad b_\lambda = e(\boldsymbol{e}_\lambda \cdot \boldsymbol{v}_0)\sqrt{8\pi}. \tag{1.81}$$

使用别的初条件不会影响我们这里感兴趣的结果——辐射功率的表示式 (1.85) (又见后文).

得到 $q_{\lambda i}$, 我们从而就完全定出了电磁场并能够计算一切别的物理量了. 例如, 求出电荷 (振子) 在单位时间里辐射的能量. 显然, 为此应当按照公式 (1.22) 计算场的能量 $\mathscr{H}_{tr}$, 然后求它在单位时间里的改变, 即 $\mathrm{d}\mathscr{H}_{tr}/\mathrm{d}t$. 这也就是振子在单位时间里辐射的能量.

我们得到 $\mathscr{H}_{tr}$ 的表达式

$$\mathscr{H}_{tr} = \sum_\lambda \left\{ b_\lambda^2 \omega_\lambda^2 \frac{[1 - \cos(\omega_\lambda - \omega_0)t]}{(\omega_\lambda^2 - \omega_0^2)^2} + \cdots \right\}. \tag{1.82}$$

花括号中只写出了使 $\mathscr{H}_{tr}$ 随时间增大的项; (1.82) 中未写出的其他项对于振子在 $t$ 很大时单位时间里辐射的能量的表示式没有贡献 (我们在这里假设 $t$ 很大).

为了计算和式 (1.82), 方便的办法是从求和转换到积分. 这时 (1.82) 式还应当乘上频率处于 $\omega$ 和 $\omega + \mathrm{d}\omega$ 之间的场振子的数目; 这个数目是

$$\frac{\omega^2 \mathrm{d}\omega \mathrm{d}\Omega}{(2\pi c)^3}, \tag{1.83a}$$

其中 $d\Omega$ 是立体角元 (若假设把场装在其内的 "箱子" 的大小 $L$ 不等于 1, 那么在 (1.83a) 式中还要附加一个乘数因子 $L^3$).

这样一来, 从求和到积分的过渡就归结为置换

$$\sum_\lambda \to \frac{1}{2(2\pi c)^3} \int \cdots \omega^2 d\omega d\Omega, \tag{1.83b}$$

这里出现的附加乘数因子 $1/2$ 与以下事实有关: 我们是过渡到对一切方向积分, 而不是对 $\boldsymbol{k}$ 方向的半球积分.

如果考虑到 $t$ 值大时等式

$$\int_{-\infty}^{+\infty} f(\omega) \frac{1 - \cos[(\omega - \omega_0)t]}{(\omega - \omega_0)^2} d\omega = \pi f(\omega_0)t \tag{1.84}$$

成立, 则 (1.82) 式对 $\omega$ 的积分容易求出,

[31]　　　　利用以上全部简单计算的结果, 我们得出振子在单位时间里辐射到立体角 $d\Omega$ 内的能量的表达式为

$$\frac{d\mathscr{H}_{tr}}{dt} = \frac{\mathscr{H}_{tr}}{t} = \frac{e^2 a_0^2 \omega_0^4}{8\pi c^3} \sin^2\theta d\Omega, \tag{1.85}$$

其中 $\theta$ 是振动方向 $\boldsymbol{a}_0$ 与辐射的波矢量 $\boldsymbol{k}_0$ 之间的夹角, 且 $k_0 = \omega_0/c$.

上面所确定的辐射 (即与时间 $t$ 成正比增长的那部分场) 是在方程 (1.24) 右端的 "力" 的频率与场的振子的固有频率 $\omega_\lambda = ck_\lambda$ 相等时产生的. 在这方面作简谐振动的电荷相当典型, 尽管上面研究的偶极近似 (条件 (1.79)) 中只辐射一个频率 $\omega_0$. 我们注意到, 在辐射的量子理论的微扰近似中出现完全相似的情况 (比较 (1.82) 式与 (1.73) 式; 详见文献 [1]). 特别是, 当 "系统"(原子等) 从高能态跃迁到较低的能态时, 在初态没有任何光子的条件下, 也会产生辐射. 这种辐射叫做自发辐射, 从上面的讨论很清楚, 它不具有量子本性 (在经典系统也会产生这种辐射的意义下). 然而, 有一个广泛流传的不正确的看法将自发辐射同只存在于量子图像中的场的零点振动的作用联系在一起. 文章 [13a] 中详细地说明了产生这种误解的原因. 这些原因之一是辐射的经典理论和量子理论中在一些情形下用了不同的研究方法. 这种情况和其他若干一般不引人注意的重要情况, 通过讨论一个概念性问题可以方便地得到阐明. 这个问题就是: 一个匀速运动的电子能够发出辐射吗?

对于这个问题的标准的也可以说是不假思索的答案是否定的. 然而实际上必须对问题附加许多保留条件, 其中某些保留条件并非无足轻重而又往往不被考虑 (从而导致悖论和错误).

首先, 应当明确规定电子① 在其中作匀速运动即以某个常速度 $\boldsymbol{v}$ 运动的参考系. 通常, 若不作补充规定, 这指的是在惯性参考系中的运动. 初始

---

① 当然, 我们这里所指的是某种电荷, 仅仅是为了方便才称之为电子.

的电磁场方程就是在这种参考系中写出的, 我们也只和这种参考系打过交道. 显然, 如果电子是在某个非惯性参考系中运动, 那么相对于惯性系它作加速运动, 并将产生辐射.

其次, 所研究的是在真空中而不是在介质中的匀速运动. 在介质中匀速运动的电子, 既可以发射切连科夫辐射, 还可以发射渡越辐射 (见下面的第 6—8 章).

第三, 假设电子的速度 $v < c$, $c$ 是真空中的光速. 这个条件常常被看成是无关紧要的, 但事实上并非如此. 相对论不变性的要求根本不会得出条件 $v < c$, 特别是, 电磁场方程 (1.1) 在 $v > c$ 时也成立 (而且是相对论不变的). 的确, 不可能把一个有静止质量为 $m$ 的粒子加速到速度 $v \geqslant c$, 这从粒子能量的表达式 $\mathscr{E} = \dfrac{mc^2}{\sqrt{1 - v^2/c^2}}$ 已经清楚可知. 但是, 这并不排除研究一种永远以速度 $v > c$ 运动的粒子 (快子) 的可能性, 这种粒子的能量为 $\mathscr{E} = \dfrac{imc^2}{\sqrt{1 - v^2/c^2}} = \dfrac{mc^2}{\sqrt{v^2/c^2 - 1}}$. 研究速度 $v > c$ 的运动时实际发生的困难与这时因果性原理可能受到破坏有关, 正是它而不是相对论不变性的破坏导致了对 $v < c$ 的要求 (见 [3, 14]). 因此, 快子 (近年来在物理学文献中对它进行了广泛的讨论) 的存在想必是不可能的. 但是, 以速度 $v > c$ 运动的辐射源 (虽然不是单独的粒子) 依然存在. 我们在第 9 章将回到这个话题.

[32]

在作了以上的评论之后, 我们把问题提得更精确些: 一个在惯性参考系中以常速 $v < c$ 在真空中运动的电子能够发射辐射吗?

至少可以给出四种证明, 证明一个电子在这种条件下不会辐射.

头一个、在某种意义上也是逻辑性最强的一个证明是与电磁场方程 (1.1) 在 $v = \mathrm{const}$ 下的解相联系的. 这样的解 (例如见文献 [1—3] 及本书第 3 章) 证实, 在所讨论的情形下不出现辐射场 (即随距离按 $1/R$ 减小并在无穷远处给出能流的场); 同时也看到, 在 $v \geqslant c$ 时会出现辐射.

第二种证明不要求任何计算. 让我们转换到一个参考系, 电子在此参考系中静止 (在 $v = \mathrm{const}$、$v < c$ 的情形下这总是可以做到的). 这样的参考系中显然没有辐射 (电子在全部时间内静止)①. 但是从一个惯性系转换到另一个惯性系并不能引起辐射出现, 这意味着在 $v = \mathrm{const}$ 下也没有辐射. 这个论证的已知弱点与它似乎也能用于 $v > c$ 的情况有关, 这样一来

---

① 事实上这里已预先假设电子会在某个参考系中永远静止, 因此需要作更详细的讨论, 例如下面的讨论. 设电子 (自由荷电粒子) 以速度 $v = \mathrm{const}$ 运动而且不辐射. 然后我们证明, 当我们转换到电子在其中永远静止的参考系时, 这样的解和场方程是相容的, 电子的场是静电场, 没有辐射. 实质上, 这个证明与前一个证明的区别, 仅在于场方程对于静止电荷的解要比对于运动电荷的解简单, 可以认为这个解谁都知道.

就 "证明" 了在那种情形下也没有辐射. 可是在 $v > c$ 时电荷即使在真空中也应发射切连科夫辐射 (这正好是快子理论的困难之一; 又见本书第 9 章). 要解决产生的这个悖论, 是注意到在 $v > c$ 时不可能找到电子在其中静止的参考系.

第三种证明与能量守恒定律和动量守恒定律的使用有关. 最简单的办法 (虽然并不是非这样不可) 是使用量子语言来讨论. 就是说, 如果研究能量为 $\mathscr{E} = \sqrt{m^2 c^4 + c^2 p^2}$ 和动量为 $\boldsymbol{p}$ 的粒子, 那么可以证明, 能量守恒定律和动量守恒定律不允许这个粒子发射能量为 $\hbar \omega \neq 0$ 和动量为 $\hbar \boldsymbol{k} (k = \omega/c)$ 的粒子. 事实上在第 7 章里将用这个证明来讨论介质中辐射的条件. 顺便提到, 在这种处理方式框架内真空中的辐射仅仅是在 $v < c$ 时才不可能; 对于具有能量 $\mathscr{E} = \sqrt{-m^2 c^4 + c^2 p^2}$ 从而速度

$$v = \frac{\partial \mathscr{E}}{\partial p} = \frac{c^2 p}{\sqrt{c^2 p^2 - m^2 c^4}} > c$$

的快子, 守恒定律并不阻止匀速运动的粒子辐射光子.

第 4 种证明基于哈密顿方法的使用. 匀速运动的电子的径矢 $\boldsymbol{r}(t) = \boldsymbol{v}t$, 于是 $\boldsymbol{k}_\lambda \cdot \boldsymbol{r} = \boldsymbol{k}_\lambda \cdot \boldsymbol{v}t$, 即, 场的振子的运动方程 (见 (1.24) 式) 右端出现了频率 $\boldsymbol{k}_\lambda \cdot \boldsymbol{v}$. 而真空中场的振子的固有频率为 $\omega_\lambda = c k_\lambda$, 显然, 在 $v < c$ 时不可能发生共振, 这就意味着, 没有随时间增长的能量 $\mathscr{H}_{tr}$ 的辐射.

于是, 在对问题所作的以上附加条件 (惯性系、真空、速度 $v < c$) 下, 匀速运动的电子不辐射.

如果仅限于我们上面说到的这些内容, 也许根本就用不着在这里讨论这个问题. 然而事情并非如此. 实际上, 在量子电动力学发展的头一阶段, 曾得出过一个离奇的结论, 这个结论说在量子理论中一个匀速运动的电子总是会辐射的. 在一级微扰论框架里作简单计算后, 很容易得出这个结论. 实际上, 令 $t = 0$ 时刻电子匀速运动 (动量 $\boldsymbol{p} = \mathrm{const}$), 并且令横场的能量等于零 (令场的全部振子处于基态, 即所有的 $n_{\lambda i} = 0$). 于是在将相互作用 (比方说相互作用项 $\mathscr{H}'_1 = -\dfrac{e}{mc} \hat{\boldsymbol{p}} \cdot \hat{\boldsymbol{A}}$, 见 (1.65) 式) 考虑进来时, 跃迁到 $n_{\lambda i} = 1$ 的量子态的相应矩阵元便不为零 (见 (1.40) 式), 这意味着, (1.73) 式中的概率 $|b_n(t)|^2$ 也不为零. 的确, 场的能量不会随时间增大 (在 $t \to \infty$ 时), 但总是有某种辐射出现. 我们在这里不作更详细的量子力学计算, 因为所讨论的效应事实上是纯经典的[15]. 实际上, 让我们和上面完全一样地提出问题, 但是在经典电动力学里的哈密顿方法框架内: 在 $t = 0$ 时刻所有 $q_{\lambda i} = 0$ 和 $\dot{q}_{\lambda i} = 0$ 即场等于零的条件下, 对匀速运动的电荷 ((1.24) 式中的 $\boldsymbol{r} = \boldsymbol{v}t$) 求解场的振子 $q_{\lambda i}$ (从而也求解了横场自身). 为了简化, 我们只限

于讨论 $\boldsymbol{k}_\lambda \cdot \boldsymbol{r}(t) = \boldsymbol{k}_\lambda \cdot \boldsymbol{v}t \ll 1$ 的情形 (这种简化对事情实质并无重大影响);
换句话说, 我们假设时间 $t$ 足够小或波长 $\lambda = 2\pi/k$ 足够大. 这时方程 (1.24)
可写成下面的形式:

$$\ddot{q}_{\lambda 1} + \omega_\lambda^2 q_{\lambda 1} = e\sqrt{8\pi}(\boldsymbol{e}_\lambda \cdot \boldsymbol{v}), \quad \ddot{q}_{\lambda 2} + \omega_\lambda^2 q_{\lambda 2} = 0. \tag{1.86}$$

[34]

这个方程满足所述条件的解的形式为

$$q_{\lambda 1} = \frac{e\sqrt{8\pi}}{\omega_\lambda^2}(\boldsymbol{e}_\lambda \cdot \boldsymbol{v})(1 - \cos\omega_\lambda t), \quad q_{\lambda 2} = 0. \tag{1.87}$$

把求得的解代入 (1.22) 式, 得到

$$\mathscr{H}_{tr} = 8\pi e^2 \sum_\lambda \frac{(\boldsymbol{e}_\lambda \cdot \boldsymbol{v})^2}{\omega_\lambda^2}(1 - \cos\omega_\lambda t). \tag{1.88}$$

由求和转为积分 (见 (1.83b) 式), 并对角度和频率 (由 $\omega = 0$ 到某个极大值
$\omega_{\max}$) 进行积分, 得

$$\mathscr{H}_{tr} = \frac{8e^2}{3\pi c^3}\left(\frac{1}{2}v^2\right)\left\{\omega_{\max} - \frac{\sin\omega_{\max}t}{t}\right\}. \tag{1.89}$$

显然, 当 $t$ 很小时 (满足条件 $\omega_{\max}t \ll 1$ 时), 能量 $\mathscr{H}_{tr}$ 与 $t^2$ 成正比, 并且, 与
振子的情况 (见 (1.85) 式) 不同, 量 $\mathrm{d}\mathscr{H}_{tr}/\mathrm{d}t$ 与时间成正比. 当 $t \gg 1/\omega_{\max}$ 时,
能量趋于一个常数极限, 等于 $8e^2\omega_{\max}/3\pi c^2\left(\frac{1}{2}v^2\right)$.

在量子理论中也得到完全一样的结果 (1.89) 式. 这一情况, 以及 (1.89)
式中没有量子常数 $\hbar$, 都使人怀疑在所讨论的问题中是否缺了量子要素. 显
然, 事情的实质在于: 我们假设电子是在作匀速运动, 但是又假设在 $t = 0$
时刻没有横场. 而匀速运动的电子 (如果它在一切时刻一直这样运动的话)
是被它所携带的电磁场包围的, 其中包括横场 (磁场和电场). 我们假设在
$t = 0$ 没有这个场, 然后, 在 $t > 0$ 时由场方程描述, 这在物理上意味着, 在
时刻 $t = 0$ 之前电子是静止的, 而在 $t = 0$ 时被瞬间加速到速度 $\boldsymbol{v}$. 非常自
然, 结果电荷就产生辐射, 首先, 它得 "附上" 自己携带的场来, 其次, 还要
发出由电荷的加速度引起的向无穷远处去的 "真实的" 辐射. 在 (1.87) 式
中, 这一部分横场 (辐射场) 由正比于 $\cos\omega_\lambda t$ 的项表示, 它对应于齐次方程
(1.86) 的解. 由此已经很清楚, 我们这里谈的是自由场的辐射 (或者, 用量
子语言, 光子的发射). 如果将相互作用足够缓慢地 (浸渐地) 加进来, 而电

[35]

子则 (用物理语言说) 足够缓慢地加速, 那么自由场不出现, 仅仅生成电子
携带的场, 在非相对论情形下 ($v \ll c$) 其能量等于

$$\mathscr{H}_{tr} = \frac{4e^2\omega_{\max}}{3\pi c^3}\left(\frac{1}{2}v^2\right)$$

频率 $\omega_{\max} = 2\pi c/\lambda_{\min}$, 其中 $\lambda_{\min}$ 是最短波长. 对于半径为 $r_0$ 的扩展电荷, 显然有 $\lambda_{\min} \sim r_0$ 及 $\mathscr{H}_{tr} = \dfrac{1}{2}m_{\mathrm{em}}v^2$, 这里电磁质量 $m_{\mathrm{em}} \sim e^2/r_0 c^2$, 这是它应取的值.

于是, 匀速运动的电子不辐射必须满足的条件中, 还要加上一条稳恒性的要求, 即要求在全部时间区间 $-\infty < t < +\infty$ 上运动都匀速. 总的来说这个要求是显然的, 并且在某种程度上认为它总是得到满足, 但是在我们刚才提到的量子计算中, 却发现这一点在某种程度上被掩盖了. 哈密顿方法的使用, 以及主要是与之相关的对这个问题的提法 (它类似于在 $t = 0$ 时刻接入相互作用的量子理论处理方法), 使我们能够排除悖论, 并完全阐明事情的本质. 同时变得明显的是, 匀速运动的电荷的场完全不一定是稳恒的. 换句话说, 电荷可能已经作了一段时间的匀速运动了, 但它携带的场仍然还不是稳恒场 (在足够长时间的匀速运动后所存在的场).

上述内容对解决十分实际的物理问题也很重要[15, 16, 12, 327]. 开始时静止的电子或其他带电粒子, 可以由于与别的粒子碰撞在短时间内获得高能量 (即被加速). 这种类型的例子是快速电子被库仑力力心实际上即原子核所引起的大角度弹性散射. 在类似条件下, 被加速的电子在距碰撞发生区域一段距离处的场将与初始静止或作匀速运动的电荷的场不同. 结果, 举例来说, 快速电子在处于其附近的二次散射中心上的再散射将会不同于初次散射, 即使两次散射时速度和瞄准参数是一样的 [16]. 在上面研究的 $t \geqslant 0$ 作匀速运动的电子的例子中, 前已注意到的自由散射场与电子携带的横场之间的区别也表现得特别清楚. 因此, 不需要将任意的横向电磁场等同于光子的集合 (不论有多么奇怪, 忘记这个明显的事实竟成了讲述辐射的量子理论的规范). 我们注意到, 如上述经典电动力学向量子电动力学过渡 (量子化) 所清楚表明的, 量子电动力学的实际建立完全不依赖于没有电荷的假设, 从而与将量子化的横场等同于自由辐射场即光子的集合毫无关系. 因此, 在前后一贯地使用辐射的量子理论的情况下, 自然不会得出任何不正确的结果. 通常存在的忽视任意横场与光子集合之间的区别的可能性与我们在辐射的量子理论中遇到的问题的本性有关 (在绝大多数情况下, 研究的是 $t \to \infty$ 时的场、无穷远处的场, 等等). 但是, 前面已提到过, 毕竟不能永远以这种方式行事 (见 [15, 16, 12, 327]). 还要注意, 我们前面所作的定性说明不仅适用于所讨论的电磁场, 也适用于别的场 (介子场、引力场等等).

[36]

# 第二章
# 辐射反作用

电荷平移运动时辐射的反作用. 磁矩的旋转 (斜磁转子).

若有一个辐射源 (电荷、天线等), 则其上一般必受到辐射的反作用. 最简单和熟知的例子是点电荷的非相对论运动, 它由以下方程描述:

$$m\ddot{\boldsymbol{r}} = \boldsymbol{F}_0 + \frac{2e^2}{3c^3}\,\dddot{\boldsymbol{r}}, \tag{2.1}$$

其中 $\boldsymbol{f} = \dfrac{2e^2}{3c^3}\,\dddot{\boldsymbol{r}}$ 为辐射反作用力 (辐射力, 或辐射阻尼力), $\boldsymbol{F}_0$ 是外力, 当它的本性为纯电磁力时形式为

$$\boldsymbol{F}_0 = e\boldsymbol{E}_0 + \frac{e}{c}\dot{\boldsymbol{r}} \times \boldsymbol{H}_0. \tag{2.2}$$

考虑辐射力的相对论运动方程 (例如见后面第 3 章) 在速度 $v \equiv |\dot{\boldsymbol{r}}| \to 0$ 时过渡到方程 (2.1), 而从方程 (2.1) 得出相对论运动方程则一般无须作任何补充假设. 因此, 对于能够得出和使用方程 (2.1) 的条件的讨论, 与相对论情形有直接关系 (见后面的第 4 章).

如果我们假设外力等于零, 立即就可看清楚方程 (2.1) 不可 "不加思索" 地应用的事实. 这时得出的方程不仅有一个正确的解 $\dot{\boldsymbol{r}} \equiv \boldsymbol{v} \equiv \text{const.}$ (在所考虑的惯性参考系中的匀速运动), 而且还有一个显然不正确的 "自加速" 解

$$\boldsymbol{v} = \boldsymbol{v}_0 \exp\left(\frac{3mc^3}{2e^2}t\right),$$

这里的 "频率" $\Omega_e = 3mc^3/2e^2 = 1.6 \times 10^{23}\ \text{s}^{-1}$.

可以放心地使用方程 (2.1) 的条件是辐射力 $\boldsymbol{f}$ 比外力 $\boldsymbol{F}_0$ 小得多:

$$|\boldsymbol{f}| \ll |\boldsymbol{F}_0|. \tag{2.3}$$

[38]　　　在这种情况下, 力 $\boldsymbol{f}$ 起着微扰的作用, 并且在一级近似下 $m\ddot{\boldsymbol{r}} = \boldsymbol{F}_0$, 在下一级近似下

$$m\ddot{\boldsymbol{r}} = \boldsymbol{F}_0 + \boldsymbol{f}, \quad \boldsymbol{f} = \frac{2e^3}{3mc^3}\ddot{\boldsymbol{E}}_0 + \frac{2e^4}{3m^2c^4}\boldsymbol{E}_0 \times \boldsymbol{H}_0. \tag{2.4}$$

这里为了简单假设 $(v/c)H_0 \ll E_0$. 对于角频率为 $\omega$ 的简谐力, 这时 $\dot{E}_0 \sim \omega E_0$, 条件 (2.3) 等价于要求[①]

$$\frac{\lambda}{2\pi} = \frac{c}{\omega} \gg r_e = \frac{e^2}{mc^2} = 2.82 \times 10^{-13}\text{cm}, \tag{2.5}$$

$$H_0 \ll \frac{m^2c^4}{e^3} = 6 \times 10^{15}\text{Oe}. \tag{2.6a}$$

以后在形如 (2.5) 式的不等式中有时我们将忽略因子 $2\pi$, 这在式中有 $\gg$ 号或 $\ll$ 号时永远是可以的. 注意, 不等式 (2.6a) 也可以写成以下形式:

$$\frac{\lambda_H}{2\pi} = \frac{c}{\omega_H} \gg r_e, \quad \omega_H = \frac{eH_0}{mc} = 1.76 \times 10^7 H_0. \tag{2.6b}$$

如果我们还记得在恒定磁场 $H_0$ 中作非相对论运动的电荷以频率 $\omega_H = eH_0/(mc)$ 旋转并辐射同一频率的电磁波, 这个条件的意义很明显. (2.6) 式的限制实际上并不重要, 因为即使在脉冲星中磁场之值也未必超过 $10^{12}$ 至 $10^{13}$ Oe. 但是必须注意, 与相对论性粒子相应的可以应用辐射力表达式的条件虽然是从 (2.5) 式和 (2.6) 式得出的, 但由于 $\dfrac{\mathcal{E}}{mc^2} = \dfrac{1}{\sqrt{1 - v^2/c^2}}$ 这样的因子的出现, 在定量方面已完全不同 (见第 4 章). 我们还注意到, 以上的讨论没有考虑量子限制. 因此对于电子条件 (2.5)、(2.6) 实质上是虚构的, 因为经典考虑只适用到

$$\lambda \gg \frac{\hbar}{mc} = 3.86 \times 10^{-11} \text{ cm} \tag{2.7a}$$

为止. 上面这个不等式也可以写成

$$\hbar\omega = \frac{2\pi c\hbar}{\lambda} \ll mc^2 = 5.1 \times 10^5 \text{ eV}. \tag{2.7b}$$

---

　　① 这里所有的数值都是对电子给出的 ($e = 4.8 \times 10^{-10}$esu, $m = 9.1 \times 10^{-28}$g). 这里以及应用于电子时都假设各公式中的 $e$ 值为正, 电子的电荷为负的事实在相应的公式中选择符号时考虑. 在 (2.5) 式中考虑了场 $E$ 的简谐特征, 但是这个假设与 (2.6) 式没有关系.

条件 (2.6) 被换成不等式 $\lambda_H \gg \hbar/(mc)$, 它与条件 (2.7) 完全相符. 条件 (2.7) 的意义是可以忽略产生正负电子对的可能性 (包括在居间态中产生的可能性).

但是, 条件 (2.3) 本身又是从何得出的呢? 对这个问题的最佳和最有说服力的回答, 莫过于直接从初始方程亦即场方程 (1.1) 和 "广延" 电荷的运动方程 [39]

$$m\ddot{\boldsymbol{r}} = e \int D(\boldsymbol{r} - \boldsymbol{r}') \boldsymbol{E}(\boldsymbol{r}') \mathrm{d}V' \tag{2.8}$$

导出出运动方程. (2.8) 式中为了简单忽略了磁场的作用 ($v \to 0$ 的情况), 电荷密度 $\rho(\boldsymbol{r}, \boldsymbol{r}') = eD(\boldsymbol{r} - \boldsymbol{r}')$, 其中 $\int D(\boldsymbol{r} - \boldsymbol{r}')\mathrm{d}V' = 1$, $\boldsymbol{r}$ 是电荷中心的位置; 重要的是, (2.8) 式中的场 $\boldsymbol{E}(\boldsymbol{r}')$ 是总电场, 等于外场 $\boldsymbol{E}_0$ 和电荷自身的固有电场 $\boldsymbol{E}'(\boldsymbol{r}')$ 之和. 如果表征外场的波长满足条件 (2.5), 那么可以把 $\boldsymbol{E}_0$ 从 (2.8) 式的积分号下移出. 至于固有电场 $\boldsymbol{E}'$, 则考虑它或者方便时干脆消去它将得出辐射力的表示式. 例如文献 [1, 4] 给出了通常的相当繁杂的消去 $\boldsymbol{E}'$ 的办法; 我们这里用哈密顿方法来完成这一计算[17, 18], 这会有助于我们阐明一些通常忽略了的情况, 更重要的是, 这样做能直接过渡到磁矩运动时的辐射反作用问题.

为方便起见, 像以前常做并且以后将要做的那样, 我们再次给出在第 1 章已经给出的基本方程, 不过作一些明显的记号上的改变, 从 (2.8) 式和对该方程的说明中可以清楚看到这些改变. 我们有

$$\boldsymbol{E}' = -\frac{1}{c}\frac{\partial \boldsymbol{A}}{\partial t}, \quad \boldsymbol{A} = \sum_\lambda \sqrt{8\pi}ce_\lambda[q_{\lambda 1}\cos(\boldsymbol{k}_\lambda \cdot \boldsymbol{r}) + q_{\lambda 2}\sin(\boldsymbol{k}_\lambda \cdot \boldsymbol{r})], \tag{2.9}$$

$$\left.\begin{array}{l} \ddot{q}_{\lambda 1} + \omega_\lambda^2 q_{\lambda 1} = \sqrt{8\pi}e(\boldsymbol{e}_\lambda \cdot \dot{\boldsymbol{r}}(t)) \int D(\boldsymbol{r} - \boldsymbol{r}')\cos(\boldsymbol{k}_\lambda \cdot \boldsymbol{r}')\mathrm{d}V', \\ \ddot{q}_{\lambda 2} + \omega_\lambda^2 q_{\lambda 2} = \sqrt{8\pi}e(\boldsymbol{e}_\lambda \cdot \dot{\boldsymbol{r}}(t)) \int D(\boldsymbol{r} - \boldsymbol{r}')\sin(\boldsymbol{k}_\lambda \cdot \boldsymbol{r}')\mathrm{d}V'. \end{array}\right\} \tag{2.10}$$

(2.8) 式中的场 $\boldsymbol{E}'$ 的纵向部分不起作用, 因为它对作用在电荷整体上的力没有贡献; 因此在 (2.9) 式中事实上取 $\boldsymbol{E}' = \boldsymbol{E}'_{tr}$.

可以在一般形式下求方程组 (2.10) 的积分. 不过我们对依赖于形状因子 $D$ 的数值系数不感兴趣. 因此我们将干脆假设 (2.10) 式右端的积分对于波长 $\lambda = 2\pi/k_\lambda < \lambda_{\min} = 2\pi c/\omega_{\max} \sim r_0$ 为零, 其中 $r_0$ 是电荷的半径. 其次, 当 $\omega_\lambda < \omega_{\max}$ 时可令

$$\int D\cos(\boldsymbol{k}_\lambda \cdot \boldsymbol{r}')\mathrm{d}V' = 1, \quad \int D\sin(\boldsymbol{k}_\lambda \cdot \boldsymbol{r}')\mathrm{d}V' = 0.$$

对静止的电荷这种可能性是显然的, 因为这时 $r' = 0$ (由于如上所述, $r'$ 与 $r$ 的大小之差为 $r_0$ 的量级, 而这一差别在 $\omega < \omega_{\max}$ 时不起作用). 在所研究的电荷缓慢运动的情况下, 上述近似的成立 (且不说它得到结果的证实) 是以不等式 $\omega_\lambda v/c \ll \omega_\lambda$ 得到遵守为条件的. 原因是在作代换 $r' \approx r = vt$ 时, 方程 (2.10) 的右端出现了一个 $\omega_\lambda v/c$ 量级的频率, 而场的振子的固有频率等于 $\omega_\lambda$. 结果, 考虑了方程组 (2.10) 右端对时间的依赖关系后, 下面给出的 (见 (2.13) 式) 方程组 (2.10) 中第一个方程的积分的改变很少.

依照上述方式, 我们从 (2.8)—(2.10) 式得到

$$m\ddot{\boldsymbol{r}} = e\boldsymbol{E}_0 - e\sqrt{8\pi} \sum_\lambda \boldsymbol{e}_\lambda \dot{q}_{\lambda 1}, \tag{2.11}$$

$$\ddot{q}_{\lambda 1} + \omega_\lambda^2 q_{\lambda 1} = \sqrt{8\pi} e(\boldsymbol{e}_\lambda \cdot \dot{\boldsymbol{r}}(t)). \tag{2.12}$$

这里也考虑了在所作近似中可以令 $q_{\lambda 2} = 0$ 及 $\boldsymbol{A} = (8\pi)^{1/2} c \sum_\lambda \boldsymbol{e}_\lambda q_{\lambda 1}$. 若初始条件为在 $t = 0$ 时被自己携带的场包围的粒子作匀速运动, 则满足这个条件的方程 (2.12) 的解的形式为

$$q_{\lambda 1} = \frac{e\sqrt{8\pi}}{\omega_\lambda^2}(\boldsymbol{e}_\lambda \cdot \dot{\boldsymbol{r}}(0)) \cos \omega_\lambda t + \frac{e\sqrt{8\pi}}{\omega_\lambda} \int_0^t (\boldsymbol{e}_\lambda \cdot \dot{\boldsymbol{r}}(\tau)) \sin \omega_\lambda (t - \tau) \mathrm{d}\tau. \tag{2.13}$$

把 (2.13) 式代入 (2.11) 式, 从对 $\lambda$ 求和转化为对 $\omega$ 和对角度求积分 (参看 (1.83) 式), 然后作一些简单运算 (对角度积分及对积分作变换), 最终得到

$$
\begin{aligned}
m\ddot{\boldsymbol{r}} &= e\boldsymbol{E}_0(\boldsymbol{r}) - \frac{4e^2 \omega_{\max}}{3\pi c^3}\ddot{\boldsymbol{r}} + \frac{4e^2}{3\pi c^3}\ddot{\boldsymbol{r}}(0)\frac{\sin \omega_{\max} t}{t} + \\
&\quad \frac{4e^2}{3\pi c^3}\int_0^t \int_0^{w_{\max}} \dddot{\boldsymbol{r}}(\tau) \cos \omega (t - \tau)\mathrm{d}\omega \mathrm{d}\tau \\
&= e\boldsymbol{E}_0(\boldsymbol{r}) - m_{\mathrm{em}}\ddot{\boldsymbol{r}} + \frac{2e^2}{3c^3}\dddot{\boldsymbol{r}} + \frac{4e^2}{3\pi c^3}\ddot{\boldsymbol{r}}(0)\frac{\sin \omega_{\max} t}{t} + \\
&\quad \text{一些随着 } \omega_{\max} \sim r_0/c \to \infty \text{ 而趋于零的项.}
\end{aligned}
\tag{2.14}
$$

电磁质量 $m_{\mathrm{em}} = 4e^2 \omega_{\max}/(3\pi c^3) \sim e^2/(r_0 c^2)$ 随 $r_0 \to 0$ 而趋于 $\infty$. 含 $m_{\mathrm{em}}$ 的项出现在 (2.14) 式中表明, 在经典理论中就已经必须进行质量重正化. 这种重正化归结为: 总质量 $m + m_{\mathrm{em}}$ 应当等于观察到的粒子的质量[①]. 辐射力 $\boldsymbol{f} = (2e^2/3c^3)\dddot{\boldsymbol{r}}$ 与 $r_0$ 无关, 因此与任何关于电荷结构的假设无关. 但是, 这个力并不是唯一的反作用力. 首先, 还有正比于 $(\sin \omega_{\max} t)/t$ 的另一项

---

① 这么做不仅是可能的, 而且是必须的, 因为 "裸" 质量 $m$ 和电磁质量 $m_{\mathrm{em}}$ 从来都不单独出现, 也不能分别单独测量 (这在外场特征频率 $\omega \ll \omega_{\max}$ 的一切情况下都成立, 我们假设的就是这种情况).

出现, 它在 $t$ 小的情况下是重要的. 总之已经清楚, 不允许简单地在任意初始条件下对方程 (2.1) 积分, 因为在 $t \to 0$ 时它不适用. 故而就不会产生与出现 "自加速" 解和别的不正确的解有关的困难 (详见文献 [19, 20]). 其次,(2.14) 式中没有写出来的量级为 $(r_0/\lambda)$、$(r_0/\lambda)^2$ 等的项只是在 (2.5) 式那样的条件下才小于 $f$, 这导致 (2.3) 式的要求. 这样一来, 正是将辐射力作为微扰的处理方式使我们能够放心地使用运动方程 (2.1); 这个方程的意义及其适用的界限已相当清楚. [41]

人们曾耗时费力, 试图证明可以把方程 (2.1) 及其相对论推广 (见第 3 章的方程 (3.11)) 作为精确方程应用于点电荷, 并且为了消除 "自加速" 解而不得不加上这个或那个补充条件. 这个实际上产生于 20 世纪初的问题, 一直到今天都不断吸引着人们的注意 (作为实例我们特引证专著 [4, 21] 和文章 [22–29]; 广延的带电粒子模型仍然继续得到研究[30–32, 328]). 这种局面显然反映了这一问题至今仍未完全搞清楚. 因为这里所说的是点粒子, 或者充其量是其尺寸在某种意义上趋于零或小得可以忽略的粒子 (电荷), 解决物理问题时必须考虑量子效应. 因此, 如果存在有一个前后一致的相对论性量子理论 (在现有情况下就是量子电动力学), 那么经典运动方程及其适用范围在原则上就能够通过从量子理论到经典理论的极限过渡得到. 在这个方向上已经有了一些结果[33–36], 但整体图像尚不清楚. 这一方面反映了现有的量子电动力学尽管取得巨大的成就[1, 19], 但其本身并不是完全前后一致和自成体系的 (这里所指的是进行重正化的必要性, 在足够小的距离上还得考虑非电磁相互作用的必要性以及别的一些方面). 另一方面, 对于过渡到 (2.1) 式和 (3.11) 式类型的方程以及到经典极限的过渡的分析还没有受到特别注意, 因为进行这种分析在技术上不容易, 而它看来又没有什么实际价值. 原因在于我们还不知道有什么经典问题不能把辐射力当作微扰 (在电荷静止的坐标系内); 换句话说, 尚未产生对含辐射力的经典运动方程作某种精确化或推广的需求.

对辐射反作用问题的分析使我们再一次强调有场存在时 (或更准确地说是计及场的贡献时 —— 因为在运动的带电粒子周围永远有一个横场) 粒子的速度 $\boldsymbol{v} \equiv \dot{\boldsymbol{r}} = m^{-1}(\boldsymbol{p} - e\boldsymbol{A}/c)$ 与其广义动量 $\boldsymbol{p}$ 之间的区别. 实际上,(2.11) — (2.14) 诸式是在忽略固有场的矢量势 $\boldsymbol{A}$ 对坐标 $\boldsymbol{r}$ 的依赖关系的情况下得到的. 与此同时, 在一般情形下有 (见 (1.31) 式)

$$
\left.\begin{aligned}
\dot{\boldsymbol{p}} &= -\frac{\partial \mathscr{H}}{\partial \boldsymbol{r}} = -\operatorname{grad}\left\{\frac{1}{2m}\left(\boldsymbol{p} - \frac{e}{c}\int \boldsymbol{A}(\boldsymbol{r}', t)D(\boldsymbol{r} - \boldsymbol{r}')\mathrm{d}V'\right)^2\right\}, \\
\dot{\boldsymbol{r}} &= \frac{\partial \mathscr{H}}{\partial \boldsymbol{p}} = \frac{1}{m}\left\{\boldsymbol{p} - \frac{e}{c}\int \boldsymbol{A}(\boldsymbol{r}', t)D(\boldsymbol{r} - \boldsymbol{r}')\mathrm{d}V'\right\},
\end{aligned}\right\} \quad (2.15)
$$

[42]

其中我们没有考虑外力 $F_0$ 的作用. 显然, 在 $A(r', t)$ 与 $r'$ 无关时完全不存在辐射场对动量的反作用 (即 $\dot{p} = 0$ 或者在考虑外场时 $\dot{p} = F_0$), 而此时对粒子速度而言辐射反作用依然保留并且在所指出的极限内由方程 (2.1) 描述. 不能将这个结果看作悖论, 因为带电粒子的动量 $p = mv + \dfrac{e}{c}A$ 是 "机械" 动量 (或称动理学动量) $mv$ 与电磁场动量之和, 电磁场动量与以非相对论速度 $v \ll c$ 运动的电荷的场和外磁场 $H = \text{rot}\, A$ 有关 (详见第 1 章中 (1.31) 式后所作的说明).

另一方面, 在量子理论中处于中心地位的正好是粒子的动量, 故在比较量子和经典表达式时, 必须记住带电粒子的动量与 $mv$ 的差异.

我们现在转而讨论辐射对磁矩的反作用问题, 亦即在经典理论框架内辐射对一个具有磁矩的物体或互相耦合的粒子系的作用的问题. 对这个问题的分析是在讨论基本粒子模型时出现的[18], 它对脉冲星的解释具有特别的意义, 在一定近似下认为脉冲星是一个旋转的磁偶极子, 或有时称之为斜磁转子[37-39]. 于是我们现在来研究某个具有机械角动量 $J$ 和磁矩 $m$ 的物体 (陀螺、转子), 其中转子的磁化强度 $M = mD(r), \int D(r)\mathrm{d}V = 1$; 转子的质心位于 $r = 0$, 并认为质心是静止不动的.

角动量 $J$ 的运动方程组以及在这些条件下场的方程组如下:

$$\dot{J} = m \times H_0 + \int [m \times H'(r)]D(r)\mathrm{d}V, \tag{2.16}$$

$$\Box A = -4\pi \,\text{rot}\, M = 4\pi m \times \nabla D, \quad H' = \text{rot}\, A, \tag{2.17}$$

这里假设外场 $H_0$ 在转子内是均匀的, 并且暂且假设转子不带电, 也不携带与磁化强度 $M$ 无关的某种电流. 将 $A$ 用 (2.9) 式展开, 从 (2.17) 式得到

$$\left.\begin{aligned}
\ddot{q}_{\lambda 1} + \omega_\lambda^2 q_{\lambda 1} &= -\sqrt{8\pi}c \int e_\lambda \cdot [m \times \nabla D(r)] \cos(k_\lambda \cdot r)\mathrm{d}V \\
&= -\sqrt{8\pi}c\, e_\lambda \cdot (m \times k_\lambda) \int D(r) \sin(k_\lambda \cdot r)\mathrm{d}V, \\
\ddot{q}_{\lambda 2} + \omega_\lambda^2 q_{\lambda 2} &= \sqrt{8\pi}c\, e_\lambda \cdot (m \times k_\lambda) \int D(r) \cos(k_\lambda \cdot r)\mathrm{d}V.
\end{aligned}\right\} \tag{2.18}$$

[43]　因为假设函数 $D$ 仅仅在大小为转子半径 $r_0$ 的数量级的区域内才不为零, 故 (2.18) 式中有可能进行分部积分 (从 $\nabla D$ 过渡到 $D$), 根据同样的理由, 可以在 $\omega_\lambda < \omega_{\max} \approx 2\pi c/r_0$ 时令

$$\int D \sin(k_\lambda \cdot r)\mathrm{d}V = 0 \text{ 及 } \int D \cos(k_\lambda \cdot r)\mathrm{d}V = 1,$$

以及在 $\omega_\lambda > \omega_{\max}$ 时令

$$\int D\cos(\boldsymbol{k}_\lambda \cdot \boldsymbol{r})\mathrm{d}V = 0.$$

当然, 用这种办法是不能精确算出各个系数的, 这些系数中包含有参量 $r_0$ 且一般而言依赖于形状因子 $D$.

采用以上方法, 可以假设 $q_{\lambda 1} = 0$, 而对 $q_{\lambda 2}$ 则用方程 (见 (2.18) 式)

$$\ddot{q}_{\lambda 2} + \omega_\lambda^2 q_{\lambda 2} = \sqrt{8\pi}\, c\boldsymbol{e}_\lambda \cdot [\boldsymbol{m}(t) \times \boldsymbol{k}_\lambda], \quad \omega_\lambda < \omega_{\max}. \tag{2.19}$$

这一方程的解的形式为

$$q_{\lambda 2} = \frac{\sqrt{8\pi}\, c}{\omega_\lambda^2}\boldsymbol{m}(0) \cdot (\boldsymbol{k}_\lambda \times \boldsymbol{e}_\lambda)\cos\omega_\lambda t +$$
$$\frac{\sqrt{8\pi}\, c}{\omega_\lambda}\int_0^t \boldsymbol{e}_\lambda \cdot [\boldsymbol{m}(\tau) \times \boldsymbol{k}_\lambda]\sin\omega_\lambda(t-\tau)\mathrm{d}\tau, \tag{2.20}$$

其中假设在 $t = 0$ 时刻场 $\boldsymbol{H}'$ 对应于静止磁矩 $\boldsymbol{m}(0)$.

借助于 (2.20) 式, 容易求出场

$$\boldsymbol{H}' = \mathrm{rot}\,\boldsymbol{A}, \quad \boldsymbol{A} = \sqrt{8\pi}\, c\sum_\lambda \boldsymbol{e}_\lambda q_{\lambda 2}\sin(\boldsymbol{k}_\lambda \cdot \boldsymbol{r})$$

并将它们代入 (2.16) 式. 之后进行一些简单的运算 (类似于前面所述的对电荷所作的运算), 我们即可得到运动方程 (其中 $\boldsymbol{m} = \boldsymbol{m}(t)$, $\dot{\boldsymbol{m}} = \mathrm{d}\boldsymbol{m}/\mathrm{d}t$, 其他量类似)

$$\dot{\boldsymbol{J}} = \boldsymbol{m} \times \boldsymbol{H}_0 - \frac{4\omega_{\max}}{3\pi c^3}\boldsymbol{m} \times \ddot{\boldsymbol{m}} + \frac{2}{3c^3}\boldsymbol{m} \times \dddot{\boldsymbol{m}} +$$
$$\frac{4}{3\pi c^3}\boldsymbol{m} \times \left[\ddot{\boldsymbol{m}}(0)\frac{\sin\omega_{\max}t}{t} + \dot{\boldsymbol{m}}(0)\frac{\mathrm{d}}{\mathrm{d}t}\left(\frac{\sin\omega_{\max}t}{t}\right)\right] +$$
$$\text{当 } \omega_{\max} \sim c/r_0 \to \infty \text{ 时趋于零的项.} \tag{2.21}$$

若弃去与初始条件相关的项和在 $r_0 \to 0$ 时消失的项, 则运动方程的化简为

$$\left.\begin{aligned} \dot{\boldsymbol{J}} &= \boldsymbol{m} \times \boldsymbol{H}_0 - \boldsymbol{L} + \mathscr{R}, \\ \boldsymbol{L} &= \frac{4\omega_{\max}}{3\pi c^3}\boldsymbol{m} \times \ddot{\boldsymbol{m}}, \quad \mathscr{R} = \frac{2}{3c^3}\boldsymbol{m} \times \dddot{\boldsymbol{m}}. \end{aligned}\right\} \tag{2.22}$$

上式第一行右端的相加项 $\mathscr{R}$ 是辐射阻尼力的矩, 它是耗散的. 在稳恒条件下或对时间求平均, 力矩 $\mathscr{R}$ 所作的功等于辐射出去的能量, 如同辐射阻尼力 $\boldsymbol{f}$ 的情况一样 (详见第 3 章). 例如, 令磁矩 $\boldsymbol{m}$ 大小恒定, 方向垂直于转

[44]

子的转轴 ($\boldsymbol{m} = \boldsymbol{m}_\perp$, $\boldsymbol{m}_{\perp x} = \boldsymbol{m}_{0\perp}\cos(\Omega t)$, $\boldsymbol{m}_{\perp y} = \boldsymbol{m}_{0\perp}\sin(\Omega t)$, 角速度 $\Omega$ 的方向沿 $z$ 轴). 于是辐射功率等于

$$\mathscr{P} = \frac{2}{3c^3}(\ddot{\boldsymbol{m}})^2 = \frac{2\Omega^4 m_{0\perp}^2}{3c^3}. \tag{2.23}$$

在这些条件下, $\mathscr{R} = (2/3c^3)\boldsymbol{m}_\perp \times \dddot{\boldsymbol{m}}_\perp$, 所作的功 $\mathscr{R}\Omega$ 正好等于 (2.23) 式的结果. (2.22) 式中的 $\boldsymbol{L}$ 项是守恒的, 显然有

$$\boldsymbol{L} = \dot{\boldsymbol{J}}_{\mathrm{m}}, \quad \boldsymbol{J}_{\mathrm{m}} = \frac{4\omega_{\max}}{3\pi c^3}\boldsymbol{m} \times \dot{\boldsymbol{m}}; \tag{2.24}$$

亦即 $\boldsymbol{J}_{\mathrm{m}}$ 是某种具有电磁起源的角动量. 从方程 (2.21) 的推导可知, 与电荷的情况完全相似 (见 (2.11) 式), 在方程 (2.22) 中必须假设磁矩的旋转频率 $\Omega \ll \omega_{\max} \approx 2\pi c/r_0$. 因此在 (2.22) 式中就绝对大小而言有 $\boldsymbol{L} \gg \mathscr{R}$. 但是同时角动量 $\boldsymbol{J}_{\mathrm{m}}$ 与机械角动量 $\boldsymbol{J}$ 相比可以很小 (例如, 在脉冲星中情况就是如此; 见 [37]). 如此一来, 关于考虑还是不考虑 $\boldsymbol{L}$ 和 $\mathscr{R}$ 项的问题便由问题的特征来决定. 在上面举的计算磁偶极子的辐射的例子中, $\boldsymbol{L}$ 项不起作用 (见 [18]). 但如果要研究电磁波在磁偶极子上的散射, 则要反过来, $\boldsymbol{L}$ 项较之于 $\mathscr{R}$ 项更占主导地位 (见文献 [18]).

在 (2.22) 式中出现 $\boldsymbol{L}$ 项有些出人意料, 因为根据与电荷情况的类比, 可能会期待考虑自有场后将导致出现一项与 $\dot{\boldsymbol{J}}$ 或 $\dot{\boldsymbol{m}}$ 成正比的项以模拟它们给出的贡献. 如果研究不仅有磁矩而且还有电荷分布密度 $eD(r)$ 的转子, 情况就会得以澄清. 计算这种转子的电磁角动量

$$\boldsymbol{J}_{\mathrm{em}} = \frac{1}{4\pi c}\int \boldsymbol{r} \times (\boldsymbol{E} \times \boldsymbol{H})\mathrm{d}V, \tag{2.25}$$

并且为了简化, 假设转子是一个半径为 $r_0$ 的球, 球外的场是位于球心的电荷 $e$ 和磁偶极子 $\boldsymbol{m}$ 的场, 最后假设球内的电场等于零 (这样的模型是完全现实的, 它相当于一个良好导电的带电磁化球). 此时通过不复杂的计算 (见文献 [39]) 得出的结果为

$$\boldsymbol{J}_{\mathrm{em}} = \boldsymbol{J}_{\mathrm{e}} + \boldsymbol{J}_{\mathrm{m}}, \quad \boldsymbol{J}_{\mathrm{e}} = \frac{2e\boldsymbol{m}}{3r_0 c}, \quad \boldsymbol{J}_{\mathrm{m}} = \frac{2}{3r_0 c^2}\boldsymbol{m} \times \dot{\boldsymbol{m}}. \tag{2.26}$$

[45]　　角动量 $\boldsymbol{J}_{\mathrm{m}}$ 与以上得到的相同 (见 (2.24) 式, 那里为了完全一致必须令 $\omega_{\max} = \pi c/2r_0$), 而角动量 $\boldsymbol{J}_{\mathrm{e}}$ 实际上正比于 $\boldsymbol{m}$ (这意味着在 (2.22) 式类型的方程中出现了与 $\dot{\boldsymbol{m}}$ 成正比的项). 如果磁矩 $\boldsymbol{m}$ 与机械角动量 $\boldsymbol{J}$ 成正比 (常常如此), 那么电磁角动量 $\boldsymbol{J}_{\mathrm{e}}$ 事实上就不起任何作用——它必须与 $\boldsymbol{J}$ 结合在一起, 并且总角动量必须 "重正化", 让它与观测值相等 (这里我们

指的是 "点" 粒子); 对于具有 $\boldsymbol{m} = \kappa \boldsymbol{J}$ 的宏观转子, 简单地有

$$\boldsymbol{J}_{\mathrm{e}} = \frac{2e\kappa}{3r_0 c} \boldsymbol{J}, \quad \boldsymbol{J} + \boldsymbol{J}_{\mathrm{e}} = \left(1 + \frac{\kappa}{\kappa_{\mathrm{e}}}\right) \boldsymbol{J},$$

其中在条件 (2.26) 下 $\kappa_{\mathrm{e}} = m/J_{\mathrm{e}} = 3r_0 c/2e \sim e/(m_{\mathrm{em}}c)$, 因为电磁质量 $m_{\mathrm{em}} \sim e^2/(r_0 c^2)$. 对于不带电的磁转子电磁角动量完全归结为 $\boldsymbol{J}_{\mathrm{m}}$, 而且计及这个角动量的贡献在原则上能够根本改变转子的动力学 (见 (2.22) 式).

　　结束本章时需要指出, 在以后各章中我们还会碰到辐射反作用问题的另一些方面. 这时, 像上面一样, 我们所指的仅仅是电磁场. 可是, 任何场的辐射自然都会产生反作用, 特别是在辐射引力波时. 引力波辐射的结果会使双星系统的轨道周期减小, 因为两颗星会相互越来越靠近. 由于引力相互作用相对弱, 通常的双星系统的引力辐射功率非常之小 (更不用提太阳系了), 至今尚未观察到相应的效应, 不过有一个例外. 这个例外是发现了脉冲双星 PSR 1913 + 16 (这个双星系统由一颗脉冲星——迅速旋转的磁化的中子星和一颗 "普通" 恒星构成) 的轨道运动的周期变化[40], 这个变化与我们在广义相对论 (众所周知它是一个十分具体的引力场理论) 中期望的变化相一致[21]. 有大量的工作[①]探讨广义相对论和别的引力场理论中的辐射反作用问题. 这里只限于引用不久前发表的几篇文献[41].

---

　　① 现有的一切资料都证实广义相对论的有效性[42, 43]. 但是, 还不能认为这个理论是一个已得到很好证实的理论 (在与观察结果相符的意义上), 特别是在强引力场的情形. 因此对别的引力场理论开展了研究. 例如, 也讨论了用度规张量 $g_{ik}$ 和某个标量 $\chi$ 描述引力场的理论 (而广义相对论中只用 $g_{ik}$ 张量描述引力场[2]). 有关与广义相对论不同的引力场理论见文献 [42]、[43]. 在这些理论里, 引力波辐射及其对辐射体的反作用, 一般而言当然与广义相对论里的不同. 因此上面提到的关于双脉冲星 PSR 1913 + 16 的数据[40] 在一定程度上证实了广义相对论.

# 第三章
# 匀加速电荷

电荷匀加速运动时的辐射和辐射力. 考虑辐射反作用时的相对论性运动方程. 电荷和场的能量守恒定律.

物理学中有一些确实可称为 "永恒的" 问题, 它们年年岁岁翻来覆去地在科学文献中受到讨论. 仅仅在经典电动力学这一个领域, 就可以举出电磁质量、考虑辐射阻尼力时运动方程的精确解 (见第 2 章)、介质中能量–动量张量表示式的选择 (见第 13 章) 和电荷作匀加速运动时的辐射和辐射反作用等问题.

匀加速电荷的场于 1909 年首次得到研究[44], 后来不止一次地发表过关于这个题目的论断, 有时这些论断是互相矛盾的 (见文献 [3] 中的 §32 及文献 [21, 36, 45–56], 那里还引用了别的许多论文).

匀加速运动电荷的辐射问题和别的 "永恒问题" 并没有急迫的现实意义, 或者从实用观点看已经得到了足够的阐明. 只有这个原因才能解释为什么在这样长的一段时期之后这些一般带有教学或方法论性质的问题仍然还存在一些含糊之处. 然而, 忽略这些方法论问题有时也会遭到报应, 它导致产生误解以及一些错误的研究工作出现在很有名望的科学期刊上 (下面我们事实上会提到这样的一些例子, 不过将避免对有错误的文章作公开引述). 事情的另一方面, 是有时也会出现一些新问题, 在分析这些问题时, 这个或那个 "永恒问题" 会成为关注的中心. 就匀加速运动电荷的辐射而言, 这种情况的出现与对近年来理论物理学领域内最重大的事件之一的讨论有关——那就是黑洞 "蒸发" 的发现 (见文献 [57]). 这个量子效应是和强引力场中粒子的产生 (特别是光子的产生亦即电磁波的辐射) 相关的. 但是按照等效原理, 均匀且在时间上恒定的引力场对一切现象和过程的作用, 与在一个相对于惯性参考系作匀加速运动但是没有引力场的参考系中观察这些现象和过程的效果完全相同. 因此很自然在引力场中观察到的量子效应, 在一定限度内也会在匀加速参考系内发生[58]. 本章中我们感兴趣的惯性参考系中匀加速运动电荷的辐射, 当然与在匀加速运动的参考系中静止电荷的行为直接相关. 因此十分清楚, 匀加速运动电荷辐射的问题对讨论引力场中和加速参考系中的某些量子效应至关重要. 这一类问题已超出本书的范围 (见文献 [58, 329]). 加速运动的电荷的质量变化问题也同样[59]. 这里我们仅讨论更简单的问题.

在匀加速运动电荷辐射问题中出现的最基本、但实质上是最重要的困难在于: 在匀加速运动下, 按定义有 $\dot{\boldsymbol{v}} =$ 常量及 $\ddot{\boldsymbol{v}} \equiv \dddot{\boldsymbol{r}} = 0$, 这意味着辐射力 $\boldsymbol{f} = \dfrac{2e^2}{3c^3}\ddot{\boldsymbol{v}}$ 等于零 (我们现在只限于非相对论情况). 与此同时, 根据已知的辐射功率公式 (有时称为拉莫尔公式)

$$\mathscr{P} = \frac{2e^2}{3c^3}(\dot{\boldsymbol{v}})^2. \tag{3.1}$$

显然, 对于匀加速运动功率 $\mathscr{P} \neq 0$, 这就发生了问题: 如果辐射阻尼力等于零, 电荷又怎么能辐射呢?

在一般情况下, 辐射阻尼力在单位时间内所作功 $-\boldsymbol{v} \cdot \boldsymbol{f}$ 也不等于 $\mathscr{P}$ (这里取负号与乘积 $\boldsymbol{v} \cdot \boldsymbol{f}$ 是粒子能量的减小而功率 $\mathscr{P}$ 为正的有关, 见后). 但是对于周期运动 (或对于足够长的时间间隔) 的时间平均保持能量平衡. 实际上, $\boldsymbol{v} \cdot \ddot{\boldsymbol{v}} = \dfrac{\mathrm{d}}{\mathrm{d}t}(\boldsymbol{v} \cdot \dot{\boldsymbol{v}}) - (\dot{\boldsymbol{v}})^2$, 并且在条件 $(\boldsymbol{v} \cdot \dot{\boldsymbol{v}})_{t_1}^{t_1+T} \equiv (\boldsymbol{v} \cdot \dot{\boldsymbol{v}})_{t=t_1+T} - (\boldsymbol{v} \cdot \dot{\boldsymbol{v}})_{t=t_1} = 0$ 下, 我们得到

$$-\int \boldsymbol{v} \cdot \boldsymbol{f} \mathrm{d}t \equiv -\frac{2e^2}{3c^3}\int \boldsymbol{v} \cdot \ddot{\boldsymbol{v}}\mathrm{d}t = \frac{2e^2}{3c^3}\int (\dot{\boldsymbol{v}})^2 \mathrm{d}t \equiv \int \mathscr{P}\mathrm{d}t, \tag{3.2}$$

其中对时间的积分在积分限 $t_1$ 到 $t_1 + T$ 内进行, $T$ 是运动的周期.

在多数情形下, 能量的时间平均值保持不变已足以保证不产生任何现实矛盾. 此外, 广为采用的对辐射阻尼力 $\boldsymbol{f}$ 的初等推导是基于使用等式 (3.2) 和功率 $\mathscr{P}$ 的表达式 (3.1). 这时对求力 $\boldsymbol{f}$ 的方法可能会有怀疑, 因为用了表示式 $\boldsymbol{f} = \dfrac{2e^2}{3c^3}\ddot{\boldsymbol{v}}$, 而这个式子仅对周期运动或者更广泛的一类运动 (对于这类运动在长时间 $T$ 之后可以忽略 $(\boldsymbol{v} \cdot \dot{\boldsymbol{v}})_{t_1}^{t_1+T}$ 项) 才成立. 但是, 我们前面已经知道这个结论是错的, 在得到 $\boldsymbol{f}$ 的表示式时不需要作任何这类限制.

[47]

[48]

对事情实质的解释可能非常简单. 但是对我们来说, 讨论这个问题决非最后目的, 更重要的是向读者介绍或更准确地说向读者提醒辐射理论的一系列有用的公式.

电荷 $e$ 在真空中沿某一轨道运动时, 电磁场由从李纳–维谢尔势的表达式推出的著名公式决定 (见文献 [1, 2]):

$$E = \frac{e(1 - v^2/c^2)}{(R - v \cdot R/c)^3} \left( R - \frac{vR}{c} \right) + \frac{e}{c^2(R - v \cdot R/c)^3} R \times \left[ \left( R - \frac{vR}{c} \right) \times \dot{v} \right], \tag{3.3}$$

$$H = \frac{1}{R}(R \times E). \tag{3.4}$$

式中的场 $E$ 和 $H$ 是时刻 $t$ 在观察点的值, 等式右端的量 $R$、$v$ 和 $\dot{v}$ 则是 "发射时刻" $t' = t - R(t')/c$ 的, 其中 $R$ 是从电荷 $e$ 所在的点到观察点的矢量. 此外电荷的速度 $v(t') = -\partial R(t')/\partial t'$, 及 $\dot{v} = \partial v/\partial t'$. 显然, 函数 $R(t')$ 决定了电荷运动的轨道, 但是更方便的做法是用矢量 $r(t')$ 来描写电荷的位置和用矢量 $r(t) = r(t') + R(t')$ 来描写观察点, 由此也得到 $\dot{r} \equiv \partial r/\partial t' = -\partial R/\partial t'$.

(3.3) 式中的第一项对应于以速度 $v$ 运动的电荷的场; 这一项随着距离 $R$ 的增大按 $1/R^2$ 的规律减小. (3.3) 式中第二项按 $1/R$ 的规律减小, 当 $R \gg \dfrac{c^2(1 - v^2/c^2)}{\dot{v}}$ 时它成了主导项; 这一项描述的是某个电磁波的横场. 如果一个电荷产生这样的波场, 人们就说这个电荷发出辐射. 实质上这里我们是在与一个定义打交道, 这个定义不仅不平凡, 而且还需要加以精确化. 的确, 可以只在波区内研究电荷的随着 $1/R$ 减小的波场, 那里实际存在的只有这样一个场. 但是人们确信在离开电荷的小距离上也可以有波动项存在 ((3.3) 式中的第二项, 也存在于 (3.4) 式的展开形式中). 但是在这种情形下总的场根本不是以光速传播的辐射场. 根据以后将会清楚的理由, 从更宽的意义上来理解 "电荷辐射" 这一说法更为合理, 即将其理解为有一波场存在, 它与场的其他部分是否出现无关. 也必须强调指出, 在时刻 $t$ 测量场 $E$ 和 $H$ 时, 我们只能对电子在过去时刻 $t' = t - R(t')/c$ 的状态 (比如说, 加速度) 做出结论.

如果仅研究单个给定电荷的场, 那么当存在辐射时, 穿过包围电荷的任何封闭曲面的能流应当不为零. 显然, 在经过时间 $dt = (1 - s \cdot v/c)dt'$ 后在 $s = R/R$ 方向穿过面元 $d\sigma = R^2 d\Omega$ 的能量等于

[49]
$$dW_s = \frac{c}{4\pi}(E \times H) \cdot s R^2 d\Omega dt = \frac{e^2}{4\pi c^3} \frac{\{s \times [(s - v/c) \times \dot{v}]\}^2}{(1 - s \cdot v/c)^6} d\Omega dt, \tag{3.5}$$

其中 $d\Omega$ 是立体角元, 而场已假设是一个波场 ((3.3) 中的第二项和 (3.4)); 由于这个原因, (3.5) 式一般而言只在波区内成立. 计算单位时间 $t'$ 内辐射

的总能量, 给出

$$\mathscr{P} = \frac{\mathrm{d}W}{\mathrm{d}t'} = \frac{e^2}{4\pi c^3} \int \frac{\{\boldsymbol{s} \times [(\boldsymbol{s} - \boldsymbol{v}/c) \times \dot{\boldsymbol{v}}]\}^2}{(1 - \boldsymbol{s} \cdot \boldsymbol{v}/c)^5} \mathrm{d}\Omega$$

$$= \frac{2e^2}{3c^3} \frac{(\dot{\boldsymbol{v}})^2 - [(1/c)\boldsymbol{v} \times \dot{\boldsymbol{v}}]^2}{(1 - v^2/c^2)^3} = -\frac{2e^2 c}{3} w^i w_i. \tag{3.6}$$

其中 $w^i = (w^0, \boldsymbol{w}) = \mathrm{d}u^i/\mathrm{d}s$ 是粒子的四维加速度矢量 (注意不要将单位矢量 $\boldsymbol{s}$ 和区间长度 $s$ 混淆, 后者在后面仅以微分形式 $\mathrm{d}s$ 出现)[①]. 由于 (3.6) 式的洛伦兹不变性, 对它的计算可以在任何惯性系中进行. 容易看出, 在电荷速度 $\boldsymbol{v} = 0$ 的参考系中, (3.5) 式在任何 $R$ 值都成立, 因此, 辐射能量的计算以及辐射存在这一事实本身的确也可以在电荷的附近进行, 而不只是在波区内. 当然, 这个结论根据一般的考虑就已经在某种程度上清楚了, 因为离电荷任意距离的地方的场 (特别是波场) 都是由 (3.3) 式和 (3.4) 式决定的.

量 $\mathscr{P} = \mathrm{d}W/\mathrm{d}t'$ 描述在 $t$ 时刻穿过半径为 $R$ 的球面的能量流, 但是必须强调指出, 等式右端出现的是 $t' = t - R(t')/c$ 时刻的物理量, 并且辐射的能量是对单位 "辐射时间" $t'$ 而言. 区间 $\mathrm{d}t = (1 - \boldsymbol{s} \cdot \boldsymbol{v}/c)\mathrm{d}t'$ 与 $\mathrm{d}t'$ 之间的差异是多普勒效应的表现——电荷在时间间隔 $\mathrm{d}t'$ 内发射的辐射脉冲 (列), 在观察点持续的时间间隔长度为 $\mathrm{d}t$.

若电荷在辐射时刻 $t$ 的速度等于零 (或实际上足够小), 则辐射功率为 [50]

$$\mathscr{P} \equiv \frac{\mathrm{d}W}{\mathrm{d}t'} = \frac{\mathrm{d}W}{\mathrm{d}t} = \frac{2e^2}{3c^3}(\dot{\boldsymbol{v}})^2. \tag{3.1a}$$

这个式子实质上就是 (3.1) 式, 不过以更详细一些的形式重新写出.

在作非相对论匀加速运动的情形下, $\dot{\boldsymbol{v}} = $ 常量. 相对论匀加速运动则指的是在共动 (固有) 参考系 (也就是粒子速度等于零的参考系) 中加速度

---

① 我们采用文献 [2] 中所用的记号, 这时四维速度

$$\frac{\mathrm{d}x^i}{\mathrm{d}s} = u^i \equiv (u^0, \boldsymbol{u}) = \left\{ \frac{1}{\sqrt{1 - v^2/c^2}}, \frac{\boldsymbol{v}}{c\sqrt{1 - v^2/c^2}} \right\},$$

$$u^i u_i = u_0^2 - \boldsymbol{u}^2 = 1, \quad \mathrm{d}s = c\mathrm{d}t\sqrt{1 - v^2/c^2}$$

及

$$w^i = \frac{\mathrm{d}u^i}{\mathrm{d}s} = \left\{ \frac{\boldsymbol{v} \cdot \dot{\boldsymbol{v}}}{c^3(1 - v^2/c^2)^2}, \frac{\dot{\boldsymbol{v}}}{c^2(1 - v^2/c^2)} + \frac{\boldsymbol{v}(\boldsymbol{v} \cdot \dot{\boldsymbol{v}})}{c^4(1 - v^2/c^2)^2} \right\},$$

其中 $\dot{\boldsymbol{v}} \equiv \dfrac{\mathrm{d}\boldsymbol{v}}{\mathrm{d}t}$.

容易看出

$$w^i w_i = -\frac{(\dot{\boldsymbol{v}})^2}{c^4(1 - v^2/c^2)^2} - \frac{(\boldsymbol{v} \cdot \dot{\boldsymbol{v}})^2}{c^6(1 - v^2/c^2)^3} = -\frac{(\dot{\boldsymbol{v}})^2 - [(\boldsymbol{v}/c) \cdot \dot{\boldsymbol{v}}]^2}{c^4(1 - v^2/c^2)^3}. \tag{3.7}$$

恒定的运动. 这意味着, 对于在共动参考系中的匀加速运动, 且只在该参考系中, 我们永远有 $\ddot{\boldsymbol{v}} = 0$. 这个条件可以写成协变形式

$$\frac{\mathrm{d}w^i}{\mathrm{d}s} + \alpha u^i = 0,$$

其中 $\alpha$ 是一个常数; 在 $\boldsymbol{v} = 0$ 时, 上面写出的条件实际上约化为等式 $\ddot{\boldsymbol{v}} = 0$. 考虑到 $u^i u_i = 1$ 及 $w^i u_i \equiv \dfrac{\mathrm{d}u^i}{\mathrm{d}s} u_i = 0$, 我们求得

$$\alpha = -\frac{\mathrm{d}w^i}{\mathrm{d}s} u_i = w^i w_i$$

于是得到定义匀加速运动的条件

$$\frac{\mathrm{d}w^i}{\mathrm{d}s} + w^k w_k u^i = 0; \tag{3.8a}$$

在三维记号中这个条件取形式

$$\left(1 - \frac{v^2}{c^2}\right)\ddot{\boldsymbol{v}} + \frac{3}{c^2}(\boldsymbol{v} \cdot \dot{\boldsymbol{v}})\dot{\boldsymbol{v}} = 0 \tag{3.8b}$$

将 (3.8a) 式乘以 $w_i$, 我们看到, 对于匀加速运动有

$$w^i w_i = -\frac{w^2}{c^4} = \text{const}, \tag{3.9}$$

其中 $w$ 是在粒子静止不动的参考系中的加速度 (又见 (3.7) 式). 但其逆命题则是错的: 在一般情况下, 量 $w^i w_i$ 恒定并不足以保证条件 (3.8) 得到满足, 而在我们上面取的匀加速运动的定义下, 条件 (3.8) 是应当得到遵守的 (这样的定义是合理的, 不过如果我们愿意也可定义具有恒定的四维加速度平方即满足条件 (3.9) 的运动为匀加速运动).

我们注意到, 当一个带电粒子在恒定而且均匀的电磁场中运动并且不考虑辐射反作用时, 条件 (3.9) 正好满足. 实际上, 将运动方程对 $s$ 求微商后

[51]

$$\frac{\mathrm{d}u^i}{\mathrm{d}s} \equiv w^i = \frac{e}{mc^2} F^{ik} u_k,$$

我们看到, 由于电磁场张量 $F^{ik}$ 的反对称性,

$$\frac{\mathrm{d}w^i}{\mathrm{d}s} = \frac{e}{mc^2} F^{ik} w_k,$$

$$\frac{\mathrm{d}w^i}{\mathrm{d}s} w_i = \frac{1}{2}\frac{\mathrm{d}}{\mathrm{d}s}(w^i w_i) = \frac{e}{mc^2} F^{ik} w_k w_i = 0.$$

这里不仅用了场的恒定性 (场与时间无关), 还考虑了场的均匀性, 在运动方程中场是取电荷所 "占据" 的那一点上的值 (因此就有 $F^{ik} = F^{ik}(t, \boldsymbol{r}(t))$,

而且仅当 $F^{ik}$ 既与 $t$ 也与 $r$ 无关时才可以像前面所做的那样忽略 $F^{ik}$ 对 $s$ 的微商).

　　根据以上讨论, 电荷在一个任意的恒定和均匀的电磁场里的运动并不总是匀加速运动, 亦即条件 (3.8) 可以不满足. 不过对于一个重要的特殊情况, 即电荷处于一个恒定而且均匀的电场中 (比方说一个电容器中), 在速度 $v$ 和加速度 $\dot{v}$ 共线 (即运动发生在和场平行的方向上) 的条件下, 我们发现运动是匀加速运动. 于是由 (3.7) 式和 (3.9) 式我们得到

$$\frac{\dot{v}}{(1-v^2/c^2)^{3/2}} = \frac{\mathrm{d}}{\mathrm{d}t}\left(\frac{v}{\sqrt{1-v^2/c^2}}\right) = w = \text{const},$$

并因而有

$$\ddot{v} + \frac{3v\dot{v}^2}{c^2(1-v^2/c^2)} = 0,$$

此式在 $v$ 和 $\dot{v}$ 共线时与条件 (3.8) 一致. 取速度 $v$ 的方向为 $z$ 轴方向并为了得到特别简单的表达式而假设当 $t=0$ 时电荷的坐标和速度之值分别为 $z = c^2/w$ 和 $v = \mathrm{d}z/\mathrm{d}t = 0$, 在这种特殊情形下有

$$\left.\begin{array}{l} z = c\sqrt{\dfrac{c^2}{w^2}+t^2}, \qquad v = \dfrac{\mathrm{d}z}{\mathrm{d}t} = \dfrac{wt}{\sqrt{1+w^2t^2/c^2}}, \\[3mm] \dot{v} = \dfrac{\mathrm{d}v}{\mathrm{d}t} = \dfrac{c^3}{w^2(c^2/w^2+t^2)^{3/2}} = \dfrac{w}{(1+w^2t^2/c^2)^{3/2}}. \end{array}\right\} \tag{3.9a}$$

显然, 当 $t = -\infty$ 时, 坐标 $z = \infty$, 速度 $v = -c$, 而当 $t = \infty$ 时, 仍有 $z = \infty$ 但 $v = c$. 如此一来, 电荷先被场减速而在转折点 $z = c^2/w$ 处停下来, 然后在 $z \to \infty$ 方向上向其出发点加速运动.

　　相对论性匀加速直线运动也叫做双曲线运动, 因为函数 $z(t)$ 是双曲线.

　　当然, 双曲线运动并不仅仅发生在上述的恒定和均匀电场、并且电场与电荷的速度共线的情形[1], 它也出现在相应的引力场中; 重要的只是, 运动方程要具有下面的形式:

$$\frac{\mathrm{d}}{\mathrm{d}t}\left(\frac{mv}{\sqrt{1-v^2/c^2}}\right) = F = \text{const}.$$

[52]

　　从 (3.6) 式、(3.1a) 式和上述讨论显然可知, 电荷不论是在非相对论性

---

　　[1] 从上述讨论可知, 如果电荷在电场中与电场 $E_0$ 成一角度运动, 亦即若是其速度有一个与电场正交的分量, 那么这个运动就不是匀加速运动 (我们注意到, 在这种情形下在电荷静止的参考系中也有磁场). 文献 [47] 研究了粒子在任意方向的恒定和均匀电场中运动时的辐射 (又见 [48]).

的还是在相对论性的匀加速运动中都将辐射, 其中 $\mathscr{P} = \dfrac{\mathrm{d}W}{\mathrm{d}t'} = \dfrac{2e^2}{3c^3}w^2$. 不仅如此, 作恒定加速度运动时的辐射与任意加速度运动的辐射在定性方面毫无差别. 这一论断不仅对辐射的总功率的计算是正确的, 而且对辐射的谱分布也是正确的[47, 48].

在非相对论近似下, 电荷的运动方程具有 (2.1) 式的形式并在第 2 章里详细讨论过. 但是为了方便, 我们再一次把这个方程用有些不同的记号写出:

$$m\dot{\boldsymbol{v}} = \boldsymbol{F}_0 + \frac{2e^2}{3c^3}\ddot{\boldsymbol{v}}. \tag{3.10}$$

它的相对论推广可写成以下形式 (例如, 参见文献 [2] 的 §76①):

$$mc\frac{\mathrm{d}u^i}{\mathrm{d}s} = \frac{e}{c}F_0^{ik}u_k + \frac{2e^2}{3c}\left(\frac{\mathrm{d}^2u^i}{\mathrm{d}s^2} + u^i\frac{\mathrm{d}u^k}{\mathrm{d}s}\frac{\mathrm{d}u_k}{\mathrm{d}s}\right), \tag{3.11}$$

其中假设外力是洛伦兹力 ($F_0^{ik}$ 是外电磁场张量); 有时也将方程 (3.11) 写成另一形式, 利用 $u^i(\mathrm{d}u_i/\mathrm{d}s) = 0$, 从而

$$u^k\frac{\mathrm{d}^2u_k}{\mathrm{d}s^2} = -\frac{\mathrm{d}u^k}{\mathrm{d}s}\frac{\mathrm{d}u_k}{\mathrm{d}s}.$$

在三维记号中方程 (3.11) 的形式为

$$\left.\begin{array}{l}
\dfrac{\mathrm{d}}{\mathrm{d}t}\left(\dfrac{m\boldsymbol{v}}{\sqrt{1-v^2/c^2}}\right) = e\left(\boldsymbol{E}_0 + \dfrac{1}{c}\boldsymbol{v}\times\boldsymbol{H}_0\right) + \boldsymbol{f}, \\[3mm]
\boldsymbol{f} = \dfrac{2e^2}{3c^3(1-v^2/c^2)}\left\{\ddot{\boldsymbol{v}} + \dot{\boldsymbol{v}}\dfrac{3(\boldsymbol{v}\cdot\dot{\boldsymbol{v}})}{c^2(1-v^2/c^2)} + \right. \\[3mm]
\left.\dfrac{\boldsymbol{v}}{c^2(1-v^2/c^2)}\left[\boldsymbol{v}\cdot\ddot{\boldsymbol{v}} + \dfrac{3(\boldsymbol{v}\cdot\dot{\boldsymbol{v}})^2}{c^2(1-v^2/c^2)}\right]\right\}.
\end{array}\right\} \tag{3.12}$$

[53]

由 (3.8) 式、(3.11) 式和 (3.12) 式可知, 对于匀加速运动, 特别是对于双曲线运动, 辐射力等于零.

我们注意到, 第 2 章所讨论的运动方程 (2.1)(或 (3.10)) 的有限的应用范围当然会导至这样的结论: 不能毫无保留地使用相对论性运动方程 (3.11)

---

① 辐射力的表达式

$$g^i = \frac{2e^2}{3c}\left(\frac{\mathrm{d}^2u^i}{\mathrm{d}s^2} + u^i\frac{\mathrm{d}u^k}{\mathrm{d}s}\frac{\mathrm{d}u_k}{\mathrm{d}s}\right)$$

具有在共动参考系中导致力 $\boldsymbol{f} = \dfrac{2e^2}{3c^3}\ddot{\boldsymbol{v}}$ 的性质 (见前面对条件 (3.8a) 的讨论; $g^i$ 与三维力 $\boldsymbol{f}$ 之间在一般情形下的关系将在后面对公式 (4.20) 的注解中给出). 此外, 如同对任何力一样, $g^iu_i = 0$ (这一结论由 (3.11) 式和恒等式 $u^i\dfrac{\mathrm{d}u_i}{\mathrm{d}s} = 0$ 可得).

或 (3.12). 但是, 相应的限制 (见第 4 章) 和这里所研究的电荷匀加速运动问题没有任何关系.

那么, 这里究竟产生了什么不清楚之处和悖论呢?

头一个不清楚之处前已说过: 尽管辐射阻尼力为零, 却存在辐射. 与电荷匀加速运动有关的第二个不清楚之处涉及电荷在均匀引力场中运动时等效原理的应用. 我们这里不讨论这个问题 (见 [40,58]). 第三个困难出现在人们试图对于所有 $t$ 和 $z$ 写出一直 ($-\infty < t < \infty$) 以匀加速度运动的电荷的场时. 特别是, 文章 [46] 最后断言: "我们由此得出结论, 麦克斯韦方程组与在所有时刻都作匀加速运动的单个电荷的存在是不相容的". 可以证明这个结论是正确的, 因为在时间上不受限制的双曲线运动中, 总的辐射能量是无限的, 而当 $t \to \pm\infty$ 时电荷的动能也是无限大 (电荷的速度等于 $c$). 但是, 在问题的任何现实的物理提法中, 粒子只在有限的时间间隔内作匀加速运动, 完全不需要求对应于 $-\infty < t < \infty$ 的解. 例如, 如果讨论电荷在均匀和恒定的电场中 (具体地说在电容器中) 的运动, 那么只是在 $t_1' < t' < t_2'$, 电荷才在电容器内运动, 而当 $t' < t_1'$ 及 $t' > t_2'$, 电荷的速度都是恒定的 (我们记得, 电容器内的这种运动只是在电场矢量与粒子的速度方向平行时才是匀加速运动或具体地说是双曲线运动). 如果考虑这个情况, 那么对于能够以推迟势的形式求出场的解是用不着怀疑的. 一个作匀加速运动 (或具体地说作双曲线运动) 的电荷的场是非常特殊的, 这一事实从过渡到波区的例子也可以看出来. 前已说过, 在条件 $R \gg c^2(1 - v^2/c^2)/\dot{v}$ 下场在波区内随 $1/R$ 减小. 但是对于双曲线运动, 在固定的观察时刻 $t$ 这个不等式取形式

$$R = c|t - t'| \gg c\left[\frac{c^2}{w^2} + (t')^2\right]^{1/2}, \tag{3.9b}$$

[54]

这里 $t'$ 是辐射发射的时刻, 并用了表示式 (3.9a), 当然里面的 $t$ 换成了 $t'$. 条件 (3.9b) 只有当 $t \gg c/w$ 才能得到满足, 亦即只是在电荷到达转折点 (这时 $t' = 0$) 之后再经过足够长一段时间才出现波区. 这时不是在全空间出现波区, 因为对于固定的观察时刻 $t$, 即使满足了条件 $t \gg c/w$, 不等式 (3.9b) 也不是对一切发射时刻 $t'$ 都能满足. 实际上, 总可以找到这样的 $t'$ 值, 在这些值上不等式 (3.9b) 不能得到满足. 这就意味着, 在这些 $t'$ 时刻发射的场到 $t$ 时刻还不是波场. 从而我们熟知的关于电荷辐射能量的概念的约定性就很清楚了: 必须约定, 所指是 $t$ 或 $t'$ 的哪些值.

然而对于在有限的时间间隔上的匀加速运动, 情况是完全确定的. 在给定的观察时刻 $t$ 和已知的电荷运动规律下, 我们求出 $R(t')$ 和辐射发射时刻 $t'$. 如果 $t'$ 之值是处在电荷作匀加速运动的时间间隔 $(t_1', t_2')$ 之内, 那

么就可以断言, 在这一时刻 $t'$ 没有辐射力作用在电荷上, 与此同时电荷发出辐射——在 $t = t' + R/c$ 时刻穿过半径为 $R(t')$ 的球面的能流不为零.

于是我们返回到第一个悖论——在没有辐射阻尼力的情况下存在辐射. 让我们将注意力集中在这个问题上, 因为由此可以更清楚地理解电动力学中的能量守恒定律的内容, 以及它与计算辐射的能量和辐射阻尼力所作的功是如何联系的.

为了确定电荷辐射的能量或在给定表面上观察到的辐射强度, 我们计算远离电荷处的坡印亭矢量 $\boldsymbol{S} = \dfrac{c}{4\pi}\boldsymbol{E} \times \boldsymbol{H}$, 如果指的是电荷引起的能量损失, 则需求出该矢量通过一个封闭曲面的通量. 例如, 标准公式 (3.6) 和 (3.1) 就是用这种方法得出的. 当然, 仅使用这些公式还不充分, 因为它们仅在真空中才成立. 若电荷在介质中运动, 那么一般地说, 将会得到完全不一样的结果. 这方面只要提到以下事实就够了: 在介质中甚至匀速运动的电荷也会发出辐射——瓦维洛夫–切连科夫辐射或者渡越辐射观察到的这正是这种情况 (见后面的第 6–8 章). 不过电荷在介质中运动时, 计算坡印亭矢量及其穿过一个表面的通量仍然是定出辐射能的完全正确的方法 (更准确地说, 应当是在没有空间色散的介质中运动时, 因为有空间色散时能流密度不能化为坡印亭矢量; 见后面第 11 章). 电荷引起的能量损失或辐射出去的能量也可用两种不同的方法计算: 一种方法是确定场能对时间的导数 $\dfrac{\mathrm{d}}{\mathrm{d}t}\displaystyle\int \dfrac{\boldsymbol{E}\cdot\boldsymbol{D} + H^2}{8\pi}\mathrm{d}V$, 另一种方法则是求电荷反抗自身产生的场所作的功 $e\boldsymbol{v}\cdot\boldsymbol{E}' = \boldsymbol{v}\cdot\boldsymbol{f}$ (换句话说, 计算辐射阻尼力 $\boldsymbol{f}$ 所作的功, 在有介质存在时, 它当然已不由 (3.10) 式和 (3.11) 式决定了). 对于经常遇到的情况 (下面会讲清楚是哪种情况), 上述三种方法都给出同样的结果; 作为许多个例子中的一个, 我们具体指出对瓦维洛夫–切连科夫辐射能量的计算①. 一般而言, 总能流、场能的变化和辐射力所作的功三者并不相等. 忘却这一情况, 将会导致例如粒子作螺旋 (非圆周) 运动时同步辐射理论的错误 (见后面的第 5 章).

与匀加速运动电荷的辐射相联系而产生的悖论也与不合理地将能流与辐射力在单位时间里所作的功混为一谈有关.

用熟知的方法 (例如见本书第 11 章和第 13 章) 从电磁场方程得到关

[55]

---

① 在塔姆和弗兰克的原始工作[60] 中是计算能流, 在文献 [15] 中是决定场能在单位时间内的变化 (又见本书第 6 章), 而在比方说 [61] 中则是求辐射阻尼力所作的功, 它对应于切连科夫辐射.

系式 (坡印亭定理)

$$\frac{\mathrm{d}}{\mathrm{d}t}\left(\frac{E^2 + H^2}{8\pi}\right) = -\boldsymbol{j} \cdot \boldsymbol{E} - \operatorname{div} \boldsymbol{S}, \quad \boldsymbol{S} = \frac{c}{4\pi}\boldsymbol{E} \times \boldsymbol{H}. \tag{3.13}$$

本章中我们只限于讨论真空情况, 并且只限于讨论一个点电荷的运动, 这时 $\boldsymbol{j} = e\boldsymbol{v}\delta(\boldsymbol{r} - \boldsymbol{r}_{\mathrm{e}}(t))$. 将 (3.13) 式在以表面 $\sigma$ 为界的某一体积 $V$ 内积分后, 得

$$\frac{\mathrm{d}\mathscr{H}_{\mathrm{em}}}{\mathrm{d}t} = -e\boldsymbol{v} \cdot \boldsymbol{E} - \oint S_n \mathrm{d}\sigma, \quad \mathscr{H}_{\mathrm{em}} = \int \frac{E^2 + H^2}{8\pi}\mathrm{d}V, \tag{3.14}$$

显然, 这里的 $\boldsymbol{v} = \boldsymbol{v}(\boldsymbol{r}_{\mathrm{e}}(t))$ 及 $\boldsymbol{E} = \boldsymbol{E}(\boldsymbol{r}_{\mathrm{e}}(t), t)$.

另一方面, 从运动方程 (3.12) 我们得到

$$\frac{\mathrm{d}\mathscr{E}}{\mathrm{d}t} = e\boldsymbol{v} \cdot \boldsymbol{E}_0 + \boldsymbol{v} \cdot \boldsymbol{f}, \qquad \mathscr{E} \equiv \mathscr{H}_{\mathrm{k}} = \frac{mc^2}{\sqrt{1 - v^2/c^2}}. \tag{3.15}$$

在 (3.14) 式中按理出现了总场 $\boldsymbol{E} = \boldsymbol{E}_0 + \boldsymbol{E}'$, 其中 $\boldsymbol{E}'$ 是电荷自身的场, 或, 说得更准些, 是电荷的场中对于计算力 $\boldsymbol{f}$ 极为关键的一部分. 在电荷所处的位置上 $e\boldsymbol{E}' = \boldsymbol{f}$, 因而 (3.14) 式中的项 $e\boldsymbol{v} \cdot \boldsymbol{E} = e\boldsymbol{v} \cdot \boldsymbol{E}_0 + \boldsymbol{v} \cdot \boldsymbol{f}$. 于是, 就像本应预期的那样, 从 (3.14) 式和 (3.15) 式推出了能量守恒定律

$$\frac{\mathrm{d}(\mathscr{H}_{\mathrm{em}} + \mathscr{E})}{\mathrm{d}t} = -\oint S_n \mathrm{d}\sigma. \tag{3.16}$$

场能 $\mathscr{H}_{\mathrm{em}}$ 包括外场 $\boldsymbol{E}_0$ 和 $\boldsymbol{H}_0$ 的能量, 例如电容器中电场的能量, 我们所研究的电荷在这个电容器中飞行和加速. 因此我们假设 (这纯粹是为了使问题简化) 电荷被某个非电磁本性的外场加速 (在方程 (3.11) 中没有考虑这个场的影响; 关系式 (3.15) 和 (3.16) 中也没有考虑).

于是, 由于 (3.15) 和 (3.16) 式, 能量守恒定律 (3.14) 取形式    [56]

$$\frac{\mathrm{d}\mathscr{H}_{\mathrm{em}}}{\mathrm{d}t} = -\boldsymbol{v} \cdot \boldsymbol{f} - \oint S_n \mathrm{d}\sigma, \tag{3.17}$$

其中 $\mathscr{H}_{\mathrm{em}}$ 是电荷的场能 (如上所述, 假设其余的电磁场都不存在); 我们要强调, 在 (3.13) 式至 (3.17) 式中, 存在一个没有写出来的同一参量——观察时间 $t$.

方程 (3.17) 的意义很清楚, 它表明, 辐射力所作的功 $\boldsymbol{v} \cdot \boldsymbol{f}$、场能的变化 $\mathrm{d}\mathscr{H}_{\mathrm{em}}/\mathrm{d}t$ 和总能流 $\oint S_n \mathrm{d}\sigma$ 这三者是通过一个关系式相联系的, 一般情形下它们根本不相等[①]. 如果研究的是稳恒运动, 其 $\mathrm{d}\mathscr{H}_{\mathrm{em}}/\mathrm{d}t = 0$, 才有

---

[①] 为了我们的叙述不至于太复杂, 我们这里不考虑符号, 即只考虑 $\boldsymbol{v} \cdot \boldsymbol{f}$、$\mathrm{d}\mathscr{H}_{\mathrm{em}}/\mathrm{d}t$ 和 $\oint S_n \mathrm{d}\sigma$ 几个量的绝对大小.

$-\boldsymbol{v} \cdot \boldsymbol{f} = \oint S_n \mathrm{d}\sigma$. 将表面 $\sigma$ 搬到无穷远处, 由于 $\oint S_n \mathrm{d}\sigma = 0$ (假设辐射还没有到达表面 $\sigma$), 我们还可进一步计算全空间的能量. 这时 $\mathrm{d}\mathscr{H}_{\mathrm{em}}/\mathrm{d}t = -\boldsymbol{v} \cdot \boldsymbol{f}$. 以上所述解释了为什么我们说通过计算 $\oint S_n \mathrm{d}\sigma$ 或 $\mathrm{d}\mathscr{H}_{\mathrm{em}}/\mathrm{d}t$ 可以定出在稳恒状态下粒子的能量损失 $\boldsymbol{v} \cdot \boldsymbol{f}$.

在稳恒辐射这个术语的精确意义上实现这种辐射相当困难 (切连科夫辐射可作为稳恒过程的一个例子), 通常指的都是周期过程, 这时固定体积内的场能满足关系式 $\mathscr{H}_{\mathrm{em}}(t_1) = \mathscr{H}_{\mathrm{em}}(t_1 + T)$. 例如, 一个固定的振子或者一个在圆形轨道上运动的电荷产生的同步辐射的实际情况便是如此 (这里重要的是, 经过一个周期 $T$ 后辐射的粒子回到同一地点). 对于周期过程, 有

$$\int_{t_1}^{t_1+T} \boldsymbol{v}(t) \cdot \boldsymbol{f}(t)\mathrm{d}t = -\int_{t_1}^{t_1+T} \oint S_n(t)\mathrm{d}\sigma \mathrm{d}t. \tag{3.18}$$

显然, 观察时间 $t$ 与辐射时间 $t'$ 不重合这一点在这里并不重要, 因为对于周期过程, 时刻 $t'$ 的选择并不重要. 如果研究这样一种运动, 其场能 $\mathscr{H}_{\mathrm{em}}(t < t_1) = \mathscr{H}_{\mathrm{em}}(t > t_2) = \mathscr{H}_{\mathrm{em}}^{(0)}$, 那么关系式 (3.18) 将再度成立, 不过 $t_1 + T$ 要换成任意时刻 $t > t_2$. 在一个被电容器中的电场 "反射" 的电荷 (假设当 $t < t_1' \leqslant t_1$ 及 $t > t_2 \geqslant t_2'$ 时电荷的速度为常量) 发生辐射的场合, 情况正是这样 (或至少相差很小). 必须注意的只是能量 $\mathscr{H}_{\mathrm{em}}(t)$ 依赖于以表面 $\sigma$ 为边界的体积 $V$ (于是, 可以把时刻 $t_1$ 当作电荷射入电容器的时刻 $t_1'$, 但是时刻 $t_2$ 必须大于粒子从电容器飞出的时刻 $t_2'$, 因为必须让辐射场来得及离开体积 $V$).

[57]

我们已经知道 (见 (3.2) 式), 在非相对论情形下, 辐射阻尼力 $\boldsymbol{f}$ 满足以上要求 (我们记得,(3.2) 式中根据定义 $\mathscr{P} = \oint S_n \mathrm{d}\sigma$).

在相对论情形下, 在完成一些初等置换后我们写出方程 (3.11) 的时间分量:

$$\frac{\mathrm{d}}{\mathrm{d}t'}\left(\frac{mc^2}{\sqrt{1-v^2/c^2}}\right) = e\boldsymbol{v} \cdot \boldsymbol{E}_0 + \frac{2e^2}{3}\left(\frac{\mathrm{d}w^0}{\mathrm{d}t'} + cw^i w_i\right). \tag{3.19}$$

考虑了关系式 (3.6) 和 (3.12) 后方程 (3.19) 取以下形式:

$$\left.\begin{array}{l} \dfrac{\mathrm{d}}{\mathrm{d}t'}\left(\dfrac{mc^2}{\sqrt{1-v^2/c^2}}\right) = e\boldsymbol{v} \cdot \boldsymbol{E}_0 + \boldsymbol{v} \cdot \boldsymbol{f} = e\boldsymbol{v} \cdot \boldsymbol{E}_0 + \dfrac{2c^2}{3}\dfrac{\mathrm{d}\omega^0}{\mathrm{d}t'} - \mathscr{P}, \\[2mm] w^0 = \dfrac{\boldsymbol{v} \cdot \dot{\boldsymbol{v}}}{c^3(1-v^2/c^2)^2}, \quad \mathscr{P} = \dfrac{\mathrm{d}W}{\mathrm{d}t'} = -\dfrac{2}{3}e^2 c w^i w_i. \end{array}\right\} \tag{3.20}$$

在 (3.19) 和 (3.20) 式中时间用 $t'$ 表示; 这个时间表征电荷的运动并在研究辐射时作为发射辐射的时刻. 另一方面, 在 (3.17) 式和初始的 (3.13) 式和

(3.14) 式中对电荷和场使用的是同一个时间 $t$. 因此, 辐射功率 $\mathscr{P} = \mathrm{d}W/\mathrm{d}t'$ 不同于 $\mathrm{d}W/\mathrm{d}t = \oint S_n(t)\mathrm{d}\sigma$.

平行于阻滞场进入电容器内的电荷在它处于电场中的所有时间 $t'$ (前面说过, $t'_1 \leqslant t' \leqslant t'_2$) 都发射电磁波, 并且

$$\mathscr{P} = \frac{\mathrm{d}W}{\mathrm{d}t'} = \frac{2e^2}{3c^3}w^2 = \frac{2e^4E_0^2}{3m^2c^3} = \mathrm{const}.$$

这意味着, 在离开电荷足够大的距离 $R(t')$ 上, 在时刻 $t = t' + R(t')/c$ 时将观察到具有相应能流值的辐射场. 而在 $t' < t'_1$ 和 $t' > t'_2$ 时没有辐射力作用在电荷上, 而且在电容器中 (当 $t'_1 < t' < t'_2$) 也没有辐射力作用, 电荷在电容器中按以下规律运动:

$$\frac{\mathrm{d}}{\mathrm{d}t}\left(\frac{m\boldsymbol{v}}{\sqrt{1 - v^2/c^2}}\right) = \boldsymbol{F}_0 = e\boldsymbol{E}_0.$$

然而在时刻 $t'_1$ 和 $t'_2$ 有阻尼力作用在电荷上, 这个力在整个加速运动的时间段所作的功为

$$\int_{t' < t'_1}^{t' > t'_2} \boldsymbol{v} \cdot \boldsymbol{f}\mathrm{d}t' = -\int_{t' < t'_1}^{t' > t'_2} \mathscr{P}\mathrm{d}t' = -\frac{2e^2}{3c^3}w^2(t'_2 - t'_1),$$

即精确地等于辐射出的能量. 当然, 关于加速度只在两个瞬刻 $t'_1$ 和 $t'_2$ 改变因而辐射力只在这两个瞬刻作用是一种理想化. 但是考虑了在现实条件下加速度从零增加到 $w$ 是发生在一段时间间隔内 (即使这个间隔很短, 但不为零), 也并不改变这个结论. [58]

由上述论证可见, 辐射力在电荷作匀加速运动期间等于零绝不是一个悖论, 尽管这时有辐射存在. 实际上, 在辐射力等于零的情况下, 穿过包围这个电荷的封闭曲面的总能流精确地等于这个曲面所包围的体积内场能的减少. 在一般情况下全部三个量 $\mathrm{d}\mathscr{H}_{\mathrm{em}}/\mathrm{d}t$、$\boldsymbol{v} \cdot \boldsymbol{f}$ 和 $\oint S_n\mathrm{d}\sigma$ 都不为零 (见关系式 (3.17)). 期待辐射力所作的功 $\boldsymbol{v} \cdot \boldsymbol{f}$ 必然等于能流 $\mathrm{d}W/\mathrm{d}t = \oint S_n\mathrm{d}\sigma$, 尤其是期待它等于 $\mathrm{d}W/\mathrm{d}t' = \mathscr{P}$ 是完全没有根据的. 因为力是施加在电荷上, 而能流却是通过半径为 $R$ 的球面来计算的. 与场论的基本精神完全符合的是, 穿过一个表面的能流直接由这个表面附近的场决定, 而不是由处于这个表面之内的电荷的轨道上的场决定.

上面给出的全部说明可能显得过于细致. 我们之所以这样做, 是因为, 比方说, 在一篇专门讨论匀加速运动电荷的辐射的详尽的论文[45] 中, 根本

没有用到守恒定律 (3.17). 取而代之的, 是和许多别的文章中一样引进关于 "加速度能量" 的概念:

$$Q = \frac{2e^2 w^0}{3} = \frac{2e^2}{3c^3} \frac{\boldsymbol{v} \cdot \dot{\boldsymbol{v}}}{(1 - v^2/c^2)^2}.$$

从 (3.20) 式可清楚地看到, $\boldsymbol{v} \cdot \boldsymbol{f} = \mathrm{d}Q/\mathrm{d}t' - \mathscr{P}$, 并可将方程 (3.15)、(3.19) 和 (3.20) 改写为以下形式:

$$\left.\begin{aligned} \frac{\mathrm{d}\mathscr{E}}{\mathrm{d}t'} - \boldsymbol{v} \cdot \boldsymbol{f} &= \frac{\mathrm{d}\mathscr{E}}{\mathrm{d}t'} - \left( \frac{\mathrm{d}Q}{\mathrm{d}t'} - \mathscr{P} \right) = e\boldsymbol{v} \cdot \boldsymbol{E}_0, \\ \mathscr{E} &= \frac{mc^2}{\sqrt{1 - v^2/c^2}}, \quad Q = \frac{2e^2}{3c^3} \frac{\boldsymbol{v} \cdot \dot{\boldsymbol{v}}}{(1 - v^2/c^2)^2}. \end{aligned}\right\} \tag{3.21}$$

从 (3.21) 式乃至例如 (3.2) 式均可明显地看出, 在非相对论极限下已可引进 "加速度能量" $Q$.

有时把 $Q$ 这个物理量解释为 "带电粒子的内能" 的一部分, 有时则认为它是场能的一部分, 这个场紧紧地包围着粒子, 但却对粒子的电磁质量没有贡献. 从这个观点看, 当辐射力等于零时, 可以认为, 单位时间内辐射出去的能量 $\mathscr{P}$ 来自 "加速度能量" $Q$ 或 "内能" $\mathscr{E} - Q$. 如果我们认为 $Q$ 是场能的一部分, 那么辐射能 $\mathscr{P}$ 就来自场能. 这句话在形式上是完全正确的, [59] 因为 $\mathscr{P} = \mathrm{d}W/\mathrm{d}t'$ 就是单位时间 $t'$ 内穿过某个包围电荷的曲面的场能的通量.

但是我们认为, 引进一个 "加速度能量" 或者电荷的 "内能" 非但不能增加对能量平衡的理解, 反而使问题更加复杂化. 电荷只有能量 $\mathscr{E} = \frac{mc^2}{\sqrt{1 - v^2/c^2}}$; 要把作用在电荷上的辐射力 $\boldsymbol{f}$ 或这个力作的功 $\boldsymbol{v} \cdot \boldsymbol{f}$ 分成两部分或者任何数目的部分, 其分法不是唯一的, 单单这个原因就已经使这种做法不可能具有特别的意义. 更准确地说, 如果非要赋予它某种意义, 那么只有将功 $\boldsymbol{v} \cdot \boldsymbol{f}$ 的一部分等同于 $\mathscr{P}$ 的表达式才有可能, 因为这个表达式是由独立考虑决定的. 当然. 将功 $\boldsymbol{v} \cdot \boldsymbol{f}$ 写成两项之和的形式 (见 (3.21) 式) 也是方便和自然的, 但是, 至少在讨论粒子的运动方程之前并不需要赋予这些项任何新的意义.

# 第四章

# 电荷作非相对论运动和相对论运动时的辐射

粒子在真空中作非相对论运动和相对论运动时辐射的特征. 波荡器中的运动和辐射. 磁场中的运动. 辐射反作用力和经典理论适用的界限. 带电粒子在磁场中运动时的磁韧致辐射损失.

非相对论粒子 $(v \ll c)$ 的辐射非常重要, 而且与相对论粒子 $(v \sim c)$ 的辐射有质的不同. 下面我们将多次碰到相应的一些特点, 因此在这里重提一下这些特点是合适的.

如果带电粒子在真空中运动 (本章和第 5 章只讨论这种情况), 则它仅仅在有加速度时才发生辐射, 并且在非相对论情形下 (速度 $v \ll c = 3 \times 10^{10} \mathrm{cm/s}$), 辐射多半带有偶极辐射特征. 更准确地说, 更高阶的多极辐射的强度与偶极辐射相比, 相差的倍数与数量级为 $(v/c)^{2n} \sim (a/\lambda)^{2n}$ 的附加因子成正比, 其中 $a$ 是辐射系统的尺寸大小, $\lambda \equiv \lambda_0 = 2\pi c/\omega = cT$ 是辐射的波长, $T \sim a/v$ 是特征周期或粒子运动的准周期, 对于四极辐射 $n = 1$, 八极辐射 $n = 2$, 等等. 因此只有当系统的偶极矩等于零或者反常地小, 四极辐射通常才显得重要[①]. 若偶极子的偶极矩 $\boldsymbol{p} = e\boldsymbol{r}$ 只是大小发生变化, 对于这样的偶极子 (振子), 波区内的电场遵从规律 $E \sim \sin\theta$, 而辐射强度 (单

[60]

---

[①] 当然, 这只是最简单的一种可能. 四极辐射超过偶极辐射也可以在以下情形发生: 如果四极矩变化的频率大于偶极矩变化的频率. 偶极辐射和四极辐射对角度的不同依赖关系 (或所谓极坐标图) 也是一个重要的因素.

位立体角 $\mathrm{d}\Omega$ 内的能流)

$$I = \frac{\mathrm{d}W_s}{\mathrm{d}\Omega\mathrm{d}t} = \frac{(\ddot{p})^2}{4\pi c^3}\sin^2\theta, \tag{4.1}$$

其中 $\theta$ 是 $\boldsymbol{p}$ 和波矢量 $\boldsymbol{k}$ 之间的夹角 (图 4.1); 对于简谐运动有 $\boldsymbol{p} = e\boldsymbol{a}_0\sin\omega_0 t$, 公式 (4.1) 化为公式 (1.85), 其中也做了对时间的平均.

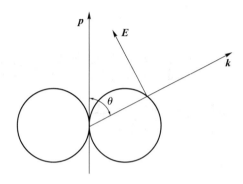

图 4.1　静止偶极子的电场强度与 $\boldsymbol{p}$ 轴和波矢 $\boldsymbol{k}$ 之间夹角 $\theta$ 的函数关系图.

非相对论性电子在磁场中运动发出的辐射常常被称为回旋辐射. 这种辐射 (它是偶极辐射) 的频率自然等于电子在磁场 $H_0$ 中旋转的频率, 即

[61]

$$\omega_H = \frac{eH_0}{mc} = 1.76 \times 10^7 H_0. \tag{4.2}$$

在最简单的圆周运动情形下 (沿磁场方向的速度 $v_z = 0$), 轨道半径等于

$$r_H = \frac{v}{\omega_H} = \frac{mc^2}{eH_0}\frac{v}{c} = \frac{\lambda_H}{2\pi}\frac{v}{c}. \tag{4.3}$$

显然在 $v/c \ll 1$ 的条件下永远有 $2\pi r_H/\lambda_H \ll 1$, 这保证了偶极近似的成立 ($\lambda_H = 2\pi c/\omega_H$ 是回旋辐射的波长)[①].

电荷在磁场中作非相对论圆周运动时发生的辐射, 与两个互相垂直、相位差 $\pi/2$ 的简谐振子的辐射或者一个垂直于磁场以频率 $\omega_H$ 旋转的偶极矩为 $er_H$ 的恒定电偶极子的辐射是一样的. 对周期作平均后得电荷作圆周运动时的回旋辐射的强度为

$$I = \frac{\mathrm{d}W_s}{\mathrm{d}\Omega\mathrm{d}t} = \frac{e^2\omega_H^4 r_H^2}{8\pi c^3}(1 + \cos^2\alpha), \tag{4.1a}$$

---

①描述粒子在磁场中运动时发生的辐射的术语迄今尚无完全统一的规定. 我们觉得, 考虑到已有的用词习惯, 将这种辐射在一般情形下称为磁轫致辐射, 而将非相对论粒子的辐射称为回旋辐射、相对论粒子辐射称为同步辐射是合理的. 换句话说, 在这种术语用法中, 回旋辐射和同步辐射是磁轫致辐射分别在非相对论 (或弱相对论) 场合和相对论场合的极限和特殊情形.

其中 $\alpha$ 是 $\boldsymbol{H}_0$ 和 $\boldsymbol{k}$ 之间的夹角, $\mathrm{d}\Omega = \sin\alpha\mathrm{d}\alpha\mathrm{d}\varphi$; 这种情形下的极坐标图见图 4.2.

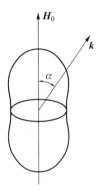

图 4.2　回旋辐射的极坐标图: 回旋辐射的强度与磁场矢量 $\boldsymbol{H}_0$ 和波矢量 $\boldsymbol{k}$ 之间夹角 $\alpha$ 的依赖关系.

对于螺旋线运动, 只要平行于磁场的速度分量 $v_z \equiv v_H = \boldsymbol{v} \cdot \boldsymbol{H}_0/H_0 \ll c$, 如果不计及某些非对称性 (后面将会清楚其特性) 的话, 强度分布在定性方面与上面所说的相差很小.

在恒星的大气内 (更准确地说, 在许多恒星的大气的冕区内), 还有在某些实验室装置内, 会遇到温度为 $T \sim 10^6 - 10^7$ K 的等离子体. 当然, 也可能遇到更高一些的温度. 对于电子, 在 $T \sim 10^7$ K 时参量 $v^2/c^2 \sim kT/(mc^2) \sim 10^{-3}$ (这样的电子可以叫做弱相对论性电子). 因此, 很自然, 这时不仅偶极辐射重要, 而且频率为 $s\omega_H(s = 2,3,4,5,\cdots)$ 的更高阶的多极磁轫致辐射也变得重要 (这些频率只是一级近似, 实际上发射的频率有些不同, 首先是得考虑多普勒效应, 其次是由于回转频率随能量变化; 见后面的 (4.25) 式). 在这个重要问题上我们还是只限于列出文献 [62, 63], 下面立即转到相对论性粒子.

[62]

对于相对论性粒子, 或更正确地说极端相对论性粒子 (后面我们一般称之为相对论性的就是这种情形), 有

$$\xi \equiv \frac{1}{\gamma} \equiv \sqrt{1 - \frac{v^2}{c^2}} = \frac{mc^2}{\mathscr{E}} \ll 1, \tag{4.4}$$

它们的辐射与非相对论性粒子的辐射相比已经大为不同 (上式中除 $\xi$ 外还引入记号 $1/\gamma$, 因为文献中常遇到它). 在这种情况下, 偶极辐射一般不占优势, 说明辐射特征的最简单的方法是通过从一个惯性参考系到另一个惯性参考系的变换公式. 具体地说, 假设在某一个惯性参考系中, 粒子在给定时刻静止或以非相对论速度运动, 其辐射具有偶极特征并且频率为 $\omega_{00}$. 此

时在辐射体整体以速度 $v$ 运动的实验室参考系里, 频率由熟知的多普勒效应的公式确定 (例如见文献 [2]):

$$\omega(\theta) = \frac{\omega_{00}\sqrt{1 - v^2/c^2}}{1 - (v/c)\cos\theta}. \tag{4.5}$$

强调指出这里的 $v$ 和 $k$ 间夹角 $\theta$ 是在实验室参考系中测量的颇为重要. 在满足条件 (4.4) 时, 有

$$\omega(0) = \omega_{00}\sqrt{\frac{1 + v/c}{1 - v/c}} \approx 2\omega_{00}\frac{\mathscr{E}}{mc^2} \equiv 2\gamma\omega_{00}, \tag{4.6}$$

对于以下的角度 $\theta$

$$\theta \lesssim \xi \equiv \frac{1}{\gamma} \equiv \frac{mc^2}{\mathscr{E}} \ll 1 \tag{4.7}$$

频率 $\omega(\theta)$ 比 $\omega(0)$ 大:

若 $\theta > \xi$, 则辐射频率随角度 $\theta$ 的增大急剧减小 (顺便提及, 我们在第 5 章里将解释其直观含义以及多普勒效应的内容).

与快速运动的偶极子的辐射类似的辐射已在许多场合下得到实现, 包括快速飞行的受激原子、分子和原子核 (这里我们暂不理会在这种情况下对辐射系统本身作量子力学描述的必要性), 电荷在磁场中以很小的投掷角 ($H$ 和 $v$ 的夹角 $\chi$) 运动以及电子在各种波荡器中运动. 这里所说的波荡器是这样一种装置, 它保障电荷沿着一条接近直线的轨迹在路程 $L$ 上作周期运动. 在电波荡器中, 粒子的运动与它在一个电容器中受到垂直于粒子未扰动 (大) 速度 $v_0$ 的均匀电场 $E = E_0 \cos\omega t$ 作用下的运动相同. 磁波荡器中有一个空间周期为 $l$ 的非均匀静磁场, 这个磁场使粒子以圆频率 $\omega_0 \equiv 2\pi c/\lambda_0 = 2\pi v_0/l$ 振动 (如果让粒子依序在按 NS NS NS (其中 N 和 S 分别是磁铁的北极和南极) 排列的磁铁之上飞过, 即可在实际上实现这种情况).

[63]

粒子在电波荡器中 (图 4.3) 的运动方程的形式为

$$\frac{\mathrm{d}}{\mathrm{d}t}\left(\frac{m\boldsymbol{v}}{\sqrt{1 - v^2/c^2}}\right) = e\boldsymbol{E}_0\cos\omega_0 t, \tag{4.8}$$

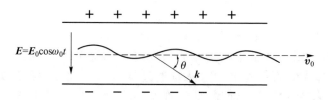

图 4.3 带电粒子在波荡器中的运动.

其中速度 $\boldsymbol{v} = \boldsymbol{v}_0 + \boldsymbol{v}'$, $v' \ll v_0$, $v_0 = $ 常量, $\boldsymbol{v}_0 \cdot \boldsymbol{E}_0 = 0$. 因此在很好的近似下可以写出[①]

$$\left.\begin{array}{l} \dfrac{\mathscr{E}}{c^2}\dfrac{\mathrm{d}\boldsymbol{v}}{\mathrm{d}t} \equiv \dfrac{\mathscr{E}}{c^2}\dfrac{\mathrm{d}^2\boldsymbol{r}_\perp}{\mathrm{d}t^2} = e\boldsymbol{E}_0\cos\omega_0 t; \quad \mathscr{E} = \dfrac{mc^2}{\sqrt{1 - v_0^2/c^2}}; \\[3mm] \boldsymbol{r}_\parallel = \boldsymbol{v}_0 t; \quad \boldsymbol{r}_\perp = \boldsymbol{a}_0\cos\omega_0 t; \quad \boldsymbol{a}_0 = -\dfrac{e\boldsymbol{E}_0}{m\omega_0^2}\left(\dfrac{mc^2}{\mathscr{E}}\right), \end{array}\right\} \tag{4.9}$$

其中 $\mathscr{E}/c^2$ 起 "横向" 质量的作用.

在电场 $\boldsymbol{E}$ 作用下产生的偶极矩为 $\boldsymbol{p} = e\boldsymbol{r}_\perp$. 如果

$$a_0 \ll \frac{\lambda_0}{2\pi\gamma} = \frac{c}{\gamma\omega_0}, \tag{4.10}$$

亦即如果满足以下条件

$$eE_0\lambda_0 \ll 2\pi mc^2, \tag{4.10a}$$

则其发射的辐射是运动偶极子在 $\gamma = \mathscr{E}/mc^2 \gg 1$ 情况下的辐射, 满足这一条件显然保证了速度 $v' \sim a_0\omega_0$ 比光速小得多 (实际上, $v' \sim (eE_0\lambda_0/2\pi\mathscr{E})c$). 在 (4.10) 式中出现的波长为 $\lambda_0/\gamma$, 因为在以粒子的平均速度 $v_0 \approx c$ 运动的坐标系中, 波荡器中的空间周期 $l' = l/\gamma \approx \lambda_0/\gamma$, 而振动振幅和以前一样等于 $a_0$.

辐射频率等于

[64]

$$\omega(\theta) = \frac{\omega_0}{1 - (v/c)\cos\theta}, \qquad \lambda(\theta) = \frac{2\pi c}{\omega(\theta)}, \tag{4.11}$$

这里省略了 $v$ 的下标 0, 后面也将如此. (4.11) 式的第一式与 (4.5) 式的差别在于, 在 (4.8) 和 (4.9) 式中, 频率 $\omega_0$ 是在实验室参考系中测量的, 而在 (4.5) 式中, 频率 $\omega_{00}$ 是在静止参考系中测量的. 在相对论情形下, 按照 (4.11) 式, 有

$$\omega(0) = \frac{\omega_0}{1 - v/c} \approx 2\omega_0\left(\frac{\mathscr{E}}{mc^2}\right)^2 \equiv 2\omega_0\gamma^2, \qquad \frac{\mathscr{E}}{mc^2} \gg 1, \tag{4.12}$$

它与 (4.6) 式仅差一个附加因子 $\mathscr{E}/mc^2$.

可以将波荡器看成一个将外场的频率 $\omega_0$ 变为频率 $\omega(\theta)$ 的频率转换器, 并且完全可以达到很大的 "转换系数". 例如, 对于现代电子加速器中通常可见的能量 $\mathscr{E} \approx 5$ Gev, 因子 $\gamma^2 \sim 10^8$, 因为 $mc^2 = 5.1 \times 10^5$ eV. 因此当 $\omega_0 \sim 10^{10}$ s$^{-1}$ ($\lambda_0 \approx 20$ cm, 无线电波段) 时, 频率 $\omega(0) \sim 10^{18}$ s$^{-1}$ ($\lambda(0) \sim$

_____

[①] 这里所指的是足以计算将要讨论的偶极近似中的辐射的近似 (论文 [64a] 对波荡器中的辐射理论作了最完整的叙述; 又见文献 [64b, 64c]).

$10^{-7}$ cm = 10 Å, X 射线). 显然, 波荡器在原则上可以在其他方法不够有效的频段用作辐射发射器, 也可以用波荡器产生的辐射来检测飞过的粒子 (见 [64, 65] 和那里给出的文献; 有关在波荡器中放置某种透明介质后出现的变化, 将在后面第 6 章谈到). 在构建 "自由电子激光器" (free-electron laser; 例如见文献 [66, 67]) 理论时, 广泛地使用了电子在波荡器中运动和辐射的理论.

　　与波荡器中的运动相近的还有快速粒子在所谓沟道化情况下在晶体中的运动 (没有大角度散射发生的沿晶体内平面或原子链的运动,). 自然, 沟道化情况下产生的电磁辐射也与波荡器中的辐射相近 (例如见 [68, 69]).

　　场强和辐射强度的表示式, 就像多普勒效应的公式 (4.5) 和 (4.11) 式一样, 含有某一幂次的特征性分母 $1 - (v/c)\cos\theta$. 我们这里只限于提及辐射理论中一些也许是最重要的公式, 如点电荷的场的表达式 (3.3) 和 (3.4) 式, 或李纳–维谢尔势的原始表达式 (见文献 [2] 的 §63)

$$\boldsymbol{A} = \frac{e\boldsymbol{v}}{cR(1 - (v/c)\cos\theta')}, \quad \varphi = \frac{e}{R(1 - (v/c)\cos\theta')}, \tag{4.13}$$

其中 $\theta'$ 是速度 $\boldsymbol{v}$ 与从电荷所在点到观察点的径矢 $\boldsymbol{R}$ 之间的夹角; 在波区内, 角 $\theta'$ 和 $\boldsymbol{v}$ 与 $\boldsymbol{k}$ 间的夹角 $\theta$ 显然是同一个角. 最后, 在 $dW_s = Id\Omega dt$ 的表达式 (3.5) 的分母中有一因子 $[1 - (v/c)\cos\theta]^6$. 由此显然可知, 在相对论情形下, 辐射主要是在粒子前进方向——它基本上集中在 $\theta \lesssim \xi \equiv \gamma^{-1} \equiv mc^2/\mathscr{E}$ 的角度范围之内. 这个结果用量子语言 (或用粒子语言) 说出来特别直观——具有最大能量 $\hbar\omega$ 的那些光子冲向正前方. 沿某一轨道运动 、其速度可与光速 $c$ 比较的偶极子辐射的极坐标图示于图 4.4.

[65]

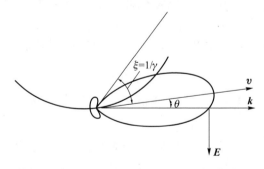

图 4.4　偶极辐射的极坐标图: 电场在通过偶极子轴的平面上的投影为角 $\theta$ 的函数, $\theta$ 是粒子平动速度 $\boldsymbol{v}$ 和波矢量 $\boldsymbol{k}$ 的夹角. 偶极子垂直于自己的轴运动. 图中所示的是 $v = \frac{2}{3}c$ 情形下的场.

　　粒子在波荡器中运动时, 像许多其他情况下一样, 人们的兴趣通常是

它在全部路程 (波荡器的长度 $L$) 上辐射的总能量, 并且是在远离辐射体的距离 $R \gg L$ 上来观察的. 在这些条件下, 我们感兴趣的量 (见 (3.5) 式)

$$
\begin{aligned}
\frac{\mathrm{d}U_s}{\mathrm{d}\Omega} &= \frac{c}{4\pi} \int (\boldsymbol{E} \times \boldsymbol{H}) \cdot \boldsymbol{s} R^2 \mathrm{d}t = \int \frac{\mathrm{d}^2 W_s}{\mathrm{d}\Omega \mathrm{d}t} \left( 1 - \frac{\boldsymbol{s} \cdot \boldsymbol{v}}{c} \right) \mathrm{d}t' \\
&= \frac{e^2}{4\pi c^3} \int \frac{\{\boldsymbol{s} \times [(\boldsymbol{s} - \boldsymbol{v}/c) \times \dot{\boldsymbol{v}}]\}^2}{(1 - \boldsymbol{s} \cdot \boldsymbol{v}/c)^5} \mathrm{d}t' \\
&= \frac{e^2}{4\pi c^3} \int \left\{ \frac{2(\boldsymbol{s} \cdot \dot{\boldsymbol{v}})(\boldsymbol{v} \cdot \dot{\boldsymbol{v}})}{c(1 - (\boldsymbol{s} \cdot \boldsymbol{v}/c))^4} + \frac{\dot{\boldsymbol{v}}^2}{(1 - \boldsymbol{s} \cdot \boldsymbol{v}/c)^3} - \frac{(1 - v^2/c^2)(\boldsymbol{s} \cdot \dot{\boldsymbol{v}})^2}{(1 - \boldsymbol{s} \cdot \boldsymbol{v}/c)^5} \right\} \mathrm{d}t'.
\end{aligned}
$$
$$\tag{4.14}$$

这个式子, 除所用的记号之外, 与文献 [2] 中的 (73.11) 式完全相同, 并如我们说过的那样, 是直接从 (3.5) 式推出的. 对于波荡器, 有 $\boldsymbol{v} \cdot \dot{\boldsymbol{v}} = 0, \dot{\boldsymbol{v}} = -\omega_0^2 \boldsymbol{r}, \boldsymbol{s} \cdot \boldsymbol{v} = v \cos\theta$. 此外, (4.9) 式中出现的 $t$ 按照其意义正好是 "源时间" $t'$, 虽然我们略去了没有写那一撇. 对 $\mathrm{d}t'$ 积分的结果归结为将 $\cos^2(\omega_0 t')$ 换为 $1/2$ 并乘以粒子在波荡器中的全部飞行时间 $T = L/v_0 = L/v$. 结果, 在偶极近似下得到

$$
\begin{aligned}
\frac{\mathrm{d}U_s}{\mathrm{d}\Omega} &= \frac{e^2 \omega_0^4 a_0^2 L \{(1 - (v/c)\cos\theta)^2 - (1 - v^2/c^2)\sin^2\theta\cos^2\varphi\}}{8\pi c^3 v (1 - (v/c)\cos\theta)^5} \\
&= \frac{e^4 E_0^2 L \{(1 - (v/c)\cos\theta)^2 - (mc^2/\mathscr{E})^2 \sin^2\theta\cos^2\varphi\}}{8\pi c^3 v m^2 (1 - (v/c)\cos\theta)^5} \left( \frac{mc^2}{\mathscr{E}} \right)^2,
\end{aligned}
$$
$$\tag{4.15}$$

其中 $\varphi$ 是场 $\boldsymbol{E}_0$ 和 $\boldsymbol{s} = \boldsymbol{k}/k$ 在垂直于 $\boldsymbol{v}$ 的平面上的投影之间的夹角.

在相对论 (事实上是极端相对论) 情况 (4.4) 下, 此时 $1/(1 - v/c) \approx 2(\mathscr{E}/mc^2)^2$, 我们有

$$
\frac{\mathrm{d}U_s}{\mathrm{d}\Omega} \approx \frac{e^4 E_0^2 L (mc^2/\mathscr{E})^2}{8\pi m^2 c^4 (1 - (v/c)\cos\theta)^3},
$$
$$
U = \int \frac{\mathrm{d}U_s}{\mathrm{d}\Omega} \mathrm{d}\Omega \approx \frac{1}{3} \left( \frac{e^2}{mc^2} \right)^2 \left( \frac{\mathscr{E}}{mc^2} \right)^2 E_0^2 L; \quad \frac{\mathscr{E}}{mc^2} \gg 1. \tag{4.16}
$$

如前所述并且从 (4.15) 式可清楚地看出, 这时辐射集中在 $\theta \sim mc^2/\mathscr{E}$ 的角度范围之内, 并且有特征频率 $\omega \sim \omega(0) \sim \omega_0(\mathscr{E}/mc^2)$. 总辐射能正比于因子 $\dfrac{e^4 \mathscr{E}^2}{m^4} = \dfrac{e^4 c^4}{m^2(1 - v^2/c^2)}$, 亦即对于给定的电荷, 总辐射能还依赖于总能量 $\mathscr{E}$ 和静止质量 $m$ (或依赖于 $m$ 和速度 $v$). 同时电荷的加速度在所研究的情况下只依赖于 $\mathscr{E}$ (见 (4.9) 式).

在第 5 章中将会详细讨论电荷在磁场中以相对论速度运动时的辐射. 现在我们来详细讨论作用在相对论性粒子上的辐射力.

[66]

前面在第 3 章里已经得出了将辐射力考虑在内的相对论性运动方程 (见 (3.11)、(3.12)、(3.19) 和 (3.20) 式). 但是, 更为方便的是如同在非相对论情形下那样, 立刻就考虑辐射力公式的近似特征, 将其通过场强表示出来. 这种运算已在专著 [2] 的 §76 中做过. 但是在这里重新进行一次是方便的, 从运动方程

$$mc\frac{\mathrm{d}u^i}{\mathrm{d}s} = \frac{e}{c}F^{ik}u_k + g^i, \quad g^i = \frac{2e^2}{3c}\left(\frac{\mathrm{d}^2u^i}{\mathrm{d}s^2} - u^iu^k\frac{\mathrm{d}^2u_k}{\mathrm{d}s^2}\right) \tag{4.17}$$

出发, 在一级近似下

$$mc\frac{\mathrm{d}u^i}{\mathrm{d}s} = \frac{e}{c}F^{ik}u_k; \quad \frac{\mathrm{d}^2u^i}{\mathrm{d}s^2} = \frac{e}{mc^2}\frac{\partial F^{ik}}{\partial x^l}u_ku^l + \frac{e^2}{m^2c^4}F^{ik}F_{kl}u^l. \tag{4.18}$$

将 (4.18) 式中的 $\mathrm{d}^2u^i/\mathrm{d}s^2$ 代入 $g^i$ 的表达式, 将 (4.17) 式重写为

$$mc\frac{\mathrm{d}u^i}{\mathrm{d}s} = \frac{e}{c}F^{ik}u_k +$$
$$\frac{2e^3}{3mc^3}\left\{\frac{\partial F^{ik}}{\partial x^l}u_ku^l - \frac{e}{mc^2}F^{il}F_{kl}u^k + \frac{e}{mc^2}(F_{kl}u^l)(F^{km}u_m)u^i\right\}. \tag{4.19}$$

在极端相对论情形下, 除了 $\gamma = 1/\sqrt{1-v^2/c^2}$ 类型的表达式外, 处处都可以令 $v = c$. 因此在 (4.19) 式中主要辐射项是最后一项, 并且在 $v \to c$ 下可以将三维运动方程写成以下形式[①]

$$\left.\begin{aligned}
\frac{\mathrm{d}\boldsymbol{p}}{\mathrm{d}t} &= \frac{\mathrm{d}}{\mathrm{d}t}\left(\frac{m\boldsymbol{v}}{\sqrt{1-v^2/c^2}}\right) = e\left(\boldsymbol{E} + \frac{1}{c}\boldsymbol{v}\times\boldsymbol{H}\right) + \boldsymbol{f}, \\
\boldsymbol{f} &= \frac{2e^4}{3m^2c^5}(F_{kl}u^l)(F^{km}u_m)\boldsymbol{v} \\
&= -\frac{2e^4}{3m^2c^4}\frac{(E_y - H_z)^2 + (E_z + H_y)^2}{1-v^2/c^2}\frac{\boldsymbol{v}}{v}, \\
\gamma &= \frac{1}{\sqrt{1-v^2/c^2}} \gg 1,
\end{aligned}\right\} \tag{4.20}$$

[67]　其中在 $\boldsymbol{f}$ 的最后一个表示式中我们选 $x$ 轴在 $\boldsymbol{v}$ 的方向, 以明显地表示出场

---

① 为了方便, 让我们回忆一下任何一个四维力 $g^i$ 与对应的三维力 $\boldsymbol{f}_i$ 之间的关系. 这一关系为

$$g^i = (g^0, \boldsymbol{g}) = \left\{\frac{\boldsymbol{f}\cdot\boldsymbol{v}}{c^2\sqrt{1-v^2/c^2}}, \frac{\boldsymbol{f}}{c\sqrt{1-v^2/c^2}}\right\},$$

而且

$$\frac{\mathrm{d}p^i}{\mathrm{d}s} = mc\frac{\mathrm{d}u^i}{\mathrm{d}s} = g^i, \quad \frac{\mathrm{d}\boldsymbol{p}}{\mathrm{d}t} = \boldsymbol{f},$$

因为

$$u^i = \left\{\frac{1}{\sqrt{1-v^2/c^2}}, \frac{\boldsymbol{v}}{c\sqrt{1-v^2/c^2}}\right\}, \mathrm{d}s = c\mathrm{d}t\sqrt{1-v^2/c^2}.$$

的分量. 当 $\gamma \gg 1$ 时力 $f$ 平行于 $v$ 的事实从方程 (3.12) 也能看出, 但不如 (4.20) 式方便.

现在要作几点说明, 这些说明相当重要但有时并没有得到应有的注意. 在相对论情形下, 辐射基本上是在向前的方向上, 与速度一致. 因此反冲或反作用应当向后 (因为定向辐射携带动量). 这就对为什么力 $f$ 会与 $v$ 反平行做出了解释. 由此似乎也可得出辐射反作用将导致速度在一切方向上的投影减小的结论. 但这个结论一般而言是错误的.

作为一个例子, 我们来研究带电粒子在一个恒定均匀磁场 $H_0$ 中的运动. 因为我们以后会不止一次地对这种情况感兴趣, 我们将比较详细地考虑其对电荷为 $eZ$、质量为 $M$ 的粒子的应用.

于是运动方程的形式为 (暂不考虑辐射反作用[①])

$$\frac{\mathrm{d}}{\mathrm{d}t}\left(\frac{M\boldsymbol{v}}{\sqrt{1-v^2/c^2}}\right) = \frac{eZ}{c}\boldsymbol{v} \times \boldsymbol{H}_0. \tag{4.21}$$

这个方程很容易积分, 并且不难看出, 粒子沿着一条螺旋线运动: 它的速度 $\boldsymbol{v} = \boldsymbol{v}_{\parallel} + \boldsymbol{v}_{\perp}$; $\boldsymbol{v}_{\parallel} =$ 常量是沿电场方向 ($z$ 轴) 的恒定速度, 而 $\boldsymbol{v}_{\perp}$ 则是垂直于 $\boldsymbol{H}_0$ 的在 $x,y$ 平面内的速度 (图 4.5). 于是我们有

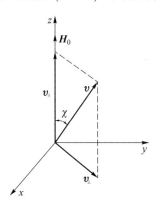

图 4.5　关于 $\boldsymbol{v}_{\parallel}, \boldsymbol{v}_{\perp}$ 和 $\chi$ 等几个量的定义.

$$\left.\begin{array}{l} v_{\perp,x} = v_{\perp}\cos\omega_H^* t, \quad v_{\perp,y} = -v_{\perp}\sin\omega_H^* t, \quad v_{\parallel} = \text{const}, \\ v_{\parallel} = v\cos\chi, \quad v_{\perp} = v\sin\chi, \quad v^2 = v_{\parallel}^2 + v_{\perp}^2, \\ \omega_H^* = \frac{eZH_0}{Mc}\frac{Mc^2}{\mathscr{E}} = \omega_H\frac{Mc^2}{\mathscr{E}}, \quad r_H = \frac{v\sin\chi}{\omega_H^*}. \end{array}\right\} \tag{4.22}$$

---

[①] 为了应用方程 (4.21), 严格说来即便这个保留条件也还不够, 还必须指出我们仍需假设电荷 $eZ$ 和质量 $M$ 是恒定的. 当然, 这种假定实际上几乎永远是被默认的, 但并非一定如此, 因为对于离子, 在计及核裂变和 (或) 原子电子的 "剥离" 时, 电荷和质量都不是常量.

其中 $\chi$ 是 $\boldsymbol{v}$ 与 $\boldsymbol{H}_0$ 的夹角, $r_H$ 是粒子的径矢在 $x, y$ 平面上的投影绘出的一个圆的半径; 通常将这个半径叫做曲率半径, 但是不要把它同粒子的空间轨道的曲率半径 $r_H^*$ 混淆起来, 后者等于

$$r_H^* = \frac{r_H^2 + (v_\parallel / \omega_H^*)^2}{r_H} = \frac{v}{\omega_H^* \sin \chi}. \tag{4.23}$$

前已表明, 我们将用 $e$ 表示电子电量的绝对大小, 并认为频率 $\omega_H$ 和 $\omega_H^*$ 为正. 在极端相对论情况下, 对于电子我们得到

$$\left. \begin{array}{l} r_H = \dfrac{\mathscr{E} \sin \chi}{e H_0} = \dfrac{\mathscr{E}(\mathrm{eV}) \sin \chi}{300 H_0}, \\[2mm] \mathscr{E} \gg mc^2 = 5.1 \times 10^5 \mathrm{eV}. \end{array} \right\} \tag{4.24}$$

磁场 $H_0$ 永远以奥斯特为单位 (高斯单位制), 而 $r_H$ 和别的长度一样, 以厘米为单位. 但是, 能量 $\mathscr{E}$ 用电子伏为单位表示常常更方便, 我们将其写成 $\mathscr{E}(\mathrm{eV}) = \mathscr{E}(\mathrm{erg})/(1.6 \times 10^{-12})$ 的形式, 其中 $\mathscr{E}(\mathrm{erg})$ 为以尔格为单位的能量.

对于给定的磁场 $H_0$, 相对论情形下的回转频率 $\omega_H^*$ 因为一个明显的理由要低于非相对论情形下的回转频率 $\omega_H$, 这个理由是由于 "动力学" 质量 $\mathscr{E}/c^2 = M(1 - v^2/c^2)^{-1/2}$ 的增大. 对于电子,

$$\omega_H^* = \omega_H \frac{mc^2}{\mathscr{E}} = 1.76 \times 10^7 H_0 \frac{mc^2}{\mathscr{E}}. \tag{4.25}$$

现在我们返回来考虑辐射反作用.

因为反作用力 (4.20) 与 $\boldsymbol{v}$ 反平行, 故如我们前面已指出的那样, 电荷在磁场中运动时速度的两个投影 $v_\parallel$ 和 $v_\perp$ 似乎都必定要减小. 然而十分显然的是, 在这里所研究的近似 (4.19) (只有这个近似才是适用的, 见第 2 章及后面所述) 下并计及辐射力时, 在恒定均匀磁场中有 $v_\parallel =$ 常量. 实际上, 因为在恒定磁场中不考虑辐射反作用时 $v_\parallel =$ 常量或 $\mathrm{d}v_\parallel/\mathrm{d}s = 0$, 因此在从 (4.17) 式转换到 (4.19) 式的迭代时可以确信依旧有 $\mathrm{d}v_\parallel/\mathrm{d}s = 0$. 至于与方程 (4.20) 的表观矛盾, 则如果我们考虑到方程 (4.20) 本身只是在 $v \to c$ 时才成立, 并且用它可以让我们研究动量 $\boldsymbol{p} = mv(1 - v^2/c^2)^{-1/2}$ 的变化而不是速度的变化, 便自然化解了. 在辐射的影响下粒子的动量实际上的确要减小, $\boldsymbol{p}_\parallel$ 和 $\boldsymbol{p}_\perp$ 都是如此.

经过足够长的时间后, $\boldsymbol{p}_\perp \to 0$, 并且

$$\mathscr{E} = \frac{mc^2}{\sqrt{1 - v_\parallel^2/c^2}}, \quad p_\parallel = \frac{mv_\parallel}{\sqrt{1 - v_\parallel^2/c^2}}, \quad p_\perp \to 0, t \to \infty. \tag{4.26}$$

由此可知, 只有在初始投掷角 $\chi_0$ 很小从而 $v_\parallel = v \cos \chi_0 \sim c$ 的情况下,

在 $t \to \infty$ 时粒子才仍然是相对论性的.

在非相对论情形下, 我们在第 2 章已看到, 必须将辐射反作用当作微扰来研究——它和其他的力相比必须很小. 从非相对论到相对论情形的过渡, 特别是具体的从方程 (4.17) 到方程 (4.19) 的过渡, 可能会促使我们得出同样的结论. 然而, 关于必须要求辐射力比洛伦兹力小得多 (特别是在方程 (4.20) 中) 的这个结论是错的. 实际上, 最初的条件是第 2 章得到的条件 (2.5) 和 (2.6), 它们保证了在给定时刻粒子为静止的参考系中辐射力很小. 在粒子速度等于 $v$ 的实验室参考系中, 条件 (2.6a) 的形式为

$$H_0 \ll \frac{m^2 c^4}{e^3} \frac{mc^2}{\mathscr{E}} = 6 \times 10^{15} \frac{mc^2}{\mathscr{E}} \text{ Oe.} \tag{4.27}$$

其中 $H_0$ 是实验室参考系中的磁场 (这个场在粒子静止的参考系中要大一个 $\gamma = (1 - v^2/c^2)^{-1/2} = \mathscr{E}/mc^2$ 因子的数量级, 考虑这一情况导致 (4.27) 式而不是 (2.6a) 式). 问题的实质是, 我们这里是在比较垂直于速度 $v$ 的洛伦兹力和指向 $-v$ 方向的辐射阻尼力 (在所研究的极端相对论情况下). 辐射阻尼力和电场 $E$ 在 $v$ 上的投影一样, 它们在实验室参考系和粒子静止参考系中是相同的[①]. 与之相反, 静止参考系中的洛伦兹力要比在磁场给定为 $H_0$ 的实验室参考系中大 $\mathscr{E}/mc^2$ 倍. 因此, 显然在实验室参考系里洛伦兹力有可能比辐射力小很多, 但是在静止参考系里却大大超过辐射力, 这就保证了在静止参考系中条件 (2.6a) 得到遵守.

也可以用辐射的波长或频率的术语来阐明以上所述 (如同从条件 (2.6a) 过渡到等价的条件 (2.6b) 一样). 若 $\omega = 2\pi c/\lambda$ 是实验室参考系中的辐射频率, 那么在粒子静止的参考系中, 由于多普勒效应频率 $\omega_{00} \sim \omega/\gamma = mc^2/\mathscr{E}$ 及 $\lambda_{00} \sim \lambda \mathscr{E}/mc^2$ (见 (4.6) 式; 照理取 $\omega$ 为最大频率 $\omega(0)$). 因此条件 (2.5) 的

[70]

---

① 为了方便, 我们在这里给出给定的电磁场在不同的惯性参考系中的分量互相联系的公式. 若在我们所研究的实验室参考系中电磁场为 $E = \{E_x, E_y, E_z\}$ 及 $H = \{H_x, H_y, H_z\}$, 另一个参考系相对于实验室参考系以速度 $V$ 沿着重合的 $x$ 轴和 $x'$ 轴运动, 则在后一参考系中电磁场等于

$$E' = \{E'_x, E'_y, E'_z\}, \quad H' = \{H'_{x'}, H'_{y'}, H'_{z'}\},$$

其中

$$E_x = E'_{x'}, \quad E_y = \frac{E'_{y'} + (V/c)H'_{z'}}{\sqrt{1 - V^2/c^2}}, \quad E_z = \frac{E'_{z'} - (V/c)H'_{y'}}{\sqrt{1 - V^2/c^2}},$$

$$H_x = H'_{x'}, \quad H_y = \frac{H'_{y'} - (V/c)E'_{z'}}{\sqrt{1 - V^2/c^2}}, \quad H_z = \frac{H'_{z'} + (V/c)E'_{y'}}{\sqrt{1 - V^2/c^2}}.$$

显然, 将场 $E', H'$ 通过 $E, H$ 表示时公式相同, 只是将 $V$ 换成了 $-V$.

形式为

$$\lambda_{00} \sim \lambda \mathscr{E}/(mc^2) \gg r_e$$

或

$$\lambda = \frac{2\pi c}{\omega} \gg r_e \frac{mc^2}{\mathscr{E}} = \frac{e^2}{mc^2} \frac{mc^2}{\mathscr{E}}, \quad \omega \ll \frac{c}{r_e} \frac{\mathscr{E}}{mc^2} = \frac{c\mathscr{E}}{e^2}. \tag{4.28}$$

如果要求在实验室参考系里波长大于电子的尺度 $r_e mc^2/\mathscr{E}$ (这里指的是运动物体的相对论压缩), 将会得到同样的结果.

现在将条件 (4.28) 应用到磁场中辐射的情形. 第 5 章中将会表明, 这种情形下辐射的特征频率 $\omega \sim (eH_0/mc)(\mathscr{E}/mc^2)^2$. 将这个频率代入 (4.28) 式也导致条件 (4.27).

于是, 如果我们仍然停留在经典理论框架里, 那么辐射力就可以在方程 (4.17)、(4.19)、(4.20) 的基础上依照条件 (4.27) 和 (4.28) 加以考虑. 前面在第 2 章已指出 (见 (2.7) 式), 如果考虑量子效应, 那么经典理论将只能用在 $\lambda \gg \hbar/(mc) = r_e/\alpha$ 的情况, 其中 $\alpha = e^2/(\hbar c) \approx 1/137$. 但是这个不等式只与静止参考系有关. 在实验室参考系中, 经典理论适用的条件可从 (4.28) 式将 $r_e$ 换成 $\hbar/(mc)$ 得到, 其形式为

$$\lambda \gg \frac{\hbar}{mc} \frac{mc^2}{\mathscr{E}}, \quad \hbar\omega \ll \mathscr{E}. \tag{4.29}$$

这个不等式 (它的两种形式实质上是等价的) 通过 $\omega$ 来表示是非常自然的——如果粒子辐射的光子的能量 $\hbar\omega$ 可以与粒子的能量 $\mathscr{E}$ 相比较, 那么经典方法显然就不适用 (只要看下面这一点就够了: 在经典方法中不排除也辐射频率 $\omega \gg \mathscr{E}/\hbar$ 的波, 而这是违反能量守恒定律的)[①].

对于在磁场中的运动和同步辐射, 保证能够使用经典理论的对场和能量的量子限制的形式为

$$H_0 \ll \frac{e^2}{\hbar c} \frac{m^2 c^4}{e^3} \frac{mc^2}{\mathscr{E}} = \frac{m^2 c^3}{e\hbar} \frac{mc^2}{\mathscr{E}} = 4.4 \times 10^{13} \frac{mc^2}{\mathscr{E}}. \tag{4.30}$$

将条件 (4.29) 应用于特征频率 $\omega \sim (eH_0/mc)(\mathscr{E}/mc^2)^2$ 的同步辐射, 即可得到这一限制条件.

[71]　　　当然, 在同步辐射的 "尾巴"(谱的强度较弱的高频部分) 上存在高得多的频率 $\omega \gg \omega_m$; 对于这些频率的限制条件自然将比条件 (4.30) 严苛得多.

---

① 事实上情况要更复杂一些. 如果像经典理论中常常假设的那样, 给定了粒子的运动, 那么在原则上能够发射任意高频率的辐射, 在问题的这种提法下辐射的反作用 (反冲) 由维持粒子作确定参数运动的外力所抵消. 但是能量为 $\mathscr{E}$ 的自由粒子当然不能辐射能量 $\hbar\omega > \mathscr{E}$ 的光子.

特征 "量子" 场强 $m^2c^3/(e\hbar)$ 具有这样的意义: 电场 $E_0 \sim m^2c^3/(e\hbar)$ 在路程 $\hbar/(mc)$ 上对电荷 $e$ 做数量级为 $mc^2$ 的功. 物理上这意味着在这样的 (当然还有更强的) 电场中已经能够产生电子–正电子对 (为此所需的能量不小于 $2mc^2 \approx 10^6$ eV). 一个能量为 $\mathscr{E}$ 的粒子在 $F_0 \gtrsim (m^2c^3/e\hbar)mc^2/\mathscr{E}$ 的场中已经可以产生正负电子对, 因为在它的静止参考系中场刚好达到临界值 $m^2c^3/(e\hbar)$. (上面的 $F_0$ 可以理解为电场 $E_0$ 或磁场 $H_0$). 在第 6 章末尾还要对强电磁场中的量子效应作一些说明.

现在回到方程 (4.20), 我们看到, 如果满足条件 (假设 $H_\perp \sim H_0$ 等等, 又见下面的 (4.44) 式)

$$F_0 \ll \frac{m^2c^4}{e^3}\left(\frac{mc^2}{\mathscr{E}}\right)^2 = 6 \times 10^{15}\left(\frac{mc^2}{\mathscr{E}}\right)^2, \quad F_0 \sim E_0 \text{ 或 } H_0 \tag{4.31}$$

则辐射反作用力与洛伦兹力相比很小,

由于 (4.31) 式中含有一个附加因子 $mc^2/\mathscr{E}$ (与判据 (4.27) 和 (4.30) 相比), 事情完全可能变成辐射反作用力甚至比洛伦兹力强得多, 与此同时经典方程 (4.20) 依然可以使用, 亦即判据 (4.30) 得到满足. 发生这种情况的场的区域, 显然由以下的不等式确定:

$$\frac{m^2c^4}{e^3}\left(\frac{mc^2}{\mathscr{E}}\right)^2 \ll H_0 \ll \frac{m^2c^3}{e\hbar}\left(\frac{mc^2}{\mathscr{E}}\right) \sim 4 \times 10^{13}\left(\frac{mc^2}{\mathscr{E}}\right). \tag{4.32}$$

在实验室参考系里洛伦兹力可能会小于辐射力并同时允许在静止参考系里使用方程 (2.1) 的理由, 已经在上面解释过了 (见对公式 (4.27) 的说明). 在给定磁场 $H_0$ 下, 可方便地将条件 (4.32) 写成

$$\sqrt{\frac{m^2c^4}{e^3H_0}} \ll \frac{\mathscr{E}}{mc^2} \ll \frac{m^2c^3}{e\hbar H_0} \sim \frac{4 \times 10^{13}}{H_0}. \tag{4.33}$$

对于量级为 $10^9 \sim 10^{13}$ Oe 的磁场 (脉冲星的表面), 参量 $\mathscr{E}/mc^2$ 的上限 (即 "经典" 行为的界限) 相当强并具有完全真实的数值. 同时反作用力在以下能量上超出了洛伦兹力:

$$\frac{\mathscr{E}}{mc^2} \gg \sqrt{\frac{m^2c^4}{e^3H_0}} \sim \frac{10^8}{\sqrt{H_0}}. \tag{4.34}$$

在 (4.34) 的情况下, 从 (4.17) 式导出 (4.20) 式的推导仍然正确, 因为这个推导是以不变量方式进行的, 这意味着, 一个四维矢量 (矢量 $g^i$) 的分量比另一个四维矢量 (矢量 $(e/c)F^{ik}u_k$) 的分量小这个推导在任意一个参考系中成立 (这里我们重复了文献 [2] §76 中相应的解释).

[72]     反作用力的表达式 (4.20) 对于寻求辐射损失——辐射时的能量损失非常方便. 例如, 在恒定的磁场中辐射损失

$$\mathscr{R}(\mathscr{E}) = \frac{2e^4}{3m^2c^3}H_\perp^2\left(\frac{\mathscr{E}}{mc^2}\right)^2, \quad \frac{\mathscr{E}}{mc^2} \gg 1, \tag{4.35}$$

其中 $\boldsymbol{H}_\perp \equiv \boldsymbol{H}_{0\perp}$ 为磁场 $\boldsymbol{H}_0$ 在垂直于速度 $\boldsymbol{v}$ 的平面上的投影. 当粒子 (其电荷为 $eZ$, 质量为 $M$) 的速度 $v$ 任意时, 我们有

$$\mathscr{R} = \frac{2(eZ)^4H_\perp^2v^2}{3M^2c^5(1-v^2/c^2)} = \frac{2(eZ)^4H_\perp^2}{3M^2c^3}\left\{\left(\frac{\mathscr{E}}{Mc^2}\right)^2 - 1\right\}. \tag{4.36}$$

得到这个式子的最合理的方法是使用方程 (4.19). 我们常常为了决定辐射损失而计算辐射能量, 不过在第 3 章里已经指出了这个方法的一种局限性, 这种局限性可能导致误解 (见文献 [70] 及后面第 5 章里对螺旋线运动时同步辐射特性的讨论). 但是, 对于磁场中的圆周运动的情形, 辐射能的计算 (见 [2] 中 §74) 给出了正确的表达式 (4.36), 其中的 $H_\perp = H_0$; 把这个公式推广到螺旋线运动的情形可以按照上述方式循序渐进地进行, 但是对于所发生的代换 $H_0 \rightarrow H_\perp \equiv H_{0\perp}$ 的合法性则一般也可给出另一种解释. 事实上, 当 $H_\perp = 0$ 时没有辐射损失, 在 $H_\perp = H_0$ 时可以假设损失是已知的, 最后当 $\mathscr{E}/mc^2 \gg 1$ 时 (4.35) 式成立; 而 (4.36) 式在这三种极限情形下都给出正确结果, 因此它在被严格地证明之前就已经显得很可能成立了.

     如果不考虑辐射阻尼力的作用, 则在磁场中运动的粒子的能量 $\mathscr{E} = Mc^2(1-v^2/c^2)^{-1/2}$ 守恒 (要证明这一结果仅需对方程 (4.21) 与 $\boldsymbol{v}$ 作标量积即可). 因此考虑辐射力的作用时, 我们马上得到

$$\frac{\mathrm{d}\mathscr{E}}{\mathrm{d}t} = -\mathscr{R} \tag{4.37}$$

或者在极端相对论情形下有

$$\frac{\mathrm{d}\mathscr{E}}{\mathrm{d}t} = -\frac{2(eZ)^4H_\perp^2}{3M^2c^3}\left(\frac{\mathscr{E}}{Mc^2}\right)^2 = -9.8\times10^{-3}H_\perp^2\left(\frac{Z^2m}{M}\right)^2\left(\frac{\mathscr{E}}{Mc^2}\right)^2\mathrm{eV}\cdot\mathrm{s}^{-1}. \tag{4.38}$$

对于电子 $(Z = 1, M = m)$

$$\frac{\mathrm{d}\mathscr{E}}{\mathrm{d}t} = -\frac{2}{3}\frac{e^4H_\perp^2}{m^2c^3}\left(\frac{\mathscr{E}}{mc^2}\right)^2 = -9.8\times10^{-3}H_\perp^2\left(\frac{\mathscr{E}}{mc^2}\right)^2\mathrm{eV}\cdot\mathrm{s}^{-1}$$

$$= -1.58\times10^{-15}H_\perp^2\left(\frac{\mathscr{E}}{mc^2}\right)^2\mathrm{erg}\cdot\mathrm{s}^{-1}. \tag{4.39}$$

将这个方程重写为以下形式

[73]

$$\frac{\mathrm{d}\mathscr{E}}{\mathrm{d}t} = -\beta\mathscr{E}^2, \quad \beta = \frac{2e^4H_\perp^2}{3m^4c^7} = 1.95\times10^{-9}\frac{H_\perp^2}{mc^2}\mathrm{erg}^{-1}\cdot\mathrm{s}^{-1}. \tag{4.40}$$

由此得到

$$\mathscr{E}(t) = \frac{\mathscr{E}_0}{1 + \beta \mathscr{E}_0 t}, \quad \mathscr{E}_0 = \mathscr{E}(0). \tag{4.41}$$

因此, 电子的能量经过以下的时间后减小到一半:

$$T_m = \frac{1}{\beta \mathscr{E}_0} = \frac{5.1 \times 10^8}{H_\perp^2} \left(\frac{mc^2}{\mathscr{E}_0}\right) \text{s}. \tag{4.42}$$

而且, 从 (4.41) 式显然可知, 对于任意的初始能量 $\mathscr{E}_0$, 电子在时刻 $t$ 的能量不会超过下面的值

$$\mathscr{E}_{\max}(t) = \frac{1}{\beta t} = \frac{5.1 \times 10^8}{H_\perp^2 t} mc^2 = \frac{2.6 \times 10^{14}}{H_\perp^2 t} \text{eV}, \tag{4.43}$$

其中 $t$ 以秒为单位测量.

(4.43) 式的结果, 亦即在磁场中运动的电荷存在一个能量最大值 (极限值) $\mathscr{E}_{\max}$ 可以推广到非均匀磁场的情形 (见文献 [2] 的 §76). 就我们所知, 极限能量的问题最早是就到达地球的宇宙线的例子来讨论的[71]. 在这种情形下, 粒子必须穿过 $H \sim 0.2$ — $0.5$ Oe 的地磁场, 即走过长为 $L \sim R_E \sim 10^9$ cm 的路程 (地球半径 $R_E \approx 6360$ km), 为此需时 $t \sim R_E/c \sim 3 \times 10^{-2}$ s. 结果对于电子, $\mathscr{E}_{\max} \sim 10^{17}$ eV (在 (4.43) 式中令 $H_\perp \sim H_0 \sim 0.2$ Oe, 这相当于粒子落在赤道区域; [71] 的计算对落在地磁赤道上的粒子得出的值为 $\mathscr{E}_{\max} \sim 4 \times 10^{17}$ eV.

(4.38) — (4.43) 诸式均被写成不同的形式且带有各种数值系数, 因为它们特别是在天体物理学中有广泛的应用 (见第 16 章).

粒子在一个恒定且均匀的磁场中运动时, 如果粒子转一圈 (即在一个周期 $T = 2\pi/\omega_H^* = (2\pi Mc/eZH_0)(\mathscr{E}/Mc^2)$ 内) 损失的能量 $\Delta\mathscr{E}$ 比 $\mathscr{E}$ 小得多, 则它所受的辐射阻尼力比洛伦兹力要小得多. 由此得到条件 (当 $M = m$ 及 $Z = 1$ 时)

$$\frac{\mathscr{E}}{mc^2} \ll \sqrt{\frac{m^2 c^4 H_0}{e^3 H_\perp^2}} \sim 10^8 \sqrt{\frac{H_0}{H_\perp^2}} = \frac{10^8}{\sqrt{H_0 \sin^2 \chi}}. \tag{4.44}$$

如所预期, 这个条件与早先得到的条件相同, 但变得更精确了些 (见 (4.34) 式, 那里研究了相反的不等式并且令 $H_\perp \sim H_0$). 在宇宙中不等式 (4.44) 常很好地被满足. 例如, 在星际磁场中 $H_0 \sin^2 \chi \sim 10^{-6}$ Oe, 能量 $\mathscr{E} \ll 10^{17}$ eV 的电子的满足 (4.44) 式. 但是当 $H_0 \sim 10^4$ Oe 时 (太阳黑子、磁性星、加速器中), 条件更为苛刻, 要求 $\mathscr{E} \ll 10^{12}$ eV; 不过, 在刚才提到的这些情形中, 实际上都没有遇到过能量 $\mathscr{E} \gg 10^{11}$ eV 的电子. 在磁化的白矮星中 ($H_0 \sim 10^7$ — $10^8$ Oe) 和脉冲星中 ($H_0 \sim 10^9$ — $10^{13}$ Oe), 已经在相对较

[74]

低的能量下违反了不等式 (4.44). 但是另一方面, 损失越大就越难以将粒子加速到高能量, 并且一般而言这样的粒子也就越少. 因此, 实际上辐射阻尼力很小的条件 (4.44) 显然只会在一些罕见的情况下遭到破坏. 在这些情况下, 粒子当然不是作圆周运动或螺旋线运动, 而是沿着一条半径迅速减小的曲线运动 (对于这种情况的一些计算, 例如, 见 [72]). 与此同时, 即使在条件 (4.44) 遭到破坏的情形下, 同步辐射也不改变自己的特性 (强度、谱性质、偏振), 因为只有一小部分轨道造成 $\gamma = \mathscr{E}/mc^2 \gg 1$ 的辐射, 仅当不满足经典性条件

$$\frac{\mathscr{E}}{mc^2} \ll \frac{m^2 c^3}{e\hbar H_0} \sim \frac{4 \times 10^{13}}{H_0} \tag{4.45}$$

时, 同步辐射的特性才会改变.

以上所述还将会在第 5 章得到进一步解释. 以下将假设条件 (4.45) 始终得到满足[①], 并且为了简单一般也假设条件 (4.44) 成立, 虽然大多数情形下在计算中并不用到它.

从关于损失的 (4.38) 式可清楚看出, 在给定的磁场 $H_\perp$ 中和同样的能量 $\mathscr{E}$ 下, 质子的辐射只有电子辐射的 $(M/m)^4 \sim 1/10^{13}$. 因此对于质子和其他的原子核同步辐射 (磁轫致辐射) 损失通常不起任何作用. 但是在很强的磁场中, 当高能电子 "不存活" 时, 质子的同步辐射原则上可以成为重要的. 我们注意到, 在磁场中运动的带电粒子 (一般都有加速度) 不止是辐射电磁波, 而且还发射与它相互作用的一切场的量子. 于是, 一切带电粒子都存在磁轫致引力辐射. 而且, 质子在磁场中必定发射 $\pi^+$ 和 $\pi^0$ 介子 ($p \to n + \pi^+, p \to p + \pi^0$ 过程, n 为中子), 以及正电子和中微子 ($p \to n + e^+ + \nu$ 过程, $\nu$ 是中微子). 但是在现实条件下, 同步非电磁辐射的强度通常微乎其微[73], 它自身起不了任何作用. 但是, 从方法论的观点来看且牢记总是存在有某种新的可能性 (这一点千万不要忘记), 我们应当记住同步非电磁辐射. 顺便说一句, 如果我们只是将术语 "同步辐射"(或更一般地, "磁轫致辐射") 用于在磁场中运动的粒子的辐射, 那么在文献中则是在更广泛的意义上使用这个术语, 例如用于相对论性粒子在强引力场中运动时发射的引力波、电磁波和别种波 (比方说, 一个标量场的波) 的辐射[75]. 所有这些情形下的辐射与同步电磁辐射有某些共同的特征, 但是整体而言, 辐射的特征 (强度与能量的函数关系、极坐标图等) 随着加速场与辐射场的类型不

[75]

---

① 不等式 (4.45) 不满足时, 我们处在量子领域, 必须用量子电动力学方法开展研究[10, 48, 74]. 前已指出, 量子领域的特征是电子–正电子对的产生, 而在更大的场或能量下, 还有别种粒子 (介子, 重子) 对的产生. 无疑, 我们对量子领域 (强场、高能量) 具有很大的兴趣, 并且随着脉冲星的发现、更强的场在实验室里的获得和新型加速器的出现, 这种兴趣只会增加 (又见第 6 章结尾).

同而有实质性的变化. 铭记 "不干力所不及之事" 的教诲, 下面在第 5 章我们将只明确地讨论电子的同步辐射, 或者说得更详细些, 讨论在恒定且均匀的磁场中运动的极端相对论性电子的电磁波辐射.

# 第五章
# 同步辐射

同步辐射的特点. 同步辐射理论在天体物理学中的某些应用. 理论适用的界限.

同步辐射的特征特别是它的谱与两个方位角有密切关系: 一个是辐射波的波矢 $k$ 与粒子速度 $v$ 之间的夹角 $\theta$, 另一个是 $v$ 与外磁场 $H_0$ 之间的夹角 $\chi$ (这里只限于讨论粒子在磁场中的运动, 虽然事实上我们谈论的是极其普遍的结果; 例如见文献 [2] 的 §77). 实际情况是辐射基本上集中在 $\theta \sim mc^2/\mathscr{E} \ll 1$ 的角度范围之内, 而且如果 $\chi \lesssim mc^2/\mathscr{E}$, 则在给定方向 $\theta \lesssim mc^2/\mathscr{E}$ 的辐射是从粒子的全部路径上 (或者至少从大部分路径上) 聚集起来的. 可是, 若

$$\chi \gg \xi = \frac{mc^2}{\mathscr{E}}, \quad \frac{mc^2}{\mathscr{E}} \ll 1, \tag{5.1}$$

则同步辐射仅仅从一小段路径上抵达观测者 (详情见后).

满足条件

$$\chi \lesssim \xi = \frac{mc^2}{\mathscr{E}}, \quad \frac{mc^2}{\mathscr{E}} \ll 1 \tag{5.2}$$

时的辐射与波荡器中的辐射完全相似, 因为在这种情形下 (见 (4.22))

$$\left.\begin{array}{l} r_H = \dfrac{v \sin \chi}{\omega_H^*} \approx \dfrac{c\chi}{\omega_H^*} \lesssim \dfrac{c}{\omega_H} = \dfrac{\lambda_H}{2\pi}, \\[2mm] \omega_H = \dfrac{eH}{mc}, \quad \omega_H^* = \omega_H \dfrac{mc^2}{\mathscr{E}}; \end{array}\right\} \tag{5.3}$$

此处和后面我们将略去 $H_0$ 的下标 0, 因为到处都只出现外磁场.

更精确地说, 若 (见 (4.10) 式)

$$\chi \ll \frac{mc^2}{\mathscr{E}}, \qquad r_H \ll \frac{\lambda_H}{2\pi} \tag{5.4}$$

这里的辐射与快速飞行的偶极子 (振子, 其偶极矩 $er_H = ec\chi/\omega_H^* = \mathscr{E}\chi/H \ll mc^2/H$) 的辐射类似.

我们不在这里详细讨论这种情况, 因为第 4 章中已经定性解释过这幅图景了 (详见文献 [2] §77, 又见 [76]).

与对脉冲星附近的辐射机制的讨论相联系, 电荷沿着非均匀磁场 (比 [77] 如偶极子的磁场) 的磁力线运动所产生的辐射吸引了人们的注意. 这种辐射叫做磁漂移辐射或曲率辐射. 注意, 电荷是不能严格沿着非均匀磁场的磁力线运动的, 因为这时洛伦兹力 $e(\boldsymbol{v} \times \boldsymbol{H}_0)/c$ 等于零, 粒子将做直线运动, 而不是沿着弯曲的力线运动 (这里当然假设了没有别的力作用在电荷上). 事实上, 在非均匀的 ("弯曲的") 磁场中, 电荷实际不是严格地沿磁力线运动, 而是也沿着垂直于所考察的磁力线所在平面的方向漂移[62a, 77]. 结果出现了洛伦兹力, 它把粒子的运动轨迹弯曲成在一级近似下可以认为是沿着弯曲的磁力线运动. 这时产生的曲率辐射基本上具有同步辐射的那些有代表性的特点, 不过这里磁力线的曲率半径 $R_H$ 起半径 $r_H = (v\sin\chi)/\omega_H^*$ 的作用 (见 [62a, 78]).

现在我们来详细研究遵守条件 (5.1) 时的同步辐射. 此时从重要的特殊情形粒子作圆周运动 ($\chi = \pi/2$) 入手是合理的.

在这种情况下全部辐射集中在轨道平面附近的 $\theta \lesssim mc^2/\mathscr{E}$ 的角度范围之内. 在离轨道很远的距离上, "观测者" (假设他位于轨道平面上或轨道平面附近 $\theta \lesssim mc^2/\mathscr{E}$ 的角度范围之内) 记录下一个接一个依序来到的辐射脉冲, 脉冲的时间间隔等于电荷的回转周期

$$T = \frac{2\pi}{\omega_H^*} = \frac{2\pi mc}{eH}\left(\frac{\mathscr{E}}{mc^2}\right). \tag{5.5}$$

通过研究快速运动的振子——偶极子的电场 (见图 4.4) 容易解释辐射脉冲的形状 (图 5.1), 由于粒子在磁场中旋转 (对应于偶极子轴的加速度矢量总是垂直于磁场 $\boldsymbol{H}$, 并且围绕它以频率 $\omega_H^*$ 旋转) 的结果, 电场相对于观察者转动. 每个脉冲的持续时间为

$$\Delta t \sim \frac{r_H \xi}{c}\left(\frac{mc^2}{\mathscr{E}}\right)^2 \approx \frac{mc}{eH}\left(\frac{mc^2}{\mathscr{E}}\right)^2. \tag{5.6}$$

其中 $r_H = v/\omega_H^* \approx \mathscr{E}/eH$ 是粒子轨道的曲率半径, 而因子 $(mc^2/\mathscr{E})^2$ 的出现 [78] 则是由于多普勒效应. 实际上, 在 $\xi = mc^2/\mathscr{E}$ 的角度范围内电子在时间间

隔 $\Delta t' \sim r_H \xi/c \approx mc/(eH)$ 里是向着观察者方向运动的. 在这段时间里, 电子走过的路程为 $v\Delta t'$, 因此它发射的脉冲也被压缩 $v\Delta t'$ (这就是多普勒效应). 结果被观察到的脉冲长度为 $(c-v)\Delta t'$ 量级, 而脉冲的持续时间为

$$\Delta t = \Delta t' \left(1 - \frac{v}{c}\right) \approx \frac{1}{2}\Delta t' \left(\frac{mc^2}{\mathscr{E}}\right)^2.$$

这与 (5.6) 式等价.

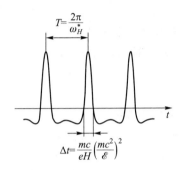

图 5.1　磁场中作圆周运动的粒子在波区内的电场与时间的依赖关系. 以角速度 $\omega_H^*$ 旋转快速移动的偶极子的场即可得到此图 (见图 4.4).

重复周期为 $T = 2\pi/\omega_H^*$ 的脉冲形状的辐射谱, 显然将由频率 $\omega_H^*$ 的谐波组成. 但实际上, 由于 $T \gg \Delta t$, 在高次谐波区域内可以认为谱是连续的, 谱中强度极大值的频率为

$$\omega_m \sim \frac{1}{\Delta t} \frac{eH}{mc} \left(\frac{\mathscr{E}}{mc^2}\right)^2. \tag{5.7}$$

这里重要的是, 辐射场改变符号 (见图 5.1). 这时对于所研究的圆周运动 (或更一般地对于有限运动), 波场 (即辐射场 $\boldsymbol{E}$ 和 $\boldsymbol{H}$) 满足条件

$$\int_{-\infty}^{+\infty} \boldsymbol{E}(t)\mathrm{d}t = \int_{-\infty}^{+\infty} \boldsymbol{H}(t)\mathrm{d}t = 0$$

(见 [83b]). 这特别意味着, 图 5.1 中在 (电场分量的) 正负值区域里曲线与时间轴之间所围的面积彼此相等. 正是因为这个原因, 同步辐射功率的谱分布当频率 $\nu \to 0$ 时趋于零, 并且在某一频率 $\nu_c$ 处有极大值 (见后面的 (5.40a) 式).

辐射谱的有效宽度也是 $\omega_m$ 的数量级, 因此同步辐射的平均谱密度可以这样估计, 即将这个辐射的总功率 $\mathscr{P} = \mathscr{R} = (2e^4 H^2/3m^2c^3)(\mathscr{E}/mc^2)^2$ (见

(4.39) 式①) 除以 $\omega_m$. 结果我们得到

$$\overline{p} \sim \frac{\mathscr{P}(\mathscr{E})}{\omega_m} \sim \frac{e^3 H}{mc^2}. \tag{5.8}$$

同步辐射 (一般地说磁轫致辐射) 的代表性特点之一是它的偏振. 辐射波中电场矢量占优势的方向处在加速度的方向与视线 (矢量 **k**) 所在的同一平面内. 因为当粒子在磁场中运动时加速度方向时刻都在改变, 一般说来波是椭圆偏振的. 实际上, 如果振子 (见图 4.4) 向着观察者运动, 则朝着平移运动速度方向传播的辐射的偏振是不改变的. 由此很清楚, 单个电子的磁轫致辐射在一般情形下是椭圆偏振, 并且波中的电场 **E** 在通过加速度方向的平面内有极大值. 这意味着, 波中电场 **E** 的优势方向垂直于磁场在图平面上的投影 (通常图平面指的是垂直于视线的平面).

现在来研究沿螺旋线运动时的辐射 (但同时满足条件 (5.1)). 对于每一个单个脉冲, 这里的情况与作圆周运动时一样, 但是要把磁场 $H$ 换为它的垂直于速度的分量 $H_\perp = H \sin\chi$. 实际上, 现在脉冲的持续时间为

$$\Delta t \sim \frac{r_H^* \xi}{c} \left(\frac{mc^2}{\mathscr{E}}\right)^2 \approx \frac{mc}{eH_\perp} \left(\frac{mc^2}{\mathscr{E}}\right)^2. \tag{5.9}$$

其中 $r_H^* = v/(\omega_H^* \sin\chi) \approx \mathscr{E}/eH_\perp$ 是粒子的空间轨道的曲率半径 (见 (4.23) 式). (5.9) 式中考虑了电子在时间间隔 $\Delta t' \sim r_H^* \xi/c \approx mc/(eH)$ 里在 $\xi = mc^2/\mathscr{E}$ 的角度范围内朝观察者方向的运动, 从 $\Delta t'$ 到 $\Delta t$ 的转换必须以对圆运动同样的方式进行.

此外, 如果作圆运动时脉冲的重复周期为 $T$ (见 (5.5) 式), 那么在作螺旋线运动时辐射脉冲的重复时间为 $T'$, $T'$ 与 $T$ 由于多普勒效应而不同.

利用图 5.2 很容易用初等方法求出时间 $T'$. 对于一个选定的观察者, 辐射的闪光发生在电子位于点 $A, B, C, \cdots$ 时 (为了简单这里和后面都假设辐射是严格 "针状" 的). 换句话说, 正是在这些点上电子朝着观察者 "观看". 电子经过 $A$、$B$ 两点时刻之间的间隔当然等于周期 $T = 2\pi/\omega_H^*$. $A$、$B$ 两点之间的距离等于 $v_\parallel T = vT\cos\chi$ ($\chi$ 是 **v** 和 **H** 的夹角), 而电子在 $A$ 点发射的脉冲, 在这段时间里走过一段路程 $cT$. 从图 5.2 可清楚看出, 在 $B$ 点发射的脉冲到达观察者要比前一个脉冲滞后时间

$$T' = T\left(1 - \frac{v_\parallel \cos\chi}{c}\right) = T\left(1 - \frac{v\cos^2\chi}{c}\right) \tag{5.10a}$$

$$\approx T\sin^2\chi = \frac{2\pi}{\omega_H^*}\sin^2\chi. \tag{5.10b}$$

_____

① 在粒子作圆周运动时 (及一般地当辐射体不是整体地向远离的源靠近时), 辐射功率 $\mathscr{P}$ 与辐射损失 $\mathscr{R}$ 彼此相等 (见第 3 章以及以下将要给出的说明).

[79]

[80] 此处 (5.10b) 式是在 $v \to c$ 的极限情形下得出的. 我们再次提醒读者, 这里所用的辐射以单个脉冲的形式到达观察者这幅图像只在 $\chi \gg \xi = mc^2/\mathscr{E}$ 时才适用. 然而, 实际上像 $T' = T(1 - (v_\parallel \cos\chi)/c)$ 这一类型的表示式有共同的特征, 其出现不一定非要与 "针状" 辐射假设和把辐射分成单个脉冲的可能性联系在一起 (详见文献 [70]).

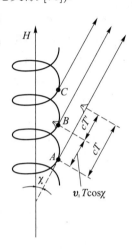

图 5.2　作螺旋线运动时的辐射. 由于多普勒效应, 相继的两个脉冲之间的时间间隔 $T'$ 不同于周期 $T = (2\pi mc/eH)\mathscr{E}/mc^2$.

这样一来, 我们看到极端相对论性电子在波区内的辐射的谱由频率

$$\Omega_H = \frac{2\pi}{T'} = \frac{\omega_H^*}{\sin^2\chi} \tag{5.11}$$

的谐波构成.

如果考虑到在我们感兴趣的情形下谐波并不分解, 我们要打交道的是一个连续谱, 那么上面这个结论本身并不重要. 但是, 脉冲之间的时间间隔的变化不仅影响到谱, 也影响到辐射场的所有特征, 特别是在观察点记录的它的强度. 实际上, 设电子每转一圈 (在时间 $T = 2\pi/\omega_H^*$ 内) 由于辐射损失能量 $\Delta\mathscr{E} = \mathscr{R}T$, 从 (4.37) 式和 (4.39) 式可以清楚看出, $\mathscr{R} = (2e^4 H_\perp^2/3m^2c^3)(\mathscr{E}/mc^2)^2$. 此时根据以上所述可知, 这个辐射能量将在时间 $T'$ 后抵达位于距离电子为 $R$ 的某个固定球面上的观察者, 因此观察到的平均辐射功率 (总能量流) 将等于

$$\mathscr{P} = \frac{\Delta\mathscr{E}}{T'} = \frac{\mathscr{R}T}{T'} = \frac{\mathscr{R}}{\sin^2\chi}. \tag{5.12}$$

初看之下, 这里似乎与能量守恒定律存在矛盾. 电子在每单位时间里损失能量 $\mathscr{R}$. 这个能量全部转变为辐射, 因此它似乎必须等于穿过所研究

的球面的总辐射流. 于是常常这样做: 计算粒子遭受的辐射损失, 并令它等于总辐射流. 在稳恒情况下且对于一个质心固定的发射体, 这样做实际上当然是可以的. 可是一般说来, 如同我们在第 3 章提醒过的, 辐射体每单位时间所作的功 (损失的功率 $\mathscr{R}$) 等于穿过某个表面的总流量加上这个表面所包围的体积内的场能的变化 $(\mathrm{d}/\mathrm{d}t)\int (8\pi)^{-1}(E^2+H^2)\mathrm{d}V$. 在我们感兴趣的情况下, 位于运动的电子和固定在空间中的一个表面 (观测即在此表面上进行) 之间并充满辐射的空间区域时刻都在缩小. 包含在这个区域里的能量也减小, 因此接收到的辐射功率 $\mathscr{P}$ 要大于辐射损失的功率 $\mathscr{R}$. 但是, 在许多文章里, 在转换到关于强度的频谱量时, 用的却是损失功率 $\mathscr{R}$. 如果考虑发射体的运动, 这种做法当然不能得出固定在某个不动表面上的辐射强度的正确表达式. 但是, 如果发射辐射的粒子是在一个固定的体积 (例如超新星的壳层) 内, 或者说得更精确些, 如果发射辐射的粒子的分布函数不随时间变化, 那么粒子集合的辐射强度将和损失功率谱相同. 这个结论从能量守恒定律来看是显然的, 当然也得到直接计算的证实 (见 [70] 和本章后面的叙述).

[81]

正如我们所认为的那样, 这个本来非常初等的问题在如此长的时间里完全没有得到澄清, 并且曾导致使用一些要么并非完全正确、要么不是永远正确的公式①. 这一事实表明, 我们这里非常详尽的讲述并且实际上不止一次重复相应的说明是完全必要的.

这里给出的初等概念和公式使得物理图像在定性方面完全清晰, 也使得我们可以对不同的具体情况认清同步辐射的各种特征 (强度、谱、偏振). 相反, 为了得到定量的公式需要相当繁杂的计算. 这些计算是在熟知的推迟势公式的基础上进行的, 可以在例如文献 [70, 81] 中查到 (对于圆周运动的情形, 即当 $\sin\chi = 1$ 时, 许多计算可查阅专著 [2] 的 §74②). 因此下面我们将限于给出某些最终结果, 以及讨论它们在天体物理学中的应用. 考虑这些应用后, 我们的讨论将略微偏离本书整体采用的叙述特点. 下面的讨论将按照 [79, 80] 的做法, 给出足够多带有辅助性的和给计算带来方便的公式. 当然, 对同步辐射理论的这些应用不感兴趣的读者, 可以不必深究这些细节. 这样一来, 本章的下一部分 (直到 (5.66) 式为止) 在一定程度上带有辅助特征. 阐明同步加速器辐射的理论的文献除了 [70, 79, 81] 之外, 还有比方说 [62a, 76, 82]. 弱相对论性电子的磁轫致辐射 (回旋辐射) 理论被归

---

① 这特别是指文献 [79, 80] 中给出的某几个公式. 幸运的是, 在 [79, 80] 中只将这些公式应用于可以不考虑强度表达式之间差异的情形 (或条件下)(见 [70] 及本书后面).

② 必须记住那里使用的记号与本书不同. 比如, 在 [70] 中 $\boldsymbol{v}$ 和 $\boldsymbol{H}$ 之间的夹角用 $\theta$ 表示, 而我们这里则是用 $\chi$ (对我们来说 $\theta$ 是 $\boldsymbol{v}$ 和 $\boldsymbol{k}$ 之间的夹角).

属于同步辐射理论[62], 还有比方说对沿着圆周的某个弧段运动的电子的辐射的计算也是如此[83].

由于具有周期 $T'$, 电荷的同步辐射场可以按频率 $\Omega_H = 2\pi/T' = \omega_H^*/\sin^2\chi$ 的谐波展开成傅里叶级数. 换句话说, 在离电荷很远的距离上, 辐射场可以写为形式

[82]

$$\left.\begin{aligned} \boldsymbol{E} &= \operatorname{Re}\sum_{n=1}^{\infty}\boldsymbol{E}_n\exp\left[\mathrm{i}\omega_n\left(\frac{R}{c}-t\right)\right], \\ \omega_n &= n\Omega_H = n\frac{\omega_H^*}{\sin^2\chi}, \quad n=0,1,2,3,\cdots \end{aligned}\right\} \tag{5.13}$$

在所研究的极端相对论情况下, 对于电子, 当精度取到量级为 $\xi^3 = (mc^2/\mathscr{E})^3$ 的项时, 我们有

$$\boldsymbol{E}_n = \frac{2e\omega_H^*}{\sqrt{3}\pi cR}\frac{n}{\sin^5\chi}\{(\xi^2+\psi^2)K_{2/3}(g_n)\boldsymbol{l}_1 + \mathrm{i}\psi(\xi^2+\psi^2)^{1/2}K_{1/3}(g_n)\boldsymbol{l}_2\},$$

$$\psi \ll 1, \quad \xi = \frac{mc^2}{\mathscr{E}} \ll 1, \tag{5.14}$$

其中 $\psi = \chi - \alpha$ 是 $\boldsymbol{v}$ 和 $\boldsymbol{H}$ 的夹角与 $\boldsymbol{k}$ 和 $\boldsymbol{H}$ 的夹角之差; 显然, 角 $\psi$ 是圆锥体的母线 (由矢量 $\boldsymbol{v}$ 描述) 与波矢 $\boldsymbol{k}$ 的方向之间的角距离 (若矢量 $\boldsymbol{v}$、$\boldsymbol{k}$ 和 $\boldsymbol{H}$ 在一个平面上 (在某些合适的时刻会发生这种情况), 那么角 $\psi$ 的绝对值等于角 $\theta$). 在 (5.14) 式中 $e$ 是电荷 (电子的电荷) 的绝对值, 并且由定义 $\omega_H^* > 0$. 对于带正电的粒子 (正电子), 场的振幅按 (5.14) 式由 $E_n$ 的复共轭给出, 这相应于电矢量反方向旋转. 此外, 在 (5.14) 式中还出现 $\boldsymbol{l}_1$ 和 $\boldsymbol{l}_2$, 它们是图平面上的两个相互正交的单位矢量, $\boldsymbol{l}_2$ 的指向沿着 $\boldsymbol{H}_\perp$, 而 $\boldsymbol{l}_1$ 则有 $\boldsymbol{l}_1 = \boldsymbol{l}_2 \times \boldsymbol{k}/k$ (图 5.3). 最后, $K_{1/3}(g_n)$ 和 $K_{2/3}(g_n)$ 是虚宗量 $g_n$ 的第二类贝塞尔函数 (麦克唐纳函数, 参见例如文献 [84] 中 §8.4, §8.5), 虚宗量

$$g_n = \frac{n}{3\sin^3\chi}(\xi^2+\psi^2)^{3/2} = \frac{\nu^2}{2\nu_c}\left(1-\frac{\psi^2}{\xi^2}\right)^{3/2}. \tag{5.15}$$

在 (5.15) 式的第二个等式中, 我们用频率 $\nu = \omega/2\pi = n\omega_H^*/(2\pi\sin^2\chi)$ 代替了谐波排号 $n$ 并引进记号

$$\nu_c = \frac{3\omega_H^*\sin\chi}{4\pi\xi^3} = \frac{3eH_\perp}{4\pi mc}\left(\frac{\mathscr{E}}{mc^2}\right)^2. \tag{5.16}$$

在 (5.14) 式中, 虚数单位出现在花括弧内的第二项之前, 这与辐射是椭圆偏振相对应. 电场矢量振动椭圆的一根轴沿 $\boldsymbol{H}_\perp$ 方向, 另一根 (主轴)

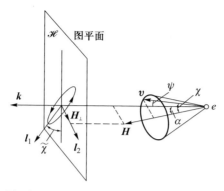

图 5.3 在磁场中运动的粒子所发射的波内的电矢量振动椭圆.

设电荷为负 (电子); 对于带正电荷的粒子 (正电子), 电场强度的旋转方向与图中所示方向相反. $\mathscr{H}$ 是图平面 (垂直于辐射方向或观察方向的平面), $l_1$ 和 $l_2$ 是图平面内两个相互正交的单位矢量, $l_2$ 的方向沿着 $\boldsymbol{H}_\perp$——磁场 $\boldsymbol{H}$ 在图平面上的投影.

则垂直于 $\boldsymbol{H}_\perp$ 方向. 两轴的比率用记号 $\tan\beta$ 表示, 从 (5.14) 式得出该比率等于

$$\tan\beta = \frac{\psi K_{1/3}(g_n)}{(\xi^2+\psi^2)^{1/2} K_{2/3}(g_n)}. \tag{5.17}$$

当 $\psi > 0$ 时, 旋转方向为左旋 (相对于观察者为反时针方向), 而当 $\psi < 0$ 时则为右旋; 同时若 $\chi > \alpha$, 即矢量 $\boldsymbol{k}$ 在速度圆锥体之内 (参见图 5.3), 我们取 $\psi$ 为正.

只有当 $\psi = 0$ 时, 即波矢量严格地位于速度圆锥的表面上时, 偏振退化为线偏振. 对于大的 $\psi$ 值偏振趋于圆偏振, 因为对大的宗量值有 $K_{2/3}(x) \approx K_{1/3}(x) \approx (\pi/2x)^{1/2}e^{-x}$; 不过这时的辐射强度小到可以忽略的程度 (见下面的图 5.4).

辐射场可以用 "辐射偏振张量" 来表征, 其定义为

$$\widetilde{p}_{\alpha\beta}(n) = \frac{c}{8\pi} E_{n,\alpha} E_{n,\beta}^*, \tag{5.18}$$

其中 $\alpha, \beta = 1, 2, E_{n,\alpha}$ 是出现在 (5.13) 和 (5.14) 式中的电矢量的分量, 同时第 $n$ 个谐波里的对周期平均后的能流密度 (坡印亭矢量) 等于

$$\widetilde{p}_n = \mathrm{tr}\,\widetilde{p}_{\alpha\beta}(n) \equiv \widetilde{p}_{11} + \widetilde{p}_{22} = \frac{c}{8\pi}|\boldsymbol{E}_n|^2. \tag{5.19}$$

在高次谐波频段辐射谱实际上是连续的, $\nu = \omega/2\pi = n\omega_H^*/(2\pi\sin^2\chi)$, 并可方便地引入一个 "偏振张量谱密度" 来代替 $\widetilde{p}_n$:

$$\widetilde{p}_{\alpha\beta}(\nu) = \widetilde{p}_{\alpha\beta}(n)\frac{\mathrm{d}n}{\mathrm{d}\nu} = \frac{2\pi\sin^2\chi}{\omega_H^*}\widetilde{p}_{\alpha\beta}(n). \tag{5.20}$$

对于极端相对论性电子的场, 我们引进几个函数 (此处 $g_\nu = g_n$; 见 (5.15) 式):

$$\widetilde{p}_\nu^{(1)} \equiv \widetilde{p}_{11}(\nu) = \frac{3e^2\omega_H^*}{4\pi^2 R^2 c\, \xi^2 \sin^2\chi} \left(\frac{\nu}{\nu_c}\right)^2 \left(1+\frac{\psi^2}{\xi^2}\right)^2 K_{2/3}^2(g_\nu), \tag{5.21}$$

$$\widetilde{p}_\nu^{(2)} \equiv \widetilde{p}_{22}(\nu) = \frac{3e^2\omega_H^*}{4\pi^2 R^2 c\, \xi^2 \sin^2\chi} \left(\frac{\nu}{\nu_c}\right)^2 \left(\frac{\psi^2}{\xi^2}\right)\left(1+\frac{\psi^2}{\xi^2}\right) K_{1/3}^2(g_\nu), \tag{5.22}$$

$$\widetilde{p}_{12}(\nu) = \widetilde{p}_{21}(\nu)$$
$$= -\mathrm{i}\frac{3e^2\omega_H^*}{4\pi^2 R^2 c\, \xi^2 \sin^2\chi} \left(\frac{\nu}{\nu_c}\right)^2 \left(1+\frac{\psi^2}{\xi^2}\right)^{3/2}\left(\frac{\psi}{\xi}\right) K_{1/3}(g_\nu)K_{2/3}(g_\nu). \tag{5.23}$$

显然, $\widetilde{p}_\nu^{(1)}\mathrm{d}\nu$ 是波中电矢量的方向沿着 $l_1$ 时频率间隔 $\mathrm{d}\nu$ 内的辐射流; 类似地, 方向 2 上的情况由矢量 $l_2$ 表征. 两种偏振的辐射流的谱密度为 $\widetilde{p}_\nu = \widetilde{p}_\nu^{(1)} + \widetilde{p}_\nu^{(2)}$.

[84]　　　若是在 (5.21) 式和 (5.22) 式的基础上计算穿过固定表面的总辐射能流, 亦即计算能流密度对所有频率和方向的积分, 那么根据 (5.12) 式, 我们将得到 $\mathscr{P} = \mathscr{R}/\sin^2\chi$, 其中 $\mathscr{R}$ 是极端相对论性电子的同步辐射所引起的能量损失 (见 (4.37),(4.39)); 为了方便, 我们再次写出 $\mathscr{R}$ 的表达式:

$$\mathscr{R} = -\frac{\mathrm{d}\mathscr{E}}{\mathrm{d}t} = \frac{2e^4 H_\perp^2}{3m^2 c^3}\left(\frac{\mathscr{E}}{mc^2}\right)^2 = \frac{2}{3}\left(\frac{e^2}{mc^2}\right)^2 c H_\perp^2 \left(\frac{\mathscr{E}}{mc^2}\right)^2. \tag{5.24}$$

前面已强调指出, $\mathscr{P}$ 和 $\mathscr{R}$ 之间的差异是和 $\chi \neq \pi/2$ 时对电子旋转周期求平均的辐射场的非稳恒性相联系的. 实际上, 在作螺旋线运动时电子接近观察者, 其轨道中心只有当 $\chi = \pi/2$ (圆周运动) 时才是静止的. 根据能量守恒定律, 通过固定表面 $\sigma$ 的总能流等于

$$\mathscr{P} = \int_\sigma \widetilde{p}_\nu \mathrm{d}\nu\mathrm{d}\sigma = \mathscr{R} - \frac{\mathrm{d}}{\mathrm{d}t}\int \frac{E^2+H^2}{8\pi}\mathrm{d}V. \tag{5.25}$$

当电子接近 "观察者" (即接近表面 $\sigma$) 时, 局域在辐射体和表面 $\sigma$ 之间的场能发生变化, 这解释了 $\mathscr{P}$ 和 $\mathscr{R}$ 之间的差异.

在同步辐射 (磁轫致辐射) 理论的大多数应用中, 首先我们要处理的不是个别的粒子而是它们的集合. 其次, 这一集合通常是固定不变的, 或者至少整体上变化非常缓慢. 具体地说, 如果我们讨论的是超新星壳层中或其他星云中的相对论性电子, 那么可以认为沿视线方向的发射区域长度在电磁波穿越这一长度所必要时间内是不变的. 换句话说, 壳层 (或星云的边界等) 沿视线方向的速度 $V_r$ 比光速小得多. 若忽略量级为 $V_r/c$ 的项, 则可以认为壳层的体积是恒定的, 从能量守恒定律清楚知道, 对壳层中一切发

射辐射的粒子集合求平均后有 $\mathscr{P} = \mathscr{R}$ (见 (5.25) 式), 这是前面已经提到过的. 详细的计算[70] 当然证实了这一结论. 考虑到这一情况, 对于稳恒的辐射体, 我们可以用下面的量

$$p_\nu^{(1)} = \widetilde{p}_\nu^{(1)} \sin^2 \chi = \frac{3}{4\pi^2 R^2} \frac{e^3 H}{mc^2 \xi} \left(\frac{\nu}{\nu_c}\right)^2 \left(1 + \frac{\psi^2}{\xi^2}\right)^2 K_{2/3}^2(g_\nu), \quad (5.26)$$

$$p_\nu^{(2)} = \widetilde{p}_\nu^{(2)} \sin^2 \chi = \frac{3}{4\pi^2 R^2} \frac{e^3 H}{mc^2 \xi} \left(\frac{\nu}{\nu_c}\right)^2 \left(\frac{\psi^2}{\xi^2}\right) \left(1 + \frac{\psi^2}{\xi^2}\right) K_{1/3}^2(g_\nu), \quad (5.27)$$

来替代量 $p_\nu^{(1)}$ 和 $p_\nu^{(2)}$; 其中像以前一样

$$g_\nu = \frac{\nu}{2\nu_c} \left(1 + \frac{\psi^2}{\xi^2}\right)^{3/2}, \quad \nu_c = \frac{3eH_\perp}{4\pi mc} \left(\frac{\mathscr{E}}{mc^2}\right)^2. \quad (5.15a)$$

图 5.4 中绘出了辐射流 $p_\nu^{(1)}$ 和 $p_\nu^{(2)}$ 的角分布. 选 (5.26) 式和 (5.27) 式中的系数 $\{3e^3 H/(4\pi^2 R^2 mc^2 \xi)\}(\nu/\nu_c)^2$ 为纵坐标轴上比例尺的单位. 曲线是对 $\nu/\nu_c = 0.29$ 的情况画的, 下面将会看到, 这种情况对应于电子的总体辐射 (在所有方向上的辐射) 在频谱中的极大值. 图 5.4 表明, 在小角度 $\psi$ 范围内对辐射的基本贡献来自其电场方向与磁场在图平面上的投影 $\boldsymbol{H}_\perp$ 垂直的振动, 也就是说, 在这个范围内 $p_\nu^{(1)} \gg p_\nu^{(2)}$.

[85]

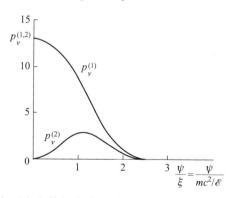

图 5.4　具有两个主偏振方向的单个电子的同步辐射流的角分布.
$p_\nu^{(1)}$ 是偏振方向与磁场在图平面上的投影垂直的辐射流, 而 $p_\nu^{(2)}$ 是偏振方向沿着这个投影方向的辐射流, $\nu/\nu_c = 0.29$. 取 (5.26) 式和 (5.27) 式中的系数 $(3e^3 H/4\pi^2 R^2 mc^2 \xi)(\nu/\nu_c)^2$ 为纵坐标轴上比例尺的单位. 角 $\psi = 0$ 对应于电子瞬时速度的方向.

从以上所述可知, 对于以相对论速度运动的同步辐射源, 必须用 (5.21) 式至 (5.23) 式来描述, 而不是用 (5.26) 和 (5.27) 式. 这时如果源整体以速度 $V_r$ 沿视线向 "观察者" 方向运动, 那么同具有相同的电子分布函数的不动的源的情形相比, 辐射强度将增加到 $(1 - V_r/c)^{-1}$ 倍 (见 [70]). 近年来查明,

在宇宙条件下同步辐射源可以有相对论性速度. 例如, 在导致生成射电星系的星系核爆发中, 所发射的 "射电云" 在许多情形下就可能以和光速相比的速度运动. 以相对论性速度运动的碎壳、喷流和爆发碎片有可能也存在于其他天体的情形, 首先是在类星体中. 从而人们无疑就不只是对稳恒的同步辐射源感兴趣, 而且也对非稳恒的 (相对论性的) 同步辐射源及一般的磁轫致辐射源感兴趣[70, 85]. 不过, 今后我们将注意力集中于稳恒的 (更准确地说是准稳恒的) 辐射源上, 对这样的辐射源在 (5.1) 的条件下可以使用公式 (5.26) 和 (5.27).

在继续深入之前, 我们先研究一下表征辐射的物理量, 因为在电动力学教程中通常不会涉及这个问题.

任意的一个辐射流, 除了其对频率的依赖关系外, 一般说来还需由诸如偏振椭圆主轴的位置、沿两个主方向的强度及电矢量旋转的方向等四个独立参量来描写. 但是, 更方便的做法是用斯托克斯参量来描写 (例如, 又见 [62a, 79, 81, 86, 87]). 对于单个粒子的辐射, 这些参量 $I_e$、$Q_e$、$U_e$ 和 $V_e$ 用两个基本偏振方向的辐射流密度 $p_\nu^{(1)}$ 和 $p_\nu^{(2)}$、电矢量的振动椭圆的短轴和长轴之比 $\tan\beta$ (见 (5.17) 式) 以及图平面中某个任意的固定方向与这个椭圆的主轴 (即与 $\boldsymbol{H}$ 在图平面上的投影垂直的方向) 之间的夹角 $\widetilde{\chi}$[①] 来表示. 相应的表达式为:

[86]

$$\left.\begin{aligned}
I_e &= p_\nu^{(1)} + p_\nu^{(2)}, \\
Q_e &= (p_\nu^{(1)} - p_\nu^{(2)})\cos 2\widetilde{\chi}, \\
U_e &= (p_\nu^{(1)} - p_\nu^{(2)})\sin 2\widetilde{\chi}, \\
V_e &= (p_\nu^{(1)} - p_\nu^{(2)})\tan 2\beta.
\end{aligned}\right\} \tag{5.28}$$

斯托克斯参量 (5.28) 与 $p_\nu^{(1)}$ 和 $p_\nu^{(2)}$ 一样, 量纲为每单位频率间隔内的能流密度; 下标 $e$ 表明这些参量是描写单个电子的辐射的.

斯托克斯参量有以下两个重要优点: 它们是可以直接测量的量, 并且对于独立的 (非相干的) 辐射流, 亦即具有随机相位 (可以对它求平均) 的辐射流, 它们是可加量. 实验上斯托克斯参量可以用通常的研究偏振辐射的方法测定[87], 也就是, 使用在波的电振动矢量的一个投影 (比方, 沿着图 5.5 中 $s_1$ 方向的投影) 和垂直方向 (图 5.5 中的 $s_2$) 上的另一个投影之间引入相位差 $\varepsilon$ 的方法. 随后的分析归结为确定最终的辐射强度与将振动在某一任意方向 $s$ 上的投影挑选出来的检偏器所在位置的关系 (见图 5.5). 若图平面上 $s_1$ 和 $s$ 之间的夹角用 $\delta$ 表示, 则检偏器输出的辐射强度将是 $\varepsilon$ 和

---

① 角度 $\widetilde{\chi}$ 按顺时针方向取, 它显然定义在区间 $0 \leqslant \widetilde{\chi} < \pi$ 内. 为不致将角 $\widetilde{\chi}$ 与 $\boldsymbol{v}$ 和 $\boldsymbol{H}$ 之间的夹角 $\chi$ 混淆, 这里特别引入记号 $\widetilde{\chi}$.

$\delta$ 的以下函数 (例如见 [86]):

$$I_e(\varepsilon, \delta) = 1/2\{I_e + Q_e \cos 2\delta + (U_e \cos \varepsilon - V_e \sin \varepsilon) \sin 2\delta\}. \qquad (5.29)$$

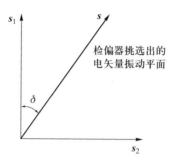

图 5.5 斯托克斯参量的定义.

在方向 $s_2$ 上引入相对于在垂直方向 $s_1$ 上的补充推迟相位 $\varepsilon$. 角度 $\delta$ 决定了检偏器的位置平面. 测量到的辐射通量指向读者.

以相应的方式选配推迟相位 $\varepsilon$ 和检偏器的位置 $\delta$, 可以测量所有斯托 [87] 克斯参量的值.

我们注意到, 第一个斯托克斯参量 $I_e$ 决定了总辐射通量密度 (或者在源空间分布的情形下决定了辐射强度; 见下), 而辐射的偏振度和角 $\widetilde{\chi}$ 则由下式给出:

$$\Pi = \frac{\sqrt{Q_e^2 + U_e^2 + V_e^2}}{I_e} \qquad (5.30)$$

$$\tan 2\widetilde{\chi} = \frac{U_e}{Q_e}. \qquad (5.31)$$

从方程 (5.31) 所决定的 $\widetilde{\chi}(0 \leqslant \widetilde{\chi} \leqslant \pi)$ 的两个值中, 若 $U_e > 0$ 选择其处于第一象限, 若 $U_e < 0$ 则选其处于第二象限. 这时根据定义, 角 $\widetilde{\chi}$ 表征图平面内偏振的电场分量的强度为极大的方向, 且其大小从选定的方向出发按顺时针方向计算 (在所研究的情形下从 $s_1$ 方向出发). 若没有椭圆偏振 (和圆偏振), 则 $V_e = 0$ 而且

$$\Pi = \frac{I_{\max} - I_{\min}}{I_{\max} + I_{\min}}.$$

我们现在研究粒子体系的辐射. 令 $N(\mathscr{E}, \boldsymbol{R}, \boldsymbol{\tau}) \mathrm{d}\mathscr{E} \mathrm{d}V \mathrm{d}\Omega_\tau$ 为包含在体积元 $\mathrm{d}V = R^2 \mathrm{d}R \mathrm{d}\Omega$ 内的能量处在 $\mathscr{E}$ 至 $\mathscr{E} + \mathrm{d}\mathscr{E}$ 区间、速度在方向 $\boldsymbol{\tau}$ 周围的立体角 $\mathrm{d}\Omega_\tau$ 内的粒子的数目. 若单个电子的辐射是非相干的, 则这时斯托

克斯参量是可加量, 而这个系统在观察方向①$\boldsymbol{k}$ 的辐射强度等于

$$I_\nu \equiv I(\nu, \boldsymbol{k}) = \int I_e(\nu, \mathscr{E}, \boldsymbol{R}, \chi, \psi) N(\mathscr{E}, \boldsymbol{R}, \boldsymbol{\tau}) \mathrm{d}\mathscr{E} \mathrm{d}\Omega_\tau R^2 \mathrm{d}R. \tag{5.32}$$

其中 $I_e(\nu, \mathscr{E}, \boldsymbol{R}, \chi, \psi)$ 由 (5.28) 中的第一式决定, 而对 $\mathrm{d}R$ 积分是沿着视线在 $\boldsymbol{k}$ 方向进行. 其余的斯托克斯参量的表达式用类似的方式得到.

这里我们要强调指出, 与具有辐射能通量谱密度的量纲的单个电子辐射的斯托克斯参量 (5.28) 式不同, (5.32) 式决定辐射的强度, 即通过垂直于观察方向的单位面积的对应于单位立体角和单位频率间隔的辐射能通量. 在射电天文学中, 辐射强度的测量单位是 $\mathrm{W \cdot m^{-2}\ Hz^{-1}\ sr^{-1}} = 10^3\ \mathrm{erg \cdot}$ $\mathrm{cm^{-2}\ s^{-1}\ Hz^{-1}\ sr^{-1}}$. 这时常用 "央"(1 J) 作为通量的单位, 它等于 $10^{-26}\ \mathrm{W \cdot}$ $\mathrm{m^{-2}\ Hz^{-1}} = 10^{-23}\ \mathrm{erg \cdot s^{-1}\ cm^{-2}\ Hz^{-1}}$.

[88]　　如果源 (辐射电子系统) 的角尺度很小, 那么 (像单个粒子的情形一样) 辐射通量谱密度是一个实验可测的量:

$$\Phi_\nu = \int I_\nu \mathrm{d}\Omega = \int I_e(\nu, \mathscr{E}, \boldsymbol{R}, \chi, \psi) N(\mathscr{E}, \boldsymbol{R}, \boldsymbol{\tau}) \mathrm{d}\mathscr{E} \mathrm{d}\Omega_\tau \mathrm{d}V, \tag{5.33}$$

其中 $\mathrm{d}V = R^2 \mathrm{d}R \mathrm{d}\Omega$, 且积分对源的全部体积进行.

在 (5.32)、(5.33) 和类似的关于其余的斯托克斯参量在同步辐射中的应用的公式中, 可以在一般形式下进行任意电子分布函数 $N(\mathscr{E}, \boldsymbol{R}, \boldsymbol{\tau})$ 对 $\mathrm{d}\Omega_\tau$ 的积分. 实际上, 被积函数只是在很小的角区间 $\Delta\psi \sim mc^2/\mathscr{E}$ 内才不为零, 因此在对 $\mathrm{d}\Omega_\tau$ 求积分时重要的只是来自狭窄的圆环状扇形区域 $\Delta\Omega_\tau = 2\pi \sin\alpha \Delta\psi$ 的贡献, 其中 $\alpha = \chi - \psi \approx \chi$ 是观察方向 $\boldsymbol{k}$ 与磁场 $\boldsymbol{H}$ 之间的夹角②. 在小立体角 $\Delta\Omega_\tau$ 极限下, 电子的分布实际上不随方向改变, 我们可令 $N(\mathscr{E}, \boldsymbol{R}, \boldsymbol{\tau}) \approx N(\mathscr{E}, \boldsymbol{R}, \boldsymbol{k})$, 其中 $\boldsymbol{k}$ 是辐射的方向 (沿着视线从源到观察者的方向), 对 $\psi$ 的积分可以扩展到从 $-\infty$ 到 $+\infty$ 的整个区域. 于是, 考虑到以下的关系式 [88]

$$\left. \begin{aligned} \int_{-\infty}^{+\infty} p_\nu^{(1)} \mathrm{d}\psi &= \frac{\sqrt{3}e^3 H}{2\pi mc^2 R^2} \frac{\nu}{2\nu_c} \left[ \int_{\nu/\nu_c}^{\infty} K_{5/3}(\eta) \mathrm{d}\eta + K_{2/3}\left(\frac{\nu}{\nu_c}\right) \right], \\ \int_{-\infty}^{+\infty} p_\nu^{(2)} \mathrm{d}\psi &= \frac{\sqrt{3}e^3 H}{2\pi mc^2 R^2} \frac{\nu}{2\nu_c} \left[ \int_{\nu/\nu_c}^{\infty} K_{5/3}(\eta) \mathrm{d}\eta - K_{2/3}\left(\frac{\nu}{\nu_c}\right) \right], \end{aligned} \right\} \tag{5.34}$$

---

①下面我们把观察方向 (视线的方向) 理解为波矢量 $\boldsymbol{k}$ 的方向, 即所观察辐射到来的方向.

② 今后将不区分角 $\alpha$ 和角 $\chi$; 这显然是允许的, 因为极端相对论粒子实际上只在运动方向发射辐射.

从 (5.28) 式和 (5.32) 式得到

$$I_\nu = I(\nu, \boldsymbol{k}) = \frac{\sqrt{3}e^3}{mc^2} \int \mathrm{d}\mathscr{E}\,\mathrm{d}R N(\mathscr{E}, \boldsymbol{R}, \boldsymbol{k}) H \sin\chi \left(\frac{\nu}{\nu_c}\right) \int_{\nu/\nu_c}^\infty K_{5/3}(\eta)\mathrm{d}\eta. \quad (5.35)$$

这里场强 $\boldsymbol{H}$、$\boldsymbol{H}$ 和 $\boldsymbol{k}$ 之间的夹角 $\alpha \approx \chi$ 以及粒子密度 (浓度) $N(\mathscr{E}, \boldsymbol{R}, \boldsymbol{k})$ 在一般情形下都依赖于 $\boldsymbol{R}$.

其余的斯托克斯参量可以通过类似的方式表示出来, 例如

$$Q(\nu, \boldsymbol{k}) = \frac{\sqrt{3}e^3}{mc^2} \int \mathrm{d}\mathscr{E}\,\mathrm{d}R N(\mathscr{E}, \boldsymbol{R}, \boldsymbol{k}) H \sin\chi \cos 2\widetilde{\chi} \left(\frac{\nu}{\nu_c}\right) K_{2/3}\left(\frac{\nu}{\nu_c}\right). \quad (5.36)$$

斯托克斯参量 $U(\nu, \boldsymbol{k})$ 与 $Q(\nu, \boldsymbol{k})$ 的差别仅仅在于将 (5.36) 式被积函数中的 $\cos 2\widetilde{\chi}$ 换为 $\sin 2\widetilde{\chi}$. 至于表征辐射中椭圆偏振存在的参量 $V(\nu, \boldsymbol{k})$ 则在这里所考虑的极端相对论近似下等于零. 实际上, 从 (5.17) 式和 (5.28) 式容易证明

$$V_e \sim 2\frac{\psi}{\xi} \left(1 + \frac{\psi^2}{\xi^2}\right)^{3/2} K_{1/3}(g_\nu) K_{2/3}(g_\nu).$$

[89]

由于这个函数是一个奇函数, 它对全部 $\psi$ 的积分为零, 从而 $V(\nu, \boldsymbol{k}) = 0$. 于是一个电子系统的辐射原来是线偏振的. 这个结果精确到量级为 $mc^2/\mathscr{E}$ 的项, 如果我们还记得 $\psi$ 的符号决定单个电子发射的波中电矢量旋转的方向, 则很容易理解这个结果. 因为辐射功率 (见 (5.21) 式和 (5.22) 式或 (5.26) 式和 (5.27) 式) 与 $\psi$ 的符号无关, 而且在角 $|\psi| \lesssim mc^2/\mathscr{E}$ 很小的极限情况下粒子按运动方向的分布实际上是常数, 因此具有正 $\psi$ 角和负 $\psi$ 角的粒子对给定方向上辐射的贡献是相同的, 而偏振是线偏振.

在极端相对论情况下, 只有当电子的速度分布具有很强的各向异性时才会发生可以察觉的椭圆偏振. 为此, 在非常狭窄的角度 $|\psi| \sim mc^2/\mathscr{E}$ 范围内分布必须有重大改变, 而且正好在观察方向上. 如果除此以外我们还考虑磁场方向的可能的涨落, 那么显然为了实现这样的可能性必须有非常特殊的条件 (在这方面脉冲星特别有趣).

现在我们给出某些对天文学应用特别重要的具体情形下的辐射强度和偏振的表达式.

若所有的电子具有同一能量 (单能谱), 而磁场是均匀的, 则根据 (5.35) 式可得辐射强度等于

$$I_1(\boldsymbol{k}) = \frac{\sqrt{3}e^3}{mc^2} N_e(\boldsymbol{k}) H \sin\chi \frac{\nu}{\nu_c} \int_{\nu/\nu_c}^\infty K_{5/3}(\eta)\mathrm{d}\eta \equiv N_e(\boldsymbol{k}) p(\nu), \quad (5.37)$$

其中 $N_e(\boldsymbol{k}) = \int N_e(\boldsymbol{R}, \boldsymbol{k})\mathrm{d}R$ 是相对于沿视线的单位立体角的速度朝向观

察者的电子的数目.

从 (5.30) 式和 (5.36) 式可以看出, 这种情况下的偏振度等于

$$\Pi = \frac{K_{2/3}(\nu/\nu_c)}{\displaystyle\int_{\nu/\nu_c}^{\infty} K_{5/3}(\eta)\mathrm{d}\eta} = \begin{cases} \dfrac{1}{2} & \text{当 } \nu \ll \nu_c \text{ 时} \\[2mm] 1 - \dfrac{2}{3}\dfrac{\nu_c}{\nu} & \text{当 } \nu \gg \nu_c \text{ 时}. \end{cases} \tag{5.38}$$

[90]　　因为在所采用的近似中对电子的角分布求积分等价于单个电子的辐射功率在一切方向上的积分, 所以 (5.37) 式与单个电子的总辐射 (在一切方向上) 功率的谱分布只差一个因子 $N_e(\boldsymbol{k})$. 这个谱分布是

$$p(\nu) = \sqrt{3}\frac{e^3 H \sin\chi}{mc^2}\frac{\nu}{\nu_c}\int_{\nu/\nu_c}^{\infty} K_{5/3}(\eta)\mathrm{d}\eta = \sqrt{3}\frac{e^3 H_\perp}{mc^2}F\left(\frac{\nu}{\nu_c}\right). \tag{5.39}$$

图 5.6 示出了反映辐射功率的谱分布的函数 $F(x) = x\displaystyle\int_x^{\infty} K_{5/3}(\eta)\mathrm{d}\eta$, 这个函数的数值连同函数 $F_p(x) = xK_{2/3}(x)$ 的数值在比如专著 [80] 书后的附录 4 和专著 [81] 的附录 2 中给出 (从 (5.38) 式可清楚看出, 偏振度 $\Pi = F_p(x)/F(x)$). 我们注意到, 当 $x = \nu/\nu_c \ll 1$ 时, 函数 $F(x)$ 正比于 $x^{1/3}$, 而当 $x \gg 1$ 时这个函数 $F(x) = \left(\dfrac{1}{2}\pi\right)^{1/2} x^{-1/2}\mathrm{e}^{-x}$. 单个电子的同步辐射谱中的极大值出现在下面的频率上:

$$\begin{aligned} \nu_{\mathrm{m}} \approx 0.29\nu_c &= 0.07\frac{eH_\perp}{mc}\left(\frac{\mathscr{E}}{mc^2}\right)^2 = 1.2\times10^6 H_\perp\left(\frac{\mathscr{E}}{mc^2}\right)^2 \\ &= 1.8\times10^{18}H_\perp(\mathscr{E}[\mathrm{erg}])^2 \\ &= 4.6\times10^{-6}H_\perp(\mathscr{E}[\mathrm{eV}])^2. \end{aligned} \tag{5.40a}$$

其中频率 $\nu$ 以 Hz (赫兹) 为单位.

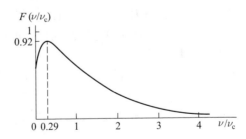

图 5.6　在磁场中运动的带电粒子总辐射功率的谱分布 (见 (5.39) 式).

在频率极大值 (5.40a) 上, 单个电子的总辐射功率的谱密度等于

$$p_{\mathrm{m}} = p(\nu_{\mathrm{m}} = 0.29\nu_c) \approx 1.6\frac{e^3 H_\perp}{mc^2} = 2.16\times10^{-22}H_\perp\,\mathrm{erg\cdot s^{-1}\cdot Hz^{-1}}. \tag{5.40b}$$

　　如果忽略数字系数, 即只在意对一个量的数量级的估计, 那么最后这个关系式容易用以下方式得到. 由定性的考虑或者由图 5.6 清楚地看出, 电子辐射谱的宽度为 $\Delta\nu \sim \nu_c \sim (eH/mc)(\mathscr{E}/mc^2)^2$. 考虑上面的说明后, 可以假设同步辐射的总功率等于损失 (5.24) 式. 显然, 平均的辐射功率谱密度为

$$\overline{p(\nu)} \sim \frac{\mathscr{P}(\mathscr{E})}{\Delta\nu} \sim \frac{\mathscr{P}(\mathscr{E})}{\nu_c} \sim \frac{e^3 H_\perp}{mc^2}.$$

它与 (5.8) 式相同, 我们在此重复这个估计是为了方便.

　　沿视线的电子的能谱常常可以在一个狭窄的能量区间内用如下形式的幂函数来近似:

$$N_e(\mathscr{E}, \boldsymbol{k})\mathrm{d}\mathscr{E} = K_e(\boldsymbol{k})\mathscr{E}^{-\gamma}\mathrm{d}\mathscr{E}, \quad \mathscr{E}_1 \leqslant \mathscr{E} \leqslant \mathscr{E}_2. \tag{5.41}$$

这里的 $N_e(\mathscr{E}, \boldsymbol{k})$ 是视线上每单位立体角和单位能量区间内朝向观察者运动的电子的数目.

[91]

　　对于引起宇宙射电辐射的电子, 这种近似通常在足够宽的能量区间里适用, 并且谱 (5.41) 的两个边界 $\mathscr{E}_1$ 和 $\mathscr{E}_2$ 可以如此设定, 即使得在我们感兴趣的频段内能量为 $\mathscr{E} < \mathscr{E}_1$ 和 $\mathscr{E} < \mathscr{E}_2$ 的电子辐射不重要. 在这些假设下, 积分 (5.35) 和 (5.36) 中可以在整个能量区间使用函数 (5.41), 因此 (当 $\gamma > \frac{1}{3}$ 时) 可使用以下关系式:

$$\left.\begin{array}{l}
\displaystyle\int_0^\infty \mathscr{E}^{-\gamma} \frac{\nu}{\nu_c} K_{2/3}\left(\frac{\nu}{\nu_c}\right)\mathrm{d}\mathscr{E} = \frac{1}{4}\Gamma\left(\frac{3\gamma-1}{12}\right)\Gamma\left(\frac{3\gamma+7}{12}\right)\left[\frac{3eH\sin\chi}{2\pi m^2 c^5 \nu}\right]^{1/2(\gamma-1)}, \\[4mm]
\displaystyle\int_0^\infty \mathscr{E}^{-\gamma}\left(\frac{\nu}{\nu_c}\int_{\nu/\nu_c}^\infty K_{5/3}(\eta)\mathrm{d}\eta\right)\mathrm{d}\mathscr{E} \\[3mm]
\displaystyle\qquad = \frac{1}{4}\frac{\gamma+7/3}{\gamma+1}\Gamma\left(\frac{3\gamma-1}{12}\right)\Gamma\left(\frac{3\gamma+7}{12}\right)\left[\frac{3eH\sin\chi}{2\pi m^3 c^5 \nu}\right]^{1/2(\gamma-1)},
\end{array}\right\} \tag{5.42}$$

其中 $\Gamma(x)$ 是欧拉的伽马函数. 于是 (见 (5.35) 式) 得到能谱为 (5.41) 式的电子系统在均匀磁场 $\boldsymbol{H}$ 中的辐射强度的以下表达式

$$I_0(\boldsymbol{k}) = \frac{\sqrt{3}}{\gamma+1}\Gamma\left(\frac{3\gamma-1}{12}\right)\Gamma\left(\frac{3\gamma+19}{12}\right)\frac{e^3}{mc^2}\left(\frac{3e}{2\pi m^3 c^5}\right)^{1/2(\gamma-1)}\times$$
$$K_e(\boldsymbol{k})(H\sin\chi)^{1/2(\gamma+1)}\nu^{-1/2(\gamma-1)}, \tag{5.43}$$

其中 $K_e(\boldsymbol{k})$ 是 (5.41) 式中的系数.

　　假定电子的分布是均匀和各向同性的, 亦即

$$N(\mathscr{E}, \boldsymbol{R}, \boldsymbol{k}) = \frac{1}{4\pi} N_e(\mathscr{E}),$$

其中

$$N_e(\mathscr{E})\mathrm{d}\mathscr{E} = K_e\mathscr{E}^{-\gamma}\mathrm{d}\mathscr{E} \tag{5.44}$$

为单位体积内运动方向任意且能量在 $\mathscr{E}$ 到 $\mathscr{E} + \mathrm{d}\mathscr{E}$ 区间内的电子的数目. 于是

$$K_e(\boldsymbol{k}) = \frac{1}{4\pi}K_e L, \tag{5.45}$$

其中 $K_e$ 是 (5.44) 式中的系数, 而 $L$ 是辐射区域沿视线的长度. 我们注意到, 在一般情形下 $K_e(\boldsymbol{k})$ 依赖于磁场方向和视线之间的夹角 $\chi$.

在均匀场的情形下, 辐射的偏振度仅依赖于谱 (5.41) 中的指数 $\gamma$, 借助 (5.30) 式和 (5.42) 式可以确认, 偏振度等于

$$\Pi_0 = \frac{\gamma + 1}{\gamma + 7/3}, \tag{5.46}$$

它在 $\gamma = 3$ 时为 75%, $\gamma = 2$ 时为 69%.

[92]     应用于宇宙电子的同步辐射时, 公式 (5.43) 和 (5.46) 一般说来是不适用的, 因为观察到的辐射是从很大的空间区域聚集起来的, 在这个区域的不同区段上磁场的取向不同. 此时最好假定沿着视线方向磁场的取向平均而言是无规的. 在这种情形下, 辐射没有偏振, 其强度通过将 (5.43) 式对所有磁场方向取平均很容易求出. 由于

$$\frac{1}{2}\int_0^\pi (\sin\chi)^{1/2(\gamma+1)}\sin\chi\mathrm{d}\chi = \frac{\sqrt{\pi}}{2}\frac{\varGamma[(\gamma+5)/4]}{\varGamma[(\gamma+7)/4]}, \tag{5.47}$$

于是上述取平均将导致下面的辐射强度表达式, 亦即空间分布均匀和各向同性、能谱为 (5.44) 式且处于随机磁场中的电子系统的辐射强度:

$$\begin{aligned}
I_\nu \equiv I &= a(\gamma)\frac{e^3}{mc^2}\left(\frac{3e}{4\pi m^3 c^5}\right)^{(\gamma-1)/2}H^{(\gamma+1)/2}LK_e\nu^{-(\gamma-1)/2}\\
&= 1.35\times 10^{-22}a(\gamma)LK_eH^{(\gamma+1)/2}\left(\frac{6.26\times 10^{18}}{\nu}\right)^{(\gamma-1)/2}\\
&\quad \mathrm{erg}\cdot\mathrm{cm}^{-2}\cdot\mathrm{sr}^{-1}\cdot\mathrm{s}^{-1}\cdot\mathrm{Hz}^{-1}.
\end{aligned} \tag{5.48}$$

其中 $K_e$ 是对应于单位体积的 (5.44) 式中的系数, $H^{(\gamma+1)/2}$ 应理解为这个量在辐射区域中的平均值, 而 $a(\gamma)$ 则是依赖于能谱的幂指数 $\gamma$ 的系数:

$$a(\gamma) = \frac{2^{(\gamma-1)/2}\sqrt{3}\varGamma((3\gamma-1)/12)\varGamma((3\gamma+19)/12)\varGamma((\gamma+5)/4)}{8\sqrt{\pi}(\gamma+1)\varGamma((\gamma+7)/4)}. \tag{5.49}$$

表 5.1 中给出了系数 $a(\gamma)$ 的值连同以下将引入的另外一些参量的值.

表 5.1

| $\gamma$ | 1 | 1.5 | 2 | 2.5 | 3 | 4 | 5 |
|---|---|---|---|---|---|---|---|
| $a(\gamma)$ | 0.283 | 0.149 | 0.103 | 0.083 | 0.074 | 0.073 | 0.087 |
| $a'(\gamma)$ | 0.31 | 0.22 | 0.15 | 0.11 | 0.074 | 0.036 | 0.018 |
| $y_1(\gamma)$ | 0.70 | 1.29 | 1.80 | 2.26 | 2.70 | 3.50 | 4.28 |
| $y_2(\gamma)$ | 0.0005 | 0.013 | 0.049 | 0.106 | 0.178 | 0.347 | 0.534 |

从 (5.43) 式和 (5.48) 式可清楚地看出, 幂指数为 $\gamma$ 的幂函数描写的辐射粒子能谱对应于由幂函数描写的辐射频谱

$$I_\nu \sim \nu^{-\alpha}, \quad \alpha = \frac{1}{2}(\gamma - 1). \tag{5.50}$$

鉴于 (5.50) 式所起的重要作用, 我们用一个简单的近似方法来推导它. 忽略单个电子的辐射谱的宽度, 而假设全部辐射都发生在频率 $\nu = \nu_{\mathrm{m}}$ 上, 这个频率对应于谱的极大值 (见 (5.40) 式). 这时电子的能量用频率 $\nu$ 表示出来为 $\mathscr{E}^2 = (\nu/0.29)(4\pi m^3 c^5/3eH_\perp)$. 此外, 极端相对论性电子的辐射总功率等于已知的表达式 (见 (5.24) 式)　　　　　　　　　　　　　　[93]

$$-\frac{\mathrm{d}\mathscr{E}}{\mathrm{d}t} = \mathscr{P} = \frac{2}{3}c\left(\frac{e^2}{mc^2}\right)^2 H_\perp^2 \left(\frac{\mathscr{E}}{mc^2}\right)^2.$$

在以上关于电子谱的假设 (5.44) 情况下, 在路程 $L$ 上聚集的辐射强度等于

$$\begin{aligned}
I_\nu \mathrm{d}\nu &= \frac{L}{4\pi}\mathscr{P}K_e \mathscr{E}^{-\gamma}\mathrm{d}\mathscr{E} \\
&= a'(\gamma)\frac{e^3}{mc^2}\left(\frac{3e}{4\pi m^3 c^5}\right)^{(\gamma-1)/2} H^{(\gamma+1)/2}LK_e\nu^{-(\gamma-1)/2}\mathrm{d}\nu,
\end{aligned} \tag{5.51}$$

其中 $a'(\gamma) = 0.31(0.24)^{(\gamma-1)/2}$, 并且考虑了对于无规磁场有 $H_\perp^2 = (2/3)H^2$. (5.51) 式与 (5.48) 式的差别仅在于将因子 $a(\gamma)$ 换成 $a'(\gamma)$, 并且对于值 $1 < \gamma < 4$ 这两个因子的差异不超过两倍 (见表 5.1).

除了强度 $I_\nu$ 外, 常用的量还有发射率 $\varepsilon_\nu$, 它等于单位时间内从单位体积发射到单位立体角内的能量. 容易看出, 对于在路程 $L$ 上聚集的各向同性 (平均而言) 辐射, 有

$$\varepsilon_\nu = I_\nu/L. \tag{5.52}$$

有时人们将单位体积向一切方向发射的辐射用作发射率. 对于各向同性辐射, 它等于 $4\pi\varepsilon_\nu$. 在具有幂函数谱的电子发射的同步辐射的情形下, 这里出现的强度 $I_\nu$ 由 (5.48) 式给出. 对于单能电子显然有

$$\varepsilon_\nu = \frac{p(\nu)}{4\pi}N_e, \tag{5.53}$$

其中 $p(\nu)$ 是总辐射功率 (见 (5.39) 式), $N_e$ 是产生辐射的电子的浓度 (也见 (5.37) 式, 其中的 $N_e(\boldsymbol{k}) = N_e L/4\pi$).

发射率的极大值, 即频率为 $\nu_{\mathrm{m}}$ 的辐射 (见 (5.40) 式), 等于

$$\varepsilon_{\nu,\mathrm{m}} = \frac{p_{\mathrm{m}}}{4\pi}N_e \approx 0.13\frac{e^3 H_\perp}{mc^2}N_e = 1.7\times10^{-23}H_\perp N_e \cdot \mathrm{erg}\cdot\mathrm{cm}^{-3}\cdot\mathrm{sr}^{-1}\cdot\mathrm{s}^{-1}\cdot\mathrm{Hz}^{-1}.$$
$$(5.54)$$

从各向同性分布的单能电子得到的辐射强度极大值等于

$$I_{\nu,\mathrm{m}} = \int \varepsilon_{\nu,\mathrm{m}}\mathrm{d}R = 1.7\times10^{-23}H_\perp\int N_e(\boldsymbol{R})\mathrm{d}R \ \mathrm{erg}\cdot\mathrm{cm}^{-2}\cdot\mathrm{sr}^{-1}\cdot\mathrm{Hz}^{-1}$$
$$= 1.7\times10^{-26}H_\perp\int N_e(\boldsymbol{R})\mathrm{d}R \ \mathrm{W}\cdot\mathrm{m}^{-2}\cdot\mathrm{sr}^{-1}\cdot\mathrm{Hz}^{-1}. \qquad (5.55)$$

[94]　　　在使用 (5.54) 式或 (5.55) 式根据测量所得的 $I_\nu$ 值来估计电子浓度 $N_e$ 时, 所得到的结果是 $N_e$ 的最小值.

上面我们假设电子的能谱在某个足够宽的能量区间里是幂函数谱 (见 (5.41) 和 (5.44) 式). 现在给出对这个区间的定量估计. 在 (5.35) 和 (5.36) 式中将积分限分别换成 0 和 $\infty$ 时, 如果满足以下条件:

$$\left.\begin{array}{l} \mathscr{E}_1 \leqslant mc^2\left[\dfrac{4\pi mc\nu}{3eHy_1(\gamma)}\right]^{1/2} \approx 2.5\times10^2\left[\dfrac{\nu}{y_1(\gamma)H}\right]^{1/2}\mathrm{eV}, \\[4mm] \mathscr{E}_2 \geqslant mc^2\left[\dfrac{4\pi mc\nu}{3eHy_2(\gamma)}\right]^{1/2} \approx 2.5\times10^2\left[\dfrac{\nu}{y_2(\gamma)H}\right]^{1/2}\mathrm{eV}. \end{array}\right\} \qquad (5.56)$$

则在给定频率 $\nu$ 下带来的误差对于每个积分限不超过 10%.

表 5.1 中给出了在不同的 $\gamma$ 值下因子 $y_1(\gamma)$ 和 $y_2(\gamma)$ 之值, 可以看出, 对给定频率的辐射作出主要贡献的能量区间与幂指数 $\gamma$ 有强烈的依赖关系. 当 $\gamma \geqslant 1.5(\alpha \geqslant 0.25)$ 时, 给定频率的辐射的 80% 以上来自能量差异不大于 10 倍的电子. 当 $\gamma < 1.5$ 时, 这个能量区间迅速增大, 在 $\gamma \to 1/3(\alpha \to -1/3)$ 时成为无穷大. 出现这种情况的原因是, 在 $\nu < \nu_m$ 的频率区域里, 单个粒子的辐射强度 $p_\nu \equiv p(\nu,\mathscr{E}) \sim (\nu/\nu_c)^{1/3} \sim \nu^{1/2}\mathscr{E}^{-2/3}$, 对于电子能谱为 (5.41) 的电子系统, 如果具有指数 $\gamma \leqslant \dfrac{1}{3}$ 的粒子的能谱扩展到任意大能量的话, 则总强度 $I_\nu \sim \int p(\nu,\mathscr{E})N(\mathscr{E})\mathrm{d}\mathscr{E} \sim \int \mathrm{d}\mathscr{E}/\mathscr{E}^{\gamma+2/3}$ 将是无界的.

值 $\alpha = -\dfrac{1}{3}$ 显然对于真空中的同步辐射来说为最小值, 因为单个粒子的辐射谱中已经不包含有强度随频率增长更快的区段了.

在将理论应用于天体物理学时, 常常会遇到估算在频率区间 $(\nu_1,\nu_2)$ 内给出具有幂律能谱的辐射的电子的能量区间 $(\mathscr{E}_1,\mathscr{E}_2)$ 的问题. 如果这个频

率区间充分大 ($\nu_2/\nu_1 \gtrsim y_1(\gamma)/y_2(\gamma)$), 那么从上面的结果可以得出结论, 电子至少必须在能量区间 $\mathscr{E}_1 < \mathscr{E} < \mathscr{E}_2$ 中具有幂律能谱, 其中

$$\left.\begin{aligned}\mathscr{E}_1 &= mc^2 \left[\frac{4\pi mc\nu_1}{3eHy_1(\gamma)}\right]^{\frac{1}{2}} \approx 2.5 \times 10^2 \left[\frac{\nu_1}{y_1(\gamma)H}\right]^{\frac{1}{2}} \text{eV}, \\ \mathscr{E}_2 &= mc^2 \left[\frac{4\pi mc\nu_2}{3eHy_2(\gamma)}\right]^{\frac{1}{2}} \approx 2.5 \times 10^2 \left[\frac{\nu_2}{y_2(\gamma)H}\right]^{\frac{1}{2}} \text{eV}.\end{aligned}\right\} \tag{5.57}$$

但是如果频率区间小或 $\alpha$ 小 (实际上 $\alpha < 0.25$, 即 $\gamma < 1.5$), 那就只能对电子的能量作粗略的估计, 假定一个能量为 $\mathscr{E}$ 的电子的全部辐射都发生在频率 $\nu_{\mathrm{m}} = 0.29\nu_{\mathrm{c}}$ 上 $\left(\text{我们考虑了关系 } H_\perp = \sqrt{\frac{2}{3}}H\right)$. 这时在 (5.57) 式中必须令 $y_1(\gamma) = y_2(\gamma) = 0.24$.

上面我们给出了通常研究的两种极限情形 (均匀场或完全无规的场) 下的同步辐射强度的表达式. 第一种情况的特征是得到最大的可能偏振, 而第二种情形则根本没有偏振. 有关这两个表达式究竟用哪一个的问题首先要依靠测量偏振来解决. 但是, 在那些已知的观察到宇宙同步辐射偏振的场合中, 我们发现它总是比均匀场情况 (见 (5.46) 式) 小很多. 首先这必定意味着, 发射区域的磁场是不均匀的. 对这种 "中间" 情况下偏振度的计算已在 [89] 中对两种磁场模型给出 (计算结果又见 [79, 80]).

在大多数情况下, 射电天文观测归结为强度 $I$ 的测量. 但是, 偏振的测量也正起着越来越大的作用, 在我们看来, 既在射电频段也在其他频段测量所有的斯托克斯参量, 无疑是一个显然的总趋势. 不过强度 $I$ 仍然是宇宙辐射的主要特征. 更准确地说, 对于可以根据谱和别的一些标志 (比如说非常高的辐射强度) 把它同热射电辐射区别开来的宇宙同步射电辐射情况, 强度测量被用来估计相对论性电子 (宇宙线的电子成分) 的浓度和能量.

银河星云和河外星云 (它们是分立的非热射电辐射源) 的角尺度通常很小, 测得的量通常不是强度 $I_\nu$, 而是辐射通量谱密度 $\Phi_\nu$ (见 (5.33) 式). 这个量的定义是沿法线方向投射在单位面积上的单位频率间隔的辐射能通量:

$$\Phi_\nu = \int I_\nu \mathrm{d}\Omega, \tag{5.58}$$

其中积分对源的全部立体角进行. 如果源的线度 $L$ 比其距离 $R$ 小得多, 并且可以近似地认为磁场强度的绝对大小和相对论性电子的浓度在源的体积内是常数, 那么从 (5.48) 式和 (5.58) 式可得

$$\Phi_\nu = a(\gamma)\frac{e^3}{mc^2}\left(\frac{3e}{4\pi m^3 c^5}\right)^{(\gamma-1)/2}\frac{K_V H^{(\gamma+1)/2}}{R^2}\nu^{-(\gamma-1)/2}$$

[95]

$$= 1.35 \times 10^{-22} a(\gamma) \frac{K_V H^{(\gamma+1)/2}}{R^2} \left( \frac{6.26 \times 10^{18}}{\nu} \right)^{(\gamma-1)/2}$$

$$\mathrm{erg \cdot cm^{-2} \cdot s^{-1} \cdot Hz^{-1}} \tag{5.59}$$

其中 $K_V = K_e V$ 是对应于源的总体积 $V = \pi L^3/6$ 的电子能谱中的系数. 这里我们假设了电子能谱的形式为

$$N(\mathscr{E})\mathrm{d}\mathscr{E} = K_V \mathscr{E}^{-\gamma}\mathrm{d}\mathscr{E} \tag{5.60}$$

[96]　　所在的能量区间是

$$2.5 \times 10^2 \left( \frac{\nu_1}{Hy_1(\gamma)} \right)^{1/2} \leqslant \mathscr{E}(\mathrm{eV}) \leqslant 2.5 \times 10^2 \left( \frac{\nu_2}{Hy_2(\gamma)} \right)^{1/2} \tag{5.61}$$

(见 (5.57) 式), 其中 $\nu_1$ 和 $\nu_2$ 是对应于所研究的射频波波段边界的两个频率, 在这个波段里谱的指标 $\alpha = \frac{1}{2}(\gamma - 1)$ 具有常数值.

将 $K_V$ 通过在某个频率上观察到的辐射通量谱密度值 $\Phi_\nu$ 表示出来, 我们得到

$$K_V = K_e V = \frac{7.4 \times 10^{21} R^2}{a(\gamma) H} \Phi_\nu \left( \frac{\nu}{6.26 \times 10^{18} H} \right)^{(\gamma-1)/2} . \tag{5.62}$$

由此可以定出在指定的能量区间内的相对论性电子的总数:

$$N_e = \int_{\mathscr{E}_1}^{\mathscr{E}_2} K_V \mathscr{E}^{-\gamma} \mathrm{d}\mathscr{E}$$

$$= \frac{7.4 \times 10^{21} R^2 \Phi_\nu}{(\gamma-1) a(\gamma) H} \left[ \frac{y_1(\gamma)\nu}{\nu_1} \right]^{(\gamma-1)/2} \left\{ 1 - \left( \frac{y_2(\gamma)\nu_1}{y_1(\gamma)\nu_2} \right)^{(\gamma-1)/2} \right\} . \tag{5.63}$$

当然, 这个公式具有近似的特征, 因为在从 $\mathscr{E}_1$ 和 $\mathscr{E}_2$ 向 $\nu_1$ 和 $\nu_2$ 转换时用了不等式 (5.61), 它对每个积分限都只确定到 10% 的精度. 由于一般 $\nu_1 \ll \nu_2$ 且 $y_1(\gamma) < y_2(\gamma)$, 在 $\gamma > 1$ 时电子数目实际上只由频率区间的下边界决定并等于

$$N_e(> \mathscr{E}_1) = \frac{7.4 \times 10^{21} R^2 \Phi_\nu}{(\gamma-1) a(\gamma) H} \left[ \frac{y_1(\gamma)\nu}{\nu_1} \right]^{(\gamma-1)/2} . \tag{5.64}$$

因子 $a(\gamma)$ 和 $y_1(\gamma)$ 之值在表 5.1 中给出.

用类似的方法可以将源中引起所观察到的在频率区间 $\nu_1 \leqslant \nu \leqslant \nu_2$ 内辐射的电子的总能量的形式表示为

$$W_e = \int_{\mathscr{E}_1}^{\mathscr{E}_2} K_V \mathscr{E}^{-\gamma+1} \mathrm{d}\mathscr{E} = A(\gamma, \nu) \frac{R^2 \Phi_\nu}{H^{3/2}}, \tag{5.65}$$

其中

$$A(\gamma, \nu) =$$

$$
\begin{cases}
\dfrac{2.96 \times 10^{12}}{(\gamma - 2)a(\gamma)} \nu^{1/2} \left[\dfrac{y_1(\gamma)\nu}{\nu_1}\right]^{(\gamma-2)/2} \left\{1 - \left[\dfrac{y_2(\gamma)\nu_1}{y_1(\gamma)\nu_2}\right]^{(\gamma-2)/2}\right\} & (\gamma > 2), \\[4mm]
1.44 \times 10^{13} \nu^{1/2} \ln\left[\dfrac{y_1(\gamma)\nu_2}{y_2(\gamma)\nu_1}\right] & (\gamma = 2), \\[4mm]
\dfrac{2.96 \times 10^{12}}{(2 - \gamma)a(\gamma)} \nu^{1/2} \left[\dfrac{y_2(\gamma)\nu}{\nu_2}\right]^{(\gamma-2)/2} \left\{1 - \left[\dfrac{y_2(\gamma)\nu_1}{y_1(\gamma)\nu_2}\right]^{(2-\gamma)/2}\right\} & \left(\dfrac{1}{3} < \gamma < 2\right).
\end{cases}
\qquad (5.66)
$$

当 $\gamma < 1.5(\alpha < 0.25)$ 时, 我们上面给出的关于 $A(\gamma, \nu)$ 的公式实际上只可以用来作粗略的估计, 并且在等式右端必须令 $y_1(\gamma) = y_2(\gamma) = 0.24$; 这相当于假设能量为 $\mathscr{E}$ 的电子只发射频率为 $\nu = \nu_{\mathrm{m}} = 0.29\nu_{\mathrm{c}}$ 的辐射 (见 (5.40a) 式). [97]

如果磁场强度 $H$ 已知,(5.65) 式使我们能够根据已知与源的距离和某个频率上的辐射通量 $\Phi_\nu$ 定出源中的相对论性电子的总能量. 可惜的是, 直到现在也没有可靠的独立方法来估计源中的磁场强度 (关于这一点还请参见以下的叙述), 因此, 在计算 $W_e$ 时不得不作一些补充假设.

这类假设中首要的一个是人们通常假设源中磁场的能量 $W_H$ 和相对论性粒子 (宇宙线) 的能量 $W_{\mathrm{CR}}$ 的大小数量级相同, 或在一级近似下干脆彼此相等. 实际上这个假设对应于在给定的同步辐射功率下场加粒子组成的系统的总能量为极小[1]. 此外, 若磁场的能量密度显著地小于相对论性粒子的能量密度的话, 这个磁场就不能将相对论性粒子约束在源的有限体积内, 粒子漏出的结果是使系统到达接近磁场与相对论性粒子之间的能量准平衡的状态. 当然, 这里我们假设系统一般会在我们感兴趣的条件下处于准稳恒态. 如果我们是在讨论比方说星系核爆发时喷出的相对论性粒子云团, 那么也可能存在极端的非平衡态, 在这种状态里云团中宇宙线的能量在我们感兴趣的时间里比磁场能量大得多. 可以想象星系核爆发的这种强烈的非平衡分离相的持续时间终归是比较短的. 至少我们有根据认为, 在大多数情形下, 有

$$W_H = \kappa_H W_{\mathrm{CR}}, \quad \kappa_H \sim 1 \qquad (5.67)$$

---

[1] 在给定的辐射功率下, 源中粒子和磁场的总能量作为磁场强度的函数是 $W = W_H + W_{\mathrm{CR}} = C_1 H^2 + C_2 H^{-3/2}$, 其中 $C_1$ 和 $C_2$ 是不依赖于 $H$ 的系数 (见 (5.65) 及下面的 (5.68) 式). 若我们对 $H$ 求此式的极小值, 得到总能量为极小值发生在 $W_H = 3/4 W_{\mathrm{CR}}$ 时.

其中 $\kappa_H$ 是数值系数, $W_H = (H^2/8\pi)V$ 是磁场的总能量, 而 $W_{CR}$ 则是发射射电波的星云中的相对论性粒子 (宇宙线和电子) 的总能量.

射电观测数据只允许我们判断源中电子的数量和能量; 因此为了定出所有相对论性粒子的总能量 $W_{CR}$, 还必须进一步确定这个量同相对论性电子的能量 $W_e$ 之间的关系. 当前还没有什么可靠的方法估计 $W_e$ 在总能量 $W_{CR}$ 中所占的份额 (然而请看下文), 因此作为第二个实质性的假设, 通常认为源中全部宇宙线的能量简单地正比于相对论性电子的能量:

[98]

$$W_{CR} = \kappa_e W_e, \tag{5.68}$$

其中 $\kappa_e$ 是一个数值系数.

我们还将在第 16 章讨论到宇宙线天体物理学, 或像人们常说的, 宇宙线起源的问题. 但是在这里就指出以下一点不无裨益: 对于银河系中的宇宙线 $\kappa_e \sim 10^2$ (在地球附近以及也许在银河系大部分地方 $\kappa_e \sim 10^2$, 但并非处处如此). 宇宙线在太阳上产生时有 $\kappa_e \gg 1$. 理论分析也得到 $\kappa_e \gg 1$ 的结论. 例如, 当粒子在相对论性激波中受到加速时, 所有的粒子获得同样的速度, 因而它们的能量与质量成正比. 此后电子的能量将 "捆绑" 到质子和原子核的能量上. 但是, 另一方面, 电子要遭受同步辐射和康普顿散射两种能量损失, 这是重粒子实际上不会遭受的. 在具有某一长度的电场中加速时, 电子和质子一般会获得一样的能量. 但是即使在这种情形下, 由于附加的能量损失, 结果电子的平均能量一般也小于重粒子的平均能量. 这样, 在宇宙条件下遵从不等式

$$\kappa_e \gg 1 \tag{5.69}$$

便成为准则, 虽然并非永远如此.

在关于 $\kappa_H$ 和 $\kappa_e$ 的值的一定的假设下, 如果已知源的谱、源的角尺度以及其距离, 就可以直接确定磁场强度、宇宙线和源中电子的总能量. 从 (5.65)、(5.67) 和 (5.68) 式得出

$$W_H \equiv \frac{H^2}{8\pi}V = \kappa_H \kappa_e A(\gamma, \nu)\frac{R^2 \Phi_\nu}{H^{3/2}}, \tag{5.70}$$

由此

$$H = \left[48\kappa_H \kappa_e A(\gamma, \nu)\frac{\Phi_\nu}{R\varphi^3}\right]^{2/7}, \tag{5.71}$$

其中 $A(\gamma, \nu)$ 由 (5.66) 式决定, $V = \pi L^3/6$ 是源的体积, $\varphi = L/R$ 是源的角尺度. 于是源中宇宙线的总能量等于

$$W_{CR} = \kappa_e W_e = \kappa_H^{-1} W_H = 0.19\kappa_H^{-3/7}[\kappa_e A(\gamma, \nu)\Phi_\nu R^2]^{4/7}(R\phi)^{9/7}. \tag{5.72}$$

借助上面给出的公式并假设 $\kappa_H \sim 1$ 和 $\kappa_e \sim 10^2$, 可以得到银河系、星系非热辐射射电源 (首先是在超新星壳层中的)、其他正常星系、射电星系和类星体中的 $W_{CR}$、$W_e$ 和 $W_H$ 的估值. 重新估计所有这些结果的数值相当困难 (特别见文献 [79, 90–92] 和下面的第 16–18 章). 同时, 为了宇宙线天体物理学的进一步发展, 迫切需要找到独立确定所有三个量 $W_{CR}$、$W_e$ 和 $W_H$ 的方法, 或者在某些情况下哪怕是决定其中一个而不对另外两个的值作假设 (或换个几乎相同的说法, 不具体指定系数 $\kappa_H$ 和 $\kappa_e$). 原则上有这种可能性. 比如, 遥远的源中的宇宙线中的质子–原子核成分的能量可以用 $\gamma$ 射线天文学的方法决定; 具体地说就是根据 $\pi^0$ 介子蜕变时形成的 $\gamma$ 射线的强度来决定, 而这些 $\pi^0$ 介子是由于宇宙线 (质子和原子核) 与星际气体的原子核撞击的结果而在源中生成的. 可以期望这种方法会在不久的将来产生成果, 况且现在已经有了一些结果 (详见下面第 18 章). 同时确定 $W_e$ 和 $W_H$(或 $H$) 原则上也是可能的, 例如通过将射电波测量与 X 射线测量结合起来的方法. 更准确地说, 我们讨论是这样一种 (完全可能) 的情况: 一个天体 (比方一个射电星系) 的射电辐射具有同步辐射的特征, 而其 X 射线辐射则是由相对论性电子对已知的光学、红外或射电波段场的逆康普顿散射引起的. 此时如果射电辐射和 X 光辐射 (换句话说, 在适当选择的频率范围内的辐射) 是同一群相对论性电子产生的, 我们就可以在这种情况下从 X 射线辐射通量的值 (当已知源的距离、大小及对电子进行散射的辐射如红外辐射的能量密度时) 推定源中相对论性电子的特征 (见后面第 17 章). 并且从同步辐射的通量和谱的数据还可以求得源中的场 $H$. 这一方法已经成功地用于 [92, 93] 离我们最近的 (距离 $R \approx 5$ Mpc(百万秒差距)) 射电星系半人马座 A (Cen A). 得到的结果是: 磁场强度平均值 $H \approx 7 \times 10^{-7}$ Oe, 并且若 $W_{CR} \sim W_H$ (即 $\kappa_H \sim 1$), 则 $\kappa_e \sim 1$. 同时必须指出, 这些数据与射电星系的发射射电波的星云有关, 电子在那里很可能被加速[92, 93]. 因此, 这个结果与地球附近处银河系的数据 $\kappa_e \sim 10^2$ 没有特别的矛盾. 此外, 如果考虑发射射电辐射区域中磁场的非均匀性可能很强, 则对 Cen A 中的系数 $\kappa_e$ 的估值会改变. 一般而言, 需要在更全面测量的基础上对问题作进一步的分析. 但总体而言, 上述方法是大有希望的.

　　最后, 我们对上面讲的同步辐射理论应用的界限, 以及同步–康普顿辐射, 再作一些说明.

　　上面曾假设我们只研究极端相对论性电子, 并且 $\boldsymbol{k}$ (或 $\boldsymbol{v}$, 它们在这种情形下是一回事) 与 $\boldsymbol{H} = \boldsymbol{H}_0$ 之间的夹角 $\chi$ 足够大 (条件 (5.1)), 并且辐射

的经典理论适用, 即假设满足条件①

[100]

$$H \ll \frac{m^2 c^3}{e\hbar} \cdot \frac{mc^2}{\mathscr{E}} = 4.4 \times 10^{13} \frac{mc^2}{\mathscr{E}}. \tag{4.30}$$

在一些情形下也假设辐射力比洛伦兹力小, 即使用条件

$$\frac{\mathscr{E}}{mc^2} \ll \sqrt{\frac{m^2 c^4 H_0}{e^3 H_\perp^2}} \sim \frac{10^8}{\sqrt{H_0 \sin^2 \chi}}. \tag{4.44}$$

如果这个条件不满足, 那么电子就不作圆周运动而是沿着一条清楚表述的半径越来越小的螺线运动 (例如, 见文献 [72]). 不过, 这只出现在相继两个脉冲之间的距离上 (见图 5.1; 对于沿螺旋线运动也一样). 在条件 (4.44) 受到破坏而条件 (4.30) 仍被遵守的情况下每个脉冲的形状并不改变. 原因很显然: 电子只是在时间间隔 $\Delta t' \sim mc/(eH_\perp)$ 内才向给定方向发射辐射. 在这段时间里, 如果满足以下条件:

$$\mathscr{R}\Delta t' \sim \frac{e^4 H_\perp^2}{m^2 c^3} \left(\frac{\mathscr{E}}{mc^2}\right)^2 \frac{mc}{eH_\perp} \ll \mathscr{E},$$

能量损失很小, 它导至不等式

$$H_\perp = H \sin \chi \ll \frac{m^2 c^4}{e^3} \frac{mc^2}{\mathscr{E}}, \tag{4.27a}$$

实质上这就是条件 (4.27), 只不过在得出 (4.27) 时没有区分 $H$ 和 $H_\perp$; 关于条件 (4.30) 也是一样 (见本页脚注). 结果, 若不等式 (4.30) 成立, 那么不等式 (4.27a) 显然也成立, 它的右端要大 $1/\alpha = \hbar c/e^2 \approx 137$ 倍. 这样一来, 即使条件 (4.44) 不满足, 但只要 (4.30) 式成立, 连续的同步辐射谱 (即对谐波取平均所得到的谱) 的形状也不改变.

除此之外, 上面完全忽略了辐射电子在其中运动的介质 (等离子体) 可能产生的影响. 在有些情形下, 介质的影响非常大, 以至可以完全改变物理过程 (见后面的第 6 章).

研究相对论性电子集合的辐射时, 假设了它们完全相互独立地辐射并处于确定的磁场 $\boldsymbol{H}$ 中. 然而在辐射粒子的浓度很大时, 首先, 它们可能改

[101]

变外场 (在磁场情况下我们指的是抗磁效应和互感应等; 见文献 [70a] 的第 6 部分). 其次 (这一点通常更重要), 在辐射粒子的浓度足够大时, 必须考虑

---

① 条件 (4.30) (在一般情况下必须将 $H$ 换为 $H_\perp = H \sin \chi$) 等价于不等式 $\hbar \omega_m \ll \mathscr{E}$, 这里 $\omega_m \sim (eH_\perp/mc)(\mathscr{E}/mc^2)^2$ 是同步辐射谱中极大值所在的频率. 由此看出, 如同在第 4 章指出过的那样, 在同步辐射的 "尾巴" 上, 即在频区 $\omega \gg \omega_m$, 条件 (4.30) 必须换成更严格的条件 (量子区域的同步辐射理论在文献 [10] 的 §90 中讲述).

再吸收, 即在同步辐射机制的情形下, 辐射被相对论性电子本身吸收. 这个效应将在第 10 章讨论. 最后, 第三, 如果电子之间的距离小于辐射的波长 $\lambda$, 就不能认为不同电子的辐射是无关的 (非相干的) 并因而对它们的辐射的强度求和. 例如, 由 $N$ 个电子构成的集团若其尺度比 $\lambda$ 小得多, 显然它就将像一个粒子 (它有电荷 $eN$) 一样辐射, 即这个集团的辐射强度将与 $N^2$ 成正比.

这样一来, 上面所讲的同步辐射理论只有在满足一系列条件时才能应用, 然而这一点也不贬低这个理论的作用, 因为这些条件经常得到满足. 但是, 不论是在这里讨论的具体场合还是一般的物理学中, 都必须牢记应用的局限性和条件, 这是非常重要的. 在文献中遇到的许多错误 (更不用说没有发表的错误了, 它们的数量更是多得没法比较) 正是由于忘记所用的这个或那个公式的应用界限而引起的. 同样重要的是, 突破一个或多个限制, 往往有可能出现有趣的可能性, 找到新机制和新效应.

在同步辐射理论成立的条件中包括了辐射是在均匀和恒定磁场中产生的这个前提条件. 前面我们没有重提这个条件, 因为它本来就是最基本的条件, 可以将它看作定义: 即我们所称的同步辐射, 就是在空间均匀和时间不变的磁场 $\boldsymbol{H}$ 中运动的极端相对论性粒子 (电荷) 的辐射. 但是, 这自然产生了究竟是磁场 $\boldsymbol{H}(\boldsymbol{r}, t)$ 中的辐射还是电磁场 $\boldsymbol{E}(\boldsymbol{r}, t), \boldsymbol{H}(\boldsymbol{r}, t)$ 中的辐射的问题.

从一般的考虑就已可看出, 而且我们在第 4 章一开头又强调过, 相对论性粒子的辐射的许多特点与粒子在其中运动的外电磁场的类型并无联系. 在讲述电荷在时间上恒定但空间不均匀的磁场中几乎沿着力线运动所产生的曲率辐射时, 就已经对此作过说明 (见本章开头处).

除了在恒定磁场 $\boldsymbol{H}$ 中的运动和相应的 (对于均匀场的) 磁轫致辐射外, 我们特别感兴趣的是电荷在具有某一频率 $\omega_0 = 2\pi\nu_0$ 的电磁波场中运动时的辐射. 这时所产生的频率为 $\omega$ 的辐射通常称为被散射的辐射, 因为在此情况下可以将之归结为频率为 $\omega_0$ 的波被运动粒子 (电荷) 散射. 在高能情况下, 当频率 $\omega_0$ 或 $\omega$ 可以与粒子的静止能量 $mc^2$ 除以 $\hbar$ 相比较时, 那么通常就称之为康普顿散射或逆康普顿散射了[①]. 我们将在第 17 章研究这个过程. 这里我们讲一个有趣的特殊情形, 它在天体物理学应用方面只是在近年 (具体来讲是在发现脉冲星之后) 才引起了人们的注意. 这里所说

[102]

--------

[①] 康普顿散射多半是用来称呼静止的粒子对光子的散射. 而逆康普顿散射则是对软光子在迅速运动的粒子 (即高能粒子) 上的散射的称呼. 很明显, 两种情况实质上指的是在给定的参考系中具有不同 "初始条件" 的同一散射过程, 或者是相互之间以速度 $v < c$ 相对运动的不同的参考系中的相同的散射过程.

的是粒子在频率非常低的电磁波场中, 比如说在由旋转的磁中子星——脉冲星辐射的频率为 $\Omega \equiv \omega_0$ 的波场中的运动和辐射 (散射)(对于已知的脉冲星, $\Omega \lesssim 3 \times 10^3\ \text{s}^{-1}$, 在大多数情况下, $\Omega = 2\pi/T_0 \approx 1 - 10\ \text{s}^{-1}$; 见 [37, 38]). 研究电荷在交变磁场 $\boldsymbol{H} = \boldsymbol{H}_0 \cos \Omega t$ (我们知道, 在一定条件下感应电场可以比磁场小) 中的运动可以理解 (至少是部分理解) 这种情形的特殊之处. 此时显然, 只要

$$\frac{\omega_H^*}{\Omega} = \frac{eH_0}{mc}\frac{mc^2}{\mathscr{E}}\frac{1}{\Omega} \gg 1 \tag{5.73}$$

粒子的运动实际上就和它在恒定场中一样. 而粒子的辐射也将近似地与其在条件

$$f = \frac{eH_{0,\perp}}{mc\Omega} \gg 1 \tag{5.74}$$

下在恒定场中的辐射是一样的.

我们注意到, 在这些条件下, 在观察者方向的辐射特征时间 $\Delta t' \sim mc/(eH_{0,\perp})$ 与波的周期 $T_0 = 2\pi/\Omega$ 相比很小.

在辐射体 (比方说脉冲星) 的波区, 波中的电场 $E = H$, 即使在条件 (5.73) 或 (5.74) 下, 运动和辐射也与在纯磁场中所发生的不同. 但是无论如何在条件 (5.74) 满足时, 甚至在 $f \gtrsim 1$ 时, 辐射的特征仍然在许多方面近似于同步辐射, 这种辐射有时便叫做 "同步–康普顿辐射" (见 [94, 95]). 同步–康普顿辐射和同步辐射最大的区别在于, 前者中有圆偏振出现, 偏振度一般为 $1/f$ (辐射的圆偏振度依赖于低频波的偏振本性; 更确切的说法见 [94, 95]); 而同步辐射的圆偏振一般由参量 $\xi = mc^2/\mathscr{E}$ 描写 (见前; 这里讨论的是粒子集合的辐射). 无疑值得对同步–康普顿辐射进行详尽的分析, 但这里我们只限于作一些说明并给出有关文献.

[103]　　　早在 1912 年出版的 Schott 的书[96]中, 同步辐射就已首次得到足够详细的研究. 然而, 直到 20 世纪 40 年代末和 50 年代初由于有可能观察到加速器 (同步加速器等) 中射出的和宇宙条件下的同步辐射, 人们才又重新回到并自然地进一步发展了这一理论. 看来在这里似乎很难再做出什么新成果. 但正如我们所看到的, 这个结论并不完全正确. 无论是在各种不同的应用方向上, 还是在对极强的场中同步辐射的研究中, 在量子领域[74, 97], 还有对相近的同步曲率辐射和同步–康普顿辐射的分析中, 发展一直在持续. 在这方面已经产生并将产生其他的新课题 (例如, 电荷在处于磁场中的非均匀等离子体内运动时的同步–渡越辐射[98]) (又见第 8 章).

# 第六章
# 连续介质的电动力学

哈密顿方法. 介质中的光子. 各向同性和各向异性介质中振子的辐射. 切连科夫辐射. 多普勒效应. 介质中的波荡器. 在介质中运动的粒子的辐射特点. 等离子体内的同步辐射. 作为双折射介质的强磁场中的真空.

如果辐射体 (比方一个电荷) 不是在真空中而是在介质中运动, 那么整 [104]个的辐射图像会有根本变化. 只要指出这样一点就足以说明问题: 电荷的一种给定运动可能在真空中辐射而在介质中一般却不辐射, 以及反过来, 在真空中不辐射而在介质中辐射 (对于后一情况, 我们首先注意到匀速运动电荷的辐射). 在考虑介质的影响时, 对介质中辐射理论的逻辑性更强的讲述应当建立在一般的连续介质电动力学 (或换个术语, 宏观电动力学) 基础上. 然而在本书的结构中, 在真空中的辐射理论之后立即研究介质中的辐射理论似乎更为自然. 至于连续介质电动力学的基础知识, 我们假设读者已经知道, 不过我们现在要与读者一起回顾一下其基本公式. 还有, 这里我们感兴趣的主要是某些原则性问题和这些问题的物理本质. 因此我们并不追求最普遍的情况, 特别是通常我们将忽略空间色散, 总是认为介质是各向同性的和透明的, 等等. 对连续介质电动力学问题的更一般性的处理方式将在后面讲述 (见本书第 11 章、第 13 章及文献 [61, 99, 100]).

介质中的场方程的形式为

$$\left.\begin{array}{l} \operatorname{rot} \boldsymbol{H} = \dfrac{4\pi}{c}\boldsymbol{j} + \dfrac{1}{c}\dfrac{\partial \boldsymbol{D}}{\partial t}, \\[2mm] \operatorname{div} \boldsymbol{D} = 4\pi\rho, \\[2mm] \operatorname{rot} \boldsymbol{E} = -\dfrac{1}{c}\dfrac{\partial \boldsymbol{B}}{\partial t}, \\[2mm] \operatorname{div} \boldsymbol{H} = 0. \end{array}\right\} \tag{6.1}$$

出现在这些方程中的物理量在下述意义上是宏观量: 它们是作为某种平均手续的结果而得到的, 要么是对 "物理无穷小" 的体积求平均 (见 [61, 110]), 要么是统计平均 (见 [99] 和后面第 11 章). 但是这一情况并没有反映在记号上, 因而从形式看, 方程组 (6.1) 与微观场方程组 (1.1) 的差别仅在于 [105] 引进了感应强度 $\boldsymbol{D} = \boldsymbol{E} + 4\pi\boldsymbol{P}$ 和 $\boldsymbol{B} = \boldsymbol{H} + 4\pi\boldsymbol{M}$, 其中 $\boldsymbol{P}$ 是介质的极化强度, $\boldsymbol{M}$ 是介质的磁化强度. 为简单起见, 我们从一开始并且在以后都将假设介质是非磁性的, 即 $\boldsymbol{B} = \boldsymbol{H}$. 但远不是永远可以这样做, 以后我们将要考虑磁化强度 $\boldsymbol{M} = (1/4\pi)(\boldsymbol{B} - \boldsymbol{H})$ 的作用, 特别是在本章中就会考虑. 此外, 在本书中除了第 13 章的一部分之外, 我们只研究静止介质 (在所使用的实验室参考系中介质的速度恒等于零). 还有, (1.1) 式中电流密度是以 $\rho\boldsymbol{v}$ 的形式写出来的, 而在 (6.1) 式中则专门引进了电流密度 $\boldsymbol{j}$. 从 (6.1) 的前两个方程得出关系式 (电荷守恒定律)

$$\operatorname{div} \boldsymbol{j} + \frac{\partial \rho}{\partial t} = 0. \tag{6.2}$$

众所周知, 方程组 (6.1) 只有在将 $\boldsymbol{D}$ 通过 $\boldsymbol{E}$ (或者在原则上通过 $\boldsymbol{E}$ 和 $\boldsymbol{H}$) 表示出来之后, 才是充分确定的. 在没有空间色散和频率色散的各向同性介质中

$$\boldsymbol{D}(\boldsymbol{r}, t) = \varepsilon(\boldsymbol{r}, t)\boldsymbol{E}(\boldsymbol{r}, t). \tag{6.3}$$

如果介质在空间是均匀的, 又不随时间变化, 那么 $\varepsilon = $ 常量. 对于光频和更低的频率, 空间色散通常很小, 现在暂不考虑 (见第 11 章). 而频率色散一般说来在某种程度上总是重要的. 这意味着, 对于各向同性介质

$$\boldsymbol{D}(\boldsymbol{r}, t) = \int_{-\infty}^{t} \widehat{\varepsilon}(\boldsymbol{r}, t, t')\boldsymbol{E}(\boldsymbol{r}, t')\mathrm{d}t', \tag{6.4}$$

其中积分对 $t' < t$ 进行反映了因果性原理的要求; 如果介质的性质不随时

间变化, 那么积分核 $\widehat{\varepsilon}(\boldsymbol{r}, t, t') = \widehat{\varepsilon}(\boldsymbol{r}, t - t')$. 于是, 引进傅里叶分量[①]

$$\left.\begin{aligned}\boldsymbol{E}(\boldsymbol{r}, \omega) &= \frac{1}{2\pi} \int_{-\infty}^{-\infty} \boldsymbol{E}(\boldsymbol{r}, t) \exp(\mathrm{i}\omega t) \mathrm{d}t, \\ \boldsymbol{E}(\boldsymbol{r}, t) &= \int_{-\infty}^{-\infty} \boldsymbol{E}(\boldsymbol{r}, \omega) \exp(-\mathrm{i}\omega t) \mathrm{d}\omega, \end{aligned}\right\} \tag{6.5}$$

对 $\boldsymbol{D}$ 作类似处理, 得

$$\boldsymbol{D}(\boldsymbol{r}, \omega) = \varepsilon(\boldsymbol{r}, \omega) \boldsymbol{E}(\boldsymbol{r}, \omega), \quad \varepsilon(\boldsymbol{r}, \omega) = \int_0^\infty \widehat{\varepsilon}(\boldsymbol{r}, \tau) \exp(\mathrm{i}\omega\tau) \mathrm{d}\tau. \tag{6.6}$$

[106]

在均匀介质中 $\varepsilon(\boldsymbol{r}, \omega) = \varepsilon(\omega)$. 在各向异性介质 (没有空间色散并在介质性质与时间无关情况下) 中

$$D_i(\boldsymbol{r}, \omega) = \varepsilon_{ij}(\boldsymbol{r}, \omega) E_j(\boldsymbol{r}, \omega), \tag{6.7}$$

其中 $\varepsilon_{ij}$ 是一个二秩张量, 并且总是假设对重复的指标求和.

在使用关系式 (6.6) 和 (6.7) 时, 自然我们必须在 (6.1) 式中也换到到傅里叶表示. 但这样做并不总是方便的, 因为, 比方说, 在下面要用的哈密顿方法中将明显出现对时间的导数. 并且还可发现在应用哈密顿方法时, 一般地说, 起先可以完全不考虑频率色散 (即 $\varepsilon_{ij}$ 或 $\varepsilon$ 对 $\omega$ 的依赖关系), 然后在最终结果中将折射率 $n$ (在各向同性情形下 $n = \sqrt{\varepsilon}$) 换成 $n(\omega)$, 从而频率色散就得到充分的考虑. 我们在本章的后面还要研究这个问题, 但是在其余的地方都将假设在场方程中 $\varepsilon = $ 常量 (或 $\varepsilon_{ij} = $ 常量), 这一性质仅适用于无色散的均匀介质. 此外, 还假设 $\varepsilon$ 是正实数 (没有吸收和全内反射; 亦见后).

按通常的方式引入势函数

$$\boldsymbol{E} = -\frac{1}{c}\frac{\partial \boldsymbol{A}}{\partial t} - \mathrm{grad}\varphi, \quad \boldsymbol{H} = \mathrm{rot}\,\boldsymbol{A}, \tag{6.8}$$

---

[①] 常用另一种定义

$$\left.\begin{aligned}\boldsymbol{E}(\boldsymbol{r}, \omega) &= \int_{-\infty}^{+\infty} \boldsymbol{E}(\boldsymbol{r}, t) \mathrm{e}^{\mathrm{i}\omega t} \mathrm{d}t, \\ \boldsymbol{E}(\boldsymbol{r}, t) &= \frac{1}{2\pi} \int_{-\infty}^{+\infty} \boldsymbol{E}(\boldsymbol{r}, \omega) \mathrm{e}^{-\mathrm{i}\omega t} \mathrm{d}\omega, \end{aligned}\right\} \tag{6.5'}$$

不同之处仅在因子 $1/2\pi$ 的位置. 在一定意义上, 按 (6.5) 式定义的傅里叶分量更符合逻辑. 但是在许多公式中 (6.5a) 式的记号更为方便, 在其中出现了 $\mathrm{d}\omega/2\pi$ (与此类似在关于波矢量 $\boldsymbol{k}$ 的展式中有 $\mathrm{d}\boldsymbol{k}/(2\pi)^3$). 本书中, 我们基本上使用定义 (6.5), 但是有时在专门声明后也将依据定义 (6.5a), 以与文献中广泛采用的记号保持一致 (例如, 见公式 (12.49)).

对各向同性介质从 (6.1) 式得到

$$\Delta \boldsymbol{A} - \frac{\varepsilon}{c^2}\frac{\partial^2 \boldsymbol{A}}{\partial t^2} - \mathrm{grad}\left(\frac{\varepsilon}{c}\frac{\partial \varphi}{\partial t} + \mathrm{div}\,\boldsymbol{A}\right) = -\frac{4\pi}{c}\boldsymbol{j}, \\ \Delta\varphi + \frac{1}{c}\frac{\partial}{\partial t}\,\mathrm{div}\,\boldsymbol{A} = -\frac{4\pi}{c}\rho. \quad \Bigg\} \tag{6.9}$$

如果使用规范

$$\mathrm{div}\,\boldsymbol{A} + \frac{\varepsilon}{c}\frac{\partial\varphi}{\partial t} = 0, \tag{6.10}$$

则

$$\Delta\boldsymbol{A} - \frac{\varepsilon}{c^2}\frac{\partial^2\boldsymbol{A}}{\partial t^2} = -\frac{4\pi}{c}\boldsymbol{j}, \quad \Delta\varphi - \frac{\varepsilon}{c^2}\frac{\partial^2\varphi}{\partial t^2} = -\frac{4\pi}{\varepsilon}\rho. \tag{6.11}$$

对规范 $\mathrm{div}\,\boldsymbol{A} = 0$, 我们得到

$$\Delta\boldsymbol{A} - \frac{\varepsilon}{c^2}\frac{\partial^2\boldsymbol{A}}{\partial t^2} = -\frac{4\pi}{c}\boldsymbol{j} + \frac{\varepsilon}{c}\,\mathrm{grad}\,\frac{\partial\varphi}{\partial t}, \quad \Delta\varphi = -\frac{4\pi}{\varepsilon}\rho \tag{6.12}$$

及

[107]
$$\boldsymbol{E} = \boldsymbol{E}_{tr} + \boldsymbol{E}_l, \quad \mathrm{div}\,\boldsymbol{E}_{tr} = 0, \quad \boldsymbol{E}_{tr} = -\frac{1}{c}\frac{\partial\boldsymbol{A}}{\partial t}, \quad \boldsymbol{E}_l = -\mathrm{grad}\varphi. \tag{6.13}$$

在连续介质电动力学中发展哈密顿方法与在真空中发展这一方法完全类似 (见第 1 章). 这样我们用 (6.12) 式、(6.13) 式及展开式 (假设 $\varepsilon \neq 0$)

$$\boldsymbol{A} = \sum_{\lambda, i=1,2} q_{\lambda i}\boldsymbol{A}_{\lambda i}, \quad \boldsymbol{A}_{\lambda 1} = \sqrt{8\pi}\frac{c}{n}\boldsymbol{e}_\lambda\cos(\boldsymbol{k}_\lambda\cdot\boldsymbol{r}), \\ \boldsymbol{A}_{\lambda 2} = \sqrt{8\pi}\frac{c}{n}\boldsymbol{e}_\lambda\sin(\boldsymbol{k}_\lambda\cdot\boldsymbol{r}), \quad \boldsymbol{e}_\lambda\cdot\boldsymbol{k}_\lambda = 0, \quad e_\lambda = 1, \quad n = \sqrt{\varepsilon}. \\ \int \boldsymbol{A}_{\lambda i}\cdot\boldsymbol{A}_{\mu j}\mathrm{d}V = \frac{4\pi c^2}{\varepsilon}\delta_{\lambda\mu}\delta_{ij}, \quad \Bigg\} \tag{6.14}$$

或

$$\boldsymbol{A} = \sum_\lambda(q_\lambda\boldsymbol{A}_\lambda + q_\lambda^*\boldsymbol{A}_\lambda^*), \quad \boldsymbol{A}_\lambda = \sqrt{4\pi}\frac{c}{n}\boldsymbol{e}_\lambda\exp(\mathrm{i}\boldsymbol{k}_\lambda\cdot\boldsymbol{r}). \\ \boldsymbol{e}_\lambda\cdot\boldsymbol{k}_\lambda = 0, \quad n = \sqrt{\varepsilon}, \quad \int\boldsymbol{A}_\lambda\cdot\boldsymbol{A}_\mu^*\mathrm{d}V = 4\pi\frac{c^2}{\varepsilon}\delta_{\lambda\mu}. \quad \Bigg\} \tag{6.15}$$

当然这两个展开式是等价的; 在不同情况下使用它们中的某一个可能会稍许更方便些. 第 1 章里所作的某些说明, 例如关于存在两个偏振矢量 $\boldsymbol{e}_\lambda$ 也关系到展开式 (6.14)、(6.15).

容易确认, 横场的能量为

$$\mathscr{H}_{tr} = \int\frac{\varepsilon E_{tr}^2 + H^2}{8\pi}\mathrm{d}V = \frac{1}{2}\sum_{\lambda,i}(p_{\lambda i}^2 + \omega_\lambda^2 q_{\lambda i}^2) = \sum_\lambda(p_\lambda p_\lambda^* + \omega_\lambda^2 q_\lambda q_\lambda^*), \tag{6.16}$$

其中

$$p_{\lambda i} = \dot{q}_{\lambda i}, \quad p_\lambda = \dot{q}_\lambda, \quad \omega_\lambda^2 = \frac{c^2}{\varepsilon} k_\lambda^2 \equiv \frac{c^2}{n^2} k_\lambda^2. \tag{6.17}$$

而且 $q_{\lambda i}$ 或 $q_\lambda$ 的运动方程也如同在真空中一样可从 (6.12) 式得出, 其形式为

$$\ddot{q}_{\lambda i} + \omega_\lambda^2 q_{\lambda i} = \frac{1}{c} \int \boldsymbol{j} \cdot \boldsymbol{A}_{\lambda i} \mathrm{d}V, \tag{6.18}$$

$$\ddot{q}_\lambda + \omega_\lambda^2 q_\lambda = \frac{1}{c} \int \boldsymbol{j} \cdot \boldsymbol{A}_\lambda^* \mathrm{d}V. \tag{6.19}$$

下面将要研究的最普遍的情形是关于一个电荷为 $e$, 电矩为 $\boldsymbol{p}(t)$ 和磁矩为 $\boldsymbol{m}(t)$ 的粒子的. 这时, 如果可以认为粒子是点粒子 (这在计算辐射能及更一般地计算辐射场时通常是允许的), 则

$$\boldsymbol{j} = \rho_e \boldsymbol{v} + c\operatorname{rot}\boldsymbol{M} + \frac{\partial \boldsymbol{P}}{\partial t}$$

$$= e\boldsymbol{v}\delta(\boldsymbol{r} - \boldsymbol{r}_i) + c\operatorname{rot}\{\boldsymbol{m}\delta(\boldsymbol{r} - \boldsymbol{r}_i)\} + \frac{\partial}{\partial t}\{\boldsymbol{p}\delta(\boldsymbol{r} - \boldsymbol{r}_i)\} \tag{6.20}$$

其中 $\boldsymbol{r}_i(t)$ 是粒子的径矢, $\boldsymbol{v} = \dot{\boldsymbol{r}}_i(t)$. 对于电荷 (没有电矩和磁矩, 即在 (6.20) [108] 式中设 $\boldsymbol{p} = 0$ 及 $\boldsymbol{m} = 0$), 从 (6.18) 式和 (6.19) 式得

$$\left.\begin{array}{l} \ddot{q}_{\lambda 1} + \omega_\lambda^2 q_{\lambda 1} = \sqrt{8\pi}\dfrac{e}{n}(\boldsymbol{e}_\lambda \cdot \boldsymbol{v})\cos(\boldsymbol{k}_\lambda \cdot \boldsymbol{r}_i), \\[2mm] \ddot{q}_{\lambda 2} + \omega_\lambda^2 q_{\lambda 2} = \sqrt{8\pi}\dfrac{e}{n}(\boldsymbol{e}_\lambda \cdot \boldsymbol{v})\sin(\boldsymbol{k}_\lambda \cdot \boldsymbol{r}_i), \end{array}\right\} \tag{6.21}$$

$$\ddot{q}_\lambda + \omega_\lambda^2 q_\lambda = \sqrt{4\pi}\frac{e}{n}(\boldsymbol{e}_\lambda \cdot \boldsymbol{v})\exp(-\mathrm{i}\boldsymbol{k}_\lambda \cdot \boldsymbol{r}_i). \tag{6.22}$$

与真空的情况相比, 方程右端增加了一个因子 $1/n$, 但这一变化没有 $\omega_\lambda$ 与 $k_\lambda$ 的关系的变化 (在关系式 $\omega_\lambda^2 = (c^2/n^2)k_\lambda^2$ 中出现了因子 $\varepsilon^{-1} = n^{-2}$, 见 (6.17) 式) 那么重要. 这一变化的意义很明显: 电磁波在实数介电常量 $\varepsilon > 0$ 的介质中以相速度

$$v_{\mathrm{ph}} = \frac{c}{\sqrt{\varepsilon}} = \frac{c}{n} \tag{6.23}$$

传播.

无疑, 读者早就知道这个结果, 尽管如此, 我们仍然要提醒大家, 从方程 (6.11) 或 (6.12) 的齐次形式即电荷和电流等于零时就可直接看出这一结果. 这时比方说方程 (6.22) 就成了振子的自由振动方程

$$\ddot{q}_\lambda + \omega_\lambda^2 q_\lambda = 0, \quad \omega_\lambda = \frac{c}{n}k_\lambda, \quad q_\lambda = c_1\exp(\mathrm{i}\omega_\lambda t) + c_2\exp(-\mathrm{i}\omega_\lambda t); \tag{6.24}$$

由此可知, 展开式 (6.15) 在没有电荷和电流时就成了 $\exp[\mathrm{i}(\boldsymbol{k}_\lambda \cdot \boldsymbol{r} \pm c/n(k_\lambda t))]$ 类型的平面波 (即以相速度 (6.23) 传播的波) 的展开式.

在忽略空间色散的情况下, 介质在电动力学中的影响在许多情形下通过引进介电常量 $\varepsilon(\omega)$ (对各向异性介质则是介电张量 $\varepsilon_{ij}(\omega)$) 来描述. 这时, 像上面假设的那样, 假设磁感应强度矢量 $\boldsymbol{B}$ 等于磁场强度 $\boldsymbol{H}$. 如果还考虑空间色散, 则用张量 $\varepsilon_{ij}(\omega, \boldsymbol{k})$ 仍然可以考虑介质的磁性质 (见第 11 章). 但是在低频下 (特别是在静态情形下即在恒定磁场中) 这样的方法是不方便的, 通常另行引进一个磁化率 $\mu$. 方便的做法是, 不要一开始就假设磁化率 $\mu$ 等于 1, 因为当 $\mu$ 存在时, 有可能通过作某些变量替换 (特别是替换 $\varepsilon \leftrightarrow \mu$) 的方法容易地从通常的带有电荷和电流的场方程转换为关于磁荷 (单极子) 与磁荷流的场方程 (见第 7 章). 基于这些理由, 我们来看上面列举的这些式子如何变化, 如果

$$\boldsymbol{B} = \mu \boldsymbol{H},$$

[109]　　并且 $\mu = $ 常量. $\mu$ 的频率色散可以像 $\varepsilon$ 的频率色散一样考虑.
　　　　设

$$\boldsymbol{E} = -\frac{1}{c}\frac{\partial \boldsymbol{A}}{\partial t} - \operatorname{grad}\varphi, \quad \boldsymbol{B} = \mu\boldsymbol{H} = \operatorname{rot}\boldsymbol{A} \tag{6.8a}$$

代替 (6.9), 我们得到

$$\left. \begin{aligned} &\Delta\boldsymbol{A} - \frac{\varepsilon\mu}{c^2}\frac{\partial^2\boldsymbol{A}}{\partial t^2} - \operatorname{grad}\left(\frac{\varepsilon\mu}{c}\frac{\partial\varphi}{\partial t} + \operatorname{div}\boldsymbol{A}\right) = -\frac{4\pi\mu}{c}\boldsymbol{j}, \\ &\Delta\varphi + \frac{1}{c}\frac{\partial}{\partial t}\operatorname{div}\boldsymbol{A} = -\frac{4\pi\rho}{\varepsilon}. \end{aligned} \right\} \tag{6.9a}$$

如果使用规范

$$\operatorname{div}\boldsymbol{A} + \frac{\varepsilon\mu}{c^2}\frac{\partial\varphi}{\partial t} = 0 \tag{6.10a}$$

那么从 (6.9a) 式立即得到在 $\mu = 1$ 时化为方程 (6.11) 的显式方程. 对于规范 $\operatorname{div}\boldsymbol{A} = 0$, 我们有

$$\left. \begin{aligned} &\Delta\boldsymbol{A} - \frac{\varepsilon\mu}{c^2}\frac{\partial^2\boldsymbol{A}}{\partial t^2} = -\frac{4\pi\mu}{c}\boldsymbol{j} + \frac{\varepsilon\mu}{c}\operatorname{grad}\frac{\partial\varphi}{\partial t}, \\ &\Delta\varphi = -\frac{4\pi}{\varepsilon}\rho. \end{aligned} \right\} \tag{6.12a}$$

保持展开式 (6.14)、(6.15) 不变, 但不引进折射率 $n$, 亦即令

$$\boldsymbol{A}_{\lambda 1} = (8\pi)^{1/2}\frac{c}{\varepsilon^{1/2}}\boldsymbol{e}_\lambda\cos\boldsymbol{k}_\lambda\cdot\boldsymbol{r}$$

等. 此时横场的能量

$$\mathscr{H}_{tr} = \frac{1}{8\pi}\int(\varepsilon E_{tr}^2 + \mu H^2)\mathrm{d}V$$

在通过 $p_{\lambda i}$, $q_{\lambda i}$ 或 $p_\lambda$, $q_\lambda$ 表示时就得到前面的形式 (6.16), 但

$$\omega_\lambda^2 = \frac{c^2}{\varepsilon\mu}k_\lambda^2 = \frac{c^2}{n^2}k_\lambda^2. \tag{6.17a}$$

如此一来, 折射率 (其意义从关系式 $v_{\mathrm{ph}} = c/n$ 很清楚, 见 (6.23) 式) 现在的形式为 $n = (\varepsilon\mu)^{1/2}$. 在 (6.21) 和 (6.22) 式中, 现在应当将 $n$ 换成 $\sqrt{\varepsilon}$.

无疑, 最方便的做法是一开始就引进 $\mu$, 这时向 $\mu = 1$ 的公式的转换即可自动进行. 不过在本书的前几版中没有这样做, 而为了不改变大量已有公式, 在这一版里我们仅指出引进 $\mu \neq 1$ 的磁化率将得到什么结果, 并在后面通常假设 $\mu = 1$, 但也给出 $\mu \neq 1$ 时的结果 (见 (7.43) 式及随后的公式, 在这些公式中 $\mu \neq 1$). 我们注意到, 在 $\mu \neq 1$ 时可以研究 $\varepsilon \neq 1$ 但 $\varepsilon\mu = 1$ 的介质. 在这种介质中, 显然有 $v_{\mathrm{ph}} = c$, 其性质非常独特[101]. 若是 $\mu = 1$, 那么在所研究的近似 (各向同性介质等) 下, 当然只有在 $\varepsilon = 1$ 时即真空中才有 $v_{\mathrm{ph}} = c$.

介质中自由辐射场的哈密顿量的形式为 (6.16), 对它进行量子化的做法与在真空中相同 (不过, 量子化与存在电荷或电流时介质中的横场有关, 其量子化相当于将 $p_{\lambda i}$ 和 $q_{\lambda i}$ 换成满足对易关系 (1.45) 的算符). 结果在将介质中的自由场按 $\exp(\pm i\boldsymbol{k}_\lambda \cdot \boldsymbol{r})$ 型的波展开时 (见 (6.15) 式), 就导致 "介质中的光子" 的概念, 它具有能量 $E_\lambda$ 和动量 $\boldsymbol{p}_\lambda$: [110]

$$E_\lambda = \hbar\omega_\lambda, \quad \boldsymbol{p}_\lambda = \hbar\boldsymbol{k}_\lambda, \quad p_\lambda = \frac{\hbar\omega_\lambda n}{c}, \quad n = \sqrt{\varepsilon\mu} \tag{6.25}$$

就能量而言, 这个结论是显然的 (见 (1.43)、(1.49) 和 (6.16) 诸式). 对于动量的情形, 则必须求出电磁场的动量算符的本征值, 但是相应的表达式长期以来被写成各种不同的形式, 并且对其中何者为正确有过不少争论 (争论涉及闵可夫斯基和亚伯拉罕的能量–动量张量). 现在对这个问题已经阐释得足够清楚, 我们将在第 13 章讨论它. 幸好, 这个问题的解决 (在一切情况下都需要专门研究) 对于解决介质中辐射的量子理论中通常产生的问题并不是必需的[102, 101]. 原因是, 在计算决定这个或那个辐射过程的概率的跃迁矩阵元时, 矢量势算符显然带有一个 $q_\lambda \exp(i\boldsymbol{k}_\lambda \cdot \boldsymbol{r})$ 类型的因子; 这些因子与对应于粒子波函数的因子同时出现, 对于自由粒子, 对应于粒子波函数的因子就是 $\exp(i\boldsymbol{p} \cdot \boldsymbol{r}/\hbar)$. 由此可知, 在动量守恒定律中, 介质中的辐射和在真空中的一样所做的贡献等于 $\hbar\boldsymbol{k}_\lambda$. 我们看到, 在介质中 $\hbar k_\lambda = \hbar\omega_\lambda n/c$, 从而导出 (6.25) 式. 这样一来, "介质中的光子" (它和真空中的光子有同样的概念基础) 具有能量 $\hbar\omega$ 和动量 $\hbar\omega n/c$ (更详细的叙述请参看 [103], 这与介质中的能量–动量张量的形式问题的分析完全无关; 上面所讲的是各向同性介质, 不过到各向异性情况的推广是明显的——这时

$n = n_1$ 是相应的 "正常" 波的折射率, 见下)[①]. 在解决一系列介质中的辐射理论问题时, 使用量子表示, 或更准确地说量子语言, 显得非常方便. 关于这一点在第 7 章还会讲到.

[111]　　　现在我们使用哈密顿方法 (实际上即按平面波展开) 来解一系列介质中的辐射理论问题.

我们从一个振子的偶极辐射开始, 在第 1 章里曾研究过这个振子处于真空中的情形. 在 (6.21) 式中设

$$\boldsymbol{r}_i \equiv \boldsymbol{r}(t) = \boldsymbol{a}_0 \sin \omega_0 t, \quad \boldsymbol{v} = \dot{\boldsymbol{r}}(t) = \boldsymbol{v}_0 \cos \omega_0 t = \boldsymbol{a}_0 \omega_0 \cos \omega_0 t,$$

$$a_0 \ll \frac{1}{k} = \frac{\lambda}{2\pi} = \frac{c}{n\omega_0},$$

其中 $\lambda = 2\pi c/(n\omega_0)$ 是振子发射的辐射的波长, 我们便得到方程 (见 (1.80) 式)

$$\ddot{q}_{\lambda 1} + \omega_\lambda^2 q_{\lambda 1} = \sqrt{8\pi}\frac{c}{n}(\boldsymbol{e}_\lambda \cdot \boldsymbol{v}_0) \cos \omega_0 t. \tag{6.26}$$

以下的全部计算完全类似于真空中的情形, 不过现在的状态数等于

$$\frac{k^2 \mathrm{d}k\mathrm{d}\Omega}{(2\pi)^3} = \frac{n^3 \omega^2 \mathrm{d}\omega\mathrm{d}\Omega}{(2\pi c)^3}, \tag{6.27}$$

结果[②]

$$\frac{\mathrm{d}\mathscr{H}_{tr}}{\mathrm{d}t} = \frac{\mathscr{K}_{tr}}{t} \equiv \frac{\mathrm{d}W_s}{\mathrm{d}t} \equiv \frac{e^2 a_0^2 \omega_0^4 n}{8\pi c^3} \sin^2 \theta \mathrm{d}\Omega. \tag{6.28}$$

这里与真空中的公式 (1.85) 的唯一差别是出现了因子 $n$ (与真空情形相比,(6.27) 式含有附加因子 $n^3$, 但是从 (6.26) 式得知, $q_\lambda^2$ 的值将含有附加因子 $1/n^2$). 若 $\mu \neq 1$, 那么在 (6.28) 式中应当把 $n$ 理解为 $(\varepsilon\mu)^{1/2}$ 并加上因

---

① 这里直接指无穷介质, 就像在对真空中的场作量子化时 (见第 1 章) 我们所指的是全空间一样. 同时很明显的是, 类似的方法也可以用于处理波导管中的波, 特别是当波导管中充填有某种透明介质时. 这时, 与所研究的波导管中的自由电磁场的解对应的本征函数 (模) 将会起 (1.19) 式或 (1.53) 式型的平面波的作用 (例如见 [104a], 那里给出了中空的具有矩形截面和理想反射壁的波导管中的场的量子化; 对处于吸收空腔内的原子的量子力学研究, 见 [104b]). 自然, 就像在有介质存在时一样, 在开端波导中或在某个封闭空腔中的辐射可能与处于无界真空中 (即当边界离辐射体足够远时) 的同一系统 (原子等) 的辐射有根本的不同. 特别是如果波导管不能传播频率为 $\omega_0$ 的本征电磁波 (模) 的话 (例如见 [104c]), 在某个原子跃迁频率 $\omega_0$ 上辐射的强度将趋于零. 有关存在边界 (管壁) 时的辐射, 又见 [330].

② 如我们在第 1 章已强调指出过的, 在展开式 (6.14) 和 (6.15) 中, 求和是在 $\boldsymbol{k}_\lambda$ 方向的半球面上进行. 因此在转换为按角度积分时, 必须引进一个附加因子 $1/2$ (如果像通常在球坐标系中那样, 取 $0 \leqslant \varphi \leqslant 2\pi$ 和 $0 \leqslant \theta \leqslant \pi$, 这对应于方向在整个球面上; 当然, 在第 1 章里已经考虑过这一情况).

子 $\mu$, 即

$$\frac{\mathrm{d}W_s}{\mathrm{d}t} = \frac{e^2 a_0^2 \omega_0^4 \mu(\varepsilon\mu)^{1/2}}{8\pi c^3} \sin^2\theta. \tag{6.28a}$$

在考虑频率色散时必须假设 $n = n(\omega)$. 这个结论可以用两种方式论证: 第一种方式比较间接, 即对用哈密顿方法和其他方法得到的结果作比较. 第二种方式是, 如果 $\varepsilon = \varepsilon(\omega)$, 那么场的方程就可以写成以往的形式, 比如说 (6.11) 式或 (6.22) 式, 但是将 $\varepsilon$ 当作是这样一个算符 $\widehat{\varepsilon}$, 即 $\widehat{\varepsilon}\exp(-\mathrm{i}\omega t) = \varepsilon(\omega)\exp(-\mathrm{i}\omega t)$. 其次, 在对方程 (6.18) 和 (6.19) 积分之前, 方程中都有波矢量 $\boldsymbol{k}_\lambda$ 出现, 并且可以假设, $n = n(k_\lambda)$, $\omega_\lambda = ck_\lambda/n(k_\lambda)$. 仅对辐射场才有频率 $\omega = \omega_\lambda = ck/n$, 即 $\omega$ 与 $k$ 通过通常的色散关系相联系. 我们只是在最后才转到辐射, 计算大 $t$ 时的能量 $\mathscr{H}_{tr}$ (见第 1 章和 (6.28) 式). 这也就是为什么, 如可从文献中仔细考察到的那样 (见 [108] 中 §25 及 [105–107]), 对频率色散的考虑必须在最后的表达式中进行.

不过, 在这里仔细研究一下这个问题 (至少就其最重要的方面) 仍然是有益的. 那就是必须记得, 从非色散介质导出的最初的横场能量表示式 [112]

$$\mathscr{H}_{tr} = \int \frac{\varepsilon E_{tr}^2 + H^2}{8\pi}\mathrm{d}V$$

(见 (6.16) 式) 在存在有部分色散时已经不适用了. 在后一种情形下, 对于载波频率为 $\omega$ 的准单色场, 能量的时间平均值等于

$$\mathscr{H}_{tr} = \frac{1}{16\pi}\int\left\{\frac{\mathrm{d}(\omega\varepsilon)}{\mathrm{d}\omega}\boldsymbol{E}_0\cdot\boldsymbol{E}_0^* + \boldsymbol{H}_0\cdot\boldsymbol{H}_0^*\right\}\mathrm{d}V, \tag{6.29}$$

其中电场 $\boldsymbol{E} = \frac{1}{2}(\boldsymbol{E}_0\mathrm{e}^{-\mathrm{i}\omega t} + \boldsymbol{E}_0^*\mathrm{e}^{\mathrm{i}\omega t})$, 磁场 $\boldsymbol{H}$ 类似; 假设振幅 $\boldsymbol{E}_0$ 和 $\boldsymbol{H}_0$ 是 (在大约 $2\pi/\omega$ 的时间内) 缓慢变化的函数, 上面提到的时间平均是对高频 (载频) $\omega$ 的平均 (详见例如 [61], §80; [99], §3 及 [109], §22). 而且, 在介电常量为 $\varepsilon(\omega)$ 的介质中, 对于形如

$$\boldsymbol{E} = \boldsymbol{E}_0\mathrm{e}^{-\mathrm{i}(\omega t - \boldsymbol{k}\cdot\boldsymbol{r})}, \quad \boldsymbol{H} = \boldsymbol{H}_0\mathrm{e}^{-\mathrm{i}(\omega t - \boldsymbol{k}\cdot\boldsymbol{r})}$$

的自由电磁场, 由于场方程 (6.1),(6.7), 我们有

$$\boldsymbol{H}_0 = \sqrt{\varepsilon}\left(\frac{\boldsymbol{k}}{k}\times\boldsymbol{E}_0\right), \quad k^2 = \frac{\omega^2}{c^2}\varepsilon = \frac{\omega^2}{c^2}n^2, \tag{6.30}$$

$$\begin{aligned}\frac{1}{16\pi}\left\{\frac{\mathrm{d}(\omega\varepsilon)}{\mathrm{d}\omega}\boldsymbol{E}_0\cdot\boldsymbol{E}_0^* + \boldsymbol{H}_0\cdot\boldsymbol{H}_0^*\right\} &= \frac{1}{16\pi}\left\{\frac{\mathrm{d}(\omega\varepsilon)}{\mathrm{d}\omega} + \varepsilon\right\}\boldsymbol{E}_0\cdot\boldsymbol{E}_0^* \\ &= \frac{\varepsilon}{16\pi}\left\{\frac{\omega}{\varepsilon}\frac{\mathrm{d}\varepsilon}{\mathrm{d}\omega} + 2\right\}\boldsymbol{E}_0\cdot\boldsymbol{E}_0^*.\end{aligned}$$

这样一来, 与 $\mathrm{d}\varepsilon/\mathrm{d}\omega = 0$ 的非色散介质相比, 在波的能流密度表达式中出现了一个附加因子

$$\Sigma = \left(1 + \frac{\omega}{2\varepsilon}\frac{\mathrm{d}\varepsilon}{\mathrm{d}\omega}\right) = \frac{1}{2\omega\varepsilon}\frac{\mathrm{d}(\omega^2\varepsilon)}{\mathrm{d}\omega}. \tag{6.31}$$

如果我们现在想要用 (6.14)、(6.15) 式类型的展开式并且将能量 (6.29) 表示为坐标为 $q_{\lambda i}$ 或 $q_\lambda$ 的振子的能量的形式 (见 (6.16) 式), 那么就必须对量 $\boldsymbol{A}_{\lambda i}$ 或 $\boldsymbol{A}_\lambda$ 实行归一化, 在分母中引入附加因子 $\Sigma^{1/2}$ (于是便有, 比方说, $\int \boldsymbol{A}_\lambda \cdot \boldsymbol{A}_\mu^* \mathrm{d}V = 4\pi\frac{c^2}{\varepsilon\Sigma}\delta_{\lambda\mu}$). 采用量子方法在微扰论框架内的进一步计算要比经典处理简单. 原因是, 如我们以往强调过的, 在量子电动力学中一般认为电磁场是自由的, (6.30) 式也属于这种情况. 因此容易证明, 在考虑色散时相互作用能 $\mathscr{H}_1' = -\frac{e}{mc}\widehat{\boldsymbol{p}}\cdot\widehat{\boldsymbol{A}}$ (见 (1.65) 式) 的矩阵元的平方要乘上因子 $\Sigma^{-1}$. 但是在计算跃迁概率时还必须考虑色散对状态数的影响, 现在状态数等于

$$\frac{k^2\mathrm{d}k\mathrm{d}\Omega}{(2\pi)^3} = \frac{k^2\frac{\mathrm{d}k}{\mathrm{d}\omega}\mathrm{d}\omega\mathrm{d}\Omega}{(2\pi)^3} = \frac{k^2\sqrt{\varepsilon}\Sigma\mathrm{d}\omega\mathrm{d}\Omega}{(2\pi)^3 c} = \frac{n^2\omega^2\Sigma\mathrm{d}\omega\mathrm{d}\Omega}{(2\pi c)^3}, \tag{6.32}$$

因为 $k = \omega\varepsilon^{1/2}/c = \omega n/c$.

[113]　　状态数 (6.32) 与 (6.27) 正好差一个因子 $\Sigma$, 它与上面提到的矩阵元平方表达式中的因子 $\Sigma^{-1}$ 相消. 结果得到, 在考虑色散时自发跃迁辐射的概率和功率与无色散介质相同, 不过折射率需使用辐射频率下的值. 类似地, 在微扰论的框架中也容易考虑色散对别的过程的影响 (在光的散射方面见 [99] 的 §16). 用经典方法计算辐射功率时检查因子是怎样消去要复杂一些 (见 [108] 的 §25), 但是本质上是一回事. 例如, 对于振子, 粗略地说, 可以认为方程 (6.26) 的右端出现因子 $\Sigma^{-1}$, 而方程 (6.27) 的右端出现因子 $\Sigma$(这种说法不够精确, 原因是, 在经典计算中, 特别是在对方程 (6.26) 积分时, 只在最后才转到辐射场).

在使用哈密顿方法时若要考虑色散就需要作附加分析的事实, 是这个方法众所周知的弱点.

在某种意义上, 除对能量的计算而外对场本身的计算也是一样——用哈密顿方法完成这一任务有时要比用别的方法更复杂 (见 [106], 那里也考虑了吸收). 但是一般说来, 后者只是对各向同性介质才是这样, 那里实际上已经熟知各种各样的 “其他方法”. 对于各向异性介质, 则哈密顿方法至少就其简单性和普遍性而言, 无论如何在应用于点源时未必比任何别种方

法逊色. 虽然如此, 简单性这个概念是相当空泛的, 常常只由习惯和技巧的熟练程度来判定. 一般来说, 我们完全不打算对不同方法的优劣作判断.

在转到各向异性介质之前, 还要着重研究一下各向同性介质中振动的电偶极子和磁偶极子的辐射. 头一种情况的问题与刚才在偶极子近似下所研究的振子问题相同, 但是我们现在想要用 (6.20) 式. 如果假设 (6.20) 式中粒子的电荷为零并且它在 $r_i = 0$ 时为静止, 则在将 (6.20) 式代入 (6.18) 式后, 我们得到方程 (其中 $\dot{p} \equiv \mathrm{d}p/\mathrm{d}t$)

$$\ddot{q}_{\lambda 1} + \omega_\lambda^2 q_{\lambda 1} = \frac{\sqrt{8\pi}}{n}(e_\lambda \cdot \dot{p}), \tag{6.33}$$

$$\ddot{q}_{\lambda 2} + \omega_\lambda^2 q_{\lambda 2} = \frac{\sqrt{8\pi}c}{n}e_\lambda \cdot (m \times k_\lambda). \tag{6.34}$$

若令 $p = er = ea_0\sin(\omega_0 t)$, 则如预期的那样, 方程 (6.33) 和 (6.26) 一样. 方程 (6.34) 在 $n = 1$ 时与方程 (2.19) 相同. 我们令 $m = m_0\sin(\omega_0 t)$, 与对振子的做法完全相似, 求出辐射功率为[①]

$$\left.\begin{array}{l}\dfrac{\mathrm{d}\mathscr{H}_{tr}}{\mathrm{d}t} \equiv \dfrac{\mathrm{d}W_s}{\mathrm{d}t} = \dfrac{m_0^2\omega_0^4 n^3}{8\pi c^3}\sin^2\theta\mathrm{d}\Omega, \\[3mm] \dfrac{\mathrm{d}W}{\mathrm{d}t} = \displaystyle\int\dfrac{\mathrm{d}W_s}{\mathrm{d}t}\mathrm{d}\Omega = \dfrac{m_0^2\omega_0^4 n^3}{3c^3}.\end{array}\right\} \tag{6.35}$$

[114]

若 $\mu \neq 1$, 则

$$\frac{\mathrm{d}W_s}{\mathrm{d}t} = \frac{m_0^2\omega_0^2\mu(\varepsilon\mu)^{3/2}}{8\pi c^3}\sin^2\theta\mathrm{d}\Omega. \tag{6.35a}$$

对于真空, 从熟知的偶极 (电和磁) 辐射公式立即就可得出这些表达式 (见 [2] 中 §67, 71, 又见本书 (2.23) 式). 当然, 对各向同性介质, 计算也可以用通常的非哈密顿方法来进行.

我们在这里给出 (6.35) 式, 特别是为了强调因子 $n^3$ 的出现, 而在电偶极子的情形出现的是因子 $n$. 这些因子的影响可能是巨大的. 例如, 在处于磁场内 (磁场导致各向异性, 不过这一点现在并不重要) 的等离子体中, 对于某些正常波 (下标为 $l$) 和频率 $\omega$, 其折射率 $n_l(\omega)$ 可达 $n \sim 10^2 - 10^3$ 乃至形式上更大的值 (详见 [109] 及本书第 12 章). 对于脉冲星, 如果研究它在介质中的磁偶极辐射, 与以上情况和 (6.35) 式中因子 $n^3$ 的出现有关, 考虑介质的影响将会使整个物理图像发生实质性的改变 (见 [37]; 必须注意, 所讨论的线性近似——在脉冲星附近使用 $D$ 和 $E$ 的线性关系——一般而言是不合适的, 不过这是一个专门的问题). 另一个同样奇特的介质影响的例子

---

① 显然, 我们有 $e_{\lambda 1} \cdot (m \times k_\lambda) = -m \cdot (e_{\lambda 1} \times k_\lambda) = -(m \times e_{\lambda 2}) \cdot k_\lambda$, 其中 $e_{\lambda 1,2}$ 是偏振矢量 $(e_{\lambda 1} \cdot e_{\lambda 2} = 0, e_{\lambda 1,2} \cdot k_\lambda = 0$; 见第 1 章).

是各向同性等离子体中当 $n(\omega) = \sqrt{1 - \omega_p^2/\omega^2}, \omega_p^2 = 4\pi e^2 N/m$ 时 ($N$ 是所研究的非相对论等离子体中电子的浓度) 偶极子的辐射. 显然, 在这种情况下 $n < 1$, 并且在振子频率 $\omega_0 \sim \omega_p$ 时折射率 $n$ 可能接近于零; 在后一情况下辐射功率 (6.28) 和 (6.35) 陡然下降. 此外, 在各向同性等离子体中介电常量 $\varepsilon = 1 - \omega_p^2/\omega^2$ 在振子频率 $\omega_0 < \omega_p$ 时为负. 这意味着, 频率 $\omega_0 < \omega_p$ 的波一般是不能传播的——它们按照 $E = E_0 \exp\left(-\dfrac{\omega}{c}\sqrt{|\varepsilon|}z\right)$ 的规律在空间衰减 (详见 [109] 及本书第 12 章). 自然, 在这样的条件下源一般不辐射.

[115]　　　与公式 (6.28) 及其应用相关, 还必须作一个重要的说明. 从上面给出的计算可清楚看到, 振子 (偶极子) 所在的那一点的电场的值是假设它等于场方程 (6.1) 中的平均微观电场 $\boldsymbol{E}$. 同时, 众所周知 (例如见 [110] 中 §28), 点状偶极子所在处的场等于所谓有效场 $\boldsymbol{E}_{\mathrm{ef}}$, 一般而言它与平均场 $\boldsymbol{E}$ 不同. 在各向同性介质中 $\boldsymbol{E}_{\mathrm{ef}} = a\boldsymbol{E}$, 其中系数 $a$ 取决于介质的类型和描述它们的参量. 对于不是过于稠密的等离子体 (即对于所谓的气态等离子体, 而不是凝聚态等离子体), $a = 1$ 是很好的近似, 即不必区别有效场和平均场 [109]. 但是在足够稠密的介质中, 具体地讲在通常的液体和固体电介质中, $\boldsymbol{E}$ 和 $\boldsymbol{E}_{\mathrm{ef}}$ 之间的差异可能很重要. 对于其电性质各向同性的介质 (在无定形体或立方晶体中), 或者更精确地说, 对于这种介质的采用点状偶极子的模型, $a = (\varepsilon(\omega) + 2)/3$ (由此得到著名的克劳修斯–莫索提 (Clausius-Mossotti) 公式和洛伦兹–洛伦茨 (Lorentz-Lorenz) 公式)①. 由前述可知, 在可将源看成点源的范围内, 必须在方程 (6.26) 或 (6.33) 的右边部分引进附加因子 $a$. 因此, 在公式 (6.28) 中出现因子 $a^2(\omega)$, 即在洛仑兹–洛伦茨关系式成立的情况下, 出现因子

$$a^2(\omega) = \left(\frac{\varepsilon(\omega) + 2}{3}\right)^2. \tag{6.28b}$$

在研究例如各向同性的凝聚态介质中杂质分子对光的吸收系数时, 引进的正是这一变化[113]. 对于各向异性介质, 当然也必须考虑有效场与平均场的差异, 相应地引进适合于所研究介质的 (6.28b) 式类型的 "修正".

现在来研究各向异性介质中的辐射问题, 并且为简单起见假设张量 $\varepsilon_{ij}$ 为实数并将其约化到固定主轴上. 于是 ($x \to 1, y \to 2, z \to 3$)

$$D_1 = \varepsilon_1 E_1, \quad D_2 = \varepsilon_2 E_2, \quad D_3 = \varepsilon_3 E_3; \tag{6.36}$$

———————————

① 这里其实说的是同一个公式 $\dfrac{\varepsilon - 1}{\varepsilon + 2} = \dfrac{4\pi}{3}\alpha N$, 其中 $\alpha$ 是偶极子 (分子) 的极化率, $N$ 是偶极子浓度. 在静态情形这个关系式叫做克劳修斯–莫索提公式, 而在 (光学中的) 高频下同一关系式的名称则成了洛伦兹–洛伦茨公式, 并且还用了关系 $\varepsilon(\omega) = n^2(\omega)$, 其中 $n$ 是频率 $\omega$ 上的折射率. 与有效场问题的联系又见 [111, 112].

这时也用记号 $\boldsymbol{D} = \widehat{\varepsilon}\boldsymbol{E}$, 其中 $\widehat{\varepsilon}$ 是一个算符, 其意义可从 (6.36) 式或更一般的关系式 (6.7) 式清楚看出. 关系式 (6.7) 在存在频率色散时也成立, 不过下面研究非色散介质, 如前面曾指出过的那样, 色散将在最终结果中正确地得到考虑.

对于各向异性介质, 在引进势 (6.8) 后, 场方程的形式为 [116]

$$\left.\begin{array}{l} \Delta\boldsymbol{A} - \dfrac{1}{c^2}\dfrac{\partial}{\partial t}\widehat{\varepsilon}\dfrac{\partial\boldsymbol{A}}{\partial t} - \mathrm{grad}\,\mathrm{div}\,\boldsymbol{A} - \dfrac{1}{c}\dfrac{\partial}{\partial t}\widehat{\varepsilon}\,\mathrm{grad}\,\varphi = -\dfrac{4\pi}{c}\boldsymbol{j}, \\[2mm] \mathrm{div}\left(\widehat{\varepsilon}\,\mathrm{grad}\,\varphi + \dfrac{\widehat{\varepsilon}}{c}\dfrac{\partial\boldsymbol{A}}{\partial t}\right) = -4\pi\rho. \end{array}\right\} \tag{6.37}$$

从 (6.37) 式可看出, 不论是 (6.10) 式类型的规范 (即规范 $\mathrm{div}\,\boldsymbol{A} + (1/c)(\partial\widehat{\varepsilon}\varphi/\partial t) = 0$), 还是规范 $\mathrm{div}\,\boldsymbol{A} = 0$, 都不带来任何简化, 因此很成熟的对达朗贝尔方程 (波动方程) 进行积分的方法不再适用. 对此还必须补充一点, 那就是在存在介质的情况下, 将公式写成相对论协变形式 (正是这一企图导致在真空情况下特别广泛地使用洛伦兹规范 $\partial A^i/\partial x^i = 0$; 见 (1.7a) 式) 远不是那么重要. 原因是在绝大多数情况下假设介质在实验室参考系中是静止的 (实际上也是这样). 这时与介质连在一起的参考系在物理上明显地被区分出来, 正好在这种参考系中处理问题.

我们采用规范 $\dfrac{\partial}{\partial t}\mathrm{div}\,\widehat{\varepsilon}\boldsymbol{A} = 0$, 或者对于 (6.36) 式的情况忽略色散, 设

$$\mathrm{div}\,\boldsymbol{C} = 0, \quad \boldsymbol{C} = \widehat{\varepsilon}\boldsymbol{A}, \quad C_1 = \varepsilon_1 A_1, \quad C_2 = \varepsilon_2 A_2, \quad C_3 = \varepsilon_3 A_3. \tag{6.38}$$

此时方程 (6.37) 的形式为

$$\Delta\boldsymbol{A} - \frac{1}{c^2}\frac{\partial^2\boldsymbol{C}}{\partial t^2} - \mathrm{grad}\,\mathrm{div}\,\boldsymbol{A} - \frac{1}{c}\frac{\partial}{\partial t}(\widehat{\varepsilon}\,\mathrm{grad}\,\varphi)$$
$$= -\frac{4\pi}{c}\sum_i e_i\boldsymbol{v}_i\delta(\boldsymbol{r} - \boldsymbol{r}_i(t)), \tag{6.39}$$

$$\mathrm{div}(\widehat{\varepsilon}\,\mathrm{grad}\,\varphi) = -4\pi\sum_i e_i\delta(\boldsymbol{r} - \boldsymbol{r}_i(t)), \tag{6.40}$$

这里为了确定起见, 我们研究点电荷 $e_i$ (电荷的径矢 $\boldsymbol{r}_i(t) = \{x_i, y_i, z_i\}$, 并且 $\dot{\boldsymbol{r}}_i = \boldsymbol{v}_i$).

方程 (6.40) 的形式与静电学中相同, 其解可写出如下:

$$\varphi = \sum_i \frac{e_i}{\sqrt{\varepsilon_1\varepsilon_2\varepsilon_3}\sqrt{(x-x_i)^2/\varepsilon_1 + (y-y_i)^2/\varepsilon_2 + (z-z_i)^2/\varepsilon_3}}. \tag{6.41}$$

也容易证明, 在场在无穷远处按适当方式衰减的条件下, 场在全空间

的能量等于

$$\mathscr{H} = \frac{1}{8\pi} \int (\boldsymbol{E} \cdot \boldsymbol{D} + H^2) \mathrm{d}V = \mathscr{H}_{tr} + \mathscr{H}_l, \\ \mathscr{H}_{tr} = \frac{1}{8\pi} \int \left\{ \frac{\widehat{\varepsilon}}{c^2} \frac{\partial \boldsymbol{A}}{\partial t} \cdot \frac{\partial \boldsymbol{A}}{\partial t} + (\mathrm{rot}\,\boldsymbol{A})^2 \right\} \mathrm{d}V, \\ \mathscr{H}_l = \frac{1}{8\pi} \int (\widehat{\varepsilon}\,\mathrm{grad}\,\varphi) \cdot \mathrm{grad}\,\varphi \mathrm{d}V. \tag{6.42}$$

这里

[117]
$$\mathscr{H}_l = \frac{1}{8\pi} \int \left( \varepsilon_1 \frac{\partial^2 \varphi}{\partial x^2} + \varepsilon_2 \frac{\partial^2 \varphi}{\partial y^2} + \varepsilon_3 \frac{\partial^2 \varphi}{\partial z^2} \right) \mathrm{d}V \\ = \frac{1}{2} \sum_{ij} \frac{e_i e_j}{\sqrt{\varepsilon_1 \varepsilon_2 \varepsilon_3} \sqrt{(x_i - x_j)^2/\varepsilon_1 + (y_i - y_j)^2/\varepsilon_2 + (z_i - z_j)^2/\varepsilon_3}} \tag{6.43}$$

是各个电荷的瞬时库仑相互作用能之和 (我们不考虑电荷的自能). 能量 $\mathscr{H}_{tr}$ 是横场能量的类似物, 它也可写成下面的形式

$$\mathscr{H}_{tr} = -\frac{1}{8\pi c} \int \boldsymbol{D}_{tr} \cdot \frac{\partial \boldsymbol{A}}{\partial t} \mathrm{d}V + \frac{1}{8\pi} \int (\mathrm{rot}\,\boldsymbol{A})^2 \mathrm{d}V, \\ \boldsymbol{D}_{tr} = -\frac{\widehat{\varepsilon}}{c} \frac{\partial \boldsymbol{A}}{\partial t} \equiv -\frac{\partial \boldsymbol{C}}{\partial t}, \quad \mathrm{div}\,\boldsymbol{D}_{tr} = 0. \tag{6.44}$$

现在我们作级数展开

$$\boldsymbol{A} = \sum_{\lambda,l} [q_{\lambda l}(t) \boldsymbol{A}_{\lambda l}(\boldsymbol{r}) + q_{\lambda l}^*(t) \boldsymbol{A}_{\lambda l}^*(\boldsymbol{r})], \\ \boldsymbol{C} = \widehat{\varepsilon} \boldsymbol{A} = \sum_{\lambda,l} [q_{\lambda l}(t) \boldsymbol{C}_{\lambda l}(\boldsymbol{r}) + q_{\lambda l}^*(t) \boldsymbol{C}_{\lambda l}^*(\boldsymbol{r})], \\ \boldsymbol{A}_{\lambda l} = \sqrt{4\pi} c \boldsymbol{a}_{\lambda l} \exp(\mathrm{i}\boldsymbol{k}_\lambda \cdot \boldsymbol{r}), \\ \boldsymbol{C}_{\lambda l} = \sqrt{4\pi} c \boldsymbol{b}_{\lambda l} \exp(\mathrm{i}\boldsymbol{k}_\lambda \cdot \boldsymbol{r}), \tag{6.45}$$

其中下标 $l = 1, 2$ 对应于无空间色散的各向异性介质中的正常波的两种可能的偏振 (在条件 (6.36) 中这种偏振是线偏振). 由于 (6.38) 的第一式中有 $\boldsymbol{b}_{\lambda l} \cdot \boldsymbol{k}_\lambda = 0$, 我们并可以令 $\boldsymbol{b}_{\lambda 1} \cdot \boldsymbol{b}_{\lambda 2} = 0$; 因此由 (6.38) 式及 (6.45) 式我们得到

$$\boldsymbol{k}_\lambda \cdot \widehat{\varepsilon} \boldsymbol{a}_{\lambda l} \equiv k_{\lambda 1} \varepsilon_1 a_{\lambda l,1} + k_{\lambda 2} \varepsilon_2 a_{\lambda l,2} + k_{\lambda 3} \varepsilon_3 a_{\lambda l,3} = 0, \\ \widehat{\varepsilon} \boldsymbol{a}_{\lambda 1} \cdot \widehat{\varepsilon} \boldsymbol{a}_{\lambda 2} = 0. \tag{6.46a}$$

此外, 在 $\boldsymbol{a}_{\lambda l}$ 上再加两个条件 (注意在头一个条件里不对重复的下标 $l$ 求和):

$$\widehat{\varepsilon} \boldsymbol{a}_{\lambda l} \cdot \boldsymbol{a}_{\lambda l} = 1, \quad \widehat{\varepsilon} \boldsymbol{a}_{\lambda 1} \cdot \boldsymbol{a}_{\lambda 2} = 0. \tag{6.46b}$$

第一个条件是归一化条件, 第二个条件相当于对正常波的偏振方向的选择; 从 (6.46a) 式和 (6.46b) 式可知, 诸矢量 $\boldsymbol{k}_\lambda$、$\boldsymbol{a}_{\lambda l}$ 和 $\boldsymbol{b}_{\lambda l}$ 是共面的 (分别对 $l=1$ 和对 $l=2$).

现在将 (6.45) 式代入 (6.39) 式; 在乘以 $A_\mu^*$、考虑关系式 (6.46) 和归一化条件

$$\int \boldsymbol{A}_{\lambda l} \cdot \boldsymbol{A}_{\mu m}^* \mathrm{d}V = 4\pi c^2 (\boldsymbol{a}_{\lambda l} \cdot \boldsymbol{a}_{\mu m}) \delta_{\lambda \mu} \tag{6.47}$$

后, 我们得到 (详见 [105]) [118]

$$\ddot{q}_{\lambda l} + \omega_{\lambda l}^2 q_{\lambda l} = \sqrt{4\pi} \sum_i e_i (\boldsymbol{v}_i \cdot \boldsymbol{a}_{\lambda l}) \exp(-\mathrm{i}\boldsymbol{k}_\lambda \cdot \boldsymbol{r}_i), \tag{6.48}$$

$$\omega_{\lambda l}^2 = \frac{k_\lambda^2 c^2}{n_{\lambda l}^2} = (\boldsymbol{k}_\lambda \times \boldsymbol{a}_{\lambda l})^2 c^2 = \{k_\lambda^2 a_{\lambda l}^2 - (\boldsymbol{k}_\lambda \cdot \boldsymbol{a}_{\lambda l})^2\} c^2. \tag{6.49}$$

这样一来, 场的振子的方程 (6.48) 的形式就和在真空中一样, 全部差异归结到频率 $\omega_{\lambda l}$ 的表示式 (6.49) 和关于偏振矢量 $\boldsymbol{a}_{\lambda l}$ 的关系式 (6.46).

前面说过我们是对正常波作展开, 所给出的关于 $\omega_{\lambda l}$ 和 $\boldsymbol{a}_{\lambda l}$ 的关系式正好就是确定正常波的 $\omega$ 与 $\boldsymbol{k}$ 和偏振之间关系的方程. 更精确地说, 在没有电荷时, 讨论的是场的齐次方程, 从 (6.48) 式显然有 $\omega^2 = \omega_{\lambda l}^2$, 而 (6.49) 式便是给出正常波中的 $\omega_l = kc/n_l$ 与 $\boldsymbol{k}$ (显然, $n_l = ck/\omega_l$ 是折射率; 详见 [99] 及下面第 11 章) 的关系的色散方程 (菲涅耳方程).

容易证明 (见 (6.44)、(6.45)、(6.47) 等式), 使用变量 $q_{\lambda l}$, 我们有

$$\mathscr{H}_{tr} = \sum_{\lambda, l} (p_{\lambda l} p_{\lambda l}^* + \omega_{\lambda l}^2 q_{\lambda l} q_{\lambda l}^*), \quad p_{\lambda l} = \dot{q}_{\lambda l}. \tag{6.50}$$

解决电荷辐射问题的进一步计算的做法, 与真空中或各向同性介质中的做法相同. 例如, 对于偶极近似下的振子, 代替 (6.26) 式我们得到

$$\ddot{q}_{\lambda l} + \omega_{\lambda l}^2 q_{\lambda l} = \sqrt{4\pi} e (\boldsymbol{a}_{\lambda l} \cdot \boldsymbol{v}_0) \cos \omega_0 t. \tag{6.51}$$

后面的计算与在各向同性介质中相同, 但

$$\frac{k^2 \mathrm{d}k \mathrm{d}\Omega}{(2\pi)^3} = \frac{n_l^3 \omega^2 \mathrm{d}\omega \mathrm{d}\Omega}{(2\pi c)^3}. \tag{6.52}$$

结果得到

$$\frac{\mathrm{d}\mathscr{H}_{tr,l}}{\mathrm{d}t} \equiv \frac{\mathrm{d}W_{s,l}}{\mathrm{d}t} = \frac{e^2 \omega_0^4 (\boldsymbol{a}_l \cdot \boldsymbol{a}_0)^2 n_l^3}{8\pi c^3} \mathrm{d}\Omega, \quad l=1,2, \tag{6.53}$$

其中和上面各处一样, $n_l = n_l(\omega, \theta, \varphi)$, 即 $n$ 不仅取决于频率, 还取决于方向——事实上即取决于波矢 $\boldsymbol{k}$ 相对于介质诸对称轴的指向 (在 (6.36) 式

的情况下, 当 $\varepsilon_1$、$\varepsilon_2$、$\varepsilon_3$ 互不相同时, 这些轴就是 $x, y, z$ 轴). 偏振矢量 $\boldsymbol{a}_l = \boldsymbol{a}_l(\omega, \theta, \varphi)$ 也依赖于方向和频率, 当然也依赖于波的类型 (下标 $l = 1, 2$). 在各向同性介质中, $\boldsymbol{a}_{\lambda l} = \boldsymbol{e}_{\lambda l}/\sqrt{\varepsilon} = \boldsymbol{e}_{\lambda l}/n$, 并可假设矢量 $\boldsymbol{e}_{\lambda l}$ 中的一个与 $\boldsymbol{a}_0$ 正交, 这时 (6.53) 式就转化为 (6.28) 式. (6.53) 式的结果很自然——振子将辐射泵送到每一个正常波中, 并且泵送的强度与 $(\boldsymbol{a}_\lambda \cdot \boldsymbol{a}_0)^2$ 即振幅 $\boldsymbol{a}_0$ 在对应波的偏振矢量 (电矢量) 上的投影的平方成正比.

[119]     我们注意到, 对于各向异性介质中的自由辐射场, 容易把横场的能量 (在此情形下它就是系统横场的总能量) 改写为正则形式 (见从 (1.54) 式到 (1.58) 式的转换), 从而按标准方式进行量子化. 结果可以引入 "各向异性介质中的光子" 的概念, 这些光子的各物理量为

$$E = \hbar\omega, \quad \boldsymbol{p}_l = \hbar\boldsymbol{k}_l, \quad p_l = \frac{\hbar\omega n_l(\omega, \theta, \varphi)}{c}, \tag{6.54}$$

其中 $\theta$ 和 $\varphi$ 是描述矢量 $\boldsymbol{k}_l$ 的指向相对于介质对称轴的方位角 (在给定的频率 $\omega$ 上, 色散方程决定了能够在介质中向给定方向传播的正常波的 $k_l = (\omega/c)n_l(\omega, \theta, \varphi)$ 之值; 在不考虑空间色散和严格的纵向振动时有两个这样的波, 即 $l = 1, 2$). 这个结果推广了 (6.25) 式. 关于如何考虑频率色散, 以及平均场与有效场的可能区别等, 前面都已讲过了——各向异性的存在使相应的表达式变得复杂, 但并没有带来任何原则上的新内容. 在文献 [114] 中读者可以了解到研究各向异性介质中的辐射的其他方法.

介质中的电动力学的一个非常重要和极有特色的一个特点是, 即使是匀速运动的电荷, 也有可能产生辐射. 这里应当提到两个现象: 瓦维洛夫–切连科夫效应 (切连科夫辐射) 和渡越辐射[①]. 渡越辐射将在第 8 章讨论. 这里及第 7 章则仔细讨论切连科夫辐射, 它是在均匀各向同性介质中当满足以下条件时产生的:

$$v > v_{\mathrm{ph}} = \frac{c}{n(\omega)}, \tag{6.55}$$

亦即如果粒子的速度 $v = \mathrm{const}$ 大于介质中波的相速度 $v_{\mathrm{ph}} = c/n(\omega)$ 时. 这时粒子在与速度 $\boldsymbol{v}$ 成一角度 $\theta_0$ 的方向辐射频率为 $\omega$ 的波, 并且 (见图 6.1)

$$\cos\theta_0 = \frac{v_{\mathrm{ph}}}{v} = \frac{c}{vn(\omega)}. \tag{6.56}$$

---

① 存在大量有关切连科夫辐射和渡越辐射的文献. 比方, 根据文献指南 [115], 仅仅关于渡越辐射 (它比较晚才得到研究, 见第 8 章), 就有大约 800 篇论文. 因此我们引用的文献, 要么与叙述的内容直接相关, 要么主要用来指引研究方向. 对于后一种情况, 我们这里给出若干书籍和文献综述 [4, 5, 9, 61, 62a, 116—122], 它们之中大多引用了数目繁多的原始文献 (注意, 文献综述 [116—119] 是关于切连科夫辐射的, 而文献综述 [120—122] 则是关于渡越辐射的).

自然, 这个公式对于 $\mu \neq 1$ 也成立, 此时 $n(\omega) = [\varepsilon(\omega)\mu(\omega)]^{1/2}$. 当然条件 [120] (6.55) 是从 (6.56) 推出的, 因为 $\cos\theta_0 \leqslant 1$ (值 $\cos\theta_0 = 1$ 对应于辐射的阈值, 这时在现实条件下辐射的强度为零 [119]). 可以说, 结果 (6.56) 带有一种运动学的特色 (干涉条件; 详见例如 [121—123]) 并适用于任何类型的波. 在这个意义上, 条件 (6.56) 早就为人所知并应用于声音的传播 (马赫锥). 对于各向异性介质里的电磁波, 显然必须把 $v_{\text{ph}} = c/n(\omega)$ 理解为相应的正常波的相速度, 于是这时有 $n = n_l(\omega, \theta_0, \theta, \varphi)$, 其中 $\theta_0$ 是 $\boldsymbol{k}$ 与 $\boldsymbol{v}$ 之间的夹角, 而角 $\theta$ 和 $\varphi$ 则是矢量 $\boldsymbol{k}$ 的方向相对于介质对称轴的方位角 (在静止参考系中各向同性的介质运动的情况下, 介质的速度 $\boldsymbol{u}$ 起着对称轴的作用). 下面为简单起见只限于各向同性介质的情形.

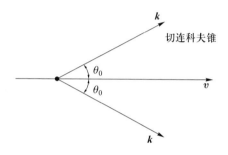

图 6.1 切连科夫锥.

切连科夫辐射的条件 (6.56) 不仅可以从干涉的考虑得出或作为计算辐射场的结果得到 (这时, 辐射条件当然在公式中自动出现)[①], 而且也可从能量和动量守恒定律得到 (见后面第 7 章) 或作为共振条件得出[15]. 后者发生在用哈密顿方法解切连科夫辐射问题时, 我们现在就转到这上面来. 我们将从形为 (6.21) 式的方程出发, 对匀速运动电荷的情况, 将径矢 $\boldsymbol{r}_i = \boldsymbol{v}t, \boldsymbol{v} = \text{const}$ 代入方程, 我们得到

$$\left. \begin{aligned} \ddot{q}_{\lambda 1} + \omega_\lambda^2 q_{\lambda 1} &= \sqrt{8\pi}\frac{e}{n}(\boldsymbol{e}_\lambda \cdot \boldsymbol{v})\cos(\boldsymbol{k}_\lambda \cdot \boldsymbol{v})t, \\ \ddot{q}_{\lambda 2} + \omega_\lambda^2 q_{\lambda 2} &= \sqrt{8\pi}\frac{e}{n}(\boldsymbol{e}_\lambda \cdot \boldsymbol{v})\sin(\boldsymbol{k}_\lambda \cdot \boldsymbol{v})t. \end{aligned} \right\} \tag{6.57}$$

---

[①] 其实, 为了得到条件 (6.56) 并不需要走得太远, 只要将最初的李纳–维谢尔势表示式 (4.13) 推广到有介质存在的情形即可. 具体做法是把 $c$ 换成 $v_{\text{ph}} = c/n$ (当然, 只换那些起波速作用的 $c$, 而不要换比方说方程 (1.8) 或 (6.11) 右边电流密度前系数中的 $c$). 这样置换的结果, 我们得到, 比方说[335]

$$\boldsymbol{A} = \frac{e\boldsymbol{v}}{cR(1 - (vn/c)\cos\theta')},$$

显然, 在 $\theta' = \theta$ 的波区, 正好在角度 $\theta = \theta_0$ 上位势中出现了奇异性, 并有 $\cos\theta_0 = c/(nv)$. (不要把 $\boldsymbol{k}$ 和 $\boldsymbol{v}$ 的夹角 $\theta$ 与矢量 $\boldsymbol{k}$ 的指向相对于介质对称轴的方位角 $\theta, \varphi$ 中的 $\theta$ 混淆, 后面这个 $\theta$ 在计算中事实上从未用过).

共振条件 (因而存在一个能量 $\mathscr{H}_{tr}$ 随时间增大的解) 的形式为

$$\omega_\lambda \equiv \frac{c}{n} k_\lambda = \boldsymbol{k}_\lambda \cdot \boldsymbol{v} = k_\lambda v \cos\theta_0, \tag{6.58}$$

它与 (6.56) 相同.

方程 (6.57) 的初始条件为 $q_{\lambda l,2} = \dot{q}_{\lambda 1,2} = 0$ 的解为[①]

[121]

$$\left.\begin{aligned} q_{\lambda 1} &= \frac{\sqrt{8\pi}e(\boldsymbol{e}_\lambda \cdot \boldsymbol{v})}{n\omega_\lambda^2(1-(v^2/c^2)n^2\cos^2\theta_\lambda)}\left\{\cos\left(\frac{nv\omega_\lambda t}{c}\cos\theta_\lambda\right) - \cos(\omega_\lambda t)\right\}, \\ q_{\lambda 2} &= \frac{\sqrt{8\pi}e(\boldsymbol{e}_\lambda \cdot \boldsymbol{v})}{n\omega_\lambda^2(1-(v^2/c^2)n^2\cos^2\theta_\lambda)}\left\{\sin\left(\frac{nv\omega_\lambda t}{c}\cos\theta_\lambda\right) - \frac{nv}{c}\cos\theta_\lambda \sin\omega_\lambda t\right\}, \end{aligned}\right\} \tag{6.59}$$

其中 $\theta_\lambda$ 是 $\boldsymbol{k}_\lambda$ 与 $\boldsymbol{v}$ 之间的夹角.

将 (6.59) 代入 (6.16) 式, 并从求和转为积分 (见 (6.27) 式), 我们得到

$$\mathscr{H}_{tr} = \frac{8\pi e^2 v^2}{(2\pi c)^3} \times$$

$$\int_0^{2\pi}\mathrm{d}\varphi\int_0^{\pi/2}\mathrm{d}\theta\int_0^{\omega_{\max}}\left\{\frac{n\sin^2\theta(1+(v^2/c^2)n^2\cos^2\theta)[1-\cos(1-(v/c)n\cos\theta)\omega t]}{(1+(v/c)n\cos\theta)^2(1-(v/c)n\cos\theta)^2} + \right.$$

$$\left.\frac{n\sin^2\theta\sin(\omega t)\sin((v/c)n\cos\theta\omega t)}{(1+(v/c)n\cos\theta)^2}\right\}\sin\theta\mathrm{d}\omega. \tag{6.60}$$

这里考虑了 $(\boldsymbol{v}\cdot\boldsymbol{e}_{\lambda 1})^2 + (\boldsymbol{v}\cdot\boldsymbol{e}_{\lambda 2})^2 = v^2\sin^2\theta_\lambda = v^2\sin^2\theta$, 或等价地, 偏振矢量 $\boldsymbol{e}_{\lambda 1}$ 可选为处在矢量 $\boldsymbol{v}$ 和 $\boldsymbol{k}_\lambda$ 决定的平面内. 显然, 辐射在这个平面内偏振 (即波的电矢量在这个平面内). (6.60) 式中的第二项不给出随时间增大的解, 第一项在 $t$ 大时具有 $\delta$ 函数的特点 (见 (1.84) 式). 因此对 $\theta$ 积分并应用 (1.84) 式, 结果很容易就得到关于切连科夫辐射的功率的塔姆–弗兰克公式[60] (还要对 $\varphi$ 作例行的积分).

$$\frac{\mathrm{d}\mathscr{H}_{tr}}{\mathrm{d}t} \equiv \frac{\mathrm{d}W}{\mathrm{d}t} = \frac{e^2 v}{c^2}\int\left(1-\frac{c^2}{v^2 n^2(\omega)}\right)\omega\mathrm{d}\omega = \frac{e^2 v}{c^2}\int\sin^2\theta_0\,\omega\mathrm{d}\omega \tag{6.61}$$

(这里积分在 $vn(\omega)/c \geqslant 1$ 的区域上进行).

如果讨论的是路程 $L$ 上的辐射, 那么在 (6.61) 式中显然必须把 $v$ (单位时间里走过的路程) 换成 $L$. 如果 $\mu \neq 1$, 那么在 (6.61) 式中应当把 $n^2$ 理解为乘积 $\varepsilon\mu$, 此外, 方程右端部分要乘以 $\mu$.

_____

① 当然, 要在 $t$ 大时得到切连科夫辐射, 初条件有什么特点无关紧要. 我们这里所选的初条件仅仅是因为它比别的初条件简单.

在 (6.61) 中考虑了色散, 这是因为我们假设了 $n = n(\omega)$, 这样做的根据前面已讨论过. 即使是在各向同性介质中, 这里给出的计算也是非常简单的, 在这个意义上它可以与别的方法一决高下[60, 61]. 但是在各向异性介质中, 我们相信哈密顿方法 (按正常波展开) 是最简单的. 必须注意, 在这种情况下, 指标 $n_l(\omega, \theta, \varphi)$ 起着折射率 $n(\omega)$ 的作用, 在 (6.60) 式类型的表达式中对角度积分时当然必须考虑这一情况 (文献 [124] 中没有考虑这一情况, 这导致了错误; 晶体中的切连科夫辐射功率正确的表示式见 [116]).

[122]

作为辐射理论中介质的作用的下一个非常重要的例证, 我们来研究源在折射率为 $n(\omega)$ 的介质里以速度 $\boldsymbol{v}$ 运动时的多普勒效应. 我们立即给出其结果——(4.5) 式和 (4.12) 式的推广:

$$\omega(\theta) = \frac{\omega_{00}\sqrt{1 - v^2/c^2}}{|1 - (v/c)n(\omega)\cos\theta|} = \frac{\omega_0}{|1 - (v/c)n(\omega)\cos\theta|}, \tag{6.62}$$

其中 $\omega_{00}$ 是 "固有" 参考系中辐射体的频率 (在这个参考系中辐射体的质心速度 $v = 0$), $\omega_0$ 是实验室参考系中辐射体的频率 (比方, 波荡器中外电场的频率), 而 $\theta$ 则像通常一样是 $\boldsymbol{v}$ 和 $\boldsymbol{k}$ 之间的夹角.

我们之所以能得出 (6.62) 式, 首先是按照从真空中的辐射理论过渡到介质中的辐射理论的普遍规则——在 (4.5) 式和 (4.11) 式中作置换:

$$c \to v_{\mathrm{ph}} = c/n(\omega). \tag{6.63}$$

当然在各向异性介质中 $n_l(\omega, \theta, \varphi)$ 起 $n(\omega)$ 的作用. 但是, 置换 (6.63) 并不能完全直截了当地进行——只要说说以下情况就够了: 在 (4.5) 式的场合, 置换必须在分母中而不在分子中进行; 在 (6.62) 式的分子中依旧有 $\sqrt{1 - v^2/c^2}$. 这当然很好理解, 因为 (6.62) 式中从 $\omega_{00}$ 变到 $\omega_0$ 与相对论时间变化有关, 而分母的值则由辐射体的移动决定, 我们可以前后一贯地从辐射场的表达式求出它. 不论我们使用什么方法 (例如见 (6.22) 式), 在势的表示式 (因而场的表示式) 中将出现 $\exp[\mathrm{i}(\boldsymbol{k} \cdot \boldsymbol{r} - \boldsymbol{k} \cdot \boldsymbol{r}_i - \omega_0 t)]$ 类型的相因子; 在偶极近似下对于辐射体有 $\boldsymbol{r}_i = \boldsymbol{v}t$, 从而频率 $\omega = \omega_0 + \boldsymbol{k} \cdot \boldsymbol{v} = \omega_0 + (\omega/c)n(\omega)v\cos\theta$, 由此得出 (6.62) 式. 这个公式基于守恒定律的另一种推导将在第 7 章给出.

我们注意到公式 (6.62) 的一个重要特点——它的分母取绝对值[125], 这在粒子以速度 $v > v_{\mathrm{ph}} = c/n$ (见条件 (6.55)) 作 "超光速" 运动时是很重要的. 在 (6.62) 式中, 当

$$\frac{v}{c}n(\omega)\cos\theta > 1 \tag{6.64}$$

时分母必须取绝对值, 这从频率 $\omega$ 必须取正值可知. 满足条件 (6.64) 的角度区叫做反常多普勒效应或 "超光速" 多普勒效应区域. 当然, 这个区域仅

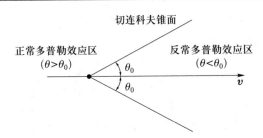

图 6.2　正常多普勒效应区和反常多普勒效应区.

在满足 (6.55) 式的超光速情况下存在. 反之, 若

$$\frac{v}{c}n(\omega)\cos\theta < 1, \tag{6.65}$$

[123]　　那么我们打交道的便是正常 (通常的) 多普勒效应. 正常和反常多普勒效应的区域以切连科夫锥面为界 (图 6.2). 这个锥面的张角 $\theta_0$ 由条件 (6.56) 决定, 因此角 $\theta_0$ 与 $\omega$ 有关. 由于这个原因, 以及一般地由于必须考虑 $n$ 对 $\omega$ 的依赖关系即频率色散, 介质里的多普勒效应可能具有复杂的特征[125]. 一般而言, 这也包括这样的情形: 由于对所有的 $n(\omega)$ 都遵守条件 $v < c/n(\omega)$, 使得只发生正常多普勒效应. 这里我们只限于指出, 忽略色散时, 在 $(v/c)n\cos\theta = 1$ (见 (6.56) 式) 的切连科夫锥面上, 频率 $\omega(\theta = \theta_0)$ 将趋于无穷. 而事实上当 $\omega \to \infty$ 时, 折射率 $n(\omega) \to 1$, 严格地说在切连科夫锥面上一般没有辐射 (我们假设 $v < c$, 并且现在不考虑切连科夫辐射). 当然, 在角 $\theta$ 接近 $\theta_0 = \cos^{-1}[c/n(\omega)v]$ 时频率增大的趋势, 在考虑色散时也将保持.

　　切连科夫锥在介质中的辐射理论中所起的作用, 不只在研究频率变化时, 而且在研究强度分布时表现得越发充分. 我们以介质中的波荡器为例来说明这点 [64, 65, 126], 亦即将我们在第 4 章对波荡器的讨论推广到电荷在折射率为 $n(\omega)$ 的透明介质中的运动. 我们将假设电荷的运动与在真空中一样, 因为对于能量足够高的粒子, 可以认为其损失 (首先是电离损失) 很小 (且不论存在在介质中作成狭隙或沟道的可能性, 见第 7 章). 因此考虑介质就简单地相当于在公式 (4.14) 中将 $c$ 换成 $c/n$ (见 (6.63) 式). 结果, 代替 (4.15) 式我们得到

$$\left.\begin{array}{l}\dfrac{\mathrm{d}U_s}{\mathrm{d}\Omega} = \dfrac{e^2\omega_0^4 a_0^2 L\{(1-(v/c)n\cos\theta)^2 - (1-(v^2/c^2)n^2)\sin^2\theta\cos^2\varphi\}}{8\pi c^3 v|1-(v/c)n\cos\theta|^5}, \\[3mm] a_0^2 = \dfrac{e^2 E_0^2}{m^2\omega_0^4}\left(\dfrac{mc^2}{\mathscr{E}}\right)^2, \quad \omega(\theta) = \dfrac{\omega_0}{|1-(v/c)n(\omega)\cos\theta|}.\end{array}\right\} \tag{6.66}$$

　　于是很清楚, 辐射功率在切连科夫锥面附近有极大值 (这里假设 $n > 1$ 并且切连科夫条件 (6.56) 可在足够宽的频率范围内满足). 我们假设, 比

方说,

$$n(\omega) = n = \text{const}, \quad \omega \leqslant \omega_m,$$
$$n(\omega) = 1, \quad \omega > \omega_m. \tag{6.67}$$

今后 $n(\omega > \omega_m) = 1$ 这一条件, 可以用假设当 $\omega > \omega_m$ 时由于强烈的吸收一般没有辐射来替代. 在 (6.67) 式及 $v/c \to 1$ 的情况下, 可以认为 (6.66) 式中的主要项是正比于 $[1 - (v^2/c^2)n^2] \approx (1 - n^2)$ 的第二项. 对 $\mathrm{d}\Omega$ 积分后, 我们得到 (记住 $\sin^2\theta_0 = 1 - \dfrac{c^2}{n^2(\omega)v^2}$) [124]

$$U(n > 1) = \int \frac{\mathrm{d}U_s}{\mathrm{d}\Omega}\mathrm{d}\Omega = \frac{e^2\omega_0^4 a_0^2 L(n^2-1)\sin^2\theta_0}{16c^4}\left(\frac{\omega_m}{\omega_0}\right)^4$$
$$= \frac{(n^2-1)^2}{16n^2}\left(\frac{e^2}{mc^2}\right)^2\left(\frac{mc^2}{\mathscr{E}}\right)^2\left(\frac{\omega_m}{\omega_0}\right)^4 E_0^2 L. \tag{6.68}$$

比较上式和关于真空的 (4.16) 式, 我们看到在所讨论的条件下, 相应的两个表示式之间的差异何等巨大:

$$\frac{U(n>1)}{U(n=1)} = \frac{3(n^2-1)^2}{16n^2}\left(\frac{\omega_m}{\omega_0}\right)^4\left(\frac{mc^2}{\mathscr{E}}\right)^4. \tag{6.69}$$

顺便指出, 在 (6.67) 式的情况下, 在路程 $L$ 上切连科夫辐射的能量等于 (见 (6.61) 式)

$$U_{\mathrm{C}} = \frac{\mathrm{d}W}{\mathrm{d}t}\frac{L}{v} = \frac{e^2(1 - c^2/v^2 n^2)\omega_m^2 L}{2c^2}. \tag{6.70}$$

但是, 这里必须作一个重要的解释和说明. 在有可能产生切连科夫辐射的条件下, 不可能脱离切连科夫辐射来研究电荷的波荡器辐射. 实际上, 电荷穿越波荡器运动时的振动, 不仅导致波荡器辐射, 也引起切连科夫辐射的变化. 计算表明, 这时在振幅足够小的情况下, 切连科夫锥面上及其附近的总辐射强度在很高的精度下为常量 (与方位角等无关), 并且等于没有振动时即不存在波荡器时的切连科夫辐射的强度 (见 [64, 126b-e]; 研究辐射阻尼力对电荷所作的功将得出类似的结论, 如后面在第 7 章中所做). 换句话说, 波荡器辐射好像是从切连科夫辐射 "汲取" 出来的. 因此直接用 "介质中的波荡器" 来测量粒子的能量 [126a] 看来是不可能的. 实际上, 在 [126a] 中作者也是以 (6.66)—(6.69) 类型的公式为基础的, 但是没有考虑切连科夫辐射的变化. 由于忽略了这一变化, 似乎测量偏振可以将切连科夫锥面近旁的波荡器辐射从切连科夫辐射区分出来. 但实际上, 由于前已指出的总辐射恒定, 其偏振实际上是不会在锥面上随方位改变的. 当然, 在离切连科夫锥面的某些角距离上只有波荡器辐射一种辐射, 也只有

[125]

在那里公式 (6.66) 实际上适用. 但是, 在这个区域里, 介质中的波荡器辐射与真空中的波荡器辐射差别很小 (这里要注意, (6.66) 式分母中的因子 $|1 - (v/c)n\cos\theta|^5$ 并不太小). 进一步的复杂化和和伴之而来的图像的模糊引发了对色散作实际的考虑, 而不是简单地使用 (6.67) 式那样的 "阶梯" 状模型. 但我们仍然认为, 对介质 (一般情形下是各向异性介质和色散介质) 中的切连科夫辐射连同波荡器辐射的更详细的研究会是有意义的, 特别是原则上有可能通过分析辐射的频率、角度和偏振特性来研究源 (电荷) 在波荡器中的运动.

以上讨论并不表明 (6.66)—(6.69) 式在切连科夫锥面附近没有意义. 相反, 如果所指的不是电荷, 而是不带电的点状振子 (以本征频率 $\omega_{00} = \dfrac{\omega_0}{\sqrt{1 - v^2/c^2}}$ 振动的偶极子), 这些公式是完全合理的. 这时 $ea_0$ 应当换成 $p_0$——偶极子在实验室参考系中的振幅. 如此一来, 尽管有以上的说明, (6.66) 式, 或更普遍地通过置换 (6.63) 而从 (4.14) 式得出的结果, 就反映了在介质中运动的粒子辐射的特征. 若 $n > 1$, 则粗略地说, 切连科夫角 $\theta_0 = \arccos(c/vn)$ 就起着角 $\theta = 0$ 的作用, 在它周围 (角区间 $\theta \sim mc^2/\mathscr{E}$ 内) 集中了真空中的极端相对论性粒子的辐射 (图 6.3). 在切连科夫锥面附近, 辐射波的频率和强度都取极大值. 我们只需记住色散的作用, 由于它的缘故有许多切连科夫锥面 (实际上 $\theta_0(\omega) = \arccos[c/vn(\omega)]$). 对于不透明介质[①], 辐射与辐射体的特征及其运动不是独立无关的 (当然, 这里指的是介质不透明的那些频率).

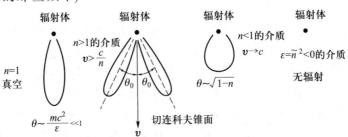

图 6.3　真空中和介质中的辐射体的极坐标示意图.

最后, 必须专门讨论一下

$$0 < n(\omega) < 1 \tag{6.71}$$

的情形, 这种情形很重要, 因为在各向同性的非相对论性等离子体中

---

[①] 不透明介质可以是不吸收的, 例如, 在实介电常量 $\varepsilon(\omega) = \tilde{n}^2(\omega) < 0$ 的情形下 (我们用 $\tilde{n}$ 表示复数折射率, 见第 11、12 章).

$$\varepsilon(\omega) = n^2(\omega) = 1 - \frac{\omega_p^2}{\omega^2}, \quad \omega_p = \sqrt{\frac{4\pi e^2 N}{m}} = 5.64 \times 10^4 \sqrt{N}, \tag{6.72}$$

其中忽略了 (由碰撞引起的) 吸收, $N$ 是电子浓度.

在宇宙条件下, (6.72) 式的适用区域十分宽广 (见 [70, 79, 109] 及本书第 12 章), 因此介质对辐射的影响常常必须考虑, 亦即使用 (6.72) 式, 它在透明区域刚好满足条件 (6.71).

在 (6.71) 式成立的区域内, 甚至极端相对论粒子, 也会像非相对论粒子一样产生辐射. 形式上这从关于频率和强度的 (6.62) 式和 (6.66) 式可以看出, 而实质上, 这是辐射体的速度 $v$ 与光的相速度 $v_{\rm ph} = c/n$ 之比对介质中的辐射起决定作用这一事实的直接后果. 因此, 若不涉及某些奇异的以速度 $v > c$ 运动的辐射源 (见后面第 9 章), 在 $n < 1$ 时永远有 $v < v_{\rm ph}$, 并且若差值 $v_{\rm ph} - v$ 足够大, 那么在真空中以相对论速度运动的源的一切特殊性质都会消失. 具体地说, 在 $n < 1$ 的介质中, 最大频率 (见 (6.62) 式; 为了简单假设 $n(\omega) = {\rm const}$ 或者在所有情形下色散不重要) 等于

$$\omega(0) = \frac{\omega_0}{1 - (v/c)n} \approx \frac{\omega_0}{1 - n}, \tag{6.73}$$

上式中最后的式子显然属于 $v \to c$ 的情况; 若 $(1-n) \ll 1$, 这时的辐射集中在角区域 $\theta \sim (1-n)^{1/2}$ 之内 (见图 6.3).

现在我们来求 $n < 1$ 的介质不影响相对论性粒子的辐射的条件. 为此我们必须足够详尽地写出在 $v/c \to 1, \theta \to 0$ 时关于多普勒效应的 (6.62) 式中的分母的近似:

$$1 - \frac{v}{c} n \cos\theta = 1 - \frac{v}{c}\cos\theta + (1-n)\frac{v}{c}\cos\theta$$

$$\approx 1 - \frac{v}{c} + (1-n) \approx \frac{1}{2}\left(\frac{mc^2}{\mathscr{E}}\right)^2 - (n-1).$$

由此很清楚, 如果

$$2\{1 - n(\omega)\}\left(\frac{\mathscr{E}}{mc^2}\right)^2 \ll 1. \tag{6.74}$$

介质的作用便不重要. 对于介质中的同步辐射的情形, 容易从文献查得[70,79,81], 例如, (5.39) 式被换成以下公式:

$$\left.\begin{array}{l} p(\nu) = \sqrt{3}\dfrac{e^3 H \sin\chi}{mc^2}\left[1 - (1-n^2)\left(\dfrac{\mathscr{E}}{mc^2}\right)^2\right]^{-1/2}\dfrac{\nu}{\nu_{c,n}}\displaystyle\int_{\nu/\nu_{c,n}}^{\infty} K_{5/3}(\eta)\mathrm{d}\eta, \\[4mm] \nu_{c,n} = \nu_c\left[1 + (1-n^2)\left(\dfrac{\mathscr{E}}{mc^2}\right)^2\right]^{-3/2}, \quad \nu_c = \dfrac{3eH\sin\chi}{4\pi mc}\left(\dfrac{\mathscr{E}}{mc^2}\right)^2. \end{array}\right\} \tag{6.75}$$

[126]

这里用到的全部近似 (从第 5 章所述可知) 只适用于 $(1-n) \ll 1$ 的情形, 这时可以令 $1-n^2 = 2(1-n)$. 显然, 从 (6.75) 式推出的介质影响小的条件因此就精确地与 (6.74) 式一致. 我们将这个条件应用于等离子体, 这时有

[127]

$$1 - n^2 = 2(1-n) = \frac{\omega_p^2}{\omega^2} = \frac{4\pi e^2 N}{m\omega^2}. \tag{6.76}$$

故而在条件

$$\omega^2 = (2\pi\nu)^2 \gg \omega_p^2 \left(\frac{\mathscr{E}}{mc^2}\right)^2 = \frac{16\pi^2 ecN}{3H_\perp}\nu_c \tag{6.77}$$

下, 介质 (等离子体) 的作用不重要, 或者如果满足条件

$$\nu \sim \nu_c \gg \frac{4ecN}{3H_\perp} \approx 20\frac{N}{H_\perp} \tag{6.78}$$

介质对同步辐射的主要部分 (频率 $\nu \sim \nu_c$) 的作用不重要. 在星际介质中, $N \approx 1, H_\perp \sim 10^{-6} - 10^{-5}$ Oe, 在射电天文学中使用的大部分频段中条件 (6.78) 满足得很好. 在更致密的天体 (某些星系、超新星的壳层等) 中条件 (6.75) 更为严苛. 如果没有别的因素 (如再吸收, 见后面第 10 章) 起更大的作用, 则在波长足够长时必须考虑这个条件有被违反的可能.

　　分析介质对相对论性粒子的辐射 (特别是对同步加速辐射) 的影响是一个涉及多方面的问题, 这个问题自然一直延续到今天 (例如见 [127] 和 [128]).

　　在结束本章时, 简短地讨论一下处于强电磁场中的真空的行为. 这个问题与连续介质电动力学的联系是, 当存在足够强的电磁场时, 真空的行为在一定条件下与双折射介质即与各向异性介质相似. 例如, 穿过恒定的均匀磁场传播的弱电磁波, 因波的偏振是在磁场方向还是垂直于磁场方向而有不同的折射率. 显然, 引起这类效应的原因是真空中 (即没有任何介质时) 的电磁场方程事实上已经是非线性方程. 实际情况正是如此, 并且这一情况已知道了大约 50 年[129]. 但是只是在近年来, 由于阐明了在宇宙条件 (脉冲星) 下以及在实验室条件下尤其是对极端相对论性粒子观察相应效应的现实可能性, 真空的非线性才成为一个迫切的实际问题.

　　在考虑非线性的方案中, 磁场的力首先由它与特征场

$$B_c = \frac{m^2 c^3}{e\hbar} = 4.4 \times 10^{13} \text{ Gs} \tag{6.79}$$

之比决定, 或者在电场的情况下由它与电场 $E_c = B_c$ 之比决定 (记住, 在本书中只使用高斯单位制, 在这种单位制中所有的场 $E$、$B$、$D$ 和 $H$ 具有相同的量纲, 这一点从场的方程 (6.1) 可以清楚看出; 由于这一关系对 $E_c$ 和 $B_c$ 之值相同不应当感到惊奇).

我们在这里用磁感应强度来描述磁场, 因为真空也具有磁性质, 由于 [128]
这个原因磁场强度 $\boldsymbol{H}$ 不同于 $\boldsymbol{B}$. 同时描述真空中磁场的基本物理量是 $\boldsymbol{B}$
而不是 $\boldsymbol{H}$.

若
$$B \ll B_c, \quad E \ll E_c, \tag{6.80}$$
则可以认为场是弱场. 对于强场, 量 $B$ (或 $E$) 应等于或超过 $B_c$ (或 $E_c$).

下面将假设场是弱场, 但又不是太弱, 以使得必须考虑 $(B/B_c)^2$ 和
$(E/E_c)^2$ 量级的修正. 更准确地说, 甚至这种量级的小量在决定所研究的
效应 (如双折射) 时也是重要的, 在这个意义上它们并不是严格的修正. 对
于弱的静态电磁场, 研究非线性效应的最简单方法显然是用电磁场的拉格
朗日函数并考虑其 $E^4$ 和 $B^4$ 量级的修正, 或者换句话说, 考虑 $(B/B_c)^2$ 和
$(E/E_c)^2$ 量级的修正 (与线性情况相比较). 相应的拉格朗日函数 (更准确地
说是拉格朗日函数密度) 的形式为 (见文献 [10], §129)

$$\left.\begin{array}{l} L = L_0 + L', \quad L_0 = \dfrac{1}{8\pi}(E^2 - B^2), \\[2mm] L' = \dfrac{1}{2}\kappa\{(E^2 - B^2)^2 + 7(\boldsymbol{E} \cdot \boldsymbol{B})^2\}, \\[2mm] \kappa = \dfrac{1}{4\pi}\dfrac{\alpha}{45B_c^2} \approx \dfrac{1.3 \times 10^{-4}}{B_c^2}, \quad \alpha = \dfrac{e^2}{\hbar c} \approx \dfrac{1}{137}. \end{array}\right\} \tag{6.81}$$

拉格朗日量 $L_0$ 对应于真空的线性电动力学, 而非线性则由 $L'$ 项考虑; 这
时假设满足条件 (6.80). 因为比值 $L'/L_0 \sim 10^{-4}(B/B_c)^2$, 且在 $E$ 场存在时
也有类似的比值, 在通常条件下真空的非线性很小十分明显. 例如, 在实
验室条件下, $B \lesssim 10^6$ Gs, 因而 $L'/L_0 \lesssim 10^{-19}$. 氢原子中在离质子一个玻
尔半径 $a_0 = \hbar^2/(me^2) \approx 5 \times 10^{-9}$ cm 的距离上, 电场 $E = e/a_0^2 \approx 2 \times 10^7 \approx$
$6 \times 10^9$ V/cm, 而 $L'/L_0 \sim 10^{-4}(E/E_c)^2 \sim 10^{-17}$. 但是脉冲星磁场的值可达
$10^{13}$ Gs, 这时 $L'/L_0 \sim 10^{-5}$. 在铀核的表面附近, $E \sim eZ/r^2 \sim 5 \times 10^{16}$V/cm
$(Z = 92, r \sim 10^{-12}$ cm), 已属强场.

真空的极化和磁化强度为

$$\left.\begin{array}{l} \boldsymbol{P} = \dfrac{\partial L'}{\partial \boldsymbol{E}} = \kappa[2(E^2 - B^2)\boldsymbol{E} + 7(\boldsymbol{E} \cdot \boldsymbol{B})\boldsymbol{B}], \\[2mm] \boldsymbol{M} = \dfrac{\partial L'}{\partial \boldsymbol{B}} = \kappa[-2(E^2 - B^2)\boldsymbol{B} + 7(\boldsymbol{E} \cdot \boldsymbol{B})\boldsymbol{E}]. \end{array}\right\} \tag{6.82}$$

因为 $\boldsymbol{P}$ 和 $\boldsymbol{M}$ 以非线性方式依赖于 $\boldsymbol{E}$ 和 $\boldsymbol{B}$, 可以引进不同的介电张量和 [129]
磁导率张量. 这里只限于讨论以下的特殊情形, 即

$$\boldsymbol{B} = \boldsymbol{B}_0 + \boldsymbol{B}_1, \quad \boldsymbol{E} = \boldsymbol{E}_1, \quad B_1 \ll B_0, \quad E_1 \ll B_0, \tag{6.83}$$

即 (在满足条件 (6.80) 的意义上) 有一个弱磁场 $B_0$, 在其上叠加一个甚弱的电磁场 $E_1, B_1$; "甚弱场" 这一术语在这里应当在这样的意义上理解, 即这个场可以在线性近似下研究. 具体地说, 比如我们要讨论某个强度足够小的电磁波 (场为 $E_1$、$B_1$) 在一恒定的均匀磁场 $B_0$ 中的传播. 这时我们有

$$\left.\begin{aligned}
&P = P_1 = \kappa[-2B_0^2 E_1 + 7(E_1 \cdot B_0)B_0], \\
&M = M_0 + M_1, \quad M_0 = 2\kappa B_0^2 B_0, \quad M_1 = 2\kappa[B_0^2 B_1 + 2(B_0 \cdot B_1)B_0],
\end{aligned}\right\} \quad (6.84)$$

对甚弱场可以方便地引进介电张量和磁导率张量

$$\varepsilon_{ij} = \delta_{ij} + \delta\varepsilon_{ij}, \quad \mu_{ij} = \delta_{ij} + \delta\mu_{ij}, P_{1,i} = \frac{\delta\varepsilon_{ij}}{4\pi}E_{1,j}, \quad M_{1,i} = \frac{\delta\mu_{ij}}{4\pi}B_{1,j}. \quad (6.85)$$

这里必须注意到, 按照通常的定义, 我们有

$$M_{1,i} = \frac{\delta\mu_{ij}}{4\pi}H_{1,j}, \quad H_1 = B_1 - 4\pi M_1.$$

然而我们感兴趣的只是满足以下条件的情形, 即

$$|\delta\varepsilon_{ij}| \ll 1, |\delta\mu_{ij}| \ll 1. \quad (6.86)$$

在这样的条件下, 在 (6.85) 式中实际上可以将 $H_1$ 写为 $B_1$. 为了方便, 假设 $B_0$ 的方向和 $z$ 轴相同, 按照 (6.84) 式和 (6.85) 式我们有

$$\left.\begin{aligned}
&\delta\varepsilon_{xx} = \delta\varepsilon_{yy} \equiv \delta\varepsilon = -8\pi\kappa B_0^2 = -\frac{2\alpha}{45\pi}\frac{B_0^2}{B_c^2}, \ \varepsilon_{xx} = \varepsilon_{yy} \equiv \varepsilon = 1 + \delta\varepsilon, \\
&\delta\varepsilon_{zz} \equiv \delta\widetilde{\varepsilon} = 20\pi\kappa B_0^2 = \frac{5\alpha}{45\pi}\frac{B_0^2}{B_c^2}, \ \varepsilon_{zz} \equiv \widetilde{\varepsilon} = 1 + \delta\widetilde{\varepsilon}, \\
&\delta\mu_{xx} = \delta\mu_{yy} \equiv \delta\mu = 8\pi\kappa B_0^2 = -\delta\varepsilon, \mu_{xx} = \mu_{yy} \equiv \mu = 1 + \delta\mu, \\
&\delta\mu_{zz} \equiv \delta\widetilde{\mu} = 24\pi\kappa B_0^2 = \frac{6\alpha}{45\pi}\frac{B_0^2}{B_c^2}, \ \mu_{zz} \equiv \widetilde{\mu} = 1 + \delta\widetilde{\mu}
\end{aligned}\right\} \quad (6.87)$$

(除了上面写出的分量外, $\delta\varepsilon_{ij}$ 和 $\delta\mu_{ij}$ 的其他所有分量等于零).

这样一来, 可以假设甚弱场 (波场) $E_1$、$B_1$ 以介电张量和磁导率张量 (6.87) 在 "介质"(真空) 中作用 (传播). 这种 "介质" 是各向异性的, 这是由于存在一个特别的方向——场 $B_0$ 的方向而引起的, 这种介质同时既是电介质 ($\delta\varepsilon_{ij} \neq 0$) 又是磁介质 ($\delta\mu_{ij} \neq 0$). 在平面波传播的情形

$$E_1 = E_{1,0}e^{i(k\cdot r - \omega t)}, \quad B_1 = B_{1,0}e^{i(k\cdot r - \omega t)}, \quad (6.88a)$$

[130]　　显然, 波场服从通常的麦克斯韦方程 (介质中的线性电动力学方程)

$$\varepsilon_{ij}E_{1j} = \frac{c}{\omega}(\boldsymbol{k} \times \boldsymbol{H}_1)_i, \quad B_{1,i} = \frac{c}{\omega}(\boldsymbol{k} \times \boldsymbol{E}_1)_i, \quad B_{1,i} = \mu_{ij}H_{1,j} \tag{6.88b}$$

($i$ 和 $j$ 是矢量的下标; 不用说, 方程 (6.88b) 对振幅 $\boldsymbol{E}_{1,0}$ 和 $\boldsymbol{B}_{1,0}$ 也成立).

将张量 (6.85)、(6.87) 代入 (6.88b), 我们得到联系 $\omega$ 与 $\boldsymbol{k}$ 的色散方程. 从这个方程求出折射率 $n(\theta) = ck/\omega$, 其中 $\theta$ 是 $\boldsymbol{k}$ 和 $\boldsymbol{B}_0$ 之间的夹角 (这里要注意张量 (6.87) 所对应的具体情形). 正常波的偏振方向 (指矢量 $\boldsymbol{E}_{1,0}$ 的方向) 分别在垂直于 $\boldsymbol{B}_0$ 的方向和在 $\boldsymbol{k}$, $\boldsymbol{B}_0$ 平面内, 并且 $\boldsymbol{B}_0$ 的方向 ($z$ 轴) 是光轴. 容易证明, 在这个方向上折射率等于 (又见 (6.86) 式)

$$n(\theta = 0) = \sqrt{\varepsilon\mu} \approx 1 + \frac{1}{2}(\delta\varepsilon + \delta\mu) = 1. \tag{6.89}$$

对于跨磁场 $\boldsymbol{B}_0$ 传播的波 (6.88a),

$$\left.\begin{array}{l} n_{\|}(\theta = \pi/2) = \sqrt{\widetilde{\varepsilon}\mu} \approx 1 + \dfrac{\delta\widetilde{\varepsilon} + \delta\mu}{2} = 1 + \dfrac{7\alpha}{90\pi}\dfrac{B_0^2}{B_c^2}, \\[2mm] n_{\perp}(\theta = \pi/2) = \sqrt{\varepsilon\widetilde{\mu}} \approx 1 + \dfrac{\delta\varepsilon + \delta\widetilde{\mu}}{2} = 1 + \dfrac{4\alpha}{90\pi}\dfrac{B_0^2}{B_c^2}, \end{array}\right\} \tag{6.90}$$

这里符号 $\|$ 对应于在 $\boldsymbol{B}_0$ 方向偏振的波, 而符号 $\perp$ 则对应于在垂直方向偏振的波[1].

我们注意到, 在存在强磁场的真空中, 亦即在 "磁化真空" 中, 能够传播一种独特的非线性的、甚至是激波式的电磁波 (忽略色散时, 在激波的波前上场经受间断 [131e]).

作为最初的拉格朗日函数 (6.81) 可以应用的条件, 上面只提到了不等式 (6.80)——弱场条件. 但是这个不等式仅在讨论静态场时才是充分条件. 对于一般类型的场, 函数 (6.81) 及由它得到的表达式只在某些附加条件下才能使用. 有关细节请参看 [48,131] 和那里给出的文献, 这里只限于讨论两个特殊情形 (这时假设条件 (6.80) 是满足的).

假设有一个准均匀场, 但它不是恒定场, 而是频率为 $\Omega$ 的交变场. 于是表达式 (6.81) 只有在满足以下条件时才成立:

$$\hbar\Omega \ll mc^2\frac{E}{E_c} = \frac{\hbar}{mc}eE \tag{6.91}$$

[131]

(为了简单这里假设场是纯电场, 对于磁场的情形判据依然一样). 条件 (6.91) 事实上并不含 $\hbar$, 因此是个经典条件. 它可以重新写成 $eE\lambda \gg mc^2, \lambda =$

---

[1] 在单轴非磁性晶体中, 正常波称为寻常波和非寻常波, 前者的特征是 $n$ 与 $\theta$ 无关. 在具有双重 (电和磁) 各向异性折射率的介质中, 两种正常波都与 $\theta$ 有关 (例如见 [130]). 故在这里 "寻常波" 这个术语没有根据, 并且——如果还用它的话——必需有特殊约定.

$2\pi c/\Omega$ 的形式, 即场在一个波长上作的功必须比静止电子的能量大得多. 从另一角度看, 在 (6.91) 式的形式下同一判据的意思是, 场在康普顿长度 $\hbar/(mc)$ 上作的功比所研究的场的能量量子 $\hbar\Omega$ 大得多. 当然, 在这样的条件下, 场和真空的量子结构 (原子论) 并不重要, 尽管非线性效应本身具有纯量子特征. 诚然, 这一事实可能会引起惊奇, 那就是当场 $E$ (或 $B$) 减小时对条件 (6.91) 的满足越来越差. 但是当场减小时, 所有的非线性效应同样也减小, 当 $E, B \to 0$ 时非线性效应完全消失. 如果不等式 (6.91) 遭到破坏, 那么拉格朗日量的 $L'$ 部分 (见 (6.81) 式) 便需要推广 (例如在 $L'$ 的纯电场中对 $E^4$ 项添加量级为 $\frac{\hbar^2 E_c^2}{m^2 c^4}\left(\left(\frac{\mathrm{d}E}{\mathrm{d}t}\right)^2 - 2E\frac{\mathrm{d}^2 E}{\mathrm{d}t^2}\right)$ 的项, 见 [131d]; 要求这个添加项小也导致 (6.91) 式).

如果在均匀磁场 $\boldsymbol{B}_0$ 中传播着一个频率为 $\omega$ 的很弱的波 (6.88a), 则将得到 (6.81) 式适用的另一个完全不一样 (当然,(6.80) 式除外) 的条件. 在这一重要场合, 上面列举的表达式, 特别是折射率的表达式 (见 (6.90) 式), 只是在以下条件下才成立:

$$\hbar\omega \ll mc^2 \frac{B_c}{B_0}|\sin\theta| = \frac{m^2 c^4 |\sin\theta|}{(\hbar/mc)eB_0}, \tag{6.92}$$

记住这里的 $\theta$ 是 $\boldsymbol{k}$ 和 $\boldsymbol{B}_0$ 之间的夹角.

不等式 (6.92) 带有量子特征 (量子常量 $\hbar$ 未消失), 它是静止质量不为零的粒子在磁场 $\boldsymbol{B}_0$ 中运动时所产生的更普遍的要求的特殊情况 (见 [48]). 如果 $\frac{B_c}{B_0}|\sin\theta| \sim 1$, 则不等式 (6.92) 便有明显的物理意义: 波不仅不能产生真实的电子–正电子对, 其频率甚至远离相应的阈值 $\hbar\omega = 2mc^2$. 因子 $\frac{B_c}{B_0}|\sin\theta|$ 的出现与在某些别的参考系中使用刚才提到的条件有关, 对此我们不再讨论 (见 [48]).

一般地说, 必须再一次强调, 真空非线性的问题, 特别是在有介质存在时, 今天已成为一个独立的研究领域, 事实上对它我们只是点到为止. 虽然如此, 我们不可能不讨论一下真空非线性的物理本质. 在量子理论中 (或者更正确地说, 在注意到量子效应时), 真空并非是空无一物, 或者从广义相对论的观点来看, 真空并不是引力场的某种状态, 而是一切场的能量基态 (最低能量态). 在这个状态中能量是给定的 (一般认为它等于零), 但是具有场的零点振动, 或者用粒子语言说, 时时刻刻都有虚光子、虚电子–正电子对等的产生和湮没. 虚粒子对在外场中, 具体而言在外电磁场中获得能量, 或者无论如何其运动与没有外场时有所不同. 结果, 就像在介质 (比

[132]

方说等离子体) 中一样出现了极化——在上面研究的条件下就是真空的极化 (6.82).

尽管这种纯粹定性的并且在很大程度上只是口头上描述的图像距离定量的公式还很遥远, 但是它们对理解事情的本质非常重要和有用. 这种重要性在必须回答诸如为什么磁场中的真空会成为双折射的 (各向异性的) 而不成为旋光性时即可显示出来. 因为我们知道, 处于磁场中的等离子体或某种程度上任何介质都是旋磁性的 (见第 12 章). 回答是清楚的, 如果考虑到由等量的电子和正电子构成的等离子体并不是旋磁的——磁场使电子和正电子在不同的方向旋转, 容易看出, 这并不产生旋磁性. 在真空的场合, 虽然谈的是虚的正负电子对, 情况显然完全一样. 重要的只是这时电子和正电子的浓度要完全相同. 由此也很清楚, 同时考虑真空的非线性和等离子体的影响已经导致原来的图像发生了本质性的变化, 原来的图像描述的是没有等离子体的真空或不考虑真空非线性的等离子体. 近年来有大量的研究工作分析足够强磁场中的等离子体的行为并同时考虑真空的非线性, 但是我们在这里不得不仅限于引用某些文献 (见 [128, 132]). 当然, 与天文学上的应用 (脉冲星等等) 相关, 一般而言必须同时既考虑等离子体的影响, 也考虑真空的非线性.

真空中的非线性效应也可能在实验室条件下利用高能粒子 (见 [48], 又见本书第 4 章) 以及借助光学干涉仪[133] 进行研究, 尽管这样做有很大的困难.

因为在非线性近似中真空的行为如同某种介质, 显然在足够强的外场中匀速运动的电荷即使在真空中也会发出辐射——既能发射比如切连科夫辐射[48, 121, 122, 128a, 134], 也能发射渡越辐射[121, 122, 134]. 当然, 在外场中带电粒子不会作匀速运动, 因此切连科夫辐射和渡越辐射不会以纯粹的形式产生, 而是伴随有, 比方说, 同步辐射. 如果注意公式的形式, 那么质量为 $M$ 的粒子的切连科夫辐射和渡越辐射在 $M \to \infty$ 时 (这显然正好对应于速度不变) 可与所有别的类型的辐射区分开来. 而在均匀场中当 $M \to \infty$ 时就只留下切连科夫辐射了.

[133]

随着物理学和天文学的发展, 不得不越来越频繁地顾及真空的非线性. 在可以看到的未来, 无疑将会保持这一趋势.

最后, 为了避免误解, 我们要强调指出, 介质中的非线性过程在远比真空中的场弱得多的场中已经发生了. 因此, 比方说, 无线电波在电离层中传播时的非线性现象很早就用足够强功率的无线电传送设备研究过[109, 135]. 对等离子体中的其他非线性现象也给予了更多的注意[135, 136]. 在激光器出现后, 对凝聚态介质中的不同的非线性光学效应进行了广泛的研究 (例

如见 [137]). 本书中我们之所以没有涉及介质的非线性电动力学, 既是由于篇幅所限, 也是因为这个题目已经在不同的教程和文献中足够广泛地讨论过了. 至于真空的非线性电动力学, 则尚未得到充分研究.

# 第七章

# 瓦维洛夫-切连科夫效应和多普勒效应

从量子观点看瓦维洛夫-切连科夫效应和多普勒效应. 介质中的辐射反作用. 各向同性等离子体与磁化等离子体中的切连科夫辐射与波吸收. 偶极子的切连科夫辐射. 磁单极子、"真正的"磁偶极子和置换对偶性原理. 环形偶极子. 沟道和缝隙中的辐射. 互易性定理的应用.

电荷或不同的 "系统" (原子、原子团块、天线) 在介质中运动时会发生电磁波的辐射、吸收和放大, 在分析与之有关的各种问题时, 一些基本量子概念显得非常富有成果 (本章中在这个问题上我们仿效文献 [119] 的讲法). 重要的是, 即使问题在实质上属于经典问题、因而在我们所用的近似框架中其最终公式与量子常量 $\hbar$ 无关的条件下, 情况也是这样.

使用量子概念的出发点是介质中的量子或光子的概念, 其能量等于 $\hbar\omega$, 而动量

$$\hbar \boldsymbol{k} = \frac{\hbar\omega n_l(\omega, s)}{c} \boldsymbol{s},$$

其中 $\boldsymbol{k} = k\boldsymbol{s}$ 是波矢量, 而 $n_l(\omega, s)$ 是在所研究的介质 (一般情况下是各向异性的和旋磁性的) 中传播的确定的 $l$ 型正常波的折射率. 对介质中的电磁场进行量子化的一般机制已在第 6 章大致讲过 (更详细的讨论见文献 [101—103]). 当然, 这种方法仅仅在唯象理论适用的范围内才适用. 还必须注意, 我们引进的介质中光子的动量是它的总动量, 既包括场的动量, 也包括发射波时交给介质的动量 (见稍后; 更详细和更精确的讨论见第 13 章).

从量子观点看, 辐射的运动学, 附即施加在辐射的频率和方向上的条件, 是由能量和动量守恒定律决定的 (吸收的条件也是这样). 例如, 如果辐射前 "系统" (电子、原子、天线) 有能量 $E_0$, 辐射后能量为 $E_1$, 相应的动量分别等于 $\boldsymbol{p}_0$ 和 $\boldsymbol{p}_1$, 那么辐射时光子必定遵守守恒定律

[135]

$$E_0 - E_1 = \hbar\omega, \tag{7.1}$$

$$\boldsymbol{p}_0 - \boldsymbol{p}_1 = \hbar\boldsymbol{k} = \frac{\hbar\omega n}{c}\frac{\boldsymbol{k}}{k} \equiv \frac{\hbar\omega n}{c}\boldsymbol{s}, \tag{7.2}$$

这里为了简单, 我们假设介质是各向同性的, 因此略去了 $n$ 的下标 $l$.

对于在真空中 (即当 $n = 1$ 时) 匀速运动的 "系统", 发生辐射而不改变其内部状态是不可能的 (例如, 在真空中匀速运动的电子不能辐射, 见第 1 章). 这一熟知的事实也可从方程 (7.1) 和 (7.2) 推出, 因为对于没有内部自由度的粒子, 在 $n = 1$ 时这两个方程只有解 $\omega = 0$. 若 $n \neq 1$, 那么将表示式 $E_{0,1} \equiv \mathscr{E}_{0,1} = \sqrt{m^2 c^4 + c^2 p_{0,1}^2}$ 和 $\boldsymbol{p}_{0,1} = m\boldsymbol{v}_{0,1}/\sqrt{1 - v_{0,1}^2/c^2}$ 代入 (7.1) 和 (7.2) 式, 得到在不改变内部状态时发生辐射的条件为[102a]

$$\left.\begin{aligned}\cos\theta_0 &= \frac{c}{n(\omega)v_0}\left(1 + \frac{\hbar\omega(n^2-1)}{2mc^2}\sqrt{1 - \frac{v_0^2}{c^2}}\right), \\ \hbar\omega &= \frac{2(mc/n)(v_0\cos\theta_0 - c/n)}{\sqrt{1 - v_0^2/c^2(1 - 1/n^2)}},\end{aligned}\right\} \tag{7.3}$$

其中 $\theta_0$ 是 $\boldsymbol{v}_0$ 和 $\boldsymbol{k}$ 之间的夹角.

当 $\hbar\omega/(mc^2) \ll 1$ 时, 这个条件就变为经典的辐射条件 (6.56), 这也是自然的事 (如果 $\hbar\omega/(mc^2) \ll 1$, 那么与发射量子相联系的 "反冲" 就足够小[1]). 当然, 从 (7.3) 式显然有, 只有在超光速运动下, 即不等式 $v_0 n/c > 1$ 成立时, 辐射才有可能 (即 $\cos\theta_0 < 1$ 和 $\omega > 0$, 见 (6.55) 式).

在结果中不含 $\hbar$ 的条件下, 量子计算只有方法论价值, 但是它常常显得更为方便. 实质上这是由于使用了不引入量子概念也适用的守恒定律, 在这个意义上, 这些守恒定律有更广的适用范围. 确实, 我们注意到, 从介质中电磁场的经典理论得到的能量 $\mathscr{H} = \mathscr{H}_{\mathrm{em}}$ 与辐射和介质的总动量 $\boldsymbol{G}$ 之间的关系为 $\boldsymbol{G} = (\mathscr{H}n/c)\boldsymbol{s}$[2].

---

[1] 从 (7.3) 式可知, 在想要有更高的精度时, 经典性条件必须写成有些不同的形式, 即下面的形式

$$(\hbar\omega(n^2-1)/2mc^2)\sqrt{1 - v_0^2/c^2} \ll 1.$$

[2] 在第 13 章将证明, 场的动量等于 $G_{\mathrm{em}} = \mathscr{H}/(nc)$, 而在辐射时传给电介质的力的动量为 $G^{(\mathrm{c})} = (n^2 - 1)G_{\mathrm{em}} = \mathscr{H}(n^2 - 1)/nc$. 由此得到辐射体交出的总动量为 $G = G_{\mathrm{em}} + G^{(\mathrm{c})} = \mathscr{H}n/c$.

此外, 对于电荷的自由运动, 当能量和动量的变化足够小时, 有 $\Delta\mathscr{E} = \boldsymbol{v} \cdot \Delta\boldsymbol{p}$, 因为

$$\frac{\mathrm{d}\mathscr{E}}{\mathrm{d}\boldsymbol{p}} = \frac{\mathrm{d}}{\mathrm{d}\boldsymbol{p}}(\sqrt{m^2c^4 + c^2p^2}) = \frac{c^2\boldsymbol{p}}{\mathscr{E}} = \boldsymbol{v}. \tag{7.4}$$

由于假设变化 $\Delta\mathscr{E}$ 很小, 已经不必要区别 $v_0$ 和 $v_1$, 故我们就用 $v$ 标记源的 速度. [136]

由 (7.4) 式及守恒定律 (7.1) 和 (7.2) 式, 将 $\hbar\omega$ 换成 $\mathscr{H}$, 我们求得

$$\Delta\mathscr{E} = \mathscr{H} = \boldsymbol{v} \cdot \Delta\boldsymbol{p} = \frac{\mathscr{H}n}{c}\boldsymbol{s} \cdot \boldsymbol{v}$$

或者 $\cos\theta_0 = c/(nv)$, 即切连科夫条件 (6.56). 不过, 立即引入量子 $\hbar\omega$ 会更 为简单, 不仅在量子情况下而且在经典情况下这都是最自然的做法. 下面 我们就这样做.

如果运动的不是一个 "无结构的" 粒子而是一个 "系统", 其内能可以 变化, 那么

$$\mathscr{E}_0 = \sqrt{(m + m_0)^2c^4 + c^2p_0^2}, \quad \mathscr{E}_1 = \sqrt{(m + m_1)^2c^4 + c^2p_1^2},$$

其中 $(m + m_0)c^2 = mc^2 + w_0$ 是低能态的总能量, 而 $(m + m_1)c^2 = mc^2 + w_1$ 是高能态的总能量. 显然, $w_1 - w_0 = \hbar\omega_i > 0$ 是系统 (原子等) 的两个被研 究的能级的能量差值.

现在在 $\hbar\omega/(mc^2) \ll 1$ 的条件下应用守恒定律 (7.1) 和 (7.2), 我们精确 地得到多普勒关系式 (6.62), 其中的 $\omega_{00} = \omega_i$. 如果不忽略 $\hbar\omega/(mc^2)$ 量级的 项, 那么就像在切连科夫辐射 (见 (7.3) 式) 的情形一样, 将会得到一些更复 杂的表达式[138, 329]. 但是, 实际上可以把多普勒效应的公式限制为它的通 常的形式 (6.62). 在量子计算中同时还弄清楚了一个重要情况, 这个情况 在对 (6.62) 式作经典推导时完全没有注意到. 那就是, 在正常多普勒效应 区域, 即当 (见 (6.65) 式)

$$\frac{v}{c}n(\omega)\cos\theta < 1 \tag{7.5}$$

时, 辐射对应于从能量为 $w_1$ 的高能级到能量为 $w_0$ 的低能级的跃迁 (跃迁 的方向由要求辐射的量子的能量为正决定, 形式上即由要求 $\omega > 0$ 决定). 但是, 如果量子是在切连科夫锥面之内发射的, 亦即发生了反常多普勒效 应及 (见 (6.64) 式)

$$\frac{v}{c}n(\omega)\cos\theta > 1, \tag{7.6}$$

则量子的发射伴随有系统从低能级 $w_0$ 到高能级 $w_1$ 的跃迁. 量子的能量, 以及用以激发辐射系统的能量, 均取自系统平移运动的动能.

　　从这个案例中明显看出, 与经典理论不同, 在量子理论中求辐射本身的条件时, 同时也定出了过程的方向 (是向上跃迁还是向下跃迁). 正是这一情况, 连同有可能以非常简单的方法计算的受激辐射 (见后), 使得量子计算对于得到辐射条件、粒子束中波的放大 (不稳定性) 的条件等极有价值.

[137]　　如果系统只有两个分立的能级 0 和 1, 那么当 $(v/c)n < 1$ 时 (亚光速运动), 辐射体的定态对应于它处于低能级 0 (假设系统在介质的一条通道中运动, 并且没有任何外来的激发源). 换句话说, 如果激发到能级 1, 那么过一段时间后系统将发光并跃迁到能级 0 上. 但是, 如果 $(v/c)n > 1$ (超光速运动), 则即使在定态条件下也有发现系统处于能级 1 的非零概率, 且系统一直辐射, 既发射正常的多普勒波, 也发射反常的多普勒波. 能级 0 和 1 上的粒子数以及正常波和反常波的辐射强度, 显然由这些波的总辐射概率之比决定. 对于多能级系统[138b], 在系统向上跃迁时发射反常多普勒波会引起 "横振动" 的可能放大以及例如原子的电离.

　　更精确地说, 这里可能出现两种情况[138c]. 在第一种情况下, 系统的横振动的平均能量随着运动减小. 这意味着, 对于由具有不同然而相近的能量 (我们所指的是一个沿着磁场运动的电子的横向振动的能量) 的波函数组成的波包, 波包的质心在能量标尺上降低. 在这种情况下, 亚光速运动与超光速运动之间的差别在于平均能量变化的速率不同以及波包弥散的特征. 例如, 在亚光速时, 任何时候都不会有粒子占据比波包的初始谱中出现的值更大的能量状态. 而在超光速时, 尽管平均能量减小, 总能够以有限的概率找到系统 (当然, 假设我们有一个系综) 在满足条件 (7.6) 下可以到达的随便多高的能级.

　　在上面所说的第二种情况下, 系统甚至 "平均而言" 就是不稳定的, 亦即它的平均能量 (我们说的是振动能, 即激发能) 随时间增大, 此外, 波包弥散的特征也变了.

　　为了阐明我们究竟处理的是两种情况中的哪一种, 要求对跃迁概率作具体计算. 在这方面, 对于经典系统量子计算一般没有任何优越性, 人们自然会应用经典辐射理论, 下面我们还要对此进行讨论.

　　对于量子系统 (具有两个或多个分立能级的系统), 计算当然必须根据介质中辐射的量子理论来进行 (例如见 [139]). 这里没有足够篇幅更详细地阐述有关结果. 这些结果对于加速运动的系统也是有意义的[329].

[138]　　同时我们注意到, 上述量子概念对于分析前面提到的粒子束 (流) 中波的吸收和放大的问题也是有用的 (在波放大的情形粒子束事实上会成为不稳定的). 用这个方法容易得出在各向同性等离子体中运动的粒子束不稳

定的判据 (见下). 而且显然, 当具有两个或多个能级的 "系统" 组成的粒子流作超光速运动时, 照惯例发生的不是反常多普勒波的吸收 (再吸收), 而是它的放大 (负吸收)[140]. 这与以下事实有关: 当一个对应于反常多普勒波区的量子 (与系统的速度成一角度 $\theta < \theta_0$ 飞行) 被吸收时, 系统将不是像正常效应那样从下往上跃迁, 而是从上往下跃迁①. 而系统从下往上的跃迁现在则对应于受激发射, 它在正常效应区内是对应于系统从上往下的跃迁. 因此, 如果超光速运动的粒子束中的所有系统 (原子、磁场中的电子) 都处于低能级, 那么这些系统之一所发射的正常多普勒波就会在束中被吸收掉, 而反常多普勒波则将被放大: 它们将沿途通过受激发射使别的系统向上跃迁, 即再发射一个反常多普勒量子.

我们将在第 10 章详细讨论使用爱因斯坦系数作为自发发射和吸收的概率. 但是现在已可方便地将这些系数应用于以上的若干具体讨论中了.

如果上、下能级 1 和 0 都有粒子布居, 则正常多普勒波粒子束中的吸收系数等于 (见 [62a, 108, 109, 141] 及第 10 章)

$$\mu_n = -\frac{\mathrm{d}I_\omega}{I_\omega \mathrm{d}z} = A_1^0 \frac{8\pi^3 c^2 N_1 (N_0/N_1 - 1)}{\omega^2 n^2},$$
$$I_\omega = I_\omega(0)\mathrm{e}^{-\mu z}, \quad \omega = 2\pi\nu, \tag{7.7}$$

这里 $A_0^1(\theta)$ 是每单位立体角中发生一次 $1 \leftrightarrow 0$ 自发跃迁并发射一个光量子的概率, 光量子的射出方向与速度成 $\theta$ 角; $N_1$ 和 $N_0$ 是粒子束中分别处于能级 1 和 0 的粒子的浓度; $n$ 是介质对所考察的频率 $\omega$ 在波以角 $\theta$ 传播时的折射率 (为了简单, 假设一切粒子的偶极矩在跃迁 $1 \leftrightarrow 0$ 时都平行于速度). 为了对正常多普勒波进行放大, 高能级 1 上的粒子数必须超过低能级 0 上的粒子数 (这时 $N_0/N_1 < 1$ 且 $\mu_n < 0$). 这样的能级分布在热平衡下是不会发生的, 建立这样的分布一般而言有一定的困难. 反常多普勒波的情况下局面发生改变, 此时在 $0 \to 1$ 的跃迁中发生波 (介质中的光子) 的辐射、在 $1 \to 0$ 的跃迁中发生波的吸收. 在这种情况下

$$\mu_{an} = A_1^0 \frac{8\pi^3 c^2 N_0 (N_1/N_0 - 1)}{\omega^2 n^2} \tag{7.8}$$

[139]

并且当 $N_1/N_0 < 1$ 时 $\mu_{an} < 0$. 当然, 由此也清楚看到, 在存在反常多普勒效应时 (即若 $(v/c)n > 1$ 时), 只处于低能级 0 的粒子束具有负吸收, 并且由单个粒子发射的波被放大. 这个情况对于使用在介电质缝隙或在减速系统中运动的粒子束来产生和放大微波可能非常有利[65].

---

① 吸收是发射的逆过程, 因此从对发射所做的计算立即可以推出以上所述. 这里所用的术语 "向上" 和 "向下" 处处都是就辐射系统的激发能级的能量尺度而言.

前面说过, 在外场作用下振动的电子或者沿磁场作螺旋线运动的电子可以起发射反常多普勒波的系统 (粒子) 的作用. 在小振幅时, 这样的电子的辐射 (如果不计及切连科夫辐射的话), 就和以 $v$ 等于 $v_{\parallel}$ (电子速度在粒子束轴上的投影) 的速度运动的相应的振子的辐射一样.

在电子束中, 横向速度的 $v_{\perp}$ 一般是这样分布的, 即使分布函数 $f(v_{\perp})$ 随 $v_{\perp}$ 的增大而减小 (例如, 在分布为 $f(v_{\perp}) = \mathrm{const} \cdot \exp(-mv_{\perp}^2/2kT)$ 时就是这样). 在类似条件下, 正常多普勒波由于再吸收的结果在束中衰减; 而相反, 反常多普勒波则将放大. 波在电子束中的放大意味着振动振幅加大和电子束失稳. 一般而言, 这时电子将开始群聚并产生相干辐射. 电子束变得不稳定的量子条件 (条件 $(v_{\parallel}/c)n(\omega) > 1$) 与可以从求解电子束在磁场中的稳定性的经典问题得出的条件一致[140]. 上面提到的电子束的不稳定性, 特别可能在磁化等离子体中发生, 它对太阳的偶现射电辐射有重要性[108].

切连科夫辐射条件 (6.56) 在经典语言中带有干涉的特征, 因此是一个对任何类型的波都适用的普适条件 (当然, 要把光的相速度 $c/n(\omega)$ 换成所研究的波如声波、表面张力波的相速度 $v_{\mathrm{ph}}$). 对于这里给出的从能量守恒和动量守恒定律得出的结果 (不论是用量子方法得出的还是用经典方法得出的), 情况也是一样. 这时量子方法 (引进量子) 远为简单, 不仅对光波如此, 对等离子体 (纵) 波①和声波也是如此. 在声波情形下声量子 (声子) 的能量等于 $E = \hbar\omega$, 动量 $\boldsymbol{p} = \hbar\boldsymbol{k} = (E/u)\boldsymbol{s}$, 其中 $u$ 是声速 (对于声波, 色散一般不重要, 故不必区分相速度和群速度). 当然, 与电动力学中一样, 当辐射的声学系统在反常多普勒效应区内作超声速运动时, 它将 "向上" 跃迁 (即被激发), 因而在某种程度上被进一步 "提速"[142, 331].

[140]

现在我们来讨论一个有趣的问题, 它同可能发生在各向异性介质中或考虑空间色散时的波的相速度与群速度的方向不一致有关 (见 [99]). 如果群速度 $\mathrm{d}\omega/\mathrm{d}\boldsymbol{k}$ 在垂直于粒子速度的方向上的投影 (即量 $\mathrm{d}\omega/\mathrm{d}k_r$, 其中 $k_r$ 是 $\boldsymbol{k}$ 的垂直于 $\boldsymbol{v}$ 的投影) 为负, 那么看来能量就不会流出辐射体, 而是被它吸收. 然而在类似条件下, 必须使用的不是推迟势而是超前势[143]. 如果选矢量 $\boldsymbol{k}$ 的方向永远和相速度一样, 那么当 $\mathrm{d}\omega/\mathrm{d}k_r < 0$ 时, 在切连科夫波和多普勒波中这个矢量就指向粒子的轨迹, 而能量按理就将离开轨迹. 对于切连科夫辐射的情况, $\mathrm{d}\omega/\mathrm{d}k_r > 0$ 和 $\mathrm{d}\omega/\mathrm{d}k_r < 0$ 两种情形的差异从图 7.1 看得很清楚. 当 $\mathrm{d}\omega/\mathrm{d}k_r < 0$ 时, 角 $\theta_0$ 像以前一样由切连科夫条件 (6.56) 决定, 这在从干涉考虑选择矢量 $\boldsymbol{k}$ 的方向时看得很清楚, 也可从守恒定律

---

① 等离子体波的量子常常称为等离体子. 如果将介质中的光子理解为介质中任何电磁场的量子 (严格地说, 这里说的是自由场, 即没有电荷和电流时的场), 那么等离体子是介质中的光子的特殊情形.

(7.1)、(7.2) 得出. 最后这句话来源于我们用了 $\exp[i(\boldsymbol{k} \cdot \boldsymbol{r} - \omega t)]$ 型的平面波, 它们所对应的介质中的量子的动量等于 $(\hbar\omega n/c)(\boldsymbol{k}/k)$; 在使用这些波时, 图 7.1a 和图 7.1b 上 $\boldsymbol{k}$ 的方向并没有什么差别, 因为对于平面波, 两种情形下波前的布局是一样的 (指的是有处于切连科夫锥面上的波矢量 $\boldsymbol{k}$ 的波前). 关于多普勒效应的 (6.62) 式在 $d\omega/dk_r < 0$ 时也成立. 当然, 这两种情况之间的物理差异是非常大的, 并且与群速度的不同方向有关. 例如, 在各向同性介质中, 通常情况下 (见图 7.1a) 群速度平行于 $\boldsymbol{k}$. 而在图 7.1b 所示的情况下, 群速度 $d\omega/d\boldsymbol{k}$ 则与 $\boldsymbol{k}$ 反平行, 因此, 矢量 $d\omega/d\boldsymbol{k}$ 的方向与粒子的速度成一钝角 $\theta_1 = \pi - \theta_0$. 在这样的条件下, 当粒子穿过一块有限厚度的平板时, 切连科夫辐射将从平板的背面射出, 并且也在这个面上以不寻常的方式被折射 (这可从 [143a] 得知).

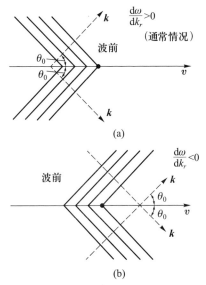

图 7.1 $d\omega/dk_r > 0$ 和 $d\omega/dk_r < 0$ 时的切连科夫辐射 $k_r$ 是波矢量在垂直于粒子速度 $\boldsymbol{v}$ 的方向上的投影.

对于群速度为负 (矢量 $\boldsymbol{v}_{\mathrm{gr}} = d\omega/d\boldsymbol{k}$ 与 $\boldsymbol{k}$ 与反平行) 的介质, 在量子语言里可以说介质中光子的质量为负[144]. 这时光子质量 $m_{\mathrm{ph}}$ 由关系式 $\boldsymbol{p} = \hbar\omega n\boldsymbol{k}/ck = m_{\mathrm{ph}}\boldsymbol{v}_{\mathrm{gr}}$ 定出. 在各向同性无色散介质中, $\boldsymbol{v}_{\mathrm{gr}} = \dfrac{c}{n}\dfrac{\boldsymbol{k}}{k}$ 及 $m_{\mathrm{ph}} = \dfrac{n^2}{c^2}\hbar\omega$, 亦即所指的不是静止质量 (比如, 在真空中 $m_{\mathrm{ph}} = \hbar\omega/c^2$, 而光子的静止质量却等于零). 若对介质中的光子引进静止质量 $m_{\mathrm{ph},0}$, 办法是通过粒子的普遍关系式 $E^2 = m_{\mathrm{ph},0}^2 c^4 + c^2 p^2$, $E = \hbar\omega$, $p = \hbar\omega n/c$, 于是 $m_{\mathrm{ph},0}^2 =$

[141]

$\dfrac{1-n^2}{c^4}(\hbar\omega)^2$. 因为不论质量 $m_{\text{ph}}$ 还是 $m_{\text{ph,0}}$ 都依赖于 $\omega$, 亦即依赖于 $E$ 或 $p$, 故而使用这些量并不合适.

对于以超光速在等离子体中或存在磁场的减速系统中运动的电子, 还有类似的电子作振动的情形, 我们感兴趣的通常只是经典区域 (对应的横向运动的量子数非常大). 在这些情形下, 波辐射的问题、电子的横向振动的阻尼或增大的问题, 都能够而且实际上必须通过经典计算来解决. 相应的计算实质上归结为计算电荷在介质中运动时的辐射反作用力.

让我们在更广阔一些的背景下研究这个问题.

因为介质的存在能够从根本上改变运动粒子的电磁波辐射的特征 (见第 6 章), 那么显然辐射反作用力在介质中也会改变, 而且有时改变很大. 例如, 在折射率 $n = \sqrt{1 - 4\pi e^2 N/m\omega^2}$ 的各向同性等离子体中, 当 $\omega_p^2 = 4\pi e^2 N/m > \omega^2$, $\varepsilon = n^2 < 0$ 时, 频率为 $\omega$ 的偶极子, 一般不辐射; 磁化等离子体中, 在非相对论近似下, 一个在磁场 $H_0$ 中以频率 $\omega_H = eH_0/(mc)$ 旋转的电子是没有辐射的 (见 [109, 145]). 在这两种情形下辐射力当然都消失, 而在真空中它等于 $\boldsymbol{f} = (2e^2/3c^3)\,\dddot{\boldsymbol{r}}$. 另一方面, 在介质中匀速运动时, 若在某些频率上速度 $v > c/n(\omega)$, 则出现切连科夫辐射力 $\boldsymbol{f}_{\mathrm{C}}$, 它在单位时间内所作的功 $\boldsymbol{f}_{\mathrm{C}} \cdot \boldsymbol{v} = -\mathrm{d}W/\mathrm{d}t$. 因此从 (6.61) 式可知

$$\boldsymbol{f}_{\mathrm{C}} = -\frac{e^2 \boldsymbol{v}}{c^2 v} = \int_{c/n(\omega) \leqslant v} \left[ 1 - \frac{c^2}{v^2 n^2(\omega)} \right] \omega \mathrm{d}\omega. \tag{7.9}$$

[142]　　　以上所述自然会导致计算电荷在任意介质中作任意运动时的辐射反作用力的问题. 这个问题在过去没有引起过特别关注. 看起来原因在于电荷在介质中运动时的辐射力通常比与电离损失有关的制动力小得多. 例如, 可以看成辐射损失的在切连科夫辐射上的损失, 即使是在稠密的透明介质中也只占总损失的一小部分. 当电荷作非匀速运动时, 一般而言, 情况也没有变化. 但是, 存在着一些有意义的并且对实际很重要的情形, 这时考虑在介质中运动 (在磁化等离子体子中运动, 在通道、缝隙中运动和在介质表面附近运动) 时的辐射力是很重要的.

这里给出一个计算介质中的辐射力的基本纲要 [138c], 像往常一样, 不免会重复一些已经讲过的内容.

对于密度为 $\rho = e\delta(\boldsymbol{r} - \boldsymbol{R})$, $\int \delta \mathrm{d}\boldsymbol{r} = 1$ 的点电荷, 场方程和运动方程的形式为

$$\begin{aligned} \operatorname{rot} \boldsymbol{H} &= \frac{4\pi}{c} e\boldsymbol{v}\delta(\boldsymbol{r} - \boldsymbol{R}) + \frac{1}{c}\frac{\partial \boldsymbol{D}}{\partial t}, \\ \operatorname{div} \boldsymbol{D} &= 4\pi e\delta(\boldsymbol{r} - \boldsymbol{R}), \end{aligned} \tag{7.10}$$

$$\mathrm{rot}\,\boldsymbol{E} = -\frac{1}{c}\frac{\partial \boldsymbol{H}}{\partial t}, \mathrm{div}\,\boldsymbol{H} = 0,$$

$$\frac{\mathrm{d}}{\mathrm{d}t}\left(\frac{m\boldsymbol{v}}{\sqrt{1-v^2/c^2}}\right) = e\left\{\boldsymbol{E}_0 + \frac{1}{c}\boldsymbol{v}\times\boldsymbol{H}_0\right\} +$$

$$e\int\left\{\boldsymbol{E}(\boldsymbol{r}) + \frac{1}{c}\boldsymbol{v}\times\boldsymbol{H}(\boldsymbol{r})\right\}\delta(\boldsymbol{r}-\boldsymbol{R})\mathrm{d}\boldsymbol{r}. \tag{7.11}$$

这里 $\boldsymbol{R}(t)$ 是电荷位置的径矢 ($\boldsymbol{v}\equiv\dot{\boldsymbol{R}}\equiv\mathrm{d}\boldsymbol{R}/\mathrm{d}t$), $\boldsymbol{E}_0$、$\boldsymbol{H}_0$ 是外场, $\boldsymbol{E}$、$\boldsymbol{H}$ 是电荷自身产生的场 (为简单起见假设介质是非磁性的).

对于任意介质, 解决问题的唯一的有效方法是将场展开为正常平面波, 亦即我们所说的哈密顿方法. 结果我们有

$$\left.\begin{aligned}
&\widetilde{D}_\alpha(\omega) = \varepsilon_{\alpha\beta}(\omega)\widetilde{E}_\beta(\omega),\\
&n^2_{\lambda j} = \varepsilon_{\alpha\beta}(\omega)(a_{\lambda j})_\beta(a^*_{\lambda j})_\alpha, \quad \alpha,\beta = 1,2,3,\\
&\boldsymbol{E} = -\frac{1}{c}\frac{\partial\boldsymbol{A}}{\partial t} - \mathrm{grad}\varphi, \quad \boldsymbol{H} = \mathrm{rot}\,\boldsymbol{A},
\end{aligned}\right\} \tag{7.12}$$

$$\left.\begin{aligned}
&\widetilde{\boldsymbol{A}} = (4\pi)^{1/2}c\sum_{\lambda,j=1,2}\frac{q_{\lambda j}(t)\boldsymbol{a}_{\lambda j}}{n_{\lambda j}}\exp(\mathrm{i}\boldsymbol{k}_\lambda\cdot\boldsymbol{r}),\\
&\varepsilon_{\alpha\beta}\frac{\partial\widetilde{A}_\alpha}{\partial x_\beta} + \mathrm{c.c.} = 0,
\end{aligned}\right\} \tag{7.13}$$

其中条件 (7.13) 是为了方便而选取的, c.c. 表示复共轭量, 对两次遇到的下标 ($j$ 除外) 求和, 自变量 $\omega$ 表明我们处理的是傅里叶分量; 实量场等于 $\boldsymbol{D} = \widetilde{\boldsymbol{D}} + \widetilde{\boldsymbol{D}}^* \equiv \widetilde{\boldsymbol{D}} + \mathrm{c.c.}$, $\boldsymbol{E} = \widetilde{\boldsymbol{E}} + \boldsymbol{E}^*$, 等等. 在方程 (7.12) 和 (7.13) 中, $n_{\lambda j}$ 和 $\boldsymbol{a}_{\lambda j}$ 分别是对应于第 $j$ 个正常波的折射率和复偏振矢量.

从 (7.10)、(7.12) 和 (7.13) 式得到的势方程的形式为 [143]

$$\left.\begin{aligned}
\Delta\widetilde{\boldsymbol{A}} - \mathrm{grad}\,\mathrm{div}\,\widetilde{\boldsymbol{A}} - \frac{1}{c^2}\varepsilon_{\alpha\beta}\frac{\widetilde{\partial^2\boldsymbol{A}}^\beta}{\partial t^2}\boldsymbol{e}_\alpha - \frac{1}{c}\varepsilon_{\alpha\beta}\frac{\partial^2\varphi}{\partial t\partial x_\beta}\boldsymbol{e}_\alpha + \mathrm{c.c.} &= -\frac{4\pi}{c}\boldsymbol{j}_e\\
&= -\frac{4\pi}{c}e\boldsymbol{v}\delta(\boldsymbol{r}-\boldsymbol{R}),\\
\varepsilon_{\alpha\beta}\frac{\partial^2\widetilde{\varphi}}{\partial x_\alpha\partial x_\beta} + \mathrm{c.c.} &= -4\pi e\delta(\boldsymbol{r}-\boldsymbol{R}),
\end{aligned}\right\} \tag{7.14}$$

其中 $\boldsymbol{e}_\alpha$ 是沿 $\alpha$ 轴的单位矢量, $\boldsymbol{j}_e = e\boldsymbol{v}\delta(\boldsymbol{r}-\boldsymbol{R})$ 是与所研究的粒子对应的电流密度; 这里所用的记号和一些物理量的定义与第 6 章所用的有所不同, 这是出于方便读者查阅有关文献 [138c, 146] 而为, 在这些文献中以这样的记号详细给出了计算过程.

将展开式 (7.12) 代入 (7.14) 式, 得到关于场的振幅 $q_{\lambda j}$ 的振子方程组, 它们可以用初等方法积分. 必须将用这个方法定出的场代入运动方程 (7.11).

结果得到[①]

$$\frac{\mathrm{d}}{\mathrm{d}t}\left[\frac{m\boldsymbol{v}}{(1-v^2/c^2)^{1/2}}\right] = \boldsymbol{F}_0 - \frac{e^2}{2\pi^2}\sum_{j=1,2}\int_0^t\int_0^{k_{\max}}\left\{\frac{\boldsymbol{a}_j(\boldsymbol{v}'\cdot\boldsymbol{a}_j^*)}{n_j^2}\cos[\omega_j(t-t')] - \right.$$

$$\left. \mathrm{i}\boldsymbol{v}\times(\boldsymbol{k}\times\boldsymbol{a}_j)\frac{\boldsymbol{v}'\cdot\boldsymbol{a}_j^*}{n_j^2\omega_j}\sin[\omega_j(t-t')]\right\}\mathrm{e}^{\mathrm{i}\boldsymbol{k}\cdot(\boldsymbol{R}-\boldsymbol{R}')}\mathrm{d}t'\mathrm{d}^3k + \mathrm{c.c.}$$

$$= \boldsymbol{F}_0 + \boldsymbol{f}, \tag{7.15}$$

其中

$$\boldsymbol{R}' = \boldsymbol{R}(t'), \boldsymbol{v}' = \boldsymbol{v}(t'), \quad \boldsymbol{F}_0 = e\left(\boldsymbol{E}_0 + \frac{1}{c}\boldsymbol{v}\times\boldsymbol{H}_0\right).$$

这里所采用的计算辐射反作用力的方法在一系列情况下即便对于各向同性介质或真空也是很方便的, 这可从第 2 章得到证实. 除此之外, 对于在折射率为 $n > c/v$ 的各向同性介质中匀速运动的粒子, 由 (7.15) 式可得出切连科夫辐射的阻尼力公式 (7.9).

　　文献 [138c] 中对振子的超光速运动作了研究. 在各向同性介质中, 对于平行于平动速度 $\boldsymbol{v}_0$ 方向振动的振子, 我们有

$$\boldsymbol{R} = \{0, 0, v_0t + R_0\sin\Omega t\}; \quad \boldsymbol{v} = \{0, 0, v_0 + v_\sim\cos\Omega t\},$$

$$v_\sim = R_0\Omega, \quad \boldsymbol{a}_1 = \{1, 0, 0\}, \quad \boldsymbol{a}_2 = \{0, \cos\theta, -\sin\theta\}, \tag{7.16}$$

$$\boldsymbol{k} = \{0, k\sin\theta, k\cos\theta\},$$

同时下面将只讨论偶极近似——即满足以下条件的情形

$$kR_0 = \frac{\omega}{c}n(\omega)R_0 \ll 1. \tag{7.17}$$

当然这个限制 (这意味着, 还有偶极近似) 与辐射的纯切连科夫部分没有关系.

[144]　　　在以上条件下, 从 (7.15) 式得到以下的辐射场对粒子所作功的表达式:

$$A = \int_0^T \boldsymbol{v}\cdot\boldsymbol{f}\mathrm{d}t = v_0\int_0^T f_z\mathrm{d}t + v_\sim\int_0^T\cos(\Omega t)f_z\mathrm{d}t = A_0 + A_\sim, \tag{7.18}$$

$$A = -\frac{e^2R_0^2T}{4c^3\beta_0}\left\{\int_{\beta_0 n(\omega)\cos\theta<1}\omega^3\left[1 - \frac{1}{\beta_0^2n^2(\omega)}\left(1-\frac{\Omega}{\omega}\right)^2\right]\mathrm{d}\omega + \right.$$

$$\left. \int_{\beta_0 n\cos\theta>1}\omega^3\left[1 - \frac{1}{\beta_0^2n^2(\omega)}\left(1+\frac{\Omega}{\omega}\right)^2\right]\mathrm{d}\omega\right\}, \tag{7.19}$$

---

　　① 我们注意到, 在计算过程中必须假设电荷不是点电荷而是具有某一半径 $r_0$ 的粒子. 但是不必明显地引进形状因子, 而在对 $\boldsymbol{k}$ 积分时引进一个积分上限 $k_{\max}\sim 2\pi/r_0$ 即已经足够. 此外, 我们感兴趣的辐射力 (与电磁质量不同) 与 $r_0$ 无关.

其中

$$\omega = \frac{\Omega}{|1 - \beta_0 n(\omega)\cos\theta|}, \quad \beta_0 = \frac{v_0}{c}. \tag{7.20}$$

若色散关系具有阶梯函数的特性, 亦即

$$n(\omega) = \begin{cases} n = \text{constant} & (\omega \leqslant \omega_{\mathrm{m}}), \\ 1 & (\omega > \omega_{\mathrm{m}}) \end{cases} \tag{7.21}$$

则上述结果 (7.19) 可以写成以下形式

$$A = -\frac{e^2 \Omega^4 R_0^2 nT}{4c^3} \int \frac{\sin^3\theta\, \mathrm{d}\theta}{|1 - \beta_0 n \cos\theta|^5}, \tag{7.22}$$

其中对于反常多普勒效应

$$0 \leqslant \theta \leqslant \arccos\frac{1 + \Omega/\omega_{\mathrm{m}}}{\beta_0 n},$$

而对于正常多普勒效应

$$\arccos\frac{1 - \Omega/\omega_{\mathrm{m}}}{\beta_0 n} \leqslant \theta \leqslant \pi.$$

量 $U = \int_0^T (\mathrm{d}W/\mathrm{d}t)\mathrm{d}t = -A > 0$ 等于粒子在时间 $T$(一个周期) 内辐射的能量. (7.22) 式是在垂直于平动运动速度的方向上振动的振子公式 (6.66) 的类似体.

辐射场耗费在增加或者减少粒子振动能量上所作的功, 按照 (7.19) 式等于

$$A_\sim = A - A_0 = \frac{e^2 \Omega R_0^2 T}{4c^3 \beta_0} \left\{ \int_{\beta_0 n(\omega)\cos\theta > 1} \omega^2 \left[ 1 - \frac{1}{\beta_0^2 n^2(\omega)} \left( 1 + \frac{\Omega}{\omega} \right)^2 \right] \mathrm{d}\omega - \right.$$

$$\left. \int_{\beta_0 n(\omega)\cos\theta < 1} \omega^2 \left[ 1 - \frac{1}{\beta_0^2 n^2(\omega)} \left( 1 - \frac{\Omega}{\omega} \right)^2 \right] \mathrm{d}\omega \right\}. \tag{7.23}$$

在 (7.21) 式的情形

$$A_\sim = \frac{e^2 \Omega^4 R_0^2 nT}{4c^3} \left\{ \int_0^{\mathscr{A}} \frac{\sin^3\theta\, \mathrm{d}\theta}{(1 - \beta_0 n \cos\theta)^4} - \int_{\mathscr{B}}^{\pi} \frac{\sin^3\theta\, \mathrm{d}\theta}{(1 - \beta_0 n \cos\theta)^4} \right\} \tag{7.24}$$

$$\left( \mathscr{A} \equiv \arccos\left[ \frac{1}{\beta_0 n} \left( 1 + \frac{\Omega}{\omega_{\mathrm{m}}} \right) \right], \mathscr{B} \equiv \arccos\left[ \frac{1}{\beta_0 n} \left( 1 - \frac{\Omega}{\omega_{\mathrm{m}}} \right) \right] \right).$$

[145]

于是, 与 (7.23) 式和 (7.24) 式中第二个积分对应的在切连科夫锥外传播的辐射导致振动的阻尼, 而与这两个式子中第一个积分对应的在这个锥

内传播的辐射 (反常多普勒效应) 则使振动进一步加强[①]. 这个结果与量子考虑完全符合 (见上). 容易看出,(7.23) 和 (7.24) 式中的第二个积分大于第一个积分. 由此推得, 在各向同性介质中, 振子的振动永远是阻尼的, 只有当在非常重要的积分区域中 $\beta_0 n(\omega) \to \infty$ 时才有 $A_\sim \to 0$.

此外, 文献 [138c, 146] 中还研究了振子在垂直于它的平动速度 $v_0$ 方向上的振动以及电荷在磁场中的螺旋线运动. 其中指出, 与前一情况一样, 在各向同性介质中始终发生阻尼振动 (这一结果不一定适用于别的辐射系统, 例如足够长的天线 [147]).

这里给出的方法 (计算场作的功) 当然也可以研究曾在第 6 章讨论过的两部分能量之间的分配, 其中的一部分是切连科夫锥面上的切连科夫能, 另一部分则是与由于电荷的振动而发射的沿非常靠近切连科夫锥的方向传播的能量.

为了解释电荷在各向异性介质中的超光速运动的某些特点, 方便的做法是研究振子沿着单轴非旋光晶体的光轴的运动, 并假设电子在同一方向上振动. 于是

$$\boldsymbol{R} = \{0, 0, v_0 t + R_0 \sin \Omega t\}, \quad \boldsymbol{k} = \{0, k \sin \theta, k \cos \theta\},$$

$$\boldsymbol{a}_1 = \{0, \cos \theta + K_1 \sin \theta, -\sin \theta + K_1 \cos \theta\}, \quad \boldsymbol{a}_2 = \{1, 0, 0\}, \quad (7.25)$$

$$K_1 = \frac{(n_1^2 - \varepsilon_\perp) \cos \theta}{\varepsilon_\perp \sin \theta}, \quad \frac{1}{n_1^2} = \frac{\sin^2 \theta}{\varepsilon_\parallel} + \frac{\cos^2 \theta}{\varepsilon_\perp}, \quad k R_0 \ll 1,$$

其中 $n_1$ 是非寻常波的折射率, 在此情形下只辐射非寻常波. 量 $K_1$ 是非寻常波中电场强度矢量的两个分别平行和垂直于矢量 $\boldsymbol{k}$ 的分量的比值; 这个电场强度矢量平行于偏振矢量 $\boldsymbol{a}_1$ (见第 6 章).

[146]　　　现在可以得到对应于 (7.19) 式和 (7.23) 式的表达式

$$A = -\frac{e^2 R_0^2 T}{4c^3 \beta_0} \int_{L_1 + L_2} \omega^3 \frac{\varepsilon_\perp^2(\omega) \sin^2 \theta |1 - (\operatorname{ctg} \theta / n_1)(\partial n_1 / \partial \theta)|^{-1} \mathrm{d}\omega}{[\varepsilon_\perp(\omega) \sin^2 \theta + \varepsilon_\parallel \cos^2 \theta]^2},$$

$$A_\sim = \frac{e^2 R_0^2 \Omega T}{4c^3 \beta_0} \left\{ - \int_{L_1} \omega^2 \frac{\varepsilon_\perp^2(\omega) \sin^2 \theta |1 - (\operatorname{ctg} \theta / n_1)(\partial n_1 / \partial \theta)|^{-1} \mathrm{d}\omega}{[\varepsilon_\perp(\omega) \sin^2 \theta + \varepsilon_\parallel(\omega) \cos^2 \theta]^2} + \right.$$

$$\left. \int_{L_2} \omega^2 \frac{\varepsilon_\perp^2(\omega) \sin^2 \theta |1 - (\operatorname{ctg} \theta / n_1)(\partial n_1 / \partial \theta)|^{-1} \mathrm{d}\omega}{[\varepsilon_\perp(\omega) \sin^2 \theta + \varepsilon_\parallel(\omega) \cos^2 \theta]^2} \right\}. \quad (7.26)$$

这里积分区域 $L_1$ 和 $L_2$ 由多普勒关系式决定, 对于正常多普勒频率 (区域

---

① 正功 $A_\sim$ 或其一部分对应于振动的进一步加强, 因为 $A_\sim$ 是辐射力对粒子作的功.

$L_1$)

$$1 - \beta_0 n(\omega, \theta) \cos \theta = \Omega / \omega \tag{7.27}$$

对于反常多普勒频率 (区域 $L_2$)

$$\beta_0 n(\omega, \theta) \cos \theta - 1 = \Omega / \omega \tag{7.28}$$

容易看出, $A_\sim$ 的表达式 (7.26) 中的两个积分永远是正的. 这意味着, 正常多普勒频率的辐射 ((7.26) 式中的第一个积分) 对应于阻尼振动, 而反常多普勒频率的辐射则对应于振动的进一步增强.

当考虑电荷本身的运动时, 当然只有等于上述两个积分之差的合力才有意义. 同时, 这两个积分中每一个分别表征在正常和反常多普勒频率区域辐射的能量.

与各向同性的情形不同, 在现在所研究的问题中不仅能够产生振动的阻尼, 还能发生振动的放大 (所指的是总功 $A_\sim$ 而不是它的一部分的符号). 例如, 令 $\varepsilon_\parallel$ 和 $\varepsilon_\perp$ 与频率无关, 并且 $\varepsilon_\parallel < 0$, $\varepsilon_\perp > 0$; 于是在由条件

$$\varepsilon_\perp \sin^2 \theta_\infty + \varepsilon_\parallel \cos^2 \theta_\infty = 0 \tag{7.29}$$

所确定的角度 $\theta_\infty$ 上有 $n_1^2(\theta_\infty) \to \infty$ (见关于 $n_1^2$ 的 (7.25) 式).

在这种介质中非寻常波可以在 $|\theta| < |\theta_\infty|$ 的角度上传播, 但对于角度 $\pi/2 > \theta > \theta_\infty$, 已有 $n_1^2 < 0$, 波不可能传播. 而且, 当 $\theta = 0$ 时 $n_1^2$ 取极小值且等于 $\varepsilon_\perp$. 如果此时 $\beta_0 \varepsilon_\perp > 1$, 那么总可以这样选取 $\varepsilon_\parallel$, 使切连科夫角 $\theta_0$ 大于 $\theta_\infty$ (此处 $\beta_0 n \cos \theta_0 = 1$). 在这样的条件下, 显然一般不存在切连科夫辐射 (角 $\theta_0$ 对应于值 $\tilde{n}_1^2 < 0$), 向前 ($\theta < \pi/2$, 实际上是 $\theta < \theta_\infty$) 辐射的只有反常多普勒波. 正常多普勒波向后 ($\pi < \theta < \theta_\infty$) 辐射, 但是这里 $(1 - \beta_0 n_1 \cos \theta) = (1 + \beta_0 n_1 |\cos \theta|)$, 并且总功 $A_\sim$ 为正. 利用 (7.27) 和 (7.28) 式, 将 (7.26) 式转为对 $\theta$ 积分, 就可以确认这一点. 结果对所研究的情况, 我们得到

$$A_\sim = \frac{e^2 \Omega^4 R_0^2 T}{4 c^3 \beta_0} \left\{ \int_0^{\mathscr{A}} \frac{n_1^5(\theta) \sin^3 \theta \, \mathrm{d}\theta}{\varepsilon_\parallel^2 [\beta_0 n_1(\theta) \cos \theta - 1]^4} - \int_0^{\mathscr{A}} \frac{n_1^5(\theta') \sin^3 \theta' \, \mathrm{d}\theta'}{\varepsilon_\parallel^2 [\beta_0 n_1(\theta') \cos \theta' + 1]^4} \right\}$$
$$\left( \mathscr{A} \equiv \arctan \sqrt{\frac{|\varepsilon_\parallel|}{\varepsilon_\perp}} \right), \tag{7.30}$$

[147]

其中 $\theta' = \pi - \theta$. 这里 $A_\sim > 0$ 是因为, (7.30) 中的第一个积分永远大于第二个积分. 于是, 在我们所研究的情况下发生了振动的放大.

文献 [146] 研究了电荷在磁化等离子体中运动的问题, 那里指出, 这时在一定条件下也会发生振动的放大, 或者更精确地说, 粒子在磁场中运动

的螺旋线的"松开". 例如, 在以下条件下就发生振动的放大:

$$\omega_p^2/\omega_H^2 = \beta_0 \ll 1, \quad \omega_H = eH_0/(mc), \quad \omega_p^2 = 4\pi e^2 N/m,$$

这里 $H_0$ 是均匀磁场, 等离子体位于其中; $N$ 是等离子体中电子的浓度. 振动的放大也在以下的参数值上 (它们是由数值积分求得的) 发生: $\beta_0 = 0.01, \omega_p^2/\omega_H^2 = 10$ 及 $\beta_0 = 0.99, \omega_p^2/\omega_H^2 = 10$. 而如果 $\beta_0 = 0.99, \omega_p^2/\omega_H^2 = 0.01$, 则粒子的横振动将受到阻尼.

在振动放大的情形下, 平移运动 (这时运动沿着场的方向) 的能量转变为横向运动的能量. 结果平移运动的速度 $v_0$ 减小, 当速度 $v_0$ 达到这种介质中的极小光速 $c/n_{\max}$ 后, 这种振动的放大必然停止.

在正常和反常多普勒辐射的情形下, 作用在粒子的振动运动上的力的符号的差异, 显然完全对应于从守恒定律得到的结论 (见上). 如我们前面强调过的, 在各向同性情形下这个差异导致 "摩擦" 的减弱甚至实际上的消失, 但不能引起振子振动的放大 (与波包在 "能量空间" 的弥散有关的振动放大的量子效应, 即使在各向同性介质中当然也会在超光速辐射情况下发生). 在各向异性介质特别是磁化等离子体中振动的放大是可能的. 有意义的不只是辐射力本身, 还有与之相联系的转矩[332].

非常清楚, 在经典近似的情况下已出现在各向同性介质中的 "超光速" 粒子束的不稳定性, 与这里所研究的单粒子的辐射反作用有紧密的联系.

我们还注意到, 以上的讨论中假设了介质处于平衡态, 或至少在考虑阻尼 (电导性) 时介质内的正常波会被吸收, 即当正常波在介质中传播时其振幅减小.

[148]　　　　在电导率为负的介质 (有时叫做倒介质,inverted medium) 中发生正常波的放大 (脉塞效应), 有关辐射反作用的问题需要作特别的研究[107, 148]. 这时在亚光速 $(v < c/n)$ 运动中 (比方在非相对论振子的情形下) 振动就已经能够被放大.

当前等离子体物理学受到了更大的注意, 有鉴于此, 我们在这里简短地讨论一下与超光速 $(v > c/n)$ 情况下辐射理论相联系的一些方面.

在各向同性等离子体中, 亦即不存在外磁场 $H_0$ 时, 对于横波

$$n_{1,2}^2 = 1 - \frac{4\pi e^2 N}{m(\omega^2 + \nu_{\text{eff}}^2)} < 1$$

(波的相速度 $v_{\text{ph}} = c/n > c$), 因此不可能有切连科夫辐射 (但见第 9 章; 以上我们假设 $v < c$). 但是考虑到各向同性等离子体中的热运动, 一些等离

子体纵波是能够传播的 ①, 对于这些纵波, 折射率等于 (见 [109] 及本书第 12 章)

$$n_3^2 = \frac{c^2 k^2}{\omega^2} = \frac{1 - \omega_p^2/\omega^2}{3\beta_T^2}, \quad \beta_T^2 = \frac{\kappa T}{mc^2}, \quad \omega_p^2 = \frac{4\pi e^2 N}{m}. \tag{7.31}$$

其中 $e, m$ 是电子的电荷和质量, $N$ 是电子浓度, $\kappa$ 是玻尔兹曼常量, $T$ 是绝对温度. 关系式 (7.31) 等价于色散方程

$$\omega^2 = \omega_p^2 + 3\frac{\kappa T}{m} k^2$$

并且导致以下的相速度和群速度的表达式

$$\left. \begin{aligned} v_{\text{ph}} &= \frac{\omega}{k} = \frac{c}{n_3} = \left( \frac{3\kappa T/m}{1 - \omega_p^2/\omega^2} \right)^{1/2}, \\ v_{\text{gr}} &= \frac{\mathrm{d}\omega}{\mathrm{d}k} = \frac{3\kappa T}{m\omega} k = \left[ \frac{3\kappa T}{m} \left( 1 - \frac{\omega_p^2}{\omega^2} \right) \right]^{1/2}. \end{aligned} \right\} \tag{7.32}$$

等离子体波构成等离子体中正常波的三种同样重要的分支之一. 等离子体波的相速度可以小于真空中的光速 $c$, 因此对这些波, 在源 (粒子) 以速度 $v < c$ 作寻常运动时, 可能出现瓦维洛夫–切连科夫效应. 带电粒子在等离子体中运动时也产生这种辐射, 这些粒子因 "远程" 碰撞而损失的能量正好变成了等离子体波的 "切连科夫" 辐射. 由于这种辐射, 一个电荷为 $e$、速度为 $v$ (远大于热速度 $v_T = \sqrt{\kappa T/m}$) 的粒子, 在单位时间内损失的能量为[149]

$$\frac{\mathrm{d}\mathscr{E}}{\mathrm{d}t} = -\frac{e^2 \omega_p^2}{2v} \ln \frac{v^2}{v_T^2}. \tag{7.33}$$

[149]

通常并不把运动粒子发射的等离子体波称为瓦维洛夫–切连科夫效应. 当然名称问题并不很重要, 何况除此之外还有不同人的口味或习惯的问题. 虽然如此, 在我们看来在发射等离子体波的情形下 (而不是发射比方说声波) 称之为瓦维洛夫–切连科夫效应还是非常合理的. 这是因为, 首先, 我们已经讲过, 在各向同性等离子体中, 高频纵 (等离子体) 波与电磁 (横) 波享有同样重要的地位. 第二, 更重要的是, 在磁化等离子体中 (即当存在外磁场 $\boldsymbol{H}_0$ 时), 在一般情形下产生三种正常波, 它们既非纵波, 也不是横波. 在这样的条件下将等离子体波区分出来已是相当任意的了[109]; 通常约定将电荷在磁化等离子体中运动时发射的波分为切连科夫电磁波和等离子体波类型的波. 此外, 当外磁场 $\boldsymbol{H}_0$ 趋于零 (介质变到各向同性) 时, 称为

---

① 我们忽略离子的运动, 这样一来, 便没有考虑准声学 (低频) 纵波 (见 [109] 及本书第 12 章). 我们也不考虑与碰撞相关的吸收, 并假设碰撞频度 $\nu_{\text{eff}} = 0$.

切连科夫辐射的波的辐射并不消失, 而是连续地过渡为上面所说的等离子体波辐射[145].

我们注意到, 上面所说的不仅对气态等离子体成立, 而且对我们可以在其中以确定的近似程度谈论等离子体波传播的其他介质也成立. 在这方面, 光学各向异性介质 (晶体) 是磁化等离子体的类似物.

在固体和液体中等离子体频率 $\omega_p = \sqrt{4\pi e^2 N/m}$ 非常高 (它们处于频谱的紫外部分). 因此需要进行量子化并引进上述的能量为 $\hbar\omega \approx \hbar\omega_p$ (这里假设介质是各向同性的) 的等离子体波量子 (等离体子) 的概念[150]. 显然, 等离体子与介质中电磁场的量子 ("介质中的光子") 的差别仅对应于横波与纵波的不同 (见上). 在各向异性介质中, 一般而言不存在这一差别, 于是完全有理由将电子穿过薄层时的所谓分立能量损失[150] 看成是瓦维洛夫–切连科夫效应的结果, 亦即渡越辐射的结果. 在研究分立损失时, 考虑光子或等离体子的动量[150] 看来也是重要的.

[150]

在气态 (稀薄) 等离子体的情形下, 当频率 $\omega_p$ 相对不太大时 (指的是条件 $\hbar\omega_p \ll \frac{1}{2}Mv^2$, $\hbar\omega_p \ll \kappa T$, 这里 $M$ 是辐射粒子的质量, $v$ 是其速度, $T$ 是等离子体的温度), 没有必要使用量子概念. 但是在这样的条件下, 就如同在电磁波情形下一样, 应用等离子体波的发射和吸收的量子理论和等离体子概念本身显得非常方便和有效. 计算等离子体波的再吸收和寻求等离子体中运动的粒子束的不稳定性判据[141] 就是很好的例证.

如果在粒子束中形成的扰动 (波) 增大, 就会出现粒子束的不稳定性. 从量子观点看, 这意味着粒子束中的波 (量子) 的吸收系数必须为负 (即 $\mu < 0$), 如果束中的粒子一般能够辐射波, 而且束中粒子的速度分布函数能保证受激辐射大于吸收, 就会出现这种情况. 如前所述, 在各向同性等离子体中运动得足够快 ($v \gg \sqrt{\kappa T/m}$) 的粒子发射切连科夫等离子体波. 吸收系数 $\mu$ 为负 (这就是说, 发生的受激辐射事件比吸收事件多) 的条件为: 束中处于 "高" 能级的粒子, 要比处于 "低" 能级的粒子数目多 (见 (7.7)、(7.8) 式, 详见第 16 章). 对于没有内部自由度的粒子 (即对于自由电子、自由质子等), 或者在忽略内部状态的改变时, 高能级就直接对应于更大的速度. 由此立即得出束流不稳定的条件是: 如果在某一速度区间里束中快粒子多于慢粒子, 亦即束中粒子的速度分布函数有正导数. 这个不稳定性条件 $\mathrm{d}f_s/\mathrm{d}v > 0$ 也可以用经典方法得到[152], 不过它是一项专门研究的结果. 在上述的带电粒子束在磁化等离子体中运动的情形下 (这时必须考虑粒子速度在垂直于磁场方向上的投影的变化, 或者用量子语言说, 考虑垂直于磁场方向的量子化的运动在各能级之间的跃迁 [108, 140]).

作为以上论断的一个示例, 为了简单我们研究一维粒子流在速度 $\boldsymbol{v}$ 方向上的辐射 (在一般情形下, 函数 $f_s(v_k)$ 起着 $f_s(v)$ 的作用, 其中 $v_k = v\cos\theta$ 是流中粒子的速度在辐射波波矢量 $\boldsymbol{k}$ 方向上的投影). 对于图 7.2 所示的

$$f_s(v_k) = \text{const} \cdot \exp\left[ -\frac{M}{2\kappa T_s}(v_k - v_0\cos\theta)^2 \right]$$

形式的分布函数, 在区间 II 中 $\mathrm{d}f_s(v_k)/\mathrm{d}v_k < 0$, 系数 $\mu > 0$; 在区间 I 中 $\mathrm{d}f_s(v_k)/\mathrm{d}v_k > 0$, $\mu < 0$. 由于切连科夫条件 $v\cos\theta = v_k = c/n_3(\omega)$ (关于 $n_3$ 定义见 (7.36) 式之前的叙述), 不同 $v_k$ 值 (特别是属于图 7.2 中区间 I 和 II 的值) 的粒子发射的波具有不同的频率, 这表明这些波不能相互抵消以保证稳定性, 即使只在 $v_k$ 取值的不大的一部分上 $\mu < 0$. 我们注意到, 对于任何各向同性的三维的电子速度分布函数 $f = f(v^2)$, 函数 $f(v_k) = \int f(v^2)\mathrm{d}v_\perp (v_\perp$ 是速度在垂直于 $\boldsymbol{k}$ 的方向上的投影) 不具有正导数, 分布是稳定的.

[151]

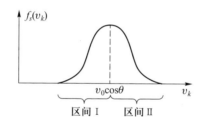

图 7.2　粒子束中粒子的分布函数 $f_s(v_k)$.

粒子发射切连科夫波的可能性当然也将导致粒子吸收任意起源的这种波的可能性. 由此可知, 在等离子体中除了与碰撞相联系的波的吸收外[1], 还必定会发生切连科夫型吸收. 当然, 在各向同性等离子体中对横波没有这种吸收 (因为这里也没有切连科夫辐射[2]).

但是等离子体波在没有碰撞时也必定被吸收. 发生这种吸收的必然性很早以前就在未引入切连科夫辐射概念的情况下以全然不同的方法阐明了[153].

的确, 我们来研究等离子体电子的线性化动理学方程 (例如见 [109] 和本书第 12 章)

$$\frac{\partial f_1}{\partial t} + \boldsymbol{v}\cdot\nabla_{\boldsymbol{r}}f_1 + \frac{e}{m}\boldsymbol{E}\cdot\nabla_{\boldsymbol{v}}f_0 = 0, \qquad f = f_0 + f_1, \quad |f_0| \gg |f_1| \tag{7.34}$$

---

[1] 在粒子碰撞时产生轫致辐射. 其逆过程为由于碰撞而吸收波.

[2] 在使用通常的麦克斯韦速度分布时, 形式上可以得出存在有虽然很弱但仍不为零的吸收的结论. 但是, 这个结论是错的, 这和以下事实有关: 非相对论的麦克斯韦分布并不保证完全没有速度 $v > c$ 的粒子.

(这里忽略了碰撞, $f_0(\boldsymbol{v})$ 是分布函数的零级近似, 即平衡分布亦即麦克斯韦分布). 于是用傅里叶方法 (即以 $f_1(\boldsymbol{v}, \boldsymbol{r}, t) = g(\boldsymbol{v}) \exp[\mathrm{i}(\boldsymbol{k} \cdot \boldsymbol{r} - \omega t)]$ 代入) 得出表达式

$$\mathrm{i}(\omega - \boldsymbol{k} \cdot \boldsymbol{v}) f_1 = \frac{e}{m} \boldsymbol{E} \cdot \nabla_{\boldsymbol{v}} f_0. \tag{7.35}$$

若 $\omega \neq \boldsymbol{k} \cdot \boldsymbol{v}$, 则将上式除以 $(\omega - \boldsymbol{k} \cdot \boldsymbol{v})$, 就得到 $f_1$ 的一个确定的表达式; 然后把 $f_1$ 代入场的方程

$$\mathrm{rot\,rot}\, \boldsymbol{E} + \frac{1}{c^2} \frac{\partial^2 \boldsymbol{E}}{\partial t^2} = -\frac{4\pi}{c^2} \frac{\partial \boldsymbol{j}_t}{\partial t}, \qquad \boldsymbol{j}_t = e \int \boldsymbol{v} f_1 \mathrm{d}\boldsymbol{v},$$

我们得到把 $\omega$ 和 $\boldsymbol{k}$ 联系起来的色散方程, 这个方程可以写成 $c^2 k^2/\omega^2 = n_{1,2,3}^2$ 的形式, 其中 $n_{1,2,3}$ 是上面使用的对于所研究类型波的折射率: 对横波是 $n_{1,2}$, 对纵波是 $n_3$. 但是, 如果 $\omega = \boldsymbol{k} \cdot \boldsymbol{v}$, 那就不能用 $(\omega - \boldsymbol{k} \cdot \boldsymbol{v})$ 去除 (7.35) 式了, 这时可以证明, 在等离子体中传播的纵波是受到阻尼的. 但是, 条件

[152]

$$\omega = \boldsymbol{k} \cdot \boldsymbol{v} = \frac{\omega n v}{c} \cos\theta, \qquad k^2 = \frac{\omega^2 n^2}{c^2}, \tag{7.36}$$

正是切连科夫条件 (6.56) 和 (6.58). 前面讲过, 在各向同性等离子体中, 这个条件仅仅对等离子体波才能得到满足, 这种波在这种情形下的吸收正是逆瓦维洛夫–切连科夫效应 (这时波减弱, 速度满足条件 (7.36) 的等离子体电子获得附加能量)[①].

当有外磁场存在时, 磁化等离子体中会由于以下三个原因发生波的辐射: 由于碰撞的结果 (轫致辐射); 由于瓦维洛夫–切连科夫效应; 以及由于粒子在磁场中的加速 (磁轫致辐射). 与这几种辐射相对应也有三种吸收机制. 不过应该说, 将辐射和吸收分成切连科夫辐射和吸收和磁轫致辐射和吸收两类多少有些任意. 我们知道, 粒子 (电子) 在磁场中沿螺旋线运动, 旋转频率为 $\omega_H^* = \omega_H mc^2/\mathscr{E} = (eH_0/mc)mc^2/\mathscr{E}$ ($\mathscr{E}$ 是总能量). 在真空中这样的运动产生辐射, 辐射的频率为 $s\omega_H^*$ ($s = 1, 2, \cdots$; 为简单起见这里不考虑频率的多普勒移动). 存在等离子体时辐射的特征 (其强度、方向性和偏振) 会发生变化, 而且除频率 $s\omega_H^*$ 外还可能出现具有连续谱的辐射, 它显然是切连科夫辐射 (当粒子严格沿磁场运动时磁轫致辐射完全消失). 而当粒子在垂直于磁场 $\boldsymbol{H}_0$ 的平面内作圆周运动时, 则只有分立频率 $s\omega_H^*$ 的辐射, 按照我们这里采用的术语, 发生的只是磁轫致辐射. 物理上很清楚, 在这种情形下, 如果圆的半径足够大, 并且 $\mathscr{E}/mc^2 \gg 1$, 辐射的谱实际上是连续的, 而其特征在相应的频率范围内接近切连科夫辐射谱. 由上所述, 在通

---

① 对等离子体波的阻尼的不涉及碰撞的物理解释, 实际上在文献 [152] 中早已给出, 不过那里没有明显提及切连科夫辐射.

常情形下,唯一前后一贯的方法是将磁轫致辐射和切连科夫辐射与吸收置于统一的研究之下 [62b, 154].

现在我们来更详细地确定磁化等离子体中的辐射 (和吸收) 频率. 为此目的我们写出先前引进的场振幅 $q_{\lambda j}$ 的方程 (见 (7.12) 式)

$$\ddot{q}_{\lambda j} + \omega_{\lambda j}^2 q_{\lambda j} = \sqrt{4\pi}\frac{e}{n_{\lambda j}}\boldsymbol{v}\cdot\boldsymbol{a}_{\lambda j}^*\exp(-\mathrm{i}\boldsymbol{k}_\lambda\cdot\boldsymbol{R}) \equiv f(t), \qquad (7.37)$$

其中 $\omega_{\lambda j}^2 = c^2 k_\lambda^2/n_{\lambda j}^2$, 而 $\boldsymbol{R}(t)$ 和 $\boldsymbol{v} = \mathrm{d}\boldsymbol{R}/\mathrm{d}t$ 是辐射粒子的径矢和速度.

方程 (7.37) 是将展开式 (7.12) 代入矢量势的方程 (7.14) 后乘以 $\boldsymbol{a}_{\lambda j}^*\exp(-\mathrm{i}\boldsymbol{k}_\lambda\cdot\boldsymbol{r})$ 并对空间积分而得到的. 如果不计常数因子, 那么 (7.37) 式中的 "力" $f(t)$ 的形式立即就清楚了, 因为当 $\boldsymbol{j}_e = e\boldsymbol{v}\delta(\boldsymbol{r}-\boldsymbol{R})$ 时有 [153]

$$\int \boldsymbol{j}_e\cdot\boldsymbol{a}_{\lambda j}^*\exp(-\mathrm{i}\boldsymbol{k}_\lambda\cdot\boldsymbol{r})\mathrm{d}\boldsymbol{r} = e\boldsymbol{v}\cdot\boldsymbol{a}_{\lambda j}^*\exp(-\mathrm{i}\boldsymbol{k}_\lambda\cdot\boldsymbol{R})$$

(见 (7.14) 式).

方程 (7.37) 有随时间增大的解 $q_{\lambda j}$, 它们只与 "力" $f(t)$ 的频谱中出现的频率 $\omega_{\lambda j}$ 的辐射对应. 如果电子匀速运动, 那么 $\boldsymbol{R} = \boldsymbol{v}t$, 而 "力" $f(t)$ 的频谱中只出现频率 $\omega = \boldsymbol{k}\cdot\boldsymbol{v}$. 因此辐射条件所取的形式为 $\omega_{\lambda j} = \omega = \boldsymbol{k}\cdot\boldsymbol{v}$, 这就是说, 立即得出切连科夫条件 (7.36), 关于这一点我们在第 6 章已经提到过.

对于处在沿 $z$ 轴方向的磁场 $\boldsymbol{H}_0$ 中的电子,

$$\left.\begin{aligned}
&\boldsymbol{R} = \{R_0\cos\omega_H^* t, R_0\sin\omega_H^* t, v_z t\}, \\
&\boldsymbol{v} = \{-v_\perp\sin\omega_H^* t, v_\perp\cos\omega_H^* t, v_z\}, \\
&v_\perp = R_0\omega_H^*, \\
&f(t) = \text{constant}\times(-a_x^* v_\perp\sin\omega_H^* t + a_y^* v_\perp\cos\omega_H^* t + a_z^* v_z)\times \\
&\qquad \exp[-\mathrm{i}(kR_0\sin\alpha\sin\omega_H^* t + kv_z t\cos\alpha)].
\end{aligned}\right\} \qquad (7.38)$$

其中为了简单假设 $k_x = 0$, $\alpha$ 是 $\boldsymbol{k}$ 和 $\boldsymbol{H}_0$ ($z$ 轴) 之间的夹角. 利用平面波按照贝塞尔函数的展开式

$$\exp(-\mathrm{i}k_\lambda R_0\sin\alpha\sin\omega_H^* t) = \sum_{s=-\infty}^{+\infty} J_s(k_\lambda R_0\sin\alpha)\exp(-\mathrm{i}s\omega_H^* t),$$

不难得到共振条件

$$\omega = |s\omega_H^* + kv_z\cos\alpha|; \quad s = 0, \pm 1, \pm 2, \pm 3, \cdots \qquad (7.39)$$

当 $s = 0$ 时, 这个条件与 $v = v_z$ 时的切连科夫条件完全相同; 同时, 只有当运动严格沿着磁场时, 所有的 $s \neq 0$ 的项才不出现, 这时 $R_0 = 0$. 当

$s \neq 0$ 时, 代替 (7.39) 式, 可以写出 $(n = ck/\omega)$

$$\omega = \frac{s\omega_H^*}{1 - (v_z n/c)\cos\alpha}, \quad s > 0,$$

$$\omega = \frac{s\omega_H^*}{(v_z n/c)\cos\alpha - 1}, \quad s < 0, \tag{7.40}$$

并且与以前在各处一样, 频率均为正 (当然, 只有当 $n > 1$ 时切连科夫条件 (7.36) 和 $s < 0$ 时的条件 (7.40) 才能得到遵守).

如果速度 $v_\perp \ll v_z = v\cos\theta$, 那么磁场中电子的辐射就像是两个以相应的方式选出的偶极子的辐射, 这两个偶极子沿着磁场以速度 $v_z \approx v$ 运动, 分别对应于值 $s = \pm 1$ (更精确地说, 若 $kR_0\sin\alpha = (\omega n/c)(v_\perp/\omega_H^*)\sin\alpha \ll 1$, 高次谐波的强度很小). $s = \pm 1$ 时 (7.40) 式与关于介质中的多普勒效应的 (6.62) 式实质上是一回事 (显然, 我们所研究的在磁场内的运动中, [154] $\omega_{00}(1 - v^2/c^2)^{1/2} = \omega_{00}mc^2/\mathscr{E} = \omega_H mc^2/\mathscr{E} = \omega_H^*$, 因为 $\omega_H$ 是在辐射源质心静止不动的参考系中的频率).

与前面 (本章一开始) 应用于切连科夫辐射时所详细做过的类似, 介质中磁轫致辐射的频率也可以从能量和动量守恒定律求得. 这样处理不仅考虑了与 "反冲" ($\hbar\omega/(mc^2)$ 量级的效应) 相联系的量子修正, 还更仔细地探究了电荷在磁场中运动时发生的切连科夫辐射的意义和特征 [62b].

从辐射转到吸收, 我们看到频率符合 (7.39) 式的波在磁化等离子体中必须被吸收, 这些频率对应于磁轫致辐射和切连科夫辐射 (考虑了多普勒效应). 我们注意到, 当电子在磁场中运动时研究在波场中作用在这个电子上的力的频谱 (力的频率不等于 $\boldsymbol{E}$ 场的频率, 因为电子不断变换位置, 在不同时刻处于不同强度的场中), 也可以得出这一结果[155].

上面只讨论了辐射和吸收的条件. 辐射强度和吸收系数的计算已经成了独立的、有时甚至是非常庞大的课题. 它的解决靠动理学方程方法以及别的方法. 有关非相对论等离子体的相应结果已总结在文献 [109] 中 (又见本书第 12 章). 这里值得提请读者注意, 不仅在超高温下 (在利用热核反应的装置中), 而且比方说在日冕中 (温度 $T \sim 10^6$ K; 见 [62, 108, 109]), 磁化等离子体中与碰撞无关的波的吸收都起着很大的作用.

通常只研究点电荷或带电团块的切连科夫效应 (例如见 [156]). 同时大家当然也完全清楚, 任何以大于光在介质中相速度 $v_{\rm ph} = c/n$ 的速度 $v$ 运动的源都能发射切连科夫辐射. 换句话说, 辐射条件 (6.56) 对任何多极子都成立, 特别是对电偶极子和磁偶极子 (文献见 [116—119]); 但是辐射强度却有显著改变, 一个偶极子 (不用说更高阶的多极子了) 的辐射强度就已经比一个电荷的辐射强度低得多. 例如, 从数量级上看, 在 $v \sim c$ 和

$n \sim 1$ 时偶极矩为 $p = ed$ 的电偶极子的辐射强度只有电荷 $e$ 的辐射强度的 $p^2\omega^2/(e^2c^2) \sim (d/\lambda)^2$ 分之一; 对磁偶极矩 $m$ 的情形这个量级关系为 $m^2\omega^2/(e^2c^2)$ (因子 $(d/\lambda)^2$ 的出现特别好理解: 把偶极子看作是相隔距离 $d$ 的两个电荷 $+e$ 和 $-e$; 见 [157]).

对于基本粒子 (电子、中子等) 或原子核, 磁偶极切连科夫辐射非常弱从而没有意义. 但在研究粒子团块时情况发生变化, 在一定条件下, 它们像具有整个团块的电荷和多极矩的点粒子一样辐射. 当团块或电流环在磁化等离子体中运动或者沿沟道或缝隙的轴以及靠近一个减速系统运动时, 遇到的正是这样的情况. 此外, 偶极子的切连科夫辐射强度的计算是获得不同自旋粒子磁矩若干数据的已知辅助手段 (见 [119] 中的文献). 而且, 磁偶极子的切连科夫辐射的问题中长期以来就有一些地方没有完全搞清楚. 最后, 解释清楚当偶极子在沟道和缝隙中运动时其切连科夫辐射怎样变化也是很有意义的. 由于这些原因, 我们下面对偶极子的切连科夫辐射作较详细的讨论 (按照文献 [119, 158, 159] 的做法). [155]

我们来研究一个电荷为 $e$、电偶极矩为 $\boldsymbol{p}$、磁矩为 $\boldsymbol{m}$ 且以速度 $\boldsymbol{v} =$ const 运动的点粒子. 此时与粒子相联系的电流密度等于

$$\boldsymbol{j} = \rho_{\mathrm{e}}\boldsymbol{v} + c\operatorname{rot}\boldsymbol{M} + \frac{\partial \boldsymbol{P}}{\partial t} = e\boldsymbol{v}\delta(\boldsymbol{r}-\boldsymbol{v}t) + c\operatorname{rot}\{\boldsymbol{m}\delta(\boldsymbol{r}-\boldsymbol{v}t)\} + \frac{\partial}{\partial t}\{\boldsymbol{p}\delta(\boldsymbol{r}-\boldsymbol{v}t)\}, \quad (7.41)$$

这里 $\rho_{\mathrm{e}}$ 是电荷密度, $\boldsymbol{M}$ 是磁化强度, $\boldsymbol{P}$ 是极化强度; 又见 (6.20) 式. 为了简单, 假设介质是各向同性的并由介电常量 $\varepsilon$ 和磁导率 $\mu$ 描述. 根据已在第 6 章开头指出的理由, 这里不假设 $\mu = 1$. 于是, 设矢量势 $\boldsymbol{A}$ 满足条件 $\operatorname{div}\boldsymbol{A} = 0$, 得到以下方程 (当 $\varepsilon_{\alpha\beta} = \varepsilon\delta_{\alpha\beta}$ 时见 (7.14) 式和第 6 章):

$$\Delta\boldsymbol{A} - \frac{\varepsilon\mu}{c^2}\frac{\partial^2\boldsymbol{A}}{\partial t^2} = -\frac{4\pi\mu}{c}\boldsymbol{j} + \frac{\varepsilon\mu}{c}\frac{\partial}{\partial t}\operatorname{grad}\varphi, \quad \Delta\varphi = -\frac{4\pi\rho}{\varepsilon}, \quad (7.42)$$

$$\boldsymbol{A} = \sum_{\lambda,j}(q_{\lambda j}\boldsymbol{A}_{\lambda j} + q^*_{\lambda j}\boldsymbol{A}^*_{\lambda j}), \quad \boldsymbol{A}_{\lambda j} = c\sqrt{\frac{4\pi}{\varepsilon}}\,\boldsymbol{a}_{\lambda j}\exp(\mathrm{i}\boldsymbol{k}_\lambda \cdot \boldsymbol{r}),$$

$$\boldsymbol{a}_{\lambda i} \cdot \boldsymbol{a}_{\lambda j} = \delta_{ij}, \quad \boldsymbol{k}_\lambda \cdot \boldsymbol{a}_{\lambda j} = 0, \quad i,j = 1,2,$$

$$\mathscr{H}_{tr} = \int \frac{\varepsilon E_{tr}^2 + \mu H^2}{8\pi}\mathrm{d}V = \sum_{\lambda,j}(p_{\lambda j}p^*_{\lambda j} + \omega^2_{\lambda j}q_{\lambda j}q^*_{\lambda j}), \quad (7.43)$$

$$\boldsymbol{E}_{tr} = -\frac{1}{c}\frac{\partial\boldsymbol{A}}{\partial t}, \boldsymbol{B} = \mu\boldsymbol{H}, \quad \boldsymbol{H} = \operatorname{rot}\boldsymbol{A},$$

$$p_{\lambda j} = \frac{\mathrm{d}q_{\lambda j}}{\mathrm{d}t} \equiv \dot{q}_{\lambda j},$$

$$\omega^2_{\lambda j} = \omega^2_\lambda = c^2k^2_\lambda/(\varepsilon\mu) = c^2k^2_\lambda/n^2.$$

显然, 这里的 $\varphi$ 为标量势, $\mathscr{H}_{tr}$ 是横场能量, $\boldsymbol{a}_{\lambda j}$ 是极化矢量. 将表达式 (7.41)

代入 (7.42) 式, 乘以 $A_{\lambda j}^*$ 后对体积积分, 有

$$
\begin{aligned}
\ddot{q}_{\lambda j} + \omega_\lambda^2 q_{\lambda j} &= \frac{1}{c} \int \boldsymbol{j} \cdot \boldsymbol{A}_{\lambda j}^* \mathrm{d}V \\
&= \sqrt{\frac{4\pi}{\varepsilon}} \{ e(\boldsymbol{a}_{\lambda j} \cdot \boldsymbol{v}) - \mathrm{i}c\boldsymbol{m} \cdot (\boldsymbol{k}_\lambda \times \boldsymbol{a}_{\lambda j}) - \\
&\quad \mathrm{i}(\boldsymbol{a}_{\lambda j} \cdot \boldsymbol{p})(\boldsymbol{k}_\lambda \cdot \boldsymbol{v}) \} \exp(-\mathrm{i}\boldsymbol{k}_\lambda \cdot \boldsymbol{v}t).
\end{aligned}
\tag{7.44}
$$

[156]

以诸如 $q_{\lambda j}(0) = \dot{q}_{\lambda j}(0) = 0$ 的初始条件积分方程 (7.44), 我们求得能量 $\mathscr{H}_{tr}$. 这个能量包含一个随着时间增大的部分, 它与在切连科夫条件 $\omega_\lambda = \boldsymbol{k} \cdot \boldsymbol{v}$ 之下出现共振有关. $\mathscr{H}_{tr}$ 的这个随时间增大的部分 (下面我们只讨论它) 与初始条件无关, 它很容易计算, 办法是引进态密度

$$
\mathrm{d}Z_i(\omega) = n^3 \omega^2 \mathrm{d}\omega \mathrm{d}\Omega / (2\pi c)^3
$$

并对 $\boldsymbol{k}$ 与 $\boldsymbol{v}$ 之间的夹角 $\theta$ 积分 (上式中的 $\mathrm{d}\Omega = \sin\theta \mathrm{d}\theta \mathrm{d}\varphi$). 所有这些运算都已在第 1 章和第 6 章中做过.

从 (7.44) 式很清楚, 电荷 $e$ 的辐射与偶极矩为 $\boldsymbol{p}$ 和 $\boldsymbol{m}$ 的偶极子的辐射相位移动了 $\pi/2$, 由于这个原因在电荷与偶极子的辐射之间不发生干涉. 换句话说, 单位时间里辐射的能量等于电荷辐射能量表达式 (6.61) 与偶极子的切连科夫辐射能量的表达式

$$
\frac{\mathrm{d}\mathscr{H}_{tr}}{\mathrm{d}t} \equiv \frac{\mathrm{d}W}{\mathrm{d}t} = \frac{1}{2\pi v c^2} \sum_{j=1,2} \int \mathrm{d}\omega \int_0^{2\pi} \mu n^2 \omega^3 \left\{ \boldsymbol{m} \cdot (\boldsymbol{s} \times \boldsymbol{a}_j) + \frac{1}{n} \boldsymbol{a}_j \cdot \boldsymbol{p} \right\}^2 \mathrm{d}\varphi,
\tag{7.45}
$$

之和, 这里 $n = \sqrt{\varepsilon(\omega)\mu(\omega)}$ 是所研究的透明介质的折射率,

$$
\cos\theta = \cos\theta_0 = c/(vn(\omega)), \quad \boldsymbol{s} = \boldsymbol{k}/k,
$$

$\theta$ 和 $\varphi$ 是 $z$ 轴沿速度 $\boldsymbol{v}$ 方向的坐标系中的极角和方位角. (7.45) 式中对频率的积分在 $vn(\omega)/c \geqslant 1$ 的区域内进行. 如同第 6 章中强调的, 这些计算已考虑了色散 ($n$ 对 $\omega$ 的依赖关系), 虽然初看起来并不显然.

对于磁矩为 $\boldsymbol{m}$ (在速度方向) 的磁偶极子, 我们从 (7.45) 式得到 [102a, 159]

$$
\left(\frac{\mathrm{d}W}{\mathrm{d}t}\right)_{\|} = \frac{m^2}{vc^2} \int \mu n^2 \left(1 - \frac{c^2}{v^2 n^2}\right) \omega^3 \mathrm{d}\omega,
\tag{7.46}
$$

这里磁矩 $\boldsymbol{m}$ 是在实验室参考系中测量的 (在静止参考系中磁矩 $\boldsymbol{m}' = \boldsymbol{m}/\sqrt{1 - v^2/c^2}$). 现在令磁矩 $\boldsymbol{m}$ 的方向垂直于速度 $\boldsymbol{v}$. 此时在实验室参考系中也有电偶极矩 $\boldsymbol{p} = (1/c)\boldsymbol{v} \times \boldsymbol{m}$, 我们并且假设在静止参考系中没有

电偶极子 (亦即 $p' = 0$ 及在当前情况下 $m' = m$). 在这种情况下从 (7.45) 式我们得到[125, 157, 159]

$$\left(\frac{\mathrm{d}W}{\mathrm{d}t}\right)_{\perp} = \frac{m^2}{2vc^2} \int \mu n^2 \left[2\left(1 - \frac{1}{n^2}\right)^2 - \left(1 - \frac{v^2}{n^2c^2}\right)\left(1 - \frac{c^2}{n^2v^2}\right)\right]\omega^3\mathrm{d}\omega.$$

(7.47)

对于分别平行和垂直于其运动速度的电偶极子, 我们有[125, 157, 159]

$$\left(\frac{\mathrm{d}W}{\mathrm{d}t}\right)_{\parallel} = \frac{p^2}{c^2v} \int \mu\left(1 - \frac{c^2}{n^2v^2}\right)\omega^3\mathrm{d}\omega,$$

(7.48)

$$\left(\frac{\mathrm{d}W}{\mathrm{d}t}\right)_{\perp} = \frac{p^2v}{2c^4} \int \mu n^2\left(1 - \frac{c^2}{n^2v^2}\right)^2\omega^3\mathrm{d}\omega,$$

(7.49)

$p$ 是实验室参考系中的电偶极矩 (平行于速度的矩 $p = p'(1 - v^2/c^2)^{1/2}$; 垂直于速度的矩 $p = p'$, $m = (-1/c)v \times p$, 并且假设在静止参考系中 $m' = 0$).

前面提到过的磁偶极子切连科夫辐射的没有搞清楚之处是在对另一种磁偶极子即 "真正的" 磁偶极子 (磁偶极矩) 的研究中出现的[125]. 所谓 "真正的" 磁偶极子这个术语可能不是很恰当, 它指的是由两个符号相反的磁单极 (磁荷或磁极) 构成的偶极子. 显然, 这种 "真正的" 磁偶极子与由两个电荷 $e$ 和 $-e$ 相隔一个距离 $d$ 而构成的电偶极子 $p = ed$ 完全相似 (图 7.3, a, b; 按定义假设矢量 $p$ 和 $d$ 的方向是从负电荷指向正电荷). 点状偶极子定义为 $d \to 0$ 而 $p \neq 0$ 的极限情况. 在 "真正的" 磁偶极子的情形, 电偶极子中的电荷 $e$ 和 $-e$ 被换成磁荷 (磁单极子) $g$ 和 $-g$ (图 7.3c). 不仅 "真正的" 磁偶极子, 就连磁单极子本身也尚未发现. 但是, 姑且不提很早以前, 从 1931 年开始, 磁单极子存在的可能性就在现代水平上得到广泛的讨论[160]. 近年来比较重的磁单极子 (质量 $m \sim 10^{-8}$ g) 受到特别注意, 它对应于许多关于弱相互作用、电磁相互作用和强相互作用的 "大统一" 理论的解[161].

由于磁单极子问题是一个现实问题, 我们在这里讨论一下在经典电动力学的框架里如何描述磁荷和磁荷流. 这时我们立即假设存在介电常量和磁导率分别为 $\varepsilon$ 和 $\mu$ 的介质 (不考虑空间色散和明显形式的频率色散)①. 我们通过假设 $\varepsilon = \mu = 1$ 实现到真空的过渡. 此外, 在真空中当然指的是微观场, 而在介质中的场 $E$ 和 $H$ 则是宏观场, 即微观场的某种方式的平均.

用 $\rho_m(r,t)$ 表示磁荷密度, $j_m = \rho_m(r,t)v(r,t)$ 表示磁流密度. 对于点磁荷 (单极子), $\rho_m = g\delta(r - r_i(t))$, $j_m = gv(t)\delta(r - r_i(t))$, $v = \mathrm{d}r_i/\mathrm{d}t$. 磁荷和磁

---

① 事实上, 存在磁单极子时的连续介质电动力学要比我们下面使用的更复杂 (见 [324]). 对于我们在这里追求的目标这个情况并不重要.

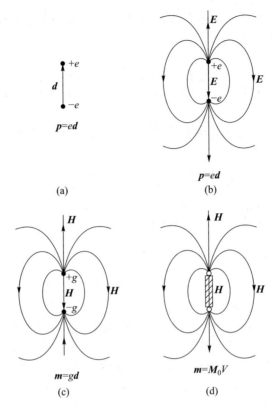

[158]

图 7.3　电偶极子 $\boldsymbol{p}$ (a和 b), "真正的" 磁偶极子 $\boldsymbol{m}$ (c) 和电流磁偶极子 (d) 电流磁偶极子在这里以体积 $V$ 内磁化强度为 $\boldsymbol{M}_0$ 的磁棒的形式用示意图表示; 另一个可能的模型是有电流流过的螺旋管.

流存在时的场方程如下:

$$\mathrm{rot}\,\boldsymbol{H} = \frac{1}{c}\frac{\partial \varepsilon \boldsymbol{E}}{\partial t}, \qquad\qquad \mathrm{div}\,\varepsilon \boldsymbol{E} = 0, \qquad\qquad (7.50)$$

$$\mathrm{rot}\,\boldsymbol{E} = \frac{1}{c}\frac{\partial \mu \boldsymbol{H}}{\partial t} - \frac{4\pi}{c}\rho_m \boldsymbol{v}, \qquad \mathrm{div}\,\mu \boldsymbol{H} = 4\pi\rho_m, \qquad (7.51)$$

其中假设电荷密度 $\rho$ 和电流密度 $\boldsymbol{j}$ 等于零, 以及 $\boldsymbol{D} = \varepsilon \boldsymbol{E}$ 和 $\boldsymbol{B} = \mu \boldsymbol{H}$; 反之, 若是假设 $\rho_m = 0$ 和 $\boldsymbol{j}_m = 0$, 则

$$\mathrm{rot}\,\boldsymbol{H} = \frac{1}{c}\frac{\partial \varepsilon \boldsymbol{E}}{\partial t} + \frac{4\pi}{c}\rho \boldsymbol{v}, \quad \mathrm{div}\,\varepsilon \boldsymbol{E} = 4\pi\rho; \qquad (7.52)$$

[159]

$$\mathrm{rot}\,\boldsymbol{E} = -\frac{1}{c}\frac{\partial \mu \boldsymbol{H}}{\partial t}, \qquad\qquad \mathrm{div}\,\mu \boldsymbol{H} = 0. \qquad\qquad (7.53)$$

当然, 前面刚好用过 (7.52) 式和 (7.53) 式. 从 (7.52) 和 (7.53) 式显然得到下

面的方程 (这里和以后在转化到 (7.55) 式时都假设 $\varepsilon = \mathrm{const}$ 和 $\mu = \mathrm{const}$)

$$\mathrm{rot}\,\mathrm{rot}\,\boldsymbol{E} + \frac{\varepsilon\mu}{c^2}\frac{\partial^2 \boldsymbol{E}}{\partial t^2} = -\frac{4\pi\mu}{c^2}\frac{\partial(\rho\boldsymbol{v})}{\partial t},$$

$$\mathrm{rot}\,\mathrm{rot}\,\boldsymbol{H} + \frac{\varepsilon\mu}{c^2}\frac{\partial^2 \boldsymbol{H}}{\partial t^2} = \frac{4\pi}{c}\mathrm{rot}(\rho\boldsymbol{v}). \tag{7.54}$$

类似地从 (7.50) 和 (7.51) 式得到

$$\mathrm{rot}\,\mathrm{rot}\,\boldsymbol{H} + \frac{\varepsilon\mu}{c^2}\frac{\partial^2 \boldsymbol{H}}{\partial t^2} = -\frac{4\pi\varepsilon}{c^2}\frac{\partial(\rho_m\boldsymbol{v})}{\partial t},$$

$$\mathrm{rot}\,\mathrm{rot}\,\boldsymbol{E} + \frac{\varepsilon\mu}{c^2}\frac{\partial^2 \boldsymbol{E}}{\partial t^2} = -\frac{4\pi}{c}\mathrm{rot}(\rho_m\boldsymbol{v}). \tag{7.55}$$

容易验证, 可以从关于电荷的方程 (7.52)、(7.53) 通过作置换

$$\boldsymbol{E} \to \boldsymbol{H}, \qquad \boldsymbol{H} \to -\boldsymbol{E},$$

$$\rho \to \rho_m, \qquad \mu \rightleftarrows \varepsilon. \tag{7.56}$$

得到关于磁单极子的方程 (7.50)、(7.51). 从 (7.54) 到 (7.55) 的转换也可以这样发生. 当然, (7.56) 中箭头方向的反转对应于从关于磁单极子的方程转换到关于电荷的方程. 以上所述也可以表述为: 方程 (7.50)、(7.51) 和方程 (7.52)、(7.53) 在置换

$$\boldsymbol{E} \leftrightarrow -\boldsymbol{H}, \quad \varepsilon \leftrightarrow -\mu \quad \rho \leftrightarrow \rho_{\mathrm{m}} \tag{7.57}$$

下相互转换. 以上方程这一性质 (我们指的是置换 (7.56) 或 (7.57) 的结果) 有时叫做置换对偶性原理. 利用这个原理, 如果已经知道相应的关于电荷、电偶极子等的问题的解, 我们就不必重新去求解磁单极子及其集合 (特别是 "真正的" 磁偶极子) 的场的问题. 由于能量密度 $(\varepsilon E^2 + \mu H^2)/8\pi$ 的表示式是置换 (7.56) 的不变量, 以上所述也适用于辐射的电磁能量表达式 (当然, 这时假设辐射源也按照 (7.56) 式变化). 例如, 对于磁单极子 $g$ 瓦维洛夫–切连科夫辐射功率等于

$$\frac{\mathrm{d}W}{\mathrm{d}t} = \frac{g^2 v}{c^2}\int \varepsilon\left(1 - \frac{c^2}{n^2 v^2}\right)\omega\mathrm{d}\omega. \tag{7.58}$$

这个式子是从关于电荷的 (6.61) 式中作置换 (7.56) 的结果 ((6.61) 式是在 $\mu = 1$ 时写出的, 但是随后曾指出, 在 $\mu \neq 1$ 时 (6.61) 式还有一个因子 $\mu$; 在由电荷改到磁荷时, 在辐射能的表达式中, 无疑只需将 $\mu$ 换成 $\varepsilon$, 将 $e$ 换成 $g$). [160]

由上所述,"真正的" 磁偶极子的切连科夫辐射的功率可以从电偶极子

的对应公式 (7.48) 和 (7.49) 得到, 只需作置换 $\mu \to \varepsilon$ 和 $p \to m$. 结果

$$\left(\frac{\mathrm{d}W}{\mathrm{d}t}\right)_{\parallel} = \frac{m^2}{c^2 v} \int \varepsilon \left(1 - \frac{c^2}{n^2 v^2}\right) \omega^3 \mathrm{d}\omega, \tag{7.59}$$

$$\left(\frac{\mathrm{d}W}{\mathrm{d}t}\right)_{\perp} = \frac{m^2 v}{2c^4} \int \varepsilon n^2 \left(1 - \frac{c^2}{n^2 v^2}\right) \omega^3 \mathrm{d}\omega. \tag{7.60}$$

比较 (7.59) 式和 (7.46) 式, 我们看到, 与速度平行的 "真正的" 磁偶极子的辐射, 只有通常的磁偶极子 (电流磁偶极子) 辐射的 $\mu^2$ 分之一 (在 (7.46) 式中显然 $n^2 = \mu^2 \varepsilon$). 而与速度垂直的两种磁偶极子的辐射的表达式 (7.60) 和 (7.47), 则甚至有不同的结构. 然而, 物理直观考虑所期待的本应是偶极子的构建方式不应当影响它们辐射的场.

但是事实上, "真正的" 磁偶极子和电流磁偶极子 (如同别的多极子、天线等一样) 即使在真空中也不完全等价, 更不必说在介质中了. 因为这一情况并未足够广泛地为人所知, 我们现在就先以由两个点电荷构成的静止电偶极子为例, 来解释一下这个问题. 一个点电荷的场由方程 $\mathrm{rot}\,\boldsymbol{E} = 0$ 和 $\mathrm{div}\,\varepsilon\boldsymbol{E} = 4\pi\rho = 4\pi e\delta(\boldsymbol{r})$ 决定, 场的形式为 $\boldsymbol{E} = e\boldsymbol{r}/(\varepsilon r^3)$, $\boldsymbol{D} = \varepsilon\boldsymbol{E}$. 在偶极子的情形 (图 7.3,a) $\rho = e\{\delta(\boldsymbol{r}_2) - \delta(\boldsymbol{r}_1)\} = -\mathrm{div}\{\boldsymbol{p}\delta(\boldsymbol{r})\}$, 这里实现了到点状偶极子 ($\boldsymbol{p} = e\boldsymbol{d}, \boldsymbol{d} = (\boldsymbol{r}_2 - \boldsymbol{r}_1) \to 0$) 的过渡. 如果在一个小体积内引进恒定的极化强度 $\boldsymbol{P}_0$, 并且 $\boldsymbol{D} = \boldsymbol{E} + 4\pi\boldsymbol{P} = \varepsilon\boldsymbol{E} + 4\pi\boldsymbol{P}_0$, 也得到同样的结果. 小体积的偶极距 $\boldsymbol{p} = \int \boldsymbol{P}_0 \mathrm{d}V$, 并且对点状偶极子 $\boldsymbol{P}_0 = \boldsymbol{p}\delta(\boldsymbol{r})$, 而 $\rho = -\mathrm{div}\,\boldsymbol{P}_0 = -\mathrm{div}\{\boldsymbol{p}\delta(\boldsymbol{r})\}$. 这样, 便化为方程 $\mathrm{div}\,\varepsilon\boldsymbol{E} = -4\pi\,\mathrm{div}\{\boldsymbol{p}\delta(\boldsymbol{r})\}$, 这个方程容易求解, 例如, 从上面引用的熟知的关于电荷的解出发. 结果, 我们有

$$\boldsymbol{E} = \frac{3(\boldsymbol{p} \cdot \boldsymbol{r})\boldsymbol{r} - r^2\boldsymbol{p}}{\varepsilon r^5}, \quad \boldsymbol{D} = \varepsilon\boldsymbol{E}. \tag{7.61}$$

类似地, 对于偶极距为 $\boldsymbol{m}$ 的 "真正的" 磁偶极子, 初始方程是: $\mathrm{rot}\,\boldsymbol{H} = 0, \mathrm{div}\,\mu\boldsymbol{H} = -\mathrm{div}\{\boldsymbol{m}\delta(\boldsymbol{r})\}$, 为了明确起见我们假设偶极子是点状的 (对于 "扩展性" 的偶极子, 显然必须将 $\delta$ 函数换成某个形状因子 $D(\boldsymbol{r})$). 同上面电偶极子的情况一样, 或者立即作置换 (7.56), 我们得到

$$\boldsymbol{H} = \frac{3(\boldsymbol{m} \cdot \boldsymbol{r})\boldsymbol{r} - r^2\boldsymbol{m}}{\mu r^5}, \quad \boldsymbol{B} = \mu\boldsymbol{H}. \tag{7.62}$$

我们注意到, 与 $\rho$ 和 $j$ (通常的电荷和电流) 相联系的偶极矩 $\boldsymbol{p}$ 和 $\boldsymbol{m}$ 的公式向与 $\rho_m$ 和 $\boldsymbol{j}_m = \rho_m \boldsymbol{v}$ (磁荷和磁荷流) 相联系的偶极矩 $\boldsymbol{p}$ 和 $\boldsymbol{m}$ 的公式的转换, 是通过置换 $\boldsymbol{p} \to \boldsymbol{m}, \boldsymbol{m} \to -\boldsymbol{p}$ 完成的 (见 [159]). 在从 (7.61) 式到 (7.62) 式转换这一特殊情况中, 我们正好是把 $\boldsymbol{p}$ 换成 $\boldsymbol{m}$.

现在我们在方程 (7.52) 和 (7.53) 的基础上来求静止的电流磁偶极子 (磁矩为 $m$) 的场, 这时两个方程的形式为

$$\operatorname{rot} \boldsymbol{H} = \operatorname{rot} \frac{\boldsymbol{B}}{\mu} = 4\pi \operatorname{rot}[\boldsymbol{m}\delta(\boldsymbol{r})], \quad \operatorname{div}\mu\boldsymbol{H} = 0. \tag{7.63}$$

这里我们用了在 (7.41) 式中已经用过的电流密度表示式 $\boldsymbol{j} = c\operatorname{rot}[\boldsymbol{m}\delta(\boldsymbol{r})]$.

这些方程的解为:

$$\boldsymbol{H} = \frac{\boldsymbol{B}}{\mu} = \frac{3(\boldsymbol{m}\cdot\boldsymbol{r})\boldsymbol{r} - r^2\boldsymbol{m}}{r^5} + 4\pi\boldsymbol{m}\delta(\boldsymbol{r}). \tag{7.64}$$

从 "真正的" 偶极子的解 (7.62) 清楚地看出这个表达式在 $\mu = 1$ 时的正确性: 这时 $\operatorname{div}\boldsymbol{H} = -4\pi\operatorname{div}[\boldsymbol{m}\delta(\boldsymbol{r})]$, 正是对解 (7.62) 的补充项 $4\pi\boldsymbol{m}\delta(\boldsymbol{r})$ 保证了方程 $\operatorname{div}\boldsymbol{H} = 0$ 得到满足 (见 (7.63) 式). 常常被忽略的 $4\pi\boldsymbol{m}\delta(\boldsymbol{r})$ 项 (因为它只在偶极子本身所占据的区域不为零) 的出现反映了电流磁偶极子和 "真正的" 磁偶极子之间的原则性差异. 在后一种情形下, 像电偶极子的情形一样, 场力线在偶极子内部是终止在荷上的 (分别为磁荷和电荷; 见图 7.3, b, c), 偶极子内部的场的方向与偶极子外荷 (极) 附近场的方向相反. 但对于电流磁偶极子, 磁场的力线处处连续, 电流偶极子内部磁场的方向与 "真正的" 磁偶极子的情形相反 (图 7.3, d). (7.64) 式中的 $4\pi\boldsymbol{m}\delta(\boldsymbol{r})$ 项正好反映了这个差别.

当 $\mu \neq 1$ 时, 场 (7.62) 与 (7.64) 的差别除了 $4\pi\boldsymbol{m}\delta(\boldsymbol{r})$ 项之外, 还差 $\mu$ 倍. 当然这一情况早就为人所知并在专著 [110] 的 §74 中有详细说明 (又见 [159]). 问题实质上起源于连续介质中磁矩的不同定义, 这种介质的磁导率为 $\mu$, 占满全空间, 包括偶极子内部区域. 如果我们假设 $\boldsymbol{B} = \boldsymbol{H} + 4\pi\boldsymbol{M} = \mu\boldsymbol{H} + 4\pi\boldsymbol{M}_0$, $\boldsymbol{m} = \int \boldsymbol{M}_0 dV$, 就得到公式 (7.62). 这时在偶极子内部磁化强度 $\boldsymbol{M} = \frac{\mu-1}{4\pi}\boldsymbol{H} + \boldsymbol{M}_0$. 但是同样可以假设 $\boldsymbol{M} = \frac{\mu-1}{4\pi}\frac{\boldsymbol{B}}{\mu} + \boldsymbol{M}_0$, 由此 (连同磁矩的老定义 $\boldsymbol{m} = \int \boldsymbol{M}_0 dV$) 得到比场 (7.62) 大 $\mu$ 倍的场, 即去掉 $\delta$ 函数项的场 (7.64). 总而言之, 一切都归结为矩的重新定义, 或者, 如果用更时髦的语言, 归结为它的重正化. 换句话说, 如果我们希望这种静态的电流偶极子的场与 "真正的" 偶极子的场 (在偶极子之外) 相同, 这当然是合理的, 那么 (7.62) 式中的矩 $\boldsymbol{m}$ 就应当增大 $\mu$ 倍. 于是功率 (7.46) 也就和 (7.59) 式一致.

[162]

电流偶极子与 "真正的" 偶极子在垂直于速度方向上的辐射功率 ((7.47) 式与 (7.64) 式) 之间的分歧, 归根结底也是由在介质中辐射的电流磁偶极子与 "真正的" 磁偶极子的不等价性引起的. 一般而言, 本来就不可能期望

它们之间等价, 因为在介质中, 转变为偶极子或别的各种类型的 (与密度 $\rho$, $j$ 或 $\rho_m$, $j_m$ 相联系的) 辐射源要求作置换 $\mu \leftrightarrow \varepsilon$. 更具体地说, 事情在于, 一方面, 我们始终是在研究被同样的偶极子充满的均匀介质. 另一方面, 介质在偶极子的内部特别强烈地极化, 其中 (7.64) 式内的 $4\pi m\delta(r)$ 项是重要的, 哪怕假设偶极子是非点状的. 最后, 当偶极子在静止介质中运动时, 在我们的模型里, 这种介质始终在穿过 ("流过") 偶极子. 结果电流偶极子在介质中留下了某种类似于偶极子内部区域的极化和场的痕迹, 在偶极子内部区域中存在场 $4\pi m\delta(r)$ 以及相应的电场 (实际上, 如果在偶极子静止的参考系中只有磁场, 那么在介质静止而偶极子运动的参考系中就会有电场出现)①. 可以证明[159], 如果处于偶极子内部的极化介质和偶极子一道运动, 那么电流磁偶极子与真正的磁偶极子的辐射之间的差别就将消失.

　　环形偶极子的例子可以特别清楚地显示出上面所说的处于运动偶极子内部的介质的作用[162]. 不过事先必须解释什么是环形偶极子, 因为直到不久前这种偶极子还未在文献上研究过. 我们想象一个环 (螺线管弯成环形), 在其绕组中有电流流过 (图 7.4). 如果绕组如此缠绕使得没有方位角方向的电流②, 而系统 (环) 不带电, 那么它的磁矩和电矩都等于零, 在环内部只有磁场 (沿方位角方向). 这个系统只有环形偶极矩而没有其他极矩

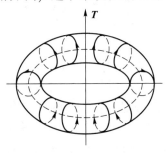

图 7.4　具有环形偶极矩 $\boldsymbol{T}$ 的电流环.

(假设环足够小, 于是没有高阶的环形多极矩). 环形偶极矩等于[163]

[163]
$$\boldsymbol{T} = \frac{1}{10c} \int [(\boldsymbol{j} \cdot \boldsymbol{r})\boldsymbol{r} - 2r^2\boldsymbol{j}]\mathrm{d}^3 r = \frac{1}{10c} \sum_i e_i[(\boldsymbol{v}_i \cdot \boldsymbol{r}_i)\boldsymbol{r}_i - 2r_i^2\boldsymbol{v}_i], \tag{7.65}$$

其中 $\boldsymbol{j}$ 为电流密度, 对点电荷在第二个表达式中写为 $\boldsymbol{j} = \sum_i e_i\boldsymbol{v}_i\delta(\boldsymbol{r} -$

---

　　① 当磁偶极子 (或下面即将研究的环形偶极子) 在等离子体中运动时, 上述的情况特别直观. 组成等离子体的电荷 (电子和离子) 在通过这些偶极子内部的区域时 (即 "流过" 偶极子时) 被相应的场 (例如场 $4\pi m\delta(r)$) 偏转. 因此在偶极子后面的等离子体中 (当然也在任何介质) 中留有某些扰动 ("痕迹"), 它们是偶极子内部的场的作用引起的.

　　② 为此做两个逆向的绕组, 使其中电流沿一个方向流动而不是像所谓双线绕组中那样向相反方向流动即可.

$r_i$); 为了比较, 我们记得电荷系统的偶极矩 $\boldsymbol{p} = \int \rho \boldsymbol{r} dV = \sum_i e_i \boldsymbol{r}_i$ (这个矩与参考系的原点选择无关, 因为 $\sum_i e_i = 0$), 而对于点电荷四极矩 $D_{\alpha\beta} = \sum_i e_i \{ 3 x_{i,\alpha} x_{i,\beta} - r_i^2 \delta_{\alpha\beta} \}$. 类似于磁化强度可以引进环磁矩密度 $\mathscr{F}$. 对于点状环偶极子 $\mathscr{F} = \boldsymbol{T} \delta(\boldsymbol{r})$. 这时电流密度

$$j = c\,\mathrm{rot}\,\mathrm{rot}\,\mathscr{F} = c\,\mathrm{rot}\,\mathrm{rot}[\boldsymbol{T}\delta(\boldsymbol{r})]. \tag{7.66}$$

显然, 在这种情形下也可以说磁化强度 $\boldsymbol{M} = \mathrm{rot}\,\mathscr{F}$, $j = c\,\mathrm{rot}\,\boldsymbol{M}$. 如果环偶极子以常速 $\boldsymbol{v}$ 在真空中运动, 那么从场的变换公式 (例如, 见第 4 章) 可清楚看到, 在偶极子 (环) 外部没有磁场和电场, 而在它的内部, 除了磁场 $\boldsymbol{H}$ 外也出现电场 $\boldsymbol{E} = -1/c[\boldsymbol{v} \times \boldsymbol{H}]$ (这里指的是实验室参考系中的场).

　　现在让环偶极子在静止的介质中运动. 这时想依靠洛伦兹变换来求场当然是不行的, 因为这种方法只能用在以下情形: 已知静止介质中静止的源的场, 求实验室参考系中运动的源在以同一速度运动的介质中的场. 于是, 为了求出在静止的介质中运动的环偶极子的场, 必须求解场的方程, 文献 [162] 中就是这样做的. 结果是: 在环偶极子之外也出现了场, 而如果满足条件 $v > c/n(\omega)$ (见 (6.56) 式), 也将出现瓦维洛夫-切连科夫辐射. 但是偶极子外的场与 $(\varepsilon\mu - 1)$ 成正比, 而辐射功率与 $(\varepsilon\mu - 1)^2$ 成正比. 因此 (也理应如此), 当转换到真空时场将消失 (不过, 对于 $\varepsilon\mu = 1$ 的介质, 场也将消失).

　　我们不再详细地求解上面讨论的问题 (关于求解运动的环的场见 [162], 求解运动的电流磁偶极子的场见 [159]), 这不仅是因为篇幅不够, 而且还有一个更深刻的原因: 这个问题的以上表述通常是不现实的. 实际上, 以上的讨论假设介质处处均匀并进入到源本身之内. 对于有广延大小的源, 也许还可以设想类似的情景, 比如说对于在同一等离子体中运动的等离子体电流系统. 但是对微观源 (实际上是点状的源), 通常是不能说还有介质能进入这样的源的. 如此一来, 就产生了一个极为普遍的关于处于介质中的源的场和辐射的问题. 对于直接处于介质中的微观尺寸的源, 必须研究它的最近邻的环境, 这自然不能用宏观方法来做. 就问题的实质而言, 这里指的是如何计算作用在源上的场 $\boldsymbol{E}_{\mathrm{eff}}$, 它与平均宏观场 $\boldsymbol{E}$ 不同 (类似地也必须对 $\boldsymbol{B}_{\mathrm{eff}}$ 和 $\boldsymbol{B}$ 加以区别). 为此必须有微观理论, 而只是在最简单的情形下或近似中微观理论才显得足够明确. 这可以用在导出洛伦兹-洛伦茨公式的近似中对 $\boldsymbol{E}$ 和 $\boldsymbol{E}_{\mathrm{eff}}$ 之间的差值的计算为例 (在此情况下非磁性介质中振子的辐射功率增大到 $a^2 = [(\varepsilon + 2)/3]^2$ 倍; 见 (6.28a)). 在普遍情况下, 作微观处理时必须考虑介电张量 $\varepsilon_{ij}$ 的空间色散, 亦即它对波矢量 $\boldsymbol{k}$ 的依赖

[164]

关系, 这种依赖关系在 $k$ 大时 (在小距离上) 特别重要. 我们将在第 11 章讨论空间色散. 但是在这里有必要强调, 在计及空间色散时, 我们必须对作为本章讨论基础的场方程 (7.52) 和 (7.53) 或对于磁荷和磁荷流的方程 (7.50) 和 (7.51) 进行必要的修改.

　　在宏观层次上, 关于源的场和辐射的问题可能有两种现实的提法. 第一种: 假设源是宏观物体, 比方为一个物质椭球, 用介电常量 $\varepsilon_1$ 和磁导率 $\mu_1$ 描述. 周围介质的介电常量为 $\varepsilon_2$, 磁导率为 $\mu_2$. 椭球被磁化或极化. 解边值问题, 求出椭球内部和外部的场 (对于磁化椭球见, 例如 [110] §74). 当然, 静态情形 (恒定场) 要比别的情形简单, 如果相应的波长比辐射体 (天线) 的尺寸大很多的话, 有关辐射问题也会归结为静态问题. 当必须在某种程度上考虑周围介质的流动时, 求运动宏观源的场要复杂得多. 问题的第二种提法是这样的: 源是点源, 但是处于宏观尺寸的空腔、空的沟道或缝隙中. 这时没有源附近的介质的影响的问题, 在空腔或沟道的边界上必须按通常的方式将场 "缝合" (在空腔内不是立即取 $\varepsilon = 1$ 和 $\mu = 1$ 而是选某个值 $\varepsilon = \varepsilon_1, \mu = \mu_1$ 形式上会方便些; 空腔外 $\varepsilon = \varepsilon_2, \mu = \mu_2$). 在问题的这种提法下, 研究运动点源的辐射在原则上没有困难, 特别是, 在空的沟道或缝隙中运动的电荷、磁单极子、偶极子等的瓦维洛夫–切连科夫辐射. 这时不考虑空间色散的宏观描述只是对大大超过原子间距离 $a$ 的一切尺寸的沟道或缝隙来说的. 如果这种沟道的半径或缝隙的宽度比起辐射波的波长来很小, 那么辐射与连续介质中的辐射就可能相差很小. 具体地说, 我们看到, 电荷的切连科夫辐射在忽略 $r/\lambda$ 量级 ($r$ 是沟道的半径, $\lambda = 2\pi c/(\omega n) = \lambda_0/n$ 是所研究的辐射的波长) 的项之后便与连续介质中的辐射一样了. 在比率 $r/\lambda$ 的大小为任意时, 如前面所指出, 这个问题必须用在沟道的边界上 "缝合" 场的方法来解决 [164]. 自然, 当 $r/\lambda \gg 1$ 时辐射强度小, 当 $r/\lambda \to \infty$ 时辐射强度趋于零. 我们不在这里解边值问题, 但是将在互易性定理的基础上阐明细小的沟道和缝隙的影响[119, 158].

　　根据互易性定理

$$\int_{(1)} \boldsymbol{j}_\omega^{(1)} \cdot \boldsymbol{E}_\omega^{(2)} \mathrm{d}V = \int_{(2)} \boldsymbol{j}_\omega^{(2)} \cdot \boldsymbol{E}_\omega^{(1)} \mathrm{d}\omega, \tag{7.67}$$

其中 $\boldsymbol{j}_\omega^{(1,2)} = \boldsymbol{j}_{(\omega)}^{(1,2)}$ 是区域 1 和 2 中的外电流密度的傅里叶分量; 场 $\boldsymbol{E}_{(\omega)}^{(2)}$ 是电流 2 在区域 1 中生成的场, 场 $\boldsymbol{E}_{(\omega)}^{(1)}$ 是电流 1 在区域 2 中生成的场 (例如见 [99,109]) [①].

---

　　[①] 上面这种形式的互易性定理在没有外磁场存在时对任何线性静止介质都成立. 有磁场存在时, 介电张量 $\varepsilon_{ij}$ 和磁导率张量 $\mu_{ij}$ 不对称, 只有广义互易性定理才成立 (见 [109] 中的 §29).

[165]

将电流写成 $j = \rho v + c \operatorname{rot} M + \partial P/\partial t$ 的形式, 我们得到

$$\int_{(1)} \{(\rho v)_\omega^{(1)} \cdot E_\omega^{(2)} - \mathrm{i}\omega(P_\omega^{(1)} \cdot E_\omega^{(2)} - \mu_1 M_\omega^{(1)} \cdot H_\omega^{(2)})\}\mathrm{d}V$$

$$= \int_{(2)} \{(\rho v)_\omega^{(2)} \cdot E_\omega^{(1)} - \mathrm{i}\omega(P_\omega^{(2)} \cdot E_\omega^{(1)} - \mu_2 M_\omega^{(2)} \cdot H_\omega^{(1)})\}\mathrm{d}V, \quad (7.68)$$

其中 $\mu_{1,2}$ 是介质在点 1 和点 2 的磁导率; 在转换到 (7.68) 式时, 我们使用了

$$E \cdot \operatorname{rot} M = -\operatorname{div}(E \times M) + M \cdot \operatorname{rot} E,$$

$$\operatorname{rot} E = -\frac{1}{c}\frac{\partial(\mu H)}{\partial t},$$

而对远处的表面积分

$$\int (E \times M)_n \mathrm{d}S = 0.$$

在沿 $z$ 轴运动的点电荷的切连科夫辐射的情形下, $\rho = e\delta(r - vt)$ 且

$$(\rho v)_\omega^{(1)} = \frac{1}{2\pi}\int_{-\infty}^{+\infty}(\rho v)^{(1)}\mathrm{e}^{-\mathrm{i}\omega t}\mathrm{d}t = \frac{\varepsilon}{2\pi v}v \exp\left(-\mathrm{i}\omega\frac{z}{v}\right)\delta(x)\delta(y); \quad (7.69)$$

在远离轨迹的点 2 处放置一个偶极矩为 $p_\omega^{(2)} = \int P_\omega^{(2)}\mathrm{d}V$ 的电偶极子, 我们有

$$\frac{e}{2\pi v}\int v \cdot E^{(2)}(0,0,z) \exp\left(-\mathrm{i}\omega\frac{z}{v}\right)\mathrm{d}z = -\mathrm{i}\omega p^{(2)} \cdot E(2), \quad (7.70)$$

其中 $E(2) = E^{(1)}(2)$ 是我们感兴趣的点 2 处的辐射场 (此处及以下我们均省略 $E$ 和 $p^{(2)}$ 的下标 $\omega$). [166]

当电荷在细小的沟道或狭窄的缝隙中运动时 (即当 $r/\lambda \ll 1$ 时, $r$ 是沟道的半径或缝隙的宽度), $v \cdot E^{(2)}(0,0,z)$ 这个量与在连续介质中一样, 因为场 $E^{(2)}$ 的切向分量是连续的. 因此从 (7.70) 式可清楚地看出, 辐射场 $E(2)$ 也和在连续介质情况下一样.

对于辐射的电偶极子 $P^{(1)} = p\delta(z - vt)\delta(x)\delta(y)$, 我们有

$$\frac{1}{2\pi v}\int p \cdot E^{(2)}(0,0,z) \exp\left(-\mathrm{i}\omega\frac{z}{v}\right)\mathrm{d}z = p^{(2)} \cdot E(2). \quad (7.71)$$

如果偶极子的偶极矩 $p = p^{(1)}$ 平行于沟道轴或者在它运动的缝隙平面内, 那么当 $r/\lambda \ll 1$ 时辐射场又和连续介质时的辐射场相同. 对于垂直于缝隙平面的偶极子, 由于 $D = \varepsilon E$ 的垂直于分界面的法向分量的连续性, 我们有

$$p \cdot E^{(2)}(0,0,z) = \varepsilon(\omega)p \cdot E_0^{(2)}(0,0,z), \quad (7.72)$$

其中 $\boldsymbol{E}_0^{(2)}$ 是偶极子 2 在连续介质中生成的场 (图 7.5). 如果用 $\boldsymbol{E}_0$ 表示偶极子 1 (偶极矩 $\boldsymbol{p}^{(1)} = \boldsymbol{p}$) 在连续介质中的切连科夫辐射场, 那么按照互易性定理 (7.67), (7.71)

$$\frac{1}{2\pi v} \int \boldsymbol{p} \cdot \boldsymbol{E}_0^{(2)} \exp\left(-\mathrm{i}\omega \frac{z}{v}\right) \mathrm{d}z = \boldsymbol{p}^{(2)} \cdot \boldsymbol{E}_0(2). \tag{7.73}$$

当存在缝隙时, 由 (7.72) 式和互易性定理, 有

$$\frac{1}{2\pi v} \int \boldsymbol{p} \cdot \boldsymbol{E}^{(2)} \exp\left(-\mathrm{i}\omega \frac{z}{v}\right) \mathrm{d}z = \frac{\varepsilon}{2\pi v} \int \boldsymbol{p} \cdot \boldsymbol{E}_0^{(2)} \exp\left(-\mathrm{i}\omega \frac{z}{v}\right) \mathrm{d}z = \boldsymbol{p}^{(2)} \cdot \boldsymbol{E}(2). \tag{7.74}$$

从上面最后两个关系式得到, 对于垂直于其速度、从而也垂直于缝隙平面的偶极子, 切连科夫辐射场 $\boldsymbol{E} = \varepsilon \boldsymbol{E}_0$, 亦即是同一个偶极子在连续介质中运动时辐射场的 $\varepsilon$ 倍.

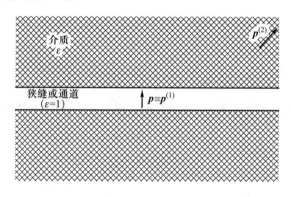

图 7.5　计算狭缝或通道中的偶极辐射.

对于垂直于细小沟道的轴且具有圆柱形形状的偶极子, $\boldsymbol{E} = [2\varepsilon/(\varepsilon + 1)]\boldsymbol{E}_0$. 因为波区中的磁场与电场成正比, 在所研究的缝隙和沟道的情形下辐射的能量分别增大为 $\varepsilon^2$ 和 $[2\varepsilon/(\varepsilon + 1)]^2$ 倍[①]. 任意指向的偶极子可以认为是由平行于和垂直于沟道 (缝隙) 的偶极子组成的, 因此根据叠加原理, 问题归结为前面的问题. 对于磁矩为 $\boldsymbol{m}$ 的磁偶极子, 从 (7.68) 式清楚看到,

[167]

---

　① 在利用公式 (7.45) 计算辐射能量时, 必须在有沟道或缝隙存在时将 $\boldsymbol{p}$ 换成借助 (7.71) 式确定的相应的表达式, 例如, 对于垂直于圆形沟道的轴的偶极子, 将 $\boldsymbol{p}$ 换成 $[2\varepsilon/(\varepsilon + 1)]\boldsymbol{p}$. 因子 $2\varepsilon/(\varepsilon + 1)$ 是在求解空的沟道内的电场的静电学问题时出现的, 这个沟道是在介电常量为 $\varepsilon$ 的介质中挖出来的, 形状为圆柱形. 如果远离沟道的场 $\boldsymbol{E}_0$ 是均匀的并且垂直于沟道的轴, 那么沟道中的场是均匀的并等于 $\boldsymbol{E} = \dfrac{2\varepsilon}{2\varepsilon + 1} \boldsymbol{E}_0$ (比柱形沟道问题更广为人知的类似问题是中空球问题, 这时 $\boldsymbol{E} = \dfrac{3\varepsilon}{2\varepsilon + 1} \boldsymbol{E}_0$; 两个问题的求解均可见 [61], §8).

在磁导率 $\mu = 1$ 时, 狭窄沟道的存在不会影响辐射. 如果同时有电偶极子和磁偶极子, 那么它们辐射的场 (当然不是能量) 相加, 问题也容易解决. 这里再一次提醒读者, 在 (7.41) 式、(7.45) 式和别的式子中, $p$ 和 $m$ 是实验室参考系中的电偶极矩和磁偶极矩 (在这个参考系中, 介质不动, 偶极子以速度 $v$ 运动). 因此, 前面关于电偶极子辐射能变化的结论 (对缝隙增大为 $\varepsilon^2$ 倍, 对细小的圆形沟道增大为 $[2\varepsilon/(\varepsilon+1)]^2$ 倍) 仅是针对在实验室参考系中只有垂直于 $v$ 的电偶极子 $p = p'$ 的情形而言, 这意味着, 在静止参考系中也有磁偶极子 $m' = v \times p'/c$. 每当我们在没有作进一步的保留声明而谈论电偶极子或磁偶极子时, 一般意味着在它们的静止参考系中只有电偶极子或者只有磁偶极子. 对于这样的偶极子, 公式要复杂一些: 在一般情形下, 若沟道由 $\varepsilon = \varepsilon_1$、$\mu = \mu_1$ 的介质填满, 而它又处于 $\varepsilon = \varepsilon_2$、$\mu = \mu_2$ 的介质中, 则对于细沟道, 这样的公式在文献 [165b] 中给出; 当 $\varepsilon_1 = 1$, $\mu_1 = \mu_2 = 1$, $\varepsilon_2 = \varepsilon$ 时, 相应的公式在文献 [165a] 中得到. 在 [165] 中没有使用互易性定理, 但是在足够细的沟道中, 不同的计算得出的结果当然是相同的.

这里可以讲述一个与应用互易性定理有关的佯谬. 研究由在沟道中沿沟道的轴运动的两个电荷 $+e$ 和 $-e$ 组成的偶极子. 这时电流密度 $j$ 的方向也是沿着沟道轴 ($z$ 轴), 应用互易性定理 (7.67) 似乎将得到这样的结论: 细沟道对辐射没有影响, 如同在一个电荷运动时的情形一样. 然而, 如我们前面看到的, 垂直于沟道轴的偶极子 $p$ 在沟道中的辐射与其在连续介质中的辐射不同. 这个佯谬是这样解决的: 两个电荷 $+e$ 和 $-e$ 组成一个垂直于速度的偶极子 $p$, 这只有在它们运动时相互保持一段距离 $d$ 才行, 亦即它们两个不能都沿轴运动 (这种情况下若 $d \to 0$, 而 $p = ed \neq 0$, 则显然有 $e \to \infty$). 因此在使用电流密度 $j$ 和表达式 (7.67) 时, 不能假设沟道或缝隙中的场 $E^{(2)}$ 是均匀的并等于沟道外的场 (更准确地说, 这里指的当然是场 $E^{(2)}$ 的切向分量). 当我们对半径 $r \neq 0$ 的沟道作计算并考虑必要的项时, 我们可以以完全正确的方式完成到点状偶极子的过渡, 这等价于对细小沟道 (或缝隙) 直接使用对点状偶极子的 (7.68) 式和 (7.71) 式形式的互易性定理.

[168]

根据上面讨论的导致在连续介质中运动的电流磁偶极子和 "真正的" 磁偶极子发出不同的辐射的原因, 我们应当期望当两种类型的偶极子在空的沟道或缝隙中运动时辐射场和能量的差异将完全消失. 这个结论也得到直接计算的验证[156].

从带有 (7.41) 式电流的 (7.42) 式类型的方程 (以及从关于磁单极子的类似方程) 对连续介质得到的结果在何等程度上适用于微观源呢? 对于点电荷, 切连科夫辐射功率公式 (6.61) 的正确性是难以怀疑的. 首先, 细沟道

或缝隙的存在不影响单个电荷的辐射. 这在某种程度上证实了电荷附近的
环境并不重要. 这一结果与以下熟知的事实是一致的: 如果将电荷放置在
处于这种介质内的球形空腔的中心, 静止电荷在介质中的场 $E = e^2 r/(\varepsilon r^3)$
保持不变. 因此, 不论电荷浸入介质与否, 场都不受影响. 其次, 快电荷 (或
者形式地说, 以给定的恒定速度 $v = \text{const}$ 运动的任何电荷) 通过其路径上
介质所有的点. 在这样的条件下可以期望平均场 $E$ 与作用场 $E_{\text{eff}}$ 相等. 类
似的考虑也适用于磁单极子. 然而, 我们尚不知道以上结果 (亦即针对连
续介质导出的 (6.61) 式和 (7.58) 式对点电荷和单极子也适用的论断) 的完
全严格的证明. 但是, 如前所述, 我们看不到有任何根据对它怀疑.

　　相反, 在点偶极子和更高阶的多极子的情形, 充满全部空间的连续介
质近似 (或更准确地说是模型) 显然是靠不住的, 一般来说是错误的. 电
流磁偶极子和 "真正的" 磁偶极子的场和辐射能量的差异证实了这一点.
另一个论据是, 在偶极子垂直于速度的情形下, 不论多么细的沟道都会影
响辐射. 因此在应用于点偶极子时, 公式 (7.47)、(7.49) 和 (7.60) 或许不适
用 (对电流偶极子 (7.47) 式肯定不适用). 对细小空沟道得到的相应的表达
式[165]更可能应用于连续介质. 但是这也没有得到证明, 因为在连续介质近
似中且不考虑空间色散时, 沟道的半径 $r$ 一般而言不能趋于零 (为了满足
条件 $r \gg a$ 必须如此, $a$ 是介质中粒子之间的距离, 对于凝聚态介质, 即原
子大小的尺度).

[169]　　　于是, 为了求出在介质中运动的点状 (微观) 偶极子和更高阶的多极子
的场和辐射能, 必须进行还从未做过的微观分析①. 幸好, 剩下的含糊不清
之处并没有什么实际意义, 因为粒子 (例如中子) 的磁矩非常小. 因此相应
的瓦维洛夫–切连科夫辐射还有渡越辐射众所周知都没有现实意义.

　　通过以上讨论可以确信, 在计算狭窄沟道中的切连科夫辐射时使用
互易性定理的方法有很高的效能. 这个方法也在研究渡越辐射时得到应
用[166], 它对解决有边界存在时切连科夫辐射和渡越辐射理论的一系列问
题都是有用的, 更不用说它对许多别的电动力学问题的研究的用处了 (关
于互易性定理特别见 [325]).

　　在结束这一章时我们再次强调, 瓦维洛夫–切连科夫效应是一种多方
面的现象, 具有各种不同的相似情况. 因此毫不奇怪, 总是不断出现新的
应用和派生的问题. 作为具体事例, 我们举出胆甾相液晶中的切连科夫辐
射[167], 以及当快速的强子穿过核活性介质 (原子核、核子) 并主要发射 π 介

---

　　① 注意, 在文献 [119,158] 中及本书的前两版中均未曾考虑这里谈到的这一点, 并且
假设公式 (7.45) 和从它得出的结论是正确的. 我们在上面看到 (又见 [159, 162]), 这样的
结论一般说来是不对的.

子这一与切连科夫效应相似的情况[168]. 我们也应当提及前面没有触及的切连科夫辐射理论的一些问题, 它们包括吸收介质中的切连科夫辐射[169]以及切连科夫辐射与别种辐射如渡越辐射发生干涉的可能性[130, 122].

# 第八章

# 渡越辐射和渡越散射

渡越辐射和渡越散射的实质. 两种介质分界面上的渡越辐射. 非定常介质中的渡越辐射. 辐射生成区. 渡越辐射时的能量平衡. 渡越散射.

[170]    我们来研究在介质中以匀速 $v$ 作直线运动的不具有固有频率的辐射源 (电荷、大小恒定的电偶极子或磁偶极子等). 这时, 对于空间均匀和时间不变的介质, 瓦维洛夫–切连科夫辐射 (当然, 需满足条件 (6.55)) 是唯一可能的辐射. 但是, 在非均匀和/或随时间变化的介质中以及在其附近情况就不同了. 在这种条件下有渡越辐射出现, 这是一种从广泛意义上理解的辐射, 发生在电荷 (或其他不具有固有频率的源) 在非均匀条件下——在非均匀介质中, 在随时间变化的介质中, 或是在这些介质附近作匀速直线运动时.

当然, 在一般情形下, 渡越辐射可以与切连科夫辐射以及电荷加速运动产生的辐射 (如轫致辐射、同步辐射等) 同时存在并发生干涉. 但是为了理解这里所涉及的物理学, 自然至少首先得将渡越辐射从中分离出来.

因此我们研究以恒定速度[①]

$$v < c/n \tag{8.1}$$

① 在有辐射 (切连科夫辐射、渡越辐射) 存在时, 一般而言, 电荷的能量会变化, 与此相关, 必定会遇到能否认为电荷的速度是严格不变的问题. 对此的回答无疑是肯定的. 例如, 如果可以认为发生辐射的粒子的质量是任意大, 那么由辐射引起的粒子速度变化就趋于零. 而且, 能量损失可以通过外源作功得到补偿. 这样, 就完全能满足辐射源速度严格不变的前提. 还有, 在某些问题中应该考虑辐射源速度的变化, 不过这完全是另一问题.

运动的粒子, 此时不产生瓦维洛夫–切连科夫辐射. 此外, 如果我们谈的是真空 ($n = 1$), 那么一般地说没有任何辐射. 为了在真空中产生辐射, 电荷 (或多极子) 应当作加速运动, 或者换句话说, 表征辐射的参量 $v/c$ 应当变化. 在有介质存在时这个参量的形式已经是 $v/v_{\mathrm{ph}} = vn/c$——它等于粒子速度与光的相速度 $v_{\mathrm{ph}} = c/n$ 之比.

　　但是, 事情的实质在于, 在有介质存在时, 参量 $vn/c$ 不仅会由于速度 $v$ 的变化而变化, 还会由于折射率沿辐射源轨道的相应变化使光的相速度改变而变化. 在参量 $vn/c$ 的改变是由 $n$ 的变化引起而 $v = \mathrm{const}$ 时所产生的辐射叫做渡越辐射.

　　最简单的这类问题发生在研究电荷穿越两种介质 (或者, 特别是真空与介质) 的分界面时. 1944 年得以研究的正是这种情况下发生的最简单类型的渡越辐射[166]. 我们注意到, 上面给出的关于渡越辐射的实质以及与之相联系的这种辐射随参量 $vn/c$ 的变化产生的解释显得有些形式化, 实际上真正的解释要求懂得介质中的辐射理论. 因此, 在这里提一提当电荷穿越分界面时会出现渡越辐射原因的最直观的解释, 也许并不多余. 众所周知, 第一种介质 (在所讨论的时刻电荷在其中运动的介质) 中的电磁场可以表示为电荷本身的场和它的 "镜像" 的场, 镜像在第二种介质中迎着电荷反向运动. 当电荷及其镜像穿越分界面时, "从第一种介质的观点" 来看, 就像是发生了部分 "湮没" 或者 "重组", 于是导致辐射. 当然, 特别简单的情况是, 电荷从真空正入射到理想镜面上——在穿越镜面边界时电荷和它的镜像完全被 "湮没", 或最好说是, 电荷和镜像停留在边界上 (在以下意义上: 真空中产生的辐射就是入射电荷 $q$ 和其镜像 $-q$ 同时骤停在介质分界面上产生的辐射, 见图 8.1).

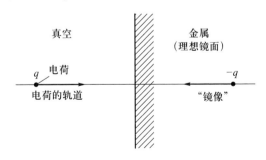

图 8.1　电荷 $q$ 穿过真空–金属边界时产生渡越辐射.

　　很显然, 这种渡越辐射在电荷穿越具有不同 "电学" 参量 (介电常量、折射率等等) 的任何介质的界面时都会发生. 不过, 文献 [166] 的注意力集中在电荷入射到金属上的情形以及相应的在 "向后" 方向上的即在真空中

[171]

[172]

观察到的渡越辐射 (基本上是光辐射). 不过, 对于能量足够高的相对论性粒子, 出现另外的方式, 即粒子穿过介质到达真空中, 也是完全现实的. 就纯理论方面而言, 这个问题等价于前述问题, 相应的辐射强度公式只要将速度 $v$ 简单地换为速度 $-v$ 就可得到 (见下面的 (8.37) 式和对它的说明). 当然, 在这种情形下计算场强时对称性消失, 将 $v$ 换成 $-v$ (或换句话说, 是 "飞入介质" 还是 "飞出介质", 以及相应地是观察 "向后" 辐射还是 "向前" 辐射), 辐射强度将会不同, 在某些条件下二者相差很多. 在向前辐射的情况下, 特别是, 在从介质飞入真空时, 辐射频谱中会出现更高的频率, 具体地说, 在凝聚态介质中相对论性粒子的渡越辐射可以伸展到频谱的 X 射线部分. 辐射的积分 (包括所有角度和频率的) 强度也相应增大, 在最简单的情形下, 它与 $1/\sqrt{1 - v^2/c^2} = \mathscr{E}/Mc^2$ 成正比 ($\mathscr{E}$ 是产生辐射的质量为 $M$ 的粒子的总能量). 这一重要情况直到 1959 年才搞清楚[170]. 从而为建造有效的渡越辐射探测器开启了更广阔的前景, 这种仪表预定用于探测, 或更准确地说, 用于确定相对论性粒子的速度. 诚然, 与多个界面下渡越辐射研究相关的渡越辐射探测器的问题被人们提出还要更早些[171a], 但是当时所预想的对光学频段的渡越辐射的使用, 看来达不到目的.

　　如同常常发生的那样, "实际" 应用可能性的出现 (在现在的情况下是在高能物理学中的应用) 急剧地提高了人们对渡越辐射的兴趣. 如果从 1945 年到 1958 年为止, 关于渡越辐射总共只有大约 15 篇论文, 那么从 1959 年发布第一个实验结果后, 情况就发生了变化. 从 1959 年到 1971 年, 13 年里, 已经发表了大约 250 篇论文, 而到 1983 年, 发表的论文数已达约 800 篇[115]. 总的说来, 在大约 15 年的时间里, 渡越辐射这个来自经典电动力学领域的足够简单和清楚的效应, 几乎没有得到任何注意, 而现今它却非常普及, 不过基本上是在开发和应用渡越辐射探测器方面. 问题的这一个侧面甚至在一些综述文章里也得到阐明, 更不用说已有大量的专门文献了 (见 [115], 及 [12] 和 [22] 中列出的文献).

[173]　　我们这里绝不否定与渡越辐射探测器相联系的研究工作的重要性, 但是我们所要强调的是, 在足够广泛意义下理解的渡越辐射无疑具有非常普遍的物理意义, 它已形成了确定的概念和 "语言", 从而促成一些方向的进一步发展. 总的来说, 这里的情况与曾经出现在瓦维洛夫–切连科夫效应研究中的情况相似, 这一效应 (可以说是以纯粹的方式) 直接在瓦维洛夫–切连科夫计数器中首先得到了应用.

　　因此, 渡越辐射是一种多方面的现象. 但是, 直到不久以前, 人们的注意力还只是集中在电荷穿越介质间的一个或一组界面时产生的渡越辐射上. 后一种情况指的是有序排列的一串界面, 即具有确定周期的系统, 或者

是随机安置的界面 (非均匀性)①. 另一个早就得到发展的方向由以下情况确定: 一切辐射, 特别是波长为 λ 的渡越辐射, 不是在一点上生成, 而是在一个尺寸与 λ 可以比拟、甚至大大超过它的区域 ("生成区") 中生成. 因此, 比如瓦维洛夫–切连科夫效应当粒子在真空中运动时也会产生, 但运动发生在介质附近 (在通道或缝隙中, 或在介质的分界面附近; 见第 7 章). 完全类似, 渡越辐射 (这种情况下通常称为衍射辐射) 产生于真空 (或均匀介质) 中匀速运动的辐射源 (电荷) 靠近某种障碍物 (金属或电介质小球、薄膜、衍射栅格等) 飞行时. (见 [172]). 其实, 不必提已经在上面讲述过的一般特征, 在镜像法的基础上就可以很容易地理解这种渡越辐射的出现.

　　但是, 还有一种是在不久前才得到研究的渡越辐射[173]. 这种辐射在均匀介质中产生, 不过是在介质的性质随时间变化时. 这里事情的实质用带有参量 $vn/c$ 的术语最好理解. 前面提到, 当 $v$ = 恒量时, 为了有渡越辐射出现, 在电荷的轨道上或其附近的折射率 $n$ 必须变化. 而这种变化在下述条件下显然会发生, 那就是折射率随时间变化, 例如在某一时刻在一定程度上突然变大或变小.

　　与瓦维洛夫–切连科夫辐射相似, 渡越辐射具有不同本质的波所能具有的非常一般的特征. 作为例子, 让我们看声波的渡越辐射, 它是在运动的位错穿越多晶体中晶粒的边界时产生的. 也许, 在声学中对别的一些与渡越辐射有关的问题也会感兴趣 (对相应文献的若干引用见 [121, 122]; 又见 [174]). 令人好奇的是, 在真空中已经产生的渡越辐射在有可能导致非线性电磁效应出现的强磁场条件下应用于脉冲星的磁层时, 也许会有现实意义[121, 122, 134]. [174]

　　一种与渡越辐射非常相似 (有时完全相同) 的现象, 是渡越散射.

　　如果渡越辐射是当电荷在折射率周期变化 (如按正弦规律变化) 的介质中运动时产生的, 那么这时不仅可以称其为渡越辐射或共振渡越辐射, 还可以将相应的过程称为渡越散射. 实际上, 这时介电常量 (折射率) 波 (它可以是驻波或行波) 似乎在运动电荷上弥散, 引起电磁 (渡越) 辐射. 在这些条件下, 要不是这个效应在静止电荷极限时仍能保持, 那就用不着以术语渡越散射代替渡越辐射了. 当渡越散射这个术语反映事物的实质时, 谈论渡越辐射至少是不自然的. 实际上这里的关键问题是, 比方说, 折射率波入射到静止的 (固定的) 电荷上且电磁波从电荷上发散开来. 可以在与别

---

　　① 当然, 周期性非均匀介质中的渡越辐射自有其特性. 可能由于这个原因, 有时把它叫做共振辐射. 但是, 在我们看来, 对各种不同形式的渡越辐射使用不同的名称不见得合理, 只会导致误解. 作为某种折中处理, 下面将周期性介质中的渡越辐射叫做共振渡越辐射, 也称为渡越散射.

种散射相同的意义上将这种波看成散射波, 比如电磁波在静止电子 (当然, 这时电子只有不考虑入射其上的波的作用才会有静止) 上的散射. 渡越辐射在等离子体物理学中扮演着重要的角色, 整体而言它是一种非常普通的现象, 当电磁波或引力波入射到一个有很强的静态电磁场的区域时, 渡越辐射都会在真空中产生[175, 122]. 这时入射到该区域上的波 (相应的电磁波或引力波) 转换为散开的电磁波.

前面说过, 有大量讨论渡越辐射的文章 (见 [115]), 还有一批综述和专著 [9, 120–122, 176]. 下面我们将只阐明渡越辐射和渡越散射理论的若干基本问题, 并依照论文 [121] 的方式讲述 (更完整和更详尽的讨论见 [122]). 像在书中别的许多地方一样, 这样做时我们不惜有所重复, 以使得读者无需在每一步都要翻看别的章节就可以读懂正文.

我们首先来研究渡越辐射的基本和在一定意义上最简单的问题, 即以恒定速度 $v$ 运动的电荷 $q$ 穿越两种介质的分界面的问题. 为简单起见, 我们假设电荷垂直地入射到分界面上. 两种各向同性介质 1 和 2 分别以介电常量之值 $\varepsilon_1$ 和 $\varepsilon_2$ 表征, 在一般情形下, 它们可以是复数 (图 8.2). 我们当然从电磁场方程出发:

[175]

$$\mathrm{rot}\,\boldsymbol{H} = \frac{1}{c}\frac{\partial \boldsymbol{D}}{\partial t} + \frac{4\pi}{c}\boldsymbol{j}^q, \quad \mathrm{rot}\,\boldsymbol{E} = -\frac{1}{c}\frac{\partial \boldsymbol{B}}{\partial t}; \quad \boldsymbol{B} = \boldsymbol{H}, \tag{8.2}$$

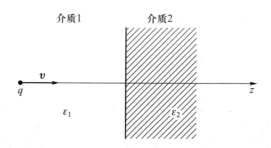

图 8.2　计算电荷 $q$ 穿越两种介质界面时的渡越辐射.

其中电流密度等于

$$\boldsymbol{j}^q = q\boldsymbol{v}\delta(\boldsymbol{r} - \boldsymbol{v}t) \equiv q\boldsymbol{v}\delta(x)\delta(y)\delta(z - vt). \tag{8.3}$$

由于问题关于时间及每种介质中平行于界面的方向是均匀的, 将一切物理量对时间和对垂直于电荷速度的分量 $\boldsymbol{r}$ (此处用 $\boldsymbol{r}_\perp$ 表示; $z$ 轴垂直于边界)

作傅里叶展开是方便的, 于是

$$
\left.
\begin{aligned}
\boldsymbol{j}_z^q(\boldsymbol{r}, t) &= \iint j_{\boldsymbol{\kappa},\omega}^q(z) \exp(\mathrm{i}\boldsymbol{\kappa} \cdot \boldsymbol{r}_\perp - \mathrm{i}\omega t)\mathrm{d}^3\kappa \mathrm{d}\omega, \\
\boldsymbol{E}(\boldsymbol{r}, t) &= \iint E_{\boldsymbol{\kappa},\omega}(z) \exp(\mathrm{i}\boldsymbol{\kappa} \cdot \boldsymbol{r}_\perp - \mathrm{i}\omega t)\mathrm{d}^3\kappa \mathrm{d}\omega, \\
\boldsymbol{H}(\boldsymbol{r}, t) &= \iint H_{\boldsymbol{\kappa},\omega}(z) \exp(\mathrm{i}\boldsymbol{\kappa} \cdot \boldsymbol{r}_\perp - \mathrm{i}\omega t)\mathrm{d}^3\kappa \mathrm{d}\omega.
\end{aligned}
\right\}
\tag{8.4}
$$

矢量 $\boldsymbol{\kappa}$ 有两个分量 $\kappa_x$ 和 $\kappa_y$. 由 (8.3) 式得电流密度 $\boldsymbol{j}^q$ 的傅里叶投影分量 $j_z^q$ 为

$$
j_{\boldsymbol{\kappa},\omega}^q(z) = q\mathrm{e}^{\mathrm{i}\omega z/v}/(2\pi)^3.
\tag{8.5}
$$

将 $\boldsymbol{E}$ 的分量按照电荷速度的方向分解也很方便, 这些分量简单地标记为 $E$ 和垂直分量 $\boldsymbol{E}_\perp$. 根据定义,

$$
E = \frac{\boldsymbol{E} \cdot \boldsymbol{v}}{v}, \quad \boldsymbol{E}_\perp = \boldsymbol{E} - \frac{(\boldsymbol{E} \cdot \boldsymbol{v})\boldsymbol{v}}{v^2}.
\tag{8.6}
$$

矢量 $\boldsymbol{E}_\perp$ 有两个分量 $E_x$ 和 $E_y$.

因为以后我们只用展开式 (8.4) 中的傅里叶分量的方程, 所以为了简洁, 我们将略去相应的量所附的下标 $\kappa$ 和 $\omega$. 对于刚才提到的分量, 将方程 (8.2) 投影到电荷速度 $\boldsymbol{v}$ 的方向上, 得到

$$
\left.
\begin{aligned}
\kappa_x H_y - \kappa_y H_x &= -\frac{\omega}{c}\varepsilon E - \frac{4\pi\mathrm{i}}{c}j^q, \\
H_y = -\frac{c}{\omega}\left(\kappa_x E + \mathrm{i}\frac{\partial E_x}{\partial z}\right), \quad H_x &= \frac{c}{\omega}\left(\kappa_y E + \mathrm{i}\frac{\partial E_y}{\partial z}\right).
\end{aligned}
\right\}
\tag{8.7}
$$

[176]

由此求得 (引入记号 $\kappa^2 = \kappa_x^2 + \kappa_y^2$)

$$
\left(\kappa^2 - \frac{\omega^2}{c^2}\varepsilon\right) E + \mathrm{i}\frac{\partial}{\partial z}(\boldsymbol{\kappa} \cdot \boldsymbol{E}_\perp) = \frac{4\pi\mathrm{i}\omega}{c^2(2\pi)^3}q\mathrm{e}^{\mathrm{i}\omega z/v}
\tag{8.8}
$$

在将麦克斯韦方程投影到垂直于粒子速度 $\boldsymbol{v}$ 的方向上时, 粒子流自然不会作贡献, 于是我们有

$$
\left(\frac{\partial^2}{\partial z^2} + \frac{\omega^2}{c^2}\varepsilon\right)(\boldsymbol{\kappa} \cdot \boldsymbol{E}_\perp) = \mathrm{i}\kappa^2\frac{\partial E}{\partial z}.
\tag{8.9}
$$

将算符 $\dfrac{\partial^2}{\partial z^2} + \dfrac{\omega^2}{c^2}\varepsilon$ 作用于方程 (8.8) 的两端, 并利用 (8.9) 式, 可以消去 $\boldsymbol{\kappa} \cdot \boldsymbol{E}_\perp$ 并得到一个关于 $E$ 的方程

$$
\frac{\partial^2}{\partial z^2}(\varepsilon E) + \varepsilon\left(\frac{\omega^2}{c^2}\varepsilon - \kappa^2\right) E = -\frac{4\pi\mathrm{i}\omega q}{c^2(2\pi)^3}\left(\varepsilon - \frac{c^2}{v^2}\right)\mathrm{e}^{\mathrm{i}\omega z/v}.
\tag{8.10}
$$

这里假设, 在 1 和 2 每种介质的范围内, 介电常量 $\varepsilon$ 为常量并与 $z$ 无关. 但是在介质分界面上它发生跃变. 因此方程 (8.10) 应当在每种介质中分别求解, 再利用边界条件缝合起来. 边界条件为: 在边界上电感应矢量的法向分量相等及电场强度的切向分量相等

$$\left.\begin{array}{l} \varepsilon_1 E_1|_{z=0} = \varepsilon_2 E_2|_{z=0}, \\ (\boldsymbol{\kappa} \cdot \boldsymbol{E}_\perp)_1|_{z=0} = (\boldsymbol{\kappa} \cdot \boldsymbol{E}_\perp)_2|_{z=0}. \end{array}\right\} \tag{8.11}$$

首先研究方程 (8.10) 对于均匀介质 (它可以是两种介质的每一种) 的解. 这个解是两个场之和, 一个是电荷 $q$ 在介质中的场

$$E^q = -\frac{4\pi \mathrm{i} q(1 - c^2/v^2\varepsilon)}{\omega(2\pi)^3(\varepsilon - c^2/v^2 - \kappa^2 c^2/\omega^2)} \mathrm{e}^{\mathrm{i}\omega z/v}, \tag{8.12}$$

另一个解是自由场 (辐射场)

$$E^R = \frac{4\pi \mathrm{i} q}{\omega(2\pi)^3} a \exp\left[\pm \mathrm{i}\frac{\omega}{c} z \left(\varepsilon - \frac{\kappa^2 c^2}{\omega^2}\right)^{1/2}\right]. \tag{8.13}$$

我们记得, $E = E^q + E^R$ 是场强 $\boldsymbol{E}$ 在电荷速度 $\boldsymbol{v}$ 方向上的分量. 在辐射场的振幅中将因子 $4\pi \mathrm{i} q/\omega(2\pi)^3$ 分出来纯属为了研究的方便, 这样一来, 振幅 $a$ 就成为无量纲的了. 此外, 方程 (8.13) 中的正号对应于沿 $z > 0$ 方向传播的波, 而负号对应沿 $z < 0$ 方向传播的波. 波区中的 $E^R$ 场是描述渡越辐射的场. 它应当从介质分界面开始传播, 也就是说, 在介质 2 中 (8.13) 式的指数必须取 + 号, 在介质 1 中 (8.13) 式的指数必须取 − 号.

[177]　　接下来应当作两点补充说明. 严格地说来, 仅当场 (8.13) 描写的是传播波, 亦即如果

$$\varepsilon > \kappa^2 c^2/\omega^2 \tag{8.14}$$

时, 它才是辐射场. 在 $\varepsilon < \kappa^2 c^2/\omega^2$ 的情况下, 场 (8.13) 将随着离开介质交界面的距离指数衰减, 亦即在取 + 号和取 − 号两种情况下均须置

$$\left(\varepsilon - \frac{\kappa^2 c^2}{\omega^2}\right)^{1/2} = \mathrm{i}\frac{\omega}{|\omega|}\left(\frac{\kappa^2 c^2}{\omega^2} - \varepsilon\right)^{1/2}. \tag{8.15}$$

在研究渡越辐射时, 必须有这样的由边界开始衰减的波存在, 因为相应的波在边界上可以经受全内反射. 严格地讲, 还存在我们在此并不讨论的表面波的渡越辐射.

　　第二个说明涉及方程 (8.10) 在条件 $\varepsilon = 0$ 情况下解的存在的可能性. 这个解相应于纵波辐射, 其特性本质上依赖于空间色散, 从而依赖于表面附近的介质性质. 我们在此也不讨论这个问题.

在利用边界条件 (8.11) 缝合我们所感兴趣的问题的解之前, 我们在研究过程中发现从方程 (8.12) 很容易得到均匀介质中的瓦维洛夫–切连科夫辐射的塔姆–弗朗克公式 (6.16). 如果条件 $c^2/v^2\varepsilon < 1$ 得到满足, 就会发生这种辐射. 辐射功率等于电场 $E^q$ 在单位时间内对电流 $j^q$ (这两个量共线) 所作功的负值[1]:

$$\frac{\mathrm{d}W}{\mathrm{d}t} = -qv \int_{-\infty}^{\infty} E^q(vt)e^{-i\omega t}\mathrm{d}\omega\mathrm{d}\kappa$$

$$= \frac{\mathrm{i}q^2 v}{\pi c^2} \int_0^{\infty} \omega\mathrm{d}\omega \int_0^{\infty} \left(1 - \frac{c^2}{v^2\varepsilon}\right) \frac{\mathrm{d}(\kappa^2 c^2/\omega^2)}{(\varepsilon - c^2/v^2 - \kappa^2 c^2/\omega^2)}$$

$$= \frac{q^2 v}{c^2} \int_0^{\infty} \omega\mathrm{d}\omega \left(1 - \frac{c^2}{v^2\varepsilon}\right) \int_0^{\infty} \delta\left(\varepsilon - \frac{c^2}{v^2} - \frac{\kappa^2 c^2}{\omega^2}\right) \mathrm{d}\frac{\kappa^2 c^2}{\omega^2}$$

$$= \frac{q^2 v}{c^2} \int_{c^2/(v^2\varepsilon)\leqslant 1} \omega\mathrm{d}\omega \left(1 - \frac{c^2}{v^2\varepsilon}\right).$$

在研究渡越辐射时, 如前所述, 我们将假定不满足切连科夫辐射的条件 (亦即假定 $c^2/(v^2\varepsilon) > 1$; 见 (8.1) 式). 为了利用边界条件 (8.11), 必须知道电场的切向分量. 从方程 (8.9) 我们很容易得到电荷场 (用 $q$ 表示) 和辐射场 (用 $R$ 表示) 的切向分量分别为 [178]

$$(\boldsymbol{\kappa}\cdot\boldsymbol{E}_\perp)^q = -\frac{\kappa^2 c^2 E^q}{v\omega(\varepsilon - c^2/v^2)}, \quad (\boldsymbol{\kappa}\cdot\boldsymbol{E}_\perp)^R = \mp\frac{\omega}{c}E^R\sqrt{\varepsilon - \frac{\kappa^2 c^2}{\omega^2}}. \tag{8.16}$$

现在可以利用边界条件 (8.11) 得到确定辐射场振幅 $a_1$ 和 $a_2$ 的两个方程

$$\frac{\kappa^2 c^2/\omega^2}{\varepsilon_1 - c^2/v^2 - \kappa^2 c^2/\omega^2} - \varepsilon_1 a_1 = \frac{\kappa^2 c^2/\omega^2}{\varepsilon_2 - c^2/v^2 - \kappa^2 c^2/\omega^2} - \varepsilon_2 a_2, \tag{8.17}$$

$$\frac{\kappa^2 c^2/\omega^2}{v\varepsilon_1(\varepsilon_1 - c^2/v^2 - \kappa^2 c^2/\omega^2)} + \frac{a_1}{c}\sqrt{\varepsilon_1 - \frac{\kappa^2 c^2}{\omega^2}}$$

$$= \frac{\kappa^2 c^2/\omega^2}{v\varepsilon_2(\varepsilon_2 - c^2/v^2 - \kappa^2 c^2/\omega^2)} - \frac{a_2}{c}\sqrt{\varepsilon_2 - \frac{\kappa^2 c^2}{\omega^2}}. \tag{8.18}$$

即使不解出方程 (8.17) 和 (8.18), 当 $1/\sqrt{1 - v^2/c^2} = \mathscr{E}/Mc^2 \gg 1$ 时, 也可以得出一系列涉及极端相对论粒子辐射的结论. 实际上, 由 (8.17) 可见, 当粒子的自有场在两种介质中有显著区别, 或者换句话说, 当两种介质的 $-\varepsilon + c^2/v^2 + \kappa^2 c^2/\omega^2$ 因子显著不同时, 会出现可观的辐射. 我们现在来考察高频区, 此时在任一种介质中使用介电常量的等离子体公式

$$\varepsilon = 1 - \omega_p^2/\omega^2; \quad \omega_p^2 = \frac{4\pi Ne^2}{m}$$

---

[1] 此处在积分时采用了熟知的引入任意小衰减的方法 (参见后面的公式 (12.34)).

都是正确的. 这时有

$$\left(-\varepsilon + \frac{c^2}{v^2}\right) + \frac{\kappa^2 c^2}{\omega^2} \approx \frac{\omega_p^2}{\omega^2} + \left(\frac{Mc^2}{\mathscr{E}}\right)^2 + \frac{\kappa^2 c^2}{\omega^2}. \tag{8.19}$$

在 $\omega \gg \omega_p$, 亦即 $\varepsilon \approx 1$ 与 $\kappa^2 c^2/\omega^2 \approx \theta^2 \ll 1$ 的情况下, 其中 $\theta$ 为 $\boldsymbol{k}$ 与 $\boldsymbol{v}$ 之间的夹角, 如果

$$\omega \sim \omega_p \mathscr{E}/Mc^2, \qquad \theta \sim Mc^2/\mathscr{E} \tag{8.20}$$

则 (8.19) 式中的各项将为同一数量级的量. 因此, 假定 (8.20) 式的条件满足, 我们这里基本上只考察向前的高频辐射. 此时关系式 (8.17) 和 (8.18) 取以下形式:

$$\frac{\theta^2}{\theta^2 + (\omega_{p1}/\omega)^2 + (Mc^2/\mathscr{E})^2} + a_1 = \frac{\theta^2}{\theta^2 + (\omega_{p2}/\omega)^2 + (Mc^2/\mathscr{E})^2} + a_2, \tag{8.21}$$

$$\frac{\theta^2}{\theta^2 + (\omega_{p1}/\omega)^2 + (Mc^2/\mathscr{E})^2} - a_1 = \frac{\theta^2}{\theta^2 + (\omega_{p2}/\omega)^2 + (Mc^2/\mathscr{E})^2} + a_2, \tag{8.22}$$

其中, $\omega_{p1}^2$ 和 $\omega_{p2}^2$ 分别为在介质 1 和介质 2 中的等离子体频率值的平方. 由 (8.21) 和 (8.22) 可得, $a_1 = 0$, 亦即不存在向后辐射, 向前辐射由振幅

$$a_2 = \frac{\theta^2(\omega_{p2}^2 - \omega_{p1}^2)}{\omega^2[\theta^2 + (\omega_{p1}/\omega)^2 + (Mc^2/\mathscr{E})^2][\theta^2 + (\omega_{p2}/\omega)^2 + (Mc^2/\mathscr{E})^2]} \tag{8.23}$$

[179] 确定. 辐射强度正比于 $|a_2|^2$ (见后). 向后辐射趋于零仅是由 (8.20) 式确定的近似的结果. 在条件 (8.20) 满足时, 向后辐射其实并非完全消失, 而是按参量 $\theta^2$ 和 $(Mc^2/\mathscr{E})^2$ 展开的高阶小量.

在普遍情况下, 关系到振幅 $a_1$ 和 $a_2$ 的联立方程 (8.17) 和 (8.18) 也并不难求解. 结果我们得到

$$a_2 = \frac{v}{c} \frac{\kappa^2 c^2}{\omega^2 \varepsilon_2} (\varepsilon_2 - \varepsilon_1) \left(1 - \frac{v^2}{c^2} \varepsilon_2 - \frac{v}{c}\sqrt{\varepsilon_1 - \frac{\kappa^2 c^2}{\omega^2}}\right) \times$$
$$\left[\left(1 - \frac{v^2}{c^2}\varepsilon_2 + \frac{\kappa^2 v^2}{\omega^2}\right)\left(1 - \frac{v}{c}\sqrt{\varepsilon_1 - \frac{\kappa^2 c^2}{\omega^2}}\right) \times\right.$$
$$\left.\left(\varepsilon_1\sqrt{\varepsilon_2 - \frac{\kappa^2 c^2}{\omega^2}} + \varepsilon_2\sqrt{\varepsilon_1 - \frac{\kappa^2 c^2}{\omega^2}}\right)\right]^{-1}, \tag{8.24}$$

$$a_1 = \frac{v}{c} \frac{\kappa^2 c^2}{\omega^2 \varepsilon_1} (\varepsilon_2 - \varepsilon_1) \left(1 - \frac{v^2}{c^2} \varepsilon_1 + \frac{v}{c}\sqrt{\varepsilon_2 - \frac{\kappa^2 c^2}{\omega^2}}\right) \times$$
$$\left[\left(1 - \frac{v^2}{c^2}\varepsilon_1 + \frac{\kappa^2 v^2}{\omega^2}\right)\left(1 + \frac{v}{c}\sqrt{\varepsilon_2 - \frac{\kappa^2 c^2}{\omega^2}}\right) \times\right.$$
$$\left.\left(\varepsilon_1\sqrt{\varepsilon_2 - \frac{\kappa^2 c^2}{\omega^2}} + \varepsilon_2\sqrt{\varepsilon_1 - \frac{\kappa^2 c^2}{\omega^2}}\right)\right]^{-1}. \tag{8.25}$$

在 (8.19) 式的近似下, 可由式 (8.24) 得到式 (8.23), 此时向后辐射的振幅为

$$a_1 \approx \frac{\theta^2(\varepsilon_2 - \varepsilon_1)}{4[\theta^2 + (\omega_{p1}/\omega)^2 + (Mc^2/\mathscr{E})^2]} = \frac{\theta^2(\omega_{p1}^2 - \omega_{p2}^2)}{4\omega^2[\theta^2 + (\omega_{p1}/\omega)^2 + (Mc^2/\mathscr{E})^2]}. \quad (8.26)$$

对于非相对论电荷, 向前辐射和向后辐射其实是差不多的 (如果 $\varepsilon_1$ 和 $\varepsilon_2$ 属同一量级的话).

现在我们就来求通过 $a_1$ 和 $a_2$ 表示的渡越辐射能量的公式. 为此我们完全不必去计算坡印亭矢量流, 只需要渐进地计算当 $t \to \infty$, 辐射场和自有场明显分离 (此时认为考察渡越辐射的介质是透明的) 情况下辐射场 $E^R$ 的能量就够了. 这种计算方法相应于在第 1 章和第 6 章所述的哈密顿方法.

为简单起见, 我们在能量的表达式中略去色散并认为在这种情况下平面波 (8.13) 式中的磁能和电能彼此相等. 此时辐射能等于

$$W_2^R = \frac{1}{4\pi} \int \varepsilon_2 \{(E_\perp^R(\boldsymbol{r}, t))^2 + (E^R(\boldsymbol{r}, t))^2\} \mathrm{d}\boldsymbol{r}_\perp \mathrm{d}z, \quad (8.27)$$

式中考虑的是介质 2 中的场 (向前辐射).

实际上, 下面得到的结果对于色散介质也是正确的, 在此情况下 (8.27) 式中将出现因子 $\frac{1}{2\omega} \frac{\mathrm{d}(\omega^2 \varepsilon_2)}{\mathrm{d}\omega}$ 来代替 $\varepsilon_2$, 之后这个因子被消去 (参见第 6 章).

由于我们只关心在介质 2 中辐射的总能量, 因此必须认为辐射场已经离开边界并形成了完全处于介质 2 中的某种波列 (波包), 所以对 $z$ 的积分可在由 $-\infty$ 至 $+\infty$ 的积分限内进行, 不必关心边界, 也不必注意波的衰减 (亦即假定 $\varepsilon_2 > \kappa^2 c^2/\omega^2$, 见 (8.14) 式). 进而, 根据 (8.14) 式,

$$|\boldsymbol{E}_{\perp,2}^R|^2 = \frac{\omega^2}{\kappa^2 c^2} \left(\varepsilon_2 - \frac{\kappa^2 c^2}{\omega^2}\right) |E_2^R|^2, \quad (8.28)$$

其中已顾及了由问题的轴对称性所引起的矢量 $\boldsymbol{E}_\perp$ 和 $\boldsymbol{\kappa}$ 的共线关系.

将展开式 (8.4) 代入 (8.27) 式并考虑到 (8.28) 式, 采用众所周知的公式

$$\delta(x) = \frac{1}{2\pi} \int_{-\infty}^{+\infty} \mathrm{e}^{\mathrm{i}\omega x} \mathrm{d}\omega = \frac{1}{2\pi} \int_{-\infty}^{+\infty} \mathrm{e}^{-\mathrm{i}\omega x} \mathrm{d}\omega \quad (8.29)$$

和

$$\int \varphi(x) \delta(f(x) - y) \mathrm{d}x = \left[\frac{\varphi(x)}{|\mathrm{d}f/\mathrm{d}x|}\right]_{f(x)=y}. \quad (8.30)$$

对 $\mathrm{d}z, \mathrm{d}\boldsymbol{r}_\perp, \mathrm{d}\omega'$ 和 $\mathrm{d}\boldsymbol{\kappa}'$ 积分, 结果得到

$$W_2^R = \frac{q^2}{\pi c} \int_0^\infty \frac{\mathrm{d}\kappa^2}{\kappa^2} \mathrm{d}\omega \varepsilon_2 \sqrt{\varepsilon_2 - \frac{\kappa^2 c^2}{\omega^2}} |a_2|^2. \quad (8.31)$$

[180]

适当地引进 $\boldsymbol{k}$ 与 $\boldsymbol{v}$ (粒子沿法向从介质 1 渡越到介质 2) 之间的夹角 $\theta_2$, 且 $\sin^2\theta_2 = \kappa^2 c^2/\omega^2\varepsilon_2$. 这时计及 (8.24) 式, 对于向前辐射 (在介质 2 中) 我们得到

$$W_2^R = \int_0^\infty \mathrm{d}\omega \int_0^{\pi/2} 2\pi \sin\theta_2 \mathrm{d}\theta_2 W_2^R(\omega, \theta_2), \tag{8.32}$$

$$
\begin{aligned}
& W_2^R(\omega, \theta_2) \\
& = \frac{q^2 v^2}{\pi^2 c^3}\sqrt{\varepsilon_2}\cos^2\theta_2\sin^2\theta_2|\varepsilon_2 - \varepsilon_1|^2 \times \\
& \left| \frac{1 - \dfrac{v^2}{c^2}\varepsilon_2 - \dfrac{v}{c}\sqrt{\varepsilon_1 - \varepsilon_2\sin^2\theta_2}}{\left(1 - \dfrac{v^2}{c^2}\varepsilon_2\cos^2\theta_2\right)\left(1 - \dfrac{v}{c}\sqrt{\varepsilon_1 - \varepsilon_2\sin^2\theta_2}\right)\left(\varepsilon_1\cos\theta_2 + \sqrt{\varepsilon_2(\varepsilon_1 - \varepsilon_2\sin^2\theta_2)}\right)} \right|^2.
\end{aligned}
\tag{8.33}
$$

需要对当 $\sqrt{\varepsilon_2 - \kappa^2 c^2/\omega^2}$ 取复数 (虚数) 值时波在介质 2 中经受全内反射所对应的区域做几句说明. 可以证明, 这些波对 $W_2^R$ 没有贡献, 因此 (8.32) 式中事实上只包括了传播波. 这一结论在物理上是非常清楚的, 因为当 $t \to \infty$ 时, 辐射场实际上已离开边界而且那些经受了全内反射的波对辐射没有贡献. 这后一句话并不意味着在从边界传播的辐射中没有 [181] 在将 $\boldsymbol{k}$ 变为 $-\boldsymbol{k}$ (即传播方向反转) 时不在边界上经受全内反射的波. 这样的波对应于条件 $\varepsilon_1 - \varepsilon_2\sin^2\theta_2 = \varepsilon_1\cos^2\theta_1 < 0$ (这里我们采用了折射定律 $\varepsilon_1\sin^2\theta = \varepsilon_2\sin^2\theta_2$), 在 (8.33) 式中这些波对应于虚数值 $\sqrt{\varepsilon_1 - \varepsilon_2\sin^2\theta_2}$, 当借助 (8.33) 式计算辐射强度时, 如该式所示, 取所得虚数表达式的模的平方.

类似地可以得到向后辐射 (在介质 1 中) 的能量:

$$W_1^R = \int_0^\infty \mathrm{d}\omega \int_0^{\pi/2} 2\pi \sin\theta_1 \mathrm{d}\theta_1 W_1^R(\omega, \theta_1), \tag{8.34}$$

其中 $\theta_1$ 为 $\boldsymbol{k}$ 与 $-\boldsymbol{v}$ 之间的夹角,

$$
\begin{aligned}
& W_1^R(\omega, \theta_1) = \frac{q^2 v^2}{\pi^2 c^3}\sin^2\theta_1\cos^2\theta_1\sqrt{\varepsilon_1}|\varepsilon_2 - \varepsilon_1|^2 \times \\
& \left| \frac{1 - \dfrac{v^2}{c^2}\varepsilon_1 + \dfrac{v}{c}\sqrt{\varepsilon_2 - \varepsilon_1\sin^2\theta_1}}{\left(1 - \dfrac{v^2}{c^2}\varepsilon_1\cos^2\theta_1\right)\left(1 + \dfrac{v}{c}\sqrt{\varepsilon_2 - \varepsilon_1\sin^2\theta_1}\right)\left(\varepsilon_2\cos\theta_1 + \sqrt{\varepsilon_1(\varepsilon_2 - \varepsilon_1\sin^2\theta_1)}\right)} \right|^2.
\end{aligned}
$$
$$\tag{8.35}$$

在向后辐射中也包含有不在介质 2 中传播的波 $(\varepsilon_2 - \varepsilon_1\sin^2\theta_1 < 0)$.

在极端相对论能量情况下, 向前辐射的结果不但可以从 (8.33) 式中得到, 而且可以利用 (8.23) 式直接得到:

$$W_2^R(\omega) = \frac{q^2}{\pi c} \int_0^\infty \theta^2 \mathrm{d}\theta^2 \left\{ \frac{1}{\theta^2 + (\omega_{p1}/\omega)^2 + (Mc^2/\mathscr{E})^2} - \frac{1}{\theta^2 + (\omega_{p2}/\omega)^2 + (Mc^2/\mathscr{E})^2} \right\}^2. \tag{8.36}$$

如果粒子从真空飞入 $\varepsilon_2 = \varepsilon$ 的介质中, 则 (8.35) 式给出已在文献 [166] 中给出的后向的结果 (去掉 $\theta_1$ 中的下标 "1"):

$$W_1^R(\omega, \theta)$$
$$= \frac{q^2 v^2 \sin^2\theta \cos^2\theta \left| (\varepsilon - 1) \left( 1 - \dfrac{v^2}{c^2} + \dfrac{v}{c}\sqrt{\varepsilon - \sin^2\theta} \right) \right|^2}{\pi^2 c^3 \left| \left( 1 - \dfrac{v^2}{c^2}\cos^2\theta \right) \left( 1 + \dfrac{v}{c}\sqrt{\varepsilon - \sin^2\theta} \right) (\varepsilon\cos\theta + \sqrt{\varepsilon - \sin^2\theta}) \right|^2}. \tag{8.37}$$

自然地, 为要得到粒子由介质飞入真空的辐射能表达式, 只需将 $v$ 换为 $-v$ 后, 可以直接使用式 (8.37). 如果在 (8.33) 式中令 $\varepsilon_1 = \varepsilon$, $\varepsilon_2 = 1$, 也可得到同样结果.

现在我们来专门讨论一个最简单但同时又是非常重要的特殊情况, 即 [182] 当介质 2 可被认为是理想导体的情况. 这意味着 (8.37) 式中必须取极限 $|\varepsilon| \to \infty$. 结果我们得到

$$W_1^R(\omega, \theta) = \frac{q^2 v^2 \sin^2\theta}{\pi^2 c^3 (1 - (v/c)^2 \cos^2\theta)^2}, \tag{8.37a}$$

$$\begin{aligned} W_1^R(\omega) &= \int_0^{2\pi} \mathrm{d}\varphi \int_0^{\pi/2} W_1^R(\omega, \theta) \sin\theta \mathrm{d}\theta \\ &= \frac{4q^2 v^2}{3\pi c^3} \left[ \frac{3(1 + (v/c)^2)}{8(v/c)^3} \ln\frac{1 + v/c}{1 - v/c} - \frac{3}{4(v/c)^2} \right] \\ &= \frac{q^2}{\pi c} \left[ \frac{1 + (v/c)^2}{2v/c} \ln\frac{1 + v/c}{1 - v/c} - 1 \right]. \end{aligned}$$

在非相对论情况下 (亦即 $v \ll c$ 时)

$$W_1^R(\omega, \theta) = \frac{q^2 v^2 \sin^2\theta}{\pi^2 c^3}, \quad W_1^R(\omega) = \frac{4q^2 v^2}{3\pi c^3}. \tag{8.37b}$$

这样一来, 当电荷 $q$ 由真空进入理想导体 (实际上在频率不高于光频情况下, 良金属 (如铜) 可以起理想导体的作用) 时, 在真空中将出现能谱密度为 (8.37a) 和 (8.37b) 的渡越辐射.

然而, 为了得到公式 (8.37a) 和 (8.37b) 并不一定非要从普遍公式 (8.37) 出发. 为了达到这个目的, 更简单的办法是使用电荷突然停止时轫致辐射能的表达式 (参见文献 [2] 的 §69, 在该文献中量 $dU_s$ 是用 $d\mathscr{E}_{n\omega}$ 表示的)

$$\frac{\mathrm{d}^2 U_s}{\mathrm{d}\Omega \mathrm{d}\omega} \equiv W(\omega, \theta, \varphi) = \frac{1}{4\pi^2 c^3} \left\{ \sum_i e_i \left( \frac{\boldsymbol{v}_{i2} \times \boldsymbol{s}}{1 - \boldsymbol{s} \cdot \boldsymbol{v}_{i2}/c} - \frac{\boldsymbol{v}_{i1} \times \boldsymbol{s}}{1 - \boldsymbol{s} \cdot \boldsymbol{v}_{i1}/c} \right) \right\}^2 , \quad (8.37c)$$

其中 $e_i$ 为第 $i$ 个粒子的电荷, 该粒子的速度由 $\boldsymbol{v}_{i1}$ 突然改变为 $\boldsymbol{v}_{i2}$, $\boldsymbol{s} = \boldsymbol{k}/k$ 为波矢的方向. $\boldsymbol{v}$ 变化的突然性表明这一变化发生在 $\tau \ll t_f$ 的时间内, 其中 $t_f$ 为辐射形成的时间, 详情见后 (对于在真空中的非相对论运动, $t_f \sim 2\pi/\omega$, 其中 $\omega$ 为所考察的频率. 关于辐射源运动突然变化情况下的辐射也可参见文献 [7].)

如果在真空 (无障碍、边界等等) 中一个电荷 $e_1 = q$ 突然停止或由静止状态急剧加速到速度 $v$, 则有

$$W(\omega, \theta, \varphi) = \frac{q^2 v^2}{4\pi^2 c^3} \frac{\sin^2 \theta}{(1 - (v/c) \cos \theta)^2},$$

$$W(\omega) = \int W(\omega, \theta, \varphi) \mathrm{d}\Omega = \int_0^{2\pi} \mathrm{d}\varphi \int_0^{\pi} W(\omega, \theta, \varphi) \sin \theta \mathrm{d}\theta$$

$$= \frac{q^2}{\pi c} \left( \frac{1}{v/c} \ln \frac{1 + v/c}{1 - v/c} - 2 \right). \quad (8.37d)$$

[183]  在渡越辐射情况, 当电荷 $q$ 由真空飞入理想导体时 (参见图 8.1), 显然应该认为是具有速度 $\boldsymbol{v}$ 的电荷 $e_1 = q$ 和具有速度 $-\boldsymbol{v}$ 的电荷 $e_2 = -q$ 停留在边界上. 因此, 取代只涉及一个电荷的 (8.37d) 式, 我们得到 (8.37a) 式, 而且还必须考虑 $\theta$ 的积分限的变化. 根据后一个原因, (8.37b) 是单一电荷突然停止时向方向半球辐射能量的 4 倍 (在非相对论性速度情况下, 突然停止的电荷的场及其镜像电荷的场是简单相加, 即加倍). 在极端相对论性 (即 $v/c \to 1$) 情况下, $W(\omega) \equiv W_1^R(\omega)$ 的表达式 (8.37a) 和 (8.37d) 恒等. 对此的解释是, 辐射基本上是沿电荷速度方向的 (也就是说沿 $\boldsymbol{v}$ 方向或对镜像电荷沿 $-\boldsymbol{v}$ 方向). 但是, 无论是电荷由真空飞入金属时 "伸展入" 金属的电荷的辐射, 或者镜像电荷由金属飞进真空时镜像电荷伸展入金属的辐射均观察不到. 换言之, 在真空中辐射表现得就如同单一电荷突然停止 (或加速) 时一样. 在非相对论近似情况下, (8.37d) 式所确定的 $W(\omega)$ 值恰巧是根据 (8.37b) 式给出的 $W(\omega)$ 值的一半, 就如同一个电荷 (缩小为 1/4) 在向全空间 (增大到两倍) 辐射一样.

我们现在回到基本公式 (8.37) 并考察极端相对论性粒子在 (8.20) 式给

出的角度范围内的后向辐射. 此时我们得到

$$W_1^R(\omega, \theta) = \frac{q^2}{\pi^2 c} \left| \frac{\sqrt{\varepsilon} - 1}{\sqrt{\varepsilon} + 1} \right|^2 \frac{\theta^2}{[\theta^2 + (Mc^2/\mathscr{E})^2]^2}. \tag{8.38}$$

当 $\theta \sim Mc^2/\mathscr{E}$ 时, 在后向辐射的能谱密度中有一个尖锐的极大值. 但是, 就连 $\theta \sim 1$ 的那些角度也对按角度积分的强度带来同等贡献. 这可由积分 $\int_0^\infty W_1^R(\omega, \theta) \mathrm{d}\theta^2$ 在大 $\theta^2$ 时的对数发散性看出. 很自然, 在大角度下已不可以再使用表示式 (8.38), 而必须使用精确公式 (8.37). 但是在 $\ln(\mathscr{E}/Mc^2) \gg 1$ 的情况下可以略去大角的贡献并得到

$$W_1^R(\omega) \approx \int_0^{\theta_{\max} \sim 1} \pi \mathrm{d}\theta^2 W_1^R(\omega, \theta) \approx 2\frac{q^2}{\pi c} \left| \frac{\sqrt{\varepsilon} - 1}{\sqrt{\varepsilon} + 1} \right|^2 \ln \frac{\mathscr{E}}{Mc^2}. \tag{8.39}$$

在某种意义上, 相似的情况也出现在对频率的依赖性上. 在可以使用等离子体公式的大频率情况下, 根据 (8.39) 式, $W_1^R(\omega) \infty 1/\omega^4$, 亦即小频率给出主要贡献. 所以, 不能对于任意的各向同性介质使用等离子体公式 (除去当介质本身就是等离子体时).

对于等离子体, 令 (8.39) 式中 $\varepsilon = 1 - \omega_p^2/\omega^2$, 按频率积分后, 我们得到 [184]

$$W_1^R = \int_0^\infty W_1^R(\omega) \mathrm{d}\omega = \frac{32q^2}{15\pi c} \omega_p \ln \frac{\mathscr{E}}{Mc^2}. \tag{8.40}$$

其中由可在等离子体中传播的波的频率区域 $(\omega > \omega_p)$ 带来的贡献为

$$\int_{\omega_p}^\infty W_1^R(\omega) \mathrm{d}\omega = \frac{2q^2}{15\pi c} \omega_p \ln \frac{\mathscr{E}}{Mc^2}.$$

显然, 真空中辐射余下的主要部分与处于 $0 \leqslant \omega \leqslant \omega_p$ 区间的频率有关, 这些频率的波在等离子体中不能自由传播 (见第 12 章). 这里当然没有任何佯谬, 但重要的是要强调在 (8.40) 式中对频率的积分绝对没有任何限制.

前面已经指出过, 对于极端相对论性粒子, 辐射出去的能量的主要部分必须是沿粒子运动方向的前向辐射. 在这种情况下, 可以使用公式 (8.36), 这个公式表明, 不仅辐射的角分布沿粒子运动伸展, 而且辐射能量的主要份额也处于数量级 $\theta \sim Mc^2/\mathscr{E}$ 的角度内. 原来, 计算按频率积分的辐射能强度时, 使用等离子体近似于任意介质的介电常量都是正确的, 因为辐射能的主要部分恰好落在高频部分. 我们来看两个例子:1) 在介质分界面上粒子密度的变化 $\Delta N = |N_1 - N_2|$ 很小, $\Delta N/N \ll 1$; 2) 在介质分界面上粒子浓度有跃变, $\Delta N/N_1 = 1, N_2 = 0$. 第一种情况下, 按角度积分给出

$$W_2^R(\omega) = \frac{q^2}{6\pi c} \left( \frac{\Delta N}{N} \right)^2 \frac{\omega_p^4}{\omega^4} \frac{1}{[\omega_p^2/\omega^2 + (Mc^2/\mathscr{E})^2]^2}. \tag{8.41}$$

辐射能谱密度在频率 $\omega \approx \omega_p \mathscr{E}/Mc^2$ 之前约为常量, 之后按 $1/\omega^4$ 下降. 这表明特征频率远远超过等离子体频率 (当 $\mathscr{E}/Mc^2 \gg 1$ 时), 所以等离子体近似得到证实. 总辐射能将等于

$$W_2^R = \int_0^\infty W_2^R(\omega)\mathrm{d}\omega = \frac{q^2 \omega_p}{24c} \frac{\mathscr{E}}{Mc^2} \left(\frac{\Delta N}{N}\right)^2. \tag{8.42}$$

将向前辐射和向后辐射的能量作比较后, 我们确信实际占主导的是向前辐射. 对于 $\Delta N/N_1 = 1$ 情况, 我们得到

$$W_2^R(\omega) = \frac{2q^2}{\pi c} \left\{ \left[ \frac{1}{2} + \frac{\omega^2}{\omega_p^2} \left(\frac{Mc^2}{\mathscr{E}}\right)^2 \right] \ln \left[ 1 + \frac{\omega_p^2}{\omega^2} \left(\frac{\mathscr{E}}{Mc^2}\right)^2 \right] - 1 \right\}. \tag{8.43}$$

[185]　在低频 $\omega \ll \omega_p \mathscr{E}/Mc^2$ 时, 辐射谱密度不再是常量而是与频率和粒子能量有对数依赖关系:

$$W_2^R(\omega) \approx \frac{2q^2}{\pi c} \left\{ \ln \frac{\omega_p \mathscr{E}}{\omega Mc^2} - 1 \right\}. \quad \omega \ll \omega_p \frac{\mathscr{E}}{Mc^2}, \tag{8.44}$$

而在高频 $\omega \gg \omega_p \mathscr{E}/Mc^2$ 情况下, 谱密度依旧按 $1/\omega^4$ 下降:

$$W_2^R(\omega) = \frac{q^2}{6\pi c} \frac{\omega_p^4}{\omega^4} \left(\frac{\mathscr{E}}{Mc^2}\right)^4, \quad \omega \gg \omega_p \frac{\mathscr{E}}{Mc^2}. \tag{8.45}$$

按频率积分的辐射能原来等于

$$W_2^R = \int_0^\infty W_2^R(\omega)\mathrm{d}\omega = \frac{q^2}{3c} \omega_p \frac{\mathscr{E}}{Mc^2} \tag{8.46}$$

并与粒子能量成正比增加 [177].

　　在以上的讨论中, 我们把介质 1 和介质 2 均当作各向同性的和非磁性的. 将问题推广到各向异性和磁性介质显然是有意义的. 其中之一, 如我们在第 6 章所见, 存在不太弱电磁场的真空就是这种介质. 有关各向异性和磁性介质中的渡越辐射以及切连科夫辐射在一系列论文中得到了研究 (参见文献如 [116, 118, 130, 121, 122]). 由于在光频区 (更不必说在更高频率的区域) 磁导率 $\mu$ 可以 (在已知意义下甚至是必须) 认为等于 1, 求磁介质的公式通常是多余的. 但是, 如在第 7 章提到的, 不在一开头就令 $\mu = 1$ (或 $\mu_{ij} = \delta_{ij}$) 更为方便. 有了对于电荷和电流辐射 $\mu \neq 1$ 的公式, 则可利用置换二重性 (见 (7.56)、(7.57) 式) 毫无困难地得到磁单极与 "真正的" 磁偶极辐射的公式. 这一点也与渡越辐射有关 (参见 [122][①]).

---

① 我们在此指出, [122] 书中有关偶极辐射 (§3.6) 的叙述不完全正确 (参见文献 [159] 与本书第 7 章).

现在我们转到介质性质随时间变化产生的渡越辐射. 如已指出的那样, 这种可能性从导致渡越辐射产生的一般概念来看是很清楚的: 对于它的出现, 电荷 (或其他辐射体) 所在处的 $vn/c$ 的变化很重要, 这种变化既可由电荷穿越介质分界面引起, 也可由 $n$ 随时间的变化引起.

为了简单起见, 我们认为介质各向同性且以介电常量值 $\varepsilon$ 为特征, $\varepsilon$ 在 $t=0$ 时刻突然由 $\varepsilon_1$ 变为 $\varepsilon_2$ (这种类型的变化可以通过突然改变介质中的压力实现). 介质中有以恒定速度 $\boldsymbol{v}$ 运动的电荷 $q$. 采用具有电流密度 (8.3) 的麦克斯韦方程 (8.2) 作为初始方程. 鉴于我们将要处理的问题是完全空间均匀的, 将所有量展开为傅里叶空间分量极为方便:

$$\left.\begin{aligned} \boldsymbol{j}^q(\boldsymbol{r},t)=\int \boldsymbol{j}^q_{\boldsymbol{k}}(t)\mathrm{e}^{\mathrm{i}\boldsymbol{k}\cdot\boldsymbol{r}}\mathrm{d}\boldsymbol{k}, \quad \boldsymbol{E}(\boldsymbol{r},t)=\int \boldsymbol{E}_{\boldsymbol{k}}(t)\mathrm{e}^{\mathrm{i}\boldsymbol{k}\cdot\boldsymbol{r}}\mathrm{d}\boldsymbol{k}, \\ \boldsymbol{B}(\boldsymbol{r},t)=\int \boldsymbol{B}_{\boldsymbol{k}}(t)\mathrm{e}^{\mathrm{i}\boldsymbol{k}\cdot\boldsymbol{r}}\mathrm{d}\boldsymbol{k}. \end{aligned}\right\} \tag{8.47}$$

[186]

对于电流密度我们有

$$\boldsymbol{j}^q_{\boldsymbol{k}}(t)=\frac{q\boldsymbol{v}}{(2\pi)^3}\exp[-\mathrm{i}(\boldsymbol{k}\cdot\boldsymbol{v})t]. \tag{8.48}$$

麦克斯韦方程 (8.2) 写为

$$\left.\begin{aligned} k^2\boldsymbol{E}_{\boldsymbol{k}}(t)-\boldsymbol{k}[\boldsymbol{k}\cdot\boldsymbol{E}_{\boldsymbol{k}}(t)]+\frac{1}{c^2}\frac{\partial^2}{\partial t^2}\varepsilon\boldsymbol{E}_{\boldsymbol{k}}(t)=\frac{4\pi\mathrm{i}q\boldsymbol{v}(\boldsymbol{k}\cdot\boldsymbol{v})}{c^2(2\pi)^3}\exp[-\mathrm{i}(\boldsymbol{k}\cdot\boldsymbol{v})t], \\ \frac{\partial \boldsymbol{B}_{\boldsymbol{k}}(t)}{\partial t}=-\mathrm{i}c\boldsymbol{k}\times\boldsymbol{E}_{\boldsymbol{k}}(t). \end{aligned}\right\} \tag{8.49}$$

必须在 $t>0$ 和 $t<0$ 情况下解方程 (8.49) 并在 $t=0$ 时将两个解缝合起来. 缝合条件可直接由麦克斯韦方程 (8.2) 得到, 即[①]

$$\varepsilon_1\boldsymbol{E}_{\boldsymbol{k},1}(0)=\varepsilon_2\boldsymbol{E}_{\boldsymbol{k},2}(0); \quad \boldsymbol{B}_{\boldsymbol{k},1}(0)=\boldsymbol{B}_{\boldsymbol{k},2}(0). \tag{8.50}$$

在此一情况下, 将方程 (8.49) 投影到垂直于 $\boldsymbol{k}$ 的方向是方便的. 这样做的方便之处, 在于问题是空间对称的, 各向同性介质中的场自然分解为相对于 $\boldsymbol{k}$ 的纵向和横向分量. 但是纵向分量由于电感应强度的连续性而不辐射. 电场 $\boldsymbol{E}_{\boldsymbol{k}}(t)$ 相对于矢量 $\boldsymbol{k}$ 的横向分量

$$\boldsymbol{E}^{tr}_{\boldsymbol{k}}(t)=\boldsymbol{E}_{\boldsymbol{k}}(t)-\frac{\boldsymbol{k}[\boldsymbol{k}\cdot\boldsymbol{E}_{\boldsymbol{k}}(t)]}{k^2} \tag{8.51}$$

---

① 为了得到条件 (8.50), 显然应该在跃变区 (时刻 $t_1=-\delta t$ 与时刻 $t_2=\delta t$ 之间) 按时间积分方程 (8.2), 然后令跃变长度 $2\delta t$ 趋于零. 这样作时, 可认为 $\mathrm{rot}\,\boldsymbol{H}$, $\mathrm{rot}\,\boldsymbol{E}$ 及 $\boldsymbol{j}^q$ 如通常那样为有限值.

的方程的形式为

$$k^2 \boldsymbol{E}_{\boldsymbol{k}}^{tr}(t) + \frac{1}{c^2}\frac{\partial^2}{\partial t^2}\varepsilon \boldsymbol{E}_{\boldsymbol{k}}^{tr}(t) = \frac{4\pi \mathrm{i} q(\boldsymbol{k}\cdot\boldsymbol{v})\boldsymbol{v}_{\boldsymbol{k}}^{tr}}{c^2(2\pi)^3}\exp[-\mathrm{i}(\boldsymbol{k}\cdot\boldsymbol{v})t], \qquad (8.52)$$

$$\boldsymbol{v}_{\boldsymbol{k}}^{tr} = \boldsymbol{v} - \frac{\boldsymbol{k}(\boldsymbol{k}\cdot\boldsymbol{v})}{k^2}.$$

[187]

此处我们采用了上标 "$tr$" 来标记相对于 $\boldsymbol{k}$ 的横向分量, 以区别于垂直于电荷运动速度的分量, 这种分量使用的标记符号是 "$\perp$". 方程 (8.52) 仍是一个矢量方程. 然而, 如果考虑到在均匀介质中横场的两个线极化相互独立, 从而 $\boldsymbol{E}_{\boldsymbol{k}}^{tr}$ 沿 $\boldsymbol{v}_{\boldsymbol{k}}^{tr}$ 的极化不依赖垂直于 $\boldsymbol{v}_{\boldsymbol{k}}^{tr}$ 的极化, 我们可以得到一个标量的方程. 对于后一种极化我们得到一个无源的齐次方程, 并从而得出具有该极化的辐射不是由电荷所激发的结论. 换句话说, 产生的辐射的极化处在矢量 $\boldsymbol{k}$ 和 $\boldsymbol{v}$ 所在的平面上 (相似的情况出现在切连科夫辐射并可由对称性概念理解). 所以可以不失一般性地认为

$$\boldsymbol{E}_{\boldsymbol{k}}^{tr}(t) = E_{\boldsymbol{k}}(t)\frac{\boldsymbol{v}_{\boldsymbol{k}}^{tr}}{v}, \qquad (8.53)$$

问题归结为对于 $E_{\boldsymbol{k}}(t)$ 的一个方程

$$k^2 E_{\boldsymbol{k}}(t) + \frac{1}{c^2}\frac{\partial^2}{\partial t^2}\varepsilon E_{\boldsymbol{k}}(t) = \frac{4\pi \mathrm{i} q v(\boldsymbol{k}\cdot\boldsymbol{v})}{c^2(2\pi)^3}\exp[-\mathrm{i}(\boldsymbol{k}\cdot\boldsymbol{v})t]. \qquad (8.54)$$

这个方程的解等于非齐次方程之解 (粒子的场 $E^q$) 和齐次方程之解 (辐射场 $E^R$) 之和

$$E_{\boldsymbol{k}}(t) = E_{\boldsymbol{k}}^q(t) + E_{\boldsymbol{k}}^R(t), \qquad (8.55)$$

其中

$$E_{\boldsymbol{k}}^q(t) = \frac{4\pi \mathrm{i} q v(\boldsymbol{k}\cdot\boldsymbol{v})\exp[-\mathrm{i}(\boldsymbol{k}\cdot\boldsymbol{v})t]}{c^2(2\pi)^3[k^2 - (\boldsymbol{k}\cdot\boldsymbol{v})^2\varepsilon/c^2]}, \qquad (8.56)$$

$$E_{\boldsymbol{k}}^R(t) = \frac{4\pi \mathrm{i} q}{k(2\pi)^3}\left[a_+\exp\left(-\mathrm{i}\frac{kc}{\sqrt{\varepsilon}}t\right) + a_-\exp\left(\mathrm{i}\frac{kc}{\sqrt{\varepsilon}}t\right)\right]. \qquad (8.57)$$

如果 $\varepsilon$ 是频率的函数 $\varepsilon = \varepsilon(\omega)$, 则在 (8.56) 式中将出现 $\varepsilon = \varepsilon(\boldsymbol{k}\cdot\boldsymbol{v})$. 复系数 $a_+$ 和 $a_-$ 分别描写沿 $\boldsymbol{k}$ 和逆 $\boldsymbol{k}$ 的两个相反方向传播的波的振幅 ($a_+(\boldsymbol{k})$ 为沿 $\boldsymbol{k}$ 传播波的振幅, $a_-(\boldsymbol{k})$ 为逆 $\boldsymbol{k}$ 传播波的振幅). 在 $t < 0$ 时没有辐射场, 而当 $t > 0$ 时立即出现两个波.

由方程 (8.49) 求得的磁场为:

$$\frac{\partial \boldsymbol{B_k}(t)}{\partial t} = -\frac{\mathrm{i}c}{v}(\boldsymbol{k}\times\boldsymbol{v})E_{\boldsymbol{k}}(t), \tag{8.58}$$

$$\boldsymbol{B_k^q}(t) = \frac{4\pi\mathrm{i}q(\boldsymbol{k}\times\boldsymbol{v})\exp[-\mathrm{i}(\boldsymbol{k}\cdot\boldsymbol{v})t]}{c(2\pi)^3(k^2-\varepsilon(\boldsymbol{k}\cdot\boldsymbol{v})^2/c^2)}, \tag{8.59}$$

$$\boldsymbol{B_k^R}(t) = \frac{4\pi\mathrm{i}q\sqrt{\varepsilon}(\boldsymbol{k}\times\boldsymbol{v})}{vk^2(2\pi)^3}\left(a_+\exp\left(-\mathrm{i}\frac{kc}{\sqrt{\varepsilon}}t\right)-a_-\exp\left(\frac{\mathrm{i}kc}{\sqrt{\varepsilon}}t\right)\right). \tag{8.60}$$

边 (初) 条件 (8.50) 立即给出

$$\frac{\varepsilon_1 kv(\boldsymbol{k}\cdot\boldsymbol{v})/c^2}{k^2-(\boldsymbol{k}\cdot\boldsymbol{v})^2\varepsilon_1/c^2} = \frac{\varepsilon_2 kv(\boldsymbol{k}\cdot\boldsymbol{v})/c^2}{k^2-(\boldsymbol{k}\cdot\boldsymbol{v})^2\varepsilon_2/c^2}+\varepsilon_2(a_++a_-), \tag{8.61}$$

$$\frac{k^2 v/c}{k^2-(\boldsymbol{k}\cdot\boldsymbol{v})^2\varepsilon_1/c^2} = \frac{k^2 v/c}{k^2-(\boldsymbol{k}\cdot\boldsymbol{v})\varepsilon_2/c^2}+\sqrt{\varepsilon_2}(a_+-a_-). \tag{8.62}$$

这里需要注意的是, 一般而言, $a_+(\boldsymbol{k})$ 与 $a_-(-\boldsymbol{k})$ 描写的是同一个波, 这是由 [188]
于场 $\boldsymbol{E}^R(\boldsymbol{r},t)$ 为实量和 $a_+,a_-$ 的定义 (见 (8.57) 式), 因此

$$a_-(-\boldsymbol{k}) = -a_+^*(\boldsymbol{k}). \tag{8.63}$$

(8.63) 式恰好指出, 对于给定的 $\boldsymbol{k}$, 振幅 $a_-$ 所描写的波是逆 $\boldsymbol{k}$ 方向传播的.
关系式 (8.61) 在运用于涉及 $(Mc^2/\mathscr{E})^2 \ll 1$ 的极端相对论粒子相对于粒子
速度 $\boldsymbol{v}$ 成小角度 $\theta^2 \ll 1$ 且在 $1-\varepsilon \approx \omega_p^2/\omega^2 \ll 1$ 条件下辐射的结论时特别
简单. 此时 (8.61), (8.62) 两式立即导致以下关系:

$$\frac{1}{\theta^2+(\omega_{p1}/kc)^2+(Mc^2)^2/\mathscr{E}^2} = \frac{1}{\theta^2+(\omega_{p2}/kc)^2+(Mc^2)^2/\mathscr{E}^2}+a_+(\boldsymbol{k})+a_-(\boldsymbol{k}), \tag{8.64}$$

$$\frac{1}{\theta^2+(\omega_{p1}/kc)^2+(Mc^2)^2/\mathscr{E}^2} = \frac{1}{\theta^2+(\omega_{p2}/kc)^2+(Mc^2)^2/\mathscr{E}^2}+a_+(\boldsymbol{k})-a_-(\boldsymbol{k}). \tag{8.65}$$

这两个关系实际上归结为已经讨论过的极端相对论粒子在介质分界
面上的渡越辐射的表达式 (8.21) 和 (8.22). 这点很容易理解, 因为在 $|\varepsilon-1|\ll$
1 及 $\omega\approx kc$ 条件下, 振幅 $a_+(\boldsymbol{k})$ 对应于 $a_2$, 而 $a_-(\boldsymbol{k}) = -a_+^*(-\boldsymbol{k})$ 对应于 $-a_1$.
由此十分清楚, 极端相对论粒子的向后辐射很小, 而向前辐射与穿越介质
分界面情况下的辐射相似.

一般情况下, 由 (8.61) 和 (8.62) 式得出

$$a\pm(\boldsymbol{k}) = \frac{k^2 v}{2c\varepsilon_2}\left\{\frac{\varepsilon_1(\boldsymbol{k}\cdot\boldsymbol{v})/kc\pm\sqrt{\varepsilon_2}}{k^2-\varepsilon_1(\boldsymbol{k}\cdot\boldsymbol{v})^2/c^2}-\frac{\varepsilon_2(\boldsymbol{k}\cdot\boldsymbol{v})/kc\pm\sqrt{\varepsilon_2}}{k^2-\varepsilon_2/(\boldsymbol{k}\cdot\boldsymbol{v})^2/c^2}\right\}. \tag{8.66}$$

辐射强度可作为 $t \to \infty$ 时的辐射场能算出. 依旧可以使用公式 (8.27), 但其中的积分应当扩展到全空间进行:

$$
\begin{aligned}
W^R &= \frac{1}{4\pi} \int_{t \to \infty} \mathrm{d}\boldsymbol{r} \varepsilon_2 (\boldsymbol{E}^R)^2 = 2\pi^2 \int_{t \to \infty} \mathrm{d}\boldsymbol{k} \varepsilon_2 \frac{(\boldsymbol{k} \times \boldsymbol{v})^2}{k^2 v^2} E_{\boldsymbol{k}}^R E_{-\boldsymbol{k}}^R \\
&= \frac{q^2}{\pi^2} \int \frac{\mathrm{d}\boldsymbol{k}}{k^2} \varepsilon_2 \frac{(\boldsymbol{k} \times \boldsymbol{v})^2}{k^2 v^2} |a_+(\boldsymbol{k})|^2 = \int_0^\infty \mathrm{d}\omega \int_0^\pi 2\pi \sin\theta \mathrm{d}\theta W^R(\omega, \theta). \quad (8.67)
\end{aligned}
$$

此处我们使用了关系式 (8.63) 并考虑到当 $t \to \infty$ 时应当略去所有随时间振荡的项. 我们再次使用了近乎哈密顿方法的手段以及电荷的自有场和辐射场在 $t \to \infty$ 时是分离开的这一情况. 在 (8.67) 式中也没有考虑 $\varepsilon_2$ 的色散 (考虑了色散的最终结果也是一样). 因此 $|\boldsymbol{k}| = \sqrt{\varepsilon_2}\omega/c$, 故可以转换为对频率的积分. 最后, 我们引入 $\boldsymbol{k}$ 与 $\boldsymbol{v}$ 之间的夹角 $\theta$ 作为辐射角. 考虑了所有这些因素后, 我们得到

$$
W^R(\omega, \theta) = \frac{q^2 v^4 \sin^2\theta \cos^2\theta |\varepsilon_2 - \varepsilon_1|^2}{4\pi^2 c^5 \sqrt{\varepsilon_2} |1 - \varepsilon_1(v/c)^2 \cos^2\theta|^2 |1 - (v/c)\sqrt{\varepsilon_2}\cos\theta|^2}. \quad (8.68)
$$

[189]  为了与穿越两种介质分界面的渡越辐射比较, 我们注意到在 (8.67) 式中积分是对所有角度进行的. 在角度的积分限为 $(0, \pi/2)$ 时 (8.68) 式描述向前辐射, 而当积分限为 $(\pi/2, \pi)$ 时, 描述的是向后辐射.

对于非相对论粒子, 两种类型的渡越辐射 (即针对两种介质分界面极为清晰或介质性质随时间急剧变化两种情况的渡越辐射) 不仅在定量关系上有区别, 而且在函数依赖关系上也有区别. 例如, (8.68) 式给出

$$
W^R(\omega, \theta) \approx \frac{q^2 v^4 \sin^2\theta \cos^2\theta}{4\pi^2 c^5 \sqrt{\varepsilon_2}} |\varepsilon_2 - \varepsilon_1|^2, \quad \frac{v^2}{c^2} \ll 1, \quad (8.69)
$$

而由 (8.33) 我们却得到

$$
W_2^R(\omega, \theta) \approx \frac{q^2 v^2 \sin^2\theta \cos^2\theta |\varepsilon_2 - \varepsilon_1|^2 \sqrt{\varepsilon_2}}{\pi^2 c^3 |\varepsilon_1 \cos\theta + \sqrt{\varepsilon_2}\sqrt{\varepsilon_1 - \varepsilon_2 \sin^2\theta}|^2}; \quad \frac{v^2}{c^2} \ll 1. \quad (8.70)
$$

这样一来, 在介电常量随时间剧烈变化情况下的辐射能 (8.69) 其实是小参量 $v^2/c^2 \ll 1$ 的更高阶量.

对于极端相对论粒子, 在分界面渡越辐射情况和 $\varepsilon$ 随时间急剧变化渡越辐射情况, 前向辐射实际上是一样的. 确实, 由 (8.68) 式, 在这种情况下我们得到

$$
\begin{aligned}
&W^R(\omega) \\
&= \frac{q^2}{\pi c} \int_0^\infty \theta^2 \mathrm{d}\theta^2 \left\{ \frac{1}{\theta^2 + (1 - \varepsilon_1) + (Mc^2/\mathscr{E})^2} - \frac{1}{\theta^2 + (1 - \varepsilon_2) + (Mc^2/\mathscr{E})^2} \right\}^2,
\end{aligned}
$$

$$
(8.71)
$$

它和 (8.36) 是一样的. 由此可知, 两种情况下的辐射强度谱分布与总辐射能将也是同样的 (参见 (8.41) 式——(8.46) 式).

然而, 向后辐射表现出了某些不同. 在角分布方面, 像过去一样, 在角度为 $\pi - \theta', \theta' \sim Mc^2/\mathscr{E}$ 处有尖锐的极大值:

$$W^R(\omega, \pi - \theta') \approx \frac{q^2\theta'^2|\varepsilon_1(\omega) - \varepsilon_2(\omega)|^2}{16\pi^2c|\theta'^2 + [1 - \varepsilon_1(\omega)] + (Mc^2/\mathscr{E})^2|^2}. \tag{8.72}$$

含 $[1 - \varepsilon_1(\omega)]$ 的项使得 (8.72) 式显著地不同于 (8.38) 式. 但是, 如果不是在真空中而是在介电常量为 $\varepsilon_1(\omega)$ 的介质中研究渡越辐射, 在 (8.38) 式中也会出现同样的项. 在介电常量随时间急剧变化的渡越辐射情况下认为 $t < 0$ 时是真空的约定, 看起来完全是人为的. 在 (8.72) 式中存在的 $[1 - \varepsilon_1(\omega)]$ 项通过以下方式改变该式的特性. 主要的强度恰好在小频率处, 在这些频率上 $[1 - \varepsilon_1(\omega)]$ 不小. 在这一频率区内, 不再有对角度的强烈依赖性以及与能量的对数依赖性.

在各向异性情况, 特别是极端相对论粒子横穿或沿晶体轴运动时介质性质随时间剧烈变化导致的辐射, 与两种介质分界面电荷穿越引起的辐射是一样的 (参见 [121, 122]). 沿粒子速度方向传播的波的折射率的差值出现在问题的答案中. 我们发现, 在各向异性介质情况, 或者具体地说, 在各向同性介质转变为各向异性介质 (在 $t = 0$ 时的跃变) 时, 甚至静止电荷也会产生电磁辐射 [173d].

我们已经研究过的渡越辐射的类型, 亦即当电荷穿越介质分界面时以及介质性质随时间急剧变化时的辐射, 自然没有穷尽出现渡越辐射的所有可能性. 比如说, 介质性质既可随空间变化也可随时间变化, 渡越辐射由其他辐射体——偶极矩、不同的电流以及电荷或电流的系综 (聚集) 产生. 在这种情况下, 也必须确定所谓 "清晰的介质分界面" 或 "介质性质随时间的突然变化" 这些术语究竟是什么意思. 其实到现在为止, 这个术语并未得到准确的说明.

显然, 为了完整地回答这个问题, 必须考察在介质分界面非清晰或介质性质随时间变化非剧烈情况下的渡越辐射. 那时可以指出, 究竟要遵守哪些准确条件, 介质的变化才可以认为是 "剧烈的" (跃变式的). 在分析这个问题以及其他一系列其他问题时, 渡越辐射的形成区或形成时间的概念起重要作用. 定性上讲, 清晰分界面的辐射可以认为是这样的, 即如果渡越层的特征宽度 $\Delta z$ (清晰分界面对应于条件 $\Delta z \to 0$) 与形成区长度 $L_{\mathrm{f}}$ 相比足够小, 而随时间变化的急剧性则应当对应于小于辐射形成时间 $t_{\mathrm{f}}$. 自然有 $L_{\mathrm{f}} = v t_{\mathrm{f}}$.

[190]

形成区长度可以用以下方式估计. 应当沿辐射源轨道找到这样一个长度 $L = L_f$, 辐射源必须走过这个长度以使得 $E^q + E^R$ 场的总能量 (正比于 $(E^q + E^R)^2$) 实际上等于 $E^q$ 场的能量 (正比于 $(E^q)^2$) 与 $E^R$ 场能量 (正比于 $(E^R)^2$) 之和, 这也就是说, 粒子携带的场与辐射场是相互分离的. 换言之, 应当使这两个场之间正比于 $E^q \cdot E^R$ 的干涉项很小 (至少在平均意义上). 由于根据 (8.12) 式, $E^q \sim \exp\left(\mathrm{i}\dfrac{\omega}{v}z\right)$, 而根据 (8.13) 式

$$E^R \sim \exp\left[\pm\mathrm{i}\frac{\omega}{c}z\sqrt{\varepsilon - \frac{\kappa^2 c^2}{\omega^2}}\right],$$

那么干涉项小的条件为

$$\left(\frac{\omega}{v} \pm \frac{\omega}{c}\sqrt{\varepsilon - \frac{\kappa^2 c^2}{\omega^2}}\right)z \gg 2\pi. \tag{8.73}$$

[191]　　更准确地说, 是在此条件下干涉项快速振荡并在空间平均下很小. 根据上述理由, 长度 $L_f$ 可以确定为

$$L_f = \frac{2\pi}{|\omega/v \pm (\omega/c)\sqrt{\varepsilon_{2,1} - \kappa^2 c^2/\omega^2}|}. \tag{8.74}$$

其中, $\pm$ 号分别对应于在介质 1 或介质 2 中相应的形成区 (粒子由介质 1 飞入介质 2). 在介质特性随时间急剧变化情况, 电荷的自有场正比于 $\exp[-\mathrm{i}(\boldsymbol{k} \cdot \boldsymbol{v})t]$, 此时辐射场正比于 $\exp[\pm\mathrm{i}(kc/\sqrt{\varepsilon})t]$ (参见 (8.56) 和 (8.57) 两式), 它们之间的干涉项在

$$|\boldsymbol{k} \cdot \boldsymbol{v} \pm \frac{kc}{\sqrt{\varepsilon}}|t \gg 2\pi \tag{8.75}$$

时快速振荡, 从而在能量表达式中变得很小. 与此相应, 我们令

$$t_f = \frac{2\pi}{|\boldsymbol{k} \cdot \boldsymbol{v} \pm kc/\sqrt{\varepsilon}|}. \tag{8.76}$$

考虑到在 (8.74) 式中 $\kappa^2 c^2/\omega^2 \varepsilon_2 = \sin^2\theta$ 及 $kc/\sqrt{\varepsilon_2} = \omega$, 对于向前辐射我们得到

$$L_f = v t_f = \frac{2\pi v}{|\omega - \sqrt{\varepsilon_2}(v/c)\omega\cos\theta|}. \tag{8.77}$$

对于极端相对论性粒子, 令 $\sqrt{\varepsilon_2} \approx 1 - \omega_p^2/2\omega^2$, 我们有

$$L_f \approx \frac{4\pi c}{\omega}\frac{1}{(\theta^2 + (\omega_p/\omega)^2 + (Mc^2/\mathscr{E})^2)}. \tag{8.78}$$

如果认为 $\theta \approx Mc^2/\mathscr{E}$, 那么对于 $\omega \ll \omega_p\mathscr{E}/Mc^2$, 形成区长度随频率增大而增长, $L_{\mathrm{f}} \approx 4\pi c\omega/\omega_p^2$, 并在与函数 $W^R(\omega)\omega$ 极大值对应的量级为 $\omega_p\mathscr{E}/Mc^2$ 的频率下达到极大值

$$L_{\mathrm{f,max}} \approx \frac{4\pi c}{\omega_p}\frac{\mathscr{E}}{Mc^2}. \tag{8.79}$$

当然, 在辐射形成区尺度的定义上有一个众所周知的约定. 这个约定是, 经常取我们所采用数值的二分之一作为 $L_{\mathrm{f}}$. 更重要的是, 根据 (8.74) 和 (8.77) 式, 当 $v \to 0$ 时 (即对于静止粒子) $L_{\mathrm{f}} \to 0$. 其实, 即使对于静止辐射体, 异于零的形成区长度概念也有其特定含义. 在这种情况 (最简单的情况) 下

$$L_{\mathrm{f}} \approx \frac{z\pi c}{\omega n} = \lambda.$$

例如, 对于电荷的切连科夫辐射, 如我们在第 7 章中见到的那样, 正好通过比率 $r/\lambda$ 来确定通道或狭缝的影响, 其中 $r$ 为通道的半径或狭缝的宽度 (在 $r/\lambda \ll 1$ 时, 通道和狭缝的存在实际上不会改变辐射强度). 所以在这种情况下, 可以说辐射区尺度为 $\lambda$ 量级. 不过, 我们这里所说的形成区的含义并不是前面提到的那种辐射源沿其轨迹所走的距离. 下面我们再谈到形成区时, 所指的是这后一种含义. [192]

可以在文献 [9, 16, 123, 177] 中找到一系列关于形成区概念 (包括其历史演化) 的评论. 鉴于问题的重要性, 我们这里再给出表达式 (8.77) 的一个推导. 为了得到以速度 $v$ 运动并向与 $v$ 成 $\theta$ 角的方向辐射波的辐射源的形成区长度 $L_{\mathrm{f}}$, 我们来看图 8.3. 令 $t = 0$ 时刻辐射源位于 $A$ 点, 其向 $k$ 方

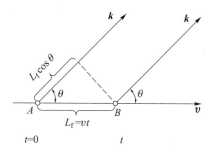

图 8.3　形成区长度 $L_{\mathrm{f}}$ 的定义.

向辐射的波的相位等于 $\varphi_A$. 我们定义形成区长度 $L_{\mathrm{f}}$ 为沿辐射源轨道的这样一个距离 (图中 $A$ 点与 $B$ 点间距离), 使得源在 $B$ 点向 $k$ 方向辐射的波的相位 $\varphi_B$ 与源在 $A$ 点向同一方向辐射波的相位 $\varphi_A$ 相差 $2\pi$. 这时

$$|\varphi_A - \varphi_B| = |kL_{\mathrm{f}}\cos\theta - \omega t| = \left|\frac{\omega n}{c}L_{\mathrm{f}}\cos\theta - \omega\frac{L_{\mathrm{f}}}{v}\right| = 2\pi,$$

由此

$$L_{\mathrm{f}} = \frac{2\pi v}{\omega|1 - (v/c)n(\omega)\cos\theta|} = \frac{(vn/c)\lambda}{|1 - (v/c)n(\omega)\cos\theta|}, \quad \lambda = \frac{2\pi}{k} = \frac{2\pi c}{n\omega}. \quad (8.80)$$

不用说, 对于切连科夫角 $\theta_0 = \arccos(c/nv)$, 沿轨道辐射的波是同相的, 因此辐射能正比于轨道长度 $L$ (假定忽略路径起点和终端辐射, 形式上当 $L \to \infty$ 时辐射能为无穷大). 当应用于渡越辐射时, 生成区的尺度扮演着那些对辐射起重要作用区域尺度的角色. 当然, 表达式 (8.80) 实质上与 (8.77) 式是一样的, 因为对于透明介质 2 正好有 $n = \sqrt{\varepsilon_2}$.

前述的推导中, 明显指出的约定可能是引进相位差 $2\pi$ 取代 $\pi$. 也许使用等于 $\pi$ 的相位差甚至要更自然些, 但所有的定量结果当然都不会随 $L_{\mathrm{f}}$ 的定义而改变.

形成区的问题当然也会出现在量子计算中, 其中包括用量子方法研究经典问题 (参见 [9] 和 [10], §93; 在这里除了形成区这个术语, 同样的概念还使用了以下名称: 形成路径, 形成长度和关联长度).

[193]　　　如我们在 (8.79) 式中所看到的, 量 $L_{\mathrm{f,max}}$ 正比于粒子能量 $\mathscr{E}$ 而增长. 因此, 对于粒子飞过介质分界面的渡越辐射的边界清晰度判据 $\Delta z \ll L_{\mathrm{f}}$, 以及介电常量随时间跃变急剧度判据 $\Delta t \ll t_{\mathrm{f}}$, 看起来, 都是粒子能量越大, 满足的越好. 实际上对于通常与固体密度相应的密度, 频率 $\omega_p$ 大致与 $\lambda/2\pi = c/\omega_p \approx 10^{-6}$ cm 的长度值相对应, 而在粒子能量很大的情况下, 长度 $L_{\mathrm{f}}$ 完全可以取宏观值. 举例来说, 有记录的宇宙线的极大能量值约为 $\mathscr{E} \sim 10^{20}$ eV, 如果认为这一能量属于质子 (不过现在尚无确实依据证明这点), 我们得到 $L_{\mathrm{f}} \sim 10$ km. 这个例子显然十分奇特, 但我们举出它来以强调事情的另一方面. 就是说, 如果我们讲的是一块有限厚度的板, 那么为了形成完全成型的渡越辐射, 必须使得其厚度不小于 (8.79) 式. 例如, 后者对于宇宙线在宇宙尘埃 (尘粒的通常尺度为 $10^{-3} - 10^{-4}$ cm 量级) 中产生渡越辐射的可能性十分重要. 由 (8.79) 可知, 高能宇宙线粒子不可能在宇宙尘埃中产生可察觉的渡越辐射.

如果谈到电荷聚集体的渡越辐射, 那么为了聚集体像一个统一的电荷那样辐射, 它的纵向尺度 $\Delta z_b$ 应当小于最小辐射波长度 $\frac{2\pi c}{\omega_p} \frac{Mc^2}{\mathscr{E}}$. 由于聚集体在自身参数系中的尺度 $l$ 和 $\Delta z_b$ 与已知公式 $\Delta z_b = lMc^2/\mathscr{E}$ 相联系, 我们得到条件 $l \ll 2\pi c/\omega_p$, 这个条件在 $\mathscr{E}/Mc^2 \gg 1$ 时也比条件 $l \ll L_{\mathrm{f}} = \frac{4\pi c}{\omega_p} \frac{\mathscr{E}}{Mc^2}$ 更严苛.

对形成区的估算使得定性回答空间和频率色散作用问题成为可能. 迄今为止, 我们形式地引入介电常量 $\varepsilon_1$ 和 $\varepsilon_2$, 同时也在高频区使用了等离子体公式. 同时, 在计及介电常量的空间色散 (参见第 11 章) 时, 一般而言, 电荷飞越介质分界面的渡越辐射问题需要更仔细的研究. 原因在于, 当存在空间色散时, 因为问题不再是空间均匀的, 严格地讲不能在接近边界处引入 $\varepsilon$. 事实上这只涉及边界附近的某一区域 $\Delta z_d = 2\pi/k_d$, 其中 $k_d$ 为与显现空间色散的尺度相对应的特征波数. 所以, 在某种意义上这是在谈论边界的 "模糊化". 显然, 空间色散效应很小的判据是

$$\Delta z_d \ll L_{\mathrm{f}} \approx \frac{4\pi c}{\omega_p} \frac{\mathscr{E}}{Mc^2}. \tag{8.81}$$

相似地, 在介电常数随时间急剧变化的渡越辐射问题中不能严格引入依赖于频率的介电常量, 因为问题不是时间均匀的. 结果跃变 $\varepsilon$ 就如同在时间间隔 $\Delta t_d = 2\pi/\omega_d$ 内被模糊了一样, 其中 $\omega_d$ 为表征频率色散的特征频率. 对于极端相对论粒子, 我们有特征频率 $\omega_d \approx \omega_{\max} \approx \omega_p \mathscr{E}/Mc^2$ (参见 (8.44) — (8.46) 式). 显然, 对于极端相对论能量 $\mathscr{E}/Mc^2 \gg 1$, 频率色散效应小的判据 [194]

$$\Delta t_d \approx \frac{2\pi}{\omega_p} \frac{Mc^2}{\mathscr{E}} \ll t_{\mathrm{f}} = \frac{L_{\mathrm{f}}}{c} \approx \frac{4\pi}{\omega_p} \frac{\mathscr{E}}{Mc^2} \tag{8.82}$$

很好地得到满足. 如果用 $\Delta z$ 标记分界面的真实模糊度, 而用 $\Delta t$ 标记时间跃变长度, 那么在前已探讨的问题中, $\Delta z_d$ 与 $\Delta z$ 或 $\Delta t_d$ 与 $\Delta t$ 两个量应分别小于 $L_{\mathrm{f}}$ 与 $t_{\mathrm{f}}$. 如果这些判据被满足的话, $\Delta z_d$ 与 $\Delta z$ 或 $\Delta t_d$ 与 $\Delta t$ 之间可能存在不同的关系, 相对较弱的向后辐射强度依赖于这些关系 (参见 [122, 173b]), 然而通过接近粒子速度方向的主要辐射能量不依赖于它们.

　　分析辐射形成时间和形成长度对于阐明渡越辐射情况下的能量平衡这个远非平庸的问题十分重要. 这种平衡将粒子能量以及那些与远超过辐射形成长度的距离或远远超过辐射形成时间的时刻相对应的量合理地联系起来. 在这种情况下, 初看起来, 辐射能似乎等于辐射场对电荷所作的功. 然而, 这个结论是错误的. 而且, 场对电荷所作的功甚至可与辐射能有不同的数量级, 虽然这个功是辐射场 $\boldsymbol{E}^R$ 作的, 而且是在辐射场和电荷场分离之前, 亦即在远小于形成区长度的长度内作的.

　　单位时间内辐射场对电荷所作的功等于

$$\frac{\mathrm{d}W^F}{\mathrm{d}t} = q(\boldsymbol{v} \cdot \boldsymbol{E}^R)\big|_{r=vt}, \quad W^F = q\int_{-\infty}^{\infty} (\boldsymbol{v} \cdot \boldsymbol{E}^R)\big|_{r=vt}\mathrm{d}t. \tag{8.83}$$

在介电常量随时间急剧变化下的渡越辐射情况,(8.83) 式中的对时间积分在 $t > 0$ 的区间进行, 因为仅当 $t > 0$ 时 $\boldsymbol{E}^R \neq 0$ (认为切连科夫辐射不存

在). 由 (8.57) 式我们得到

$$q \int_0^\infty (\boldsymbol{v} \cdot \boldsymbol{E}^R)\big|_{r=vt} \mathrm{d}t = \int_0^\infty \mathrm{d}t \int \mathrm{d}\boldsymbol{k} \frac{4\pi \mathrm{i}q^2}{(2\pi)^3 k} \frac{(\boldsymbol{k} \times \boldsymbol{v})^2}{k^2 v^2} \times$$
$$\left[ a_+(\boldsymbol{k}) \exp\left( \mathrm{i}(\boldsymbol{k} \cdot \boldsymbol{v})t - \mathrm{i}\frac{kc}{\sqrt{\varepsilon_2}}t \right) - a_+^*(\boldsymbol{k}) \exp\left( -\mathrm{i}(\boldsymbol{k} \cdot \boldsymbol{v})t + \mathrm{i}\frac{kc}{\sqrt{\varepsilon_2}}t \right) \right]. \tag{8.84}$$

对时间的积分可以在认为 $\omega$ 有一无限小的正虚部的情况下进行. 考虑到 $\omega = kc/\sqrt{\varepsilon_2}$, 我们得到

[195]

$$W^F = \int_0^\infty \mathrm{d}\omega \int_0^\pi 2\pi \sin\theta \mathrm{d}\theta W^F(\omega, \theta), \tag{8.85}$$

其中

$$W^F(\omega, \theta) = \frac{q^2 v^3 \sin^2\theta \cos\theta (\varepsilon_1 - \varepsilon_2)}{2\pi^2 c^4 (1 - \varepsilon_1 (v/c)^2 \cos^2\theta)(1 - \sqrt{\varepsilon_2}(v/c)\cos\theta)^2}. \tag{8.86}$$

如果 $\varepsilon_1, \varepsilon_2$ 不是实数, 则应当取 (8.86) 式右端的实部 (Re).

将 (8.85)、(8.86) 式与辐射能 (8.68) 式作比较时, 进入我们视线的是以下区别: 1) 力所作的功依赖于 $\varepsilon_2 - \varepsilon_1$ 的符号, 这与辐射能 (8.68) 式不同, 在该式中能量不依赖于这个符号; 2) 对于极端相对论粒子特别小的 (8.86) 式分母内的因子 $(1 - \varepsilon_1 (v/c)^2 \cos^2\theta)$ 是一次方, 而不像在 (8.68) 式中那样为二次方; 3) 二者对 $v$ 和角度 $\theta$ 的依赖关系不同. 所有这一切表明, 辐射场的力对电荷所作的功可以显著地不同于辐射能, 而且在一系列情况下相差会很悬殊.

为了更清楚地揭示相应的差别, 我们详细研究极端相对论 (亦即 $v \to c$) 情况. 此时, 假定 $|\varepsilon - 1| \approx \omega_p^2/\omega^2 \ll 1$ 及 $\theta^2 \approx (Mc^2/\mathscr{E})^2 \ll 1$, 由 (8.86) 式我们得到力所作的功与辐射能之比的以下估计. 辐射能 (8.68) 式的分子中含有一个量级为 $(\omega_p/\omega)^2 (\Delta N/N)$ 的附加因子 $\varepsilon_2 - \varepsilon_1$, 分母中含有量级为 $(\omega_p/\omega)^2 + \theta^2 + (Mc^2/\mathscr{E})^2$ 的因子 $(1 - \varepsilon_1 (v/c)^2 \cos^2\theta)$. 把 $\theta^2$, $(Mc^2/\mathscr{E})^2$ 和 $(\omega_p/\omega)^2$ 当作同数量级的量, 我们得到辐射能大约是力所作的功的 $\Delta N/N$ 倍. 因此在 $\Delta N/N \ll 1$ 的情况下它比功小得多, 而在 $\Delta N/N = 1$ 情况下辐射能与功 $W^F$ 属于同数量级 (但是在符号和数值系数上可能有差别). 准确的计算证实了这些估计. 由 (8.86) 式我们有

$$W^F(\omega, \theta) \approx \frac{2q^2}{\pi^2 c} \frac{\theta^2 (\varepsilon_1 - \varepsilon_2)}{[\theta^2 + (\omega_{p1}/\omega)^2 + (Mc^2/\mathscr{E})^2][\theta^2 + (\omega_{p2}/\omega)^2 + (Mc^2/\mathscr{E})^2]}. \tag{8.87}$$

将 (8.87) 式对角度 $\theta$ 积分, 可得到力所作的功的谱分布

$$W^F(\omega) = \int_0^\infty \pi d\theta^2 W^F(\omega, \theta) = \frac{2q^2}{\pi c}\left\{1 + \frac{\omega^2}{(\omega_{p2}^2 - \omega_{p1}^2)} \times \right.$$
$$\left.\left[(\omega_{p1}/\omega)^2 + \left(\frac{Mc^2}{\mathscr{E}}\right)^2\right]\ln\left[\frac{(\omega_{p1}/\omega)^2 + (Mc^2/\mathscr{E})^2}{(\omega_{p2}/\omega)^2 + (Mc^2/\mathscr{E})^2}\right]\right\}. \quad (8.88)$$

如果 $|N_2 - N_1|/N = \Delta N/N \ll 1$, 也就是说 $|\omega_{p2}^2 - \omega_{p1}^2|/\omega_p^2 \ll 1$, 那么

$$W^F(\omega) \approx \frac{q^2}{\pi c}\frac{\omega_p^2}{\omega^2}\frac{(N_2 - N_1)}{N}\frac{1}{[(\omega_p/\omega)^2 + (Mc^2/\mathscr{E})^2]}. \quad (8.89)$$

当 $\omega \ll \omega_p\mathscr{E}/Mc^2$ 时, 量 $W^F(\omega)$ 为常量且在高频时以 $1/\omega^2$ 的方式减小. 将 [196]
(8.89) 式与 (8.41) 式比较后, 我们确信, 正如以上所述, 单位时间内力所作的功可以远远超过 (约 $N/\Delta N$ 倍) 辐射功率. 在所考察情况下, 力所作的总功等于

$$W^F = \int_0^\infty W^F(\omega)d\omega = \frac{q^2\omega_p(N_2 - N_1)}{2cN}\frac{\mathscr{E}}{Mc^2}. \quad (8.90)$$

如果 $N$ 的变化很大, 则对于从真空到介质的渡越 ($|\Delta N|/N_2 = 1, N_1 = 0$), 由 (8.88) 式我们得到

$$W^F = \frac{2}{3}q^2\frac{\omega_p}{c}\frac{\mathscr{E}}{Mc^2}. \quad (8.91)$$

同时, 对于从介质到真空的渡越 ($\Delta N/N_1 = 1, N_2 = 0$) 我们有

$$W^F = -\frac{4}{3}\frac{q^2\omega_p}{c}\frac{\mathscr{E}}{Mc^2}. \quad (8.92)$$

在这一情况下, 力所作的功在绝对值上与辐射能同数量级, 但数值系数是不同的. 如果不把粒子速度作为常量, 而计及辐射对粒子的反作用, 那么 (8.92) 式中粒子由介质飞出时力所作的功的负号意味着辐射之后粒子不是被阻滞, 而是被加速, 而且粒子的加速度正是由辐射场产生的. 这里没有任何佯谬发生. 为了理解这一点, 应当考虑到在能量平衡中还应该出现另外一个量, 也就是粒子自有场的能量, 或者如通常所说, 应当计及粒子质量的宏观重正化.

原因在于, 粒子自有场的能量在介质 1 和介质 2 中原来是不一样的, 由此存在与介质有关的粒子附加能量. 在从介质 1 渡越到介质 2 时, 粒子质量的变化与粒子能量变化有联系, 研究能量平衡时必须考虑这一改变.

电荷自有场的能量等于

$$W^q = \int \frac{1}{8\pi}(\varepsilon(\boldsymbol{E}^q)^2 + (\boldsymbol{B}^q)^2)d\boldsymbol{r}, \quad (8.93)$$

而其在 $v = \mathrm{const}$ 情况下从介质 2 渡越到介质 1 时, 这个能量的改变, 亦即质量宏观重正化能量等于

$$W^M = W_2^q - W_1^q. \tag{8.94}$$

在极端相对论粒子的最简单情况, 渡越辐射的性质是普适的 (对于空间与时间的改变都是同样的). 此时对 $W^M$ 的主要贡献是由表达式 (8.56) 和 (8.69) 描述的横场带来的. 在此情况下

[197]

$$W^q = \frac{q^2}{4\pi^2 c^2} \int \mathrm{d}\boldsymbol{k} \frac{(1 + \varepsilon(\boldsymbol{k} \cdot \boldsymbol{v})^2/k^2 c^2)}{(k^2 - \varepsilon(\boldsymbol{k} \cdot \boldsymbol{v})^2/c^2)^2}. \tag{8.95}$$

对于极端相对论粒子, $|\boldsymbol{k}| \approx \omega/c$, $|\varepsilon - 1| \ll 1$, $(\boldsymbol{k} \cdot \boldsymbol{v})^2/k^2 v^2 \approx 1 - \theta^2$, 并容易看出

$$W^q \approx \frac{q^2}{\pi c} \int_0^\infty \theta^2 \mathrm{d}\theta^2 \int_0^\infty \mathrm{d}\omega \frac{1}{[\theta^2 + (\omega_p/\omega)^2 + (Mc^2/\mathscr{E})^2]^2}. \tag{8.96}$$

在此情况下的质量重正化能等于

$$W^M = \frac{q^2}{\pi c} \int_0^\infty \mathrm{d}\omega \int_0^\infty \theta^2 \mathrm{d}\theta^2 \frac{(\omega_{p1}^2 - \omega_{p2}^2)}{\omega^2} \left[ \frac{\omega_{p1}^2}{\omega^2} + \frac{\omega_{p2}^2}{\omega^2} + 2\theta^2 + 2\left(\frac{Mc^2}{\mathscr{E}}\right)^2 \right] \times$$
$$\left[ \theta^2 + \frac{\omega_{p1}^2}{\omega^2} + \left(\frac{Mc^2}{\mathscr{E}}\right)^2 \right]^{-2} \left[ \theta^2 + \frac{\omega_{p2}^2}{\omega^2} + \left(\frac{Mc^2}{\mathscr{E}}\right)^2 \right]^{-2}. \tag{8.97}$$

可见, 质量重正化能和力所作的功一样依赖于 $\varepsilon_2 - \varepsilon_1$ 的符号, 而且在 $\Delta N/N \ll 1$ 情况下正比于 $\Delta N/N$:

$$W^M \approx \frac{q^2}{2c} \omega_p \frac{(N_2 - N_1)}{N} \frac{\mathscr{E}}{Mc^2}. \tag{8.98}$$

将 (8.98) 式与 (8.89) 和 (8.90) 比较后, 我们确信辐射场对粒子所作的功基本上都化为重正化质量, 化为辐射能的仅是很小的一部分, 从 (8.98) 式算得约为 $\Delta N/12N$. 如果 $\Delta N = N = 1$, 对于粒子由真空进入介质, 则从 (8.97) 式得到

$$W^M = -\frac{q^2 \omega_p}{c} \left( \frac{\mathscr{E}}{Mc^2} \right), \tag{8.99}$$

而当粒子从介质进入真空 ($\Delta N/N_1 = 1, N_2 = 0$) 时,

$$W^M = \frac{q^2 \omega_p}{c} \left( \frac{\mathscr{E}}{Mc^2} \right). \tag{8.100}$$

容易证明, 粒子由真空进入介质时遵守能量平衡 (参见 (8.46)、(8.91) 和 (8.99)):

$$W^R + W^F = \left( \frac{1}{3} + \frac{2}{3} \right) \frac{q^2 \omega_p}{c} \frac{\mathscr{E}}{Mc^2} = -W^M. \tag{8.101}$$

类似地, 粒子从介质飞出时 (参见 (8.46)、(8.92) 和 (8.100) 式):

$$W^R + W^F = \left(\frac{1}{3} - \frac{4}{3}\right)\frac{q^2\omega_p}{c}\frac{\mathscr{E}}{Mc^2} = -W^M. \qquad (8.102)$$

于是, 质量重正化效应完满地解释了为什么辐射会伴随粒子加速. 极端相 [198] 对论粒子在穿越两种介质分界面时的渡越辐射的能量平衡也是通过此一途径形成的. 此时在粒子速度极端相对论极限下的质量重正化与辐射力所作的功也是由公式 (8.90)—(8.92) 和 (8.98)—(8.100) 描写的. 这表明, 在极端相对论情况下, 不仅渡越辐射是普适的, 而且力的大小与质量重正化也是普适的. 就便提及, 从前面所进行的分析可知, 对于极端相对论粒子在能量平衡中只有前向辐射起主要作用, 在质量重正化中只有横场能量的变化起主要作用, 而在力所作的功中只有在透明介质区域向前辐射场的功起主要作用. 也可以研究任意速度下的能量平衡[122, 173b], 不过在这种情况下, 对于电荷穿越两种介质分界面的渡越辐射的分析与在介电常量随时间跃变的渡越辐射的分析有所差别. 原因是在存在介质分界面的情况下, 问题是空间非均匀的, 不仅必须考察横场能量的重正化, 也必须考察纵场能量的重正化. 与此相联系, 出现了有关考虑空间色散的问题和其他一些问题[178d]. 对模糊分界面问题之解[178, 122] 有助于对此的理解.

最后, 对于渡越辐射还有一点说明.

辐射的所有机制都与波吸收的相应机制有联系 (这一事实用经典语言说是源于方程相对于时间变号的不变性; 用量子语言说, 正反过程的联系很清楚是源于这些跃迁矩阵元模的相等). 在这方面渡越辐射当然并不构成例外. 具体说来, 在非均匀介质中电磁波吸收的跃迁机制, 可以说, 也起着当辐射源在这个介质中运动时产生的同类型电磁波渡越辐射的逆过程的作用[179].

我们以研究渡越散射来结束本章.

首先注意到 "渡越散射" 这个词到现在为止并不太为人所知是可以理解的, 这是因为这个词是不久前才与介电常量的波在静止 (被固定) 电荷上的散射[175] 相联系被引入的. 如在本章开始时所强调指出的, 渡越散射是一种非常广泛类型的过程. 因此, 在一些具体情况下, 渡越散射实际上不止一次地早就被研究过也就相当自然, 不过这些研究没有足够清楚的物理解释或没有提及所研究的效应与散射过程有关. 我们这里进一步的论述的任务是, 揭示以下一些过程看起来并不太清楚的与渡越散射的联系, 这些过程包括: 共振渡越辐射, 周期介质中的渡越辐射, 粒子在随机非均匀介质中的辐射, 等离子体中波的非线性相互作用以及存在强电磁场的真空中的非线性效应. 为了借用渡越辐射理论架设一座小桥以揭示渡越辐射和渡越散射之间的相互关系, 我们从共振渡越辐射问题开始[9].

[199]　　如前面已经解释过的, 渡越辐射是当介质的介电性质在空间变化和随时间变化时发生的. 介电常量随时间和空间按正弦变化的情况是所有可能组合之一. 具体说来, 设

$$\boldsymbol{D}(\boldsymbol{r},t) = \varepsilon \boldsymbol{E}(\boldsymbol{r},t), \quad \varepsilon = \varepsilon^{(0)} + \varepsilon^{(1)} \sin(\boldsymbol{k}_0 \cdot \boldsymbol{r} - \omega_0 t - \varphi_0). \tag{8.103}$$

在这种情况下, 可以称之为沿 $\boldsymbol{k}_0$ 传播且具有相速度 $\omega_0(\boldsymbol{k}_0)/k_0$ 的介电常量波.

　　当电荷相对于介电常量波运动时出现渡越辐射, 这种渡越辐射当然不同于在介质分界面上的渡越辐射. 主要的区别显然与介电常量 (8.103) 式是周期函数以及辐射出现在全空间而不是局域在分界面附近的一个区域有关. 在这方面, 在一摞薄片上 (亦即在含有相互之间等距排列的许多分界面的介质中) 产生的渡越辐射与在介电常量波中产生的渡越辐射特别接近. 周期性的存在自然导致在不同的分界面附近形成的波的相干性, 而其后果是引起共振效应. 因此周期介质中的渡越辐射可以称为共振渡越辐射. 同时周期性介质中的渡越辐射也可以认为是渡越散射. 实际上, 这样来描述过程是完全正确的: 当 (8.103) 式所表示的介电常量波入射到电荷时, 电荷近旁产生交变极化, 而且因此形成渡越散射的产物——离开电荷的电磁波. 我们要强调指出这种散射与通常的与粒子在入射波场中振动相关的散射的根本性差别, 因为即使对于质量为无穷大 ($M \to \infty$) 的粒子也可以产生渡越辐射. 确实, 介质中各种不同扰动的传播既伴随有式 (8.103) 型的介电常量波, 也伴随有电场的波, 后一种波对质量有限的粒子引起通常的汤姆孙散射 (参见第 15 章). 在某些情况下, 把渡越散射与汤姆孙散射区分开来并不那么简单, 因为存在两种类型散射的干涉. 例如, 这种干涉对于等离子体波是如此重要, 以至于能够改变总散射截面的数量级 (参见 [121, 122] 和第 15 章).

　　考虑到在一系列情况下, 通常的散射小到可以忽略 (对于非常重的粒子) 或一般并不存在 (例如对于不伴随有电场波的声波), 今后我们将基本上把渡越散射当作一个独立过程来研究. 自然, 不仅电磁波可以经受渡越散射, 其他任何别的波都可以经受渡越散射, 包括介电常量 (8.103) 类型的
[200] 波在内, 不过具有另外的 $\boldsymbol{k}_0$ 和 $\omega$ 值. 这样一来, 建立介质中任意波散射的普遍理论必须考虑渡越散射在内. 一般而言, 只有在入射 (引起散射的) 波和散射波的非常高频 (频率远高于光频或介质的等离子体频率) 极限下才可以研究一些仅有的通常散射过程.

　　有可能被认为 (或被称为) 渡越散射的渡越辐射并不仅局限于 (8.103)

式类型的介电常量波. 的确, 如果考察在空间或时间上呈脉冲或阶梯状的介电常量波, 那么任何渡越辐射都可认为是介电常量波的扰动或脉冲的散射 (或转变) 过程, 在过程中形成电磁波 (在原则上也可以是其他波). 在类似情况下, 如果不存在对静止 (或被固定) 电荷的渡越散射, 也许把渡越散射和渡越辐射并列起来讨论并不合适. 事实上, 在这种情况下引入渡越辐射的概念明显牵强, 因为过程并没有涉及运动电荷并发生了典型的介电常量波转换为电磁波的散射 (图 8.4). 这里所说的一切我们在本章的开头已经说过, 但此处很难避免重复. 还要补充指出的是, 静止电荷情况似乎是无法单独区分出来的, 因为在另外的惯性参考系这个电荷将以恒定速度 $v \neq 0$ 运动. 不过在这个参考系里, 介质也将运动, 从而为了解决问题必须使用运动介质的电动力学. 因此, 在介质速度是常量 (不依赖于空间与时间) 的条件下, 与介质相联系的参考系物理上可以单独区分出来, 使用起来也更为方便. 以下我们和从前一样, 只使用这个参考系以及与之相应的静止介质电动力学, 当然在这个参考系中运动电荷相对于介质具有速度 $v \neq 0$.

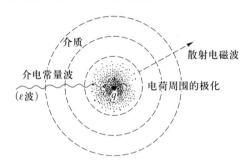

图 8.4　对静止电荷 ($v = 0$) 的渡越散射示意图.

在静止电荷上的渡越散射只能在 $\omega_0 \neq 0$ 及 $k_0 \neq 0$ 的情况下发生[1]. 如果电荷速度 $v \neq 0$, 则在 $\omega_0 = 0$, $k_0 = 0$ (空间周期结构) 或 $\omega_0 \neq 0, k_0 = 0$ (介电常量仅随时间周期性变化的介质) 时已经发生了电磁波辐射. 与此一区别相联系, 在静止电荷上的渡越散射问题在一定意义上也可单独区分出来, 尽管这个问题当然可以在对 $\omega_0 \neq 0$, $k_0 \neq 0$ 也正确的普遍解的基础上加以研究 (正是从运动电荷上的渡越散射到静止电荷上渡越散射的极限过渡的著名的不平庸性, 导致了静止电荷上的渡越散射直到不久前才得到研究).

---

[1] 因介电常量波 (8.103) 的存在而引起的在静止电荷场中的附加极化为 $\delta p = \dfrac{\varepsilon^{(1)}\sin(k_0 \cdot r - \omega_0 t - \varphi_0)}{4\pi} E^q$, $E^q = \dfrac{qr}{\varepsilon^{(0)}r^3}$. 当 $k_0 = 0$ 时, 极化 $\delta P$ 是球对称的, 因此不会引起散射电磁波的辐射.

　　根据被广泛接受的关于无穷大质量带电粒子的假设, 在该粒子上的散射是在频率没有变化

$$\omega(\boldsymbol{k}) = \omega_0(\boldsymbol{k}_0) \tag{8.104}$$

的情况下发生的. 反冲效应仅在考虑量子效应和粒子质量 $M$ 有限时才是重要的 (如同在通常的散射中一样). 对于运动电荷, 散射波与被散射波的频率只有在电荷静止的参考系中才是相等的, 此时在所使用的介质静止的参考系中, 由于多普勒效应, 由下式取代 (8.104) 式:

$$\omega - \boldsymbol{k} \cdot \boldsymbol{v} = \omega_0 - \boldsymbol{k}_0 \cdot \boldsymbol{v}. \tag{8.105}$$

此处和今后都有 $\omega > 0$ 和 $\omega_0 > 0$ (显然 $\omega$ 与 $\boldsymbol{k}$ 是散射波的频率和波矢). (8.103) 式表示的波既含有带 $\exp[-\mathrm{i}(\omega_0 t - \boldsymbol{k}_0 \cdot \boldsymbol{r})]$ 的项, 也含有带 $\exp[\mathrm{i}(\omega_0 t - \boldsymbol{k}_0 \cdot \boldsymbol{r})]$ 的项, 也就是说含有带正、负频率的项. 所以, 严格地说, 除开 (8.105) 式, 还应当考虑满足等式

$$\omega - \boldsymbol{k} \cdot \boldsymbol{v} = -(\omega_0 - \boldsymbol{k}_0 \cdot \boldsymbol{v}) \tag{8.106}$$

的可能性. 如果 (8.105) 式对应于频率为 $\omega$ 的波的辐射和频率为 $\omega_0$ 的波的吸收过程 (或者相反)[①], 那么过程 (8.106) 就对应于两个波的同时辐射或同时吸收. 在这种情况下, 如果我们只对极端相对论粒子和高频 $(\omega \gg \omega_p)$ 辐射感兴趣, 则等式 (8.105) 和 (8.106) 的左端永远为正. 实际上, 考虑到矢量 $\boldsymbol{v}$ 与 $\boldsymbol{k}$ 之间的夹角 $\theta$ 很小 (极端相对论粒子的辐射集中在接近其速度的方向上), 我们得到

[202]

$$\omega - \boldsymbol{k} \cdot \boldsymbol{v} = \frac{\omega}{2}\left[\theta^2 + \left(\frac{Mc^2}{\mathscr{E}}\right)^2 + \left(\frac{\omega_p}{\omega}\right)^2\right] > 0,$$

其中 $k = (\omega/c)n = (\omega/c)\sqrt{1 - (\omega_p/\omega)^2} \approx (\omega/c)(1 - \omega_p^2/2\omega^2)$. 对于相对论粒子, $|\boldsymbol{k}_0 \cdot \boldsymbol{v}| \lesssim k_0 c$, 也就是说, 对于具有 $\omega_0/k_0 > c$ 的快速介电常量波, 只允许有 (8.105) 式所表示的过程. 对于 $\omega_0/k_0 < c$ 的慢波, (8.105) 和 (8.106) 两个过程都允许. 同时在 $\omega_0/k_0 \ll c$ 极限下, (8.105) 和 (8.106) 这两个过程的选择由 $\boldsymbol{k}_0$ 与 $\boldsymbol{v}$ 之间的角度决定, 因为在这一情况下

$$\omega - (\boldsymbol{k} \cdot \boldsymbol{v}) \approx \mp(\boldsymbol{k}_0 \cdot \boldsymbol{v}). \tag{8.107}$$

---

　　① 如我们在第 7 章所见过的, 量子力学描述对于过程方向的追踪考察最为方便, 此时引进能量为 $\hbar\omega$、动量为 $\hbar\boldsymbol{k}$ 的量子, 并利用能量守恒和动量守恒定律 $\mathscr{E}_0 + \hbar\omega_0 = \mathscr{E}_1 + \hbar\omega$, $\boldsymbol{p}_0 + \hbar\boldsymbol{k}_0 = \boldsymbol{p}_1 + \hbar\boldsymbol{k}$ (此处 $\mathscr{E}_{0,1}$ 和 $\boldsymbol{p}_{0,1}$ 分别对应于粒子初态、终态的能量和动量. 在经典近似, 亦即忽略反冲下, $\mathscr{E}_1 = \mathscr{E}_0 + \frac{\partial\mathscr{E}}{\partial\boldsymbol{p}}(\boldsymbol{p}_1 - \boldsymbol{p}_0) = \mathscr{E}_0 + \hbar\boldsymbol{v}(\boldsymbol{k} - \boldsymbol{k}_0)$, 于是我们得到 (8.105) 式.

如果相对论粒子沿着或者逆着波 (8.103) 的方向传播, 则由前面的公式可得出

$$\omega \approx \frac{2k_0 c}{\theta^2 + (\omega_p/\omega)^2 + (Mc^2/\mathscr{E})^2}. \tag{8.108}$$

在 $\omega_0/k_0 \ll c, \omega_0 \neq 0$ 的情况下, 极端相对论粒子的辐射事实上就像在波长为 $d_0 = 2\pi/k_0$ 的静态不均匀性介质中发生一样. 如果 $\omega \gg \omega_p \mathscr{E}/Mc^2, \theta \lesssim Mc^2/\mathscr{E}$, 则辐射的是随粒子能量快速增长的甚高频波

$$\omega \approx 2k_0 c \left(\frac{\mathscr{E}}{Mc^2}\right)^2. \tag{8.108a}$$

渡越散射与在单一分界面上的渡越辐射的足够明显的重要区别之一, 是散射导致粒子的连续辐射, 而渡越辐射仅有有限的持续时间. 从而, 在渡越散射情况应当关心粒子单位路径上或单位时间内辐射的能量. 自然会出现这样的情况, 如果有一系列介质分界面或一摞薄片, 这些分界面或薄片中的每一个在自己的分界面上给出渡越辐射. 但是, 分界面上辐射的简单相加并不与渡越散射等价, 因为如果单个分界面的辐射是非相关的, 辐射强度将由单位长度上的分界面数目决定. 与发生在不同分界面上的场的相干干涉相对应的才是渡越散射. 相干性条件与 (8.107) 式相同. 在普遍情况下渡越散射 $\omega_0 \neq 0$, 这是一个比由共振条件 (8.107) 描写的相干 (共振) 渡越辐射更为丰富的现象.

共振条件 (8.108) 可以写为以下形式:

$$L_\mathrm{f} = \frac{4\pi c}{\omega} \frac{1}{[\theta^2 + (Mc^2/\mathscr{E}^2) + (\omega_p/\omega)^2]} = \frac{2\pi}{k_0} = d_0, \tag{8.109}$$

亦即辐射形成区长度 (见 (8.78) 式) 等于介电常量调制的空间周期. 物理上这可以解释为: 在 $L_\mathrm{f}$ 的长度上辐射场的相位变了 $2\pi$, 如果在此处由于存在下一个分界面而发生新的辐射, 则其正好和前一个分界面发生的辐射场同相位. 条件 (8.109) 是为单独的正弦波写下的. 为了与渡越辐射比较, 最好是考察一摞薄层, 在这一摞薄层中介电常量以空间周期 $2\pi/k_0$ 轮番地从 $\varepsilon^{(0)} - \varepsilon^{(1)}$ 变到 $\varepsilon^{(0)} + \varepsilon^{(1)}$. 相关的计算记载于文献 [121b, 122] 中, 其中也列出了补充文献. 我们这里仅就这个计算做若干说明.

对一摞薄板中渡越辐射的兴趣与渡越探测器问题有关. 尽管粒子通过一个分界面所辐射的总能量随粒子能量的增长而增长 (这一点正好能用来测量粒子能量, 但是在单独一个分界面上的平均辐射不大于 1/137 个量子, 也就是说, 为了得到一个光量子必须有 137 个分界面. 这种估算对于如果单个分界面上的辐射之间互不干涉 (辐射强度正比于总层数 $S$) 这样的情

[203]

况是正确的. 分别由各层发出的辐射的干涉应该导致给定频率的辐射强度
正比于叠中薄板数目的平方 $S^2$. 看来似乎在这种情况下, 由所有频率和角
度总加起来的辐射强度应当远大于没有干涉时的辐射强度. 其实, 总强度
变化并不很厉害. 原因是干涉的结果压低了一些频率的辐射强度但加强了
另外一些频率的辐射强度, 这些频率相应地满足 (8.105) 和 (8.106) 式型的共
振条件. 这样产生的辐射不是别的, 正是渡越散射, 不过它不是由正弦波, 而
是由具有陡峭波前的波发射出的. 计算结果可以揭示辐射强度对粒子能量
和薄层参数的依赖关系, 这些在构建和使用渡越探测器中非常重要. 现在
仍剩下若干物理问题有待澄清, 也就是相干与非相干过程之间的关系, 以
及相干过程不是别的, 就是渡散射这个事实. 同时, 在定性关系上特别有意
思的是两种可能性: 1) 当调制周期 (结构周期) 大于频率 $\omega_p \mathscr{E}/Mc^2$ 上的形
成区尺度时; 2) 当这个周期小于形成区尺度时 (即 $2\pi/k_0 \geqslant (2\pi c/\omega_p)(\mathscr{E}/Mc^2)$
情况). 在第一种情况下, 各分界面的辐射强度独立或几乎独立地相加. 在
第二种情况下, 产生纯粹的渡越散射, 以及共振渡越辐射. 分析在一叠平板
的上散射使得我们能特别清楚地考察渡越辐射和渡越散射之间的关系. 正
是为了研究这种渡越散射, 我们才自然地转向 (8.103) 式那样的密度正弦
调制的最简单情况, 那样不仅考虑了空间调制, 也考虑了时间调制, 亦即研
究具有 $\omega_0 \neq 0$ 和 $k_0 \neq 0$ 的介电常量波.

[204]　　　　一般情况下在研究渡越散射时, 可以认为电流密度 $j^q$ 是给定的 (对于
给定电荷它等于 (8.3) 式) 并使用带有某种周期性介电常量的麦克斯韦方
程 (8.2) 作为初始方程. 同时, 可方便地将所有的物理量展开为对空间和时
间的傅里叶积分:

$$\boldsymbol{E} = \int \boldsymbol{E}_{k,\omega} \exp[\mathrm{i}(\boldsymbol{k} \cdot \boldsymbol{r} - \omega t)]\mathrm{d}\boldsymbol{k}\mathrm{d}\omega; \quad j^q = \int j^q_{k,\omega} \exp[\mathrm{i}(\boldsymbol{k} \cdot \boldsymbol{r} - \omega t)]\mathrm{d}\boldsymbol{k}\mathrm{d}\omega \quad (8.110)$$

等. 对于具有介电常量 (8.103) 的介质, 电感应强度 $\boldsymbol{D}$ 与电场强度 $\boldsymbol{E}$ 之间
的关系式 $\boldsymbol{D} = \varepsilon \boldsymbol{E}$ 相对于傅里叶分量采取以下形式:

$$\boldsymbol{D}_{k,\omega} = \varepsilon^{(0)}(\omega)\boldsymbol{E}_{k,\omega} + \frac{1}{2\mathrm{i}}\varepsilon^{(1)}(\omega)(\boldsymbol{E}_{k+k_0,\omega+\omega_0} - \boldsymbol{E}_{k-k_0,\omega-\omega_0}). \quad (8.111)$$

对于介电常量 (8.103), 量 $\varepsilon^{(0)}$ 与 $\varepsilon^{(1)}$ 当然与频率无关, 但是在一般情况下,
$\varepsilon^{(1)}$ 可能既依赖于 $\omega$ 和 $\boldsymbol{k}$, 也依赖于 $\omega_0$ 和 $k_0$ (参见 [121b, 122] 和第 15 章末
尾). 在考虑空间色散时, $\varepsilon^{(0)}$ 也同样是不仅依赖于 $\omega$, 也依赖于 $\boldsymbol{k}$. 为了不使
叙述复杂化, 我们这里研究最简单的情况, 即 $\varepsilon^{(1)}$ 和 $\varepsilon^{(0)}$ 都只依赖于 $\omega$ 的
情况. 其次, 在 (8.3) 式的情况下我们有

$$j^q_{k,\omega} = \frac{q\boldsymbol{v}}{(2\pi)^3}\delta(\omega - (\boldsymbol{k} \cdot \boldsymbol{v})). \quad (8.112)$$

此时方程 (8.2) 具有以下形式:

$$\boldsymbol{k} \times \boldsymbol{B}_{\boldsymbol{k},\omega} = -\frac{\omega}{c} \boldsymbol{D}_{\boldsymbol{k},\omega} - \frac{4\pi \mathrm{i}}{c} \boldsymbol{j}_{\boldsymbol{k},\omega}^q, \quad \boldsymbol{k} \times \boldsymbol{E}_{\boldsymbol{k},\omega} = \frac{\omega}{c} \boldsymbol{B}_{\boldsymbol{k},\omega}. \tag{8.113}$$

由此计及 (8.111) 式, 我们有

$$\left( k^2 \delta_{ij} - k_i k_j - \frac{\omega^2}{c^2} \varepsilon^{(0)}(\omega) \delta_{ij} \right) E_{j,\boldsymbol{k},\omega} = \frac{4\pi \mathrm{i} \omega q v_i}{(2\pi)^3 c^2} \delta(\omega - (\boldsymbol{k} \cdot \boldsymbol{v})) +$$

$$\frac{\omega^2}{2\mathrm{i} c^2} \varepsilon^{(1)}(\omega)(E_{i,\boldsymbol{k}+\boldsymbol{k}_0,\omega+\omega_0} - E_{i,\boldsymbol{k}-\boldsymbol{k}_0,\omega-\omega_0}). \tag{8.114}$$

我们假定 $\varepsilon^{(1)}(\omega) \ll \varepsilon^{(0)}(\omega)$ 并将 (8.114) 式的最后一项看作微扰; 于是当 $\varepsilon^{(1)}(\omega) \to 0$ 时, 我们得到由横场和纵场 (相对于矢量 $\boldsymbol{k}$ 而言) 之和组成的匀速运动电荷的场

$$\boldsymbol{E}_{\boldsymbol{k},\omega}^q = \boldsymbol{E}_{\boldsymbol{k},\omega}^{q(l)} + \boldsymbol{E}_{\boldsymbol{k},\omega}^{q(tr)}, \tag{8.115}$$

其中

$$E_{i,\boldsymbol{k},\omega}^{q(l)} = -\frac{4\pi \mathrm{i} q k_i}{(2\pi)^3 k^2 \varepsilon^{(0)}(\omega)} \delta(\omega - \boldsymbol{k} \cdot \boldsymbol{v}) = G_{ij,\boldsymbol{k},\omega}^l j_{j,\boldsymbol{k},\omega}^q, \tag{8.116}$$

$$E_{i,\boldsymbol{k},\omega}^{q(tr)} = \frac{4\pi \mathrm{i} q \omega (v_i - k_i (\boldsymbol{k} \cdot \boldsymbol{v})/k^2) \delta(\omega - \boldsymbol{k} \cdot \boldsymbol{v})}{(2\pi)^3 c^2 (k^2 - \omega^2 \varepsilon^{(0)}(\omega)/c^2)} = G_{ij,\boldsymbol{k},\omega}^{tr} j_{j,\boldsymbol{k},\omega}^q. \tag{8.117}$$

此处引入了纵场和横场的格林函数 $G_{ij,\boldsymbol{k},\omega}^l$ 和 $G_{ij,\boldsymbol{k},\omega}^{tr}$. 它们分别等于　　　　[205]

$$G_{ij,\boldsymbol{k},\omega}^l = -\frac{4\pi \mathrm{i} k_i k_j}{\omega k^2 \varepsilon^{(0)}(\omega)}, \quad G_{ij,\boldsymbol{k},\omega}^{tr} = \left( \delta_{ij} - \frac{k_i k_j}{k^2} \right) \frac{4\pi \mathrm{i} \omega}{c^2 (k^2 - \omega^2 \varepsilon^{(0)}(\omega)/c^2)}. \tag{8.118}$$

为了具体起见, 我们认为散射波是横波. 这样它们的场可采用以下近似 (将场 (8.115) 代入含 $\varepsilon^{(1)}$ 的项中) 由 (8.114) 式确定:

$$\left( k^2 - \frac{\omega^2}{c^2} \varepsilon^{(0)}(\omega) \right) \boldsymbol{E}_{\boldsymbol{k},\omega}^{R(tr)} = \frac{\omega^2}{2c^2 \mathrm{i}} \varepsilon^{(1)}(\omega) \bigg[ \boldsymbol{E}_{\boldsymbol{k}+\boldsymbol{k}_0,\omega+\omega_0}^q - \boldsymbol{E}_{\boldsymbol{k}-\boldsymbol{k},\omega-\omega_0}^q -$$

$$\frac{\boldsymbol{k}}{k^2}(\boldsymbol{k} \cdot \boldsymbol{E}_{\boldsymbol{k}+\boldsymbol{k}_0,\omega+\omega_0}^q) + \frac{\boldsymbol{k}}{k^2}(\boldsymbol{k} \cdot \boldsymbol{E}_{\boldsymbol{k}-\boldsymbol{k}_0,\omega-\omega_0}^q) \bigg]. \tag{8.119}$$

这里我们专门研究一下 (8.119) 式右端所含各项的一个特性是适当的, 右端这些项在当前情况下起着激发散射波的有效源 (电流) 的作用. 这一电流正交于 $\boldsymbol{k}$ 并表现得好像只有电荷的横场——场 (8.117) 对场 $\boldsymbol{E}_{\boldsymbol{k},\omega}^{R(tr)}$ 有贡献. 但是, 实际上场 $\boldsymbol{E}_{\boldsymbol{k}\pm\boldsymbol{k}_0,\omega\pm\omega_0}^q$ 会进入 (8.119) 式, 也就是说, 对于这些场 (8.116) 和 (8.117) 式中的标识符 "$l$" 和 "$tr$" 所指示的场的 "纵向" 或 "横向" 是相对于矢量 $\boldsymbol{k} \pm \boldsymbol{k}_0$, 而不是相对于 $\boldsymbol{k}$ 的. 所以, 如果 $\boldsymbol{k}_0 \neq 0$, 则必须既计及横场, 也计及纵场. 况且, 易见横向分量 (8.117) 在 $\boldsymbol{v} \to 0$ 时趋于零, 且对于静止电

荷, 纵场 (8.116) 将成为主要的. 进而, 从 (8.116) 式和 (8.117) 式的比较得出, 在 $v \ll c^2 k/(\omega \varepsilon^{(0)}(\omega)) \sim c/\sqrt{\varepsilon^{(0)}(\omega)}$, 亦即在粒子速度远小于介质中的光速时, 纵场也是主要的, 这意味着在 $\varepsilon^{(0)}(\omega) \gg 1$ 时, 对任意的非相对论粒子纵场是主要的. 不过, 这一论断并不十分准确, 因为当 $k_0 \to 0, v \neq 0$ 时, 横场 (8.117) 已经变得重要起来, 故而在 $k$ 足够小的情况下也起作用. 严格地说, 有关究竟是横场还是纵场起主导作用的结论只能从对散射截面的最终表达式的比较中得到.

对于格林函数 $G^l_{ij,k \pm k_0, \omega \pm \omega_0}$ 和 $G^{tr}_{ij,k \pm k_0, \omega \pm \omega_0}$, 频率 $\omega \pm \omega_0$ 和波矢 $k \pm k_0$ 常常并不对应于在介质中可传播的波, 因此具有这些频率和波矢的波被称为虚波. 所以计及粒子纵场 $E^{q(l)}$ 的散射通常称作通过虚纵波的散射, 而计及 $E^{q(tr)}$ 的散射则称作通过虚横波 (或者用量子语言, 虚横光子) 的散射. 这种称呼也与渡越散射的图形表示相关 (图 8.5). 图 8.5 中的圆圈对应于描写常量 (顶角) $\varepsilon^{(1)}$ 的三波相互作用. 当然, 在 $v = \text{const}$ (粒子质量 $M \to \infty$) 时, 可以认为动量 $p$ 和 $p'$ 是一样的.

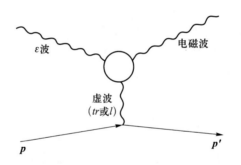

图 8.5　渡越散射的图形表示.

$p$ 和 $p'$ 是散射前、后的粒子动量, 在渡越散射时具有质量 $M \to \infty$ 的粒子上的动量 $p$ 和 $p'$ 始终可以认为是一样的.

[206]　　　　下面我们只考察一个极限情况——散射通过虚纵波起主要作用的非相对论粒子情况. 对于极端相对论粒子更为重要的通过虚横波的散射已在文献 [121, 122] 中作了阐述.

为了简单起见, 我们立即置 $v = 0$, 此时散射波的频率等于入射波频率. 将 (8.116) 式代入 (8.119) 式后, 可以得到散射场 $E^R_k(t) = \int E^R_{k,\omega} \mathrm{e}^{-\mathrm{i}\omega t} \mathrm{d}\omega$[175,122]. 为了计算辐射功率, 利用以下方法较为方便: 即在远离电荷处, 场 $E^R$ 与电荷的自有场已分离开, 因此辐射功率 $\mathrm{d}W^R/\mathrm{d}t$ 将等于单位时间内场 $E^R$ 的

能量 $W^R$ 的改变

$$
\begin{aligned}
\frac{\mathrm{d}W^R}{\mathrm{d}t} &= \frac{1}{4\pi} \int \left[ \boldsymbol{E}^R(\boldsymbol{r},t)\widehat{\varepsilon}^{(0)} \frac{\partial \boldsymbol{E}^R(\boldsymbol{r},t)}{\partial t} + \boldsymbol{B}^R(\boldsymbol{r},t) \frac{\partial \boldsymbol{B}^R(\boldsymbol{r},t)}{\partial t} \right] \mathrm{d}\boldsymbol{r} \\
&= 2\pi^2 \int \mathrm{d}\boldsymbol{k} \left[ \boldsymbol{E}^R_{-\boldsymbol{k}}(t)\widehat{\varepsilon}^{(0)} \frac{\partial \boldsymbol{E}^R_{\boldsymbol{k}}(t)}{\partial t} + \boldsymbol{B}^R_{-\boldsymbol{k}} \frac{\partial \boldsymbol{B}^R_{\boldsymbol{k}}(t)}{\partial t} \right] \\
&= \frac{q^2 \omega_0^3}{4\pi c^2} \int \left| \frac{\varepsilon^{(1)}(\omega_0)}{\varepsilon^{(0)}(0)} \right|^2 \frac{(\boldsymbol{k}\times\boldsymbol{k}_0)^2}{k^2(\boldsymbol{k}-\boldsymbol{k}_0)^4} \delta\left( k^2 - \omega_0^2 \frac{\varepsilon^{(0)}(\omega_0)}{c^2} \right) \mathrm{d}\boldsymbol{k} \quad (8.120)
\end{aligned}
$$

(考虑频率色散时此处 $\widehat{\varepsilon}^{(0)} = \varepsilon^{(0)}\left( \mathrm{i}\dfrac{\partial}{\partial t} \right)$). 根据前面所述, 辐射功率在 $\omega_0 \to 0$ 时趋于零, 在 $\boldsymbol{k}_0 \to 0$ 时也趋于零. 我们记得, 在普遍情况下 $\varepsilon^{(1)}$ 依赖于 $\omega_0, \boldsymbol{k}_0$ 和 $\boldsymbol{k}$ (在此情况下 $\omega = \omega_0$). 散射截面可能显著地依赖于空间色散 $\varepsilon^{(1)}$. 但是, 我们在这里令 $\varepsilon^{(1)} = \varepsilon^{(1)}(\omega)$, 忽略了空间色散. 于是对 $k^2$ 及 $\boldsymbol{k}$ 和 $\boldsymbol{k}_0$ 之间角度 $\theta$ 的积分给出

$$
\left.
\begin{aligned}
\frac{\mathrm{d}W^R}{\mathrm{d}t} &= \frac{q^2 \omega_0^2}{8c} \left| \frac{\varepsilon^{(1)}(\omega_0)}{\varepsilon^{(0)}(0)} \right|^2 \frac{1}{\sqrt{\varepsilon^{(0)}(\omega_0)}} \left\{ \frac{1}{\varLambda} \ln \frac{1+\varLambda}{1-\varLambda} - 2 \right\}, \\
\varLambda &= \frac{2}{\dfrac{k}{k_0} + \dfrac{k_0}{k}}.
\end{aligned}
\right\}
\quad (8.121)
$$

在极限情况下, 我们有 ($k = (\omega_0/c)\sqrt{\varepsilon^{(0)}(\omega_0)}$)

$$
\frac{\mathrm{d}W^R}{\mathrm{d}t} = \frac{q^2 \omega_0^4 |\varepsilon^{(1)}(\omega_0)|^2 \sqrt{\varepsilon^{(0)}(\omega_0)}}{3c^3 k_0^2 |\varepsilon^{(0)}(0)|^2}, \quad k \ll k_0, \quad (8.122\mathrm{a})
$$

$$
\frac{\mathrm{d}W^R}{\mathrm{d}t} = \frac{q^2 c k_0^2 |\varepsilon^{(1)}(\omega_0)|^2}{3|\varepsilon^{(0)}(0)|^2 [\varepsilon^{(0)}(\omega_0)]^{3/2}}, \quad k \gg k_0. \quad (8.122\mathrm{b})
$$

　　应当指出, $k/k_0 = (\omega_0/ck_0)\sqrt{\varepsilon^{(0)}(\omega_0)}$, 且如果 $\omega_0/k_0 \ll c/\sqrt{\varepsilon^{(0)}(\omega)}$, 也就是说介电常量波 (8.103) 的相速度远小于介质中的光速时, 则 $k \ll k_0$. 为了估算截面可以比较 (8.122) 式与众所周知的处于介质中的电偶极子 (振子) 的辐射功率

$$
\frac{\mathrm{d}W_d}{\mathrm{d}t} = \frac{q^2 a_0^2 \omega_0^4 \sqrt{\varepsilon^{(0)}(\omega_0)}}{3c^3}. \quad (8.123)
$$

这个公式是由 (6.28) 式对角度积分后得到的 (此外, 在 (8.123) 式中粒子电

[207]

荷用 $q$ 表示). 根据 (8.122a) 和 (8.123), 我们有[①]

$$\frac{\mathrm{d}W^R}{\mathrm{d}t} \bigg/ \frac{\mathrm{d}W_d}{\mathrm{d}t} = \left| \frac{\varepsilon^{(1)}(\omega_0)}{\varepsilon^{(0)}(0)} \right|^2 \left( \frac{\lambda_0}{2\pi a_0} \right)^2, \quad \lambda_0 = \frac{2\pi}{k_0}. \tag{8.124}$$

汤姆孙散射 (在自由电荷上的散射) 的辐射功率正比于 $q^4$ 并反比于质量平方 $M^2$, 因为在这种情况下 (也参见第 15 章)

$$\boldsymbol{a}_0 = -\frac{q\boldsymbol{E}_0}{M\omega_0^2}, \quad \frac{\mathrm{d}W_d}{\mathrm{d}t} = \frac{\mathrm{d}W_{T,M}}{\mathrm{d}t} = \frac{q^4 \sqrt{\varepsilon^{(0)}(\omega_0)} E_0^2}{3M^2 c^3}. \tag{8.125}$$

渡越散射不依赖于粒子质量并在重粒子 (原则上说即使 $M \to \infty$) 上也会发生. 同时, 入射波波长 $\lambda_0$ 起振幅 $a_0$ 的作用. 在 $\lambda_0 \gg a_0$ 时, 渡越散射可以大大超过汤姆孙散射. 这个涉及渡越散射的结论对于等离子体特别重要 (参见第 15 章), 在那里由于介电常量的空间色散效应, 定量估算将会有一些不同. 由于在静止电荷上发生的渡越散射没有频率改变 ($\omega = \omega_0$), 所以对于低频介电常量波, 散射只有在频率 $\omega_0$ 处于介质对于电磁波透明的窗口中时才可能发生. 也可能有由频率为 $\omega_0$ 的可在介质中传播的任何其他类型的波组成的渡越散射.

[208]　　　　如前所述, 如果故虑到实际的物理学问题, 渡越散射在等离子体中起着特别重要的作用. 对这个问题我们将在第 15 章末尾作详细讨论. 现在我们也只限于就此发表若干评论, 而且不再引用其他补充文献, 因为很容易在较易读懂的论文 [121a] 和专著 [122] 中找到这些内容.

　　　　一种极为常见的介质形式是带有种种随机 (亦即非规则放置的) 不均匀性的介质. 这种介质中的渡越辐射和渡越散射无论在理论上还是实验上都很有意义. 其实, 我们还未涉及的另外一个大问题是干涉, 也可以说, 是渡越辐射和渡越散射与辐射及散射的其他类型的共存 (我们还将在第 15 章适用于等离子体的渡越散射中谈到此事). 应当进一步提及的, 是当源粒

---

① 与公式 (8.122a) 和 (8.123) 的比较相联系, 指出公式 (8.122a) 可通过以下思考途径由 (8.123) 式得到 (准确到数值因子) 是适当的. 所研究的引起散射的电荷 $q$ 周围由极化波作用所产生的附加极化的振幅等于

$$\delta\boldsymbol{P}_0 = \frac{\varepsilon^{(1)}(\omega_0)}{4\pi} \boldsymbol{E}^q = \frac{\varepsilon^{(1)}(\omega_0) q\boldsymbol{r}}{4\pi\varepsilon^{(0)}(0) r^3}.$$

由此立即明白, 所产生的偶极矩 $\boldsymbol{p} = \int \delta\boldsymbol{P}_0 \mathrm{d}V$ 正比于 $q\varepsilon^1(\omega_0)/\varepsilon^{(0)}(0)$. 为了从 (8.123) 式 (在该式中 $p = qa_0$) 转化到 (8.122a) 式, 必须假设 $p^2 = \dfrac{q^2 |\varepsilon^{(1)}(\omega_0)|^2}{|\varepsilon^{(0)}(0)|^2 k_0^2}$. 这样一来, 偶极子有效长度自然地等于 $1/k_0 = \lambda_0/2\pi$. (只需指出在所探讨的问题中, 除了 $\lambda_0$ 之外, 我们没有其他带长度量纲的参量可以支配这一点就够了. 在 (8.122a) 式情况, 电磁波波长 $\lambda = 2\pi/k$ 远比 $\lambda_0$ 大, 不能用来确定源的尺度).

子在介质中以恒定速度 (亦即没有加速度) 运动时出现的各种不同的高阶效应和非线性效应, 所以这些效应就其本质而言应当与切连科夫辐射及渡越辐射有关.

作为非线性切连科夫辐射的最简单的例子, 可以举出当一个局域的足够好的波包 (波列、波脉冲) 以与该波包相对应的群速度 $v_{gr} = d\omega/dk$ 在介质中 (比如说, 在折射率为 $n(\omega)$ 的透明介质中) 运动时发生的辐射. 在那个众所周知的波包弥散不起作用 (因此群速度有准确的含义) 的近似中, 波包在运动学方面完全类似于任何一个以恒定速度在介质中运动的辐射源 (电荷、多极子等). 这样一来就很清楚, 波包一般而言可以在 $\omega = k \cdot v_{gr}$ 的条件下辐射 (频率为 $\omega = kc/n$ 的) 切连科夫波. 然而在线性近似下, 当遵从叠加原理时, 由电磁波组成的波包所辐射的电磁波的辐射强度当然等于零. 但是, 在非线性介质 (包括具有强场的真空在内, 见第 6 章) 中可以发生切连科夫辐射. 在电荷在介质中运动的情况下, 除去电流 $j^q = qv\delta(r - vt)$ 之外, 也出现某种对切连科夫辐射有贡献的非线性电流 $j^{nl}$ (这一贡献, 通常其实很小).

现在我们来研究两个电荷 $q_\alpha$ 和 $q_\beta$, 它们分别以速度 $v_\alpha$ 和 $v_\beta$ 运动且飞行时互相之间靠得很近. 此时, 如果电荷是在真空中运动, 如果不考虑真空的极化, 只有在两电荷或至少其中之一有加速度时才会发生辐射 (轫致辐射). 当有介质存在时, 甚至在两个电荷速度严格恒定的情况下 (这发生在自由电荷情况, 如果它们的质量 $M_{\alpha,\beta} \to \infty$), 前述电荷的 “碰撞” 也会导致辐射 (渡越轫致辐射). 这一效应的本质显然与渡越散射是一样的, 其中靠近一个电荷处的介质的交变 (附加的) 极化是由与另一个电荷相关的介电常量波所造成的. 当然, 介电常量波或者随电荷一起运动的介电常量变化按平面波的展开, 只在考虑非线性时才显示出来 (显然, 这表明介电张量 $\varepsilon_{ij}$ 应当依赖于电场强度). 比较渡越轫致辐射和普通轫致辐射的强度 (同时应当考虑两种效应的干涉) 证明了第一种辐射的强度甚至超过第二种辐射 (详情见 [122]).

[209]

最后, 应当研究一下已经在真空发生的渡越散射, 不过是在足够强的电磁场中或如果考虑引力场的作用情况下发生的. 在散射的这种最简单的方式中, 事情的本质与介电常量波在固定电荷上的渡越散射的本质是同样的. 事实上, 计及真空非线性的这种电荷 (参见第 6 章) 在自身周围形成了某种极化. 入射到电荷上的哪怕是极为微弱的电磁波都会形成围绕电荷的附加的电极化和磁极化 (在条件 (6.92) 情况下可依据公式 (6.82) 求得这些极化). 然而, 交变极化乃是电磁波之源, 因此形成了散射电磁波. 本来, 人们早就知道这种在固定电荷 (无穷重库仑中心) 上的散射, 并称之为德尔布鲁克散射①. 不过在这种情况下, 起主要作用是量级为 $\hbar/mc$ 的小距离, 而且第 6 章所述近似被证明是不适用的. 相反, 当入射到电荷上的频率为 $\omega_0$ 的波转变 (转换、散射) 为频率为 $2\omega_0$ 的波时, 这个近似是适用的. 用量子语言, 这种渡越散射对应于吸收两个能量为 $\hbar\omega_0$ 的光子而放出一个能量为 $2\hbar\omega_0$ 的光子. 另外一个可以宏观地 (亦即在非线性介质电动力学基础上) 研究的过程是在固定电荷上的没有频率变化的散射, 但也要在有不太弱的恒定磁场 $\boldsymbol{B}_0$ 存在时进行.

　　引力波也可以起入射电磁波的作用. 已知在引力场的作用下, 真空表现得像是以某种介电张量和磁导率张量为特征的介质 (参见 [2] 的 §90). 由此已经十分清楚, 引力波在电荷近旁引起附加的电极化和磁极化, 与此相关出现散射电磁波. 因此, 在电荷上或者更有趣的是在磁矩上 (比如说在磁化了的中子星上) 引力波应当部分地转化为散射电磁波. 对于我们刚刚涉及的这个问题, 读者可在文献 [121, 122] 中找到主要的计算方案以及相关公式. 这里虽然只是通过列举一系列在介质和真空中所发生的过程的事例简要地展现了有关渡越散射这个普适概念的多样性, 但看起来这样做不无裨益.

---

① 这种效应是诺贝尔生理学或医学奖获得者德尔布鲁克 (Max Delbrück) 在担任著名核物理学家丽丝·梅特纳的助手期间于 1933 年首先从理论上讨论的 (Z. Physik 84 (1933) 137),1953 年得到实验证实,诺贝尔物理学奖获得者汉斯·贝特 (Hans Bethe) 将之称为 "德尔布鲁克散射". ——译者注

# 第九章
# 论超光速辐射源

表观的和真实的超光速辐射源. 在辐射源以超真空光速运动情况下的瓦维洛夫－切连科夫效应和多普勒效应.

[210]
　　光在真空中的速度 $c = 3 \times 10^{10}$ cm/s 是在自然界遇到的最大极限速度. 作为 "零级近似" 也许可以这样来表述这个由狭义相对论得出并由实验证实的结论. 但是, 很早很早以前我们就知道, 有些从零级近似得出的论断本身就是错的, 或者在所有的情况下都需要修正, 使之更为准确. 最简单的例子是光的相速度 $v_{\rm ph} = c/n$, 在 $n \to 0$ 的情况下, 这个速度可以是任意大 (当然, $n < 1$ 的介质是完全真实的, 只要记得等离子体就行, 对于这种介质 $n = \sqrt{1 - \omega_p^2/\omega^2}, \omega_p^2 = 4\pi e^2 N/m$). 与这个例子和其他例子相关, 修正后的更准确的说法是, 应当小于光速的是所有信号、扰动、粒子、辐射源等的速度, 而不是固定相位 "移动" 的速度 (亦即相速度). 但即使是这些论断也还需要修正, 因为对它们的一些误解会导致佯谬和矛盾. 例如, 通常认为信号的速度等于群速度

$$v_{\rm gr} = \frac{\mathrm{d}\omega}{\mathrm{d}k} = \frac{c}{\mathrm{d}(n\omega)/\mathrm{d}\omega}$$

(为了简单, 现在我们仅限于讨论各向同性介质情况, 此时 $k = (\omega/c)n(\omega)$, 且 $\boldsymbol{v}_{\rm gr}$ 在 $\boldsymbol{k}$ 方向). 然而, 这个群速度 $\boldsymbol{v}_{\rm gr}$ 完全可以超过 $c$, 例如在 $\mathrm{d}n/\mathrm{d}\omega < 1$ 的反常色散区. 这种似是而非的矛盾早在几十年前就已经在分析色散介质内的信号传播中得到了解决[180]. 问题的关键在于, 一般仅在忽略信号弥散及其吸收时 (详见 [99, 109, 181]) 群速度 $v_{\rm gr} = \mathrm{d}\omega/\mathrm{d}k$ 的概念才有准确的含义. 因此, 在那些明确表现反常色散的区域吸收始终存在, 信号主要部分的速度与 $\mathrm{d}\omega/\mathrm{d}k$ 不同. 进一步还可以证明, 信号前锋的速度严格地等于 $c$. 如

果不提对信号前锋之前 (先兆区) 的场的计算, 就是不作计算, 对信号前锋
所作出的以上结论也是显然的. 事实上, 在傅里叶积分中信号 (波列) 场的
展开始终含有非常高的频率. 但在 $\omega \to \infty$ (实际上已处于 X 射线区) 时折
射率 $n \to 1$, 因为介质粒子来不及对波场作出反应. 这些高频分量就构成
了以速度 $c$ 运动的信号的 "先兆". 另一件事是, 对于携带有相对较低频率
的信号, 包含在 "先兆" 中的能量几乎为零. 在忽略吸收时信号的主要部分
或信号主体通常正好以群速度 $v_{\mathrm{gr}} = \mathrm{d}\omega/\mathrm{d}k$ 运动, 然而在 $\mathrm{d}\omega/\mathrm{d}k > c$ 的情况
下信号严重变形, 以至群速度概念不再适用, 而且在所有情况下都不发生
能量以大于 $c$ 的速度传递. 正如我们曾专门强调指出过的那样, 前面所说
的一切早就被指出过并广为人知. 但是, 令人好奇的是, 有关不可能超过真
空光速的论断的催眠式的影响直至今天仍在起作用. 广为流传的不可
能在真空或 $n < 1$ 的介质中 (包括对于各向同性等离子体中的横波) 观察
到瓦维洛夫–切连科夫效应和反常多普勒效应的看法便是一例. 另一个实
例与到达类星体距离的讨论有关. 确定这个距离确实不容易, 因为在类似
情况下唯一已知的直接方法与光谱线的红移测量有关. 假设这种移动是
宇宙学的移动 (与宇宙膨胀相关), 我们就可求得相应的距离, 但反对者们
曾依据类星体红移的宇宙学本性缺少证明来否定这种解释. 在我们看来,
类星体红移的宇宙学本性从来都是无可置疑的, 当下对它的宇宙学解释已
广为接受, 不过现在的问题不在于此. 有意思的是, 作为反对类星体宇宙学
距离的论据是在文献中提到了类星体 (射电源) 结构以 $u > c$ 变化的数据.
为了形象概括, 我们想象一个辐射源 (比如说射电源), 其角尺度随时间以
角速度 $\Omega = \mathrm{d}\varphi/\mathrm{d}t$ 增大. 从地球观察辐射源可看到的角度 $\varphi$ 和角速度 $\Omega$ 正
好是可观测量. 如果距辐射源的距离为 $R$, 那么辐射源边缘在天球上变化
的速度就是 $u_{\perp} = \Omega R$. 在使用宇宙距离 $R$ 的情况下, 这个垂直于视线的速
度恰好有时会显得超过速度 $c$ (见 [182]). 从必须有 $u < c$ 的前提出发, 反对
者们由此得出类星体相对近的结论 (在这种情况下, 它们光谱中的红移可
能是因引力效应或类星体相对于其附近星系的高速度引起的).

　　　　但是事实上, 观察到的 "表观" 速度 $u_{\perp} = \Omega R$ 可以为任意大, 由此对 $R$
不再有任何进一步的限制. 确实, 就算是完全依靠相对论并抛弃所有假设
的 (想必也是不允许的) 物体以 $v > c$ 的速度 (快子等) 运动的可能性, 我们
也没有任何理由将物体速度 $v$ 与刚刚提到的速度 $u_{\perp}$ 等同起来. 现在我们
来研究一个屏幕 (它可以是超新星壳层或类星体壳层) 的例子, 这个屏幕
被辐射源照亮并通过辐射的散射或因为发光被看 (观察) 到. 十分清楚, 屏
幕上的所有点可以同时 "闪亮", 从而在此情况下速度 $u \to \infty$. 从屏幕上的
某一点开始以给定方式照亮屏幕, 可以得到屏幕上发光区 "扩展" 速度的任

意其他值. 已经观察到的某些壳层扩展速度 (见 [70, 183]) 可以作为获得 "表观" 超光速 $u$ 的不太平庸的事例.

例如, 让我们从外面来观察某个以速度 $v$ 运动的球壳 (比如说, 暴发产物) 的表面. 令暴发于 $t_0'$ 时刻发生在 $O$ 点 (图 9.1), 而在观察点 $P$ 于 $t = 0$ 时刻接收到暴发的信号. 显然, $t_0' = -R/c$, 其中 $R$ 为 $O$ 点与 $P$ 点之间的距离, 并假设介质对信号 (光、无线电波) 传播的影响可以忽略. 现在我们来寻求其上辐射在某一时刻 $t > 0$ 时到达观察者的那些点的轨迹 ("看得见" 的壳层). 我们用离 $O$ 点的距离 $r$ 以及 $r$ 与 $OP$ 两条线之间的夹角 $\vartheta$ 来表征这个看得见的壳层上的点 (见图 9.1). 对应于点 $(r, \vartheta)$ 的辐射时间 $t'$ 和观察时间 $t$ 之间的关系为

$$t' = t - \frac{R'}{c} \approx t - \frac{R}{c} + \frac{r}{c}\cos\vartheta,$$

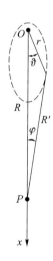

图 9.1　用于扩展壳层 "表观" 速度计算的示意图.

其中 $R' \approx R - r\cos\vartheta$, 因为我们假定 $R \gg r$. 另一方面, $t' - t_0' = t' + R/c = r/v$ 因为壳层的路径 $r$ 是以速度 $v$ 运动的. 合并刚写出来的两个关系式, 我们得到

$$r = \frac{vt}{1 - (v/c)\cos\vartheta}. \tag{9.1}$$

这里式中的因子 $(1 - (v/c)\cos\vartheta)^{-1}$ 与多普勒效应公式中的因子相同, 而且具有同样的本质——它与光传播速度的有限性有关. 由于光速的有限性, 在我们所讨论的情况下, 在观察时刻 $t$ 光 (射电波) 由壳层上对应于暴发时刻 $t_0' = -R/c$ 之后不同时间 $t' - t_0'$ 的点到达观察点. 现在的情况与发生在观察 (或摄取) 快速运动物体时的情况很相似, 那时也需要区分在给定位置

[213] 观察时物体的形状以及在对应于所考察的 (实验室) 参考系中同时性事件的给定辐射时刻它的形状 (参见, 例如 [5, 184]). 我们回到正在扩展的壳层, 寻找它在垂直于视线的方向上扩展的 "表观" 速度. 显然 (见 (9.1) 式),

$$u_\perp = \frac{\mathrm{d}r}{\mathrm{d}t}\sin\vartheta = \frac{v\sin\vartheta}{1-(v/c)\cos\vartheta}, \quad \Omega = \frac{\mathrm{d}\varphi}{\mathrm{d}t} = \frac{u_\perp}{R}. \tag{9.2}$$

速度 $u_\perp$ 在 $\mathrm{d}u_\perp/\mathrm{d}\vartheta = 0$ 时对于某一角度 $\vartheta_{\max} = \arccos(v/c)$ 取极大值, 而且

$$u_{\perp,\max} = \frac{v}{\sqrt{1-v^2/c^2}}, \quad \Omega_{\max} = \frac{v}{R\sqrt{1-v^2/c^2}}. \tag{9.3}$$

速度本身

$$u = \frac{\mathrm{d}r}{\mathrm{d}t} = \frac{v}{1-(v/c)\cos\vartheta}$$

在 $\vartheta = 0$ 时取极大, 而且 $u_{\max} = v/(1-v/c)$. 很清楚, 即使壳层速度 $v < c$, "表观" 速度 $u_{\perp,\max}$ 仍可以大于 $c$. 的确, 这必须在 $v$ 足够大时才会发生, 也就是说, 这个效应是相对论效应.

　　可否存在不仅 "表观" 速度 (在特定意义下) 而且辐射源的真实速度也超过光速 $c$ 的情况呢? 对这个问题也应当给出肯定的回答 (以下按照文献 [185] 讲述). 说实话, 以旋转辐射源在远处屏幕上奔跑的反光点为例就足以为证. 反光点的速度等于

$$v = \Omega R, \tag{9.4}$$

其中 $\Omega$ 是辐射源 (灯塔) 的角速度, $R$ 为辐射源到屏幕的距离. 对于脉冲星, 灯塔模型是公认的模型 (例如, 参见 [37, 38]), 而且在这种情况下从地球上看所有已知脉冲星的反光点的速度都超过光速 $c$. 对于在蟹状星云中最有名的脉冲星 PRS0531, $\Omega \approx 200 \ \mathrm{s}^{-1}$, $R \approx 6 \times 10^{21}$ cm. 由此, $v = \Omega R \approx 1.2 \times 10^{24}$ cm/s (!). 如果以角速度 $\Omega = 10^5 \ \mathrm{s}^{-1}$ 旋转激光束或电子束, 只要距离 $R > 3$km, 就会有 $v = \Omega R > c$.

　　已知的最简单的以超光速运动的模型或例子, 是斜投射到某一分界面 (屏幕) 的由平面波组成的光脉冲 [125]. 如果用 $\Psi$ 表示波对屏幕的入射角 (显然, $\Psi$ 就是脉冲中波矢 $k$ 与屏幕法线之间的夹角, 见图 9.2), 则脉冲在屏幕上的截面 (也就是屏幕上的光斑——反光点) 在这个屏幕上以速度

[214]
$$v = \frac{c}{n_1 \sin\Psi} \tag{9.5}$$

移动. 其中 $n_1 > 1$ 是屏幕以上介质的折射系数, 为简单起见, 假定介质是非色散的 (对我们而言, 问题的实质仅在于认为光脉冲的速度等于 $c/n_1$). 显

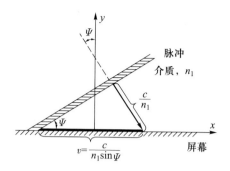

图 9.2　光脉冲投射到平面屏幕.

然, 光斑 (或者更准确地说, 光条) 的速度在小的入射角下总可以变得大于 $c$, 而在真空中, 它在所有的 $\Psi$ 下都超过 $c$, 因为在此情况下

$$v = \frac{c}{\sin\Psi}. \tag{9.6}$$

当然, 以速度 $u < c$ 垂直于流的锋面运动的电子流可以扮演光脉冲的角色, 此时

$$v = \frac{u}{\sin\Psi}, \tag{9.7}$$

原则上讲, 总可以使其运动斑的速度达到超光速. 不但如此, 在 (9.5)—(9.7) 式的所有情况下都可以使得速度 $v$ 成为任意大, 在接近正入射 ($\Psi \to 0$) 情况下速度 $v \to \infty$. 这后一种情况很好理解, 因为在正入射情况下, 脉冲同时穿过屏幕的整个表面. 入射到屏幕的脉冲的力学相似是剪刀 (在这种情况下构成剪刀的两刃的绞接点起反射斑的作用).

对于上面提到的旋转辐射源, 如同横截屏幕的脉冲一样, 由于减小恒定相位表面 (波前) 与屏幕之间的夹角而使反光点达到很大的速度. 事实上, 为了简单, 考察真空中以角速度 $\Omega$ 旋转的圆柱形辐射源时, 我们将波区的场写为[①]

$$E = \sum_{s=1}^{\infty} E_s \frac{\exp is\{(\Omega/c)r + \varphi - \Omega t\}}{\sqrt{r}}. \tag{9.8}$$

恒定相位表面由方程

$$\frac{\Omega}{c}r + \varphi - \Omega t = \text{const} \tag{9.9}$$

或

$$r = \text{const} + c\left(t - \frac{\varphi}{\Omega}\right). \tag{9.10}$$

---

① 这个公式给出标量问题的解. 在 $r > r_0$ 情况下函数 $E$ 满足波动方程及在柱面 $r = r_0$ 处的边条件 $E = f(\varphi - \Omega t)$. 因此, 在以角速度 $\Omega$ 绕 $z$ 轴旋转的坐标系中场是静态的.

确定.

　　方程 (9.10) 是螺线方程. 在相隔很远的半径为 $R$ 的圆柱形屏幕上, 等相面与屏幕沿圆柱母线相交, 对于它有

$$R = \text{const} + c\left(t - \frac{\varphi_0}{\Omega}\right), \tag{9.11}$$

[215] 同时, 由所研究的母线确定的角 $\varphi_0$ 随时间按 $\mathrm{d}\varphi_0/\mathrm{d}t = \Omega$ 的规律变化. 换言之, 交叉线 (闪光点) 在屏幕上以速度

$$v = R\frac{\mathrm{d}\varphi_0}{\mathrm{d}t} = \Omega R \tag{9.12}$$

奔跑.

　　这样我们就更为正式地得出了显然的 (或者在所有情况下众所周知的) 结果 (9.4) 式. 重要的是, 等相面与屏幕之间的角度 $\Psi$ 由条件 (见图 9.3)

$$\tan\Psi = -\frac{1}{R}\frac{\mathrm{d}r}{\mathrm{d}\varphi} = \frac{c}{\Omega R} = \frac{c}{v} \tag{9.13}$$

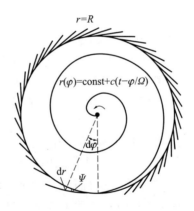

图 9.3　旋转辐射源 (灯塔) 在相隔很远的球形或柱形屏幕上的反光点.

确定. 对于小的 $\Psi$ 角, 当然有 $\tan\Psi \approx \sin\Psi \approx \Psi$ 故与 (9.6) 式一致, 有 $v \approx c/\sin\Psi$. 换一句话来讲, 如前面所述, 就是闪光点的速度大是由波前与屏幕之间的夹角 $\Psi$ 小造成的.

　　以上事实上没有对所考察的场的本性给出任何规定而仅 (不过是为了简单) 认为其传播速度等于 $c$. 由此很清楚, 不仅可以在电磁波情况下得到具有速度 $v > c$ 的反光点, 而且也可以从引力波中得到. 采用射线解释, 我们得到不仅中微子 (速度为 $c$) 而且其他粒子 (速度 $u < c$)[①]也可具有任意

----
　　① 旋转辐射源发射的速度为 $u$ 的粒子的轨道是这样的: $r = r_0 + u(t - t_0)$, $\varphi = \Omega t$, 从而 $r = r_0 + u(t - \varphi/\Omega)$, 且 $t_0$ 为发射时间.

速度的反光点的可能性. 出现反光点速度 $v > c$ 的情况并不违反相对论, 丝毫不会引起疑问. 这个结果是由完全真实的事例诸如从光脉冲或电子束入射到屏幕得到的.

作为补充, 我们还要提请读者注意, 在讲述相对论时通常所采用的使用光速来同步时钟的方法并不是唯一的方法, 而只是可能方法之一. 其次, 这种方法确实在大多数情况下是最为方便和合理的, 但这并不是因为光速是所有速度中的最大速度, 而是因为这是一个普适速度——在所有的惯性参考系中都一样 (当然, 是在所有惯性系中都选择同样的比例尺和时钟的条件下). 最后, 当大家都在说真空中的光速是所有可能速度中的极大速度时, 他们所说的速度指的是扰动、相互作用或 "信号" 的传递速度. 类似的结论确实是正确的 (至少在相对论和我们所知的物理学的框架内). 我们所说到的光斑或反光点, 虽然可以以 $v > c$ 的速度运动, 但一点也没有破坏上面这个结论, 也就是说, 它们不可以用 $v > c$ 的速度传递信号. 事实上, 我们来考察一个脉冲 (光脉冲、电子流脉冲), 其在屏幕上的截面在屏幕上沿 $x$ 轴以速度 $v > c$ 运动, 相继于 $t_1$ 和 $t_2$ 时刻到达坐标分别为 $x_1$ 和 $x_2$ 的 1 点和 2 点 (图 9.4). 显然, $x_2 = x_1 + v(t_2 - t_1)$ 且在 $v = u/\sin\Psi > c$ 情况下事件 1 和 2 是被类空区间分开的, 亦即 $(x_2 - x_1)^2 > c^2(t_2 - t_1)^2$. 在时刻 $t_1$ 于点 1 "加载入" 运动脉冲的扰动 ("标记") 在时刻 $t_2$ 处在坐标为 $x_3 = x_1 + u\sin\Psi(t_2 - t_1), y_3 = u\cos\Psi(t_2 - t_1)$ 的点 3, 而且 $(x_3 - x_1)^2 + y_3^2 = u^2(t_2 - t_1)^2 \leqslant c^2(t_2 - t_1)^2$. 这个扰动根本就没有落到点 2. 虽然如此, 但光斑 (反光点) 的超光速速度无论如何当然不是假的, 它是如此真实, 就和宏观构成物或宏观物体的任何其他速度一样. [216]

我们也要强调, 反光点的超光速速度具有不同于 $u_{\perp,\max}$ 型 (见 (9.3) 式) 的表观速度的本性; 速度 $u_{\perp,\max}$ 可以超过光速与在给定时刻观察不同时发出的信号有关 (见上). 这时由光传播速度的有限性引起的延迟很重要. 当在某一点观察反光点时考虑延迟对于其行为有重要影响. 作为最简单的例子, 我们这里仅限于以恒定速度在平面屏幕上奔跑并在 $O'$ 点被观察的闪光点情况 (见图 9.5). 所谓观察指的是接收反光点因屏幕粗糙而发出的光 (亦即散射光) 或因为屏幕被照射引起的发光. 如果 $v \leqslant c$, 则闪光点以通常方式被观察到, 就像一个从上到下奔跑的光斑. 现在我们让 $v \to \infty$, 亦即反光点的全部痕迹瞬间画出. 此时闪光点最早在离 $O'$ 点最近的 $O$ 点 (直线 $OO'$ 垂直于屏幕) 被发现. 然后观察者显然将观察到从 $O$ 点出发向相反方向奔跑的两个光点. 在 $c < v < \infty$ 时在确定的时间内也可以观察到两个光点.

超光速和上面提到的超光速型辐射源 (为了简洁起见我们今后称之为 [217]

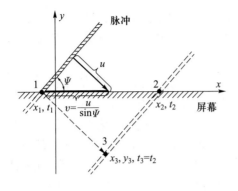

图 9.4　脉冲与平面屏幕交会示意.

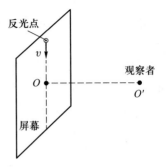

图 9.5　屏幕上反光点的观察.

以速度 $v > c$ 运动的辐射源)[①]的存在很早就为人们所熟知. 长期未得到注意的是这样的辐射源在宏观理论及所有宏观处理方法的框架中 "一点也不次于" 亚光速辐射源. 这里所谓的宏观, 指的是超光速辐射源不是一个点 (任意小的) 粒子, 而始终应当与这些微观粒子的集合相联系[②]. 不但如此, 在一些真实的问题提法中对应于超光速辐射源 (反光点) 的粒子数目其实是非常大的. 通常的场论以及, 具体而言, 电流密度 $j = \rho v$ 原则上能以任何频率和速度变化的方程 (6.1) 恰可作为研究超光速辐射源的理论工具.

我们来研究一条在倾斜角 $\Psi$ 下以速度 $u$ 投射到具有折射率 $n(\omega)$ 的透明介质边界面的荷电线. 换句话说, 我们有图 9.6 示意绘出且类似于图 9.2 所

---

① 一般说来, 超光速辐射源指的是那些以速度 $v > v_\phi = c/n$ 运动的辐射源. 这种名称比较明智, 但是在本章中只将那些速度 $v > c$ 的辐射源称为超光速的, 我们这样做也许不至于给读者带来困惑, 特别是做了这个说明之后.

② 这里所说的宏观性具有颇大的相对性, 明显比由微观电动力学 (或者用老名称, 电子理论方程) 的方程向宏观电动力学过渡的条件弱得多. 事实上由电动力学方程只得出连续方程, 而余下的有关电荷的运动可由 "外部" 给出 (这种运动是否与粒子运动方程相容是另外的问题). 由此十分清楚, 在电子论的框架中已经可以以毫无矛盾的方式在包括假定 $v > c$ 在内的任意的范围内认为电流密度 $j = \rho v$. 在这个意义上索末菲早在 1904 年研究以 $v > c$ 运动的电荷的辐射所开展的计算[186]是完全正确的. 的确, 索末菲指的是单个电荷的运动, 因而实际上 $v < c$ (这样的结论, 如果我们不提快子的话, 是由爱因斯坦 1905 年创立的狭义相对论得出的). 索末菲在其 1904—1905 年的工作中[186]在一定程度上预言了瓦维洛夫–切连科夫效应. 特别令人好奇的是, 直到塔姆和弗朗克的工作出现, 30 多年来竟然在匀速运动辐射源的辐射问题中没有人猜想到或者将速度 $c$ 换作相速度 $c/n$, 或者研究以速度 $v > c$ 运动的光斑型的辐射源. 其实, 赫维赛德从 1888 年起, 亦即远早于索末菲就开始研究在介质中以超光速运动电荷的辐射, 同样也研究超光速辐射源——光斑[187]. 但是赫维赛德的工作没有得到应有的注意, 只在 1974 年才有人记起来 (有关瓦维洛夫–切连科夫效应发现及其理论建立的历史参见本书以下的叙述及论文 [123] 的更详尽的介绍).

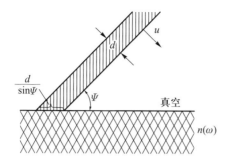

图 9.6　荷电线投射到屏幕上.

呈现的情景. 在与介质边界交会之前, 构成线的电荷 (比如说, 电子或质子) 匀速运动. 但在与边界交会之后电荷被阻滞, 因此出现以速度 $v = u/\sin\Psi$ 流动的某种电流 (极化), 电流的速度与荷电线和界面相交截面的迁移速度相对应. 即使不考虑电荷的阻滞, 由于导致发射渡越辐射的渡越效应 (在电荷路径上介质参量的改变) 也会出现这种电流. 直观上可以把事情想象为这样, 到达介质后电荷停止下来, 然后, 例如被介质中电流中和. 结果某个电荷 $q$ 沿介质表面以速度 $v$ 跑动. 为简单起见, 我们认为电荷线是由正方形截面 (正方形边长为 $d$) 密度为 $N$ 的电荷 $e$ 构成的. 这样电荷线与介质分界面的交接面的面积亦即反光点的面积为 $S = d^2/\sin\Psi$, 而且落到这个面积上的电荷正好是 $q = eNd^3\cot\Psi$ (介质边界面在单位时间内与 $eNd^2v\cos\Psi$ 个电荷相交, 沿速度方向的单位长度上通过电荷 $eNd^2\cos\Psi$, 因此电荷 $q$ 正好对应于光点长度 $d/\sin\Psi$). 在真空与介质分界面上运动的电荷的辐射问题之解是已知的[116]. 辐射能的结果可以写为

[218]

$$\frac{\mathrm{d}W}{\mathrm{d}t} = \frac{q^2 v}{c^2} \int \left( 1 - \frac{c^2}{n^2(\omega) v^2} \right) F\omega \mathrm{d}\omega. \tag{9.14}$$

很显然, 当 $F = 1$ 时这个结果化为对于均匀介质的表达式 (6.61). 因子 $F(\omega, \cdots)$ 计及边界、辐射源大小等的影响. 从一般概念出发, 可以认为这个公式也可适用于 $v > c$ 的超光速辐射源, 不过 $F = F(\omega, \Psi, d, \cdots)$ 也依赖于电荷在真空中的分布①. 因子 $F$ 的形式只可在准确计算的结果中以及使

---

① 要是将表达式 (9.14) 的右端写作两项之和

$$\int \left( 1 - \frac{c^2}{v^2} \right) F_1 \omega \mathrm{d}\omega + \int \left( 1 - \frac{c^2}{n^2(\omega) v^2} \right) F_2 \omega \mathrm{d}\omega,$$

则表达式会更为准确, 其中第一项代表真空中的辐射功率, 第二项为介质中的辐射功率. 然而到目前为止, 由于因子 $F$ 还没有具体化, 表达式 (9.14) 只具有象征性的意义, 故而可以保留.

用完全确定的辐射源模型时才可具体化. 这一过程我们将留在后面去做.
现在我们注意到, (9.14) 式中的积分在任何情况下均是在满足切连科夫条
件 (6.56) 式的频率区内进行的. 此时当然在真空中必须置 $n = 1$ (前面已假
定介质与真空交界). 所以只要 $F \neq 0$, 当 $v > c$ 时在真空 (在介质之上) 中永
远有辐射产生. 实际上对于具有小于光点尺度的在波矢 $\boldsymbol{k}$ 方向投影的波
长 $\lambda = 2\pi c/\omega$ 的波, 因子 $F$ 明显地应当很小. 在介质中当 $v > c$ 及 $n(\omega) > 1$
时情况完全一样, 但当 $n(\omega) < 1$ 时, 条件 $v > v_\phi = c/n$ 也可以起截止因子
的作用——仅当遵守这一条件时介质中才可能产生辐射. 一般情况下也
可以断言, 在真空中辐射用角度 $\theta_{01} = \arccos(c/v)$ 描写, 而在介质中则由角
$\theta_{02} = \arccos(c/n(\omega)v)$ 描写 (角度 $\theta$ 是 $\boldsymbol{k}$ 与 $\boldsymbol{v}$ 之间的夹角, 见图 9.7). 由于在考
虑色散时在任意介质中电磁波前锋的速度等于 $c$, 超光速辐射源在介质中
的辐射不仅以角 $\theta_{02}$ 描写, 而且也以 $\theta_{01} = \arccos(c/v)$ 表征, 后者在这种情况
下确定对应于波前锋的圆锥张角. 于是, 当 $\theta > \theta_{01}$ 时介质中辐射场等于零.
如果我们讨论的是辐射的主要部分而不是波前锋, 则出现色散介质中瓦维
洛夫–切连科夫效应的类似情景, 即群速度 $v_{\mathrm{gr}} = \mathrm{d}\omega/\mathrm{d}k = c[\mathrm{d}(\omega n)/\mathrm{d}\omega]^{-1}$ 小
于相速度 $v_{\mathrm{ph}} = c/n$. 所以这里就没有特别的必要去专门讨论这方面的问
题了 (参见 [188]).

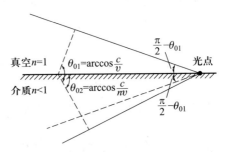

图 9.7　光点的切连科夫辐射.

现在我们来详细研究荷电线向理想导体平面投射问题的准确解. 这
个问题的几何与图 9.6 一样, 不过折射率为 $n(\omega)$ 的介质被理想导体所替
换. 投射到导体 (与其边界相交) 之后, 对于外部观察者而言, 电荷消失, 也
就是说如果谈到辐射机制, 我们遇到的是渡越辐射; 但是, 我们感兴趣的是
运动荷电线的这种辐射的干涉的结果, 而且我们早就知道最终的辐射将在
角 $\theta_{01} = \arccos(c/v)$ 的方向. 荷电线在真空中的场是线本身与其镜像的场
之和, 亦即是由密度为

$$\boldsymbol{j} = Q\delta(z)\boldsymbol{u}_1\delta(\boldsymbol{b}_1 \cdot \boldsymbol{r} - ut), \qquad y > 0,$$

$$\boldsymbol{j} = -Q\delta(z)\boldsymbol{u}_2\delta(\boldsymbol{b}_2 \cdot \boldsymbol{r} - ut), \qquad y < 0 \tag{9.15}$$

的电流产生的. 其中 $Q$ 为荷电线单位长度的电荷; $\boldsymbol{u}_1 = u\boldsymbol{b}_1$ 和 $\boldsymbol{u}_2 = u\boldsymbol{b}_2$ 分别为线及其镜像的速度 ($b_1 = b_2 = 1, b_{1x} = b_{2x}, b_{1y} = -b_{2y}, b_{1z} = b_{2z} = 0$; 线处于 $x, y$ 平面内, 为了简单假定其无限细). 除此之外, 当然在 (9.15) 式中必须假定第一式在真空中不为零, 而第二式在金属中不为零. 电流密度的傅里叶分量等于

$$\boldsymbol{j}_\omega = \frac{1}{2\pi}\int \boldsymbol{j}\exp(\mathrm{i}\omega t)\mathrm{d}t = \frac{Q\delta(z)}{2\pi}\begin{cases} \boldsymbol{b}_1\exp\left(\mathrm{i}\dfrac{\omega}{u}\boldsymbol{b}_1 \cdot \boldsymbol{r}\right), & y > 0, \\[2mm] -\boldsymbol{b}_2\exp\left(\mathrm{i}\dfrac{\omega}{u}\boldsymbol{b}_2 \cdot \boldsymbol{r}\right), & y < 0. \end{cases}$$

在离开屏幕很远的距离处, 我们有矢量势的傅里叶分量

[220]

$$\begin{aligned}\boldsymbol{A}_\omega &= \frac{\exp(\mathrm{i}kR)}{cR}\int \boldsymbol{j}_\omega(\boldsymbol{r}')\exp(-\mathrm{i}\boldsymbol{k}\cdot\boldsymbol{r}')\mathrm{d}\boldsymbol{r}' \\ &= \mathrm{i}\frac{Q\exp(\mathrm{i}kR)}{cR}\left\{\frac{\boldsymbol{b}_1}{(\omega/u)b_{1y}-k_y} - \frac{\boldsymbol{b}_2}{(\omega/u)b_{2y}-k_y}\right\}\delta\left(\frac{\omega}{u}b_{1x}-k_x\right),\end{aligned} \tag{9.16}$$

其中 $\boldsymbol{k} = (\omega/c)\boldsymbol{s} = k\boldsymbol{s}$ 是辐射波的波矢 (显然 $\boldsymbol{s}^2 = 1, k = \omega/c$). 进而, 易求得磁场 $\boldsymbol{H}_\omega = \mathrm{i}(\boldsymbol{k} \times \boldsymbol{A}_\omega)$, 然后求得积分

$$\begin{aligned}\frac{c}{4\pi}\int_{-\infty}^{+\infty}H^2\mathrm{d}t &= \frac{c}{4\pi}\int_{-\infty}^{+\infty}\mathrm{d}t\int_{-\infty}^{+\infty}\mathrm{d}\omega\int_{-\infty}^{+\infty}\mathrm{d}\omega'\boldsymbol{H}_\omega\cdot\boldsymbol{H}_{\omega'}\exp[\mathrm{i}(\omega+\omega')t] \\ &= \frac{1}{2}c\int_{-\infty}^{+\infty}\mathrm{d}\omega\int_{-\infty}^{\infty}\mathrm{d}\omega'\boldsymbol{H}_\omega\cdot\boldsymbol{H}_{\omega'}\delta(\omega+\omega') \\ &= \frac{1}{2}c\int_{-\infty}^{+\infty}|\boldsymbol{H}_\omega|^2\mathrm{d}\omega = c\int_0^\infty|\boldsymbol{H}_\omega|^2\mathrm{d}\omega.\end{aligned}$$

设光点运动的 $x$ 轴为极轴并令辐射波矢 $\boldsymbol{k} = (\omega/c)\boldsymbol{s}$ 与极轴形成角 $\theta$; 用 $\varphi$ 表示方位角 (图 9.8), 且在真空中 $\dfrac{-1}{2}\pi \leqslant \varphi \leqslant \dfrac{1}{2}\pi$.

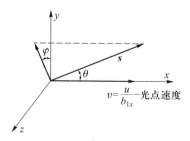

图 9.8　用于光点切连科夫辐射计算的示意图.

由公式 (9.16) 可见, $A_\omega$ 正比于宗量 $(\omega/u)b_{1x} - k_x$ 的 δ-函数. 显然, 磁场 $\boldsymbol{H}_\omega$ 也将正比于 δ-函数, 而辐射能则正比于 δ-函数的平方. δ-函数平方的积分发散, 表明辐射能为无穷大.

这个无穷大在物理上很容易解释——我们认为, 这是因为荷电线与屏幕的交会时间无限大所致. 为了得到有限的结果, 可以考察荷电线在很长但有限的一段时间 $T$ 的运动. 显然, 辐射能正比于 $T$. 下面的形式化过程将导出所需结果. 我们改写

$$\delta^2\left(\frac{\omega}{u}b_{1x} - k_x\right) = \frac{u}{b_{1x}}\delta\left(\omega - \frac{k_x u}{b_{1x}}\right)\delta\left(\frac{\omega}{u}b_{1x} - k_x\right).$$

现在将上式右端第一个 δ-函数因子展开为傅里叶积分

$$\delta^2\left(\frac{\omega}{u}b_{ix} - k_x\right) = \frac{u}{2\pi b_{1x}}\delta\left(\frac{\omega}{u}b_{1x} - k_x\right)\int_{-\infty}^{+\infty}\exp\left[\mathrm{i}\left(\omega - \frac{k_x u}{b_{1x}}\right)t\right]\mathrm{d}t.$$

由于在这个乘积中有 δ-函数, 故可将积分中指数函数的指数置为零, 由此我们有

$$\delta^2\left(\frac{\omega}{u}b_{1x} - k_x\right) = \frac{vT}{2\pi}\delta\left(\frac{\omega}{u}b_{1x} - k_x\right),$$

[221] 其中 $T$ 为荷电线运动的总时间, $v = u/b_{1x}$ 为辐射源 (光点) 速度. 进行这些操作之后, 我们得到单位时间在立体角 $\mathrm{d}\Omega = \sin\theta\mathrm{d}\theta\mathrm{d}\varphi$ 内辐射的 $\mathrm{d}\omega$ 频率区间的能量的下列表达式

$$
\begin{aligned}
\frac{\mathrm{d}W_\omega(\theta,\varphi)}{\mathrm{d}t} &= \frac{1}{T}c|\boldsymbol{H}_\omega|^2 R^2 \sin\theta\mathrm{d}\theta\mathrm{d}\varphi\mathrm{d}\omega \\
&= \frac{Q^2 v}{2\pi\omega}\left\{\frac{\boldsymbol{s}\times\boldsymbol{b}_1}{(c/u)b_{1y} - s_y} - \frac{\boldsymbol{s}\times\boldsymbol{b}_2}{(c/u)b_{1y} + s_y}\right\}^2 \delta\left(\frac{c}{v} - s_x\right)\sin\theta\mathrm{d}\theta\mathrm{d}\varphi\mathrm{d}\omega.
\end{aligned}
$$

结果中存在 δ-函数清楚地表明, 这里只发生了波矢满足条件 $s_x = \cos\theta = c/v = \cos\theta_{01}$ 的辐射, 如所预料. 完成对 $\theta$ 的积分后, 我们求得

$$
\left.
\begin{aligned}
&\frac{\mathrm{d}W_\omega(\varphi)}{\mathrm{d}t} = \frac{Q^2 v}{2\pi\omega}\left\{\frac{\boldsymbol{s}\times\boldsymbol{b}_1}{(c/u)b_{1y} - s_y} - \frac{\boldsymbol{s}\times\boldsymbol{b}_2}{(c/u)b_{1y} + s_y}\right\}^2 \mathrm{d}\varphi\mathrm{d}\omega, \\
&\boldsymbol{s} = \{\cos\theta_{01}, \sin\theta_{01}\cos\varphi, \sin\theta_{01}\sin\varphi\}, \\
&\boldsymbol{b}_1 = \{\sin\Psi, -\cos\Psi, 0\}, \boldsymbol{b}_2 = \{\sin\Psi, \cos\Psi, 0\}, \\
&\cos\theta_{01} = \frac{c}{v}, \quad v = \frac{u}{\sin\Psi},
\end{aligned}
\right\}
\quad (9.17)
$$

其中 $\Psi$ 为粒子速度 $\boldsymbol{u}$ 与 $x$ 轴之间的夹角.

最后, 我们得到

$$\frac{\mathrm{d}W}{\mathrm{d}t} = \frac{2Q^2 v}{\pi} \frac{c^2}{u^2} \int_0^\infty \frac{\mathrm{d}\omega}{\omega} \int_{-\pi/2}^{\pi/2} \mathrm{d}\varphi \frac{(1 - u^2/v^2)^2 - (1 - c^2/v^2)(1 - u^4/c^2 v^2)\cos^2\varphi}{[(c^2/u^2)\cos^2\Psi - (1 - c^2/v^2)\cos^2\varphi]^2}.$$

$$(9.18)$$

如 (6.61) 式清楚地表示, 在均匀介质中运动的电荷 $q$ 在 $\mathrm{d}\omega\mathrm{d}\varphi$ "区间" 的辐射功率为

$$\frac{\mathrm{d}W_\omega(\varphi)}{\mathrm{d}t} = \frac{q^2 v}{2\pi c^2}\left(1 - \frac{c^2}{v^2}\right)\omega\mathrm{d}\varphi\mathrm{d}\omega,$$

其中设 $n = 1$. 将这个表达式与 (9.17) 式比较后, 我们看到, 荷电线等价于电荷

$$q = Q\left|\frac{s \times b_1}{(c/u)b_{1y} - s_y} - \frac{s \times b_2}{(c/u)b_{1y} + s_y}\right|\frac{c}{\omega}\frac{1}{\sqrt{1 - c^2/v^2}}. \qquad (9.19)$$

因为 Q 是单位长度荷电线的电荷, 因此 (9.19) 式右端 Q 后面的因子是与在 $\boldsymbol{k}$ 方向辐射相对应的荷电线的有效长度. 这个长度不是别的, 正是在 $\boldsymbol{k}$ 方向的渡越辐射的形成长度. 积分 (9.17)、(9.18) 在 $\omega \to 0$ 时发散, 这与假设荷电线无限长有关. 辐射功率随 $\omega$ 增大而减小, 显然是因为在这种情况下发生的渡越辐射形成长度减小. 在相似类型的其他问题中, 频率依赖性可能是不同的 (见后).

如已经指出过的, 可以把渡越辐射当作是单个粒子或荷电线作为整体在与导体表面交会时的辐射机制. 但是, 如果假定这是因为电荷及其镜像在导体边界突然停止而发生的轫致辐射, 也同样成功并得到有限的结果 (在理想导体情况下, 这两种可能性在计算真空中的场时是没有差别的. 参见第 8 章). 总之, 最终导致切连科夫效应的辐射的 "元作用" 的机制在已知意义上并不重要——切连科夫辐射的特征 (首先指的是条件 $\cos\theta_0 = c/vn(\omega)$) 是由沿辐射源路径发射的波的干涉决定的. 当然, 这里所说的与惠更斯原理完全一致. 于是, 这里所研究的荷电线投射到屏幕的辐射正是 $v > c$ 情况下的瓦维洛夫–切连科夫效应, 并且是发生在真空中 (不过, 这里必须有与介质交会的界面存在)[①]. 辐射强度及其随 $\varphi$ 的角分布将依赖于介质 1 和介质 2 的性质变化 (当然, 为了观察切连科夫辐射至少有一种介质应当是透明的, 前面提到的介质 1 是真空). 对于各向异性介质在条件 (6.56) 中折射率 $n(\omega)$ 必须对每一个正常波单独取, 而且 $n$ 值也依赖于与对称轴的角度 (晶体轴、外磁场方向等). 我们要特别提及波导中的辐射. 总而言之, 这里出现大量类似于在 $v < c$ 情况下切连科夫辐射理论中遇到的问题. 同样显然的是, 我们现在研究的辐射源 (光点) 在亚光速区域亦即 $c/n < v < c$ 时

[222]

---

① 其实, 扰动电荷运动的场可起到这种界面的作用 (为此物理上可用很薄的带电电容器等来替代屏幕).

也会辐射. 这样的辐射源在研究例如由于在非均匀表面上的瓦维洛夫–切连科夫效应或渡越辐射而产生的各类表面波激发中也有意义 (后一种情况下自然取消了 $v > c/n$ 的要求). 以上所述即使在非电磁性质的波的情况下也是正确的, 作为一个例子, 我们举出运动辐射源 (比如说在氦表面运动的激光光线) 在氦 II 中产生第二声的可能性.

　　超光速辐射源的辐射绝不能简单地归结为瓦维洛夫–切连科夫效应. 例如, 即使对于在某一频率 $\omega_0$ 调制下作匀速运动的辐射源, 我们观察到的也是带有多普勒频率 $\omega = \dfrac{\omega_0}{|1 - (v/c)n\cos\theta|}$ 的辐射. 调制可以通过不同方法实现——诸如光线的附加摆动, 辐射源密度 (沿光线) 的改变, 在屏幕上加 "栅格" (周期性不均匀性) 等等. 最后, $v > c$ 的超光速辐射的特别之处, 如同在 $c/n < v < c$ 情况下一样, 在辐射源作非匀速运动时也会表现出来. 辐射源沿圆周运动时产生的同步辐射 (或最好叫准同步辐射) 可以为例. 当转动辐射源发出的粒子或光子入射到球形或柱形屏幕上时就会出现这种情况. 更具体的模型是这样的[189]: 转动辐射源 (比如说脉冲星) 发出定向的 $\gamma$ 射线流, 流入射到由多少有些密实的物质 (等离子体) 构成并距辐射源 $R$ 的 "屏幕" 上. 打到屏幕上之后, $\gamma$ 射线被电子散射, 电子由于反冲取得动量并由此形成某种在 "屏幕" 上以速度 $v = \Omega R$ 运动的径向极化. 结果在屏幕上有密度为

[223]

$$\boldsymbol{j} = \frac{\partial}{\partial t}[\boldsymbol{p}(t)\delta(\boldsymbol{r} - \boldsymbol{R}(t))],$$
$$\boldsymbol{p}(t) = p\{\cos\Omega t, \sin\Omega t, 0\}, \quad \boldsymbol{R}(t) = R\{\cos\Omega t, \sin\Omega t, 0\} \tag{9.20}$$

的电流流动, 式中 $p$ 为与所形成的极化相对应的偶极矩, 假设极化是点极化. 如果所研究的辐射的波长 $\lambda$ 显著地超过辐射源的尺度 $l$, 就可能出现这种情况.

　　在 $v = \Omega R > c$ 时产生的辐射按其特征类似于在介质中 $v > c/n$ 条件下的同步辐射 (见第 6 章); 总辐射功率等于

$$\frac{\mathrm{d}W}{\mathrm{d}t} \approx \frac{p^2(1 + v^2/c^2)}{2v^3} \int_{\Omega \ll \omega \ll c/l} \omega^3 \mathrm{d}\omega. \tag{9.21}$$

　　积分在高频时截断, 这与偶极子的尺度有限有关, 公式 (9.20) 和 (9.21) 中未计及这点. 顺便提及, 在 [189] 的计算中 (9.20) 式中的 $\boldsymbol{p}$ 被认为并不在径向, 而是指向 $z$ 轴 (亦即假定了 $\boldsymbol{p} = p\{0,0,1\}$), 这在 (9.21) 式中只影响到数值系数. 在脉冲星模型中等离子体内以速度 $v > c$ 传播的扰动也可由磁偶极辐射或由脉冲星发出的粒子流产生.

随着激光技术的发展, 借助于光产生超光速辐射源的可能性引起特别的兴趣. 如果在 $v = \Omega R > c$ 时要求光点中的场强足够大, 即使在使用激光的情况下利用旋转光线也不再容易. 因此, 通过将脉冲投射到屏幕——分界面来实现这一要求更为简单 (参见前面的图 9.2 和公式 (9.5)、(9.6)) 如果屏幕是两个介质的理想平面分界面, 而问题可以用线性近似 (弱场) 研究, 我们所要处理的就是有关光的反射和折射的通常问题. 因此立即明白 (当然是从场的方程得出的结论) 以角度 $\Psi_1$ 入射的脉冲, 也以角度 $\Psi_1' = \Psi_1$ 反射, 而折射角 $\Psi_2$ 由折射定律

$$\frac{\sin\Psi_2}{\sin\Psi_1} = \frac{n_1}{n_2}, \quad \Psi_1' = \Psi_1 \tag{9.22}$$

确定 (图 9.9).

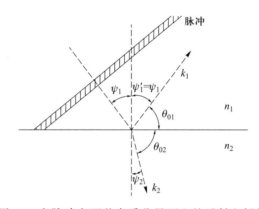

图 9.9 光脉冲在两种介质分界面上的反射和折射.

令人好奇的是, 正如 I. M. 弗朗克早就指出的那样[125], 条件 (9.22) 式与所研究的脉冲 (它与屏幕的截面以速度 $v = c/(n_1 \sin\Psi_1)$ 运动) 出现瓦维洛夫 – 切连科夫效应的条件是一样的. 果然, 在介质 1 中的切连科夫角由条件 $\cos\theta_{01} = c/n_1 v = \sin\Psi_1$ 确定, 由此得到预期的 $\Psi_1 = \Psi_1' = \frac{1}{2}\pi - \theta_{01}$ (见图 9.9). 对于介质 2 我们有 $\cos\theta_{02} = c/n_2 v = (n_1/n_2)\sin\Psi_1$, 这正好与 (9.22) 式一致, 因为 $\cos\theta_{02} = \sin\Psi_2$. 简直可以说是 "不识庐山真面目, 只缘身在此山中"①——原来切连科夫条件 (及更一般的 $n_1 < 1$ 时的条件) 几百年前就已经为人所知了. 上面所说的反射和折射定律与切连科夫条件之间的对应其实很自然, 因为所有这些关系都是以同样的方式从惠更斯原理得到的. 想要得到任何新的结果都必须研究计及各种不同介质的非线性的问题 (包括压电体在内).

[224]

① 这句话的原文直译过来是: 我们简直可以一字不差地说, 很久以来我们竟然 "不知道, 我们说的话就是散文". ——译者注

　　我们还要在此做出的一个评论涉及在粗糙或发光屏幕情况下的光斑和光点. 在发光屏幕情况下光点发出的辐射, 一般说来, 是非相干的. 实际上这一点对于粗糙屏幕也是正确的, 因为此时通常指的是足够大的光斑 (其尺度远大于光的波长). 如果辐射是非相干的, 就不可能有干涉, 于是诸如尖锐的方向性等切连科夫辐射的专属特性也就消失了. 在此我们也列举一下专门研究超光速光点的论文[190] 及先驱性工作[187].

　　以大于光的相速运动的辐射源辐射的研究史极为独特. 这里指的是那些定性上在最简单的光学概念 (惠更斯原理, 干涉) 中已经清楚、定量上借助麦克斯韦方程描述的经典效应. 正如我们所看到的, 两种介质分界平面上的反射和折射基本定律, 就其本质而言, 与沿表面运动的辐射源的瓦维洛夫–切连科夫辐射条件完全一致. 电荷 (速度 $v > c$ 的超光速辐射源) 的切连科夫条件是 1904 年得到的[186]. 其实, 赫维赛德在更早一些时期就已经得到这个结果[187] (又见开尔文的论文[191]). 然而, 直到 1934 年才在实验上发现了瓦维洛夫–切连科夫效应, 况且是偶然发现 (是在研究另外的问题时发现的), 而这个效应的理论的创立[60] 则需要相当巨大和长期的努力[123]. 同样令人好奇的是, 在初始阶段应用瓦维洛夫–切连科夫辐射于物理学测量以及理解其他各种现象的可能性显得极为有限. 实际上, 现在瓦维洛夫–切连科夫效应及其同类现象已得到了广泛的应用, 可以说, 对它们的研究已构成物理学的一大篇章, 已有大量的论文和一系列综述[116 − 119]. 看来情况似乎是, 即便问题还没有穷尽, 但它们也得到了足够完整和全面的研究. 但是, 这种看法并不全对, 正如论文[185] 和本章所证明的那样. 其实, 一种观点已广泛流行 (包括作者本人就坚持这种看法), 即瓦维洛夫–切连科夫效应和反常多普勒效应只有对于与折射率 $n(\omega) > 1$ 对应的波 (相应的条件为 $c/n < v < c$) 才可能被观察到. 根据这一看法, 在真空中不可能有相应现象出现. 然而存在以 $v > c$ 速度运动的超光速辐射源. 这种辐射源在很宽的范围内可以与以速度 $v < c$ 运动的辐射源基于同样的理论框架加以研究. 具体而言, 超光速辐射源能在任何介质包括真空或在条件 $n(\omega) < 1$ 时引起瓦维洛夫–切连科夫辐射. 一般类型的超光速辐射源整体上具有以速度 $c/n < v < c$ 运动的源的特点 (反常多普勒效应等). 从辐射理论观点来看, 超光速源与亚光速源的本质区别在于超光速源不可能代表单个 "基本" 粒子并因此永远是具有广延的. 正是超光速辐射源的尺度首先 (特别在真空辐射中) 确定了辐射谱的短波边界. 与此相关, 举例来说, 很难希望使用超光速辐射源去产生 X 射线 (因为折射率 $n(\omega)$ 在高频时趋于 1, 这对 $v < c$ 的源阻碍瓦维洛夫–切连科夫效应在 X 射线区使用, 而在 $v > c$ 时不起这样关键的作用, 所以类似的可能性看起来十分诱人). 但是, 如果

[225]

今后能找到超光速辐射源的这类或其他有趣的应用, 我们也绝不会感到诧异. 除此而外, 在天文学中会遇到超光速辐射源. 对电磁波或引力波 (可能还有中微子) 的这些辐射源 $(v > c)$ 的独立研究以及由此所产生的所有问题, 在我们看来, 具有无可怀疑的物理意义.

# 第十章
# 再吸收与辐射转移

再吸收与微波激射效应 (波放大). 辐射转移方程. 爱因斯坦系数方法及其在偏振辐射中的应用. 再吸收和真空中及存在冷等离子体时同步辐射的放大.

在研究粒子集合的同步辐射时 (见第 5 章) 我们曾认为不同的相对论性电子互不相关地辐射 (或者如人们所说的 "非相干辐射"). 这不仅关系到真空中的辐射, 而且也关系到计及非相对论 (冷) 等离子体影响时的辐射 (见第 6 章). 同时, 如果在视线上有足够大量的辐射粒子存在, 则开始出现辐射粒子自身对辐射的吸收与受激 (感应) 辐射. 这种过程通常称作再吸收. 再吸收原则上可以极大地改变辐射的强度和偏振. 不但如此, 在某些条件下还可能有负的再吸收, 亦即对辐射的放大. 这种放大或负吸收也称为微波激射效应. 当然, 再吸收的特征与所研究的辐射的本性密切相关, 也就是说, 在同步辐射的再吸收情况下辐射体是在磁场中运动的相对论带电粒子. 如果在辐射区除了相对论性电子之外还有冷等离子体, 那么不仅这种辐射, 而且它的吸收也会大大改变. 例如, 在真空辐射情况下, 在任何对其速度方向均为各向同性的相对论性电子系统中的再吸收是正的 (亦即在这些条件下存在吸收). 而在有冷等离子体存在时, 同步辐射的再吸收已经可能成为负的了. 这表明, 相应的具有各向同性速度分布的相对论性电子系统 (电子层或电子云) 将如同微波激射器一样作用.

以下我们将以明显的方式只对同步辐射的再吸收进行讨论 (这时我们将在很大程度上依据文献 [70] 进行), 而事实上许多内容关系到任意性质的辐射. 在两本可读性很强的专著 [62a, 192] 中对辐射转移和辐射再吸收作出了相当详尽的分析, 这使得我们在讨论中几乎不必引用原始文献, 同时也省去许多细节和解释.

在再吸收的研究中经常采用单个粒子辐射强度对所有方向的平均值. [227] 事先并不清楚这种做法的适用条件乃至方法本身的特征, 而在确定偏振的改变上这种方法一般不适用. 只要提到同步辐射毕竟具有非 δ-函数型角分布, 而且其偏振性质主要依赖于速度方向和辐射方向之间的夹角 $\psi = \chi - \alpha$ (见 (5.21)—(5.23) 式) 也就够了. 所以在考虑辐射偏振的再吸收 (特别是负的再吸收) 时必须严格地分析同步辐射的角度和偏振性质. 还需要补充的是, 处于磁场中的冷等离子体是各向异性的 (旋磁的), 即使在弱场情况可以在足够好的近似下将其当作是具有折射率 $n \approx 1 - \omega_p^2/2\omega^2$ 的各向同性介质, 但也远非永远如此. 偏振特征在这方面特别敏感, 因为偏振面旋转 (法拉第效应) 是积分效应, 随波经过的路程长度而增加 (见例如 [109] 与第 12 章).

在个别特殊情况下通常应当研究的一般问题是这样的: 在某一区域 ("辐射源") 给定相对论性电子的分布函数 $N_e(\boldsymbol{p}, \boldsymbol{R})$, 冷等离子体密度 $N(\boldsymbol{R})$ 及磁场强度 $\boldsymbol{H}(\boldsymbol{R})$. 需要确定所研究区域的辐射场, 特别是要确定离此区域很远处的辐射场. 通常这里指的是源本身的辐射场, 但也会遇到需要确定这样的源对经过它的由远离接收地点的其他源发出的辐射的影响 (正因为如此, 辐射源这个词具有相对性).

以上我们已经假设辐射源是定态的, 因此处处没有时间 $t$ 出现. 由于这个限制必须放弃运动的或膨胀的辐射源. 实际上, 通常除了定态性前提之外, 还可以有其他简化.

例如, 在宇宙条件下, 由于一系列不稳定性的存在, 电子按速度分布的各向异性相当快地消失, 或者在所有情况下大为减小 (见后面的第 16 章). 所以常常可以认为相对论性电子速度分布函数只依赖于其能量 $N_e(\mathscr{E}, \boldsymbol{R})$. 其次在宇宙条件下, 如果指的是辐射波长量级的距离, $N_e$, $N$ 和 $\boldsymbol{H}$ 随坐标的变化一直非常缓慢. 因此, 一般而言几何光学近似在这里是适用的, 常可在视线的某一长度 $L$ 范围内将所有的量当作常量. 另一种可能性是在长度 $L$ 上将 $N_e$ 和 $N$ 当作常量, 而将磁场 $\boldsymbol{H}$ 当作强度为 $H$ 的平均随机量.

为了描述辐射, 一般情况下需要使用斯托克斯参量 $I$, $Q$, $U$ 和 $V$, 这些 [228] 量可以在张量 $I_{\alpha\beta}(\alpha, \beta = 1, 2)$ 中相结合

$$I_{\alpha\beta} = \frac{1}{2} \left. \begin{pmatrix} I+Q & U+\mathrm{i}V \\ U-\mathrm{i}V & I-Q \end{pmatrix} ; \begin{array}{l} I = I_{11} + I_{22}, V = \mathrm{i}(I_{21} - I_{12}), \\ Q = I_{11} - I_{22}, U = I_{21} + I_{12}. \end{array} \right\} \qquad (10.1)$$

这里指标 1, 2 对应垂直于视线的坐标轴 $x, y$. 斯托克斯参量与辐射强度 $I$、

偏振度 $\varPi$、偏振椭圆轴之比 $p$ 及确定此一椭圆取向的角度 $\widetilde{\chi}$ 之间的联系是这样的:

$$\left.\begin{array}{ll} I = I, & \varPi = \dfrac{\sqrt{Q^2 + U^2 + V^2}}{I}, \quad \beta = \arctan p, \\[3mm] \sin 2\beta = \dfrac{V}{\sqrt{Q^2 + U^2 + V^2}}, & \tan(2\widetilde{\chi}) = \dfrac{U}{Q}. \end{array}\right\} \tag{10.2}$$

由此当然十分清楚, 斯托克斯参量 $I$ 与辐射强度是等同的.

这里所使用的斯托克斯参量与某一频率区间 $\Delta\nu \ll \nu$ 的辐射有关并对应于在 $\Delta t \gg 1/\Delta\nu$ 的时间内对场平方表达式的平均. 在各向异性及特别是在旋磁介质中, 电场 $\boldsymbol{E}$ 一般而言不垂直于 $\boldsymbol{k}$, 而此时电感应矢量 $\boldsymbol{D}$ 始终与波矢 $\boldsymbol{k}$ 正交. 因此在各向异性介质中将张量 $\widetilde{I}_{\alpha\beta}$ 确定为 $\widetilde{I}_{\alpha\beta} = \dfrac{c}{8\pi}\overline{D_\alpha D_\beta^*}$ 更为方便 ($\alpha, \beta = 1, 2$; 见 [62a]), 其中横杠表示对时间 $\Delta t$ 取平均. 这里矢量 $\boldsymbol{D}$ 为场对频率与辐射方向的傅里叶展开分量 (这个分量的振幅表征单位时间间隔和单位立体角对应的电感应). 斯托克斯参量和 (10.21) 式中的量同样也将只与矢量 $\boldsymbol{D}$ 而不是矢量 $\boldsymbol{E}$ 有关. 应当注意, 量

$$\widetilde{I} = \operatorname{tr} \widetilde{I}_{\alpha\beta} = \frac{c}{8\pi}(\overline{D_1 D_1^*} + \overline{D_2 D_2^*})$$

在各向异性介质情况下, 已经不再正比于单位立体角和单位频率间隔内的能流亦即通常恒等于辐射强度的量. 在远离辐射源处 (在真空中) 接收辐射时, 由上述方式确定的量 $\widetilde{I}$ 与辐射强度等同; 当在折射率为 $n$ 的各向同性介质中接收辐射时, 量 $\widetilde{I}$ 与辐射强度 $I$ 相差一个附加因子 $n^3(\omega)$.

辐射转移方程用来确定张量 $\widetilde{I}_{\alpha\beta}$, 在文献 [62a, 192, 193] 中指出的一系列工作中研究和讨论了这一方程 (特别是, 参见 [194, 195]). 在均匀介质中对于定态情况 ($\widetilde{I}_{\alpha\beta}$ 不依赖于时间 $t$) 辐射转移方程的形式为

[229]

$$\frac{\mathrm{d}\widetilde{I}_{\alpha\beta}}{\mathrm{d}z} = \varepsilon_{\alpha\beta} + (\mathscr{R}_{\alpha\beta\gamma\delta} - \mathscr{K}_{\alpha\beta\gamma\delta})\widetilde{I}_{\gamma\delta}. \tag{10.3}$$

其中

$$\varepsilon_{\alpha\beta} = \int R^2 p_{\alpha\beta} N_e(\mathscr{E}, \boldsymbol{R}, \tau)\mathrm{d}\mathscr{E}\,\mathrm{d}\Omega_\tau \tag{10.4}$$

为发射率张量, 表征介质中的辐射对 $\widetilde{I}_{\alpha\beta}$ 在 $z$ 方向变化的贡献. (10.4) 式中的 $p_{\alpha\beta} = \dfrac{c}{8\pi}\overline{D_{l\alpha}D_{l\beta}^*}$ 由在各向异性介质中运动的电子的辐射形成的波区 ($R \gg \lambda, \lambda$ 为波长) 中的电感应 $\boldsymbol{D}_l$ 给出 (在真空中这个表达式对应于定义 (5.18)). 这时 $D_{l\alpha}$ 与 $D_{l\beta}$ 之值在距点 $z$ (张量 $\widetilde{I}_{\alpha\beta}$ 即是对该点计算的) 远小于寻常波和非常波之间的拍周期 $2\pi|k_e - k_o|^{-1}$ 的距离上取; 在相反的情况下,

鉴于与波在各向异性介质中传播有关的效应, 张量 $p_{\alpha\beta}$ 可能发生重大变化, 结果不再能表征辐射源的局域性质. 在真空辐射情况下, 量 $\varepsilon = \mathrm{tr}\,\varepsilon_{\alpha\beta}$ 等同于通常的发射率, 亦即单位体积送入单位频率区间、单位立体角的辐射功率. 在各向同性介质中, 这样的 $p$, 与 $\widetilde{I} = \mathrm{tr}\,\widetilde{I}_{\alpha\beta}$ 一样 (见上), 与发射率相差一个因子 $n^3(\omega)$. 对于在真空中的同步辐射, 量 $p_{\alpha\beta}$ 由公式 (5.21)—(5.23) 以及 (5.26),(5.27) 确定; 此时可证明在表达式 (5.23) 中对于 $p_{12}$ 补充 $\xi = mc^2/\mathscr{E}$ 的更高阶项是必要的 (此处和今后我们略去 $p$ 上面的 $\sim$ 号). 存在稀薄各向同性等离子体时有 $(1 - n) \ll 1$, 在这些公式中也应进行以下代换

$$\xi = mc^2/\mathscr{E} \to \eta = \sqrt{\xi^2 + (\omega_p/\omega)^2} \approx \sqrt{1 - n^2 v^2/c^2}$$

(见 [70]). 其次,(10.3) 式中的张量 $\mathscr{R}_{\alpha\beta\gamma\delta}$ 和 $\mathscr{K}_{\alpha\beta\gamma\delta}$ 分别表征由于法拉第旋转和辐射吸收引起的 $\widetilde{I}_{\alpha\beta}$ 的变化. 张量 $\mathscr{R}_{\alpha\beta\gamma\delta}$ 和 $\mathscr{K}_{\alpha\beta\gamma\delta}$ 是通过表征可以在所研究介质中传播的 "正常" 波的参量表示的.

各向异性介质中略去空间色散后可以有两个正常波传播, 它们在单轴晶体和磁化等离子体中被称作寻常波 (用 "o" 或下标 "2" 表示) 和非常波 (用 "e" 或下标 "1" 表示). 在均匀介质中的正常波中所有的物理量 (场 $\boldsymbol{E}$, $\boldsymbol{D}$ 和 $\boldsymbol{H}$) 均按指数定律依赖于 $t$ 和 $R$, 例如

$$\boldsymbol{D}_{\mathrm{o,e}} = A_{\mathrm{o,e}}\boldsymbol{\gamma}_{\mathrm{o,e}} \exp(-\kappa_{\mathrm{o,e}}z) \exp[-\mathrm{i}(\omega t - \delta_{\mathrm{o,e}} - k_{\mathrm{o,e}}z)]. \tag{10.5}$$

[230]

如同在 (10.3) 式中一样, 这里也认为波沿 $z$ 轴传播, $\kappa_{\mathrm{o,e}}$ 是按振幅的吸收系数 (按功率的吸收系数 $\mu_{\mathrm{o,e}}$ 等于 $2\kappa_{\mathrm{o,e}}$; 经常通过 $\kappa$ 表示吸收率 $c\mu/2\omega$), $\omega = 2\pi v$ 及 $\boldsymbol{k}_{\mathrm{o,e}}$ 为波矢 ($k_{\mathrm{o,e}} = (\omega/c)n_{\mathrm{o,e}}$, 其中 $n_{\mathrm{o,e}}$ 为折射率). 复矢量 $\boldsymbol{\gamma}_{\mathrm{o,e}}$ 表征正常波的偏振 ($A_{\mathrm{o,e}}$ 和 $\delta_{\mathrm{o,e}}$ 是这些波的任意振幅和相位) 在磁化等离子体中可忽略吸收时 (亦即事实上吸收足够弱时) 可以置

$$\gamma_{\alpha\mathrm{o}}\gamma_{\alpha\mathrm{o}}^* = \gamma_{\alpha\mathrm{e}}\gamma_{\alpha\mathrm{e}}^* = 1, \quad \gamma_{\alpha\mathrm{o}}\gamma_{\alpha\mathrm{e}}^* = \gamma_{\alpha\mathrm{o}}^*\gamma_{\alpha\mathrm{e}} = 0, \tag{10.6}$$

其中, 如同在各处两次遇到希腊字母下标一样, 按照 $\alpha = 1,2$ 进行求和 (换言之, 例如 $\gamma_{\alpha\mathrm{o}}\gamma_{\alpha\mathrm{o}} = \mathrm{tr}\,\gamma_{\alpha\mathrm{o}}\gamma_{\beta\mathrm{o}}$; 有关磁化等离子体中的正常波的详情见第 12 章).

任意辐射场在频率区间 $\Delta\omega$ 的电感应分量形如

$$D_\alpha(z,t) = \int_{\Delta\omega} A_{\mathrm{e}}\gamma_{\alpha\mathrm{e}} \exp\{-\kappa_{\mathrm{e}}z - \mathrm{i}(\omega t - \delta_{\mathrm{e}} - k_{\mathrm{e}}z)\}\mathrm{d}\omega +$$
$$\int_{\Delta\omega} A_{\mathrm{o}}\gamma_{\alpha\mathrm{o}} \exp\{-\kappa_{\mathrm{o}}z - \mathrm{i}(\omega t - \delta_{\mathrm{o}} - k_{\mathrm{o}}z)\}\mathrm{d}\omega.$$

由这样的分量构成张量 $D_\alpha D_\beta^*$, 并计算出导数 $\dfrac{\mathrm{d}}{\mathrm{d}z}(D_\alpha D_\beta^*)$, 在足够狭窄的频

率区间 $\Delta\omega$ 内对时间作平均后立即可以得到方程 (10.3), 其中 (切勿把下标 $\gamma$ 与偏振矢量 $\gamma$ 混淆!!)

$$\mathscr{R}_{\alpha\beta\gamma\delta} = -\mathrm{i}(k_e - k_o)(\gamma_{\alpha e}\gamma_{\beta o}^*\gamma_{\gamma e}^*\gamma_{\delta o} - \gamma_{\alpha o}\gamma_{\beta e}^*\gamma_{\gamma o}^*\gamma_{\delta e}), \tag{10.7}$$

$$\mathscr{K}_{\alpha\beta\gamma\delta} = (\kappa_e + \kappa_o)(\gamma_{\alpha e}\gamma_{\beta o}^*\gamma_{\gamma e}^*\gamma_{\delta o} + \gamma_{\alpha o}\gamma_{\beta e}^*\gamma_{\gamma o}^*\gamma_{\delta e}) +$$
$$2\kappa_e\gamma_{\alpha e}\gamma_{\beta e}^*\gamma_{\gamma e}^*\gamma_{\delta e} + 2\kappa_o\gamma_{\alpha o}\gamma_{\beta o}^*\gamma_{\gamma o}^*\gamma_{\delta o}. \tag{10.8}$$

如果吸收足够显著, 则不可以再将正常波当作正交的 (见 (10.6) 式), 公式 (10.7) 和 (10.8) 已不再准确. 后一种情况发生在, 特别是, 当相对论粒子 (热等离子体) 和冷等离子体对介电张量实部及 (或) 虚部的贡献可以相比的条件下. 文献 [194] 研究了不带前提条件 (10.6) 式的转移方程 (10.3), 但只是在等离子体的影响不算是太强的条件下.

如果在介质中只有一种类型的波 (寻常波或非常波), 也就是说, 只有 e 型场或 o 型场进入张量 $\widetilde{I}_{\alpha\beta}$ 中, 那么 $\mathscr{R}_{\alpha\beta\gamma\delta}\widetilde{I}_{\gamma\delta} = 0$. 形式上很容易得到这个结果, 但其实它一开始就很清楚, 因为按照正常波的定义, 它们的偏振在均匀介质中是不变的. 同样也明显的是, 对于一个正常波我们有 $\mathscr{K}_{\alpha\beta\gamma\delta}\widetilde{I}_{\gamma\delta} = 2\kappa_{e,o}\widetilde{I}_{\alpha\beta}$, 而且没有辐射源的转移方程 (10.3) 的形式为

[231]

$$\frac{\mathrm{d}\widetilde{I}_{\alpha\beta}^{(e,o)}}{\mathrm{d}z} = -2\kappa_{e,o}\widetilde{I}_{\alpha\beta}^{(e,o)} \equiv -\mu_{e,o}(\boldsymbol{k})\widetilde{I}_{\alpha\beta}^{(e,o)}. \tag{10.9}$$

关系式 (10.9) 一开始就很显然, 因为它反映了在正常波中由于受到吸收的影响场矢量 (包括矢量 $\boldsymbol{D}$) 按 $\exp(-\kappa_{e,o}z)$ 规律变化的事实 (见 10.5) 式). 物理量 $2\kappa_{e,o} = \mu_{e,o}(\boldsymbol{k})$ 是沿波矢 $\boldsymbol{k}$ 的功率 (强度) 吸收系数. 如果相速度和群速度的方向 ($\boldsymbol{k}$ 和 $\boldsymbol{v}_{gr} = \mathrm{d}\omega/\mathrm{d}\boldsymbol{k}$ 的方向) 一致, 那么量 $2\kappa_{e,o}$ 当然与沿视线的吸收系数等同. 一般情况下 $\mu_{e,o} = 2\kappa_{e,o}\cos\varphi_{e,o}$, 其中 $\varphi_{e,o}$ 是 $\boldsymbol{k}_{e,o}$ 和 $\boldsymbol{v}_{gr e,o}$ 之间的夹角. 在 (10.9) 式适用的条件下, 仅有辐射强度 $\widetilde{I} = \widetilde{I}_{xx} + \widetilde{I}_{yy}$ 沿 $\boldsymbol{k}$ (亦即沿 $z$ 轴) 变化, $\mathrm{d}\widetilde{I}^{(e,o)}/\mathrm{d}z = -2\kappa_{e,o}\widetilde{I}^{(e,o)}$. 至于 $\Pi, p$ (或 $\beta$) 和 $\widetilde{\chi}$ 这几个物理量, 如上所述, 对于正常波它们是不变的. 形式上也可由 (10.2) 和 (10.9) 式得出这个结论, 而且这也与 $\Pi, p$ 和 $\widetilde{\chi}$ 仅依赖于斯托克斯参量之比有关. 同样明显的是, 在介质中只有一种类型的辐射源的情况下, $\Pi, p$ 和 $\widetilde{\chi}$ 的恒定性依然保持. 此时

$$\frac{\mathrm{d}\widetilde{I}^{(e,o)}}{\mathrm{d}z} = \varepsilon_{e,o} - 2\kappa_{e,o}\widetilde{I}^{(e,o)} \equiv \varepsilon_{(e,o)} - \mu_{e,o}(\boldsymbol{k})\widetilde{I}^{(e,o)}. \tag{10.10}$$

如果几何光学近似适用从而可以使用光线概念 (光线解释的可能性也受到弱吸收条件的限制 [109]), 这个方程可以推广到非均匀介质情况. 对于

一种类型波的强度 $I^{(e,o)}$ 相应的转移方程的形式为

$$\frac{1}{v_{\text{gr}}}\frac{\partial I}{\partial t} + \frac{n^2}{|\cos\varphi|}\frac{\partial}{\partial l}\left(\frac{I|\cos\varphi|}{n^2}\right) = \varepsilon - \mu I. \tag{10.11}$$

这里考虑了问题非定态的可能性 ($I$ 依赖于 $t$). 并且 (10.11) 式中的辐射强度 $I$ 和发射率 $\varepsilon$ 不同于上面讨论 (10.3) 式时确定的值, 即: $I = \widetilde{I}^{(o,e)}n_{o,e}^{-3}$, $\varepsilon = \varepsilon_{o,e}n_{o,e}^{-3}$. 其次, 在 (10.11) 式中, $v_{\text{gr}}$ 为群速度, $\varphi$ 为 $\boldsymbol{k}$ 与 $\boldsymbol{v}_{\text{gr}}$ 之间的夹角, $n(\omega)$ 为折射率, $\mu = 2\kappa\cos\varphi$ 为沿光线的吸收系数 (光线的长度元为 $\partial l$). 所有这些量均与一种类型 (o 或者 e) 的波有关. 可以看出, 出现在 (10.11) 式中的 $I$ 已是通常的辐射强度——通过单位面积进入单位频率区间和沿 $\boldsymbol{k}$ 方向的单位立体角 (应当将这些立体角与沿群速度方向的立体角加以区别, 见 [62a], §2) 的能流. 当然, 在由通常的强度 $I$ 向 $\widetilde{I}$ 转换时因子 $n^{-3}$ 的出现可以这样来解释, 即 "强度" $\widetilde{I}$ 正比于 $D^2 = \varepsilon^2 E^2 = n^4 E^2$, 而此时 $I$ 正比于 $EH = nE^2$ (这里我们使用了一些符号式的写法, 但仍希望情况足够清楚). 注意到今后应用于具有 $|n-1| \ll 1$ 的介质, 我们将不再区分 $I$ 和 $\widetilde{I}$ 类型的物理量, 从而 $\widetilde{I}$ 上面的 "$\sim$" 号也就去掉了.

[232]

　　就我们所知, 尚没有将方程 (10.11) 推广到同时存在两种类型辐射的具有任意各向异性度的介质的情况. 文献 [196] 得到了具有足够弱的各向异性的介质中的对 $I_{\alpha\beta}$ 的相应方程. 在均匀和定态介质中这样的推广方程当然归结为方程 (10.3). 无疑这一方程对于随坐标足够缓慢变化的函数 $\varepsilon_{\alpha\beta}$, $\mathscr{R}_{\alpha\beta\gamma\delta}$ 和 $\mathscr{K}_{\alpha\beta\gamma\delta}$ 也是正确的. 但是, 由 (10.11) 式和 (10.3) 式的比较可清楚看到, 仅当在可忽略折射 (光线弯曲) 及与 $\text{d}I_{\alpha\beta}/\text{d}z$ 相比可忽略 $\text{d}n/\text{d}z$ 时, 方程 (10.3) 在非均匀介质中才可能是正确的. 当然除此而外, 通常的几何光学近似应当是正确的, 也就是说所有的物理量在介质中波长 $\lambda = 2\pi c/n\omega$ 的长度上应当变化很小. 例如, 应当遵从条件

$$\lambda\frac{\text{d}\varepsilon_{\alpha\beta}}{\text{d}z} \ll \varepsilon_{\alpha\beta}.$$

不过总体而言, 应当遵从更严苛的条件

$$\left|\frac{\text{d}\gamma_{\alpha e,o}}{\text{d}z}\right| \ll |\gamma_{\alpha e,o}||k_e - k_o|, \tag{10.12a}$$

这一条件的含义是如下要求: 正常波偏振的特征在波之间拍周期量级的距离上应当变化很小 (不过详见 [196]).

　　以上我们力图从相当一般性的观点来阐明辐射转移问题. 此时可清楚地看到, 人们可以遇到极为复杂或者在所有情况下庞大而又难以预见的 $I_{\alpha\beta}$ 或者斯托克斯参量的解. 如果冷等离子体足够稠密而磁场又足够强, 则情

况会进一步复杂化. 在相似的条件下已经不能靠用物理量 $\eta = \sqrt{\xi^2 + \omega_p^2/\omega^2}$ 替代物理量 $\xi = mc^2/\mathscr{E}$ 来考虑等离子体的影响了. 如果相对论性电子的速度分布是各向异性的, 则其特点也会显示出来[194, 195]. 其次, 即使对于电子速度各向同性分布的特别分析中也需要函数 $N_e(\mathscr{E})$ 随能量快速变化的情况. 然而, 如果 $N_e(\mathscr{E})$ 在对应于频率

$$\Omega_H = \frac{\omega_H^*}{\sin^2 \chi} = \frac{eH}{mc} \frac{mc^2}{\mathscr{E} \sin^2 \chi}$$

[233]　的邻近泛音辐射的能量区间 $\Delta\mathscr{E}$ 中变化很少, 则可以把 $N_e(\mathscr{E})$ 当作足够光滑的函数并使用下面导出的再吸收系数表达式. 在

$$\Delta\mathscr{E} \sim \frac{\mathscr{E}}{n} = \frac{\Omega_H \mathscr{E}}{\omega} = \frac{eH}{mc\omega \sin^2 \chi} mc^2 = \frac{eH\lambda}{2\pi \sin^2 \chi}$$

情况下 (式中 $\lambda = 2\pi c/\omega$ 为波长, 所研究的是在真空中的辐射), 辐射频率 $\omega = n\Omega_H (n = 1, 2, 3, \cdots)$, 因而 $|\Delta\omega| = n\dfrac{eH}{mc} \dfrac{mc^2}{\mathscr{E} \sin^2 \chi} \dfrac{\Delta\mathscr{E}}{\mathscr{E}} \sim \Omega_H$. 因此, 前面提到的函数 $N_e(\mathscr{E})$ 变化的平缓性条件的形式为:

$$\frac{dN_e}{d\mathscr{E}} \Delta\mathscr{E} \sim \frac{dN_e}{d\mathscr{E}} \frac{eH}{mc\omega \sin^2 \chi} mc^2 = \frac{dN_e}{d\mathscr{E}} \frac{eH\lambda}{2\pi \sin^2 \chi} \ll N_e. \tag{10.12b}$$

当 $\chi \approx \frac{1}{2}\pi$ 时, 这个条件是必要条件, 而在 $\chi < \frac{1}{2}\pi$ 时, 由于 $\Omega_H$ 依赖于 $\chi$, 条件成为充分的但不再必要.

　　在天体物理学中遇到的大多数情况下 (能量间隔 $\Delta\mathscr{E} = \dfrac{eH}{2\pi}\lambda_0$ 即使在米波段也小于或者处于 $10^5 H$ 电子伏量级, 只有在 $H \gg 1$ Oe 的强场区才足够显著), 条件 (10.12b) 大概不可能被破坏.

　　讨论这里涉及的所有问题至少需要一篇专门的评述. 况且与这些问题有关的许多课题尚未得以研究. 因此, 以下我们将局限于讨论有关准纵向传播情况下真空中和等离子体中同步辐射再吸收这两个范围较小的问题. 但是, 这些情况对于射电天文学的应用很可能是最为重要的. 首先我们先仔细进行一些相应的计算, 并适当地作出若干涉及爱因斯坦系数方法及其在偏振辐射中应用的评论. 在探讨辐射转移方程 (10.3) 或对于正常波强度和斯托克斯参量的其他类似的方程时, 必须计算 (10.3) 式中的系数 $\varepsilon_{\alpha\beta}$, $\mathscr{R}_{\alpha\beta\gamma\delta}$, $\mathscr{K}_{\alpha\beta\gamma\delta}$, (10.10) 式中的系数 $\varepsilon_{e,o}$ 和 $\mu_{e,o} = 2\kappa_{e,o}$, 等等. 为了求得发射率 $\varepsilon_{\alpha\beta}$ 必须依靠公式 (10.4). 其他物理量在一般情况下可以采用动理学方程方法计算[194, 195], 不过如果指的是经典区的问题 (条件 $\hbar\omega \ll \mathscr{E}$), 则应当使用经典相对论动理方程. 相应的计算相当庞大. 出于这个原因, 也由于人

们自然倾向于采用最简单和最透明的手段求得结果, 爱因斯坦系数方法在再吸收分析中起很大作用. 这个方法一般而言虽广为人知, 但它在介质特别是各向异性介质情况下的应用, 而且是在考虑辐射偏振时的应用, 具有某种特殊性.

正如在第 6 章中所解释过的 (也参见第 13 章), 在弱吸收 (形式上透明) 的介质中可以认为正常波中的量子有能量 $\hbar\omega$ 和动量 $\hbar\boldsymbol{k}_l = (\hbar\omega/c)n_l(\omega, \boldsymbol{s})\boldsymbol{s}$, 其中 $\boldsymbol{k}_l = k_l\boldsymbol{s}, |\boldsymbol{s}| = 1$, 下标 $l$ 对应于给定波 (在磁化等离子体中指的是寻常波、非常波和等离子体波). 在经典区计算结果并不依赖于量子常量 $\hbar = h/2\pi$, 但如果使用量子概念更方便的话, 也没有任何反对使用它的理由. $l$ 型波中的能流和能密度分别等于 $I_l\mathrm{d}\omega\mathrm{d}\Omega$ 和 $\rho_l\mathrm{d}\omega\mathrm{d}\Omega$, 其中 $\mathrm{d}\Omega$ 为立体角元, 且为了方便我们暂时使用属于频率区间 $\mathrm{d}\omega = 2\pi\mathrm{d}\nu$ 的谱密度. 能流和谱密度存在以下联系:

[234]

$$I_l = \rho_l v_{\mathrm{gr},l} = \rho_l \left|\frac{\mathrm{d}\omega}{\mathrm{d}\boldsymbol{k}_l}\right| = \rho_l \frac{c}{|\cos\phi_l||\partial(\omega n_l)/\partial\omega|}. \tag{10.13}$$

其中 $\boldsymbol{v}_{\mathrm{gr},l} = \mathrm{d}\omega/\mathrm{d}\boldsymbol{k}_l$ 为 $l$ 型波的群速度.

我们引入爱因斯坦系数 $A_m^n, B_m^n$ 和 $B_n^m$, 其中 $A_m^n\mathrm{d}\omega\mathrm{d}\Omega$ 为单位时间内在区间 $\mathrm{d}\omega\mathrm{d}\Omega$ 辐射一个给定正常波量子实现 $m \to n$ 的状态间跃迁的自发辐射概率, $B_m^n\rho\mathrm{d}\omega\mathrm{d}\Omega$ 为同样跃迁的受激辐射概率, 以及 $B_n^m\rho\mathrm{d}\omega\mathrm{d}\Omega$ 为 $n \to m$ 跃迁的吸收概率. $A_m^n, B_m^n$ 和 $B_n^m$ 之间以关系式

$$B_m^n = B_n^m;$$
$$B_m^n = \frac{(2\pi c)^3}{n_l^2 \hbar\omega^3 \left|\dfrac{\partial(\omega n_l)}{\partial\omega}\right|} A_m^n \tag{10.14}$$

相互联系. 由此对于真空我们得到通常的关系 (例如, 参见 [1])

$$B_m^n = \frac{(2\pi c)^3}{\hbar\omega^3} A_m^n = \frac{2\pi c^3}{h\nu^3} A_m^n. \tag{10.15}$$

此处 $n$ 和 $m$ 被理解为动量空间的任何两个态, 它们的能量差 $\mathscr{E}_m - \mathscr{E}_n = \hbar\omega = h\nu$. 如果指的是能级之间的跃迁, 则需要考虑这些能级的统计权重. 按其含义 (10.15) 的联系涉及的是只有一个偏振的波. 假若将真空中受激跃迁的概率定义为 $\widetilde{B}_m^n I_\nu\mathrm{d}\nu\mathrm{d}\Omega$ (例如在文献 [79] 中就是这样做的), 则 $\widetilde{B}_m^n = (c^2/h\nu^3)\widetilde{A}_m^n$, 其中 $\widetilde{A}_m^n\mathrm{d}\nu\mathrm{d}\Omega = 2\pi A_m^n\mathrm{d}\nu\mathrm{d}\Omega$ 为区间 $\mathrm{d}\omega$ 和 $\mathrm{d}\Omega$ 内的自发辐射概率. 最后, 假如把 $\widetilde{A}_m^n\mathrm{d}\nu\mathrm{d}\Omega$ 理解为具有两个可能偏振的波的发射概率, 则可以利用关系 $\widetilde{B}_m^n = (c^2/2h\nu^3)\widetilde{A}_m^n$, 文献 [79] 中也是这样用的. 然而, 恰好是在这里埋下了相应的表达式不完备和不确定的根源. 首先, 所提出的向

[235]　非偏振辐射过渡的方法没有充分理由, 尽管可以期待这样做能得到对于两个可能偏振的平均值 $\mu$. 其次, 在真空中或各向同性介质中出现偏振简并 (选择具有任何偏振的正常波的可能性), 因此偏振关系只可在附加分析的结果中得到.

通过 $N_n$ 和 $N_m$ 分别表示处于具有能量 $\mathscr{E}_n$ 和 $\mathscr{E}_m$ 的状态 $n$ 和 $m$ 的电子密度, 两个能级正好使得 $\mathscr{E}_m - \mathscr{E}_n = \hbar\omega \equiv h\nu$. 此时, 由于 (10.14) 式, $l$ 型波的沿光线吸收系数 $\mu_l$ 等于

$$
\begin{aligned}
\mu_l = -\frac{\Delta I_l}{I_l} &= \frac{\hbar\omega \sum (N_n B_n^m \rho_l - N_m B_m^n \rho_l)}{\rho_l} \left| \frac{\mathrm{d}\omega}{\mathrm{d}\boldsymbol{k}_l} \right|^{-1} \\
&= \frac{8\pi^3 c^2}{\omega^2 n_l^2} |\cos\varphi_l| \sum_{m \rightleftarrows n} A_m^n (N_n - N_m).
\end{aligned}
\tag{10.16}
$$

为了简单, 今后我们将假定 $|n_l - 1| \ll 1$ 且 $|\cos\varphi_l| \approx 1$. 其次, 研究极端相对论情况 ("针状" 辐射, 即仅在粒子运动方向的辐射) 并认为分布函数各向同性时, 我们可以令

$$
N_n - N_m = N_{\mathrm{e}}(\boldsymbol{p} - \hbar\boldsymbol{k}) - N_{\mathrm{e}}(\boldsymbol{p}) = N_{\mathrm{e}}\left(p - \frac{h\nu}{c}\right) - N_{\mathrm{e}}(p) = -\frac{h\nu}{c} \frac{\mathrm{d}N_{\mathrm{e}}}{\mathrm{d}p}.
$$

这里考虑了在所研究的经典情况中 $h\nu \ll cp \approx \mathscr{E}$. 最后, $\mathrm{d}\nu$ 区间的发射率等于 $\varepsilon_l = \sum \widetilde{A}_m^n N_m h\nu = \sum 2\pi A_m^n N_m h\nu$, 譬如从与 (10.4) 式的比较中清楚, (10.16) 式中的 $A_m^n = \widetilde{A}_m^n/2\pi$ 应当换作 $(R^2/2\pi h\nu)p_l(\nu, \mathscr{E})$, 其中 $p_l(\nu, \mathscr{E})$ 为 (5.26), (5.27) 式中 $p_{\alpha\beta}(\nu)$ 类型的函数, 但仅属于 $l$ 型波. 其准确含义, 留待以后阐明. 现在我们得到在所设前提条件下 $\mu_l$ 的最终表达式

$$
\begin{aligned}
\mu_l &= -\frac{c}{\nu^2} \int \frac{\mathrm{d}N_{\mathrm{e}}(p)}{\mathrm{d}p} q_l(\nu, \mathscr{E}) p^2 \mathrm{d}p \\
&= -\frac{c^2}{4\pi\nu^2} \int \mathscr{E}^2 \frac{\mathrm{d}}{\mathrm{d}\mathscr{E}} \left( \frac{N_{\mathrm{e}}(\mathscr{E})}{\mathscr{E}^2} \right) q_l(\nu, \mathscr{E}) \mathrm{d}\mathscr{E},
\end{aligned}
\tag{10.17}
$$

其中

$$
q_l(\nu, \mathscr{E}) = \int R^2 p_l(\nu, \mathscr{E}) \mathrm{d}\Omega
\tag{10.18}
$$

并使用了等式 $\mathscr{E} = cp$ 和 $N_{\mathrm{e}}(p) 4\pi p^2 \mathrm{d}p = N_{\mathrm{e}}(\mathscr{E})\mathrm{d}\mathscr{E}$; 除此而外, 还应当说明在将 (10.16) 式中的求和换作积分时, 相空间体积元等于 $p^2 \mathrm{d}p\mathrm{d}\Omega$, 其中 $\mathrm{d}\Omega$ 为发生自发辐射的立体角元 (按假定, $\boldsymbol{p}$ 与 $\boldsymbol{k}$ 之间的夹角很小). 根据 (10.17),(10.18) 式, 计算 $\mu_l$ 的问题在于准确地说明物理量 $p_l(\nu, \mathscr{E})$ 或 $q_l(\nu, \mathscr{E})$ 的意义. 在各

[236]　向异性介质中这一处理方法是完全清楚的, 因为 $q_l$ 是电子以 $l$ 型波方式所

辐射的功率谱密度. 但在有偏振简并的真空或各向同性介质中就必须解释清楚在计算再吸收系数 $\mu_l$ 时究竟什么样的波应当算作正常波.

第一眼看来, 确实可以给人这样的印象, 即计算结果不应当依赖于对正常波偏振的选择, 因为偏振简并本身就意味着没有这种依赖性. 当然, 在用动理学方程方法实行循序渐进的计算时就是这样做的: 完全没有必要在真空情况下对正常波的偏振做确定的选择, 而且原则上并不一定要在任何介质中使用正常波. 但是, 在爱因斯坦系数方法中, 人们只与概率 (强度) 而不是与概率振幅 (场) 打交道. 所以在爱因斯坦系数方法中不可能考虑一般在简并情况下出现的不同正常波的相干性. 换言之, 就这个方法本身的含义, 它的使用是与所要计算吸收系数的特定类型的波明确联系在一起的.

对于 "纯粹" 的真空当然不能单值地指出哪些波是正常的. 不过在这种情况下并没有再吸收问题. 如果有人谈论 "真空中的再吸收", 他们所指的只能是忽略冷等离子体对辐射与再吸收影响的可能性. 按再吸收问题本身的含义, 辐射源中的相对论等离子体影响波的吸收. 它也应当对折射率有某种影响, 其中介质是各向异性的. 这一点是显然的, 由于所指的相对论性粒子 (等离子体) 处于磁场中, 从而处于一个物理上可区分方向——磁场方向的系统中. 我们在第 5 章曾经指出过, 如果相对论性粒子的分布函数不是强烈各向异性的, 则其辐射是线偏振的, 而且波中的电场矢量在垂直于 $\boldsymbol{H}$ 矢量在图像平面的投影 $\boldsymbol{H}_\perp$ 的方向上取极大值 (以下为了方便, 我们将这些波称为垂直于场偏振的波, 而将具有与 $\boldsymbol{H}_\perp$ 平行的 $\boldsymbol{E}$ 矢量的波命名为沿场偏振的波). 在这样的条件下自然期待正常波也会沿场或垂直于场偏振 (提醒大家注意, 我们将角度限制在 $\chi \gg mc^2/\mathscr{E}$, 也就是说不研究那些速度方向与场方向成小角度 $\chi \lesssim mc^2/\mathscr{E}$ 的粒子的辐射), 定量计算[194b]证实了这个假设. 因此, 在应用公式 (10.17),(10.18) 去计算真空中相对论粒子同步辐射再吸收系数时应当分别计算偏振垂直和平行于场的系数 $\mu_\perp$ 与 $\mu_\parallel$ (换言之, 下标 $l$ 换为 $\perp$ 和 $\parallel$). 同时, 从以上所述可知, 应当选取表达式 (5.34) 乘以 $2\pi \sin\chi$ 作为 (10.18) 式中的 $p_\perp(\nu,\mathscr{E})$ 和 $p_\parallel(\nu,\mathscr{E})$. 因此

$$
\left.
\begin{aligned}
q_\perp(\nu,\mathscr{E}) &= \frac{\sqrt{3}e^2 \omega_H^* \sin\chi}{2c\eta} \frac{\nu}{\nu_c} \left[ \int_{\nu/\nu_c}^\infty K_{5/3}(z)\mathrm{d}z + K_{2/3}\left(\frac{\nu}{\nu_c}\right) \right], \\
q_\parallel(\nu,\mathscr{E}) &= \frac{\sqrt{3}e^2 \omega_H^* \sin\chi}{2c\eta} \frac{\nu}{\nu_c} \left[ \int_{\nu/\nu_c}^\infty K_{5/3}(z)\mathrm{d}z - K_{2/3}\left(\frac{\nu}{\nu_c}\right) \right],
\end{aligned}
\right\} \quad (10.19)
$$

[237]

$$\left.\begin{array}{c} \nu_c = \dfrac{3\sin\chi}{4\pi}\dfrac{\omega_H^*}{\eta^3}, \quad \omega_H^* = \dfrac{eH}{mc}\dfrac{mc^2}{\mathscr{E}}, \\[3mm] \eta = \sqrt{\left(\dfrac{mc^2}{\mathscr{E}}\right)^2 + \dfrac{\omega_p^2}{\omega^2}}, \quad \omega_p^2 = \dfrac{4\pi e^2 N}{m}. \end{array}\right\} \tag{10.20}$$

这里为了方便给出了即使存在各向同性等离子体时 ($n = 1 - \omega_p^2/2\omega^2$, $|1-n| \ll 1$) 也适用的表达式, 虽然下面将令 $\eta = \xi = mc^2/\mathscr{E}$. 在我们所研究的辐射粒子沿速度方向具有各向同性 (或弱各向异性) 分布的极端相对论情况下, 具有椭圆偏振的波不辐射 (精确至数量级 $\eta = [(mc^2/\mathscr{E})^2 + (\omega_p/\omega)^2]^{1/2}$ 的项). 由于这一情况, 在分析源自身的辐射时可以将斯托克斯参量限定为 $I$ 与 $Q$ 或将强度限定为 $I_\perp = \frac{1}{2}(I+Q)$ 与 $I_\parallel = \frac{1}{2}(I-Q)$. 总辐射的谱密度等于

$$q(\nu, \mathscr{E}) = q_\perp + q_\parallel = p(\nu, \mathscr{E}) = \frac{\sqrt{3}e^2\omega_H^*\sin\chi}{c\eta}\frac{\nu}{\nu_c}\int_{\nu/\nu_c}^{\infty} K_{5/3}(z)\mathrm{d}z. \tag{10.21}$$

在真空中

$$p(\nu, \mathscr{E}) = \frac{\sqrt{3}e^3 H_\perp}{mc^2}\frac{\nu}{\nu_c}\int_{\nu/\nu_c}^{\infty} K_{5/3}(z)\mathrm{d}z, \tag{10.22}$$

这当然与 (5.39) 式相同.

我们引入记号

$$\mu_\perp(\chi) = \mu(\chi) + \lambda(\chi), \quad \mu_\parallel = \mu(\chi) - \lambda(\chi). \tag{10.23}$$

表达式 $\mu(\chi) = \frac{1}{2}(\mu_\perp + \mu_\parallel)$ 与对具有两个偏振的波采用前述关系 $\widetilde{B}_m^n = (c^2/2h\nu^3)\widetilde{A}_m^n$ 得到的 (例如, 见 [79]) 表达式精确地相等. 这个结果十分自然, 因为 $\mu(\chi)$ 是 $\mu_\perp$ 和 $\mu_\parallel$ 的算术平均. 对于与能量成幂律的谱 $N_e(\mathscr{E}) = K_e\mathscr{E}^{-\gamma}$, 我们有[70]

$$\mu(\chi) = \frac{\gamma + 10/3}{\gamma + 2}\lambda(\chi) = g(\gamma)\frac{e^3}{2\pi m}\left(\frac{3e}{2\pi m^3 c^5}\right)^{\gamma/2} K_e H_\perp^{(\gamma+2)/2}\nu^{-(\gamma+4)/2}. \tag{10.24}$$

在表 10.1 中只给出了 $g(\gamma)$ 的数值 ($g(\gamma)$ 的公式见 [79]). 我们要记住 $H_\perp = H\sin\chi$.

表 10.1

| $\gamma$ | 1 | 2 | 3 | 4 | 5 |
|---|---|---|---|---|---|
| $g(\gamma)$ | 0.96 | 0.70 | 0.65 | 0.69 | 0.83 |
| $\overline{g(\gamma)}$ | 0.69 | 0.47 | 0.40 | 0.44 | 0.46 |

对于电子取幂律谱的情况, 不考虑再吸收的真空同步辐射偏振度 (见 [238]
(5.46) 式) 为

$$\Pi_0 = \frac{I_\perp^{(0)} - I_\parallel^{(0)}}{I_\perp^{(0)} + I_\parallel^{(0)}} = \frac{\gamma+1}{\gamma+\frac{7}{3}}, \quad \frac{I_\perp^{(0)}}{I_\parallel^{(0)}} = \frac{1+\Pi_0}{1-\Pi_0} = \frac{3\gamma+5}{2}. \tag{10.25}$$

同时, 根据 (10.23) 和 (10.24)

$$\left.\begin{array}{l} \mu_\perp = \mu + \lambda = \dfrac{6\gamma+16}{3\gamma+10}\mu, \quad \mu_\parallel = \mu - \lambda = \dfrac{4}{3\gamma+10}\mu, \\[2mm] \dfrac{\mu_\parallel}{\mu_\perp} = \dfrac{\mu-\lambda}{\mu+\lambda} = \dfrac{2}{3\gamma+8}. \end{array}\right\} \tag{10.26}$$

显然, (10.10) 式型的辐射转移方程在我们所讨论的情况下形式为

$$\frac{\mathrm{d}I_{\perp,\parallel}}{\mathrm{d}z} = \varepsilon_{\perp,\parallel} - \mu_{\perp,\parallel}I_{\perp,\parallel}, \tag{10.27}$$

其中

$$\varepsilon_{\perp,\parallel}(\nu) = \int q_{\perp,\parallel}(\nu,\mathscr{E})N_\mathrm{e}(\mathscr{E})\mathrm{d}\mathscr{E}. \tag{10.28}$$

利用表达式 (10.19) 和 (5.47) 后, 对于幂律谱发射率 (10.28) 很容易计算. 这里我们仅指出, 在没有再吸收时, 对于尺度为 $L$ 的均匀辐射源的自身辐射, 我们有

$$I_{\perp,\parallel}^{(0)} = \varepsilon_{\perp,\parallel}L, \quad \frac{I_\perp^{(0)}}{I_\parallel^{(0)}} = \frac{\varepsilon_\perp}{\varepsilon_\parallel} = \frac{3\gamma+5}{2}. \tag{10.29}$$

考虑再吸收时, 在层的一端 ($z=0$ 时) $I_{\perp,\parallel}=0$ 的条件下, 积分方程 (10.27), 我们得到

$$I_\perp = \frac{\varepsilon_\perp}{\mu_\perp}(1-\exp(-\mu_\perp z)), \quad I_\parallel = \frac{\varepsilon_\parallel}{\mu_\parallel}(1-\exp(-\mu_\parallel z)). \tag{10.30}$$

对于薄层 (尺度为 $L$ 的源) $\mu_{\perp,\parallel}L \ll 1$, 而且

$$\frac{I_\perp}{I_\parallel} = \frac{I_\perp^{(0)}}{I_\parallel^{(0)}} = \frac{\varepsilon_\perp}{\varepsilon_\parallel} = \frac{3\gamma+5}{2}, \quad \Pi = \frac{I_\perp - I_\parallel}{I_\perp + I_\parallel} = \Pi_0 = \frac{\gamma+1}{\gamma+\frac{7}{3}}. \tag{10.31}$$

对于厚层 $\mu_{\perp,\parallel}L \gg 1$, 而且

$$\frac{I_\perp}{I_\parallel} = \frac{\varepsilon_\perp \mu_\parallel}{\varepsilon_\parallel \mu_\perp} = \frac{3\gamma+5}{3\gamma+8} < 1, \quad \Pi = \left|\frac{I_\perp - I_\parallel}{I_\perp + I_\parallel}\right| = \frac{3}{6\gamma+13}. \tag{10.32}$$

当然, (10.31) 和 (10.32) 式中那些不含指数 $\gamma$ 的表达式具有普遍意义, [239]

不仅仅与取幂律的谱有关. 我们记得, 在使用幂律谱时计算中所采用的是
$\gamma > \dfrac{1}{3}$ (见第 5 章).

假定在视线上磁场方向平均而言是随机的. 其次, 又假定在这种场
中传播时波的偏振不随场方向的改变而变化 (如果由于上面提到的条件
(10.12a) 不满足使得几何光学近似不适用于描写正常波的偏振, 就会出现
这种情况). 在这些情况下当波在随机场中传播时吸收的各向异性消失, 从
而带任何偏振的波均将一致地以某一吸收系数 $\mu$ 被吸收. 在给定角 $\chi$ 时平
均吸收系数等于

$$\frac{1}{2}(\mu_\perp + \mu_\parallel) = \mu(\chi).$$

为了得到 $\overline{\mu}$, 亦即 $\mu(\chi)$ 对磁场 $\boldsymbol{H}$ 和视线 (辐射电子速度) 之间夹角的
平均值, 自然要计算表达式

$$\begin{aligned}
\overline{\mu} &= \frac{1}{2} \int_0^\pi \mu(\chi) \sin\chi \mathrm{d}\chi \\
&= \overline{g(\gamma)} \frac{e^3}{2\pi m} \left( \frac{3e}{2\pi m^3 c^5} \right)^{\gamma/2} K_e H^{(\gamma+2)/2} \nu^{-(\gamma+4)/2},
\end{aligned} \tag{10.33}$$

$$\overline{g(\gamma)} = \frac{\sqrt{3\pi}}{8} \frac{\Gamma\left( \frac{1}{4}(\gamma+6) \right)}{\Gamma\left( \frac{1}{2}(\gamma+8) \right)} \Gamma\left( \frac{3\gamma+2}{12} \right) \Gamma\left( \frac{3\gamma+22}{12} \right).$$

文献 [70] 中指出, 我们上面不严格地得到的表达式 (10.33) 确实是对随
机场的再吸收系数. 函数 $\overline{g(\gamma)}$ 的数值已在表 10.1 中示出. 为了方便我们也
可给出如下的表达式:

$$\overline{\mu} = \overline{g(\gamma)} \times 0.019(3.5 \times 10^9)^\gamma K_e H^{(\gamma+2)/2} \nu^{-(\gamma+4)/2} \text{ cm}^{-1}. \tag{10.34}$$

有关非均匀场中的再吸收请特别参见文献 [197]. 电子取单能谱情况
下的 $\mu$ 的公式将在下面给出 (见 (10.47) 式).

很自然会提出在忽略冷等离子体 (电子密度为 $N$) 影响时这些公式的
适用范围问题. 为了能够实现这种忽略, 第一, 应当使得冷等离子体不影响
相对论性电子的辐射. 由此得到条件 (见 (6.78) 式及本章后面内容)

$$\nu \gg \frac{4ecN}{3H_\perp} = \frac{4\omega_p^2}{3\pi\omega_H \sin\chi} \approx 20 \frac{N}{H_\perp} = 20 \frac{N}{H \sin\chi}. \tag{10.35}$$

第二, 冷等离子体偏振面的转动应当很小, 由此我们得到条件 (例如见

[79][①])

$$\nu \gg 10^2 \sqrt{NHL\cos\chi}. \tag{10.36}$$

如果正常波的偏振是由相对论性粒子所确定的 (当后面推出的不等式 (10.41) 倒转过来的条件得到遵守时, 出现这种情况), 当然这个条件就不必要了. 第三, 只有在 (10.41) 式的逆不等式得到遵守时, 正常波才是线偏振波. 以上列举的三个条件的总体是完全忽略等离子体影响的充分条件. 不过, 有时即便条件不是这样严格也可忽略等离子体的影响.

在辐射区存在冷等离子体时, 第一需要考虑它对辐射过程的影响, 第二需要考虑它对波传播的影响. 在

$$\left.\begin{array}{l} \omega \gg \omega_H = \dfrac{eH}{mc} = 1.76 \times 10^7 H, \\[2mm] \omega \gg \omega_p = \sqrt{\dfrac{4\pi e^2 N}{m}} = 5.64 \times 10^4 \sqrt{N} \end{array}\right\} \tag{10.37}$$

等条件下, 对于辐射计算一般可将等离子体看作各向同性的, 其中

$$n_e = n_0 = n = 1 - \frac{\omega_p^2}{2\omega^2}, \quad |1 - n| \ll 1. \tag{10.38}$$

在这种情况下等离子体对辐射的影响已经反映在, 例如, 公式 (10.19)—(10.21) 中.

至于涉及波的传播, 那么条件 (10.37) 对于忽略各向异性当然是不充分的. 但是, 满足这些不等式带来了显著的简化, 首要的是在大多数情况下可把波的传播看作准纵波传播, 其中[②]

$$\left.\begin{array}{ll} n_e = 1 - \dfrac{\omega_p^2}{2\omega(\omega - \omega_L)}, & n_o = 1 - \dfrac{\omega_p^2}{2\omega(\omega + \omega_L)}, \\[3mm] n_e - n_o = \dfrac{\omega_p^2 \omega_L}{\omega^3}. & \omega_L = \omega_H \cos\chi. \end{array}\right\} \tag{10.39}$$

这里已经假定了 $|n_{e,o} - 1| \ll 1$. e 波和 o 波两个波均为圆偏振波, 它们的场矢量旋转方向相反, 并且在非寻常波中这些场矢量的旋转方向与处于磁场中的电子旋转方向相同. 在我们感兴趣的条件下准纵波近似 (10.39) 的适用条件是:

$$\frac{\omega_H^2 \sin^4\chi}{4\omega^2 \cos^2\chi} \ll 1, \quad \frac{\omega_H^2}{2\omega^2}\sin^2\chi \ll 1. \tag{10.40}$$

容易看出, 如果相对论粒子对折射率的影响较之 (10.39) 考虑的冷等离子体的影响为小, 则公式 (10.39) 在射电天文学中实际上是永远适用的.

---

① 此处和今后, 由于指的是同步辐射, 我们将令 $\boldsymbol{H}$ 与 $\boldsymbol{k}$ 之间的夹角 $\alpha$ 和 $\boldsymbol{H}$ 与电子速度 $\boldsymbol{v}$ 之间的夹角 $\chi$ 相等.

② 导出 $n_e$ 和 $n_o$ 的公式的所有条件详见 [109].

[241]　　　　相对论粒子影响的结果是[194b, 145a]

$$|n - 1| \sim \frac{c}{2\omega}\mu(\chi) = \frac{\lambda}{4\pi}\mu(\chi).$$

其中 $\mu(\chi)$ 是 (10.24) 式或 (10.33)、(10.34) 式的再吸收系数. 因此, 在 $n$ 的计算中相对论粒子的作用在条件 $(n_{\mathrm{o}} - n_{\mathrm{e}}) \gg c\mu/2\omega$ 时可以忽略, 结果给出

$$N_{\mathrm{e}} \gg mc^2 \left(\frac{3e}{2\pi m^3 c^5}\right)^{\gamma/2} \frac{(\sin\chi)^{(\gamma+2)/2}}{\cos\gamma} K_{\mathrm{e}} H^{\gamma/2}\nu^{-\gamma/2} \sim$$

$$10^{-6}(3.5 \times 10^9)^\gamma \frac{(\sin\chi)^{(\gamma+2)/2}}{\cos\chi} K_{\mathrm{e}} H^{\gamma/2}\nu^{-\gamma/2} \text{ cm}^{-3}. \tag{10.41}$$

在公式 (10.39) 适用条件下有关辐射转移的问题大为简化. 在这些条件下张量 $\mathscr{R}_{\alpha\beta\gamma\delta}$ 和 $\mathscr{K}_{\alpha\beta\gamma\delta}$ 的形式非常简单, 结果转换到斯托克斯参量的方程 (10.3) 可以用以下形式写出[62a]:

$$\left.\begin{aligned}
\frac{\mathrm{d}I}{\mathrm{d}z} &= \varepsilon_I - \frac{1}{2}(\mu_{\mathrm{e}} + \mu_{\mathrm{o}})I + \frac{1}{2}(\mu_{\mathrm{e}} - \mu_{\mathrm{o}})V, \\
\frac{\mathrm{d}V}{\mathrm{d}z} &= \varepsilon_V - \frac{1}{2}(\mu_{\mathrm{e}} + \mu_{\mathrm{o}})V + \frac{1}{2}(\mu_{\mathrm{e}} - \mu_{\mathrm{o}})I, \\
\frac{\mathrm{d}Q}{\mathrm{d}z} &= \varepsilon_Q - \frac{1}{2}(\mu_{\mathrm{e}} + \mu_{\mathrm{o}})Q + (k_{\mathrm{e}} - k_{\mathrm{o}})U, \\
\frac{\mathrm{d}U}{\mathrm{d}z} &= \varepsilon_U - \frac{1}{2}(\mu_{\mathrm{e}} + \mu_{\mathrm{o}})U - (k_{\mathrm{e}} - k_{\mathrm{o}})Q.
\end{aligned}\right\} \tag{10.42}$$

其中 $k_{\mathrm{e,o}} = (\omega/c)n_{\mathrm{e,o}}$, $\varepsilon_{I,V,Q,U}$ 是与由张量 $I_{\alpha,\beta}$ 向斯托克斯参量转换相对应的 $\varepsilon_{\alpha\beta}$ 的组合 (见 (10.1) 式, 例如 $\varepsilon_I = \varepsilon_{11} + \varepsilon_{22}$). 法拉第效应由差式 $n_{\mathrm{e}} - n_{\mathrm{o}} = (c/\omega)(k_{\mathrm{e}} - k_{\mathrm{o}})$ 确定但不影响到强度 $I$ 和圆偏振度 $\Pi_c = V/I$ 的方程, 但它影响线偏振度 $\Pi_l = \sqrt{Q^2 + U^2}/I$ 与椭圆的取向 $\widetilde{\chi}$ (记住 $\tan 2\widetilde{\chi} = U/Q$). 引进非寻常和寻常辐射的强度

$$I_{\mathrm{e}} = \frac{1}{2}(I - V), \quad I_{\mathrm{o}} = \frac{1}{2}(I + V) \tag{10.43}$$

会带来一些方便. 根据 (10.42) 和 (10.43) 式可以写出

$$\left.\begin{aligned}
\frac{\mathrm{d}I_{\mathrm{e,o}}}{\mathrm{d}z} &= \varepsilon_{\mathrm{e,o}} - \mu_{\mathrm{e,o}}I_{\mathrm{e,o}}, \\
\varepsilon_{\mathrm{e}} &= \frac{1}{2}(\varepsilon_I - \varepsilon_V), \varepsilon_{\mathrm{o}} = \frac{1}{2}(\varepsilon_I + \varepsilon_V).
\end{aligned}\right\} \tag{10.44}$$

(10.44) 式的结果从一开头就很显然: 在我们所研究的线性介质中每一个正常波的强度 (能流) 与另外的波的强度无关. 这一结论关系到任何正常波,

但当它们取任意 (椭圆) 偏振时, 通过斯托克斯参量表示的强度 $I_{\mathrm{e}}$ 和 $I_{\mathrm{o}}$ 表达式非常复杂, 且其用途不明确. 不过, 即使在准纵波传播时, 为了完整地表征辐射也需要使用全部四个斯托克斯参量 ((10.43) 式的解见 [62a]).

下面将局限于仅讨论 e 波和 o 波强度变化问题, 也就是说, 我们将依靠方程 (10.44). 在仅存在一种类型的波时, 偏振是已知的且方程 (10.44) 完整地描写辐射. 特别是, 相似的情况发生在对足够厚的介质层的负再吸收时. 实际上, 负再吸收时波的强度在通过介质层时随层的厚度指数增长. 所以从厚层出来的辐射中占主导地位的是那些由再吸收系数 $\mu$ 绝对值大的正常波构成的.

如已指出的那样, 在 (10.37) 式中等离子体对辐射的影响是由公式 (10.19)—(10.21) 考虑的. 这时, 准确到数量级为 $mc^2/\mathscr{E}$ 的项, 由公式 (10.21) 确定的辐射总功率 $q(\nu, \mathscr{E}) \equiv p(\nu, \mathscr{E})$ 的一半 "转换" 到每一个正常的圆偏振波内. 于是 $q_{\mathrm{e,o}} = \frac{1}{2}p(\nu, \mathscr{E})$, 且根据 (10.17) 式我们有

$$
\left.
\begin{aligned}
\mu_{\mathrm{e}} = \mu_{\mathrm{o}} &= -\frac{c^2}{8\pi\nu} \int_0^\infty \mathscr{E}^2 \frac{\mathrm{d}}{\mathrm{d}\mathscr{E}} \left( \frac{N_{\mathrm{e}}(\mathscr{E})}{\mathscr{E}^2} \right) p(\nu, \mathscr{E}) \mathrm{d}\mathscr{E} \\
&= \frac{c^2}{8\pi\nu^2} \int_0^\infty \frac{N_{\mathrm{e}}(\mathscr{E})}{\mathscr{E}^2} \frac{\mathrm{d}}{\mathrm{d}\mathscr{E}} \{\mathscr{E}^2 p(\nu, \mathscr{E})\} \mathrm{d}\mathscr{E}, \\
p(\nu, \mathscr{E}) &= \sqrt{3} \frac{e^3 H_\perp}{mc^2} \left[ 1 + \frac{\nu_p^2}{\nu^2} \left( \frac{\mathscr{E}}{mc^2} \right)^2 \right]^{-1/2} \frac{\nu}{\nu_c} \int_{\nu/\nu_c}^\infty K_{5/3}(z) \mathrm{d}z, \\
\nu_c &= \frac{3e^3 H_\perp}{4\pi mc} \left( \frac{\mathscr{E}}{mc^2} \right)^2 \left[ 1 + \frac{\nu_p^2}{\nu^2} \left( \frac{\mathscr{E}}{mc^2} \right)^2 \right]^{-3/2}, \\
\frac{\nu_p^2}{\nu^2} &= 1 - n^2, \quad \nu_p^2 = \frac{\omega_p^2}{4\pi^2} = \frac{e^2 N}{\pi m}.
\end{aligned}
\right\} \quad (10.45)
$$

为了最好地理解这些公式及将它们与其他表达式作比较, 我们注意到

$$
1 + \frac{\nu_p^2}{\nu^2} \left( \frac{\mathscr{E}}{mc^2} \right)^2 = \left( \frac{\mathscr{E}}{mc^2} \right)^2 \left( \left( \frac{mc^2}{\mathscr{E}} \right)^2 + \frac{\omega_p^2}{\omega^2} \right)
$$

$$
= \left( \frac{\mathscr{E}}{mc^2} \right)^2 \eta^2 \approx \left( \frac{\mathscr{E}}{mc^2} \right)^2 \left( 1 - n^2 \frac{v^2}{c^2} \right)
$$

从 (10.45) 式可清楚看出, 在条件

$$
\frac{\nu_p^2}{\nu^2} \left( \frac{\mathscr{E}}{mc^2} \right)^2 \ll 1 \tag{10.46a}
$$

下, 等离子体对同步辐射及其再吸收的影响并不重要. 这个条件导致 (见 (6.77) 式) 已经得出过的不等式 (10.35). 在 (10.46a) 式的范围内,(10.45) 式

中对 $\mu_{e,o}$ 的被积函数表达式恒正, 由此得出结论, 在这种情况下永远有 $\mu_{e,o} > 0$. 因为条件 (10.46a) 对于真空永远满足, 在真空中 $\mu$ 恒正[①]. 如若

$$\frac{\nu_p^2}{\nu^2}\left(\frac{\mathscr{E}}{mc^2}\right)^2 \gg 1, \tag{10.46b}$$

则等离子体的影响是决定性的, 而且在相应的电子谱 $N_e(\mathscr{E})$ 选取下, 系数 $\mu_{e,o}$ 可以是负的 (见 [62a], §17). 对于电子的幂律谱 $N_e(\mathscr{E}) = K_e\mathscr{E}^{-\gamma}$, 由 (10.45) 式直接可知, 仅当 $\gamma < -2$ 时, 亦即对于在某一区间增长快于 $\mathscr{E}^2$ 的函数 $N_e(\mathscr{E})$, $\mu_{e,o}$ 才可能取负值. 在相反的情况下,(10.45) 式第一个表达式中的被积函数处处为负 (函数 $p(\nu,\mathscr{E})$ 为正). 函数 $N_e(\mathscr{E})$ 随 $\mathscr{E}$ 增大而增长的能量区间通常不可能会很大, 故随 $\mathscr{E}$ 的进一步增大总会被 $N_e(\mathscr{E})$ 逐步减小的能区所代替. 因此在我们所讨论的负再吸收场合, 幂律谱并没有特别的重要性 (文献 [62a, 198] 研究了当 $\mathscr{E}_1 < \mathscr{E} < \mathscr{E}_2$ 时 $N_e(\mathscr{E}) = K_e\mathscr{E}^{-\gamma'}$, $\gamma' > 2$, 而当 $\mathscr{E} > \mathscr{E}_2$ 和 $\mathscr{E} < \mathscr{E}_1$ 时 $N_e(\mathscr{E}) = 0$ 的能谱). 有更大意义的是在某一能量 $\mathscr{E}_i$ 时具有相当陡峭的极大值的谱 (谱的宽度应当满足条件 $\frac{\Delta\mathscr{E}}{mc^2} \ll \frac{3eH_\perp\nu^2}{4\pi mc\nu_p^3}$, 这与不等式 (10.12) 完全相容). 对于这样的谱, 当 $\mathscr{E}_i^2 \ll \mathscr{E}_*^2 \equiv (mc^2\nu/\nu_p)^2$ 时 (见 (10.45), (10.46))

$$\mu = \mu^{\mathrm{I}} = \frac{4\pi}{3\sqrt{3}}\frac{e}{H_\perp}\left(\frac{mc^2}{\mathscr{E}_i}\right)^5 N_{e,i}K_{5/3}(Z_i), \quad Z_i = \frac{4\pi mc\nu}{3eH_\perp}\left(\frac{mc^2}{\mathscr{E}_i}\right)^2; \tag{10.47}$$

而如果 $\mathscr{E}_i^2 \gg \mathscr{E}_*^2$ (见 10.46), 则有

$$\left.\begin{aligned}
\mu = \mu^{\mathrm{II}} &= \frac{\sqrt{3}e^3 H_\perp}{8\pi m\nu\nu_p}\frac{mc^2}{\mathscr{E}_i^2}N_{e,i}\Phi(Z_i), \\
\Phi(Z) &= 2Z\int_Z^\infty K_{5/3}(u)\mathrm{d}u - Z^2 K_{5/3}(Z), \quad Z_i = \frac{4\pi me\nu_p^3}{3eH_\perp\nu^2}\frac{\mathscr{E}_i}{mc^2}.
\end{aligned}\right\} \tag{10.48}$$

在 (10.47) 和 (10.48) 式中 $N_{e,i}$ 为具有所讨论的能量 $\mathscr{E}_i \gg mc^2$ 的电子的密度.

表达式 (10.47) 始终为正; 没有等离子体时它对所有的能量都适用, 这与以前所述相符. 函数 $\Phi(Z_i)$ 可以为负, 而且在相应的 $Z_i$ 取值范围内系数 $\mu^{\mathrm{II}} < 0$. 该系数在量级为 $(0.7 - 1.3)\nu_{\max}$ 的区域内为负, 这里 $\nu_{\max}$ 是 $|\mu^{\mathrm{II}}|$ 之

---

[①] 在所用的 $\mu$ 表达式适用 (见 (10.17) 和 (10.45) 式) 时, 这个说明仅对于足够平缓的函数 $N_e(\mathscr{E}')$ 才是正确的. 对于非常 "陡峭" 的函数 $N_e(\mathscr{E}')$ 和按速度的各向异性分布, 在真空中已经可能遇到负的 $\mu$ 值 (见 [195b] 及那里列出的文献).

值取极大的频率. 在这个频率上

$$
\left.
\begin{aligned}
\mu_{\max}^{\mathrm{II}} &\approx -10^{-2}\frac{e^2}{mc}\frac{\nu_p^3}{\nu_{\max}^4}N_{e,i} = -8.5\times10^{-5}\frac{\nu_p^3}{\nu_{\max}^4}N_{e,i}\ \mathrm{cm}^{-1}, \\
\nu_{\max} &\approx \left(0.24\frac{2\pi mc\nu_p^3}{eH_\perp}\frac{\mathscr{E}_i}{mc^2}\right)^{1/2}.
\end{aligned}
\right\}
\tag{10.49}
$$

[244]

同时, 在频率谱的极大值上 (在 $\nu_m$ 上, 见 (5.40) 式) 系数 $\mu^{\mathrm{I}}$ 等于

$$
\mu^{\mathrm{I}}(\nu_m) \approx 2.4\times10^{-8}\frac{N_{e,i}}{H_\perp}\left(\frac{mc^2}{\mathscr{E}_i}\right)^5\ \mathrm{cm}^{-1}, \quad \nu_m \approx 0.07\frac{eH_\perp}{mc}\left(\frac{\mathscr{E}_i}{mc^2}\right)^2. \tag{10.50}
$$

文献 [62a, 199] 中给出了一系列应用于不同宇宙辐射源的负再吸收系数的估值.

　　以上仅仅研究了准纵向传播的情况, 而且忽略了两系数之差 $\mu_e - \mu_o$. 文献 [195b] 中研究了等离子体中的横向传播 (角度 $\chi = \pi/2$), 其中也可以有负的再吸收. 文献 [200] 中得到了场与视线间夹角 $\chi$ 取任何值时的 $\mu_e$ 和 $\mu_o$ 的表达式. 系数 $\mu_e$ 在任何 $\chi$ 角时均可表现为负, 但当然仅是对确定类型的 $N_e(\mathscr{E})$ 谱, 并且不是在全部频率区. 除此之外, 文献 [200] 中还得到了波准纵向传播时系数差 $\mu_e - \mu_o$ 的表达式. 这个差很小, 因为

$$
|\mu_e - \mu_o| \sim \left\{a\frac{\omega_H\omega_p^2}{\omega^3(1-n^2v^2/c^2)} + b\frac{\omega_H}{\omega} + d\sqrt{1-n^2\frac{v^2}{c^2}}\right\}\mu_{e,o}, \tag{10.51a}
$$

其中 $a, b$ 和 $d$ 是量级为 1 的系数. 辐射取极大值时

$$
\omega \sim \omega_H\frac{mc^2}{\mathscr{E}}\left(1-n^2\frac{v^2}{c^2}\right)^{-3/2} \approx \omega_H\frac{mc^2}{\mathscr{E}}\eta^{-3},
$$

$$
\eta = \sqrt{\left(\frac{mc^2}{\mathscr{E}}\right)^2 + \frac{\omega_p^2}{\omega^2}} \approx \sqrt{1-n^2\frac{v^2}{c^2}},
$$

所以此时

$$
|\mu_e - \mu_o| \sim \left\{a\frac{\omega_p^2\mathscr{E}}{\omega^2 mc}\eta + b\frac{\mathscr{E}}{mc^2}\eta^3 + \mathrm{d}\eta\right\}\mu_{e,o}. \tag{10.51b}
$$

　　从条件 (10.51a) 和 (10.51b) 可知, 在等离子体的影响重要但还不是特别大的区域, $(\omega_p^2/\omega^2)(\mathscr{E}/mc^2)^2 \sim 1, \eta \sim mc^2/\mathscr{E}$, 因此 $|\mu_e - \mu_o| \sim mc^2/\mathscr{E}$. 在 $\omega_p^2/\omega^2 \lesssim mc^2/\mathscr{E}$ 时的宽广而又最为重要的参量值区, 我们有

$$
|\mu_e - \mu_o| \sim \eta = \sqrt{\left(\frac{mc^2}{\mathscr{E}}\right)^2 + \frac{\omega_p^2}{\omega^2}}.
$$

大多数情况下因子 $\eta$ 很小, 以至于即使 $|\mu_{e,o}|L \gg 1$ 也难以期待条件 $|\mu_e - \mu_o|L \gtrsim 1$ 被满足. 然而, 如果在负的 $\mu_{e,o}$ 时这个条件得以满足, 那么在辐射源的同步辐射中必定有一个波要占优势, 也就是说, 在给定情况下应当观察到圆偏振.

在 $\mu_e = \mu_o$ 和发射率 $\varepsilon_e = \varepsilon_o$ 的近似中, 不可能出现圆偏振. 但是线偏振却可在等离子体的存在不影响波的吸收和辐射时的情况下改变. 就是说, 如果条件 (10.36) 不满足, 则不仅可以观察到偏振面的旋转, 也可以观察到辐射的退偏振. 原因是仅在法拉第旋转的影响下线偏振以一个因子

$$\left( \sin\left[ \frac{1}{2}(k_e - k_o)L \right] \right) \cdot \left[ \frac{1}{2}(k_e - k_o)L \right]^{-1}$$

减小, 其中 $k_{e,o} = (\omega/c)n_{e,o}$, 而 $L$ 为沿视线的辐射区尺度 (例如, 见 [62a]). 由 $\mu > 0$ 的厚层发出的辐射的圆偏振度等于

$$\Pi_c = \frac{V}{I} = \frac{\mu_e - \mu_o + (\mu_o + \mu_e)\Pi_c^{(0)}}{\mu_e + \mu_o + (\mu_e - \mu_o)\Pi_c^{(0)}} \approx \frac{\mu_e - \mu_o}{2\mu} + \Pi_c^{(0)}, \qquad (10.52)$$

其中在转换为最后的表达式时采用了

$$|\mu_e - \mu_o| \ll \mu_{e,o} \approx \mu, \quad \Pi_c^{(0)} = \frac{\varepsilon_o - \varepsilon_e}{\varepsilon_o + \varepsilon_e} \ll 1.$$

对 $|\mu_e - \mu_o|$ 的估值已经给出 (见 (10.51) 式); 从 (10.17),(10.18) 和 (10.28) 式可知, 在这些公式适用范围内, $(\mu_e - \mu_o)/2\mu \sim \Pi_c^{(0)}$. 同时, $\mu_e$ 的公式 (10.17) 本身是在假设辐射具有针状特征的情况下得到的, 亦即是在略去了量级为 $mc^2/\mathscr{E}$ 的项后得到的. 然而我们知道在真空中已有 $\Pi_c^{(0)} \sim mc^2/\mathscr{E}$ (见第 5 章). 将各种估计值合在一起, 我们的结论是: 通常 (当 $\mu > 0$ 时) 圆偏振度 $\Pi_c^{(0)}$ 或 $\Pi_c$ 很小, 具有 $mc^2/\mathscr{E}$ 或 $\eta = [(mc^2/\mathscr{E})^2 + \omega_p^2/\omega^2]^{1/2}$ 的量级. 从而, 同步辐射的圆偏振或椭圆偏振的出现很值得注意, 因为在最简单的情况下这个辐射永远是线偏振的. 具有准各向同性分布的辐射电子集合的同步辐射的圆偏振或椭圆偏振可以在两种情况下发生: 或者在不是太大的相对论能量情况, 或者在考虑等离子体各向异性影响时. 如果指的是同步康普顿辐射, 则情况有所变化 (见第 5 章末以及该处所引文献).

在负再吸收条件下, 除偏振的改变外, 还可以强烈地表现出再吸收系数 $\mu_{\perp,\parallel}$ 或者 $\mu_{e,o}$ 对场和视线间夹角 $\chi$ 的依赖性. 结果, 假如辐射源中的场非均匀但不完全随机, 则在 $\mu < 0$ 时在 $|\mu|$ 取极大值方向上的辐射将优先得到放大. 所以在 $|\mu|L > 1$ 特别是在 $|\mu|L \gg 1$ 时, 非均匀辐射源的个别区域将会看起来反常地明亮.

以上我们只能就冷等离子体对同步辐射及其再吸收影响这个大问题的相对不大的一部分进行仔细研究. 在这个领域还有一整系列的问题和可能性需要分析 (首先指的是各种条件下以及适用于各种类型辐射源的负再吸收和偏振关系).

论文 [201] 中研究了曲率辐射的再吸收.

本章对与再吸收和辐射转移有关问题的阐述不够系统连贯, 显得有些零碎. 想要更深入和更广泛熟悉相关资料的读者, 应当去阅读这里引用的原著 (特别是见 [62a,192,196]).

[246]

# 第十一章

# 空间色散介质电动力学

空间色散. 各向异性介质中的正常波. 晶体光学中的若干空间色散效应. 电磁耦子.

[247] 在前面应用连续介质电动力学时我们假设介电常量或者是常量, 或者仅依赖于频率变化 (考虑频率色散在内). 但众所周知, 在阐明相当广泛的一些现象 (特别是在等离子体物理学中以及在金属物理和光学中的现象) 时, 必须注意到空间色散——介电常量对波矢的依赖性. 本章既研究具有空间色散的介质的电动力学的一般问题, 也研究光学中的一些空间色散效应. 以下的讲述我们在很大程度上依照论文 [202] 进行. 在专著 [99] 中对带有空间色散的介质的电动力学和晶体光学给出了更为详细的阐述, 因为可以介绍读者去参考该书, 我们几乎不必再在这个问题上引用其他文献 (不过, 还可参见 [61, 100, 203, 204] 等书). 我们将在第 12 章中涉及空间色散在等离子体中的作用.

空间色散之所以出现, 是因为在某一给定点 $r$ 的电感应强度 $D$ 不单单由该点的电磁场决定, 而且也由该点周围的电磁场 $E$ 和 $B$ 决定. 对此的详细解释将在稍后给出——在我们为方便起见重新给出场方程并写出联系线性电动力学中 $D$ 和 $E$ 的一般关系之后.

这样一来, 场的初始方程形为:

$$\left.\begin{aligned}
\operatorname{rot} \boldsymbol{B} &= \frac{1}{c}\frac{\partial \boldsymbol{D}}{\partial t} + \frac{4\pi}{c}\boldsymbol{j}_{\text{ext}}, \quad \operatorname{div}\boldsymbol{D} = 4\pi\rho_{\text{ext}}, \\
\operatorname{rot} \boldsymbol{E} &= -\frac{1}{c}\frac{\partial \boldsymbol{B}}{\partial t}, \qquad\qquad\quad \operatorname{div}\boldsymbol{B} = 0,
\end{aligned}\right\} \tag{11.1}$$

其中 $E$ 为电场强度, $D$ 和 $B$ 分别为电感应强度和磁场强度 (这里我们不区分 $B$ 和 $H$ 的场, 但为区别于其他章节, 按照在空间色散介质电动力学中所采用的那样, 我们使用符号 $B$), $j_{\text{ext}}$ 和 $\rho_{\text{ext}}$ 为外源引起的电流密度和电荷密度. 电感应 $D$ 由关系式

$$\frac{\partial D}{\partial t} = \frac{\partial E}{\partial t} + 4\pi j$$

确定, 其中 $j$ 为场 $E$ 和 $B$ 感应的电流密度; 有时为了方便也引入电极化 $P$, 而且 $D = E + 4\pi P$. 当介质之间存在足够清晰的边界时, 我们必须使用在适当的极限下由 (11.1) 导出的边界条件. 这些条件具有以下形式:

$$\left.\begin{array}{ll} E_{1t} = E_{2t}, & n \times (B_2 - B_1) = \dfrac{4\pi}{c}(i + i_{\text{ext}}), \\ B_{1n} = B_{2n}, & D_{2n} - D_{1n} = 4\pi(\sigma + \sigma_{\text{ext}}). \end{array}\right\} \tag{11.2}$$

此处 $n$ 为分界面的法线, 由介质 I 指向介质 II; 下标 $n$ 和 $t$ 分别对应于法向和切向分量, $i_{\text{ext}}$ 和 $\sigma_{\text{ext}}$ 分别为外电流和外电荷的面密度, 而密度 $i$ 和 $\sigma$ 则可通过对表面层的厚度的积分由 $D$ 得到. 具体而言 (参见 [203–206]) 为

$$i = \frac{1}{4\pi} \int_1^2 \frac{\partial D}{\partial t} \mathrm{d}l, \quad \sigma = \frac{1}{4\pi} \int_1^2 \mathrm{div}[n \times (D \times n)]\mathrm{d}l.$$

当我们考虑空间色散时密度 $i$ 和 $\sigma$ 一般不为零, 此时 $D$ 和 $E$ 之间的关系式含有对坐标的导数 (见后). 所以, 如果在忽略空间色散时通常假设 $i = 0$ 和 $\sigma = 0$, 则在计及空间色散效应时就没有理由采用类似假设. 我们还注意到, 在推导边条件 (11.2) 时假设了在分界面上物理场 $E$ 和 $B$ 不能趋于无穷大, 而此时电感应强度 $D$ 可以趋于无穷大 (例如, 当 $D$ 值由 $E$ 对边界面法线的微商决定时即可出现这种情况). 如果电流密度 $i$ 正比于 $\delta$ 函数, 则不能认为场 $E$ 和 $B$ 为有限, 不过我们今后并不涉及此种情况. 最后, 在 (11.2) 式中还假设了电流密度 $i$ 和 $i_{\text{ext}}$ 均沿表面方向, 尽管这并不是当然的.

为了由微观麦克斯韦方程得到方程 (11.1), 必须在这些微观方程中进行统计平均. 因此 (11.1) 式中的矢量 $E, D$ 和 $B$ 均是统计平均量. 对于处在热力学平衡状态的介质, 这些平均量具有非常明确的意义. 但是, 平均也可在更为普遍的情况下 (例如在与过热或过冷等相对应的准稳态下) 进行. 由于取平均之故在 (11.1) 式中没有考虑涨落, 而平均场 $E, D$ 和 $B$ 可以在空间和时间上任意变化, 故除统计平均之外, 场对 $r$ 的任何附加平均不仅没有必要, 而且一般而言, 在协调一致地考虑了空间色散的介质的电动力学中是不可能实现的. 类似地, 在计及时间色散时场对 $t$ 的平均也是不可能的.

[248]

　　在没有指明通过 $E$ 表达量 $D = E + 4\pi P$ 的关系之前, 方程组 (11.1) 是不完备的, 或者可以说是无意义的. 在线性电动力学的框架内, 这个关系 (它有时称为物质方程或关系方程) 可以以一般形式写为

$$D_i(\boldsymbol{r}, t) = \int_{-\infty}^{t} \mathrm{d}t' \int \mathrm{d}\boldsymbol{r}' \widehat{\varepsilon}_{ij}(t, t', \boldsymbol{r}, \boldsymbol{r}') E_j(\boldsymbol{r}', t'). \tag{11.3}$$

　　在 (11.3) 式中考虑了因果关系, 与此相应, $t$ 时刻的电感应强度仅由过去和现在的场所确定, 亦即仅由 $t' \leqslant t$ 时刻的场确定. 如果介质的性质不随时间变化, 则积分核 $\widehat{\varepsilon}_{ij}$ 可以仅依赖于时间差 $\tau = t - t'$. 类似地, 如果介质可以认为是空间均匀的, 则 $\widehat{\varepsilon}_{ij}$ 仅依赖于位置差 $\boldsymbol{R} = \boldsymbol{r} - \boldsymbol{r}'$. 在这样的介质中, 关系式 (11.3) 对于具有平面波形式的场, 亦即形为

$$E_i(\boldsymbol{r}, t) = E_i(\omega, \boldsymbol{k}) \exp[\mathrm{i}(\boldsymbol{k} \cdot \boldsymbol{r} - \omega t)] \tag{11.4}$$

的场写起来特别简单. 将 (11.4) 式代入 (11.3) 式, 我们得到

$$D_i(\omega, \boldsymbol{k}) = \varepsilon_{ij}(\omega, \boldsymbol{k}) E_j(\omega, \boldsymbol{k}), \tag{11.5}$$

其中

$$\varepsilon_{ij}(\omega, \boldsymbol{k}) = \int_0^{\infty} \mathrm{d}\tau \int \mathrm{d}\boldsymbol{R} \exp[-\mathrm{i}(\boldsymbol{k} \cdot \boldsymbol{R} - \omega \tau)] \widehat{\varepsilon}_{ij}(\tau, \boldsymbol{R}). \tag{11.6}$$

　　显然, 对于以任意方式依赖于 $\boldsymbol{r}$ 和 $t$ 的场, 量 $\boldsymbol{E}(\omega, \boldsymbol{k})$ 和 $\boldsymbol{D}(\omega, \boldsymbol{k})$ 具有相应的傅里叶分量的意义, 例如

$$E_i(\omega, \boldsymbol{k}) = \frac{1}{(2\pi)^4} \int E_i(\boldsymbol{r}, t) \exp[-\mathrm{i}(\boldsymbol{k} \cdot \boldsymbol{r} - \omega t)] \mathrm{d}\boldsymbol{r}\mathrm{d}t.$$

　　张量 $\varepsilon_{ij}(\omega, \boldsymbol{k})$ 不仅完全地描写介质的电学性质, 而且也完全地描写了其磁学性质, 亦即计及了磁感应强度 $\boldsymbol{B}$ 对 $\boldsymbol{D}$ (或者, 对感应电流 $\boldsymbol{j} = \dfrac{1}{4\pi}\dfrac{\partial}{\partial t}(\boldsymbol{D} - \boldsymbol{E})$) 的影响. 事实上, 对于傅里叶分量, 场方程

$$\mathrm{rot}\,\boldsymbol{E} = -\frac{1}{c}\frac{\partial \boldsymbol{B}}{\partial t}$$

具有

$$\boldsymbol{B}(\omega, \boldsymbol{k}) = \frac{c}{\omega}\boldsymbol{k} \times \boldsymbol{E}(\omega, k)$$

的形式; 因此可以认为, 在 (11.3) 式中, 从而在 (11.5) 式和 (11.6) 式中, 当计及空间色散时, 也考虑了 $\boldsymbol{B}$ 对 $\boldsymbol{D}$ 的影响. 如果忽略空间色散, 亦即假设 $\varepsilon_{ij}(\omega, \boldsymbol{k}) = \varepsilon_{ij}(\omega, \boldsymbol{k} \to 0) = \varepsilon_{ij}(\omega)$, 则对于非铁磁体在光学频段必须假定 $B_i = \mu_{ij} H_j = H_i$, 亦即 $\mu_{ij} = \delta_{ij}$ ($i = j$ 时 $\delta_{ij} = 1$, 而 $i \neq j$ 时 $\delta_{ij} = 0$). 而对于

铁磁体, 张量 $\mu_{ij}(\omega)$ 甚至在光学频段就已经不能总归结为 $\delta_{ij}$ 了, 更不必说在低频区. 在低频区当 $k \to 0$ 时, 在不考虑空间色散的情况下, 对于顺磁体和抗磁体有必要引入磁导率张量 $\mu_{ij}$.

在低频 (包括静态场) 以及长波 ($k \to 0$ 的极限对应于均匀场) 情况下, 在引入 $\varepsilon_{ij}(\omega)$ 的同时引入磁导率 $\mu_{ij}(\omega)$ 比只使用一个张量 $\varepsilon_{ij}(\omega, \boldsymbol{k})$ 方便. 在下一章中涉及公式 (12.39) 时, 我们将会适当地讨论这一问题. 这里重要的是强调指出, 在场 $\boldsymbol{E}$ 和 $\boldsymbol{B}$ 已知的情况下, 分别称为电感应强度和磁场强度的 $\boldsymbol{D}$ 和 $\boldsymbol{H}$ 的引进并不是唯一的. 上面在 (11.1) 式中使用的引进 $\boldsymbol{D}$ 及恒等式 $\boldsymbol{B} = \boldsymbol{H}$ 实现了这些可能选择中的一个. 使用带有关系式 $\boldsymbol{D} = \varepsilon\boldsymbol{E}$ 和 $\boldsymbol{B} = \mu\boldsymbol{H}$ 的方程 (6.1) 式是另一种实现方式 (在此情况下, 除去忽略色散外还假设介质是各向同性的). 有关介质中电动力学方程各种书写形式的更详细的讨论, 参见文献 [203, 204, 207, 208]. 在本章以下的叙述中, 我们将依据只引入一个 $\varepsilon_{ij}(\omega, \boldsymbol{k})$ 张量的方程 (11.1). 在考虑空间色散的晶体光学中采用这种方式特别方便. 当然, 用逆张量 $\varepsilon_{ij}^{-1}(\omega, \boldsymbol{k})$ 来替代张量 $\varepsilon_{ij}(\omega, \boldsymbol{k})$ 是等价的. 在此情况下, 显然有 [250]

$$E_i(\omega, \boldsymbol{k}) = \varepsilon_{ij}^{-1}(\omega, \boldsymbol{k}) D_j(\omega, \boldsymbol{k}). \tag{11.7}$$

在唯象理论的框架内假定复介电张量 $\varepsilon_{ij}(\omega, \boldsymbol{k})$ 是已知的. 计算晶体中的这个张量像计算任何凝聚体中的介电张量一样是微观理论的任务. 从关系式 (11.3), (11.5) 和 (11.6) 容易看出, 张量 $\varepsilon_{ij}(\omega, \boldsymbol{k})$ 对 $\boldsymbol{k}$ 的依赖关系, 亦即空间色散, 是与点 $\boldsymbol{r}$ 处的电感应强度不仅由该点而且也由该点某个邻域的电场强度决定相关的. 换句话说, 就是空间色散取决于 $\boldsymbol{D}$ 和 $\boldsymbol{E}$ 关系的非局域性. 类似地, $\varepsilon_{ij}(\omega, \boldsymbol{k})$ 对 $\omega$ 的依赖关系 (时间或频率色散) 取决于关系式 (11.3) 对时间的非局域性. 由于介质的本征频率 $\omega_i$ 通常都落在所研究的频率 $\omega$ 的区间内, 比率 $\omega_i/\omega$ 的数量级为 1, 故一般说来时间色散很大. 而对于介电体的空间色散出现的则是另一番景象. 这与以下情况有关: 对于介电体而言, 光学频段 (更不必提低频区) 的波长 $\lambda = \lambda_0/n = 2\pi c/n\omega$ 远远超过对积分 (11.3) 带来主要贡献的 $\boldsymbol{r}$ 点邻域的特征尺度. 事实上, 在介电体中这个特征尺度是原子尺度或晶格常数 $a \sim 10^{-8} - 10^{-7}$ cm 量级, 因此比率 $a/\lambda \sim 10^{-3}$ 很小. 同时, 例如在各向同性等离子体中, 决定空间色散的特征尺度是德拜半径 $r_\mathrm{D} = \sqrt{\kappa T/8\pi e^2 N}$. 而在计及碰撞的导电介质中, 特征尺度为平均自由程 $l$. 所以一般而言, 仅在满足条件 $r_\mathrm{D} \ll \lambda$ 及 $l \ll \lambda$ 时这些介质的空间色散才很小, 而且在许多实际情况下, 这些条件并不满足 (特别是参见第 12 章). 空间色散的微小极大地简化了由其决定的光学现象的分析, 下面我们将会利用这一性质. [251]

现在我们对张量 $\varepsilon_{ij}(\omega, \boldsymbol{k})$ 的一般性质作一些评论. 一般说来, 即使 $\omega$ 和 $\boldsymbol{k}$ 是实的, 这个张量也是复张量. 同时实的场 $\boldsymbol{E}$ 在介质中引起实的电感应强度 $\boldsymbol{D}$. 由此得出, (11.6) 式中的积分核 $\varepsilon_{ij}(\tau, \boldsymbol{R})$ 为实, 而且一般情况下 (对于复的 $\omega$ 和 $\boldsymbol{k}$) 应当有

$$\varepsilon_{ij}(\omega, \boldsymbol{k}) = \varepsilon_{ij}^*(-\omega^*, -\boldsymbol{k}^*), \tag{11.8}$$

或者, 同样有

$$\varepsilon_{ij}(\omega^*, \boldsymbol{k}^*) = \varepsilon_{ij}^*(-\omega, -\boldsymbol{k}). \tag{11.9}$$

利用动理学系数的对称性原理 (参见文献 [61] 中的 §96 和 §103), 导致另一个关系式:

$$\varepsilon_{ij}(\omega, \boldsymbol{k}, \boldsymbol{B}_{\text{ext}}) = \varepsilon_{ji}(\omega, -\boldsymbol{k}, -\boldsymbol{B}_{\text{ext}}); \tag{11.10}$$

其中 $\boldsymbol{B}_{\text{ext}}$ 为随时间恒定的磁感应强度矢量, 在存在外磁场或磁结构 (铁磁体及反铁磁体) 时不为零. 今后为了简便, 我们在以上两种情况下称 $\boldsymbol{B}_{\text{ext}}$ 为外磁场感应强度, 如下标所示.

在运动介质情况下, 张量 $\varepsilon_{ij}$ 还依赖于介质速度 $\boldsymbol{u}$ (我们假定, 在我们所感兴趣的精确度下 $\boldsymbol{\mu} = \text{const}$, 亦即速度不依赖于坐标和时间). 显然, 如同波矢 $\boldsymbol{k}$ 一样, 速度 $\boldsymbol{u}$ 在 $t \to -t$ 的变换下变号. 因此我们可将关系式 (11.10) 推广为:

$$\varepsilon_{ij}(\omega, \boldsymbol{k}, \boldsymbol{B}_{\text{ext}}, \boldsymbol{u}) = \varepsilon_{ji}(\omega, -\boldsymbol{k}, -\boldsymbol{B}_{\text{ext}}, -\boldsymbol{u}).$$

顺便提及, 对矢量 $\boldsymbol{k}$ 在 $t \to -t$ 时变号一事最简单的理解方式, 是记住在量子化中 $\hbar\boldsymbol{k} = \boldsymbol{p}$, 而按照力学定律, 动量 $\boldsymbol{p}$ 在 $t \to -t$ 时变号 (实质上, 使用表达式 $\boldsymbol{p} = m\boldsymbol{v}$ 已足够, 其中 $\boldsymbol{v}$ 为粒子速度, 在 $t \to -t$ 时变号).

对于张量 $\varepsilon_{ij}(\omega)$ 和 $\varepsilon_{ij}(\omega, \boldsymbol{B}_{\text{ext}})$, 关系式 (11.10) 的证明在 [61] 中给出. 将这个证明推广到存在空间色散的情况并不需要新的原则性的论据 (由于矢量 $\boldsymbol{k}$ 和 $\boldsymbol{B}_{\text{ext}}$ 在时间变号时具有同样的表现, 故由关系式 $\varepsilon_{ij}(\omega, \boldsymbol{B}_{\text{ext}}) = \varepsilon_{ij}(\omega, -\boldsymbol{B}_{\text{ext}})$ 变换到 (11.10) 可认为几乎是显然的). 只是要注意, 通常只对实的 $\omega$ 和 $\boldsymbol{k}$ 证明关系式 (11.10). 但是, 在下面将要提到的解析区内, 这个关系式对于复的 $\omega$ 和 $\boldsymbol{k}$ 也是成立的.

[252]　　如果对于所有的 $\omega$ 和 $\boldsymbol{k}$, 等式

$$\varepsilon_{ij}(\omega, \boldsymbol{k}) = \varepsilon_{ji}(\omega, \boldsymbol{k}) \tag{11.11}$$

成立, 则介质被称为非旋介质.

在 (11.11) 式中省略了宗量 $\boldsymbol{B}_{\text{ext}}$, 因为严格地讲, 在外磁场中的 $\varepsilon_{ij}$ 张量永远是非对称的 (仅当将 $\boldsymbol{B}_{\text{ext}}$ 换作 $-\boldsymbol{B}_{\text{ext}}$ 时, 它才等于 $\varepsilon_{ji}$; 我们这里所

指的是外场, 并未涉及无外场时的反铁磁体, 那时 $\varepsilon_{ij}$ 即使在未将 $\boldsymbol{B}_{\mathrm{ext}}$ 换作 $-\boldsymbol{B}_{\mathrm{ext}}$ 的情况下也是对称的). 所以我们可以说这个旋光性是由磁场引起的. 但是为了不引起混乱, 我们将这样的旋性称作旋磁性, 而称相应的介质为旋磁介质 (参见第 12 章). 以下我们只称那些在计及空间色散时张量 $\varepsilon_{ij}$ 不对称的介质为旋性介质.

从 (11.10) 和 (11.11) 式可知, 对于非旋性介质

$$\varepsilon_{ij}(\omega, \boldsymbol{k}) = \varepsilon_{ij}(\omega, -\boldsymbol{k}). \tag{11.12}$$

因此在旋性介质中必须至少存在一个方向, 它与其相反方向不等价. 换言之, 只有没有对称中心的介质才可能是旋性介质. 相反的结论不正确——介质可以没有对称中心但仍是非旋性的, 因为由于其他对称元素的存在而保证关系式 (11.12) 得以遵守.

空间色散不存在时, 条件 (11.12) 自动满足且介质永远是非旋性的. 因此, 旋性是一种空间色散效应, 而且是这种特性的最为重要和早已知晓的光学效应. 不过在没有空间色散但 $\boldsymbol{B}_{\mathrm{ext}} \neq 0$ 的时候, 当然会出现旋磁性, 因为

$$\varepsilon_{ij}(\omega, \boldsymbol{B}_{\mathrm{ext}}) = \varepsilon_{ji}(\omega, -\boldsymbol{B}_{\mathrm{ext}}), \tag{11.13}$$

且张量 $\varepsilon_{ij}$ 一般而言在给定的 $\omega$ 和 $\boldsymbol{k}$ 值下不对称 (在某些情况下, 对于无外磁场时的反铁磁体可以有 $\varepsilon_{ij}(\omega, \boldsymbol{B}_{\mathrm{ext}}) = \varepsilon_{ij}(\omega, -\boldsymbol{B}_{\mathrm{ext}})$; 在反铁磁体中, $\boldsymbol{B}_{\mathrm{ext}}$ 是晶体给定微体积内的统计平均磁化强度, 仅在对晶体磁结构的全部原胞的平均中才消失).

定义旋性介质为具有非对称张量 $\varepsilon_{ij}(\omega, \boldsymbol{k})$ 的介质当然有些形式化. 不过, 今后将会清楚, 正是张量 $\varepsilon_{ij}$ 的非对称性导致了将旋性介质与非旋性介质区分开来的物理特征 (例如, 导致无吸收的正常波内偏振面的旋转).

把张量 $\varepsilon_{ij}$ 分解为实部 $\mathrm{Re}\,\varepsilon_{ij}$ 和虚部 $\mathrm{Im}\,\varepsilon_{ij}$, 以及分解为两个厄米张量 $\varepsilon'_{ij}$ 和 $\varepsilon''_{ij}$, 常常是方便的: [253]

$$\varepsilon_{ij} = \mathrm{Re}\,\varepsilon_{ij} + \mathrm{i}\,\mathrm{Im}\,\varepsilon_{ij}, \tag{11.14}$$

$$\varepsilon_{ij} = \varepsilon'_{ij} + \mathrm{i}\varepsilon''_{ij}, \quad \varepsilon'_{ij} = (\varepsilon'_{ji})^*, \varepsilon''_{ij} = (\varepsilon''_{ji})^*, \tag{11.15}$$

其中星号表示复共轭; 我们注意到, 有时引进定义为

$$\varepsilon''_{ij} = 4\pi\sigma_{ij}/\omega \tag{11.16}$$

的电导率厄米张量 $\sigma_{ij}$ 来代替 $\varepsilon''_{ij}$.

也可使用复电导率张量 $\sigma_{ij} = \sigma'_{ij} + \mathrm{i}\sigma''_{ij} = -\mathrm{i}\omega(\varepsilon_{ij} - \delta_{ij})/4\pi$, 此时在 (11.16) 式中应当出现量 $\sigma'_{ij}$.

在不考虑空间色散且没有恒定磁场时, 由 (11.12) 和 (11.13) 式可知, 张量 $\varepsilon_{ij}(\omega)$ 是对称的:

$$\varepsilon_{ij}(\omega) = \varepsilon_{ji}(\omega). \tag{11.17}$$

在这一情况以及更一般的 (11.11) 式的情况下, 显然有

$$\operatorname{Re}\varepsilon_{ij} = \varepsilon'_{ij}, \quad \operatorname{Im}\varepsilon_{ij} = \varepsilon''_{ij}.$$

从与因果律有关的要求得出, 在平衡的 (或至少是稳定的) 介质中函数 $\varepsilon_{ij}^{-1}(\omega, \boldsymbol{k})$ 在复变量 $\omega$ 的上半平面和实轴上没有奇点. 对于张量 $\varepsilon_{ij}(\omega, \boldsymbol{k})$, 上述性质仅在 $k = 0$ 以及这一点近旁, 亦即在小的 $k$ 时正确[208, 209]. 这意味着波长 $\lambda = 2\pi/k$ 比在介电体中起原子间距作用的特征尺度 $a$ 大得多. 结果在满足后面将要给出的条件 (11.20) 的晶体光学中, $\varepsilon_{ij}(\omega, \boldsymbol{k})$ 和 $\varepsilon_{ij}^{-1}(\omega, \boldsymbol{k})$ 的解析性质可以认为是同样的.

$k$ 足够大时 $\varepsilon_{ij}(\omega, \boldsymbol{k})$ 和 $\varepsilon_{ij}^{-1}(\omega, \boldsymbol{k})$ 间可能的差别在物理上取决于这样一个事实, 即 $\varepsilon_{ij}^{-1}(\omega, \boldsymbol{k})$ 由 $\boldsymbol{D}$ 确定 $\boldsymbol{E}$ (参见 (11.7)), 而 $\boldsymbol{D}$ 可以通过改变外电荷密度 $\rho_{\text{ext}}$ 而变化. 结果可把电感应强度当作 "因", 而将电场强度 $\boldsymbol{E}$ 当作 "果". 一般而言, 在大 $k$ 情况下逆表述是错误的, 因为 $\rho_{\text{ext}}$、$\boldsymbol{j}_{\text{ext}}$ 以及介质之外的场的变化不允许以任意方式改变介质中的 $\boldsymbol{E}$. 必须指出, 论文 [208, 209] 中只研究了各向同性介质. 在此情况下, 张量 $\varepsilon_{ij}(\omega, \boldsymbol{k})$ 可以写为以下形式:

$$\varepsilon_{ij}(\omega, \boldsymbol{k}) = \left(\delta_{ij} - \frac{k_i k_j}{k^2}\right)\varepsilon_{tr}(\omega, k) + \frac{k_i k_j}{k^2}\varepsilon_l(\omega, k)$$

[254]

(参见 (12.36) 式, 以及 (11.47) 式). 在文献 [208, 209] 中, 注意力集中在函数 $\varepsilon_l^{-1}(\omega, k) = 1/\varepsilon_l(\omega, k)$ 和 $\varepsilon_l(\omega, k)$ 的解析性质上. 因为对于所有的 $k$ 值, 函数 $1/\varepsilon_l(\omega, k)$ 在复变量 $\omega$ 的上半平面和实轴上无极点, 故可写出这个函数的色散关系. 由 $k \neq 0$ 时平衡介质的色散关系得出 $1/\varepsilon_l(0, k) \leqslant 1$; 亦即 $\varepsilon_l(0, k) \geqslant 1$ 或 $\varepsilon_l(0, k) < 0$. 但 $k = 0$ 时 (或者更确切地说, $k$ 很小时) 在平衡态下不等式 $\varepsilon_l(0, 0) \geqslant 1$ 必定已经满足, 亦即不允许 $\varepsilon_l(0, 0)$ 为负值. 这些结论, 例如对于超导性理论有非常重要的意义. 我们再次强调, $\varepsilon_{ij}(\omega, \boldsymbol{k})$ 和 $\varepsilon_{ij}^{-1}(\omega, \boldsymbol{k})$ 解析性的可能区别在晶体光学中尚未显现出来 (然而这一问题值得详细分析). 我们也注意到, 在晶体光学中通常假定没有强烈的吸收, 包括因电导率引起的吸收. 在导电介质 (等离子体、金属等) 中, 除了原子尺度 $a$ 之外, 还有另一个长度量的参数——通常这是平均自由程 $l$. 因此空间色散仅在 $\lambda \gg l$ 时小; 显然, 当 $l \gg a$ 时, 这个条件比条件 $\lambda \gg a$ 严苛得多 (参见第 12 章). 最后必须记住, 向静态场极限及均匀场极限的过渡是相当微妙的, 并

且可能依赖于 $\omega$ 和 $k$ 的相对值 (关于这一点参见第 12 章; 特别是介电常量 $\varepsilon_l(0, k \neq 0) \equiv \varepsilon_l(\omega = 0, k \neq 0)$ 永远为实量).

我们可以利用函数 $\varepsilon_{ij}^{-1}(\omega, \boldsymbol{k})$ 和 $\varepsilon_{ij}(\omega, \boldsymbol{k})$ 的上述解析性质 (我们这里认为它们是同样的) 得到这两个函数的一系列普遍关系和性质. 其中最为重要的是将 $\mathrm{Re}\,\varepsilon_{ij}(\omega, \boldsymbol{k})$ 和 $\mathrm{Im}\,\varepsilon_{ij}(\omega, \boldsymbol{k})$ 联系起来的色散关系. 在这里考虑空间色散带来的新东西很少——问题通常归结为函数 $\varepsilon_{ij}(\omega)$ 的同样的色散关系, 不过其中作为参数引入了 $k$. 因此我们这里将不去研究色散关系, 文献 [61] 已对于无空间色散的各向同性介质做了详尽讨论. 这些结果对各向异性介质及对具有空间色散的介质的推广可在 [99] 一书的 §1 中找到.

探索由处于所研究介质之外的源产生的电磁波的传播构成了连续介质电动力学的一个重要篇章. 特别是, 在晶体光学中通常所讨论的正好是这类问题, 而且频繁探讨的是一个更狭窄的问题——单色平面波的传播, 其中电场的形式为

$$\boldsymbol{E} = \boldsymbol{E}_0 \mathrm{e}^{\mathrm{i}(\boldsymbol{k} \cdot \boldsymbol{R} - \omega t)}, \tag{11.18}$$

此处 $\boldsymbol{E}_0$ 为与坐标 $\boldsymbol{r}$ 和时间 $t$ 无关的复矢量, $\boldsymbol{k}$ 为波矢, $\omega$ 为频率.

必须记住, 具有 $\boldsymbol{E}_0 = \mathrm{const}$ 的表达式 (11.18) 并不是最普遍的, 有时候需要研究 (11.18) 式类型的场, 但 $\boldsymbol{E}_0 = (\boldsymbol{k} \cdot \boldsymbol{r})\boldsymbol{E}_{00}$, 其中 $\boldsymbol{E}_{00} = \mathrm{const}$. 不过, 这样做的必要性非常罕见 (较低晶系晶体中的奇异性光轴情况及其他情况, 参见 [99] 中的 §2). 因此, 我们以下仅局限于使用 (11.18) 形式的表达式.

仅当 $\boldsymbol{k}$ 及 $\omega$ 相互有关系时, (11.18) 类型的解满足电磁场的齐次方程, 亦即满足无 (给定) 外电流和外电荷 $\boldsymbol{j}_{\mathrm{ext}}$ 和 $\rho_{\mathrm{ext}}$ 的方程. 这一关系由色散方程给出, 并使得可通过 $\omega$ 表示 $\boldsymbol{k}$:

$$\boldsymbol{k} = \frac{\omega}{c} \widetilde{n}(\omega, \boldsymbol{s}) \boldsymbol{s}. \tag{11.19}$$

其中 $\widetilde{n} = n + \mathrm{i}\kappa$ 为复折射率, $n$ 为折射率, $\kappa$ 为吸收率 ($\mu = (2\omega/c)\kappa$ 为强度吸收系数), 而 $\boldsymbol{s}$ 为单位实矢量 (现在我们只研究均匀平面波, 其中 $\boldsymbol{k} = \boldsymbol{k}_1 + \mathrm{i}\boldsymbol{k}_2$ 具有共线矢量 $\boldsymbol{k}_1$ 和 $\boldsymbol{k}_2$; 除此之外, 与在光学中遇到的问题提法相对应, 设频率 $\omega$ 为实频率). 色散方程通过出现在场方程中的系数亦即通过介电张量 $\varepsilon_{ij}$ 决定函数 $\widetilde{n}$, 而且 $\omega$ 和 $\boldsymbol{s}$ 的每一个值与几个 $\widetilde{n} = \widetilde{n}_l$ 值对应, 其中下标 $l$ 对应于任一个解——正常波. 正常波 (对于给定的 $\omega$ 和 $\boldsymbol{s}$, 但 $l$ 不同) 在偏振亦即 (11.18) 式中的矢量 $\boldsymbol{E}_{0l}(\omega, \boldsymbol{s})$ 上有区别, 该矢量由场方程确定 (精确到一个常数因子).

因此从形式上说, 晶体光学[①] 的首要任务是研究函数 $n_l(\omega, \boldsymbol{s})$ 和 $\boldsymbol{E}_{0l}(\omega, \boldsymbol{s})$.

---

① 当问题指的是更普遍的情况——波在任意 (一般而言, 各向异性) 介质中的传播时, 为了简便, 我们也使用这一术语.

同样地, 除去场方程之外, 这些函数的全部信息都包含在复介电张量 $\varepsilon_{ij}(\omega, \boldsymbol{k})$ 中. 如果此时忽略空间色散, 即设 $\varepsilon_{ij} = \varepsilon_{ij}(\omega)$, 则问题归结为通常在教科书中所讲述的 "经典" 晶体光学. 因此经典晶体光学不过是具有空间色散的晶体光学的特殊 (或者说极限) 情况.

　　在实际上非吸收或弱吸收晶体的光学中说空间色散很小, 指的是空间色散的数值是由已经提到过的小参数

$$ka \sim \frac{a}{\lambda} = \frac{an}{\lambda_0} \ll 1 \tag{11.20}$$

确定的.

　　正是因为这个原因, 除非是讨论本质上全新的效应 (旋性, 立方晶体的光学各向异性, 附加正常波的出现, 纵波的不为零的群速度等), 空间色散通常可以忽略. 此外, 小参数的存在使得对空间色散影响的研究大为简化和具体化.

[256]

　　在晶体光学或者更一般地说在电动力学中考虑空间色散在原则上并非新颖之事, 其历史可以追溯到 19 世纪. 不过, 只是在近 20—25 年前带空间色散的晶体光学才发展成为一个或多或少独立的研究领域. 同时空间色散分析以更为鲜明的表达方式成为现代连续介质电动力学、等离子体物理学、固体理论、金属理论等学科的有机组成部分. 因此, 晶体光学 (更不必说等离子体物理) 的现代体系和阐述必须基于计及空间色散的电动力学. 换句话说, 必须从关系式 (11.5) 出发获取一系列普遍结果, 然后作为特殊的 (也是最重要的) 情况过渡到经典晶体光学的阐述. 然而在光学文献中通常依然按老方法办事——从发展经典晶体光学开始, 而且常常仅讨论经典晶体光学. 正因为这个原因, 我们认为在本书中详细研究带空间色散的晶体光学是合适的.

　　我们现在转而在以 $\varepsilon_{ij}(\omega, \boldsymbol{k})$ 表征的无界均匀介质中寻求 (11.18) 类型的全部正常电磁波. 这样的波满足具有 $\boldsymbol{j}_{\text{ext}} = 0$ 和 $\rho_{\text{ext}} = 0$ 的方程 (11.1), 从中得到波动方程

$$\operatorname{rot}\operatorname{rot} \boldsymbol{E} + \frac{1}{c^2}\frac{\partial^2 \boldsymbol{D}}{\partial t^2} = 0. \tag{11.21}$$

对于平面波 (11.18), 方程 (11.21) 的形式为

$$\boldsymbol{D} = \frac{c^2}{\omega^2}[k^2 \boldsymbol{E} - \boldsymbol{k}(\boldsymbol{k} \cdot \boldsymbol{E})]. \tag{11.22}$$

将关系式 (11.5) 代入上式, 我们得到

$$\left[\frac{\omega^2}{c^2}\varepsilon_{ij}(\omega, \boldsymbol{k}) - k^2\delta_{ij} + k_i k_j\right] E_j = 0. \tag{11.23}$$

如果这个代数方程组的系数行列式等于零, 亦即满足条件

$$\left| \frac{\omega^2}{c^2} \varepsilon_{ij}(\omega, \boldsymbol{k}) - k^2 \delta_{ij} + k_i k_j \right| = 0, \tag{11.24}$$

则方程组有 $\boldsymbol{E} \neq 0$ 的非平凡解.

通常将方程 (11.24) 称作色散方程, 这个方程确定正常波的 $\omega$ 和 $\boldsymbol{k}$ 之间的关系, 其解可以写为

$$\omega_l = \omega_l(\boldsymbol{k}); \quad l = 1, 2, 3, \cdots \tag{11.25}$$

的形式或 (11.19) 的形式, 即通过 $\omega$ 表示 $\boldsymbol{k}$,

$$\boldsymbol{k} = \frac{\omega}{c} \widetilde{n}_l(\omega, \boldsymbol{s}) \boldsymbol{s}, \quad \widetilde{n}_l^2 = \frac{c^2 k^2}{\omega^2}, \tag{11.26}$$

其中下标 $l$ 对应于不同的正常波. 方程 (11.24) 也可写成对于 $\widetilde{n}^2(\omega, \boldsymbol{s})$ 的形式:

$$(\varepsilon_{ij} s_i s_j) \widetilde{n}^4 - \{(\varepsilon_{ij} s_i s_j) \varepsilon_{kk} - (\varepsilon_{ik} \varepsilon_{kj} s_i s_j)\} \widetilde{n}^2 + |\varepsilon_{ij}| = 0, \tag{11.27}$$

其中 $\varepsilon_{kk} = \operatorname{tr} \varepsilon_{ii} = \varepsilon_{11} + \varepsilon_{22} + \varepsilon_{33}$, 这个方程的不同解也以下标 $l$ 标注. [257]

在不考虑空间色散时, 亦即当 $\varepsilon_{ij} = \varepsilon_{ij}(\omega)$ 时, 方程 (11.27) 常称为菲涅耳方程, 这个方程是经典晶体光学的基础. 在此情况下, 方程 (11.27) 永远只有两个解 $\widetilde{n}_1^2$ 和 $\widetilde{n}_2^2$, 由此可知, 对于任意的 $\omega$ 和 $\boldsymbol{s}$, 在介质中只能传播两个正常波, 在这些波内矢量 $\boldsymbol{E}(\omega, \boldsymbol{s})$ 的横向分量为 $\boldsymbol{E}_\perp = \boldsymbol{E} - (\boldsymbol{s} \cdot \boldsymbol{E}) \boldsymbol{s}$, $\boldsymbol{s} = \boldsymbol{k}/k$. $\boldsymbol{E}_\perp = 0$ 的波, 亦即纵波, 在没有空间色散时只能以频率的离散集合存在. 实际上, 对于这样的波, $\boldsymbol{D} = 0$ (见 (11.22) 式), 而由于有关系式 $D_i = \varepsilon_{ij} E_j$, 我们的结论是在 $\boldsymbol{D} = 0$ 而 $\boldsymbol{E} \neq 0$ 时, 纵波的量 $\omega$ 和 $\boldsymbol{k}$ 一般情况下应满足方程

$$|\varepsilon_{ij}(\omega, \boldsymbol{k})| = 0. \tag{11.28}$$

但必须记住, 满足这一方程对于产生纵波仅是必要的, 但还不是充分的. 也是从方程 (11.24) 得到的方程 (11.28) 在不考虑空间色散时的形式为

$$|\varepsilon_{ij}(\omega)| = 0. \tag{11.29}$$

满足方程 (11.29) 的频率 $\omega \equiv \omega_\parallel$, 实质上就是可以具有纵波的频率. 对于各向同性介质, 我们从方程 (11.29) 得出条件

$$\varepsilon(\omega) = 0. \tag{11.30}$$

从对无空间色散的各向同性介质的研究中, 我们当然可以立即得到这一重要结论, 此时 $\boldsymbol{D}(\omega) = \varepsilon(\omega) \boldsymbol{E}(\omega)$. 由于依据定义在纵波中 $\boldsymbol{E}_\parallel = E \boldsymbol{k}/k$, 故

只有在 (11.30) 式的条件下才可能有 $D = 0$ (见 (11.22) 式) 而场 $E$ 不为零. 在计及空间色散时, 方程 (11.28) 给出对于纵波的色散关系 $\omega_{\parallel} = \omega_{\parallel}(\boldsymbol{k})$.

在晶体光学中 $E_{\perp} \neq 0$ 的波起主要作用, 因为光最强烈地激发的正是这些波. 在计及空间色散时, 对于这些波方程 (11.27) 在某些频谱区可能不只有两个, 而是更多的解. 但是即使在不产生新解 (新的或 "附加" 波) 的情况下, 空间色散也引起一系列新现象, 其中最重要的是自然旋光性以及立方晶体的光学各向异性 (众所周知, 在不考虑空间色散时, 立方晶体是光学各向同性的). 我们已经提到过这些现象并将在后面予以讨论, 而在唯象理论的框架内为了对它们进行分析, 必须知道张量 $\varepsilon_{ij}(\omega, \boldsymbol{k})$ 在小 $\boldsymbol{k}$ 时对 $\boldsymbol{k}$ 的依赖关系.

[258]　　在转入这一问题之前, 我们先做一些说明. 例如, 必须记住在考察 $\varepsilon_{ij}(\omega, \boldsymbol{k})$ 对 $\boldsymbol{k}$ 的依赖关系时, 应当注意到同一 $\boldsymbol{k}$ 值下联系 $D$ 和 $E$ 的关系式 (11.5) 是在假设介质空间均匀的情况下得到的. 而晶体事实上并不是空间均匀介质, 因为, 比如说, 晶格的各个格点并不等价. 所以将在介质均匀前提下引进的张量 $\varepsilon_{ij}(\omega, \boldsymbol{k})$ 应用于晶体显然必须受到限制. 对这一问题的分析 (参见 [99]) 得出的结论是, 仅当波矢 $\boldsymbol{k}$ 比倒格子的元胞基矢小, 亦即当 $k \ll a^{-1}$ 或 $\lambda \gg a$ 时 ($a$ 为晶格常数), 在晶体中才可以应用 (11.5) 式. 这些不等式可以由纯粹的定性考虑得出, 在波长的光学波段 $a/\lambda \sim 10^{-3}$, 它们显然可以得到满足. 因此我们以下在晶体光学中将不加限制地使用张量 $\varepsilon_{ij}(\omega, \boldsymbol{k})$.

另一个有关计及空间色散时物质方程 (11.5) 适用条件的完全独立的问题发生在由无限延展的晶体 (这当然是一种抽象, 但在由 (11.3) 过渡到 ((11.5) 和 (11.6) 时使用了这一抽象) 过渡到有限尺度的晶体时. 由于关系式 (11.3) 是积分关系式, 故在其中考虑了晶体边界的存在并含有场的精确的边界条件. 如果点 $\boldsymbol{r}$ 离开晶体表面的距离远大于对电感应强度作出主要贡献的区域的尺度 $R$, 则积分核 $\widehat{\varepsilon}_{ij}$ 等于适用于无限延展晶体的 (11.6) 式中的积分核 $\widehat{\varepsilon}_{ij}$. 对于这样的点, 形为 (11.4) 式的电场显然导致 $D(\boldsymbol{r}, t) = D(\omega, \boldsymbol{k}) e^{i(\boldsymbol{k} \cdot \boldsymbol{r} - \omega t)}$ 的电感应强度的出现, 它也有平面波的形式, 而且 $D$ 和 $E$ 的振幅之间的关系恰巧也由表达式 (11.5) 确定. 因此, 从以上讨论可知如果晶体的厚度比 $R$ 大得多, 则可以使用形为 (11.5) 式的物质方程. 通常在介电体中 $R \sim a$, 其中 $a$ 为晶格常数.

此外必须指出, 在研究附加波并使用张量 $\varepsilon_{ij}(\omega, \boldsymbol{k})$ 而不是普遍积分关系式 (11.3) 时, 边界条件 (11.2) 是不充分的. 附加的边界条件原则上可由 (11.3) 式得出, 但它们通常是出于各种考虑不严格地引进的 (参见 [99] 的 §10). 与具有空间色散的介质的电动力学中边界条件问题有关, 还必须做一个即使在没有附加波时也应当注意的说明. 这里指的是在将边条件 (11.2) [259] 具体化时有必要考虑高阶导数的可能作用. 我们以方程 div $\boldsymbol{D} = 0$ 为例, 对此作出解释. 为了得到介质 I 和介质 II 之间边界上的边条件, 人们进行极限过渡——沿垂直于介质间的漫展边界的方向对方程

$$\mathrm{div}\, \boldsymbol{D} = \frac{\partial D_x}{\partial x} + \frac{\partial D_y}{\partial y} + \frac{\partial D_z}{\partial z} = 0$$

进行积分. 选取此方向为 $z$ 轴并过渡到清晰边界, 我们得到条件

$$D_{2z} - D_{1z} = \varepsilon_2 E_{2z} - \varepsilon_1 E_{1z} = 0, \tag{11.31}$$

其中为了向第二个表达式过渡使用了 $\boldsymbol{D} = \varepsilon \boldsymbol{E}$, 而且在第一种介质中令 $\varepsilon = \varepsilon_1$, 第二种介质中令 $\varepsilon = \varepsilon_2$. 现在我们假定

$$\boldsymbol{D} = \varepsilon \boldsymbol{E} + \delta_{\mathrm{I}}\, \mathrm{rot}\, \boldsymbol{E} + \mathrm{rot}(\delta_{\mathrm{II}}\, \boldsymbol{E}), \tag{11.32}$$

而且在均匀介质中当然有 $\boldsymbol{D} = \varepsilon \boldsymbol{E} + (\delta_{\mathrm{I}} + \delta_{\mathrm{II}})\, \mathrm{rot}\, \boldsymbol{E}$; 物质方程 (11.32) 对应于 (各向同性) 旋性介质的最简单情况.

现在像通常那样处理问题, 我们得到边界条件

$$D_{2n} - D_{1n} = \delta_{\mathrm{II},2}\, \mathrm{rot}_n\, \boldsymbol{E}_2 - \delta_{\mathrm{II},1}\, \mathrm{rot}_n\, \boldsymbol{E}_1 \tag{11.33}$$

或

$$\varepsilon_2 E_{2n} - \varepsilon_1 E_{1n} + \delta_{\mathrm{I},2}\, \mathrm{rot}_n\, \boldsymbol{E}_2 - \delta_{\mathrm{I},1}\, \mathrm{rot}_n\, \boldsymbol{E}_1 = 0, \tag{11.34}$$

其中我们使用了更普遍的表示法线方向的下标 $n$ 来代替下标 $z$. (11.33) 和 (11.34) 式中附加项的出现显然表明在使用 (11.32) 式时, 即使介质间的过渡层厚度 $l \to 0$, 也不允许略去积分 $\int_0^l (\partial D_x/\partial x)\mathrm{d}z$ 和 $\int_0^l (\partial D_y/\partial y)\mathrm{d}z$.

在空间色散很小的光学波段 (在 (11.32) 式中这意味着 $\delta \sim a \ll \lambda$), 推广了的边条件 (11.33) 看来没有什么特别的意义, 因为即使忽略了空间色散, 我们也还需要因考虑两种介质边界的弥散以及边界上的杂质等使边界条件 (11.31) 更为复杂. 但是在原则上, 以及对于实际上空间色散很强的介质, 我们仍应当考虑对 (11.31) 式类型的边条件作可能的改变. 如果电动力学的边界条件写为 (11.2) 式的形式, 则可能的改变可以通过让面密度 $\boldsymbol{i}$ 和 $\sigma$ 的表达式更为精确的方式表示, 因为在考虑空间色散时, 任何时候都不能认为 $\boldsymbol{i} = 0$ 和 $\sigma = 0$ (见 (11.2) 和 (11.33)、(11.34) 式).

这里我们再作一个方法论性质的说明, 它与以下一个经常给出的问题 [260] 有关. 色散方程将 $\boldsymbol{k}$ 与 $\omega$ 关联起来, 因此 $\varepsilon_{ij}(\omega, \boldsymbol{k})$ 实际上只依赖于 $\omega$. 那

么, 如何将空间色散与频率色散区分开来呢? 这个问题的答案是, $\varepsilon_{ij}(\omega, \boldsymbol{k})$ 根本不是为了 $\boldsymbol{k}$ 与 $\omega$ 有关联的正常波, 而是为了有源的任意电磁场 (参见 (11.1) 式) 而引进 (比如说, 在 (11.5) 式中) 的. 在这种场内波矢 $\boldsymbol{k}$ 和频率 $\omega$ 是完全独立的. 例如, 我们来看一下处于具有任意 $\boldsymbol{k}$ 和 $\omega = 0$ 的 $\boldsymbol{E} = \boldsymbol{E}_0 \mathrm{e}^{i\boldsymbol{k}\cdot\boldsymbol{r}}$ 类型的场内的介质. 这样的场产生电感应强度 $\boldsymbol{D} = \boldsymbol{D}_0 \mathrm{e}^{i\boldsymbol{k}\cdot\boldsymbol{r}}$, 它与电场 $\boldsymbol{E}$ 以关系式 (11.5) 相关, 其中 $\varepsilon_{ij} = \varepsilon_{ij}(0, \boldsymbol{k})$. 对于任何频率 $\omega$, 情况都类似. 顺便提及, 由此十分清楚, 决定介质电动力学性质的基本量是 $\varepsilon_{ij}(\omega, \boldsymbol{k})$, 而不是折射率 $\widetilde{n}(\omega, \boldsymbol{s})$.

在晶体光学中通常不使用能量考虑 (场的量子化是例外), 或者说, 在所有情况下, 这种考虑只具有次要意义. 因此我们将不在这方面做详细讨论 (参见 [99] 的 §3 以及本书的第 13 章), 仅限于讨论一个问题.

通常由场方程 (11.1) 得出坡印亭定理:

$$\frac{1}{4\pi}\left(\boldsymbol{E} \cdot \frac{\partial \boldsymbol{D}}{\partial t} + \boldsymbol{B} \cdot \frac{\partial \boldsymbol{B}}{\partial t}\right) = -\frac{c}{4\pi}\operatorname{div}(\boldsymbol{E} \times \boldsymbol{B}) - \boldsymbol{j}_{\mathrm{ext}} \cdot E. \tag{11.35}$$

在考虑频率色散特别是考虑空间色散以及吸收时, 一般说来, (11.35) 式的使用和解释一点都不显然. 人们在忽略色散和吸收时习惯了的这个定理的简单性 (比如说, 假设 $\boldsymbol{D} = \varepsilon\boldsymbol{E}$ 并得到能量密度的表达式 $\varepsilon E^2/8\pi$) 极富欺骗性, 因为在计及色散以及/或者吸收时, 情况发生了变化. 有关这一问题的更详细分析, 如前所述, 可在专著 [99] 的 §3 中找到 (也请参阅, 例如, [61, 109]). 现在我们举一个没有频率色散介质的例子. 我们来研究旋性介质, 其中 $\boldsymbol{D}$ 和 $\boldsymbol{E}$ 以关系式 (11.32) 相联系, 而且 $\varepsilon$ 和 $\delta_{\mathrm{I,II}}$ 与频率无关. 此时 (11.35) 所取的形式 ($\delta = \delta_{\mathrm{I}} + \delta_{\mathrm{II}}$) 为

$$\frac{\partial}{\partial t}\left\{\frac{\varepsilon E^2 + B^2 + \delta(\boldsymbol{E} \cdot \operatorname{rot}\boldsymbol{E})}{8\pi}\right\} = -\frac{c}{4\pi}\operatorname{div}\left(\boldsymbol{E} \times \boldsymbol{B} - \frac{\delta}{2c}\boldsymbol{E} \times \frac{\partial \boldsymbol{E}}{\partial t}\right) +$$
$$\operatorname{grad}(2\delta_{\mathrm{II}} - \delta) \cdot \left(\frac{\boldsymbol{E}}{8\pi} \cdot \frac{\partial \boldsymbol{E}}{\partial t}\right) - \boldsymbol{j}_{\mathrm{ext}} \cdot \boldsymbol{E}. \tag{11.36}$$

由这个表达式可以看出, 首先, 考虑空间色散 (此时 $\delta \neq 0$) 引起在能量密度表达式中出现附加项 $\dfrac{\delta(\boldsymbol{E} \cdot \operatorname{rot}\boldsymbol{E})}{8\pi}$ 以及在能流表达式中出现附加项 $-\dfrac{\delta}{2c}\boldsymbol{E} \times \dfrac{\partial \boldsymbol{E}}{\partial t}$. 其次, 在 (11.36) 式中出现了一项 $A = (1/8\pi)(\boldsymbol{E} \times \partial\boldsymbol{E}/\partial t) \cdot \operatorname{grad}(2\delta_{\mathrm{II}} - \delta)$, 该项正比于 $\operatorname{grad}(2\delta_{\mathrm{II}} - \delta) = \operatorname{grad}(\delta_{\mathrm{II}} - \delta_{\mathrm{I}})$, 从而仅在介质分界面附近不为零 (亦即该项具有局域性). 如果 $A \neq 0$, 则在 $\delta_1 \neq \delta_{\mathrm{II}}$ 时在分界面处发生能量的释放或吸收. 这个结果当然非同寻常, 但在原则上是可能的, 例如在产生某种表面波时. 然而, $A$ 这一项的出现令人生疑并产生一个问

[261]

题, 即在一般情况下由于满足条件

$$\delta_{\mathrm{I}} = \delta_{\mathrm{II}} = \frac{1}{2}\delta \tag{11.37}$$

是否会使这一项消失? 条件 (11.37) 以及将其推广到各向异性介质情况的条件, 有时被认为是为了使坡印亭关系式 (11.36) 具有能量守恒定律的通常形式

$$\frac{\partial w}{\partial t} + \operatorname{div} \boldsymbol{S} = 0$$

而得出的, 其中 $w$ 为能量密度, $\boldsymbol{S}$ 为能流密度. 但是, 在计及色散与吸收时这样的论证并不充分. 不过, 条件 (11.37) 在一般形式上是正确的, 因为它是由动理学系数的对称性原理导出的[210]. 这个例子相当富有教益并且有用 (无论如何, 本书作者自认为举这个例子是非常恰当的, 因为他自己过去对此缺乏理解).

　　对具有空间色散的介质中的边值问题和具体边界条件的分析还远未完成. 幸运的是, 这种状况并未阻碍在利用张量 $\varepsilon_{ij}(\omega, \boldsymbol{k})$ 或相关张量的基础上对一系列问题进行研究的可能性. 例如, 因为对于正常波 (或者更一般地说, 无源时) div $\boldsymbol{D} = 0$, 在晶体光学中有时使用所谓横向介电张量 $\varepsilon_{\perp ij}(\omega, \boldsymbol{k})$ [262] 代替张量 $\varepsilon_{ij}(\omega, \boldsymbol{k})$. 在正常波中这个张量将电感应强度矢量与电场 $\boldsymbol{E}$ 的横向分量 $\boldsymbol{E}_{\perp}$ 关联起来, 亦即

$$D_i(\omega, \boldsymbol{k}) = \varepsilon_{\perp, ij}(\omega, \boldsymbol{k}) E_{\perp, j}(\omega, \boldsymbol{k}). \tag{11.38}$$

以下我们将不使用张量 $\varepsilon_{\perp ij}(\omega, \boldsymbol{k})$[①]; 它与张量 $\varepsilon_{ij}$ 的关系已在 [99] 中阐明.

　　由于在光学频段晶体中空间色散很弱 (满足条件 (11.22)), 实际上在所有已知的情况下, 都可以使用张量 $\varepsilon_{ij}(\omega, \boldsymbol{k})$ 或 $\varepsilon_{ij}^{-1}(\omega, \boldsymbol{k})$ 对 $\boldsymbol{k}$ 的幂级数展开 (保留两、三项) 来替代相对复杂的 $\boldsymbol{k}$ 的函数 ($\varepsilon_{ij}(\omega, \boldsymbol{k})$ 或 $\varepsilon_{ij}^{-1}(\omega, \boldsymbol{k})$ 通常如此). 在旋光性理论中早就采用了这种办法, 而且在级数展开中一般只保留了 $\boldsymbol{k}$ 的线性项, 所以[②]

$$\varepsilon_{ij}(\omega, \boldsymbol{k}) = \varepsilon_{ij}(\omega) + \mathrm{i}\gamma_{ijl}(\omega)k_l. \tag{11.39}$$

---

　　① 我们这里分别用下标 $\parallel$ 和 $\perp$ 表示纵向量和横向量. 同样我们也经常用下标 $l$ 和 $tr$ 来表示这两种量 (特别是, 在第 12 章中我们将这样做; 本章中由于下标过多, 这样做不太方便).

　　② 对于某些晶体 (晶类 $C_{3v}, C_{4v}, C_{3h}, D_{3h}$), 尽管没有反演中心, 张量 $\gamma_{ijl} = 0$. 在类似情况下, 偏振面的旋转由形为 $\mathrm{i}\gamma_{ijlmn}k_l k_m k_n$ 的展开项确定 ((11.39) 式中略去了这些项). 除此而外, 在四极矩吸收线的频率附近系数 $\gamma_{ijl}(\omega)$ 没有共振特征, 此时系数 $\gamma_{ijlmn}(\omega)$ 可以共振的方式依赖于 $\omega$. 在这种情况下 (11.39) 式略去的项的作用增大 (参见 [99], §6.2).

在作更普遍的研究时, 不用 (11.39) 式, 可以使用展开

$$\varepsilon_{ij}(\omega, \boldsymbol{k}) = \varepsilon_{ij}(\omega) + \mathrm{i}\gamma_{ijl}(\omega)k_l + \alpha_{ijlm}(\omega)k_l k_m \qquad (11.40)$$

或类似地, 对于逆张量

$$\varepsilon_{ij}^{-1}(\omega, \boldsymbol{k}) = \varepsilon_{ij}^{-1}(\omega) + \mathrm{i}\delta_{ijl}(\omega)k_l + \beta_{ijlm}(\omega)k_l k_m, \qquad (11.41)$$

其中 $\boldsymbol{k} = (\omega/c)\tilde{n}\boldsymbol{s}$, $\tilde{n} = n + \mathrm{i}\kappa$ 为沿 $\boldsymbol{s} = \boldsymbol{k}/k$ 方向传播的频率为 $\omega$ 的波的复折射率.

使用普遍形式的 $\varepsilon_{ij}$ 和 $\varepsilon_{ij}^{-1}$ 还是以 (11.40) 式和 (11.41) 式展开的 $\varepsilon_{ij}$ 和 $\varepsilon_{ij}^{-1}$ 在很宽的范围内是等价的, 究竟选用哪一种形式以用起来方便为准. 例外出现在当张量 $\varepsilon_{ij}(\omega)$ 或 $\varepsilon_{ij}^{-1}(\omega)$ 的分量趋于无穷大 (急剧增长) 的时候. 例如, 当张量 $\varepsilon_{ij}(\omega)$ 的某个分量趋于无穷大时, 如果此时系数 $\gamma_{ijl}(\omega), \alpha_{ijlm}(\omega)$ 等也趋于无穷大, 则对于 $\varepsilon_{ij}(\omega, \boldsymbol{k})$ 的相应分量的展开 (11.40) 式失去意义. 在这种情况下, 显然应当使用张量 $\varepsilon_{ij}^{-1}(\omega, \boldsymbol{k})$ 的展开, 这个展开在 $\varepsilon_{ij}^{-1}(\omega)$ 减小时特别有效. 类似地, 在 $\varepsilon_{ij}^{-1}(\omega)$ 的分量急剧增长区, 必须使用 (11.40) 式而不是 (11.41) 式的展开.

为了用一个初等的例子演示以上所述, 我们选择形为 $\varepsilon_{ij}(\omega, \boldsymbol{k}) = \varepsilon(\omega, \boldsymbol{k})\delta_{ij}$ 的 $\varepsilon_{ij}(\omega, \boldsymbol{k})$, 其中

$$\varepsilon(\omega, \boldsymbol{k}) = \varepsilon_0 - \frac{a}{\omega^2 - \omega_{\mathrm{i}}^2 + \mu k^2}.$$

如果将函数 $\varepsilon(\omega, \boldsymbol{k})$ 展开为 $k^2$ 的级数, 实际上这将是按比率 $\mu k^2/(\omega^2 - \omega_{\mathrm{i}}^2)$ 的各阶的展开. 由于在所研究的情况中

$$\varepsilon(\omega) = \varepsilon_0 - \frac{a}{\omega^2 - \omega_{\mathrm{i}}^2},$$

[263] 则在 $\omega \to \omega_{\mathrm{i}}$ 情况下, $\varepsilon(\omega) \to \infty$, 展开式 (11.40) 的其他系数也将趋于无穷大. 而在同时张量 $\varepsilon_{ij}^{-1}(\omega, \boldsymbol{k})$ 的展开式 (11.41) 实际上是按照比率 $\mu k^2/[(\omega^2 - \omega_{\mathrm{i}}^2)\varepsilon_0 - a]$ 的阶数展开, 因此在 $\omega \to \omega_{\mathrm{i}}$ 的情况下, (11.41) 式中的展开系数都是有限的.

今后将利用展开式 (11.39)—(11.41) 研究晶体光学中的空间色散效应. 因此, 除去已经讲过的使用这些展开的条件之外, 我们还注意到, 因为对于所有的真实介质, 张量 $\varepsilon_{ij}(\omega, \boldsymbol{k})$ 不仅依赖于 $\omega$, 也依赖于 $\boldsymbol{k}$, 经典晶体光学适用区的存在本身实际上是基于 $\boldsymbol{k} \to 0$ 时 $\varepsilon_{ij}(\omega, \boldsymbol{k})$ 和 $\varepsilon_{ij}^{-1}(\omega, \boldsymbol{k})$ 存在极限的假设, 而且在这个例子中 ($\varepsilon_{ij}(\omega, \boldsymbol{k})$ 和 $\varepsilon_{ij}^{-1}(\omega, \boldsymbol{k})$ 分别趋向的) 极限本身当 $\boldsymbol{k} \to 0$ 时与 $\boldsymbol{k}$ 的方向无关. 换句话说, 晶体光学的基础是假定在 $\boldsymbol{k}$ 很小

时张量 $\varepsilon_{ij}(\omega, \boldsymbol{k})$ 和 $\varepsilon_{ij}^{-1}(\omega, \boldsymbol{k})$ 是 $\boldsymbol{k}$ 的解析函数. 这一假定的正确性很大程度上表现在经典晶体光学框架内大量实验事实的成功解释. 张量 $\varepsilon_{ij}(\omega, \boldsymbol{k})$ 和 $\varepsilon_{ij}^{-1}(\omega, \boldsymbol{k})$ 作为 $\boldsymbol{k}$ 的函数在小 $\boldsymbol{k}$ 时解析性的严格证明可在微观理论框架内得到, 因为在微观理论中可以找到各种晶体的这些张量的显式. 对一些晶体的 $\varepsilon_{ij}(\omega, \boldsymbol{k})$ 和 $\varepsilon_{ij}^{-1}(\omega, \boldsymbol{k})$ 曾作过多次计算 (参见, 例如 [99]). 在我们已知的所有情况下, 无论是在共振区外还是其附近, 在计及衰减时, $\varepsilon_{ij}(\omega, \boldsymbol{k})$ 和 $\varepsilon_{ij}^{-1}(\omega, \boldsymbol{k})$ 在 $\boldsymbol{k} \to 0$ 时均是解析函数. 看来没有任何理由怀疑 $\varepsilon_{ij}(\omega, \boldsymbol{k})$ 和 $\varepsilon_{ij}^{-1}(\omega, \boldsymbol{k})$ 在 $\boldsymbol{k} \to 0$ 时的解析性.

最后还有一个涉及我们初始假设的说明.

如果不考虑衰减, 则 (11.40) 与 (11.41) 类型的展开在仅保留写出的几项情况下可能在如下的特殊场合是不充分的. 例如, 令 $\varepsilon_{ij}(\omega, \boldsymbol{k}) = \varepsilon(\omega, \boldsymbol{k})\delta_{ij}$, 而且

$$\varepsilon(\omega, \boldsymbol{k}) = \varepsilon(\omega) + \frac{\rho k^2}{(\omega - \omega_{\mathrm{i}})/(\omega_{\mathrm{i}} - \mu k^2)} \tag{11.42}$$

(注意 $\omega_{\mathrm{i}}$ 中的下标 i 当然与张量中的下标 $i, j$ 等毫无关系). 这样的表达式有时近似地描写四极矩吸收线频率附近 $\varepsilon(\omega, \boldsymbol{k})$ 的行为.

在 (11.42) 式中的 $\mu k^2$ 尚不重要时, 我们所要处理的是 (11.40) 类型的展开. 但在一般情况下, 我们有

$$[\varepsilon(\omega, \boldsymbol{k}) - \varepsilon(\omega)]^{-1} = \frac{(\omega - \omega_{\mathrm{i}})/\omega_{\mathrm{i}} - \mu k^2}{\rho k^2},$$

这既不对应于 (11.40) 式也不对应于 (11.41) 式. 不过, 对于任意晶体, 依据 (11.40) 式的唯象展开的精神, 容易推广 (11.42) 式为:

$$\left.\begin{array}{l}\varepsilon_{ij}(\omega, \boldsymbol{k}) = \varepsilon_{ij}(\omega) + \mathrm{i}\gamma_{ijl}(\omega)k_l + \alpha_{ijlm}(\omega, \boldsymbol{k})k_l k_m, \\[2mm] \alpha_{ijlm}^{-1}(\omega, \boldsymbol{k}) = \xi_{ijlm}(\omega) + \mathrm{i}\eta_{ijlmn}(\omega)k_n + \zeta_{ijlmnp}(\omega)k_n k_p.\end{array}\right\} \tag{11.43}$$

类似地可在 (11.40) 式中将 $\gamma_{ijl}(\omega)$ 换为 $\gamma_{ijl}(\omega, \boldsymbol{k})$, 等等. 对于非旋性立方晶体, 表达式 (11.43) 与 (11.42) 式等价, 而且　　　　　　　　　　　　　[264]

$$\alpha_{ijlm}k_l k_m = \frac{\rho(\omega)k^2}{(\omega - \omega_{\mathrm{i}})/\omega_{\mathrm{i}} - \mu k^2}\delta_{ij}.$$

若对 (11.42) 式稍作推广并将其写为

$$\varepsilon_{ij}(\omega, \boldsymbol{k}) = \varepsilon_{ij}(\omega) + \frac{a_{ijlm}(\omega)k_l k_m}{(\omega - \omega_{\mathrm{i}})/\omega_{\mathrm{i}} + \mathrm{i}\nu + \mu_{lm}k_l k_m} \tag{11.44}$$

的形式, 则在共振点 (亦即 $\omega \to \omega_{\mathrm{i}}$ 时) 当 $\nu = 0$ 时, 一般而言, 张量 $\varepsilon_{ij}(\omega, \boldsymbol{k})$ 在 $\boldsymbol{k} \to 0$ 时变得依赖于 $\boldsymbol{s} = \boldsymbol{k}/k$, 亦即成为 $\boldsymbol{k}$ 的非解析函数. 然而, 由于实

际上永远有 $\nu \neq 0$, 所以即使在共振点当 $\boldsymbol{k} \to 0$ 时 $\varepsilon_{ij}(\omega, \boldsymbol{k})$ 依赖于 $\boldsymbol{k}$ 的解析性质仍然保持. 因此, 仅当在共振点附近且忽略衰减时才产生对 (11.43) 型展开的要求. 在计及衰减的情况下, 一般而言, 只有在研究空间色散的更高阶效应时才会用到 (11.43) 形式的展开.

在 (11.39)—(11.41) 式中出现的张量满足由前面讨论过的张量 $\varepsilon_{ij}(\omega, \boldsymbol{k})$ 的对称性得出的一系列关系. 例如, 由于 (11.10)

$$\left.\begin{array}{ll} \varepsilon_{ij}(\omega) = \varepsilon_{ji}(\omega), & \varepsilon_{ij}^{-1}(\omega) = \varepsilon_{ji}^{-1}(\omega), \\ \gamma_{ijl}(\omega) = -\gamma_{jil}(\omega) & \delta_{ijl}(\omega) = -\delta_{jil}(\omega), \\ \alpha_{ijlm}(\omega) = \alpha_{jilm}(\omega) & \beta_{ijlm}(\omega) = \beta_{jilm}(\omega). \end{array}\right\} \tag{11.45}$$

此外, 张量 $\alpha_{ijlm}$ 和 $\beta_{ijlm}$ 永远可以取得使 $\alpha_{ijlm} = \alpha_{ijml}$ 和 $\beta_{ijlm} = \beta_{ijml}$ (以下我们将作这种选择). 也要记住, 如果没有相反的说法, 我们假设外场的磁感应强度矢量 $\boldsymbol{B}_{\mathrm{ext}}$ 处处为零.

当存在对称中心并且一般对于非旋性介质, 由 (11.12) 得出

$$\gamma_{ijl} = 0, \quad \delta_{ijl} = 0. \tag{11.46}$$

在没有吸收而且 $\boldsymbol{k}$ 为实矢量的情况下, 张量 $\mathrm{Im}\,\varepsilon_{ij}(\omega, \boldsymbol{k}) = 0$, 因此张量 $\varepsilon_{ij}(\omega, \boldsymbol{k}) = \mathrm{Re}\,\varepsilon_{ij}(\omega, \boldsymbol{k})$ 为厄米张量. 在此情况下, 由于 (11.45) 式, 所有的张量 $\varepsilon_{ij}(\omega), \varepsilon_{ij}^{-1}(\omega), \gamma_{ijl}(\omega), \delta_{ijl}(\omega), \alpha_{ijlm}(\omega)$ 以及 $\beta_{ijlm}(\omega)$ 全是实的. 上面提到过偶极子与四极子吸收线. 实际上, 在偶极子线附近使用展开 (11.39),(11.40) 或 (11.42) 即已足够, 而展开 (11.42)—(11.44) 在四极子吸收线时才可能首先遇到. 同时需要强调, 刚才提到的对 $\boldsymbol{k}$ 的级数展开并不是按多极子的展开. 而且, 表达式 (11.39)—(11.41) 的使用也不局限于任何谱线的区域. 还必须注意到, 在任意光学各向异性介质中以及在光传播的任意方向上, 吸收线的出现 (或者在忽略吸收时函数 $\tilde{n}^2 = n^2$ 中极点的出现) 与 $\varepsilon_{ij}(\omega, \boldsymbol{k})$ 分量的共振增长无关, 这从经典晶体光学的公式中已可清楚地看出 (参见, 例如 (11.27) 式).

[265]

张量 $\varepsilon_{ij}(\omega, \boldsymbol{k})$ 和 $\varepsilon_{ij}^{-1}(\omega, \boldsymbol{k})$, 当然还有出现在 (11.40) 及 (11.41) 式中的张量 $\varepsilon_{ij}(\omega), \varepsilon_{ij}^{-1}(\omega), \gamma_{ijl}, \delta_{ijl}, \alpha_{ijlm}$ 以及 $\beta_{ijlm}$, 在晶体中存在对称元素时均会大为简化. 例如, 存在对称中心时 $\gamma_{ijl} = \delta_{ijl} = 0$ (见 (11.46) 式), 而在各向同性非旋性介质中张量 $\alpha_{ijlm}$ 仅有两个独立分量, 因此在这种情况下 (也参见第 12 章):

$$\varepsilon_{ij}(\omega, \boldsymbol{k}) = \varepsilon(\omega)\delta_{ij} + \alpha_{tr}(\omega)(\delta_{ij} - s_i s_j)k^2 + \alpha_l(\omega)s_i s_j k^2. \tag{11.47}$$

考虑晶体对称性对我们感兴趣的 $\varepsilon_{ij}(\omega), \gamma_{ijl}(\omega), \alpha_{ijlm}(\omega)$ 以及其他张量

带来的后果已十分清楚并在 [99,211] 中作了详细讨论. 所以我们这里仅限于研究若干例子.

由关系式 (11.45) 得出, 张量 $\gamma_{ijl}$ (以及 $\delta_{ijl}$) 具有以下性质:

$$\gamma_{xx,l} = \gamma_{yy,l} = \gamma_{zz,l} = 0, \quad \gamma_{xy,l} = -\gamma_{yx,l},$$

$$\gamma_{yz,l} = -\gamma_{zy,l}, \quad \gamma_{zx,l} = -\gamma_{xz,l} \quad (l = 1,2,3 \equiv x,y,z).$$

这样一来, 张量 $\gamma_{ijl}$ 和 $\delta_{ijl}$ 在一般情况下有 9 个独立分量, 它们可以写为

$$\gamma_{ijl} = e_{ijm}g'_{ml}, \quad \delta_{ijl} = e_{imj}f'_{ml}, \tag{11.48}$$

其中 $e_{ijm}$ 为三秩单位赝张量 ($e_{123} = 1, e_{213} = -1, e_{112} = 0$ 等, 在镜面反射下 $e_{ijl}$ 不变), $g'_{ml}$ 和 $f'_{ml}$ 为二秩赝张量.

与张量 $g'_{ml}$ 和 $f'_{ml}$ 同样, 有时还引入由

$$g'_m = g'_{ml}k_l, \quad f'_m = f'_{ml}k_l, \quad \boldsymbol{k} = k\boldsymbol{s} \tag{11.49}$$

定义的旋转矢量 $\boldsymbol{g}'$ 和 $\boldsymbol{f}'$.

如果在 (11.40) 和 (11.41) 式中略去 $k$ 的平方项, 则借助旋转矢量可将这些关系式表示为以下形式:

$$D_i = \varepsilon_{ij}(\omega, \boldsymbol{k})E_j = \varepsilon_{ij}(\omega)E_j - \mathrm{i}(\boldsymbol{g}' \times \boldsymbol{E})_i, \tag{11.50a}$$

$$E_i = \varepsilon_{ij}^{-1}(\omega, \boldsymbol{k})D_j = \varepsilon_{ij}^{-1}(\omega)D_j - \mathrm{i}(\boldsymbol{f}' \times \boldsymbol{D})_i. \tag{11.50b}$$

由于空间色散很小, 对于旋性介质在大多数情况下使用 (11.50) 式已经足够. 因此, 我们今后研究的将不再是普遍展开式 (11.40) 和 (11.41), 而是对于旋性介质的表达式 (11.50) 以及对于非旋性介质的以下表达式:

$$\varepsilon_{ij}(\omega, \boldsymbol{k}) = \varepsilon_{ij}(\omega) + \left(\frac{\omega}{c}\right)^2 \alpha_{ijlm}(\omega)\tilde{n}^2 s_l s_m, \tag{11.51a}$$

[266]

$$\varepsilon_{ij}^{-1}(\omega, \boldsymbol{k}) = \varepsilon_{ij}^{-1}(\omega) + \left(\frac{\omega}{c}\right)^2 \beta_{ijlm}(\omega)\tilde{n}^2 s_l s_m. \tag{11.51b}$$

当然, 只要以相应的方式选取主轴, 总可以将张量 $\varepsilon_{ij}(\omega, \boldsymbol{k})$ 约化为对角形式[①]. 在任意 $\boldsymbol{s}$ 时, 这些轴的方向既不与 $\boldsymbol{s}$ 重合, 也不与 $\varepsilon_{ij}(\omega)$ 的主轴方向重合; 在这些情况下, 当 $\varepsilon_{ij}(\omega)$ 的主轴固定时 (亦即不存在出现在立方

---

[①] 如果张量 $\varepsilon_{ij}(\omega, \boldsymbol{k})$ 不是厄米张量, 则必须独立地研究由 $\varepsilon_{ij} = \varepsilon'_{ij} + \mathrm{i}\varepsilon''_{ij}$ 给出的厄米张量 $\varepsilon'_{ij}$ 和 $\varepsilon''_{ij}$, 而且这些张量的主轴 (更准确地说, 本征矢量, 一般情况下为复矢量) 可以不重合. 如果未作相反的说明, 我们在正文中所指的仅为张量 $\varepsilon'_{ij}$, 设其为实矢量.

晶体和单轴晶体中的简并时), 由于 (11.50) 和 (11.51) 式中依赖于 $s$ 的项很小, 张量 $\varepsilon_{ij}(\omega, \boldsymbol{k})$ 的轴接近于 $\varepsilon_{ij}(\omega)$ 的轴.

在具有空间色散的晶体光学中, 那些方向与 $s$ 重合的主轴自然是我们最感兴趣的. 对于正交晶系的晶体这些轴是 $x, y, z$ 轴. 例如, 若矢量 $s$ 的方向沿 $x$ 轴, 则 $\varepsilon_{ij}(\omega, \boldsymbol{k})$ 的主值等于 (此处及以下, 参见 [99] 中的表 III):

$$\varepsilon_1 \equiv \varepsilon_{xx}(\omega, \boldsymbol{k}) = \varepsilon_{xx}(\omega) + \left(\frac{\omega}{c}\widetilde{n}\right)^2 \alpha_{xxxx},$$

$$\varepsilon_2 \equiv \varepsilon_{yy}(\omega, \boldsymbol{k}) = \varepsilon_{yy}(\omega) + \left(\frac{\omega}{c}\widetilde{n}\right)^2 \alpha_{yyxx},$$

$$\varepsilon_3 \equiv \varepsilon_{zz}(\omega, \boldsymbol{k}) = \varepsilon_{zz}(\omega) + \left(\frac{\omega}{c}\widetilde{n}\right)^2 \alpha_{zzxx}.$$

在晶类为 $D_4, C_{4v}, D_{2d}$ 和 $D_{4h}$ 的四角晶系的晶体中, 对于方向沿 $x$ 和 $y$ 轴的矢量 $s$, 张量 $\varepsilon_{ij}(\omega, \boldsymbol{k})$ 被约化到主轴上, 而且主值各不相同. 如果矢量 $s$ 的方向沿着 $z$ 轴 (沿四重轴), 则

$$\varepsilon_1 = \varepsilon_2 = \varepsilon_\perp(\omega) + \left(\frac{\omega}{c}\widetilde{n}\right)^2 \alpha_{xxzz}, \quad \varepsilon_3 = \varepsilon_\parallel(\omega) + \left(\frac{\omega}{c}\widetilde{n}\right)^2 \alpha_{zzzz}.$$

我们这里不再讨论其他晶系的晶体而转到立方晶体上来. 在这种情况下我们有 (未写出的系数 $\alpha_{ijlm}$ 均为零),

[267]

$$\left.\begin{aligned}
&\alpha_1 = \alpha_{xxxx} = \alpha_{yyyy} = \alpha_{zzzz}, \quad \alpha_2 = \alpha_{xxzz} = \alpha_{yyxx} = \alpha_{zzyy}, \\
&\alpha_3 = \alpha_{xyxy} = \alpha_{yzyz} = \alpha_{zxzx}, \quad \alpha_4 = \alpha_{zzxx} = \alpha_{xxyy} = \alpha_{yyzz}, \\
&\varepsilon_{xx} = \varepsilon + \left(\frac{\omega}{c}\widetilde{n}\right)^2 (\alpha_1 s_x^2 + \alpha_4 s_y^2 + \alpha_2 s_z^2), \\
&\varepsilon_{xy} = 2\left(\frac{\omega}{c}\widetilde{n}\right)^2 \alpha_3 s_x s_y, \quad \varepsilon_{xz} = 2\left(\frac{\omega}{c}\widetilde{n}\right)^2 \alpha_3 s_x s_z, \\
&\varepsilon_{yy} = \varepsilon + \left(\frac{\omega}{c}\widetilde{n}\right)^2 (\alpha_2 s_x^2 + \alpha_1 s_y^2 + \alpha_4 s_z^2), \\
&\varepsilon_{zz} = \varepsilon + \left(\frac{\omega}{c}\widetilde{n}\right)^2 (\alpha_4 s_x^2 + \alpha_2 s_y^2 + a_1 s_z^2), \\
&\varepsilon_{yz} = 2\left(\frac{\omega}{2}\widetilde{n}\right)^2 \alpha_3 s_y s_z
\end{aligned}\right\} \tag{11.52}$$

(此外, 对于 $O, T_d$ 和 $O_h$ 晶类, $\alpha_2 = \alpha_4$; 在 $\varepsilon_{xy}, \varepsilon_{xz}$ 和 $\varepsilon_{yz}$ 的表达式中出现的因子 2 是由于 (11.51) 式中正比于 $s_x s_y$ 和 $s_y s_x$ 的项求和引起的). 由此很显然, 如果矢量 $s$ 沿 $x, y, z$ 轴中的任一个的方向, 立方体的 $x, y, z$ 轴是张量的主轴. 在此情况下相应的二阶表面在 $\alpha_2 = \alpha_4$ 时退化为旋转面 (椭球面或双曲面). 如果矢量 $s$ 的方向沿着立方体的空间对角线 ($|s_x| = |s_y| = |s_z| = 1/\sqrt{3}$),

则

$$\varepsilon_{xx} = \varepsilon_{yy} = \varepsilon_{zz} = \varepsilon + \frac{1}{3}\left(\frac{\omega}{c}\widetilde{n}\right)^2 (\alpha_1 + \alpha_2 + \alpha_4),$$

$$|\varepsilon_{xy}| = |\varepsilon_{xz}| = |\varepsilon_{yz}| = \frac{2}{3}\left(\frac{\omega}{c}\widetilde{n}\right)^2 \alpha_3.$$

最后, 我们来研究一下晶体光学中的一些空间色散效应. 前面已经指出过, 由于在光学中空间色散很弱, 我们首要的兴趣在于那些空间色散可以引起本质上新的或至少不只是在经典晶体光学的公式中产生无关紧要的修正项的情况. 与此相应, 以下的叙述远远不够完整并且基本上归结为对那些只有引进空间色散才可能发生的现象的分析. 前面已经强调过, 这一类效应中最重要的是旋光性 (自然旋光性). 对旋光性的唯象研究开展得很早, 而且在文献中已有足够详细的阐述 (参见, 例如,[61, 99, 211a], 但通常并没有明显地使用空间色散的概念①. 另一个重要的空间色散效应是存在非零的纵波群速度, 这个效应在等离子体应用中特别广为人知, 并将在第 12 章中再次提及. 所以, 我们这里只讨论两个空间色散效应: 有关立方晶体的光学各向异性和在共振点附近 (反常色散区内) 附加 (新的) 正常波的出现. [268]

立方晶体的光学各向异性早在 19 世纪就由洛伦兹所预言, 然而直至 1960 年才在 $Cu_2O$ 中波长为 $\lambda = 6125$ Å 的四极子跃迁区域首先发现 (引文见 [99] 中).

考虑空间色散时立方晶体中光学各向异性的出现可直接从关系式 (11.51) 得出. 对于立方晶体, 例如, 表达式 (11.51a) 取 (11.52) 的形式. 在函数 $\varepsilon(\omega)$ 的共振区之外, 我们可以使用关系式 (11.51) 中的任意一个. 如果考察 $\varepsilon(\omega)$ 的共振区, 则仅当使用张量 $\varepsilon_{ij}^{-1}(\omega, \boldsymbol{k})$ 的展开时空间色散才能正确地被计及.

如果不考虑空间色散, 则对于立方晶体张量 $\varepsilon_{ij}(\omega)$ 约化为标量, 从而对于折射率我们得到 $\widetilde{n}^2 = \varepsilon(\omega)$, 这表明晶体的光学性质和光的传播方向及偏振完全无关. 考虑空间色散时, 张量 $\varepsilon_{ij}(\omega, \boldsymbol{k})$ 不再能约化为标量 (参见 (11.52) 式). 将这一张量代入 (11.27) 式导致折射率平方 $\widetilde{n}^2$ 之值既与光传播方向有关也与其偏振有关, 这正与晶体的光学各向异性相对应. 由于系数 $\alpha_{ijlm}$ 与 $\beta_{ijlm}$ 为晶格常数 $a \sim 10^{-8} - 10^{-7}$ cm 平方的量级, 各向异性很小 (当 $\varepsilon_{ij} \sim 1$ 及 $\widetilde{n} \sim 1$ 时, 这一效应的量级为 $(\omega a/c)^2 = 2\pi a/\lambda_0)^2 \sim 10^{-4} - 10^{-5}$). 文献 [99] 中详细研究了不同晶类的立方晶体的 $\widetilde{n}^2$ 对光传播方向 $\boldsymbol{s} = \boldsymbol{k}/k$ 及光偏振的依赖关系.

---

① 为了描写旋光性介质, 形式上可以忽略与动理学系数对称性有关的要求, 研究非对称张量 $\varepsilon_{ij}(\omega)$.

现在转入对计及空间色散时产生新的 (附加) 波问题的讨论. 出现这种波的可能性可立即从普遍色散方程 (11.27) 看出. 事实上, 在忽略空间色散时, 这个方程是折射率平方 $\widetilde{n}^2$ 的二次方程 (亦即折射率 $\widetilde{n}$ 的双二次方程). 因此, 如前所述, 色散方程只有两个解 $\widetilde{n}_1^2$ 和 $\widetilde{n}_2^2$, 分别对应于两个正常波 (此时没有考虑纵波; 解 $\widetilde{n}_{1,2}$ 和 $-\widetilde{n}_{1,2}$ 对应的是向不同方向传播的波, 而不是不同类型的波). 考虑空间色散时, 色散方程 (11.27) 中的系数本身通过

[269]

$\varepsilon_{ij}(\omega, \boldsymbol{k}(\omega))$ 依赖于 $\widetilde{n}$, 其中 $\boldsymbol{k}(\omega) = \omega\widetilde{n}(\omega)\boldsymbol{s}/c$, 因为对于正常波, $\omega$ 与 $k$ 正好以色散方程相关联. 结果这个方程原则上有任意数量的解. 然而, 实际上至少非急剧衰减解 (即对应于非急剧衰减波) 的数目通常不是太多. 以上所述显然在弱空间色散情况也适用, 那时只会遇到一个或两个新的波 (解). 况且即使是这些新波在光学上也不容易观测, 到现在为止只是用间接方法才成功观察到 (参见 [99], §12). 虽然如此, 研究考虑空间色散时产生的新波无疑仍是很有意义的.

注意到今后研究波的传播特别是在吸收带附近的传播时我们将要使用逆介电张量的展开, 这种展开在最一般情况下可以写为以下形式:

$$\varepsilon_{ij}^{-1}(\omega, \boldsymbol{k}) = \widetilde{\varepsilon}_{ij}^{-1}(\omega, \boldsymbol{k}) + \mathrm{i}\delta_{ijl}(\omega, \boldsymbol{k})\frac{\omega\widetilde{n}}{c}s_l, \tag{11.53}$$

其中 $\widetilde{\varepsilon}_{ij}(\omega, \boldsymbol{k})$ 和 $\delta_{ijl}(\omega, \boldsymbol{k})$ 为 $\boldsymbol{k}$ 的偶函数 (亦即 $\widetilde{\varepsilon}_{ij}(\omega, -\boldsymbol{k}) = \widetilde{\varepsilon}_{ij}(\omega, \boldsymbol{k})$, $\delta_{ijl}(\omega, -\boldsymbol{k}) = \delta_{ijl}(\omega, \boldsymbol{k})$, 而且仅在无反演中心的晶体中 $\delta_{ijl \neq 0}$). 由于假设空间色散很小, 在 $\widetilde{\varepsilon}_{ij}(\omega, \boldsymbol{k})$ 和 $\delta_{ijl}$ 对 $\boldsymbol{k}$ 的级数展开中仅包含首项. 因此, 表达式 (11.53) 采用的是与前面已研究过的等价的形式.

对于介质中的非纵波, 电感应强度矢量 $\boldsymbol{D} \neq 0$. 因此, 方便对这些波的性质开展研究的坐标系应当是这样的: 选择 $z$ 轴沿 $\boldsymbol{k}$ 方向, 而对于电感应强度矢量, 由于关系式 $\boldsymbol{k} \cdot \boldsymbol{D} = 0$, 故等式 $D_z \equiv D_3 = 0$ 成立. 在这个坐标系中, 电感应强度矢量不为零的分量满足的方程 (等价于基本矢量方程 (11.22)) 的形式为

$$\left. \begin{array}{l} \left(\dfrac{1}{\widetilde{n}^2} - \widetilde{\varepsilon}_{xx}^{-1}\right)D_x - \widetilde{\varepsilon}_{xy}^{-1}D_y = \mathrm{i}\dfrac{\omega}{c}\widetilde{n}\delta_{123}D_y, \\[3mm] -\widetilde{\varepsilon}_{yx}^{-1}D_x + \left(\dfrac{1}{\widetilde{n}^2} - \widetilde{\varepsilon}_{yy}^{-1}\right)D_y = -\mathrm{i}\dfrac{\omega}{c}\widetilde{n}\delta_{123}D_x. \end{array} \right\} \tag{11.54}$$

我们选 $x$ 轴和 $y$ 轴的方向沿二维张量 $\widetilde{\varepsilon}_{ij}^{-1}(\omega, 0) = \varepsilon_{ij}^{-1}(\omega)$ 的主轴方向并利用 $1/\widetilde{n}_{01}^2$ 及 $1/\widetilde{n}_{02}^2$ 表示张量的主值. 在坐标轴的这种选择下, 分量 $\widetilde{\varepsilon}_{xy}^{-1}$ 及 $\widetilde{\varepsilon}_{yx}^{-1}$ 为 $k^2$ 量级的小量. 方程 (11.54) 的系数行列式为零的条件给出确定 $\widetilde{n}^2$ 可能值的方程. 如果略去量级为 $k^3, k^4$ 等的项, 这一方程的形式为

$$\left(\frac{1}{\widetilde{n}^2} - \widetilde{\varepsilon}_{xx}^{-1}\right)\left(\frac{1}{\widetilde{n}^2} - \widetilde{\varepsilon}_{yy}^{-1}\right) = \delta_{123}^2(\omega, \boldsymbol{k})\frac{\omega^2}{c^2}\widetilde{n}^2. \tag{11.55}$$

如果在方程 (11.55) 中取 $\delta_{123} = 0$ 及 $\boldsymbol{k} = 0$, 则其解 $\widetilde{n}_{1,2}^2 = \widetilde{n}_{01,2}^2$ 当然与 $\varepsilon_{ij} = \varepsilon_{ij}(\omega)$ 的菲涅耳方程的解相同. 倘若 $\delta_{123} \neq 0$ 与 $\boldsymbol{k} \neq 0$, 则对于给定方向 $\boldsymbol{s}$, 方程 (11.55) 即使在 $\widetilde{\varepsilon}_{xx}^{-1} = \varepsilon_{xx}^{-1}(\omega)$ 及 $\widetilde{\varepsilon}_{yy}^{-1} = \varepsilon_{yy}^{-1}(\omega)$ 时所确定出来的也不是两个而是好几个折射系数值 (在所考虑的近似下, 如所期望, 非纵波的方程 (11.55) 与方程 (11.27) 是同样的).

对于在不考虑空间色散时成为光学上各向同性的介质, 方程 (11.55) 的分析特别简单.

对于各向同性介质, 我们有 $\widetilde{\varepsilon}_{xx}^{-1}(\omega, 0) = \widetilde{\varepsilon}_{yy}^{-1}(\omega, 0) = 1/\varepsilon(\omega)$. 在这种情况下, 对于旋光性介质, 从方程 (11.55) 容易看出, 当 $\delta_{123} \neq 0$ 时可以忽略 $\widetilde{\varepsilon}_{xx}^{-1}, \varepsilon_{yy}^{-1}$ 和 $\delta_{123}$ 对 $\boldsymbol{k}$ 的依赖性, 从而我们得到方程

$$\left[ \frac{1}{\widetilde{n}^2} - \frac{1}{\varepsilon(\omega)} \right]^2 = \frac{\omega^2}{c^2} \delta_{123}^2 \widetilde{n}^2 \tag{11.56}$$

取代方程 (11.55) 来确定 $\widetilde{n}^2$.

显然这个方程有三个 $\widetilde{n}^2$ 的解, 亦即我们得到三个值 $\widetilde{n}_1^2, \widetilde{n}_2^2$ 和 $\widetilde{n}_3^2$. 可以证明这三个解都对应于相对大的波长, 并表明所有三个解都可以在宏观理论的框架内来处理. 特别是, 在共振点附近 (亦即当 $\omega \approx \omega_i$ 时, 在该处 $\varepsilon(\omega_i) \to \infty$) $\delta_{123}$ 对 $\omega$ 的依赖性可以忽略, 而 $\varepsilon(\omega)$ 在这一频率范围对 $\omega$ 的依赖关系假设是已知的; 此时方程 (11.56) 的解允许在共振区对于三个解都求出 $\widetilde{n}^2(\omega)$ 对 $\omega$ 的依赖关系, 并因此检验条件 $an/\lambda_0 \ll 1$ 的正确性 (参见 (11.20) 式). [99] 一书的 §6.3 中对所得结果的分析有详细的叙述. 所以我们这里只给出不考虑波的吸收时的若干结果. 此时 $\delta_{123}$ 和 $\varepsilon(\omega)$ 为实量, 而且在 $\omega \approx \omega_i$ 的区域内可以取

$$\varepsilon(\omega) = \varepsilon_0 - \frac{2A\omega_i^2}{\omega^2 - \omega_i^2} \approx \varepsilon_0 - \frac{A}{\xi}, \tag{11.57}$$

其中 $\xi = (\omega - \omega_i)/\omega_i$, $A = 2\pi e^2 N_{\text{eff}}/m\omega_i^2$, $e$ 及 $m$ 为自由电子的电荷和质量, $N_{\text{eff}}/N \equiv f_i$ 为振子强度, 其中 $N$ 为单位体积内的总电子数, 而 $N_{\text{eff}}$ 则为 $N$ 中的那部分在所研究光谱区内 "有效地" 确定介质光学性质的电子 (见下面).

对于这种情况, 由方程 (11.56) 的解所得到的 $n(\xi)$ 曲线的行为示于图 11.1. 图中绘出的色散曲线有趣的特点, 是在转折点 $\xi_{\text{m}} = (\omega_{\text{m}} - \omega_i)/\omega_i$ 的右侧只存在一个实数解, 而在其左侧则有三个实数解. 我们注意到多重解 (亦即转折点) 对应的频率值 $\omega_{\text{m}}$ 满足方程

$$\varepsilon(\omega_{\text{m}}) = \frac{2^{2/3}}{3} \left( \frac{\omega_{\text{m}}}{c} \delta_{123} \right)^{-2/3}. \tag{11.58}$$

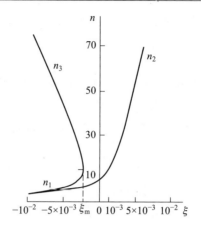

图 11.1　在旋光性但各向同性、无吸收介质情况下, 折射率 $n_1, n_2$ 和 $n_3$ 在共振频率附近对 $\xi = (\omega - \omega_\mathrm{i})/\omega_\mathrm{i}$ 的依赖关系. 在方程 (11.56) 和 (11.57) 中参数选取为: $A = 0.1, \varepsilon_0 = 3$ 及 $(\omega_\mathrm{i}/c)\delta_{123} = 10^{-3}$.

在各向同性非旋性介质中, 方程 (11.55) 的解甚至还要简单. 由于在这种情况下除了等式 $\widetilde{\varepsilon}_{xx}^{-1}(\omega, 0) = \widetilde{\varepsilon}_{yy}^{-1}(\omega, 0) = 1/\varepsilon(\omega)$ 之外, 条件 $\delta_{123} = 0$ 也适用, 方程 (11.55) 的形式为

$$\frac{1}{\widetilde{n}^2} - \frac{1}{\varepsilon(\omega)} = \frac{\omega^2}{c^2}\beta\widetilde{n}^2. \tag{11.59}$$

这个方程是在取

$$\widetilde{\varepsilon}_{xx}^{-1}(\omega, \boldsymbol{k}) = \widetilde{\varepsilon}_{yy}^{-1}(\omega, \boldsymbol{k}) = \frac{1}{\varepsilon(\omega)} + \beta k^2 \equiv \varepsilon^{-1}(\omega) + \frac{\omega^2}{c^2}\beta\widetilde{n}^2$$

时由 (11.55) 导出的.

方程 (11.59) 确定折射率的两个值 $\widetilde{n}_{1,2}^2$, 它们对应于光波的同一个偏振, 而且

$$\widetilde{n}_{1,2}^2 = -\frac{1}{2\varepsilon(\omega)\beta'} \pm \left\{\left[\frac{1}{2\varepsilon(\omega)\beta'}\right]^2 + \frac{1}{\beta'}\right\}^{1/2}, \tag{11.60}$$

其中 $\beta' = (\omega^2/c^2)\beta$. 当 $\beta' < 0$ 时由 (11.60) 得出, 在由方程

$$\varepsilon(\omega_\mathrm{m}) = \frac{1}{2}|\beta'|^{-1/2} \tag{11.61}$$

确定的频率 $\omega = \omega_\mathrm{m}$ 处, 解 $\widetilde{n}_1^2$ 和 $\widetilde{n}_2^2$ 相等. 因此, 频率 $\omega_\mathrm{m}$ 与转折点对应. 如果 $\beta' > 0$, 则不出现转折点. 由表达式 (11.57) 在 $\beta' = \pm 10^{-5}$ 时给出的共振点附近解 $\widetilde{n}_1^2$ 和 $\widetilde{n}_2^2$ 对频率的依赖关系示于图 11.2. 在使用简单模型时图变得更为清晰和直观 (见下面的图 11.4b 及其说明). 一般而言, 考虑衰减将极

大地改变 $\tilde{n}_{1,2}^2$ 的频率依赖关系. 还要指出的是, 在各向异性、非旋性介质情况下, 色散行为与各向同性介质定性相同. 唯一存在的差别仅在于对于各向异性介质, 在 $\delta_{123}=0$ 及 $\boldsymbol{k}=0$ 时满足方程 (11.55) 的共振解 $n_{02}^2$ 和 $n_{01}^2$ 一般并不相等, 在共振解 $n_{01}$ 附近出现类型 1 的新波, 而在共振解 $n_{02}$ 附近出现类型 2 的新波. 文献 [99] 研究了各向异性 (包括旋性和非旋性的) 介质中这些新的 (附加) 波的色散曲线特征和偏振. 考虑空间色散在某些情况下对于光学频段的表面波理论, 或者如通常所说, 在激子与电磁耦子的表面波理论中也是重要的.

[272]

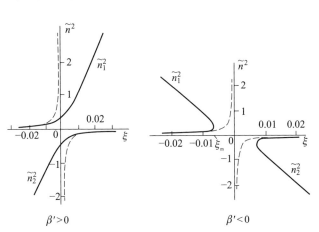

图 11.2　各向同性且无吸收、非旋性介质情况下在频率 $\omega_i$ 附近 $\tilde{n}^2$ 对 $\xi = (\omega - \omega_i)/\omega_i$ 的依赖关系; 虚线对应于 $\beta' = 0$. 纵轴之值为 $10^{-3}\tilde{n}^2$. 方程 (11.57) 和 (11.60) 参数选取为: $A = 1, \varepsilon_0 = 0$ 及 $|\beta'| = 10^{-5}$.

然而, 我们应当再一次强调指出, 由于系数 $(\omega/c)\delta \sim 2\pi a/\lambda \sim 10^{-2}$–$10^{-3}$ 以及 $\beta' = (\omega^2/c^2)\beta \approx 4\pi^2 a^2/\lambda^2 \sim 10^{-4} - 10^{-5}$ 非常小, 光学中空间色散效应很微弱. 这样在大多数问题中略去空间色散也就是可以理解的了. 同样也可以理解的是, 随着测量技术的完善以及被考察现象和对象的扩展, 现在在光学中 (更不用说在等离子体中) 考虑空间色散的意义为什么会日渐增长.

相当令人好奇的是, 在理论和实验领域的真正进展有时总是伴随着一些似是而非的成就, 这些所谓成就基本上与引进新名词但忘却久已知晓的结果有关. 在我们看来, 电磁耦子问题可以作为典型事例. 由于它有助于对波在介质中传播的物理图像的理解, 我们不妨对此问题作些说明.

首先我们回想一下色散的经典理论, 为此我们研究一个电荷为 $q$ 质量为 $M$ 的振子在电场 $\boldsymbol{E} = \boldsymbol{E}_0 e^{-i\omega t}$ 作用下的运动. 振子的运动方程及其受迫

解分别为

[273]

$$\ddot{\boldsymbol{r}} + \omega_i^2 \boldsymbol{r} = \frac{q}{M}\boldsymbol{E} = \frac{q}{M}\boldsymbol{E}_0 \mathrm{e}^{-\mathrm{i}\omega t}, \quad \boldsymbol{r} = -\frac{q}{M(\omega^2 - \omega_i^2)}\boldsymbol{E}_0 \mathrm{e}^{-\mathrm{i}\omega t}. \tag{11.62}$$

如果对作用的电场和平均电场不加区分, 并认为介质由密度为 $N$ 的独立振子 (11.62) 构成, 则极化矢量 $\boldsymbol{P}$ 等于

$$\boldsymbol{P} = qN\boldsymbol{r} = -\frac{q^2 N}{M(\omega^2 - \omega_i^2)}\boldsymbol{E} = \frac{\varepsilon - 1}{4\pi}\boldsymbol{E}. \tag{11.63}$$

在由两个相对振动的次晶格构成的立方晶格情况, $\boldsymbol{r}$ 起次晶格中电荷位移的作用, 而 $q$ 和 $M$ 分别为每个元胞或离子的有效电荷和约化质量. 如果引入记号 $4\pi q^2 N/M = 4\pi e^2 f_i/m = \Omega_i^2$ ($f_i$ 为振子强度), 并在 $\varepsilon$ 上添加某一常数 $\varepsilon_0 - 1$, 则我们从 (11.63) 式得到

$$\varepsilon(\omega) = \varepsilon_0 + \frac{\Omega_i^2}{\omega_i^2 - \omega^2}. \tag{11.64}$$

这个表达式显然等价于 (11.57) 式, 该式适用于相当多的场合, 不过仅在共振频率 $\omega \approx \omega_i$ 附近. 函数 (11.64) 的形式可从图 11.3 清楚地看出. 显然, 当 $\omega = \omega_i \equiv \omega_\perp$ 时 $\varepsilon(\omega) = \infty$, 而当 $\omega = \omega_\parallel = (\omega_\perp^2 + \Omega_i^2/\varepsilon_0)^{1/2}$ 时 $\varepsilon(\omega) = 0$, 同时在 $\omega_\perp < \omega < \omega_\parallel$ 区域内函数 $\varepsilon(\omega) < 0$.

我们知道, 对于在各向同性介质中传播的横波 $c^2 k^2/\omega^2 \equiv n^2(\omega) = \varepsilon(\omega)$. 可以将这一关系式看作函数 $\omega(k)$ 在正常波中的方程. 从 (11.64) 式和图 11.3 马上可以搞清楚 $\omega(k)$ 函数关系的形式, 这种函数关系示于图 11.4a. 在频率 $\omega_\parallel$ 处也可存在纵波. 曲线 $\omega(k)$ 的上半支 $\omega_+(k)$ 随 $k$ 的增长渐近地接近直线 $\omega = ck/\sqrt{\varepsilon_0}$, 因为当 $\omega \to \infty$ 时介电常量 $\varepsilon(\omega) \to \varepsilon_0$. 曲线 $\omega(k)$ 的下半支 $\omega_-(k)$ 当 $k \to 0$ 时趋于直线

$$\omega = ck[\varepsilon(0)]^{-1/2}, \quad \varepsilon(0) = \varepsilon_0 + \frac{\Omega_i^2}{\omega_\perp^2}.$$

[274]

十分清楚, 由图 11.3 向图 11.4 的转换并没有使我们脱离开经典色散理论的范围. 当然, 波在固体中传播时也是如此, 那时对应于图 11.4(a) 的上、下半支的波近年来通常被称作电磁耦子. 我们可以看出在经典图像中电磁耦子就是 19 世纪研究过的固体中的正常电磁波. 在量子术语中电磁耦子为具有能量 $\hbar\omega(k)$ 的 "固体中的光子". 当然在计及空间色散时图像会复杂化, 但是在最简单甚至又是特别重要的特殊情况下, 形式上一切归结为在 (11.64) 式中将常量 $\omega_i \equiv \omega_\perp$ 换为函数 $\omega_\perp(k)$. 作为实例, 图 11.4(b) 中绘出了 $\omega_\perp^2(k) = \omega_\perp^2(0) + a^2 k^2$ 情况下 $\omega(k)$ 的曲线 (详情见图 11.4 的图例说明).

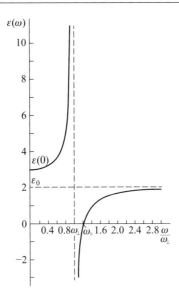

图 11.3　介电常量对 $\omega/\omega_\perp$ 的依赖关系. 图中假设 $\varepsilon_0 = 2, \Omega_i/\omega_i \equiv \Omega_i/\omega_\perp = 1$, 亦即 $\varepsilon(\omega) = 2 + (1 - \omega^2/\omega_\perp^2)^{-1}$.

考虑空间色散后, 实质上新的内容是 (在某一频率区域内) 出现了两 [275] 个新解——两个在给定频率值和给定偏振下具有不同波矢的正常电磁波 (电磁耦子). 这两个解中具有大的 $k$ 值 (以及通常具有此处未考虑的大的 吸收) 的第二个, 正是前面提到过的 "附加" 波或 "新" 波. 此外, 考虑空间 色散后, 代替只有一个频率 $\omega_\parallel$ 的纵波, 出现了具有频率 $\omega_\parallel(\boldsymbol{k})$ 的纵波分支. 这些纵波的意义在等离子体的例子中最为鲜明 (参见第 12 章).

我们应当强调指出, 这些所谓的 "新" 波在一定的意义上实际不能认 为是新的. 原因是, 考虑推迟及空间色散时在晶体谱中没有出现元激发的 任何新的分支, 而是出现了已存在分支的 "混合", 或者更准确地说, 已存在 分支的变形. 例如, 在上面所举的由两个次晶格组成晶体的例子中, 在没 有横向电磁场时次晶格间可以以频率 $\omega_i \equiv \omega_\perp$ 相对振动 (光学振动及相应 的光学声子). 即便我们不计及推迟效应 (与横场的联系) 光学振动频率 $\omega_\perp$ 也依赖于 $\boldsymbol{k}$, 亦即存在完整的光学振动分支. 使用完备的场方程组自然也 就计及了推迟效应, 此时出现了正常波的统一分支 (特别是参见图 11.4(b)). 所有这些结果在晶格振动的经典理论框架中早已知晓[212]. 除了引进一个 术语 "电磁耦子" 之外, 这个领域内真正新的东西是涉及一系列具体情况 的量子理论的发展 (见 [99, 213]).

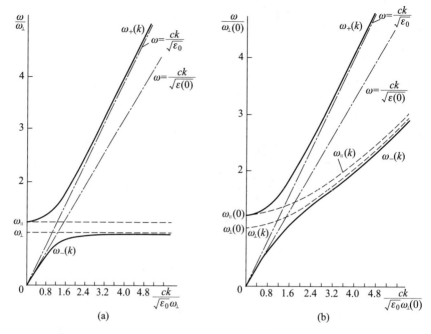

图 11.4 可以在具有 (11.64) 型介电常量 $\varepsilon(\omega)$ 的各向同性介质中传播的正常波 (电磁耦子) 的频率 $\omega$ 对波数 (波矢长度) $k$ 的依赖关系. (a) 未考虑空间色散, 亦即 $\omega_i \equiv \omega_\perp = \mathrm{const.}$ 假设 $c^2 k^2 / \omega^2 = \varepsilon(\omega) = 2 + (1 - \omega^2 / \omega_\perp^2)^{-1}$. (b) 考虑空间色散, 此时 $\varepsilon(\omega, k) = 2 + [\omega_\perp^2(k) / \omega_\perp^2(0) - \omega^2 / \omega_\perp^2(0)]^{-1}$, 亦即 $\varepsilon_0 = 2$, $\Omega_i^2 / \omega_\perp^2(0) = 1$ 以及 $\omega_\perp^2(k) = \omega_\perp^2(0) + a^2 k^2$, 其中 $a^2 = \frac{1}{5} c^2$. 分支 $\omega_\pm(k)$ 对应于方程 $c^2 k^2 / \omega^2 = \varepsilon(\omega, k)$ 的解, 而纵波分支 $\omega_\parallel(k)$ 为方程 $\varepsilon(\omega, k) = 0$ 的解. 实际上, 根据方程 (11.47) 和 (12.36) (见后), 对于横波和纵波, 函数 $\varepsilon(\omega, k)$ 一般是不同的, 它们分别等于 $\varepsilon_{tr}(\omega, k)$ 与 $\varepsilon_l(\omega, k)$, 而且 $\varepsilon_{tr}(\omega, 0) = \varepsilon_l(w, 0) = \varepsilon(0)$. 但是在绘制图 11.4(b) 时为了简单假设了 $\varepsilon_{tr}(\omega, k) = \varepsilon_l(\omega, k) = \varepsilon(\omega, k)$.

# 第十二章

# 等离子体中的介电常量与波在等离子体中的传播

等离子体的介电常量 (初等理论与动理学理论). 波在各向同性均匀等离子体中的传播及在均匀磁化等离子体中的传播.

强电离或完全电离气体是典型的等离子体. 弱电离气体以及半导体和金属中的电子气或电子液体通常也称作等离子体 (后两种情况应用于固体亦称为固体等离子体). 毫无疑问, 各种不同类型的等离子体具有许多共同之处. 不过, 以下我们只讨论非相对论性气体等离子体, 描述这类等离子体通常只使用经典近似即已足够, 具体说来, 可以使用经典非相对论动理学方程. 在天体物理学、电离层物理学以及用非稠密等离子体分析热核聚变时 (当然在借助激光或强粒子束加热和压缩凝聚态重水靶丸时情况要更为复杂一些) 的大多数情况下, 我们碰到的正是这一类等离子体.

对等离子体特别是对等离子体中波的传播的研究已有大量文献, 论文数当以数万篇计. 这个领域的问题以及不同的特殊情况和课题是如此之多, 只有用一系列的书籍方足以阐述. 这在很大程度上已经做到了, 但我们这里只限于提及若干书籍 [62a, 108, 109, 136, 203–206, 214–216], 这些书中也包含了大量文献. 所以在本书中我们仅涉及等离子体物理的某些问题, 而我们这样做的原因有两个. 其一, 以等离子体为例可以将涉及色散介质理论的一系列普遍结果 (参见第 11 章) 具体化并解释清楚. 其二, 等离子体是天体物理学和电离层物理学中的极端重要的研究对象. 然而在经典电磁理论教程中通常对等离子体完全没有予以足够的注意, 专门的等离子体物理课程又远未面对所有人开设. 因此, 即使在本章中只讲述若干等离子体物理问题, 可能对读者也是有益或至少是合适的 (涉及等离子体物理的一些结果和说明已经包含在前几章尤其是第 7 章中, 但就像在别的场合一样, 我们不厌重复). 有关这些问题的详情, 读者可以从上面提到的书籍中找到 (本章的讲述风格与所含内容自然特别接近于专著 [109, 205]).

[277]

以下我们只研究两个问题: 计算等离子体的介电张量 $\varepsilon_{ij}(\omega, \boldsymbol{k})$ 和研究不同的正常波在均匀等离子体中的传播. 在需要考虑热运动及存在外磁场 $\boldsymbol{H}_0 = \boldsymbol{B}_0$ 的一般情况下, 张量 $\varepsilon_{ij}$ 的计算和紧接着的正常波研究十分复杂或至少是相当繁复. 由于我们希望理解物理图像、事物的本质而不是大量的细节, 我们将本着从简单到复杂的原则, 循序渐进.

对问题的最简单的提法是: 研究各向同性等离子体 (亦即取 $\boldsymbol{H}_0 = 0$) 并忽略热运动. 在这些条件下 (以及在 $\boldsymbol{H}_0 \neq 0$ 但仍忽略热运动时), 使用归结为单个粒子 (电子和离子) 在频率为 $\omega$ 的电场中的有序运动的所谓 "初等理论", 即可计算 $\varepsilon_{ij}$.

为了简单起见, 我们假定离子是一次电离的 (当然, 在氢的情况下这一条件自动满足) 并认为不存在负离子, 同时使用准中性条件 $N \equiv N_{\mathrm{e}} = N_{\mathrm{i}}$ (此处 $N_{\mathrm{e}}$ 和 $N_{\mathrm{i}}$ 分别为电子和离子密度; 电子电荷 $e < 0$). 在准中性条件下, 等离子体中显然没有体电荷, 因为电荷密度 $\rho = e(N - N_{\mathrm{i}})$. 当然准中性条件可以被破坏, 然而, 当我们讨论的是诸如天体物理学和电离层问题中的典型的大体积时, 密度差 $|N - N_{\mathrm{i}}| \ll N$. 这一结果得到使用场方程

$$\operatorname{div} \boldsymbol{E} = 4\pi\rho = 4\pi e(N - N_{\mathrm{i}}) \tag{12.1}$$

给出的估计和以下事实的支持: 存在电场时等离子体中将产生电流, 大多数情况下足够快地导致体电荷消失 (这与带入等离子体中的外电荷附近的空间电荷或组成等离子体的单个电荷附近的场无关, 参见后面的叙述).

各向同性等离子体中的电流密度为

$$\boldsymbol{j} = e\sum_{n=1}^{N}(\dot{\boldsymbol{r}}_n - \dot{\boldsymbol{r}}_n^{(\mathrm{i})}) = -\frac{\mathrm{i}\omega(\boldsymbol{D} - \boldsymbol{E})}{4\pi} = \boldsymbol{j}_{\mathrm{cond}} - \mathrm{i}\omega\boldsymbol{P}$$
$$= \left(\sigma - \mathrm{i}\frac{\varepsilon' - 1}{4\pi}\omega\right)\boldsymbol{E} = -\frac{\mathrm{i}\omega}{4\pi}(\varepsilon - 1)\boldsymbol{E}. \tag{12.2}$$

其中 $\boldsymbol{j}_{\mathrm{cond}} = \sigma\boldsymbol{E}$ 为传导电流密度, $\boldsymbol{P} = (4\pi)^{-1}(\varepsilon' - 1)\boldsymbol{E}$ 为极化矢量, $\varepsilon \equiv \varepsilon' + \mathrm{i}\varepsilon'' \equiv \varepsilon' + 4\mathrm{i}\pi\sigma/\omega$ 为复介电常量 ($\varepsilon' = \operatorname{Re}\varepsilon$, $\sigma$ 为电导率), 并假设电场强度 $\boldsymbol{E}$ 为单色的 ($\boldsymbol{E} = \boldsymbol{E}_0\mathrm{e}^{-\mathrm{i}\omega t}$). 表达式之所以这样写, 是为了阐明文献上遇

[278]

到的各种记号的含义①. 仅在对粒子数求和时才考虑到 (12.2) 式中的准电中性 (在 (12.2) 式中, 显然, $r_n$ 和 $r_n^{(i)}$ 分别为第 $n$ 个电子和第 $n$ 个离子的径矢).

在没有外磁场 $H_0$ 时, 如果我们忽略碰撞并采用局域性考虑 (亦即不计及空间色散, 此时可认为电场 $E$ 是均匀的), 则电子和离子的方程的形式分别为

$$m\ddot{r}_n = eE_0 e^{-i\omega t}, \quad M\ddot{r}_n^{(i)} = -eE_0 e^{-i\omega t}, \tag{12.3}$$

其中 $m$ 和 $M$ 分别为电子和离子的质量.

由此可得, 例如

$$r_n = -\frac{eE}{m\omega^2} + r_n^{(0)}(t).$$

其中 $r_n^{(0)}(t)$ 为不存在电场时电子的径矢. 由方程 (12.2) 和 (12.3) 容易得到

$$P = \frac{\varepsilon' - 1}{4\pi}E = -\frac{e^2}{\omega^2}\left(\frac{1}{m} + \frac{1}{M}\right)NE,$$

由于按照假定没有电场时 $P = 0$, 故上式中不出现含 $r_n^{(0)}$ 和 $r_n^{(1,0)}$ 的项. 离子对 $P$ 的贡献只有量级为 $m/M \lesssim 10^{-3}$ 的修正, 故可忽略不计.

于是, 我们有

$$\varepsilon = \varepsilon' = 1 - \frac{4\pi e^2 N}{m\omega^2} \equiv 1 - \frac{\omega_{\mathrm{pe}}^2}{\omega^2} = 1 - 3.18 \times 10^9\frac{N}{\omega^2} = 1 - 8.06 \times 10^7\frac{N}{\nu^2}, \tag{12.4}$$

其中 $\omega_{\mathrm{pe}} \equiv \omega_{\mathrm{p}} = (4\pi e^2 N/m)^{1/2}$ 为电子等离子体频率, $\nu = \omega/2\pi$ 并使用电子的已知参数值 ($|e| = 4.84 \times 10^{-10}$ esu, $m = 9.1 \times 10^{-28}$ g).

在以上假设中电导率 $\sigma$ 等于零是完全可以理解的, 由于没有碰撞, 电子和离子只能在场的作用下振动, 而不可能将自己的能量传递给其他的电子、离子或分子. 在初等理论的框架内, 可以通过引入某种摩擦力 $m\nu_{\mathrm{eff}}\dot{r}_n$ 的方式考虑碰撞的影响, 该力等于单位时间内粒子动量的平均改变. 如果认为电子与离子或分子每一次碰撞平均损失全部有序运动的动量 $m\dot{r}_n$, 则 $\nu_{\mathrm{eff}}$ 为每秒碰撞数. 事实上, 在不同的碰撞情况下动量的改变也是不同的, 因此 $\nu_{\mathrm{eff}}$ 起有效碰撞数的作用. 因此严格说来, $\nu_{\mathrm{eff}}$ 并不确定, 它只是被用作平均摩擦力正比于 $\dot{r}_n$ 的假设. 实际上从气体分子动理论可知, 在与分子碰撞时, $\nu_{\mathrm{eff}} = \pi a^2 N_{\mathrm{m}}\bar{v}$, 其中 $a$ 为分子的有效半径 (分子密度为 $N_{\mathrm{m}}$), $\bar{v}$ 为电子的某种平均热运动速度. 电子与分子和离子碰撞时 $\nu_{\mathrm{eff}}$ 的更为确定的表

[279]

---

① 还应当注意到, 也常用 $E = E_0 e^{i\omega t}$ 表示电场, 这导致我们这里所使用的量的复共轭出现. 除此之外, 电导率 $j_{\mathrm{cond}}$ 常记为 $j$, 而总电流 $-i\omega D/4\pi$ 或不引进, 或标记为 $j'$ (参见 [109]).

达式应由动理学研究得到, 但在初等理论中已可使用 $\nu_{\text{eff}}$ 这个物理量. 于是, 在考虑碰撞时

$$m\ddot{\boldsymbol{r}}_n + m\nu_{\text{eff}}\dot{\boldsymbol{r}}_n = e\boldsymbol{E}_0 e^{-i\omega t}, \tag{12.5}$$

采用以上步骤, 我们得到

$$\left.\begin{aligned}
\varepsilon &= 1 - \frac{4\pi e^2 N}{m\omega(\omega + i\nu_{\text{eff}})} \equiv \varepsilon' + i\varepsilon'' \equiv \varepsilon' + i\frac{4\pi\sigma}{\omega}, \\
\varepsilon' &= 1 - \frac{4\pi e^2 N}{m(\omega^2 + \nu_{\text{eff}}^2)}, \quad \sigma = \frac{1 - \varepsilon'}{4\pi}\nu_{\text{eff}} = \frac{e^2 N \nu_{\text{eff}}}{m(\omega^2 + \nu_{\text{eff}}^2)}.
\end{aligned}\right\} \tag{12.6}$$

在重要的极限情况下, 我们有

$$\varepsilon' = 1 - \frac{4\pi e^2 N}{m\omega^2}, \sigma = \frac{e^2 N \nu_{\text{eff}}}{m\omega^2} = 2.53 \times 10^8 \frac{N\nu_{\text{eff}}}{\omega^2} \quad (\omega^2 \gg \nu_{\text{eff}}^2), \tag{12.7}$$

$$\varepsilon' = 1 - \frac{4\pi e^2 N}{m\nu_{\text{eff}}^2}, \sigma = \frac{e^2 N}{m\nu_{\text{eff}}} \quad\quad\quad\quad\quad (\omega^2 \ll \nu_{\text{eff}}^2). \tag{12.8}$$

当然, 在低频极限 (12.8) 式中电导率与在初等理论中得到的静态电导率相同 ($\nu_{\text{eff}}^{-1} = \tau_{\text{eff}}$ 其中 $\tau_{\text{eff}}$ 为与 $\nu_{\text{eff}}$ 同时使用的有效自由飞行时间).

在推导 $\varepsilon$ 的表达式时, 我们假设了作用在电子上的场 $\boldsymbol{E}_{\text{act}} \equiv \boldsymbol{E}_{\text{eff}}$ 等于宏观 (平均) 场 $\boldsymbol{E}$, 因为我们代入运动方程 (12.3) 和 (12.5) 的正是这个场. 其实从电介质理论已知, $\boldsymbol{E}_{\text{eff}}$ 和 $\boldsymbol{E}$ 相互并不相等, 对于最简单的电介质模型 (参见第 6 章以及, 例如 [110]) $\boldsymbol{E}_{\text{eff}} = \boldsymbol{E} + \frac{4}{3}\pi\boldsymbol{P} = \frac{1}{3}(\varepsilon + 2)\boldsymbol{P}$. 在等离子体 (以及一般而言良导电介质) 中类似的公式不适用, 并且严格阐明 $\boldsymbol{E}_{\text{eff}}$ 和 $\boldsymbol{E}$ 之间的关系并不是一件容易的任务 (参见 [109] 及其中所附文献). 在气体等离子体中, 如我们前面所做的那样, 可以以很高的精确度假定

$$\boldsymbol{E}_{\text{eff}} = \boldsymbol{E}, \tag{12.9}$$

今后我们也维持这一假定. 但是我们指出, 在运用到稠密 (金属) 等离子体以及考虑非线性效应时, 必须对作用场作更为细致的分析. 与这一说明相关, 要强调指出, 我们这里处处都限于线性近似, 即我们研究的是等离子体的线性电动力学. 强场情况下 (有关何时可认为场是强场的问题需要特别的分析[①]) 图像显著复杂化, 至今仍是大量研究工作的对象 (参见 [135, 136, 215]).

[280]　　　在此解释一下为何将场方程中的一个写作式 (12.1) 而不是写作 $\text{div}\,\boldsymbol{D} = \text{div}\,\varepsilon\boldsymbol{E} = 4\pi\rho_{\text{ext}}$ 的形式 (参见, 例如 (11.1) 式), 也许并不多余. 原因在于, 在方

---

① 例如, 一般而言, 当电子的有序运动速度比起其热运动速度小得多, 亦即 $\dot{r} \sim eE_0/m\omega \ll \bar{v} \sim (kT/m)^{1/2}$ 时, 在无碰撞时各向同性等离子体中的线性近似是适用的.

程 (12.1) 中假定了不存在外电荷并使用了方程 $\mathrm{div}\,\boldsymbol{D} = \mathrm{div}\,\boldsymbol{E} + 4\pi\,\mathrm{div}\,\boldsymbol{P} = 0$. 其次, 假定了极化源为所研究的电子和离子, 因此 $\mathrm{div}\,\boldsymbol{P} = e(N - N_\mathrm{i})$. 换句话说, 介电常量 $\varepsilon$ 与 1 的差别取决于所研究的电子和离子, 如果我们将方程写为 $\mathrm{div}\,\varepsilon\boldsymbol{E} = 4\pi e(N - N_\mathrm{i})$ 的形式, 尽管初看起来这似乎是自然的, 但已经把同一个效应考虑了两次.

由于初等公式 (12.6)—(12.8) 有非常广的应用范围, 我们这里给出若干有效碰撞数 $\nu_\mathrm{eff}$ 的表达式 (见 [109]). 一般而言, 不可能得到精确计算的电子与分子的碰撞数, 故广泛使用实验数据. 如果把分子看作半径为 $a$ 的刚球, 则

$$
\nu_{\mathrm{eff,m}} =
\begin{cases}
\dfrac{4}{3}\pi a^2 \overline{v} N_\mathrm{m} = 8.3 \times 10^5 \pi a^2 T^{1/2} N_\mathrm{m} & (\omega^2 \gg \nu_\mathrm{eff}^2), & (12.10) \\[2mm]
\dfrac{3\pi}{8}\pi a^2 \overline{v} N_\mathrm{m} & (\omega^2 \ll \nu_\mathrm{eff}^2), & (12.11)
\end{cases}
$$

其中 $\overline{v} = (8\kappa T/\pi m)^{1/2}$ 是温度为 $T$ 的平衡速度分布时的电子的算术平均速度. 表达式 (12.10) 和 (12.11) 的差别并不显著 ($\dfrac{4}{3} \approx 1.33$ 及 $\dfrac{3}{8}\pi \approx 1.18$), 特别是考虑到这里针对的是刚球这个 "极限" 模型. 然而从这个例子已可明白, 初等理论带有近似特征而且有效碰撞数实际上是频率的函数.

对于电子与离子的碰撞 ($N = N_\mathrm{i}$), 我们有

$$
\nu_{\mathrm{eff},i} = \pi \frac{e^4}{(\kappa T)^2} \overline{v} N \ln\left(0.37 \frac{\kappa T}{e^2 N^{1/3}}\right) = \frac{5.5N}{T^{3/2}} \ln\left(220 \frac{T}{N^{1/3}}\right) \quad (\omega^2 \gg \nu_\mathrm{eff}^2),
\tag{12.12}
$$

$$
\nu_{\mathrm{eff},i} = \frac{1.6N}{T^{3/2}} \ln\left(324\gamma \frac{T}{N^{1/3}}\right), \gamma \sim 1 \quad (\omega^2 \ll \nu_\mathrm{eff}^2).
\tag{12.13}
$$

(12.13) 式之值大约为 (12.12) 式的三分之一, 然而它们之间这么大的差别总有些令人迷惑. 原因是, 在 $\omega^2 \gg \nu_\mathrm{eff}^2$ 的条件下, 电子间的碰撞不起作用, (12.12) 式有效. 而在 $\omega^2 \ll \nu_\mathrm{eff}^2$ 情况下, 电子间的碰撞影响 $\nu_{\mathrm{eff},i}$, 计及这种影响表达式 (12.13) 需乘以 1.73. 在计及电子间碰撞后, 电子与离子的有效碰撞数在高频情况下约为低频时碰撞数的两倍.

虽然表达式 (12.12) 和 (12.13) 只能从详细计算的结果中得出, 但其结构却不难以简单的物理考虑确定. 如果电子以瞄准距离 $p \sim e^2/\kappa T$ 飞过离子, 此时库仑能 $e^2/p \sim \kappa T$, 亦即为电子动能的数量级, 电子与离子的碰撞引起电子运动方向之显著改变. 由此得出相应的 "近" 碰撞截面 $q \sim \pi p^2 \sim \pi e^4/(\kappa T)^2$. 然而, 碰撞数 $\nu_{\mathrm{eff},i}$ 不仅由 "近" 碰撞也由 "远" 碰撞确定, 考虑这些因素正好导致 (12.12) 和 (12.13) 式中出现对数因子, 通常以 $L$ 标记. 这个因子在等离子体物理中是典型的, 它的出现与库仑场随距离 (以 $1/r$ 的方

[281]

式) 缓慢减小直到等于

$$r_D = \left(\frac{\kappa T}{8\pi e^2 N}\right)^{1/2} = 4.9 \left(\frac{T}{N}\right)^{1/2} \text{ cm} \tag{12.14}$$

的某一德拜屏蔽半径为止有关.

更精确地说, 等离子体中的一个电荷为 $e$ 的给定离子, 由于排斥电子和吸引其他离子的结果, 在等离子体内产生了电势为 $er^{-1}e^{-r/r_D}$ 的场, 它仅在半径 $r \ll r_D$ 的范围内与库仑场相同. 在 $r \gg r_D$ 时实际上没有场, 因此, 在等离子体内电子与离子碰撞时, 量级为 $r_D$ 的距离起最大瞄准距离 $p_{max}$ 的作用. 通常将库仑对数的形式写为

$$L = \ln \frac{p_{max}}{p_{min}} \ln \left[\frac{3\kappa T}{2e^2}\left(\frac{\kappa T}{8\pi e^2 N}\right)^{1/2}\right] \approx \frac{3}{2}\ln\left(220\frac{T}{N^{1/2}}\right), \tag{12.15}$$

其中取 $p_{max} = r_D$ 及 $p_{min} = e^2/\frac{3}{2}\kappa T$; 有关屏蔽以及 (12.14) 式的推导将在后面研究 (另一种方法可参见, 例如文献 [109] 的 §4).

以德拜半径表征的德拜屏蔽只有在半径 $r_D$ 显著地超过粒子间平均距离 $\bar{r} \sim N^{-1/3}$ 时才有物理意义. 因此我们得到条件

$$r_D \gg N^{-1/3}, \quad \kappa T \gg e^2 N^{1/2}. \tag{12.16}$$

当然, 这里的第二个不等式是从第一个不等式和定义 (12.14) 得出的. 这个条件的意义一目了然: 在平衡等离子体内的粒子的平均动能 $\frac{3}{2}\kappa T$ 必须远大于粒子间的平均库仑相互作用能 $e^2/\bar{r} \sim e^2 N^{1/3}$. 遵从条件 (12.16) 的带电粒子系统称为气体等离子体或等离子体 (以区别于固体等离子体). 但是, 不能认为在气体等离子体中可以无限制地使用库仑屏蔽的概念. 特别是必[282]须注意, 对于等于 (或小于) 粒子间距离 $\bar{r} \sim N^{-1/3}$ 的距离和波长, 已经不能认为等离子体是连续介质, 或者更准确地说, 粒子数或电荷的涨落已变得很大. 以上所述并不妨碍波数 $k$ 值很大时对统计平均量使用场方程 (12.1); 例如在这个意义下, 下面将要给出的 $\varepsilon_l(0, \mathbf{k})$ 的表达式 (12.49) 在 $k \gtrsim N^{1/3}$ (亦即 $\lambda = 2\pi/k \lesssim \bar{r} \sim N^{-1/3}$) 时仍然在形式上适用. 然而, 在计算涨落时, 或者一般而言, 如果我们所感兴趣的不仅是统计平均表达式时, $\lambda \gg N^{-1/3}$ 类型的条件必须发挥作用. 我们也注意到, 在所讨论问题中对粒子作经典描写的前提是满足条件 $\lambda \gg \lambda_B = \hbar/mv$, 其中 $\lambda_B$ 是德布罗意波长.

除了已经给出的确定所得公式适用范围的这些说明之外, 还必须指出与经典理论的使用相关的限制. 无碰撞情况下研究辐射与自由电子相互作用的量子限制条件是

$$\hbar\omega \ll mc^2 = 5.1 \times 10^5 \text{ eV}. \tag{12.17}$$

满足这一要求时, 对于所有的散射角电磁波在自由电子上的散射都可以经典描写. 其次, 折射率 $n = \varepsilon^{1/2} = \varepsilon'^{1/2}$ (我们设 $\omega^2 \gg \nu_{\text{eff}}^2$) 实际上是由波在介质的粒子上的散射所确定, 并最终证明表达式 (12.4) 的正确性. 也可用其他方法确认这点. 在计及碰撞并计算吸收 (亦即电导率 $\sigma = \omega\varepsilon''/4\pi$) 时, 也必须注意到条件

$$\hbar\omega \ll \kappa T = 1.38 \times 10^{-16} T \quad (\text{单位} : \text{K}). \tag{12.18a}$$

这个条件的物理意义是光子能量比电子动能小得多 (有关此一要求的详情参见, 例如 [109] 的 §3). 由于现在讨论的是非相对论等离子体, 此时

$$\kappa T \ll mc^2, \tag{12.18b}$$

不等式 (12.18a) 显然比条件 (12.17) 更为严苛, 但是, 如前所述, 条件 (12.18a) 在量 $\varepsilon'$ ($\omega^2 \gg \nu_{\text{eff}}^2$ 时) 的计算中不起作用.

为了不受限制地应用经典理论, 还必须使电子气处于非简并状态; 这相当于要求

$$T \gg T_0 \sim \frac{\hbar^2 N^{2/3}}{m\kappa}. \tag{12.19}$$

简并温度 $T_0$ 的含义是: 在这个温度下, 能量 $\kappa T_0$ 具有零点能

$$\frac{\hbar^2}{m\bar{r}^2} \sim \frac{\hbar^2}{m} N^{2/3}$$

的量级, 与局域在量级为 $\bar{r}^3 \sim N^{-1}$ 的体积内电子有关. 当然, 温度 $T_0$ 的另一个与上面完全等价的解释是, 在这个温度下, 德布罗意波长 $\lambda_B = \hbar/mv_0$ (其中 $v_0 \sim (\kappa T_0/m)^{1/2}$) 的量级为粒子间距离 $\bar{r} \sim N^{-1/3}$ (如经常发生的那样, 假如不用 $\lambda$ 而使用长度 $\lambdabar = \lambda/2\pi = \hbar/mv_0$, 许多形式上不同的条件会变得完全相同).

[283]

在我们所遇到的大多数情况下 (虽然并非永远如此) 条件 (12.16)—(12.19) 都得以满足, 而与前面没有考虑空间色散有关的限制显得更为重要. 就空间色散 (参见第 11 章) 本身而言, 仅当场 (比如说, 频率为 $\omega$ 波长 $\lambda = 2\pi/k$ 的波场) 在与介质形成响应 (例如在电场 $\boldsymbol{E}$ 作用下产生极化 $\boldsymbol{P}$) 相对应的距离上变化很小时, 它才是不重要的. 等离子体中当计及热运动时, 电子在一个周期 $\tau = 2\pi/\omega$ 内走过距离 $\xi \sim \tau\bar{v} \sim (\kappa T/m\tau)^{1/2}$. 根据以上所述, 只有在条件 $\xi \ll \lambda$, 亦即

$$\omega \gg k\bar{v} \sim \frac{2\pi}{\lambda} \left( \frac{\kappa T}{m} \right)^{1/2} \tag{12.20}$$

时, 空间色散才可以忽略. 对于在介质中传播的波, 我们有

$$E \sim e^{-i(kz-\omega t)} \sim e^{i\omega(z/v_{\text{ph}}-t)},$$

显然, 波的相速度等于

$$v_{\mathrm{ph}} = \omega/k. \tag{12.21}$$

由此以及由 (12.20) 式可知, 如果对于在等离子体中自由传播的波

$$v_{\mathrm{ph}} \gg \overline{v} \sim \left(\frac{\kappa T}{m}\right)^{1/2}, \tag{12.22}$$

则空间色散可以忽略. 更准确地说, 条件 (12.22) 保证由空间色散引起的修正项很小 (在这些项确为修正项的情况下). 如果在不考虑空间色散的情况下所考察的效应不出现, 则在满足不等式 (12.22) 时该效应不会消失——在这样一些条件下计及空间色散将引起定性的差别. 例如, 各向同性等离子体中纵波一般不传播 (只有频率为 $\omega_{\mathrm{p}}$ 的震荡; 参见 (12.65)). 当计及空间色散时, 纵波的频率依赖于 $k$, 故这些波具有不为零的相速度 $v_{\mathrm{ph}} = c/n_3$ 及群速度 $v_{\mathrm{gr}} = \mathrm{d}\omega/\mathrm{d}k$ (参见第 7 章).

　　在使用方程 (12.3) 时, 忽略空间色散表现在场的形式为 $\boldsymbol{E} = \boldsymbol{E}_0 \mathrm{e}^{-\mathrm{i}\omega t}$, 而不再形为

$$\boldsymbol{E} = \boldsymbol{E}_0 \mathrm{e}^{\mathrm{i}[\boldsymbol{k}\cdot\boldsymbol{r}_n(t) - \omega t]}.$$

[284]　　由于忽略空间色散等价于忽略等离子体粒子的热运动, 因此这一近似被称为 "冷" 等离子体近似. 换言之, 我们所研究的不计及热运动的等离子体称为冷等离子体.

　　对今后的讨论稍作预期, 我们注意到, 在所研究的非相对论等离子体中, 对于横波条件 (12.22) 永远可以极好地得到满足. 相反, 对于纵波这个不等式很容易遭到破坏. 详细且可靠地阐明何时可以忽略空间色散的最好的办法, 不言而喻, 是在考虑空间色散的普遍表达式基础上对具体情况的分析. 我们这里只详细研究允许考虑频率和空间色散的最普遍和最广为使用的方法——动理学方程方法.

　　我们将借助分布函数 $f(t,\boldsymbol{r},\boldsymbol{v})$ 描写等离子体的状态. 根据分布函数的定义, 体积 $\mathrm{d}\boldsymbol{r}\mathrm{d}\boldsymbol{v} = \mathrm{d}x\mathrm{d}y\mathrm{d}z\mathrm{d}v_x\mathrm{d}v_y\mathrm{d}v_z$ 内的平均粒子数等于 $\mathrm{d}N = f(t,\boldsymbol{r},\boldsymbol{v})\mathrm{d}\boldsymbol{r}\mathrm{d}\boldsymbol{v}$, 其中 $\boldsymbol{r}$ 为径矢, $\boldsymbol{v}$ 为粒子速度. 此时按照定义 (归一化条件), 我们有

$$\int_{-\infty}^{+\infty} f(t,\boldsymbol{r},\boldsymbol{v})\mathrm{d}^3v = N(t,\boldsymbol{r}), \tag{12.23}$$

其中 $N$ 为粒子密度 (为简单起见, 此处和以后我们指电子, 亦即 $f \equiv f_{\mathrm{e}}$ 及 $N \equiv N_{\mathrm{e}}$; 在离子或分子情况下需将下标 e 换作 i 或 m).

　　确定函数 $f$ 的动理学方程的形式为

$$\frac{\partial f}{\partial t} + \boldsymbol{v}\cdot\nabla_r f + \frac{e}{m}\left(\boldsymbol{E} + \frac{1}{c}\boldsymbol{v}\times\boldsymbol{H}\right)\nabla_{\boldsymbol{v}} f + \mathscr{S} = 0, \tag{12.24}$$

其中 $e$ 和 $m$ 为所研究粒子的电荷和质量, $\boldsymbol{E}$ 和 $\boldsymbol{H}$ 为作用于粒子的电场和磁场强度 (实际上这些场通常可看作是平均宏观场), 以及

$$\nabla_r f = \frac{\partial f}{\partial x}\boldsymbol{i} + \frac{\partial f}{\partial y}\boldsymbol{j} + \frac{\partial f}{\partial z}\boldsymbol{k},$$
$$\nabla_v f = \frac{\partial f}{\partial v_x}\boldsymbol{i} + \frac{\partial f}{\partial v_y}\boldsymbol{j} + \frac{\partial f}{\partial x_z}\boldsymbol{k}$$

(当然, 不一定非要使用笛卡儿坐标, 这里选择这种坐标仅是为了具体化); (12.24) 式中的 $\mathscr{S}$ 代表所谓碰撞积分, 它表示因给定种类粒子 (比如说电子) 在体积 $d\boldsymbol{r}d\boldsymbol{v}$ 内与其他种类粒子以及与同种类其他粒子 (亦即处于其他相空间区域的同类粒子) 碰撞的结果而引起的函数 $f$ 的变化. $\mathscr{S}$ 中也可以包含因电离、复合等过程而引起 $f$ 改变的项. 在等离子体中, 因必须考虑远距离碰撞、屏蔽等效应, 确定碰撞积分是一个相当复杂的问题. 实际上我们前面在初等理论的框架内研究碰撞时已经指出了这点. 有关等离子体中碰撞积分问题的系统讨论, 可参见 [205, 206] 及其中引用的文献.

在无外场的平衡态中, 电子和离子的分布函数为麦克斯韦分布 (分子的分布也如此, 但现在它不在研究范围内)

[285]

$$\left.\begin{aligned} f_e \equiv f = f_{00}(v) = N\left(\frac{m}{2\pi\kappa T}\right)^{3/2}\exp\left(-\frac{mv^2}{2\kappa T}\right), \\ f_i = f_{i,00}(v) = N_i\left(\frac{M}{2\pi\kappa T}\right)^{3/2}\exp\left(-\frac{Mv^2}{2\kappa T}\right). \end{aligned}\right\} \quad (12.25)$$

这里假设电子和离子的温度相同. 在完全平衡时当然是如此[①]. 然而, 必须记住在等离子体中动量交换 (动量的弛豫) 显著地快于能量交换 (由于参数 $m/M \lesssim 10^{-3}$ 很小的缘故, 详细情况见 [109]). 所以有时可以研究非等温等离子体, 其中电子和离子的麦克斯韦分布函数 (12.25) 分别对应于电子温度 $T_e$ 和离子温度 $T_i$ (在某些情况下甚至有 $T_e \gg T_i$).

如果我们感兴趣的是属于线性理论 (特别是线性电动力学) 范围的问题, 则可认为电场 $\boldsymbol{E}$ 为弱电场[②], 且相应地将分布函数的改变当作微扰. 换句话说, 我们将要寻求的分布函数的形式为

$$f = f_{00}(\boldsymbol{v}) + f'(t, \boldsymbol{r}, \boldsymbol{v}), \quad |f'| \ll f_{00}, \quad (12.26)$$

---

[①] 在完全平衡时不仅粒子具有相同的温度 $T$, 而且电磁辐射也必须是在该温度下的热辐射 (黑体辐射). 后一要求通常不满足, 不过由于粒子与辐射的相互作用相对较弱它常常不起什么作用. 然而, 不言而喻, 在每一个具体情况下均必须检验忽略辐射对粒子分布函数影响的可能性.

[②] 在恒定均匀磁场 $\boldsymbol{H}_0$ 中, 尽管在有场和无场时单个粒子的运动轨道不同, 但粒子的平衡分布函数依然是麦克斯韦分布 (参见后面的叙述). 除此而外, 含磁场的项含有因子 $v/c$. 所以对磁场的限制与对电场的限制不同.

其中在寻求张量 $\varepsilon_{ij}(\omega, \boldsymbol{k})$ 时, 平衡等离子体中的未扰动分布函数 $f_{00}$ 选为麦克斯韦分布 (12.25); 以下仅限于此种情况, 虽然可以或者有时必须代替 $f_{00}$ 研究某个另外的函数 $f_0$.

此时, 在没有外磁场 $\boldsymbol{H}_0$ 情况下, 作为一级近似我们得到

$$\frac{\partial f'}{\partial t} = \boldsymbol{v} \cdot \nabla_{\boldsymbol{v}} f' + \frac{e}{m} \boldsymbol{E} \cdot \nabla_{\boldsymbol{v}} f_0 + \mathscr{S} = 0. \tag{12.27}$$

[286]　　有关等离子体中碰撞积分 $\mathscr{S}$ 的普遍形式问题是一个需要仔细分析的课题, 我们这里仅限于最简单的情况, 即在电子分布函数的方程中取 $\mathscr{S} = [\nu_{\mathrm{m}}(v) + \nu_{\mathrm{i}}(v)]f'$, 其中 $\nu_{\mathrm{m}}$ 对应于电子与分子碰撞的贡献, 而 $\nu_{\mathrm{i}}$ 为电子与离子碰撞的贡献 (有关 $\mathscr{S}$ 的这种表达的简单解释参见文献 [109] 的 §4). 然后, 研究电场 $\boldsymbol{E}_0 \mathrm{e}^{\mathrm{i}(\boldsymbol{k} \cdot \boldsymbol{r} - \omega t)}$ 及 $f' = f'_{\omega, \boldsymbol{k}}(\boldsymbol{v}) \mathrm{e}^{\mathrm{i}(\boldsymbol{k} \cdot \boldsymbol{r} - \omega t)}$, 由方程 (12.27) 我们得到

$$-\mathrm{i}(\omega - \boldsymbol{k} \cdot \boldsymbol{v})f' + \frac{e}{m} \boldsymbol{E} \cdot \boldsymbol{v} \frac{1}{v} \frac{\partial f_{00}(v)}{\partial v} + \nu(v)f' = 0, \tag{12.28}$$

其中我们考虑到 $\nabla_{\boldsymbol{v}} f_{00} = \dfrac{\partial f_{00}}{\partial v} \dfrac{\boldsymbol{v}}{v} = -\dfrac{mv}{\kappa T} f_{00} \dfrac{\boldsymbol{v}}{v}$, 并取 $\nu = \nu_{\mathrm{m}} + \nu_{\mathrm{i}}$. 由此我们求得

$$f' = -\mathrm{i} \frac{e}{m} \frac{\boldsymbol{E} \cdot \boldsymbol{v}}{\omega - \boldsymbol{k} \cdot \boldsymbol{v} + \mathrm{i}\nu(v)} \frac{1}{v} \frac{\partial f_{00}}{\partial v} = \mathrm{i} \frac{e}{\kappa T} \frac{\boldsymbol{E} \cdot \boldsymbol{v} f_{00}}{\omega - \boldsymbol{k} \cdot \boldsymbol{v} + \mathrm{i}\nu(v)}. \tag{12.29}$$

其次, 按照电流密度的定义, 或者更准确地说, 按照电流密度对应的傅里叶分量的定义, 我们有

$$j_i(\omega, \boldsymbol{k}) = -\frac{\mathrm{i}\omega}{4\pi}[\varepsilon_{ij}(\omega, \boldsymbol{k}) - \delta_{ij}]E_j(\omega, \boldsymbol{k}) = e \int v_i f'_{\omega, \boldsymbol{k}}(\boldsymbol{v}) \mathrm{d}^3 v. \tag{12.30}$$

将 (12.29) 式代入 (12.30) 式, 我们得到

$$\varepsilon_{ij}(\omega, \boldsymbol{k}) = \delta_{ij} + \frac{4\pi e^2}{m\omega} \int \frac{v_i v_j}{\omega - \boldsymbol{k} \cdot \boldsymbol{v} + \mathrm{i}\nu(v)} \frac{1}{v} \frac{\partial f_{00}}{\partial v} \mathrm{d}^3 v. \tag{12.31}$$

在既考虑电子 (电荷 $e = e_1$, 质量 $m = m_1$) 也考虑各类离子 (电荷 $e_\alpha$, 质量 $m_\alpha, \alpha = 2, \cdots, l$) 的情况下, 我们求得

$$\varepsilon_{ij}(\omega, \boldsymbol{k}) = \delta_{ij} + 4\pi \sum_{\alpha=1}^{l} \frac{e_\alpha^2}{m_\alpha \omega} \int \frac{v_i v_j}{\omega - \boldsymbol{k} \cdot \boldsymbol{v} + \mathrm{i}\nu_\alpha(v)} \frac{1}{v} \frac{\partial f_{00,\alpha}}{\partial v} \mathrm{d}^3 v. \tag{12.32}$$

从 (12.28)—(12.32) 式立即看出, 忽略空间色散, 亦即忽略对 $\boldsymbol{k}$ 的依赖关系, 等价于与 $\omega + \mathrm{i}\nu(v)$ 相比忽略含 $\boldsymbol{k} \cdot \boldsymbol{v}$ 的项. 因此当不考虑碰撞时我们回到条件 (12.20), 如所预期.

为了建立与初等理论的对应, 我们在 (12.31) 式的分母中与 $\omega$ 相比略去 $-\boldsymbol{k} \cdot \boldsymbol{v} + \mathrm{i}\nu(v)$ 项. 此时马上求得 (12.4) 式的结果:

$$\varepsilon_{ij} = \varepsilon\delta_{ij}, \quad \varepsilon = 1 - \frac{4\pi e^2 N}{m\omega^2},$$

因为

$$\int v_i v_j \frac{m}{\kappa T} f_{00} \mathrm{d}^3 v = \delta_{ij} N.$$

在忽略 $\boldsymbol{k} \cdot \boldsymbol{v}$ 项但保留 $\mathrm{i}\nu(v)$ 项时, 我们得到前面已经得出的含有相应的有效碰撞数值 $\nu_{\text{eff}}$ 的初等理论表达式 (详细计算见 [109] 的 §6). 现在我们假设碰撞并不重要, 但计及空间色散. 此时确实产生了如何在极点

$$\omega = \boldsymbol{k} \cdot \boldsymbol{v} \tag{12.33}$$

附近计算 (12.31) 和 (1.32) 式中积分的问题.

克服这一困难的最简单的办法是首先假定碰撞数 $\nu$ 虽然很小但不为零. 此时, 复变量 $u = \boldsymbol{k} \cdot \boldsymbol{v}/k$ 平面上的极点移到处于积分回路亦即实轴 $u$ 之上的 $u_0 = (\omega + \mathrm{i}\nu)/k$ 点 (此处重要的是 $\nu > 0$). (12.31) 和 (12.32) 式中对 $\mathrm{d}\boldsymbol{v}$ 的积分化为对 $\mathrm{d}u$ 与对垂直于矢量 $\boldsymbol{k}$ 的速度分量的积分. 于是我们利用关系式

$$\lim_{\nu \to 0} \frac{1}{x + \mathrm{i}\nu} = \mathscr{P}\left(\frac{1}{x}\right) - \mathrm{i}\pi\delta(x) \tag{12.34}$$

进行积分, 其中 $\mathscr{P}$ 表示在奇点 $x = 0$ 附近区域的积分取主值. 采用此一方式, 在 $\nu \to +0$ 时我们由 (12.31) 式得到

$$\varepsilon_{ij}(\omega, \boldsymbol{k}) = \delta_{ij} + \frac{4\pi e^2}{m\omega} \int v_i v_j \frac{1}{v} \frac{\partial f_{00}}{\partial v} \left[ \mathscr{P}\left(\frac{1}{\omega - \boldsymbol{k} \cdot \boldsymbol{v}}\right) - \mathrm{i}\pi\delta(\omega - \boldsymbol{k} \cdot \boldsymbol{v}) \right] \mathrm{d}^3 v. \tag{12.35}$$

由此得出, 即使在没有碰撞时也有某些吸收 ($\varepsilon_{ij}$ 的虚部不为零), 而且只有速度满足条件 (12.33) 的粒子才与这些吸收有关. 然而条件 (12.33) 恰好是切连科夫辐射的条件 (参见 (6.58)). 因此, 无碰撞情况下吸收的物理原因立即清楚了 (初看起来这样的结果显得离奇, 例如从上面叙述的初等理论的角度看来). 事实上, 在条件 (12.33) 下粒子 (比如说电子) 辐射切连科夫波 (对于这些波 $\omega/k = v_{\text{ph}} = v\cos\theta$, 其中 $\theta$ 为 $\boldsymbol{k}$ 与 $\boldsymbol{v}$ 之间夹角). 然而一切辐射过程都可以有其反过程, 因此在施加于 $\omega$ 和 $\boldsymbol{k}$ 的同样条件下, 波应当引起逆效应——与波向粒子传递能量和动量相关的切连科夫吸收. 这里所讲的, 当然不过是对我们在第 7 章中研究过的各向同性等离子体内的无碰撞阻尼解释的重复. 也许有必要强调指出, 在等离子体中有 "外来波"(在当

[287]

前情况下是等离子体波) 传播时, 必须研究波与粒子 "集体" 而不是单个粒子之间的作用. 所以必须不仅考虑波的吸收, 也要考虑波的受激 (感应) 发射 (第 7 章中已提及此事). 等离子体波的无碰撞吸收通常称作朗道阻尼, 因为它是在解带初条件的动理学方程时首次出现在文献 [153] 中的. 除去上述 "切连科夫解释" 之外, 无碰撞吸收还可以以另外的方式加以解释, 而且当 $\cos\theta = 1$, $\omega/k = v_{\mathrm{ph}} = v$ 时作起解释来特别简单; 此时, 波与粒子在同一方向运动, 同时那些缓慢地超过波的粒子将自己的能量传递给波, 而落后于波的粒子却从波中获取了能量. 这些能量之差正比于 $(\partial f_{00}/\partial v)_{v=v_{\mathrm{ph}}}$, 它确定了波的无碰撞吸收.

[288]

在各向同性 (且非旋光的) 介质中 $\varepsilon_{ij}(\omega, \boldsymbol{k})$ 的普遍表达式的形式可写为

$$\varepsilon_{ij}(\omega, \boldsymbol{k}) = \left(\delta_{ij} - \frac{k_i k_j}{k^2}\right)\varepsilon_{tr}(\omega, k) + \frac{k_i k_j}{k^2}\varepsilon_l(\omega, k). \tag{12.36}$$

实际上, 在这种情况下我们可以支配的只有 $\delta_{ij}$ 和 $k_i k_j$ 两个张量, 张量中项的组合由只有张量 $\varepsilon_l(\omega, \boldsymbol{k})$ 可应用于纵场的要求决定. 对于纵场, 依照定义矢量 $\boldsymbol{E}$ 的方向沿波矢 $\boldsymbol{k}$, 亦即 $E_l \equiv \boldsymbol{E}_\parallel = E\boldsymbol{k}/k$. 对于这样的场在 (12.36) 式的情况下, 我们有

$$\boldsymbol{D}(\omega, \boldsymbol{k}) = \varepsilon_l(\omega, k)\boldsymbol{E}_l. \tag{12.37}$$

与此相反, 对于满足条件 $\boldsymbol{k} \cdot \boldsymbol{E}_{tr} = 0$ 的横场 $\boldsymbol{E}_{tr} \equiv \boldsymbol{E}_\perp$, 我们有

$$\boldsymbol{D}(\omega, \boldsymbol{k}) = \varepsilon_{tr}(\omega, k)\boldsymbol{E}_{tr}. \tag{12.38}$$

无论从一般的物理考虑 (见第 11 章) 还是从 $\varepsilon_{ij}$ 的具体表达式 (见后) 均可看出, 对于非磁性介质[①], 我们有

$$\varepsilon_{tr}(\omega, 0) = \varepsilon_l(\omega, 0) = \varepsilon(\omega), \tag{12.39}$$

其中 $\varepsilon(\omega)$ 为不考虑空间色散时各向同性介质的介电常量 (例如, 参见 (12.4) 与 (12.6) 式). 在 (12.31) 和 (12.32) 基础上导出的 $\varepsilon_{tr}$ 与 $\varepsilon_l$ 在等离子体中的

---

① 如在第 11 章中所强调指出的, 引入张量 $\varepsilon_{ij}(\omega, \boldsymbol{k})$ 时可以计及介质的磁学性质, 于是不必使用磁导率张量 $\mu_{ij}$. 然而对于磁性介质等式 (12.39) 不适用, 因为它表明介质只需由介电常量 $\varepsilon$ 描述而磁导率 $\mu = 1$. 如在专著 [203] 的 §2 和 [204, 207] 中所指出的, 对于具有 $\varepsilon_{ij} = \varepsilon\delta_{ij}$ 和 $\mu_{ij} = \mu\delta_{ij}$ 的各向同性介质, 在引进磁导率 $\mu$ 时存在以下关系 (实际上对于小 $\omega$ 和 $k$ 的区域):

$$\frac{1}{\mu(\omega, k)} = 1 - \frac{\omega^2}{c^2 k^2}[\varepsilon_{tr}(\omega, k) - \varepsilon_l(\omega, k)], \quad \varepsilon(\omega, k) = \varepsilon_l(\omega, k).$$

当 $\omega \to 0$ 及 $k \to 0$ 时, 我们必须对 $\mu$ 的这个表达式取极限. 因此, 当 $\omega$ 和 $k$ 很小且空间色散不重要时, 使用张量 $\varepsilon_{ij}(\omega)$ 和 $\mu_{ij}(\omega)$ 而不引进 $\varepsilon_{ij}(\omega, k)$ 要方便得多.

普遍表达式已在专著 [205] 中给出. 这里我们只列出对应于重要极限情况的某些公式 (假定等离子体是强电离的).

对于 "高" 频, 当

$$\omega \gg k v_{\text{Te,i}}, \quad \omega \gg \nu_{\text{eff}} \tag{12.40}$$

时, 我们有①

$$\varepsilon_{tr} = 1 - \frac{\omega_{\text{pe}}^2}{\omega^2}\left[1 - \mathrm{i}\frac{\nu_{\text{eff}}}{\omega} - \mathrm{i}\left(\frac{1}{2}\pi\right)^{1/2}\frac{\omega}{kv_{\text{Te}}}\exp\left(-\frac{\omega^2}{2k^2v_{\text{Te}}^2}\right)\right], \tag{12.41}$$

$$\varepsilon_l = 1 - \frac{\omega_{\text{pe}}^2}{\omega^2}\left[1 - \mathrm{i}\frac{\nu_{\text{eff}}}{\omega} + 3\frac{k^2v_{\text{Te}}^2}{\omega^2} - \mathrm{i}\left(\frac{1}{2}\pi\right)^{1/2}\frac{\omega^3}{k^3v_{\text{Te}}^3}\exp\left(-\frac{\omega^2}{2k^2v_{\text{Te}}^2}\right)\right]. \tag{12.42}$$

由于使用了麦克斯韦分布函数 (12.25), 这里出现了指数因子; 由此非常清楚, 对于非平衡等离子体 $\varepsilon_{tr}$ 和 $\varepsilon_l$ 表达式的相应部分可以与 (12.41) 和 (12.42) 式有截然不同. 此外以后将会证明, 当我们在 (12.41) 的基础上研究横波的传播时, 不应在该式中保留指数项. 当 $k \to 0$ 且 $\omega \gg \nu_{\text{eff}}$ 时, 如所预期, 表达式 (12.41) 和 (12.42) 与 (12.6) 相同. 现在假设我们有

$$k v_{\text{Te}} \gg (\omega, \nu_{\text{e}}), \quad k v_{\text{Ti}} \gg (\omega, \nu_{\text{i}}), \tag{12.43}$$

其中 $\nu_{\text{e}}$ 为电子碰撞数, $\nu_{\text{i}}$ 为离子碰撞数 (必须考虑给定粒子与其他粒子的所有重要碰撞; 标记 $kv_{\text{Ti}} \gg (\omega, \nu_{\text{i}})$ 的意思是 $kv_{\text{Ti}} \gg \omega$ 及 $kv_{\text{Ti}} \gg \nu_{\text{i}}$ 等).
此时我们有

$$\varepsilon_{tr} = 1 + \mathrm{i}\left(\frac{1}{2}\pi\right)^{1/2}\frac{\omega_{\text{pe}}^2}{\omega kv_{\text{Te}}},$$

$$\varepsilon_l = 1 + \sum_{\alpha}\frac{\omega_{\text{p}\alpha}^2}{k^2v_{\text{T}\alpha}^2}\left[1 + \mathrm{i}\left(\frac{1}{2}\pi\right)^{1/2}\frac{\omega}{kv_{\text{T}\alpha}}\right] \approx 1 + \frac{1}{k^2r_{\text{D}}^2}, \tag{12.44}$$

其中

$$\omega_{\text{p}\alpha}^2 = 4\pi e^2 N_\alpha/m_\alpha, \quad \alpha = \text{e,i}, \tag{12.45}$$

以及, 当 $T_{\text{e}} = T_{\text{i}} = T$ 时, 德拜半径 $r_{\text{D}}$ 由 (12.14) 式给出; 在更普遍的情况下, 引入德拜半径

$$r_{\text{D}\alpha} = \left(\frac{\kappa T_\alpha}{4\pi e_\alpha^2 N_\alpha}\right)^{1/2} = \frac{v_{\text{T}\alpha}}{\omega_{\text{p}\alpha}}. \tag{12.46}$$

---

① 这里我们使用了记号 $v_{\text{T}} = v_{\text{Te}} = (\kappa T/m)^{1/2}$ 和 $v_{\text{Ti}} = (\kappa T/M)^{1/2}$, 其中 $M$ 是离子质量 (我们假定为同一种离子). 如果 $T_{\text{e}} \neq T_{\text{i}}$, 则必须写为 $v_{\text{T}\alpha} = (\kappa T_\alpha/m_\alpha)^{1/2}$, $\alpha = \text{e,i}$ 等. 我们忽略量级为 $m/M$ 的项, 所以, 例如在 (12.41) 与 (12.42) 式中不出现离子的明显贡献 (当然, 在 $\nu_{\text{eff}}$ 的表达式中必须考虑与离子的碰撞).

[289]

在 $T_e = T_i$ (等温等离子体) 及 $N_i = N_e \equiv N$ 时, 我们有

$$\frac{1}{r_D^2} = \frac{1}{r_{De}^2} + \frac{1}{r_{Di}^2}, \quad r_D = \left(\frac{\kappa T}{8\pi e^2 N}\right)^{1/2}. \tag{12.47}$$

我们来研究带入等离子体中的某一密度为 $\rho_{ext} = e\delta(\boldsymbol{r})$ 的静止 "外" 电荷. 这一电荷场的势 $\varphi$ 由以下方程决定:

$$\left.\begin{aligned} \operatorname{div}\boldsymbol{D} &= 4\pi e\delta(\boldsymbol{r}), \quad \boldsymbol{E} = \boldsymbol{E}_l = -\operatorname{grad}\varphi, \\ \boldsymbol{D}(\omega,\boldsymbol{k}) &= \varepsilon_l(\omega,\boldsymbol{k})\boldsymbol{E}(\omega,\boldsymbol{k}), \end{aligned}\right\} \tag{12.48}$$

由此在 (12.44) 式的情况下得出以下关系式[①]:

[290]
$$\left.\begin{aligned} \varphi(0,\boldsymbol{k}) &= \frac{4\pi e}{k^2\varepsilon_l(0,\boldsymbol{k})}, \\ \varphi(\boldsymbol{r}) &= \frac{1}{(2\pi)^3}\int\varphi(0,\boldsymbol{k})e^{i\boldsymbol{k}\cdot\boldsymbol{r}}d^3k = \frac{e\cdot e^{-r/r_D}}{r}, \quad \varepsilon_l = 1 + \frac{1}{k^2 r_D} \end{aligned}\right\} \tag{12.49}$$

等离子体中的每一个离子和电子在已知极限下相对于所有其他粒子而言都可当作 "外" 粒子, 因此 (12.49) 式反映了这样一个事实: 等离子体中每一个粒子的库仑场均被其他粒子所屏蔽. 如前所述, 这种屏蔽在研究碰撞时十分重要. 因此, 考虑等离子体的粒子相互屏蔽的问题最终归结为寻求碰撞积分 $\mathscr{S}$ 的表达式及解动理学方程 (参见 [205, 214]).

在极限情况 (12.43) 的例子中, 或者粗略地说, 在 $\omega \to 0$ 的静态极限下, 空间色散在等离子体中的作用看得特别清楚. 在这种情况下假若忽略碰撞, 使用初等理论中得出的公式 $\varepsilon = 1 - \omega_p^2/\omega^2$, 我们将会直接得到 $\varepsilon \to -\infty$, $E_l \to 0$ 的结果, 同时场实际上在量级为 $r_D$ 的距离上穿入等离子体. 总之必须注意, $\omega \to 0$ 与 $k \to 0$ 的极限过渡问题构成了某种非常微妙同时又是非常重要的研究课题. 对此已在第 11 章及本章的前面提到过. 现在我们再补充一些说明.

从一开始就取 $k = 0$. 于是, 例如在使用动理学方程时从 (12.32) 式得到初等理论的公式 (12.6). 此时在 $\omega \to 0$ 的极限下我们有 $\varepsilon = 1 - 4\pi e^2 N/(m\nu_{eff}^2) + i4\pi e^2 N/(m\nu_{eff}\omega)$, 亦即 $\varepsilon(\omega \to 0) \to i\infty$. 从另一方面看, 如果不从一开始就取 $k = 0$, 则更仔细的分析 [217, 204] 证明, 介电常量的纵

---

[①] 电势 $\varphi$ 的傅里叶分量大多数是如 (12.49) 式那样引进 (归一化) 的. 对于其他的量, 特别在本书中, 也广泛使用另外一种归一化形式, 其中形如 $(2\pi)^{-3}$ 或 $(2\pi)^{-1}$ 的因子包含在傅里叶分量中 (参见, 例如 (6.5) 式; 在电势情况下, 这对应于定义 $\varphi(\boldsymbol{r}) = \int\varphi(0,\boldsymbol{k})e^{i\boldsymbol{k}\cdot\boldsymbol{r}}d^3r$, 因此分量 $\varphi(0,\boldsymbol{k})$ 与 (12.49) 中的分量相差一个因子 $(2\pi)^{-3}$. 当然, 在计算时必须永远记住这一点.

向部分 $\varepsilon_l(\omega, k)$ 在 $\omega \to 0$ 且 $k$ 很小时, 不仅在条件 (12.43) 下, 而且在条件 $\omega\nu_e \ll k^2 v_{Te}^2$ 和 $\omega\nu_i \ll k^2 v_{Ti}^2$ 下, 均趋于 (12.44) 式, 亦即 $\varepsilon_l(0, k) = 1 + k^{-2} r_D^{-2}$. 因此, 介电常量 $\varepsilon_l(0, k \neq 0)$ 是实量. 在这些条件下, $\varepsilon_{tr}(\omega, k) \to i\infty$, 而在 $\omega$ 和 $k$ 很小时, 前面给出的由初等理论得到的对 $\varepsilon$ 的表达式适用. 我们在第 11 章里也提到过函数 $\varepsilon_l(\omega, k), 1/\varepsilon_l(\omega, k)$ 和 $\varepsilon_{tr}(\omega, k)$ 的不同的解析性质, 详情见 [208]. $\varepsilon_l$ 和 $\varepsilon_{tr}$ 之间行为的区别, 即使在小 $k$ 情况下, 也是由于根据方程 (12.1) 纵场始终与电荷密度的出现有关这一事实所决定的. 对于横场我们有 $\mathrm{div}\, \boldsymbol{E} = 0$, 因此横场不引起附加的电荷密度.

除了出现屏蔽外, 等离子体作为具有空间色散的介质的重要特性是出现纵波. 现在我们就转入对这些可以在各向同性等离子体中传播的纵波和其他正常波的讨论.

[291]

如我们在第 11 章所见, 确定在 (无外电荷与外电流的) 介质中传播的波的 $\omega$ 与 $k$ 之间关系的普遍色散方程的形式为

$$\left| \frac{\omega^2}{c^2} \varepsilon_{ij}(\omega, \boldsymbol{k}) - k^2 \delta_{ij} + k_i k_j \right| = 0. \tag{11.24}$$

在各向同性介质中, 当 $\varepsilon_{ij}$ 由 (12.36) 式确定时, 色散方程分解为对于纵波的方程 ($\omega \neq 0$)

$$\varepsilon_l(\omega, k) = 0, \tag{12.50}$$

以及对于横波的方程

$$k^2 \equiv \frac{\omega^2}{c^2} \widetilde{n}^2(\omega) = \frac{\omega^2}{c^2} \varepsilon_{tr}(\omega, k). \tag{12.51}$$

这里 $\widetilde{n}(\omega) \equiv \widetilde{n}_{tr}(\omega)$ 为横波的复折射率. 在各向同性介质中由于简并, 横波的两个可能的独立偏振态只对应于同一个 $\widetilde{n}_{tr}(\omega)$; 同时方程 (12.51) 原则上可以有几个解 $\widetilde{n}_{tr,j}(\omega)$. 然而应当记住, $k$ 与 $\widetilde{n}$ 之间的关系就是量 $\widetilde{n}$ 的定义

$$k(\omega) = \frac{\omega}{c} \widetilde{n}(\omega) = \frac{\omega}{c}(n + i\kappa),$$

上式的意义可由平面波场的表达式

$$\boldsymbol{E} = \boldsymbol{E}_0 \exp[i(kz - \omega t)] = \boldsymbol{E}_0 \exp\left[i\omega\left(\frac{\widetilde{n}}{c}z - t\right)\right] = \boldsymbol{E}_0 \exp\left[-\frac{\omega}{c}\kappa z + i\omega\left(\frac{n}{c}z - t\right)\right]$$

清楚地看出, 其中波的传播方向选在 $z$ 轴方向.

相对于 $k$ 解出方程 (12.50), 我们也可将此一关系式写为 $k(\omega) = \omega\widetilde{n}_l(\omega)/c$, 其中 $\widetilde{n}_l(\omega)$ 为一个或几个纵波的折射率, 因为对于给定频率 $\omega$ 方程 (12.50) 原则上可以有几个解.

更简单地得出 (12.50) 和 (12.51) 式的办法是直接从初始波动方程 (11.22) 和 (11.23) 出发, 而不是从 (11.24) 或 (11.27) 求解. 此时, 考虑到 (12.36) 式, 对纵场 $E_l = Ek/k$ 立即得到方程 $(\omega \neq 0)$

$$D = \varepsilon_l(\omega, k)E_l = 0, \tag{12.52}$$

[292] 由此直接得到条件 (12.50), 否则不存在 $E_l$ 的非平凡解. 类似地, 对于横场我们有

$$\frac{\omega^2}{c^2}D = \frac{\omega^2}{c^2}\varepsilon_{tr}(\omega, k)E_{tr} = k^2 E_{tr}, \tag{12.53}$$

于是由此得到条件 (12.51).

忽略空间色散时,(12.51) 具有众所周知的形式 (参见 (12.39))

$$k^2 = \frac{\omega^2}{c^2}\tilde{n}^2(\omega) = \frac{\omega^2}{c^2}(n^2 - \kappa^2 + 2in\kappa) = \frac{\omega^2}{c^2}\varepsilon(\omega), \tag{12.54}$$

而且我们只有一个多重解 $\tilde{n}(\omega) \equiv \tilde{n}_{tr}(\omega) \equiv \tilde{n}_{1,2}(\omega)$; 前面已经讲过, 解的多重性与各向同性介质中偏振的简并有关 (这里解 $\pm\tilde{n}_{1,2}$ 没有区别, 因为它们对应于波的不同传播方向).

根据 (12.54) 和 (12.2) 式, 我们有

$$\left.\begin{array}{l} \varepsilon' = n^2 - \kappa^2, \quad 4\pi\sigma/\omega = 2n\kappa, \\[2mm] n = \sqrt{\varepsilon'/2 + \sqrt{(\varepsilon'/2)^2 + (2\pi\sigma/\omega)^2}}, \\[2mm] \kappa = \sqrt{-\varepsilon'/2 + \sqrt{(\varepsilon'/2)^2 + (2\pi\sigma/\omega)^2}}, \end{array}\right\} \tag{12.55}$$

其中根号内的根式均取正值 (例如当 $\sigma = 0$ 且 $\varepsilon' < 0$ 时, 这一根式等于 $\frac{1}{2}|\varepsilon'| = -\frac{1}{2}\varepsilon'$).

对于等离子体中的横波, (12.54) 式中的 $\varepsilon(\omega)$ 应当由 (12.6) 式给出, 由此在极限情况下我们可得简单的公式.

例如, 在

$$|\varepsilon'| \gg 4\pi\sigma/\omega \tag{12.56}$$

时, 我们得到:

若 $\varepsilon' > 0$, 则

$$\left.\begin{array}{l} n \approx \sqrt{\varepsilon'} = \sqrt{1 - \dfrac{\omega_p^2}{\omega^2 + \nu_{\text{eff}}^2}}, \\[4mm] \kappa \approx \dfrac{2\pi\sigma}{\omega\sqrt{\varepsilon'}} = \dfrac{\omega_p^2\nu_{\text{eff}}}{2\omega(\omega^2 + \nu_{\text{eff}}^2)\sqrt{\varepsilon'}}, \\[4mm] \omega_p^2 = 4\pi e^2 N/m, \end{array}\right\} \tag{12.57}$$

若 $\varepsilon' < 0$, 则

$$n \approx \frac{2\pi\sigma}{\omega\sqrt{-\varepsilon'}} = \frac{\omega_p^2 \nu_{\text{eff}}}{\omega(\omega^2 + \nu_{\text{eff}}^2)\sqrt{-\varepsilon'}}, \left.\vphantom{\begin{array}{c}1\\1\end{array}}\right\}$$
$$\kappa \approx \sqrt{-\varepsilon'} = \sqrt{\frac{\omega_p^2}{\omega^2 + \nu_{\text{eff}}^2} - 1} \quad\quad\quad (12.58)$$

而如果

$$|\varepsilon'| \ll 4\pi\sigma/\omega \quad\quad (12.59)$$

则

[293]

$$n \approx \kappa \approx \left(\frac{2\pi\sigma}{\omega}\right)^{1/2} = \left[\frac{\omega_{\text{p}}^2 \nu_{\text{eff}}}{2\omega(\omega^2 + \nu_{\text{eff}}^2)}\right]^{1/2} \quad\quad (12.60)$$

根据 (12.57) 式折射率 $n < 1$; 在碰撞数小的情况下, 当 $\omega^2 \gg \nu_{\text{eff}}^2$ 时, 这种情况实际上在条件

$$\omega > \omega_{\text{p}} = \left(\frac{4\pi eN}{m}\right)^{1/2} = 5.64 \times 10^4 N^{1/2} \quad\quad (12.61)$$

下实现.

如果 $n < 1$, 则 $v_{\text{ph}} = c/n > c$, 这表明切连科夫辐射以及由其引起的单个粒子的吸收均不可能. 由此可知, 对于横波所有的阻尼只与碰撞有关 (我们指的是那些在 $\nu_{\text{eff}} \to 0$ 时在介质中传播但不衰减的波; 参见条件 (12.61) 及以下的说明). (12.41) 式的结果与以上所述并不矛盾, 因为它是在非相对论近似下使用了速度的麦克斯韦分布得到的. 在这种分布下, 形式上有一些粒子的速度 $v > c$, 于是导致 (12.41) 式中横波出现指数弱衰减. 当然, 相对论计算给出的结果完全没有等离子体中横波的无碰撞阻尼. 然而我们之所以将公式 (12.41) 完整地写出, 是因为 $\varepsilon_{tr}$ 的表达式不仅仅适用于研究正常波 (我们再次指出这一重要情况, 参见第 11 章). 另一方面, 对于横波来说, 因子 $\exp(-\omega^2/2k^2 v_{\text{T}}^2) = \exp(-c^2/2n^2(\omega)v_{\text{T}}^2)$ 是如此之小, 以至于其所对应的衰减 (实际上完全不存在) 实际上等于零.

这样一来, 对于各向同性等离子体中的横波, 计及空间色散并不起什么作用, 而广泛应用于射电天文学和电离层中无线电传播理论的公式 (12.57) 对这些波却是适用的.

即使在微弱的真实吸收情况下, 亦即在条件 (12.56) 的情况下, 等离子体中的场也可急剧地衰减, 这发生在 $\varepsilon' < 0$ 时. 那时, 例如 $\nu_{\text{eff}} \to 0$ 时 (见 (12.58) 式), 我们有

$$n = 0, \quad \kappa = (-\varepsilon')^{1/2} = \left(\frac{\omega_{\text{p}}^2}{\omega^2} - 1\right)^{1/2}, \quad E = E_0 \exp\left(-\frac{\omega}{c}|\varepsilon'|^{1/2} z\right), \quad (12.62)$$

其中 $E_0$ 为 $z = 0$ 时的场 (在等离子体的内边界上), 而且这里没有仔细研究边界附近区域. 显然,(12.62) 式的情况很容易实现, 且其对应于频率 $\omega < \omega_p$. 物理上这种情况指的是波由等离子体层的全内反射 (详见 [109]). 一般说来, 无论对于等离子体还是更普遍类型的介质都必须记住, 波的吸收 (波能转化为热或者粒子的规整运动) 与波的衰减是不同的性质. 用其他的术语也可以表达为, 对于给定的波, 非吸收介质可以是透明的 (例如无碰撞等离子体对于 $\omega > \omega_p$ 的横波), 也可以是不透明的 (例如同样的等离子体对于 $\omega < \omega_p$ 的横波).

[294] 正常波的色散律, 亦即在这些波内的 $k$ 与 $\omega$ 的关系, 通常并不用折射率 $\tilde{n}$ 表示, 而是直接表示出来. 对于无碰撞等离子体中的横波, 我们有

$$\left.\begin{array}{l} k^2 = \dfrac{\omega^2}{c^2} n^2(\omega) = \dfrac{\omega^2 - \omega_p^2}{c^2}, \\ \omega^2 = \omega_p^2 + c^2 k^2. \end{array}\right\} \tag{12.63}$$

用图绘出函数 $\omega(k)$ 十分方便; 图 12.1 示出了 (12.63) 式的情况. 不言而喻, 当 $\omega^2 \gg \omega_p^2$ 时介质 (等离子体) 的影响很小, 如同在真空中那样, $\omega = ck$.

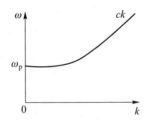

图 12.1　各向同性无碰撞等离子体中横波的 $\omega$ 与 $k$ 间的函数关系图.

我们现在转而研究纵波. 就在不太久之前还没有人考虑纵向电磁波, 或更准确地说, 静电波在介质中传播的可能性. 显然, 这里有两个原因. 第一个原因是, 在通常采取的略去空间色散情况下, 各向同性介质中纵波存在的条件的形式是 (参见 (12.50) 式和 (12.39) 式)

$$\varepsilon(\omega) = 0. \tag{12.64}$$

这个方程确定出来的是离散的与 $k$ 无关的频率 $\omega_l$, 因此没有纵波以明显的方式出现. 第二个原因是, 实际上在除了等离子体的其他所有介质中, 方程 (12.64) 的解都是带有相当大的虚部的复数解, 亦即与这些解相对应的纵振动快速衰减. 因此, 纵波的研究看起来与气体等离子体物理的发展有关, 尽管当前在凝聚态介质中也研究这种波.

因为在纵波情况下即使在一级近似中建立 $\omega$ 与 $k$ 的关系也必须考虑空间色散, 故直接从色散方程 (12.50) 出发是合适的. 这时在 (12.40) 式的情况下, 亦即对于高频纵波①, 使用 (12.42) 式并取 $\omega = \omega' + i\gamma$, 我们有

$$\left.\begin{aligned}
\omega'^2 &= \omega_p^2 + 3v_T^2 k^2 = \omega_p^2(1 + 3k^2 r_{D,e}^2), \\
\gamma &= -\left(\frac{\pi}{8}\right)^{1/2} \frac{\omega_p}{k^3 r_{D,e}^3} \exp\left(-\frac{1}{2k^2 r_{D,e}^2} - \frac{3}{2}\right) - \frac{\nu_{eff}}{2}
\end{aligned}\right\} \tag{12.65}$$

其中假定阻尼很弱, 亦即设

$$\mathrm{Im}\,\omega \equiv \gamma \ll \omega' = \mathrm{Re}\,\omega. \tag{12.66}$$

为简单起见, 以下我们略去 $\omega'$ 上的一撇, 因此, 实际上在 $\omega$ 和 $\omega'$ 之间不作区分.

我们注意到, 条件 $\omega^2 \gg (kv_T)^2$ (见 (12.40) 式) 意味着

$$k^2 r_{D,e}^2 = \left(\frac{2\pi r_{D,e}}{\lambda}\right)^2 \ll 1, \quad r_{D,e} = \left(\frac{\kappa T}{4\pi e^2 N}\right)^{1/2}. \tag{12.67}$$

因此, 从 (12.65) 式可见, 在 (12.67) 式的条件下零级近似为 $\omega^2 = \omega_p^2$, 而且无碰撞阻尼指数式地小. 后一个结果是由于在这种情况下切连科夫吸收 (12.33) 式仅在麦克斯韦速度分布的尾部才满足, 该处粒子数指数式地小. 在波的影响下粒子的分布发生变化, 而且在分布的 "尾部" 区域这种改变更容易发生. 如果波以相应的方式改变分布函数, 结果无碰撞吸收发生改变并一般可能消失 (如果分布函数不再依赖于粒子速度 $v$ 在波矢 $k$ 方向的投影 $u$, 吸收消失). 波对分布函数的影响以及与此相关的波的吸收的改变显然是非线性过程. 我们将不在此讨论纵波传播的非线性理论 (参见, 例如 [136b, 206, 215] 以及其中所列出的文献).

[295]

可利用折射率将关系式 (12.65) 的形式写为 (设 $\nu_{eff} = 0$)

$$\left.\begin{aligned}
k &= \frac{\omega}{c}\tilde{n}_3 = \frac{\omega}{c}(n_3 + i\kappa_3), \quad n_3^2 = \frac{1 - \omega_p^2/\omega^2}{3v_T^2/c^2}, \\
\kappa &= \frac{1}{6}\left(\frac{\pi}{2}\right)^{1/2} \frac{c^5}{n_3^4 v_T^5} \exp\left(-\frac{c^2}{2n_3^2 v_T^2} - \frac{3}{2}\right), \quad v_{ph} = \frac{c}{n_3}.
\end{aligned}\right\} \tag{12.68}$$

无碰撞吸收随着 $k$ 的增大 (亦即向更短的波的转变) 而增长, 并且在条件 (12.67) 或至少在条件 (12.66) 遭到破坏时公式 (12.65) 和 (12.68) 变得不再适用. 但是可以确信, 在 (12.40) 式表示的所有高频区内存在一支纵等

---

① 这种波也称作高频朗缪尔波.

离子体波, 其行为在弱阻尼时由公式 (12.65) 决定. 这就是图 12.2 中的上一支, 其中虚线示出振动的强阻尼区. 图 12.2 的下一支对应于低频纵波, 仅在具有 $T_e \gg T_i$ 的非等温等离子体中及波长区间 $k^2 r_{D,i}^2 \ll 1$ 内, 这些波在无碰撞时是弱阻尼的 (条件 (12.66)), 见 [205]). 在此情况下, 取零级近似时在 $r_{D,e}^{-1} \lesssim k \ll r_{D,i}^{-1}$ 范围内 $\omega = \omega_{pi}$, 其中 $\omega_{pi} = (4\pi e^2 N_i / M)^{1/2}$ 为离子的等离子体频率. 在 $k r_{D,e} \ll 1$ 的长波范围内, 我们有低频波 $\omega \approx (\kappa T_e / M)^{1/2} k$, 这种波对应于温度为 $T_e$ 而构成气体的粒子质量为 $M$ 的气体中的等温声波 (这种波称作离子声波). 在不考虑碰撞的等温等离子体中的低频纵波始终是强阻尼的. 在超长波 (平均自由程 $\bar{v}/\nu_{eff}$ 远小于波长, 亦即 $k\bar{v} \ll \nu_{eff}$ 时) 范围内碰撞以及大量中性粒子的存在 (等离子体变为弱电离的) 使情况发生改变. 在这一情况下波类似于阻尼很弱的通常声波.

[296]

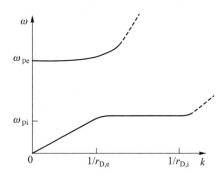

图 12.2　各向同性等离子体中纵波的 $\omega$ 与 $k$ 间的函数关系.

示意图中的虚线对应于强阻尼波的区域, 而对于低频波, 仅对具有 $T_e \gg T_i$ 的非等温等离子体才存在弱阻尼区.

现在我们转入对磁化等离子体——具体而言, 即处于均匀恒定磁场 $\boldsymbol{H}_0$ 中的等离子体的研究.

在初等理论的框架内考虑磁场 $\boldsymbol{H}_0$ 的影响归结为在方程 (12.5) 中添加洛伦兹力, 于是我们得到

$$m\ddot{\boldsymbol{r}}_n + m\nu_{eff}\dot{\boldsymbol{r}}_n = e\boldsymbol{E}_0 e^{-i\omega t} + \frac{e}{c}\dot{\boldsymbol{r}}_n \times \boldsymbol{H}_0 \tag{12.69}$$

其中 $\boldsymbol{E}_0$ 为交变电场的恒定振幅. 解这个方程以及类似的对离子的方程, 我们求得 $\dot{\boldsymbol{r}}_n$ 和 $\dot{\boldsymbol{r}}_n^{(i)}$, 于是得到电流密度 $\boldsymbol{j} = e\sum_{n=1}^{N}(\dot{\boldsymbol{r}}_n - \dot{\boldsymbol{r}}_n^{(i)})$. 另一方面, 根据定义, $j_i = -(i\omega/4\pi)(\varepsilon_{ij} - \delta_{ij})E_j$, 通过比较这两个关系式, 我们即可求得 $\varepsilon_{ij}$. 相

应的计算已在文献 [109] 的 §10 中详细给出, 我们这里只限于列出结果:

$$
\left.
\begin{aligned}
\varepsilon_{xx} = \varepsilon_{yy} &= 1 - \frac{1}{2}\omega_{\mathrm{p}}^2 \left( \frac{1}{\omega^2 + \omega\omega_H + \mathrm{i}\omega\nu_{\mathrm{eff}}} + \frac{1}{\omega^2 - \omega\omega_H + \mathrm{i}\omega\nu_{\mathrm{eff}}} \right) \\
&= 1 - \frac{\omega_{\mathrm{p}}^2(\omega + \mathrm{i}\nu_{\mathrm{eff}})}{\omega[(\omega + \mathrm{i}\nu_{\mathrm{eff}})^2 - \omega_H^2]}, \\
\varepsilon_{zz} &= 1 - \frac{\omega_{\mathrm{p}}^2}{\omega(\omega + \mathrm{i}\nu_{\mathrm{eff}})}, \\
\varepsilon_{xy} = -\varepsilon_{yx} &= \mathrm{i} \frac{\omega_{\mathrm{p}}^2\omega_H}{\omega(\omega + \omega_H + \mathrm{i}\nu_{\mathrm{eff}})(\omega - \omega_H + \mathrm{i}\nu_{\mathrm{eff}})}, \\
\varepsilon_{xz} = \varepsilon_{zx} &= \varepsilon_{yz} = \varepsilon_{zy} = 0, \omega_{\mathrm{p}}^2 \equiv \omega_{\mathrm{pe}}^2 = \frac{4\pi e^2 N}{m}.
\end{aligned}
\right\}
\tag{12.70}
$$

实质上我们这里选取了 $z$ 轴指向 $\boldsymbol{H}_0$ 方向的右手笛卡儿坐标系. 此外, 假设电子 (所带电荷 $e < 0$) 的回旋频率 $\omega_H$ 为正:

$$
\left.
\begin{aligned}
\omega_H &= \frac{|e|H_0}{mc} = -\frac{eH_0}{mc} = 1.76 \times 10^7 H_0 \mathrm{s}^{-1} \\
\lambda_H &= \frac{2\pi c}{\omega_H} = \frac{1.07 \times 10^4}{H_0} \ \mathrm{cm}.
\end{aligned}
\right\}
\tag{12.71}
$$

最后, 在 (12.70) 式中未计及离子的作用. 如果说在没有磁场时由于 $N_{\mathrm{i}}/M$ 量级的项与 $N_e/m$ 量级的项相比可略去总可以这样做的话, 那么在磁化等离子体中, 通常只有在条件

$$
\omega \gg \Omega_H = \frac{|e|H_0}{Mc} = 1.76 \times 10^7 \frac{m}{M} H_0 \mathrm{s}^{-1}
\tag{12.72}
$$

[297]

得以满足时, 离子的作用才变得不重要, 式中 $\Omega_H$ 是离子回旋频率.

不等式 (12.72) 有时显得不够充分, 离子的作用甚至在更高的频率下也是重要的. 例如, 当波垂直于场传播时 (即 $\boldsymbol{k}$ 与 $\boldsymbol{H}_0$ 间的角度 $\alpha$ 为 $\frac{1}{2}\pi$ 时), 仅在条件

$$
\omega \gg (\omega_H \Omega_H)^{1/2} = \left( \frac{M}{m} \right)^{1/2} \Omega_H \gg \Omega_H
$$

得以满足的情况下离子的影响才可忽略.

那些可以不计及离子影响的波称作高频波. 我们将具有频率

$$
\omega \ll \Omega_H
\tag{12.73}
$$

的波或者场称作低频波或低频场. 低频下 (在条件 (12.73) 时) 磁场彻底地改变等离子体对外场 $\boldsymbol{E} = \boldsymbol{E}_0 \mathrm{e}^{-\mathrm{i}\omega t}$ "响应" 的原因可由运动方程看出. 在初

等理论中这些运动方程归结为方程 (12.69) 和方程

$$M\ddot{\boldsymbol{r}}_n^{(\mathrm{i})} + M\nu_{\mathrm{eff}}^{(\mathrm{i})}\dot{\boldsymbol{r}}_n^{(\mathrm{i})} = -e\boldsymbol{E}_0\mathrm{e}^{-\mathrm{i}\omega t} - \frac{e}{c}\dot{\boldsymbol{r}}_n^{(\mathrm{i})} \times \boldsymbol{H}_0, \tag{12.74}$$

其中与 $\nu_{\mathrm{eff}}^{(\mathrm{i})}$ 成正比的项计及了给定离子与所有其他粒子的碰撞 (也见下述). 如果为了简单而不计碰撞, 则由方程 (12.69) 和 (12.74) 可以看出, 在条件 (12.73) 下洛伦兹力成为首要项. 然而这个力不含粒子的质量, 而且在相应的近似下电子的速度 $\dot{\boldsymbol{r}}_n$ 与离子的速度 $\dot{\boldsymbol{r}}_n^{(\mathrm{i})}$ 相同, 这表明电流密度 $\boldsymbol{j} = e\sum_n(\dot{\boldsymbol{r}}_n - \dot{\boldsymbol{r}}_n^{(\mathrm{i})}) \to 0$. 但从另一方面看, 在不考虑离子贡献的情况下, 当 $\omega \to 0$ 时电流并不趋于零 (见 (12.70)). 写出 $\varepsilon_{ij}$ 的表示式对于仔细分析离子的作用特别方便. 例如, 在忽略碰撞时, 电子和质量为 $M$ 的离子的混合物的 $\varepsilon_{ij}$ 可写为

$$\varepsilon_{xx} = \varepsilon_{yy} = 1 - \frac{\omega_{\mathrm{pe}}^2}{\omega^2 - \omega_H^2} - \frac{\omega_{\mathrm{pi}}^2}{\omega^2 - \Omega_H^2}. \tag{12.75}$$

由此在 (12.72) 和 (12.73) 式的高频和低频情况下, 我们分别近似地有:
当 $\omega \gg \Omega_H$ 时

$$\varepsilon_{xx} = \varepsilon_{yy} \approx 1 - \frac{\omega_{\mathrm{pe}}^2}{\omega^2 - \omega_H^2}, \tag{12.76}$$

而当 $\omega \ll \Omega_H$ 时

$$\varepsilon_{xx} = \varepsilon_{yy} \approx 1 + \frac{\omega_{\mathrm{pe}}^2}{\omega_H^2} + \frac{\omega_{\mathrm{pi}}^2}{\Omega_H^2} = 1 + \frac{4\pi Nmc^2}{H_0^2} + \frac{4\pi NMc^2}{H_0^2} = 1 + \frac{4\pi\rho_M c^2}{H_0^2}. \tag{12.77}$$

[298]　这里 $\rho_M = (mN + MN) \approx NM$ 是所研究等离子体的质量密度; 不言而喻, $\rho_M$ 之值由离子确定, 而且很显然, 离子的贡献是决定性的.

最为常见的情况是

$$4\pi\rho_M c^2/H_0^2 \gg 1. \tag{12.78}$$

在这样的条件下可以写出

$$\varepsilon_{xx} = \varepsilon_{yy} = \frac{4\pi\rho_M c^2}{H_0^2} = \frac{c^2}{v_{\mathrm{A}}^2}, \quad v_{\mathrm{A}} = \frac{H_0}{(4\pi\rho_M)^{1/2}}, \tag{12.79}$$

其中 $v_{\mathrm{A}}$ 为磁流体动力学速度 (阿尔文速度), 这是在介电常量为 (12.79) 式的介质中传播的偏振处于 $xy$ 平面 (亦即波的电场 $\boldsymbol{E}$ 垂直于外磁场 $\boldsymbol{H}_0$) 的波的波速 (从下面给出的普遍表达式很容易证实这一点).

磁化等离子体的低频区与磁流体动力学区毗连或在一定的条件下与该区重合. 推导磁流体连续方程的办法是直接将电子和离子的运动方程 (12.69) 和 (12.74) 相加, 这虽然不够严格, 但就实质而言已足够令人信服.

不过必须考虑到, 例如, 在纯粹的电子–离子等离子体中, 根据作用与反作用相等原理, 电子对离子的平均 "摩擦力" 等于离子对电子的平均 "摩擦力"(实质上指的是电子和离子平均动量的改变; 因此电子之间和离子之间的碰撞在所考虑的近似下不起作用). 由于这个原因, 运动方程相加时消去了摩擦力, 在乘以 $N$ 之后, 我们求得

$$\rho_M \dot{\boldsymbol{v}} = \frac{1}{c} \boldsymbol{j} \times \boldsymbol{H}_0, \quad \boldsymbol{j} = e \sum_{n=1}^{N} (\dot{\boldsymbol{r}}_n - \dot{\boldsymbol{r}}_n^{(\mathrm{i})}), \tag{12.80}$$

其中 $\boldsymbol{v}$ 可以理解为等离子体的 "整体" 速度或者实际上是离子的速度 (严格地说, 在所研究的状态下 $m\ddot{\boldsymbol{r}}_n \ll M\ddot{\boldsymbol{r}}_n^{(\mathrm{i})}$); 进行若干足够清楚的推广后, 从 (12.80) 式得到含有压强 $p$ 的梯度的更普遍的磁流体动力学方程:

$$\rho_M \frac{\mathrm{d}v}{\mathrm{d}t} = \frac{1}{c} \boldsymbol{j} \times \boldsymbol{H} - \operatorname{grad} p. \tag{12.81}$$

不可能在此详细地研究磁流体动力学, 我们只想展示其与磁化等离子体中介电张量计算的关系 (详见 [61, 109, 205, 206, 215] 以及其中所附文献).

如果

$$\omega \gg \omega_H = 1.76 \times 10^7 H_0 \mathrm{s}^{-1}, \tag{12.82}$$

则一般而言磁场对等离子体性质的影响很小.

当然, 在这种情况下不等式 (12.72) 乃至更为严苛的条件 $\omega \gg (\omega_H \Omega_H)^{1/2}$ [299] (在此条件下离子的作用很小) 都自动满足. 在 (12.82) 式的情况下, 取一级近似时可认为等离子体是各向同性的, 于是张量 (12.70) 约化为 $\varepsilon_{ij} = \varepsilon(\omega)\delta_{ij}$, 其中 $\varepsilon(\omega)$ 由公式 (12.6) 给出.

但是我们必须记住, 即使在 (12.82) 式得到满足时, 磁场的作用也可能是很重要的, 特别是讨论那些在 $H_0 = 0$ 情况下不存在的新效应时. 我们可以举出当横电磁波在等离子体中沿磁场传播时偏振面的旋转为例 (法拉第效应; 参见第 10 章及以下). 由于偏振矢量 (亦即波场的电矢量) 在方向给定的磁场中的转动角随距离的增大而增加 (是一种积分效应), 故即使在从另外的观点看来完全可以忽略不计的场中, 转动也可以是相当显著的.

当应用到磁化等离子体时, 初等理论只适用于冷等离子体, 亦即忽略粒子热运动, 首先是忽略电子热运动时. 在无碰撞等离子体中这意味着必须满足不等式

$$\frac{k_z v_{\mathrm{T}}}{\omega} \ll 1, \quad \frac{k_\perp v_{\mathrm{T}}}{\omega_H} \ll 1, \tag{12.83}$$

其中 $k_z$ 为波矢 $\boldsymbol{k}$ 在磁场方向 ($z$ 轴) 的投影, $k_\perp$ 为 $\boldsymbol{k}$ 在垂直于场 $\boldsymbol{H}_0$ 方向的投影 (我们应当记得 $v_{\mathrm{T}} = (\kappa T/m)^{1/2}$). (12.83) 式中第一个条件其实我们

已经讨论过 (见 (12.20) 和 (12.40) 式), 因为磁场 $\boldsymbol{H}_0$ 并不改变电子沿磁场方向的运动. 而电子轨迹在垂直于磁场的平面上投影是半径 $r_H = v_\perp/\omega_H$ 的圆周. 由于热运动的结果, 有 $v_\perp \sim v_T$ 及 $\bar{r}_H \sim v_T/\omega_H$, 由此可见, (12.83) 式中的第二个条件可以写为 $2\pi v_T/\lambda_\perp \omega_H \ll 1$ 的形式, 其中 $\lambda_\perp = 2\pi/k_\perp$. 这样一来, 如果以下两个条件得到满足: 波的相速度 $v_{\mathrm{ph}} = \omega/k_z$ 必须远超过热速度 $v_T$ 以及波长 $\lambda_\perp$ 必须比拉莫尔半径 $\bar{r}_H \sim v_T/\omega_H$ 大得多, 则可以使用初等理论, 这与忽略空间色散是等价的. 在地球电离层内, $T \sim 300 - 1000\mathrm{K}$, $v_T \sim 10^7\ \mathrm{cm\ s}^{-1}$, $\omega_H \sim 10^7\ \mathrm{s}^{-1}$, $\bar{r}_H \sim 1\ \mathrm{cm}$, 且在短波波段 ($\omega \sim 10^8\ \mathrm{s}^{-1}$ 及 $\lambda = 2\pi c/\omega \sim 20\ \mathrm{m}$) 比率 $v_T/\omega$ 的数量级为 $0.1\ \mathrm{cm}$. 由此非常清楚, 在无线电波波段空间色散所起的作用通常不很大. 类似的估计在应用到日冕、星际介质等时也容易做出. 不过在我们看来, 对这些情况的类似分析未必适当, 因为不可能预见到所有的可能性, 而波在磁化等离子体中的传播在一般情况下又极为复杂. 重要的是记住, 在研究等离子体物理的每一个具体问题时, 必须十分谨慎地对待所使用的近似, 并特别在计及粒子的热运动 (因此也计及空间色散) 时估计其精确度.

[300]　　　　计及粒子热运动的磁化等离子体或人们常说的 "热" 等离子体的 $\varepsilon_{ij}(\omega, \boldsymbol{k})$ 的表达式可以用动理学方程 (12.24) 的方法得到. 在线性近似下使用微扰论 (见 (12.26), (12.27) 式), 立即得到与 (12.27) 式的差别仅在于增加了一项 $(e/m)(\boldsymbol{v} \times \boldsymbol{H}_0) \cdot \mathrm{grad}_v f'$ 的方程. 这里考虑了各向同性未扰动分布函数 $f_{00}(v)$ 的梯度 $\mathrm{grad}_v f_{00} = (\partial f_{00}/\partial v)(\boldsymbol{v}/v)$ 及 $(\boldsymbol{v} \times \boldsymbol{H}_0) \cdot \mathrm{grad}_v f_{00} = 0$. 顺便说, 由此十分清楚, 在存在磁场时麦克斯韦速度分布仍然是平衡分布. 初看起来这个结论有些令人怀疑, 因为在磁场中电子在螺旋线上运动, 而在无磁场时电子作直线运动. 然而这里并没有什么矛盾, 因为在两种情况下找到具有给定速度值 $\boldsymbol{v}$ 的电子的概率是一样的 (或换句话说, 两种情况下处于速度区间 $\boldsymbol{v}$ 到 $\boldsymbol{v} + \mathrm{d}\boldsymbol{v}$ 的电子数是一样的).

　　　　麦克斯韦 (平衡) 等离子体中张量 $\varepsilon_{ij}(\omega, \boldsymbol{k})$ 的表达式已在, 例如, 专著 [205] 中给出. 如果粒子的热运动可以忽略 (在最简单的情况下为此必须满足不等式 (12.83)), 于是如所预期, 张量 $\varepsilon_{ij}(\omega, \boldsymbol{k})$ 化简为张量 (12.70). 存在无碰撞吸收也许是动理论的最不寻常的特征. 无碰撞吸收发生在条件 ($z$ 轴沿 $\boldsymbol{H}_0$ 方向)

$$\omega = |s\omega_H + k_z v_z|, \quad \omega = |s'\Omega_H + k_z v_z|, \quad s, s' = 0, \pm 1, \pm 2, \cdots \tag{12.84}$$

得到满足时. 在 $s', s = 0$ 时指的是切连科夫吸收, 而在 $s \neq 0$ 和 $s' \neq 0$ 时则指的是分别对于电子和离子的磁轫致吸收. 这个问题已在第 7 章讨论过, 这里不再进行详细的研究. 除了无碰撞吸收之外, 在磁化或各向同性等离子体中考虑热运动对于以与热运动速度 $v_{\mathrm{Te}}$ 或 $v_{\mathrm{Ti}}$ 可比的速度传播的波等情况特别重要.

对磁化等离子体中各种波传播的分析即使对于冷等离子体 (亦即不考虑热运动从而也不考虑空间色散的等离子体) 也已涉及庞杂的计算. 因此我们只简短地研究波在冷等离子体中的传播 (有关波在冷等离子体和热等离子体中传播的详细研究已在文献 [109, 205, 206, 215, 216] 以及其中提及的大量书籍和论文中给出). 但是, 不必将 $\varepsilon_{ij}(\omega, \boldsymbol{k})$ 的具体形式写出的表达 [301] 式对冷等离子体和热等离子体同样适用. 例如, 确定各向异性介质内正常波折射率 $\tilde{n}$ 的色散方程 (11.27) 在普遍情况下 (假设可以引进张量 $\varepsilon_{ij}(\omega, \boldsymbol{k})$) 当然也是正确的. 然而对于磁化等离子体, 利用张量 $\varepsilon_{ij}(\omega, \boldsymbol{k})$ 的对称性还可以走得更远一些. 比如说, 在指向 $z$ 轴的场 $\boldsymbol{H}_0$ 均匀的情况下, 出现由 (12.70) 式清楚表示出的简化, 并在热等离子体中仍然保持 (例如, 我们有 $\varepsilon_{xx} = \varepsilon_{yy}$).

由于在冷等离子体中我们有 $\varepsilon_{ij}(\omega, \boldsymbol{k}) = \varepsilon_{ij}(\omega)$, 色散方程 (11.27) 是 $\tilde{n}^2$ 的二次方程. 相应的解 $\tilde{n}^2_{1,2}$ 分别对应于可以在冷等离子体中传播的寻常波 (下标 2) 和非寻常波 (下标 1). 此外, 在冷的磁化等离子体中还可以存在纵波, 或更准确地说纵振荡 (不考虑空间色散时纵波的群速度 $v_{\mathrm{gr}} = \mathrm{d}\omega/\mathrm{d}k$ 等于零). 然而, 如果说在各向同性等离子体中纵波的波矢 $\boldsymbol{k}$ 可以以任意方式取向的话, 在磁化等离子体中这个波矢只能指向 $\boldsymbol{H}_0$. 结果最后归结为, 磁场的存在并不改变表达式

$$\varepsilon_{zz} = 1 - \frac{\omega_{\mathrm{p}}^2}{\omega(\omega + \mathrm{i}\nu_{\mathrm{eff}})}$$

并因此对沿磁场传播的纵波 (其中 $\boldsymbol{E} = \boldsymbol{E}_l = E\boldsymbol{k}/k$) 不产生影响. 分析从磁化等离子体向各向同性等离子体的极限过渡, 特别是这种过渡与只在一个方向传播 (磁化等离子体) 和在任何方向传播 (各向同性等离子体) 的等离子体波存在可能性的关系, 是颇有教益的. 只有计及空间色散才能前后一致地彻底研究相应的极限过程, 尽管事情的关键没有它也能解释清楚 (参见 [109] 中的 §12).

这里我们只限于再作一个有关纵波的说明. 一般说来, 各向异性介质中特别是磁化等离子体中的正常波既不是横波也不是纵波. 因此对于正常波之一 (1 或者 2) 在确定的条件下几乎是纵波这一事实不必特别惊奇. 况且在冷等离子体情况下波 1 或波 2 甚至可能是严格的纵波, 并在 $\tilde{n}^2_{1,2} \to \infty$ 的条件下形式上成为纵波. 这样的纵波可称为 (见 [99]) 虚纵波, 因为在计及空间色散时这些波一般不是严格的纵波. 以上所述当然还不足以使人理解事情的实质, 但这里我们只是想说明, 文献上讨论的磁化等离子体中的

纵波通常指的是在 $\tilde{n}_{1,2}^2 \to \infty$ 时的极点附近的正常波 (见下). 因此, 这些与前面给出的磁化等离子体中的 "真正" 的纵波只沿磁场 $\boldsymbol{H}_0$ 传播的论断没有任何矛盾.

[302]　　　我们给出对于冷等离子体中 (亦即使用张量 (12.70) 时) 高频波 (条件 (12.72)) 的 $\tilde{n}_{1,2}^2(\omega)$ 的表达式. 将 (12.70) 式代入色散方程 (11.27) 或, 更简单一些, 对于所研究情况重新写出色散方程 (参见 [109] §11), 我们得到

$$\tilde{n}_{1,2}^2 = (n + \mathrm{i}\kappa)_{1,2}^2$$
$$= 1 - \frac{2v(1 + \mathrm{i}s - v)}{2(1 + \mathrm{i}s)(1 + \mathrm{i}s - v) - u\sin^2\alpha \pm [u^2\sin^4\alpha + 4u(1 + \mathrm{i}s - v)^2\cos^2\alpha]^{1/2}},$$
$$(12.85)$$

其中

$$v = \frac{\omega_{\mathrm{p}}^2}{\omega^2} = \frac{4\pi e^2 N}{m\omega^2}, \quad u = \frac{\omega_H^2}{\omega^2} = \frac{e^2 H_0^2}{m^2 c^2 \omega^2}, \quad s = \frac{\nu_{\mathrm{eff}}}{\omega} \qquad (12.86)$$

以及 $\alpha$ 为 $\boldsymbol{k}$ 与 $\boldsymbol{H}_0$ 之间夹角.

当无碰撞时, 我们有

$$\tilde{n}_{1,2}^2 = 1 - \frac{2v(1 - v)}{2(1 - v) - u\sin^2\alpha \pm [u^2\sin^4\alpha + 4u(1 - v)^2\cos^2\alpha]^{1/2}} = 1 -$$
$$\frac{2\omega_{\mathrm{p}}^2(\omega^2 - \omega_{\mathrm{p}}^2)}{2(\omega^2 - \omega_{\mathrm{p}}^2)\omega^2 - \omega_H^2\omega^2\sin^2\alpha \pm [\omega^4\omega_H^4\sin^4\alpha + 4\omega_H^2\omega^2(\omega^2 - \omega_{\mathrm{p}}^2)^2\cos^2\alpha]^{1/2}}.$$
$$(12.87)$$

不必说 (12.85) 式, 就是 (12.87) 式也已经复杂到或者只能研究特殊情况, 或者只能用图解法研究. 在 $\alpha = 0$ 的纵向传播情况下, 我们有

$$\left. \begin{array}{l} \tilde{n}_1^2 \equiv \tilde{n}_+^2 = 1 - \dfrac{v}{1 - u^{1/2}} = 1 - \dfrac{\omega_{\mathrm{p}}^2}{\omega(\omega - \omega_H)}, \\[3mm] \tilde{n}_2^2 \equiv \tilde{n}_-^2 = 1 - \dfrac{v}{1 + u^{1/2}} = 1 - \dfrac{\omega_{\mathrm{p}}^2}{\omega(\omega + \omega_H)}. \end{array} \right\} \qquad (12.88)$$

在这一情况下正常波 1, 2 (或 ±) 是横波, 而它们的偏振是圆偏振. 波 + 中电场矢量 $\boldsymbol{E}$ 的旋转方向与电子在磁场 $\boldsymbol{H}_0$ 中的旋转方向相同 (并与波传播方向无关, 亦即对波中波矢 $\boldsymbol{k}$ 指向 $\boldsymbol{H}_0$ 或 $-\boldsymbol{H}_0$ 都是同样的). 因此, 当波 + 的频率 $\omega$ 接近电子回旋频率 $\omega_H$ 时, 自然会发生共振 (见 (12.88) 式, 该式中设 $\nu_{\mathrm{eff}} = 0$; 波 + 或波 1 称为非常波). 如果向各向异性介质中入射任意偏振的波, 则在没有空间色散的均匀介质中该波分解为两个相互独立传播的正常波. 特别是, 当波在冷等离子体中纵向 (沿磁场 $\boldsymbol{H}_0$) 传播时, 入射的线偏振波分解为两个圆偏振的波 ±. 由于 $n_+ \neq n_-$, 波 ± 沿射线的相位

变化不一样, 并发生偏振面转动 (法拉第效应). 显然, 在通过路程 L 后波 − (波 2) 与波 + (波 1) 之间产生的相位差等于

$$\Delta\varphi = \frac{\omega}{c}(n_2 - n_1)L.$$

[303]

容易确认相位的这一差别所对应的偏振面转动角为

$$\Psi = \frac{\Delta\varphi}{2} = \frac{\omega}{2c}(n_2 - n_1)L \approx \frac{\omega_{\mathrm{p}}^2 \omega_H L \cos\alpha}{2c\omega^2} = 9.3 \times 10^5 \frac{N H_0 L \cos\alpha}{\omega^2}. \tag{12.89}$$

这里作为示例, 我们将在宇宙条件下经常遇到的极限情况 $|n_{1,2} - 1| \ll 1$ 与 $\omega \gg \omega_H$ 中代入了 (12.88) 式给出的 $n_{1,2}$ 值. 当然, 在 (12.88) 式的情况下 $\cos\alpha = 1$, 而公式 (12.89) 也适用于小角度 $\alpha$ 的某一区域 (准纵向传播, 见 [109] §11).

对于横向传播 ($\alpha = \frac{1}{2}\pi$), 由 (12.87) 式我们得到

$$\widetilde{n}_1^2 = 1 - \frac{\omega_{\mathrm{p}}^2(1 - \omega_{\mathrm{p}}^2/\omega^2)}{\omega^2 - \omega_H^2 - \omega_{\mathrm{p}}^2}, \quad \widetilde{n}_2^2 = 1 - \frac{\omega_{\mathrm{p}}^2}{\omega^2}. \tag{12.90}$$

在寻常波 2 中偏振矢量 (矢量 $\boldsymbol{E}$) 指向 $\boldsymbol{H}_0$, 据此这个波的 $\widetilde{n}_2^2$ 与各向同性等离子体中的 $\widetilde{n}^2$ 相等. 在非寻常波 1 中矢量 $\boldsymbol{E}$ 在垂直于磁场 $\boldsymbol{H}_0$ 的平面内绘出一个椭圆, 亦即具有相对于 $\boldsymbol{k}$ 的纵向和横向分量 (我们再次提醒, 在 (12.90) 式的情况下, 矢量 $\boldsymbol{k}$ 本身垂直于磁场 $\boldsymbol{H}_0$).

如若一般地讨论函数 $\widetilde{n}_{1,2}(\omega, \omega_{\mathrm{p}}, \omega_H, \alpha, \nu_{\mathrm{eff}} = 0)$ 的曲线图, 则它们在很大的程度上由这个函数的零点与极点表征:

对于 $u < 1$ 情况

$$\left.\begin{aligned}
&\widetilde{n}_{1,2}^2 = 0: \ v_{20} \equiv \frac{\omega_{\mathrm{p}}^2}{\omega_{20}^2} = 1, \\
&v_{10}^{(\pm)} \equiv \frac{\omega_{\mathrm{p}}^2}{(\omega_{10}^{\pm})^2} = 1 \pm u^{1/2} = 1 \pm \frac{\omega_H}{\omega_{10}^{\pm}}, \\
&\widetilde{n}_{1,2}^2 = \infty: \ v_{1\infty} \equiv \frac{\omega_{\mathrm{p}}^2}{\omega_{1\infty}^2} = \frac{1 - u}{1 - u\cos^2\alpha} = \frac{\omega_{1\infty}^2 - \omega_H^2}{\omega_{1\infty}^2 - \omega_H^2\cos^2\alpha};
\end{aligned}\right\} \tag{12.91}$$

对于 $u > 1$ 情况

$$v_{2\infty} \equiv \frac{\omega_{\mathrm{p}}^2}{\omega_{2\infty}^2} = \frac{u - 1}{u\cos^2\alpha - 1} = \frac{\omega_H^2 - \omega_{2\infty}^2}{\omega_H^2\cos^2\alpha - \omega_{2\infty}^2}. \tag{12.92}$$

由于根据定义 $v = \omega_{\mathrm{p}}^2/\omega^2 > 0$, 故在 $u = \omega_H^2/\omega^2 > 1$ 时解 $v_{10}$ 当然是虚的. 根据同样的理由, 当 $u > 1$, 但 $u\cos^2\alpha < 1$ 时, 函数 $\widetilde{n}_{1,2}$ 没有极点.

图 12.3 和图 12.4 中给出了对应于不同的 $u$ 值和 $\alpha$ 值的若干个函数 $\widetilde{n}_{1,2}^2(v)$ 的曲线图. 利用 $v = \omega_{\mathrm{p}}^2/\omega^2$ 作自变量看起来可能有些人为. 实际上

[304]　这样的曲线图对我们阐明 $\tilde{n}_{1,2}^2$ 对电子密度 $N$ 的依赖关系很方便 (确实, $v = 4\pi e^2 N/m\omega^2$). 其他的曲线图也可提供各种方便, 比如说在图 12.5 中示出的函数 $\tilde{n}_{1,2}^2(\omega/\omega_{\mathrm{p}})$ 的曲线图. 由于在这个图中有小频率区, 必须再次提醒大家, 公式 (12.85) 以及后续的公式都属于 $\omega \gg \Omega_H$ 的高频情况. 随着频率降低, 离子的影响开始显现并又出现一个振动支. 我们此处仅限于给出图 12.6, 其中示出了包含离子影响在内的函数 $\tilde{n}_{1,2}^2(\omega)$ 的曲线图.

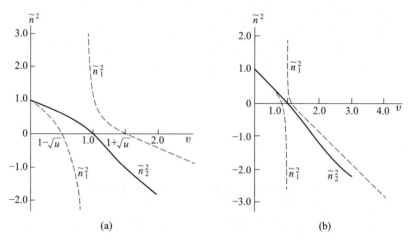

(a)　　　　　　　　　　(b)

图 12.3　$\nu_{\mathrm{eff}} = 0$ 且 $\alpha = 45°$ 时函数 $\tilde{n}_{1,2}^2(v)$ 的曲线图.

(a) $u = \omega_H^2/\omega^2 = \dfrac{1}{4}$; (b) $u = 0.01$.

我们再来研究一个重要的极限情况, 此时

[305]
$$\omega_{\mathrm{p}}^2 \gg \omega^2, \qquad \omega_{\mathrm{p}}^2 \gg \omega_H^2, \quad \omega^2 \ll \omega_H^2 \cos^2\alpha, \quad \omega \gg \Omega_H \tag{12.93}$$

或

$$v \gg 1, \quad v \gg u, \quad u\cos^2\alpha \gg 1.$$

根据 (12.87) 式, 在条件 (12.93) 下

$$\tilde{n}_1^2 = -\frac{v}{u^{1/2}\cos\alpha}, \quad \tilde{n}_2^2 = \frac{c^2 k^2}{\omega^2} \approx \frac{v}{u^{1/2}\cos\alpha} = \frac{\omega_{\mathrm{p}}^2}{\omega\omega_H\cos\alpha} = \frac{4\pi c|e|N}{\omega H_0\cos\alpha} \tag{12.94}$$

或者

$$\omega = \frac{c^2 k^2 \omega_H \cos\alpha}{\omega_{\mathrm{p}}^2} = \frac{cH_0 k^2 \cos\alpha}{4\pi|e|N}. \tag{12.95}$$

在所研究的条件下波 1 一般不能传播 (因为 $\tilde{n}_1^2 < 0$, 这个波衰减), 而对于波 2 $\tilde{n}_2^2 \gg 1$. 例如, 可以在地球的磁层中以及在固体等离子体中碰见这种波 (前者称作 "哨声波", 后者为处于磁场中的金属的 "螺旋波").

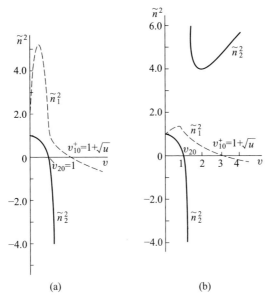

图 12.4　$\nu_{\text{eff}} = 0$ 且 $\alpha = 20°$ 时函数 $\widetilde{n}^2_{1,2}(v)$ 的曲线图.

(a) $u = \omega^2_H/\omega^2 = 1.08$; (b) $u = 4$.

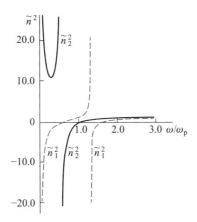

图 12.5　函数 $\widetilde{n}^2_{1,2}(\omega/\omega_{\text{p}})$ 在 $\omega^2_H/\omega^2_{\text{p}} = u/v = 1$ 和 $\alpha = 45°$ 时的曲线图.

此外, 所研究的波的相速度 $v_{\text{ph}} = \omega/k$ 越小, 忽略空间色散就越不合适. 若 $v_{\text{ph}} \lesssim v_{\text{T}}$, 则空间色散效应极为显著. 因此很清楚, 必须首先在对冷等离子体求得的函数 $\widetilde{n}^2_{1,2}(\omega)$ 的极点邻域计及空间色散. 对于 "哨声波" 和 "螺旋波", 由于条件 $\widetilde{n}^2_2 \gg 1$, 空间色散的作用也比具有较高相速度的波更显著.

作为最后的一条说明, 我们提醒读者, 以上所研究的仅仅是均匀的非相对论等离子体. 然而, 现实条件下的等离子体永远是非均匀的——这些等

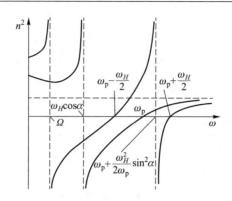

图 12.6　无碰撞但包括了离子影响的冷等离子体的函数 $\tilde{n}^2_{1,2}(\omega)$ 的曲线图. 假定 $\omega^2_p \gg \omega^2_H$, 函数 $\tilde{n}_{1,2}(\omega)$ 的根和极点之值为近似值.

[306]　离子体或者有边界, 或者等离子体的性质 (例如电子密度) 逐点变化. 因此, 非均匀等离子体中波的传播得到大量关注. 同时, 研究相对论等离子体、非平衡等离子体 (例如有电子束或离子束穿过的冷等离子体), 探索各种非线性现象和效应, 计及真空非线性性质的条件下[128, 132] 考察处于强磁场中的等离子体 (一般情况下还含有正电子) 的行为等, 均是对等离子体物理学研究有重大意义的研究方向.

　　因此, 不要说在整个等离子体物理这个广泛的领域, 即使仅就等离子体介电常量的计算及等离子体中波的传播而言, 本章中所讨论的内容也只是涉及了有关问题中的一小部分.

# 第十三章

# 宏观电动力学中的能量–动量张量及力.色散吸收介质中的能量和释放热

宏观电动力学中的能量–动量张量. 电磁波 (光子) 在介质中辐射时能量和动量守恒定律的应用. 作用于介质的力. 色散吸收介质中的能量密度和释放的热量. 反转介质.

我们已经在第 11 章讨论过宏观电动力学中的坡印亭定理和能量守恒定律 (在应用介质的简单模型情况下). 在很宽范围内计及任意的频率色散和空间色散的情况下, 专著 [99] 研究了透明介质的能量守恒定律, 而且这一问题相当频繁地在文献中被讨论. 然而, 对色散吸收介质中的能量密度和放热以及宏观电动力学中的动量守恒定律却不能这样说, 文献中对它们的研究和讨论少得多. 以下我们将讨论这些问题, 并且以对动量守恒定律、能量–动量张量和在电磁场中作用于介质的力的讨论开始.

我们遇到电磁场动量的情况远比遇到电磁场能量的情况少得多. 除此而外, 有关介质中场的动量这一问题在一定程度上显得混乱不清, 这与如何选择介质中电磁场能量–动量张量的表达式有关. 对于这个问题的讨论从大约 75 年前即已开始并一直到不久前仍处于争论中 (参见 [103, 218 – 222]及其中所附文献; 以下的叙述直接依照论文 [221] 进行). 因此, 在此讨论宏观电动力学中的动量守恒定律是很合适的.

为了避免与我们想要阐明的问题无直接关系的复杂化, 我们将研究非磁性、无色散、非吸收的静止介质. 此时场方程的形式是读者熟知的, 不过为了方便我们将它们再一次写出来 ($\boldsymbol{B} = \boldsymbol{H}$, $\varepsilon$ 与 $\omega$ 和 $k$ 无关):

$$\operatorname{rot} \boldsymbol{H} = \frac{4\pi}{c}\boldsymbol{j}_{\text{ext}} + \frac{\varepsilon}{c}\frac{\partial \boldsymbol{E}}{\partial t}, \tag{13.1}$$

$$\operatorname{rot} E = -\frac{1}{c}\frac{\partial \boldsymbol{H}}{\partial t}, \tag{13.2}$$

$$\operatorname{div} \varepsilon \boldsymbol{E} = 4\pi\rho_{\text{ext}}, \tag{13.3a}$$

$$\operatorname{div} \boldsymbol{H} = 0. \tag{13.3b}$$

[308]  以 $\boldsymbol{E}$ 标乘方程 (13.1) 并以 $\boldsymbol{H}$ 标乘方程 (13.2), 将所得表达式相减并使用恒等式 $\boldsymbol{E} \cdot \operatorname{rot} \boldsymbol{H} - \boldsymbol{H} \cdot \operatorname{rot} \boldsymbol{E} = -\operatorname{div}(\boldsymbol{E} \times \boldsymbol{H})$, 我们有

$$\frac{1}{8\pi}\frac{\partial}{\partial t}(\varepsilon E^2 + H^2) = -\boldsymbol{j}_{\text{ext}} \cdot \boldsymbol{E} - \operatorname{div} \boldsymbol{S}, \tag{13.4}$$

这样我们就得到坡印亭定理, 在当前情况下, 这个定理可以毫无困难地解释为能量守恒定律 ($w = (\varepsilon E^2 + H^2)/8\pi$ 为能量密度, $\boldsymbol{S} = (c/4\pi)\boldsymbol{E} \times \boldsymbol{H}$ 为能流密度).

此时假设介质是非吸收的, 因此 $\varepsilon$ 为实, 而密度分别为 $\rho_{\text{ext}}$ 和 $\boldsymbol{j}_{\text{ext}}$ 的电荷和电流构成外源. 有关坡印亭定律及其在色散和吸收介质中产生的后果的讨论将在本章的后半部分进行.

取方程 (13.1) 与 $\boldsymbol{H}$ 的矢量积和方程 (13.2) 与 $\varepsilon \boldsymbol{E}$ 的矢量积, 并将所得表达式相加, 我们求得

$$\frac{1}{4\pi}(\boldsymbol{H} \times \operatorname{rot} \boldsymbol{H} + \varepsilon \boldsymbol{E} \times \operatorname{rot} \boldsymbol{E}) = -\frac{1}{c}(\boldsymbol{j}_{\text{ext}} \times \boldsymbol{H}) - \frac{\varepsilon}{4\pi c}\frac{\partial}{\partial t}(\boldsymbol{E} \times \boldsymbol{H}).$$

在以上关系式两端各加上表达式 $-\rho_{\text{ext}}\boldsymbol{E}$, 然后在关系式左端借助方程 (13.3a) 将其变换为 $-\frac{1}{4\pi}\boldsymbol{E} \cdot \operatorname{div}(\varepsilon \boldsymbol{E})$ 的形式. 结果我们得到

$$\frac{1}{4\pi}\{(\boldsymbol{H} \times \operatorname{rot} \boldsymbol{H}) + \varepsilon(\boldsymbol{E} \times \operatorname{rot} \boldsymbol{E}) - \boldsymbol{E}\operatorname{div}\varepsilon\boldsymbol{E}\} + \frac{1}{4\pi c}\frac{\partial}{\partial t}(\boldsymbol{E} \times \boldsymbol{H})$$
$$= -\left\{\rho_{\text{ext}}\boldsymbol{E} + \frac{1}{c}(\boldsymbol{j}_{\text{ext}} \times \boldsymbol{H}) + \frac{\varepsilon - 1}{4\pi c}\frac{\partial}{\partial t}(\boldsymbol{E} \times \boldsymbol{H})\right\}. \tag{13.5}$$

在上式右端此时出现洛伦兹力密度

$$\boldsymbol{f}^{\text{L}} = \rho_{\text{ext}}\boldsymbol{E} + \frac{1}{c}\boldsymbol{j}_{\text{ext}} \times \boldsymbol{H}$$

及彻体力密度

$$\boldsymbol{f}^{\text{A}} = \frac{\varepsilon - 1}{4\pi\gamma}\frac{\partial}{\partial t}(\boldsymbol{E} \times \boldsymbol{H}), \tag{13.6}$$

这个力有时也称作阿布拉罕力. (13.5) 式右端的负号与 $\boldsymbol{f}^{\mathrm{L}} + \boldsymbol{f}^{\mathrm{A}}$ 之和为作用于介质的力有关, 而方程 (13.5) 确定力与场的动量的平衡, 而且

$$g^{\mathrm{A}} = \frac{1}{4\pi c}\boldsymbol{E} \times \boldsymbol{H} = \frac{S}{c^2} \qquad (13.7)$$

为场的动量密度 (正是这一对于真空和静止介质一样的表达式与阿布拉罕形式的能量–动量张量的选择相对应; 见下).

为了简单, 我们一开始先设介质是均匀的 (此时 $\varepsilon = $ 常量; 非均匀介质情况以及 $\varepsilon$ 与介质密度的可能依赖关系将在后面讨论). 此时方程 (13.5) 特别容易变换为标准形式 (在从 (13.5) 式转换为 (13.8) 式时使用恒等式 $\boldsymbol{a} \times \operatorname{rot} \boldsymbol{a} = \frac{1}{2}\nabla \boldsymbol{a}^2 - (\boldsymbol{a} \cdot \nabla)\boldsymbol{a}$ 会带来方便)

[309]

$$\frac{\partial \sigma_{\alpha\beta}}{\partial x_\beta} - \frac{\partial g_\alpha^{\mathrm{A}}}{\partial t} = f_\alpha, \quad f_\alpha = f_\alpha^{\mathrm{L}} + f_\alpha^{\mathrm{A}}, \quad \alpha, \beta = 1, 2, 3. \qquad (13.8)$$

其中 $\sigma_{\alpha\beta}$ 为麦克斯韦应力张量

$$\sigma_{\alpha\beta} = \frac{1}{4\pi}\left[\varepsilon E_\alpha E_\beta + H_\alpha H_\beta - \frac{1}{2}(\varepsilon E^2 + H^2)\delta_{\alpha\beta}\right]. \qquad (13.9)$$

这样一来, 就在没有任何附加假设的条件下从场方程得到了动量守恒定律 (13.8). 将这个定律与能量守恒定律结合成一个四维关系式——能量–动量守恒定律, 并从而得到能量–动量张量 $T_{ik}$ 的表达式:

$$\left.\begin{array}{c} T_{(\mathrm{A})}^{ik} = \begin{bmatrix} w & c\boldsymbol{g}^{\mathrm{A}} \\ \dfrac{1}{c}\boldsymbol{S} & \sigma_{\alpha\beta} \end{bmatrix}, \quad w = \dfrac{\varepsilon E^2 + H^2}{8\pi}, \\[4mm] \boldsymbol{S} = \dfrac{c}{4\pi}\boldsymbol{E} \times \boldsymbol{H} = c^2 \boldsymbol{g}^{\mathrm{A}}, \end{array}\right\} \qquad (13.10)$$

$$\left.\begin{array}{c} \dfrac{\partial T_{(\mathrm{A})}^{ik}}{\partial x^k} = f^i, \quad f^i = \{f^0, \boldsymbol{f}\}, \quad f^0 = \dfrac{1}{c}\boldsymbol{j}_{\mathrm{ext}} \cdot \boldsymbol{E}, \quad \boldsymbol{f} = \boldsymbol{f}^{\mathrm{L}} + \boldsymbol{f}^{\mathrm{A}}, \\[3mm] i, k = 0, 1, 2, 3; \quad \alpha, \beta = 1, 2, 3; \quad x^i = \{ct, \boldsymbol{r}\}. \end{array}\right\} \qquad (13.11)$$

张量 (13.6) 是阿布拉罕提出的均匀静止介质的能量–动量张量; 对于运动介质这一张量看起来要复杂一些 (见后).

在与 (13.10) 和 (13.11) 情况相同的假设下, 闵可夫斯基引入的能量–动量张量的形式可写为

$$T_{(\mathrm{M})}^{ik} = \begin{bmatrix} w & c\boldsymbol{g}^{\mathrm{A}} \\ \dfrac{1}{c}\boldsymbol{S} & \sigma_{\alpha\beta} \end{bmatrix}, \quad \boldsymbol{g}^{\mathrm{M}} = \frac{\varepsilon}{4\pi c}\boldsymbol{E} \times \boldsymbol{H} = \varepsilon \boldsymbol{g}^{\mathrm{A}}, \quad (13.12)$$

$$\frac{\partial T_{(\mathrm{M})}^{ik}}{\partial x^k} = f^{\mathrm{L},i}, \quad f^{\mathrm{L},0} = f^0 = \frac{1}{c}\boldsymbol{j}_{\mathrm{ext}} \cdot \boldsymbol{E}, \quad \boldsymbol{f}^{\mathrm{L}} = \rho_{\mathrm{ext}}\boldsymbol{E} + \frac{1}{c}\boldsymbol{j}_{\mathrm{ext}} \times \boldsymbol{H}. \quad (13.13)$$

十分显然, 至少从形式上看来守恒定律 (13.13) 和 (13.11) 是全同的, 它们的差别只不过是将同一个求和分成了不同的相加部分. 具体说来, 如果将阿布拉罕力 (13.6) 从等式 (13.11) 的右端移到左端并与 $\partial T_{(A)}^{ik}/\partial x_k$ 结合, 则正好得到表达式 $\partial T_{(M)}^{ik}/\partial x_k$, 于是闵可夫斯基张量可以被看作是能量–动量张量. 类似的能量–动量张量表达式选择的非单值性并不奇怪, 因为它具有普遍性并已经在真空的场论中出现过 (参见, 例如 [2] 中的 §32). 此外, 介质中的场是一个非封闭系统——只有由场和介质组成的系统是 "封闭" 的, 而且介质是由其能量–动量张量 $T_{(m)}^{ik}$ 来表征的. 总张量 $T^{ik} = T_{(m)}^{ik} + T_{(em)}^{ik}$ 满足守恒定律 $\partial T^{ik}/\partial x_k = 0$, 其中 $T_{(em)}^{ik}$ 为场的能量–动量张量 (例如, 张量 (13.10)), 但无论是张量 $T^{ik}$ 还是其组成部分 $T_{(m)}^{ik}$ 和 $T_{(em)}^{ik}$ 都不能以一般的形式唯一确定. 力的密度则完全不同, 至少在原则上它是唯一的, 并且是可测量的量. 因此有关阿布拉罕张量和闵可夫斯基张量的 "博弈" 最终要由力的表达式的选择来决定胜负. 阿布拉罕力 (13.6) 先天地与磁场作用于位移电流的力 (洛伦兹力) 相关. 无法怀疑这个力的真实性, 尽管对它的测量还是不久之前的事 (参见 [222], 其中示出了原始文献). 因此问题就以阿布拉罕张量 "得胜" 的方式解决了. 在文献中出现的反对选择这一张量的观点是毫无根据的 (见 [219—222]). 我们这里只介绍这些反对意见中的一个以及相应的有利于采用闵可夫斯基张量的论据. 这个看法是, 当对任何参考系中的准单色波波列选取闵可夫斯基张量时, 在透明介质中场的能流是 $S = w\boldsymbol{v}_{\mathrm{gr}}$, 其中 $w$ 为能量密度, $\boldsymbol{v}_{\mathrm{gr}}$ 为群速度. 类似地, 对于闵可夫斯基张量有 $\sigma_{\alpha\beta} = -g_\alpha^{\mathrm{M}} v_{\mathrm{gr},\beta}$ (参见 [99] 第 93 页及其中所列文献). 而在选取阿布拉罕张量时得不到这些关系式, 出于某种理由就认为这是缺陷或困难所在. 实际上, 这又与在使用阿布拉罕张量时存在体积力 $\boldsymbol{f}^{\mathrm{A}}$ 有关. 在运动介质中, 这种力对介质作功, 因此不应该也不可能满足关系式 $S = w\boldsymbol{v}_{\mathrm{gr}}$. 这里的情况与介质静止时所发生的情况完全类似 [①], 那时因在介质中存在吸收或一般地说存在某些能量的 "源" 或 "汇", 使得关系式 $S = w\boldsymbol{v}_{\mathrm{gr}}$ 遭到破坏. 以上对于动量密度流 $\sigma_{\alpha\beta} = -g_\alpha v_{\mathrm{gr},\beta}$ 的论据只适用于静止的透明介质, 因为关系式 $\sigma_{\alpha\beta} = -g_\alpha v_{\mathrm{gr},\beta}$ 只在不存在体积力时才适用. 闵可夫斯基张量正好满足这一要求 (我们假定不存在电荷和电流), 对于这个张量 $\partial T_{ik}^{(\mathrm{M})}/\partial x_k = 0$.

以上所述使得人们可以认为阿布拉罕张量是 "正确的", 但宣称闵可夫斯基张量 "不正确" 在我们看来只是某种形式上的处理. 实际上在大多数情况下, 基于阿布拉罕张量和闵可夫斯基张量所得到的结果毫无差别. 这就使得我们不仅在方便时使用闵可夫斯基张量, 而且在因此带来简化时认为这样做是完全适当的. 所以与其认为闵可夫斯基张量是 "错误的", 不如

---

① 在此情况下作用于介质的体积力不作功, 因为这个功等于力与介质速度的乘积.

[310]

[311]

将其当作某种完全可以利用的辅助概念. 这样做完全没有给更基本的或
"真正的" 介质中电磁场的能量–动量张量 $T_{(A)}^{ik}$ 的威望带来任何损失.

在介质中辐射电磁波 (光子) 时分析其能量和动量守恒定律可确认并
演示我们以上所得出的结论. 确实, 让我们先来看一看在使用阿布拉罕和
闵可夫斯基张量的基础上介质中波列的动量等于什么, 然后再转入对两种
情况下守恒定律的研究.

我们考察在介质中传播的具有以下形式的平面波:

$$\left.\begin{aligned}
\boldsymbol{E} &= \frac{1}{2}(\boldsymbol{E}_0 e^{i(\boldsymbol{k}\cdot\boldsymbol{r}-\omega t)} + \boldsymbol{E}_0^* e^{-i(\boldsymbol{k}\cdot\boldsymbol{r}-\omega t)}), \\
\boldsymbol{H} &= \frac{1}{2}(\boldsymbol{H}_0 e^{i(\boldsymbol{k}\cdot\boldsymbol{r}-\omega t)} + \boldsymbol{H}_0^* e^{-i(\boldsymbol{k}\cdot\boldsymbol{r}-\omega t)}).
\end{aligned}\right\} \tag{13.14}$$

如果波是准单色的, 则 $\boldsymbol{E}_0$ 和 $\boldsymbol{H}_0$ 是时间 $t$ 的缓变 (与周期 $2\pi/\omega$ 相比) 函数.
然而为了简单起见, 我们不考虑色散, 所以将假设 $\boldsymbol{E}_0$ 和 $\boldsymbol{H}_0$ 为常量, 并设
波列具有截面 1 和长度 $L$ (考虑色散的情况参见, 例如专著 [99] 中的 §3, 但
若仅考虑频率色散, 见本章后面的论述). 将 (13.14) 式代入场方程 (13.1) 和
(13.2), 后两个方程中的实量 $\varepsilon = \mathrm{const}$①, $\boldsymbol{j}_{\mathrm{ext}} = 0$, 我们求得

$$\boldsymbol{E}_0 = -\frac{c}{\varepsilon\omega}\boldsymbol{k}\times\boldsymbol{H}_0, \quad \boldsymbol{H}_0 = \frac{c}{\omega}\boldsymbol{k}\times\boldsymbol{E}_0 \tag{13.15}$$

作为非平凡解存在的条件, 我们得到色散方程

$$k \equiv \frac{\omega}{c}n = \frac{\omega}{c}\varepsilon^{1/2}. \tag{13.16}$$

其次, 对于时间平均量 (对高频的平均) 我们有 (见 (13.10) 和 (13.13) 式)

$$\left.\begin{aligned}
\overline{w} &= \frac{\overline{\varepsilon E^2 + H^2}}{8\pi} = \frac{1}{16\pi}(\varepsilon\boldsymbol{E}_0\cdot\boldsymbol{E}_0^* + \boldsymbol{H}_0\cdot\boldsymbol{H}_0^*) = \frac{n^2}{8\pi}\boldsymbol{E}_0\cdot\boldsymbol{E}_0^*, \\
\overline{\boldsymbol{S}} &= \frac{c}{4\pi}\overline{\boldsymbol{E}\times\boldsymbol{H}} = \frac{c}{16\pi}(\boldsymbol{E}_0^*\times\boldsymbol{H}_0 + \boldsymbol{E}_0\times\boldsymbol{H}_0^*) = \frac{cn}{8\pi}\boldsymbol{E}_0\cdot\boldsymbol{E}_0^*\frac{\boldsymbol{k}}{k}, \\
\overline{\boldsymbol{g}}^{\mathrm{A}} &= \frac{\overline{\boldsymbol{S}}}{c^2}, \quad \overline{\boldsymbol{g}}^{\mathrm{M}} = n^2\overline{\boldsymbol{g}}^{\mathrm{A}},
\end{aligned}\right\} \tag{13.17}$$

或者

$$\boldsymbol{G}^{(\mathrm{A})} = \overline{\boldsymbol{g}}^{\mathrm{A}}L = \frac{\overline{w}L}{cn}\frac{\boldsymbol{k}}{k} = \frac{\mathscr{H}}{cn}\frac{\boldsymbol{k}}{k}, \tag{13.18}$$

$$\boldsymbol{G}^{(\mathrm{M})} = \overline{\boldsymbol{g}}^{(\mathrm{M})}L = \frac{\overline{w}Ln}{c}\frac{\boldsymbol{k}}{k} = \frac{\mathscr{H}n}{c}\frac{\boldsymbol{k}}{k}, \tag{13.19}$$

其中 $\boldsymbol{G}^{(\mathrm{A,M})}$ 和 $\mathscr{H} = \mathscr{H}^{(\mathrm{A})} = \mathscr{H}^{(\mathrm{M})} = \overline{w}L$ 分别为波列的能量和动量. 关系式

[312]

---

① 如要更为准确, 必须加上介质不仅是非吸收的 (实的 $\varepsilon$), 而且是透明的 (条件 $\varepsilon > 0$).

(13.19) 与在对介质中的场量子化 (见第 6、7 章) 时所得到的 "介质中光子" 的能量和动量间关系准确相同[①]. 实际上, 介质中光子能量等于 $\mathcal{H} = \hbar\omega$, 动量等于 $\boldsymbol{G} = (\hbar\omega n/c)\boldsymbol{k}/k$, 亦即 $\boldsymbol{G} = (\mathcal{H}n/c)\boldsymbol{k}/k$. 正如在第 7 章中所指出的, 利用关系式 (13.19) 可以从能量和动量守恒定律求得切连科夫辐射的条件以及多普勒公式. 在经典计算中, 当物理量 $\mathcal{H}$ 尚未具体写出 (因此未含量子常数 $\hbar$) 时, 在两种情况下自然都得到未包括反冲效应 (亦即辐射粒子运动的改变) 的经典公式. 为了求得包括反冲效应的更普遍的公式, 必须使用可应用于介质中单个光子的守恒定律. 具体说来, 在一个光子辐射的情况下, 必须使用关系式 (见 (7.1) 和 (7.2) 式)

$$E_0 - E_1 = \hbar\omega, \quad \boldsymbol{p}_0 - \boldsymbol{p}_1 = \frac{\hbar\omega n}{c}\frac{\boldsymbol{k}}{k}, \tag{13.20}$$

其中 $E_{0,1}$ 和 $\boldsymbol{p}_{0,1}$ 分别为粒子 (辐射体) 在初态 0 和末态 1 的能量和动量. 由以上所述可知 (当然也经过计算证实), 为了在使用标准量子化方法时 "产生" 能量为 $\hbar\omega$ 且动量为 $(\hbar\omega n/c)\boldsymbol{k}/k$ 的量子 (介质中的光子), 必须求助于闵可夫斯基形式的能量–动量张量. 如若使用阿布拉罕张量, 我们将得到显然错误的结果——无论是经典计算 (见 (13.18) 式) 还是量子化时在光子动量中只包括了动量 $\boldsymbol{G}^{(A)}$. 实际上, 如所预期, 使用阿布拉罕张量应当得到正确的结果, 但在辐射的发射过程 (以及吸收过程) 中必须计及阿布拉罕力对介质的作用. 这样做确实是必要的, 因为在波列辐射时 (或, 例如, 当其进入介质时) 力 $\boldsymbol{f}^{(A)}$ (见 (13.6) 式) 不为零. 我们这里感兴趣的不是力本身而是相应的动量, 当波列辐射时其动量等于 (见 (13.17) 式)

$$\boldsymbol{F}^{(A)} = \frac{n^2 - 1}{4\pi c}\int\frac{\partial}{\partial t}(\boldsymbol{E}\times\boldsymbol{H})\mathrm{d}^3 r\mathrm{d}t = \frac{n^2 - 1}{16\pi c}(\boldsymbol{E}_0\times\boldsymbol{H}_0^* + \boldsymbol{E}_0^*\times\boldsymbol{H}_0)L$$

$$= \frac{(n^2 - 1)n}{8\pi c}\boldsymbol{E}_0\cdot\boldsymbol{E}_0^* L\frac{\boldsymbol{k}}{k} = \frac{(n^2 - 1)\mathcal{H}\boldsymbol{k}}{cnk}, \tag{13.21}$$

式中略去了振荡项, 因此我们这里指的是时间平均量[②].

[313]　　　我们注意到, 可以从一开头就研究或多或少有些任意的波列并作计算, 然后再比较积分量 $\mathcal{H} = \int w\mathrm{d}^3 r\mathrm{d}t$, $\boldsymbol{G}^{(A,M)} = \int \boldsymbol{g}^{A,M}\mathrm{d}^3 r\mathrm{d}t$ 及 $\boldsymbol{F}^{(A)}$. 结果这些量之间的关系式与从具有清晰边界的波列得出的关系式 (13.17)—(13.19), (13.21) 是一样的.

---

　　① 对于静止色散介质, 从一般的考虑即已清楚 (特别见以上的论述), 波列的电磁动量 $\boldsymbol{G}^{(A)} = (\mathcal{H}/c^2)\boldsymbol{v}_{\mathrm{gr}} = (\mathcal{H}/c^2)\mathrm{d}\omega/\mathrm{d}\boldsymbol{k}$, 其中 $\boldsymbol{v}_{\mathrm{gr}} = \mathrm{d}\omega/\mathrm{d}\boldsymbol{k}$ 为群速度. 有意思的是, 对于 $\varepsilon = 1 - \omega_{\mathrm{p}}^2/\omega^2$ 的各向同性等离子体, 当 $v_{\mathrm{gr}} = cn$ 时有等式 $\boldsymbol{G}^{(M)} = (\mathcal{H}n/c)(\boldsymbol{k}/k) = \boldsymbol{G}^{(A)}$.

　　② 仅当波 (波列) 进入介质或被源所辐射的时候力才作用. 给定长度的波列在均匀介质中传播时力 $\boldsymbol{F}^{(A)}$ 的相应动量为零.

显然, 由于 (13.17) —— (13.19), 我们有

$$\boldsymbol{G}^{(\mathrm{A})} + \boldsymbol{F}^{(\mathrm{A})} = \boldsymbol{G}^{(\mathrm{M})} = \frac{\mathscr{H} n}{c} \frac{\boldsymbol{k}}{k}. \tag{13.22}$$

　　从能量和动量守恒定律应用的观点看通常只有两方面是重要的: 第一, 辐射粒子或 "系统" 在辐射时失去了 (或者在吸收时得到了) 那些能量和动量; 第二, 在给定方向辐射了什么样的场能. 有关辐射动量如何分布或如何再分布的问题, 从这个观点看来并不重要. 在我们所研究的情况下粒子失去了动量 $-\boldsymbol{G}^{(\mathrm{M})}$, 介质中的场获得动量 $\boldsymbol{G}^{(\mathrm{A})}$, 介质得到动量 $\boldsymbol{F}^{(\mathrm{A})} = \boldsymbol{G}^{(\mathrm{M})} - \boldsymbol{G}^{(\mathrm{A})}$. 由 "尘埃粒子" 组成的介质中, 粒子在力 $\boldsymbol{f}^{(\mathrm{A})}$ 的作用下加速且 $\boldsymbol{F}^{(\mathrm{A})} = \boldsymbol{G}^{(m)}$ 是介质的动量 (尘埃粒子动量之和, 设尘埃粒子的密度为常量). 在一般情况下, 介质的状态由相应的运动方程确定, 比如说, 弹性理论方程或流体动力学方程, 在这些方程中体积力密度为 $\boldsymbol{f}^{(\mathrm{A})}$ 而且原则上可以包含其他项. 当然, 此时不可假设 $\boldsymbol{F}^{(\mathrm{A})} = \boldsymbol{G}^{(m)} = \boldsymbol{g}^m L$, 其中 $\boldsymbol{g}^m$ 为介质的动量密度①. 因此一般说来也不可断言闵可夫斯基动量密度 $\boldsymbol{g}^{\mathrm{M}} = \boldsymbol{g}^{\mathrm{A}} + \boldsymbol{g}^m$. 但是, 如我们在动量与力的冲量 $\boldsymbol{F}^{(\mathrm{A})}$ 的积分量中所看到的,(13.21) 式的结果完全不依赖于介质的性质, 并在 $\boldsymbol{g}^{\mathrm{M}} = \boldsymbol{g}^{\mathrm{A}} + \boldsymbol{g}^m$ 的 (一般而言不正确的) 前提下依然是正确的. 因此在当前情况下, 使用闵可夫斯基张量的正当性实际上得到证实, 因为它不仅导致正确的结果而且引导我们不必考虑体积力的作用就直接达到目的. 在经典方法的框架内考虑这个力的作用果然十分简单 (见上), 但是用量子力学处理时, 它看起来显得相当复杂. 就我们所知, 这样的量子研究迄今尚未进行. 对于那些求解时使用阿布拉罕张量具有明显优势乃至必须使用阿布拉罕张量的非定常问题, 相应的量子分析是有用的 (然而当问题是经典问题, 如有关阿布拉罕力的测量的任何实际问题, 当然没有必要做这种分析). 至于在前面 (特别是在第 7 章) 讨论过的 "介质中光子" 辐射时能量和动量守恒问题, 则在我们看来, 这一问题的特征和意义通过讨论已完全弄清 (读者不用回头去看第

[314]

---

　　① 类似的情况出现在声的量子——声子的场合. 声在固体中的传播不伴随有质量的迁移, 因此声波的动量等于零 (这里没有考虑相对论效应, 在相对论情况下, 能量为 $\mathscr{H}$ 的声波波列具有质量 $\mathscr{H}/c^2$, 从而具有动量 $(\mathscr{H}/c^2)v_\mathrm{s}$, 其中 $v_\mathrm{s}$ 为声速). 因此在量子化时得到声子具有能量为 $\hbar\omega$ 而动量为零 (我们这里再次略去动量 $(\hbar\omega/c^2)v_\mathrm{s}$). 断言声子的动量 (比如说, 在其被电子辐射时) 等于 $\hbar\boldsymbol{k} = (\hbar\omega/v_\mathrm{s})\boldsymbol{k}/k$ 实际上意味着在声子辐射时晶格整体得到动量 $\hbar\boldsymbol{k}$ (我们忽略了倒逆过程). 在声的辐射、吸收与散射情况下应用守恒律时, 如果像通常所作的那样假设声子不仅有能量 $\hbar\omega$, 而且也有动量 $\hbar\boldsymbol{k} = (\hbar\omega/v_\mathrm{s})\boldsymbol{k}/k$, 则什么都不会发生改变. 顺便提及, 阿布拉罕场动量 $\boldsymbol{G}^{(\mathrm{A})} = \mathscr{H}/cn = (\mathscr{H}/c^2)c/n$ (见 (13.18) 式), 亦即与 "真正的" 声子动量 $(\mathscr{H}/c^2)v_\mathrm{s}$ 有相同的意义, 因为电磁脉冲的速度等于 $c/n$ (我们略去了色散).

6、7 章的内容, 更为方便的可能是参考文献 [103], 其中介质中场的量子化和能量–动量张量是在一起讨论的).

以上在最简单情况下研究了有关能量–动量张量和介质中的力的问题. 特别是假设了介质是静止、无吸收、均匀和非磁性的; 同时也没有考虑介质介电常量 $\varepsilon$ 对介质密度 $\rho$ 的可能的依赖关系 (注意不要把 $\rho$ 与外电荷密度 $\rho_{\text{ext}}$ 搞混).

现在我们放弃所有这些假设, 同时把场方程写为以下形式:

$$\text{rot}\, \boldsymbol{H} = \frac{4\pi}{c} \boldsymbol{j}_{\text{ext}} + \frac{1}{\varepsilon} \frac{\partial \boldsymbol{D}}{\partial t}, \tag{13.23}$$

$$\text{rot}\, \boldsymbol{E} = -\frac{1}{c} \frac{\partial \boldsymbol{B}}{\partial t}, \tag{13.24}$$

$$\text{div}\, \boldsymbol{D} = 4\pi \rho_{\text{ext}}, \tag{13.25}$$

$$\text{div}\, \boldsymbol{B} = 0. \tag{13.26}$$

如果在介质静止的参考系内 $\boldsymbol{D} = \varepsilon \boldsymbol{E}$ 以及 $\boldsymbol{B} = \mu \boldsymbol{H}$ (和以前一样, 我们略去色散), 则对于缓慢运动的介质 (见 [110] 的 §111), 我们有

[315]

$$\left.\begin{aligned}
\boldsymbol{D} &= \varepsilon \boldsymbol{E} + \left(\varepsilon - \frac{1}{\mu}\right) \frac{\boldsymbol{u}}{c} \times \boldsymbol{B}, \\
\boldsymbol{E} &= \frac{\boldsymbol{D}}{\varepsilon} \left(1 - \frac{1}{\varepsilon\mu}\right) \frac{\boldsymbol{u}}{c} \times \boldsymbol{B}, \\
\boldsymbol{H} &= \frac{1}{\mu} \boldsymbol{B} + \left(\varepsilon - \frac{1}{\mu}\right) \frac{\boldsymbol{u}}{c} \times \boldsymbol{E} = \frac{1}{\mu} \boldsymbol{B} + \left(1 + \frac{1}{\varepsilon\mu}\right) \frac{\boldsymbol{u}}{c} \times \boldsymbol{D},
\end{aligned}\right\} \tag{13.27a}$$

其中假设介质相对于实验室参考系的速度 $\boldsymbol{u}$ 很小, 亦即量级为 $u^2/c^2$ 的项可以忽略.

在同样的近似下可以用

$$\left.\begin{aligned}
\boldsymbol{D} &= \varepsilon \boldsymbol{E} + \frac{\varepsilon\mu - 1}{c} \boldsymbol{u} \times \boldsymbol{H}, \\
\boldsymbol{B} &= \mu \boldsymbol{H} - \frac{\varepsilon\mu - 1}{c} \boldsymbol{u} \times \boldsymbol{H}
\end{aligned}\right\} \tag{13.27b}$$

代替 (13.27a).

对于任意速度, 关系式为 (参见 [61], §76):

$$\left.\begin{aligned}
\boldsymbol{D} + \frac{1}{c} \boldsymbol{u} \times \boldsymbol{H} &= \varepsilon \left(\boldsymbol{E} + \frac{1}{c} \boldsymbol{u} \times \boldsymbol{B}\right), \\
\boldsymbol{B} - \frac{1}{c} \boldsymbol{u} \times \boldsymbol{E} &= \mu \left(\boldsymbol{H} - \frac{1}{c} \boldsymbol{u} \times \boldsymbol{D}\right).
\end{aligned}\right\} \tag{13.27c}$$

如果将关系 $D = \varepsilon E$ 和 $B = \mu H$ 代入以上关系式的正比于 $u/c$ 的项中, 立即得到 (13.27b). 基本方程 (13.23) —— (13.26) 适用于普遍关系 (13.27c), 而关系 (13.27a) 和 (13.27b) 则在求解问题精确到量级为 $u/c$ 的项时适用. 分别取方程 (13.23) 与 $E$ 以及方程 (13.24) 与 $H$ 的标量积, 然后按通常的方式运算 (见 (13.4) 式), 我们得到关系式

$$\frac{1}{4\pi}\left(\frac{\partial D}{\partial t}\cdot E + \frac{\partial B}{\partial t}\cdot H\right) = -j_{\text{ext}}\cdot E - \operatorname{div} S, \quad S = \frac{c}{4\pi}E \times H. \qquad (13.28)$$

再取方程 (13.23) 与 $B$ 以及方程 (13.24) 与 $D$ 的矢量积, 并重复前面得到方程 (13.5) 时所进行运算, 我们得到

$$\left.\begin{aligned}\frac{1}{4\pi}(D \times \operatorname{rot} E + B \times \operatorname{rot} H - E \operatorname{div} D) = -f^{\text{L}} - \frac{1}{4\pi c}\frac{\partial}{\partial t}(D \times B),\\ f^{\text{L}} = \rho_{\text{ext}}E + \frac{1}{c}j_{\text{ext}} \times B.\end{aligned}\right\} \qquad (13.29)$$

关系式 (13.28) 和 (13.29) 推广了关系式 (13.4) 和 (13.5), 它们是从方程 (13.23) —— (13.26) 得出的能量和动量守恒定律. 更准确地说, 指的是与能量和动量守恒定律有关的守恒定律. 这一关系的出现要求附加的分析和补充假设. 就事情的本质而言, 后一个要求已在前面作了解释 —— 在守恒定律中存在许多项的情况下, 没有进一步的假设是没法对这些项做出明确的解释的. 另一方面, 对于具体问题应用守恒定律无疑可使我们得到有价值的结果. 作为一个例子, 我们在关系式 (13.28) 的基础上来求作用于所研究介质的力密度 $f_{\text{m}}$ 的表达式.

为此目的, 我们计算导数

$$\frac{\partial}{\partial t}\left(\frac{D \cdot E + B \cdot H}{8\pi}\right) \equiv \frac{\partial w^{\text{M}}}{\partial t}, \qquad (13.30)$$

其中 $w^{\text{M}} = (D \cdot E + B \cdot H)/8\pi$ 可暂且看作仅是一个标记.

在计算导数 $\partial E/\partial t$ 和 $\partial H/\partial t$ 时我们使用关系 (13.27a). 此时也必须以某种方式使 $\partial \varepsilon/\partial t$ 和 $\partial \mu/\partial t$ 具体化. 我们将假设每个介质元的 $\varepsilon$ 只因密度 $\rho$ 的改变而变化. 于是我们有 [316]

$$\frac{\mathrm{d}e}{\mathrm{d}t} \equiv \frac{\partial \varepsilon}{\partial t} + u \cdot \operatorname{grad}\varepsilon = \frac{\partial \varepsilon}{\partial \rho}\frac{\mathrm{d}\rho}{\mathrm{d}t} = -\frac{\partial \varepsilon}{\partial \rho}\rho \operatorname{div} u, \qquad (13.31)$$

其中利用了连续性方程

$$\frac{\partial \rho}{\partial t} + \operatorname{div} \rho u = 0.$$

根据 (13.27a),(13.31) 式以及 $\mathrm{d}\mu/\mathrm{d}t$ 的类似表达式, 容易求得

$$\left.\begin{aligned}\frac{\partial \boldsymbol{E}}{\partial t} &= \frac{1}{\varepsilon}\frac{\partial \boldsymbol{D}}{\partial t} - \left(1 - \frac{1}{\varepsilon\mu}\right)\frac{\boldsymbol{u}}{c}\times\frac{\partial \boldsymbol{B}}{\partial t} - \boldsymbol{D}\left[\boldsymbol{u}\cdot\operatorname{grad}\left(\frac{1}{\varepsilon}\right) - \frac{1}{\varepsilon^2}\frac{\partial\varepsilon}{\partial\rho}\rho\operatorname{div}\boldsymbol{u}\right], \\ \frac{\partial \boldsymbol{H}}{\partial t} &= \frac{1}{\mu}\frac{\partial \boldsymbol{B}}{\partial t} + \left(1 - \frac{1}{\varepsilon\mu}\right)\frac{\boldsymbol{u}}{c}\times\frac{\partial \boldsymbol{D}}{\partial t} - \boldsymbol{B}\left[\boldsymbol{u}\cdot\operatorname{grad}\left(\frac{1}{\mu}\right) - \frac{1}{\mu^2}\frac{\partial\mu}{\partial\rho}\rho\operatorname{div}\boldsymbol{u}\right].\end{aligned}\right\}$$

$$(13.32)$$

与其他各处一样, 这里假设速度 $\boldsymbol{u}$ 为常量, 或者更准确地说, 忽略 $\boldsymbol{u}$ 对时间和坐标的导数, 但计及由使用连续性方程而产生的散度 $\operatorname{div}\boldsymbol{u}$.

利用 (13.32) 和 (13.27a) 式, 忽略量级为 $u^2/c^2$ 的项, 我们得到

$$\begin{aligned}\frac{\partial w^{\mathrm{M}}}{\partial t} &= \frac{1}{4\pi}\left(\frac{\partial \boldsymbol{D}}{\partial t}\cdot\boldsymbol{E} + \frac{\partial \boldsymbol{B}}{\partial t}\cdot\boldsymbol{H}\right) + \frac{1}{8\pi}(\boldsymbol{u}\cdot\operatorname{grad}\varepsilon)E^2 \\ &\quad + \frac{1}{8\pi}\left(\frac{\partial\varepsilon}{\partial\rho}\rho\right)E^2\operatorname{div}\boldsymbol{u} + \frac{1}{8\pi}(\boldsymbol{u}\cdot\operatorname{grad}\mu)H^2 + \frac{1}{8\pi}\left(\frac{\partial\mu}{\partial\rho}\rho\right)H^2\operatorname{div}\boldsymbol{u}.\end{aligned}$$

$$(13.33)$$

将 (13.33) 式与 (13.28) 式合并, 我们最终得到

$$\begin{aligned}-\frac{\partial w^{\mathrm{M}}}{\partial t} &= \boldsymbol{j}_{\mathrm{ext}}\cdot\boldsymbol{E} + \boldsymbol{f}_{\mathrm{m}}\cdot\boldsymbol{u} \\ &\quad + \operatorname{div}\left\{\boldsymbol{S} - \frac{\mu}{8\pi}\left[\left(\frac{\partial\varepsilon}{\partial\rho}\rho\right)E^2 + \left(\frac{\partial\mu}{\partial\rho}\rho\right)H^2\right]\right\}, \\ \boldsymbol{f}_{\mathrm{m}} &= -\frac{E^2}{8\pi}\operatorname{grad}\varepsilon - \frac{H^2}{8\pi}\operatorname{grad}\mu + \frac{1}{8\pi}\operatorname{grad}\left[\left(\frac{\partial\varepsilon}{\partial\rho}\rho\right)E^2\right] \\ &\quad + \frac{1}{8\pi}\operatorname{grad}\left[\left(\frac{\partial\mu}{\partial\rho}\rho\right)H^2\right].\end{aligned}$$

$$(13.34)$$

$$(13.35)$$

自然可将这个关系式直接解释为能量守恒定律, 其中 $w^{\mathrm{M}}$ 为场能密度而 $\boldsymbol{f}_{\mathrm{m}}$ 为作用在介质上的力 (这个力作功 $\boldsymbol{f}_{\mathrm{m}}\cdot\boldsymbol{u}$); 在能流上增加正比于 $\boldsymbol{u}$ 的一项不足为奇 (文献 [223] 中给出了这一项以及频率色散存在时适用的更普遍的一项). 然而, 我们主要的目的是得到当 $\boldsymbol{u}=0$ 时作用于静止介质的力 $\boldsymbol{f}_{\mathrm{m}}$ 的表达式. 不过不能立即取 $\boldsymbol{u}=0$, 因为这样一来力所作的功 $\boldsymbol{f}_{\mathrm{m}}\cdot\boldsymbol{u}$ 也等于零. 表达式 (13.35) 当然与通常分析介质元在场中移动时所得的结果相同 (参见 [61, 110]). 这些分析的结果总体上虽与以上给出的结果等价, 但它们仅直接涉及静态情况.

[317]　　　不应当认为这里所给出的结论唯一地确定了作用于介质的力密度, 虽然初看起来似乎是这样. 实际上, 作为运动介质的能量密度和动量密度, 我

们选取的表达式是

$$w^{\mathrm{A}} = \frac{1}{8\pi}(\boldsymbol{D} \cdot \boldsymbol{E} + \boldsymbol{B} \cdot \boldsymbol{H}) - \frac{u/c}{4\pi(1 - u^2/c^2)} \cdot (\boldsymbol{D} \times \boldsymbol{B} - \boldsymbol{E} \times \boldsymbol{H}), \quad (13.36)$$

$$\boldsymbol{g}^{\mathrm{A}} = \frac{\boldsymbol{S}^{\mathrm{A}}}{c^2} = \frac{1}{4\pi c}\left\{\boldsymbol{E} \times \boldsymbol{H} - \frac{u/c^2}{1 - u^2/c^2}[\boldsymbol{u} \cdot (\boldsymbol{D} \times \boldsymbol{B}) - \boldsymbol{u} \cdot (\boldsymbol{E} \times \boldsymbol{H})]\right\}.$$

$$(13.37)$$

这些表达式是我们先在静止介质中取能量–动量张量的阿布拉罕表达式
(13.10), 然后对运动介质做相对论变换而得到的 (见 [3, 220]).

显然

$$\frac{\partial w^{\mathrm{M}}}{\partial t} + \boldsymbol{f}_{\mathrm{m}} \cdot \boldsymbol{u} = \frac{\partial w^{\mathrm{A}}}{\partial t} + \boldsymbol{f}_{\mathrm{m}} \cdot \boldsymbol{u} + \boldsymbol{f}^{\mathrm{A}} \cdot \boldsymbol{u}, \quad (13.38)$$

$$\boldsymbol{f}^{\mathrm{A}} = \frac{\partial}{\partial t}(\boldsymbol{g}^{\mathrm{M}} - \boldsymbol{g}^{\mathrm{A}})$$

$$= \frac{1}{4\pi c}\frac{\partial}{\partial t}\left\{\boldsymbol{D} \times \boldsymbol{B} - \boldsymbol{E} \times \boldsymbol{H} + \frac{\boldsymbol{u}[\boldsymbol{u} \cdot (\boldsymbol{D} \times \boldsymbol{B}) - \boldsymbol{u} \cdot (\boldsymbol{E} \times \boldsymbol{H})]}{c^2(1 - u^2/c^2)}\right\} \quad (13.39)$$

因此, 如果仅仅是指满足守恒定律 (13.28) 的话, 则 $\boldsymbol{f}_{\mathrm{m}}$ 或 $\boldsymbol{f}_{\mathrm{m}} + \boldsymbol{f}^{\mathrm{A}}$ 均同样
可假设为体积力密度. 在守恒律 (13.29) 式的基础上选择动量密度时同样
的论证也是适用的: 闵可夫斯基表达式 $\boldsymbol{g}^{\mathrm{M}} = (1/4\pi c)\boldsymbol{D} \times \boldsymbol{B}$ 和阿布拉罕表
达式 (13.37) 都与 (13.29) 式相容. 所有的差别仅在于, 阿布拉罕形式中除
了其他力之外密度为 $\boldsymbol{f}^{\mathrm{A}}$ 的力也作用于介质, 而由于介质中场动量密度的
相应变化闵可夫斯基形式中没有这个力. 对于各向同性和非磁性介质在
$u^2/c^2 \ll 1$ 时力 $\boldsymbol{f}^{\mathrm{A}}$ 的表达式是 (13.6) 式, 有关这个力的真实性问题, 必须基
于实验或通过对作用于电磁场中介质的力 (亦即介质运动方程) 的分析来
解决. 我们已经提到过, 从这两个观点来看, 对于力 $\boldsymbol{f}^{\mathrm{A}}$ 的存在都没有怀疑.
最后要指出的是, 在一般情况下关系式 $\boldsymbol{G}^{\mathrm{M}} \equiv \int \boldsymbol{g}^{\mathrm{M}}\mathrm{d}V = \boldsymbol{G}^{\mathrm{A}} + \boldsymbol{F}^{\mathrm{A}}$ 依然成
立 (见 (13.22), 亦即处于介质内的辐射体传递给介质的总动量可以用动量
密度 $\boldsymbol{g}^{\mathrm{M}}$ 的闵可夫斯基表达式来计算 (详情见 [221]). 显然, 如同在以前研
究过的各向同性、非磁性静止介质的特殊情况中一样, 这一结论与承认阿
布拉罕力 $\boldsymbol{f}^{\mathrm{A}}$ 的真实性毫无矛盾.

必须强调指出, 以上的讨论仅仅涉及作用于介质的力的问题的一个侧
面. 特别重要的是忽略了色散. 除此而外, 在不同的实验情况下产生了对
于静态场、准静态和高频 (光) 场等进行不同的具体分析的必要. 这里许多
分析可以以唯象的方式开展 (见 [111, 222—224] 以及 [61] 的 §81), 但也出
现需要 (特别在等离子体中) 微观计算或至少要使用模型的情况 (例如, 见
[225]).

现在我们转向本章的第二个问题的讨论, 也就是对色散及吸收介质中能流密度和所释放热量表达式的讨论.

从物理考虑十分清楚, 所有的真实介质都既是色散的也是吸收的, 而频率色散与吸收的形式上的关系可以从色散关系看出 (例如, 见 [61] 的 §82). 然而在实际条件下, 完全可能出现在所研究的频率区间内频率色散相当小的情况. 对于吸收也有同样的情况. 至于说到空间色散, 则此一效应微不足道的条件范围就更为宽广. 因此本书中所讨论的应用于非色散且无吸收介质的问题都具有确定的意义. 指出以下一点绝不平庸: 过于简单化地处理非色散、无吸收介质问题实际上导致了一个恶果, 这使得人们未能广泛地知晓和理解具有色散和吸收的介质的能量关系.

如上所述, 有关没有吸收时色散介质中场能的问题已在文献中得到足够广泛的讨论 (不过这只关系到准单色场, 对于两个准单色波物理图像显著地复杂化 [226]). 我们对于色散和吸收介质的理解甚少, 不仅如此, 即使对于 "没有色散的吸收介质" (在此情况下假设介电常量 $\varepsilon$ 和电导率 $\sigma$ 与频率无关), 坡印亭关系中各项的通常解释也变得至少是不准确的. 下面我们就来澄清这个问题 (按照论文 [227] 的讲述), 其中忽略空间色散.

我们的出发点是形为 (13.23)—(13.26) 式的方程以及由其得出的坡印亭定理 (13.28). 如果介质静止、各向同性、非磁性且并不具有吸收和色散, 则 $\boldsymbol{D} = \varepsilon \boldsymbol{E}$ 及 $\boldsymbol{B} = \boldsymbol{H}$, 其中 $\varepsilon = \varepsilon'$ 为实量. 此时关系式 (13.28) 化为 (13.4) 式, 而且如前所述, 很清楚 $w = (1/8\pi)(\varepsilon E^2 + H^2)$ 为能量密度, $\boldsymbol{S} = (c/4\pi)\boldsymbol{E} \times \boldsymbol{H}$ 为通过单位面积的能流[1]. 在色散与吸收介质中即使在忽略空间色散时关系式 (13.28) 依旧适用, 同样在介质为线性、非磁性、静止以及不随时间改变的假定下取以下形式 (此处 $\varepsilon(\omega) = \varepsilon'(\omega) + \mathrm{i}\varepsilon''(\omega) = \mathrm{Re}\,\varepsilon + \mathrm{i}\,\mathrm{Im}\,\varepsilon$ 为复介电常量):

[319]

$$\left.\begin{aligned} \frac{\partial(w_{\mathrm{E}} + w_{\mathrm{H}})}{\partial t} + Q &= -\boldsymbol{j}_{\mathrm{ext}} \cdot \boldsymbol{E} - \frac{c}{4\pi}\,\mathrm{div}(\boldsymbol{E} \times \boldsymbol{H}), \\ \frac{\partial w_{\mathrm{E}}}{\partial t} + Q &= \frac{1}{4\pi}\frac{\partial \boldsymbol{D}}{\partial t} \cdot \boldsymbol{E}, \quad w_{\mathrm{H}} = \frac{H^2}{8\pi}, \end{aligned}\right\} \tag{13.40}$$

---

[1] 确实, 在 $\boldsymbol{S}$ 上加某一矢量 $\mathrm{rot}\,\boldsymbol{C}$ 时关系式 (13.4) 依然满足, 其中 $\boldsymbol{C}$ 在很宽的范围内为任意的矢量场. 然而四维的研究证明, 坡印亭矢量 $\boldsymbol{S}$ 在真空中正好是能流密度 (参见 [2], §31-33). 在没有空间色散的介质中, 由于在介质与真空的任意边界上矢量 $\boldsymbol{S}$ 的法向分量连续, 情况并无改变. $\boldsymbol{S}$ 的法向分量连续是从场 $\boldsymbol{E}$ 和 $\boldsymbol{H}$ 的切向分量在该边界上连续得出的.

$$\left.\begin{array}{l} \boldsymbol{D}(t,\boldsymbol{r}) = \displaystyle\int_{-\infty}^{+\infty} \varepsilon(\omega,\boldsymbol{r})\boldsymbol{E}(\omega,\boldsymbol{r})\mathrm{e}^{-\mathrm{i}\omega t}\mathrm{d}\omega, \\[4mm] \boldsymbol{E}(t,\boldsymbol{r}) = \displaystyle\int_{-\infty}^{+\infty} \boldsymbol{E}(\omega,\boldsymbol{r})\mathrm{e}^{-\mathrm{i}\omega t}\mathrm{d}w, \quad \boldsymbol{E}(-\omega,\boldsymbol{r}) = \boldsymbol{E}^*(\omega,\boldsymbol{r}). \end{array}\right\} \tag{13.41}$$

其中今后我们将省略宗量 $\boldsymbol{r}$, 因为在假设没有空间色散时它仅作为参量出现. 关系式 $\boldsymbol{E}(-\omega) = \boldsymbol{E}^*(\omega)$ 所反映的事实是场 $\boldsymbol{E}$ 是实量; 由 $\boldsymbol{D}$ 为实量进一步得出

$$\left.\begin{array}{l} \varepsilon(-\omega) = \varepsilon^*(\omega), \quad \operatorname{Re}\varepsilon(-\omega) \equiv \varepsilon'(-\omega) = \varepsilon'(\omega), \\[2mm] \operatorname{Im}\varepsilon(-\omega) \equiv \varepsilon''(-\omega) = -\varepsilon''(\omega). \end{array}\right\} \tag{13.42}$$

将以上结果推广到介质为各向异性和磁性的情况并不困难, 只不过得到的表达式更为复杂.

在场以任意方式依赖于时间的情况下, 表达式 $\partial(w_{\mathrm{E}} + w_{\mathrm{H}})/\partial t + Q$ 可以写为对频率积分的形式, 但之后不能以一般形式进行对时间的积分. 然而, 对于非吸收介质却可以这样做 (见 [227] 中的附录). 只要将场 $\boldsymbol{E}$ 对时间的依赖关系具体化, 对于吸收介质即可得到若干普遍结果. 其中最重要的情况是准单色场

$$\left.\begin{array}{l} \boldsymbol{E}(t) = \dfrac{1}{2}[\boldsymbol{E}_0(t)\mathrm{e}^{-\mathrm{i}\omega t} + \boldsymbol{E}_0^*(t)\mathrm{e}^{\mathrm{i}\omega t}], \\[3mm] \boldsymbol{H}(t) = \dfrac{1}{2}[\boldsymbol{H}_0(t)\mathrm{e}^{-\mathrm{i}\omega t} + \boldsymbol{H}_0^*(t)\mathrm{e}^{\mathrm{i}\omega t}]. \end{array}\right\} \tag{13.43}$$

其中准单色场的特征表现在函数 $\boldsymbol{E}_0(t)$ 和 $\boldsymbol{H}_0(t)$ 经过时间 $T = 2\pi/\omega$ 后仅有极小的变化. 以下我们也假设 $\boldsymbol{E}_0(-\infty) = 0$ 与 $\boldsymbol{H}_0(-\infty) = 0$. 显然, 单色场正是因为不满足这一条件而阻碍了其不受限制的应用.

将场 (13.43) 代入 (13.40) 式并对高频 $\omega$ 作平均, 这等效于忽略含因子 $\mathrm{e}^{\pm 2\mathrm{i}\omega t}$ 的项 (以下这样的平均值将用上横杠标记). 这样我们得到 (具体计算可在 [227] 中找到)

$$\frac{1}{4\pi}\overline{\frac{\partial \boldsymbol{D}(t)}{\partial t} \cdot \boldsymbol{E}(t)} = \frac{1}{16\pi}\frac{\mathrm{d}[\omega\varepsilon'(\omega)]}{\mathrm{d}\omega}\frac{\partial}{\partial t}[\boldsymbol{E}_0(t) \cdot \boldsymbol{E}_0^*(t)] + \frac{\omega\varepsilon''(\omega)}{8\pi}\boldsymbol{E}_0(t) \cdot \boldsymbol{E}_0^*(t) +$$
$$\frac{\mathrm{i}}{16\pi}\frac{\mathrm{d}[\omega\varepsilon''(\omega)]}{\mathrm{d}\omega}\left[\frac{\partial \boldsymbol{E}_0(t)}{\partial t} \cdot \boldsymbol{E}_0^*(t) - \frac{\partial \boldsymbol{E}_0^*(t)}{\partial t} \cdot \boldsymbol{E}_0(t)\right], \tag{13.44}$$

[320]

在本式及以下各式中, 对频率的导数是对 (13.43) 式中所含的载波频率取的. 无吸收时, $\varepsilon''(\omega) = 0$ 及 $\varepsilon'(\omega) = \varepsilon(\omega)$, 显然有

$$\left.\begin{array}{l} \overline{\dfrac{\partial w_{\mathrm{E}}(t)}{\partial t}} = \dfrac{1}{4\pi}\overline{\dfrac{\partial \boldsymbol{D}(t)}{\partial t} \cdot \boldsymbol{E}(t)} = \dfrac{1}{16\pi}\dfrac{\mathrm{d}[\omega\varepsilon(\omega)]}{\mathrm{d}\omega}\dfrac{\partial |\boldsymbol{E}_0(t)|^2}{\partial t}, \\[4mm] \overline{w}_{\mathrm{E}} = \dfrac{\mathrm{d}[\omega\varepsilon(\omega)]}{\mathrm{d}\omega}\dfrac{|\boldsymbol{E}_0|^2}{16\pi}. \end{array}\right\} \tag{13.45}$$

这个已经在第 6 章中使用过的表达式已由很多书籍和论文用不同的方法导出 (例如, 参见 [61, 99, 109, 227]).

如果介质没有吸收, 从 (13.40) 和 (13.45) 式可清楚地看出, 将量 $\overline{w}_E$ 解释为电场的平均能量密度不会引起任何疑问. 然而在吸收介质中情况又会如何呢?

初看起来, 在吸收介质中平均能量密度的形式为

$$\overline{w}_E = \frac{\mathrm{d}[\omega\varepsilon'(\omega)]}{\mathrm{d}\omega}\frac{|\boldsymbol{E}_0|^2}{16\pi}, \tag{13.46}$$

因为在 (13.44) 式中出现的正是这个表达式, 那里其余的项依赖于 $\varepsilon''(\omega)$ 并在没有吸收时消失, 自然会将它们与物体释放的热量 $Q$ 关联起来. 然而, 这样的结论缺少充分的根据, 因为给定的总和在各个求和项中的分配不是单值的. 其次, 在一般情况下表达式 (13.46) 一定不是电场的能量密度. 以下我们将会用实例证明这点, 这些实例还将同时证明 $w_E, \overline{w}_E$ 和 $Q$ 在一般情况下不直接通过介电常量 $\varepsilon(\omega)$ 表示[①].

从最一般的物理考虑已可明白这一结论. 介电常量 $\varepsilon(\omega)$ 确定介质的线性响应——在电场 $\boldsymbol{E}$ 影响下产生的电感应强度 $\boldsymbol{D}$. 没有任何理由认为对于相当复杂的吸收介质这个 "响应" 也唯一地确定场的平方量——能量密度. 在离散电路的例子中显示了线性响应和系统中储存能量的特别突出的非单值对应. 例如, 我们来研究图 13.1 所示的回路. 如果在回路的两极施加电压 $\mathscr{E} = \mathscr{E}_0 e^{-i\omega t}$, 则回路中电流等于 $J = J_0 e^{-i\omega t} = \mathscr{E}/Z(\omega)$, 同时, 如果自感 $L = \kappa R$, 而电容 $C = \kappa/R$, 在参量 $\kappa$ 取任意值时 $Z = R$[②]. 此时集中在电路中的能量等于 $\frac{1}{2}LJ_1^2 + \dfrac{\left(\int J_2\mathrm{d}t\right)^2}{2C}$, 不言而喻, 这个能量依赖于 $L$ 和 $C$.

当然, 从以上讨论完全不能得出对于吸收介质一般不可能导出能量或耗散的单独表达式的结论. 类似性质的最简单的例子是在单色场情况下对周期平均的热量公式. 对于严格的单色场, 显然有 $\boldsymbol{E}_0 = \mathrm{const}$ (见 (13.43) 式). 其次我们知道, 在这种情况下对周期平均的能量 $\overline{w}_E(t)$ 不随时间变化; 因此从 (13.43), (13.44) 两式我们得到

$$\frac{\partial \overline{w}_E}{\partial t} + \overline{Q} = \overline{Q} = \frac{1}{4\pi}\overline{\frac{\partial \boldsymbol{D}(t)}{\partial t}\cdot \boldsymbol{E}(t)} = \frac{\omega\varepsilon''(\omega)}{8\pi}|\boldsymbol{E}_0|^2. \tag{13.47}$$

---

[①] 在热力学平衡态下没有平均损失, 因此在吸收介质中的电磁能量的平均密度作为热力学量, 在一定意义上 (参见 [228] 和本书第 14 章) 是通过介质的介电常量表示的.

[②] 由图 13.1 可知, $\mathscr{E} = J_1 R - i\omega L J_1 \equiv Z_1 J_1 = J_2 R - J_2/i\omega C \equiv Z_2 J_2 = Z(J_1 + J_2) = ZJ$. 由此得出并联电路的众所周知的关系式 $1/Z = 1/Z_1 + 1/Z_2$. 实际上, 在任何 $\kappa$ 值下对于所研究电路有 $1/Z = 1/(R - i\omega L) + 1/(R - 1/i\omega C) = 1/R$.

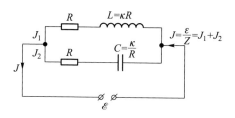

图 13.1 参量 $\kappa$ 取任意值时阻抗 $Z = R$ 的电回路.

我们现在来研究被称作 "无色散介质" 的吸收介质的一个颇有教益的情况, 此时

$$\frac{\partial \boldsymbol{D}}{\partial t} = \varepsilon' \frac{\partial \boldsymbol{E}}{\partial t} + 4\pi\sigma \boldsymbol{E}, \tag{13.48}$$

其中 $\varepsilon'$ 和 $\sigma$ 均为实量且与频率无关. 这种介质的介电常量 $\varepsilon(\omega) = \varepsilon' + 4\mathrm{i}\pi\sigma/\omega$ 明显地具有频率色散, 虽然如此, 但从物理观点看, 使用术语 "无色散吸收介质" 却是相当明智的, 其原因在下面的讨论后将会彻底搞清. 在当前情况下关系式 (13.28) 的形式为

$$\frac{\partial}{\partial t}\left[\frac{\varepsilon' \boldsymbol{E}^2(t) + \boldsymbol{H}^2(t)}{8\pi}\right] + \sigma \boldsymbol{E}^2 + \boldsymbol{j}_{\mathrm{ext}} \cdot \boldsymbol{E} = -\frac{c}{4\pi}\operatorname{div}(\boldsymbol{E} \times \boldsymbol{H}). \tag{13.49}$$

初看起来, 从 (13.49) 式和 (13.40) 式应当得出 $w'(t) = (\varepsilon' E^2 + H^2)/8\pi$ 和 $Q(t) = \sigma E^2(t)$ 单值地恒等于能量密度和能量损失的结论, 但实际上并非如此. 只有在场随时间足够缓慢地变化的情况下, 热量的表达式 (一般情况下也只有它) 才采取上述形式 $Q = \sigma E^2$.

实际上, 在介电常量 $\varepsilon(\omega)$ 存在色散时 (亦即所研究的量与场之间的关系在时间上非局域时), 关系式 (13.40) 所含表达式 [322]

$$\frac{\partial w_{\mathrm{E}}}{\partial t} + Q = \frac{1}{4\pi}\frac{\partial \boldsymbol{D}}{\partial t} \cdot \boldsymbol{E} \tag{13.50}$$

中的 $\partial w_{\mathrm{E}}/\partial t$ 和 $Q$ 项可以表示为级数形式

$$a_1 \boldsymbol{E}^2(t) + a_2 \boldsymbol{E}(t) \cdot \frac{\partial \boldsymbol{E}}{\partial t} + a_{31} \boldsymbol{E}(t) \cdot \frac{\partial^2 \boldsymbol{E}}{\partial t^2} + a_{32}\left(\frac{\partial \boldsymbol{E}}{\partial t}\right)^2 + \cdots$$

在 $\varepsilon' = \mathrm{const}$ 和 $\sigma = \mathrm{const}$ 的介质的情况下, (13.50) 式的右端将由于 (13.48) 式只包括含有 $\boldsymbol{E}^2(t)$ 或 $\partial \boldsymbol{E}^2(t)/\partial t$ 的项. 所以, 从 (13.50) 式我们看到, 处于以任意方式依赖于时间的场内的具有恒定 (与频率无关的) $\varepsilon'$ 和 $\sigma$ 的介质中, 一般而言, 能量和热量的表达式的形式为

$$w_{\mathrm{E}}(t) = a\frac{\boldsymbol{E}^2(t)}{8\pi} + \cdots, \tag{13.51}$$

$$Q(t) = \sigma \boldsymbol{E}^2(t) + b\frac{1}{8\pi}\frac{\partial \boldsymbol{E}^2(t)}{\partial t} + \cdots, \tag{13.52}$$

其中

$$a + b = \varepsilon'. \tag{13.53}$$

但一般说来不能将 $a$ 和 $b$ 分别用介电常量表示, 这里没有写出来的那些项的系数相互调节得使表达式 $\partial w_{\mathrm{E}}/\partial t + Q$ 中所有的含场对时间一阶以上的导数的项均相消. 如果电场随时间的变化足够缓慢以至于 $|b|/T \ll \sigma$, 其中 $T$ 为场发生变化的特征时间, 则由 (13.52) 式可见, 释放热的表达式为

$$Q(t) = \sigma \boldsymbol{E}^2(t). \tag{13.54}$$

至于在 "无色散吸收介质" 中, 亦即当 $\varepsilon' = \mathrm{const}$ 和 $\sigma = \mathrm{const}$ 时场能的表达式, 则仅在满足条件 $|a| \gg |b|$ 时, 场能的形式为 $w_{\mathrm{E}}(t) = \varepsilon' E^2(t)/8\pi = w'_{\mathrm{E}}(t)$. 不过并非一定要满足条件 $|a| \gg |b|$, 这个条件也完全可以代之以 $|a| \lesssim |b|$; 这点以后还会在具体例子中证明 (见 (13.70) 和 (13.71) 式). 当然, 所研究介质具有复介电常量的频率色散 ($\varepsilon(\omega) = \varepsilon' + 4\mathrm{i}\pi\sigma/\omega$, $\varepsilon' = \mathrm{const}$ 及 $\sigma = \mathrm{const}$) 时, 有可能在 (13.51) 和 (13.52) 式中出现含场对时间导数的项.

　　由于在一般情况下不能用 $\varepsilon$ 表示 $w_{\mathrm{E}}$ 和 $Q$, 为求得这些量必须研究各种具体介质和介质模型. 这样作自然有利于对问题的整体理解. 大家知道, 一个非常通用的介质模型是大量振子组成的集合, 其中振子的质量为 $m_k$, 本征频率为 $\omega_k$ ($m_k \omega_k^2$ 为弹性力中 $\boldsymbol{r}_k$ 的系数; 见 (13.55)) 以及有效碰撞数为 $\nu_k$ ($m_k \nu_k$ 为摩擦力中速度 $\dot{\boldsymbol{r}}_k$ 的系数). 第 $k$ 类振子的运动方程的形式为

$$\ddot{\boldsymbol{r}}_k + \nu_k \dot{\boldsymbol{r}}_k + \omega_k^2 \boldsymbol{r}_k = \frac{e_k}{m_k} \boldsymbol{E}, \tag{13.55}$$

其中 $e_k$ 为振子电荷 ($e_k \boldsymbol{r}_k$ 为振子的电偶极矩), $\boldsymbol{E}$ 为作用于振子上的场. 以下为了不至于无谓地使模型复杂化, 我们将把场 $\boldsymbol{E}$ 等同于平均宏观场. 这种假设一般而言只针对个别情况或是一种近似. 但对于等离子体 (其中 $\omega_k = 0$), 则已证明它实际上在所有情况下均适用. 从根据动理学方程进行的更普遍的分析可以看出, 带 $\omega_k = 0$ 的方程 (13.55) 在等离子体中有非常宽的适用范围 (参见本书第 12 章). 至于振子的经典模型在原子或分子气体以及某些其他介质中的应用, 则要在量子理论的基础上寻找根据.

　　在单色场 $\frac{1}{2}(\boldsymbol{E}_0 \mathrm{e}^{-\mathrm{i}\omega t} + \mathrm{c.c.})$ 中, 方程 (13.55) 的受迫解的形式为

$$\boldsymbol{r}_k = \frac{1}{2}(\boldsymbol{r}_{0k} \mathrm{e}^{-\mathrm{i}\omega t} + \mathrm{c.c.}), \quad \boldsymbol{r}_{0k} = -\frac{e_k}{m_k} \frac{\boldsymbol{E}_0}{\omega^2 - \omega_k^2 + \mathrm{i}\omega \nu_k}. \tag{13.56}$$

由于介质的极化强度 $\boldsymbol{P} = \sum_k e_k N_k \boldsymbol{r}_k$, 且根据所研究的场的复振幅的

定义 $\boldsymbol{D}_0 = \boldsymbol{E}_0 + 4\pi\boldsymbol{P}_0 = \varepsilon(\omega)\boldsymbol{E}_0$, 于是[1]

$$\varepsilon(\omega) = 1 - \sum_k \frac{\Omega_k^2}{\omega^2 - \omega_k^2 + \mathrm{i}\omega\nu_k}, \quad \Omega_k^2 = \frac{4\pi e_k^2 N_k}{m_k}, \tag{13.57}$$

其中 $N_k$ 为第 $k$ 类振子的密度.

对于等离子体, 其中 $\omega_k = 0$, 我们有

$$\left.\begin{array}{ll} \varepsilon(\omega) = 1 - \dfrac{\Omega^2}{\omega^2 + \mathrm{i}\omega\nu}, & \varepsilon'(\omega) = 1 - \dfrac{\Omega^2}{\omega^2 + \nu^2}, \\[3mm] \varepsilon''(\omega) = \dfrac{4\pi\sigma(\omega)}{\omega} = \dfrac{\nu\Omega^2}{\omega(\omega^2 + \nu^2)}, & \Omega^2 = \dfrac{4\pi e^2 N}{m}, \end{array}\right\} \tag{13.58}$$

其中为了简单, 认为等离子体为单组分等离子体并略去下标 $k$ (这里我们没有涉及为了保证介质准中性而由离子组成的背景).

第 $k$ 类振子在任意场中的能量守恒定律的形式为

$$\frac{\mathrm{d}}{\mathrm{d}t}\left[\frac{1}{2}m_k(\dot{\boldsymbol{r}}_k)^2 + \frac{1}{2}m_k\omega_k^2 r_k^2\right] = -m_k\nu_k(\dot{\boldsymbol{r}}_k)^2 + e_k\dot{\boldsymbol{r}}_k \cdot \boldsymbol{E}. \tag{13.59a}$$ [324]

对单位体积内的全部振子求和, 我们得到

$$\left.\begin{array}{l} \dfrac{\mathrm{d}}{\mathrm{d}t}(K + U) = -Q_0 + \dot{\boldsymbol{P}} \cdot \boldsymbol{E}, \quad K = \sum_k \dfrac{1}{2}N_k m_k(\dot{\boldsymbol{r}}_k)^2, \\[3mm] U = \sum_k \dfrac{1}{2}N_k m_k\omega_k^2 \boldsymbol{r}_k^2, \quad Q_0 = \sum_k N_k m_k\nu_k(\dot{\boldsymbol{r}}_k)^2, \end{array}\right\} \tag{13.59b}$$

其中 $K$ 为振子的 "分" 动能, $U$ 为振子的势能以及 $Q_0$ 为单位体积在单位时间内释放出的热量 (更准确地说 $Q_0$ 为摩擦力所作的功, 我们假设其转变为热). $\dot{\boldsymbol{P}} \cdot \boldsymbol{E}$ 项描写与电磁场振荡的相互作用, 将极化强度 $\boldsymbol{P}$ 明显地从电感应强度 $\boldsymbol{D} = \boldsymbol{E} + 4\pi\boldsymbol{P}$ 中分出后, 我们得到

$$\frac{\partial}{\partial t}\left(\frac{E^2 + H^2}{8\pi}\right) = -\dot{\boldsymbol{P}} \cdot \boldsymbol{E} - \frac{c}{4\pi}\mathrm{div}(\boldsymbol{E} \times \boldsymbol{H}). \tag{13.40a}$$

结果我们得到振子和场的总能量变化的规律:

$$\frac{\partial}{\partial t}\left(\frac{E^2 + H^2}{8\pi} + K + U\right) = -Q_0 - \frac{c}{4\pi}\mathrm{div}(\boldsymbol{E} \times \boldsymbol{H}).$$

---

[1] 应当记住, 在选择形为 $\mathrm{e}^{-\mathrm{i}\omega t}$ 的时间依赖性时, 按照所使用的定义,

$$\boldsymbol{D} = \frac{1}{2}(\boldsymbol{D}_0\mathrm{e}^{-\mathrm{i}\omega t} + \text{c.c.}) = \frac{1}{2}[\varepsilon(\omega)\boldsymbol{E}_0\mathrm{e}^{-\mathrm{i}\omega t} + \text{c.c.}].$$

对于将振子 (13.55) 置于上述具有恒定实数值介电常量 $\varepsilon'_0$ 和欧姆电导率 $\sigma_0$ 的 "无色散介质" 中的更普遍的情况, 也可得到类似的关系式. 在此情况下, 将 (13.40a) 的左端换作 (13.49) 的左端 (当 $\boldsymbol{j}_{\text{ext}} = 0$ 时), 我们得到

$$\frac{\partial}{\partial t}\left(\frac{\varepsilon'_0 \boldsymbol{E}^2 + \boldsymbol{H}^2}{8\pi} + K + U\right) = -\sigma_0 \boldsymbol{E}^2 - Q_0 - \frac{c}{4\pi}\operatorname{div}(\boldsymbol{E} \times \boldsymbol{H}). \qquad (13.60)$$

由此可知, 对于所研究的模型, 介质中电磁场及与其有关的电荷 (振子) 运动的瞬时能量密度等于

$$w(t) = \frac{\varepsilon'_0 \boldsymbol{E}^2 + \boldsymbol{H}^2}{8\pi} + K + U.$$

按照 (13.60) 式, 瞬时能量密度改变的速度由场的耗散 $Q_E = \sigma_0 \boldsymbol{E}^2$ (欧姆电导率)[①]、振子极化的弛豫 $Q_0$ (内摩擦) 以及能流 (坡印亭矢量 $\boldsymbol{S}$) 的空间不均匀性确定. 在所假设的没有空间色散和没有磁性的介质 ($\boldsymbol{B} = \boldsymbol{H}$) 内 (13.60) 式中最后一项的上述解释不会引起怀疑. 对于空间均匀的波这一项在对时间平均时等于零. 其次, 量 $w_H = \boldsymbol{H}^2/8\pi$ 无疑是磁能密度.

[325]　　我们现在来详细研究一下 "电能" $w_E = W - W_H$ 和损失功率 $Q = Q_0 + Q_E$. 对于单色场, 利用 (13.56) 式并弃去所有含因子 $\mathrm{e}^{\pm 2\mathrm{i}\omega t}$ 的项, 可将这些量对周期的平均值 $\overline{w}_E$ 和 $\overline{Q}$ 计算出来. 对于真空 ($\varepsilon'_0 = 1, \sigma_0 = 0$) 中的振子, 初等计算的结果为

$$\widetilde{w}_E = \left[1 + \sum_k \frac{\Omega_k^2(\omega^2 + \omega_k^2)}{(\omega^2 - \omega_k^2)^2 + \omega^2 \nu_k^2}\right]\frac{|\boldsymbol{E}_0|^2}{16\pi}, \qquad (13.61)$$

$$\overline{Q}_0 = \sum_k \frac{\Omega_k^2 \nu_k \omega^2}{(\omega^2 - \omega_k^2)^2 + \omega^2 \nu_k^2}\frac{|\boldsymbol{E}_0|^2}{8\pi} = \omega \varepsilon''(\omega)\frac{|\boldsymbol{E}_0|^2}{8\pi}, \qquad (13.62)$$

因为按照 (13.57) 式, 我们有

$$\varepsilon''(\omega) = \sum_k \frac{\omega \nu_k \Omega_k^2}{(\omega^2 - \omega_k^2)^2 + \omega^2 \nu_k^2}. \qquad (13.63)$$

同时, 我们又有

$$\varepsilon'(\omega) = 1 - \sum_k \frac{\Omega_k^2(\omega^2 - \omega_k^2)}{(\omega^2 - \omega_k^2)^2 + \omega^2 \nu_k^2}, \qquad (13.64)$$

因此 $\overline{w}_E$ 没有用 $\varepsilon'(\omega)$ 表达 (也见以下). 在已经提到过的等离子体模型

---

①　以前 (例如, 在 (13.54) 式中) 曾用过标记 $Q = \sigma \boldsymbol{E}^2$. 现在因为引进了量 $Q_0$ (见 (13.59a) 式), 故将与所研究的振子无关的欧姆损失用 $Q_E$ 标记.

(13.58) 的特殊情况下:

$$
\left.
\begin{aligned}
\overline{w}_E &= \left(1 + \frac{\Omega^2}{\omega^2 + \nu^2}\right) \frac{|\boldsymbol{E}_0|^2}{16\pi} = [2 - \varepsilon'(\omega)] \frac{|\boldsymbol{E}_0|^2}{16\pi}, \\
Q_0 &= \frac{\nu\Omega^2}{\omega^2 + \nu^2} \frac{|\boldsymbol{E}_0|^2}{8\pi} = \omega\varepsilon''(\omega) \frac{|\boldsymbol{E}_0|^2}{8\pi};
\end{aligned}
\right\}
\tag{13.65}
$$

亦即在此情况下, 不仅 $\overline{Q}_0$ 而且 $\overline{w}_E$ 也都由 $\varepsilon(\omega)$, 或更具体地说, 由 $\varepsilon'(\omega) = \mathrm{Re}\,\varepsilon(\omega)$ 来表示. 不过, 这种情况显然是特殊情况. 即使对于等离子体, 其 $w_E(t)$ 和 $Q(t)$ 之值也不能如相应的时间平均值那样由 $\varepsilon(\omega)$ 表示, 它们的形式 (为了确定在 $\boldsymbol{E}_0 = \boldsymbol{E}_0^*$ 时) 为

$$
w_E(t) = \left\{ \left[1 - \frac{\Omega^2(\omega^2 - \nu^2)^2}{(\omega^2 + \nu^2)^2} \cos^2\omega t + \frac{\nu\omega\Omega^2}{(\omega^2 + \nu^2)^2} \sin 2\omega t + \frac{\omega^2\Omega^2}{(\omega^2 + \nu^2)^2} \right] \right\} \frac{\boldsymbol{E}_0^2}{8\pi},
\tag{13.66}
$$

$$
Q_0(t) = \nu\Omega^2 \left[ \frac{1}{\omega^2 + \nu^2} - \frac{\omega^2 - \nu^2}{(\omega^2 + \nu^2)^2} \cos 2\omega t + 2\frac{\nu\omega}{(\omega^2 + \nu^2)^2} \sin 2\omega t \right] \frac{\boldsymbol{E}_0^2}{8\pi}.
\tag{13.67}
$$

对于振子系统, 按照 (13.46) 式所确定的值等于

$$
\begin{aligned}
\widetilde{\overline{w}}_E &= \frac{\mathrm{d}(\omega\varepsilon'(\omega))}{\mathrm{d}\omega} \frac{|\boldsymbol{E}_0|^2}{16\pi} \\
&= \left\{ 1 + \sum_k \frac{\Omega_k^2(\omega^2 + \omega_k^2)[(\omega^2 - \omega_k^2)^2 - \omega^2\nu_k^2]}{[(\omega^2 - \omega_k^2)^2 + \omega^2\nu_k^2]^2} \right\} \frac{|\boldsymbol{E}_0|^2}{16\pi},
\end{aligned}
\tag{13.68}
$$

而对于等离子体我们有

[326]

$$
\widetilde{\overline{w}}_E = \frac{\mathrm{d}(\omega\varepsilon'(\omega))}{\mathrm{d}\omega} \frac{|\boldsymbol{E}_0|^2}{16\pi} = \left[ 1 + \frac{\Omega^2(\omega^2 - \nu^2)}{(\omega^2 + \nu^2)^2} \right] \frac{|\boldsymbol{E}_0|^2}{16\pi}.
\tag{13.69}
$$

显然, 在两种情况下, 当吸收存在时我们有 $\overline{w}_E \neq \widetilde{\overline{w}}_E$ [见 (13.61), (13.65), (13.68) 与 (13.69) 诸式], 仅当无吸收 (亦即 $\nu_k = 0$) 时才有 $\overline{w}_E = \widetilde{\overline{w}}_E$; 亦即平均能量密度由 (13.46) 式正确地给出, 该式在这一情况下化为 (13.45) 式. 否则不可能如此, 因为在没有吸收时

$$
\frac{1}{4\pi} \frac{\partial \boldsymbol{D}}{\partial t} \cdot \boldsymbol{E} = \frac{\partial w_E}{\partial t},
$$

不必将 $(1/4\pi)(\partial \boldsymbol{D}/\partial t) \cdot \boldsymbol{E}$ 分为 $\partial w_E/\partial t$ 及 $Q$ 两部分 (见 (13.40) 式).

以上这些例子 (顺便提一下, 它们具有普遍性) 使人确信

$$
\widetilde{\overline{w}} = \frac{\mathrm{d}[\omega\,\mathrm{Re}\,\varepsilon(\omega)]}{\mathrm{d}\omega} \frac{|\boldsymbol{E}_0|^2}{16\pi}
$$

(见 (13.46)) 一般说来不是介质中的平均电能密度 $\overline{w}_E = \overline{w} - \overline{w}_H$. (13.68) 和 (13.69) 式表明 $\widetilde{w}_E$ 可以为负 (例如, 在 (13.68) 式中, 如果 $\Omega^2 \nu^2 > \Omega^2 \omega^2 + (\omega^2 + \nu^2)^2$, 则 $\widetilde{w}_E < 0$; 在 $\nu^2 \gg \omega^2$ 的极限情况下, 这约化为条件 $\Omega^2 > \nu^2$). 而 (13.61) 式或 (13.65) 式清楚地表明, 量 $\overline{w}_E$ 永远为正, 正如对 $\overline{w}_E = \overline{\boldsymbol{E}^2/8\pi + K + U}$ 所期望的那样.

与这一事实相关联, 我们注意到, 能量的正号可能与激发振子集合的极化强度 $\boldsymbol{P} = e_k N_k \boldsymbol{r}_k$ 振动的作用场 $\boldsymbol{E}$ 前面的正号有关:

$$\ddot{\boldsymbol{P}} + \nu_k \dot{\boldsymbol{P}} + \omega_k^2 \boldsymbol{P} = \frac{\Omega_k^2}{4\pi} \boldsymbol{E} \tag{13.55a}$$

(见 (13.55) 与 (13.57) 式; 为简单起见我们现在只研究一类振子, 亦即假设它们的参数 $\nu_k, \omega_k$ 和 $\Omega_k^2 = 4\pi e_k^2 N_k / m_k$ 都是一样的). 事实上, 取方程 (15.55a) 与 $4\pi \Omega_k^{-2} \dot{\boldsymbol{P}}_k$ 的标量积, 并利用无色散吸收介质的坡印亭关系式 (13.49)(其中 $j_{\text{ext}} = \dot{\boldsymbol{P}}$, $\varepsilon' = \varepsilon_0'$) 消去相互作用项 $\dot{\boldsymbol{P}} \cdot \boldsymbol{E}$ (亦即实际上重新得到能量改变规律 (13.60) 式). 我们求得由场和极化强度表示的单位体积内总能量和损失功率的表达式 [229a]:

$$\left. \begin{array}{l} w = \dfrac{\varepsilon_0' \boldsymbol{E}^2 + \boldsymbol{H}^2}{8\pi} + \dfrac{2\pi}{\Omega_k^2} (\dot{\boldsymbol{P}}^2 + \omega_k^2 \boldsymbol{P}^2), \\[2mm] Q = \sigma_0 \boldsymbol{E}^2 + \dfrac{4\pi \nu_k}{\Omega_k^2} \dot{\boldsymbol{P}}^2. \end{array} \right\} \tag{13.60a}$$

[327]  不言而喻, 直接计算曾出现在 (13.60) 式中的量 $K = 2\pi \Omega_k^{-2} (\dot{\boldsymbol{P}})^2$, $U = 2\pi \Omega_k^{-2} \omega_k^2 \boldsymbol{P}^2$ 和 $Q_0 = 4\pi \nu_k \Omega_k^{-2} \dot{\boldsymbol{P}}^2$ (见 (13.59b) 式) 我们也可得到这样的结果. (13.60a) 式清楚地表明, 对于 $\Omega_k^2 > 0$ 的振子特别是 (13.55) 式描写的经典振子, 能量和损失功率不可能为负 (在此情况下, 当然假定 "背景" 介质的 $\varepsilon_0' \geqslant 0$ 及 $\sigma_0 \geqslant 0$; 参见 [229b]).

对于量子力学的振子, 例如两能级振子, 情况有本质性的变化. 对于这种振子, 出现在 (13.55a) 式中的所谓合作频率的平方等于

$$\Omega_k^2 = 8\pi d_k^2 \omega_k (N_1 - N_2)/\hbar$$

且在布居数反转即上能级布居数 $N_2$ 超过下能级布居数 $N_1$ 时成为负的. 所得 $\Omega_k^2$ 表达式中的 $d_k$ 为所研究振子的偶极矩矩阵元, 这个表达式的推导需要特别研究, 这里不对此作仔细研究 (参见 [100], §57 和 [137a], §17.1).

在布居数反转的条件下, (13.55a) 式中激发力的符号改变, 且由 (13.60a) 式可清楚地看出, 能量和损失功率可成为负值:

$$w = \frac{\varepsilon_0' \boldsymbol{E}^2 + \boldsymbol{H}^2}{8\pi} - |K| - |U|, \quad Q = \sigma_0 \boldsymbol{E}^2 - |Q_0|$$

对于振子本身的介电常量, 由 (13.55a) 式自然地得到不对 $k$ 求和的表达式 (13.57). 计及振子所在的 "无散射吸收介质" 后, 总的介电常量为

$$\varepsilon = \varepsilon_0' + \frac{4\pi\sigma_0}{\omega} - \frac{\Omega_k^2}{\omega^2 - \omega_k^2 + \mathrm{i}\omega\nu_k}.$$

能够在介质中传播的横波的色散方程也具有原来的形式 (12.51), 亦即 $k^2 = (\omega^2/c^2)\varepsilon(\omega)$. 在通常的 (布居数未反转的) 由振子组成的介质中, 当给定 $k$ 值时可以传播两个正常波, 分别对应于图 11.4 中的上一支和下一支 (该图中示出的是无吸收情况下的曲线). 在布居数反转的介质中, 当 $\Omega_k^2 < 0$ 时, 曲线 $\omega(k)$ 当然要发生某些改变.

确切地说, 现在上下两支在点 $(k = \omega_\perp\sqrt{\varepsilon_0'}/c, \omega = \omega_\perp)$ 附近相交, 其中 $\omega_\perp = \omega_k$. 此时其中一支连续地在倾斜直线 $\omega = ck\sqrt{\varepsilon_0'}$ 附近通过, 而另外一支在位于宽度为 $\Delta\omega \lesssim |\Omega_k|$ 频带中的 "激子" 直线 $\omega = \omega_\perp$ 近旁通过. 然而在给定实波数 $k$ 时, 如以前一样有两个正常 (本征) 波 $\boldsymbol{E} = \frac{1}{2}(\boldsymbol{E}_0\mathrm{e}^{-\mathrm{i}\omega t+\mathrm{i}\boldsymbol{k}\cdot\boldsymbol{r}}+\text{c.c.})$, 分别具有复频率 $\omega_\mathrm{e}(k)$ ("电磁波") 和 $\omega_\mathrm{p}(k)$ ("极化波"). 在给定场的振幅 $E_0$ 时, 一般而言, 极化波中介质的极化强度 $P_0$ 比电磁波中的极化强度大得多. 其次, 我们可以确信在布居数反转介质中, 电磁波内的平均能量 $\overline{w}_\mathrm{e} > 0$, 而极化波内的平均能量 $\overline{w}_\mathrm{p} < 0$. 因此, 按照这些波的能量变化规律 $2\,\mathrm{Im}(\omega_\mathrm{e,p})\overline{w}_\mathrm{e,p} = -Q_\mathrm{e,p}$, 在负的能量损失 $\overline{Q}_\mathrm{e} < 0$ 情况下, 电磁波不稳定 (微波激射不稳定性, $\mathrm{Im}\,\omega_\mathrm{e} > 0$), 而在能量损失为正 $\overline{Q}_\mathrm{p} > 0$ 时, 极化波不稳定 (耗散不稳定性, $\mathrm{Im}\,\omega_\mathrm{p} > 0$). 当然, 这些说明对于理解所涉及问题并不充分, 但看来我们在此只给出结果而留给读者去参阅文献了解详情是合适的参见 [229a].

[328]

电磁波的微波激射不稳定性是激光器的典型的不稳定性. 至于在两能级振子系统中极化波的耗散不稳定性, 似乎至今只在有限样品的超辐射区内当电磁场通过样品边界向真空的辐射引起正能量损失时被观察到 (例如见 [229c]).

脱离开两能级 "振子" 框架后, 应当指出负能波及与其相关的各种不稳定性在等离子体物理学及电学中早已为人所知, 例如带电粒子束或具有 "损失锥" 型各向异性速度分布电子中的负能波及相应不稳定性[230].

我们现在重新回到具有介电常量 (13.58) 式的经典情况.

在 $\omega^2 \ll \nu^2$ 的频率范围内, 按照 (13.58) 式, $\varepsilon' = 1 - \Omega^2/\nu^2$, $\sigma = \Omega^2/4\pi\nu$, 这表明在当前情况下等离子体正是我们前面已经讨论过的无色散吸收介

质的一个例子①. 于是, 完全依照 (13.51) — (13.53) 的做法, 我们由 (13.66)、(13.67) 式得到 (记住在 (13.66)、(13.67) 中 $\boldsymbol{E}(t) = \boldsymbol{E}_0 \cos \omega t$)

$$w_E(t) = \left(1 + \frac{\Omega^2}{\nu^2}\right) \frac{\boldsymbol{E}^2(t)}{8\pi} \tag{13.70}$$

$$Q(t) = \frac{\Omega^2}{4\pi\nu} \boldsymbol{E}^2(t) - 2\frac{\Omega^2}{\nu^2} \frac{1}{8\pi} \frac{\partial \boldsymbol{E}^2(t)}{\partial t}, \tag{13.71}$$

因此, $a = 1 + \Omega^2/\nu^2$, $b = -2\Omega^2/\nu^2$, $a + b = 1 - \Omega^2/\nu^2 = \varepsilon'$. 由公式可见, $a$ 和 $|b|$ 之间的关系由参数 $\Omega^2/\nu^2$ 决定, 当 $\Omega^2/\nu^2 > 1$ 时, $|b| > a$.

一般说来, 尽管量 $w_E(t)$ 和 $Q(t)$ 的这一普遍形式不能通过 $\varepsilon(\omega)$ 表达, 但对于和式

$$\frac{\partial w_E(t)}{\partial t} + Q(t) = \frac{1}{4\pi} \frac{\partial \boldsymbol{D}}{\partial t} \cdot \boldsymbol{E}$$

[329] 却可以这样作. 由此十分清楚, $\partial w_E(t)/\partial t$ 和 $Q(t)$ 两项对 $(1/4\pi)(\partial \boldsymbol{D}/\partial t) \cdot \boldsymbol{E}$ 表达式中包含 $\varepsilon'(\omega)$ 与 $\varepsilon''(\omega)$ 的诸项都有贡献. 虽然如此, 通过具体实例确认这点仍很有教益. 由振子组成的介质当然也适合这一需要, 不过我们还是局限在前面已讨论过的等离子体模型上.

我们发现, 可以说, 在这种情况下检验从一般物理概念写出的关系式

$$\frac{\partial w_E}{\partial t} + Q = \frac{1}{4\pi} \frac{\partial \boldsymbol{D}}{\partial t} \cdot \boldsymbol{E} \tag{13.50}$$

本身的正确性也非常容易. 事实上, 对于所讨论的模型和等离子体

$$eN\dot{\boldsymbol{r}} = \frac{\partial \boldsymbol{P}}{\partial t} = \frac{1}{4\pi} \frac{\partial (\boldsymbol{D} - \boldsymbol{E})}{\partial t},$$

其中 $\boldsymbol{P}$ 为介质的总极化强度 (如果传导电流 $\boldsymbol{j}$ 和极化强度 $\boldsymbol{P}$ 是分别引入的, 则应写作 $eN\dot{\boldsymbol{r}} = \boldsymbol{j} + \partial \boldsymbol{P}/\partial t$). 从另一方面看, 按照运动方程 $m\ddot{\boldsymbol{r}} + m\nu\dot{\boldsymbol{r}} = e\boldsymbol{E}$, 我们应当有

$$\frac{\partial}{\partial t}\left[Nm\frac{(\dot{\boldsymbol{r}})^2}{2}\right] + Nm\nu(\dot{\boldsymbol{r}})^2 = Ne\dot{\boldsymbol{r}} \cdot \boldsymbol{E} = \frac{1}{4\pi} \frac{\partial \boldsymbol{D}}{\partial t} \cdot \boldsymbol{E} - \frac{1}{4\pi} \frac{\partial \boldsymbol{E}}{\partial t} \cdot \boldsymbol{E}.$$

由此

$$\frac{\partial w_E}{\partial t} + Q_0 = \frac{1}{4\pi} \frac{\partial \boldsymbol{D}}{\partial t} \cdot \boldsymbol{E}, \quad w_E = K + \frac{\boldsymbol{E}^2}{8\pi}, \quad K = \frac{1}{2}Nm\dot{\boldsymbol{r}}^2, \quad Q_0 = mN\nu(\dot{\boldsymbol{r}})^2,$$

这正如我们所预期.

---

① 我们注意到, 在 $\sigma > 0$ 及 $\varepsilon' < 0$ 时, 这样的介质在没有外源的情况下是不稳定的 [229b]. 因此研究具有 $\omega^2 \ll \nu^2$ 和 $\Omega^2 > \nu^2$ 的等离子体时必须特别谨慎 (必须依靠证明相应等离子体模型稳定性的一般表达式 (13.58)). 与此有关, 需要指出事实上我们此处完全没有使用不等式 $\omega^2 \ll \nu^2$.

对于单色场 $\boldsymbol{E} = \boldsymbol{E}_0 \cos \omega t$, 我们前面曾经写出过其 $w_E$ 和 $Q_0$ 值 (见 (13.66) 和 (13.67) 式), 因此

$$
\begin{aligned}
\frac{\partial w_E}{\partial t} + Q_0 &= \left[ -\omega \sin 2\omega t + \frac{\omega \Omega^2 (\omega^2 - \nu^2)}{(\omega^2 + \nu^2)^2} \sin 2\omega t + 2 \frac{\omega^2 \Omega^2 \nu}{(\omega^2 + \nu^2)^2} \cos 2\omega t \right] \frac{\boldsymbol{E}_0^2}{8\pi} + \\
&\quad \left[ \frac{\nu \Omega^2}{\omega^2 + \nu^2} - \frac{\nu \Omega^2 (\omega^2 - \nu^2)}{(\omega^2 + \nu^2)} \cos 2\omega t + 2 \frac{\Omega^2 \nu^2 \omega}{(\omega^2 + \nu^2)^2} \sin 2\omega t \right] \frac{\boldsymbol{E}_0^2}{8\pi} \\
&= \frac{1}{4\pi} \frac{\partial \boldsymbol{D}}{\partial t} \cdot \boldsymbol{E} = \left[ -\omega \varepsilon'(\omega) \sin 2\omega t + \omega \varepsilon''(\omega) + \omega \varepsilon''(\omega) \cos 2\omega t \right] \frac{\boldsymbol{E}_0^2}{8\pi} \\
&= \left( -\omega \sin 2\omega t + \frac{\omega \Omega^2}{\omega^2 + \nu^2} \sin 2\omega t + \frac{\nu \Omega^2}{\omega^2 + \nu^2} + \frac{\nu \Omega^2}{\omega^2 + \nu^2} \cos 2\omega t \right) \frac{\boldsymbol{E}_0^2}{8\pi},
\end{aligned}
$$
(13.72)

其中最后一个表达式是通过将有关 $\varepsilon'(\omega)$ 和 $\varepsilon''(\omega)$ 的表达式 (13.58) 代入而得到的; 至于 (13.72) 式中倒数第二个表达式, 它是在计及场 $\boldsymbol{E} = \frac{1}{2}\boldsymbol{E}_0 (\mathrm{e}^{\mathrm{i}\omega t} + \mathrm{e}^{-\mathrm{i}\omega t})$ 和电感应强度 $\boldsymbol{D} = \frac{1}{2}\boldsymbol{E}_0[\varepsilon(-\omega)\mathrm{e}^{\mathrm{i}\omega t} + \varepsilon(\omega)\mathrm{e}^{-\mathrm{i}\omega t}]$ 的关系后得到的, 因为在考虑关系式 (13.42) 后我们有

$$
\boldsymbol{D} = \varepsilon'(\omega) \boldsymbol{E}_0 \cos \omega t + \varepsilon'(\omega) \boldsymbol{E}_0 \sin \omega t.
$$

比较 (13.72) 式中的不同的项表明, 例如, 其中的一项 [330]

$$
-\omega \varepsilon'(\omega) \sin 2\omega t = -\omega \sin 2\omega t + \frac{\Omega^2 \omega}{\omega^2 + \nu^2} \sin 2\omega t
$$

是既由 $\partial w_E / \partial t$ 也由 $Q_0$ 共同形成的. 显然对于

$$
\omega \varepsilon''(\omega) \cos 2\omega t = \frac{\nu \Omega^2}{\omega^2 + \nu^2} \cos 2\omega t
$$

项也是如此. 只有对时间为恒定的一项

$$
\frac{\nu \Omega^2}{\omega^2 + \nu^2} \frac{\boldsymbol{E}_0^2}{8\pi}
$$

是仅由耗散引起的. 如果考虑到我们研究的是单色场的话, 这最后一个结果并不奇怪. 十分清楚, 在对时间积分后类似的结论依然保持. 我们这里注意到, 在对时间积分以及由此确定量 $w_E(t) + \int Q_0(t)\mathrm{d}t$ 时必须相当小心, 实质上我们必须回到表达式 (13.66) 和 (13.67). 的确, 从 (13.72) 式我们得到

$$
\begin{aligned}
w_E(t) + \int Q(t)\mathrm{d}t &= \varepsilon'(\omega) \frac{\boldsymbol{E}_0^2 \cos 2\omega t}{16\pi} + \omega \varepsilon''(\omega) \frac{\boldsymbol{E}_0^2}{8\pi} t + \\
&\quad \omega \varepsilon''(\omega) \frac{\boldsymbol{E}_0^2}{8\pi} \frac{\sin 2\omega t}{2\omega} + \mathrm{const} = \frac{1}{4\pi} \int \frac{\partial \boldsymbol{D}(t)}{\partial t} \cdot \boldsymbol{E}(t)\mathrm{d}t. \quad (13.73)
\end{aligned}
$$

　　从以上所述以及下面的说明可知,(13.73) 式中的积分常数, 一般而言, 在普遍情况下不能通过 $\varepsilon$ 表示. 在没有吸收时, 通过比较 (13.73) 式与 (13.45) 式可知

$$\text{const} = \frac{\mathrm{d}[\omega\varepsilon(\omega)]}{\mathrm{d}\omega}\frac{|\boldsymbol{E}_0|^2}{16\pi}.$$

另一方面, 对于介质模型与具体地说对于等离子体模型, 即使存在吸收时, 确定量 $w_E(t) + \int Q_0(t)\mathrm{d}t$ 也不困难. 事实上, 对于等离子体情况, 我们已经知道 $w_E(t)$ 的表达式 (见 (13.66) 式), 考虑到 $\cos^2\omega t = \frac{1}{2}(1 + \cos 2\omega t)$, 我们可方便地将其写为

$$w_E(t) = \left\{ \left(1 + \frac{\Omega^2}{\omega^2 + \nu^2}\right) + \frac{2\omega\Omega^2\nu}{(\omega^2+\nu^2)^2}\sin 2\omega t + \left[1 - \frac{\Omega^2(\omega^2-\nu^2)}{(\omega^2+\nu^2)^2}\right]\cos 2\omega t \right\}\frac{\boldsymbol{E}_0^2}{16\pi}. \tag{13.74}$$

其次, 将 (13.67) 式对时间积分, 我们求得

$$\int Q_0(t)\mathrm{d}t = \nu\Omega^2\left[\frac{t}{\omega^2+\nu^2} - \frac{\omega^2-\nu^2}{(\omega^2+\nu^2)^2}\frac{\sin 2\omega t}{2\omega} - \frac{\nu\cos 2\omega t}{(\omega^2+\nu^2)^2}\right]\frac{\boldsymbol{E}_0^2}{8\pi}. \tag{13.75}$$

[331] 　　其中积分常数选得在单色场情况下时间间隔 $t$ 内的时间平均能量耗散 $\overline{\int Q(t)\mathrm{d}t} = \int \overline{Q_0(t)}\mathrm{d}t \sim t$. 如此一来, 将 (13.74) 式与 (13.75) 式相加并使其和与 (13.73) 式相等, 我们得到

$$\begin{aligned}
w_E(t) + \int Q_0(t)\mathrm{d}t &= \left[\frac{\cos 2\omega t}{2} - \frac{\Omega^2(\omega^2-\nu^2)}{(\omega^2+\nu^2)^2}\frac{\cos 2\omega t}{2} + \right. \\
&\quad \left. \frac{\nu\omega\Omega^2}{(\omega^2+\nu^2)^2}\sin 2\omega t + \frac{1}{2}\left(1 + \frac{\Omega^2}{\omega^2+\nu^2}\right)\right]\frac{\boldsymbol{E}_0^2}{8\pi} + \\
&\quad \left[\frac{\nu\Omega^2 t}{\omega^2+\nu^2} - \frac{\nu\Omega^2(\omega^2-\nu^2)}{(\omega^2+\nu^2)^2}\frac{\sin 2\omega t}{2\omega} - \frac{\nu^2\Omega^2\cos 2\omega t}{(\omega^2+\nu^2)^2}\right]\frac{\boldsymbol{E}_0^2}{8\pi} \\
&= \frac{1}{4\pi}\int\frac{\partial\boldsymbol{D}}{\partial t}\cdot\boldsymbol{E}\,\mathrm{d}t \\
&= \left[\frac{1}{2}\varepsilon'(\omega)\cos 2\omega t + \omega\varepsilon''(\omega)t + \frac{1}{2}\varepsilon''(\omega)\sin 2\omega t + \text{constant}\right]\frac{\boldsymbol{E}_0^2}{8\pi} \\
&= \left[\frac{\cos 2\omega t}{2} - \frac{\Omega^2\cos 2\omega t}{2(\omega^2+\nu^2)} + \frac{\nu\Omega^2 t}{\omega^2+\nu^2} + \frac{\nu\Omega^2\sin 2\omega t}{2\omega(\omega^2+\nu^2)} + \text{constant}\right]\frac{\boldsymbol{E}_0^2}{8\pi},
\end{aligned} \tag{13.76}$$

其中所有表达式写得与 (13.72) 式完全类似. 很清楚, 即使当吸收存在时, 积分常数也正好确定 $\overline{w}_E$ 的表达式 (见 (13.58),(13.74) 和 (13.76) 式).

我们这里也要强调指出, 不仅在一般形式下, 甚至对于准单色场也不可能将吸收介质的坡印亭关系对时间积分, 在这个意义上使用初条件 $E(-\infty) = 0$ 和 $H(-\infty) = 0$ 不会有助于问题的解决. 实际上, 从 (13.44) 式已可看出, 含 $\varepsilon''(\omega)$ 的那些项不能表示为某些表达式对时间的全微分. 这一点并不奇怪, 因为众所周知. 释放热并非系统的态函数, 故如同在通常的热力学中那样, $\delta Q$ 不是全微分. 所以, 依赖于场 $E_0(t)$ 随时间从 $E_0(-\infty) = 0$ 变到 $E$ 值的方式的不同, 对于吸收介质将关系式 (13.44) 对时间积分时, 我们可能得到不同的答案.

我们之所以对这样一个简单的问题进行如此详细的讨论的动机, 前面已经提到过. 我们这里只是要指出, 对处于电磁场中的吸收介质内能量关系的讨论不仅对吸收及弛豫的机制及特征的理解有利, 而且可以应用于计算 "能量速度", 亦即应用于计算在吸收介质中传播的电磁波内的能量转移 (参见 [99, 109, 181a, 231]).

# 第十四章
# 涨落与范德瓦耳斯力

电学回路中的涨落. 介质中的热辐射. 宏观物体之间的分子力 (范德瓦耳斯力). 电子与空腔共振器中场的相互作用.

[332] 　　在第 11 章中叙述连续介质电动力学时, 我们曾经强调指出过所研究的场是统计平均场. 因此自然忽略了涨落现象. 其实, 众所周知, 各种涨落特别是电磁涨落以及与其相关的效应在物理学和天文学中起着非常大的作用. 只需提及电路和电网中的涨落、在 (空的或充满介质的) 共振器电磁场中的涨落以及凝聚态物体之间分子 (范德瓦耳斯) 力 (这个力的计算与电磁涨落问题密切相关) 中的涨落即已足够. 电磁波 (无线电波、光波、X 光波) 在介质中的散射本身也是涨落现象, 可以说, 这里所指的是在介电张量 $\varepsilon_{ij}(\omega, \boldsymbol{k})$ 的涨落上的散射. 因此在本章以及后续几章中阐述若干与涨落及波的散射有关的问题对于全书的结构而言是很自然的. 但是必须强调指出, 我们的注意力并不集中在电磁涨落的普遍问题上 (参见 [206, 232, 233]), 而是集中讨论某些物理上有重要意义的较特殊的问题.

　　这类问题中的第一个是线性电路中的涨落, 所谓线性电路指的是具有集中电容 $C$、自感 $L$ 和电阻 $R$ 的电路 (见图 14.1). 与所研究的频段对应的波长 $\lambda = 2\pi c/\omega$ 相比, 可以认为回路的尺度 $l$ 非常小. 在这样的条件下, 当研究回路中的场和电流时准静态近似适用 (参见 [61, 110]), 在这一近似的框架内, 回路所有部分的电流强度处处一致并等于

[333]
$$J(t) = \int_-^+ J_\omega \mathrm{e}^{-\mathrm{i}\omega t} \mathrm{d}\omega.$$

如果 $C$、$L$ 和 $R$ 不依赖于频率, 则电流由方程

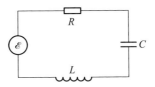

图 14.1　$LCR$ 电回路.

$$L\ddot{q} + R\dot{q} + \frac{q}{c} = L\dot{J} + RJ + \frac{\int J\mathrm{d}t}{C} = \mathscr{E}(t) \tag{14.1}$$

确定, 其中 $q = \int J\mathrm{d}t$ 为电容上的电荷, $\mathscr{E}(t)$ 为作用于 (或更适当地说是接入) 回路的电动势 (e. m. f.)①. 如果量 $L, C$ 及 $R$ 之中即使只有一个依赖于频率 (介质中频率色散的直接模拟), 方程 (14.1) 只对傅里叶分量适用:

$$\left.\begin{aligned} \left[-\mathrm{i}\omega L(\omega) + R(\omega) - \frac{1}{\mathrm{i}\omega C(\omega)}\right] J_\omega &= \mathscr{E}_\omega, \\ J_\omega &= \frac{1}{2\pi}\int_{-\infty}^{+\infty} J(t)\mathrm{e}^{\mathrm{i}\omega t}\mathrm{d}t, \\ \mathscr{E}_\omega &= \frac{1}{2\pi}\int_{-\infty}^{+\infty} \mathscr{E}(t)\mathrm{e}^{\mathrm{i}\omega t}\mathrm{d}t. \end{aligned}\right\} \tag{14.2}$$

如果引入回路的阻抗 (复电阻)

$$Z(\omega) = R - \mathrm{i}\left(\omega L - \frac{1}{\omega C}\right), \tag{14.3}$$

则按照 (14.2) 式, 有

$$\mathscr{E}_\omega = Z(\omega)J_\omega, \tag{14.4}$$

在没有外电动势时, 电流 $J$ 的统计平均值当然等于零. 同时十分显然, 在热运动的影响下, 也可以说由于热运动的结果, 涨落电流随时产生及消失 (衰减). 这些电流, 如通常在类似情况下一样, 可以用关联函数

$$\varphi(t' - t) = \varphi(\tau) = \overline{J(t)J(t+\tau)} \tag{14.5}$$

表征并假定问题是时间均匀的 (由此, 物理量只依赖于 $\tau = t' - t$: 如果回路参数依赖于时间, 则问题是时间非均匀的), 式中的横杠表示统计平均, 如果必要, 也表示量子力学平均 (详见 [232, 234]; 为了简单我们只将 (14.5) 类

---

① 在本书中我们处处都使用绝对单位制, 此时在 (14.1) 式中出现的不是自感 $L$ 而是 $L/c^2$. 由于以后不使用 $L$ 的具体数值, 直接用 $L$ 来标记自感除以 $c^2$ 要方便些.

型的公式用于经典问题中). 对于当 $|t| \to \infty$ 时不趋于零的随机 (涨落) 电流 $J$, 傅里叶分量的使用必须十分谨慎, 但对于以下使用到的有限平方量, 类似的谨慎就显得多余 [234, 235]. 所以, 将表达式

[334]

$$J(t) = \int J_\omega \mathrm{e}^{-\mathrm{i}\omega t}\mathrm{d}\omega$$

代入 (14.5) 式①, 我们得到

$$\varphi(\tau) = \iint_{-\infty}^{+\infty} \overline{J_\omega J_{\omega'}} \exp[-\mathrm{i}(\omega t + \omega' t')]\mathrm{d}\omega\mathrm{d}\omega'.$$

但这个公式右端仅当存在相应的 $\delta$ 函数时才只依赖于 $\tau$, 因而我们可以写出

$$\left.\begin{array}{l} \varphi(\tau) = \displaystyle\int_{-\infty}^{+\infty} (J^2)_\omega \mathrm{e}^{-\mathrm{i}\omega t}\mathrm{d}\omega, \\[3mm] (J^2)_\omega = \dfrac{1}{2\pi} \displaystyle\int_{-\infty}^{+\infty} \varphi(\tau)\mathrm{e}^{\mathrm{i}\omega t}\mathrm{d}\tau, \end{array}\right\} \tag{14.6}$$

其中 $(J^2)_\omega$ 由下式确定:

$$\overline{J_\omega J_{\omega'}} = (J^2)_\omega \delta(\omega + \omega').$$

对于电流强度的方均值我们有

$$\overline{J^2} = \varphi(0) = \int_{-\infty}^{+\infty} (J^2)_\omega \mathrm{d}\omega = 2\int_0^\infty (J^2)_\omega \mathrm{d}\omega. \tag{14.7}$$

测量回路中涨落电流强度可以求得 $\varphi(\tau)$, 并从而得到涨落方均值的谱密度 $(J^2)_\omega$. 对于处在热力学平衡 (温度为 $T$) 中的回路量 $(J^2)_\omega$ 由理论确定, 我们现在的目的就是得到相应的表达式. 此时代替 $(J^2)_\omega$ 我们可以同样地求方均随机电动势的谱密度

$$(\mathscr{E}^2)_\omega = |Z(\omega)|^2 (J^2)_\omega. \tag{14.8}$$

[335]　　　事实上, 回路中的涨落电流与在外电动势影响下流过的电流在电动力学特征上根本没有区别. 因此利用关系式 (14.4) 并按照 (14.3) 式得出的 $Z(-\omega) = Z^*(\omega)$, 我们得到 (14.8) 式. 利用联系涨落 (例如量 $\overline{J^2}$ 和 $(J^2)_\omega$) 和

---

　　① 在将本书中的一系列公式与 [234] 中导出的公式比较时, 应当注意到 [234] 中所用的归一化系数与我们所用的相差 $2\pi$; 例如, 按照 [234] 应当有

$$J(t) = \frac{1}{2\pi}\int J_\omega \mathrm{e}^{-\mathrm{i}\omega t}\mathrm{d}\omega, \quad \varphi(\tau) = \frac{1}{2\pi}\int_{-\infty}^{+\infty} (J_\omega)^2 \mathrm{e}^{-\mathrm{i}\omega t}\mathrm{d}\omega, \quad (J^2)_\omega = \int_{-\infty}^{+\infty} \varphi(\tau)\mathrm{e}^{\mathrm{i}\omega t}\mathrm{d}\tau.$$

系统耗散性质 (在电回路情况下为其电阻 $R$) 的称作涨落–耗散定理的普遍定理, 可以立即得到处于热平衡状态的 $(\mathscr{E}^2)_\omega$ 之值. 在这方面, 我们对在书籍 [232-235] 中导出的结论并没有添加任何新东西. 然而以下所采纳的初等分析不仅可以立即达到目的, 而且从实质上阐明了涨落–耗散定理的所有物理内容. 其次, 从回路出发我们在实质上得到了更为普遍的重要结果.

那么, 我们来求平衡回路中 $(\mathscr{E}^2)_\omega$ 的表达式. 我们从这样一个论断开始, 即对于任意回路有

$$(\mathscr{E}^2)_\omega = R(\omega)f(\omega, T), \tag{14.9}$$

其中 $f(\omega, T)$ 是一个普适函数, 亦即不依赖于回路参数 $L, C$ 和 $R$ 的频率 $\omega$ 和温度 $T$ 的函数.

为了证明关系式 (14.9), 我们来研究两个电路串连组成的网络, 图 14.2 示意地绘出了这个网络 (参见, 例如 [236]; 事实上, 这一证明的思想起源于

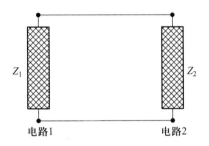

图 14.2　由两个阻抗分别为 $Z_1$ 和 $Z_2$ 电路串联组成的网络.

奈奎斯特研究双导线的工作 [237]). 由于涨落的结果, 在总回路中有电流 $J(t)$ 流动, 而每一电路的涨落电动势分别为 $\mathscr{E}_1 = Z_1 J$ 和 $\mathscr{E}_2 = Z_2 J$, 其中 $Z_{1,2}$ 为电路的阻抗. 在热力学平衡时, 电路 1 给予电路 2 的平均功率 $P_{12}$ 必须等于电路 2 给予电路 1 的平均功率 $P_{21}$, 亦即

$$P_{12} = \int \frac{R_2(\mathscr{E}_1^2)_\omega \mathrm{d}\omega}{|Z|^2} = P_{21} = \int \frac{R_1(\mathscr{E}_2^2)_\omega \mathrm{d}\omega}{|Z|^2}. \tag{14.10}$$

这里 $Z(\omega) = Z_1 + Z_2$ 为由两个串联电路组成的网络的阻抗, 而这里所用的功率表达式很容易在已知关系式 $P = \overline{RJ^2}$ 的基础上得到. 任意的双极电路特别是当整个网络的阻抗在 $R_1$ 和 $R_2$ 给定而自感 $L_{1,2}$ 和电容 $C_{1,2}$ 不同的情况下改变时都必须遵从公式 (14.10). 然而, 这只有在被积函数表达式相等的情况下, 亦即在满足条件 $R_2(\mathscr{E}_1^2)_\omega = R_1(\mathscr{E}_2^2)_\omega$ 时才有可能. 这表明

$$\frac{(\mathscr{E}_1^2)_\omega}{R_1} = \frac{(\mathscr{E}_2^2)_\omega}{R_2} = \frac{(\mathscr{E}^2)_\omega}{R} = f(\omega, T)$$

是可以依赖于 $\omega$ 与 $T$, 但与回路参数无关的量 (详情见 [236a]). 为了求得函数 $f(\omega, T)$, 我们现在完全可以选取任意的回路, 最简单的当然是 $R \to 0$ 的弱阻尼 $LC$ 电路.

[336]　　我们预先写出任意 $L, C$ 与 $R$ 时回路中平均电场能 $\overline{U}$ 和平均磁场能 $\overline{K}$ 的表达式:

$$\overline{U} = \frac{\overline{q^2}}{2C} = \frac{1}{2C} \int_{-\infty}^{+\infty} \frac{1}{\omega^2} (J^2)_\omega \mathrm{d}\omega = \frac{1}{C} \int_0^\infty \frac{(\mathscr{E}^2)_\omega \mathrm{d}\omega}{\omega^2 |Z(\omega)|^2}$$

$$= \int_0^\infty \frac{CRf(\omega, T)\mathrm{d}\omega}{R^2 C^2 \omega^2 + (LC\omega^2 - 1)^2}, \tag{14.11}$$

$$\overline{K} = \frac{\overline{LJ^2}}{2} = \frac{L}{2} \int_{-\infty}^{+\infty} (J^2)_\omega \mathrm{d}\omega = \int_0^\infty \frac{\omega^2 C^2 LRf(\omega, T)\mathrm{d}\omega}{R^2 C^2 \omega^2 + (LC\omega^2 - 1)^2}. \tag{14.12}$$

如果 $R \to 0$, 则所得回路完全类似于一个由方程 $m\ddot{x} + kx = 0$ 描写的无阻尼简谐振子, 振子的本征频率 $\omega_\mathrm{i} = (k/m)^{1/2} = (LC)^{-1}$ (参见 (14.1) 式). 众所周知 (故而我们不再对其另作解释), 振子在温度 $T$ 时的平均能量等于

$$\overline{W} = \overline{U} + \overline{K} = 2\overline{U} = 2\overline{K} = \frac{1}{2}\overline{m\ddot{x}^2} + \frac{1}{2}\overline{kx^2} = \frac{\overline{q^2}}{2C} + \frac{1}{2}\overline{LJ^2}$$

$$= \frac{\hbar\omega_\mathrm{i}}{2} + \frac{\hbar\omega_\mathrm{i}}{\mathrm{e}^{\hbar\omega_\mathrm{i}/\kappa T} - 1} = \frac{\hbar\omega_\mathrm{i}}{2}\coth\frac{\hbar\omega_\mathrm{i}}{2\kappa T}. \tag{14.13}$$

当然, 这里没有考虑电阻 $R$ 的内能.

其次我们注意到, 当 $R$ 很小时, 积分 (14.11) 和 (14.12) 在 $\omega = \omega_\mathrm{i} = (LC)^{-1}$ 处有尖锐的极大值, 因此可以取

$$\overline{U} = f(\omega, T) \int_0^\infty \frac{\alpha \mathrm{d}\eta}{\alpha^2 \eta^2 + (\eta^2 - 1)^2} = \overline{K}$$

$$= f(\omega, T) \int_0^\infty \frac{\alpha \eta^2 \mathrm{d}\eta}{\alpha^2 \eta^2 + (\eta^2 - 1)^2}$$

$$= \frac{1}{2}\pi f(\omega, T), \tag{14.14}$$

这个结果在 $R \to 0$ 及 $\alpha = CR/(LC)^{1/2}$ 时是严格正确的.

这里出现的积分可以精确计算 (最简单的办法是利用留数定理), 但为了得到最后结果, 考虑 $\alpha \to 0$ 时两个积分都简化为

$$\int_0^\infty \frac{\alpha \mathrm{d}\eta}{\alpha^2 + 4(\eta - 1)^2} \approx \frac{\pi}{2}$$

即已够了. 对比 (14.13) 式和 (14.14) 式, 并假定频率 $\omega_\mathrm{i}$ 为任意值, 我们求得 $f(\omega, T)$ 为

$$f(\omega, T) = \frac{\hbar\omega}{2}\coth\frac{\hbar\omega}{2\kappa T}. \tag{14.15}$$

最后, 我们由 (14.9) 式得到奈奎斯特公式

$$\left.\begin{aligned}(\mathscr{E}^2)_\omega &= \frac{\hbar\omega}{2\pi}R(\omega)\coth\frac{\hbar\omega}{2\kappa T} = \frac{R}{\pi}\left(\frac{\hbar\omega}{2} + \frac{\hbar\omega}{\mathrm{e}^{\hbar\omega/\kappa T}-1}\right), \\ \overline{\mathscr{E}^2} &= \frac{\hbar}{\pi}\int_0^\infty R(\omega)\coth\frac{\hbar\omega}{2\kappa T}\mathrm{d}\omega.\end{aligned}\right\} \tag{14.16}$$

在经典情况下, 当 $\hbar\omega \ll \kappa T$ 时, 我们有

$$(\mathscr{E}^2)_\omega = \frac{R}{\pi}\kappa T, \quad \hbar\omega \ll \kappa T. \tag{14.17}$$

以上的推导完全是严格的, 或者在所有情况下其可信度绝不亚于基于普遍的涨落-耗散定理的结果. 况且, 完全可以把它看作是这一定理的证明, 对于随机量 $x$ 这个定理可以写为以下形式:

$$(x^2) = \frac{\hbar\alpha''}{2\pi}\coth\frac{\hbar\omega}{2\kappa T} \tag{14.18a}$$

(例如参见 [234] 的 §124), 其中 $\alpha''$ 为 $\alpha$ 的虚部, 量 $\alpha$ 确定系统对外部扰动或对随机 (涨落) 扰动 $Q$ 的响应. 具体说来为

$$x_\omega = \alpha(\omega)Q_\omega,$$

$$\overline{x_\omega x_{\omega'}} = \alpha(\omega)\alpha(\omega')\overline{Q_\omega Q_{\omega'}} = (x^2)_\omega\delta(\omega+\omega') = |\alpha|^2(Q^2)_\omega\delta(\omega+\omega').$$

将这个表达式与 (14.18a) 式比较, 我们得到

$$(Q^2)_\omega = \frac{\hbar\alpha''}{2\pi|\alpha|^2}\coth\frac{\hbar\omega}{2\kappa T}. \tag{14.18b}$$

然而, 如果 $\alpha = \mathrm{i}\omega/Z(\omega)$ 从而 $\alpha'' = \operatorname{Im}\alpha = \omega R/|Z|^2$, 很显然 (14.18b) 式与 (14.16) 式等价. 容易直接证明, 对于电回路 $\alpha$ 正好具有这种意义 (例如参见 [232] 中的 §78). 由以上所述可知, 反过来从奈奎斯特公式出发并明确地指明参数 $\alpha, x$ 和 $Q$ 的含义, 可以对足够广泛的一类随机物理量得到关系式 (14.18) (也参见 [333]).

现在我们就 $LCR$ 电路性质的作出若干说明.

在经典极限下, 当 $\hbar\omega \ll \kappa T$ 时, 函数 $f(\omega, T) = \kappa T/\pi$, 而且从 (14.11)、(14.12) 以及 (14.14) 诸式可知, 在任意的参数值 $L, C$ 和 $R$ 下可以写出

$$\overline{U} = \overline{K} = \frac{1}{2}\kappa T. \tag{14.19}$$

不言而喻, 这一结果正是我们所期待的, 因为在此情况下它等价于能量按自由度均分的统计定理. 确实, 前面假设了 $L, C$ 和 $R$ 不依赖于 $\omega$, 然

而在相反的情况下只有一个自由度的回路一般很难讨论, 无论如何经典的能量均分定律都不满足.

[338] 　　重要的是在量子情况下, 即使当 $L, C$ 和 $R$ 都是常量一般也不发生能量均分. 当然, 当 $R \to 0$ 时公式 (14.13) 正确, 而且特别是我们有 $\overline{U} = \overline{K}$. 一般而言, 公式 (14.13) 作为一级近似在条件

$$R/L \ll (LC)^{-1/2} \tag{14.20}$$

下正确, 这个条件保证了弱阻尼[①]. 如果不等式 (14.20) 不满足, 则 $\overline{U} \neq \overline{K}$, 而且在此情况下 $\overline{U}$ 与 $\overline{K}$ 的一般表达式由 (14.11)、(14.12) 及 (14.15) 诸式导出. 我们看到, $\overline{U}$ 与 $\overline{K}$ 依赖于 $\alpha = CR/(LC)^{1/2}$ 和 $\beta = \hbar/(LC)^{1/2}\kappa T$ 两个参数.

　　条件 (14.20) 等价于不等式 $\alpha \ll 1$, 且此时 $\beta = \hbar\omega_1/\kappa T$, 其中 $\omega_{\mathrm{i}} = (LC)^{-1/2}$ 是回路的频率. 作为例子, 令回路严重阻尼 (详见 [236b]), 亦即

$$R/L \gg (LC)^{-1/2}, \tag{14.22}$$

或者, 等价地, $\alpha \gg 1$. 此时

$$
\overline{U} = \begin{cases} \dfrac{1}{2}\kappa T & \left(\dfrac{\hbar}{RC} \ll \kappa T,\ \text{即}\ \beta \ll \alpha\right), \\[2mm] \dfrac{\pi}{6}\dfrac{\kappa T}{\hbar/RC}\kappa T & \left(\dfrac{\hbar}{RC} \gg \kappa T\right), \end{cases}
$$
$$
\overline{K} = \begin{cases} \dfrac{1}{2}kT & \left(\dfrac{\hbar R}{L} \ll \kappa T,\ \text{即}\ \beta \ll \alpha^{-1}\right), \\[2mm] \dfrac{\pi}{6}\dfrac{\kappa T}{\hbar R/L}\kappa T & \left(\dfrac{\hbar R}{L} \gg \kappa T\right). \end{cases}
\tag{14.23}
$$

此处的 $\overline{U}$ 和 $\overline{K}$ 只表示 $\overline{U}$ 和 $\overline{K}$ 中依赖于温度的部分, 与零点能有关的那部分 $\overline{U}$ 和 $\overline{K}$ 被略去了 (参见 [236b]). 因此, 电场能的经典性条件完全不同于磁场能等的经典性条件. 同样有意思的是, 在 $R$ 很小时远离经典性条件的回路 (满足条件 $\hbar\omega_{\mathrm{i}} = \hbar/(LC)^{1/2} \gtrsim \kappa T$), 在 $L$ 和 $C$ 不变而 $R$ 充分增大时会成为对 $\overline{U}$ 具有经典性的 (亦即 $\overline{U} \to \dfrac{1}{2}\kappa T$), 而此时 $\overline{K} \to 0$. 这里仅需记得, 作为我们的出发点的回路的准静态要求对 $L, C$ 和 $R$ 等量施加了已知的限制 (特别是, 不能让 $R \to \infty$, 因为在这种情况下回路将会断开且形式上 [339] 有 $(\mathscr{E}^2)_\omega \to \infty$, 尽管 $(J^2)_\omega \to 0$). 然而我们不知道, 类似的限制是否会影响相

---

① $LCR$ 回路的本征频率由 $\mathscr{E}(t) = 0$ 的方程 (14.1) 确定, 并等于

$$\omega_{\mathrm{i}} = -\mathrm{i}\frac{R}{2L} \pm \left[\frac{1}{LC} - \left(\frac{R}{2L}\right)^2\right]^{1/2}. \tag{14.21}$$

应的实际问题的分析或严重地干扰向 $\hbar/RC \ll \kappa T$ 与 $\hbar R/L \gg \kappa T$ 等极限情况的过渡 (参见 (14.23) 式).

以上所述 $\overline{U}$ 和 $\overline{K}$ 行为差异的原因十分清楚. 经典系统即使在阻尼很大的情况下仍保持其 "依然故我" 的本征特性. 例如, 摆 (振子) 的振动随着其周围介质的黏性增加衰减得越来越厉害, 然而其依然是同样的摆. 如果我们有一个频率为 $\omega_i$ 的量子谐振子, 则在无衰减时这一系统具有相互间距为 $\hbar\omega_i$ 的能级. 随着衰减的增大 (比如说, 因碰撞或与辐射相互作用的结果) 能级变宽并逐渐交叠. 之后十分显然, 当能级交叠很强时, 系统明显地具有连续谱且很少与量子谐振子有共同之处. 而随着能谱特性的不同, 量子系统中的平均总能量与平均势能或平均动能一般而言已经完全不同了.

区分宏观振子 (摆) 的坐标或电路中电流强度等一类宏观变量的操作绝不平庸, 尤其是在耗散存在时的量子情况下. 事实上, 在量子力学的标准框架内并没有描述耗散. 况且, 量子化耗散系统的尝试[138] 在我们看来成果不大, 更不用说这些尝试尚未为 "第一性原理" 所证实. 可以使用以下清楚且前后一致的处理方式. 我们来研究为某一变量 (广义坐标) $q$ 所描写的分离出来的非耗散子系统 (振子、摆、电回路) 与某一大系统 (库) 如容器中的气体、金属中的电子或声子等的相互作用. 整个系统 (子系统 + 库) 的能级当然是分立的 (我们假设系统处于有限体积 $L^3$ 的箱子里). 当我们计及子系统与库的相互作用时, 子系统具有某一能量值 $E_n$ 的波函数 $\Psi_n$ 态, 一般而言, 不再是整个系统的本征态. 结果是, 例如, 如果子系统在 $t=0$ 时刻处于波函数为 $\Psi(q,t)$ 及能量为 $E$ 的状态, 则在以后的时刻函数 $\Psi$ 和能量 $E$ 将变得不同, 亦即子系统的状态是非定态的. 这种情景可以通过引进某一能级宽度、某一复数 "能量" 等来描写. 此时在已知近似下, 对于宏观子系统的描写可借助带电阻 $R$ 的 (14.1) 类型的方程, 或更一般地, 基于方程 $m\ddot{q} + \eta\dot{q} + \partial V/\partial q = F_{\text{ext}}(t)$ 来进行, 其中 $\eta$ 为某种摩擦系数, $V$ 为势能 (对于谐振子 $V = \frac{1}{2}kq^2$) 以及 $F_{\text{ext}}$ 为外力. 这样的方程, 一般而言, 甚至在研究诸如耗散对隧穿的影响这样细微的效应亦即纯粹的量子效应时都是适用的 (详见 [239]). 当前, 考虑量子效应很重要的宏观系统中的耗散引起了越来越多的注意并以各种观点被研究. 在我们看来, 这些研究的结果是支持本章中用相当初等的方法得出的结果的正确性的 (也参见 [333]).

[340]

谐振子之所以在物理学中发挥特别重大作用, 绝不仅是因为类似的系统 (摆、分子振动等) 经常出现. 更为重要的原因, 是在一定程度上, 我们可把与具有 "分布常量" 的介质中的 (亦即连续介质电动力学、声学等中的) 小 (线性) 扰动和波的研究有关的、范围极为广泛的问题归结为谐振子问题. 这也关系到真空中的电动力学, 我们在本书第 1 章和第 6 章所讲述的真空和介质的电动力学中的哈密顿方法显然是一个范例. 不过, 波展开方法 (当然绝不仅是展开为平面波) 超出了哈密顿方法的范围, 但如前所述, 这一方法有非常广泛的应用. 因此马上可以明白, 前面所开展的电回路中的电涨落研究不仅可推广到离散系统 (力学振子, 离散网络等) 而且可推广到连续介质. 有关详情建议读者参阅文献 [232-235], 这里我们仅给出关系到介质中电磁场涨落的某些表达式.

我们可以在线性电动力学的框架内将 $\boldsymbol{D}$ 和 $\boldsymbol{E}$ 的关系写作

$$D_i(\omega, \boldsymbol{r}) = \int \widehat{\varepsilon}_{ij}(\omega, \boldsymbol{r}, \boldsymbol{r}') E_j(\omega, \boldsymbol{r}') \mathrm{d}^3 r' + K_i(\omega, \boldsymbol{r}) \tag{14.24}$$

的形式来表达涨落的存在. 这里已经完成了向 $\omega$ 的傅里叶分量的转换, 在其余部分, 这一关系与 (11.3) 式的差别仅在于加上了涨落电感应强度 $\boldsymbol{K}(\omega, \boldsymbol{r})$ 一项, 其包含了平均电场 $\boldsymbol{E}$ 不存在时出现的 $\boldsymbol{D}$ 的涨落. 无外源时, 场 $\boldsymbol{E}$ 和 $\boldsymbol{B}$ 的基本方程为

$$\left. \begin{aligned} \mathrm{rot}_i \, \boldsymbol{B}(\omega, \boldsymbol{r}) &= -\frac{\mathrm{i}\omega}{c} \int \widehat{\varepsilon}_{ij}(\omega, \boldsymbol{r}, \boldsymbol{r}') E_j(\omega, \boldsymbol{r}') \mathrm{d}r' - \frac{\mathrm{i}\omega}{c} K_i(\omega, \boldsymbol{r}), \\ \mathrm{rot} \, \boldsymbol{E}(\omega, \boldsymbol{r}) &= \frac{\mathrm{i}\omega}{c} \boldsymbol{B}. \end{aligned} \right\} \tag{14.25}$$

关系式 (14.24) 显然考虑了空间色散存在的可能性, 因此可以不失一般性地假设 $\boldsymbol{B} = \boldsymbol{H}$ (参见第 11 章). 在忽略空间色散的情况下, 已经可以 (有时是必须) 引进磁导率, 此时研究涨落应当也引进涨落磁感应强度 $\boldsymbol{L}(\omega)$[①].

[341] 按照涨落–耗散定理, 在热力学平衡时应当有

$$\overline{K_i(\omega, \boldsymbol{r}) K_j(\omega, \boldsymbol{r}')} \equiv (K_i(\boldsymbol{r}) K_j(\boldsymbol{r}'))_\omega$$
$$= \mathrm{i}\hbar \coth \frac{\hbar\omega}{2\kappa T} [\widehat{\varepsilon}_{ji}(\omega, \boldsymbol{r}', \boldsymbol{r}) - \widehat{\varepsilon}_{ij}(\omega, \boldsymbol{r}, \boldsymbol{r}')], \tag{14.26}$$

其中横杠对应于统计平均. 在忽略空间色散及 $\boldsymbol{B} = \boldsymbol{H}$ 时, 我们有

$$\widehat{\varepsilon}_{ij}(\omega, \boldsymbol{r}, \boldsymbol{r}') = \varepsilon_{ij}(\omega) \delta(\boldsymbol{r} - \boldsymbol{r}')$$

及

$$(K_i(\boldsymbol{r}) K_i(\boldsymbol{r}'))_\omega = \mathrm{i}\hbar [\varepsilon_{ji}^* - \varepsilon_{ij}(\omega)] \delta(\boldsymbol{r} - \boldsymbol{r}') \coth \frac{\hbar\omega}{2\kappa T} = 2\hbar \varepsilon_{ij}''(\omega) \coth \frac{\hbar\omega}{2\kappa T} \delta(\boldsymbol{r} - \boldsymbol{r}'). \tag{14.27}$$

---

① 文献 [232] 中采取的叙述方式是不明显地引进涨落项 $K_i$ 和 $L_i$. 然而, 这些项具有相当明确的物理意义, 由于这里只给出某些计算结果, 故我们觉得保持老的叙述方式 (这种方式曾在书籍 [61] 1957 年的第一版中采用过) 更为方便和直观.

为求得由涨落项引起的场 $\boldsymbol{B}$ 和 $\boldsymbol{E}$, 解方程 (14.25) 并进而得到平方表达式后, 可以使用涨落–耗散关系式 (14.26)、(14.27) 将结果用 $\varepsilon_{ij}''$ 或者其他合适的量表示. 例如, 在透明介质中 $\varepsilon'' \to 0$, 但在 (14.27) 式中 $\delta$ 函数的存在保障了, 例如, 向表达式 (见 [232] 中的 §77)

$$
\left.\begin{aligned}
(\boldsymbol{E}(\boldsymbol{r}) \cdot \boldsymbol{E}(\boldsymbol{r}'))_\omega &= \frac{1}{n^2}(\boldsymbol{H}(\boldsymbol{r}) \cdot \boldsymbol{H}(\boldsymbol{r}'))_\omega = \frac{\hbar\omega^2}{\pi c^2}\frac{\sin[(\omega/c)n\tilde{r}]}{\tilde{r}}\coth\frac{\hbar\omega}{2\kappa T} \\
(\boldsymbol{E}^2)_\omega &= \frac{1}{n^2}(\boldsymbol{H}^2)_\omega = \frac{\hbar\omega^3}{\pi c^2}n\coth\frac{\hbar\omega}{2\kappa T},
\end{aligned}\right\} \quad (14.28)
$$

的正确的极限过渡, 其中 $\tilde{r} = |\boldsymbol{r} - \boldsymbol{r}'|$, 由于 $\varepsilon'' = 0$, 折射率 $n = \varepsilon^{1/2} = \varepsilon'^{1/2}$.

由此, 我们可以直接得到透明色散介质中的平衡电磁能密度公式 (在这些情况下通常指热辐射). 实际上, 这一密度等于[①]

$$
\begin{aligned}
w_\omega &= \frac{1}{8\pi}2(E^2)_\omega\frac{\mathrm{d}(\omega n^2)}{\mathrm{d}\omega} + \frac{1}{8\pi}2(H^2)_\omega = \frac{\hbar\omega^3}{4\pi^2 c^3}\left[n\frac{\mathrm{d}(\omega n^2)}{\mathrm{d}\omega} + n^2\right]\coth\frac{\hbar\omega}{2\kappa T} \\
&= \left(\frac{\hbar\omega}{2} + \frac{\hbar\omega}{e^{\hbar\omega/\kappa T} - 1}\right)\frac{\omega^2 n^2}{\pi^2 c^2}\frac{\mathrm{d}(\omega n)}{\mathrm{d}\omega},
\end{aligned} \quad (14.29)
$$

其中计及了关系式 (14.28), 那里已经反映了这样一个事实, 即在各向同性介质 (我们现在只研究这种介质) 中的横正常波内 $(H^2)_\omega = n^2(E^2)_\omega$.

[342]

另一方面, 如果假定每个 "场振子"(标号 $\alpha$) 具有平均能量

$$
w_\alpha = \left(\frac{\hbar\omega_\alpha}{2} + \frac{\hbar\omega_\alpha}{e^{\hbar\omega_\alpha/\kappa T} - 1}\right) = \frac{\hbar\omega_\alpha}{2}\coth\frac{\hbar\omega_\alpha}{2\kappa T}, \quad (14.30)
$$

且这种振子在 $\mathrm{d}\omega$ 区间的数目等于 (因子 2 考虑了两个偏振方向) 为

$$
\frac{2\mathrm{d}k_x\mathrm{d}k_z}{(2\pi)^3} = \frac{8\pi k^2\mathrm{d}k}{(2\pi)^3} = \frac{\omega^2 n^2}{\pi^2 c^3}\frac{\mathrm{d}(\omega n)}{\mathrm{d}\omega}\mathrm{d}\omega, \quad (14.31)
$$

(因为 $\mathrm{d}k/\mathrm{d}\omega = \mathrm{d}(\omega n/c)/\mathrm{d}\omega, k = (\omega/c)n(\omega)$), 则 (14.29) 式的导出要简单得多.

这里所得出的透明均匀介质 (一般而言, 因为只考虑了两个波, 故没有空间色散) 中横场的表达式很容易推广到任意的透明介质中去, 在这些介质中可以传播折射率为 $n_l(\omega, \boldsymbol{s})$, $(l = 1, 2, \cdots)$ 的正常波. 具体来说, 在这种情况下

$$
w_l(\omega, \boldsymbol{s})\mathrm{d}\omega\mathrm{d}\Omega = \frac{\omega^2 n_l^2 w(\omega)}{(2\pi c)^3}\left|\frac{\partial(\omega n_l)}{\partial\omega}\right|\mathrm{d}\omega\mathrm{d}\Omega, \quad (14.32)
$$

---

[①] 我们提请读者注意, 以下我们在正文中使用的物理量是这样的, 即 $\overline{E^2} = \int_{-\infty}^{+\infty}(E^2)_\omega\mathrm{d}\omega = 2\int_0^\infty(E^2)_\omega\mathrm{d}\omega$. 除此而外, 总能量定义为 $W = \int_0^\infty w_\omega\mathrm{d}\omega$, 并必须考虑 (6.29) 式或与其等价的公式.

其中 $w(\omega)$ 是 $\omega_\alpha = \omega$ 时的函数 (14.30), 在经典极限下等于 $\kappa T$, 而 $\boldsymbol{s} = \boldsymbol{k}/k$ 是对应于立体角元 $\mathrm{d}\Omega$ 的单位矢量. 我们在第 10 章中已经遇到了表达式 (14.32) 的应用 (参见那里提到的文献). 毫无疑问, 可以从涨落–耗散定理 (14.26) 出发, 通过将其应用于任意介质并取 $\varepsilon''_{ij} \to 0$ 的极限推出这个公式. 然而对于透明介质这条途径过于复杂, 显然不适合问题的解决. 无疑, 关系式 (14.26) 及所有用随机感应等的涨落处理方式 (参见 (14.25) 式) 的价值在于通过这种途径可以研究吸收介质, 而转向透明介质通常只不过是一种检验手段.

一般说来, 吸收介质中电磁场的能量[①]仅构成介质中热运动总能量 (或自由能) 的很小的一部分. 在此情况下, 我们指的当然是在远大于原子尺度的波长或特征距离范围内的电磁场. 如果是研究所有的场, 则归根结底, 通常的物质只含电磁能 (排除核能在外, 因其在保持物质同位素组成不变的情况下不会变化). 不过, 第一, 这个能量主要是静电 (库仑) 能; 第二, 可以说, 它 "集中" 在原子尺度 ($a \sim 10^{-8} – 10^{-7}$ cm) 的范围内; 第三, 必须用量子力学来计算它. 具有比较长的波长 $\lambda \gg a$ 的场, 如上所述, 一般只携带很小的能量. 有关这个能量的作用可能并不完全清楚, 并且至少对于 "非标准介质"(例如层状或丝状化合物等) 必须作进一步的分析. 现在所知的必须计及吸收介质中的电磁涨落的突出问题有两种. 首先, 这是关于在 $l \gg a$ 的距离上作用的两个宏观物体之间的力的问题 (这类力通常称为分子或范德瓦耳斯力). 第二个问题与前一个问题相似, 所指的是宏观物体的热辐射. 确实, 如果辐射波的波长 $\lambda \ll l$ ($l$ 为物体的特征尺度, 比如说, 炽热的小球或柱体的半径), 则通常采用几何光学近似并同时采用热辐射的经典理论 (基尔霍夫定律等, 例如, 参见 [234] 中的 §63), 而当 $\lambda \gtrsim l$ (可能出现在天线, 波导或共振腔内的炽热物体中) 时, 已经必须作更完整的电动力学计算. 这里我们不打算对相应的问题作深入研究 (参见 [235]), 只是对分子力问题略作讨论.

这个问题的相对简单的提法指的是, 寻求分别充满介电常量为 $\varepsilon_1(\omega)$ 和 $\varepsilon_2(\omega)$ 的介质的两个半空间 1 和 2 之间的力. 介质之间的距离 (缝隙) 为 $l$, 且缝隙本身可能也充满介电常量为 $\varepsilon_3(\omega)$ 的介质 (比如说, 气体或液体).

[343]

---

① 一般而言, 吸收介质中电磁场能量需要严格定义, 因为它在各种情况下是含糊不清的 (参见第 13 章). 首先我们可以对于特定的介质模型定义吸收介质的场能, 其次特别重要的是, 热平衡时平均而言不存在耗散, 电磁场的内能具有完全确定的含义; (又见

$$\mathscr{F} = \sum_\alpha \left\{ \kappa T \ln \left[ 1 - \exp\left( -\frac{\hbar\omega_\alpha}{\kappa T} \right) \right] + \frac{1}{2}\hbar\omega_\alpha \right\}, \tag{14.36}$$

以及下文).

我们之所以称这种问题的提法是简单的, 指的是它有一系列推广的可能:
如可将它转化为各向异性介质、具有空间色散的介质、一系列的平板 (层)
集合以及表面不是平面的介质等情况. 就全面定量分析而言, 这里所提到
的问题已经极为复杂, 或更准确地说, 极为庞大. 为搞清楚这一点, 我们来
导出作用于被缝隙 3 隔开的平板 (形式上为半平面)1 和平板 2(见图 14.3)
中每一个的单位面积上的力 $\boldsymbol{F}$ 的表达式:

$$F(l, T) = \frac{\kappa T}{\pi c^2} \sum_{m=0}^{\infty}{}' \varepsilon_3^{3/2} \omega_m^3 \int_1^{\infty} p^2 \{\quad\} \mathrm{d}p,$$

$$\{\quad\} = \left\{ \left[ \frac{(s_1 + p)(s_2 + p)}{(s_1 - p)(s_2 - p)} \exp\left( \frac{2p\omega_m}{c} l \varepsilon_3^{1/2} \right) - 1 \right]^{-1} + \right.$$

$$\left. \left[ \frac{(s_1 + p\varepsilon_1/\varepsilon_3)(s_2 + p\varepsilon_2/\varepsilon_3)}{(s_1 - p\varepsilon_1/\varepsilon_2)(s_2 - p\varepsilon_2/\varepsilon_3)} \exp\left( \frac{2p\omega_m}{c} l \varepsilon_3^{1/2} \right) - 1 \right]^{-1} \right\}, \tag{14.33}$$

$$s_1 = \left( \frac{\varepsilon_1}{\varepsilon_3} - 1 + p^2 \right)^{1/2}, \quad s_2 = \left( \frac{\varepsilon_2}{\varepsilon_3} - 1 + p^2 \right)^{1/2}, \quad \omega_m = \frac{2\pi m \kappa T}{\hbar}.$$

[344]

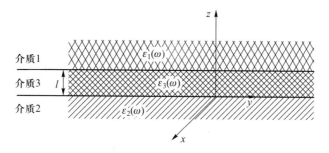

图 14.3　两个半空间 (介电常量分别为 $\varepsilon_1(\omega)$ 和 $\varepsilon_2(\omega)$ ) 被充满介电常量为 $\varepsilon_3(\omega)$ 的介质
缝隙隔开.

其中求和号上的一撇表示 $m = 0$ 的一项必须乘以 1/2; 此外, 所有的复介电
常量 $\varepsilon_1, \varepsilon_2$ 和 $\varepsilon_3$ 取虚频率 $\mathrm{i}\omega_m$ 时的值 ($F$ 的正值与物体间相互吸引对应,
而负值则对应于相互排斥). 在物体 1 和物体 2 间距离很小极限下 (这意味
着在问题中重要的波长 $\lambda_c \sim 2\pi c/\omega \varepsilon_3^{1/2} \gg l$; 此外, 假设 $\kappa T l/\hbar c \ll 1$, 因此可
以置 $T = 0$), 公式 (14.33) 约化为下式:

$$\left. \begin{array}{c} F = \frac{\hbar}{16\pi^2 l^2} \int_0^{\infty} \int_0^{\infty} x^2 \left[ \frac{(\varepsilon_1 + \varepsilon_3)(\varepsilon_2 + \varepsilon_3)}{(\varepsilon_1 - \varepsilon_3)(\varepsilon_2 - \varepsilon_3)} \mathrm{e}^x - 1 \right]^{-1} \mathrm{d}x \mathrm{d}\xi, \\ \varepsilon_{1,2,3} = \varepsilon_{1,2,3}(\mathrm{i}\xi). \end{array} \right\} \tag{14.34}$$

在另一个极限情况下, 即具有 $l \gg \lambda_c$ 的大缝隙情况下, 普遍表达式

(14.33) 可略微简化. 此处我们局限在为足够宽的空缝隙隔开的两种良导体的特殊情况 (极限为理想导体). 此时

$$F = \frac{\pi^2}{240} \frac{\hbar c}{l^4}.$$ (14.35)

在最重要的真空缝隙 (亦即当 $\varepsilon_3 = 1$ 时) 情况下, 尽管形式上看来几乎没有简化 [240], 公式 (14.33) 可直截了当地通过计算狭缝中的涨落场 $\boldsymbol{E}_\omega$ 和 $\boldsymbol{H}_\omega$ 然后利用定理 (14.27) 计算麦克斯韦应力张量[①]得到 [240]. 这时的计算相当庞杂. 文献 [241] 使用量子场论方法或统计物理学应用中称为多粒子系统量子理论的方法得到了推广到充满介质的缝隙情况的结果, 亦即公式 (14.33) (文献 [232] 对此有详述). 这些方法的有效性和富有成果得到了证明. 但这一切与力图用更简单的方法找到种种结果的努力并不矛盾. 即使不说方法论方面的好处, 从一般性的角度也可确认, 更透明与更简单因而不太庞杂的方法在处理更复杂的问题时更受欢迎并能提供检验方法. 在我们看来, 在计算宏观物体之间力时, 情况正是如此.

确实, 如在论文 [242] 中所指出的那样, 不仅结果 (14.34) 而且 (14.33) 式也可通过以下所采用的比 [241] 中更简单的途径获得[②]. 我们假定 1,2 和 3 三种介质全都透明. 这时系统的内能 $W$ 和自由能 $\mathscr{F}$ 可以表示为以下形式:

$$\left.\begin{aligned}
\overline{W} \equiv W &= \mathscr{F} - F\frac{\partial \mathscr{F}}{\partial T} = \sum_\alpha w_\alpha(\omega_\alpha, T), \\
w_\alpha &= \frac{1}{2}\hbar\omega_\alpha \coth\frac{\hbar\omega_\alpha}{2\kappa T}, \\
\mathscr{F} &= \sum_\alpha \left\{ \kappa T \ln\left[1 - \exp\left(-\frac{\hbar\omega_\alpha}{\kappa T}\right)\right] + \frac{1}{2}\hbar\omega_\alpha \right\},
\end{aligned}\right\}$$ (14.36)

其中 $\omega_\alpha$ 为本征频率; 在计算力 $F = -\partial\mathscr{F}/\partial l$ 时, 只有依赖于 $l$ 的频率是重要的. 寻找这些对应于缝隙中 "表面" 振荡的频率 $\omega_\alpha(l)$ 并不困难. 将它们代入 (14.36) 式即得到 (14.33) 式, 或在特殊情况下得到 (14.34) 式. 作为演示. 让我们来求得这个公式[③].

---

① 力 $F$ 等于应力张量的 $\sigma_{zz}$ 分量, 其中 $z$ 轴的方向垂直于缝隙.

② 论文 [242] 中实际上就是像我们在正文中那样处理问题的, 不过很奇怪那里对于所研究的只是透明介质没有作任何说明.

③ 我们注意到, 这种处理方法很早就已经用于被空缝隙分开的两个理想导体 [243], 而且恰好得到公式 (14.35). 在这种情况下场的零点振动的作用特别直观——在足够低的温度下, 力等于

$$F = -\partial W/\partial l = -\partial/\partial l \sum_\alpha \frac{1}{2}\hbar\omega_\alpha(l),$$

其中 $\omega_\alpha(l)$ 为缝隙中电磁场的本征频率 (假设 $T = 0$).

在均匀介质区 1,2,3 的每一区内 (见图 14.3) 波动方程的形式为

$$\Delta \boldsymbol{E} + \frac{\varepsilon \omega^2}{c^2} \boldsymbol{E} = 0.$$

我们来寻求这个方程的形为

$$\boldsymbol{E} = \boldsymbol{E}_0(z) \exp[\mathrm{i}(k_x x + k_y y)]$$

的解. 此时我们得到 $\boldsymbol{E}_0(z)$ 的方程

$$\frac{\mathrm{d}^2 \boldsymbol{E}_0(z)}{\mathrm{d}z^2} - K^2 \boldsymbol{E}_0(z) = 0, \quad K^2 = k^2 - \frac{\varepsilon \omega^2}{c^2}, \quad k^2 = k_x^2 + k_y^2. \qquad [346]$$

我们感兴趣的解是表面型解, 也就是局域在缝隙附近的解, 显然, 这种解的形式在 1 区内为 $A \exp(-K_1 z)$, 在 3 区内为 $B \exp(-K_3 z) + C \exp(K_3 z)$ 而在 2 区内为 $D \exp(K_2 z)$. 在边界上 (当 $z = 0$ 和 $z = l$ 时) 这些解应当借助电动力学边界条件, 亦即量 $\varepsilon E_{0z}(z)$ 以及分量 $E_{0x}(z)$ 和 $E_{0y}(z)$ 必须连续的要求, 缝合起来.

由于如上所述, 我们只想局限于静态情况, 必须取 $K^2 = k^2$ (形式上当 $c \to \infty$ 时达到) 且可以不考虑磁场 (因此也就不必写出相应的方程). 最后, 从适用于区域 1, 2, 3 的条件 $\mathrm{div}\,\boldsymbol{E} = 0$ 得出, 分量 $E_{0y}(z)$ 正比于 $\mathrm{d}E_{0z}(z)/\mathrm{d}z$ (不失一般性, 为了方便可令 $\boldsymbol{k}$ 的方向沿 $x$ 轴). 因此在 1–3 和 3–2 的边界上量 $\varepsilon E_{0z}$ 和 $\mathrm{d}E_{0z}(z)/\mathrm{d}z$ 必须是连续的. 结果得到振幅 $A, B, C, D$ 的四个齐次方程. 这一方程组存在非平凡解的条件的形式为

$$\mathscr{D}(\omega_\alpha) = \frac{(\varepsilon_1 + \varepsilon_3)(\varepsilon_2 + \varepsilon_3)}{(\varepsilon_1 - \varepsilon_3)(\varepsilon_2 - \varepsilon_3)} \mathrm{e}^{2kl} - 1 = 0, \qquad (14.37)$$

其中 $\varepsilon_1, \varepsilon_2$ 和 $\varepsilon_3$ 均为 $\omega$ 的函数.

色散方程 (14.37) 将 $k = (k_x^2 + k_y^2)^{1/2}$ 与 $\omega$ 相互关联起来, 亦即确定了缝隙中波的本征频率.

按照 (14.36), 当 $T = 0$ 时我们有

$$\left.\begin{array}{l} W = \sum_\alpha \dfrac{1}{2} \hbar \omega_\alpha = \dfrac{1}{(2\pi)^2} \displaystyle\int_0^\infty 2\pi k \mathrm{d}k \{\ \}, \\[3mm] \{\ \} = \dfrac{1}{2\pi \mathrm{i}} \displaystyle\oint \dfrac{\hbar \omega}{2} \dfrac{\partial}{\partial \omega} [\ln \mathscr{D}(\omega)] \mathrm{d}\omega, \end{array}\right\} \qquad (14.38)$$

其中使用了解析函数论的著名定理——辐角原理, 它将某一函数 (此时为函数 $\frac{1}{2}\hbar\omega$) 在所有零点 $\omega = \omega_\alpha$ 处值之和表示为另一函数 (此时为函数 $\mathscr{D}(\omega)$) 的回路积分. 此外重要的是不必考虑函数 $\mathscr{D}(\omega)$ 的极点, 因为相应的 $\omega_\infty$ 值

与 $l$ 无关 (有关计算适用条件的详情见 [228]). 也考虑到方程 (14.37) 的根像依赖于参数一样依赖于 $k$, 而在 $\mathrm{d}k$ 区间内这样的根的数目等于 $2\pi k \mathrm{d}k/(2\pi)^2$; 由于 (14.36) 式中含对所有根的求和, 故必须对 $k$ 求积分. 力 $F = -\partial W/\partial l$ 由导数

$$\frac{\partial}{\partial t} \frac{\partial\mathscr{D}/\partial\omega}{\mathscr{D}} = -\frac{2k\partial\mathscr{D}/\partial\omega}{\mathscr{D}^2}$$

[347]  之值确定, 因为按照 (14.37) 式 $\partial\mathscr{D}/\partial l = 2k(\mathscr{D}-1)$. 最后, 可以写出

$$-\frac{\omega\partial\mathscr{D}/\partial\omega}{\mathscr{D}^2} = \frac{\partial}{\partial\omega}\left(\frac{\omega}{\mathscr{D}}\right) - \frac{1}{\mathscr{D}}$$

并在 (14.38) 式中对 $\omega$ 积分时使用这一关系式. 引进变量 $x = 2kl$ 及 $\xi = -\mathrm{i}\omega$, 并将积分回路选为 $\omega$ 的虚轴, 立即得到公式 (14.34). 我们注意到, 如果知道 $\varepsilon'' = \mathrm{Im}\,\varepsilon$ 在实频率 $\omega$ 时之值, 则可以求得虚频率 $\omega = \mathrm{i}\xi$ 时的函数 $\varepsilon(\mathrm{i}\xi)$ 之值; 我们这里所指的是公式 (参见 [61] 的 §82)

$$\varepsilon(\mathrm{i}\xi) = 1 + \frac{2}{\pi}\int_0^\infty \frac{x\varepsilon''(x)}{x^2 + \xi^2}\mathrm{d}x.$$

前面已提到过, 用类似的方式但考虑推迟 (亦即在 $K^2 = k^2 - \varepsilon\omega^2/c^2$ 而不是 $K^2 = k^2$ 时准确地求得缝隙中的频率 $\omega_\alpha(K)$; 见上) 也可以求得普遍结果 (14.34) 式 [242b, c]. 当然, 计算结束后已认为介电常量为对应于实际介质的任意值. 尽管有 "胜利者是不受审判的" 这一格言, 我们还是要利用以下几条论据,"判定" 基于透明介质的普遍表达式 (14.36) 推导吸收介质的公式 (14.33) 和 (14.34)"无罪" [1]. 首先, 介电常量 $\varepsilon_1, \varepsilon_2$ 和 $\varepsilon_3$ 是以函数的形式出现在 (14.36) 式中的; 其次, 在虚轴上函数 $\varepsilon(\omega)$ 永远是实的 (参见 [61] 的 §82). 因此, 我们对于透明介质 ($\varepsilon_1, \varepsilon_2$ 和 $\varepsilon_3$ 在实频率 $\omega$ 时为正实数) 所得结果, 想必应当与更为一般的适用于吸收介质的结果相同. 但是, 如果没有在附加假定之前得到这个结论, 大概没有谁能验证它. 由于这个原因, 也由于注意到其他相关或类似问题, 必须以前后一致的方式将前面所使用的对频率为 $\omega_\alpha$ 的本征频率展开推广到吸收介质中去. 事实上, 确实可以这样做 [228, 244].

这里所提及的推广的可能性本身从我们前面研究过的电路的例子就可明白——电路的内能也是在 $R \neq 0$ 时求得的; 它等于 (参见 (14.11)、

---

[1] 这句话巧妙利用了俄语动词 оправдать (判定无罪, 证实) 在法律和通常用法上语义的细微区别和联系. —— 译者注

(14.12)、(14.15) 和 (14.30) 诸式)

$$\overline{W} = \overline{U} + \overline{K} = \frac{1}{\pi} \int_0^\infty \frac{CRw(\omega,T)\mathrm{d}\omega}{R^2C^2\omega^2 + (LC\omega^2-1)^2} + \frac{1}{\pi} \int_0^\infty \frac{C^2LRw(\omega,T)\omega^2\mathrm{d}\omega}{R^2C^2\omega^2 + (LC\omega^2-1)^2},$$
$$\tag{14.39}$$

$$w(\omega,T) = \frac{\hbar\omega}{2}\coth\frac{\hbar\omega}{2\kappa T}.$$

为了推广这一结果, 必须将它变换到按本征频率展开的普遍形式, 不过不是所研究回路而是另外一个辅助回路的本征频率. 理由是, 我们所感兴趣的是在某一外电动势 $\mathscr{E}_\omega \mathrm{e}^{-\mathrm{i}\omega t}$ (当前情况下指的是涨落电动势) 影响下的回路中的受迫振动. 此时由 (14.1) 式可知, [348]

$$q_\omega = \frac{\mathscr{E}_\omega}{-L\omega^2 - \mathrm{i}\omega R + 1/C} = \frac{L^{-1}\mathscr{E}_\omega}{\omega_1^2 - \omega^2}, \quad \omega_1^2(\omega) = \frac{1}{LC} - \mathrm{i}\frac{R}{L}\omega. \tag{14.40}$$

然而频率 $\omega_1(\omega)$ 是回路 (这就是辅助回路)

$$L\ddot{q} + \frac{\omega}{\omega_1}R\dot{q} + \frac{q}{C} = 0 \tag{14.41}$$

的本征频率, 它与 (14.1) 式的不同在于用 $(\omega/\omega_1)R$ 替代了 $R$ (为了避免误解, 我们再一次说明, 解 $\mathrm{e}^{-\mathrm{i}\omega_1(\omega)t}$ (其中的频率 $\omega$ 如同在 (14.40) 式中一样假设是参数) 正好满足方程 (14.41); 在没有吸收, 亦即 $R=0$ 时, 回路 (14.1) 的本征频率 (14.21) 等于辅助回路的本征频率 $\omega_1$, 但当 $R \neq 0$ 时, 这两个频率不同).

使用频率 $\omega_1(\omega)$, 表达式 (14.39) 的形式可写为

$$\overline{W} = -\frac{\mathrm{i}}{\pi} \int_{-\infty}^{+\infty} \frac{w(\omega,T)}{\omega_1^2(\omega) - \omega^2}\omega\mathrm{d}\omega + \frac{\mathrm{i}}{2\pi} \int_{-\infty}^{+\infty} \frac{w(\omega,T)}{\omega_1^2(\omega) - \omega^2}\frac{\mathrm{d}\omega_1^2(\omega)}{\mathrm{d}\omega}\mathrm{d}\omega. \tag{14.42}$$

容易直接证实, (14.39) 式和 (14.42) 式是恒等的.

当然, 在电路情况下任何变化都没有发生, 但在进行推广 (例如, 推广狭缝中的振动) 时我们必须从 (14.42) 式出发开始计算, 而且更重要的是使用与频率 $\omega_1(\omega)$ 类似的频率 $\omega_\alpha(\omega)$. 后一种研究法广为人知 (参见 [245] 的 §100–102 以及 [228]). 将整个系统置入具有理想导体壁的某一辅助共振器中, 同时把频率 $\omega$ 看作参数, 而共振器的本征频率 $\omega_\alpha(\omega)$ 由场的齐次方程

$$\left.\begin{array}{l} \mathrm{rot}\,\boldsymbol{H}_{\omega_\alpha(\omega)}(\omega,\boldsymbol{r}) = -\dfrac{\mathrm{i}\omega_\alpha(\omega)}{c}\int \widehat{\varepsilon}(\omega,\boldsymbol{r},\boldsymbol{r}')\boldsymbol{E}_{\omega_\alpha(\omega)}(\omega,\boldsymbol{r}')\mathrm{d}\boldsymbol{r}', \\[3mm] \mathrm{rot}\,\boldsymbol{E}_{\omega_\alpha(\omega)}(\omega,\boldsymbol{r}) = \dfrac{\mathrm{i}\omega_\alpha(\omega)}{c}\boldsymbol{H}_{\omega_\alpha(\omega)}(\omega,\boldsymbol{r}), \end{array}\right\} \tag{14.43}$$

确定, 其中 $\widehat{\varepsilon}$ 为出现在 (14.24) 式中的线性算符, 为了简化书写略去了张量指标 $i, j$. 从 (14.43) 式可见, $\omega_\alpha = \omega$ 时, 辅助共振器与没有外来涨落源情况下的真实系统 (亦即我们考察的系统) 是一样的. 辅助共振器的本征函数 $\boldsymbol{E}_{\omega_\alpha(\omega)}(\omega, \boldsymbol{r})$ 和 $\boldsymbol{H}_{\omega_\alpha(\omega)}(\omega, \boldsymbol{r})$ 具有一系列性质 (正交性, 等等), 这些性质使得寻求由方程 (14.25) 所描写的真实问题的依赖于 $\boldsymbol{K}(\omega, \boldsymbol{r})$ 的受迫解变得特别简单. 此时系统的平均内能可简洁地表示为

[349]

$$\overline{W} = -\frac{\mathrm{i}}{\pi} \sum_\alpha \int_{-\infty}^{+\infty} \frac{w(\omega, T)}{\omega_\alpha^2(\omega) - \omega^2} \omega \mathrm{d}\omega + \frac{\mathrm{i}}{2\pi} \sum_\alpha \int_{-\infty}^{+\infty} \frac{w(\omega, T)}{\omega_\alpha^2(\omega) - \omega^2} \frac{\mathrm{d}\omega_\alpha^2(\omega)}{\mathrm{d}\omega} \mathrm{d}\omega,$$

$$(14.44)$$

这个表达式是 (14.42) 式的直接推广. 这一事实充分表明, 当 $\varepsilon'' \to 0$ (或 $R \to 0$) 时 $W$ 的表达式从 (14.44) 式约化为 (14.36)(当然, $\mathscr{F}$ 的表达式也一样). 同时, 公式 (14.42) 对于吸收介质也适用, 并从 (14.43) 式可知, 它也适用于考虑各向异性和空间色散的情况. 当应用于无空间色散的各向同性介质中的缝隙问题时, 可以确信从表达式 (14.44), 或更准确地说, 从自由能① $\mathscr{F}$ 的类似公式可以得出公式 (14.33) [228, 244]. 在求解更为复杂的问题时, 例如当介质 1 和 2 为各向异性介质时, 前述本征频率展开法的优越性变得更为神奇. 不过, 同样重要的是, 我们计算的是自由能 (或在低温时与其一致的内能), 而在 [232, 240, 241] 中却要计算应力张量这个复杂得多的量. 可以认为这种处理方式将在求解一系列与处在不同几何条件下的各种介质的分子力相关的问题以及计算吸收介质中的自由能等等时占有优势. 为了避免误解, 我们必须同时强调指出, 无论在文献 [232, 240, 241] 还是在文献 [228, 247] 中, 所处理的问题、所使用的方法以及所得到的结果都是一样的. 只是在我们看来, [228, 244, 246, 247] 中所用的方法更为简单明了, 不过, 类似的判断常常是相当主观的.

我们现在再讨论一个电动力学涨落问题——共振器中涨落的电压对飞越共振器的电子的影响问题 [248].

令具有初始能量 $K_0 = \frac{1}{2}mv_0^2$ 的电子在 $t = 0$ 时刻进入共振器, 而在时刻 $\tau$ 时带着 $K_\tau = \frac{1}{2}mv^2$ 的能量离开共振器. 我们假定共振器中的电场均匀并指向电子的速度方向——沿 $x$ 轴方向 (这种情况对应于具有确定形状的共振器, 例如, 示意地绘于图 14.4 中的共振器). 如果

$$E = E_1 \cos\omega t + (E_2 + E_0)\sin\omega t,$$

---

① 在 $T \to 0$ 时自由能和内能一样. 在有关范德瓦耳斯力的问题中通常只关心 $T \to 0$ 的情况 (参见 [228, 232, 247]). 因此, 我们不写出 $\mathscr{F}$ 的表达式.

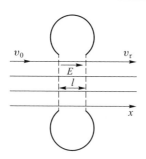

图 14.4　电子穿过空腔共振器.

则

$$m\ddot{x} = eE, \quad v_\tau \equiv \dot{x}(\tau) = v_0 + \frac{e}{m\omega}[E_1 \sin\omega\tau + (E_2 + E_0)(1 - \cos\omega\tau)]. \quad (14.45)$$ [350]

我们将进一步假定 $E_1$ 和 $E_2$ 为随机量, 从而 $\overline{E_1} = \overline{E_2} = 0$ 且 $\overline{E_1^2} = \overline{E_2^2} = \overline{V^2}/l$, 其中 $l$ 为共振器厚度 (电子在共振器中行经路程), $\overline{V^2}$ 为共振器 "极板" 的方均平均涨落电压. 此时准确到 $e^2$ 量级的项我们有 ($\overline{K_0} = \frac{1}{2}mv_0^2$):

$$\left. \begin{array}{l} \overline{K_\tau} - \overline{K_0} = \dfrac{e^2}{2m\omega^2}\left[\dfrac{4\overline{V^2}}{l^2}\sin^2\dfrac{1}{2}\omega\tau + E_0^2(1-\cos\omega\tau)^2\right] + \dfrac{2ev_0}{\omega}E_0\sin^2\dfrac{1}{2}\omega\tau, \\[4mm] \overline{(\Delta K_\tau)^2} \equiv \overline{K_\tau^2} - (\overline{K_\tau})^2 = \overline{(K_\tau - K_0)^2} - [\overline{(K_\tau - K_0)}]^2 = \dfrac{4e^2v_0^2}{\omega^2}\dfrac{\overline{V^2}}{l^2}\sin^2\dfrac{1}{2}\omega\tau. \end{array} \right\}$$
$$(14.46)$$

如果电子的速度改变很小, 亦即 $v_0 - v_\tau \ll v_0$, 则略去的量级为 $e^4$ 的项无关紧要; 在这一近似下, 电子飞越共振器的飞行时间 $\tau = l/v_0$, 而且

$$\overline{(\Delta K_\tau)^2} = e^2\overline{V^2}\left(\frac{\sin\frac{1}{2}\omega\tau}{\frac{1}{2}\omega\tau}\right)^2. \quad (14.47)$$

以上假定 $V$ 的时间依赖性不重要. 如果不是这样, 则替代 (14.47) 式, 我们有

$$\overline{(\Delta K_\tau)^2} = 2e^2\int_0^\infty (V^2)_\omega\left(\frac{\sin\frac{1}{2}\omega\tau}{\frac{1}{2}\omega\tau}\right)^2\,\mathrm{d}\omega, \quad \overline{V^2} = 2\int_0^\infty (V^2)_\omega\mathrm{d}\omega. \quad (14.48)$$

当然, 在经典情况下可能有 $(V^2)_\omega = 0$, 但在热平衡态共振器内始终有电磁辐射, 而且

$$(V^2)_\omega = \frac{R(\omega)\kappa T/\pi}{R^2C^2\omega^2 + (LC\omega^2 - 1)^2}, \quad (14.49)$$

其中利用了 $(\mathscr{E}^2)_\omega$ 的经典奈奎斯特公式 (14.17), 而 $L(\omega), C(\omega)$ 和 $R(\omega)$ 为计算电压 $V$ 时与共振器等效的电回路的自感、电容和电阻. 此时假定回路属于图 14.1 所示的类型 (串联型回路), 因此 $Z = R - \mathrm{i}(\omega L - 1/\omega C), J_\omega = \mathscr{E}_\omega/Z(\omega)$ 及 $V_\omega = J_\omega/\mathrm{i}\omega C = \mathscr{E}_\omega/\mathrm{i}\omega C Z$. 在使用量子奈奎斯特公式 (14.16) 时, 我们得到

$$\overline{(\Delta K_\tau)^2} = e^2 \int_0^\infty \frac{(2/\pi)R(\omega)\left[\frac{1}{2}\hbar\omega + \hbar\omega\kappa(\mathrm{e}^{\hbar\omega'\kappa T} - 1)\right]}{R^2 C^2 \omega^2 + (LC\omega^2 - 1)^2}\left(\frac{\sin\frac{1}{2}\omega_\tau}{\frac{1}{2}\omega_\tau}\right)^2 \mathrm{d}\omega,$$
(14.50)

或者, 对于本征频率为 $\omega_\mathrm{i} = (LC)^{-1/2}$ 的弱衰减 (高 $Q$ 值) 共振器

$$\overline{(\Delta K_\tau)^2} = \frac{e^2}{C(\omega_\mathrm{i})}\left[\frac{1}{2}\hbar\omega_\mathrm{i} + \frac{\hbar\omega_\mathrm{i}}{\mathrm{e}^{\hbar\omega_\mathrm{i}/\kappa T} - 1}\right]\left(\frac{\sin\frac{1}{2}\omega_\mathrm{i}\tau}{\frac{1}{2}\omega_\mathrm{i}\tau}\right)^2.$$
(14.51)

[351]　　　　由于前面假设电子的运动为经典运动, 所得结果只在已知的限度下适用. 但是, 如果我们记得在 $K = \frac{1}{2}mv^2 \gtrsim 10\,\mathrm{eV}$ 时, 电子的波长 $\lambda = 2\pi\hbar/mv \lesssim 10^{-8}\,\mathrm{cm}$, 则很清楚, 对于电子束穿透的共振器, 实际上使用经典处理方法永远是合适的. 然而在许多论文 (有关文献见 [248]) 中, 以上所研究的问题及有关结果全是在量子力学的框架内解决的, 既可应用于辐射也可应用于电子运动. 由前面所述可知, 这样做一般说来是不必要的 (不过, 某些补充说明见 [248]).

作为本章的结束, 我们就经典理论的适用条件再作一点一般性评论. 这个条件常常归结为不等式

$$\hbar\omega \ll K,$$
(14.52)

其中 $\omega$ 为振子或辐射的频率, 而 $K$ 为某一特征能量 (非相对论粒子的动能 $\frac{1}{2}mv^2$, 经典振子热平衡时的平均能量 $\kappa T$ 等等). 很显然, (14.52) 式类型的条件远非永远充分. 具体说来, 如果指的是某些波, 则它们不仅要用能量 $\hbar\omega$, 而且要用动量 $\hbar\boldsymbol{k}$ 表征. 除开 (14.52) 式, 研究波与粒子相互作用时出现的经典性的自然要求的形式为

$$\hbar k \ll p,$$
(14.53)

其中 $p$ 为粒子的动量.

对于真空中的辐射 $\hbar k = \hbar\omega/c$ 与非相对论性粒子 (具有 $p = mv \ll mc$), 条件 (14.53) 显著地弱于形式取 $\hbar\omega \ll \frac{1}{2}mv^2$ 的条件 (14.52). 在极端相对论

情况下, 不等式 (14.52) 和 (14.53) 在 $k = \omega/c$ 以及 $K = (m^2c^4 + c^2p^2)^{1/2} \approx cp$ 时显然是一致的. 然而在介质中, 如果 $\hbar k = \hbar \omega n/c$, 则情况在 $n$ 足够大时可发生变化. 其次, 在计算具有空间色散的介质的介电张量 $\varepsilon_{ij}(\omega, \boldsymbol{k})$ 时, 如我们在第 11 章中所强调指出的, 一般必须假设变量 $\omega$ 和 $\boldsymbol{k}$ 是相互独立的. 所以在足够低的频率时总是能得到遵守的 (14.52) 类型的经典性条件完全不能保证大 $k$ 时的经典性条件也满足. 例如, 仅当波长 $\lambda = 2\pi/k$ 远大于等离子体中电子的德布罗意波长 $\lambda_{\mathrm{B}} = h/mv$ 时, 才可以认为等离子体是经典等离子体 (对于平衡等离子体, 通常只需研究具有平均热能 $\frac{3}{2}\kappa T$ 量级的动能 $K = \frac{1}{2}mv^2$ 的电子即可, 由此得出经典性条件 $k \ll (\kappa m T/\hbar)^{1/2}$; 相关内容请参阅论文 [249]). 当然, $\lambda = 2\pi/k \gg \lambda_{\mathrm{B}} = \hbar/mv$ 的要求与条件 (14.53) 是一致的, 其中 $p = mv$.

# 第十五章
# 波在介质中的散射

电磁波 (光) 在介质中的散射. 光的发射谱和散射谱中的谱线宽度. 形成电磁耦子 (真激子) 的光的组合散射. 自由电子引起的散射和等离子体中的散射. 等离子体中的渡越散射.

[352] 如果介质的统计平均性质不依赖于坐标, 则称其为均匀介质 (这一定义始终隐含在我们前面的讨论中). 正是在这样的条件下我们引入了, 例如, 将平均电感应强度和平均电场强度关联起来的介电张量 $\varepsilon_{ij}(\omega, k)$ (这里平均二字特指统计平均值). 在均匀介质中, 平均 (波) 场没有任何散射地传播, 这可从场方程的解中看出, 特别是我们在第 11 章和第 12 章中寻求正常波时, 恰好导出了这个结果. 然而在计及涨落时, 介质当然已不再均匀, 从而波发生散射. 这种情况下, 在介电常量的热涨落上的散射与在由外源产生的 $\varepsilon_{ij}$ 的非均匀性上的散射没有原则上的差别. 由于存在空间色散时引入张量 $\varepsilon_{ij}(\omega, k)$ 本身就假设了介质的均匀性, 故对计及空间色散的散射需进行专门的分析. 下面当讨论形成电磁耦子的散射时, 我们会触及这一问题, 其余的讨论中我们都假定所研究的介质中不存在空间色散. 文献 [61] 的第 15 章中讲述了忽略空间色散并且主要是在散射波频率与入射波频率相比改变很小条件下的电磁波在各向同性介质中散射的普遍理论 (也参见 [250]). 因此, 如通常所作的那样, 我们这里仅限于提及某些普遍结果, 然后转而作一些补充说明.

在大多数情况下, 散射场 $H'$, $E'$ 比入射 (被散射) 波中的场弱 (例外出现在, 例如, 临界乳光区, 更不必说各种乳胶类型的浑浊介质中的散射). 在这样的条件下 (我们也仅限于在这些条件下讨论问题), 可以使用微扰法. 也就是说, 将总的感应强度 $\boldsymbol{D}(\omega, \boldsymbol{r}) = \boldsymbol{D}_0 + \boldsymbol{D}'$ 和总的电场强度 $\boldsymbol{E}(\omega, \boldsymbol{r}) = \boldsymbol{E}_0 + \boldsymbol{E}'$ 之间关系的形式写为

$$D_i = \varepsilon_{ij} E_j \approx \varepsilon_{ij}^{(0)} E_j + \delta\varepsilon_{ij} E_{0,j} = \varepsilon_{ij}^{(0)} E_{0,j} + \varepsilon_{ij}^{(0)} E_j' + \delta\varepsilon_{ij} E_{0,j}$$
$$= D_{0,i} + \varepsilon_{ij}^{(0)} E_j' + \delta\varepsilon_{ij} E_{0,j}, \tag{15.1}$$

其中 $\varepsilon_{ij}(\omega, \boldsymbol{r}) = \varepsilon_{ij}^{(0)}(\omega) + \delta\varepsilon_{ij}(\omega, \boldsymbol{r})$, 而且介电常量的涨落部分 $\delta\varepsilon_{ij}$ 与场 $E_j'$ 为同数量级的小量; 在各向同性介质中 $\varepsilon_{ij}^{(0)} = \varepsilon\delta_{ij}$, 而且如果假定介质透明, 则可认为量 $\varepsilon$ 和 $\delta\varepsilon_{ij} = \delta\varepsilon_{ji}$ 为实量 (当然, 即使在各向同性介质中, $\delta\varepsilon_{ij}$ 一般也不可约化为标量). 在所有这些简化假设下, 可方便地将 $\boldsymbol{E}'$ 用 $\boldsymbol{D}'$ 表示, 写成 [353]

$$\boldsymbol{E}' = \frac{1}{\varepsilon}\boldsymbol{D}' - \frac{\boldsymbol{C}}{\varepsilon}, \quad C_i = \delta\varepsilon_{ij} E_{0,j}. \tag{15.2}$$

现在回到场 $\boldsymbol{E}$ 的波动方程, 亦即方程 (见 (11.21) 式)

$$\operatorname{rot}\operatorname{rot}\boldsymbol{E} - \frac{\omega^2}{c^2}\boldsymbol{D} = 0.$$

将关系式 (15.2) 代入这一方程并考虑到根据假设

$$\operatorname{rot}\operatorname{rot}\boldsymbol{E}_0 - \frac{\omega^2}{c^2}\boldsymbol{D} = 0,$$

我们得到

$$\Delta\boldsymbol{D}' + \frac{\omega^2}{c^2}\varepsilon(\omega)\boldsymbol{D}' = -\operatorname{rot}\operatorname{rot}\boldsymbol{C}, \tag{15.3}$$

因为 $\operatorname{div}\boldsymbol{D} = \operatorname{div}\boldsymbol{D}_0 = \operatorname{div}\boldsymbol{D}' = 0$.

对于入射波 $\boldsymbol{E}_0 = E_{00}\mathrm{e}^{\mathrm{i}\boldsymbol{k}_e \cdot \boldsymbol{r}}$ 及在 $k_s$ 方向上离散射区很大距离 $R_0$ 的观察点处 (但仍在同样 $\varepsilon(\omega)$ 值的区域内), 方程 (15.3) 的解的结果为

$$\left.\begin{array}{l} \boldsymbol{E}' = -\dfrac{\exp(\mathrm{i}k_s R_0)}{4\pi\varepsilon R_0}\boldsymbol{k}_s \times (\boldsymbol{k}_s \times \boldsymbol{G}), \\[2mm] G_i = \displaystyle\int (\delta\varepsilon_{ij} E_{00,j})\exp(\mathrm{i}\boldsymbol{q}\cdot\boldsymbol{r})\mathrm{d}V, \\[2mm] \boldsymbol{q} = \boldsymbol{k}_e - \boldsymbol{k}_s, \quad k_e = k_s = \dfrac{\omega}{c}\sqrt{\varepsilon(\omega)}, \end{array}\right\} \tag{15.4}$$

其中 $\boldsymbol{k}_e$ 和 $\boldsymbol{k}_s$ 分别为入射波和散射波的波矢.

严格地说来, 在以上的分析中假定了所产生的散射没有频率改变, 因此我们对入射光[①]的频率 $\omega_e$ 和散射光的频率 $\omega_s$ 不加区分; 同理 $k_e = k_s$.

---

① 这里我们用 "光" 这个词只是为了简洁; 实质上我们显然研究的是所有波段的电磁波散射, 不过是在 $\lambda \gg a$ 的条件下, 其中 $a \sim 10^{-7}$—$10^{-8}$ cm, 为原子尺度.

然而, 如果 $\omega_e \neq \omega_s$, 但在频率区间 $\Delta\omega \sim \omega_e - \omega_s$ 内可以忽略 $\varepsilon$ 和 $\delta\varepsilon_{ij}$ 的频率依赖性, 则实际上并没有发生任何改变. 换句话说, 可认为场 $E'$ 为在条件 $\Delta\omega \ll \omega_e$ 下的总的散射光场. 因此, 通过计算量 $\overline{|E'|^2}$ (横杠表示对时间平均) 我们可以求得总的 (所有频率的) 散射光强度. 按照 (15.4) 式, 每单位立体角内的散射光强度 $I = \overline{S}R_0^2 = (c\varepsilon^{1/2}/8\pi)\overline{|E'|^2}R_0^2$ 与入射光强度 $I_0 = (c\varepsilon^{1/2}/8\pi)|E_0|^2 = \overline{S}_0$ 之比为

[354]

$$\frac{I}{I_0} = \frac{1}{16\pi^2}\left(\frac{\omega}{c}\right)^4 \frac{\overline{|G|^2}}{|E_0|^2}\sin^2\psi, \tag{15.5a}$$

其中 $\psi$ 为 $G$ 与 $k_s$ (散射光的波矢) 之间的夹角, 并利用了关系式 $k_e^2 = k_s^2 = (\omega^2/c^2)\varepsilon$. 在一些情况下, 例如具有球对称分子的气体, 以及一些液体, 可以认为涨落 $\delta\varepsilon_{ij}$ 为标量, 亦即取 $\delta\varepsilon_{ij} = \delta\varepsilon\delta_{ij}$. 在这样的条件下 (见 (15.4) 式与 (15.5a) 式以及图 15.1),

$$\left.\begin{array}{c}\dfrac{I}{I_0} = \dfrac{1}{16\pi^2}\left(\dfrac{\omega}{c}\right)^4\overline{|\delta\varepsilon_q|^2}\sin^2\psi, \quad G = \delta\varepsilon_q E_{00}, \\[2mm] \delta\varepsilon_q = \displaystyle\int \delta\varepsilon(r)e^{iq\cdot r}dV, \end{array}\right\} \tag{15.5b}$$

其中 $\overline{|\delta\varepsilon_q|^2} \equiv ((\delta\varepsilon)^2)_q$, 不过后一种标记不太方便, 这种标记我们在第 14 章中使用过.

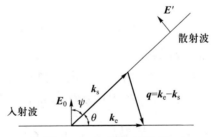

图 15.1　介质中的散射.

仅当涨落 $\delta\varepsilon_{ij} = \delta\varepsilon\delta_{ij}$ 时, 散射波场才如图所示是线偏振的.

我们记得, 假设入射波具有 $E_0 = E_{00}e^{ik_e\cdot r}$ 的形式; $E_{00} = \text{const}$ 对应于线偏振波. 对于强度为 $I_0$ 的自然 (非偏振) 光, 容易得知

$$\frac{I}{I_0} = \frac{1}{32\pi^2}\left(\frac{2\pi}{\lambda_0}\right)^4\overline{|\delta\varepsilon_q|^2}(1 + \cos^2\theta), \quad \frac{\omega}{c} = \frac{2\pi}{\lambda_0}, \tag{15.6}$$

其中 $\theta$ 为散射角, 亦即 $k_e$ 和 $k_s$ 之间的夹角. 在 $\overline{|\delta\varepsilon_q|^2}$ 与 $q$ 无关的条件下 (见后), 可立即将光强 $I$ 对角度 (立体角元为 $d\Omega = \sin\theta d\theta d\phi$) 积分并从而得

到所谓消光系数

$$h = \frac{\int I \, \mathrm{d}\Omega}{I_0} = \frac{\omega^4}{6\pi c^4} \frac{\overline{|\delta\varepsilon_q|^2}}{V}. \tag{15.7}$$

式中之所以包含散射体积 $V$ 的原因, 是因为按照定义 $h$ 为散射到所有方向的光的强度与入射光强度之比, 同时假定散射体积为单位体积; 换句话说, 由于存在散射, 入射光的强度按照 $\mathrm{d}I = -hI \mathrm{d}z$ 的规律变化. 当然, 对于偏振光, 消光系数 $h$ 也由表达式 (15.7) 给出, 除了一般考虑外, 我们可由 (15.5b) 对角度积分得到这个结果.

根据定义,

[355]

$$\overline{|\delta\varepsilon_q|^2} = \overline{\iint \delta\varepsilon(\boldsymbol{r}_1) \delta\varepsilon^*(\boldsymbol{r}_2) \mathrm{e}^{\mathrm{i}\boldsymbol{q}\cdot(\boldsymbol{r}_1-\boldsymbol{r}_2)} \mathrm{d}\boldsymbol{r}_1 \mathrm{d}\boldsymbol{r}_2}.$$

求平均时必须考虑到, 在同时研究散射光的所有频率时, 涨落 $\delta\varepsilon(\boldsymbol{r}_1)$ 和 $\delta\varepsilon(\boldsymbol{r}_2)$ 通常仅在距离 $|\boldsymbol{r}_1 - \boldsymbol{r}_2| \sim a \sim 10^{-7} - 10^{-8}$ cm 上相互关联. 因此对于 $\lambda \gg a$ 的光, 在 $\overline{|\delta\varepsilon_q|^2}$ 的表达式中可以取 $\mathrm{e}^{\mathrm{i}\boldsymbol{q}\cdot(\boldsymbol{r}_1-\boldsymbol{r}_2)} = 1$. 在均匀介质中, 平均值 $\overline{\delta\varepsilon(\boldsymbol{r}_1)\delta\varepsilon^*(\boldsymbol{r}_2)}$ 可以只依赖于距离差 $\boldsymbol{r} = \boldsymbol{r}_2 - \boldsymbol{r}_1$. 因此, 在变换到变量 $\frac{1}{2}(\boldsymbol{r}_1 + \boldsymbol{r}_2)$ 和 $\boldsymbol{r} = \boldsymbol{r}_2 - \boldsymbol{r}_1$ 时, 容易证明在所讨论的条件下我们有

$$\overline{|\delta\varepsilon_q|^2} = V \int \overline{(\delta\varepsilon)^2} \mathrm{d}\boldsymbol{r} = V^2 \frac{\overline{\left(\int \delta\varepsilon \mathrm{d}\boldsymbol{r}\right)^2}}{V^2} \equiv V^2 \overline{(\delta\varepsilon)_V^2}, \tag{15.8}$$

其中 $V$ 为介质的散射区的体积; 量 $\overline{|\delta\varepsilon_q|^2}$ 以及由此光强 $I$ (见 (15.5b) 式) 正比于 $V$, 当然这正是我们所期待的 (引入量 $\overline{(\delta\varepsilon)_V^2}$ 会带来一些方便, 因为它正比于 $1/V$).

在一级近似下, 温度涨落的作用很小 (详情见 [250]), 因此

$$\overline{(\delta\varepsilon)^2} \approx \left(\frac{\partial\varepsilon}{\partial\rho}\right)_T^2 \overline{(\delta\rho)_V^2}, \quad \overline{(\delta\rho)^2} = \frac{\kappa T \rho}{V} \left(\frac{\partial\rho}{\partial p}\right)_T. \tag{15.9}$$

由此以及由 (15.5)、(15.7)、(15.8) 诸式, 我们得到爱因斯坦 1910 年导出的公式 (见 [251]):

$$\left. \begin{aligned} \frac{I}{I_0} &= \frac{V}{16\pi^2} \left(\frac{\omega}{c}\right)^4 \left(\rho\frac{\partial\varepsilon}{\partial\rho}\right)_T^2 \beta_T \kappa T \sin^2\psi, \\ h &= \frac{\omega^4}{6\pi c^4} \left(\rho\frac{\partial\varepsilon}{\partial\rho}\right)_T^2 \beta_T \kappa T, \end{aligned} \right\} \tag{15.10}$$

其中 $\beta_T = \frac{1}{\rho}\left(\frac{\partial\rho}{\partial p}\right)_T$ 为等温压缩率.

对于非压缩气体, $\varepsilon - 1 \propto \rho$, $\rho(\partial\varepsilon/\partial\rho)_T = \varepsilon - 1 \approx 2(n-1) \approx 4\pi aN$ , 以及 $\beta_T \approx (\kappa TN)^{-1}$ ($N$ 为气体中的粒子浓度, $\alpha$ 为分子的极化率), 因此从 (15.10) 式中得到瑞利公式

$$h = \frac{2\omega^4(n-1)^2}{3\pi c^4 N} = \frac{8\pi\omega^4\alpha^2 N}{3c^4}. \tag{15.11}$$

(15.11) 式的结果等价于在每一分子独立散射的假设下所得到的结果. 的确, 各向同性分子在波场中具有偶极矩 $\boldsymbol{p} = \alpha\boldsymbol{E}_0 = \alpha\boldsymbol{E}_{00}\mathrm{e}^{-\mathrm{i}\omega t}$, 因此在单位时间内散射的能量为 (参见, 例如 (1.85) 式与 (3.1) 式)

[356]

$$\int I\mathrm{d}\Omega = \frac{\alpha^2\omega^4}{3c^3}|\boldsymbol{E}_{00}|^2;$$

因为在此一情况下, $I_0 = (c/8\pi)|\boldsymbol{E}_{00}|^2$, 故对于 $h = \int I\mathrm{d}\Omega/I_0$, 我们马上推得 (15.11) 式. 在气体中, 或者严格地说在足够稀薄的 (理想) 气体中, 由于在这样的条件下粒子的位置没有关联且 $\overline{|\delta N|^2} = N$, 密度涨落引起的散射等效于单个粒子 (分子) 所引起的独立 (非相干) 散射之和.

为了方便以上我们只简要地重复了 (如前已声明的那样, 根据 [61] 的讲法) 光散射强度计算的过程. 为了阐明散射光的谱的构成或者常说的散射光谱中的线宽, 必须先弄清楚涨落 $\delta\varepsilon_{ij}(\boldsymbol{r},t)$ 的时间依赖关系. 不过无论对光的发射还是对光在稀薄气体中的散射, 我们这里倾向于从讨论线宽问题开始, 也就是说, 我们假设粒子无论辐射还是散射都是相互独立的. 在这个方面以及后来转到凝聚态介质的散射中, 我们将阐明一系列通常在文献中未得到充分重视的问题 (以下我们按照文献 [252] 讲述).

我们从经典上广泛使用的阻尼振子的例子中光的发射谱线线宽的定义开始. 相应的运动方程的形式为

$$\ddot{x} + \gamma\dot{x} + \omega_0^2 = 0. \tag{15.12}$$

我们将假设 $x_0$ 为振子在时刻 $t = 0$ 的初始位移, 亦即我们将使用解

$$x(t) = \begin{cases} x_0\mathrm{e}^{-\gamma t/2}\cos(\omega_k t + \varphi), & \omega_k^2 = \omega_0^2 - \dfrac{1}{4}\gamma^2 \quad (t \geqslant 0), \\ 0 & (t < 0), \end{cases} \tag{15.13}$$

其中 $\varphi$ 为任意相位. 将振动 (15.13) 展开为傅里叶积分

$$x(t) = \int_{-\infty}^{+\infty} x_\omega \mathrm{e}^{-\mathrm{i}\omega t}\mathrm{d}\omega, \quad x_\omega = \frac{1}{2\pi}\int_{-\infty}^{+\infty} x(t)\mathrm{e}^{\mathrm{i}\omega t}\mathrm{d}t,$$

我们得到

$$x_\omega = -\frac{x_0}{4\pi}\left[\frac{e^{-i\varphi}}{-\frac{1}{2}\gamma - i(\omega_k - \omega)} + \frac{e^{i\varphi}}{-\frac{1}{2}\gamma + i(\omega_k + \omega)}\right]. \tag{15.14}$$

我们知道, 偶极辐射的强度 (功率) 正比于 $(e\ddot{x})^2$, 其中 $e$ 为粒子的电荷. 因此, 光强的谱密度 $I(\omega)$ 正比于 $\omega^4|x_\omega|^2$. 我们也假定相位是任意的, 而且考虑到观察到的是具有任意相位的振子集合的辐射, 故采取对相位的平均. 此时

$$\begin{aligned}
I(\omega) &= A\omega^4\overline{|x_\omega|^2} \equiv A\omega^4(x^2)_\omega \\
&= \frac{Ax_0^2\omega^4}{16\pi^2}\left[\frac{1}{(\omega_k - \omega)^2 + \frac{1}{4}\gamma^2} + \frac{1}{(\omega_k + \omega)^2 + \frac{1}{4}\gamma^2}\right] \\
&= \frac{Ax_0^2\omega^4(\omega_0^2 + \omega^2)}{8\pi^2[(\omega^2 - \omega_0^2) + \gamma^2\omega^2]},
\end{aligned} \tag{15.15}$$

[357]

其中 $A$ 为某一比例系数, 平均值用上横杠表示. 如果像通常一样有 (除去射频波段外)

$$\gamma \ll \omega_0, \tag{15.16}$$

则可以以足够的精度将上式写为

$$\left.\begin{aligned}
I(\omega) &= \frac{Ax_0^2\omega_0^4}{16\pi^2[(\omega - \omega_0)^2 + \frac{1}{4}\gamma^2]} = \frac{\gamma I_0/2\pi}{(\omega - \omega_0)^2 + \frac{1}{4}\gamma^2}, \\
I_0 &= \int_0^\infty I(\omega)d\omega.
\end{aligned}\right\} \tag{15.17}$$

$I(\omega)$ 的公式 (15.17) 经常使用, 其意义是完全清楚的. 在更为普遍的公式 (15.15) 情况下, 可以看出 (见后), $x_0^2$ 不是以简单的方式通过 $\overline{x^2} = \int (x^2)_\omega d\omega$ 表达的, 因此假设所有振子的 $x_0$ 为常量完全是随意和不合理的 (见后). 根据这一理由以及为了今后的讲述, 我们将研究更实际的, 即该振子在随机力 $f(t)$ 作用下的问题:

$$\ddot{x} + \gamma\dot{x} + \omega_0^2 x = f(t) = \int_{-\infty}^{+\infty} f_\omega e^{-i\omega t}d\omega. \tag{15.18}$$

由此得到

$$x_\omega = \frac{f_\omega}{-\omega^2 + \omega_0^2 - i\gamma\omega}. \tag{15.19}$$

比如, 保持振子振动的振幅平方处于某一固定平均水平的碰撞可以起
"力" $f$ 的作用. 如果假设 $f(t) = \sum\limits_m a_m \delta(t - t_m)$, 则

$$f_\omega = \frac{1}{2\pi} \sum_m a_m \mathrm{e}^{\mathrm{i}\omega t_m},$$

而且对于随机 (非关联) 碰撞, 我们得到平均值

$$(f^2)_\omega \equiv \frac{1}{4\pi^2} \sum_m a_m^2.$$

于是, 在这一情况下

[358]

$$\overline{x^2} = \int_{-\infty}^{+\infty} (x^2)_\omega \mathrm{d}\omega = (f^2)_\omega \int_{-\infty}^{+\infty} \frac{\mathrm{d}\omega}{(\omega^2 - \omega_0^2)^2 + \gamma^2\omega^2} = \frac{\pi(f^2)_\omega}{\gamma\omega_0^2}. \qquad (15.20)$$

从而, 平均值 $\overline{x^2}$ 以及因此平均势能 $\frac{1}{2}m\omega_0^2\overline{x^2}$ 和平均动能 $\frac{1}{2}m\overline{\dot{x}^2}$ 在给定
$(f^2)_\omega = \mathrm{const}$ 时均为常量 (在热平衡时这些平均值等于 $\frac{1}{2}\kappa T$). 所以使用
表达式 (15.19) 而不用 (15.14) 不仅简单方便, 而且更为合理. 考虑到以上所
述, 从 (15.19) 式我们马上得到

$$I(\omega) = A\omega^4(x^2)_\omega = \frac{A\omega^4(f^2)_\omega}{(\omega^2 - \omega_0^2)^2 + \gamma^2\omega^2}. \qquad (15.21)$$

不言而喻, 在条件 (15.16) 满足时, 表达式 (15.21) 转变为 (15.17) 式.
在一般情况下, 如所指出的, 光强的谱密度 (15.21) 是在比 (15.15) 式更合
理和更自然的假设下得到的. 至于涉及真实条件下而不是上面讨论的
最简单模型时的发射谱线线宽和吸收, 则问题有许多可能性及处理方法
(见 [253a, b]).

我们现在来研究同样的简谐振子, 不过将其作为散射体而不是自发辐
射体. 假设入射光是单色的, 亦即入射波的场的形式为

$$E(t) = \int_{-\infty}^{+\infty} E_\omega \mathrm{e}^{-\mathrm{i}\omega t}\mathrm{d}\omega = E_0 \mathrm{e}^{-\mathrm{i}\omega_\mathrm{e}t}, \quad E_\omega = E_0\delta(\omega - \omega_\mathrm{e}), \qquad (15.22)$$

而且频率 $\omega_\mathrm{e}$ 离共振很远.

在计及散射振子的弱阻尼或在振子的自发辐射经受碰撞加宽的条件
下 (后一种情况在最简单的假设下得到 $\gamma = 2/\tau$ 的 (15.17) 式, 其中 $\tau$ 为两次
碰撞之间的平均时间; 参见 [253a, b, 254]), 散射光的谱成分会是如何的呢?

许多论文曾对以上问题给出了这样的回答: 散射谱线的线宽将会与发
射谱线一样; 例如在课堂考试的答卷上, 本书作者也不止一次地收到学生

们的类似的回答. 其实容易看出, 在所作的假设下, 散射光将会是单色光, 亦即实际上谱线完全没有加宽. 其实, 在场 (15.22) 中振子的运动方程的形式为 (假定振子沿 $x$ 轴运动):

$$\ddot{x} + \gamma\dot{x} + \omega_0^2 x = f(t) + \frac{e}{m}E_0 e^{-i\omega_e t}. \tag{15.23}$$

由此我们得到

[359]

$$x_\omega = \frac{(e/m)E_0\delta(\omega - \omega_e) + f_\omega}{-\omega^2 + \omega_0^2 - i\gamma\omega}, \tag{15.24}$$

并且远离共振, 亦即 $|\omega_0 - \omega| \gg \gamma$, 同时也假设碰撞不太频繁, 正比于 $f_\omega$ 的项因随机力具有宽谱故作用很小.

从以上所述当然可知, 这里根本没有谱的展开; 在光散射时, 振子是以感应力 (被散射波) 的频率作受迫振动. 而当碰撞持续时间 $\Delta\tau$ 可忽略时, 碰撞导致振子本征振动振幅和相位的改变 (振子本征振动的频率为 $\omega_k = (\omega_0^2 - \gamma^2)^{1/2}$, 并假定其与入射波频率 $\omega_e$ 差别很大). 在 $\Delta\tau$ 时间间隔内当另一个系统散射时, 散射将发生变化, 特别是导致散射光去偏振 [255]. 当然, 即使在接近共振时, 也会出现谱线展宽 (虽然原理上这是清楚的, 但需要对非单色波——交变脉冲波的散射做专门分析).

在远离共振以及与平均自由飞行时间相比碰撞持续时间可忽略的条件下, 散射谱线的展宽只与散射体的运动有关. 此时通常首先出现的是多普勒展宽 [253, 254].

$$\left.\begin{array}{l} I(\Omega) \propto \exp\left(-\dfrac{\Omega^2}{b^2}\right), \\[3mm] \Omega = \omega_e - \omega, \quad b^2 = \dfrac{8\kappa T\omega_e^2\sin^2\frac{1}{2}\theta}{Mc^2}, \end{array}\right\} \tag{15.25}$$

其中, $\theta$ 为散射角, $T$ 为由质量为 $M$ 的粒子组成的散射气体 (振子集合) 的温度; 显然, $\Omega$ 是入射波和散射波频率之差.

除此之外, 还存在与多普勒展宽密切相关的展宽, 且其相应的强度正比于压强的平方. 文献 [256] 研究了平均自由程 $l \gg \frac{1}{2}\lambda_0/\sin\frac{1}{2}\theta$ 的稀薄气体中的这一效应 ($\lambda_0 = 2\pi c/\omega_e$). 在线翼 ($\Omega \gg b$ 区) 中强度 $I(\Omega) \propto p^2/\Omega^6$, 其中 $p$ 为压强. 这里所讨论的谱线增宽是由于碰撞时原子 (振子) 速度在观察方向的投影变化而造成的. 所以多普勒频移也发生变化, 亦即相位的导数出现间断; 换句话说, 散射波由不同频率的部分组成, 尽管它们所具有的相位是连续的.

自然, 这种波的傅里叶展开具有附加的翼, 翼的强度随压强而增长[①].

[360]

$l \sim \frac{1}{2}\lambda_0/\sin\frac{1}{2}\theta$ 的压强区是一个居间区, 很难分析. 然而, 在这一区域以及在 $l \ll \frac{1}{2}\lambda/\sin\frac{1}{2}\theta$ 条件下的压缩气体的光散射可以借助动理学方程来研究 [257c]. 在 $l \ll \frac{1}{2}\lambda/\sin\frac{1}{2}\theta$ 条件下, 已经可以使用对液体而言是唯一可靠的唯象研究. 此时瑞利散射被描写为在声波与熵波上的散射 (见后). 对于这一情况, 有关散射谱线展宽的问题很早已有研究 [61, 250, 257a, 257b]. 有关凝聚态介质中的光散射我们稍后再讲, 现在我们转而考察气体中光的组合散射的谱线展宽.

通常使用的用于描写分子组合 (拉曼) 散射的经典模型, 是一个调制分子的电子极化率 $\alpha(x)$ 的振子 (这里广义坐标 $x$ 正比于双原子分子中两个原子核之间的距离); 此时被入射场 $E$ 所感应的分子偶极矩 (详情见 [254, 258]) 等于

$$p(t) = \alpha(x)E = \alpha(x)E_0 \mathrm{e}^{-\mathrm{i}\omega_\mathrm{e}t}, \quad \alpha(x) = \alpha(0) + \left(\frac{\mathrm{d}\alpha}{\mathrm{d}x}\right)_0 x. \tag{15.26}$$

坐标 $x$ 的变化在某一近似下可由方程 (15.18) 描写. 于是, 按照 (15.19) 和 (15.26) 两式,

$$p_\omega = \alpha(0)E_0\delta(\omega - \omega_\mathrm{e}) + \left(\frac{\mathrm{d}\alpha}{\mathrm{d}x}\right)_0 \frac{f_\Omega}{-\Omega^2 + \Omega_0^2 - \mathrm{i}\gamma\Omega} = p_{\omega_\mathrm{e}} + p_\Omega, \quad \Omega = \omega_\mathrm{e} - \omega, \tag{15.27}$$

其中为了书写统一, 将 (15.18) 中振子频率 $\omega_0$ 替换为 $\Omega_0$.

$p_\omega$ 表达式中的第一项对应于瑞利散射, 我们现在对它不感兴趣. 所以组合散射的谱密度可以写为以下形式:

$$\left.\begin{array}{l} I(\Omega) = A\omega_\mathrm{e}^4 \overline{|p_\Omega|^2} = \dfrac{(\gamma\Omega_0^2/\pi)I_0}{(\Omega^2 - \Omega_0^2)^2 + \gamma^2\Omega^2}, \\[3mm] I_0 = \displaystyle\int_{-\infty}^{+\infty} I(\Omega)\mathrm{d}\Omega, \end{array}\right\} \tag{15.28}$$

其中在分子中取 $\omega = \omega_\mathrm{e}$, 这在 $\Omega \ll \omega_\mathrm{e}$ 的条件下是适用的; 同时也假设 $\overline{|f_\Omega|^2} \equiv (f^2)_\Omega = \mathrm{const}$.

---

[①] 如果气体由具有不同质量的多种原子组成, 则强度表达式中也含有正比于 $\Omega^{-4}$ 的项. 除此之外, 当存在将原子或分子转入具有不同极化率的状态的碰撞时将产生附加展宽. 最后, 我们注意到, 在散射分子能级简并的情况下, 应将分子从给定支能级跃迁到所研究能级的各支能级的散射叠加到瑞利 (相干) 散射上. 从本质上说, 这里所讨论的是谱线展宽时发生的组合散射 (见后).

$\Omega < 0$ 的频率区对应于红伴线, 而 $\Omega > 0$ 的频率区对应于紫伴线. 当然, 只有在满足条件 $\hbar\Omega_0 \ll \kappa T$ 的经典近似下, 这些伴线的强度是一样的. [361] 如果这一条件不满足, 则必须在量子力学的基础上, 具体地研究与分子从给定振动或转动能级向较高能级跃迁所伴随的散射 (红伴线) 或从较高的初始能级向较低能级跃迁所伴随的散射 (紫伴线). 这时由于能级的布居数的差别 (至少在热平衡时是这样的), 红伴线 (斯托克斯线) 的强度和紫伴线 (反斯托克斯线) 的强度已经不一致了.

如果 (15.28) 式中 $\Omega_0 \gg \gamma$, 则对于每一条伴线

$$I(\Omega) = \frac{\gamma I_0/4\pi}{(\Omega - \Omega_0)^2 + \frac{1}{4}\gamma^2}, \quad \Omega_0 \gg \gamma, \quad \Omega = \omega_e - \omega, \tag{15.29}$$

其中 $I_0$ 为两条伴线的总强度.

对于发射谱线或吸收谱线的情况, $\omega_0 \gg \gamma$ (见 (15.16) 式) 在光学上始终满足, 因此在光学频段普遍公式 (15.21) 没有实际价值, 因为在相应类型的谱线展宽时表达式 (15.17) 始终适用. 而在散射情况下, 公式 (15.28) 的适用范围明显地变宽, 因为频率 $\Omega_0$ 可以很小, 例如在接近二类相变点时出现在某些振动模上的那样 [259].

前面对于辐射谱线线宽不仅得到了表达式 (15.21), 而且也得到表达式 (15.15). 如果像有时所作的那样, 以类似的处理方式应用于组合散射线, 亦即不引进随机力 $f(t)$, 而在 (15.26) 式中写入

$$x = x_0 e^{-\gamma t/2} \cos(\Omega_k t + \varphi), \quad \Omega_k^2 = \Omega_0^2 - \frac{1}{4}\gamma^2, \tag{15.30}$$

则

$$p(t) = \left(\frac{\mathrm{d}\alpha}{\mathrm{d}x}\right)_0 x E_0 e^{-\mathrm{i}\omega_e t}$$

的傅里叶展开导致 (15.15) 类型的公式

$$I(\Omega) = \frac{A'\omega_e^4(\Omega_0^2 + \Omega^2)}{(\Omega^2 - \Omega_0^2)^2 + \gamma^2\Omega^2}. \tag{15.31}$$

有时在文献中导出的就是这一表达式, 而且还认为它甚至比关系式 (15.28) 更精确. 但是, 如我们在前面所阐明的, 情况正好相反, 在我们所采用模型的框架内, 必须使用公式 (15.28) 而不是 (15.31).

由于我们对组合散射线宽所得到的结果 (15.28), 如上所述, 与发射谱线线宽的公式 (15.21) 类似, 这可能会形成一种印象, 认为二者的主要差别只限于瑞利散射情况. 然而, 如我们将要看到的, 这一结论过于草率, 因为它仅涉及最简单的情况, 特别是仅与所讨论的一定程度上描述气体中散射的振子模型有关. 当研究转向凝聚态介质中的任何散射时, 一般而言, 在吸收 (发射) 谱线线宽和散射谱线线宽的公式中存在重要的差别.

[362]　　　　对于光在足够稀薄的气体中的散射, 光被不同体积或, 如所假设的, 被不同种类分子 (振子) 散射的独立性 (非相干性) 是其特征. 在稠密气体和凝聚态介质中, 不同点上的散射不能认为是独立的, 特别是在分析散射光的光谱成分时. 在这些情况下, 合适的处理方式是在介电张量涨落的空间傅里叶分量上的散射的概念, 或者就问题的实质而言, 介质中传播的不同平面波 (电磁波、声波等) 的相互作用的类似研究[①], 这种处理方式是在爱因斯坦的工作中首先使用的 [251]. 以上的散射光强度计算从一开始就是用这种方式进行的 (见 (15.4)—(15.7) 式). 不过现在我们已不再假设散射光频率与入射光频率是不可区分的了.

　　　　为了方便我们重复一下所使用标记符号. 我们用 $k_e$ 和 $k_s$ 分别标记入射波和散射波的波矢; 相应的频率则分别用 $\omega_e$ 和 $\omega_s$ (以前经常略去下标 $s$) 标记. 假定介质对于频率 $\omega_e$ 和 $\omega_s$ 是透明的, 则我们认为四个量 $k_e$, $k_s$, $\omega_e$ 和 $\omega_s$ 都是实的. 这时, 比如说, 介电常量涨落的变化 $\delta\varepsilon$ 的散射波 (我们研究不计及各向异性的瑞利散射; 详情见 [61, 250, 257b]) 由频率 $\Omega$ 和波矢 $q$ 表征, 它们分别为

$$\Omega = \omega_e - \omega_s, \quad q = k_e - k_s. \tag{15.32}$$

如果频率的变化很小, 则 $k_s \approx k_e = 2\pi n/\lambda_0 = \omega_e n(\omega_e)/c$, 且

$$q \equiv \frac{2\pi}{\Lambda} = \frac{4\pi n}{\lambda_0} \sin\frac{1}{2}\theta = \frac{2\omega_e n(\omega_e)}{c} \sin\frac{1}{2}\theta, \tag{15.33}$$

其中 $n(\omega_e)$ 是频率 $\omega_e \approx \omega_s$ 时的折射率, $\theta$ 为散射角.

[363]　　　　在所讨论的条件下, 射入单位立体角的体积 $V$ 中的散射光强度 $I$ 由公式 (15.5b) 表示. 散射光的光谱成分由涨落 $\delta\varepsilon_q$ 的动理学决定, 具体为:

$$\left.\begin{array}{l} I(\Omega) = A\overline{|\delta\varepsilon_{q,\Omega}|^2} \equiv A((\delta\varepsilon)_q^2)_\Omega, \\[2mm] \delta\varepsilon_{q,\Omega} = \dfrac{1}{2\pi}\displaystyle\int_{-\infty}^{+\infty} \delta\varepsilon_q(t)e^{-i\Omega t}dt. \end{array}\right\} \tag{15.34}$$

量 $((\delta\varepsilon)_q^2)_\Omega$ 的意义已在第 14 章中阐明, 亦即

$$\overline{|\delta\varepsilon_q|^2} = \int_{-\infty}^{\infty} ((\delta\varepsilon)_q^2)_\Omega d\Omega$$

---

　　　[①] 我们注意到, 研究在介电常量涨落的傅里叶分量上的散射并不是唯一可能的方法. 例如, 在远离临界点的液体中的尺度比光的波长小但远大于原子大小的体积内, 可以认为介电常量的涨落是独立的. 在这样的条件下, 将单个体积的散射相加可导出散射光强度公式 (15.10) 而不必作傅里叶分量展开 [260]; 实际上, 公式 (15.10) 就是这样得到的.

其中横杠表示统计平均值.

前面曾经提到过, 在相当好的近似下, 我们有

$$\delta\varepsilon_{\boldsymbol{q}} = \left(\frac{\partial\varepsilon}{\partial\rho}\right)_T \delta\rho_{\boldsymbol{q}}.$$

其中 $\rho$ 为密度; 密度的涨落 $\delta\rho$ 反过来可分解为压强的涨落 $\delta p$ 和熵的涨落 $\delta S$:

$$\overline{(\delta\rho)^2} = \left(\frac{\partial\rho}{\partial p}\right)_S^2 \overline{(\delta p)^2} + \left(\frac{\partial\rho}{\partial S}\right)_p^2 \overline{(\delta S)^2}.$$

密度的正比于 $\delta p$ 的绝热 (等熵) 涨落按照流体动力学方程随时间变化, 而正比于 $\delta S$ 的等压涨落的动理学则由热传导方程确定. 我们将不再详细地探讨如何得到所有相应公式 (参见 [250] 及其中指出的文献), 而是就此作几点评论.

如果假设两个黏性系数 $\eta$ 和 $\zeta$ 以及热传导系数 $\kappa$ 为零, 则声波将在液体中无吸收地传播, 而熵的涨落, 如果一旦生成, 则不会消散. 在这样的条件下, 散射光的光谱中将会观察到未展宽谱线的三重线——具有未移动频率 $\omega_{\mathrm{s}} = \omega_{\mathrm{e}}$ (此处 $\Omega = \omega_{\mathrm{e}} - \omega_{\mathrm{s}} = 0$) 的中心谱线及曼德尔施塔姆–布里渊双线 $\Omega = \pm\Omega_0$, 而且 $\Omega_0 = uq = (2un\omega_{\mathrm{e}}/c)\sin\frac{1}{2}\theta$, 其中 $u$ 为频率为 $\Omega_0$ 的声波的速度. 在量子理论中, 是用发射能量为 $\hbar\Omega_0$、动量为 $\hbar\boldsymbol{q} = (\hbar\Omega_0/u)\boldsymbol{q}/q$ 的声子 (红伴线) 和吸收同样的声子 (紫伴线) 的光散射来描写 $\Omega = \pm\Omega_0$ 伴线的出现的. 当然, 在采用经典理论时, 我们总是假设 $\hbar\Omega \ll \kappa T$ (假定介质处于温度为 $T$ 的平衡态).

如果不忽略黏性和热传导, 则声波将会衰减, 而熵的涨落也要消散, 结果三重线全部展宽. 此时等压涨落的动理学取决于热传导方程

$$\frac{\partial T}{\partial t} - \chi\Delta T = f_T(t, \boldsymbol{r}), \quad \Delta = \frac{\partial^2}{\partial x^2} + \frac{\partial^2}{\partial y^2} + \frac{\partial^2}{\partial z^2}, \quad \chi = \frac{\kappa}{\rho c_p}, \tag{15.35}$$

其中 $f_T$ 为液体中热运动引起的随机力; 给定压强下温度 $T$ 的涨落正比于熵 $S$ 的涨落且最终导致密度 $\rho$ 和介电常量 $\varepsilon$ 的涨落 (见上).　　　　　　　　　[364]

所以从 (15.34) 和 (15.35) 式我们得到

$$\left.\begin{aligned}
I_{\mathrm{isob}}(\Omega) &= A'(\Omega)\overline{(f_{T,\boldsymbol{q}}^2)_\Omega} = \frac{(\gamma/2\pi)I_{0,\mathrm{isob}}}{\Omega^2 + \frac{1}{4}\gamma^2}, \\
\gamma &= 2\chi q^2 = 4\left(\frac{\omega_{\mathrm{e}}n}{c}\right)^2 \chi(1 - \cos\theta), \quad I_{0,\mathrm{isob}} = \int_{-\infty}^{+\infty} I(\Omega)\mathrm{d}\Omega,
\end{aligned}\right\} \tag{15.36}$$

此处及以下假设量 $\overline{(f_{T,\boldsymbol{q}}^2)_\Omega}$ 的频率依赖性不重要. 在与绝热涨落引起的散射相对应的曼德尔施塔姆–布里渊分量情况中, 我们将不考虑某些与声波

色散有关的细节 (参见 [261] 中的第 8 章), 并因此使用以下的压强方程:

$$\left.\begin{array}{l} \dfrac{\partial^2 p}{\partial t^2} - u^2 \Delta p - \Gamma \Delta \dfrac{\partial p}{\partial t} = f_p(t, \boldsymbol{r}), \\[3mm] \Gamma = \dfrac{1}{\rho}\left[\dfrac{4}{3}\eta + \zeta + \dfrac{\kappa}{c_p}\left(\dfrac{c_p}{c_V} - 1\right)\right]. \end{array}\right\} \tag{15.37}$$

由此得到

$$\left.\begin{array}{l} I_{\mathrm{ad}} = \dfrac{(\gamma/\pi)\Omega_0^2 I_{0,\mathrm{ad}}}{(\Omega^2 - \Omega_0^2)^2 + \gamma^2 \Omega^2}, \\[3mm] \Omega_0 = uq = \dfrac{2u\omega_{\mathrm{e}} n}{c}\sin\dfrac{1}{2}\theta, \quad \gamma = \Gamma q^2, \\[3mm] I_{0,\mathrm{ad}} = 2I_0^{\mathrm{MB}} = \displaystyle\int_{-\infty}^{+\infty} I_{\mathrm{ad}}(\Omega)\mathrm{d}\Omega, \end{array}\right\} \tag{15.38}$$

其中 $I_0^{\mathrm{MB}}$ 为一条伴线的总强度, 对于窄谱线 ($\gamma \ll \Omega_0$ 时) 中的每一条伴线

$$\left.\begin{array}{l} I^{\mathrm{MB}}(\Omega) = \dfrac{(\gamma/2\pi)I_0^{\mathrm{MB}}}{(\Omega - \Omega_0)^2 + \dfrac{1}{4}\gamma^2}, \quad I_0^{\mathrm{MB}} = \displaystyle\int_{-\infty}^{+\infty} I^{\mathrm{MB}}(\Omega)\mathrm{d}\Omega, \\[3mm] \dfrac{1}{2}\gamma = \dfrac{q^2}{2\rho}\left[\dfrac{4}{3}\eta + \zeta + \dfrac{\kappa}{c_p}\left(\dfrac{c_p}{c_V} - 1\right)\right], \\[3mm] q^2 = 2\left(\dfrac{n\omega_{\mathrm{e}}}{c}\right)^2 (1 - \cos\theta). \end{array}\right\} \tag{15.39}$$

至于强度 $I_{0,\mathrm{isob}}$ 和 $I_{0,\mathrm{ad}}$, 则在最简单的情况下它们的和由 (15.10) 式确定, 它们之比 $I_{0,\mathrm{ad}}/(I_{0,\mathrm{ad}} + I_{0,\mathrm{isob}}) = c_V/c_p$, 也就是 $I_{0,\mathrm{isob}}/I_{0,\mathrm{ad}} = c_p/c_V - 1$ (见 [61, 250]).

　　除标记符号有所差异之外, 所得到的公式与众所周知的表达式完全相同 (参见 [61,250,257]). 我们之所以在这里给出公式的推导, 是为了强调通常不大提及的一个事实, 即推导中使用的是受迫解而不是齐次运动方程的解 (现在的情况下指的是方程 (15.35) 和 (15.37)). 然而, 如果我们感兴趣的是声波在液体中的传播, 则在所研究的近似中要使用的是方程

[365]

$$\dfrac{\partial^2 p}{\partial t^2} - u^2 \Delta p - \Gamma \Delta \dfrac{\partial p}{\partial t} = 0, \tag{15.40}$$

这个方程的具有实波矢 $\boldsymbol{q}$ 的单色平面波解的形式为

$$\left.\begin{array}{l} p = p_0 \mathrm{e}^{\mathrm{i}(\boldsymbol{q}\cdot\boldsymbol{r} - \Omega_q t)} = p_0 \mathrm{e}^{-\gamma t/2}\mathrm{e}^{\mathrm{i}(\boldsymbol{q}\cdot\boldsymbol{r} - \Omega_q' t)} \\[3mm] \Omega_q = \Omega_q' - \dfrac{1}{2}\mathrm{i}\gamma, \quad \gamma = \Gamma q^2, \quad \Omega_q' = \left(\Omega_0^2 - \dfrac{1}{4}\gamma^2\right)^{1/2}, \quad \Omega_0^2 = u^2 q^2. \end{array}\right\} \tag{15.41}$$

　　如果像在问题的另一种可能的提法中那样, 假设 $\Omega_q$ 是实频率, 则波矢 $\boldsymbol{q}$ 为复数, 因为由方程 (15.40) 只能得出普遍关系 (色散方程)

$$\Omega_q^2 - u^2 q^2 - \mathrm{i}\Gamma\Omega_q q^2 = 0. \tag{15.42}$$

在光散射情况下,(15.32) 式中的两个量 $\Omega$ 和 $q$ 都是实的,因为 $k_{\mathrm{e}}, k_{\mathrm{s}}, \omega_{\mathrm{e}}$ 和 $\omega_{\mathrm{s}}$ 为实数. 这样的 "声波" 之所以能够在介质中传播,只是因为它们是方程 (15.37) 的受迫解,而受迫解当然不必满足色散方程. 因此在计及声波的吸收时,如果已经使用了量子语言,则用发射或吸收一个声子来谈论光散射就不对了,因为这时发射或吸收的不是可以在给定介质中自由传播的声波 (声子),而是某种按照 (15.32) 确定的频率为 $\Omega$ 波矢为 $q$ 的受迫声扰动. 一般说来,以上所述不会干扰通过测量散射谱线线宽确定超声吸收系数. 确实,由 (15.36) 或 (15.38) 式确定 $\gamma$ 后,我们因此可以求得声波传播的系数 $\Gamma$ 或 $\gamma$ (见 (15.41) 式). 但只是因为忽略了声波的色散,亦即忽略了黏性系数与热传导系数的频率依赖性,事情才变得如此简单. 在强吸收以及一般情况下,问题不能这样处理,用光散射方法确定超声速度和衰减 (亦即研究声波传播的色散方程 $F(\Omega_q, q) = 0$) 会变得非常困难. 类似的情况也出现在其他场合,例如在晶体中 (以及一般在凝聚态介质中) 形成不同的激发 (激子、电磁耦子、磁波子, 等等) 情况下的组合光散射问题. 这类问题已成为近年来大量研究的课题. 这里我们只讨论形成电磁耦子 (真正的激子) 情况下的组合散射的谱线宽度问题,因为相应的研究 ([262] 与 [99] 的 §16) 与本章前半部分所讲述的内容密切相关.

"电磁耦子" 或较少使用的 "真激子"[1]这个术语用于称呼在晶体中传 [366] 播并在研究中计及延迟效应的激子; 就其实质而言,这里所指的是介质中的 "正常" 电磁波或光子 (详情见十一章末尾). 在忽略电磁耦子衰减情况下产生电磁耦子 (具体说是产生一个电磁耦子) 的光散射是组合散射,散射时在介质中发射 (或吸收) 一个满足条件 (15.32) 的频率为 $\Omega$ 波矢为 $q$ 的 "正常" 电磁波——电磁耦子. 换句话说,我们所讨论的过程与在液体 (及固体) 中生成曼德尔施塔姆 – 布里渊伴线的散射完全相似,只不过是将声子换作了电磁耦子 (真激子).

为了简单起见,我们将讨论局限在光学各向同性介质的范围内[2]并忽略空间色散. 此时介质的光学性质由介电常量 $\varepsilon(\omega) = \varepsilon'(\omega) + \mathrm{i}\varepsilon''(\omega)$ 表征. 与前面一样,在瑞利散射情况下我们假设对于频率分别为 $\omega_{\mathrm{e}}$ 和 $\omega_{\mathrm{s}}$ 的入射波和散射波介质是透明的. 这意味着, $\varepsilon(\omega_{\mathrm{e}})$ 和 $\varepsilon(\omega_{\mathrm{s}})$ 是实的,也就是说可以取

---

[1] 引入术语 "真激子" 与还有如库仑激子以及力学激子等其他的激子被研究有关 (参见 [99]). 我们也要强调指出,这方面的术语尚未最后确定,读者在阅读文献时应注意这点.

[2] 这里所讨论的三光子过程 (指的是介质中频率分别为 $\omega_{\mathrm{e}}, \omega_{\mathrm{s}}$ 和 $\Omega$ 的三个波或三个光子的相互作用) 只可能在没有对称中心的介质中进行,而非旋性立方晶类 $\mathrm{T_d} \equiv \overline{43}\,\mathrm{m}$ (例如 ZnS 和 ZnSe 等) 属于这一类介质,这些晶体在略去高阶空间色散情况下是光学各向同性的 (这表明 $\varepsilon_{ij}(\omega, k) = \varepsilon(\omega)\delta_{ij}$).

$\varepsilon''(\omega_e) = \varepsilon''(\omega_s) = 0$. 至于频率为 $\Omega = \omega_e - \omega_s$ 的散射波, 则一般而言不可忽略其吸收.

如果频率为 $\Omega$ 的波在给定介质中自由传播, 则其色散关系的形式为

$$\frac{c^2 q^2}{\Omega^2} \equiv (n + i\kappa)^2 = \varepsilon(\Omega) = \varepsilon'(\Omega) + i\varepsilon''(\Omega). \tag{15.43}$$

不言而喻, 这个关系式是横电磁波在各向同性介质中传播时联系 $\Omega$ 和 $\boldsymbol{q}$ 的典型表达式. 由于 (15.43) 式, 描写在介质中任意方向 $z$ 传播的正常 (自由) 波为:

$$\left.\begin{aligned}
E &= E_0 \exp\left[-\frac{\Omega}{c}\kappa z - i\left(\Omega t - \frac{\Omega}{c}nz\right)\right], \\
n &= \left\{\frac{1}{2}\varepsilon' + \left[\left(\frac{1}{2}\varepsilon'\right)^2 + \left(\frac{1}{2}\varepsilon''\right)^2\right]^{1/2}\right\}^{1/2}, \\
\kappa &= \left\{-\frac{1}{2}\varepsilon' + \left[\left(\frac{1}{2}\varepsilon'\right)^2 + \left(\frac{1}{2}\varepsilon''\right)^2\right]^{1/2}\right\}^{1/2}.
\end{aligned}\right\} \tag{15.44}$$

[367]　　　由于存在吸收 (亦即在条件 $\varepsilon''(\Omega) \neq 0$ 时), 结果正常波 (电磁耦子) 被吸收, 而且在频率 $\Omega$ 为实数的情况下, 正常波中的波矢 $\boldsymbol{q}$ 为复数量. 然而在生成电磁耦子的光散射情况下, 由于 (15.32) 式, 这些电磁耦子应当具有实的 $\Omega$ 和 $\boldsymbol{q}$. 如果我们还记得散射是一个受激过程[①], 以及对于散射时形成的电磁耦子没有色散方程 (15.43), 自然可以消除这个看起来的矛盾[②]. 换句话说, 只有在忽略吸收的情况下, 才可以在真正的意义上谈论产生电磁耦子的组合散射. 计及吸收时所产生的不是自由电磁耦子, 而是某种类似电磁耦子的波. 当然, 后者不会阻碍使用组合散射来研究电磁耦子. 这方面的情景与前面讨论液体中的瑞利散射的情况十分相似. 具体地说, 对于产生电磁耦子的散射我们得出线宽 $I(\Omega, \boldsymbol{q})$ 的公式, 公式中包括一些参数, 它们也可确定正常电磁波——电磁耦子的传播. 有关某些进一步的细节以及线宽公式请读者查阅文献 [262] 和文献 [99] 中的 §16. 这里我们只指出这样一个情况, 即在论文 [262] 中没有引进随机力 $f(t, r)$, 以经典方式处理散

---

① 这里所指是任何散射, 其中也包括自发散射, 而不仅是在高强度波散射时发生的所谓受激散射 [137, 250, 263].

② 这里所发现的困难可以从文献 [262] 引用的一系列论文中看清楚. 例如, 这些文章之一曾试图在组合散射的极大值处用关系式 $c^2 q^2/\Omega^2 = n^2$ 将 $\Omega$ 和 $\boldsymbol{q}$ 关联起来; 而在另一篇文章中则讨论了关系式 $c^2 q^2/\Omega^2 = \varepsilon'(\Omega)$. 两种情况下这样做的目的都是为了使色散关系的右端为实量. 这种处理方法不仅不会导致与观察结果一致, 更重要的是, 它实质上是错误的, 因为与散射时形成的电磁耦子有关的 $\Omega$ 和 $\boldsymbol{q}$ 之间一般并不由色散关系相关联.

射问题时研究这些力特别方便. 在论文 [262] 中, 取代随机力, 在电磁耦子的场方程中明显地出现了计及入射波和散射波的电场对介质作用的 "力". 这种处理方式等价于研究入射波和散射波与声波或因散射而形成的激子波的相互作用能, 在有必要在量子理论的框架内进行强度计算或这样做更合理的情况下, 自然会采用这种处理方式.

　　在我们看来, 以上所举的例子显示出了与光和声的吸收谱线宽度 (吸收谱线的宽度是由相应的波传播的齐次方程所决定的) 研究不同的散射光谱线宽度问题的独特之处. 例如, 电磁耦子吸收线是在晶体中吸收了频率为 $\Omega$ 的入射自由波而形成的 (当然, 为了产生谱线必须改变频率 $\Omega$). 因此, 事情归结为确定在色散关系 (15.43) 中包含的折射率 $\kappa(\Omega)$.

　　散射光的谱线宽度问题 (特别是, 如果也包括了受激组合散射和受激瑞利散射 [263], 更不必说电磁波在等离子体中及对相对论粒子的散射: 见后) 是一个涉及面很广的重要问题. 过去由于纯粹实验方面的困难—— 缺乏合适的单色光源, 阻碍了对散射光谱线进行大规模研究, 故对这个问题所知甚少. 现在由于激光的使用这一障碍已经消除, 引起了在各种可能的介质中以令人印象深刻的规模开展的对散射光的多样研究. 特别是, 对散射谱线光谱成分 (宽度) 的研究更为频繁, 很可能这一趋势将会维持和巩固. 因此, 记住以上评论不无裨益.

[368]

　　现在我们来研究从天体物理学和电离层物理学应用观点看来特别重要的情况, 亦即电磁波在等离子体中的散射.

　　从回想单个自由电子如何散射开始 (参见, 例如 [1] 中的 §5 和 [2] 中的 §78). 我们假定电子是非相对论性电子 ($K = \frac{1}{2}mv^2 \ll mc^2 = 5.1 \times 10$ eV), 散射为经典散射 ($\hbar\omega \ll mc^2$). 相对论性电子以及辐射频率任意的情况将在第 17 章中讨论[①]. 在波的电场

$$\boldsymbol{E} = \boldsymbol{E}_0 \cos(\boldsymbol{k} \cdot \boldsymbol{r} - \omega t) \tag{15.45}$$

中, 使用运动方程

$$m\ddot{\boldsymbol{r}} = e\boldsymbol{E} \tag{15.46}$$

并在 (15.45) 式中与 $\omega t$ 相比忽略相位 $\boldsymbol{k} \cdot \boldsymbol{r}$ 时, 电子得到的速度为

$$\boldsymbol{v} \equiv \dot{\boldsymbol{r}} = -\frac{e\boldsymbol{E}_0}{m\omega}\sin\omega t + \boldsymbol{v}_0. \tag{15.47}$$

---

　　① 对于这种普遍的情况必须使用量子电动力学来处理. 如果在电子 (当然, 或者任一另外的静止质量为 $m$ 的粒子) 的速度为零或足够小的参考系中满足条件 $\hbar\omega \ll mc^2$, 则具有任何能量的电子的散射问题在采用相应的参考系变换的情况下归结为这里所讨论的问题. 同时我们发现, 相对论电荷在平面波场中的运动无论是计及还是不计及辐射阻尼都有一定的方法论意义 [264].

为了不仅在没有电场时的电子速度 $v_0$ 而且在有电场作用下的电子速度 $v$ 都是非相对论的, 必须满足条件

$$eE_0/mc\omega \ll 1, \tag{15.48}$$

我们假设这个条件是满足的.

[369] 　　由于假设 $v \sim [v_0^2 + (eE_0/m\omega)^2]^{1/2} \ll c$, 我们可以使用方程 (15.46), 其中略去了洛伦兹力 $ev \times \boldsymbol{H}/c$. 更准确地说, 是除此而外如果还有 $H_0 \sim E_0$ 才会如此. 对于真空中的平面波, 当然有 $H_0 = E_0$, 然而在折射率为 $n$ 的介质中已经有 $H_0 = nE_0$, 并在 $n \gg 1$ 时磁场的相对贡献增加. 同样的情况可以发生在波导中, 其中对于确定的振动模式或者在某些点上也可能满足不等式 $H_0 \gg E_0$. 这里在所有的情况下我们都略去了洛伦兹力. 我们发现, 经典性条件 $\hbar\omega \ll mc^2$ 也自动地保障了忽略辐射阻尼力的可能性[①], 如同在 (15.46) 式中所作的那样. 最后, 当 $v \ll c$ 时 (更准确地说, 必须满足条件 $v \ll c/n$), 相位 $kr \sim \omega nvt/c \ll \omega t$, 这正好证明了用场 $\boldsymbol{E} = \boldsymbol{E}_0 \cos \omega t$ 替换场 (15.45) 的正确.

　　考虑以上所述后, 我们从方程 (15.46) 出发并限于采用偶极近似, 其中

$$\boldsymbol{r} = -\frac{e\boldsymbol{E}_0}{m\omega^2}\cos \omega t, \quad \ddot{\boldsymbol{p}} = e\ddot{\boldsymbol{r}} = \frac{e^2}{m}\boldsymbol{E} = \frac{e^2}{m}\boldsymbol{E}_0 \cos \omega t. \tag{15.49}$$

由此使用 (6.28) 式, 我们得到散射入立体角 $\mathrm{d}\Omega$ 内的时间平均辐射强度为

$$I = \left(\frac{e^2}{mc^2}\right)^2 E_0^2 \frac{cn}{8\pi}\sin^2 \psi = I_0 r_\mathrm{e}^2 \sin^2 \psi = \frac{\mathrm{d}\sigma}{\mathrm{d}\Omega}I_0, \tag{15.50}$$

由于入射的辐射强度为

$$I_0 = \frac{cn}{4\pi}\overline{E^2} = \frac{cn}{8\pi}E_0^2$$

(如同在 (15.5) 式中那样 $\boldsymbol{E}_0$ 和散射波波矢 $\boldsymbol{k}$ 之间的夹角用 $\psi$ 标记, 这与 (6.28) 不一样, 那里这个角是用 $\theta$ 标记的). 显然, 散射的总的有效截面为

$$\sigma = \int \mathrm{d}\sigma = \frac{\int I\mathrm{d}\Omega}{I_0} = \frac{8}{3}\pi r_\mathrm{e}^2 \tag{15.51}$$

(截面 $\sigma_\mathrm{T} = \frac{8}{3}\pi r_\mathrm{e}^2 = 8\pi(e^2/mc^2)^2/3 = 6.65 \times 10^{-25} \text{ cm}^2$ 称为汤姆孙截面). 对于

---

　　① 条件 $\hbar\omega \ll mc^2$ 等价于不等式 $\omega \ll c/(\hbar/mc) \ll c/r_\mathrm{e}$, 其中 $r_\mathrm{e}$ 是电子的经典半径 $r_\mathrm{e} = e^2/mc^2 = 2.82 \times 10^{-13}$ cm. 在这些条件下, 辐射力非常弱 (见第 2 章). 也许强调指出以下事实不是多余的, 即由不等式 $r_\mathrm{e} = e^2/mc^2 \ll \hbar/mc$ 导出的不等式 $c/(\hbar/mc) \ll c/r_\mathrm{e}$ 只与 $e^2/\hbar c \ll 1$ 的粒子有关. 众所周知, 电子、质子以及其他 "基本粒子" 都属于这一类粒子.

非偏振光我们有 $\mathrm{d}\sigma = \frac{1}{2}r_\mathrm{e}^2(1+\cos^2\theta)$，当然，与从前一样，有 $\sigma = \sigma_\mathrm{T}$（此处 $\theta$ 为散射角）.

从给出的计算可见，发生被自由电子散射的介质的折射率 $n$ 没有包含在 $\mathrm{d}\sigma$ 的表达式中（我们注意到，在真空中最方便的办法是立即从 $\ddot{\boldsymbol{p}}$ 的表达式 (15.49) 出发并使用广为人知的瞬时强度公式 $I = [(\ddot{p})^2/4\pi c^3]\sin^2\psi$ 和 $\int I\mathrm{d}\Omega = (2/3c^3)(\ddot{\boldsymbol{p}})^2$）.

从 (15.7) 式和 (15.51) 式显然可见，浓度为 $N$ 的独立散射电子气体的消光系数等于 [370]

$$h = \sigma_\mathrm{T}N. \tag{15.52}$$

假定气体为理想气体并算出自由电子气的涨落 $\delta\varepsilon$，如果我们考虑到在此情况下:

$$\varepsilon = 1 - \frac{4\pi e^2 N}{m\omega^2}, \quad \rho\frac{\partial\varepsilon}{\partial\rho} = N\frac{\partial\varepsilon}{\partial N} = -\frac{4\pi e^2}{m\omega^2}, \quad \beta_\mathrm{T} = \frac{1}{\kappa TN},$$

我们即可得到与 (15.10) 式同样的结果. 显然，这里无论在 $\varepsilon$ 的表达式中还是在压缩率 $\beta_\mathrm{T}$ 的表达式中都完全忽略了离子的影响. 换句话说，我们假设离子对散射既无直接贡献也无间接贡献.

什么时候可以这样做呢? 当然，首先离子对介电张量 $\varepsilon_{ij}$ 的贡献必须很小. 在各向同性等离子体中，当 $\omega \gg kv_{\mathrm{Te,i}}$ 及 $\omega \gg \nu_{\mathrm{eff}}$ 时这一贡献很小（见 (12.40) 式）；在稀薄等温等离子体中，只有不等式 $\omega \gg kv_\mathrm{T}$ 最重要，其中 $v_\mathrm{T} = (\kappa T/m)^{1/2}$. 对于我们现在只研究的横波，这一条件始终是满足的，然而，对于假定问题中至关紧要的涨落为独立的涨落，它并不充分. 其实，只有处于距离 $r \gg l$ 的体积中的涨落才是独立的，其中 $l$ 为关联半径. 在不带电的（中性）气体中平均自由程起 $l$ 的作用，而在稀薄等离子体中则是德拜半径 $r_\mathrm{D}$ 起这一作用（见 (12.14) 式）.

从另一方面看，仅当散射体积的尺度小于波长 $\lambda = \lambda_0/n$ 时，散射波的相位差别才不会大于 $\pi$. 对于大体积或散射体积间的大距离，散射波的相位由于热运动（亦即涨落的时间相关性）随时都在发生偏差. 在此情况下，当然会假定将散射的强度按照某一足够长的时间作平均. 例如，对于气体，引起散射的粒子（电子、分子）在求平均的时间间隔内必须通过远超过辐射波长的路程. 实际上类似的要求总会得到满足（缺陷以及密度、组分等的静态（冻结）涨落是例外）. 因此，在前述条件下，我们可以假定对于没有作谱展开的散射光（或者甚至对于足够宽的谱带），处于距离 $r \gg \lambda$ 的体积中的散射是非相干的. 由此可知，当 $\lambda \ll l$，或者更准确地说，在条件（见

(15.33); $\theta$ 为散射角)

$$\frac{2\pi}{q} = \frac{\frac{1}{2}\lambda}{\sin\frac{1}{2}\theta} \ll l \tag{15.53}$$

下, 散射波的相位在显然更小的距离上 "被移动", 使得在这样的距离上气体表现得接近理想气体, 在这个意义上, 涨落的关联在 $l$ 量级的距离上不起作用[①]

[371] 　　　对于中性粒子组成的气体, 我们在上面已经提到并应用了这一事实. 因此, 对于等离子体, 只有在条件 (见 (12.14))

$$\frac{\lambda}{2\sin\frac{1}{2}\theta} = \frac{\pi c}{n\omega\sin\frac{1}{2}\theta} \ll r_{\mathrm{D}} = \left(\frac{kT}{8\pi e^2 N}\right)^{1/2} = 4.9\left(\frac{T}{N}\right)^{1/2} \text{ cm} \tag{15.54}$$

得到满足时, 才允许仅由电子一种组分引起散射而完全忽略离子的作用.

　　　如果不涉及在极小角度下的散射, 不等式 (15.54) 在光学中 ($\lambda \lesssim 10^{-3}$ cm) 通常总是满足的 (我们这里所指的是在天文学条件下一般可发出辐射的区域的电子浓度 $N$). 无论如何, 在满足不等式 (15.54) 时可以使用公式 (15.52). 在另一种极限情况[②]

$$\frac{\frac{1}{2}\lambda}{\sin\frac{1}{2}\theta} \gg r_{\mathrm{D}} \tag{15.55}$$

时, 尺度远大于关联半径的体积非相干地散射, 已经不能将等离子体看作理想电子气. 一般而言, 这里必须按照前面讲述的普遍理论来解决问题——计算 $\delta\varepsilon_q$ 或者为了求得谱而确定量 $\delta\varepsilon_{q,\Omega}$ (见 (15.5b) 和 (15.34) 式). 在文献 [62a, 108, 199, 233, 265] 中可找到这些计算. 然而, 也可以在更初等的水平上说明一些问题.

　　　与液体中的密度涨落可以分为绝热涨落与等压涨落相似, 各向同性等离子体中的涨落 $\delta\varepsilon$ 在一级近似下分解为只改变等离子体密度而不改变电荷的涨落 $\delta\varepsilon_n$ 和与电荷改变有关的涨落 $\delta\varepsilon_e$. 换言之, 涨落 $\delta\varepsilon_n$ 类似于由声波引起的涨落, 其中电子和离子相互 "捆绑" 在一起, 因此不出现电荷. 而

---

　　　① 这一论断在中性气体情况是显然的: 在小于平均自由程的距离上, 粒子一般不相互作用. 在我们所研究的气体等离子体中, 由于条件 $e^2 N^{1/3} \ll \kappa T$ 也保障了不等式 $r_{\mathrm{D}} \gg N^{-1/3}$ 得以满足, 其中 $N^{-1/3}$ 为粒子间平均距离, 粒子间相互作用也很弱.

　　　② 在中性粒子气体情况下, 此处必须用平均自由程 $l \sim v_{\mathrm{T}}\nu_{\mathrm{eff}} \sim (\pi a^2 N_{\mathrm{m}})^{-1}$ 替换 $r_{\mathrm{D}}$, 其中 $\pi a^2 \sim 10^{-5}$ cm$^2$ 为分子 (原子) 的截面, $N$ 为它们的浓度.

涨落 $\delta\varepsilon_{\mathrm{e}}$ 则可以展开为高频等离子体波——其中离子静止, 而电子以接近

$$\omega_{\mathrm{pe}} \equiv \omega_{\mathrm{p}} = \left(\frac{4\pi e^2 N}{m}\right)^{1/2}$$

的频率振动. 精确到数量级为 $m/M$ 的项, 两类涨落是统计独立的, 并因此有

$$\overline{(\delta\varepsilon)^2} = \overline{(\delta\varepsilon_{\mathrm{n}})^2} + \overline{(\delta\varepsilon_{\mathrm{e}})^2}. \tag{15.56}$$

在所研究的区域 (15.55) 内, 但在平均自由程远大于波长 $\lambda$ 的条件下, [372] 可以期望中性涨落 $\delta\varepsilon_{\mathrm{n}}$ 接近相应的具有总粒子浓度为 $2N$ 的中性气体的涨落. 这里最重要的是总粒子浓度, 因为压强在热平衡时与粒子质量无关而由总粒子浓度决定 $(p = 2N\kappa T)$. 如此一来, 在这一情况下, 压缩率 $\beta_{\mathrm{T}} = (2\kappa T N)^{-1}$, 但依旧有 $\rho \partial\varepsilon/\partial\rho = -4\pi e^2/m\omega^2$. 由此及以前所述容易看出, 涨落 $\delta\varepsilon_{\mathrm{n}}$ 所引起的散射波的强度与由自由电子所引起的散射波的强度的差别只是一个 $1/2$ 因子, 亦即

$$h_{\mathrm{n}} = \frac{1}{2}\sigma_{\mathrm{T}} N. \tag{15.57}$$

更严格的理论证实了这一结果 [141]. 颇为有趣而且也重要的是, $\delta\varepsilon_{\mathrm{n}}$ 所引起的波长 $\lambda \gg r_{\mathrm{D}}$ 的纵波的散射, 居然与横波的散射是一模一样的. 实际上, 在波被尺度小于波长的体积散射时, 矢量 $\boldsymbol{E}_0$ 相对于 $\boldsymbol{k}$ 的取向并不重要. 因此在场为 $\boldsymbol{E} = \boldsymbol{E}_0 \sin\omega t$ 的纵波中被散射的横波的强度 (因而我们指的是由于散射引起的横波向纵波的转变 [141]; 这里并不涉及以后将要讨论的渡越散射) 由附加一个 $\frac{1}{2}N$ 因子的公式 (15.50) 确定 (所指为单位体积内的散射):

$$I_\perp = \left(\frac{e^2}{mc^2}\right)^2 \frac{cn(\omega)}{8\pi} N E_0^2 \sin\psi, \quad \int I_\perp \mathrm{d}\Omega = \frac{1}{6}\left(\frac{e^2}{mc^2}\right)^2 cn(\omega) E_0^2. \tag{15.58}$$

这里没有引进消光系数, 因为我们没有涉及有关纵波中能流的问题 (在当前情况下这一点不太重要, 因为通常人们感兴趣的是强度 $I_\perp$ 与 $E_0^2$ 的函数关系).

在短波 (高频) 情况下, 当条件 (15.54) 满足时, 散射光谱是多普勒形的 (见 (15.25) 式, 不过将 $M$ 换作 $m$). 此时谱的特征宽度 $\Delta\omega \sim (\kappa T/mc^2)^{1/2}\omega_{\mathrm{e}}$. $\delta\varepsilon_{\mathrm{n}}$ 引起的长波 (条件 (15.55)) 的散射类似于液体或气体中的瑞利散射, $\Delta\omega \sim (\kappa T/Mc^2)^{1/2}\omega_{\mathrm{e}}$. 确实, 涨落 $\delta\varepsilon_{\mathrm{n}}$ 是以离子速度 $v_{\mathrm{Ti}} \sim (\kappa T/M)^{1/2}$ 量级的速度消散的, 故而总是有 $\Delta\omega \sim (v/c)\omega_{\mathrm{e}}$, 其中 $v$ 为特征运动速度 (在这一估计中将 $c$ 换作 $c/n$ 更准确).

前面已经指出过, 涨落 $\delta\varepsilon_e$ 与等离子体波有关并具有特征频率 $\omega_p$. 这些涨落引起的散射与组合散射类似, 并导致频率与散射光频率相差 $\Omega \sim \omega_p$ 的伴线的出现. 用量子语言表示, 指的是入射波产生或吸收了一个能量为 $\hbar\omega \sim \hbar\omega_{pe}$ 的等离体子. 伴线的宽度由相应的等离子体波的衰减确定, 该等离子体波的频率为 $\Omega = \omega_e - \omega_s$ (在 (15.25) 式中写为 $\Omega = \omega_e - \omega$, 略去了下标 "s"). 伴线的强度依赖于电荷涨落的大小. 在 $\lambda \gg r_D$ 时, 等离子体波衰减很弱 (因此伴线很窄), 但正比于量 $\overline{(\delta\varepsilon_e)^2}$ 的电荷涨落的方均平均值急剧减小, 这是因为与 $\lambda \ll r_D$ 情况下的相应表达式相比, 它多出了一个附加因子 $(r_D/\lambda)^2$. 这样的结果在物理上很好理解: 在大于 $r_D$ 的距离上电子已经黏附在离子上, 当 $\lambda$ 增加时热运动把电子从离子剥开构成电荷涨落 (或者说构成具有显著振幅的等离子体波) 变得愈加困难[①]. 因此, 对于 $\lambda \gg r_D$ 的长波, 产生或吸收等离子体波 (等离体子) 的组合散射的强度不是很大, 密度涨落引起的瑞利散射起主要作用, 同时横波的消光系数由公式 (15.57) 确定. 电磁波在电离层中散射时, 的确会出现这一情景 (这里指的是电离层无线电定位时的非相干散射法 [265, 266]).

总的来说, 我们所作的这些说明当然远远没有穷尽电磁波在等离子体中的散射问题. 诸如计及磁场效应、非等温等离子体情况、横波转变为纵波、纵波转变为横波等问题都值得特别关注. 但我们在此将不进一步展开这些论题 (参见 [62a, 108, 199, 233, 265, 266] 以及其中提及的文献).

我们也要提及在折射介质内快速运动粒子引起的散射中展示的某些特殊性质 [138d, 267], 等离子体特别是磁化等离子体也可以起折射介质的作用.

作为这一章的结束, 我们来探讨等离子体中的渡越散射. 理由是, 第 8 章所研究的渡越散射正好在等离子体中起着特别重要的作用.

---

[①] 这里我们给出一个结果, 其推导包含在, 例如, 专著 [233] 的第 6 章中. 对于等温电子–离子等离子体, 方均电荷密度涨落等于

$$\overline{|\rho_k|^2} = \frac{\kappa T k^2}{4\pi}\left(1 - \frac{1}{\varepsilon_l(0,k)}\right) = \frac{2e^2 N k^2}{k^2 + 8\pi e^2 N/kT} = \frac{2e^2 N k^2 r_D^2}{k^2 r_D^2 + 1},$$

$$\overline{\rho^2} = \frac{1}{(2\pi)^3}\int \overline{|\rho_k|^2}\,d\boldsymbol{k}, \quad \varepsilon_l(0,k) = 1 + \frac{1}{k^2 r_D^2}, \quad \lambda = \frac{k}{2\pi};$$

(见 (12.44) 及 (12.49) 式)

显然在所给出 $\overline{|\rho_k|^2}$ 公式的适用范围内, 我们有

$$\overline{|\rho_k|^2} = \begin{cases} 2e^2 N & (\lambda \ll r_D), \\[2mm] \dfrac{8\pi^2 e^2 N r_D^2}{\lambda^2} & (\lambda \gg r_D). \end{cases}$$

之所以如此的原因有好几个. 为了阐明这些原因, 我们回想一下渡越散射产生的最简单或者说最纯粹的形式是当介电常量波入射到静止电荷上时发生的散射, 所发生的散射波是横向电磁波. 然而足够稀薄的等离子体正好是传播等离子体纵波同时也是介电常量波的最合适的介质. 确实, 更为重要的是, 等离子体波也是由等离子体粒子振动引起的电场波. 因此除了产生渡越散射之外, 还产生了与其干涉的通常的散射 (汤姆孙散射). 但关于这一问题我们下面再说. 现在更适当的是加上这一点, 即等离子体中渡越散射的相对较大的作用与在等离子体振动的一个周期内碰撞稀少有关[①], 也就是说与条件 $\omega^2 \approx \omega_p^2 \gg \nu_{eff}^2$ 的满足有关. 实际上, 在这样的条件下, 等离子体的粒子 (电子和离子) 在没有磁场时大部分时间作匀速直线运动, 并因此那些类似于渡越辐射和渡越散射的不要求粒子加速特别是不要求粒子轨道改变的过程可以起主要作用. 当磁场存在时, 等离子体中的每一种粒子在一级近似下依螺旋线运动. 但一般而言, 这并不改变有关不要求改变粒子轨迹 (当前情况下为沿螺旋线的运动) 的辐射和散射过程起主要作用的结论. 重要的是, 辐射和散射可以在粒子的全部轨道上实现而没有显著地改变其运动特征. 最后, 当甚至极为微小的对平衡态的偏离都会引起各种振动的雪崩式增长时, 等离子体变得完全不稳定. 本质上, 大多数这样的振动都伴随有密度及其他等离子体参数的改变, 亦即它们是介电常量波.

从以上所述看来一点都不奇怪, 原来等离子体中的渡越散射早在我们了解其物理本质 (至少以我们这里所阐述的方式) 之前就已经被分析过了 (见 [268] 以及 [121, 122] 中引用的若干文献).

让我们列举等离子体中渡越散射的若干突出特性. 其一, 特别重要的是这样一类渡越散射, 在散射过程中作为介电常量波的一个等离子体波转变为另一个等离子体波 (例如, 一个高频朗缪尔波转变为一个朗缪尔波或一个朗缪尔波转变为一个 (低频) 磁声波), 一个磁声波转变为另一个磁声波, 等等). 其二, 在渡越散射的过程中, 空间色散效应起极为重要的作用 (特别是当散射发生在低速粒子上时). 其三, 前已提及, 在等离子体中除了渡越散射之外还存在有时起主导作用的通常散射 (汤姆孙散射). 因此在等离子体中通常的汤姆孙散射与渡越散射之间的干涉起重要作用. 从而用量

---

[①] 我们假定这里可使用气体近似 $\kappa T \gg e^2 N^{1/3}$ (见 (12.16) 式; 容易验证, 对于大多数实际情况这个不等式可得到充分满足). 对于 "纯粹" (完全电离) 的等离子体, $\nu_{eff} \sim [e^4/(\kappa T)^2](\kappa T/m)^{1/2}N$, 在 $\kappa T \gg e^2 N^{1/3}$ 时, 我们自动地有

$$\omega_p^2 = 4\pi e^2 N/m \gg \nu_{eff}^2$$

子语言可以说, 总的散射概率不是渡越散射与汤姆孙散射概率之和, 因为相加的不是散射概率, 而是散射过程的矩阵元. 其四, 对于足够强的等离子体振动, 开始起主要作用的不是自发渡越散射而是受激 (感应) 渡越散射. 这种过程实质上是一种散射辐射的再吸收过程, 与此相应的吸收系数可以在已知散射概率时使用爱因斯坦系数方法计算 (若干细节见 [121, 122]).

为了研究当散射波不是电磁波而是介质中的任意正常波 (特别是纵波) 时的渡越散射, 必须对第 8 章末尾所发展的理论作某些推广. 除此而外, 还必须考虑空间色散效应. 这些已在文献 [121, 122] 中完成, 这里我们只限于讨论这样一个最简单的渡越散射问题, 即有关非相对论各向同性等离子体中频率为 $\omega_0 \approx \omega_{\mathrm{p}} = (4\pi e^2 N/m)^{1/2}$ 的高频等离子体 (朗缪尔) 纵波产生横波的散射问题; 显然, 这些横波的频率 $\omega$ 非常接近 $\omega_0$, 因为频率的改变仅是等离子体中粒子运动的结果 (多普勒效应), 而关系式 $v/c \sim (\kappa T/mc^2)^{1/2} \ll 1$.

为了计算单位时间发射 (散射) 出去的横波的能量, 必须回到普遍公式 (8.120) 及其在计及空间色散后的推广式. 然而, 这里我们直接使用由 (8.120) 式得到的 (8.122a) 式, 这个公式给出了在条件

$$
\left.
\begin{array}{l}
k = \dfrac{\omega}{c} n(\omega) \ll k_0 = \dfrac{\omega_0}{c} n_3(\omega_0), \quad \omega \approx \omega_0, \\[2mm]
n^2(\omega) = \varepsilon^{(0)}(\omega) = 1 - \dfrac{\omega_p^2}{\omega^2}, \quad n_3^2(\omega_0) = \dfrac{c^2}{3v_{\mathrm{T}}^2}\left(1 - \dfrac{\omega_p^2}{\omega_0^2}\right)
\end{array}
\right\}
\tag{15.59}
$$

下的辐射能, 其中 $k$ 为横波 (散射波) 的波数, $k_0$ 为入射等离子体波 (介电常量波) 的波数; 以上给出的 $n_3$ 表达式与 (12.68) 式对应. 当横波和纵波的频率一样时, 显然有 $n_3/n_2 = c^2/3v_{\mathrm{T}}^2$, 以及在所研究的非相对论等离子体中不等式 (15.59) 始终得到满足. 由于在非相对论等离子体中, 对于绝大多数散射粒子入射波和散射波的频率实际上非常接近 (亦即 $\omega \approx \omega_0$; 又见前述), 故条件 (15.59) 通常总是满足的.

[376]　　　回到公式 (8.122a) 后, 我们还必须弄清楚其中所含的比率 $|\varepsilon^{(1)}(\omega)/\varepsilon^{(0)}(0)|^2$ 的确切含义. 从第 8 章所给出的问题的内容及全部推导可知, 这里的 $\varepsilon^{(1)}$ 和 $\varepsilon^{(0)}$ 属于介电常量波 (8.103). 但如果这个波是等离子体波, 则一般说来, 必须计及空间色散效应并应取在第 12 章中讨论过的纵向介电常量 $\varepsilon_l(\omega, k)$ 作为 $\varepsilon$. 只有满足条件 $k_0^2 r_{\mathrm{D}}^2 \ll 1$ (其中 $r_{\mathrm{D}}^2 = \kappa T/8\pi e^2 N = v_{\mathrm{T}}^2/2\omega_p^2$, $v_{\mathrm{T}}^2 = \kappa T/m$ (见 (12.67) 式)) 时, 等离子体波才是弱衰减的. 所以我们首先应当关心的正是这种情况, 这意味着, 对于等温等离子体 (亦即当 $T_{\mathrm{e}} = T_{\mathrm{i}} = T$ 时)

$$
\varepsilon_l \approx 1 + \frac{1}{k_0^2 r_{\mathrm{D}}^2} = 1 + \frac{8\pi e^2 N}{\kappa T k_0^2} \approx \frac{8\pi e^2 N}{\kappa T k_0^2},
\tag{15.60}
$$

其中使用了在 $k_0 v_{\mathrm{Te}} \gg \omega$ (在我们的情况下 $k = k_0$, $\omega \approx \omega_0 \approx \omega_{\mathrm{p}}$) 时适用的公式 (12.44). 如此一来, 很清楚, $\varepsilon_l^{(0)}(0) \approx 8\pi e^2 N_0 / \kappa T k_0^2$. 为了求得 $\varepsilon_l^{(1)}(\omega_0)$, 我们考虑到由于方程 $\mathrm{div}\, \boldsymbol{E} = 4\pi e(N - N_0)$ 以及纵波条件 $\boldsymbol{k}_0 \cdot \boldsymbol{E}_0 = k_0 E_0$, 对于波 $\boldsymbol{E} = \boldsymbol{E}_0 \cos(\boldsymbol{k}_0 \cdot \boldsymbol{r} - \omega_0 t)$, 我们有 $\delta N = N - N_0 = -\left( \dfrac{k_0 E_0}{4\pi e} \right) \sin(\boldsymbol{k}_0 \cdot \boldsymbol{r} - \omega_0 t)$, 亦即

$$\varepsilon_l^{(1)}(\omega_0) = \varepsilon_l^{(0)} \frac{\delta N}{N_0} = -\frac{k_0 E_0}{4\pi e} \frac{8\pi e^2}{\kappa T k_0^2}$$

(见 (8.103) 式以及以下的讨论; 记住对于电子 $e < 0$, 不过这在以下的讨论中通常不重要). 这样一来, 我们有 $|\varepsilon_l^{(1)}(\omega_0)/\varepsilon_l^{(0)}(0)| = k_0^2 E_0^2 / (4\pi e)^2 N_0^2$, 再考虑到 $\omega_0^2 \approx \omega_{\mathrm{p}}^2 = 4\pi e^2 N_0 / m$ (以上讨论中我们有时未区分 $N$ 与 $N_0$), 从公式 (8.122a) 我们得到

$$\frac{\mathrm{d}W^{\mathrm{R}}}{\mathrm{d}t} = \frac{q^2 e^2 E_0^2 [\varepsilon^{(0)}(\omega_0)]^{1/2}}{3c^3 m^2}, \quad \varepsilon^{(0)}(\omega_0) = 1 - \frac{\omega_{\mathrm{p}}^2}{\omega_0^2}. \tag{15.61}$$

为了得到更准确, 或者更恰当地说, 前后一致地计及空间色散及离子贡献的更普遍的公式, 必须在纵波的公式中引入以下代换 (见 [121b, 122]):

$$\varepsilon^{(0)}(0) \to \varepsilon_l^{(0)}(\omega - \omega_0, \boldsymbol{k} - \boldsymbol{k}_0), \quad \varepsilon_l^{(0)} = \varepsilon_{l,\mathrm{e}}^{(0)} + \varepsilon_{l,\mathrm{i}}^{(0)} - 1,$$

$$\varepsilon^{(1)}(\omega_0) \to \frac{e E_0 (\boldsymbol{k} - \boldsymbol{k}_0)^2}{m k_0 \omega_0^2} [\varepsilon_{l,\mathrm{e}}^{(0)}(\omega - \omega_0, \boldsymbol{k} - \boldsymbol{k}_0) - 1],$$

$$k_0 v_{\mathrm{Te}} \ll \omega_0.$$

其中 $\varepsilon_l(\omega, k)$ 为普遍表达式 (12.36) 中所含的纵向介电常量; 显然 $\varepsilon_l(\omega, k) = (k_i k_j / k^2) \varepsilon_{ij}(\omega, \boldsymbol{k})$, 式中 $\varepsilon_{ij}$ 为各向同性等离子体的总介电常量, 而 $\varepsilon_{l,\mathrm{e}}$ 和 $\varepsilon_{l,\mathrm{i}}$ 则是分别由电子和离子的贡献引起的介电常量 $\varepsilon_l$ 的分量.

结果对于各向同性准平衡 (一般而言是非等温的) 等离子体, 我们得到 [121, 122, 175]

$$\frac{\mathrm{d}W^{\mathrm{R}}}{\mathrm{d}t} = \frac{q^2 e^2 E_0^2 [\varepsilon^{(0)}(\omega_0)]^{1/2}}{3c^3 m^2} \left| \frac{\varepsilon_{l,\mathrm{e}}^{(0)}(\omega - \omega_0, \boldsymbol{k} - \boldsymbol{k}_0) - 1}{\varepsilon_l^{(0)}(\omega - \omega_0, \boldsymbol{k} - \boldsymbol{k}_0)} \right|^2. \tag{15.62}$$

这里我们注意到, (15.62) 式中取绝对值的那个因子可在相当好的精度下看

[377]

作常量, 且等于

$$\frac{\varepsilon_{l,\mathrm{e}}^{(0)}(\omega - \omega_0, \boldsymbol{k} - \boldsymbol{k}_0) - 1}{\varepsilon_l^{(0)}(\omega - \omega_0, \boldsymbol{k} - \boldsymbol{k}_0)}$$

$$\approx \begin{cases} 1 & \left(v \gg v_{\mathrm{Ti}} = \left(\frac{\kappa T}{m_{\mathrm{i}}}\right)^{1/2}, |\varepsilon_{l,\mathrm{i}}^{(0)} - 1| \ll |\varepsilon_{l,\mathrm{e}}^{(0)} - 1|\right), \\ \dfrac{1}{1 + T_{\mathrm{e}}/T_{\mathrm{i}}} & \left(v \ll v_{\mathrm{Ti}}, |\varepsilon_{l,\mathrm{i}}^{(0)} - 1| \approx \dfrac{T_{\mathrm{i}}}{T_{\mathrm{e}}}|\varepsilon_{l,\mathrm{e}}^{(0)} - 1| \approx \dfrac{\omega_{\mathrm{p}}^2}{(\boldsymbol{k} - \boldsymbol{k}_0)^2 v_{\mathrm{Te}}^2}\right), \end{cases} \tag{15.63}$$

其中 $v$ 为电荷为 $q$ 的散射粒子的速度, $m_{\mathrm{i}}$ 为等离子体中离子的质量, $T_{\mathrm{i}}$ 为离子温度 ($m$ 和 $T_{\mathrm{e}}$ 为电子的质量和温度, 如上所述, 量 $\varepsilon_{l,\mathrm{e}}^{(0)}$ 为 $\varepsilon_l^{(0)}$ 与电子有关的部分).

　　然而, (15.63) 式不包括汤姆孙散射及其与渡越散射的干涉的贡献, 故严格地说, 它只对质量 $M \to \infty$ 的散射粒子才是正确的. 实际上, 表达式 (15.62) 以高精确度适用于任何非相对论离子; 显然它与 (15.61) 式的差别很小, 而且在 $v \gg v_{\mathrm{Ti}}$ 时, (15.62) 式变成 (15.61) 式[①]. 使用 (8.125) 式 (其中对于电子 $M = m$), 可以计及汤姆孙散射的贡献. 考虑了汤姆孙散射与渡越散射干涉贡献后, 在等离子体中以非相对论速度运动或静止的质量为 $M$ 电荷为 $q$ 的粒子引起的散射总功率, 可以写为具有电子质量 $m$ 和电荷 $q$ 的粒子引起的汤姆孙散射的功率 $(\mathrm{d}W^{\mathrm{R}}/\mathrm{d}t)_{\mathrm{T},m}$ 乘以附加因子 $|F|^2$:

$$\frac{\mathrm{d}W^{\mathrm{R}}}{\mathrm{d}t} = \left(\frac{\mathrm{d}W^{\mathrm{R}}}{\mathrm{d}t}\right)_{\mathrm{T},m} |F|^2, \quad F = \frac{m}{M} + \frac{|e|}{q} \frac{\varepsilon_{l,\mathrm{e}}^{(0)}(\omega - \omega_0, \boldsymbol{k} - \boldsymbol{k}_0) - 1}{\varepsilon_l^{(0)}(\omega - \omega_0, \boldsymbol{k} - \boldsymbol{k}_0)} \tag{15.64}$$

(更多的细节以及稍有不同的形式见 [122] 中的 §6.3).

　　(15.64) 式的结果是由纵朗缪尔波散射产生横波 (电磁波) 而得到的. 但可以证明它带有更普遍的特征, 并可以描写诸如纵朗缪尔波产生朗缪尔波的散射. 在这种情况下, (15.64) 式中的 $(\mathrm{d}W/\mathrm{d}t)_{\mathrm{T},m}$ 的确与 (8.125) 式相差一个数值因子 $1/2$ (由于散射截面的不同角度依赖性造成 [136a]). 若散射粒子是离子, 则 $m/M \ll 1$ 且 $F \sim 1$ (见 (15.63) 式). 公式 (15.64) 从而揭示出离子引起的总散射 (实际上是渡越散射) 按数量级相应于电子引起的汤姆孙散射. 同时公式 (15.64) 表明电子引起的渡越散射通常很小. 确实, 根据 (15.63) 式, 只有速度 $v \ll v_{\mathrm{Ti}}$ 的很慢的电子才具有可与汤姆孙散射相比的

[378]

---

　　① 表达式 (15.60) 在计算 $\varepsilon_l^{(0)}(0)$ 时满足的条件 (12.43) 下是适用的. 确定 $\varepsilon_l^{(1)}(\omega_0)$ 时, 我们要考虑 $k_0 v_{\mathrm{Te}} \ll \omega_0$ 的范围, 由此得到 $\varepsilon_l^{(1)}(\omega_0) = -(k_0 E_0/4\pi e)4\pi e^2/\kappa T k_0^2$. 这导致 (15.61) 式中附加因子 $1/4$ 的出现. 为了简单起见, 我们没有对此进行讨论, 而是直接把它记入 (15.63) 式中.

散射截面. 设 $M = m$ 及, $q = -|e|$, 在此情况下我们得到

$$F = 1 - \frac{1}{1 + T_e/T_i} = \frac{1}{1 + T_i/T_e}. \tag{15.65}$$

因此, 在 $T_e = T_i$ 时, 由上式及 (15.64) 式得出 $dW^R/dt = \frac{1}{4}(dW^R/dt)_{T,m}$. 对于 $v \gg v_{Ti}$ 的电子, 按照 (15.63) 和 (15.64) 两式我们得到 $F = 0$. 散射功率毕竟不会严格等于零, 因为在计及小参数 $k_0^2 v_{Te}^2/\omega_p^2 \ll 1$ 的高阶项时, 散射功率为

$$\frac{dW^R}{dt} \sim \frac{k_0^2 v_{Te}^2}{\omega^2} \left(\frac{dW^R}{dt}\right)_{T,m} \ll \left(\frac{dW^R}{dt}\right)_{T,m}.$$

热电子的散射功率可以定义为对电子的麦克斯韦分布作平均的散射功率. 这样的功率将始终远小于汤姆孙散射的功率, 因为相对密度很小的 $v \ll v_{Ti}$ 的电子的散射功率为 $(dW^R/dt)_{T,m}$ 量级, 而占质量主要部分的 $v \gg v_{Ti}$ 的电子散射功率很小. 对电子引起的散射的这种压低效应是汤姆孙散射与渡越散射干涉的直接后果. 有意思的是, 对于正电子 $(q = |e|, M = m)$, 汤姆孙散射与渡越散射相互增强. 在 $v \ll v_{Ti}$ 时, 我们有 $F \approx \frac{3}{2}$ $(T_e = T_i$ 时) 以及 $dW^R/dt = \frac{9}{4}(dW^R/dt)_{T,m}$. 当 $v \gg v_{Ti}$ 时, 我们有 $F \approx 2$ 以及 $dW^R/dt \approx 4(dW^R/dt)_{T,m}$.

　　以上这些事例很好地演示了渡越散射在等离子体中所起的重要作用. 对相对论粒子引起的渡越散射及其在实验室以及特别是宇宙等离子体中应用分析的结果, 进一步加强了以上有关渡越散射在等离子体中所起作用的结论. 在研究关系到受激散射及非线性的一系列效应时, 等离子体中的渡越散射也是重要的 (关于所有这些问题参见 [121b,122] 及其中给出的文献).

# 第十六章

# 宇宙线天体物理学

引言. 宇宙线起源的模型. 宇宙线问题的一般特征. 能量的电离损失. 宇宙线中的束流不稳定性及等离子体效应. 扩散近似中的转移方程. 质子–原子核分量和电子分量转移方程的简化. 若干估计.

[379] 近 40 年来, 天文学 (特别是天体物理学) 的面貌发生了很大的变化. 当然, 从当今采用的描述科学发展的标准来看,40 年的时间一般说并不是一段短时间. 然而天文学的历史可追溯到好几千年, 因此这 40 年里发生的深远变化给人留下了深刻的印象. 重要的是只有在这段时间里, 天文学才成为, 或更正确地说, 才逐渐变成全波段的天文学, 而在此之前 (实际上直至 1945 年), 我们得到的几乎所有天文信息都是在电磁波的光学波段, 通常甚至是在更窄的可见光波段. 今天, 射电天文学 (基本上在波长为厘米、分米和米的波段) 的一般水平已经赶上了并且在某种程度上超过了光学天文学. 直到 1962 年才诞生的 X 射线天文学 (这里我们指的是太阳外的 X 射线天文学; 太阳发射的 X 射线在 1948 年已观察到), 现在正处于蓬勃发展、开花结果的阶段. 红外天文学和 γ 射线天文学也已开始发展. 这样, 我们对全部电磁波谱中的各个区段实际上要么已经很熟悉, 要么也已开始进行研究. 于是, 在描述天文学现阶段发展全景的方案中, 应当加上宇宙线天体物理学的出现 (此时高能带电粒子——宇宙线携带着信息), 以及中微子天文学和引力波天文学的诞生.

这里我们不可能详细讲述天文学中所发生的过程并研究其中的大量成就 (又见[70, 80, 90-92, 108, 192, 269, 270]). 我们只想讲清楚以下这些问题进入天体物理学视野的原因: X 射线和 γ 辐射的机制、宇宙线在星际空间漫游时其传播及其化学组成变化的分析、中微子物理学及其他许多问题. 自然, 在理论物理学的教学 (不只是对未来的天文学家, 而且对范围大得多的各行各业的专家) 中, 应当在某种程度上包含这些对天文学和宇宙研究很重要的题目. 本书中, 若不计及分散在各处的单独议论, 整章内容具有天文学倾向的是第 5 章和第 10 章. 本章和后面两章也是讨论发生在宇宙中 (当然不只是在宇宙中) 的一些过程, 而且我们只限于讨论问题的一部分——属于所谓高能天体物理学的那一部分[①]. 高能天体物理学这个术语还没有完全确立, 但是已经相当频繁地遇到, 属于它的有宇宙线天体物理学[②]、X 射线天文学、γ 射线天文学和中微子天文学 (这里我们关注的是能量比较高——比方说高于 0.1—1 MeV 的宇宙中微子). 不过我们不讨论中微子天文学 (见 [92, 273, 274]), 只讨论与宇宙线天体物理学有关的若干问题 (本章)、与 X 射线天文学有关的若干问题 (第 17 章) 和与 γ 射线天文学有关的若干问题 (第 18 章). 但是, 应当注意, 这些问题是相互联系的, 在大多数情形下, 不容易也没必要在它们之间截然划分界线. 第 16 章至第 18 章中的材料, 在参考书 [92] 中有详细叙述, 那里也给出了大量的参考文献; 但我们在这里, 除了 [92] 之外, 还要引用一些别的文献.

[380]

我们只将带有足够高能量的带电粒子 (质子、原子核、电子和正电子) 称为宇宙线. 现在还没有对这个术语清晰的共识, 但是通常只用宇宙线来称呼动能 $E_k > 100$ MeV 的粒子, 有时也用来称呼 $E_k \geqslant 1$ MeV 的粒子.

表征宇宙线的基本物理量是它的强度 $J$(有时这个量也称为在给定方向上的流量)[③]. 根据定义, $J$ 是单位时间内通过垂直于观察方向的单位面积的单位立体角内的粒子数. $J$ 的测量单位是:

粒子数 cm$^{-2}$s$^{-1}$sr$^{-1}$ $=10^4$ 粒子数 m$^{-2}$s$^{-1}$sr$^{-1}$ (sr 是立体角单位球面度 steradian 的符号).

强度为 $J_i$ 的第 $i$ 种粒子的流量等于 $F_{i\Omega} = \int J_i \cos\theta \mathrm{d}\Omega$, 其中 $\theta$ 是面元

---

① 本书出版后的 30 多年里, 高能天体物理学得到快速发展, 许多重大进展未及在本书中反映. 为此, 推荐以下 4 本较近出版的专著供有兴趣的读者参考:

1. M. S. Longair,*High Energy Astrophysics* 3rd ed. (Cambridge Press,2011);2.R. Schlickeiser, *Cosmic Ray Astrophysics* (Springer, 2002); 3. J. E. Trumper,G.Hasinger(eds) *The Universe in X-Rays* (Springer, 2008); 4. V. Schoenfelder, *The Universe in Gamma Rays* (Springer, 2002) ——译者注

② 按照已经确立的历史传统, 宇宙线天体物理学主要讨论宇宙线起源问题.

③ 单位立体角里的能量流量也叫强度 (特别是在电磁辐射的情形下). 这样的 "能量" 强度 $I = E_k J$, 其中 $E_k$ 是粒子的动能或光子的能量 $h\nu = \hbar\omega$ (记住这里指的是单能量的粒子或光子). 注意, 下面我们采用通用的记号, 用字母 $E$ 表示粒子的能量, 而不用前几章中所用的 $\mathscr{E}$.

的法线与粒子速度方向之间的夹角, $\mathrm{d}\Omega$ 是立体角元. 对于各向同性辐射, 来自方向半球的粒子流量等于

[381]

$$F_i = 2\pi \int_0^{\pi/2} J_i \cos\theta \sin\theta \mathrm{d}\theta = \pi J_i \tag{16.1}$$

在各向同性辐射的情形下, 速度为 $v_i$ 的粒子的浓度 $N_i$ 等于

$$N_i = \frac{4\pi}{v_i} J_i. \tag{16.2}$$

通常与我们打交道的不是单能粒子, 而是具有能量分布 (即通常所说的有能谱) 的粒子. 这时基本的物理量是谱强度 (微分强度) $J_i(E)$, 而 $J_i(E)\mathrm{d}E$ 则是具有总能量 $E$ 处于区间 $(E, E+\mathrm{d}E)$ 内的粒子的强度. 能量大于 $E$ 的粒子的强度 (积分强度) 等于

$$J_i(>E) = \int_E^\infty J_i(E)\mathrm{d}E. \tag{16.3}$$

在质量为 $M_i$ 的粒子各向同性分布的情形下, 我们有

$$N_i(>E) = 4\pi \int \frac{J_i(E)}{v}\mathrm{d}E, \quad E = \frac{M_i c^2}{\sqrt{1-v^2/c^2}}. \tag{16.4}$$

各向同性的宇宙线的动能密度等于

$$w_i = \int E_\mathrm{k} N_i(E)\mathrm{d}E = \int \frac{4\pi}{v} E_\mathrm{k} J_i(E)\mathrm{d}E. \tag{16.5}$$

还可以引进能量强度

$$I_i = \int E_\mathrm{k} J_i(E)\mathrm{d}E, \tag{16.6}$$

但很少使用.

对于极端相对论性粒子, 有

$$I_i = \frac{c}{4\pi} \int E_\mathrm{k} N_i(E)\mathrm{d}E = \frac{cw_i}{4\pi}. \tag{16.7}$$

当然, 只有在相对论性区域使用总能量 $E = Mc^2 + E_\mathrm{k}$ 才是方便的, 而通常研究的地面上的宇宙线正属于这一区域. 对于软宇宙线和低能宇宙辐射更常用的是动能 $E_\mathrm{k}$. 此外, 对于原子核, 用起来方便的不仅是总能量 $E$ 或动能 $E_\mathrm{k}$, 还有每个核子的总能量 $\varepsilon = E/A$ 或每个核子的动能 $\varepsilon_\mathrm{k} = E_\mathrm{k}/A$, 这里 $A$ 是原子核的质量数. 最后, 我们用的表示式 (16.2) 和 (16.4) 是假设粒子的方向分布各向同性而写出的, 因为不考虑地磁场的影响时, 地面上的宇宙线在很高的程度上是各向同性的.

宇宙线各向异性的程度由下式决定:

$$\delta = (J_{\max} - J_{\min})/(J_{\max} + J_{\min}), \tag{16.8}$$

[382]

其中 $J_{\max}$ 和 $J_{\min}$ 分别是宇宙线依赖于方向的最大强度和最小强度 (这里假设 $J(\theta)$ 只有一个极大值, 比方说在 $\theta = 0$ 方向上; 换句话说, 假定依赖关系为 $J(\theta) = J_0 + J_1 \cos\theta$, 于是 $\delta = J_1/J_0$). 宇宙线偏离各向异性的程度多年来甚至没有可靠地测定过. 但是今天, 对于能量 $E \gtrsim 10^{12}$ eV 直到能量 $E \sim 10^{14}$ eV 的粒子, 可以认为太阳系的宇宙线的各向异性程度已被确定, $\delta \sim 5 \times 10^{-4}$ (见 [92, 273, 275]).

能量大时, 特别是当 $E > 10^{17}$ eV 时, 各向异性程度一般说将增大, 但是情况还没有充分阐明. 研究这个能区里的各向异性对阐明具有这样超高能量的宇宙线的起源非常重要. 同时, 具有这样超高能量 ($E > 10^{17}$ eV, 实际上直到 $E \sim 10^{20} \sim 10^{21}$ eV) 的粒子的问题是很独特的, 我们在后面几乎不会涉及这个问题 (见 [92, 273]).

这样, 各向异性只是在特定的研究结果中才显示出来, 而在所有其他情况下, 有理由认为宇宙线是完全各向同性的 (再次提醒大家, 假设地磁场的影响被完全排除). 因此研究初级宇宙线 (即大气层外或考虑了大气层影响的宇宙线) 的问题, 实际上就是确定宇宙线的所有分量的谱分布函数 $J_i(E)$, 也就是确定对于质子和原子核分量 (质子–原子核分量) 和电子–正电子分量的谱分布函数 $J_i(E)$. 但是, 当 $E > 1$ GeV 时, 电子–正电子分量组分中的正电子成分非常之少 (当 $E \sim 1$ GeV 时, 正电子强度大约是电子–正电子分量总强度的 10%[92,273]). 并且, 在绝大多数情况下, 测量并不区分电子和正电子, 而是测量全部电子–正电子分量的强度 $J_e(E)$, 简单地称之为电子的强度. 在质子–原子核分量中也并不总能将原子核按电荷区分开, 更不用说将同位素区分开了; 这样, 所研究的就常常是宇宙线的总强度 $J_{CR}(E)$ 或实际上其质子–核分量的总强度, 因为电子所占的份额 (即比值 $J_e(E)/J_{CR}(E)$) 只有 1% 的量级, 此外, 电子也比较容易区分出来.

宇宙线组成中的反核非常少, 仅仅在不久前才发现有反质子, 并且当粒子能量为 $E_k = 5—10$ GeV 时, 其强度与质子强度之比 $J_{\bar{p}}/J_p = (5.2 \pm 1.5) \times 10^{-4}$[276a]. 宇宙线中反质子的这一量值, 也许可以通过它是由宇宙线与星际介质的粒子碰撞产生的来解释. 但是, 如果测量[276b] 是正确的, 按照它在能量 $E_k = 130—320$ MeV 时的比值 $J_{\bar{p}}/J_p = (2.2 \pm 0.6) \times 10^{-4}$, 大部分反质子不能在星际介质中生成. 关于反质子的高流量的可能的解释之一是, 它是在年轻的超新星的致密壳层中产生的[277]. 如果这个假说正确, 那么这样的超新星爆发就应当在一段时间后伴随有强烈的 $\gamma$ 辐射[310b].

[383]

我们不打算在这里对宇宙线给出详尽的介绍 (见 [80,92,271,273]) 而只限于做一些评注, 其中包括诸如 $J$ 和 $w$ 这些量的特征大小. 例如, 在地球附近 (在地磁场作用范围之外), 对一切宇宙线, 各种参量可以取以下的近似值[①]

$$J_{CR} \equiv J \sim 0.2\text{—}0.3 \text{ 个粒子}/(cm^2 \cdot s \cdot sr)$$

$$N_{CR} \sim 4\pi J/c \sim 10^{-10} \text{ 个粒子}/cm^3 \qquad (16.9)$$

$$w_{CR} \sim 10^{-12} erg/cm^3 \sim 1 \text{ eV}/cm^3$$

$$I \sim cw_{CR}/4\pi \sim 10^{-3} erg/(cm^2 \cdot s \cdot sr)$$

[384] 从表 16.1 可以得到相对论性宇宙线 ($\varepsilon = E/A > 2.5$ GeV/核子) 的化学成分的若干概念, 在这个表中, 我们将原子核分到传统使用的各组里 (例如, L 组包含 Li、Be 和 B 核). 应当注意到, 这个表中数值的误差不小于百分之十, 不过在新材料的积累和使用更完善的实验方法的过程中数据正在改变. 更完善的实验方法允许我们在许多情况下不只是得到关于原子核组的信息, 而且还得到关于单个原子核 (尤其是排在 Ni 前面的原子核) 的信息. 此外, 不久前还在宇宙线中发现了非常稀少的 $Z \geqslant 83$ (即重于铅) 的原子核, 它们在宇宙线中的含量大约比 H 组的全部原子核小 8 个量级.

表 16.1

| 原子核组 | 原子序 | 强度 $J(> \varepsilon = 2.5$ GeV/核子) 粒子数/$(m^2 \cdot s \cdot sr)$ | 相对于 H 组原子核的丰度 | |
|---|---|---|---|---|
| | | | 宇宙线中 | 宇宙中平均值 |
| p | 1 | 1300 | 650 | 3000 至 7000 |
| $\alpha$ | 2 | 94 | 47 | 250 至 1000 |
| L | 3 至 5 | 2.0 | 1 | $10^{-5}$ |
| M | 6 至 9 | 6.7 | 3.3 | 2.5 至 10 |
| H | $\geqslant 10$ | 2.0 | 1 | 1 |
| VH | $\geqslant 20$ | 0.5 | 0.26 | 0.05 |
| VVH | $\geqslant 30$ | $\sim 10^{-4}$ | $\sim 10^{-4}$ | $\sim 10^{-4}$ |

到 20 世纪 80 年代末, 主要是通过人造卫星进行测量的结果, 我们几

---

[①] 必须注意, 地球附近宇宙线的能谱有极大值, 对于质子此极大值为 $E_k \sim 250$ MeV. 因此上面所说的值 $\int_{E_k=100 \text{ MeV}}^{\infty} J(E)dE$ 和类似的积分收敛. 但是, 它们的大小随着太阳的活动周期改变, 因为较慢的粒子的贡献变了, 这样, 它们在某种程度上对积分的下限敏感.

乎成功获得了关于能量直到 $10^{12}$ — $10^{13}$ eV/核子的宇宙线的化学成分的极为详尽的信息. 区分同位素的方法也得到改善. 我们以文献 [278] 为例, 该工作测量了能量为 60 MeV/核子 $< \varepsilon_K < 230$ MeV/核子的氖原子核的同位素组成. 结果显示, 比值 $^{22}$Ne/$^{20}$Ne= $0.54 \pm 0.07$. 考虑原子核在星际介质中游走时宇宙线成分的改变, 重新计算得到宇宙线在源中的成分之值为 $^{22}$Ne/$^{20}$Ne= $0.38 \pm 0.07$. 同时, 在太阳系中 $^{22}$Ne/$^{20}$Ne= $0.122 \pm 0.006$. 由此已经清楚, 定出宇宙线的同位素组成 (当然还有化学组成) 原则上能够给出 X 射线源 (比方说超新星壳层) 中某些条件的有价值的信息. 但是, 我们重复一句, 这里完全没有打算对有关宇宙线数据进行详细讨论, 引进上面的信息仅仅是为了提供一些事例. 相反, 我们将在下面更详尽地讨论发生在宇宙线中的某些过程并分析宇宙线在宇宙空间里的传播的方式.

表 16.1 中清楚显示了宇宙线的化学组成, 最重要的特征就是存在相当可观的 L 组原子核的流量, 尽管它在大自然中平均而言微不足道. 这个分别地为 Li、Be 和 B 核以及某些其他稀有的原子核 (如 $^{3}$He) 所证实的特性, 证明了宇宙线在星际空间传播以及可能在源中 (即在宇宙线的生成区域中, 或换句话说, 在宇宙线的加速区域中) 传播的过程里其化学组成的变换所起的重大作用.

宇宙线的强度对能量的依赖关系 (能谱) 通常写成以下形式:

$$J_A(>\varepsilon) = \int_\varepsilon J_A(\varepsilon)\mathrm{d}\varepsilon = K_A \varepsilon^{-(\gamma-1)}, \quad J_A(\varepsilon) = (\gamma-1)K_A \varepsilon^{-\gamma}, \qquad (16.10)$$

这里如前所述, $\varepsilon = E/A$ 是每个核子的能量, 下标 $A$ 表明我们讨论的是平均质量数为 $A$ 的原子核或原子核组; 此外, 对所有宇宙线引进了类似的量 $J(>E)$ 和 $J(E)$.

事实上, 谱不遵守幂律, 即指数 $\gamma$ 与能量有关. 但重要的是, 在很宽的能量区间内谱的近似形式 (16.10) 看来是一个好的近似. 比如, 在 $2 \times 10^9$ eV$< E < 3 \times 10^{15}$ eV 的能量区间里, 根据一系列数据, $\gamma = 2.7 \pm 0.2$. 看来, 这时我们可以取的最佳值为 $\gamma = 2.7$ 或 $\gamma = 2.6$. 为了示范, 我们给出 $10^{10}$ eV$< E < 10^{15}$ eV 的能量区间里的以下宇宙线谱作为一个例子:

$$J(>E) = (5.3 \pm 1.1) \times 10^{-10} \left( \frac{\{E\}_{\mathrm{eV}}}{6 \times 10^{14}} \right)^{-(\gamma-1)}$$

$$\approx \left( \frac{\{E\}_{\mathrm{eV}}}{10^9} \right)^{-1.6} \text{粒子} \mathrm{cm}^{-2}\mathrm{s}^{-1}\mathrm{sr}^{-1}, \qquad (16.11)$$

$$\gamma = 2.62 \pm 0.05.$$

[385]

在 $E_k < 10^9$ 至 $10^{10}$ eV 的低能区间, 指数 $\gamma$ 会发生改变, 谱强烈依赖于太阳的活动水平. 我们不讨论这个区间. 我们只是注意到, 在有关宇宙线

起源的各种理论的框架内, 低能区里谱的形状这个非常重要的问题, 特别是在远离太阳处 (太阳系边界外) 的能谱存在极大值的问题尚未得到解释. 看来, 一直到能量达到 $\varepsilon_{\mathrm{K}} \sim 100$ MeV/核子, 星系宇宙线的谱中仍然没有极大值. 在能量 $E \sim 10^{15}$ eV 时, 谱会发生比较突然的弯折, 或者不论怎么说谱将改变, 而在 $E > 10^{15}$ eV 时 (16.11) 式就不成立了, 下面的谱更接近实际:

$$\left. \begin{array}{l} J(> E) = (2.0 \pm 0.8) \times 10^{-10} \left( \dfrac{\{E\}_{\mathrm{eV}}}{10^{15}} \right)^{-(\gamma-1)} \cdot \text{粒子}\mathrm{cm}^{-2}\mathrm{s}^{-1}\mathrm{sr}^{-1}, \\[3mm] \gamma = 3.2 \pm 0.2. \end{array} \right\} \quad (16.12)$$

根据别的数据, 上式中的因子 $(2.0 \pm 0.8)$ 必须换成 $(3.74 \pm 0.20)$, 并且 $\gamma = 3.16 \pm 0.1$. 在 $E \sim 10^{15}$ eV 处, 谱 (16.11) 和 (16.12) 在可达到的精度下结果相同 (相互 "缝合"), 如所期望. 看来, 在 $E \geqslant 10^{18} - 10^{19}$ eV 处谱再度变得较平缓. $E > 10^{10}$ eV 的宇宙线的积分谱示于图 16.1 中 (记住, $\gamma$ 是微分谱中的幂, 见 (16.10) 式).

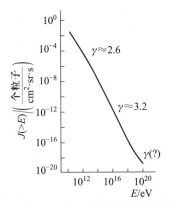

图 16.1　地球上宇宙线的积分谱.

$\gamma$ 是微分谱的幂; 对于幂律积分谱 $J(> E) = \mathrm{const} \cdot E^{-(\gamma-1)}$.

观察到的宇宙线的最大能量在 $10^{20}$ eV 的量级. 在这个能量区间, 一般地说, 由于带有这样高能量的宇宙线在与星际空间和星系际空间里存在的辐射相互作用时经受的巨大损失, 宇宙线的谱应当突然变陡. 但是, 迄今尚未可靠地观察到这样的 "变陡", 因而关于谱与各向异性的问题, 以及超高能量宇宙线的起源的问题, 在很大的程度上仍然悬而未决[92,271c].

[386]　　　上面给出的 $\gamma$ 值是关于全部宇宙线的, 但是直到不久前还认为, 宇宙线的化学成分, 至少一直到能量 $100 - 1000$ GeV 为止, 是与能量无关的. 从而认为, 在这个区域里指数 $\gamma \approx 2.6 - 2.7$ 是关于所有各组原子核的. 1972 年出现了后来得到证实的征兆, 表明宇宙线的化学成分在 $100$ GeV/核子之

前的能量区间里已经微弱地依赖于能量——具体是指随着能量增大, 由更重的核碎裂而得到的次生核 (Li、Be 和 B 型) 的份额减小. 相应的数据在 [92,273] 中讨论过. 在更高的能量区域 $E > 10^{12}$ eV (或更准确地, $\varepsilon > 10^{11}$ eV/核子), 化学成分的改变可能更厉害, 但是对此迄今还没有可靠的数据.

对宇宙线的电子分量的研究, 没有对质子-核分量的研究那么细. 在能量小于 1 GeV 的能量区间, 宇宙线的谱对太阳上和太阳系中发生的过程特别敏感, 相当复杂. 当 $E \equiv E_e > 1$ GeV, 幂律近似自身已经拟合得很好, 例如, 在 $5 < E < 50$ GeV 的区间里, 谱是幂律的, 幂指数 $\gamma = 3.0 \pm 0.1$. 在低能量下指数 $\gamma$ 减小, 而在 $E_e > 100$ GeV 的区间则可能已达到 $\gamma \approx 3.4$ (这时对于电子能量 $E_e > 500$—1000 GeV 事实上已经没有数据). 作为参考, 我们给出这样的微分电子谱:

$$J_e(E) = 3 \times 10^{-2} E^{-3} \text{电子cm}^{-2}\text{s}^{-1}\text{sr}^{-1}\text{GeV}^{-1} \quad (5 \text{ GeV} < E < 100 \text{ GeV})$$

(16.13)

这里电子能量 $E = E_e$ 的测量单位是 GeV; 如果在这里将指数 $\gamma = 3$ 换成 $\gamma = 3.3 \pm 0.2$, 那么直到能量 $E_e \sim 1000$ GeV 都可以用这个谱 (这时当然要将 (16.13) 式中的因子 $3 \times 10^{-2}$ 换为 $1.7 \times 10^{-2}$). 为了比较电子谱与全部宇宙线的积分谱 (16.11), 将 (16.13) 式写成以下形式:

$$J_e(> E) \approx 1.5 \times 10^{-2} \left( \frac{\{E\}_{\text{eV}}}{10^9} \right)^{-2} \text{粒子cm}^{-2}\text{s}^{-1}\text{sr}^{-1} \quad (5 \times 10^9 \text{ eV} \lesssim E \lesssim 10^{11} \text{ eV}).$$

(16.14)

我们再次强调, 上面给出的一切物理量值都仅仅是近似的, 文献中遇到的强度值可以有成倍的差异, 但这对我们的讨论一点也不重要. 将全部数据外推到太阳系的边界和银河系的广大区域的原则性问题则是另一回事.

具有能量 $E \gg Mc^2$、在均匀磁场 $H$ 中运动的粒子的轨道的曲率半径为 (见 (4.24) 式, 我们假设粒子垂直于磁场运动) [387]

$$r = \frac{\{E\}_{\text{eV}}}{300H} \text{cm}$$

(16.15)

在太阳系中, 一般而言, $H \lesssim 3 \times 10^{-5}$ Oe, 并且磁场是非均匀的. 因此能量 $E > 10^{12}$ eV 的宇宙线粒子 (实际上 $E > 10^{10}$ eV 也是) 显然不能被约束在太阳系中. 但是考虑到地球上的宇宙线谱的形状一直到能量 $E \sim 10^{15}$ eV 都改变很少, 我们有充分的理由假定, 这个谱 (对于 $E > 10^{10}$—$10^{11}$ eV) 至少对银河系与太阳系毗连的区域是特征性的. 但是, 太阳附近的条件看起来对银河系的许多区域是非常典型的. 在这方面, 关于具有连续谱的非热射电辐射的射电天文学数据对我们特别重要, 这种辐射无疑具有同步辐射的本性. 这样一来, 我们就获得了银河系中以及银河系外很远处 (正常星系和射电星系、类星体) 的宇宙线电子成分的非常直接的信息. 可以说, 正是射电数据创建了宇宙线天体物理学, 因为这些数据使我们确定无疑地知道, 宇宙线在宇宙中实际上到处都有, 有时在能量和动力学方面起很大的作用——这首先是指星系的稀薄区域 (正常星系中的晕, 射电星系中的射电辐射区域、云和喷发). 对于我们的银河系, 射电天文学观测表明存在一个射电盘、一个中央射电区和一个射电晕 (图 16.2).

但是, 这样的分类是相当任意的. 宇宙线的源 (超新星、在某种程度上可能还有别的某些星) 趋向于向银道面集中. 那里有强大的银河系磁场. 因此很自然在银道面 (盘内) 附近的射电亮度大并随着与银道面的距离 $z$ 的增加而减小. 在银心区域中的亮度会有若干变化也很自然, 虽然专门分出一个中心射电区域完全没有必要. 如果银河系中的气体集中在厚度 $2h_g \sim 200$ pc (秒差距) $\approx 6 \times 10^{20}$ cm 的一层里, 那么强烈的射电辐射区域显然要厚得多. 这在物理上完全可以理解, 因为虽然气体被引力约束在银道面附近, 实际上引力却约束不了宇宙线 (特别是相对论性电子), 宇宙线将从气体盘区域射出在星际磁场中漫游. 因为我们处于系统 (银河系) 内, 要说明射电亮度 (或发射率) 对坐标 (特别是 $z$) 的依赖关系是一个很困难的问题. 如果认为, 发射率 (这里说的显然是同步辐射) 与 $z$ 无关, 那么从射电天文学数据就得出, 辐射源应填满某个厚度约为 $2h_r \sim 1500$ pc $\approx 5 \times 10^{21}$ cm 的盘 (射电盘). 重要的是, 这个射电盘的厚度比气体盘的厚度 $h_g$ 大约大一个量级. 但是, 事实上, 随着 $z$ 的增大, 发射率会由于具有给定能量的相对论性电子的强度减小和磁场的减弱而减小. 因此, 在射电盘和射电晕之间, 十之八九不存在陡峭的边界 (见图 16.2). 换句话说, 射电盘概念一般说来未必符合物理图像, 引进它仅仅是与上述的计算方法相参照. 以上所述得到了近年获得的关于其他从 "侧向" 观察到的正常星系的射电数据的证实, 也得到关于银河系的新射电数据分析的证实 (见 [91, 92, 272, 273] 和那里给出的文献).

由于几乎三十年的不断努力的结果, 对于银河系近旁及至少别的某些正常星系附近射电晕的存在, 现在已经没有疑问了. 至于不同的星系, 这个射电晕是强是弱, 那是另一回事. 对银河系的射电晕的参数确定得尚不够可靠, 不过一般可以认为, 晕的尺寸 (在 $z$ 方向) $h_{halo} \sim R \sim 10$ kpc $\approx 3 \times 10^{22}$ cm; 射电晕中的射电发射率一般只有射电盘中的几分之一. 除射电晕外, 在银河系的 "射电天图" 上还可以看到超新星的壳层和各种 "非均匀性"——强度的这种或那种变化 (特别是, 与旋涡结构相关的强度变化). 从

[388]

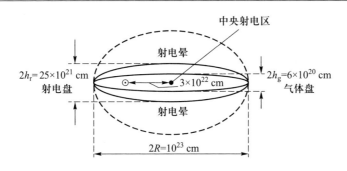

图 16.2 银河系射电结构示意图.

而就完全清楚了, 至少宇宙线的电子分量占据着银河系的广大区域, 在这方面, 靠近太阳的区域在性质上并没有任何差别 (这里所指的是太阳系区域; 在太阳系中, 由于太阳风及一般而言太阳活动作用的结果发生了宇宙线的 "调制", 特别是对于低能量的 $\varepsilon_{\mathrm{K}} < 1$—3 GeV/核子的宇宙线图像将会发生变化, 见 [271b, 271d, 273]).

使用宇宙线电子分量的信息来判定质子–原子核分量时的某种不确定性 (或者, 方便的话, 也可以叫非单值性) 是宇宙线天体物理学从其诞生开始至今仍在相当程度上一直存在的致命弱点 (阿喀琉斯之踵). 我们在第 5 章看到, 相应的转换是通过对系数 $\kappa_H$ 和 $\kappa_{\mathrm{e}}$ 作某种假设来实现的:

$$\kappa_H = \frac{w_H}{w_{\mathrm{CR}}}, \quad \kappa_{\mathrm{e}} = \frac{w_{\mathrm{CR}}}{w_{\mathrm{e}}}, \tag{16.16}$$

[389]

这里 $w_H = H^2/8\pi$ 是磁场的能量密度, $w_{\mathrm{CR}}$ 是全部宇宙线的能量密度, $w_{\mathrm{e}}$ 是电子分量的能量密度 (在第 5 章里, 我们研究的是总能量而不是能量密度, 但是谈到平均值时这二者一般是等价的).

对于地球附近的宇宙线, 有

$$\kappa_{\mathrm{e}} \sim 100, \quad \kappa_H \sim 1, \tag{16.17}$$

这里用了测量得到的值 $w_{\mathrm{CR}} \sim 10^{-12}$ erg/cm$^3$, $w_{\mathrm{e}} \sim 10^{-14}$ erg/cm$^3$, 并考虑了银河系中平均有 $H \sim (2$—$5) \times 10^{-6}$ Oe.

鉴于以上包括在准稳恒态条件下 (由 $\kappa_H \sim 1$) 能量均分等的考虑, 将估值 (16.17) 扩展至对银河系整体 (或者对星系空间平均) 看来是非常合理的. 对银河系外的源也同样这么办, 便得出上述宇宙线在宇宙中起重要作用的结论. 然而, 我们在第 5 章曾强调过建立测量 $\kappa_\varepsilon$ 和 $\kappa_H$ 这两个量的方法的重要性; 在第 17 章和第 18 章我们还要谈到这一点. 在应用于银河系时, 估值 (16.17) 有可能只对中心区域不正确, 而对基本的星系分立源 (如超新星壳层) 则可能在其演化的某个阶段不正确.

对整个银河系使用 (16.17) 式给的值, 容易估计宇宙线在射电盘中 (此时 $w_{CR} \sim 10^{-12}$ erg/cm³, $H \sim 5 \times 10^{-6}$ Oe) 的总能量以及略微任意地估计在全银河系 (包括射电晕) 的总能量

$$\left.\begin{array}{l} W_{CR\ disc} \sim w_{CR\ disc}V_{disc} \sim 10^{55} \text{ erg}, \\ W_{CR\ halo} \sim w_{CR\ halo}V_{halo} \sim 10^{56} \text{ erg}, \end{array}\right\} \tag{16.18}$$

这里 $V_{disc} \sim R^2 \times 2h_r \sim 10^{67}$ cm³ 是射电盘的体积 (见图 16.2), 而 $V_{halo} \sim 4\pi R^3/3 \sim 5 \times 10^{68}$ cm³ 是准球形晕的体积; 真实的晕显然要扁一些, 而且, 随着远离银河系平面, 宇宙线的能量密度也许会减小; 因此取估值 $W_{CR\ halo} \sim 10^{56}$ erg. 这个量使人印象深刻; 比方说, 可以看到, 它大约相当于一百颗质量为太阳质量的恒星的静止能量 ($M_\odot = 2 \times 10^{33}$ g, $M_\odot c^2 \sim 10^{54}$ erg). 当然, 更重要的是, 能量 $W_{CR}$ 等于或者大于星际气体的内能和星际磁场的能量. 还要注意, 在强大的射电星系中能量 $W_{CR}$ 达到了 $10^{60}$ erg 甚至 $10^{61}$ erg, 即 $10^7\ M_\odot c^2$ 的量级.

[390]　　　一般的, 宇宙线特别是在地球上观察到的宇宙线是如何起源的? 无疑, 粒子在宇宙中被有效地产生并加速到相对论和超相对论能量这一事实本身, 便是相应区域的等离子本性、等离子不稳定性和存在宇宙爆发 (星系核爆发、超新星和新星爆发、太阳耀斑等) 的反映. 这样一来, 正是宇宙线和亚宇宙线及它们引起的辐射 (包括 X 射线和 $\gamma$ 射线辐射) 实际上是特别剧烈、惊人的宇宙过程的必不可少的要素和指示器, 而这种宇宙过程正是决定宇宙线天体物理学 (一般地说高能天体物理学) 对整个天文学所起作用的一个最重要特征.

我们在谈论地球上观察到的宇宙线的起源 (下面对这种情况只简称宇宙线的起源) 时, 通常所指的并不是加速机制, 而是要构建一个确定的模型, 它必须指明宇宙线的源是什么、这些射线所占据的区域, 等等. 多年来, 在这方面基本上有两种类型的模型在竞争——银河系模型和总星系①模型. 在总星系模型里人们认为, 宇宙线的绝大部分 (质子–原子核分量) 是从外界——星系际空间 (总星系空间) 流入银河系的. 因此, 可以想见②, 总星系中宇宙线的能量密度 $w_{Mg}$ (至少在毗连银河系的区域) 必须为 $w_{Mg} \sim 10^{-12}$

---

① 部分天文学家对银河系外可观测宇宙的别称——译者注

② 总星系中的宇宙线和银河系中的宇宙线一样必须高度各向同性, 因为宇宙线强烈的各向异性因引起等离子不稳定性而衰减了. 因此在准稳恒条件下从考虑粒子在磁场中的运动可以推得, 总星系中和银河系中宇宙线的强度和能量密度必须大致相同 (详见 [279]). 如果地面观察到的宇宙线来自银河系, 那么总星系中的能量密度就可能远远低于银河系中的能量密度, ——在这种条件下这一情况不可能是准稳恒的, 因为源 (星系、类星体) 根本就来不及以高密度宇宙线填满总星系空间 (也许应当记住我们这个膨胀的宇宙里的星系和类星体的年龄不超过 $10^{10}$ 年).

erg/cm³ 的量级. 顺便提一下, 这就意味着, 在总星系里, $\kappa_e \gg 10^2$, 因为人所共知, 地球上观察到的宇宙线的电子分量起源自银河系; 实际上, 由于大量的康普顿损失 (见下), 相对论性电子不能长久在总星系里漫游, 将从射电星系和类星体中来到银河系里. 可惜的是, 对密度 $w_{Mg}$ 的可靠估值还未作出, 但是根据一系列理由可以认为

$$w_{Mg} \ll w_{CR\ halo} \sim 10^{-12}\ \text{erg/cm}^3 \tag{16.19}$$

而且, 最可能是, $w_{Mg} \lesssim 10^{-15} - 10^{-16}\ \text{erg/cm}^3$ (见 [279]). 显然, 只有用第 18 章讲述的 $\gamma$ 射线天文学方法, 不等式 (16.19) 才能可靠地确定. 这方面现有的数据 (见第 18 章) 虽然不足以包罗一切, 但确认了条件 (16.19) 的合理性, 因此是反对总星系模型的. 根据这一点, 并根据许多别的原因 (见 [80,279]), 作者相信, 可以认为总星系模型已被推翻了. 在银河系模型的框架里 (又是根据包括作者在内的许多人但不是所有人的意见), 宇宙线的主要源头是超新星, 包括脉冲星[①], 并且可能还有银河系核心里的爆发, 尽管概率很小. 在盘状星系模型中, 宇宙线所占的体积是射电盘或它邻近的区域 ($V_{disk} \sim 10^{67}\ \text{cm}^3$). 这时, 银河系中宇宙线的特征寿命为 $T_{CR\ disk} \sim 10^7$ 年). 在带晕的星系模型里, 宇宙线占的体积就是宇宙线的晕 ($V_{halo} \sim 10^{68}\ \text{cm}^3$), 而特征寿命 $T_{CR\ halo} \sim 10^8$ 年 (寿命的估计将在后面给出). 由此并由 $W_{CR}$ 之值 (16.18) 清楚看到, 为了维持准稳恒机制, 在上面提到的两个模型中, 银河系中的宇宙线源都必须以以下的功率发射 (加速) 宇宙线, 其量级为

[391]

$$U_{CR} \sim \frac{W_{CR\ halo}}{T_{CR\ halo}} \sim \frac{W_{CR\ disc}}{T_{CR\ disc}} \sim 10^{40} - 10^{41}\ \text{erg s}^{-1} \tag{16.20}$$

超新星能够保证以这样的功率发射宇宙线.

　　在不同的星系模型之间作出选择——这个问题已讨论了多年. 这里主要的困难与银河系存在射电晕的不确定性有关. 但是之后这个问题最终得到了肯定的解决, 并且由于许多别的原因 (我们首先是指根据宇宙线成分中所含的放射性核 $^{10}$Be 数量的数据测量宇宙线年龄的结果; 见 [92] 和下面), 无需怀疑带有宇宙线晕的星系模型的正确性 (这样的晕自身的尺寸可能超过射电晕——射电亮度大的区域). 至于不同的宇宙线源的作用, 则在这方面从不同的观点出发有可能通过不同的途径取得进展. 例如我们注意到, 星系核不能成为高能量区间 ($E \gtrsim 1 - 10$ GeV) 内的宇宙线电子分量

---

　　[①] 在大多数超新星的壳层中或者在部分超新星壳层中都有一颗旋转的磁化中子脉冲星 [37,38]. 粒子可以在超新星爆发时, 在超新星的壳层中和在脉冲星附近被加速. 这样, 粒子被脉冲星加速就是三种可能性之一, 不过其所占的比重还不太清楚.

的源. 原因在于, 在从银河系中心到太阳系的路途上, 高能电子由于同步辐射和康普顿损耗而损失了其大部分能量 (见第 4 章).

　　我们这里只限于对宇宙线起源做一些说明, 因为阐明许多在高能天体物理学中感兴趣的物理过程和机制才是我们的主要目标. 我们要分析和讨论的是以下的一些过程和机制:

[392]　　在各种不同的宇宙条件下和不同的区域里宇宙线的质子–原子核分量和电子分量加速的过程和机制 (星体爆发、超新星壳层中的湍动等离子体、星际空间中的加速、脉冲星附近的加速、太阳耀斑中的加速等).

　　不同类型的快速粒子的能量损失机制. 碰撞时原子核的转变.

　　宇宙线扩散和各向同性化的机制, 包括那些涉及等离子体现象的机制.

　　由宇宙线和亚宇宙线产生 (生成) 不同能量的光子的过程和机制, 及其对射电天文学、光学天文学、X 射线天文学和 γ 射线天文学的应用. 所有波段的光子的吸收和散射问题就属于这类问题.

　　显然, 除此以外还有一个在考虑损失、扩散及化学组成的变化之下构建关于银河系中宇宙线起源的定量理论的任务. 为此, 当然必须给出更确定的模型 (要使被宇宙线充填的区域、源的分布、星际介质的参数等具体化). 问题的现状如下: 不可避免地要使用 "试错法" —— 必须对不同的模型进行计算, 通过与对应的观察数据比较从不同模型中选出最好的模型 (见 [80,91,273,280] 尤其是 [92]).

　　十分明显, 我们这里所要研究的问题范围极为广泛. 前面我们已就同步辐射涉及这个问题 (见第 5 章和第 10 章). 以上我们也接触过天体物理学感兴趣的几种别的过程, 但是上列的大部分问题和课题并未得到阐明. 可惜的是, 在本书的框架内想要详细和完满地阐明这些问题一般来说是不可能的. 下面 (在本章和第 17、18 章) 我们仅限于讨论能量损失、阐述考虑化学组成变化及考虑损失时 (在电子分量情形下) 研究宇宙线扩散的一般方案、然后研究 X 射线和 γ 射线的产生机制, 并对相关问题作一些说明. 我们将不触及宇宙条件下粒子的加速机制 (见 [92, 273]).

　　带电粒子穿过物质时将发生一些过程, 通常将之统称为 "能量的电离损失". 如果假设粒子的运动是确定的 (具体地说, 粒子作匀速直线运动), 并且不考虑粒子的质量和电荷由于核蜕变及捕获或 "被剥去" 轨道电子而发生的变化 (这里指的是原子核的运动), 那么引起电离损失的原因是介质原子的电离、它们的激发及切连科夫辐射.

[393]　　说实话, 并不总能将运动粒子对介质的作用明晰地划分为这三种过程, 尤其是在致密介质中. 此外, 在等离子体的情形, 必须讨论对等离子体中电

子和离子的能量传递, 而不讨论发生在中性原子或分子气体中的电离和激发. 对于足够慢的粒子, 电荷交换也起作用. 若存在的是粒子束而非单个粒子则可能发生集体效应——粒子束的不稳定性等. 与电离损失有联系的问题还有介质中 δ 电子 (反冲电子) 的生成和粒子穿过给定物质层时发生的多重散射. 有时也必须考虑电离损失的涨落和粒子平均自由程的散布宽度.

从以上简短的内容列举已可看清电离损失问题涉及的方面有多广, 单就这个问题简直可以开一门专门课程. 自然, 关于这个题目有大量参考文献, 不过我们仅限于指出玻尔的经典工作 [281] 和某些现代的文献 [1, 61, 92, 100, 271a, 282, 283, 334]. 下面仅列举一些计算气体中的电离损失时要用到的公式, 并对它们作一些说明.

计算快速粒子电离损失的基础是以下公式 (有时叫做贝特-布洛赫公式):

$$-\left(\frac{\mathrm{d}E}{\mathrm{d}x}\right)_i = -\frac{1}{v}\left(\frac{\mathrm{d}E}{\mathrm{d}t}\right)_i = \frac{2\pi e^4 Z^2 N}{mv^2}\left[\ln\frac{2mv^2 W_{\max}}{\mathscr{I}^2(1-\beta^2)} - 2\beta^2 + f\right], \quad (16.21)$$

其中 $N$ 是物质中电子的浓度, $m$ 是电子的质量, $\beta = v/c, v$ 是所研究的快速粒子 (电荷为 $eZ$) 的速度, $\mathscr{I}$ 是介质原子的平均电离能, $W_{\max}$ 是粒子传给原子中的电子的最大能量, 而 $f$ 是 "密度效应" 引起的修正项. 实质上, (16.21) 式是从经典的卢瑟福公式 (它决定一个电荷为 $eZ$、质量为 $M$、初始速度为 $v$ 的粒子对质量为 $m$、电荷为 $e$ 的静止粒子——二者的相互作用能为 $e^2Z/r$——的有效散射截面) 得出的. 在碰撞时, 开始时静止的粒子 (具体地说是电子) 获得若干能量 $W$, 而入射粒子则失去同一能量 (弹性碰撞). 用 $W$ 表示, 有效截面等于

$$\mathrm{d}\sigma = 2\pi\frac{e^4 Z^2}{mv^2}\frac{\mathrm{d}W}{W^2}$$

(计算过程在文献 [284] §19 中有, 此处不再重复). 入射粒子失去的能量为

$$\mathrm{d}E = \int_{W_{\min}}^{W_{\max}} W\mathrm{d}\sigma = \frac{2\pi e^4 Z^2}{mv^2}\ln\frac{W_{\max}}{W_{\min}}.$$

乘以电子浓度 $N$ 后, 我们由此式得出一个 (16.21) 式类型的公式, 真实的问题在于考虑相对论效应 (前面用的显然是非相对论公式) 及电子在原子中的结合力等, 使对数因子更精确.

定性地看 (16.21) 式中对数项的意义, 若考虑到其形式实质上为常量 $\times \ln(p_{\max}/p_{\min})$, 便很清楚了. 这里 $p$ 是碰撞参量. 在近碰撞时 $(p \sim p_{\min})$ 生成 δ 电子, 其能量到达 $W_{\max}$. 反之, 远碰撞 $(p \sim p_{\max})$ 的贡献则随 $\ln(1/(1-$

[394]

$\beta^2)) = \ln(E/Mc^2)^2$ 增大, 原因是粒子的场在 $v \to c$ 时被压缩 (由于这个原因, 粗略地说, 随着能量增大, 场的频率为 $\omega \sim \mathscr{I}/\hbar$ 的傅里叶分量对应于更远的距离). 但是, 随着 $p_{\max}$ 增大, 在粒子与被传给能量的电子之间会出现越来越多的介质粒子. 后者屏蔽了粒子的场, 并且若其他条件相同, 介质密度越大, 这种屏蔽当然也越强. 屏蔽的影响 (或密度效应) 正好由 (16.21) 式中的 $f$ 项考虑. 对于极端相对论情形 (详见后), $f$ 项有普适性

$$f = \ln(1-\beta^2) + \ln\frac{\mathscr{I}^2}{\hbar^2\omega_p^2} + 1, \quad \omega_p^2 = \frac{4\pi e^2 N}{m}.$$

结果 (16.21) 式的形式成为

$$-\left(\frac{\mathrm{d}E}{\mathrm{d}x}\right)_i = \frac{2\pi e^4 Z^2 N}{mc^2}\left(\ln\frac{m^2c^2 W_{\max}}{2\pi e^2 N\hbar^2} - 1\right). \tag{16.22}$$

给出的这个 $f$ 的表示式与介质的性质 (除电子浓度外) 无关, 这一特性与下面的事实相联系: 在所讨论的足够高的能量的情形下, 重要的是介质在高频下的性质, 这时对任何介质都有

$$\varepsilon = 1 - \omega_p^2/\omega^2 = 1 - 4\pi e^2 N/(m\omega^2).$$

根据 (16.21) 式, 原子氢中的极端相对论性电子 ($E \gg mc^2$) 的电离损失等于

$$
\begin{aligned}
-\left(\frac{\mathrm{d}E}{\mathrm{d}t}\right)_i &= \frac{2\pi e^4 N}{mc}\left(\ln\frac{E^2}{mc^2\mathscr{I}^2} - 2\right) \\
&= 1.22 \times 10^{-20} N\left(3\ln\frac{E}{mc^2} + 18.8\right) \text{ erg s}^{-1} \\
&= 7.62 \times 10^{-9} N\left(3\ln\frac{E}{mc^2} + 18.8\right) \text{ eV s}^{-1} \\
&= 2.54 \times 10^{-19} N\left(3\ln\frac{E}{mc^2} + 18.8\right) \text{ eV cm}^{-1} \\
&= 1.52 \times 10^{5}\left(3\ln\frac{E}{mc^2} + 18.8\right) \text{ eV cm}^2\text{g}^{-1}. \tag{16.23}
\end{aligned}
$$

这里给出电离损失在不同单位中的值, 以便于在不同的情况下使用; 这时, 要从每秒的损失转换到每厘米路程上的损失, 显然要从前者除以 $c = 3\times10^{10}$ cm/s 得到, 因为我们讨论的是超相对论粒子. 以 cm²/g 为单位的损失的意思是, 所研究的物质层每 1 cm² 表面上的质量为 1 g; 因此若假设 $N = 1/M$, 此处 $M$ 是原子的质量 (对于现在的情形, 即对于氢, $M = 1.674 \times 10^{-24}$ g), 便实现了损失从以 cm⁻¹ 为单位转到以 cm²/g 为单位.

[395]

(16.23) 式中 $N$ 是氢原子的浓度, 并设有效电离能 $\mathscr{I}$ 等于 15 eV; 在这个式子里我们考虑了能量达到 $W_{\max} = \frac{1}{2}E$ 的一切反冲电子的贡献, 由于电子的不可分辨性, 这正是电子–电子碰撞中可传送的最大能量 $W_{\max}$ [①]. 我们注意到, 在 (16.21) — (16.23) 式中考虑了一切过程——电离 (包括快速的 δ 电子的生成)、激发和切连科夫辐射. 后者所占的份额即使对氢也不大 (15%的量级). 迄今我们没有 (16.23) 式中能量 $\mathscr{I}$ 的精确计算数据, 因此在该式的对数符号下有一个量级为 1 的不确定因子 (与此相关的 (16.23) 式的不确定度不超过百分之几). 此外, 在 (16.23) 式中忽略了密度效应, 即弃去了 (16.21) 式中的 $f$ 项. 只要 $v/c < 1/\sqrt{\varepsilon(0)}$ 就可以这样做, 其中 $v$ 是粒子的速度, $\varepsilon(0)$ 是介质在频率 $\omega = 0$ 下的介电常量. 在原子氢中

$$\varepsilon(0) = 1 + 4\pi\alpha N, \quad \alpha = \frac{9}{2}(\hbar^2/me^2)^3 \sim 10^{-24},$$

在以下条件下密度效应可以忽略:

$$E/mc^2 < (4\pi\alpha N)^{-1/2} \sim 3 \times 10^{11}/\sqrt{N}.$$

即使 $N \sim 10^2$ 上式也表示 (16.23) 式对能量 $E < 10^{16}$ eV 的电子成立.

对于较轻的非氢原子, 电离损失的一级近似也由 (16.23) 式确定, 不过 $N$ 应理解为所有原子内电子的总浓度. 很清楚, 在星际介质中 (比方说, 它含有 10% 的氦原子), 电离损失比在纯氢中 (若总原子浓度相同) 只高出大约 10%. 在完全电离的等离子体中 ($N$ 为电子浓度), 对于极端相对论性电子, 电离损失等于

$$\begin{aligned}
-\left(\frac{\mathrm{d}E}{\mathrm{d}t}\right)_i &= \frac{2\pi e^4 N}{mc}\left(\ln\frac{m^2c^2E}{4\pi e^2\hbar^2 N} - \frac{3}{4}\right) \\
&= 7.62 \times 10^{-9}N\left(\ln\frac{E}{mc^2} - \ln N + 73.4\right)\text{eV s}^{-1}, \quad (16.24)
\end{aligned}$$

这个式子是从 (16.22) 式取 $W_{\max} = \frac{1}{2}E$ 时得出的; 此外, 根据 [285a] 的计算对数因子的数值更为精确 (将 (16.22) 式中的 $-1$ 换为 (16.24) 式中的 $-3/4$; 当然, 这种改善并没有特别的价值). (16.23) 式和 (16.24) 式给出的结果通常不会有数量级的差异. 例如, 若 $N = 0.1$ cm$^{-3}$, $E = 5 \times 10^8$ eV, (16.24) 式给出的能量损失是 (16.23) 式的两倍. 能量损失 (16.24) 耗费于生成 δ 电子 (即

[396]

---

① 我们将把能量大于 $E/2$ 的电子看成被散射的电子, 而不是 δ 电子. 我们注意到, 在电子的情形下 (16.21) 式并不完全准确. 在 (16.23) 式的条件下, 必须将 (16.23) 式括号中的被加数 $-2$ 这一项换成 $1/8 - \ln 2 = -0.57$. 实用上这一精确化并不重要, 特别是由于能量 $\mathscr{I}$ 的定义是近似的 (见下).

将能量传给等离体电子) 和等离子体波的切连科夫辐射[①]. 对于等离子体必须采用考虑了密度效应的 (16.22) 式, 这从前面的讨论即可完全明白: 对于稀薄等离子体, 在所有频率下有都 $\varepsilon = 1 - \omega_p^2/\omega^2$, 正是对 $\varepsilon$ 用了这一表示式才得到 (16.22) 式. 我们发现处于强磁场中的等离子体内, 与将能量传递给等离子体电子相关的那部分电离损失会减小 [285b, 285c, 285d]. 减小的原因是在与磁场垂直的方向上将动量传递给等离子体电子变得更为困难.

(16.23) 式属于极端相对论性电子的情况. 如果不满足条件 $E \gg mc^2$, 特别是, 对于非相对论性电子 (但有速度 $v \gg v_a$, 这里 $v_a$ 是原子内电子的速度; 对于氢的情况这意味着, 电子的动能 $E_k = E - mc^2 \gg 15$ eV), 可以用将 $W_{\max}$ 换成 $\frac{1}{2}E_k$ 后的 (16.21) 式计算, 这样做带来的误差大于几个百分点.

对于总能量为 $E$、质量 $M \gg m = 9.1 \times 10^{-28}$ g 的粒子, 即对于介子、质子和原子核,(16.21) 式导致下述结果.

令

$$E \ll (M/m)Mc^2. \tag{16.25}$$

于是传递给电子的最大能量等于

$$W_{\max} = 2mv^2(E/Mc^2)^2. \tag{16.26}$$

在满足条件 (16.25) 的情况下,(16.21) 式给出原子氢 ($\mathscr{I} = 15$ eV) 内的损失为

$$-\left(\frac{\mathrm{d}E}{\mathrm{d}t}\right)_i = 7.62 \times 10^{-9} Z^2 N \left(\frac{2Mc^2}{E_k}\right)^{1/2} \left(\ln\frac{E_k}{Mc^2} + 11.8\right) \text{eV s}^{-1},$$

$$E_k = E - Mc^2 \approx \frac{1}{2}Mv^2 \ll Mc^2, \tag{16.27}$$

$$-\left(\frac{\mathrm{d}E}{\mathrm{d}t}\right)_i = 7.62 \times 10^{-9} Z^2 N \left(4\ln\frac{E}{Mc^2} + 20.2\right) \text{eV s}^{-1}, \quad E \gg Mc^2. \tag{16.28}$$

对于质子, 条件 (16.25) 的形式为 $E \ll 2 \times 10^{12}$ eV, 这样, (16.28) 式实际上在 $2 \times 10^9 < E < 10^{12}$ eV 范围内适用.

---

[①] 假设等离子体是各向同性的, 即没有磁场; 在这样的条件下, 我们知道, 粒子不能在等离子体中发射横切连科夫波. 我们还要强调, 我们这里所说的等离子体波, 应当理解为不仅能在等离子体中传播、而且能够在 $\varepsilon(\omega) = 0$ 条件下在任何介质中传播的纵波. 在这方面, 等离子体的特点仅仅是波长足够长的等离子体波呈现弱阻尼. 在凝聚态介质中电离损失的很大一部分可能就与等离子体波的产生有关系.

若

$$E \gg (M/m)Mc^2, \tag{16.29}$$

则

$$W_{\max} = E. \tag{16.30}$$

这时 (16.21) 式的形式成为

$$-\left(\frac{dE}{dt}\right)_i = \frac{2\pi e^4 Z^2 N}{mc} \left[\ln \frac{2mc^2}{\mathscr{I}^2} \frac{E^3}{(Mc^2)^2} - 2\right]$$
$$= 7.62 \times 10^{-9} Z^2 N \left(3\ln \frac{E}{Mc^2} + \ln \frac{M}{m} + 19.5\right) \text{ eV s}^{-1}, \tag{16.31}$$

其中最后的表示式适用于原子氢. 在 (16.31) 式中未考虑密度效应, 只要 $E/Mc^2 < 3 \times 10^{11}/\sqrt{N}$, 这在原子氢中是允许的 (见上).

在电子浓度为 $N$ 的完全电离的等离子体中, 在非相对论情况下有

$$-\left(\frac{dE}{dt}\right)_i = \frac{2\pi e^4 Z^2 N}{mv} \ln \frac{m^3 v^4}{\pi e^2 \hbar^2 N}$$
$$= 7.62 \times 10^{-9} Z^2 N \left(\frac{2Mc^2}{E_k}\right)^{1/2} \left(\ln \frac{E_k}{Mc^2} - \frac{1}{2}\ln N + 38.7\right) \text{eV s}^{-1}. \tag{16.32}$$

这个公式是由 (16.21) 式取 $E_k = \frac{1}{2}Mv^2 \ll Mc^2, W_{\max} = 2mv^2$ (见 (16.26) 式) 及 $\mathscr{I} = \hbar\omega_p = \hbar\sqrt{4\pi e^2 N/m} = 3.7 \times 10^{-11}\sqrt{N}$ eV 而得到的. 用等离子体能量 $\hbar\omega_p$ 替代 $\mathscr{I}$ (或者, 换个说法, 用等离子体频率 $\omega_p$ 替代频率 $\omega = \mathscr{I}/\hbar$) 非常自然, 它得到了更为前后一致的系统计算的证实 (见 [61]).

在极端相对论情形下 $E \gg Mc^2$, 对等离子体必须用 (16.22) 式或者相差一个不大的因子的下式

$$-\left(\frac{dE}{dt}\right)_i = \frac{2\pi e^4 Z^2 N}{mc} \ln \frac{m^2 c^2 W_{\max}}{4\pi e^2 \hbar^2 N}$$
$$= 7.62 \times 10^{-9} Z^2 N \left(\ln \frac{W_{\max}}{mc^2} - \ln N + 74.1\right) \text{ eV s}^{-1}. \tag{16.33}$$

其中的 $W_{\max}$ 在条件 (16.25) 下必须用 (16.26) 式的值, 在条件 (16.29) 下必须用 (16.30) 式的值. 其单位为 eV/s. 对于 $v \approx c$ 的相对论性粒子, 再除以 $c = 3 \times 10^{10}$ cm/s 就得到单位路程长度上的能量损失 (eV/cm) 的表示式; 氢气中以 eV/(g·cm$^{-2}$) 为单位的损失由以 eV/cm 为单位的损失乘以 $6 \times 10^{23}/N = 1/(1.67 \times 10^{-24}N) = 1/M_p N$ 而得到.

[397]

现在讨论产生 δ 电子的问题. 显然, 在 (16.21) 式和其他含有传递给电子的最大能量 $W_{\max}$ 的公式中已经完全考虑了相应的能量损失. 与生成 δ 电子 (其能量处于 $W_{\max}$ 到我们感兴趣的某一值 $W_{\min}$, 并且 $W_{\min} \gg \mathscr{I}, \mathscr{I}$ 是出现在 (16.21) 式中的电子平均结合能) 相联系的能量损失由 (16.21) 式得出, 等于

[398]

$$-\left(\frac{\mathrm{d}E}{\mathrm{d}t}\right)_i = \frac{2\pi e^4 Z^2 N}{mv} \ln \frac{W_{\max}}{W_{\min}}, \tag{16.34}$$

其中 $eZ$ 和 $v$ 分别是入射粒子的电荷和速度, $N$ 是物质中电子 (不是原子!) 的浓度 ($e$ 和 $m$ 分别是电子的电荷和质量). 不同情况下的 $W_{\max}$ 之值已在前面给出 (见 (16.26) 式、(16.30) 式和对 (16.23) 式的说明).

在厚度为 1 cm 的物质层中, 能量为 $E$ 的粒子传递给电子的处于 $W$ 到 $W + \mathrm{d}W$ 区间内的能量 $W(W \gg \mathscr{I})$ 的概率等于

$$P_\delta(E, W)\mathrm{d}W = \frac{2\pi e^4 Z^2 N}{mv^2} \frac{\mathrm{d}W}{W^2} F(E, W),$$

$$F(E, W) = \left(\frac{E}{E - W} - \frac{W}{E}\right)^2, \tag{16.35}$$

其中的函数 $F$ 是针对能量 $E \gg mc^2$ 的极端相对论性电子的 (这时当然有 $Z = 1$). 介质中与概率 (16.35) 对应的每个电子的有效微分截面等于

$$\mathrm{d}\sigma_\delta = \frac{2\pi e^4 Z^2 F(E, W)}{mv^2 W^2} \mathrm{d}W.$$

在简短讨论除电离损失外的其他能量损失之前, 我们先对粒子穿过介质运动时产生的集体效应做一些说明. 我们具体地研究这样的等离子体, 其中有一束带电粒子以恒定的速度快速运动. 这个系统 (等离子体内的粒子束) 中发生的过程在一定意义上接近于电离损失问题.

不过我们从一个更普遍的问题开始. 在足够稀薄的气体中, 可以不必考虑介质的影响而研究诸如光子的辐射、各种不同的其他粒子 (如 π 介子) 的产生、原子的电离和激发等问题. 换句话说, 只要介质的粒子 (比方说, 原子) 之间的距离足够大, 一切过程的发生便和仅仅存在碰撞粒子 (飞过的粒子、原子、碰撞 "产物") 时一样. 但是很显然 (而且众所周知), 随着介质密度增大, 我们必须考虑组成介质的粒子的相互影响, 在这个意义上我们可以讨论集体效应. 例如, 考虑介质的折射率对同步辐射的影响 (见前第 6 章) 就得到这种集体效应. 既考虑等离子体横波也考虑其纵波的切连科夫辐射当然也是一种集体效应, 对它来说没有介质 (在真空中) 过程根本就不会发生. 前面我们已经在必要的情况下讨论过这种集体效应. 另一类集体效应归属于入射粒子 "集体". 具体地说, 仅仅在最简单的情况下, 粒子

流穿过介质时的能量损失才等于束中单个粒子在束中所有其他粒子都不存在时所蒙受的损失之和.类似的条件远不是总能满足的.

我们并不试图在这里进行精确的分类,只是将与发射("入射")粒子本 [399] 身有关的集体效应分为两类.对于第一类,发射粒子分布的空间非均匀性很重要.例如,从 (16.21) 式和效应本身的实质很清楚,电离损失和切连科夫辐射的强度正比于所研究的快速粒子的电荷 $eZ$ 的平方[①].同时也完全清楚,电荷为 $Ze$ 的单个粒子的损失将等于 $Z$ 个电荷为 $e$ 的粒子的损失,只要后者抱团一起飞,构成一个总电荷为 $eZ$ 的紧密的凝块.显然,可以认为凝块在上述意义上非常小,若是其尺寸 $l$ 远小于用来形象地描绘所研究的损失过程的特征尺寸 $p$ 的话.对于导致生成 $\delta$ 电子的近碰撞,瞄准参量 $p$ 很小,不可能发生集体效应[②].相反,波长为 $\lambda$ 的切连科夫辐射是在尺寸量级为 $\lambda$ 的区域里产生的;这时粒子凝块完全能显得足够小,因此辐射强度已将不再简单地正比于粒子束中的粒子数量.

出现集体效应的另一种可能性 (第二类集体效应) 与辐射的再吸收、束不稳定性等相关.对于这一类集体效应,一般地说,粒子分布的空间不均匀性是不重要的 (至少在线性近似下计算吸收系数或波的放大时不重要).这类过程的一个例子是第 10 章讨论过的同步辐射的再吸收.这里的图像非常简单:一个粒子辐射,而同一集体中的其他粒子能够吸收这一辐射,结果吸收系数决定于辐射粒子的浓度.等离体中的粒子束不稳定性与纵波在束中出现有关,这种不稳定性实质上就是这样的过程,这里所指的是等离子体波的负切连科夫吸收 (再吸收).

这个问题在第 7 章中已提到过,但是这里我们对它的讨论将更详细一些,因为它在方法论上和实用上都很重要.

我们来研究非相对论的粒子束,束中粒子的质量为 $M$,电荷为 $e$,浓度 [400] 为 $N_s$,这些粒子在浓度为 $N$ 和温度为 $T$ 的"母"等离子体中运动.束中粒子的速度分布函数为 $f_s(v)$.我们用下述分布函数作为一个典型例子

$$f_s(v) = N_s \left( \frac{M}{2\pi\kappa T_s} \right)^{3/2} \exp\left[ -\frac{M(v - v_s)^2}{2\kappa T_s} \right].  \quad (16.36)$$

显然,我们这里讨论的是一个以平均速度 $v_s$ 运动的粒子束;偏离 $v_s$ 的速度分布是温度为 $T_s$ 的麦克斯韦分布.因为我们认为母等离子体处于平

---

[①] 前面已强调过,切连科夫损失已被包含在电离损失的完整表示式中,因而它像电离损失那样正比于 $Z^2$.所有形式的电离损失都正比于 $Z^2$,因为粒子的场 $E$ 正比于 $eZ$;而沿粒子路程的损失则等于粒子产生的场对其自身所做的功 $eZvE \propto e^2Z^2$.([61] 一书的第 14 章在确定电离损失时用的正是这种计算方法——计算功 $eZvE$).

[②] 我们这里所指的是不相连接的粒子的凝块.反之,如果粒子是结合在一起的,如原子核中的质子,那么近碰撞的特征通常由凝块的电荷 $Ze$ 决定.

衡中, 对其电子可以写出

$$f_0(\boldsymbol{v}) = N \left( \frac{m}{2\pi\kappa T} \right)^{3/2} \exp\left( -\frac{mv^2}{2\kappa T} \right). \tag{16.37}$$

如果没有粒子流 (或其影响可以忽略), 那么在所研究的各向同性、无碰撞的等离子体中 (设没有外磁场) 可以传播电磁横波:

$$\left.\begin{aligned}
&\boldsymbol{E} = \boldsymbol{E}_0 \mathrm{e}^{\mathrm{i}(\boldsymbol{k}\cdot\boldsymbol{r}-\omega t)}, \quad \boldsymbol{k}\cdot\boldsymbol{E} = 0, \quad \boldsymbol{H} = \frac{c}{\omega}\boldsymbol{k}\times\boldsymbol{E}, \\
&n_\perp \equiv n_{1,2} = \frac{ck}{\omega} = \varepsilon^{1/2} = \left( 1 - \frac{\omega_\mathrm{p}^2}{\omega^2} \right)^{1/2}, \\
&\omega_\mathrm{p}^2 = \frac{4\pi e^2 N}{m}, \quad \omega^2 = \omega_\mathrm{p}^2 + c^2 k^2,
\end{aligned}\right\} \tag{16.38}$$

和纵波

$$\left.\begin{aligned}
&\boldsymbol{E} = \boldsymbol{E}_0 \mathrm{e}^{\mathrm{i}(\boldsymbol{k}\cdot\boldsymbol{r}-\omega t)}, \quad \boldsymbol{k}\cdot\boldsymbol{E} = kE, \quad \boldsymbol{H} = 0, \\
&n_\| \equiv n_3 = \frac{ck}{\omega} \approx \left( \frac{1-\omega_\mathrm{p}^2/\omega^2}{3\kappa T/mc^2} \right)^{1/2}, \quad \omega^2 \approx \omega_\mathrm{p}^2 + 3\frac{\kappa T k^2}{m},
\end{aligned}\right\} \tag{16.39}$$

只有在条件 $(\kappa T/m)^{1/2}k \ll \omega_\mathrm{p}$ (这意味着 $kr_\mathrm{D} = k\sqrt{\kappa T/(8\pi e^2 N)} \ll 1$ 或 $\lambda = 2\pi/k \gg r_\mathrm{D}$, 这里 $r_\mathrm{D} = \sqrt{\kappa T/(8\pi e^2 N)}$ 是德拜半径) 下, 纵波才会传播而没有特殊的无碰撞阻尼. 为了方便, 我们在这里重复了第 12 章中所述.

在独立粒子近似下 (粒子束足够稀薄), 束中的每个粒子都与别的粒子无关地独立运动、散射和辐射. 这时, 一般可以把由母等离子体的粒子[①]引起的散射和轫致辐射看成是成对碰撞的结果; 对于 δ 电子的生成及与之相关的来自近碰撞的那一部分能量损失, 也可以这样看. 但是, 前面已强调过, 切连科夫辐射按其实质是一种集体效应. 在 (16.38) 式的情形, 折射率 $n_\perp < 1$, 因此, 横波的相速度 $v_\mathrm{ph,\perp} = c/n_\perp > c$. 显然, 切连科夫辐射的条件 $\cos\theta = c/(n(\omega)v)$ (见 (6.56) 式) 在 $n < 1$ 时不可能满足 ($v$ 是粒子的速度, $\theta$ 是 $v$ 与辐射波波矢量 $\boldsymbol{k}$ 的夹角). 相反, 对于纵波 (16.39), 切连科夫条件 (6.56) 完全能够得到满足, 于是, 束中的粒子能够产生等离子体 (纵) 波. 这个切连科夫辐射的总功率是

[401]

$$-\left( \frac{\mathrm{d}E}{\mathrm{d}t} \right)_\mathrm{cher} = \frac{2\pi e^4 N}{mv}\ln\left( \frac{2}{3}\frac{v^2}{\kappa T/m} \right) = \frac{e^2\omega_\mathrm{p}^2}{2v}\ln\left( \frac{2}{3}\frac{v^2}{\kappa T/m} \right). \tag{16.40}$$

(16.40) 式的结构与所有关于电离损失的公式 (例如 $\beta^2 \ll 1$ 时的 (16.21) 式) 相同 ((16.40) 式是这种能量损失的一部分). 式中的对数因子仅是近似

---

① 这里指的是电子和离子; 后者的浓度 $N_i$ 当 $Z = 1$ 时等于电子浓度 $N$ (或者, 当存在粒子束时为了保证系统的准中性而如此).

确定的 (在这种意义下, 对数符号下的因子 $\frac{2}{3}$ 纯粹是任意的, (16.40) 式自身与早先给出的公式 (7.33) 并无差别), 它只能在作更详尽的计算后才能确定 (例如见 [100, 108, 149, 150]; 实质上我们必须做的是考虑 $n = n_\parallel$ 时的切连科夫条件 (6.56) 及存在不很强的阻尼纵波的必要条件 $kr_D \lesssim 1$).

粒子束中所有满足 $v\cos\theta = c/n_\parallel(\omega)$ 的粒子都在给定的角度 $\theta$ 方向上发射频率为 $\omega$ 的波. 于是, 所有速度 $\boldsymbol{v}$ 在 $\boldsymbol{k}$ 方向的投影 $v_k$ 之值固定而垂直于 $\boldsymbol{k}$ 的分量 $\boldsymbol{v}_\perp$ 有任意值的粒子在 $\theta$ 角方向的辐射中都有贡献. 与此相关, 我们感兴趣的将不再是分布函数 $f_s(\boldsymbol{v})$ 本身, 而是下面的量

$$f_s(v_k) = \int f_s(\boldsymbol{v}) \mathrm{d}^2\boldsymbol{v}_\perp = N_s \left(\frac{M}{2\pi\kappa T_s}\right)^{1/2} \exp\left[-\frac{M(v_k - v_s\cos\theta)^2}{2\kappa T_s}\right], \quad (16.41)$$

其中使用了分布 (16.36). 图 7.2 中绘出过 (16.41) 式类型函数的示意图.

随着粒子束中粒子浓度 $N_s$ 的增大, 必须考虑切连科夫波的再吸收 (或放大), 亦即同一粒子束中的其他粒子对波的吸收和受激发射. 如果我们使用量子语言, 这种过程 (吸收和受激发射) 的可能发生是明显的. 在量子语言[①], 等离子体波的产生 (特别是, 等离子体波的切连科夫产生) 是能量为 $\hbar\omega$、动量为 $\hbar\boldsymbol{k} = (\hbar\omega/c)n_\parallel(\boldsymbol{k}/k)$ 的等离体子的发射 (第 13 章中对此提出过若干附带条件, 这里无须重复). 发射等离体子后, 一个能量为 $E_2 = \frac{1}{2}Mv_2^2$、动量为 $\boldsymbol{p}_2 = M\boldsymbol{v}_2$ 的粒子, 跃迁到能量为 $E_1 = \frac{1}{2}Mv_1^2 = E_2 - \hbar\omega$、动量为 $\boldsymbol{p}_1 = M\boldsymbol{v}_2 - \hbar\boldsymbol{k}$ 的状态. 非常清楚, 逆过程也是可能的, 因为正向和逆向跃迁的矩阵元的模相等. 在这样的逆过程中, 等离体子 $(\hbar\omega, \hbar\boldsymbol{k})$ 被粒子 $(E_1, \boldsymbol{p}_1)$ 吸收, 结果粒子的能量和动量成为 $E_2 = E_1 + \hbar\omega$ 和 $\boldsymbol{p}_2 = \boldsymbol{p}_1 + \hbar\boldsymbol{k}$. 受激发射概率等于吸收概率, 这样, 若状态 2 的能量更高 (上面就是这样假设的), 那么在等离体子 $(\hbar\omega, \hbar\boldsymbol{k})$ 存在的情况下, 系统 (粒子) 将发生受激跃迁 $E_2 \to E_1, \boldsymbol{p}_2 \to \boldsymbol{p}_1$, 并发射另一个等离体子 $(\hbar\omega, \hbar\boldsymbol{k})$. "真正的"(实际发生的) 吸收由状态 1 和 2 中的粒子数 $N_1$ 和 $N_2$ 之差决定. 在切连科夫辐射的情形, 显然只有粒子的速度 $\boldsymbol{v}$ 在 $\boldsymbol{k}$ 上的投影, 即 $v_k$ 之值变化, 并且 $Mv_{k,2} = Mv_{k,1} + (\hbar\omega/c)n_\parallel$. 然后我们有

$$1 - \frac{N_2}{N_1} = 1 - \frac{f_s(v_{k,2})}{f_s(v_{k,1})} = -\frac{1}{f_s}\frac{\mathrm{d}f_s}{\mathrm{d}v_k}\frac{\hbar\omega}{Mc}n_\parallel,$$

这里分布函数及其微商必须在点 $v_k = \omega/k \approx v_{k,1} \approx v_{k,2}$ 处取值 (容易看到,

[402]

---

[①] 如同此前在本书中多次所作的那样, 每当我们提到 "量子语言" 时, 是指的一个经典问题本来可以用经典术语完整地描述, 但是使用量子概念描述起来显得更方便或更直观.

在经典情形下, $\hbar k \ll M v_k$). 这样, 再吸收系数就等于

$$\mu = -A \left( \frac{\mathrm{d} f_{\mathrm{s}}(v_k)}{\mathrm{d} v_k} \right)_{v_k = \omega/k}. \tag{16.42}$$

沿 $z$ 轴传播的单色波的场按下面的规律变化:

$$E = E_0 \exp\left[ \mathrm{i}\omega \left( \frac{n}{c} z - t \right) \right] \exp\left( -\frac{\omega}{c} \kappa z \right),$$

其中 $\kappa$ 是吸收率. 吸收系数 $\mu = 2\omega\kappa/c$ 决定了强度的变化 $I \propto |E|^2 \propto \exp(-\mu z)$. 但是, 常常遇到问题的另一种可能提法, 那就是假定波矢量 $\boldsymbol{k}$ 为实数, 而频率 $\omega$ 为复数. 这时

$$E = E_0 \exp\left[ \mathrm{i}\omega' \left( \frac{n}{c} z - t \right) \right] \exp(-\gamma t),$$

其中 $\omega = \omega' - \mathrm{i}\gamma$ (这里 $\omega' = \mathrm{Re}\,\omega$).

这时强度 $I \propto \exp(-2\gamma t)$. 对于弱吸收 (或弱放大) 介质, 可以严格地证明, 不过从直观考虑立刻就会明白, 我们有

$$2\gamma = \mu v_{\mathrm{gr}}, \tag{16.43}$$

其中 $v_{\mathrm{gr}} = \mathrm{d}\omega/\mathrm{d}k$ 是波的群速度; 在条件 (16.39) 下

$$v_{\mathrm{gr}} = \frac{3\kappa T}{m v_{\mathrm{ph}}}, \quad v_{\mathrm{ph}} = \frac{\omega}{k} = \left( \frac{3\kappa T/m}{1 - \omega_{\mathrm{p}}^2/\omega^2} \right)^{1/2}.$$

通过计算 (计算过程在此忽略; 可参看 [108, 136, 206], 对麦克斯韦等离子体又见 [109, 205] 及本书第 12 章) 可以求出 (16.42) 式中的系数 $A$. 于是我们得到又见 (16.43)

[403]
$$\gamma = -\frac{2\pi^2 e^2 \omega_{\mathrm{p}}}{M k^2} \left( \frac{\mathrm{d} f_s(v_k)}{\mathrm{d} v_k} \right)_{v_k = \omega/k}, \tag{16.44}$$

这里 $M \equiv M_{\mathrm{s}}$ 是粒子束中每个粒子的质量.

(16.44) 式中电子束的函数 $f_{\mathrm{s}}(v_{\mathrm{s}})$ 是考虑了电子束存在和母等离子体存在后的总的分布函数. 我们虽然用 $f_{\mathrm{s}}$ (下标 s 代表束) 来表示分布函数, 但实际上我们所考虑的是对一个真实情况的应用, 即在值 $v_k = \omega/k$ 的附近可以忽略麦克斯韦母等离子体的粒子的贡献. 但是, 由以上所述很清楚, (16.44) 式中取 $M = m$ 也可用于不存在电子束的纯麦克斯韦等离子体的情况, 并且在无碰撞阻尼条件下 (见第 12 章) 得出 $\gamma$ 的一个表示式. 如该处所述, 这时恰好有阻尼出现 ($\gamma > 0$), 这与对于麦克斯韦分布有 $\mathrm{d} f_{\mathrm{s}}/\mathrm{d} v_k < 0$ (见 (16.37) 或 (16.41) 式当 $v_{\mathrm{s}} = 0$ 时) 有关. 以上结果特别清楚地显示了各向同性等离子体中无碰撞阻尼的本性——逆瓦维洛夫–切连科夫效应亦

即切连科夫吸收 (等离子体波的这种吸收正好是具有 $v_k = v\cos\theta = c/n_{\parallel}(\omega)$ 的粒子实现的; 我们在这里重复了第 7 章和第 12 章讲述过的内容).

如果分布函数在这个或那个区间里有 $\mathrm{d}f_s/\mathrm{d}v_k > 0$, 那么波的振幅将不是随时间衰减而是增大, 或者换个说法, 将发生负吸收或不稳定性. 从图 7.2 就可以明显地看出, 对于任何 "浸在" 等离体中的粒子束总有一个区间 (区间 I) 其中的 $\mathrm{d}f_s/\mathrm{d}v_k > 0$. 这样, 波的相速度 $v_{\mathrm{ph}} = \omega/k$ 若是处于图 7.2 中的区间 I 的 $v_k$ 值区域内, 波将被放大. 结果波的振幅增大, 只有非线性效应才可能限制其增长. 这种情况下波的放大与量子放大器或量子振荡器 (微波激射器和激光器) 具有相同本性. 实际上, 条件 $\mathrm{d}f_s/\mathrm{d}v_k > 0$ 也就是意味着处于高能级中的粒子数目多于低能级中的粒子, 其结果是受激发射超过吸收.

将函数 (16.41) 代入 (16.44) 式, 我们得到

$$
\begin{aligned}
\gamma &= \left(\frac{\pi}{8}\right)^{1/2} \frac{\omega_s^2 \omega_{\mathrm{p}}(v_{\mathrm{ph}} - v_s\cos\theta)}{k^2 v_{\mathrm{Ts}}^2} \exp\left[-\frac{(v_{\mathrm{ph}} - v_s\cos\theta)^2}{2v_{\mathrm{Ts}}^2}\right], \\
\omega_s^2 &= \frac{4\pi e^2 N_s}{M}, \quad \omega_{\mathrm{p}}^2 = \frac{4\pi e^2 N}{m}, \quad v_{\mathrm{ph}} = \frac{\omega}{k}, \quad v_{\mathrm{Ts}}^2 = \frac{\kappa T_s}{M}.
\end{aligned}
\tag{16.45}
$$

在 $v_{\mathrm{ph}} < v_s\cos\theta$ 的区域内波增大 ($\gamma < 0$). 显然, 对于给定的 $k, \gamma$ 的极大值等于

$$
|\gamma_{\max}| \sim \omega_s^2 \omega_{\mathrm{p}}/(k^2 v_{\mathrm{Ts}}^2).
\tag{16.46}
$$

出现在前面公式中的 $v_{\mathrm{ph}}$ 是波在母等离子体中的相速度. 为使切连科夫辐射可能发生, 这个速度不得超过 $c$. 因此在 (16.46) 式中 $k_{\min} \approx \omega_{\mathrm{p}}/c$, 从而[①]

$$
|\gamma_{\max}| \lesssim \omega_s^2 c^2/(\omega_{\mathrm{p}} v_{\mathrm{Ts}}^2) \gtrsim \omega_s^2/\omega_{\mathrm{p}}.
\tag{16.47}
$$

[404]

在以经典方法研究问题时, 用的是关于分布函数 $f_s$ 的动理学方程, 并且取例如分布 (16.36) 为粒子束中的初始分布. 接着必须确定一个具有实数波矢量 $k$ 的波的频率 $\omega = \omega' - \mathrm{i}\gamma$ (或具有实数频率 $\omega$ 的波的复数波矢量 $k$). 最终当然会得出同一个结果 (16.44) 式或具体结果 (16.45) 式. 这两个结果的恒等表明量子和经典两种处理问题的方法完全等价 (关于这方面可参看例如 [141]), 在说到量子方法时, 我们指的是使用爱因斯坦系数方法计算跃迁概率[②]. 特别是, 这个方法的适用范围有限制, 这与条件 $|\gamma| \ll \omega \sim \omega_{\mathrm{p}}$

---

① 若 $v_{\mathrm{Ts}} \ll v_s$, 那么可以认为, 切连科夫辐射的条件是 $v_{\mathrm{ph}} < v_s$ 及 $k_{\min} \approx \omega_{\mathrm{p}}/v_s$; 由此 $|\gamma_{\max}| \lesssim \omega_s^2 v_s^2/\omega_{\mathrm{p}} v_{\mathrm{Ts}}^2$).

② 仅仅在这个意义或类似的意义上, 才能对量子方法和经典方法加以比较. 如果所指的是原则上用量子理论的方程解决任何经典问题的可能性, 那么这种可能性是显然的, 因为经典力学和经典电动力学是对应的量子力学建构的极限情形.

有关. 但是, 正如我们在第 10 章里已经显示的那样, 在其适用范围内爱因斯坦系数方法是非常有用且成果丰富的.

由上所述很清楚, 当等离子体中存在粒子束时 (束中粒子的平均速度 $v_\mathrm{s} \gg v_\mathrm{T} = \sqrt{\kappa T/m}$), 这个粒子束是不稳定的——在束中纵等离子体波将增长. 增长率 $\gamma$ 正比于束中粒子的浓度 $N_\mathrm{s}$ (见 (16.45) 式, 并进而考虑到 $\omega_\mathrm{s}^2 \propto N_\mathrm{s}$). 由此可知, 在密度足够小的粒子束中, 由切连科夫波的负吸收引起的波的增长是很小的 (它在描述过程的特征时间内很小; 在束的总长度上很小, 等等); 从另一方面看, 在真实条件下粒子束中的集体效应 (不稳定性) 又可能是非常重要的. 结果, 与单个粒子相比, 束中的能量损失及束的弥散可能要发生得快得多 (或在更短的路程上发生). 关于粒子束的能量损失和耗散 (各向同性化) 问题的求解是相当复杂的, 因为问题的解决不可能限于线性近似, 而必须发展非线性理论 (见 [136, 199, 206] 及那里引用的文献).

但是, 为什么我们要在研究宇宙线的一章里讨论等离体子中粒子束的不稳定性呢? 乍一看来, 这尤其显得奇怪, 因为前面强调过宇宙线的各向同性性质, 由于这一性质根本没有产生束不稳定性的条件. 此外, 由于宇宙等离子体极其稀薄 (电子浓度在星际空间为 $N \lesssim 1~\mathrm{cm}^{-3}$, 在星系际空间为 $N \lesssim 10^{-5}~\mathrm{cm}^{-3}$), 所以可能认为在宇宙线天体物理学中等离子体效应一般并不重要.

[405]

不过, 对最后这个理由不可当真, 因为起作用的并不是浓度 $N$ 和别的一些量的绝对值, 必须将这些值与相应的对所研究的过程重要的值进行比较. 说到宇宙线的各向同性, 则最主要的问题之一是确定产生各向同性的原因以及寻求不存在各向同性的条件. 这样, 就非常有必要分析宇宙线天体物理学中等离子体效应. 而且毫无疑问这些效应很可能是非常重要的.

例如, 我们来研究宇宙线从某个区域 (此区域中磁场为 $H_1$, 宇宙线在此区域中各向同性) "流出" 到磁场为 $H_2 \ll H_1$ 的周围空间的问题. 这种情况是非常现实的, 比方说当宇宙线从超新星的壳层跑到星际空间, 或者从星系 (或星系核) 流出到星系际空间.

一个带电粒子在规则磁场中运动时其浸渐不变量守恒[①]

---

[①] 更正确地说,(16.48) 式的左端是粒子在磁场中运动时的浸渐不变量. 当问题中的参量缓慢变化时 (现在的情况是当磁场 $H$ 缓慢变化) 浸渐不变量保持不变. 这意味着, 磁场必须在曲率半径 $r_H$ 量级的距离上和 $1/\omega_H^*$ 量级 ($\omega_H^* = (eZH/Mc)(Mc^2/E)$) 的时间里变化不大. 在宇宙条件下, 这个要求在许多情形下都能得到很好的遵守. 但是, 必须注意到, 我们在这里不仅假设没有电场 (除了与磁场随时间的变化相联系的电场外), 也忽略了各种损失. 后者当然可以导致浸渐不变量不恒定. 例如, 对电子特别重要的磁韧致损失在 $H = \mathrm{const}$ 时导致角 $\chi$ 的减小.

$$\frac{p_\perp^2}{H} = \frac{p^2 \sin^2 \chi}{H} = \text{constant}, \tag{16.48}$$

这里 $p$ 是粒子的动量, $\chi$ 是 $p$ 和 $H$ 之间的夹角. 在恒定的即不随时间变化的磁场里, 粒子的能量 $E = \sqrt{M^2 c^4 + c^2 p^2}$ 和它的动量 $p$ 是不变的, 由此

$$\frac{\sin^2 \chi}{H} = \text{constant}, \quad \frac{\partial H}{\partial t} = 0. \tag{16.49}$$

当粒子进到磁场较小的区域时, 由 (16.49) 式可知, 角 $\chi$ 将减小. 由此可知, 若 $H_2 \ll H_1$, 在磁场较弱的区域 2 中, 粒子随方向的分布必定变得极其各向异性; 它们实际上将沿着场的力线运动 (即这些粒子的角 $\chi \ll 1$). 由此就产生了粒子束.

在银河系中, 宇宙线的浓度 $N_{CR} \sim 10^{-10}$ 个粒子/cm³ (见 (16.9) 式); 因此对于从超新星壳层进入星际空间或离开银河系的 "束" 中粒子的浓度我们也取这个估值 $N_s \sim N_{CR} \sim 10^{-10}$ 个粒子/cm³, 由此对于质子得到 $\omega_s^2 = 4\pi e^2 N_s / M \sim 3 \times 10^{-4} \text{s}^{-2}$; 这个估值直到能量 $E \sim Mc^2 \sim 10^9$ eV 时都适用, 亦即对大部分宇宙线依然正确 (在相对论情形下 $\omega_s^2 = (4\pi e^2 N_s / M)(Mc^2/E)$). 与此同时, 对于银河系中的母等离子体 $\omega_p = \sqrt{4\pi e^2 N/m} = 5.64 \times 10^4 \sqrt{N} \lesssim 5 \times 10^4 \text{s}^{-1}$ ($N \lesssim 1 \text{ cm}^{-3}$), 而在总星系中, $\omega_p \lesssim 10^2 \text{s}^{-1}$ ($N \lesssim 10^{-5} \text{cm}^{-3}$). 由此我们得到, 由束不稳定性引起的等离子体波的增长率为 (见 (16.47) 式, 其中取 $v_{Ts} \sim c$) [406]

$$|\gamma_{\max}| \lesssim \begin{cases} \dfrac{\omega_s^2}{\omega_p} \sim 10^{-8} \text{s}^{-1} & \text{(银河系),} \\ 10^{-6} \text{s}^{-1} & \text{(总星系).} \end{cases} \tag{16.50}$$

对于能够在此问题中起作用的波长最短的波:

$$\gamma \sim \gamma_{\min} \sim (v_T/c)^2 \gamma_{\max} \sim (\kappa T/mc^2) \gamma_{\max} \sim 10^{-6} \gamma_{\max}$$

(当 $T \sim 10^4$ K 时), 及 $\gamma_{\min} \sim 10^{-4} \gamma_{\max}$ (当 $T \sim 10^6$ K, 这或许对应于星系际气体). 但是即使对于值 $|\gamma| \sim 10^{-12} \text{s}^{-1}$, 在经过一段时间[①] $T \sim 1/|\gamma| \sim 10^{12}$ s $\sim 3 \times 10^4$ 年后, 等离子体波也会有可观的增长, 而这个时间比银河系演化的特征时间 $T_G \sim 10^9$—$10^{10}$ 年和银河系中宇宙线的寿命 $T \sim 10^7$—$10^8$ 年小得多. 我们这里将不再多列举类似的例子和估值, 因为这些例子唯一的目的是想要表明在宇宙线天体物理学中等离子体效应一般而言是重要的[92, 136, 199, 279, 286]. 问题的实质是要阐明宇宙等离体的频率 $\omega_p$ 和可能的宇宙线束中的频率 $\omega_s$ 只是在与 "实验室" 规模的频率相比较才很小; 对于各种不同的不稳定性的增长率也同样如此, 显然这里应该将它们与量 $1/T$

---

① 这里采用了同一个符号 $T$ 标注时间和温度, 这应当不会带来任何混淆.

作比较, 其中 $T$ 是该具体问题中的特征时间 (超新星壳层扩展的时间、宇宙线的年龄等).

　　不同的不稳定性的增长率 $\gamma$ 不同, 例如, 当粒子束激发等离子体波或磁流体动力学波时. 此外, $\gamma$ 还依赖于母等离子体的参数和粒子束本身的特征, 特别是束中粒子分布各向异性的程度 (对于分布为 (16.36) 式的粒子束, 我们指的是比值 $\kappa T_s/Mv_s^2$). 举例来说, 对于一束各向异性程度很小 ($\delta \ll 1$) 的宇宙线, 实际上起作用的只有磁流体动力学波的激发[286b, 286c]. 这样一来, 增长率 $|\gamma|$ 是最大的, 从而在不同类型的不稳定性和不同种类的波等等的不同条件中, 一般而言, 也是最重要的条件. 这里关于增长率意义

[407]

的陈述中 "一般而言" 这个保留条件与两个因素有关. 首先, 增长率 $\gamma$ 只是在最开始的线性阶段描述等离子体波的增长. 然而稳定下来的状态的特性是由非线性过程决定的. 于是增长率最快的不稳定性在非线性阶段实际带来的扰动可能不如某些缓慢发展的不稳定性带来的扰动重要. 其次, 我们通常感兴趣的并不是不稳定性本身, 也不是所产生的波的强度, 而是这些波 (扰动) 的这种或那种作用. 例如, 如果谈到电磁 (横) 波不稳定性引起的辐射, 则考虑不同种类的波之间相互转换的重要性并不亚于确定等离子体波的强度. 在宇宙线天体物理学中, 通常我们对粒子束产生的波和其他扰动对束本身及对束在其中运动的磁场的逆作用问题特别感兴趣. 不稳定性发展的结果导致各种波和其他扰动 (比方说, 磁场的非周期畸变) 的出现, 一般来说会使粒子束扩展并变得各向同性, 而磁场则由规则的场变成完全随机、湍动的场. 这是一个普遍并显而易见的倾向, 但是对它即使做稍微详细一点的分析也要付出巨大的努力, 且至今远未完成. 特别是在宇宙环境条件方面尤其如此, 这些环境条件的不确定性很大程度上与缺少有关参量 (粒子束和磁场的特性、更不用说星际等离子体的参量了) 的知识有关. 但是, 从这里给出的对束不稳定性的估计已可得出一些结论, 考虑磁流体力学波的贡献以及对非线性过程作用的分析等进一步充实了这些结论 (见 [92, 273, 286] 和那里给出的文献).

　　正是等离子体不稳定性的出现导致了宇宙中各种不同的波和扰动的有效产生, 而这些波和扰动反过来又散射宇宙线. 其结果是宇宙线的明显的各向异性分布相当迅速地弛豫, 在银河系或在星系际空间里宇宙线只可能有不大的各向异性度 $\delta \ll 1$. 同时, 非均匀性和波对宇宙线的散射连同上面说过的磁场的扰动导致银河系中人所共知的磁场湍动和宇宙线混合. 可惜的是问题的定量方面还不够清晰. 特别是在各个不同的能量区段, 宇宙线被其自身产生的波或被其他起源的波及被各种静态的 (或更准确地说准静态的) 磁场的非均匀性散射和各向同性化的相对贡献尚未搞清. 在更

广泛的意义理解的等离子体效应在宇宙线的加速机制研究中也起决定性的作用. 这个覆盖面很大的重要问题早就吸引了人们密切注意 (见 [80, 92, 199, 271] 和那里给出的文献), 而且近年来考虑粒子在激波中加速的机制得到特别广泛的讨论[92].

我们不可能在这里展开这个题目, 但是我们觉得, 就像在整个这一章一样, 即使是用通常的词语对宇宙线天体物理学的一些前沿问题作些介绍也将是有用的——这里我们指的是那些需要考虑等离子体效应的问题. 从而使得今天试图对宇宙线起源的这个或那个模型作定量研究时占压倒优势的研究方法——使用扩散近似和转移方程——得到更好的理解. [408]

我们将假设宇宙线是局域各向同性的——这意味着各向异性只在考虑粒子浓度 $N_i(\boldsymbol{r}, t, E)$ 的空间不均匀性时才出现, 其中 $i$ 是粒子的种类 ($t$ 时刻在区间元 $d\boldsymbol{r}dE$ 内的粒子数量为 $N_i d\boldsymbol{r}dE$). 在这里讨论的近似中, $N_i$ 的普遍转移方程的形式为 (详见 [80, 92]; 当然, 这里不要对 (16.51) 式中两次出现的下标 $i$ 求和)

$$\frac{\partial N_i}{\partial t} - \operatorname{div}(D_i \nabla N_i) + \frac{\partial}{\partial E}(b_i N_i) = Q_i - P_i N_i + \mathscr{P}_i. \qquad (16.51)$$

以后我们自然将会描述方程 (16.51) 的所有各项的特征, 但我们从最前面两项开始——若只保留这两项就得到扩散方程:

$$\frac{\partial N_i}{\partial t} - \operatorname{div}(D_i \nabla N_i) = 0, \qquad (16.52)$$

其中 $D_i(\boldsymbol{r}, E)$ 是扩散系数.

使用 (16.51) 的扩散近似 (16.52) 来描述宇宙线在磁场中的运动的可能性一点也不显然. 磁场有显著的无规、混沌分量并不足以保证这种近似的成立, 因为这时粒子具有只沿着磁场的磁力线移动的强烈倾向, 哪怕磁力线极其紊乱. 但是如果这些磁力线自身可以足够快地相互散开 (这一般发生在磁场的随机即无规分量远比其规则分量大的情形), 那么扩散近似就可在足够大的区域内使用 [92, 287a]. 与此同时, 为了分析宇宙线在银河系中的传播, 通常感兴趣的正好是大的体积. 此外, 在银河系中还必须考虑以下情况: 由于银河系的较差自转以及气体云和旋臂运动的结果, 磁力线无时无刻不在 "搅和". 最后, 我们通常感兴趣的图景不仅是对足够大的空间区域 (比方说几十、几百个秒差距)、而且也是对足够长的时间求平均而得. 例如, 要估计宇宙线在银河系中的浓度梯度及其寿命 $T_{\mathrm{CR}}$, 知道在短得多的时间 $t \ll T_{\mathrm{CR}} \sim 10^7 - 10^8$ 年内平均得到的浓度 $N_i$ 已经足够, 即求平均时间完全可以短到 $10^5$ 年.

考虑所有这些情况后扩散近似看来是可以接受的, 特别是当我们把系 [409]

数 $D_i$ 选为自由参量时. 的确, 这样一来完全没有排除用更详尽的研究 (将等离子体不稳定性、磁力线的弥散等考虑进来, 见 [92, 287]) 来计算 $D_i$ 的问题可能性, 以及更主要的, 没有放弃通过比较观测数据与扩散近似 (基于 (16.51) 型的方程) 对各向异性、化学组成以及其他描述全部宇宙线或其不同分量的物理量的计算结果来检验扩散机制成立这个假设本身的可能性.

在扩散近似的框架下, 总宇宙线流量等于

$$F_{D,i} = 2\pi \int_0^\pi J(\theta) \cos\theta \sin\theta d\theta = D_i |\nabla N_i| = -D_i \frac{dN_i}{dr}, \tag{16.53a}$$

其中最末的表达式是在假设问题具有相应的对称性后写出的; 此外, 极坐标的极轴取在沿流量 $\boldsymbol{F}_{D,i}$ 的方向. 假定对所有的宇宙线有 $J(\theta) = J_0 + J_1 \cos(\theta)(J(\theta)$ 的更一般的形式见 [92]), 不难得到以下的各向异性度的表达式

$$\delta = \frac{J_{max} - J_{min}}{J_{max} + J_{min}} = \frac{J_1}{J_0} = \frac{3F_D}{4\pi J_0} = \frac{3D}{c} \frac{1}{N_{CR}} \left| \frac{dN_{CR}}{dr} \right|. \tag{16.53b}$$

其中也使用了关系 $J \approx J_0 = (4\pi/v)^{-1} N_{CR} = (4\pi/c)^{-1} N_{CR}$ (研究的是极端相对论粒子); 当然, 对任何一类粒子都可以写出相似的关系式. 在准球形情况下

$$\left| \frac{dN_{CR}}{dr} \right| \sim \frac{N_{CR}}{R},$$

其中 $R$ 是特征距离; 在银河系的情形, 假设 $R \sim 10^{22}$ cm (太阳到银河系中心的距离为 $R = 3 \times 10^{22}$ cm) 及 $\delta \lesssim 10^{-4}$ (见上). 由此

$$D \sim \frac{1}{3}\delta cR \lesssim 10^{28} \text{ cm}^2/\text{s}.$$

可惜的是, 我们尚缺乏能量 $E < 10^{12}$ eV 的宇宙线主要部分的星际各向异性度的可靠数据. 更为重要的是, 各向异性可能只反映太阳系周围的 "局部" 条件, 而没有表征银河系中宇宙线浓度的平均梯度.

扩散系数的其他估值基于对宇宙线化学组成的计算 (见下). 这些计算给出 [92, 272, 280]

$$D_{disc} \approx 3 \times 10^{27} \text{ cm}^2\text{s}^{-1}, \quad D_{halo} \approx 10^{29} \text{ cm}^2\text{s}^{-1} \tag{16.54}$$

其中 $D_{disc}$ 和 $D_{halo}$ 分别对应于盘状模型和带晕模型 (这里给出的 $D_{disc}$ 的值更适用于 $h_p \approx 2 \times 10^{21}$ cm 的射电盘; 对晕更常用估值 $D_{halo} \approx 5 \times 10^{28}$ cm²/s).

[410]　　气体中的扩散系数 $D = \frac{1}{3}vl$, 其中 $l$ 是平均自由程的长度而 $v$ 是粒子的

速度. 使用这个关系, 并且认为宇宙线沿着磁场运动的速度 $v \sim 10^{10}$ cm/s, 从 (16.54) 式可以估计有效自由程长度: $l_{disc} \sim 10^{18}$ cm 及 $l_{halo} \sim 3 \times 10^{19}$ cm. 在扩散近似中, 粒子在时间 $T$ 内在 $z$ 方向走过的方均距离为 $\overline{z^2} = 2DT$. 根据这个式子可以估计银河系中宇宙线的寿命, 这只要把系统的特征尺寸 $L$ 的平方代入上式作为 $\overline{z^2}$. 在盘状模型中, 通常假设 $L \sim 3 \times 10^{20}$ cm (气体盘的半厚度), 而在带晕模型中 $L \sim R \sim 10^{22}$ cm (晕的半径, 或更准确地说, 晕的半厚度). 于是, 使用 (16.54) 式, 我们得到

$$T_{CR\ disc} \sim 5 \times 10^5\ \text{年}, \quad T_{CR\ halo} \sim 2 \times 10^8\ \text{年}. \tag{16.55}$$

上面给出的估值显然是很粗略的, 但即使考虑到这种情况, 为什么在盘模型中取尺寸 $L$ 为气体盘的半厚度而不取射电盘的半厚度 $h_p \sim 2 \times 10^{21}$ cm, 也令人费解. 事情在于, 正如名称所表明的那样, 星际气体集中在气体盘中. 因此为了估计宇宙线在气体介质 (对于 $N \sim 1$ cm$^{-3}$ 的气体盘) 中逗留的时间 (这对计算宇宙线穿过的气体厚度是重要的), 必须像上面所说那样办[①]. 至于宇宙线在射电盘 ($h_p \sim 2 \times 10^{21}$ cm) 中的逗留时间, 则当 $D \sim 3 \times 10^{27}$ 时, 时间为 $T_{CR\ disc} \sim 2 \times 10^7$ 年. 但是, 我们前已指出带晕的模型是符合真实情况的, 于是宇宙线离开银河系的时间是 $T_{CR\ halo} \sim 2 \times 10^8$ 年. 当然这仅仅是个大概值, 更何况扩散系数还和坐标有关. 非常可能在银河系平面附近 $D$ 小, 而在晕中 $D$ 大, 在这方面 (16.54) 型的估值在带晕的模型中也有一定的意义. 于是, (16.51) 和 (16.52) 式中的扩散系数 $D_i$ 可能依赖于坐标 $r$, 也可能依赖于粒子的能量 $E$ (假设系统是稳恒的, 因此转移方程中的系数, 特别是扩散系数, 与时间无关; 扩散和非稳恒条件下的其他过程需要专门研究). 然而在实际计算时, 要么是使用全空间恒定的系数 $D_i$, 要么是对若干个区域作计算 (在每一个区域里系数 $D_i$ 为常数, 在这些区域之间的界面上, 垂直于界面的粒子流分量 $-D_i \nabla N_i$ 必须连续, 浓度 $N_i$ 也必须连续). 至于 $D_i$ 对粒子能量 $E$ 的依赖关系, 则宇宙线化学组成的近似不变性表明, 在 $\varepsilon \lesssim 10^{12}$ eV/核子的能量范围里, $D_i$ 大致不变, 这种情况可能一直延续到能量 $E \sim E_c \sim 1$—$3 \times 10^{15}$ eV 之前. 在 $E \sim E_c$ 时宇宙线谱中的指数 $\gamma$ 发生变化 (见 (16.11) 式和 (16.12) 式); 自然可以认为这与 $D_i$

[411]

---

[①] 宇宙线在气体盘中的逗留时间用关系式 $T_{CR\ disc} = x/(\rho c)$ 估计更可靠, 其中 $x$ 是相对论性宇宙线 (速度 $v = c$) 所穿越的气体厚度, 气体的密度为 $\rho$ (见下面的 (16.63) 式和对它的说明). 设 $\rho = MN \sim 2 \times 10^{-24}$ g·m$^{-3}$ 及 $x \sim 5$ g·m$^{-2}$, 得到时间 $T_{CR\ disc} \sim 3 \times 10^6$ 年. 在这方面必须注意, 在气体盘中可以取值 $D_{disc} \sim 10^{27}$ cm$^2$/s, 此外, 穿过距离 $(z^2)^{1/2} = L$ 的时间只有对均匀介质才由公式 $\overline{z^2} = 2DT$ 决定 (在我们的情形, 扩散系数为 $D_{disc}$ 的盘处于扩散系数为 $D_{halo}$ 的区域之内). 基于上述理由, 未必能够认为上述 $T_{CR\ disc}$ 的估值之差是真实的.

与 $E$ 之间出现了可以察觉的依赖关系 (具体地说在 $E > E_c$ 时扩散系数随着 $E$ 的增大而增加) 有关.

由于在小于 $10^{12}$ eV 的较低能量下宇宙线的化学组成毕竟有些变化[92, 273], 在下面的近似中必须考虑 $E < 10^{12}$ eV 时 $D_i$ 与能量间的很弱的依赖关系. 这时估计得出的关系是 $D_i \propto E^{0.3-0.5}$. 重要的是, 我们要强调指出在扩散近似的框架里考虑扩散系数对坐标和能量的依赖关系 (原则上还有对方向的依赖关系) 仍然是完全可能的.

在转移方程 (16.51) 中假设介质 (比方说星际介质) 是静止的. 然而宇宙线基本上 "粘" 在它们所处的磁化介质中, 而这种介质在宇宙条件下一般说来并非是静止的. 例如, 由于冲击波在星际介质内的传播、因为银河系的较差自转、由于超新星壳层的扩张, 等等, 都会引起星际介质的运动. 在考虑介质的运动时, 在方程 (16.51) 的左端应当补充一项 $\mathrm{div}(N_i \boldsymbol{u})$, 其中 $\boldsymbol{u}(\boldsymbol{r}, t)$ 是介质的速度. 这一项的意义很明显, 因为在流体力学中 (没有扩散时) 连续性方程的形式为 $\partial\rho/\partial t + \mathrm{div}(\rho\boldsymbol{u}) = 0$, 其中 $\rho = MN$ 是介质的密度. 必须注意, 在介质运动时粒子的能量 $E$ 也发生变化, 由此当 $\mathrm{div}\,\boldsymbol{u} \neq 0$ 时, 在 (16.51) 类型的方程 (其中的 $N_i$ 还与 $E$ 有关) 中必须还要引入相应的项 (见 [92]).

近年来 (16.51) 式类型的方程应用于银河系中的宇宙线研究时常常考虑所谓对流. 这里所说的对流指的是气体和伴随的宇宙线从气体盘区域流到晕中. 因为我们认为气体总是离开银河系, 在任何情况下都不研究它返回 (落到) 气体盘上, 所以这里说的并非是通常理解的对流, 而是星系风. 我们认为风的速度 $V$ 不超过 $(1-5) \times 10^6$ cm/s (更精确见 [92, 273]). 在这样的条件下, 表征对流 (与扩散对比) 作用的参量 $Vh_{\mathrm{halo}}/D$ 对于晕的总体小于 1 (当 $D \sim 10^{29}$ cm²/s 及晕的尺度 $h_{\mathrm{halo}} \sim 10^{22}$ cm 时). 但是实际上存在对流时不能使用不考虑对流所得到的 $D$ 值, 即对 $D$ 的值必须重新估计. 如果比值 $Vh_{\mathrm{halo}}/D$ 确实很小, 那么对流的作用一般不大. 主要的是, 对于银河系星系风的存在从来都没有得到过证实甚至显得可疑. 但是, 这已是另一个问题, 在宇宙条件下我们也许有必要在某种程度上考虑星系风的存在, 但也必须注意到真正的对流 (它涉及气体的混合).

[412]　现在来讨论转移方程 (16.51) 中 (除前两项外) 的其他项, 这些项本身具有坐标空间和能量空间中粒子数守恒定律的意义. 这两句话已经让我们理解到, 量 $b_i N_i$ 是第 $i$ 类粒子在 "能量空间" 的流量, 其中 $b_i$ 是能量空间中的速度, 即粒子能量在单位时间内的变化

$$\mathrm{d}E/\mathrm{d}t = b_i(E). \tag{16.56}$$

这样, $\partial(b_i N_i)/\partial E$ 实际上是流量的散度. 这时必须注意, 所研究的粒子能量变化应当是光滑的、连续的 (至少在所用近似的精度的界限内). 如果谈到能量损失, 那么自然有 $b_i < 0$; 前面研究的电离损失 (显然, $\mathrm{d}E/\mathrm{d}x = (1/v)\mathrm{d}E/\mathrm{d}t$) 或第 4 章讨论的磁轫致损失都可以作为这种实际上连续的损失的例子. 在粒子加速时 $b_i > 0$. 还必须强调, 就像在损失的情况下那样, 在粒子加速时, 除了在某个时段中的有规则的平均能量变化之外, 也可能发生 (并且常常很重要) 涨落的能量变化. 由于这样涨落的结果, 即使粒子的平均能量保持不变[1], 也将会使粒子随能量的分布发生改变. 存在这样的能量涨落时, 方程 (16.51) 的左端部分在某些情况下必须添加一项

$$-\frac{1}{2}\frac{\partial^2}{\partial E^2}(d_i N_i), \quad \text{其中 } d_i(E) = \frac{\mathrm{d}}{\mathrm{d}t}\overline{(\Delta E)^2},$$

$\overline{(\Delta E)^2}$ 是由涨落引起的能量变化的方均值. 重要的是要强调, 在或多或少较为现实的模型里, 比方说, 在粒子由于和磁非均匀性 (云) "碰撞" 而加速时, 将同时发生有规加速度和随机加速度 (这意味着, $b_i(E) \neq 0$ 和 $d_i(E) \neq 0$; 例如见 [80] §16).

[413]

(16.51) 式中的 $Q_i(\boldsymbol{r},t,E)$ 项是 "外部" 粒子源的功率——单位时间内在 "点" $\boldsymbol{r},E$ 的邻域 $\mathrm{d}\boldsymbol{r}\mathrm{d}E$ 中进入系统的粒子的数量等于 $Q_i\mathrm{d}\boldsymbol{r}\mathrm{d}E$. (16.51) 式中的 $-P_i N_i$ 项考虑了第 $i$ 类粒子逸出所研究的元区间 $\mathrm{d}\boldsymbol{r}\mathrm{d}E$ 的 "灾难性" 过程. 结果粒子好像是从这个区间及其周围消失了. 核转变可以作为一个例子, 第 $i$ 种核完全消失, 变成第 $k,l,m$ 种核 (原则上也变成别种粒子). 第二个例子是电子与其他粒子碰撞并发射相当硬的光子时的轫致 (辐射) 损失.

若 $\sigma_i$ 是第 $i$ 类粒子的碰撞截面, $v_i$ 是这些粒子的速度, $N_{\mathrm{gas}} \equiv N$ 是与之发生碰撞的粒子 (比方说星际气体中的原子核) 的浓度, 则有

$$P_i = \sigma_i v_i N = \frac{v_i}{l_i} = \frac{1}{T_i}. \tag{16.57}$$

---

[1] 粒子在这样一种电场中的加速可以作为一个例子, 这个电场的电位差 $V$ 的绝对值大小是确定的, 但是 $V$ 的符号却随机变化 (即, 粒子或者顺着电场运动, 或者逆着电场运动, 就像它从一个电容器的不同侧射入电容器所发生的情况). 于是全部粒子总的平均能量保持不变, 因为 $\overline{V} = 0$, 但是某些粒子可能占便宜, 它们由于被优先射到电场方向平行于粒子动量的区域而得到很大的能量. 换句话说, 这里指的是 "在能量空间中扩散", 因为 $\overline{V^2} \neq 0$ 从而 $\overline{(\Delta E)^2} \neq 0$. 正如后面的正文中将多次指出的, 通常会同时既有 $\overline{(\Delta E)^2} \neq 0$, 也有 $\overline{\Delta E} \neq 0$. 此外, 必须注意, "随能量扩散" 有别于粒子坐标 $x_\alpha$ 或粒子的动量分量 $p_\alpha$ ($\alpha = 1,2,3$, 即 $x_1 = x$, $p_1 = p_x$, 等等) 的扩散变化, 其区别在于能量 $E$ 永远是正量. 因此导致 (在 $(\Delta E)^2 \neq 0$ 时) 实现条件 $\overline{(\Delta E)} = 0$ 的粒子随能量扩散比粒子在条件 $\overline{\Delta x} = 0$、$\overline{(\Delta x)^2} \neq 0$ 条件下在空间的扩散更难以达到.

显然, $P_i$ 的意义为碰撞频率 (见第 12 章), $l_i = 1/(\sigma_i N)$ 是平均自由程, 而 $T_i$ 则是平均 "寿命" 或平均自由飞行时间.

方程 (16.51) 的最后一项 $\mathscr{P}_i$ 考虑的是粒子进入所研究的区间 $drdE$ (也是由于 "灾难性" 碰撞的后果). 例如, 可以写出

$$\mathscr{P}_i = \sum_k \int P_i^k(E', E) N_k(\boldsymbol{r}, t, E') \mathrm{d}E'. \tag{16.58}$$

其中 $P_i^k$ 是第 $k$ 类粒子转变为第 $i$ 类粒子并将其从 $E'$ 周围的能量区间移到 $E$ 周围的能量区间的概率 (也包括 $k=i$ 的情形).

转移方程 (16.51) 相当复杂, 分析这个方程的处理方法自然是讨论它的各种不同的特殊情况. 方程 (16.52) 式将其他各项统统略去只保留扩散项便是这种处理方法的一例. 在分析一群原子核的化学组分时, 通常可引进不算特别显著但仍属非常重要的简化. 在星际介质内的原子核转变中 (如果忽略伴有介子等产生的非弹性碰撞), 核子的能量 $\varepsilon = E/A$ 不变. 因此将变量 $E$ 转换为变量 $\varepsilon$ 是适当的, 这时

$$P_i^k(E', E) = P_i^k \delta(\varepsilon - \varepsilon'), \quad \mathscr{P}_i = \sum_{k<i} P_i^k N_k(\boldsymbol{r}, t, \varepsilon)$$

(见 (16.58) 式). 这里的下标 $k < i$ 表示, 第 $i$ 类原子核只能由更重的原子核蜕变而出现, 更重的核习惯上用小于 $i$ 的下标 $k$ 来代表. 此外, 对于相对论性原子核能量损失相对较小 (这里我们基本上指的是电离损失), 可以忽略不计. 结果得到一组广泛地用于分析宇宙线的化学成分的方程:

[414]
$$\frac{\partial N_i}{\partial t} - \mathrm{div}(D_i \nabla N_i) = Q_i(\boldsymbol{r}, t) - P_i N_i + \sum_{k<i} P_i^k N_k, \tag{16.59}$$

其中 $Q_i$ 中略去了变量 $\varepsilon$, 在 $N_i(\boldsymbol{r}, t, \varepsilon)$ 中同样也可以略去; 当然, 如果要把连续的损失考虑进来, 在 (16.59) 式的左端加上一项 $\partial(b_i N_i)/\partial E$, 那么一般就必须假设 $Q_i = Q_i(\boldsymbol{r}, t, \varepsilon)$ 和 $N_i = N_i(\boldsymbol{r}, t, \varepsilon)$.

将自由程 $l_i$ (见 (16.57) 式) 以 g/cm$^2$ 为单位表示常常是方便的, 并且 $l_i = 1/(\sigma_i N)$cm $= M/\sigma_i$ g/cm$^2$, 其中 $M = \rho/N$ 是星际气体中密度为 $\rho$ 及原子核 (或原子) 浓度为 $N$ 的原子核的平均质量. 通常认为, 在星际气体中, 按照原子核数目氢核占 90%, 氦核占 10%, 别的原子核可以忽略. 表 16.2 中给出了第 $i$ 类 (组) 原子核在氢中或上述成分的星际气体中运动时的 $\sigma_i$ 和 $l_i$ 之值 (又见表 16.1).

表 16.2

| 原子核所属组 | 平均质量数 | 截面 $\sigma/10^{-26}$ cm$^2$ | | 平均自由程 $l_i$/g cm$^{-2}$ | |
|---|---|---|---|---|---|
| | | 氢 | 星际气体 | 氢 | 星际气体 |
| p | 1 | 2.3 | 3 | 74 | 72 |
| α | 4 | 9.3 | 11 | 18 | 20 |
| L | 10 | 23 | 25 | 7.3 | 8.7 |
| M | 14 | 29 | 31 | 5.8 | 6.9 |
| H | 31 | 48 | 52 | 3.5 | 4.2 |
| Fe | 56 | 73 | 78 | 2.3 | 2.8 |

必须注意, 平均自由程 $l_i$ 表征把一个第 $i$ 类原子核从这类粒子流中移走了, 不论其后来转变为什么核. 在我们将原子核分成不同组别时, 必须考虑原子核的转变发生在组内. 对应的有效自由程 $\lambda_i = l_i/(1-P_i^i)$, 其中 $P_i^i$ 是第 $i$ 组的一个原子核由同一组的原子核变成的概率. 结果, 例如对星际气体中的 $M$ 组原子核, 对于 $l_i = 6.9$ g/cm$^2$, 有 $\lambda_i = 7.8$ g/cm$^2$. 不过, 不要特别看重这些量值, 因为表 16.2 中的数据仅是粗略的估计, 只起大致定向的作用.

相对论性的质子在与星际气体的原子核相撞 (截面为 $\sigma_i$) 时, 损失的能量平均大约为其能量的 1/2; 因此粒子在路程

$$\lambda_E = (\sigma_E N)^{-1} \approx 6.7 \times 10^{26} N^{-1} \text{ cm} \approx 130 \text{ g cm}^{-2} \qquad (16.60a)$$

上能量减小为原来的 $e = \dfrac{1}{2.72}$, 其中截面 $\sigma_E \approx 1.5 \times 10^{-26}$ cm$^2$, $M = 2 \times 10^{-24}$ g.

文献 [288] 中更准确地计算了星际气体中的宇宙线 (质子) 的 $\sigma_E$ 之值, 并取 $\lambda_E = 105$ g/cm$^2$. 在粗糙的近似里, 可以认为, 相对论性质子的能量按以下规律变化 ($N$ 是星际气体中原子核的浓度)

[415]

$$-\left(\frac{\mathrm{d}E}{\mathrm{d}t}\right)_{\text{nucl}} = \frac{cE}{\lambda_E} = \sigma_E N E \approx 5 \times 10^{-16} N E, \qquad (16.60b)$$

其中用了 (16.60a) 中的值.

比较这些损失与质子在氢中的电离损失 (见 (16.28) 式 $Z = 1$ 的情况), 显然有

$$\eta_{\text{nucl},i} = \frac{(\mathrm{d}E/\mathrm{d}t)_{\text{nucl}}}{(\mathrm{d}E/\mathrm{d}t)_i} \approx 60 \frac{E/Mc^2}{4\ln(E/Mc^2) + 20.2}. \qquad (16.61)$$

于是, 当 $E \sim 10Mc^2 \sim 10^{10}$ eV 时, 核损失就已经比电离损失大很多. 因此对大部分宇宙线 (但不是在 $\varepsilon_{\text{K}} \lesssim M_p c^2 \sim 10^9$ eV 的低能区) 电离损失可以忽略, 核损失在 (16.59) 式中由 $-P_i N_i$ 项考虑进来 (更正确地说, 这些损失

应当属于 "灾难性" 损失,(16.60b) 型的公式只能在评估长时间的平均损失时使用).

求解方程组 (16.59) 的方法在 [80, 92] 两本书中进行了讨论, 我们不在此研究. 我们要指出的只是在求解问题时常常引进一系列补充简化: 认为问题是稳恒的 (弃掉微商项 $\partial N_i/\partial t$); 假设扩散系数 $D_i$ 是常数; 或者研究几个空间区域和能量区间, 在边界上将解 "缝合" 起来; 将源的功率 $Q_i$ 写成 $Q_i(\boldsymbol{r}, t, \varepsilon) = q_i \chi(\boldsymbol{r}, t, \varepsilon)$, 等等. 进而还必须使模型更具体化——给出源功率 $Q_i$ 的空间分布以及宇宙线被 "俘获" 的区域 (盘, 晕), 等等.

对问题和模型加以大力简化的极限情况是所谓均匀模型, 常常用它来决定宇宙线的化学组成. 这个模型认为, 扩散发生得足够快, 因此宇宙线的浓度在全系统 (银河系) 中是常量. 当然, 这时必须给出宇宙线在系统中的某个寿命值, 它决定了宇宙线离开系统的速度. 换句话说,(16.59) 式中的 $-\operatorname{div}(D_i \nabla N_i)$ 项被换成 $N_i/T_{\mathrm{CR}, i}$. 通常只是在稳恒态下研究均匀模型, 即同时也假设 $\partial N_i/\partial t = 0$. 于是方程组 (15.59) 可以写成以下形式 (均匀模型也叫渗漏盒模型):

$$N_i/x = q_i - \sigma_i N_i - \sum_{k<i} \sigma_{ik} N_k, \tag{16.62}$$

[416] 其中 $x = c\rho T_{\mathrm{CR}}$ 是宇宙线穿过的星际气体的厚度 (假设粒子是相对论性的, 它们的速度 $v = c$; 为简单起见假设时间 $T_{\mathrm{CR}, i} = T_{\mathrm{CR}}$, 即与核的种类 $i$ 无关), 而 $\sigma_i$ 和 $\sigma_{ik}$ 是对应的截面 (见 (16.57) 式和量 $P_i^k = \sigma_{ik} v N$ 的定义; 因为我们像通常那样, 用 g/cm$^2$ 为单位来定义厚度 $x_i$, 因此引进了密度 $\rho = MN$ g/cm$^3$, (16.62) 式中的截面是通常的截面除以气体中的 "平均核" 的质量 $M$).

因为 (16.62) 式中的 $q_i$ 表征宇宙线源的功率, 显然 $q_i \geqslant 0$; 并且, 对于低丰度核 (特别是,L 类核, 即对 Li、Be 和 B), 可以认为 $q_i = 0$. 方程组 (16.62) 是代数方程组, 解起来非常简单; 全部困难在于缺少截面 $\sigma_i$ 和 $\sigma_{ik}$ 的信息和地球上的宇宙线的化学 (尤其是同位素) 成分的精确数据. 当前均匀模型 (16.62) 相当好地描述了能量为 $\varepsilon_\kappa \approx (1—3)$ GeV/核子的宇宙线在 $x_i = x \approx (6—8)$ g/cm$^2$ 下的化学成分 (见 [92]).

于是,

$$T_{\mathrm{CR}} = \frac{x}{\rho c} = \frac{x}{cMN} \approx 3 \times 10^6 N^{-1} \text{ 年} \tag{16.63}$$

其中 $N$ 是气体 (由平均质量为 $M \sim 2 \times 10^{-24}$ g 的核组成的气体) 在宇宙线占据区域内的浓度. 在盘状模型中平均值 $N \approx 1—2$ cm$^{-3}$, 而在带晕的模型中 $N \sim (1—3) \times 10^{-2}$ cm$^{-3}$; 结果如前面所指出的, 相应的值 (16.63)

与粗估值 (16.55) 不矛盾[①]. 更重要的是另一个问题——化学组成首先由厚度 $x$ 决定, 因此从关于化学组成的数据不可能直接求出寿命 $T_{CR}$. 的确, 在考虑扩散的更精致的模型中, 由扩散系数 $D_i(E)$ 决定的寿命更加重要, 但是所有数据的精确度还不足以解决问题. 为了定出宇宙线在已知深度 $x$ 处的某个特征年龄, 可以在宇宙线的组成中测量次级放射性核的数量 (最著名的例子是 $^{10}$Be 核, 它的平均寿命 $\tau = 2.2 \times 10^6 \, E/Mc^2$ 年, 因子 $E/Mc^2$ 是考虑相对论时间延缓). 在 (16.62) 式中, 没有考虑放射性衰变的可能性, 而如果考虑这种可能, 则对于放射性核, (16.62) 式的左端应当是和式 $N_i/x_i + N_i/c\rho\tau_i$. 与一系列稳定原子核的浓度相比较定出放射性核的浓度 $N_i$ 后, 可以在原则上求出 $x_i = c\rho T_{CR,i}$ 和 $c\rho\tau_i$, 从而定出 $T_{CR,i}$ 和宇宙线占据的区域中气体的平均密度 $\rho$. 相应的测量只是用非相对论性核 $^{10}$Be 以不高的精度进行过[92,273]. 测量结果至少与带晕模型不矛盾, 并且表明, 均匀模型具有相当强的人为约定性, 或者也可以说, 均匀模型是一种很好的辅助工具——由于它的简单, 很便于计算, 但是它并不能真正地反映银河系中的真实情况. 由于这个原因, 例如出现在均匀模型中的时间 $T_{CR}$ 应当依赖于放射性核的寿命 $\tau_i$ (这表明对于给定核时间 $T_{CR}$ 应依赖于能量, 因为 $\tau_i = \tau_{i,0}(E/Mc^2)$; 详见 [92, 272].

[417]

我们现在将转移方程 (16.51) 具体应用到电子和正电子的情形. 这时在方程 (16.51) 中显然必须假设 $N_i = N_e(\boldsymbol{r}, t, E)$ (或者分别地取 $N_{e-}$ (电子) 和 $N_{e+}$ (正电子)). 简化发生在我们假设问题稳恒 (弃去导数 $\partial N_e/\partial t$) 及忽略 "灾难性" 能量损失时. 这时有

$$-\operatorname{div}(D_e \nabla N_e) + \frac{\partial}{\partial E}(b_e(E)N_e) = Q_e(\boldsymbol{r}, E). \qquad (16.64)$$

$Q_e$ 项必须考虑电子和 (或) 正电子的出现, 这些粒子不仅由于它们的加速而出现, 而且也由于宇宙线在气体中与原子核碰撞生成的各种不稳定粒子 ($\mu^\pm$ 轻子等) 的衰变而出现 ($\delta$ 电子和 $\gamma$ 射线产生的电子–正电子对等可以归到这一类). 在关于正电子的 (16.64) 型方程中, 必须包含计及它们湮没的项.

---

[①] 宇宙线的质子分量的特征核寿命是 (见 (16.60) 式)

$$T_{nucl} \sim \frac{E}{|(dE/dt)_{nucl}|} \sim \frac{3 \times 10^{15}}{N}. \qquad (16.60c)$$

即使对于 $N \sim 1 \, cm^{-3}$ 的气体盘, 寿命 $T_{nucl} \sim 10^8$年 $\gg T_{CR \, disc}$, 而对于 $N \sim 10^{-2} \, cm^{-3}$, 我们已有 $T_{nucl} \sim 10^{10}$ 年 $\gg T_{CR \, halo} \sim (1-3) \times 10^8$ 年. 由此推出, 宇宙线的寿命 $T_{CR}$ 实际上决定于它们从银河系的逸出, 而不是由损失决定 (一般说来, 这不适用于足够重的核; 见表 16.2).

　　比起研究质子–原子核分量来, 研究宇宙线的电子分量时发生的最重要的区别在于, 一般地说, 有必要考虑电子引起的能量损失. 因此方程 (16.64) 中的变量 $E$ 不再像它在方程 (16.59) 和 (16.62) 中那样只是个参量.

　　对方程 (16.64) 积分可求出电子的谱 $N_e(r, t, E)$. 对全银河系知道了这个谱, 就能计算地球上接收到的同步射电辐射的强度. 当然, 对于超新星壳层、射电星系等发出的射电辐射, 也有同样的情况. 我们这里不作相应的计算 (见专著 [80, 92] 的英文版和那里给出的文献; 又见 [271e]), 只限于指出必须考虑的物理过程. 电子在源中的加速和宇宙线的质子–原子核分量所引发的 "次级" 电子和正电子的产生决定了源的功率 $Q_i(r, E)$. 电子由于电离损失、轫致 (辐射) 损失、磁轫致损失和康普顿损失而失去能量; 所有这些损失都对 (16.64) 式中的 $b_e(E)$ 有贡献.

　　前面研究过电离损失 (见 (16.23) 式); 磁轫致损失也在第 4 章讨论过; 轫致损失与康普顿损失将在下一章讨论. 不过对于极端相对论性电子将所有这些损失列在一起作个对照是合适的.

[418]　　**电离损失**　在原子氢中 (见 (16.23) 式及其后的说明)

$$-\left(\frac{\mathrm{d}E}{\mathrm{d}t}\right)_i = \frac{2\pi e^4 N}{mc}\left(\ln\frac{E^2}{mc^2\mathscr{T}^2} - 0.57\right)$$

$$= 7.62\times10^{-9}N\left(3\ln\frac{E}{mc^2} + 20.2\right)\mathrm{eV\ s^{-1}}. \tag{16.23'}$$

在电离气体中

$$-\left(\frac{\mathrm{d}E}{\mathrm{d}t}\right)_i = \frac{2\pi e^4 N}{mc}\left(\ln\frac{m^2c^2E}{4\pi e^2\hbar^2 N} - \frac{3}{4}\right)$$

$$= 7.62\times10^{-9}N\left(\ln\frac{E}{mc^2} - \ln N + 73.4\right)\mathrm{eV\ s^{-1}}. \tag{16.24}$$

**轫致 (辐射) 损失**　在星际原子气体中 (见 (17.48) 式)

$$-\left(\frac{\mathrm{d}E}{\mathrm{d}t}\right)_r = 10^{-15}N_a E\ \mathrm{eV\ s^{-1}} = 5.1\times10^{-10}N_a\frac{E}{mc^2}\mathrm{eV\ s^{-1}}.$$

在完全电离气体中 (见 (17.46) 式)

$$-\left(\frac{\mathrm{d}E}{\mathrm{d}t}\right)_r = 7\times10^{-11}N\left(\ln\frac{E}{mc^2} + 0.36\right)\frac{E}{mc^2}\mathrm{eV\ s^{-1}}$$

(此处 $N = N_a$ 是核或电子的浓度).

## 磁轫致损失和康普顿损失

$$-\left[\left(\frac{\mathrm{d}E}{\mathrm{d}t}\right)_{\mathrm{m}} + \left(\frac{\mathrm{d}E}{\mathrm{d}t}\right)_{\mathrm{C}}\right] = \frac{32\pi}{9}\left(\frac{e^2}{mc^2}\right)^2 c\left(\frac{H^2}{8\pi} + w_{\mathrm{ph}}\right)\left(\frac{E}{mc^2}\right)^2$$

$$= 1.65 \times 10^{-2}\left(\frac{H^2}{8\pi} + w_{\mathrm{ph}}\right)\left(\frac{E}{mc^2}\right)^2 \mathrm{eV\ s}^{-1}.$$

$$(16.65)$$

这个表示式中对应于磁轫致损失的部分与 $H^2$ 成正比, 是从 (4.39) 式假设磁场强度无规变化因而 $H_\perp^2 = \frac{2}{3}H^2$ 而得到的. (16.65) 式的第二部分对应于能量密度为 $w_{\mathrm{ph}}$ 的各向同性辐射场中的康普顿损失 ((16.65) 式中的量 $H^2/8\pi + w_{\mathrm{ph}}$ 的单位是 $\mathrm{erg/cm}^3$), 并且这里只研究电子的能量 $E \ll (mc^2/\varepsilon_{\mathrm{ph}})\cdot mc^2$ 的区域, 其中 $\varepsilon_{\mathrm{ph}}$ 是光子的平均能量 (详见下章).

例如, 对于电离气体有

$$\eta_{\mathrm{r,i}} = \frac{(\mathrm{d}E/\mathrm{d}t)_{\mathrm{r}}}{(\mathrm{d}E/\mathrm{d}t)_{\mathrm{i}}} = \frac{1.8 \times 10^{-8}[\ln(E/mc^2) + 0.36]E}{\ln(E/mc^2) - \ln N + 73.4}.$$

$$(16.66)$$

即使在星系际气体中, $N \sim 10^{-5} - 10^{-6}\ \mathrm{cm}^{-3}$, 所以 $|\ln N| < 15$. 因此当 $E \lesssim 7 \times 10^8\ \mathrm{eV}$ 时 $\eta_{\mathrm{r,i}} \lesssim 1$. 当 $E > 10^9\ \mathrm{eV}$ 时轫致损失远远超过电离损失.

磁轫致损失加康普顿损失与轫致损失 (17.46) 之比等于

$$\eta_{\mathrm{mC,r}} = \frac{(\mathrm{d}E/\mathrm{d}t)_{\mathrm{m}} + (\mathrm{d}E/\mathrm{d}t)_{\mathrm{C}}}{(\mathrm{d}E/\mathrm{d}t)_{\mathrm{r}}} \approx \frac{3 \times 10^7}{N}\left(\frac{H^2}{8\pi} + w_{\mathrm{ph}}\right)\frac{E}{mc^4}.$$

$$(16.67)$$

在银河系的盘中 $H^2/8\pi \sim 10^{-12}\ \mathrm{erg/cm}^3$, $w_{\mathrm{ph}} \sim 10^{-12}\ \mathrm{erg/cm}^3$(仅仅对温度 $T = 2.7\ \mathrm{K}$ 的黑体背景辐射就有光子能量密度 $w_{\mathrm{ph}} = 4 \times 10^{-13}\ \mathrm{erg/cm}^3$; 在银河系中, 特别是在银盘中还有许多由恒星辐射的光学频段的光子). 因此, 在气体盘中 (当 $N \sim 1\ \mathrm{cm}^{-3}$), 当 $E \gtrsim 10^{10}\ \mathrm{eV}$ 时有 $\eta_{\mathrm{mC,r}} \sim 3 \times 10^{-5}E/mc^2 \gtrsim 1$. 这样, 即使在射电盘中 (更不用说在晕中了), 对于处于最有兴趣的能量区间 $E \gtrsim 10^8 - 10^9\ \mathrm{eV}$ 的电子分量, 磁轫致损失和康普顿损失起主要作用. 对此还应补充一点, 就是轫致损失按其实质, 是属于 "灾难性" 损失之列的——它们伴随着能量为 $\hbar\omega \sim E$ 的光子辐射. 结果电子最终干脆 "出局". 这些损失的平均特征时间 $T_{\mathrm{r}}$ 等于 (见下章 (17.48) 式)

$$T_{\mathrm{r}} \sim \frac{E}{|(\mathrm{d}E/\mathrm{d}t)_{\mathrm{r}}|} \sim \frac{10^{15}}{N}\ \mathrm{s}.$$

$$(16.68)$$

即使 $N \sim 1\ \mathrm{cm}^{-3}$, 也有时间 $T_{\mathrm{r}} \sim 3 \times 10^7$ 年, 大于电子在气体盘中的漫游时间. 当 $N \sim 10^{-2}\ \mathrm{cm}^{-3}$, 时间 $T_{\mathrm{r}}$ 已是如此之大 (与 $T_{\mathrm{CR}} \lesssim (1{-}3) \times 10^8$ 年

[419]

相比), 以至轫致损失已经不起作用. 因此在计算银河系中的电子谱时, 一般只关注能量的磁轫致损失和康普顿损失.

致力于探讨宇宙线天体物理学中若干问题这一章就到此为止. 与其他章不同, 我们在本章中重点关注了描述性的、实质上属于天体物理学的材料, 从而减少了有关理论问题的篇幅. 我们之所以这样做, 是因为在现有的普通物理学和理论物理学课程里实际上完全没有相应的天体物理学信息. 而如果不使用、不考虑这些信息, 那就根本谈不上什么宇宙线天体物理学, 只剩下一些可以专门应用到宇宙线的纯物理结果. 即便那样做材料的选择仍然不能确定, 主要的问题是会完全失去天体物理学的特征, 而我们则希望保持这种特征. 在后面的两章里, 我们仍会不同程度地采取这种做法.

# 第十七章

# X 射线天文学 (若干过程)

导致 X 射线和 γ 射线产生的过程. X 射线和 γ 射线天文学中使用的一些量的定义. 非相对论电离气体 (等离子体) 的韧致 X 射线辐射. 相对论性电子的韧致辐射和韧致 (辐射) 能量损失. 相对论性电子被光子散射 (逆康普顿效应). 能量的康普顿损失. 同步 X 射线辐射. 关于理论与观测间相互比较的若干说明.

就 X 射线和 γ 射线自身而论 (即不研究它们与物质的相互作用), 二者只是波长不同, 并且在电磁波谱上相邻[1]. 因此我们不细分波段从讨论导致宇宙中产生 X 射线和 γ 辐射的过程开始是有道理的. 下面首先列举引起 X 射线和 Y 射线形成的过程. [420]

当然, 应当预先就注意到, 不用提更软的光子, 即使是硬 γ 射线的平均自由程长度也不会超过大约 $100$ g/cm². 由此清楚得知, 到达地球的宇宙 γ 辐射和 X 射线不可能来自密度极高的区域, 如中子星的星核. 由此也很清楚, 在 X 射线和 γ 射线天文学中碰到的光子发射和吸收过程具有原子物理学和原子核物理学常见的特征. 换句话说, 这里不需要研究什么新的、尚属未知的辐射和吸收机制. X 射线天文学和 γ 射线天文学中出现的特殊性, 首先与以下事实相关: 即实验室中通常发生的是硬光子在慢电子上的散射, 而在宇宙中则是光频和射频光子对高能电子的散射起重大作用. 当 [421]

---

[1] 我们约定将能量范围为 $100 < E_X < 10^5$ eV (波长 $\lambda \approx 12400/(E_X \ (eV))$ Å 大约从 100 到 0.1 Å) 的光子叫做 X 射线或伦琴射线. 但是, 即使 $E_X \equiv E_\gamma < 10^5$ eV, 原子核发射的辐射通常也叫做 γ 射线. X 射线光子的能量和 γ 射线光子的能量下面分别用 $E_X$ 和 $E_\gamma$ 表示, 但有时也用 $E_\gamma$ 代表任何硬光子 (在 X 波段和 γ 波段的光子) 的能量.

然, 还有其他一些特点, 但是在所有已知情形下, 这些特点只涉及具体情况或者描述问题的参数, 而不涉及所讨论的基元过程自身. 因此, 当我们谈论 X 射线天文学和 $\gamma$ 射线天文学中重要的基元过程时, 可以认为图像是足够清楚的.

以下过程导致 X 射线光子和 $\gamma$ 光子的生成:

1. 电子和正电子的轫致辐射 (以下除若干例外情况, 我们将不单独提及正电子).

这里要注意电子与不同的原子核以及与其他电子之间的碰撞, 在碰撞中入射电子和被散射电子都有连续的谱, 而散射粒子除了反冲外并不改变状态.

动能为 $E_k$ 的粒子只能发射能量 $E_{X,\gamma} \leqslant E_k$ 的轫致光子 (为了简单, 我们只考虑与静止的相当重的粒子的碰撞; 在考虑反冲时 $E_{X,\gamma} < E_k$). 于是显然, 非相对论性电子在轫致辐射机制下只能产生 X 射线. 相对论性电子则还能给出 $\gamma$ 光子. 对于质量为 $M$ 的相对论性质子和原子核, 核上的轫致辐射的强度是具有同样总能量的电子的 $1/((M/m)^2 \geqslant 3.4 \times 10^6)$. 因此, 若指的是原子核上的轫致辐射, 那么通常有一切理由只限于考虑电子的轫致辐射. 但是, 在物质中不只有原子核, 也有电子 (例如原子内的电子), 它能被入射粒子加速 (前面提到的反冲或者 $\delta$ 电子的生成就指的是这个过程). 不论是快速的电子还是质子在物质中运动, 都生成大致相同数量的 $\delta$ 电子. 因此在考虑生成 $\delta$ 电子所产生的辐射时, 质子的轫致辐射是显著的 [289]. 可以认为在衰变 $\pi^{\pm} \to \mu^{\pm} \to e^{\pm}$ 中伴随电子和正电子的出现而产生的辐射是轫致辐射.

下面我们完全无意探讨轫致辐射理论的所有方面. 我们仅研究两种情况: 平衡的非相对论性等离子体的轫致辐射和相对论性电子的轫致辐射.

2. 当电子从连续谱区的一个能级跃迁到原子中的一个能级、或从原子的一个能级跃迁到另一能级时所产生的复合与特征 X 射线辐射.

按照天体物理学的术语规则, 我们讨论的分别是电子的自由 – 束缚跃迁和束缚 – 束缚跃迁, 这时按照这种术语规则, 轫致辐射属于自由 – 自由跃迁. 这第 2 种类型的过程在本章仅会顺便提及.

3. 相对论性电子对 X 光、可见光和射频光子的康普顿散射.

[422]　　这种过程我们前面已经提到过 (例如见第 16 章). 入射粒子与被散射粒子之间可能有各种不同的能量关系, 但我们将仅研究

$$E > E_\gamma \gg \varepsilon_{ph} \tag{17.1}$$

的情形, 其中 $E$、$E_\gamma$ 和 $\varepsilon_{ph}$ 分别是初级电子、被散射的 $\gamma$ 光子或 X 射线光

子和初级光子 (在 "实验室" 参考系内, 即与地球或银河系相连的参考系) 的能量; 在大多数情形下能量 $\varepsilon_{\rm ph}$ 在光学区 ($\varepsilon_{\rm ph} \sim 1$ eV) 或残留的黑体背景辐射区 ($\varepsilon_{\rm ph} \sim 10^{-3}$ eV, $\lambda \sim 1$ mm), 但是我们也对宇宙 X 射线被电子的散射 (这时 $\varepsilon_{\rm ph} \sim 10^2 - 10^4$ eV, 散射的结果生成 $\gamma$ 射线) 和起源于同步辐射的射电频率光子 (这时 $\varepsilon_{\rm ph} \sim 10^{-5} - 10^{-7}$ eV, $\lambda \sim 10$ cm $- 10$ m, 散射产生 X 射线和光学频率的光子) 被电子的散射感兴趣.

相对论性的质子和原子核的光子散射的效率很低 (与电子的散射截面相比要多一个因子 $(m/M)^2 \lesssim 3 \times 10^{-7}$), 实际上在已知的所有情况下均可以忽略不计. 本章仅研究康普顿辐射 (散射).

4. 同步辐射.

为方便起见, 我们再次写出能量为 $E \gg mc^2$ 的电子在磁场中发射的特征频率 $\nu_{\rm m}$ 的公式 (5.40a)

$$\nu_{\rm m} = 1.2 \times 10^6 H_\perp \left(\frac{E}{mc^2}\right)^2 = 4.6 \times 10^{-6} H_\perp ({\rm E/eV})^2 {\rm Hz}. \qquad (17.2)$$

由此容易看出, 在 $H_\perp \lesssim 10^{-3}$ Oe 的磁场中, 发射的辐射频率在 $E \gtrsim 10^{13}$ eV 时为 $\nu_{\rm m} \sim 10^{18}$ s$^{-1}$ ($\lambda_{\rm m} = c/\nu_{\rm m} \sim 3$ Å); $\lambda \lesssim 0.1$ Å 的辐射 ($\gamma$ 射线) 只有当 $E \gtrsim 10^{14}$ eV 时才发射. 这样, 在星系、射电星系和大部分超新星壳层中, 同步 X 射线辐射和同步 $\gamma$ 辐射只有在存在很高能量的电子时才能产生. 这种情况显然限制了将同步辐射机制应用于硬光子的可能性. 只要指出下面这点就足以说明问题: 能量 $E \gtrsim 10^{13}$ eV 的电子在 $H_\perp \sim 10^{-3}$ Oe 的磁场中, 将在 $T_{\rm m} = 5.1 \times 10^8 mc^2/(H_\perp^2 E)c \lesssim 1$ 年的时间里损失其能量的一半 (见 (4.42) 式). 在恒星上, 在类星体中 (在其核附近), 以及在超新星壳层的某些区域里 (特别是在脉冲星附近), 可能存在有相当强的磁场. 显然, 在这样的条件下, 能量较低的电子已经可以产生同步 X 射线辐射. 比如当 $H_\perp \sim 10^2$ Oe 时, 能量 $E \sim 5 \times 10^{10}$ eV 的电子可产生频率 $\nu_{\rm m} \sim 10^{18}$ s$^{-1}$ 的辐射, 只不过这时的 $T_{\rm m} \sim 1$ s.

以上结果似乎表明宇宙同步 X 射线和 $\gamma$ 辐射的出现的概率比较小 (如果不考虑脉冲星及一般地说密度大的源 —— 白矮星、中子星、"黑洞" 的邻近区域的话), 然而这个结论具有很大的不确定性, 因为我们知道存在非常有效的天体物理条件使电子加速或使其注入有强磁场的扩展区域内. 蟹状星云就是一个很好的例子, 它发射的 X 射线具有同步辐射本性 (这已由测量辐射的极化得到证明). 位于蟹状星云内的脉冲星 PSR0531 在这里起着 (直接或间接) 有效的电子注入器的作用. 这样, 宇宙同步 X 射线的发射可被观察到, 并且无疑起着重要的作用 (应当看到, 随着数据的积累它的作用会变得越来越重要). 下面我们还要讨论到同步 X 射线辐射. 除了极端相对

[423]

论粒子 (实际上是电子) 的同步辐射即磁轫致辐射外, 还必须提到宇宙回旋辐射 (非相对论和弱相对论性电子的磁轫致辐射) 和曲率辐射, 后者在脉冲星附近很有效 (引用文献见第 4 章和第 5 章).

5. 中性 π 介子衰变为两个 γ 光子 ($\pi^0 \to \gamma + \gamma$).

$\pi^0$ 介子的静止能量等于 $m_\pi c^2 = 135$ MeV, 因此 $\pi^0$ 介子只由宇宙线产生. 它们的产生主要发生在 p–p 及 p–α 或 α–p 碰撞中 (p 是质子, α 是氦核).

但是, 能量足够大时, 在宇宙线与宇宙空间中的光子 (射频、光频和 X 射线频率的光子) 的碰撞中, $\pi^0$ 介子也能通过光生作用产生. 在原子核 (总能量 $E \gg Mc^2$, 静止质量 $M = AM_p$) 与能量为 $\varepsilon_{\mathrm{ph}}$ 的光子碰撞中通过光生作用产生一个静止质量为 $m_\pi$ 的粒子所需的能量阈值 $E_{\min}$ 的一般表达式为[①]

$$E_{\min} = \frac{2M + m_\pi}{4\varepsilon_{\mathrm{ph}}} m_\pi c^4 = \varepsilon_{\mathrm{ph},0} \frac{Mc^2}{2\varepsilon_{\mathrm{ph}}}, \tag{17.3}$$

其中

[424]
$$\varepsilon_{\mathrm{ph},0} = \frac{2M + m_\pi}{2M} m_\pi c^2 \approx m_\pi c^2 \tag{17.4}$$

是在静止质量为 $M$ 的原子核上通过光生作用产生 π 介子的能量阈值. 在静止的核子上光生 $\pi^0$ 介子的阈值 $\varepsilon_{\mathrm{ph},0}$ 大约是 150 MeV, 因此, 产生 $\pi^0$ 介子 (例如, 在 $\varepsilon_{\mathrm{ph}} \sim 1$ eV 的可见光光子上) 的宇宙线质子的能量必须大

---

① 众所周知, 粒子产生的阈值是从能量和动量守恒定律得出的. 相应的计算通常通过使用四维矢量得到简化. 例如, 我们以如下方式表示入射粒子、π 介子和光子的四维矢量, 便可得出 (17.3) 式:

$$p^i = \left\{ \frac{E}{c}, \boldsymbol{p} \right\}, \quad \pi^i = \left\{ \frac{E_\pi}{c}, \boldsymbol{\pi} \right\}, \quad k^i \left\{ \frac{\varepsilon_{\mathrm{ph}}}{c}, \boldsymbol{k} \right\},$$

$$p^i p_i = \frac{E^2}{c^2} - p^2 = M^2 c^2, \quad \pi^i \pi_i = m_\pi^2 c^2, \quad k^i k_i = 0.$$

π 介子光生产生时的能量和动量守恒定律的形式为 $p_1^i + k^i = p_2^i + \pi^i$. 将此式平方并使用上面的记号, 得到 $M^2 c^2 + 2k^i p_{1,i} = (p_2^i + \pi^i)(p_{2,i} + \pi_i)$. 但是在光生作用的阈值上有 $(p_2^i + \pi^i)(p_{2,i} + \pi_i) = (M + m_\pi)^2 c^2$, 因为在计算这个量时我们可以使用任何参考系, 而在质心参考系中, 在产生的阈值上粒子和 π 介子都处于静止. 此外, 如果光子和粒子迎头相撞, 则有

$$2k^i p_{1,i} = 2\frac{\varepsilon_{\mathrm{ph}} E_1}{c^2} + 2\frac{\varepsilon_{\mathrm{ph}}}{c} |p_1| \approx 4\frac{\varepsilon_{\mathrm{ph}} E_1}{c^2},$$

这里最后一个表示式属于 $E_1 \gg Mc^2$ 情形. 这样立即就对 $E_1 = E_{\min}$ 得出 (17.3) 式. 对于静止粒子上的光生作用有 $2k^i p_i = 2\varepsilon_{\mathrm{ph}} M$, 对 $\varepsilon_{\mathrm{ph}} = \varepsilon_{\mathrm{ph},0}$ 就得到 (17.4) 式.

也许应当对所使用的术语作一些解释.

光生作用的阈值 $E_{\min}$ 在这种情况下是质量为 $M$ 的原子核的与能量为 $\varepsilon_{\mathrm{ph}}$ 的光子碰撞时能生成 π 介子的最小能量. 类似地, $\varepsilon_{\mathrm{ph},0}$ 是光子在撞上静止的质量为 $M$ 的原子核时能够生成 π 介子的最小能量.

于 $E_{\min} \approx 150 M_p c^2 / 2\varepsilon_{\mathrm{ph}}$ MeV$\sim 10^{17}$ eV. 当 $\varepsilon_{\mathrm{ph}} \sim 10^{-3}$ eV 时 (背景辐射), $E_{\min} \sim 10^{20}$ eV. 正是由于这种光生过程的结果, 宇宙线的谱一般地说必须在 $E \gtrsim 10^{19} - 10^{20}$ eV 处断开 (见 [92], 第 5 章). 当然, γ 射线不仅是在 $\pi^0$ 介子衰变时生成, 它也在许多别的不稳定粒子衰变时生成. 这些衰变过程将在第 18 章中讨论.

6. 电子与正电子湮没 $(e^+ + e^- \to \gamma + \gamma)$

宇宙中永远有一些正电子, 因为它们在 $\pi^+ \to \mu^+ \to e^+$ 的衰变中和许多其他过程中不断产生. 必须区别相对论性正电子 (或至少是快速飞行的正电子) 的湮没与静止的 (慢) 正电子的湮没. 在前一情形下生成的 γ 射线有一个连续谱 (或至少是很宽的谱). 在后一情形下 (已静止下来的正电子的湮没) γ 辐射是单色的 $(E_\gamma = mc^2 = 0.51$ MeV), 根据这一特征, 在原则上可以将它从连续谱背景上区分出来[290,291].

反质子与质子湮没或某种别的粒子与其反粒子湮没时产生的 γ 辐射, 实际上是起不了什么作用, 除非我们讨论物质和反物质在一个假设的区域里发生接触. 我们认为这种可能性很小, 无论如何没有足够的确凿证据表明它会实现.

7. 原子核里发生放射性跃迁时的核 γ 辐射.

在恒星大气里及在爆发 (超新星爆发类型的爆发) 时, 原子核在核反应中以及由于与快速粒子碰撞受到激发, 这也会导致 γ 辐射. 星际空间和星系际空间里的激发动因是宇宙线和亚宇宙线. 重要的是要强调原子核的 γ 辐射的谱既可以是连续的, 也可以是离散的 (这里的意思是存在大致清晰的谱线). 后一种情形发生在慢速粒子 (星际介质中的原子核) 受到激发的核反应中. 若一个初始是宇宙线成分的原子核在某次碰撞中被激发, 则它通常保持很大的速度, 当我们考虑不同能量的宇宙线的贡献时, 它的 γ 辐射处于连续谱中[290, 291].

[425]

我们在这里提醒读者记住一些基本定义和记号 (这里和本章别的地方我们沿用文献 [292] 中的定义和记号; 又见 [92]).

在观察中测量以下各量 —— 光子数强度 $J_\gamma(E_\gamma)$ 和光子数流量 $F_\gamma(E_\gamma)$, 以及能量强度 $I_\gamma(E_\gamma)$ 和能流量 $\Phi_\gamma(E_\gamma)$:

$$F_\gamma(E_\gamma) = \int_\Omega J_\gamma(E_\gamma)\mathrm{d}\Omega, \quad I_\gamma(E_\gamma) = E_\gamma J_\gamma(E_\gamma),$$

$$\Phi_\gamma(E_\gamma) = E_\gamma F_\gamma(E_\gamma) = E_\gamma \int_\Omega J_\gamma(E_\gamma)\mathrm{d}\Omega. \tag{17.5}$$

上面给出的强度和流量是微分量, 如 $J_\gamma(E_\gamma)\mathrm{d}E_\gamma$ 是能量在区间 $E_\gamma$ 与 $E_\gamma + \mathrm{d}E_\gamma$ 之间、在单位时间里穿过垂直于光子动量方向的单位面积的单位立体角

内的光子数. 对应的积分量的形式为

$$J_\gamma(> E_\gamma) = \int_{E_\gamma}^\infty J_\gamma(E'_\gamma)\mathrm{d}E'_\gamma,$$

$$I_\gamma(> E_\gamma) = \int_{E_\gamma}^\infty I_\gamma(E'_\gamma)\mathrm{d}E'_\gamma = \int_{E_\gamma}^\infty E'_\gamma J_\gamma(E'_\gamma)\mathrm{d}E'_\gamma,$$

$$F_\gamma(> E_\gamma) = \int_{E_\gamma}^\infty F_\gamma(E'_\gamma)\mathrm{d}E'_\gamma = \int_\Omega \int_{E_\gamma}^\infty J_\gamma(E'_\gamma)\mathrm{d}E'_\gamma\mathrm{d}\Omega, \tag{17.6}$$

$$\Phi_\gamma(> E_\gamma) = \int_{E_\gamma}^\infty \Phi_\gamma(E'_\gamma)\mathrm{d}E'_\gamma.$$

设在体积元 $\mathrm{d}V$ 内, X 射线或 $\gamma$ 射线的源在单位时间里产生出能量在 $E_\gamma$ 与 $E_\gamma + \mathrm{d}E_\gamma$ 之间在单位立体角内飞行的光子数为 $q(E_\gamma)\mathrm{d}E_\gamma\mathrm{d}V\mathrm{d}\Omega$, 量 $q(E_\gamma)$ 叫做 (基于光子数的) 发射度. 前面用的 (例如见 (5.52) 式) 发射率 $\varepsilon_\nu$ 与 $q(E_\gamma)$ 通过明显的关系式 $E_\gamma q(E_\gamma)\mathrm{d}E_\gamma = \varepsilon_\nu\mathrm{d}\nu$ 相联系, 因此 $q(E_\gamma) = \varepsilon_\nu/(h^2\nu)$. 如果辐射是各向同性的, 那么使用向一切方向的发射度有其方便之处

$$\widetilde{q}(E_\gamma) = 4\pi q(E_\gamma) = \frac{4\pi\varepsilon_\nu}{h^2\nu}. \tag{17.7}$$

[426]

在 $\gamma$ 射线天文学中主要用发射度 $q(E_\gamma)$, 而在 X 射线天文学中也流行使用发射率 $\varepsilon_\nu$ 及一般地用能量标出的量. 如果 X 射线或 $\gamma$ 射线是由强度为 $J(E)$ 的各向同性宇宙线 (或任何别的粒子) 生成, 则有

$$\widetilde{q}(E_\gamma)\mathrm{d}E_\gamma = 4\pi q(E_\gamma)\mathrm{d}E_\gamma = 4\pi N(\boldsymbol{r})\mathrm{d}E_\gamma \int_{E_\gamma}^\infty \sigma(E_\gamma, E)J(E)\mathrm{d}E. \tag{17.8}$$

其中 $N(\boldsymbol{r})$ 是源中原子 (或者说, 电子、软光子, 等等) 的浓度, 并且

$$\sigma(E_\gamma, E)\mathrm{d}E_\gamma = \mathrm{d}E_\gamma \int \sigma(E_\gamma, E, \Omega')\mathrm{d}\Omega' \tag{17.9}$$

是产生能量在 $E_\gamma$ 与 $E_\gamma + \mathrm{d}E_\gamma$ 之间的光子的能量为 $E$ 的粒子对光子离开的所有角度的积分截面.

设源的位置离观察者的距离为 $R$. 于是源在立体角 $\mathrm{d}\Omega$ 内流出的辐射流量为

$$\mathrm{d}F_\gamma(E_\gamma) = J_\gamma(E_\gamma)\mathrm{d}\Omega = \mathrm{d}\Omega \int_0^{\mathscr{L}} \frac{\widetilde{q}(E_\gamma)}{4\pi R^2}R^2\mathrm{d}R = \mathrm{d}\Omega \int_0^{\mathscr{L}} q(E_\gamma)\mathrm{d}R \tag{17.10}$$

及

$$J_\gamma(E_\gamma) = \int_0^{\mathscr{L}} q(E_\gamma)\mathrm{d}R = \widetilde{N}(\mathscr{L}) \int_{E_\gamma}^\infty \sigma(E_\gamma, E)J(E)\mathrm{d}E, \tag{17.11}$$

其中

$$\widetilde{N}(\mathscr{L}) = \int_0^{\mathscr{L}} N(R)\mathrm{d}R \tag{17.12}$$

是沿着观察者视线方向的原子 (或与产生 $\gamma$ 辐射的宇宙线碰撞的别的粒子) 的数目; 在康普顿效应的情形下应当用在观察者视线方向的软光子数 $\widetilde{N}_{\mathrm{ph}}(\mathscr{L}) = \int_0^{\mathscr{L}} N_{\mathrm{ph}}\mathrm{d}R$ 代替 $\widetilde{N}(\mathscr{L})$. 这时在 (17.11) 式中假设在全部路程 $\mathscr{L}$ 上宇宙线强度为常量. 可以很容易地推翻这个假设. 在 $\gamma$ 射线的情形, 人们常把 $J_\gamma(E_\gamma)$ 和 $J_\gamma(> E_\gamma)$ 分别叫做 $\gamma$ 射线的微分能谱和积分能谱.

对于离散源 (特别是当它们的角尺度小时), 一般用下面的表示式作为流量:

[427]

$$F_\gamma(E_\gamma) = \int_\Omega J_\gamma(E_\gamma)\mathrm{d}\Omega = \frac{\int q(E_\gamma)\mathrm{d}V}{R^2} \approx \frac{\widetilde{N}_V}{R^2} \int_{E_\gamma}^\infty \sigma(E_\gamma, E)J(E)\mathrm{d}E, \tag{17.13}$$

其中积分是在位于离观察者距离 $R$ 处的源对观察者所张的立体角上进行; 这时

$$\widetilde{N}_V = R^2 \int_\Omega \widetilde{N}(\mathscr{L})\mathrm{d}\Omega \approx \int N(\boldsymbol{r})\mathrm{d}V \tag{17.14}$$

是源中粒子 (或软光子) 的总数.

现在研究 X 射线辐射的机制, 我们从炽热的非相对论气体 (等离子体) 的轫致 X 射线辐射开始.

部分电离或完全电离的炽热气体是发射 X 射线轫致辐射、复合辐射和线状特征辐射的源. 在足够高的温度下 (下面我们将阐明这句话的意思) 轫致辐射起主要作用. 而且, 若讨论的是纯氢等离子体或氢–氦等离子体, 则根本不用考虑线状特征 X 射线辐射. 轫致 X 射线辐射在 X 射线 "星" 附近观察到, 也在太阳光谱中观察到.

下面我们列出讨论 X 射线轫致辐射时将要用到的基本公式 (更普遍的处理方法见 [1, 10, 271a, 293]). 除了 X 射线天文学外, 热核研究和在实验室中使用热等离子体作为强 X 射线源的研究也对这种辐射感兴趣.

可以认为速度足够高但仍为非相对论性的电子满足以下条件:

$$\frac{e^2 Z}{\hbar v} \ll 1, \quad \frac{1}{2}mv^2 \ll mc^2. \tag{17.15}$$

因为 $e^2/\hbar c = 1/137$, 对于很重的元素, 第一个条件当然不满足, 但是我们关注的是轻元素的情形. 一次碰撞中辐射的总能量等于 (见文献 [1] 中 §25)

$$W = \int E_\gamma \sigma(E_\gamma, E)\mathrm{d}E_\gamma = \frac{16e^6 Z^2}{3mc^3\hbar} = \frac{16}{3}\alpha r_{\mathrm{e}}^2 Z^2 mc^2, \tag{17.16}$$

这里像以前一样, 用 $E_\gamma$ 和 $r_e = e^2/(mc^2)$ 表示光子的能量. 一个电子在单位时间里的轫致 (辐射) 损失等于

[428]

$$-\left(\frac{\mathrm{d}E}{\mathrm{d}t}\right)_r = WN_\alpha v = \frac{16e^6 Z^2 N_\alpha v}{3mc^3\hbar} = 2.5 \times 10^{-33} Z^2 N_\alpha v \ \mathrm{erg}\ \mathrm{s}^{-1}, \qquad (17.17)$$

其中 $N_\alpha$ 是介质中原子核的浓度. 当 $E \sim mc^2$ 及 $v \approx c$ 时, (17.17) 式和下面对相对论性区域 $Z = 1$ 情况给出的 (17.46) 式, 将给出大致同一个值: $-(\mathrm{d}E/\mathrm{d}t)_r \approx 8e^6 N_\alpha/mc^2\hbar$. 注意, 在非相对论近似中, 由电子–电子碰撞产生的辐射要比电子–质子碰撞产生的辐射弱得多. 原因在于, 在同样的粒子碰撞时, 由于动量守恒定律故没有偶极辐射, 而四极辐射要比偶极辐射弱一个数量级为 $(v/c)^2$ 的因子.

对于平衡的等离子体, 速度在 $v, v + \mathrm{d}v$ 之间的电子浓度等于

$$\mathrm{d}N = N(v)\mathrm{d}v = 4\pi N \left(\frac{m}{2\pi\kappa T}\right)^{3/2} v^2 \exp\left(-\frac{mv^2}{2\kappa T}\right)\mathrm{d}v,$$
$$\int N(v)\mathrm{d}v = N. \qquad (17.18)$$

因此单位体积等离子体发出的辐射总功率等于

$$4\pi\varepsilon = \int \left|\frac{\mathrm{d}E}{\mathrm{d}t}\right|_r \mathrm{d}N = \int_0^\infty W N_\alpha N 4\pi \left(\frac{m}{2\pi\kappa T}\right)^{3/2} \exp\left(-\frac{mv^2}{2\kappa T}\right) v^3 \mathrm{d}v$$
$$= \frac{32\sqrt{2}e^6 Z^2 N_\alpha N (\kappa T/m)^{1/2}}{3\sqrt{\pi}mc^3\hbar}. \qquad (17.19)$$

这里使用因子 $4\pi$ 是为了使积分发射率 $\varepsilon = \int \varepsilon_\nu \mathrm{d}\nu$ 定义为对单位立体角的发射率. 由于准中性条件 (通常满足得很好), 在由一种原子构成的完全电离的等离体中 $N = ZN_\alpha$. 这样, 根据 (17.19) 式, 对于氢等离子体我们有

$$4\pi\varepsilon = 1.57 \times 10^{-27} N^2 T^{1/2} \mathrm{erg}\ \mathrm{cm}^{-3}\mathrm{s}^{-1} \qquad (17.20)$$

其中温度用绝对温度度量 ($T$ 是电子温度; 显然, $T/\mathrm{K} = 1.6 \times 10^{-12}(T/\mathrm{eV})/\kappa = 1.16 \times 10^4 T/\mathrm{eV}$), $N$ 是电子浓度, 单位为 $\mathrm{cm}^{-3}$. 更精确些的计算考虑了电子–电子碰撞和相对论修正, 得到表达式

$$4\pi\varepsilon = 1.6 \times 10^{-27} N^2 \sqrt{T}(1 + 4.4 \times 10^{-10} T). \qquad (17.21)$$

(17.19) 和 (17.20) 式仅当条件 (17.15) 成立时才适用, 这个条件在 $Z = 1$ 时给出 $v \gg 3 \times 10^8$ cm/s, 或

[429]

$$T \sim mv^2/3\kappa \gg e^4 m/(\hbar^2\kappa) \sim 10^5\ \mathrm{K}. \qquad (17.22)$$

另一方面, 从相对论修正很小的条件, 我们有

$$T \ll mc^2/\kappa \sim 10^{10} \text{ K}. \tag{17.23}$$

当然, 我们感兴趣的不只是积分发射率 $\varepsilon$, 还有前面引进的微分发射率 $\varepsilon_\nu$. 根据定义

$$\varepsilon = \int_0^\infty \varepsilon_\nu \mathrm{d}\nu = \int_0^\infty \mathrm{d}E_\gamma E_\gamma \int_{E_\gamma}^\infty \sigma(E_\gamma, E) v(E) N(E) \mathrm{d}E$$

$$= h^2 \int_0^\infty \nu \mathrm{d}\nu \int_{\sqrt{2h\nu/m}}^\infty \sigma(h\nu, E) v N(v) \mathrm{d}v,$$

这里 $E_\gamma = h\nu = \hbar\omega$ 是光子的能量, $E = \frac{1}{2}mv^2$ 是电子的能量; 在热平衡时 $N(v)\mathrm{d}v$ 由 (17.18) 式决定.

截面 $\sigma(E_\gamma, E)$ 对 $E$ 的依赖关系非常弱 (对数关系, 见 [1, 240b]), 在一级近似下可以假设 $\sigma(E_\nu, E) = \propto (E_\nu)^{-1} \propto \nu^{-1}$, 由此得到 $\varepsilon_\nu \propto \exp(-h\nu/\kappa T)$. 比例常数容易从条件 $\int_\infty^0 \varepsilon_\nu \mathrm{d}\nu\varepsilon$ 确定, 这样就得到

$$\varepsilon_\nu = \varepsilon \frac{h}{\kappa T} \mathrm{e}^{-h\nu/\kappa T} = \frac{7.7 \times 10^{-38} N^2}{4\pi T^{1/2}} \mathrm{e}^{-h\nu/\kappa T} \text{ erg cm}^{-2}\text{s}^{-1}\text{Hz}^{-1}. \tag{17.24}$$

现在我们来讨论另一个小能量 (低温) 极限情况, 这时有

$$e^2 Z/(\hbar v) \gg 1. \tag{17.25}$$

在条件 (17.25) 成立时, 计算可以用经典办法进行. 实际上, 电子的波长 $\lambda = h/mv = 2\pi\hbar/mv$, 而电子接近原子核的最小距离由条件 $Ze^2/r_{\min} = \frac{1}{2}mv^2$ 决定, 它等于 $r_{\min} = 2Ze^2/mv^2$. 显然, 当不等式 (17.25) 成立时有 $r_{\min} \gg \lambda/\pi$, 并且电子的运动可以经典地描述. 辐射也可以用经典方式描述, 但是在对频率积分时必须考虑引进量子因素——积分只积到频率 $\nu = mv^2/2h$ 为止, 其中 $v$ 是辐射前电子的速度[①]. 粒子在库仑场中运动时的辐射的经典计算在文献 [2] 的 §70 中详细给出. 我们在这里感兴趣的是量

$$\mathrm{d}W = \int \widetilde{W}(p) 2\pi p \mathrm{d}p,$$

---

[①] 更精确地说, 经典考虑只有在条件 $h\nu \equiv \hbar\omega \ll \frac{1}{2}mv^2$ 时才适用; 不过在许多情形下, 当 $h\nu \leqslant \frac{1}{2}mv^2$ 时也可以近似地使用经典公式.

这里 $\widetilde{W}(p)$ 是电荷为 $e$ 的粒子 (假设是电子, 其质量为 $m$) 从一个电荷为 $Ze$ 的原子核 (我们忽略原子核的反冲) 飞出一段距离 $p$ 时在频率间隔 $\omega, \omega + \mathrm{d}\omega$ 内辐射的能量. 若

[430]
$$\omega \gg \frac{mv^3}{e^2 Z} \quad \left( 即 \ \frac{e^2 Z}{\hbar v} \gg \frac{mv^2}{\hbar \omega} \right), \tag{17.26}$$

就有

$$\mathrm{d}W = \frac{16\pi e^6 Z^2}{3\sqrt{3} v^2 m^2 c^3} \mathrm{d}\omega = \frac{32\pi^2 e^6 Z^2}{3\sqrt{3} v^2 m^2 c^3} \mathrm{d}\nu. \tag{17.27}$$

当然, 用量子力学方法可以得到同样的公式, 但是在现在的情形下经典计算已完全足够 (条件 (17.25) 刚好是准经典近似适用于库仑场的条件).

碰撞中辐射的总能量等于

$$W = \int_0^{h\nu_{\max} = mv^2/2} \mathrm{d}W = \frac{16\pi^2 e^6 Z^2}{3\sqrt{3} mc^3 h}. \tag{17.28}$$

在我们对频率积分时, 由条件 (17.26) 引起的 (17.27) 式的不准确性并不重要. 更重要的是限制与将 (17.27) 式一直用到频率 $\omega = mv^2/2\hbar$ 为止有关 (见下). 对于速度为麦克斯韦分布的氢等离子体

$$\begin{aligned}
4\pi e_\nu &= \int_0^{(2h\nu/m)^{1/2}} \frac{\mathrm{d}W}{\mathrm{d}\nu} N^2 4\pi \left( \frac{m}{2\pi\kappa T} \right)^{3/2} v^3 \exp\left( -\frac{mv^2}{2\kappa T} \right) \mathrm{d}v \\
&= \frac{32\pi}{3} \left( \frac{2\pi}{3} \right)^{1/2} \frac{N^2 \mathrm{e}^{-h\nu/\kappa T}}{m^{3/2}(\kappa T)^{1/2} c^3} = 4\pi\varepsilon \frac{h\mathrm{e}^{-h\nu/\kappa T}}{\kappa T} \\
&= 6.8 \times 10^{-38} \frac{N^2}{T^{1/2}} \mathrm{e}^{-h\nu/\kappa T} \ \mathrm{erg \ cm^{-3} s^{-1} Hz^{-1}}. \tag{17.29}
\end{aligned}$$

在推导上式时, 考虑到了这一事实: 能量为 $h\nu$ 的光子只能由能量 $\frac{1}{2} mv^2 \geqslant h\nu$ 的电子发射. 积分发射率 $\varepsilon$ 等于

$$\begin{aligned}
4\pi\varepsilon &= \int 4\pi\varepsilon_\nu \mathrm{d}\nu = \int W \mathrm{d}N = \frac{16}{3} \left( \frac{2\pi}{3} \right)^{1/2} \frac{e^6 N^2 (\kappa T/m)^{1/2}}{mc^3 \hbar} \\
&= 1.42 \times 10^{-27} N^2 T^{1/2} \ \mathrm{erg \ cm^{-3} s^{-1}}. \tag{17.30}
\end{aligned}$$

(17.30) 式之值与 (17.20) 式之值只差一个 $1.57/1.46 = 1.1$ 的因子, 在天体物理学问题的应用中通常可把它看成等于 1. 这样, 虽然在温度范围 (见 (17.25) 式取 $Z = 1$)

[431]
$$T \sim \frac{mv^2}{3\kappa} \ll \frac{e^4 m}{\hbar^2 \kappa} \sim 10^5 \ \mathrm{K}. \tag{17.31}$$

内应当使用 (17.29) 和 (17.30) 式, 但事实上总可以使用 (17.20)、(17.21) 和 (17.24) 式. 更准确地说, 可以在所有温度下使用这三个公式, 只要所讨论

问题的精度在百分之几十的量级 (此外,(17.24) 式在 $h\nu/\kappa T \ll 1$ 时是不精确的). 在高温区域 (17.22) 和 (17.23), (17.21) 式显然是很精确的. 而 (17.24) 式, 即使在高温下也只在 $h\nu/\kappa T \gtrsim 1$ 时才足够精确 (在 $h\nu/\kappa T \ll 1$ 的区域必须对 $\varepsilon_\nu$ 乘以 $(3^{1/2}/\pi)\ln(\kappa T/1.781 h\nu)$; 见下). (17.28) 至 (17.30) 式是近似式, 这与将经典表达式一直用到频率 $\nu = mv^2/2h$ 有关系. 精确的表达式与 (17.28)、(17.29)、(17.30) 式的差别在于存在一个附加因子 $g(\nu,T)$, 通常称之为 Gaunt 因子. 文献 [294] 中有 $g(\nu,T)$ 的相应表达式和图表. 因子 $g \sim 1$, 正是由于这个原因, 如我们前面所说, 在以百分之几十的精度进行计算时公式 (17.20)、(17.21) 和 (17.24) 通常在所有温度下都可以用. 与大多数类似的结论一样, 这个结论必须小心对待, 因为精度自然与考察的 X 射线所处的能量区间有关. 比如, 对于 $\kappa T = 6$ keV 的等离子体, 在光子的能量范围 2—20 keV 内 Gaunt 因子从 1.35 变到 0.55, 大约变化了 2.5 倍. 特别是在测量精度越来越高的 X 射线天文学的领域内, 这样的变化是相当显著的, 不应当忽视[294c]. 还必须注意在低温下会发生复合, 通常不能认为等离子体是完全电离的.

复合辐射的最大功率是 $4\pi\varepsilon_{\rm rec,max} \approx 10^{-24}N^2T^{-1/2}$, 因此

$$\varepsilon_{\rm rec}/\varepsilon_{\rm brems} \lesssim 8 \times 10^5 T^{-1}. \tag{17.32}$$

这样, 当 $T \lesssim 10^6$ K 时必须考虑复合辐射 (自由–束缚跃迁和束缚–束缚跃迁; 见 [293a]). 当 $T \gg 10^6$ K, 氢等离子体实际上仅发射轫致辐射 (见 [17.21] 和 [17.24]). 由于复合辐射的存在, (17.21) 式和 (17.24) 式在 $T \lesssim 10^5$ K 区间内的误差通常变得更无关紧要.

辐射的吸收系数与自由–自由跃迁 (即与轫致辐射相反的过程) 有关, 在条件 (17.26) 下等于[①]

$$
\begin{aligned}
\mu = \mu_\nu &= \frac{16\pi^2 e^6 Z^2 N N_a}{3\sqrt{3} hc(2\pi m)^{3/2}(\kappa T)^{1/2}\nu^3}(1 - e^{-h\nu/\kappa T}) \\
&= \mu_{\nu,0}(1 - e^{-h\nu/\kappa T}) \\
&= 3.68 \times 10^8 \frac{N^2}{T^{1/2}\nu^3}(1 - e^{-h\nu/\kappa T})\,{\rm cm}^{-1},
\end{aligned}
\tag{17.33}
$$

其中最后一个表达式是关于氢等离子体的 ($Z = 1, N = N_a$). 注意, 在因子 $[1 - e^{-h\nu/\kappa T}]$ 中考虑了受激发射的贡献, 它导致所观察到的吸收的减少. 在

[432]

---

① 用爱因斯坦系数法对后面正文中 (17.33a) 式的详细推导在专著 [109] 的第 37 节给出. 关系式 (17.33) 用完全一样的方法得到, 只不过将文献 [109] 中的 (37.7) 式换成 (37.7a) 式, 并且将差值 $N_2 - N_1 = Nh\nu/(\kappa T)$ 换为 $N_2 - N_1 = N(1 - \exp(-h\nu/\kappa T))$, 因为现在没有用条件 $h\nu \ll \kappa T$.

$h\nu \ll \kappa T$ 时 (17.33) 式取以下形式:

$$\mu_\nu = \frac{0.018 N^2}{T^{3/2}\nu^2}. \tag{17.34}$$

但是在这种极限情形下, (17.33) 式因而还有 (17.34) 式是不精确的, 因为在它们的推导中假设了频率很高 (条件 (17.26)). $h\nu \ll \kappa T$ 时正确的式子是

$$\mu = \frac{8e^6 N^2}{3(2\pi)^{1/2}(\kappa T m)^{3/2}c\nu^2} \ln \frac{(2\kappa T)^{3/2}}{2.115 \times 2\pi e^2 m^{1/2}\nu} \approx \frac{10^{-2}N^2}{T^{3/2}\nu^2}\left(17.7 + \ln \frac{T^{3/2}}{\nu}\right), \tag{17.33a}$$

或者当 $T \gg 10^5$ K 有同一公式, 但要将其中的 $\ln \frac{(2\kappa T)^{3/2}}{2.115 \times 2\pi e^2 m^{1/2}\nu}$ 换为 $\ln \frac{4\kappa T}{1.781 h\nu}$, 或者在 (17.33a) 式的最后那个表示式中将 $\ln(T^{3/2}/\nu)$ 换成 $\ln(10^3 T/\nu)$. 如果用 (17.33a) 式表示 $\mu$, 像在条件 (17.22) 下应当做的那样将 (17.33a) 式中的对数项换为 $\ln(4\kappa T/1.781 h\nu)$, 那么通过下面所述的办法, 我们就将得出带有一个补充因子 $(3^{1/2}/\pi)\ln(4\kappa T/1.781 h\nu)$ 的 (17.24) 式. 前面已经注意到这种情况 (指的是在 $h\nu \ll \kappa T$ 的条件下改善 (17.24) 式的精度). 如果忽略对数项, 那么 (17.33a) 式和 (17.34) 式与 $N = N_e$、$T$ 和 $\nu$ 有同样的依赖关系, 并给出量级相同的结果. (17.33) 式的适用范围和精度与 (17.29) 式相同. 此外, 它们之中的一个可以从另一个推出 (正是由于这个原因, 我们才详细地讨论这个问题).

实际上根据基尔霍夫定理 (定律), 热平衡状态下的发射率等于

$$\varepsilon_\nu = B_\nu \mu_\nu = \frac{2h\nu^3}{c^2}\mu_{\nu,0}\exp\left(-\frac{h\nu}{\kappa T}\right), \tag{17.35}$$

其中

$$B_\nu = \frac{2h\nu^3}{c^2}\frac{1}{\exp(h\nu/\kappa T) - 1}$$

是单位体积和单位立体角的黑体辐射的谱密度, 并使用了记号 $\mu_\nu = \mu_{\nu,0}(1 - \exp(-h\nu/\kappa T))$. 将 (17.29) 式代入 (17.35), 得到 (17.33) 式, 反之亦然. 乍看之下, 这可能代表一个特殊情形, 因为严格说来基尔霍夫定理是关于局部热力学平衡状态的. 但实际上由于电磁辐射与物质的相互作用很弱, (17.35) 式的适用区域要宽得多. 由于这个原因, 气体的轫致辐射一般说来与辐射场的状态无关, 并且即使缺少与辐射的平衡, 也可看作是热平衡辐射. 也许下面这样说更详细些和更准确些: (17.35) 式适用的条件是电子存在热平衡 (换句话说, 电子随速度的分布函数必须是麦克斯韦分布). 在辐射与粒

子相互作用弱的条件下[①], 辐射场的状态一般或至少在一系列情形下不影响电子分布函数, 并且如果后者保持为平衡分布的话, 发射率也将保持为平衡的.

前面我们一直都在计算和讨论关于发射率 (量 $\varepsilon_\nu$ 和 $\varepsilon = \int \varepsilon_\nu d\nu$) 的表达式. 为了确定从一个源发出的辐射强度和流量, 一般地说必须求解转移方程, 求解时必须考虑辐射的吸收特别是它的再吸收 (见第 10 章). 但是, 对于 "厚层" 和 "薄层" 这两种极限情况立刻就可以知道结果. 若辐射等离子体层是 "厚层", 即完全不透明的, 那么它像黑体一样辐射 (辐射的谱密度正比于 $\nu^3/[\exp(h\nu/\kappa T) - 1]$). 对于完全透明 ("薄层") 的情形, 它的辐射简单地与 $\varepsilon_\nu \mathscr{L}$ 成正比 ($\mathscr{L}$ 是层的厚度, 假设层是均匀的). 这时由 (17.24) 式和 (17.29) 式得出谱为指数型的 —— 其形式为 $\exp(-h\nu/\kappa T)$ (当 $h\nu \ll \kappa T$ 时谱不是常数, 而是与频率成对数关系, 见 (17.33a) 式). 显然, 只要 $\mu\mathscr{L} \ll 1$ 成立, 就可以认为辐射层是薄层.

对于具有轫致本性的 X 射线源 (炽热等离体的云或大气) 的情形, 用 (17.21) 式和 (17.24) 式来估值特别方便. 例如, 对于体积为 $V$ 的均匀源, X 射线的亮度 (辐射功率)

$$L_X = 1.6 \times 10^{-27} N^2 \sqrt{T} V. \tag{17.36}$$

当然, 这里我们假设了源是 "薄的". 在准均匀密度分布的情形, $N$ 的平均值 $\sim (\overline{N^2})^{1/2}$, 因此, 对于源中质量为 $M = M_p NV$ 和内能为 $W_T = \frac{3}{2}\kappa T NV$ 的气体, 我们有

$$\left.\begin{array}{l} M \sim 2 \times 10^{-24} V (\overline{N^2})^{1/2} = \dfrac{(L_X V)^{1/2}}{2 \times 10^{10} T^{1/4}} \mathrm{g}, \\[2mm] W_T \sim (\overline{N^2})^{1/2} \kappa TV \sim 3 \times 10^{-3} (L_X V)^{1/2} T^{3/4} \mathrm{erg}. \end{array}\right\} \tag{17.37}$$

[434]

借助这些简单公式可以得出涉及各种不同源的 X 射线辐射的 "轫致模型" 的一些结论.

现在我们考虑相对论性电子的轫致辐射. 相对论性电子 (和正电子) 的轫致辐射或许是能量损失 (辐射损失) 的重要机制. 从这个观点出发我们已在第 16 章中提到过轫致辐射. 这里我们讨论轫致辐射本身, 但只限于在

---

① 形式上, 电磁相互作用弱表现为精细结构常数 $\alpha = e^2/(\hbar c) \approx 1/137$ 很小. 对于 $g^2/(\hbar c) \gtrsim 1$ 的介子场, 一般说来, 基尔霍夫定律的类似物对于非平衡的介子场不成立. 另一方面, 即使在电磁情况, 也可能有这样的情形: 辐射的非平衡特征导致违反基尔霍夫定律 (结果既依赖于辐射场的强度, 又依赖于系统中这种或那种辐射跃迁的概率).

极端相对论性电子和辐射出的光子能量足够高 (γ 辐射)①的情形.

　　分别用 $E \equiv E_1$ 和 $E_2$ 表示电子的初始能量和最终能量, 并用 $E_\gamma$ 表示发射的轫致辐射光子的能量. 在电子被原子核散射时的轫致辐射情况下 (现在只限于考虑这种情况), 通常可以认为原子核固定不动. 在这种条件下, 原子核只得到动量, 而其动能则可以忽略, 即辐射后电子的动能等于 $E_2 = E - E_\gamma$.

　　若

$$E \gg mc^2, \quad E_2 = E - E_\gamma \gg mc^2, \tag{17.38}$$

则光子基本上在角 $\theta \sim mc^2/E$ 范围内沿入射电子动量方向 $\boldsymbol{p} \equiv \boldsymbol{p}_1$ 飞出. 这时截面等于

$$\sigma_{\mathrm{r}}(E_\gamma, E)\mathrm{d}E_\gamma = 4\frac{e^2}{\hbar c} Z^2 \left(\frac{e^2}{mc^2}\right)^2 \frac{\mathrm{d}E_\gamma}{E_\gamma} \left\{ \left[ 1 + \left(1 - \frac{E_\gamma}{E}\right)^2 \right] \Phi_1 + \left(1 - \frac{E_\gamma}{E}\right) \Phi_2 \right\}, \tag{17.39}$$

其中 $Z$ 为引起散射的原子核的电荷, 函数 $\Phi_1$、$\Phi_2$ 将在下面给出. 根据定义, 能量 $E \gg mc^2$ 的电子在单位时间里发射能量 $E_\gamma$ 在区间 $[E_\gamma, E_\gamma + \mathrm{d}\gamma]$ 内的光子的概率为 $P(E_\gamma, E)\mathrm{d}E_\gamma = \sigma_\gamma(E_\gamma, E)F\mathrm{d}E_\gamma$, 式中 $F$ 是穿过单位面积的电子流量. 如果我们指的是 "裸" 核, 即在库仑力心上的散射, 则

$$\Phi_1 = \ln\left(\frac{2E}{mc^2} \frac{E - E_\gamma}{E_\gamma}\right) - \frac{1}{2}, \quad \Phi_2 = -\frac{2}{3}\Phi_1. \tag{17.40}$$

[435]　　　当在原子上发生散射时原子壳层中的电子屏蔽了原子核的电荷, 因此截面发生了变化. 屏蔽作用的大小由下面的参量决定:

$$\xi = \frac{\hbar c}{e^2} \frac{mc^2}{E} \frac{E_\gamma}{E - E_\gamma} Z^{-1/3}.$$

　　如果考虑到电子在原子核上发生散射时原子核得到动量 $\Delta p \sim \hbar/r$, 其中 $r$ 是电子飞近原子核的有效距离 (详见例如文献 [1] 的 §25), 这个参量的意义就很清楚了. 而且, 从守恒定律可以推出

$$\Delta p = \frac{1}{2} \frac{mc^2}{E} \frac{E_\gamma}{E - E_\gamma} mc,$$

这表明

$$r \sim \frac{\hbar}{mc} \frac{E(E - E_\gamma)}{mc^2 E_\gamma}.$$

---

　　① 这个问题在本章而不是在第 18 章讨论, 是因为按逻辑, 相对论性电子的轫致辐射应当紧接着非相对论性电子的轫致辐射之后研究.

另一方面, 在原子的统计模型里, 原子的半径 $a \sim a_0 Z^{-1/3}$, 其中 $a_0 = \hbar^2/me^2 = (\hbar/mc)\hbar c/e^2 = 5.3 \times 10^{-9}$ cm. 上面引进的参量 $\xi$ 显然与比值 $a/r$ 同一量级. 发射的光子越硬, 飞过的电子与原子核的距离越近, 屏蔽作用越弱; 这时若是参量 $\xi \gg 1$, 则 (17.40) 式成立. 飞过的电子与原子核的距离越远, 所发射的光子越软. 当 $\xi \ll 1$ 时屏蔽很强, 对于重原子有

$$\Phi_1 = \ln(191 \times Z^{-1/3}), \quad \Phi_2 = -\frac{2}{3}\ln(191 \times Z^{-1/3}) + \frac{1}{9}. \tag{17.41}$$

从 (17.39)—(17.41) 式很清楚, $\sigma_\gamma(E_\gamma, E)$ 对 $E$ 的依赖关系很弱, 而对 $E_\gamma$ 的依赖关系则由因子 $1/E_\gamma$ 决定 (这一说明在 (17.41) 式代表的完全屏蔽情况下尤其适用). 然而 (17.41) 式对轻元素不准确.

如果允许有百分之几的误差, 那么在完全屏蔽条件下轫致辐射的截面可以写为

$$\sigma_r(E_\gamma, E)dE_\gamma = \frac{MdE_\gamma}{t_r E_\gamma}, \tag{17.42}$$

其中 $t_r$ 是质量为 $M$ 的原子组成的气体中长度的辐射单位 (以单位 g/cm$^2$ 表示); 在 (17.41) 式的条件下, 由 (17.39) 和 (17.42) 两式给出的近似我们得到

$$\frac{1}{t_r} = 4\frac{e^2}{\hbar c}\left(\frac{e^2}{mc^2}\right)^2 Z^2 M^{-1} \ln(191 \times Z^{-1/3}),$$

对于氢 ($Z = 1, M = 1.67 \times 10^{-24}$ g) 我们有 $t_r \approx 73$ g/cm$^2$. 事实上, 由于 (17.41) 式对轻元素不够准确, 即使在考虑了电子–电子碰撞之后氢的 $t_r$ 值也偏小一些. 详细的计算 [295] 给出的 $t_r$ 值如下: $t_H = 62.8, t_{He} = 93.1, t_C = 43.3, t_N = 38.6, t_O = 34.6, t_{Fe} = 13.9$ g/cm$^2$(这里去掉了下标 r 而换成元素符号). 对于未电离的星际介质 (约 90% 为 H, 大约 10% 为 He), 可以足够精确地假设 $M = 2 \times 10^{-24}$ g, $t_r = 66$ g/cm$^2$. [436]

轫致 $\gamma$ 光子的强度

$$J_{\gamma,\text{brems}}(E_\gamma) = \int_0^{\mathscr{L}} dR \int_{E_\gamma}^{\infty} N_a(\boldsymbol{R})\sigma_r(E_\gamma, E)J_e(E, \boldsymbol{R})dE, \tag{17.43}$$

其中 $J_e$ 是产生射线的电子分量的强度, $N_a(\boldsymbol{R})$ 是星际介质中原子的浓度. 用 (17.42) 式, 并假设强度 $J_e$ 沿视线为常量, 得

$$J_{\gamma,\text{brems}}(E_\gamma) = \frac{M\widetilde{N}(\mathscr{L})}{t_r}\frac{J_e(> E_\gamma)}{E_\gamma} = 1.5 \times 10^{-2}\widetilde{M}(\mathscr{L})\frac{J_e(> E_\gamma)}{E_\gamma}, \tag{17.44}$$

其中 $\widetilde{M}(\mathscr{L}) = M\widetilde{N}(\mathscr{L})$ 是沿着视线方向气体的质量 (单位为 g/cm$^2$), 而

$$J_e(> E_\gamma) = \int_{E_\gamma}^{\infty} J_e(E)dE.$$

在未电离的氢中当 $E_\gamma \lesssim E$ 时参量 $\xi = 10^2 mc^2/E$, 在 $E \gg 5 \times 10^7$ eV 时 $\xi \ll 1$; 在此条件下, 可以用公式 (17.42) 和 (17.44). 在完全电离的介质里基本上总是可以忽略屏蔽效应. 实际上, 这时的屏蔽半径是德拜长度 $r_D = (\kappa T/8\pi e^2 N)^{1/2}$, 它在比如说 $T \sim 10^4$ K, $N \sim 0.1$ cm$^{-3}$ 时的数量级为 $10^3$ cm. 在这个例子里, 只有当 $E/mc^2 \sim 3 \times 10^{13}$ 即 $E \sim 10^{19}$ eV 时, $r_D \sim r \sim (\hbar/mc)(E/mc^2)$ (见上). 因此, 在电离气体中通常 $r \ll r_D$, 屏蔽作用不重要. 在条件 (17.38) 下, 没有屏蔽时我们必须使用 (17.39) 式、(17.40) 式和 (17.43) 式. 我们注意到, 这时没有考虑飞行电子与原子中电子 (一般地说即介质中如等离子体中的电子) 碰撞时产生的轫致辐射. 在较粗的近似中, 电子–电子碰撞对截面 (17.39) 的影响可以通过将因子 $Z^2$ 换成 $Z(Z+1)$ 的办法来考虑. 显然, 这一代换的意义是电子–电子碰撞截面 $\sigma(E_\gamma, E)$ 与电子–质子碰撞截面大致相同; 此外, 当然考虑了原子里有 $Z$ 个电子这一事实. 这里我们要强调, 一般而言, 用上述方法来近似考虑电子间的碰撞之所以可能, 只是因为我们指的是对角度积分的截面. 正是因为这个原因, 传递大动量给原子内电子的过程对积分截面 $\sigma(E_\gamma, E)$ 的贡献其实无关轻重. 上面对星际介质给出的 $t_r = 66$ g/cm$^2$ 是在考虑电子–电子碰撞时的轫致辐射后得到的 (见 [295]). 下面我们也将用将 $Z^2$ 换成 $Z(Z+1)$ 或者适当选择 $t_r$ 值的方法来考虑电子–电子碰撞.

[437]　　　电子因轫致辐射而损失能量: 上面说过, 相应的损失叫做轫致损失或辐射损失. 要强调的是, 辐射损失基本上是大额损失 (即, 它们属于 "灾难性" 损失; 见第 16 章). 例如, 从 (17.42) 式很清楚, 传递的能量

$$\int E_\gamma \sigma(E_\gamma, E)\mathrm{d}E_\gamma \sim \int_0^E \mathrm{const} \cdot \mathrm{d}E_\gamma \sim \mathrm{const} \cdot E,$$

即传递的能量是由能量为 $E_\gamma = E$ 的光子的辐射确定的. 因此辐射损失剧烈地涨落. 但是, 我们只限于计算单位路程上的平均损失

$$-\left(\frac{\mathrm{d}E}{\mathrm{d}x}\right)_r = \int_0^E N_a E_\gamma \sigma(E_\gamma, E)\mathrm{d}E_\gamma, \tag{17.45}$$

其中 $N_a$ 是原子的浓度, 并且考虑到, 截面 $\sigma(E_\gamma, E)$ 归一化到单位电子流量 (此外, 由于 (17.38) 式, 积分的上限 $E - mc^2$ 换成了 $E$); 对于这里研究的极端相对论性电子, 单位时间的损失 $-(\mathrm{d}E/\mathrm{d}t)_\gamma$ 直接由 (17.45) 式的值乘上 $c = 3 \times 10^{10}$ cm/s 即可得到.

在完全电离气体 (等离子体) 中, 或者在没有屏蔽时, 由 (17.39)、(17.40)

和 (17.45) 式有

$$-\frac{1}{E}\left(\frac{\mathrm{d}E}{\mathrm{d}t}\right)_{\mathrm{r}} = \frac{4e^6 N_{\mathrm{a}} Z(Z+1)}{m^2 c^4 \hbar}\left(\ln\frac{2E}{mc^2} - \frac{1}{3}\right)$$

$$= 1.37 \times 10^{-16} N_{\mathrm{a}}\left(\ln\frac{E}{mc^2} + 0.36\right)\mathrm{s}^{-1}$$

$$= 2.74 \times 10^{-3}\left(\ln\frac{E}{mc^2} + 0.36\right)\mathrm{g}^{-1}\mathrm{cm}^2$$

$$= 4.6 \times 10^{-27} N_{\mathrm{a}}\left(\ln\frac{E}{mc^2} + 0.36\right)\mathrm{cm}^{-1}, \tag{17.46}$$

其中在转换到最后三个表达式时都假设 $Z = 1$ (氢)[1].

对于重元素, 在完全屏蔽时, 我们有

$$-\frac{1}{E}\left(\frac{\mathrm{d}E}{\mathrm{d}t}\right)_{\mathrm{r}} = \frac{4e^6 N_{\mathrm{a}} Z(Z+1)}{m^2 c^4 \hbar}\left[\ln(191 Z^{-1/3}) + \frac{1}{18}\right]$$

$$= 7.26 \times 10^{-16} N_{\mathrm{a}}\mathrm{s}^{-1}, \tag{17.47}$$

其中的数值是关于氢 $(Z = 1)$ 的, 这时 (17.47) 式已不准确. 不过我们仍然给出数值结果, 为的是对于氢比较 (17.46) 和 (17.47) 两个式子. 显然, 当 $E/(mc^2) = 140$ 时, 损失 (17.46) 与 (17.47) 将相同; 在未电离的氢中, 当 $E/(mc^2) \lesssim 10^2$ 时应当用 (17.46) 式, 而当 $E/(mc^2) \gg 10^2$ 时应当用 (17.47) 式. 在后一情形下 (完全屏蔽), 如果取辐射长度单位 $t_{\mathrm{r}}$ 等于 66 g/cm² , 可对星际介质得到更准确的值. 于是直接从 (17.42) 式和 (17.45) 式得到

$$-\frac{1}{E}\left(\frac{\mathrm{d}E}{\mathrm{d}t}\right)_{\mathrm{r}} = \frac{Mc N_{\mathrm{a}}}{t_{\mathrm{r}}}\mathrm{s}^{-1} = \frac{1}{t_{\mathrm{r}}}\mathrm{g}^{-1}\mathrm{cm}^2 = 1.5 \times 10^{-2}\mathrm{g}^{-1}\mathrm{cm}^2$$

$$\approx 10^{-15} N_{\mathrm{a}}\mathrm{s}^{-1} \approx 3 \times 10^{-26} N_{\mathrm{a}}\mathrm{cm}^{-1} \tag{17.48}$$

由 (17.48) 式, 电子平均地按照指数定律 $E = E_0 \exp(-\mathscr{L}/66)$ 损失能量, 其中 $E_0$ 是电子的初始能量, $\mathscr{L}$ 是电子走过的路程, 单位为 g/cm². 因为辐射损失基本上具有 "灾难性" 特征 (能量在一次碰撞中丢失, $\Delta E \sim E$), 可以假设, 在粗略近似中电子有 $\exp(-\mathscr{L}/66)$ 的概率在走过路程 $\mathscr{L}$ 而没有任何辐射损失. 关于轫致辐射和相应的损失的一系列补充知识见 [296].

除了 γ 光子外, 极端相对论性电子在发生散射时还能产生电子–正电子对 e⁺ 、e⁻ , 以及别的粒子 (如 μ⁺ 、μ⁻ 对). 在电子–质子碰撞或电子–电子碰撞中产生 e⁺ 、e⁻ 对的总截面的数量级是

$$\sigma_{\mathrm{pair}} \approx \frac{1}{\pi}\left(\frac{3^2}{\hbar c}\right)^2\left(\frac{e^2}{mc^2}\right)^2\left(\ln\frac{E}{mc^2}\right)^3 \tag{17.49}$$

---

[1] 我们再次提醒, 以 g/cm² 为单位计量的损失, 是从单位路程上的损失中将原子的浓度 $N_{\mathrm{a}}$ 换成 $1/M$ 得到的, 其中 $M$ 是原子的质量.

(更准确地说, 在电子–质子碰撞时, 对数符号后应为因子 $E/(M_pc^2)$, 其中 $M_p$ 为质子质量). 此外, 在没有屏蔽时 (像 (17.49) 式中那样), 氢中韧致辐射的截面的量级为

$$\sigma_{\mathrm{r}} = \int \sigma(E_\gamma, E)\mathrm{d}E_\gamma \sim 4\left(\frac{e^2}{\hbar c}\right)\left(\frac{e^2}{mc^2}\right)^2 \ln\frac{E}{mc^2}. \tag{17.50}$$

这样, 我们有

$$\sigma_{\mathrm{pair}} \sim \frac{1}{4\pi}\left(\frac{e^2}{\hbar c}\right)\sigma_{\mathrm{r}}\left(\ln\frac{E}{mc^2}\right)^2 \sim 10^{-3}\sigma_{\mathrm{r}}\left(\ln\frac{E}{mc^2}\right)^2,$$

无屏蔽时只要 $E/(mc^2) \ll 10^{12} - 10^{13}$ (或 $E \ll 10^{18}$ eV), 就有 $\sigma_{\mathrm{pair}} \ll \sigma_{\mathrm{r}}$.

现在我们考虑由 $\pi^\pm \to \mu^\pm \to \mathrm{e}^\pm$ 衰变结果生成正负电子时产生的辐射. 这种辐射的强度与其他辐射 (电子的韧致辐射; $\pi^0$ 介子衰变时射出的 $\gamma$ 射线) 的强度相比通常非常之弱. 因此我们这里仅对它作估计.

[439]　　　在生成电荷为 $e$、能量为

$$E = \frac{mc^2}{\sqrt{1 - v^2/c^2}} \gg mc^2$$

的粒子时, 在经典近似中辐射能量为 (见第 8 章及 [2] 的 69 节)

$$\mathrm{d}W_\gamma = \frac{\alpha}{\pi}\left(\frac{c}{v}\ln\frac{c+v}{c-v} - 2\right)\mathrm{d}E_\gamma \approx \frac{2\alpha}{\pi}\left(\ln\frac{2E}{mc^2} - 1\right)\mathrm{d}E_\gamma,$$
$$\alpha = e^2/(\hbar c) \approx 1/137. \tag{17.51}$$

这个公式在 $E_\gamma \leqslant E$ 时用来估值也是合适的 (量子常量 $\hbar = h/2\pi$ 事实上不出现在 (17.51) 式中, 因为 $\mathrm{d}E_\gamma = h\mathrm{d}\nu$). 产生的光子数目等于 $\mathrm{d}W_\gamma/E_\gamma$, 因此强度

$$J_{\gamma,\mathrm{prod}}(E_\gamma) = \frac{\mathscr{L}}{4\pi}\int_{E_\gamma}^\infty \frac{\mathrm{d}W_\gamma}{\mathrm{d}E_\gamma}\frac{q_{\mathrm{e}}(E)\mathrm{d}E}{E_\gamma} \approx 4 \times 10^{-4}\left(\ln\frac{2\overline{E_\gamma}}{mc^2} - 1\right)\frac{Q_{\mathrm{e}}(E > E_\gamma)}{E_\gamma}, \tag{17.52}$$

其中 $Q_{\mathrm{e}}(E > E_\gamma) = \mathscr{L}\int_{E_\gamma}^\infty q_{\mathrm{e}}(E)\mathrm{d}E$ 为在沿视线方向路程长度 $\mathscr{L}$ 上 1 s 内产生的能量 $E > E_\gamma$ 的电子个数, 而 $\overline{E_\gamma}$ 则是某一平均值. 对银河系的具体估值表明, 比方说当 $E_\gamma = 5 \times 10^7$ eV 时, 强度 $J_{\gamma,\mathrm{prod}}$ 要比韧致辐射的强度 $J_{\gamma,\mathrm{br}}$ 小好几个量级. 至于强度 $J_{\gamma,\mathrm{prod}}$ (这里指的是 $\pi^\pm$ 介子衰变产物的生成) 与 $J_{\gamma,\pi^0}$ ($\pi^0$ 介子衰变所发射的 $\gamma$ 射线的强度) 的比较, 那么在独立于宇宙线的质子–原子核分量和电子分量的谱和强度的情况下, 仍有可能作出一个估计. 实际上, 产生的 $\pi^0$ 介子的数量近似地为 $\pi^\pm$ 介子数量之半. 由此很清

楚, 在 $\pi^0 \to 2\gamma$ 衰变中产生的 $\gamma$ 光子的数量, 近似地与 $\pi^{\pm} \to \mu^{\pm} \to e^{\pm}$ 衰变中产生的电子和正电子数量相同. 而且, 在生成一个电子 (或正电子) 时发射一个光子的概率中含有一个附加的因子 $\alpha = e^2/\hbar c = 1/137$. 因此, 伴随 $\pi^{\pm} \to \mu^{\pm} \to e^{\pm}$ 衰变的 $\gamma$ 光子的强度, 比 $\pi^0$ 介子衰变时发射的 $\gamma$ 射线的强度低两个数量级.

我们要研究的下一个特别重要的过程是相对论性电子被光子散射, 它常常被称为逆康普顿效应[1].

设在实验室参考系 (在我们感兴趣的情形下这个参考系是刚性地连接在地球或某个天文参考系上的) 中有一个电子, 它的动量为 [440]

$$p_1 = \frac{mv_1}{\sqrt{1 - v_1^2/c^2}}$$

能量为

$$E_1 = \frac{mc^2}{\sqrt{1 - v_1^2/c^2}},$$

还有一个光子, 其动量为 $\hbar k_1 \equiv \hbar k$, 能量为 $\varepsilon_{\text{ph},1} = \hbar\omega(k = 2\pi/\lambda, \omega = 2\pi c/\lambda = ck)$; 此外, 还假设没有介质或介质不施加任何影响, 当 $\omega \gg \omega_{\text{p}} = (4\pi e^2 N/m)^{1/2} = 5.64 \times 10^4 N^{1/2}$ 时, 就可这样假设. 在电子与光子相互散射时, 电子和光子交换能量和动量, 使得在末态时相应的量分别等于 $p_2$、$E_2$、$k_2$ 和 $\varepsilon_{\text{ph},2}$. 因为 $E = \sqrt{m^2c^4 + c^2p^2}$ 及 $\varepsilon_{\text{ph}} = \hbar ck$, 在给定 $p_1$ 和 $k_1$ 的散射问题中总共有 6 个未知量 (动量 $p_2$ 和 $k_2$). 能量和动量守恒定律给出 4 个关系, 这样, 只要给出另外两个参量, 就可以求出我们感兴趣的散射光子的能量 $\varepsilon_{\text{ph},2}$ 了. 这另外两个参量通常选 $k_2$ 与 $p_1$ 之间的夹角 $\theta_2$ 和 $k_2$ 与 $k_1$ 之间的角 $\theta$ (从而 $k_2$ 的方向就固定下来了; 见图 17.1). 为了方便, 在对硬散射光子 (光子 2) 情况的应用中, 一般使用以下记号:

$$p_1 \equiv p = \frac{mv}{\sqrt{1 - v^2/c^2}}, \quad E_1 \equiv E, \quad \varepsilon_{\text{ph},1} = \varepsilon_{\text{ph}}, \quad \varepsilon_{\text{ph},2} = E_\gamma; \quad (17.53)$$

图中 $\theta_1$ 是 $k_1$ 和 $p$ 之间的夹角, $\theta_2$ 是 $k_2$ 和 $p$ 之间的夹角, $\theta$ 是 $k_1$ 和 $k_2$ 之间的夹角.

散射光子的能量等于

$$E_\gamma = \frac{\varepsilon_{\text{ph}}\left(1 - \dfrac{v}{c}\cos\theta_1\right)}{1 - \dfrac{v}{c}\cos\theta_2 + \dfrac{\varepsilon_{\text{ph}}}{E}(1 - \cos\theta)}$$

$$= \varphi(\varepsilon_{\text{ph}}, E, \theta_1, \theta_2, \theta). \quad (17.54)$$

---

[1] 之所以会有这个名称, 是因为在实验室里发现和所研究的康普顿效应是静止或缓慢移动的电子对 $\gamma$ 光子的散射. 下面在所有的情形下, 不论光子和电子的能量如何, 我们通通都称康普顿散射.

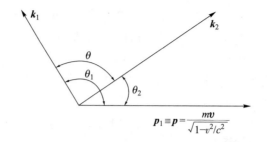

图 17.1　动量为 $\hbar\boldsymbol{k}$、能量为 $\varepsilon_{\mathrm{ph},1} \equiv \varepsilon_{\mathrm{ph}}$ 的光子被动量为 $\boldsymbol{p}_1 \equiv \boldsymbol{p}$、能量为 $E_1 \equiv E$ 的电子散射. 散射后的光子的动量为 $\hbar\boldsymbol{k}_2$, 能量为 $\varepsilon_{\mathrm{ph},2} \equiv E_\gamma$. 一般地说, 矢量 $\boldsymbol{k}_1$、$\boldsymbol{k}_2$ 和 $\boldsymbol{p}$ 不在一个平面内.

如果

$$E > E_\gamma \gg \varepsilon_{\mathrm{ph}} \tag{17.55}$$

[441]　　　则近似地有

$$E_\gamma = \frac{\varepsilon_{\mathrm{ph}}[1 - (v/c)\cos\theta_1]}{1 - \dfrac{v}{c}\cos\theta_2 + \dfrac{\varepsilon_{\mathrm{ph}}}{E}\left(1 - \dfrac{v}{c}\cos\theta_1\right)\cos\theta_2}. \tag{17.56}$$

将非极化粒子的散射截面可方便地写成不变量形式 (见 [10])

$$\sigma_{\mathrm{C}}(\boldsymbol{k}_1, \boldsymbol{k}_2, \boldsymbol{v})\mathrm{d}\Omega_2 = 2\left(\frac{e^2}{mc^2}\right)^2 \frac{E_\gamma^2}{m^2c^4\kappa_1^2} \times$$

$$\left[4\left(\frac{1}{\kappa_1} + \frac{1}{\kappa_2}\right)^2 - 4\left(\frac{1}{\kappa_1} + \frac{1}{\kappa_2}\right) - \left(\frac{\kappa_1}{\kappa_2} + \frac{\kappa_2}{\kappa_1}\right)\right]\mathrm{d}\Omega_2,$$

$$\kappa_1 = \frac{2}{m^2c^4}\varepsilon_{\mathrm{ph}}E\left(1 - \frac{v}{c}\cos\theta_1\right),$$

$$\kappa_2 = \frac{2}{m^2c^4}E_\gamma E\left(1 - \frac{v}{c}\cos\theta_2\right), \tag{17.57}$$

其中 $\mathrm{d}\Omega_2$ 是对应于方向 $\boldsymbol{k}_2$ 的立体角元 (下面的立体角 $\Omega_1$ 对应于方向 $\boldsymbol{k}_1$).

若在初态中电子是静止的 (即 $\boldsymbol{p} \equiv \boldsymbol{p}_1 = 0$), 那么从 (17.54) 式和 (17.57) 式得出熟知的表达式

$$E_\gamma = \frac{\varepsilon_{\mathrm{ph}}}{1 + (\varepsilon_{\mathrm{ph}}/mc^2)(1 - \cos\theta)}, \tag{17.58}$$

$$\sigma_{\mathrm{C}}\mathrm{d}\Omega_2 = \frac{1}{2}\left(\frac{e^2}{mc^2}\right)^2\left(\frac{E_\gamma}{\varepsilon_{\mathrm{ph}}}\right)^2\left(\frac{\varepsilon_{\mathrm{ph}}}{E_\gamma} + \frac{E_\gamma}{\varepsilon_{\mathrm{ph}}} - \sin^2\theta\right)\mathrm{d}\Omega_2. \tag{17.59}$$

在非相对论极限下, 当 (17.59) 式中 $\varepsilon_{\mathrm{ph}} \ll mc^2$ 时, 可以假设 $E_\gamma = \varepsilon_{\mathrm{ph}}$ (这当然从 (17.58) 式可知), 于是

$$\sigma_{\mathrm{C}}\mathrm{d}\Omega_2 = \frac{1}{2}\left(\frac{e^2}{mc^2}\right)^2(1 + \cos^2\theta)\mathrm{d}\Omega_2. \tag{17.60}$$

将截面 (17.59) 对立体角 $d\Omega_2 = 2\pi \sin\theta d\theta$ 积分 (这时可以将角度 $\theta_2$ 等同于 $\boldsymbol{k}_1$ 和 $\boldsymbol{k}_2$ 间的夹角 $\theta$), 得到汤姆孙截面

$$\sigma_{\mathrm{T}} = \int \sigma_{\mathrm{C}} d\Omega_2 = \frac{8\pi}{3}\left(\frac{e^2}{mc^2}\right)^2 = 6.55 \times 10^{-25}~\mathrm{cm}^2. \tag{17.61}$$

我们再次强调, 我们假设初态中的电子和光子是非极化的, 而由 (17.57) 式、(17.59) 式或 (17.60) 式确定的截面已在末态中对各种极化求和. X 射线天文学和 γ 射线天文学的发展, 无疑将使非常重要和有趣的宇宙 X 射线和 γ 射线极化的测量成为可能 (这对阐明辐射的本性是极为重要的; 例如, 来自蟹状星云的同步 X 射线辐射应当相当强烈地极化, 这已成功地观测到; 而炽热气体的韧致辐射则是非极化的. 详见下). 不过为了简单起见, 下面将假设被散射的辐射 (光子 2) 是非极化的. 如果软辐射 (光子 1) 是非极化的话, 情况就会这样 (有关康普顿散射时的极化效应见文献 [10] 中 §87).

我们还记得, 根据有效截面的定义 (例如见 [293b]), $\sigma_{\mathrm{C}} d\Omega_2 F$ 是单位时间散射到立体角 $d\Omega_2$ 里的光子数目, 而 $F = N_{\mathrm{ph}}(c - v\cos\theta_1)$ 是被电子散射的光子流量密度 ($N_{\mathrm{ph}}$ 是光子浓度, $v \equiv v_1$ 是引起散射的电子的速度, $\theta_1$ 是 $\boldsymbol{k}_1$ 和 $\boldsymbol{v}$ 间的夹角); 截面 $\sigma_{\mathrm{C}} d\Omega_2$ 是相对论不变量. 现在假设, 能量为 $\varepsilon_{\mathrm{ph}}$ 的光子随方向的分布是各向同性的, 而我们感兴趣的能量为 $E_\gamma$ 的被散射光子也与其传播方向无关. 在这样的条件下必须计算截面 (见 (17.54) 及 (17.57) 式)

$$\sigma(E_\gamma, \varepsilon_{\mathrm{ph}}, E) = \frac{1}{4\pi}\int\left(1 - \frac{v}{c}\cos\theta_1\right)\sigma_{\mathrm{C}}(\boldsymbol{k}_1, \boldsymbol{k}_2, \boldsymbol{v}) \cdot$$
$$\delta(E_\gamma - \varphi(\varepsilon_{\mathrm{ph}}, E, \theta_1, \theta_2, \theta))d\Omega_1 d\Omega_2. \tag{17.62}$$

实际上, 将具有任意传播方向而能量在 $\varepsilon_{\mathrm{ph}}$ 与 $\varepsilon_{\mathrm{ph}} + d\varepsilon_{\mathrm{ph}}$ 之间的软光子 1 的浓度表示为 $N_{\mathrm{ph}}(\varepsilon_{\mathrm{ph}})d\varepsilon_{\mathrm{ph}}$. 于是由于电子对软光子散射而在单位时间内生成的硬光子 2 的数目等于 $c\int\sigma(E_\gamma, \varepsilon_{\mathrm{ph}}, E)N_{\mathrm{ph}}(\varepsilon_{\mathrm{ph}})d\varepsilon_{\mathrm{ph}}$. 假设

$$4\varepsilon_{\mathrm{ph}}\frac{E}{mc^2} \ll mc^2 \tag{17.63}$$

此外并满足条件 (17.55). 这时用 (17.56) 式和 (17.57) 式, 我们可以计算截面 (17.62), 然后算出量 $\sigma_{\mathrm{t}} = \int\sigma(E_\gamma, \varepsilon_{\mathrm{ph}}, E)dE_\gamma$. 在条件 (17.63) 下得到

$$\sigma(E_\gamma, \varepsilon_{\mathrm{ph}}, E) = \frac{1}{4}\pi\left(\frac{e^2}{mc^2}\right)^2\frac{(mc^2)^4}{\varepsilon_{\mathrm{ph}}^2 E^3} \cdot$$
$$\left[2\frac{E_\gamma}{E} - \frac{(mc^2)^2 E_\gamma^2}{\varepsilon_{\mathrm{ph}} E^3} + 4\frac{E_\gamma}{E}\ln\frac{(mc^2)^2 E_\gamma}{4\varepsilon_{\mathrm{ph}} E^2} + \frac{8\varepsilon_{\mathrm{ph}} E}{(mc^2)^2}\right], \tag{17.64}$$

[442]

并且 $E_\gamma$ 处于 $\varepsilon_{\mathrm{ph}} \leqslant E_\gamma \leqslant 4\varepsilon_{\mathrm{ph}}(E/mc^2)^2$ 范围内; 事实上 (17.64) 式的适用范围要更宽一些. 并且

$$\sigma_{\mathrm{t}} = \int \sigma(E_\gamma, \varepsilon_{\mathrm{ph}}, E)\mathrm{d}E_\gamma = \frac{8\pi}{3}\left(\frac{e^2}{mc^2}\right)^2 = \sigma_{\mathrm{T}}. \tag{17.65}$$

[443] 　　我们不详细讨论相应的计算, 因为得到的结果 (17.65) 是很清楚的①. 在与电子相连的坐标系中, 光子 1 的能量 $\varepsilon'_{\mathrm{ph},1} = (E/mc^2)\varepsilon_{\mathrm{ph}} \times (1 - (v/c)\cos\theta_1)$. 对于各向同性的辐射 $\overline{\varepsilon}'_{\mathrm{ph}} = (E/mc^2)\overline{\varepsilon}_{\mathrm{ph}}$, 与此同时, 在条件 $\overline{\varepsilon}'_{\mathrm{ph}} \ll mc^2$ 下, (17.60)、(17.61) 两式成立——换句话说, 可以认为散射是经典散射. 不过根据以上讨论, 条件 $\overline{\varepsilon}'_{\mathrm{ph}} \ll mc^2$ 等价于条件 $\overline{\varepsilon}_{\mathrm{ph}}(E/mc^2) \ll mc^2$, 这实质上与条件 (17.63) 相同.

　　于是, 在条件

$$E \ll \frac{1}{4}\frac{mc^2}{\varepsilon_{\mathrm{ph}}}mc^2 \approx \frac{6 \times 10^{10}}{\varepsilon_{\mathrm{ph}}/\mathrm{eV}}\mathrm{eV} \tag{17.66}$$

下, 光子在运动电子上的散射是经典散射, 总截面等于 $\sigma_{\mathrm{T}}$ (详见 [293c]). 当电子被光频光子散射时 (此时光子平均能量 $\overline{\varepsilon}_{\mathrm{ph}} \sim 1\,\mathrm{eV}$, 相当于恒星的热辐射), 条件 (17.66) 的形式为 $E \ll 10^{11}\,\mathrm{eV}$; 若指的是在射频光子上的散射, 那么条件 (17.66) 当然要更弱些. 天文学里遇到的大多数情况遵从条件 (17.63) 或 (17.66), 下面我们主要限于讨论这些情形 (但是, 对别的极限情况也将给出近似表达式, 并指出条件 (17.66) 不成立的真实事例).

　　我们现在来计算能量为 $E$ 的电子被光子散射所遭受的平均损失 (康普顿损失).

　　当电子被相当软的光子散射时, 条件 (17.66) 得到满足, 我们有

$$\begin{aligned}
-\left(\frac{\mathrm{d}E}{\mathrm{d}t}\right)_{\mathrm{C}} &= c\int \sigma(E_\gamma, \varepsilon_{\mathrm{ph}}, E)N_{\mathrm{ph}}(\varepsilon_{\mathrm{ph}})E_\gamma\mathrm{d}E_\gamma\mathrm{d}\varepsilon_{\mathrm{ph}} \\
&= \left(\frac{8\pi}{3}\frac{e^2}{mc^2}\right)^2\left(\frac{E}{mc^2}\right)^2 c\frac{4}{3}\int \varepsilon_{\mathrm{ph}}N_{\mathrm{ph}}(\varepsilon_{\mathrm{ph}})\mathrm{d}\varepsilon \\
&= cN_{\mathrm{ph}}\sigma_{\mathrm{T}}\frac{4}{3}\overline{\varepsilon}_{\mathrm{ph}}\left(\frac{E}{mc^2}\right)^2 = \frac{32\pi}{9}\left(\frac{e^2}{mc^3}\right)^2 cw_{\mathrm{ph}}\left(\frac{E}{mc^2}\right)^2,
\end{aligned} \tag{17.67}$$

这时光子的总浓度、光子的能量密度和平均光子能量由下面的关系式决

---

　　① 我们仅作一个有关 (17.62) 式的量纲的说明. 它等于面积 × 能量 $^{-1}$, 或具体地说 $\mathrm{cm^2/erg}$, 因为 $\sigma_{\mathrm{C}}$ 的量纲是 $\mathrm{cm^2}$, 而 $\delta(E_\gamma)$ 的量纲由于 $\int\delta(E_\nu)\mathrm{d}E_\nu = 1$ 而为 $1/E_\gamma$. 由此可知, 量 $\sigma_{\mathrm{t}}$ 的确是有效截面 (对 $\sigma(E_\gamma, \varepsilon_{\mathrm{ph}}, E)$ 我们也用了截面这个术语, 虽然更正确的说法应是截面的能量密度).

定:

$$N_{\mathrm{ph}} = \int N_{\mathrm{ph}}(\varepsilon_{\mathrm{ph}})\mathrm{d}\varepsilon_{\mathrm{ph}}, \quad w_{\mathrm{ph}} = \int \varepsilon_{\mathrm{ph}}N_{\mathrm{ph}}(\varepsilon_{\mathrm{ph}})\mathrm{d}\varepsilon_{\mathrm{ph}} = \bar{\varepsilon}_{\mathrm{ph}}N_{\mathrm{ph}} \tag{17.68}$$

从 (17.65) 和 (17.67) 式可清楚看出, 被散射的光子 (硬光子 2) 的平均能量等于

$$E_{\gamma} = \frac{4}{3}\bar{\varepsilon}_{\mathrm{ph}}\left(\frac{E}{mc^2}\right)^2. \tag{17.69}$$

精确计算 (见 (17.67) 式) 要求此处要使用由 (17.64) 式确定的截面 $\sigma(E_{\gamma}, \varepsilon_{\mathrm{ph}}, E)$. 但是如果我们不在意因子 4/3, 关系式 (17.69) 很容易通过利用能量–动量守恒定律进行的初等计算建立. 我们不在这里进行这种计算 (可参见 [80]), 因为还可以依靠波动概念或具体的多普勒效应公式用更简单的方法得出 (17.69) 式. 实际上, 我们在第 5 章已经看到, 考虑多普勒效应将导致出现一个量级为 $(E/mc^2)^2$ 的因子, 或者换句话说, 未考虑多普勒效应时算出的某一频率 $\nu_0$ 将变成频率 $\nu \sim \nu_0\,(E/mc^2)^2$; 对于磁轫致辐射, $\nu_0 \sim eH_{\perp}/(2\pi mc), \nu \sim (eH_{\perp}/2\pi mc)\,(E/mc^2)^2$ (见 (5.7) 式和 (5.40a) 式). 在散射的情形, $\nu_0 \sim \varepsilon_{\mathrm{ph}}/h, \nu \sim (\varepsilon_{\mathrm{ph}}/h)(E/mc^2)^2$, 故对 $E_{\gamma} = h\nu$ 就得到 (17.69) 型的表达式.

[444]

将方向随机的磁场 (在这样的磁场中 $H_{\perp}^2 = \frac{2}{3}H^2$) 中的同步辐射损失与康普顿损失 (17.67) 式作比较, 得出总损失的表达式

$$\begin{aligned}
-\left(\frac{\mathrm{d}E}{\mathrm{d}t}\right)_{mC} &= -\left[\left(\frac{\mathrm{d}E}{\mathrm{d}t}\right)_m + \left(\frac{\mathrm{d}E}{\mathrm{d}t}\right)_C\right] \\
&= \frac{32\pi}{9}\left(\frac{e^2}{mc^2}\right)^2 c\left(\frac{H^2}{8\pi} + w_{\mathrm{ph}}\right)\left(\frac{E}{mc^2}\right)^2 \\
&= 2.65 \times 10^{-14}\left(\frac{H^2}{8\pi} + w_{\mathrm{ph}}\right)\left(\frac{E}{mc^2}\right)^2 \frac{\mathrm{erg}}{\mathrm{s}}. \tag{17.70}
\end{aligned}$$

其中 $H^2/8\pi + w_{\mathrm{ph}}$ 的单位是 $\mathrm{erg/cm^3}$, 这个公式在第 16 章曾经给出过 (见 (16.65) 式).

在同样的能量密度下分别处于 (平均而言) 各向同性的磁场中和辐射场中的同步辐射的能量损失和康普顿能量损失等价, 这样的结果当然不是偶然的. 事情在于, 在经典区域内 (而 (17.67) 式只属于经典区 (17.66)), 辐射功率由电荷的加速度决定, 因而由作用在电荷上的力决定. 但是, 在真空中的电磁波里电场 $E = H$, 对于极端相对论粒子, 洛伦兹力 $(e/c)\boldsymbol{v} \times \boldsymbol{H}$ 当 $\boldsymbol{v}\perp\boldsymbol{H}$ 时等于电场 $e\boldsymbol{E}$ 产生的力. 同时当 $v \to c$ 时变得重要的正好是垂直于速度的加速度, 结果在各向同性情形下, 总损失由电磁场的能量密度

$(E^2 + H^2)/8\pi$ 决定, 而与电磁场的谱组成无关 (然而, 这个谱成分却决定所产生的辐射的谱组成, 在所讨论的情形下, 决定同步辐射及散射的电磁波的谱组成).

强调这样一点很重要, 即当条件 (17.66) 不成立时, 康普顿损失已经随能量缓慢地增加了. 实际上, 在极限情况

$$E \gg (mc^2)^2/\varepsilon_{\text{ph}} \tag{17.71}$$

下, 在与电子连接的参考系中光子 1 的能量满足条件 $\varepsilon'_{\text{ph}} = (E/mc^2)\varepsilon_{\text{ph}} \gg mc^2$. 在这种情形下, 散射的总截面可以从 (17.59) 式得到, 其形式为 (见 [1,10])

$$\sigma_{\text{t}} = \frac{3}{8}\sigma_{\text{T}}\frac{mc^2}{\varepsilon'_{\text{ph}}}\left(\ln\frac{2\varepsilon'_{\text{ph}}}{mc^2} + \frac{1}{2}\right). \tag{17.72}$$

[445]　在条件 (17.71) 成立时, 截面 (17.72) 所对应的每次碰撞都发射一个能量为 $E_\gamma \sim E$ 的光子[①]. 这样一来, 电子在散射中失去能量

$$-\left(\frac{\mathrm{d}E}{\mathrm{d}t}\right)_{\text{C}} \sim \sigma_{\text{t}}N_{\text{ph}}cE \approx \frac{3}{8}c\sigma_{\text{T}}w_{\text{ph}}\left(\frac{mc^2}{\overline{\varepsilon}_{\text{ph}}}\right)\left(\ln\frac{2E\,\overline{\varepsilon}_{\text{ph}}}{m^2c^4} + \frac{1}{2}\right)$$

$$\approx 10^{-14}\left(\frac{mc^2}{\overline{\varepsilon}_{\text{ph}}}\right)^2 w_{\text{ph}}\ln\left(\frac{2E\overline{\varepsilon}_{\text{ph}}}{m^2c^4}\right)\text{erg}\cdot\text{s}^{-1}, \tag{17.73}$$

其中考虑了

$$\overline{\varepsilon}'_{\text{ph}} \sim \frac{E}{mc^2}\overline{\varepsilon}_{\text{ph}}, \quad w_{\text{ph}} = N_{\text{ph}}\overline{\varepsilon}_{\text{ph}}.$$

当 $(E/mc^2)(\overline{\varepsilon}_{\text{ph}}/mc^2) \sim 1$ 时, 如所期望, 损失 (17.67) 和 (17.73) 的数量级相同. 因此康普顿损失仅当 $E \lesssim (mc^2)^2/4\varepsilon_{\text{ph}}$ 时才与能量的平方 $E^2$ 成正比增加. 而在极限 (17.71) 情形下康普顿损失实际上已经是常量.

迄今为止在天体物理学中遇到的大多数情形里, 条件 (17.66) 都得到满足 (前已指出, 对于 $\overline{\varepsilon}_{\text{ph}} \sim 1\,\text{eV}$ 的光频光子所产生的散射, 这个条件取形式 $E \ll 10^{11}\,\text{eV}$, 而与观察到的宇宙射电辐射相对应的相对论性电子通常具有能量 $E \lesssim 10^{10}\,\text{eV}$). 但现在已能指出一些重要的例外. 首先, 在许多源 (蟹状星云、室女座 A、类星体) 里观察到了光频同步辐射, 与这种辐射对应的是高能电子 $(E \gg 10^{10}\,\text{eV})$. 因此即使在 $\overline{\varepsilon}_{\text{ph}} \sim 1\,\text{eV}$ 的情形下, 对于这些电子条件 (17.66) 也不满足. 其次, 发现了来自银河系内和河外源的强大的 X 射线辐射. 在这些源内及其附近 X 射线光子的能量密度极大, 光子能

---

① 在条件 (17.71) 成立时, 若发生光子对电子的散射, 那么除光子外, 还可能产生电子–正电子对 $\mathrm{e}^-$ 和 $\mathrm{e}^+$. 相应的能量损失与损失 (17.73) 相差一个量级为 $2 \times 10^{-3}\ln(E\overline{\varepsilon}_{\text{ph}}/m^2c^4)$ 的因子. 在我们遇到的大多数情形下这个因子比 1 小得多.

量 $\bar{\varepsilon}_{\mathrm{ph}} \sim (3-5) \times 10^3$ eV($\bar{\varepsilon}_{\mathrm{ph}} \sim kT, T \sim 5 \times 10^7$ K). 对于在这样的光子上的散射条件 (17.66) 的形式为 $E \ll 10^7$ eV, 对于引起宇宙射电辐射的电子这个条件已经不能满足了. 因此, X 射线天文学和 $\gamma$ 射线天文学的问题并不总是限制在由条件 (17.66) 描述的经典区内.

现在我们转而讨论被散射的 (硬) 光子的能谱问题. 像往常一样, 用 $J_{\mathrm{e}}(E)\mathrm{d}E$ 表示相对论性电子的强度, 即在单位时间里穿过单位面积 (在垂直于面积的法线方向) 处于单位立体角内的能量在 $E$ 至 $E+\mathrm{d}E$ 之间的电子数目. 于是 $\gamma$ 射线的强度等于 (见 (17.11) 式)

$$J_{\gamma}(E_{\gamma}) = \int_0^{\mathscr{L}} \mathrm{d}R \int_{E_{\gamma}}^{\infty} J_{\mathrm{e}}(E, \boldsymbol{R})\mathrm{d}E \int_0^{\infty} \sigma(E_{\gamma}, \varepsilon_{\mathrm{ph}}, E) N_{\mathrm{ph}}(\varepsilon_{\mathrm{ph}}, \boldsymbol{R})\mathrm{d}\varepsilon_{\mathrm{ph}}$$
$$= \overline{N}_{\mathrm{ph}}(\mathscr{L}) \int_{E_{\gamma}}^{\infty} \sigma(E_{\gamma}, E) J_{\mathrm{e}}(E)\mathrm{d}E, \tag{17.74}$$

[446]

其中在变换到最后一个表达式时假设了在视线方向 $J_{\mathrm{e}}$ 与 $\boldsymbol{R}$ 无关 (对 $\mathrm{d}R$ 的积分是沿视线方向进行的). 而且

$$\overline{N}_{\mathrm{ph}}(\mathscr{L})\sigma(E_{\gamma}, E) = \int \sigma(E_{\gamma}, \varepsilon_{\mathrm{ph}}, E) N_{\mathrm{ph}}(\varepsilon_{\mathrm{ph}}, \boldsymbol{R})\mathrm{d}\varepsilon_{\mathrm{ph}}\mathrm{d}R. \tag{17.75}$$

对于单能电子谱 $J_{\mathrm{e}}(E) = J_0\delta(E - E_0)$, 强度 $J_{\gamma}(E_{\gamma})$ 由关于 $\sigma(E_{\gamma}, \varepsilon_{\mathrm{ph}}, E_0)$ 的 (17.64) 式确定. 比较常见的谱是幂律谱

$$J_{\mathrm{e}}(E) = K_J E^{-\gamma}. \tag{17.76}$$

对于浓度为 $N(E) = K_{\mathrm{e}} E^{-\gamma}$ 的各向同性分布相对论性电子, 显然有

$$J_{\mathrm{e}}(E) = \frac{c}{4\pi} N(E).$$

在用幂律谱 (17.76) 计算 $J_{\gamma}(E_{\gamma})$ 时, 为了不使计算过于庞杂 (尽管计算步骤是完全清楚的), 我们一开始就使用以下表达式作为对热光子 (软光子) 的谱平均过的截面 $\sigma(E_{\gamma}, E)$

$$\left.\begin{aligned} \sigma(E_{\gamma}, E) &= \frac{1}{N_{\mathrm{ph}}} \int_0^{\infty} \sigma(E_{\gamma}, \varepsilon_{\mathrm{ph}}, E) N_{\mathrm{ph}}(\varepsilon_{\mathrm{ph}})\mathrm{d}\varepsilon_{\mathrm{ph}} = \sigma_{\mathrm{T}}\delta\left(E_{\gamma} - \frac{4}{3}\bar{\varepsilon}_{\mathrm{ph}}\left(\frac{E}{mc^2}\right)^2\right), \\ \sigma_{\mathrm{T}} &= \frac{8\pi}{3}\left(\frac{e^2}{mc^2}\right)^2, \quad N_{\mathrm{ph}} = \int N_{\mathrm{ph}}(\varepsilon_{\mathrm{ph}})\mathrm{d}\varepsilon_{\mathrm{ph}}. \end{aligned}\right\} \tag{17.77}$$

换句话说, 我们假设所有硬光子都有平均能量 (17.69), 而按照 (17.77) 式总散射截面等于 $\sigma_{\mathrm{T}}$. 于是, 截面 (17.77) 就必然导致正确的 $\int \sigma_{\mathrm{T}}(E_{\gamma}, E)\mathrm{d}E_{\gamma}$

和 $\int E_\gamma \sigma_T(E_\gamma, E) dE_\gamma$ 的表达式.

将 (17.77) 代入 (17.74) 式, 对于所有的量沿着长度 $\mathscr{L}$ 均匀分布的情形 (因此 $\widetilde{N}_{ph}(\mathscr{L}) = N_{ph}\mathscr{L}$), 我们得到

$$J_\gamma(E_\gamma) = \sigma_T N_{ph}\mathscr{L} \int J_e(E)\delta\left(E_\gamma - \frac{4}{3}\overline{\varepsilon}_{ph}\left(\frac{E}{mc^2}\right)^2\right) dE$$

$$= \frac{3^{1/2} N_{ph}\mathscr{L}\sigma_T mc^2}{4(\overline{\varepsilon}_{ph} E_\gamma)^{1/2}} J_e\left(mc^2\left(\frac{3E_\gamma}{4\overline{\varepsilon}_{ph}}\right)^{1/2}\right)$$

$$= \frac{1}{2} N_{ph}\mathscr{L}\sigma_T(mc^2)^{1-\gamma}\left(\frac{4}{3}\overline{\varepsilon}_{ph}\right)^{(\gamma-1)/2} K_J E_\gamma^{-(\gamma+1)/2}. \quad (17.78)$$

[447]　　　这里给出的计算完全类似于第五章中应用于同步辐射时用过的计算 (见 (5.51) 式). 精确计算时 [292] 在 (17.78) 式中会出现一个数值因子 $f(\gamma)$. 这个因子在 $\gamma = 1, 2, 3, 4$ 时分别等于 $0.84, 0.86, 0.99, 1.4$.

对于热辐射 $\overline{\varepsilon}_{ph} = 2.7\kappa T$, 其中 $T$ 是辐射的温度. 我们举一个例子, 在 $T = 5000$ K 时 ($\overline{\varepsilon}_{ph} = 1.2$ eV)

$$J_\gamma(E_\gamma) = 2.8 \times 10^{-25}(7.9 \times 10^{-2})^{\gamma-1} f(\gamma)\mathscr{L} w_{ph} K_J E_\gamma^{-(\gamma+1)/2}$$

$$\text{个光子 cm}^{-2} \cdot \text{s}^{-1} \cdot \text{sr}^{-1} \cdot \text{GeV}^{-1}, \quad (17.79)$$

其中 $w_{ph} = N_{ph}\overline{\varepsilon}_{ph}$, $E_\gamma$ 的单位是 GeV, $K_J$ 的单位是 $(\text{GeV})^{\gamma-1}(\text{cm}^2 \cdot \text{s} \cdot \text{sr})^{-1}$.

如果所求的不是粒子数强度而是能量强度, 那么 $I_\gamma(E_\gamma) = E_\gamma J_\gamma(E_\gamma)$.

在幂律谱 (17.76) 情形下, 显然有 $I_\gamma(E_\gamma) \propto E_\gamma^{-(\gamma-1)/2} \propto \nu^{-\alpha}, \alpha = \frac{1}{2}(\gamma - 1)$. 这里所得到的结果与同步辐射的关系式 (5.50) 的依赖关系相同, 如所期望, 在条件 (17.66) 下康普顿辐射也是如此——我们前面已经看到在这个条件下同步辐射和康普顿辐射是相近的.

我们注意到, 在高能情况下, 具体地说在入射光子的能量大于 $10^{13}$ eV (在散射前的电子为静止的参考系里) 时, "二重康普顿散射" 已经不小了 [297]. 在这个过程中, 一个入射光子转变为两个散射光子. 与此相近的是两个相撞的光子产生电子–正电子对和另一个光子的过程. 但是, 在计算光子和它们引起的电子–正电子级联的行程长度时这些过程的贡献并不像初看起来那样显著 (这是因为对于更低阶的过程, 即不伴随有光子辐射的通常的散射和正负电子对产生过程, 必须考虑对截面的辐射修正 [297]).

前面已经讲过, 在宇宙条件下同步 (磁轫致) X 射线辐射在某种意义上是 "非典型" 的, 但是它已被观测到, 并且其比重在今后的研究进程中也许

会提升. 大体上很明显, 同步辐射可以有任意高的频率, 而且只要满足条件

$$h\nu \ll E \tag{17.80}$$

用经典理论已足以对它进行描述.

宇宙同步辐射通常在射频波段内, 因为在相应的区域磁场强度不很大 ($H \lesssim 10^{-3}$ Oe), 电子的能量 $E$ 也不很大. 具体地说, 总能量 $E \gg mc^2$ 的电子的同步辐射的强度的极大值出现在以下频率 (见 (5.40) 式和 (17.2) 式):

$$\nu_{\mathrm{m}} = 1.2 \times 10^6 H_\perp \left(\frac{E}{mc^2}\right)^2 = 4.6 \times 10^{-6} H_\perp (E/\mathrm{eV})^2 \mathrm{Hz}. \tag{17.81}$$

比方说, 甚至在 $H_\perp = H\sin\chi = 10^{-3}$ Oe 和 $E = 10^{10}$ eV 时, 也有频率 $\nu_m = 4.6 \times 10^{11}$ Hz ($\lambda_{\mathrm{m}} = c/\nu_{\mathrm{m}} \sim 6.5 \times 10^{-2}$ cm). 因此, 宇宙的光频和 X 射线频率的同步辐射或者在有能量非常高 $E > 10^{11}$ eV 的电子存在时 (蟹状星云、室女座 A) 产生, 或者在有很强的磁场 ($H \gtrsim 10 - 100$ Oe) 存在并且电子的能量达到 $10^9 - 10^{10}$ eV 时产生.

这种情况 (足够强的磁场 $H \gtrsim 10$ Oe 和能量 $E \gtrsim 10^9$ eV 的电子) 看来有可能出现在某些恒星的大气中、类星体的确定区域等地方. 对于磁化的白矮星和脉冲星, 磁场已分别达到 $10^8$ 和 $10^{13}$ Oe. 对这样强的磁场 (特别是脉冲星) 中的辐射过程和其他过程, 有必要作专门研究. 例如, 我们曾在第 5 章提到过对脉冲星极为重要的曲率辐射. 另一个有趣的例子是 X 射线回旋辐射 [62b,298], 这种辐射已经在 X 射线脉冲星武仙座 X-1(Her X-1) 上发现. 这里我们指的是离散的 (虽然也是足够宽的) 谱线, 其能量为 58 keV 和 110 keV, 对应于电子在 $H_0 \approx 5 \times 10^{12}$ Oe 的磁场中磁能级之间的跃迁. 如果不考虑这时已经相当显著的相对论修正, 那么, 回旋频率基频 $\omega_H = eH_0/mc = 1.76 \times 10^7 H_0$ (见 (4.2) 式) 在 $H_0 = 5 \times 10^{12}$ Oe 的磁场里对应的能量为 $\hbar\omega_H = 57.75$ keV, 而二次谐波对应的能量为 $2\hbar\omega_H = 115.55$ keV. 与考虑相对论修正、量子修正、等离子体影响和真空极化的必要性相关而产生的问题, 牵涉非常多方面也非常有趣 (见 [62b, 298] 和那里给出的文献).

不过, 我们还是要回到同步辐射来.

为了估计各种不同频率的波发射时的场和能量, 使用从 (17.81) 式推出的以下公式会很方便:

$$\nu_2/\nu_1 = (H_{\perp,2}/H_{\perp,1}) E_2^2/E_1^2. \tag{17.82}$$

例如, 在银河系典型的 $H_{\perp,1} = 3 \times 10^{-6}$ Oe 的磁场里, 令 $\nu_1 = 3 \times 10^8$ Hz ($\lambda_1 = c/\nu_1 = 1$ m). 于是, 按照 (17.81) 式, 辐射电子的能量 $E_1 \sim 5 \times 10^9$ eV.

在同一磁场 $H_{\perp,2} = H_{\perp,1}$ 里, 频率为光频 $\nu_2 \sim 10^{14} - 10^{15}$ Hz($\lambda = 0.3 - 3$ μm) 的波只能由能量为 $E_2 \sim 5 \times 10^{12}$ eV 的电子发射. 对于 X 射线 $\nu_2 \sim 10^{18}$ Hz, 因此在未改变的磁场中电子必须具有能量 $E_2 \sim 3 \times 10^{14}$ eV.

必须记住, 同步损失是与 $H_{\perp}^2 E^2$ 成正比的 (见 (4.39) 式), 因此能量很高的粒子或者粒子在强磁场中运动时迅速变慢. 借助公式 (4.41) 和 (4.42), 可以方便地对磁场中的能量和 "寿命" 做出估计. 这时在 (4.42) 式中电子的能量可以通过其辐射的特征频率 (17.81) 表示出来, 这样, 就得到了观察到的频率与辐射电子的特征寿命 (能量减半的时间)

[449]

$$T_{\mathrm{m}} = \frac{5 \times 10^8}{H_{\perp}^2} \frac{mc^2}{E} \mathrm{s} \sim \frac{5.5 \times 10^{11}}{H_{\perp}^{3/2} \nu^{1/2}} \mathrm{s} \sim \frac{1.8 \times 10^4}{H_{\perp}^{3/2} \nu^{1/2}} \text{年} \qquad (17.83)$$

之间的直接联系. 这里 $H_{\perp}$ 的测量单位是 Oe, $\nu$ 的单位是 Hz. 通过频率表示的时间 $T_{\mathrm{m}}$ 当然具有某种任意性, 因为作为 $\nu$ 选的是对应于单能电子辐射谱的极大值的频率.

在 $H_{\perp} = 3 \times 10^{-6}$ Oe 的磁场里, 对于能量为 $5 \times 10^9$、$5 \times 10^{12}$ 和 $3 \times 10^{14}$ eV 的电子, 其 $T_{\mathrm{m}}$ 分别为 $2 \times 10^8$、$2 \times 10^5$ 和 $3 \times 10^3$ 年. 对于我们的银河系以及一般正常星系可以认为典型的磁场值为 $H_{\perp} = 3 \times 10^{-6}$ Oe, 其量级为 $10^5$ 年乃至 $10^3$ 年的特征时间 $T_{\mathrm{m}}$ 非常小, 因此很自然, 它们的光频和 X 射线频率的同步辐射很弱. 仅当有强大的高能电子束从某种源如超新星壳层注入星际空间时, 情况才会发生变化.

前已指出, 光频和 X 射线频率的同步辐射由早先给出过的公式完全描述 (见第 5 章; 假设条件 (17.80) 得到满足). 此外, 甚至还做了一些与以下事实有关的简化: 高频下可以忽略辐射区内折射率 $\tilde{n}(\omega)$ 与 1 的差别以及宇宙等离子体内的再吸收和极化面的旋转. 只须考虑在从源到地球的路程上或者在源自身内部 (被气体、尘埃) 的吸收.

为了方便, 我们这里仍然给出几个对计算有用的表达式. 在 X 射线区域以及有时也在光学范围中, 常常不用能量流量而是用基于粒子 (光子) 数的流量或强度, 分别用 $F_{\nu}$ 和 $J_{\nu}$ 表示. 二者的转换显然可以通过将能量表达式除以光子的能量 $h\nu$ 实现. 于是, 从 (5.48) 式得到光子数强度等于

$$\begin{aligned} J(\nu) &= I_{\nu}/h\nu \\ &= 3.26 \times 10^{-15} a(\gamma) \mathscr{L} K_{\mathrm{e}} H^{(\gamma+1)/2} \left( \frac{6.26 \times 10^{18}}{\nu} \right)^{(\gamma+1)/2} \\ &\quad \text{个光子 cm}^{-2}\mathrm{s}^{-1}\mathrm{sr}^{-1}\mathrm{Hz}^{-1}, \end{aligned} \qquad (17.84)$$

或者, 如果从频率 $\nu$ 转换到以 eV 为单位的光子能量 $\varepsilon_{\mathrm{ph}} = h\nu$,

$$J(\varepsilon_{\mathrm{ph}}) = J(\nu)\mathrm{d}\nu/\mathrm{d}\varepsilon_{\mathrm{ph}}$$

$$= 0.79a(\gamma)\mathscr{L}K_{\mathrm{e}}H^{(\gamma+1)/2}\left(\frac{2.59 \times 10^4}{\varepsilon_{\mathrm{ph}}}\right)^{(\gamma+1)/2}$$

$$\text{个光子}\mathrm{cm}^{-2}\mathrm{s}^{-1}\mathrm{sr}^{-1}\mathrm{Hz}^{-1}, \tag{17.85}$$

其中 $\mathscr{L}$ 的单位是 cm, $K_{\mathrm{e}}$ 的单位是 $\mathrm{erg}^{\gamma-1}\mathrm{cm}^{-3}$, $H$ 的单位是 Oe, $\varepsilon_{\mathrm{ph}}$ 的单位是 eV.

类似地, 来自离散源的光子流量 (见 (5.59) 式) 等于 [450]

$$F(\nu) = \Phi(\nu)/h\nu$$

$$= 3.26 \times 10^{-15}a(\gamma)\frac{VK_{\mathrm{e}}H^{(\gamma+1)/2}}{R^2}\left(\frac{6.26 \times 10^{18}}{\nu}\right)^{(\gamma+1)/2}$$

$$\text{个光子}\mathrm{cm}^{-2}\mathrm{s}^{-1}\mathrm{Hz}^{-1}, \tag{17.86}$$

或者, 用光子能量 $\varepsilon_{\mathrm{ph}} = h\nu = 4.14 \times 10^{-15}\nu$ eV 表示, 有

$$F(\varepsilon_{\mathrm{ph}}) = 0.79a(\gamma)\frac{VK_{\mathrm{e}}H^{(\gamma+1)/2}}{R^2}\left(\frac{2.59 \times 10^4}{\varepsilon_{\mathrm{ph}}}\right)^{(\gamma+1)/2}\text{个光子}\mathrm{cm}^{-2}\mathrm{s}^{-1}\mathrm{eV}^{-1}. \tag{17.87}$$

此外, 若可以认为在源的全部体积内电子的谱相同, 则使用下面这个不同频率 $\nu_1$ 和 $\nu_2$ 下的辐射流量比值的表达式很方便 (见 (5.59) 式或 (17.86) 式):

$$\frac{\Phi_2(\nu_2)}{\Phi_1(\nu_1)} = \frac{V_2}{V_1}\left(\frac{H_2}{H_1}\right)^{(\gamma+1)/2}\left(\frac{\nu_1}{\nu_2}\right)^{(\gamma-1)/2} \tag{17.88}$$

这里假设频率为 $\nu_1$ 的辐射发生在体积为 $V_1$、磁场强度为 $H_1$ 的源内, 而频率为 $\nu_2$ 的辐射发生在体积为 $V_2$、磁场强度为 $H_2$ 的源内. 于是, 若我们讨论的是具有同样能量 $E_2 = E_1$ 的电子产生的辐射, 那么频率 $\nu_1$ 和 $\nu_2$ 就以关系式 (17.82) 相联系, 而流量的比值为

$$\frac{\Phi_2(\nu_2)}{\Phi_1(\nu_1)} = \frac{V_2H_2}{V_1H_1}. \tag{17.89}$$

公式 (17.88) 和 (17.89) 在以下情况下有用: 如果在总体积为 $V_1$ 的源中的一个小区域 $V_2$ 内磁场 $H_2 \gg H_1$, 而电子谱在高能一侧有断裂, 使得体积 $V_1$ 内的电子不在频率 $\nu_2 \gg \nu_1$ 上发射, 而来自体积 $V_2$ 的频率为 $\nu_1$ 的辐射则由于体积过小而很小. 于是观察到的来自整个源的频率为 $\nu_1$ 和 $\nu_2$ 的流量的比值将由来自体积 $V_1$ 和 $V_2$ 的流量的比值决定. 比方说, 当星云中心有一个区域具有很强的磁场时, 这种情形就可发生.

同步辐射的一个特点是在有序的磁场里辐射是高度极化的. 例如, 在均匀磁场内对于具有幂律 $N_e(E) = K_e E^{-\gamma}$ 的电子谱同步辐射的极化度 (见 (5.46) 式) 等于

$$\Pi_0 = \frac{I_{\max} - I_{\min}}{I_{\max} + I_{\min}} = \frac{\gamma + 1}{\gamma + \frac{7}{3}}. \tag{17.90}$$

前面说过, 在 X 射线区没有因介质存在而引起的退极化因子 (不同形式的法拉第旋转). 因此给定指数 $\gamma$ 下的极化度仅仅反映磁场的有序程度, 它在均匀磁场中达到最大值 (17.90).

[451]

轫致辐射只是在下述情况下才是极化的, 即如果电子的分布函数是各向异性的 (或更严格地说, 碰撞粒子的相对速度的分布函数是各向异性的)[①]. 例如, 当在冷等离子体中散射的电子存在定向流量时其轫致辐射将产生极化. 在宇宙条件下, 如果所指的不是太阳及若干不稳定区域, 则没有特别的理由期待电子随速度的分布有任何强烈的各向异性存在 (见第 16 章; 此外, 在有碰撞时, 电子随速度的各向异性分布的弛豫即各向同性化进行得比在无碰撞情形下更快). 电磁辐射在粒子上散射时, 极化度原则上可以很大. 这点已为大家熟知, 例如光在气体中或等离子体中散射时 (见第 15 章). 但是对于非极化的软光子在相对论性电子上散射生成硬光子 (X 射线和 $\gamma$ 射线) 的情形, 后者的极化度仅有 $(mc^2/E)^2$ 的量级, 非常小.

在宇宙条件下, 可以预期, 除同步辐射和同步–康普顿辐射 (见第 5 章末尾) 之外的所有其他的辐射机制都不会出现显著的极化度. 因此, 发现宇宙 X 射线和宇宙 $\gamma$ 射线的极化度与在宇宙射电辐射的情形中一样并不很小, 使得我们通常假设相应的辐射是同步辐射 (或同步–康普顿辐射). 特别是, 蟹状星云的 X 射线辐射的同步辐射 (而不是轫致辐射) 本性, 最终就是依靠观测 X 射线辐射的极化才揭示的.

如果说观测到 X 射线辐射的极化证实了其同步辐射本性, 那么将这个结论倒过来说就显然不正确了——只要提到随机磁场中的同步辐射没有极化就够了[②]. 因此, 确定宇宙 X 射线辐射的本性绝非易事. 主要判据 (除极化外) 是谱的形状. 炽热等离子体的轫致辐射具有指数律的谱 (参见例如 (17.24) 式), 此外, 对于炽热等离子体的情形, 原则上还能观察到重元素 (首先是铁) 的特征 X 辐射谱线. 康普顿 X 射线辐射是由相对论性电子产生的,

---

① 当然, 如果非极化的轫致辐射在到达观察点之前被散射或反射, 情况可能发生变化. 例如, 观察到的太阳爆发时日冕中生成的炽热等离子体中的轫致辐射 ($h\nu \gtrsim 10$ keV) 的不大的极化度 ($\Pi \approx 4\%$), 有可能用发生在光球致密层中的汤姆孙散射 (“反射”) 来解释 [299a].

② 此外必须注意, 特别是在极化度不高和宇宙 X 射线辐射流量比较弱时, 在 X 射线区域的极化度测量非常困难, 而且实际上几乎还没有进行.

这样的电子通常具有幂律形式的谱 (17.76), 幂次为某一指数 $\gamma$, 并且 X 射线辐射有 $J_\gamma(E_\gamma) \propto E_\gamma^{-\beta}$, $\beta = \frac{1}{2}(\gamma+1)$ (见 (17.78) 式及 $I_\gamma(E_\gamma) \propto E_\gamma^{-\alpha}$, $\alpha = \frac{1}{2}(\gamma-1)$. 此外, 对于该已知源, 相对论性电子也可以产生同步辐射, 由其谱可以定出 $\gamma$ (再次提醒, 对同步辐射就像对康普顿辐射一样, $I(\nu) \propto \nu^{-\alpha}$, $\alpha = \frac{1}{2}(\gamma-1)$, 见第 5 章). 前面说过, 在知道了发生康普顿散射的辐射场后, 也可确定出这个辐射区域内的磁场. 可惜的是, 在实际中一切并非如此简单: 首先必须指出, 谱并不是严格幂律形式的, 相同的相对论性电子只是在有限的和预先不知道的频率区间 $\Delta\nu$ 中 (在射电和 X 射线波段) 产生具有给定的 $\alpha$ 的同步辐射和康普顿辐射. 此外, 对于温度在空间变化的热的源, 轫致辐射的谱可能显得实际上像是幂律的 (对太阳爆发的几个模型, 情况就是这样的 [299b]). 不过, 可以期望未来在对最广的频段 (射电、光学、X 射线) 上结合极化测量及高角分辨率测量进行的综合研究取得重大进展. 其实, 1978 年 11 月发射爱因斯坦 X 射线天文台 (HEAO) 后, 已经实现了这种测量. 借助于安装在这个观测站上的 X 射线望远镜, 在光子能量 $E < 4$ keV 下达到了大约 $4''$ 的角分辨率. 最好的地面上的光学望远镜的分辨率只比这个分辨率好几倍. 仪器的灵敏度在 $1—3$ keV 的区间里达到了 $1.3 \times 10^{-14}$ erg/(cm$^2$·s) [300]. 据此得以确定了从亮度为 $L_X = 4 \times 10^{38}$ erg/s、位于 20 百万秒差距距离处的弱 (在 X 射线波段) 星系发出的 X 射线辐射. 同时, 最大的 X 射线亮度 (它对应于某些类星体) 达到了 $10^{47}$ erg/s. 这样的类星体可以在任何真实距离 $R$ 上被观察到. 实际上, 到达它们的最大观测距离对应于红移 $z = (\lambda - \lambda_0)/\lambda_0 \sim 3—4$. 对于这样的 $z$, 已不能使用 $\Phi_X = L_X/(4\pi R^2)$ 的定律. 不过根据相对论宇宙学的公式所作的计算表明 (见 [300], 第 L11 页), 在 $L_X = 10^{47}$ erg/s 及 $z = 3$ 时流量 $\Phi_X \sim 3 \times 10^{-13}$ erg/(cm$^2$·s).

　　至于银河系内的源, 则观测到亮度为 $L_X \sim 10^{26}$ erg/s (能量在 0.1—3 keV 区间内) 和亮度更高的星. 然而对于 O 型星和某些别的星 $L_X \sim 10^{30}$ erg/s (能量在 0.5—3.5 keV 区间内). 这样, "普通" 星的 X 射线天文学便成为现实, 尽管此前不久在 X 射线波段还只成功地观测到一些 "特殊" 天体: 不太多的脉冲星 (首先是蟹状星云中的脉冲星 PSR 0531), X 射线脉冲星——密近双星中的中子星和某些别的密近双星. 还观测到超新星壳层和数目不多的河外源. 从超新星壳层发出的 X 射线辐射或者具有同步辐射本性 (蟹状星云), 或者主要是炽热等离子体 (特征温度 $10^6—10^8$ K, 这对应于粒子的平均能量等于 $10^2—10^4$ eV) 的轫致辐射. 在密近双星系统的成员中出现强 X 射线源完全可以理解, 在这些情况下猛烈地进行着吸积作用, 即等离子体从较轻的星流向更重的星. 这时特别是对于致密星 (白矮星、

[452]

[453]

中子星), 等离子体的流量在靠近星体的光球层时达到很高的速度, 从而在被制动 ("落到" 星球上) 时等离子体急剧加热 ($T \sim 10^7 - 10^9$ K). 如果星体具有足够强的磁场, 则不仅轫致辐射而且磁轫致辐射也显得很重要.

现在, 依靠 HEAO-2 及许多别的人造卫星的帮助, 不仅已观测到一些特殊的天体, 还观测到数目众多的、各式各样的银河系内的和河外的 X 射线源 [273, 300, 301]. 一般可以说, 非太阳系的 X 射线天文学在其诞生 (1962 年)20 年之后已经成年, 与光学天文学和射电天文学一样已成为天文学的一个重要分支. 在这种形势下, 实际上已完全不可能在本书的范围内讲述 X 射线天文学的研究结果 (见 [300, 301], 特别是 X 射线天文学领域的文献目录 [302]), 下面我们只对此提供某些说明和估计.

银河系 X 射线源的功率 (X 射线的亮度) $L_X$ 达到 $10^{37} - 10^{38}$ erg/s[①], 这比太阳的总亮度 $L_\odot = 3.86 \times 10^{33}$ erg/s 高 4—5 个数量级. 当 $L_X \sim 10^{38}$ erg/s 且辐射各向同性时, 地球上的 X 射线流量等于

$$\Phi_X = \frac{L_X}{4\pi R^2} \sim \frac{L_X/10^{38}}{(R/\text{pc})^2} \sim \frac{1}{(R/\text{pc})^2} \text{erg cm}^{-2}\text{s}^{-1}. \tag{17.91}$$

其中 $R$ 是到辐射源的距离, 单位为 pc (秒差距).

根据这一估计, 对于蟹状星云 ($R \approx 2\,000$ pc), 在整个 X 射线波段 $\Phi_X \approx 2 \times 10^{-7}$ erg/(cm²·s) (能量为 2—10 keV 的光子的流量是 $F_x \approx 2$ 光子/(cm²·s). 对于许多 X 射线源——双星, 亮度也在 $3 \times 10^{36} - 3 \times 10^{38}$ erg/s 的范围内 [301].

为了作比较, 我们注意到温度为 $T$(K) 的单位表面积黑体辐射的流量为

$$\Phi_0 = \sigma T^4, \quad \sigma = \frac{\pi^2 \kappa^2}{60\hbar^2 c^2} = 5.67 \times 10^{-5} \text{ erg cm}^{-2}\text{s}^{-1}\text{K}^{-4},$$
$$\Phi(R) = \Phi_0 \left(\frac{r}{R}\right)^2, \tag{17.92}$$

其中 $\Phi(R)$ 是在距离 $R$ 处观察到的半径为 $r$ 的黑体球面发射的流量.

[454] 落到地球上的太阳辐射流量等于

$$\Phi_\odot = \frac{L_\odot}{4\pi R^2} = 1.4 \times 10^6 \text{ erg cm}^{-2}\text{s}^{-1};$$

($R \approx 1.5 \times 10^{13}$ cm, $L_\odot = 4\pi r_\odot^2 \Phi_\odot$, $T_\odot \approx 5700$ K), 不过辐射集中在谱的光学部分. 宁静太阳发射的 X 射线流量等于 $\Phi_{\odot,X} \sim 10^{-4} - 10^{-5}$ erg cm$^{-2}$s$^{-1}$),

---

① 无疑, 我们的银河系在这方面并不是什么例外. 类似的源在麦哲伦云中也发现了, 并显然也出现在别的星系中.

仅仅在强烈爆发时达到 $\Phi_{\odot,\mathrm{X}} \sim 1\ \mathrm{erg\ cm^{-2}s^{-1}}$. 由此得出, 最接近我们的恒星 ($R \sim 4 \times 10^{18}\ \mathrm{cm}$) 如果也像太阳一样辐射, 则其 X 射线辐射将非常微弱: $\Phi_{\mathrm{X}} \sim 10^{-11}\Phi_{\odot,\mathrm{X}} \lesssim 10^{-11}\ \mathrm{erg\ cm^{-2}s^{-1}}$). 正是因为如此, 1962 年在天蝎座发现明亮的 X 射线 "星" (Sco X-1)(其 $\Phi_{\mathrm{X}} \sim 10^{-6}\ \mathrm{erg/(cm^2 \cdot s)}$) 是出乎人们意料的. 取 Sco X-1 的距离为 $R \approx 350\ \mathrm{pc}$, 得到这个源的总的 X 射线亮度 ($L_{\mathrm{X}}(0.5\ \mathrm{keV} < E_{\mathrm{X}} < 25\ \mathrm{keV}) \approx 5 \times 10^{36}\ \mathrm{erg/s}$) 不仅没有超过蟹状星云的亮度, 而且还弱一个量级. 当然, 更高的 X 射线亮度同比较高的电子能量相联系, 具体对炽热的源来说, 与它的高温相联系. 于是, 尺度与太阳相同、表面温度 $T \sim 6 \times 10^6\ \mathrm{K}$ 的恒星, 具有惊人的亮度 $L_{\mathrm{X}} \sim 3 \times 10^{45}\ \mathrm{erg/s}$, 并且正处于 X 射线频段 (黑体辐射谱中的最大强度落在波长 $\lambda_{\mathrm{m}} = hc/4.965\kappa T \approx 3 \times 10^7 \mathrm{\AA}/T(\mathrm{K})$ 上).

　　由于非常大的、实际上不可弥补的辐射能量损失, 寻常星不可能具有如此高的温度 (我们指的是光球层的温度, 它大致像黑体那样辐射). 对于半径 $r \sim 7 \times 10^5\ \mathrm{cm} \sim 10^{-5}r_{\odot}$ 的中子星, 在 $T \sim 6 \times 10^6\ \mathrm{K}$ 时已经有 $L_{\mathrm{X}} \sim 3 \times 10^{35}\ \mathrm{erg/s}$, 这在一段时间内是容许的. 至于不那么致密的炽热源, 那么它们是 "薄的"(或者, 像人们常说的是光学薄的; 我们避免使用这个术语, 因为对于 X 射线波段它可能导致误会). 因此, 如果使用公式 (17.36) 和 (17.37), 那么容易看到当 $T \sim 6 \times 10^6\ \mathrm{K}$ 时, 一团体积为 $V \sim 10^{30}\ \mathrm{cm^3}$、质量为 $M \sim 10^{22}\ \mathrm{g} \sim 10^{-11}M_{\odot}$ (太阳质量 $M_{\odot} = 2 \times 10^{33}\ \mathrm{g}$) 的等离子体云的亮度将为 $L_{\mathrm{X}} \sim 10^{38}\ \mathrm{erg/s}$; 这时云内的平均电子浓度 $N \sim \sqrt{\overline{N^2}} \sim 10^{16}\ \mathrm{cm^{-3}}$.

　　河外的离散 X 射线源是星系 (尤其是射电星系)、类星体和星系团. 正常星系 (包括我们的银河系) 的 X 射线辐射的亮度不超过 $10^{39}$—$10^{40}\ \mathrm{erg/s}$. 因此离我们 $R \sim 10^7\ \mathrm{pc}$ (到射电星系室女座 A $\equiv$ NGC 4486 $\equiv$ M 87 的距离) 发出的流量为 $\Phi_{\mathrm{X}} \sim 10^{-12}$—$10^{-13}\ \mathrm{erg/(cm^2 \cdot s)}$ (见 (17.91) 式). 然而射电星系 M 87 发射极强的 X 射线辐射, 达 $L_{\mathrm{X}} \sim 10^{43}$—$10^{44}\ \mathrm{erg/s}$. 在这种情形以及其他强 X 射线源——星系、类星体和星系团的情形下, 辐射显然不能归结为 "X 射线星" 的辐射的集合, X 射线源是充满星系、星系团或类星体 "冕" 的相对论性电子 (同步辐射机制或康普顿机制) 或炽热等离子体 (轫致辐射机制).

[455]

　　在星系团这种广延源中的热等离子体情形, 事情原则上特别 "简单". 例如, 在温度 $T \sim 6 \times 10^6\ \mathrm{K}$ 下, 体积为 $V \sim 3 \times 10^{73}\ \mathrm{cm^3}$ 的等离子体在 $N \sim 10^{-3}\ \mathrm{cm^{-3}}$ 时亮度将为 $L_{\mathrm{X}} \sim 10^{44}\ \mathrm{erg/s}$, 这对应于质量 $M \sim 2 \times 10^{-24}NV \sim 10^{13}M_{\odot}$; 这个质量对星系团仍是容许的. 但是这个例子已经表明, 解释强河外 X 射线源的巨大的亮度并不总是一件容易的事情, 或者更正确地说, 这样的解释与一个影响深远的前提条件相配合, 这个前提条件必须用各种

方法加以检验 (原则上完全能够检验).

由此我们看到, X 射线天文学对于研究宇宙中炽热的等离体具有格外重要的价值. 尤其是对太阳. 太阳是距离我们最近的 X 射线源, 这使我们可以做在别的星上完全做不到的详细的研究. 太阳的 X 射线天文学现已得到很大的发展, 相应的观察结果广泛地用在比方说太阳爆发的理论中 [303].

除了离散源之外, 还观测到 X 射线的背景辐射, 即并不反映天球上任何 "颗粒结构" 的来自所有方向的辐射. 不能排除这一背景与我们的仪器分辨不开的一组离散源有关 (部分相关甚至完全相关). 与此同时, 完全有可能 (甚至也许就是) 存在着某个在星际空间特别是星系际空间形成的 (真实的)X 射线背景. 背景的产生是由于炽热星系际气体的轫致辐射和 (或) 相对论性电子在 (星系际空间中的) 残留的热辐射上的散射, 而在银河系中, 除此以外, 还有在别种辐射上 (特别要注意在红外和光学波段光子上) 的康普顿散射.

离散源在背景组成中所占的比重还不完全清楚. 但是有许多已经清楚了 (见 [300, 302]). 比如当能量 $E_X > 2$ keV 时, 明显可以断言背景的主要成分是河外的 (当 $E_X < 1$ keV 时银河系成分已经相当重要了). 而且, 河外背景的很大一部分是在 $z > 1$ 的遥远区域里生成的. 最后, 现有研究结果表明在能量 $E_X = 1$—$3$ keV 的范围内已知的离散源 (类星体等) 带来全部背景的 $(37 \pm 16)\%$. 将背景中的弥漫成分区分出来是一个很迫切的课题, 因为总星系际空间中气体的量尚属未知, 而这种气体是弥漫背景的源之一. 文献 [304] 中列出了背景谱的数据, 又见 [300, 302].

[456]　　　X 射线天文学, 即对宇宙 X 射线辐射的研究以及由此得到的数据与理论和所有别的天文学信息的比较, 开启了研究炽热的宇宙等离子体和相对论性宇宙电子的广阔的可能性, 这对整个天文学是极其重要的. 它的研究对象是太阳、恒星 (特别是密近双星)、超新星壳层、脉冲星、星系、类星体以及星系和星系团中的炽热气体. 可以说, X 射线天文学方法的意义无论如何估计也不过分.

# 第十八章

# γ 射线天文学 (若干过程)

宇宙线的质子–原子核分量产生的 γ 辐射. 麦哲伦云和星际介质的例子. X 射线和 γ 射线的吸收.

在第 17 章已经研究过 γ 辐射的两种重要机制, 即轫致机制和康普顿机制. 那里同样也研究了同步辐射, 但在 γ 辐射区域对它兴趣不大, 因为实际上, 它只是在有很强的磁场的区域 (例如在脉冲星附近) 才显得重要. 至于相对论性电子的轫致辐射, 尤其是他们的康普顿散射, 其贡献可能是显著的, 甚至在整个 γ 射线波段起决定性作用. 例如, 在光学频段的光子 ($\varepsilon_{\mathrm{ph}} \sim 1$ eV) 上被散射时, 经典区域 (17.66) 一直延伸到电子能量 $E \sim 5 \times 10^{10}$ eV 处, 而这时生成的光子具有能量 $E_\gamma \sim \varepsilon_{\mathrm{ph}}(E/mc^2)^2 \lesssim 10^{10}$eV (见 (17.69) 式). 在电子能量更高的区域, 尤其是在量子区域 (17.71), 康普顿光子的能量 $E_\gamma \sim E$. 与此同时, 在很高的能量下, 由于巨大的能量损失, "存在条件" 对电子不如对质子和原子核那样有利. 此外, 电子在宇宙中加速也没有质子那么高效率, 总之, 在银河系中 (至少在太阳系区域内), 电子分量的强度要比质子分量低两个数量级 (见第 16 章). 因此可以想象, 随着能量的增长, 宇宙 γ 辐射主要是由宇宙线的质子–原子核分量产生的.

但是, 主要与 $\pi^0$ 介子的衰变有关联 (见下) 的 γ 辐射在多大的能量 $E_\gamma$ 下开始占压倒优势仍然不清楚. 问题在于, 大多数测量均在 $E_\gamma \sim 50$—200 MeV 这个能量区段里进行 (在文献中尤其常常给出 $E_\gamma > 100$ MeV 下的流量数据 [92, 273, 291, 305, 306]), 如我们所知, 轫致 γ 辐射主要是由能量也为 $E_e \sim E_\gamma \sim 50$—200 MeV 的电子产生的. 但是对这种远离地球的软电子分量我们知道得很少. 在同一能量区段, 离散的 γ 射线源 (已发现了几十个这样的源) 也有贡献. 结果未能非常可靠地区分开银河系 γ 辐射的各种分量; 为此, 显然需要在 $E_\gamma \gtrsim 200 - 300$ MeV 的能量区段上作更准确的测量.

[458]　　除了能量 $E_\gamma > 50 - 100$ MeV 的 γ 辐射外, 已经观察到: 能量为 $E_\gamma = 0.51$ MeV 的湮没谱线 [290, 291, 306, 316]; 能量 $E_\gamma$ 为 $1 - 10$ MeV 数量级的原子核 γ 射线谱线 [290, 291, 306]; 典型能量值在 $E_\gamma \sim 0.1 - 3$ MeV 区段内的 γ 射线爆发 [306, 307]; $E_\gamma < 50$ MeV 的连续谱 γ 辐射 [291, 306], 大气中瓦维洛夫 – 切连科夫辐射闪光所记录下来的能量 $E_\gamma > 10^{11} - 10^{12}$ eV 的 γ 辐射[308], 以及最后, 还有通过研究广延空气簇射观察到的能量直到 $10^{16}$ eV (可能还更大) 的 γ 辐射 [309]. 同时必须强调, γ 射线天文学比 X 射线天文学年轻, 还处在初创阶段. 它的发展前景殊为诱人 (见 [92, 273, 290–293, 305–310, 336] 和其中给出的文献).

我们对宇宙 γ 辐射的所有机制和全部能量区段都有兴趣, 然而在这里做这样一个相当平淡无味的断言, 只是为了标示出用 γ 射线天文学方法获取远离地球的宇宙线的质子 – 原子核成分可靠数据的所有可能性. 在第 5 章和第 16 章里已经强调指出过, 相应的直接数据的缺乏 (形式上指的是对系数 $\kappa_e = w_{CR}/w_e$ 及 $\kappa_H = w_H/w_{CR}$ 的无知; 见 (16.16) 式) 构成了宇宙线天体物理学发展道路上的原则性困难.

不担心有所重复, 现在我们来详细讨论这个问题. 此外, 我们这里用了一些观测资料, 但这样做的目的并非是报道具体结果而是为了举例说明我们在高能天体物理学中使用的估值和论据的特征.

宇宙线成分中的质子和原子核受到星系际或星际气体的质子或原子核的碰撞. 核碰撞的结果会产生 $\pi^0$ 介子和 $\Sigma^0$ 超子, 它们迅速衰变生成 γ 射线. $\pi^0$ 介子的衰变有 98.8%的概率在 $\pi^0 \to 2\gamma$ 道发生 (即实际上总是这样), 因此由静止的 $\pi^0$ 介子衰变产生的 γ 射线的能量等于 $E_\gamma = \frac{1}{2} m_\pi c^2 = 67.5$ MeV; $\pi^0$ 介子的平均寿命为 $0.84 \times 10^{-16}$ s. $\Sigma^0$ 超子 (实际上以 100%的概率) 沿 $\Sigma^0 \to \Lambda + \gamma$ 道衰变, 能量 $E_\gamma \approx 77$ MeV, $\Sigma^0$ 超子的平均寿命小于 $10^{-14}$ s. $\pi^0$ 介子除了通过原子核碰撞直接产生外, 它们也作为不同的介子和超子的衰变结果 ($K^\pm \to \pi^\pm + \pi^0$, $\Lambda \to n + \pi^0$, 等等) 而生成, 结果又发射 γ 射线. 对所有这些重要反应的概率和运动学都已了解得相当清楚 [292, 305], 这就使得我们能够以对天体物理学应用已经足够的精度来计算 γ 射线的谱. 这时重要的是, 宇宙 γ 射线的流量当然不是由单能粒子产生的, 而是由在方向上各向同性分布且具有某一强度 $J_{CR}(E)$ 的宇宙线产生的. 因此, 对谱进行平均后能量为 $E_\gamma$ 的 γ 辐射的强度等于

[459]

$$J_\gamma(E_\gamma) = \widetilde{N}(\mathscr{L}) \int_{E_\gamma}^\infty \sigma(E_\gamma, E) J_{CR}(E) \mathrm{d}E, \qquad (18.1)$$

其中 $\sigma$ 是考虑宇宙线和气体的化学组成后 (当然还得考虑每个 $\pi^0$ 介子衰变生成两个光子) 求平均得到的相应的有效截面, 而 $\widetilde{N}(\mathscr{L}) = \int_0^{\mathscr{L}} N(R)\mathrm{d}R$ 则是气体中沿视线方向的粒子数量 (我们在与 (17.11) 式相同的 (18.1) 式中以及在下面导出的公式中都假设强度 $J_{\mathrm{CR}}$ 与坐标无关). 积分强度等于

$$J_\gamma(> E_\gamma) = \int_{E_\gamma}^\infty J_\gamma(E_\gamma)\mathrm{d}E_\gamma = \overline{q}_\gamma \widetilde{N}. \tag{18.2}$$

其中 $q_\gamma$ 是单位立体角内按光子数计量的发射率 (见 (17.7) 式); 必须注意, 在文献中有时也将量 $q_\gamma$ 表示为 $q_\gamma/4\pi$ 和 $\varepsilon_\gamma/4\pi$, 其中 $q_\gamma = \varepsilon_\gamma$ 对于各向同性的辐射具有在所有方向上的发射率的意义 (我们将这样的量用 $\widetilde{q} = 4\pi q$ 表示; 见 (17.7) 式). (18.2) 式中 $\overline{q}_\gamma = \overline{(\sigma J_{\mathrm{CR}})}$ 上的短横表示对宇宙 γ 辐射的谱作积分, 这从 (18.1) 式和 (18.2) 式看得很清楚.

对于分立源射出的 γ 射线的流量, 我们有

$$F_\gamma(> E_\gamma) = \int_\Omega J_\gamma(> E_\gamma)\mathrm{d}\Omega \approx \frac{\overline{(\sigma J_{\mathrm{CR}})}N(V)}{R^2}$$

$$\approx \frac{5 \times 10^{23}\overline{(\sigma J_{\mathrm{CR}})}M}{R^2} \text{个光子} \mathrm{cm}^{-2}\mathrm{s}^{-1}, \tag{18.3}$$

其中 $\Omega$ 是立体角, $R$ 是到源的距离 (单位为 cm), $N(V) = NV$ 是源中粒子 (核) 的数目 ($V$ 是体积, $N$ 是气体的平均浓度), $M = 2 \times 10^{-24}N(V)$ 是源中气体的质量, 单位为 g (假设源的化学成分与元素的平均丰度相对应, 因此, 特别是为了考虑 He 核, 假设气体 "平均" 原子核的质量等于 $2 \times 10^{-24}$ g). 对于地球附近宇宙线的谱 (强度 $J_{\mathrm{CR},0}(E) \equiv J_0(E)$), $\overline{q}_{\gamma,0} = \overline{\sigma J_0(> E_\gamma)} = \int_{E_\gamma}^\infty \int_{E=E_\gamma}^\infty \sigma(E_\gamma, E)J_{\mathrm{CR},0}(E)\mathrm{d}E\mathrm{d}E_\gamma$ 之值示于图 18.1 中, 该图取自 [305c]. 此处和以下我们将使用 $\overline{q}_{\gamma,0} = \overline{\sigma J_0}(E_\gamma > 100 \text{ MeV}) = 10^{-26}\mathrm{s}^{-1}\cdot\mathrm{sr}^{-1}$ (不过也可使用其他值, 见下), 于是

$$F_\gamma(E_\gamma > 100 \text{ MeV}) = \frac{10^{-26}NV(w_{\mathrm{CR}}/w_0)}{R^2} = \frac{5 \times 10^{-3}M(w_{\mathrm{CR}}/w_0)}{R^2}$$
$$\text{个光子} \mathrm{cm}^{-2}\mathrm{s}^{-1} \tag{18.4}$$

其中 $w_{\mathrm{CR}}$ 是源中宇宙线的能量密度, 假设该处谱的形状与地球上相同 (因此 $w_{\mathrm{CR}}/w_0 = J_{\mathrm{CR}}/J_{\mathrm{CR},0}$, 其中 $w_{\mathrm{CR},0} \equiv w_0 \sim 10^{-12}$ erg/cm³ 是地球上宇宙线的能量密度; 见 (16.9) 式). 对于未电离的原子氢占压倒优势的源, 在所作近似的范围内取 $M \approx 1.2M_{\mathrm{HI}}$, 这里 $M_{\mathrm{HI}}$ 是中性氢的质量; 这时可以提高计算精度, 因为从氢谱线的数据 ($\lambda = 21$ cm) 可立即得出比值 $M_{\mathrm{HI}}/R^2$. 另一方面, 在整个银河系中, 尤其是在稠密的银河系气体云中, 存在不少分子氢

H₂. 显然, 如果依靠的是对原子氢的谱线强度的测量, 那就没有考虑分子氢的贡献.

最后, 我们注意到, 我们这里所讨论的起源于原子核的 γ 射线的谱, 由于可以理解的原因主要集中在能量区间 $E_\gamma \gtrsim 50—100$ MeV 内 (自然, 这里不考虑红移, 因此我们指的是不太远的源). 以上所述可从图 18.1, 特别是可以从下面的例子中看出 [305d]: 对于 $\pi^0$ 介子衰变发出的 γ 射线, 比值

$$\xi = \frac{F_\gamma(E_\gamma > 50 \text{ MeV}) - F_\gamma(E_\gamma > 100 \text{ MeV})}{F_\gamma(E_\gamma > 100 \text{ MeV})} = 0.12.$$

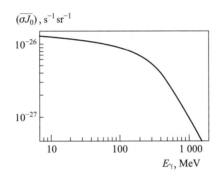

图 18.1 对银河系宇宙线的谱求平均得到的量 $\overline{\sigma J_0(> E_\gamma)}$ 与产生的 γ 射线能量的关系.

与此同时, 对于文献 [305d] 中用的谱为 $J_e(E) = K_e E^{-2.6}$ 的相对论性电子, 在轫致 γ 射线的情形下 $\xi = 2.03$, 而对于同步辐射起源的或在逆康普顿散射中发射的 γ 射线 $\xi = 0.74$. 这样, 对 γ 射线流量的谱测量在原则上可以确定它们的 "核" 本性. 这样做过之后, 从流量 $F_\gamma(E_\gamma > 100$ MeV) 或相应的强度 $J_\gamma$ 的测量, 我们就可立刻得出源中的比值 $w_{CR}/w_0$, 亦即我们现在还不知道的主要参数. 当然, 我们作了宇宙线的谱在源内与在地球上相似的假设. 但是, 提出这个假设是有充分理由的, 而且在现实条件下, 显然它只会导致出现一个数量级为 1 的数值系数. 无论如何, 即便用以上方法定出源中宇宙线的能量密度或总能量 $W_{CR} = w_{CR}V$, 原则上也是向前迈进了一步. 下面我们用麦哲伦云的例子来具体说明这一点[310].

[461]      研究麦哲伦云本身当然就很有趣. 但是这个例子之所以更为重要, 是因为它与以下问题的回答有关: 如何最令人信服地判定宇宙线起源的总星系模型的命运? 从第 16 章的讨论很清楚, 为此只要定出银河系周围区域宇宙线的能量密度 $w_{Mg}$ 就够了. 如果我们得到 $w_{Mg} \ll w_{CR} \sim 10^{-12}$ erg/cm², 那么总星系模型便不能成立. 我们所知道的解决这个问题的各种途径中,

最佳方法之一正是测量麦哲伦云发射的 γ 射线的流量. 这些星系 (大麦哲伦云 LMC 和小麦哲伦云 SMC) 到太阳的距离和其中中性氢的质量分别等于

$$R(\text{LMC}) = 55 \text{ kpc}, \quad R(\text{SMC}) = 63 \text{ kpc},$$

$$M_{\text{HI}}(\text{LMC}) = 1.1 \times 10^{42} \text{ g}, \quad M_{\text{HI}}(\text{SMC}) = 0.8 \times 10^{42} \text{ g}.$$

因此, 根据 (18.4) 式, 当 $w_{\text{CR}} = w_0$ 时, 我们有

$$\left.\begin{array}{l} F_{\gamma,\text{LMC}}(E_\gamma > 100 \text{ MeV}) \approx 2 \times 10^{-7} \text{个光子cm}^{-2}\text{s}^{-1}, \\ F_{\gamma,\text{SMC}}(E_\gamma > 100 \text{ MeV}) \approx 1 \times 10^{-7} \text{个光子cm}^{-2}\text{s}^{-1}. \end{array}\right\} \qquad (18.5)$$

这些值的精度不高, 首先是由于没有考虑分子氢的可能的作用, 也没有考虑电子成分的贡献. 如果注意到这些事实, 那么流量 (18.5) 将会增大数倍 (具体说可望增大到约 4 倍; 见 [311]). 因此很重要的是, 流量之比 $\Delta = F_{\gamma,\text{SMC}}/F_{\gamma,\text{LMC}}$ 对不同的假设很不敏感 (例如, 如果这两个星系中分子氢的份额相同, 比值 $\Delta$ 就与分子氢的份额无关). 根据 [310b] 中的估计, 对于上述的麦哲伦云中 $M_{\text{HI}}$ 和 $R$ 的值, 比值 $\Delta = 0.56$. 如果对应于别的数据, 取值 $M_{\text{HI}}(\text{SMC}) = 0.95 \times 10^{42}$ g, 则 $\Delta = 0.68$. 重要的是, 在任何已知的总星系模型中都会得到这个比值, 因为在这些模型里, 麦哲伦云中的固有宇宙线源如同银河系中的一样起的作用不大, 因此 $w_{\text{Mg}} \approx w_{\text{CR,G}} \approx w_{\text{LMC}} \approx w_{\text{SMC}}$. 相反, 没有任何理由期望在银河系模型里观察到这种相等. 即使宇宙线源的活动程度是一样的, 由于麦哲伦云的尺寸较小从而宇宙线粒子在其中停留时间更短, 也可能有 $w_{\text{CR,G}} > w_{\text{LMC}} > w_{\text{SMC}}$.

于是, 为了令人信服地推翻宇宙线起源的总星系模型[①], 只要能确定测量给出的 $\Delta$ 值明显地不同于前面给出的值就够了. 此外, 因为流量 (18.5) 确定了下界, 根据总星系模型两个麦哲伦云的总流量在这些模型里是 $E_{\gamma,\text{Mg}}(E_\gamma > 100 \text{ MeV}) \geqslant 3 \times 10^{-7}$ 个光子/(cm²·s). 因此, 若测量得出结果 $E_{\gamma,\text{Mg}}(E_\gamma > 100 \text{ MeV}) \ll 3 \times 10^{-7}$, 总星系模型也就被推翻了 (详见 [310]). 直到 1987 年还没有能具备测量来自麦哲伦云的 γ 射线流量所必需功能的 γ 射线望远镜实际运行. 这类的 γ 射线望远镜仅在最近几年才会出现, 但我们想要强调的是, 麦哲伦云的辐射仅仅是新仪器要解决的课题之一. 问题在于, 地球上观测到的宇宙线主要部分起源的总星系模型的可信度已基本丧失. 而且, 它最终能够用确定银河系中宇宙线强度梯度 (这里涉及这个强

[462]

---

[①] 重要的是, 这里所指的是所有已知的总星系模型, 此时对星系际空间里产生的各向同性的 γ 射线背景的测量 (见 [80, 279, 305]) 只能用来推翻那些假设宇宙线填满了大部分区域特别是全部总星系空间的模型 (总星系气体的密度还未确定).

度与离银河系中心距离的依赖关系) 的方法加以否定. 这种方法将在下面提到, 在用新的 γ 射线望远镜工作时必须使用这种方法. 最后, 前几代 γ 射线望远镜 (SASII, 1972—1973 年; COS-B, 1975—1982 年) 的测量结果给出了必须更多地注意离散 γ 辐射银河系源 (尤其是分子云和脉冲星) 以及河外源 (各种星系和类星体) 的充分理由.

借助前述的 γ 射线望远镜已经研究过银河系中气体云 (实际上我们说的是氢). 这时, 显然 γ 射线方法对电离的氢 ($H^+ \equiv p$)、原子氢 (H) 和分子氢 ($H_2$) 有同等的灵敏度. 另一方面, 用别的方法发现分子 $H_2$, 即使其数量不少, 也是很困难的. 将 γ 射线数据与别的方法 (主要是检测原子氢的波长为 $\lambda = 21$ cm 的射电谱线) 结合起来, 可以经验性地求出银河系中星际气体的发射率 $\bar{q}_\gamma$. 由 [312] 我们有

$$4\pi\bar{q}_{\gamma,0}(E_\gamma > 100 \text{ MeV}) = \left\{ \begin{array}{l} (2.3 \pm 0.3) \times 10^{-25} \text{个光子 H-原子}^{-1}\text{s}^{-1} \quad [312a], \\ (2.1 \pm 0.3) \times 10^{-25} \text{个光子 H- 原子}^{-1}\text{s}^{-1} \quad [312b]. \end{array} \right\}$$
(18.6)

再次提醒大家, 在 γ 射线天文学的文献中常常用 q 来表示我们用的量 $\tilde{q} = 4\pi q$ (见 (17.7) 式); 不要将 $\tilde{q}$ 与 $\bar{q}$ 混淆, 后者 (上横线) 代表 q 对宇宙线的谱取平均 (常常略去 q 上的横线).

必须指出, 文献 [313c] 中用了与 (18.6) 式不同的值 (要小一些). 而且, 在 [313c] 中这些值 $\bar{q}$ 取决于 $E_\gamma$, 还与到银河系中心的距离有关. (18.6) 式中的值大约有上面所用值 (见 (18.4) 式和 [305c]) $4\pi\bar{q}_{\gamma,0} = 4\pi \times 10^{-26}$ 的两倍大. 不过, 后者是在只考虑银河系宇宙线的质子– 原子核分量时算出的; 而 [463] (18.6) 式和 [313c] 则考虑了相对论性电子的轫致辐射的贡献, 因此, 比较这些数据就显出了轫致辐射甚至在 $E_\gamma > 100$ MeV 时的重要作用 (在较小能量下, 比如在 $E_\gamma < 50$ MeV 时轫致辐射的贡献增大).

这样, 甚至仅在 $E_\gamma > 100$ MeV 时测量 γ 射线的强度就能够决定视线方向氢的浓度 $\tilde{N}$ (见 (18.2) 式), 但是假设了宇宙线的谱与太阳周围一样或足够相近 (在得出值 (18.6) 时用了这个假设).

有意思的是, 通过这一途径看来已经得到对宇宙线起源问题显然非常重要的结果. 也就是说, 有迹象显示, 在反银心的方向上 γ 辐射的强度小于根据宇宙线强度恒定不变的假设所期待的强度 (使用独立方法定出的在反银心方向或更一般地在远离银河系中心处的氢浓度 $\tilde{N}$ 的数据). 这样的结果只可能解释为宇宙线强度 $J_{CR}$ (当然, 还有宇宙线的能量密度 $w_{CR}$) 随着趋于银河系的周边而减弱 [92, 311, 313]. 如同上面对麦哲伦云的分析一样, 由此将会得出宇宙线起源的总星系模型不正确的结论. 可惜的是, 现有的数据还不够准确和确定, 不足以给出对它们的无歧义的解释. 换句话说, 到

1987 年年初为止, 关于银河系中宇宙线的质子–原子核分量的梯度的问题, 严格地说仍然悬而未决. 但是如果这个梯度实际上未被发现, 那么在银河系模型的框架里由此只能得出宇宙线晕尺寸很大的结论. 显然, 必须对 γ 射线的光度与到银河系中心距离的依赖关系作新的观测. 当然, 迫切需要借助对麦哲伦云的 γ 射线观测对模型作可能的进一步检验.

我们注意到, 在 $E_\gamma > 70$ MeV 的能量区间里银河系的 γ 射线总光度为

$$L_{\gamma,\mathrm{G}}(E_\gamma > 70 \text{ MeV}) \approx 10^{39} \text{ erg s}^{-1}, \tag{18.7}$$

这对应于 (在所观察的谱下) 大约 $2 \times 10^{42}$ 个光子/s[314] (又见 [313b]).

γ 射线测量直接给出气体浓度 $N$ 和沿视线方向宇宙线强度 $J_{\mathrm{CR}}$ 乘积的某一平均值 (见 (18.1) 式), 在更普遍的情形下, 这类表达式的形式是

$$J_\gamma(E_\gamma) = \int_{E_\gamma}^{\infty} \int_0^{\mathscr{L}} \sigma(E_\gamma, E) N(R) J_{\mathrm{CR}}(R, E) \mathrm{d}E \mathrm{d}R.$$

因此即使在已知气体浓度 $N$ 的情形下, 从有关 $J_\gamma(E_\gamma)$ 或 $J_\gamma(> E_\gamma)$ 的数据求出 $J_{\mathrm{CR}}(R, E)$ 也不容易. 由于在远离太阳系处 $N(R)$ 的信息极不完备特别是缺乏足够的分子氢浓度的信息, 情况变得复杂. 因此, 也由于对轫致辐射的作用估计不足, 文献中出现了许多含有从太阳系到银河系中心的路程上宇宙线能量密度 $w_{\mathrm{CR}}$ 极不均匀结论的论文. 当然, 宇宙线分布的某种不均匀性是完全可能的, 并且无疑会发生; 但是整体 ("就大多数情况") 而言, 射电天文学数据和动力学考虑 (见第 16 章) 都表明在银河系中 $w_{\mathrm{CR}}$ 是准恒定的 (在离银河系中心的距离 $R \lesssim 10$ kpc 情况下)[80, 91, 92, 272, 313]. 现在认为 [92], γ 射线的数据与这幅图景并不矛盾.

[464]

前面我们的注意力集中在起源于原子核的 γ 辐射, 即宇宙线与原子核碰撞在气体中产生的 γ 辐射. 并且这时只涉及能量 $E_\gamma > (50 - 100)$ MeV 的情形. 当然, 我们同时也知道还有一系列别的可能性, 其中部分已经提到过. 比方说, 我们对能量区段 $E_\gamma = (1 - 50)$ MeV 也有兴趣, 特别是, $\pi^0$ 介子衰变时从具有大红移参量 $z$ 的物体发射的 γ 辐射就落在这个区段 (具体指的是观察物质与反物质在 $z \gg 1$ 时的湮没等)①.

问题的另一方面是 γ 辐射的银河系分量和总星系分量的区分. 如果指的是弥漫辐射, 那么区分根据两个标志进行——根据能谱和角分布. 这里, 两种分量的角分布的根本区别很明显: 总星系辐射必须是而且事实上也是高度各向同性的; 而银河系辐射则由于相应的星际气体的浓度清晰地

---

① 对于到其距离由参量 $z$ 描述的源, 在地球上观察到的能量为 $E_\gamma = E_{\gamma,0}/(1 + z)$, 其中 $E_{\gamma,0}$ 是源中光子的能量.

集中在靠近银道面的方向上. 的确, 这里有一个保留条件. 我们前面称作总星系弥漫辐射的各向同性部分, 原则上可以和巨大的准球状银晕有关. 在这种情形下, 辐射源必须是相对论性电子, 它们在光频光子上的散射 (即逆康普顿效应) 导致 γ 光子的出现. 无疑, 存在有两种各向同性或准各向同性的分量——总星系分量和晕中生成的高纬度银河系分量. 但是, 其中之一可能很小. 阐明准各向同性 γ 辐射的本性的问题非常迫切, 但尚未得到解决 (见 [52]). 各向同性分量 (也许主要是总星系分量) 的谱的形式为

[465]

$$J_\gamma(E_\gamma) = 0.7 \times 10^{-7} \left( \frac{E_\gamma}{100 \text{ MeV}} \right)^{-3.4} \text{个光子 cm}^{-2}\text{s}^{-1}\text{sr}^{-1}\text{MeV}^{-1}. \quad (18.8a)$$

对于银河系辐射有

$$J_\gamma(E_\gamma) = 1.1 \times 10^{-7} \left( \frac{E_\gamma}{100 \text{ MeV}} \right)^{-1.6} \frac{1}{|\sin b|} \text{个光子 cm}^{-2}\text{s}^{-1}\text{sr}^{-1}\text{MeV}^{-1},$$
$$(18.8b)$$

其中 $b$ 是银纬; 在我们这里所依据的综述 [305a] 中给出了能谱的更新的幂指数值, 分别等于 $2.7(+0.4; -0.3)$ 和 $1.5 \pm 0.3$.

前面说过, 较低的能区 $E_\gamma < 10$ MeV 和最软的 γ 射线区 $0.1 < E_\gamma < (1—3)$ MeV 很引人注目, 首先是与原子核衰变和正电子湮没中出现的 γ 射线谱线. 其次, 在这个能量区段中观察到 γ 射线暴. 它们十有八九是在某一类中子星 (例如老年的或更准确地说过去的脉冲星) 的表面上或表面附近产生的, 但是 γ 射线暴的产生机制还完全不清楚. 关于这些爆发源的空间分布也可以这样说. 两个假说在竞争: 中子星——爆发的源基本上处于银盘中 (它们到太阳系的典型距离为 $1—10$ kpc), 或者这些源占据一特征尺寸为 $100—200$ kpc 的体积, 即形成某种银冕. 在后一情形下, γ 暴源释放出的能量必须达到 $10^{44}—10^{45}$ erg (对于一次持续期为 $1—10$ s 量级的典型爆发). 要保证这么大的能量释放是不容易的, 但没有排除这种可能性的充分理由. 在比较小的 $E_\gamma < (10—50)$ MeV 能区里, 有不随时间变化的具有连续谱的辐射, 既有弥漫辐射, 也有从离散源发出的辐射.

可以认为某些能量释放来自能量很高的能区——很早就已通过对大气中的光频切连科夫发光的地面观察记录下从离散源射来的能量 $E_\gamma > (1—5) \times 10^{11}$ eV 的 γ 辐射 (见 [308]). 在大气簇射研究中观察到从离散源射来的能量 $E_\gamma > 10^{15}$ eV 的 γ 辐射[309]. 具体地说, 对于 γ 辐射源天鹅座 X-3, 其 γ 辐射的流量 $F_\gamma(E_\gamma > 2 \times 10^{15} \text{ eV}) = (7.4 \pm 3.2) \times 10^{-14}$[309a] 及 $F_\gamma(E_\gamma > 3 \times 10^{15} \text{ eV}) = (1.5 \pm 0.3) \times 10^{-14}$ 个光子$/(\text{cm}^2 \cdot \text{s})$[309b]. 取这个源到太阳系的距离 $R = 10$ kpc, 得到其光度 $L_\gamma \approx 3 \times 10^{36}$ erg/s (在 $3 \times 10^{15} < E_\gamma < 10^{16}$ eV 能区内; 假设源各向同性辐射, 考虑了因 $\gamma + \gamma'$ 碰撞引起的吸收, 又

见 [305f] 及下面). 对于船帆座 X-1, 对时间平均的流量 $F_\gamma(E_\gamma > 3 \times 10^{15} \text{ eV}) = (9.3 \pm 3.4) \times 10^{-15}$ 个光子/(cm²·s), 这对应于光度 $L_\gamma \approx 2 \times 10^{34}$ erg/s(距离 $R = 1.4$ kpc; 光度看来是对能区 $3 \times 10^{15} < E_\gamma < 3 \times 10^{16}$ eV 的估值)[309c]. 如此之强的高能光子 γ 辐射也许只能由能量更高的质子和原子核产生[309d].

对离散源的研究在 γ 射线天文学中占据特殊的地位, 并且在很大的程度上与所采用的 γ 辐射波段无关. 说到在能量上与 X 射线衔接的软 γ 射线时, 则来自太阳和比方说射电星系半人马座 A (Cen A) 的 γ 辐射的发现有重大的意义, 但这并不太令人惊奇 (不过在 Cen A 的情形未必有人能预见到谱线 1.6 MeV 和 4.5 MeV 的强 γ 辐射 [290]). [466]

来自脉冲星、尤其是来自类星体和星系核的能量 $E_\gamma > 30 - 100$ MeV 的强 γ 辐射则有所不同 [305, 306].

对于蟹状星云中的脉冲星 PSR 0531(也被分类为 PSR 0531+21 及 PSR 0532), $E_\gamma > 100$ MeV 情况下的光度为 $L_\gamma \approx 3.5 \times 10^{34}$ erg/s (地球上的流量为 $F_\gamma(E_\gamma > 100 \text{ MeV}) = (8 \pm 1.5) \times 10^{-6}$ 个光子/(cm²·s)). 根据这个源的别的数据, 在能区 $E_\gamma = 50$ MeV — 10 GeV 内光度为 $L_\gamma = 2 \times 10^{35}$ erg/s. 对于 X 射线辐射源 Cyg (天鹅座) X-3 (它可能是双星系统中的年轻的脉冲星), $L_\gamma(E_\gamma > 40 \text{ MeV}) \approx 3 \times 10^{38}$ erg/s, $L_\gamma(E_\gamma > 2 \times 10^{12} \text{ eV}) \approx 5 \times 10^{36}$ erg/s[305f]. 文献 [305f] 中对 $L_\gamma(E_\gamma > 2 \times 10^{15} \text{ eV})$ 给出的值是 $1.1 \times 10^{36}$ erg/s. 脉冲星的 γ 辐射可以用同步辐射机制解释, 虽然相近的同步曲率辐射也可能起作用[78].

对类星体 3C 273, 光度 $L_\gamma$ (50 MeV $< E_\gamma <$ 500 MeV) $= 2 \times 10^{46}$ erg/s(取距离 $R = 790$ Mpc; 红移 $z = 0.158$). 以这样的光度发光 $10^6$ 年 (这是类星体的活动持续期的可能估值) 耗费的能量为 $W_\gamma \sim 6 \times 10^{59}$ erg $\sim 3 \times 10^5 \, M_\odot c^2$. 顺便说一句, 类星体 3C 273 的总光度, 看来不会超过 $(2 - 5) \times 10^{47}$ erg/s (辐射基本上集中在红外区; X 射线的光度 $L_X(0.5 \text{ keV} < E_X < 4.50 \text{ keV}) = 1.7 \times 10^{46}$ erg/s; 光频的光度 $L_o \sim 0.9 L_X$). 类星体的最大记录光度达到 $10^{48}$ erg/s. 类星体 γ 辐射的可能起源是逆康普顿散射[315a] 和宇宙线的质子–原子核分量产生的 $\pi^0$ 介子的衰变.

1963 年发现的类星体或, 更准确地说, 类星体的中心部分 (核) 的本性还不清楚. 类星体的核及许多与之类似的活动星系 (塞弗特星系等) 的核很可能要么是大质量的黑洞 (质量 $M \sim 10^7 - 10^9 M_\odot$), 要么是具有大约相同质量的旋转磁化等离子体 (所谓 "磁旋体"). 但是要在这些 (还有别的一些) 可能性之间作出选择非常困难 [315b, c], 因为电磁辐射 (包括 γ 辐射) 是从围绕黑洞的或构成 "磁旋体" 的比较浅的气体层中射出的 (这些层的半径 $R \gtrsim 10^{15} - 10^{16}$ cm, 而引力半径 $R_g = 2GM/c^2 = 3 \times 10^5 \, M/M_\odot$ cm, 当 [467]

$M \sim 10^8 \, M_\odot$ 时为 $3 \times 10^{13}$ cm). 阐明类星体和活动星系核的本性无疑是现代天文学最重要的课题之一. 解决这个课题的一条可能的 (并且看来是最可靠的) 途径是将类星体发出的 $\gamma$ 辐射 (能量 $E_\gamma > 100$ MeV) 的流量与其中微子辐射的流量做对比 (中微子能量 $E_\gamma > 10^{12}$ eV; 见 [315c, 306]; 对高能中微子天文学的更广泛讨论见 [92]).

总之, 对类星体和星系核的 $\gamma$ 射线天文学研究的价值无论如何估计也不为过. 这种看法也适用于正常星系 (特别是我们的银河系) 的活动性较小的核心区域 (对银河系而言, 从其核心部分射出的 $\gamma$ 辐射早就吸引了人们注意[310a]; 文献 [316] 给出了已知的最新数据).

本章中我们只限于对 $\gamma$ 射线天文学的某些可能性和结果做一些评注, 这是因为第 17 章和第 18 章的主要目的是讨论对 X 射线天文学和 $\gamma$ 射线天文学很重要的若干物理机制, 而不是天文学结果.

在结束本章前我们将稍微提一下 $\gamma$ 辐射 (部分地也涉及 X 射线) 吸收的问题, 这个问题有原则性意义.

计算 $\gamma$ 辐射或 X 射线辐射的吸收系数 $\mu$ 时, 通常重要的是要考虑初级辐射流量如何衰减, 即注意吸收和散射. 根据定义, $\mu$ 出现在下式中①:

$$\frac{\mathrm{d}J}{\mathrm{d}z} = -\mu J, \quad \mu = \sigma N, \tag{18.9}$$

其中 $\sigma$ 是吸收和散射的总有效截面, $N$ 是引起吸收和散射的粒子 (原子、电子) 的浓度. 在方程 (18.9) 适用的几何光学近似中 (在我们所研究的情形中总可使用) 强度 $J(\nu) = J_0 \mathrm{e}^{-\tau}$, 光学厚度 $\tau = \int_0^{\mathscr{L}} \mu \mathrm{d}R$ (或在均匀介质中为 $\tau = \mu\mathscr{L}$).

此外, 在 (18.9) 式中还假设在视线方向上没有光子发射. 如果有辐射, 那么辐射转移方程的形式成为

$$\frac{\mathrm{d}J(\nu)}{\mathrm{d}z} = q(\nu) - \mu(\nu)J(\nu), \tag{18.10}$$

[468] 其中 $q(\nu)$ 为在所考察的频率 $\nu = E_\gamma/h$ 上按光子数计量的发射率 (见 (17.7) 式).

原则上有许多过程对 $\sigma$ 作出贡献, 如:

1. 光电效应 (原子的电离).
2. 康普顿散射.
3. 连续谱中的跃迁 (自由 –自由吸收).

---

① 这里我们未考虑受激吸收或受激散射的可能性; 这个假设在 X 射线和 $\gamma$ 射线频段通常是正确的, 但是在某些情况下对此问题须做更详细的分析 (见 [317]).

4. 原子能级之间的跃迁 (原子的激发).

5. 介质中 $e^+$、$e^-$ 对的生成.

6. 热光子和一般 "软" 光子上 $e^+$、$e^-$ 对的生成 (过程 $\gamma + \gamma' \to e^+ + e^-$, 其中 $\gamma'$ 为软光子).

7. 原子核的吸收 (核光电效应和原子核的激发).

8. $\pi^\pm$ 介子和 $\pi^0$ 介子在质子和原子核上的产生. 其他粒子的产生.

9. 在足够强的磁场里, 光子能够有效地产生 $e^+$、$e^-$ 对 (见文献 [10] 的 §91, 又见 [322]) 并分裂为两个光子 (见 [10],§130). 我们也记得强磁场里等离子体中的韧致辐射的特征 (见 [322c], 那里将快速电子在 "磁化" 等离子体中作库仑散射时产生的辐射叫做磁库仑辐射).

上面列举的过程中的某一些我们已经研究过. 比如, 氢等离子体里自由-自由跃迁 (过程 3) 中的吸收系数由 (17.33) 式决定. 借助束缚-束缚跃迁 (过程 4) 在 X 射线区段里发生的吸收可能只对较重的元素才起作用, 理由很简单, 对于轻元素即使从 K 壳层电离的电离电位都不够大 (例如, 对于铝原子, $Z = 13$, 电离电位大约等于 1500 V, 对于 $K$ 吸收带边缘这对应于波长 8Å). 对康普顿散射 (过程 2) 的截面在第 17 章里给出.

能量低时, 光电效应在吸收中起主要作用, 然后随着能量增长康普顿散射开始占优势. 一般地说, 研究光电效应 (过程 1) 要求具体考虑介质的化学成分及其电离的程度. 我们不更多地讨论这个决定低能 X 射线吸收的过程 (见 [318]), 但是要强调, 对星际介质和星系际介质中软 X 射线的吸收的详细研究是特别有意思的. 正是通过这种研究, 有可能获得现今知道得很少的那些区域 (特别是星系际介质) 里气体的浓度、成分和电离程度的有价值的知识. 但是这是一个专门问题, 这里无法给出应有的回答.

随着能量增大, 光电效应引起的吸收减小, 在空气里, 当 $E_\gamma \approx 25$ keV 时, 康普顿散射的贡献与光电效应的贡献可以相比. 当 $E_\gamma = 50$ keV 时, 光电效应的贡献已只有康普顿效应的大约 1/5. 因此, 对于能量为 $E_\gamma > 50$ keV 并直到 $2mc^2 = 1$ MeV(这时开始生成 $e^+, e^-$ 对) 的 X 射线, 应当只考虑康普顿散射. 当 $E_\gamma = h\nu \ll mc^2 \approx 5 \times 10^5$ eV, 不考虑别的过程时 (18.9) 式中出现的总散射截面 $\sigma_C$ 等于汤姆孙截面 $\sigma_T = 8\pi(e^2/mc^2)^2/3 = 6.65 \times 10^{-25}$ cm$^2$. 随着频率增大, 截面减小, 不过当 $h\nu = mc^2$ 时仍有 $\sigma_C = 0.43\sigma_T$. 这样, 对于通常 (但非总是!) 遇到的 "天体物理学精度", 可以对于所有能量 $E_\gamma \lesssim 1$ MeV 的 γ 射线都假设 $\sigma_C \sim \sigma_T$. 当 $E_\gamma \gg mc^2$ 时必须用公式 (17.72), 例如, 当 $E_\gamma = 10^3 mc^2 = 5 \times 10^8$ eV 时有 $\sigma_C = 3 \times 10^{-3}\sigma_T$. 更详细的公式以及 $\sigma_C$ 值的列表可在专著 [1] 的 §36 中找到. 我们还注意到, 在 (18.9) 式中考虑康普顿散射时应将 $N$ 理解为介质中电子的总浓度. 如果假设 $\sigma = \sigma_C = \sigma_T$, 那

[469]

么在星际介质中 ($N$ 是所有电子的总浓度)

$$\mu_C = \sigma_T N = 6.65 \times 10^{-25} N \approx 0.4 \text{ cm}^2 \text{ g}^{-1}. \tag{18.11}$$

在 $E_\gamma < 10^8$ eV 的能区里星际介质中的康普顿散射对 $\mu$ 作出压倒性的贡献. 在 $E_\gamma > 10^8$ eV 能段电子–正电子对产生 (过程 5) 是吸收 $\gamma$ 射线的原因. 中性气体中在 $E_\gamma > 10^8$ eV 能段, 一级近似下电子–正电子对产生是在完全屏蔽的条件下发生的. 相应的星际介质中吸收系数值等于

$$\mu_{\text{pair}} = 1.2 \times 10^{-2} \text{ cm}^2 \text{ g}^{-1} = 2 \times 10^{-26} N_a \text{cm}^{-1}, \tag{18.12}$$

这里用了长度的 $t$ 单位之值, 该单位等于 66 g/cm$^2$ (见第 17 章), $N_a$ 是原子的浓度. 在等离子体 (完全电离的气体) 中, 对于我们感兴趣的情形总可以忽略屏蔽, 于是

$$\begin{aligned}
\mu_{\text{pair}} &= \frac{4e^2 Z(Z+1)}{\hbar c} \left(\frac{e^2}{mc^2}\right)^2 N_a \left(\frac{7}{9} \ln \frac{2E_\gamma}{mc^2} - \frac{109}{54}\right) \\
&= 3.6 \times 10^{-27} \left(\ln \frac{E_\gamma}{mc^2} - 1.9\right) N_a \text{cm}^{-1} \\
&= 2.1 \times 10^{-3} \left(\ln \frac{E_\gamma}{mc^2} - 1.9\right) \text{cm}^2 \text{g}^{-1}, \tag{18.13}
\end{aligned}$$

其中给出的是氢 ($Z = 1$) 的数值. 此处我们只限于给出结果, 因为屏蔽所起的作用已在第 17 章讨论过 (关于正负电子对生成过程的更详细的讨论见 [1, 10]). 当 $E_\gamma \sim 10^9$ eV 时值 (18.12) 和 (18.13) 大致相同.

康普顿 "吸收" (18.11) 比因正负电子对生成引起的吸收大得多 (至少当 $\ln(E_\gamma/mc^2) \ll 100$ 之间). 但是, 像前面强调过的, 这个系数仅与能区 $E_\gamma \ll 10^6$ eV 有关. 系数 $\mu_C = \sigma_C N$ 与 $\mu_{\text{pair}}$ 在 $E_\gamma \sim 10^8$ eV 时相等. 当 $E_\gamma = 5 \times 10^8$ eV 时已有系数 $\mu_C \sim 2 \times 10^{-27} N \sim 0.1 \mu_{\text{pair}}$ (见 (18.12) 式).

[470]

在指向银河系中心的方向上, $\widetilde{N}(\mathscr{L}) \sim N\mathscr{L} \sim 3 \times 10^{22}$ cm$^{-2}$, 相应的气体质量 $\widetilde{M}(\mathscr{L}) = 2 \times 10^{-24} \widetilde{N}(\mathscr{L}) \sim 6 \times 10^{-2}$ g/cm$^2$; 在总星系中 $\widetilde{M}(\mathscr{L}) \sim 0.1$ g/cm$^2$ (对于 $\mathscr{L} = R_{\text{ph}} \sim 10^{28}$ cm). 因此从 (18.12) 式立即清楚地看出, 在我们讨论的条件下, 对 $\gamma$ 射线 (当 $E_\gamma \gtrsim 10^8$ eV 时) 的吸收很小; 例如, 当 $\widetilde{M}(\mathscr{L}) \sim 0.1$ g/cm$^2$, 光学厚度 $\tau \sim 10^{-3}$, 因子 $e^{-\tau} \approx 1 - \tau$ 可以认为就是 1, 其误差只有 0.1%. 这个结论在考虑原子核对 $\gamma$ 射线吸收 (过程 7) 时依然成立.

特别应当讨论一下过程 6——与热光子上 e$^+$、e$^-$ 对产生有关的 $\gamma$ 射线吸收[319]. 在两个光子的总动量等于零的坐标系里, 对产生是在能量 $E'_\gamma =$

$mc^2$ 时开始的. 在实验室坐标系里, γ 光子能量为 $E_\gamma$, 热光子能量为 $\varepsilon_{\mathrm{ph}}$, 对产生的阈值对应于能量[1]

$$E_{\gamma,0} = \frac{mc^2}{\varepsilon_{\mathrm{ph}}} mc^2 = 5 \times 10^5 \frac{mc^2}{\varepsilon_{\mathrm{ph}}} \mathrm{eV}. \tag{18.14}$$

对于光频光子, $\varepsilon_{\mathrm{ph}} \sim 1$ eV, $E_{\gamma,0} \sim 2 \times 10^{11}$ eV; 对于大爆炸遗留下来的温度为 3 K 的总星系背景光子, 平均能量 $\overline{\varepsilon}_{\mathrm{ph}} \sim 10^{-3}$ eV (热辐射的 $\overline{\varepsilon}_{\mathrm{ph}} = 2.7\kappa T$), 而 $E_{\gamma,0} \sim 2 \times 10^{14}$ eV. 只有在与能量为 $\overline{\varepsilon}_{\mathrm{ph}} \sim 10^3$—$10^4$ eV 的 X 射线光子碰撞产生正负电子对时才可能有能量 $E_{\gamma,0} \sim 10^7$—$10^8$ eV, 从而所对应的吸收才可能对较软的 γ 射线变得重要. 但平均而言, 在银河系中和总星系中 X 射线的能量密度非常小 (在银河系中 $\overline{w}_{\mathrm{ph},T} \sim 10^{-6}$ eV/cm$^3$); 只有在宇宙 X 射线的源中能量密度才是可观的. 对于总星系空间中的光频光子, 能量密度 $w_{\mathrm{ph},0} \sim 10^{-2}$ eV/cm$^3$; 对于大爆炸遗留的总星系背景辐射, $w_{\mathrm{ph},T} \sim 0.3$ eV/cm$^3$. 文献 [319a] 中计算了光频光子引起的吸收系数; 相应的 $\mu$ 值在 $E_\gamma = 10^{12}$ eV 时取极大值:

$$\mu_{\max} \sim 7 \times 10^{-26} w_{\mathrm{ph}} \mathrm{cm}^{-1} \tag{18.15}$$

其中 $w_{\mathrm{ph}}$ 是辐射能量密度, 单位为 eV/cm$^3$. 对于温度 $T = 5800$ K($\kappa T = 0.5$ eV) 的热辐射, 表 18.1 中给出了比值 $\mu/w_{\mathrm{ph}}$ 的大小.

表 18.1　　　　　　　　　　　　　　　　　　　　　　[471]

| γ 光子的能量/eV | $(\mu/w_{\mathrm{ph}})/(10^{-26}\ \mathrm{cm}^2\mathrm{eV}^{-1})$ |
|:---:|:---:|
| $10^{11}$ | 0.05 |
| $5 \times 10^{11}$ | 5 |
| $10^{12}$ | 7 |
| $5 \times 10^{12}$ | 4 |
| $10^{13}$ | 2 |
| $5 \times 10^{13}$ | 0.7 |

---

[1] 这个结果显然可以用极简单的方法得出, 甚至无须从一个参考系变换到另一参考系. 实际上, 在实验室参考系对产生阈值上, 根据能量和动量守恒定律, 有

$$E_\gamma + \varepsilon_{\mathrm{ph}} = \frac{2mc^2}{(1 - v^2/c^2)^{1/2}}, \quad E_\gamma - \varepsilon_{\mathrm{ph}} = \frac{2mcv}{(1 - v^2/c^2)^{1/2}}.$$

其中 $v$ 是生成的对的速度. 由此

$$E_\gamma = \frac{mc^2(1 + v/c)}{(1 - v^2/c^2)^{1/2}}, \quad \frac{v}{c} = \frac{E_\gamma - \varepsilon_{\mathrm{ph}}}{E_\gamma + \varepsilon_{\mathrm{ph}}},$$

在条件 $E_\gamma \gg \varepsilon_{\mathrm{ph}}$ 下立即得到 (18.14).

当 $w_{ph} \sim 10^{-2}$ eV/cm², 光学厚度 $\tau_{max} \sim 7 \times 10^{-28}\mathscr{L}$, 在总星系的光度半径 $R_{ph} \sim 10^{28}$ cm 上已经有 $\tau_{max} \sim 7$. 残留的背景光子的吸收还要大半个数量级, 但仅当 $E_\gamma \sim 10^{15}$ eV 时才取极大值.

根据 [319d], 表 18.2 给出的光学厚度 $\tau = \mu R$ 之值对应于在 $\mathscr{L} \equiv R = 10$ kpc 的路程上由过程 $\gamma + \gamma' \to e^+ + e^-$ 引起的对温度为 $T = 2.7$ K 的热辐射 (光子 $\gamma'$) 的吸收.

表 18.2　　不同能量的 $\gamma$ 光子对应的光学厚度值

| $\gamma$ 光子的能量 $10^{15}$ eV | 2 | 5 | 10 | 20 | 50 | 100 |
|---|---|---|---|---|---|---|
| 光学厚度 $\tau = \mu R (R = 10$ kpc) | 1.4 | 1.1 | 0.78 | 0.52 | 0.29 | 0.18 |

由此可知, 对于 $R \gtrsim 10$ kpc 的 Cyg X-3 (天鹅座 X-3) 源 (按 [319e] $R \geqslant 11.4$ kpc), 其在 $E_\gamma \sim 10^{15} - 10^{16}$ eV 处的流量在到达太阳系的路上大约减小到原来的三分之一.

同时我们也看到, 对很高的能量 $E_\gamma > 10^{11}$ eV 特别是 $E_\gamma > 10^{14}$ eV, 由于热光子散射生成正负电子对 (过程 6) 引起的 $\gamma$ 射线吸收可以非常大. 我们注意到, 当能量足够高的宇宙线 (质子和原子核) 与热光子碰撞时会进行光核反应 (过程 7). 但在当前情况下 (在实验室参考系中), 这些过程与 $\gamma$ 射线吸收问题无直接联系. 另一方面, 这些过程在分析因 $\pi^0$ 介子衰变产生 $\gamma$ 辐射、讨论宇宙线的化学成分变化及其谱在 $E \sim 10^{19} - 10^{20}$ eV 处的 "截断" 等问题中可能起重要的作用 (见 [92]). 我们这里还要指出, 在脉冲星附近很强的磁场中 (即脉冲星的磁层中) $\gamma$ 辐射的传播 (吸收、衰变、折射) 显示出独特的性质, 在类似条件下必须加以考虑[320]. 对发生在脉冲星的磁层中的康普顿散射 [321] 或 $\gamma$ 辐射给出的电子–正电子对的产生 [322], 也应同样对待.

[472]　　　　尽管也许有些多余, 但在结束本章时我们还是要再一次强调, $\gamma$ 射线天文学的发展前景是大有前途的和激动人心的. 可以想象, 到下一个十年开始时 (本书此版出版于 1987 年——译者注), 或无论如何到本世纪末, $\gamma$ 射线天文学按照其发展水平和价值, 将与射电天文学、光学天文学和 X 射线天文学并驾齐驱. 这样, 实际上只是从 1945—1946 年①才开始的将天文学从光学波段转变为全波段的过程就会完成了.

---

① 宇宙射电辐射是在 1931—1933 年首次发现的 (首次报道是在 1932 年; 见 [323]). 但直到 1945—1946 年, 仅有不多几篇工作是有关射电天文学的[323], 更主要的是, 当时没有充分意识到其意义和巨大的可能性.

# 参考文献 [①]

[1] W. Heitler, *Quantum Theory of Radiation*. Oxford University Press (1947). [473]

[2] L. D. Landau and. E.M. Lifshitz, *Classical Theory of Fields*. Pergamon Press, Oxford (1975).

[3] W. Pauli, *Theory of Relativity*. Pergamon Press, Oxford, 1958.

[4a] J. D. Jackson, *Classical electrodynamics*. Wiley, New York (1962).

[4b] J. D. Jackson, *Classical Electrodynamics*, 2nd edn. Wiley, New York (1975).

[4c] M. M. Bredov, V. V. Rumyantsev and I. N. Toptygin, *Classical Electrodynamics*. Nauka, Moscow (1985) (in Russian).

[5] V. A. Ugarov, *Special Theory of Relativity*. Mir, Moscow (1979).

[6] V. L. Ginzburg, *Zh. Eksp. Teor. Fiz.* **9**, 981 (1939).

[7] B. M. Bolotovksii, V. A. Davudov and V. E. Rok, *Usp. Fiz. Nauk* **126**, 311 (1978); *Radiofizika* **24**, 231 (1981).

[8] C. Kittel, *Introduction to Solid State Physics*, 6th edn. Wiley, New York, 1986.

[9] M. A. Ter-Mikaelyan, *Effect of the Medium on Electromagnetic Processes at High Energies*. Izd. Akad. Nauk Armenian SSR, Erevan (1969) (in Russian).

[10] V. B. Berestetskii, E. M. Lifshitz and L. P. Pitaevskii, *Quantum Electrodynamics*. Pergamon Press, Oxford (1982).

[11] D. H. Kobe, *J. Phys.* **A16**, 737 (1983); *Am. J. Phys.* **54**, 77 (1986).

D. H. Kobe and K.-H. Yang, *Am. J. Phys.* **51**, 163 (1983).

C. K, Au, *J. Phys.* **B17**, L59 (1984).

T. E. Feuchtwang *et al.*, *J. Phys.* **A17**, 151 (1984).

[12] V. P. Bykov, *Usp. Fiz. Nauk* **143**, 657 (1984).

---

① 为了使得绝大多数不懂俄文的读者可以找到所引文献, 我们这里使用了本书 1989 年英文译本所列的文献目录, 这个文献目录与 1987 年本书俄文第三版所列文献基本上是一致的, 只做了少量调整.——译者注

V. P. Bykov and A. A. Zadernovskii, *Zh. Eksp. Teor. Fiz.* **81**, 37 (1981); *Optika Spektroskop.* **48**, 229 (1980).

[13a] V. L. Ginzburg, *Usp. Fiz. Nauk* **140**, 687 (1983).

[13b] P. W. Millonni, *Am. J. Phys.* **52**, 340 (1984).

C. Cohen-Tannoudji, *Physica Scripta* **T12**, 19 (1986).

[14] A. Einstein, *Ann. Physik.* **23**, 371 (1907).

[15] V. L. Ginzburg, *Dokl. Akad. Nauk. SSSR* **23**, 773 (1939); **24**, 131 (1939).

[16] E. L. Feinberg, *Zh. Eksp. Teor. Fiz.* **50**, 203 (1966); *Usp. Fiz. Nauk.* **132**, 255 (1980).

[17] A. P. Belousov, *Zh. Eksp. Teor. Fiz.* **9**, 658 (1939).

[18] V.L . Ginzburg, *Zh. Eksp. Teor. Fiz.* **13**, 33 (1943); *Trudy FIAN SSSR* **3**, 195 (1946).

[19] M. A. Markov, *Zh. Eksp. Teor. Fiz.* **16**, 800 (1946).

[20] E. S. Fradkin, *Zh. Eksp. Teor. Fiz.* **20**, 211 (1950).

[21] F. Rohrlich, *Classical Charged Particles.* Addison-Wesley, Reading, Mass. (1965).

[22a] R. Tabensky, *Phys. Rev.* **D13**, 267 (1976).

[22b] E. Tirapegui, *Am. J. Phys.* **46**, 634 (1978).

[23] Cheng Kuo-shung, *J. Math. Phys.* **19**, 1656 (1978).

[24] A. Grünbaum and A. I. Janis, *Am. J. Phys.* **46**, 337 (1978).

[25] M. Sorg, *Z. Naturforsch.* **31a**, 1500 (1976); **33a**, 619 (1978).

[26a] J. Kalcar and O. Ulfbeck, *Kgl. Mat.-Fys. Medd. Danske Videnskab. Selskab* **39**, No.9 (1976); **40**, No. 11 (1980).

[26b] H. M. Franca, G. C. Margues and A. J. da Silva, *Nuovo Cim.* **48A**, 65 (1978).

[27] W. Maas and J. Petzold, *J. Phys.* **A11**, 1211 (1978).

[28a] E. Rowe, *Nuovo Cim.* **73B**, 226 (1983).

[28b] T. Sawada, T. Kawabata and F. Uchiyama, *Phys. Rev.* **D27**, 454 (1983).

[474]　　[29] N. P. Klepikov, *Usp. Fiz. Nauk.* **146**, 317 (1985).

[30] I. Buialynicki-Birula, *Phys. Rev.* **D28**, 2114 (1982).

[31] W. T. Grandy and A. Aghazaden. *Ann. Phys.* (*NY*) **142**, 284 (1982).

[32] J. L. Jimenez and R. Montemayor, *Nuovo Cim.* **73B**, 246 (1982); **75B**, 87 (1983).

[33] E. A. Moniz and D. H. Sharp, *Phys. Rev.* **15D**, 2850 (1977); *Am. J. Phys.* **45**, 75 (1977).

[34] H. Grotch and E. Kazes, *Phys. Rev.* **16D**, 3605 (1977).

[35] T. Pradhan and A. Khare, *J. Phys.* **A11**, 609 (1978).

[36] V. I. Ritus, *Zh. Eksp. Teor. Fiz.* **75**, 1561 (1978).

[37] V. L. Ginzburg, *Usp. Fiz. Nauk* **103**, 393 (1971).

[38a] D. Ter Haar, *Phys. Rep.* **3**, 57 (1972).

[38b] F. Smith, *Pulsars.* Cambridge University Press (1977).

[38c] R. Manchester and J. Taylor, *Pulsars.* Freeman, San Francisco (1977).

[39] V. L. Ginsburg, in *Problems of Theoretical Physics: I. E. Tamm Memorial Collection.* p. 192. Nauka, Moscow (1972).

[40] J. M. Weisberg and J. H. Taylor, *Phys. Rev. Lett.* **52**, 1348 (1984).

[41a] T. Futamase and B. F. Schutz, *Phys. Rev.* **D28**, 2363, 2373 (1983).

[41b] L. P. Grishchuk and S. M. Kopeikin, *Astron. Zh. Pis'ma* **9**, 436 (1983).

[41c] R. Schäfer, *Ann. Phys. (NY)* **161**, 81 (1985).

[41d] M. Walker, *Phys. Rev.* **D33**, 611 (1986).

[42a] V. L. Ginzburg, *Usp. Fiz. Nauk* **128**, 435 (1979).

[42b] V. L. Ginzburg, *Theory of Relativity.* Nauka, Moscow (1979) (in Russian).

[43a] C. M. Will, in *General Relativity. An Einstein Centenary Survey*, ed. S. W. Hawking and W. Israel, p. 24. Cambridge University Press (1979).

[43b] C. M. Will, *Theory and Experiment in Gravitational Physics.* Cambridge University Press (1981).

[44] A. Born, *Ann. Physik* **30**, 1 (1909); see also S. R. Milner, *Phil. Mag.* **41**, 405 (1921).

[45] T. Fulton and F. Rohrlich, *Ann. Phys. (NY)* **9**, 499 (1960).

[46] C. Leibowitz and A. Peres, *Ann. Phys. (NY)* **25**, 400 (1963).

[47] A. I. Nikishev and V. I. Ritus, *Zh. Eksp. Teor. Fiz.* **56**, 2035 (1969).

[48] A. I. Nikishev and V. I. Ritus, *Trudy FIAN* **111** (1979); **168** (1986).

[49] V. L. Ginzburg, *Usp. Fiz. Nauk* **98**, 569 (1969).

[50] A. Kovets and G. E. Tauber, *Am. J. Phys.* **37**, 382 (1969).

[51] J. L. Anderon and J. W. Ryon, *Phys. Rev.* **181**, 1765 (1969).

[52] W. T. Grandy, *Nuovo Cim.* **65A**, 738 (1970).

[53] J. Cohn, *Am, J. Phys.* **46**, 225 (1978).

[54] D. G. Boulware, *Ann. Phys. (NY)* **124**, 169 (1980).

[55] B. R. Holstein and A. R. Swift, *Am. J. Phys.* **49**, 346(1981).

[56] L. Herrera, *Nuovo Cim.* **78B**, 156 (1983).

[57a] I. D. Novikov and V. P. Frolov, *Physics of Black Holes.* Reidel (in press).

[57b] R. Blandford and C. Thorn, in *General Relativity. An Einstein Centenary Survey*, ed.

S. W. Hawking and W. Israel, p. 454. Cambridge University Press (1979).

[58] W.G. Unruh and R. M. Wald, *Phys. Rev.* **D29**, 1047 (1984).

[59] V.I. Ritus, *Zh. Eksp. Teor. Fiz.* **82**, 1375 (1982); *Dokl Akad. Nauk SSSR* **275**, 611 (1984).

[60] I. E. Tamm and I.M. Frank, *Dokl. Akad. Nauk SSSR* **14**, 107 (1937).

[61] L.D. Landau and E.M. Lifshitz, *Electrodynamics of Continuous Media*. Pergamon Press, Oxford (1984).

[62a] V. V. Zheleznyakov, *Electromagnetic Waves in Cosmic Plasma*. Nauka, Moscow (1977) (in Russian).

[62b] V. V. Zheleznyakov, *Sov. Sci. Rev. E* **3**, 157 (1984).

[62c] V. V. Zheleznyakov and Yu. V. Tikhomirov, *Astrophys. Space Sci.* **102**, 189 (1984); **105**, 73 (1984)

[63] V. Petrosian and J. M. McTiernan, *Phys. Fluids* **26**, 3023 (1983).

[64a] D. F. Alferov, Yu. A. Bashmakov and E. G. Bessonov, *Trudy FIAN SSSR* **80**, 100 (1975).

[475]  [64b] E. G. Bessonvo, in *Trends in Physics, Proc. 4th General Conf.*, p. 471 (1979).

[64c] P. Bosco and W. B. Colson, *Phys. Rev.* **A28**, 319 (1983).

[65a] V. L. Ginzburg, *Dokl. Akad. Nauk SSSR* **56** 145 (1947); *Phys. Rep. FIAN SSSR* No. 2, p. 40 (1972).

[65b] R. Coisson, Phys. Rev. **A20**, 524 (1979).

[65c] *Relativistic High-Frequency Electronics*. IPF Akad. Nauk SSSR, Gorky (1979) (in Russian).

[66a] W. H. Loisel *et al., Phys. Rev.* **A19**, 288 (1979).

[66b] A. Bambini, A. Renuri and S. Stenholm, *Phys. Rev.* **A19**, 2013 (1979).

[66c] T. Kwan and J. M. Dawson, *Phys. Fluids* **22**, 1089 (1979).

[66d] V. L. Bratman *et al., Optics Commun.* **30**, 409 (1979).

[67a] *Free-Electron Generators of Coherent Radiation*. Mir, Moscow (1983) (in Russian).

[67b] P. Sprangle *et al., Phys. Rev.* **A28**, 2300 (1983).

[68a] M. A. Kumakhov, *Usp. Fiz. Nauk.* **127**, 531 (1979).

[68b] S. T. Chui, *Phys. Rev.* **B19**, 4838 (1979).

[69a] A. I. Akhiezer and N. F. Shulga, *Usp. Fiz. Nauk* **137**, 561 (1982).

[69b] V. A. Bazylev and N. I. Zhevago, *Usp. Fiz. Nauk* **137**, 605 (1982).

[69c] J. C. Kimball and N. Cue, *Phys. Rev. Lett.* **52**, 1747 (1984).

[69d] R. K. Klein *et al., Phys. Rev.* **B31**, 68 (1985).

[70a]  V. L. Ginzburg, V. N. Sazonov and S. I. Syrovatskii, *Usp. Fiz. Nauk* **94**, 63 (1968).

[70b]  V. L. Ginzburg and S. I. Syrovatskii, *Ann. Rev. Astron. Astrophys.* **7**, 375 (1969).

[71]  I. Ya. Pomeranchuk, *Zh. Eksp. Teor. Fiz.* **9**, 915 (1939); *Collected Works*, Vol. 2, p. 40. Nauka, Moscow (1972) (in Russian).

[72a]  C. S. Shen, *Phys. Rev.* **D17**, 434 (1978).

[72b]  E. V. Suvorov and Yu. V. Chugunov, *Astrophys. Space Sci.* **23**, 189 (1973).

[72c]  N. D. Lubart, *Phys. Rev.* **D9**, 2717 (1974).

[73]  V. L. Ginzburg and G. F. Zharkov, *Zh. Eksp. Teor. Fiz.* **47**, 2279 (1974).

[74]  D. White, *Phys. Rev.* **D21**, 2241 (1980).

[75a]  D. M. Chitre and R. H. Price, *Phys. Rev. Lett.* **29**, 185 (1972).

[75b]  A. G. Doroshkevich, I. D. Novikov and A. G. Polnarev, *Zh. Eksp. Teor. Fiz.* **63**, 1538 (1972).

[75c]  R. V. Wagoner, *Phys. Rev.* **D19**, 2897 (1979).

[76a]  G. G. Getmantsev and V. L. Ginzburg, *Dokl. Akad. Nauk SSSR* **87**, 187 (1952).

[76b]  R. I. Epstein, *Astrophys. J.* **183**, 593 (1973).

[76c]  Yu. P. Ochelkov, O. F. Prilutskii, I. A. Rozental and V. V. Usov, *Relativistic Kinetics and Hydrodynamics. Atomizdat, Moscow* (1979) (*in Russian*).

[77]  Yu. V. Chugunov, V. J. Eidman and E. V. Suvorov, *Astrophys. Space Sci.* **32, L7** (1975): *Astrofizika* **11**, 283 (1975).

[78]  Yu. P. Ochelkov and V. V. Usov, *Astrophys. Space Sci.* **69**, 439 (1980).

  G. Z. Machabeli and V.V. Usov, *Astron. Zh. Pis'ma* **5**, 445 (1979).

[79]  V.L. Ginzburg and S.I. Syrovatskii, *Usp. Fiz. Nauk* **87**, 65 (1965); *Ann. Rev. Astron. Astrophys.* **3**, 297 (1965).

[80]  V. L. Ginzburg and S. I. Syrovatskii, *Origin of Cosmic Rays*. Pergamon Press, Oxford (1964).

[81]  A. Pacholczyk, *Radio Astrophysics*. Freeman, San Francisco (1970).

[82]  T. W. Jones and P. E. Harde, *Astrophys. J.* **228**, 268(1979).

  R. J. Gould, *Astron. Astrophys.* **76**, 306 (1979).

[83a]  Y. G. Bagrov, N. I. Fedosov and I. M. Ternov, *Phys. Rev.* **D28**, 2464 (1983).

[83b]  E. G. Bessonov, *Zh. Eksp. Teor. Fiz.* **80**, 852 (1981).

[84]  I. S. Gradshtein and I. M. Ryzhik, *Tables of Integrals, Series, and Products*. Academic Press, New York (1966).

[85a]  L. M. Ozernoy and V. N. Sazonov, *Astrophys. Space Sci.* **3**, 365 (1969).  [476]

[85b]　M. Salvati, *Astrophys. J.* **233**, 11 (1979).

[86]　S. Chandrasekhar, *Radiative Transfer.* Oxford University Press. (1950).

[87]　W. Shurkliff, *Polarized Light.* Cambridge University Press (1962).

[88a]　B.A. Trubnikov, *Dokl. Akad. Nauk SSSR* **118**, 913 (1958).

[88b]　K. C. Westfold, *Astrophys. J.* **130**, 241 (1959).

[88c]　G. A. Dulk *et al.*, *Astrophys. J*, **234**, 1137 (1979).

[89]　A.A. Korchak and S. I. Syrovatskii, *Astron. Zh.* **38**, 885 (1961).

[90a]　T. Weekes, *High-Energy Astrophysics.* London (1959).

[90b]　L. M. Ozeronoy, O.F. Prilutskii and I.A. Rozental, *High-Energy Astrophysics.* Pergamon Press, Oxford (1980).

[91]　V. L. Ginzburg, *Usp. Fiz. Nauk* **124**, 307 (1978).

[92]　V. L. Ginzburg (ed.) *Astrophysics of Cosmic Rays.* Nauka, Moscow (1984) (in Russian).

[93]　B. Cooke *et al.*, *Mon. Not. R. Astron. Soc.* **182**, 661 (1978).

[94a]　M. Rees, *Nature* **229**, 312 (1971); *Nature (Phys. Sci).* **230**, 55 (1971).

[94b]　J. M. Gann and J. Ostreiker, *Astrophys. J.* **165**, 523 (1971).

[94c]　J. Arons, *Astrophys. J.* **177**, 395 (1972).

[95]　R. D. Blandford, *Astron. Astrophys.* **20**, 135 (1972).

[96]　G. A. Schott, *Electromagnetic Radiation.* Cambridge University Press (1912).

[97]　Tsai Wu-yang, *Phys. Rev.* **D18**, 3863 (1978).

　　　D. White and M. Sisco, *Phys. Rev.* **D18**, 4789 (1978).

[98]　V. V. Tamoikin, *Astrophys. Space Sci.* **53**, 3 (1978).

[99]　V. M. Agranovich and V.L. Ginzburg, *Crystal Optics with Spatial Dispersion and Excitons.* Springer-Verlag, Berlin (1984).

[100]　M. I. Ryazanov, *Electrodynamics of a Condensed Medium.* Nauka, Moscow (1984) (in Russian).

[101]　I. Brevik, *Can. J. Phys.* **61**, 493 (1983).

[102a]　V. L. Ginzburg, *Zh. Eksp. Teor. Fiz.* **10**, 589 (1940).

[102b]　K. W. Watson and J.M. Jauch, *Phys. Rev.* **74**, 950, 1485 (1948); **75**, 1249 (1949).

[102c]　M. I. Ryazanov, *Zh. Eksp. Teor. Fiz.* **32**, 1244 (1957).

[102d]　I. Brevik and B. Lautrup, *Mat. Fys. Medd. Dann.* **38**, No. 1 (1970).

[103]　V. L. Ginzburg, *Usp. Fiz. Nauk* **110**, 309(1973).

[104a]　W. R. Randorf, *Am. J. Phys.* **46**. 35 (1978).

[104b]　S. Sachdev, *Phys, Rev.* **A29**, 2627 (1984).

[104c]  R. G. Hulet, E. C. Hilfer and D. Kleppner, *Phys. Rev. Lett.* **55**, 2137 (1985).

[105]  V. L. Ginzburg, *Zh. Eksp. Teor. Fiz.* **10**, 601 (1940).

[106]  Yu. A. Ryzhov, *Radiofizika* **2**, 869 (1959).

[107]  V. L. Ginzburg and V. Ya. Eidman, *Zh. Eksp. Teor. Fiz.* **43**, 1865 (1962).

[108]  V. V. Zheleznyakov, *Radio Emission of the Sun and Planets.* Pergamon Press, Oxford (1970).

D. B. Melrose, *Space Sci. Rev.* **26**, 3 (1980).

[109]  V.L. Ginzburg, *The Propagation of Electromagnetic Waves in Plasma.* Pergamon Press, Oxford (1970).

[110]  I. E. Tamm, *Fundamentals of the Theory of Electricity.* Mir, Moscow (1979).

[111]  Yu. S. Barash, *Zh. Eksp. Teor. Fiz.* **79**, 2271 (1980).

[112]  F. Hynne, *Am. J. Phys.* **51**, 837 (1983).

[113]  V. M. Agranovich and M. D. Galanin, *Electronic Excitation Energy Transfer in Condensed Matter. North-Holland, Amsterdam* (1982).

[114a]  F. V. Bunkin, *Zh. Eksp. Teor. Fiz.* **32**, 338 (1957).

[114b]  A. A. Andronov and Yu. V. Chugunov, *Usp. Fiz. Nauk* **116**, 79 (1975).

[114c]  H. H. Kuehl, *Phys. Fluids* **17**, 1275, 1636 (1974).                    [477]

[115]  *Bibliography on Transition Radiation.* Erevan (1983).

[116]  B. M. Bolotovskii, *Usp. Fiz. Nauk* **62**, 201 (1957); **75**, 295 (1961).

[117]  J. Jelley, *Čerenkov Radiation and its Applications.* London (1958).

[118]  V. P. Zrelov, *Vavilov-Čerenkov Radiation and its Application in High-Energy Physics. Atomizdat, Moscow* (1968) (*in Russian*).

[119]  V. L. Ginzburg, *Usp Fiz. Nauk* **69**, 537 (1959).

[120]  F. G. Bass and V. M. Yakovenko, *Usp. Fiz. Nauk* **86**, 189 (1965).

[121a]  V. L. Ginzburg and V. N. Tsytovich, *Usp. Fiz. Nauk* **126**, 553 (1978); **131**, 83 (1980).

[121b]  V. L. Ginzburg and V. N. Tsytovich, *Phys. Rep.* **49**, 1 (1979); Phys. *Lett.* **79A**, 16 (1980).

[122]  V. L. Ginzburg and V. N. Tsytovich, *Transition Radiation and Transition Scattering.* Nauka, Moscow (1984) (in Russian).

[123]  I. M. Frank, in *Problems of Theoretical Physics: I. E. Tamm Memorial Volume.* p.350. Nauka, Moscow (1972); *Usp. Fiz. Nauk* **143**, 111 (1984).

[124]  V. L. Ginzburg, *Zh. Eksp. Teor. Fiz.* **10**, 608 (1940).

[125]  I. M. Frank. *Izv. SSSR. Ser. Fiz.* **6**, 3 (1942); *Usp. Fiz. Nauk* **68**, 397 (1959).

[126a]  V. L. Ginzburg, *Zh. Eksp. Teor. Fiz. Pis'ma* **16**, 501 (1972).

[126b]  A. Gailitis, *Radiofizika* **7**, 646 (1964).

[126c]  V. V. Muskhanyan and A. I. Nikishev, *Zh. Eksp. Teor. Fiz.* **66**, 1258 (1974).

[126d]  L. A. Gevorkyan and N. A. Korkhmazyan, *Zh. Eksp. Teor. Fiz.* **76**, 1226 (1979).

[126e]  A. A. Risbud and R. G. Takwale, *J. Phys.* **A12**, 905 (1979); **A13**, 535 (1980).

[127a]  H. P. Freund and C. S. Wu, *Phys. Fluids* **20**, 963 (1977).

[127b]  T. V. Cawthorne, *Mon. Not. R. Astron. Soc.* **216**, 795 (1985).

[128a]  T. Erber *et al.*, *Ann. Phys. (NY)* **102**, 405 (1976).

[128b]  Yu. N. Gnedin, G. G. Pavlov and Yu. A. Shibanov, *Zh. Eksp. Teor. Fiz. Pis'ma* **27**, 325 (1978), **30**, 137 (1979), *Astron. Zh. Pis'ma* **4**, 214 (1978).

   G. G. Pavlov and Yu. A. Shibanov, *Zh. Eksp. Teor. Fiz.* **76**, 1457 (1979).

[128c]  J. K. Daugherty and J. Ventura, *Phys. Rev.* **D18**, 2868 (1978).

[128d]  P. Meszaros and J. Ventura, *Phys. Rev.* **D19**, 3565 (1979); *Astrophys. J. Lett.* **233**, L125 (1979).

[128e]  V.V. Zheleznyakov, *Astrofizika* **16**, 539 (1980).

[129]   H. Euler, *Ann. Physik.* **26**, 398 (1936).

   W. Heisenberg and H. Euler, *Z. Phys.* **98**, 714 (1936).

[130]   V. E. Pafomov, *Trudy FIAN SSSR* **16**, 94 (1961).

[131a]  S. L. Adler, *Ann. Phys. (NY)* **67**, 599 (1971).

[131b]  A. E. Shabad, *Ann. Phys. (NY)* **90**, 166 (1975).

[131c]  Tsai Wu-yang and T. Erber, *Phys. Rev.* **D12**, 1132 (1975).

[131d]  V. V. Zheleznyakov and A. L. Fabrikant, *Zh. Eksp. Teor. Fiz.* **82**, 1366 (1982).

[132a]  V. E. Shaposhnikov, *Astrofizika* **17**, 749 (1981).

[132b]  A. D. Kaminker, G. G. Pavlov and Yu. A. Shibanov, *Astron. Zh. Pis'ma* **9**, 108 (1983); *Astrophys. Space Sci.* **91**, 167 (1983).

[132c]  D. B. Melrose, *Austral. J. Phys.* **36**, 755, 775 (1983).

[132d]  M. Soffel *et al.*, *Astron. Astrophys.* **126**, 251 (1983).

[132e]  J. G. Kirk and N. F. Cramer, *Austral. J. Phys.* **38**, 715 (1985).

[133a]  A. M. Grassi Strini, G. Strini and G. Tagliaferri, *Phys. Rev.* **D19**, 2330 (1979).

[133b]  E. Iacopini and E. Zavattini, *Phys. Lett.* **85B**, 151 (1979).

[134]   V. L. Ginzburg and V. N. Tsytovich, *Zh. Eksp. Teor. Fiz.* **74**, 1621 (1978).

[135]   A. V. Gurevich, *Nonlinear Phenomena in the Ionosphere.* Springer-Verlag, Berlin (1978).

[136a]  V. N. Tsytovich, *Theory of Turbulent Plasmas.* Consultants Bureau, New York (1977).

[136b]  B. B. Kadomtsev, *Collective Phenomena in Plasmas*. Pergamon Press, Oxford (1980).

[136c]  H. Wilhelmson (ed.) *Plasma Physics. Nonlinear Theory and Experiments*. Plenum Press, New York (1977).

[136d]  A. G. Sitenko, *Ukr. Fiz. Zh.* **28**, 161 (1983).

[137a]  V. M. Fain. *Quantum Radiophysics. Photons and Nonlinear Media*. Soviet Radio, Moscow (1972) (in Russian).

[137b]  R. Loudon, *The Quantum Theory of Light*. Oxford University Press (1973).

[137c]  S. Kelikh, *Molecular Nonlinear Optics*. Nauka, Moscow (1981) (in Russian).

[138a]  V. L. Ginzburg. and I. M. Frank, *Dokl. Akad. Nauk SSSR* **56**, 583 (1946).

[138b]  V. L. Ginzburg and V. M. Fain, *Zh. Eksp. Teor. Fiz.* **35**, 817 (1958).

[138c]  V. L. Ginzburg and V. Ya. Eidman, *Zh. Eksp. Teor. Fiz.* **36**, 1823 (1959).

[138d]  I. M. Frank, *Usp. Fiz. Nauk* **129**, 685 (1979).

[139a]  B. E. Nemtsov and V. Ya. Eidman, *Zh Eksp. Teor. Fiz.* **87**, 1192 (1984).

[139b]  B. E. Nemtsov, *Zh. Eksp. Teor. Fiz. Pis'ma* **10**, 588, 1494 (1984).

[140]  V. V. Zheleznyakov, *Radiofizika* **2**, 14 (1959).

[141]  V. L. Ginzburg and V. V. Zheleznyakov, *Astron. Zh.* **35**, 694 (1958); *Phil. Mag.* **7**, 451 (1962); **11**, 197, 876 (1965).

[142]  I. E. Tamm, *Usp. Fiz, Nauk* **68**, 387 (1959).

[143a]  L. I. Mandelshtam, *Collected Works*, Vol. 2, p. 334. Izd. Akad. Nauk SSSR, Moscow (1947) (in Russian).

[143b]  V. E. Pafomov, *Zh. Eksp. Teor. Fiz.* **32**, 366 (1957); **36**, 1853 (1959).

[144]  I. M. Frank, *Zh. Eksp. Teor. Fiz. Pis'ma* **28**, 482 (1978).

[145]  V. L. Ginzburg and V. V. Zheleznyakov, *Radiofizika* **1**, 59 (1958).

[146]  V. Ya. Eidman, *Radiofizika* **3**, 192 (1960).

[147a]  V. Ya. Eidman, *Radiofizika* **22**, 781 (1979).

[147b]  B. E. Nemtsov *et al., Radiofizika* **24**, 1207 (1981).

[148a]  V. P. Gavrilov and A. A. Kolomenskii, *Zh. Eksp. Teor. Fiz. Pis'ma* **14**, 617 (1971); **16**, 29 (1972).

[148b]  D. Dialetis, *Phys. Rev.* **A18**, 2115 (1978).

[149]  D. Pines and D. Bohm, *Phys. Rev.* **85**, 338 (1952).

[150a]  D. Pines, *Elementary Excitations in Solids*. Benjamin, New York (1963).

[150b]  M. Steele and B. Wurdal, *Wave Interaction in Solid-State Plasma*. New York (1969).

[151]  V. L. Ginzburg, *Zh. Eksp. Teor. Fiz.* **34**, 1593 (1958).

[152]　D. Bohm and E. P. Gross, *Phys. Rev.* **75**, 1851 (1949).

[153]　L. D. Landau, *Zh. Eksp. Teor. Fiz*, **16**, 574 (1946).

[154]　V. Ya. Eidman, *Zh. Eksp. Teor. Fiz.* **34**, 131 (1958); **36**, 1335 (1959); **41**, 1971 (1961).

[155]　M. E. Gertsenshtein, *Zh. Eksp. Teor. Fiz.* **27**, 180 (1954).

[156]　F. R. Buskirk and J. R. Neighbours, *Phys. Rev.* **A28**, 1531 (1983).

[157]　I. M. Frank, in *S. I. Vavilov Memorial Volume*, p. 173. Izd. Akad. Nauk SSSR, Moscow (1952); *Usp. Fiz. Nauk* **144**, 251 (1984).

[158]　V. L. Ginzburg and V. Ya. Eidman, *Zh. Eksp. Teor. Fiz.* **35**, 1508 (1958).

[159]　V. L. Ginzburg, *Radiofizika* **27**, 852 (1984).

[160]　B. M. Bolotovskii and Yu. D. Ysachev (eds), *Dirac Monopole*. Mir, Moscow (1970) (in Russian).

[161]　S. Coulman, *Usp. Fiz. Nauk* **144**, 277 (1984).

[162]　V. L. Ginzburg and V. L. Tsytovich, *Zh. Eksp. Teor. Fiz.* **88**, 84 (1985).

[163]　V. M. Dubovik and L. A. Tosunyan, *Fiz. El. Ch. At. Yadra* **14**, 1194 (1983).

[164a]　V. L. Ginzburg and I. M. Frank, *Dokl. Akad. Nauk SSSR* **56**, 699 (1947).

[164b]　L. S. Bogdankevich and B. M. Bolotovskii, *Zh. Eksp. Teor. Fiz.* **32**, 1421 (1957).

[165a]　V. N. Tsytovich, *Radiofizika* **29**, 597 (1968).

[165b]　L. S. Bogdankevich, *Zh. Tekh. Fiz.* **29**, 1086 (1959).

[166]　V. L. Ginzburg and I. M. Frank, *Zh. Eksp. Teor. Fiz.* **16**, 15 (1946).

[167a]　N. V. Shipov and V. A. Belyakov, *Zh. Eksp. Teor. Fiz.* **75**, 1589 (1978).

[167b]　V. V. Fedorov and A. I. Smirnov, *Zh. Eksp. Teor. Fiz.* **76**, 866 (1979).

[168]　I.M. Dremin, *Zh. Eksp. Teor. Fiz. Pis'ma* **30**, 152 (1979).

[169a]　E. Fermi, *Phys. Rev.* **57**, 485 (1940).

[169b]　G. P. Sastry and B. K. Parida, *Phys. Rev.* **D18**, 3025 (1978),

[170a]　G. M. Garibyan, *Zh. Eksp. Teor. Fiz.* **37**, 527 (1959); **39**, 332 (1960).

[170b]　K.A. Barsukov, *Zh. Eksp. Teor. Fiz.* **37**, 1106 (1959).

[171a]　I. M. Frank, *Usp. Fiz. Nauk* **68**, 397 (1959).

[171b]　I. M. Frank, *Usp. Fiz. Nauk* **75**, 231 (1961).

[172a]　B. M. Bolotovskii and G. V. Voskresenskii, *Usp. Fiz. Nauk* **88**, 209 (1966); **94**, 377 (1968).

[172b]　P. M. Van der Berg and A.J. Nicia, *J. Phys.* **A9**, 1133 (1976).

[172c]　B. M. Bolotovskii and V. A. Davydov, *Radiofizika* **24**, 231 (1981).

[173a]　V. L. Ginzburg, *Radiofizika* **16**, 512 (1973).

[479]

[173b]  V. L. Ginzburg and V. N. Tsytovich, *Zh. Eksp. Teor. Fiz.* **65**, 132 (1973).

[173c]  V. A. Davydov, *Kr. Soob. Fiz. FIAN SSSR* No. 4, p. 3 (1976); *MGU Vestnik: ser. fiz. astron.* **18**, No. 6, p. 64 (1977); **19**, No. 3, p. 53 (1978).

[173d]  G. M. Maneva, *Kr. Soob. Fiz. FIAN SSSR* No. 2, p. 21 (1977).

[174]  V. A. Krasilnikov and V. I. Pavlov, *Radiofizika* **24**, 609 (1981); *Dokl. Akad. Nauk SSSR* **256**, 370 (1981).

V. I. Pavlov and A. I. Sukhorukov, *Usp. Fiz. Nauk* **147**, 83 (1985).

[175]  V. L. Ginzburg and V. N. Tsytovich, *Zh. Eksp. Teor. Fiz.* **65**, 1818 (1973); *Radiofizika* **18**, 173 (1975).

[176]  G. M. Garibyan and Yang Shi, *X-Ray Transition Radiation.* Izd. Akad. Nauk Arm. SSR, Erevan (1983) (in Russian).

[177]  B. M. Bolotovskii, *Trudy FIAN SSSR* **140**, 95 (1982).

[178a]  V. N. Tsytovich, *Zh. Eksp. Teor. Fiz.* **31**, 923 (1961).

[178b]  A. U. Amatuni and N. A. Korkhmazyan, *Zh. Eksp. Teor. Fiz.* **39**, 1011 (1960).

[178c]  A. A. Galeev, *Zh. Eksp. Teor. Fiz.* **46**, 1335 (1964).

[178d]  S. V. Vladimirov and V. N. Tsytovich, *Radiofizika* **28**, 337 (1985).

[179]  V. Ya. Eidman, *Zh. Eksp. Teor. Fiz.* **43**, 1419 (1962).

[180]  A. Sommerfeld, *Ann. Physik* **44**, 177 (1914)

[181a]  L. A. Vainshtein, *Usp. Fiz. Nauk* **119**, 339 (1976).

[181b]  M. Kuzelev and A. A. Rukhadze, *Radiofizika* **22**, 1223 (1979).

[182a]  M. H. Cohen *et al., Nature* **268**, 405 (1977).

[182b]  R. D. Blandford, C. F. McKee and M. J. Rees, *Nature* **267**, 211 (1977).

[183a]  M. Rees, *Mon. Not. R. Astron Soc.* **135**, 345 (1967); *Astrophys. J. Lett.* **152**, L145 (1968).

[183b]  A. Cavaliere, P. Morrison and L. Sartori, *Science* **173**, 625 (1971).

[184a]  V. F. Weisskopf, *Phys. Today* **13**, 24 (1960).

[184b]  N. C. McGill, *Contemp. Phys.* **9**, 33 (1968).

[184c]  B. M. Bolotovskii and E. D. Mikhalchi, *Kr. Soob. Fiz. FIAN SSSR* No. 5, p.35 (1976).

[184d]  K. L. Sala, *Phys. Rev.* **A19**, 2377 (1979).

[185]  B. M. Bolotovskii and V. L. Ginzburg, *Usp. Fiz. Nauk* **106**, 577 (1972); *Einshteinovskii Sbornik. 1972* . Nauka, Moscow (1974) (in Russian).

[186]  A. Sommerfeld, *Göttingen Nachrichten* **99**, 363 (1904); **201** (1905).

[187a]  O. Heaviside, *Phil. Mag.* **27**, 324 (1889).

[187b]　O. Heaviside, *Electromagnetic Theory*, Vol. 3. Electrical Publishing Co., London (1912).

[188a]　I. E. Tamm, *J. Phys. USSR* **1**, 439 (1939).

[188b]　H. Motz and L. Schiff, *Am. J. Phys.* **21**, 258 (1953).

[189]　V. Ya. Eidman, *Radiofizika* **15**, 634 (1972); *Astrofizika* **9**, 609 (1972).

[190a]　B. M. Bolotovskii, *Kr. Soob. Fiz. FIAN SSSR*, No. 7, p. 34 (1972).

[190b]　S. V. Afanasiev, *Radiofizika* **17**, 1069 (1974); **18**, 1520 (1975); **19**, 1523 (1976).

[190c]　G. M. Maneeva, *Radiofizika* **19**, 1086 (1976); **20**, 1577 (1977).

[190d]　M. I. Feingold, *Radiofizika* **22**, 531 (1977).

[480]　[191]　Lord Kelvin, *Phil. Mag.* **2**, 1 (1901).

[192]　A. Z. Dolginov, Yu. N. Gnekin and N. A. Silantiev, *Propagation and Polarization of Radiation in the Cosmic Medium*. Nauka, Moscow (1979) (in Russian).

[193]　L. A. Apresyan and Yu. A. Kravtsov, *Theory of Radiation Transfer*. Nauka, Moscow (1983) (in Russian).

[194a]　V. N. Sazonov and V. N. Tsytovich, *Radiofizika* **11**, 1287 (1968).

[194b]　V. N. Sazonov, *Zh. Eksp. Teor. Fiz.* **56**, 1075 (1969); Astrofizika **10**, 405 (1974).

[195a]　V. N. Sazonov, *Astron. Zh.* **49**, 1197 (1972).

[195b]　V. V. Zheleznyakov and E. V. Suvorov, *Zh. Eksp. Teor. Fiz.* **54,** 627 (1969); *Astrophys. Space Sci.* **15**, 2 (1972).

[195c]　G. Daigne and Ortega-Molina, *Astron. Astrophys.* **133**, 69 (1984).

[196]　V. V. Zheleznyakov, V. V. Kocharovskii and Vl. V. Kocharvoskii, *Usp. Fiz. Nauk* **141**, 257 (1983).

[197]　V. L. Ginzburg and L. M. Ozernoy, *Astrophys. J.* **144**, 599 (1966).

[198]　V. V. Zheleznyakov, *Zh. Eksp. Teor. Fiz.* **51**, 570 (1966); *Astron. Zh.* **44**, 42 (1967).

[199]　S. A. Kaplan and V. N. Tsytovich, *Plasma Astrophysics*. Pergamon Press, Oxford (1973).

[200]　V. L. Bratman and E. V. Suvorov, *Zh. Eksp. Teor. Fiz.* **55**, 1415 (1968).

[201]　V. V. Zheleznyakov and V. E. Shaposhnikov, *Austral. J. Phys.* **32**, 49 (1979)

[202]　V. M. Agranovich and V. L. Ginzburg, in *Progress in Optics*, Vol. 9, ed. E. Wolf, p. 235 (1971).

[203]　V. P. Silin and A. A. Rukhadze, *Electromagnetic Properties of Plasma and Plasma-Like Media*. Gosatomizdat, Moscow (1961) (in Russian)

[204]　E. A. Turov, *Material Equations of Electrodynamics*. Nauka, Moscow (1983).

[205]　V. L. Ginzburg and A. A. Rukhadze, *Handbook of Physics* **49/4**, 395 (1972).

[206a] A. F. Aleksandrov, L. S. Bogdankevich and A. A. Rukhadze, *Fundamentals of Plasma Electrodynamics*. Vyssh. Shkola, Moscow (1978) (in Russian).

[206b] G. Bekefi, *Radiation Processes in Plasma*. Wiley, New York (1966).

[206c] A. Akhiezer (ed.), *Plasma Electrodynamics*. Nauka, Moscow (1974) (in Russian).

[206d] L. A. Artsimovich and R. Z. Sagdeev, *Plasma Physics for Physicists*. Atomizdat, Moscow (1979) (in Russian).

[206e] S. I. Vainshtein, *Magnetohydrodynamics of Cosmic Plasma and Current Layers*. Nauka, Moscow (1985) (in Russian).

[207] A. M. Ignatov and A. A. Rukhadze, *Usp. Fiz. Nauk* **135**, 171 (1981).

[208] O. V. Dolgov, D. A. Kirzhnits and V. V. Losyakov, *Zh. Eksp. Teor. Fiz.* **83**, 1894 (1982).

[209] D. A. Kirzhnits, *Usp. Fiz. Nauk* **119**, 357 (1976).

[210a] V. M. Agranovich and V. I. Yudson, *Optics Commun.* **9**, 58 (1973).

[210b] B. V. Bokut and A. N. Serdyukov, *Zh. Prikl. Spectr.* **20**, 677 (1974).

[210c] U. Schlagheck, *Optics Commun.* **13**, 273 (1975).

[211a] J. F. Nye, *Physical Properties of Crystals*. Oxford University Press (1957).

[211b] J. Birman, *Theory of Crystal Space Groups and Infrared Raman Lattice Processes of Insulating Crystals*. Springer-Verlag, Berlin (1974).

[212] M. Born and Huang Kun, *Dynamical Theory of Crystal Lattices*. Clarendon Press, Oxford (1954).

[213] V. M. Agranovich, *Theory of Excitons*. Nauka, Moscow (1968).

[214] E. M. Lifshitz and L. P. Pitaevskii, *Physical Kinetics*. Pergamon Press, Oxford (1981).

[215] M. Leontovich (ed.), *Reviews of Plasma Physics*, Vol. 1-13. Gosatomizdat, Moscow (1963-1984) (English translations by Academic Press and Plenum Press, New York).

[216] B. N. Gershman, L. M. Erukhimov and Yu. Ya. Yashin, *Wave Phenomena in the Ionosphere and Cosmic Plasma*. Nauka, Moscow (1984).

[217] D. Pines and Ph. Nozières, *The Theory of Quantum Liquids*. Benjamin, New York (1966).

[218] C. Møller, *The Theory of Relativity*. Oxford University Press (1972).

[219] I. Brevik, *Mat. Fys. Medd. Dan. Vid. Selsk.* **37**, Nos. 11, 13 (1970).

[220] D. V. Skobeltsyn, *Usp. Fiz. Nauk* **110**, 253 (1973).

[221] V. L. Ginzburg and V. A. Ugarov, *Usp. Fiz. Nauk* **118**, 175 (1976); **122**, 325 (1977).

[222]   I. Brevik, *Phys. Rep.* **52**, 133 (1979).

[223]   L.P. Pitaevskii, *Zh. Eksp. Teor. Fiz.* **39**, 1450 (1960).

[481]

[224]   Yu. S. Barash and V. I. Karpman, *Zh. Eksp. Teor. Fiz.* **85**, 1962 (1983).

[225a]  A. V. Gaponov and M. A. Miller, *Zh. Eksp. Teor. Fiz.* **34**, 242 (1958).

[225b]  R. Klima and K. Petrzilka, *J. Phys.* **A11**, 1687 (1978).

[225c]  W. Israel, *Gen. Rel. Grav.* **9**, 451 (1978).

[225d]  V. I. Perel and Ya. M. Pinskii, *Zh. Eksp. Teor. Fiz.* **54**, 1889 (1968).

[225e]  N. F. Vigdorchik, *Radiofizika* **21**, 481 (1978).

[225f]  V. L. Ginzburg, *Radiofizika* **23**, 372 (1980).

[225g]  J. R. Cory and A. N. Kaufmann, *Phys. Rev.* **A21**, 1660 (1980).

[225h]  M. M. Skorich and D. ter Haar, *Phys. Fluids* **27**, 2375 (1984).

[225i]  M. D. Tokman, *Fiz. Plasmy* **10**, 568 (1984).

[226]   Yu. S. Barash. *Radiofizika* **21**, 736 (1978).

[227]   Yu. S. Barash and V. L. Ginzburg, *Usp. Fiz. Nauk* **118**, 523 (1976).

[228]   Yu. S. Barash and V. L. Ginzburg, *Usp. Fiz. Nauk* **116**, 5 (1975).

[229a]  V. V. Zheleznyakov, V. V. Kocharovskii and Vl. V. Kocharovskii, *Zh. Eksp. Teor. Fiz.* **87**, 1565 (1984).

[229b]  V. L. Ginzburg, *Radiofizika* **4**, 74 (1961).

[229c]  R. Florian *et al., Phys. Rev.* **A29**, 2709 (1984).

[230a]  B. B. Kadomtsev, A. B. Mikhailovskii and A. V. Timofeev, *Zh. Eksp. Teor. Fiz.* **47**, 2266 (1964).

[230b]  V. I. Pistunovich and A. V. Timofeev, *Dokl. Akad. Nauk SSSR* **159**, 779 (1964).

[230c]  M. V. Nezlin, *Dynamics of Beams in Plasma. Energoizdat, Moscow* (1982) (*in Russian*); *Usp. Fiz. Nauk* **120**, 481 (1976).

[231]   R. Loudon, *J. Phys.* **A3**, 233 (1970).

[232]   E. M. Lifshitz and L. P. Pitaevskii, *Statistical Physics*, Part II. Pergamon Press, Oxford (1980).

[233]   A. G. Sitenko, *Fluctuations and Nonlinear Interactions in Plasmas.* Naukova Dumka, Kiev (1977) (in Russian).

[234]   L. D. Landau and E. M. Lifshitz, *Statistical Physics*, Part I. Pergamon Press, Oxford (1980).

[235]   S. M. Rytov, *Elements of Random Process Theory. 1.* Springer-Verlag, Berlin (1985).

        S. A. Akhmanov, Yu. E. Dyakov and A. S. Chirkin, *Introduction to Statistical Radiophysics and Optics.* Nauka, Moscow (1981) (in Russian).

[236a]  G. S. Gorelik, *Usp. Fiz. Nauk* **44**, 33 (1951).

[236b]  V. L. Ginzburg, *Usp. Fiz. Nauk* **46**, 348 (1952).

[237]  H. Nyquist, *Phys. Rev.* **32**, 110 (1928).

[238]  H. Dekker, *Phys. Rep.* **80**, 1 (1981).

[239]  A. O. Caldeira and A. J. Leggett, *Ann. Phys. (NY)* **149**, 374 (1983); *Phys. Rev. Lett.* **52**, 5 (1984).

[240]  E. M. Lifshitz, *Zh. Eksp. Teor. Fiz.* **29**, 94 (1955).

[241]  I. E. Dzyaloshinskii, E. M. Lifshitz and L. P. Pitaevskii, *Usp. Fiz. Nauk* **73**, 381 (1961).

[242a]  W. G. van Kempen *et al., Phys. Lett.* **26A**, 307 (1968).

[242b]  B. W. Ninham, V. A. Parsegian and G. H. Weiss, *J. Stat. Phys.* **2**, 323 (1970).

[242c]  E. Gerlach, *Phys. Rev.* **B4**, 393 (1971) .

[243a]  H. B. G. Casimir, *Proc. Kon, Ned. Akad. Wet.* **51**, 793 (1948).

[243b]  T. H. Boyer, *Ann. Phys. (NY)* **56**, 474 (1970)

[244]  Yu. S. Barash and V. L. Ginzburg, *Zh. Eksp. Teor. Fiz. Pis'ma* **15**, 567 (1972).

[245]  L. A. Vainshtein, *Electromagnetic Waves.* Soviet Radio, Moscow (1957) (in Russian).

[246]  Yu. S. Barash, *Radiofizika* **21**, 1637 (1978).

[247]  Yu. S. Barash and V. L. Ginzburg, *Usp. Fiz. Nauk* **143**, 345 (1984).

[248]  V. L. Ginzburg and V. M. Fain, *Zh. Eksp. Teor. Fiz.* **32**, 162 (1957); *Radiotekhn. Elektr.* **2**, 780 (1957).

[249]  A. A. Andronov and Yu. A. Ryzhov, *Usp. Fiz. Nauk* **126**, 323 (1978).

[250]  I. L. Fabelinskii, *Molecular Scattering of Light.* Plenum, New York (1968).

[251]  A. Einstein, *Ann. Physik* **33**, 1275 (1910).

[252]  V. L. Ginzburg, *Usp. Fiz. Nauk* **106**, 151 (1972).

[253a]  L. A. Vainshtein and E. A. Yukov, *Excitation of Atoms and Broadening of Spectral Lines.* Nauka, Moscow (1979) (in Russian).

[253b]  S. Chen and M. Takeo, *Rev. Mod. Phys.* **29**, 20 (1957).

[254]  M. Born, *Optik.* Berlin (1935).

[255]  J. P. McTague and G. Birnbaum, *Phys. Rev.* **A3**, 1376 (1971).  [482]

[256]  V. L. Ginzburg, *Dokl. Akad. Nauk SSSR* **30**, 397 (1941).

[257a]  M. A. Leontovich, *Z. Phys.* **72**, 247 (1931).

[257b]  V. L. Ginzburg, *Dokl. Akad. Nauk SSSR* **42**, 172 (1944); *Izv. Akad. Nauk SSSR, Ser. Fiz.* **9**, 174 (1945).

[257c]　T. L. Andreeva and A. V. Malyugin, *Zh. Eksp. Teor. Fiz.* **83**, 2006 (1982); **86**, 847 (1984).

[258a]　M. M. Sushchinskii, *Raman Spectra of Molecules and Crystals.* Wiley, New York (1972).

[258b]　V. S. Gorelik and M. M. Sushchinskii, *Usp. Fiz. Nauk* **98**, 237 (1969).

[259]　V.L. Ginzburg, A.A. Sobyanin and A.P. Levanyuk, *Phys. Rep.* **57**, 151 (1980).

[260]　M. A. Leontovich, *Introduction to Thermodynamics. Statistical Physics.* Nauka, Moscow (1983) (in Russian).

[261]　L. D. Landau and E. M. Lifshitz, *Fluid Mechanics.* Pergamon Press, Oxford (1959).

[262]　V. M. Agranovich and V. L. Ginzburg, *Zh. Eksp. Teor. Fiz.* **61**, 1243 (1971).

[263a]　N. Bloembergen, *Am. J. Phys.* **35**, 989 (1967).

[263b]　V. S. Starunov and I. L. Fabelinskii, *Usp. Fiz. Nauk* **98**, 441 (1969).

[264]　K. Hagenbuch, *Am. J. Phys.* **45**, 693 (1977).

[265]　G. Sheffield, *Scattering of Electromagnetic Radiation in Plasma.* New York (1976).

[266]　*Incoherent Scattering of Radio Waves*, Mir, Moscow (1965).

[267]　I. M. Frank, *Yad. Fiz.* **7**, 1100 (1968).

[268a]　A. K. Gailitis and V. N. Tsytovich, *Zh. Eksp. Teor, Fiz.* **46**, 1485 (1964).

[268b]　B. B. Kadomtsev and V. I. Petviashvili, *Zh. Eksp. Teor. Fiz.* **43**, 2234 (1962).

[269a]　V. L. Ginzburg, *Physics and Astrophysics.* Pergamon Press, Oxford (1985).

[269b]　V. L. Ginzburg, *Modern Astronomy.* Nauka, Moscow (1970)(in Russian).

[269c]　V. L. Ginzburg, *Usp. Fiz. Nauk* **134**, 469 (1981).

[270]　M. Longair, *High-Energy Astrophysics.* Cambridge University Press (1981).

[271a]　S. Hayakawa, *Origin of Cosmic Rays.* Nagoya (1969).

[271b]　L. I. Dorman, *Cosmic Ray Variattons and Space Exploration.* North-Holland, Amsterdam (1974).

[271c]　A. M, Hillas, *Ann. Rev. Astron. Astrophys.* **22**, 425 (1984).

[271d]　L. I. Dorman, *Cosmic Rays of Solar Origin* (Space Studies, Vol. 12). VINITI, Moscow (1978).

[271e]　A. E. Kochanov, *Astrophys. Space Sci.* **105**, 1 (1984).

[272a]　V. L. Ginzburg and V. S. Ptuskin, *Usp. Fiz. Nauk* **117**, 585 (1975).

[272b]　V. L. Ginzburg, *Izv. Akad. Nauk SSSR, Ser. Fiz.* **43**, 2469 (1979).

[273a]　*Conference Papers, 15th International Cosmic Rays Conference (ICRC), Plovdiv* (1977);

*Conf. Papers, 16th ICRC, Kyoto* (1979); *Conf. Papers, 17th, ICAS. Paris* (1981); *Conf. Papers, 18th ICRC, Bangalore* (1983); *Conf. Papers, 19th ICRC, La Jolla* (1985); *Conf. Papers, 20th ICRC, Moscow* (1987).

[273b]   *Origin of Cosmic Rays* (IUPAP/IAU Symposium No. 94, Bologna). Reidel, Dordrecht (1980).

[273c]   *Proceedings of 7th European Symposium on Cosmic Rays, Leningrad, 1980; Izv. Akad. Nauk SSSR, Ser. Fiz.* **45**, Nos. 4 and 7 (1981)

[274a]   V. S. Berezinskii and G. T. Zatsepin, *Usp Fiz Nauk* **122**, 3 (1977).

[274b]   *Neutrino 77: Proceedings of International Conference on Neutrino Physics and Neutrino Astrophysics*, Vols. 1 and 2. Nauka, Moscow (1977).

[274c]   C. T. Hill and D. N. Schramm, *Phys. Lett.* **131B**, 247 (1983).

[275]   P. Kiraly *et al., Riv. Nuovo Cim.* **2**, 1 (1979).

[276a]   R. L. Golden *et al., Phys. Rev. Lett.* **43**, 1196 (1979).

[276b]   A. Buffington *et al., Astrophys. J.* **248**, 1179 (1981).

[277]   V. L. Ginzburg and V. S. Ptuskin, *Astron. Zh. Pis'ma* **7**, 585 (1981).

[278]   M. Garcia-Munoz *et al., Astrophys. J. Lett.* **232**, L95 (1979).

[279a]   V. L. Ginzburg, *The Origin of Cosmic Rays*. Gordon and Breach, New York (1969);   [483]

      *Phil. Trans. R. Soc. Lond.* **A277**, 463 (1975).

[279b]   V.L. Ginzburg and S. I. Syrovatskii, *Usp. Fiz. Nauk* **88**, 485 (1966).

[280]   V.L. Ginzburg, Ya.M. Kazan and V.S. Ptuskin, *Astrophys. Space Sci.* **68**, 295 (1980).

[281]   N. Bohr, *Kgl. Danske Videnskab. Selskab Mat.-Fys. Medd.* **18**, No. 8 (1948).

[282]   L. D. Landau and E. M. Lifshitz, *Quantum Mechanics*. Pergamon Press, Oxford (1977).

[283a]   R. J. Gould, *Physica* **60**, 145 (1972); **62**, 555 (1972); *Astrophys. J.* **196**, 689 (1975).

[283b]   Y. K. Kim and K. Cheng, *Phys. Rev.* **A22**, 61 (1980).

[283c]   V. S. Asoskov *et al., Trudy FIAN SSSR* **140**, 3 (1982).

[283d]   N. R. Arista and W. Brandt, *J. Phys.* **C16**, L1217 (1983).

[284]   L. D. Landau and E. M. Lifshitz, *Mechanics*. Pergamon Press, Oxford (1976).

[285a]   V. N. Tsytovich, *Zh. Eksp. Teor. Fiz.* **42**, 803 (1964).

[285b]   M. M. Basko and R. A. Syunyaev, *Zh. Eksp. Teor. Fiz.* **68**, 105 (1975).

[285c]   G. G. Pavlov and D. G. Yakovlev, *Zh. Eksp. Teor. Fiz.* **70**, 753 (1976).

[285d]   J. G. Kirk and D. Y. Gallaway, *Plasma Phys.* **24**, 339 (1982).

[286a]　V. L. Ginzburg, *Astron. Zh.* **42**, 1129 (1965).

[286b]　V. L. Ginzburg, V. S. Ptuskin and V. N. Tsytovich, *Astrophys. Space Sci.* **21**, 13 (1973).

[286c]　D. G. Wentzel, *Ann. Rev. Astron. Astrophys.* **12**, 71 (1974).

[286d]　I. N. Toptygin, *Cosmic Rays in Interplanetary Magnetic Fields.* Nauka, Moscow (1983).

[287a]　V. S. Ptuskin, *Astrophys. Space Sci.* **61**, 251 (1979).

[287b]　J. C. Carvalho and D. ter Haar, *Mon. Not. R. Astron Soc.* **187**, 23 (1979); *Astrophys. Space Sci.* **61**, 3, 19, 45 (1979).

[288]　R. J. Protheroe, *Astrophys. J.* **251**, 387 (1981).

[289a]　E. Bolt and P. Serlemitsos, *Astrophys. J.* **157**, 557 (1969).

[289b]　F. A. Agoronyan *et al., Izv. Akad. Nauk SSSR, Ser. Fiz.* **43**, 2499 (1979).

[290a]　I. L. Rozental *et al., Usp. Fiz. Nauk* **127**, 135 (1979).

[290b]　R. Ramaty and R. E. Ringenfelter, *Nature* **278**, 127 (1979).

[290c]　L. M. Ozernoy and F. A. Aharonian, *Astrophys. Space Sci.* **66**, 497 (1979).

[290d]　M. Leventhal and K. McCallum, *Usp. Fiz. Nauk* **135**, 693 (1981).

[291]　B. P. Houston and A. W. Wolfendale, *Vistas in Astronomy* **26**, 107 (1982).

[292a]　V. L. Ginzburg, *Elementary Processes for Cosmic Ray Astrophysics.* Gordon and Breach: New York (1969).

[292b]　V. L. Ginzburg and S. I. Syrovatskii, *Zh. Eksp. Teor Fiz.* **26**, 1865 (1964).

[293a]　H. Bethe and E. Salpeter, *Quantum Mechanics of One-and Two-Electron Atoms.* Springer-Verlag, Berlin (1957).

[293b]　G. R. Blumenthal and R. J. Gould, *Rev. Mod. Phys.* **42**, 237 (1970).

[293c]　R. Schlickeiser, *Astrophys. J.* **233**, 294 (1979).

[293d]　E. P. T. Liang, *Astrophys, J.* **234**, 1105 (1979),

[293e]　R. J. Gould, *Astrophys. J.* **238**, 1026 (1980); **294**, 23 (1985).

[293f]　V. M. Burmistrov, Yu. A. Krotov and D. I. Trakhtenberg, *Zh. Eksp. Teor. Fiz.* **79**, 808 (1980).

[293g]　W. Sacher and V. Schönfelder, *Astrophys. J.* **279**, 817 (1984),

[294a]　J. Greene, *Astrophys. J.* **130**, 693 (1959).

[294b]　W. J. Karzas and R. Latter, *Astrophys. J. Suppl.* **6**, 167 (1961).

[294c]　B. Margon, *Astrophys. J.* **184**, 323 (1973).

[295]　O. I. Dovzhenko and A. A. Pomanskii, *Zh. Eksp. Teor. Fiz.* **45**, 268 (1963).

[296a]　R. J. Gould, *Astrophys. J.* **196**, 689 (1975).

[296b]　C. J. Cesarsky *et al., Astrophys. Space Sci.* **59**, 73 (1978).

[296c]　R. L. Pangborn, *Phys. Fluids* **21**, 915 (1978).

[297a]　R. J. Gould, *Astrophys. J.* **230**, 967 (1979).　　　　　　　　　　[484]

[297b]　R. J. Gould and Y. Raphaell, *Astrophys. J.* **225**, 318 (1978).

[298a]　J. Trümper *et al.*, *Astrophys. J. Lett.* **219**, L105 (1978).

[298b]　V. V. Zheleznyakov, *Astrophys. Space Sci.* **97**, 229 (1983).

[299a]　B. V. Somov and I.P. Tindo, *Kosmich Issled.* **16**, 686 (1978).

[299b]　B. V. Somov and S. I. Syrovatskii, *Usp. Fiz. Nauk* **120**, 217 (1976).

[300]　*Astrophys. J. Lett.* **234**, No. 1 (1979) [the entire issue presents the results obtained from the Einstein X-ray orbiting observatory]; *Astrophys. J.* **283**, 479, 486 (1984).

[301a]　R. L. F. Boyg, *Proc R. Soc. Lond.* **A366**, 1, 311, 345, 435, 461 (1979).

[301b]　G. Gursky and E. Van den Hoeven, *Usp. Fiz Nauk* **118**, 673 (1976).

[301c]　W. Lewin and P. Joss, *Space Sci. Rev.* **28**, 3 (1981).

[301d]　J. L. Culhane, *Space Sci. Rev.* **30**, 537 (1981).

[301e]　W. Forman and S. Jones, *Ann. Rev. Astron. Astrophys.* **20**, 547 (1982.)

[302]　C. R. Canizares, *Am. J. Phys.* **52**, 111 (1984).

[303]　C. De Jager, *Solar Phys.* **86**, 21 (1983).

　　　C. De Jager *et al.*, *Solar Phys.* **92**, 245 (1984).

[304]　D. A. Schwarts, in *Proceedings of COSPAR Symposium on X-ray Astronomy*, p. 453. Pergamon Press, Oxford (1979).

[305a]　A. M. Gelper, B. I. Luchkov and O. F. Prilutskii, *Usp. Fiz. Nauk* **128**, 313 (1979).

[305b]　K. Pinkau, *Nature* **277**, 17 (1979).

[305c]　F. W. Stecker, *Cosmic Gamma Rays*. NASA, Washington (1971); *Astrophys. J.* **212**, 60 (1977).

[305d]　C. E. Fichtel, *Space Sci. Rev.* **20**, 191 (1977) [see also *Science* **202**, 933 (1978); *Astrophys. J.* **171**, 31 (1972)].

[305e]　G. F. Bignami and J. E. Hermsen, *Ann. Rev. Astron. Astrophys.* **21**, 13 (1983).

[305f]　B. M. Vladimirskii *et al.*, *Usp. Fiz. Nauk* **145**, 255 (1985).

[306]　*Galactic Astrophysics and Gamma-Ray Astronomy*. *Space Sci. Rev.* **36**, Nos. 1–3 (1983).

[307a]　E. P. Mazets and S. V. Golenetskii, *Astrophysics and Cosmic Physics*. Nauka, Moscow (1982) (in Russian).

[307b]　I. L. Rozental, V. V. Usov and I. V. Estulin, *Usp. Fiz. Nauk* **140**, 97 (1983).

[308]  A. A. Stepanyan, *Itogi nauki i tekhniki. Astronomiya* **24**, 205 (VINITY Akad. Nauk SSSR, Moscow) (1983).

[309a]  M. Samorski and W. Stamm, *Astrophys. J. Lett.* **268**, L17 (1983).

[309b]  J. Lloyd-Evans *et al., Nature* **305**, 784 (1983).

[309c]  R. J. Protheroe *et al., Astrophys. J. Lett.* **280**, L47 (1984).

[309d]  D. Eichler and W. T. Westand, *Nature* **307**, 613 (1984).

R. J. Protheroe, *Nature* **310**, 296 (1984).

[310a]  V. L. Ginzburg. *Usp. Fiz. Nauk* **108**, 273 (1972); *Nature (Phys. Sci.)* **239**, 8 (1972).

[310b]  V. L. Ginzburg and V. S. Ptuskin, *Astrophys. Astron. (India)* **5**, 99 (1984).

[311]  A. W. Wolfendale, in *Origin of Cosmic Rays* (IUPAP/IAU Symposium No. 94, Bologna), p. 309. Reidel. Dordrecht (1980).

[312a]  R. J. Protheroe, A. W. Strong and A. W. Wolfendale, *Mon. Not. R. Astron Soc.* **188**, 863 (1979).

[312b]  F. Lebrun *et al., Astron. Astrophys.* **107**, 390 (1982).

[313a]  D. Dodds *et al., Mon. Not. R. Astron Soc.* **171**, 569 (1975).

[313b]  A. W. Strong *et al., Mon. Not. R. Astron Soc.* **182**, 751 (1978).

[313c]  J. B. Bloemen *et al., Astrophys. J.* **279**, 136 (1984); *Astron. Astrophys.* **135**, 12 (1984).

[314]  H. A. Mayer-Hasselwander *et al., Astron. Astrophys.* **105**, 164 (1982).

[315a]  V. L. Ginzburg, L. M. Ozernoy and S. I. Syrovatskii, *Dokl. Akad. Nauk SSSR* **154**, 557 (1964).

[315b]  V. L. Ginzburg and L. M. Ozernoy, *Astrophys. Space Sci.* **48**, 401 (1977).

[485]  [315c]  V. S. Berezinskii and V. L. Ginzburg, *Mon. Not. R. Astron Soc.* **194**, 3 (1981).

[316a]  *The Galactic Centre* (AIP Conference Proceedings No. 83), American Institute of Physics, New York (1982).

[316b]  *Positron-Electron Pairs in Astrophysics* (AIP Conference Proceedings No. 101). American Institute of Physics, New York (1983).

[317]  V. V. Zheleznyakov and A. A. Litvinchuk, *Astron. Zh.* **61**, 275, 860 (1984).

[318a]  K. L. Bell and A. E. Kingston, *Mon. Not. R. Astron Soc.* **136**, 241 (1967).

[318b]  A. Vainshtein, V. Kurt and K. Sheffer, *Astron. Zh.* **45**, 237 (1968).

[318c]  R. Brown and R. Gould. *Phys. Rev.* **D1**, 1970 (1970).

[318d]  E. L. Fireman, *Astrophys. J.* **187**, 57 (1974).

[318e]  R. J. Gould, *Astrophys. J.* **235**, 650 (1980).

[319a]  A. I. Nikishev, *Zh. Eksp. Teor. Fiz.* **41**, 459 (1961).

[319b]　V. S. Berezinskii, *Yad. Fiz.* **11**, 399 (1970)

[319c]　M. F. Cowley and J. C. Weekes, *Astron. Astrophys.* **133**, 80 (1984).

[319d]　R. J. Gould, *Astrophys. J.* **274**, L23 (1983).

[319e]　A. A. Zdziarski, *Astron. Astrophys.* **134**, 301 (1984).

[320a]　A. E. Shabad and V. V. Usov, *Astrophys. Space Sci.* **102**, 327 (1984); *Astron. Zh. Pis'ma* **9**, 401 (1983).

[320b]　P. Meszaros, *Space Sci. Rev.* **38**, 325 (1984).

[321]　Yu P. Ochelkov and V. V. Usov, *Astrophys. Space Sci.* **96**, 55 (1983).

[322a]　V. S. Beskin, *Astrofizika* **18**, 439 (1982).

[322b]　S. A. Stephens and R. P. Verma, *Nature* **308**, 826 (1984).

[322c]　S. R. Kelner and Yu. D. Kotov, *Eksp Teor. Fiz. Pis'ma* **41**, 200 (1985); *Astron. Zh. Pis'ma* **11**, 934 (1985); **12**, 402 (1986).

[323]　W. T. Sullivan (ed.), *The Early Days of Radioastronomy.* Cambridge University Press (1984).

[324]　D. A. Kirzhnits and V. V. Losyakov, *Zh. Eksp. Teor. Fiz. Pis'ma* **42**, 226 (1985); D. A. Kirzhnits, *Usp. Fiz. Nauk* **152**, 339 (1987); S. M. Apeuko, *Zh. Eksp. Teor. Fiz.* **97**, 70 (1988).

[325]　V. L. Ginzburg, *Radiofizika* **28**, 1211 (1985).

[326]　I. Aitchison, *Contemp. Phys.* **26**, 333 (1985).

[327]　R. Passante, G. Compagno and F. Persico, *Phys. Rev.* **A31**, 2827 (1985); **A35**, 188 (1987).

[328]　I.Campos and J. L. Jimenez, *Phys. Rev.* **D33**, 607 (1986).

[329]　V. L. Ginzburg and V. P. Frolov, *Zh. Eksp. Teor. Fiz. Pis'ma* **43**, 265 (1986); *Phys. Lett.* **116A**, 423 (1986).

[330]　C. A. Lütken and F. Ravndal, *Phys. Rev.* **31**, 2082 (1985).
　　　P. Dobiasch and H. Walther, *Ann. Physique* **10**, 825 (1985).

[331]　B. E. Nemtsov, *Radiofizika* **28**, 1549 (1985); **29**, 575 (1986).

[332]　B. E. Nemtsov, *Zh. Eksp. Teor. Fiz.* **91**, 44 (1986).

[333]　V. L. Ginzburg and L. P. Pitaevskii, *Usp. Fiz. Nauk* **151**, 333 (1987).

[334]　V. Anderson *et al.*, *Phys. Rev.* **A31**, 2244 (1985).

[335]　D. M. Bolotinskii and V. P. Bykov, *Radiofizika* **33**, 386 (1989.)

[336]　V. A. Dogiel and V. L. Ginzburg, *Space Sci. Revs.* **49**, 311 (1989); *Usp. Fiz. Nauk* **158**, 3 (1989).

# 主题索引

索引页码为本书页边方括号中的页码, 对应俄文原版书的页码

**A**

阿布拉罕能量–动量张量　307–317

阿尔文速度　298

爱因斯坦系数　138, 233

　　～方法　231–238

**B**

波

非寻常～　145, 229–232, 240

附加～　257, 268, 272

虚～　205

寻常～　229–232, 241

正常～　110, 229–232, 273, 300–303

　～的偏振　117, 236, 240

**C**

场的振子　17, 30, 33

超光速　122, 126, 139, 145, 215–218, 221–223

　　　反光点的～　215

磁单极子与磁偶极子　153–162

超光速运动　126, 137, 145, 216–219, 222–224

磁导率　109, 129, 155

# D

德拜半径　281, 289

德拜屏蔽　281

德布罗意波长　283, 351

等离体子　139, 148−150, 402

等离子体　132, 141, 149, 208

　　　磁化 ～　141, 149, 152, 154, 296−306

　　　各向同性 ～　141, 149, 151, 237, 277−296, 301

　　　冷 ～　232, 239, 274, 299, 302, 303

　　　炽热 ～　300

电磁耦子　272−274, 366

电离损失　123, 392−419

　　　等离子体中的 ～　395−397

电路中的涨落　332−340

电子–正电子对　71

动理学方程法　154, 233

渡越计算器　172, 173, 203

多普勒效应　49, 62, 78, 134

　　反常 ～　122, 136, 139, 144, 223

　　正常 ～　123, 136, 139, 144

# F

法拉第效应　227, 241

反转介质　148

菲涅耳方程　257, 270

辐射

　　　～ 本领　93, 229, 233, 238, 425, 428, 430, 432

　　　磁轫致 ～　152

　　　渡越 ～　31, 119, 149, 170−209

　　　　～ 的能量平衡　134−137

　　　　～ 的偏振　186

　　　　～ 的形成区　190−195, 203, 221

　　　声波的 ～　173

　　　各向异性介质中的 ～　185, 189, 222

非稳恒介质中的 ～　185－190

分界面上的 ～　171－185

向后 ～　179, 181, 183, 189

向前 ～　178－181, 183, 189

共振 ～　199

复合 ～　421

回旋 ～　61

粒子的 ～　60

波荡器中 ～　63－67, 76, 124

非相对论 ～　60－74

介质中 ～　104－133

相对论 ～　60－74

切连科夫 ～　31, 33, 55, 119, 134

～的共振条件　153

～的条件　119, 123, 139, 152, 201, 287

非线性 ～　208

沟道中的偶极子 ～　164－169

光点的 ～　219

偶极子的 ～　155－169

曲率 ～　77, 102

轫致 ～　152, 182, 421, 434－439

受激 ～　138, 149

同步 ～　55, 76

～的偏振　78, 79, 87, 89, 450

～的辐射损失　80, 84

宇宙 ～　447－450

同步–康普顿 ～　99, 102

准同步 ～　222

X 射线 ～　427

等离子体的轫致 ～　427, 428

复合 ～　431

**G**

冈特因子　431

格林函数　204, 205

共振器内的涨落　349

**H**

哈密顿方法　29, 35, 107, 110
互易定理　165, 167
环形偶极子　163
回转频率　68

**J**

介质　104
　～中的声子　108–119, 134, 139
　非旋光～　252, 264–266, 272
　各向同性～　104–115, 135, 140, 143, 148, 155, 272
　各向异性～　115–123, 139, 145, 179, 185, 189, 236, 255, 271
　旋光～　252, 257, 259, 260, 265–267, 271
　旋光色散吸收～　318–331
　　　　～的能密度　318–331
　　　　～的热释放　318–331

镜像法　173

**K**

库仑规范　14

**L**

力
　范德瓦耳斯～　343
　辐射反作用～　37–45, 52–59, 65, 70, 124, 141–143
　　　　切连科夫～　141
　洛伦兹～　52, 69, 71, 77, 308
李纳–维谢尔势　48, 64, 120
洛伦兹规范　12

**M**

麦哲伦云　460–463
闵可夫斯基能量–动量张量　307–317

瞄准参量　35

**N**

逆康普顿效应　439–445

**P**

抛物线运动　51, 53
碰撞积分　284, 286, 290
偏振简并　235, 236
坡印亭定理　260, 261, 318

**Q**

切连科夫计数器　173
切连科夫角　125
切连科夫锥　123–126, 145

**S**

散射
　　德尔布鲁克 ∼　209
　　等离子体中的 ∼　207, 368–375
　　渡越 ∼　170–209, 372–378
　　介质中的光 ∼　352–369
　　康普顿 ∼　102, 421, 422, 457–461
　　汤姆孙 ∼　207, 374–377
　　组合光 ∼　352–368, 372
色散　105, 111
　　∼ 方程　118, 148, 151, 255–257, 259, 268, 291, 346
　　∼ 关系　111, 254
　　晶体光学中的 ∼　267
　　空间 ∼　105, 206, 247–275, 318–324
　　频率 ∼　105, 111, 193, 204, 206, 248, 260
射电盘　387–389
射电晕　387–391
守恒定律　46–59, 134–136, 147, 308–317
束不稳定性　138, 139, 150, 151, 399, 404, 406

　　～ 判据

斯托克斯参量　86–89, 95, 228–233, 237, 241, 242

损失

　　磁轫致 ～　418

　　康普顿 ～　418, 443–445

　　辐射 ～　72–75, 80, 84, 412, 418, 427, 434–437

**T**

塔姆–弗朗克公式　121, 177

**W**

微波激射效应　148, 226

物质方程　249, 258, 259

**X**

吸收

　　负 ～　138, 139

　　无碰撞 ～　287, 295

消光系数　354–370

线宽　356–361

虚场　206

**Y**

亚宇宙线　381

银河源　452–455

宇宙线　99

　　～ 的电子分量　382, 386, 387, 392

　　～ 的各向异性　382, 407

　　～ 的化学组成　383–386, 416, 417

　　～ 的扩散近似　408–412

　　～ 的能谱　381–391

　　～ 的起源　98, 380, 389–391, 408, 463

　　～ 的质子–核分量　382, 392, 457

## Z

再吸收  101, 150, 226, 238, 399

　　～系数  239, 241, 242, 244

　　负的 ～  227, 240, 244, 245

　　冷等离子体中的 ～  236

　　真空中的 ～  236

涨落–耗散定理  337–343

真空的非线性  127–132

振动的放大  145–148

振动的衰减  145–148

置换对偶性原理  159

转移方程  228, 229, 231, 408, 412–419

作用场  279

# 译后记

V. L. 金兹堡是著名的苏联和俄罗斯理论物理学家,2003 年因 "对超流和超导的开创性贡献" 获诺贝尔物理学奖. 他的这本《理论物理学和理论天体物理学》在国际上很有名, 早在 1979 年英国的 Pergamon 出版公司就将其编入 "国际自然哲学专著系列" 出版了英译本[①], 英译本是按照 1975 年苏联科学出版社出版的俄文第一版翻译的, 译者是邓稼先先生在美国普渡大学作博士论文时的导师、后来在牛津大学当教授的荷兰物理学家 D. ter Haar. 苏联解体前, 苏联科学出版社于 1981 年和 1987 年相继出版了该书的增补第二版和第三版. 第三版的英译本在 1989 年由 Gordon & Breach Science 出版公司出版, 不过书名改成了《电动力学在理论物理和天体物理中的应用》(*Applications of Electrodynamics in Theoretical Physics and Astrophysics*), 译者是 Oleg Glebov.

将金兹堡这本书译成中文的念头源于有人送给我的两本书. 先是 1986 年下半年我从国外回来不久, 中科院理论物理所的庆承瑞老师送给我一本金兹堡和齐托维奇所著的俄文新书《渡越辐射与渡越散射》[②], 她告诉我这方面的内容大家都不熟悉, 想请我阅读后在小范围内做个报告, 后来因为工作忙, 这事也就拖下来了. 过了两年, 中国工程物理研究院的贺贤土同志到苏联访问, 在莫斯科逛书店时买回来这本《理论物理学和理论天体物理学》的俄文第三版送给我, 我当然很高兴. 两本书放在手边, 有空也读一些章节. 读后的感觉是金兹堡的这本书内容新颖, 讲法也别开生面, 与我读过的别的教科书或专著颇为不同. 所谓内容新颖, 指的是它讲述了许多别的书不讲或讲得很少的内容, 比如说渡越辐射和渡越散射, 超光速辐射源

---

[①] V. L. Ginzburg, *Theoretical Physics and Astrophysics* (Pergamon Press, 1979) translated by D. ter Haar.

[②] V. L. Ginzburg and V. N. Tsytovich, *Transition Radiation and Transition Scattering* (Nauka, 1984) (in Russian).

这两个其他书很少讲的问题①，金兹堡都各用了一章详细阐述. 所谓叙述别开生面, 指的是这本书讲述问题时, 并不拘泥于系统地推导公式, 而是根据该问题的研究进展, 提纲挈领地讲述问题的物理本质, 把读者送到研究的前沿. 当时曾想, 这本书的第 8 章 "渡越辐射和渡越散射" 便是庆老师所要求的报告的一个很好的范本. 如能把这本书翻译过来, 介绍给中国读者, 肯定会受到欢迎. 鉴于金兹堡这本书给我留下的这些印象, 当 2013 年左右高教出版社的王超编辑策划出版 "诺贝尔物理学奖获得者著作选译" 系列时, 我就建议北京大学物理系秦克诚教授翻译此书, 作为系列中的一本.

秦克诚教授开始翻译一段时间后, 建议与我合译以加快速度, 于是从 2015 年 3 月开始, 这本书由我们二人分工合译, 商定的具体分工是: 秦克诚译 1—7 章、16—18 章共 10 章, 刘寄星译 8—15 章共 8 章, 最后由刘统稿. 秦克诚的进度较快, 他于 2016 年 5 月即将所负责的章节译好, 交到我处. 我所负责的部分则因为我手上还另有任务, 要先译完朗道-栗弗席兹的《连续介质电动力学》而有所拖延, 直到 2018 年年初才全部完成. 之后又花了一些时间统稿、翻译序言、编制索引等. 统稿完成后, 考虑到我们二人对理论天体物理学均属外行, 故将后三章的译稿送中国科学院北京天文台的邹振隆研究员审阅修改, 邹振隆先生认真地修改了我们的译文, 纠正了不少不恰当的译法和错误. 此外他还提出, 鉴于金兹堡这本书出版后的 30 多年里高能天体物理学取得了迅猛发展, 许多重要成就没有来得及在本书中反映, 为了使本书读者了解这方面的新知识, 建议增加 4 本较近出版的专著作为文献供有兴趣的读者参考. 故我们在第 16 章的开头, 以译者注的形式列出了这 4 本书.

这个中译本是按照俄文增补第三版译出的, 翻译中参考了该书第一版 D. ter Haar 的英译本. 因很晚才发现有第三版的 Glebov 译本, 故只在统稿时对其有所参考. 不过, 由于本书共有 500 多条参考文献, 其中多数又是俄文文献, 考虑到现在 70 岁以下的多数读者基本不懂俄文, 为方便读者查找文献, 中译本采用了第三版英译本的参考文献条目. 此外, 译文中的物理术语均按 2019 年公布的《物理学名词》作了规范, 如 plasmon 原来译作 "等离子体元激发", 现规范为 "等离体子".

译稿交出版社后, 出版社又邀请邹振隆研究员做全书的校核人, 得到他的惠允. 他的认真校核使得本书的译文减少了许多错误, 质量得到保证, 对此谨表示诚挚的感谢. 说来也巧, 振隆与我是北京大学物理系 1957 年在

---

① Jackson 的《经典电动力学》1977 年第二版中有一节 "渡越辐射" (14.9 节), 朗道-栗弗席兹的《连续介质电动力学》也在 1982 年的修订第二版中新加了一节 "渡越辐射" (116 节). 除这两本书外未见其他教科书讲述这个问题.

重庆考区录取的仅有的两名考生,62 年后我们竟又在译书中聚首, 可谓缘分匪浅.

在本书出版之际, 我们还要感谢王超编辑的耐心和认真, 他不辞辛劳坚持组织国际物理学名著翻译为我国物理学工作者提供宝贵资料的精神, 令我们感动.

据我们所知, 金兹堡的专著中只有《电磁波在等离子体中的传播》在 1978 年出版过中译本①, 不过该书是从英译本转译的. 有幸直接从俄文新版译出金兹堡的这本专著, 我们深感责任重大, 但限于学识水平和文字能力, 译文中必定还存在不少不当之处, 敬请读者发现后不吝指出, 以便日后再版时更正.

刘寄星

2019 年 8 月 7 日于北京西三旗

---

① 金兹堡 V L. 电磁波在等离子体中的传播. 钱善琚译, 戴世强校. 北京: 科学出版社, 1978.

# 《汉译物理学世界名著（暨诺贝尔物理学奖获得者著作选译系列）》
## 已 出 书 目

| 书目 | 日期 | ISBN |
|---|---|---|
| 朗道-理论物理学教程-第一卷-力学（第五版）<br>Л. Д. 朗道，Е. М. 栗弗席兹 著，李俊峰，鞠国兴 译校 | 2007.4 | ISBN 978-7-04-020849-8<br>9787040208498> |
| 朗道-理论物理学教程-第二卷-场论（第八版）<br>Л. Д. 朗道，Е. М. 栗弗席兹 著，鲁欣，任朗，袁炳南 译，邹振隆 校 | 2012.8 | ISBN 978-7-04-035173-6<br>9787040351736> |
| 朗道-理论物理学教程-第三卷-量子力学（非相对论理论）（第六版）<br>Л. Д. 朗道，Е. М. 栗弗席兹 著，严肃 译，喀兴林 校 | 2008.10 | ISBN 978-7-04-024306-2<br>9787040243062> |
| 朗道-理论物理学教程-第四卷-量子电动力学（第四版）<br>В. Б. 别列斯捷茨基，Е. М. 栗弗席兹，Л. П. 皮塔耶夫斯基 著，朱允伦 译，庆承瑞 校 | 2015.3 | ISBN 978-7-04-041597-1<br>9787040415971> |
| 朗道-理论物理学教程-第五卷-统计物理学 I（第五版）<br>Л. Д. 朗道，Е. М. 栗弗席兹 著，束仁贵，束莼 译，郑伟谋 校 | 2011.4 | ISBN 978-7-04-030572-2<br>9787040305722> |
| 朗道-理论物理学教程-第六卷-流体动力学（第五版）<br>Л. Д. 朗道，Е. М. 栗弗席兹 著，李植 译，陈国谦 审 | 2013.1 | ISBN 978-7-04-034659-6<br>9787040346596> |
| 朗道-理论物理学教程-第七卷-弹性理论（第五版）<br>Л. Д. 朗道，Е. М. 栗弗席兹 著，武际可，刘寄星 译 | 2011.5 | ISBN 978-7-04-031953-8<br>9787040319538> |
| 朗道-理论物理学教程-第八卷-连续介质电动力学（第四版）<br>Л. Д. 朗道，Е. М. 栗弗席兹 著，刘寄星，周奇 译 | 2020.4 | ISBN 978-7-04-052701-8<br>9787040527018> |
| 朗道-理论物理学教程-第九卷-统计物理学 II（凝聚态理论）（第四版）<br>Е. М. 栗弗席兹，Л. П. 皮塔耶夫斯基 著，王锡绂 译 | 2008.7 | ISBN 978-7-04-024160-0<br>9787040241600> |
| 朗道-理论物理学教程-第十卷-物理动理学（第二版）<br>Е. М. 栗弗席兹，Л. П. 皮塔耶夫斯基 著，徐锡申，徐春华，黄京民 译 | 2008.1 | ISBN 978-7-04-023069-7<br>9787040230697> |
| 量子电动力学讲义<br>R. P. 费曼 著，张邦固 译，朱重远 校 | 2013.5 | ISBN 978-7-04-036960-1<br>9787040369601> |
| 量子力学与路径积分<br>R. P. 费曼 著，张邦固 译 | 2015.5 | ISBN 978-7-04-042411-9<br>9787040424119> |

| 书名 / 著译者 | 出版时间 | ISBN |
|---|---|---|
| 费曼统计力学讲义<br>R. P. 费曼 著, 戴越 译 | 2021 | ISBN 978-7-04-055873-9 |
| 金属与合金的超导电性<br>P. G. 德热纳 著, 邵惠民 译 | 2013.3 | ISBN 978-7-04-036886-4 |
| 高分子物理学中的标度概念<br>P. G. 德热纳 著, 吴大诚, 刘杰, 朱谱新 等译 | 2013.11 | ISBN 978-7-04-038291-4 |
| 高分子动力学导引<br>P. G. 德热纳 著, 吴大诚, 文婉元 译 | 2014.1 | ISBN 978-7-04-038562-5 |
| 软界面——1994年狄拉克纪念讲演录<br>P. G. 德热纳 著, 吴大诚, 陈谊 译 | 2014.1 | ISBN 978-7-04-038693-6 |
| 液晶物理学（第二版）<br>P. G. de Gennes, J. Prost 著, 孙政民 译 | 2017.6 | ISBN 978-7-04-047622-4 |
| 统计热力学<br>E. 薛定谔 著, 徐锡申 译, 陈成琳 校 | 2014.2 | ISBN 978-7-04-039141-1 |
| 量子力学（第一卷）<br>C. Cohen-Tannoudji, B. Diu, F. Laloë 著, 刘家谟, 陈星奎 译 | 2014.7 | ISBN 978-7-04-039670-6 |
| 量子力学（第二卷）<br>C. Cohen-Tannoudji, B. Diu, F. Laloë 著, 陈星奎, 刘家谟 译 | 2016.1 | ISBN 978-7-04-043991-5 |
| 泡利物理学讲义（第一、二、三卷）<br>W. 泡利 著, 洪铭熙, 苑之方 译 | 2014.8 | ISBN 978-7-04-040409-8 |
| 泡利物理学讲义（第四、五、六卷）<br>W. 泡利 著, 洪铭熙, 苑之方 等译 | 2020.8 | ISBN 978-7-04-054105-2 |
| 相对论<br>W. 泡利 著, 凌德洪, 周万生 译 | 2020.7 | ISBN 978-7-04-053909-7 |
| 量子论的物理原理<br>W. 海森伯 著, 王正行, 李绍光, 张虞 译 | 2017.9 | ISBN 978-7-04-048107-5 |
| 引力和宇宙学：广义相对论的原理和应用<br>S. 温伯格 著, 邹振隆, 张历宁, 等译 | 2018.2 | ISBN 978-7-04-048718-3 |
| 量子场论：第一卷 基础<br>S. 温伯格 著, 张驰 译, 戴伍圣 校 | 2021.5 | ISBN 978-7-04-054601-9 |

| | | |
|---|---|---|
| 黑洞的数学理论<br>S.钱德拉塞卡 著,卢炬甫 译 | 2018.4 | ISBN 978-7-04-049097-8 |
| 理论物理学和理论天体物理学（第三版）<br>B.Л.金兹堡 著,刘寄星,秦克诚 译 | 2021 | ISBN 978-7-04-055491-5 |
| 弹性理论（第三版）<br>S.P.铁摩辛柯,J.N.古地尔 著,徐芝纶 译 | 2013.5 | ISBN 978-7-04-037077-5 |
| 统计力学（第三版）<br>R.K.Pathria, Paul D. Beale 著,方锦清,戴越 译 | 2017.9 | ISBN 978-7-04-047913-3 |

## 郑重声明

高等教育出版社依法对本书享有专有出版权。任何未经许可的复制、销售行为均违反《中华人民共和国著作权法》，其行为人将承担相应的民事责任和行政责任；构成犯罪的，将被依法追究刑事责任。为了维护市场秩序，保护读者的合法权益，避免读者误用盗版书造成不良后果，我社将配合行政执法部门和司法机关对违法犯罪的单位和个人进行严厉打击。社会各界人士如发现上述侵权行为，希望及时举报，本社将奖励举报有功人员。

反盗版举报电话　（010）58581999　58582371　58582488
反盗版举报传真　（010）82086060
反盗版举报邮箱　dd@hep.com.cn
通信地址　北京市西城区德外大街4号
　　　　　高等教育出版社法律事务与版权管理部
邮政编码　100120

1945年诺贝尔物理学奖获得者
WOLFGANG PAULI 著作选译
PAULI LECTURES ON PHYSICS
VOLUME 1, 2, 3
泡利物理学讲义
（第一、二、三卷）

ISBN: 978-7-04-040409-8

1945年诺贝尔物理学奖获得者
WOLFGANG PAULI 著作选译
PAULI LECTURES ON PHYSICS
VOLUME 4, 5, 6
泡利物理学讲义
（第四、五、六卷）

ISBN: 978-7-04-054105-2

1945年诺贝尔物理学奖获得者
WOLFGANG PAULI 著作选译
RELATIVITÄTSTHEORIE
相 对 论

ISBN: 978-7-04-053909-7

1991年诺贝尔物理学奖获得者
P. G. DE GENNES 著作选译 第一辑
SUPERCONDUCTIVITY
OF METALS AND ALLOYS
金属与合金的超导电性

ISBN: 978-7-04-036886-4

1991年诺贝尔物理学奖获得者
P. G. DE GENNES 著作选译 第二辑
THE PHYSICS OF
LIQUID CRYSTALS
液晶物理学（第二版）

ISBN: 978-7-04-047622-4

1991年诺贝尔物理学奖获得者
P. G. DE GENNES 著作选译 第三辑
SCALING CONCEPTS
IN POLYMER PHYSICS
高分子物理学中的
标度概念

ISBN: 978-7-04-038291-4

1991年诺贝尔物理学奖获得者
P. G. DE GENNES 著作选译 第四辑
CAPILLARITY AND
WETTING PHENOMENA
DROPS, BUBBLES, PEARLS, WAVES
毛细和润湿现象
——液滴、气泡、液珠和表面波

1991年诺贝尔物理学奖获得者
P. G. DE GENNES 著作选译 第五辑
SOFT INTERFACES
THE 1994 DIRAC MEMORIAL LECTURE
软界面
——1994年狄拉克纪念讲演录

ISBN: 978-7-04-038693-6

1991年诺贝尔物理学奖获得者
P. G. DE GENNES 著作选译 第六辑
INTRODUCTION TO
POLYMER DYNAMICS
高分子动力学导引

ISBN: 978-7-04-038562-5

1932年诺贝尔物理学奖获得者
WERNER HEISENBERG 著作选译
DIE PHYSIKALISCHEN PRINZIPIEN
DER QUANTENTHEORIE
量子论的物理原理

ISBN: 978-7-04-048107-5

1933年诺贝尔物理学奖获得者
ERWIN SCHRODINGER 著作选译
STATISTICAL
THERMODYNAMICS
统计热力学

ISBN: 978-7-04-039141-1

1938年诺贝尔物理学奖获得者
ENRICO FERMI 著作选译
QUANTUM MECHANICS
量子力学

有ISBN号的截至本书出版时已出版